F EDOUARD 1957

AF589718

TRAITÉ

DES

CHEMINS DE FER

TOME PREMIER

1891

8° V 9850

POITIERS, IMPRIMERIE BLAIS, ROY ET Cie

TRAITÉ

DES

CHEMINS DE FER

ÉCONOMIE POLITIQUE — COMMERCE — FINANCES
ADMINISTRATION — DROIT
ÉTUDES COMPARÉES SUR LES CHEMINS DE FER ÉTRANGERS

PAR

ALFRED PICARD

Président de la Section des Travaux publics, de l'Agriculture, du Commerce et de l'Industrie au Conseil d'État

TOME PREMIER

APERÇU HISTORIQUE — RÉSULTATS GÉNÉRAUX
DE L'OUVERTURE DES CHEMINS DE FER — CONCURRENCE DES VOIES FERRÉES
ENTRE ELLES ET AVEC LA NAVIGATION
CONSTRUCTION ET EXPLOITATION PAR L'ÉTAT OU PAR LES COMPAGNIES

DÉPÔT LÉGAL
Vienne

PARIS
J. ROTHSCHILD, ÉDITEUR
13, RUE DES SAINTS-PÈRES, 13

1887

Droits réservés

TOME PREMIER

APERÇU HISTORIQUE

RÉSULTATS GÉNÉRAUX DE L'OUVERTURE DES CHEMINS DE FER

CONCURRENCE DES VOIES FERRÉES ENTRE ELLES
ET AVEC LA NAVIGATION

CONSTRUCTION ET EXPLOITATION PAR L'ÉTAT OU PAR
LES COMPAGNIES

TRAITÉ
DES CHEMINS DE FER

ÉCONOMIE POLITIQUE — COMMERCE — FINANCES
ADMINISTRATION — DROIT
ÉTUDES COMPARÉES SUR LES CHEMINS DE FER ÉTRANGERS

CHAPITRE Ier

APERÇU HISTORIQUE

1. Objet de l'aperçu historique. — Le but principal de cet ouvrage est de traiter des chemins de fer dans leurs rapports avec l'administration et avec le public. Cependant, pour bien mettre en relief la portée des principes et des faits qui y seront exposés et discutés, il nous a paru indispensable de le faire précéder d'un très court aperçu historique et économique; de rappeler à grands traits les origines, les transformations et les développements successifs de notre réseau; de retracer brièvement les phases par lesquelles est passé le régime des voies ferrées, avant de prendre son assiette actuelle; enfin d'indiquer, en quelques pages, l'influence exercée par les chemins de fer sur la fortune publique, la civilisation et la sécurité du pays. Le lecteur auquel cette entrée en matière semblerait trop sommaire pourra se reporter, pour de plus amples détails, aux ouvrages spéciaux qui ont été publiés sur l'histoire et sur l'utilité des chemins de fer et, notamment, à notre étude historique sur le réseau français.

2. Période de 1823 à 1832. — La première concession de chemin de fer en France remonte au 26 février 1823 : par ordonnance de cette date, MM. de Lur-Saluce et consorts furent autorisés à établir une ligne de 23 kilomètres entre Andrézieux et Saint-Étienne, pour l'exploitation du riche bassin houiller de cette région.

De 1823 à 1832 intervinrent quelques autres concessions, peu nombreuses et ne portant que sur des lignes d'ordre secondaire, qui étaient exclusivement affectées au transport des marchandises et presque toutes destinées à mettre des centres industriels en communication avec les voies navigables (Saint-Étienne à Lyon, 1826; Andrézieux à Roanne, 1828; Épinac au canal de Bourgogne, 1830; Toulouse à Montauban, 1831). La traction se faisait par chevaux. On ne se rendait encore aucun compte du rôle économique considérable que les chemins de fer étaient appelés à jouer et de l'influence prépondérante qu'ils devaient exercer plus tard sur le développement de la richesse publique.

Les caractères principaux des concessions faites pendant cette période d'enfantement étaient les suivants :

1° Perpétuité, sans aucune réserve de reprise éventuelle par l'État;

2° Concession par ordonnance royale, sans intervention du législateur;

3° Construction aux frais des concessionnaires, sans prêt, subvention ni garantie d'intérêt de l'État;

4° Simplicité extrême des tarifs, réduits à un prix unique pour toutes les marchandises, quelle qu'en fût la nature;

5° Chiffre élevé du prix des actions destinées à constituer le fonds social des Compagnies;

6° Réalisation des capitaux nécessaires au moyen d'actions, à l'exclusion de toute émission d'obligations;

7° Insuffisance des stipulations relatives au contrôle et aux pouvoirs de l'État sur la construction et l'exploitation.

3. Période de 1833 à 1841.— La période de 1833 à 1841 se caractérise surtout par une évolution profonde dans l'appréciation du rôle des chemins de fer, dont on commençait à pressentir toute l'influence économique et sociale, et par l'étude approfondie des graves problèmes que soulevait l'établissement de ces nouvelles voies de communication.

Tout d'abord, un fait considérable s'était produit en 1832 : la Compagnie concessionnaire du chemin de fer de Saint-Étienne à Lyon avait organisé sur cette ligne un transport de voyageurs et y avait essayé la traction par locomotives. On comprit dès lors que l'importance des voies ferrées comportait l'intervention du législateur.

Le Pouvoir législatif se substitua au Gouvernement, à partir de 1833, pour la déclaration d'utilité publique et la concession de toutes les lignes de quelque importance. Une loi du 27 juin 1833 mit à la disposition du Ministre des travaux publics un crédit de 500 000 fr. pour des études de chemins de fer. Les Pouvoirs publics renoncèrent d'ailleurs aux concessions perpétuelles, pour y substituer des concessions temporaires.

En 1835, le Gouvernement présenta, mais sans en obtenir l'adoption, un projet de loi relatif à un chemin de Paris à Rouen et au Havre et impliquant tout un système qui se résumait ainsi :

Exécution des lignes secondaires par l'industrie privée, sans subsides du Trésor ;

Exécution des lignes maîtresses par l'industrie privée, avec concours de l'État sous forme d'achat d'actions et, par suite, intervention de l'Administration dans les conseils des Compagnies.

L'année 1837 mérite une mention spéciale par l'allocation d'un subside, sous forme de prêt du Trésor, à la Compagnie concessionnaire des chemins de fer d'Alais à Beaucaire et d'Alais à Grand'Combe, et surtout par le débat solennel que provoqua le dépôt de divers projets de loi tendant à la concession des lignes de Paris à la Belgique, de Paris à Tours, de Paris à Rouen et au Havre, et de Lyon à Marseille. L'effort de ce débat porta principalement sur la question de savoir s'il y avait lieu de réserver à l'État la construction et l'exploitation des chemins de fer ou, au contraire, de les abandonner à l'industrie privée. Les partisans du premier système invoquaient, à l'appui de leur thèse, la nécessité pour l'État de conserver entre ses mains des voies de communication d'une telle importance au point de vue politique, gouvernemental et stratégique; de ne pas aliéner ses droits sur les tarifs; de ne pas constituer des féodalités, des monopoles, avec lesquels on ne tarderait pas à être obligé de compter, de ne pas provoquer l'agiotage et les crises financières auxquels pourrait donner lieu la constitution de sociétés nombreuses et puissantes. Les partisans du second système, au contraire, alléguaient que le devoir des Pouvoirs publics était d'encourager l'esprit d'initiative et d'association ; que l'exécution par l'État entraînerait des charges écrasantes pour les finances publiques; que l'Administration serait plus lente dans les travaux et qu'elle serait, en outre, incapable d'une exploitation commerciale; que le Gouvernement et les Chambres seraient en butte à toutes les compétitions, à toutes les rivalités, à toutes les sollicitations des diverses régions de la France et se trouveraient bientôt débordés par les demandes et les réclamations. Le débat roula aussi, mais accessoirement, sur la convenance de faire des concessions directes ou de procéder par adjudication, sur l'opportunité de prêter le concours du Trésor aux concessionnaires et sur la forme à attribuer à ce concours. L'hésitation fut telle sur ces diverses questions que la Chambre se sépara sans les résoudre.

A la suite de cet échec, le Ministre des travaux publics constitua, vers la fin de 1837, une Commission extraparlementaire composée de membres du Parlement, du Conseil d'État et de l'Administration, pour élaborer les problèmes si complexes dont il importait de poursuivre la solution et de saisir à nouveau les Chambres, en leur apportant les éléments d'appréciation qui pouvaient encore leur manquer.

Éclairé par les travaux consciencieux de cette Commission, le Gouvernement présenta à la Chambre des députés, en 1838, un programme, un classement et une proposition d'exécution par l'État de quatre grandes lignes, à savoir : celles de Paris à la Belgique, Paris au Havre (1re partie), Paris à Bordeaux (1re partie), et Lyon à Marseille (1re partie). La discussion qui s'était engagée en 1837 sur le choix à faire entre l'État et l'industrie privée se rouvrit, à cette occasion, avec une vivacité plus grande encore, et se termina, comme la précédente, par un échec pour le Gouvernement et aussi par un ajournement des chemins de fer pour lesquels nos rivaux nous devançaient de plus en plus.

Le Gouvernement, faisant taire ses préférences, revint alors à l'industrie privée. Diverses concessions furent ainsi accordées, mais ne tardèrent pas à péricliter sous le coup des spéculations insensées dont la Bourse était le théâtre, ainsi que des crises commerciale et politique. L'agiotage prit des proportions inouïes ; des mécomptes considérables se produisirent en même temps sur les évaluations primitives des dépenses de construction, et les actionnaires, pris d'une véritable panique, se refusèrent à faire leurs versements.

Dès 1839, il fallut venir en aide aux Compagnies, en tempérant les clauses de leurs cahiers des charges et en leur donnant des facilités d'exécution.

En 1840 et 1841, les Pouvoirs publics furent conduits à prêter aux concessionnaires un appui plus efficace encore, en dotant plusieurs d'entre eux de subsides pécuniaires. Une discussion fort intéressante eut lieu, à ce propos, sur le mode de concours le plus propre à encourager l'industrie, sans compromettre les intérêts du Trésor. Quatre systèmes furent examinés : ceux de la subvention pure et simple, du prêt, de la garantie d'intérêt et de la participation à titre d'actionnaire. De ces quatre systèmes, le dernier, vers lequel penchait le Gouvernement, pour la plupart des cas, fut écarté, à raison de l'ingérence qui devait en résulter pour l'État dans l'administration des Compagnies et de la responsabilité qu'il aurait ainsi assumée vis-à-vis des autres actionnaires. Le premier fut également repoussé comme entraînant un sacrifice sans compensation. Les deux autres restèrent seuls debout; la garantie d'intérêt, notamment, dont les principaux champions étaient MM. Dufaure et Berryer, et qui devait être si féconde en résultats, fut accordée à la Compagnie de Paris à Orléans.

Enfin, l'expérience qui venait d'être faite, des difficultés avec lesquelles les Compagnies avaient alors à lutter, détermina le Parlement à revenir, pour certaines lignes, à la construction par l'État.

Notons, pour ne rien omettre des faits saillants survenus pendant la période de 1833 à 1841, les travaux d'une Commission extraparlementaire constituée à la fin de 1839, qui servirent à préparer les décisions de 1840 et 1841, et surtout celles de 1842 auxquelles nous allons arriver.

Telle était la situation en 1841. Tout le monde reconnaissait la nécessité d'entrer plus avant dans la voie de la formation de notre réseau ; l'éducation du Parlement, du public, de l'Administration s'était faite dans les longs débats que nous avons mentionnés ; l'expérience des premiers chemins était venue éclairer la question au point de vue technique, économique, politique et commercial ; les opinions les plus opposées tendaient à se rapprocher et à se mettre d'accord sur une solution mixte faisant une juste part à l'industrie et à l'État.

Les cahiers des charges avaient, d'ailleurs, revêtu une forme beaucoup plus complète et plus satisfaisante. Les tarifs s'étaient divisés et avaient pu être fixés sur des bases plus certaines. Les statuts des Compagnies s'étaient perfectionnés; des garanties plus sérieuses étaient prises pour assurer le recouvrement des souscriptions.

Bref, tout faisait présager que l'on allait enfin entrer dans une voie nouvelle d'activité et de résultats.

Le développement des chemins de fer concédés était alors de 805 kilomètres ; l'État en construisait, en outre, 78 ; 573 kilomètres étaient livrés à l'exploitation.

Les sommes engagées s'élevaient à 274 millions ; la part de l'État dans ce chiffre était de 25 millions, non compris les prêts montant ensemble à 42 millions ; une garantie d'intérêt de 4 % avait été, de plus, accordée à la Compagnie d'Orléans, sur un capital de 40 millions.

Les dépenses effectuées atteignaient 179 millions, dont 3 230 000 fr. pour l'État et le surplus pour les Compagnies.

Vers la même époque, la situation des chemins de fer à l'étranger était la suivante :

Les États-Unis, peuplés par une nation jeune et vigoureuse, et n'ayant encore sur leur immense territoire que des voies de communication peu nombreuses, devaient, plus que tout autre pays, mettre à profit un mode de circulation si efficace pour la consolidation de l'unité nationale. Aussi le développement des chemins de fer livrés à la circulation ou en cours de construction y était-il de 15 000 kilomètres, dont 5 000 en exploitation.

L'Angleterre, qui avait à peu près complété son système de routes et de canaux, et qui, grâce à son commerce maritime, était parvenue à un haut degré de richesse et de prospérité, s'était également avancée d'un pas rapide et assuré dans la carrière. Elle avait arrêté le tracé de 3 800 kilomètres et entamé la construction de plus de 1 000 kilomètres.

Sur le continent, la Belgique était à la veille de l'achèvement de son premier réseau ; la Hollande, la Prusse, la Russie, les plus petits États de l'Allemagne suivaient ou se préparaient à suivre cet exemple ; l'Autriche elle-même, si prudente, si réservée en matière d'innovations, venait de décréter, sur son sol, l'établissement d'une série de lignes importantes.

4. Période de 1842 à 1848. — Nous venons de le voir, les pays étrangers, les petits États aussi bien que les grands, les nations riches comme celles dont les finances étaient peu prospères, entraient résolument dans la voie de la construction des chemins de fer. La France, que son génie avait presque toujours placée à l'avant-garde de la civilisation, ne pouvait pas rester en dehors de ce mouvement général et se laisser devancer plus longtemps, sans compromettre ses plus grands, ses plus chers intérêts. L'opinion publique manifestait hautement ses désirs à cet égard.

Le temps écoulé n'avait cependant pas été complètement perdu ; il avait permis de recueillir les enseignements précieux de l'expérience, et la France pouvait encore reprendre le rang qui lui appartenait, pourvu qu'elle sût se résoudre à une détermination virile, adopter un plan bien défini et poursuivre avec persévérance l'exécution de ce plan.

Le Gouvernement comprit la nécessité de soumettre un programme complet au Parlement. Sur quelles directions les chemins de fer seraient-ils ouverts? A quel régime seraient-ils soumis? Par quels moyens arriverait-on à les exécuter et à mettre le pays en possession des avantages qu'ils devaient produire ? Telles étaient les principales questions à résoudre.

Pour en trouver la solution, l'Administration s'était tout d'abord reportée à ce qui s'était fait pour les voies de terre.

Ces voies se divisaient alors en trois catégories, à savoir : les routes royales, les routes départementales et les chemins vicinaux. L'État s'était attribué le domaine et avait assumé les dépenses des routes royales, qui présentaient un intérêt général bien caractérisé; pour les routes départementales, dont l'intérêt était plus restreint, le domaine appartenait encore à l'État, mais les dépenses incombaient aux départements; quant aux chemins vicinaux, les communes en avaient la propriété et en supportaient les frais, sauf les secours que les départements consentaient à leur accorder. Cette distinction, en concentrant les ressources du Trésor sur les communications de premier ordre et celles des localités sur les communications secondaires, avait puissamment contribué à l'immense développement des voies de terre. Elle n'existait pas encore pour les voies navigables; mais elle entrait, à cet égard, dans les vues de l'Administration.

Le Gouvernement pensa que, pour imprimer une sage direction à ses efforts et pour tirer un utile parti de ses ressources, il fallait, dès l'origine, adopter un classement analogue pour les chemins de fer et chercher à reconnaître ceux qui avaient véritablement le caractère de lignes d'État, les autres devant être exécutées par les localités intéressées ou par l'industrie privée, avec le concours des départements, des communes et, le cas échéant, du Trésor.

Après un examen approfondi, le Ministre fut amené à considérer les chemins de Paris à la Belgique, à la Manche, à Marseille et à Cette, à Nantes et à Bordeaux, comme intéressant tout le royaume ou comme constituant des instruments nécessaires de l'autorité centrale. Le réseau ainsi formé devait, aux yeux du Gouvernement, permettre à la France d'accomplir les destinées auxquelles elle était appelée par sa situation géographique, lui assurer le transit du Levant et des Indes vers l'Angleterre et les pays du Nord, faire définitivement de Paris le rendez-vous de l'Europe entière. Mais, pour qu'il remplît complètement son rôle, les taxes devaient y être relativement modérées : aussi était-il nécessaire que l'État se chargeât, sinon de la totalité, du moins de la plus forte part des dépenses de construction.

Le système auquel s'arrêta le Gouvernement comportait :

La réalisation par l'État des acquisitions de terrains, mais avec prestation gratuite des deux tiers de ces terrains par les localités intéressées;

L'exécution par l'État des terrassements et des ouvrages d'art;

L'exécution de la superstructure, la fourniture du matériel roulant et l'exploitation par des Compagnies fermières, dont le bail devait être relativement court, afin de mettre l'État à même d'introduire, en temps utile, dans les tarifs les modifications nécessitées par les progrès et les besoins du commerce.

Ce système paraissait associer, dans une juste mesure, l'action gouvernementale et l'action industrielle; il mettait à la charge de l'État la partie la plus considérable et la plus aléatoire des dépenses et ne laissait au compte des Compagnies que les frais susceptibles d'être évalués avec le plus de précision. La contribution des localités pour les deux tiers des terrains se justifiait d'ailleurs par l'intérêt que devaient présenter pour elles les lignes appelées à les desservir : cette contribution devait être établie par département; le conseil général avait ensuite à la répartir entre les communes, en ayant égard aux circonstances, à la situation de ces communes, aux avantages dont elles jouiraient. L'Administration espérait, en outre, amener ainsi les jurys d'expropriation à maintenir leurs allocations dans de justes limites.

Le sacrifice de l'État était évalué à 150 000 fr. par kilomètre, soit à 400 millions au plus, pour le développement de 2 500 kilomètres qui était alors considéré comme un maximum : il n'était pas au-dessus de la fortune de la France et n'avait rien d'exagéré, relativement aux avantages matériels, moraux, commerciaux, industriels et stratégiques de la grande œuvre à laquelle les Chambres allaient être conviées. En assignant aux travaux une période de dix ans, il était facile d'y pourvoir au moyen de la dette flottante et de la réserve de l'amortissement.

Quant à la dépense à faire par l'industrie privée, elle était estimée à 125 000 fr. par kilomètre; les Compagnies devaient en être remboursées à dire d'experts, à la fin de leur bail.

Telles furent les bases du projet de loi que le Ministre des travaux publics déposa, au commencement de 1842, sur le bureau de la Chambre des députés.

A la suite d'une instruction et de discussions mémorables, auxquelles M. Dufaure prit une part prépondérante, comme rapporteur à la Chambre des députés, la loi fut votée avec quelques modifications. Elle prescrivait l'établissement de lignes : 1° de Paris sur la frontière de Belgique, par Lille et par Valenciennes; sur le littoral de la Manche; sur la frontière d'Allemagne, par Nancy et Strasbourg; sur la Méditerranée, par Lyon, Marseille et Cette; sur la frontière d'Espagne, par Tours, Bordeaux et Bayonne; sur le centre de la France, par Bourges; 2° de la Méditerranée sur le Rhin, par Lyon, Dijon et Mulhouse ; et de l'Océan sur la Méditerranée, par Bordeaux, Toulouse et Marseille. La combinaison financière et le système de construction et d'exploitation étaient conformes aux propositions du Gouvernement, si ce n'est que la loi stipulait explicitement la faculté d'y déroger par des concessions devant faire l'objet d'actes législatifs spéciaux.

Sans être parfaite et irréprochable, la loi du 11 juin 1842 constituait un immense progrès. Les Pouvoirs publics avaient attesté leur ferme résolution d'exécuter notre premier réseau de chemins de fer et déterminé un programme net et précis, aussi bien pour le classement que pour l'exécution ; l'élaboration de la loi avait provoqué une étude approfondie de la question et de brillantes discussions ; le pays allait enfin entrer dans une ère nouvelle et féconde.

Les travaux furent vigoureusement entamés ; les concessions se succédèrent rapidement. L'engouement pour les voies ferrées provoqua même une telle spéculation qu'il fallut l'enrayer par l'insertion de dispositions générales dans une loi du 15 juillet 1845, portant concession de la ligne de Paris à la frontière de Belgique. Ces dispositions, étudiées de manière à empêcher l'agiotage sans enchaîner la liberté indispensable aux opérations industrielles, sans nuire à la mobilisation des capitaux et à la facilité de circulation des titres, sans éloigner les ressources financières du pays de la grande œuvre des chemins de fer, déterminaient les conditions à remplir par les concurrents qui se présentaient aux adjudications, les règles relatives à la constitution et à la réalisation du capital social, l'indemnité à laquelle pourraient prétendre les fondateurs des Compagnies.

A la même date, intervint la loi organique sur la police des chemins de fer, qui édictait les mesures nécessaires à la conservation des voies ferrées et à la sûreté de la circulation, ainsi que les pénalités encourues par les concessionnaires coupables de contraventions de grande voirie. Cette loi fut complétée par un règlement d'administration publique du 15 novembre 1846. On ne peut qu'admirer la sagesse et la science dont ces deux actes fondamentaux portent l'empreinte ; bien que préparés à une époque où les chemins de fer étaient encore peu connus, ils ont pu subsister jusqu'à nos jours, sans que l'expérience ait révélé la nécessité de les remanier ; ils forment encore aujourd'hui un code excellent de la police des voies ferrées.

Le 19 juillet 1845, le législateur crut devoir abroger la partie de la loi du 11 juin 1842 qui mettait à la charge des départements et des communes les deux tiers des dépenses d'acquisition des terrains et bâtiments nécessaires à l'établissement des chemins de fer construits par l'Etat ; le recouvrement de cette contribution avait présenté les plus sérieuses difficultés et était même devenu à peu près impossible par le fait de la concession, sans subvention, d'un grand nombre de lignes appelées à desservir précisément les contrées les plus riches et les plus aptes à fournir un concours financier.

En 1847, il se produisit une crise commerciale et financière qui eut nécessairement son contre-coup sur nos grands travaux publics et sur laquelle vint, en outre, se greffer la crise politique de 1848.

5. **Période de 1848 à 1851.** — La désorganisation du personnel, l'interruption momentanée du service, la diminution des produits, la dépréciation des actions compromirent la situation d'un certain nombre de Compagnies, dont les lignes étaient déjà livrées à la circulation, et créèrent à celles qui n'étaient pas encore entrées dans la période d'exploitation les plus graves embarras pour la réalisation des ressources nécessaires à la continuation des travaux.

D'autre part, la modification dans la forme du Gouvernement avait eu pour corollaire une transformation dans ses idées économiques. La Commission exécutive considérait l'institution des Compagnies comme trop imprégnée de l'esprit aristocratique pour survivre à la monarchie; elle pensait que Louis-Philippe avait fait surtout une œuvre politique, en concentrant entre les mains de quelques hommes dévoués toutes les richesses mobilières disponibles dans le pays ; elle estimait que le nouveau régime avait le devoir impérieux de reprendre et de garder le dépôt de la puissance publique ainsi aliéné, de ne pas laisser soustraire à son action toute une armée d'employés et de travailleurs, de ne pas s'exposer à voir administrer nos voies ferrées par des capitalistes étrangers, de remettre le règlement des tarifs entre les mains de l'autorité supérieure, impartiale et fidèle gardienne de l'intérêt public, de ne plus tolérer que la production et la consommation restassent subordonnées à la volonté de sociétés investies d'un puissant monopole, de ranimer le travail, de réprimer les écarts de la spéculation et de faire refluer les capitaux du jeu vers l'agriculture, l'industrie et le commerce. La Commission présenta donc un projet de rachat général. Pour la plupart des chemins, l'Etat devait assurer le service des emprunts et payer, en outre, une indemnité réglée sur le cours moyen des actions à la Bourse de Paris, pendant les six derniers mois.

Ce projet de loi n'aboutit pas ; mais les menaces de rachat qui avaient pesé sur les Compagnies avaient encore aggravé le mal dont elles souffraient. Il fallut mettre sous séquestre les chemins de Paris à Orléans, de Bordeaux à La Teste, de Marseille à Avignon et de Paris à Sceaux;

reprendre la ligne de Paris à Lyon ; venir en aide aux Compagnies d'Orléans à Bordeaux et de Tours à Nantes, en prolongeant leurs concessions et en les déchargeant de diverses obligations inscrites dans leur contrat primitif.

Quant à la constitution de Compagnies nouvelles, elle était à peu près irréalisable. Aussi la seule concession faite de 1848 à 1851 fut-elle celle du chemin de Paris à Rennes. D'un autre côté, le Trésor était trop obéré et les sources des revenus publics trop atteintes pour que l'État pût engager par lui-même de grandes entreprises.

La période du 24 février 1848 au 2 décembre 1851 fut, par suite, fort peu productive. Le développement du réseau d'intérêt général concédé ou réservé à l'État, qui était de 4 704 kilomètres à la fin de 1847, ne s'accrut que de 246 kilomètres ; la longueur des chemins concédés tomba de 4 042 kilomètres à 3 901 kilomètres ; toutefois, l'exploitation put s'étendre de 1 832 kilomètres à 3 554 kilomètres, dont 383 kilomètres placés entre les mains de l'État.

Les dépenses de construction s'élevaient, d'ailleurs, à 1 472 000 000 fr. au 31 décembre 1851 :

580 000 000 fr. imputés sur les fonds du budget;
868 000 000 fr. fournis par les Compagnies ;
24 000 000 fr. fournis par divers.

Total pareil : 1 472 000 000 fr.

Au point de vue économique, ces quatre années furent marquées par une lutte très ardente entre les partisans du maintien des voies ferrées sous l'action directe et immédiate du Gouvernement et les partisans de l'industrie privée : les Pouvoirs publics, après s'être tout d'abord montrés assez favorables au premier système, se prononcèrent finalement pour le second.

Notons encore une enquête fort intéressante du Conseil d'État sur les tarifs.

6. **Période de 1852 à 1858**. — Le coup d'État du 2 décembre 1851 nous fait entrer dans une nouvelle période, pendant laquelle le réseau se développa rapidement ; au régime des lois se substitua, sinon exclusivement, du moins pour une large part, le régime des décrets.

Dès l'origine, le gouvernement impérial porta à 99 ans la durée des concessions : cette mesure eut, à côté de ses inconvénients incontestables, l'avantage de relever le crédit des Compagnies, d'asseoir leurs opérations sur une base plus large et plus solide, de réduire notablement la quote-part de leurs bénéfices à affecter annuellement à l'amortissement de leurs capitaux, de leur assurer dans l'avenir des plus-values certaines et considérables, et de leur permettre par suite d'adjoindre à leur réseau des lignes peu productives, du moins au début.

En même temps, le Gouvernement favorisa la réunion, la fusion des Compagnies, afin de constituer des sociétés fortes et puissantes, n'ayant pas à craindre de concurrence pour leurs lignes principales, maîtresses de tout le trafic susceptible d'affluer sur ces lignes, n'ayant point à redouter de voir tarir la source la plus abondante de leurs revenus et pouvant en conséquence consacrer leurs excédents de produit net et leurs plus-values à l'établissement de chemins secondaires, que des sociétés indépendantes eussent hésité à entreprendre, à raison de l'insuffisance présumée de leur rendement. Cette fusion avait, en outre, aux yeux du Gouvernement, l'avantage d'accroître l'unité et l'homogénéité du service, d'éviter les transbordements et de diminuer les frais généraux.

A côté de ces réformes d'ensemble, nous devons une mention spéciale aux faits suivants :

Fin de 1851. — Concession du chemin de ceinture de Paris, rive droite, au syndicat des grandes Compagnies.

1852. — Concession du chemin de Bordeaux à Cette et du canal latéral à la Garonne. — Le chemin de Bordeaux à Cette, concédé par une loi du 17 juin 1846, avait été abandonné par la Compagnie concessionnaire, dont la déchéance avait été prononcée en 1847. Depuis, plusieurs propositions avaient été faites au Gouvernement pour l'exécution totale ou partielle de cette ligne; elles avaient toutes un point commun : les précautions à prendre contre la concurrence du canal latéral à la Garonne. Parmi les Compagnies qui sollicitèrent la concession, la plupart demandaient, à cet effet, la remise simultanée, entre leurs mains, du canal et du chemin de fer; quelques-unes allaient même jusqu'à solliciter la destruction de la voie navigable et son utilisation pour l'assiette de la voie ferrée. Le Gouvernement refusa de souscrire à la suppression du canal ; mais il crut pouvoir consentir à la réunion des deux voies pour en faire l'objet d'une concession unique, mettant ainsi obstacle à une lutte dont l'État aurait fait les frais par l'augmentation de sa subvention à la voie ferrée ou le jeu de la garantie d'intérêt ; il jugea possible d'éviter l'exagération des tarifs du chemin de fer, en stipulant des taxes réduites pour le péage sur le canal. Sa proposition fut adoptée, à la presque unanimité, par le Corps législatif. Ainsi s'accomplit un acte, qui depuis a été si sévèrement jugé et que nous considérons nous-même comme une faute économique, malgré les circonstances atténuantes dans lesquelles il fut consommé.

1853. — Concession du Grand Central.

1855. — Concessions nouvelles à la Compagnie du Grand Central.

1857. — Cession du Grand Central aux Compagnies de Lyon et d'Orléans. — Ce réseau était tributaire de la Compagnie d'Orléans, à laquelle il se soudait à Coutras et à Limoges; de celle de Paris à Lyon, avec laquelle il était en contact à Saint-Germain-des-Fossés ; de celle du Midi, qu'il touchait à Agen et à Montauban. Sa participation à la ligne du Bourbonnais ne lui assurait, de ce côté, qu'une influence qui s'effaçait nécessairement devant celle des deux autres Compagnies intéressées dans l'exploitation de ce chemin. Par une exception inhérente à sa configuration, il n'avait pour tête de ligne ni Paris, ni même une ville de premier ordre ; il n'aboutissait ni à la mer, ni aux frontières ; il n'était point né dans des conditions de nature à assurer sa vitalité. Sa création était surtout issue du désir de doter de voies ferrées des départements jusqu'alors à peu près déshérités, et cela au moment où les autres Compagnies étaient absolument surchargées de travaux. Aussi, la Société du Grand Central s'était-elle bientôt trouvée aux prises avec des difficultés insurmontables pour contracter les emprunts qui lui étaient indispensables, et s'était-elle vue dans l'obligation de rétrocéder son entreprise et de liquider sa situation.

Concessions nouvelles aux diverses Compagnies. — Faites sans subvention ni garantie d'intérêt, ces concessions portaient sur 3 684 kilom. Le Gouvernement en profitait pour imposer aux Compagnies du Nord, de Paris à Orléans, de Paris-Lyon-Méditerrannée et du Midi de nouveaux cahiers des charges, rédigés sur un type uniforme.

Enquête importante sur les moyens d'assurer la régularité et la sûreté de l'exploitation. — Cette enquête fut confiée à une Commission administrative instituée sous la présidence du Ministre des travaux publics, à la suite de graves accidents survenus à la fin de 1853.

1858. — Affermage du canal du Midi à la Compagnie du chemin de fer du Midi. — Dès la constitution de la Compagnie du chemin de fer du Midi, la Compagnie du canal, prévoyant la concurrence qu'elle aurait à subir, s'était préparée à la lutte; elle avait contracté un emprunt pour mettre en parfait état la voie navigable et abaissé les tarifs qu'elle avait perçus antérieurement, depuis l'ouverture du canal latéral à la Garonne. Mais le chemin de fer ayant, par des abaissements analogues, attiré une notable partie du trafic, cette Compagnie avait vu ses recettes atteintes tout à la fois par la réduction de la circulation et par celle des prix; elle s'était dès lors trouvée dans la nécessité de conclure, avec la Société concessionnaire du chemin de fer, un traité de rétrocession pour 99 ans. Ce traité, successivement soumis aux délibérations du Comité des chemins de fer et à celles du Conseil d'État, avait été repoussé, par ce double motif qu'il ne contenait, au point de vue des tarifs, aucune stipulation contre l'abus du monopole et qu'un bail de 99 ans était trop long pour permettre d'en apprécier les conséquences économiques. La lutte avait donc continué, mais dans des conditions désastreuses pour le canal. Sur de nouvelles instances de la Compagnie du canal du Midi, l'Administration consentit à reprendre l'examen de l'affaire. Après une étude attentive, elle pensa que, si la concurrence entre deux voies latérales était désirable et possible, quand il existait une masse de transports suffisante pour les alimenter et les faire vivre simultanément, il n'en pouvait être de même quand la matière manquait à cette double circulation, ce qui lui paraissait être le cas dans l'espèce. D'un autre côté, la moitié environ des actions du canal appartenait à des dotataires de l'Empire, dont le Gouvernement tenait à sauvegarder les intérêts sérieusement menacés. Aussi le traité fut-il approuvé, mais pour une durée de 40 années seulement. Les taxes du canal du Midi étaient abaissées et celles du canal latéral à la Garonne relevées. Cette accession du canal du Midi au chemin de fer complétait la mesure prise antérieurement pour le canal latéral à la Garonne et en aggravait les inconvénients pour les populations de la région du Midi.

Dans les derniers mois de l'année 1857, une crise financière remarquable par son caractère de généralité avait éclaté et s'était étendue sur toutes les places de commerce, où elle avait bientôt déterminé une crise commerciale. Le marché des chemins de fer, qui, après 1852, avait inspiré tant de confiance et montré tant de fermeté, en ressentit nécessairement le contre-coup: l'atteinte ainsi portée au crédit des Compagnies fut d'autant plus grave que la diminution des transports réduisait notablement les recettes. La dépréciation des actions fut considérable. Celle des obligations ne le fut pas moins; l'émission de ces titres devint pénible et ne se fit qu'à des conditions fort onéreuses.

L'opinion publique, toujours prête à aller au delà de la vérité, crut voir, dans la dépression temporaire des produits des voies ferrées, le commencement d'une ère de décadence et de désastres. Elle admit que les Compagnies avaient assumé des charges au-dessus de leurs forces, en acceptant, sans subvention ni garantie d'intérêt, la concession d'un ensemble de lignes secondaires d'une grande étendue, d'une dépense considérable et d'un revenu incertain ; que ces nouvelles lignes étaient, pour les anciens réseaux, une cause irrémédiable et permanente de dépréciation; que les actions devaient continuer à baisser indéfiniment; que les obligations elles-mêmes ne trouveraient bientôt plus de placement; et qu'ainsi la propriété des Compagnies et l'achèvement du réseau seraient à la fois compromis.

Menacées dans leur œuvre et dans leur existence, les Compagnies s'adressèrent au Gouvernement et sollicitèrent la révision de leurs contrats.

Dès 1858, une note ainsi conçue parut au *Moniteur* : « L'opinion pu-
« blique s'est préoccupée, dans ces derniers temps, des réclamations que
« la réunion des grandes Compagnies de chemins de fer a adressées au
« Gouvernement. Ces réclamations ont été accueillies avec le bienveillant
« intérêt que l'Empereur a toujours montré et continue à porter à ces
« grandes entreprises.

« La principale de ces demandes avait pour but le retrait de la loi
« votée l'année dernière sur les valeurs mobilières. Cette loi, présentée
« conformément au vœu du Corps législatif, n'a été votée qu'après une
« discussion approfondie. Elle est d'une date trop récente pour qu'on
« puisse se former une opinion définitive sur son application et sur ses
« résultats. Quant aux autres demandes relatives à des points spéciaux,
« les réclamations des Compagnies seront examinées avec la sollicitude
« qu'inspirent au Gouvernement des entreprises dont le succès est si inti-
« mement lié à la prospérité générale, et le Ministre des Travaux publics
« s'est déjà mis en rapport avec les Compagnies. »

C'est dans ces conditions que furent élaborées les Conventions de 1859, qui firent époque dans l'histoire des chemins de fer et dont nous allons indiquer les dispositions.

Mais, auparavant, nous devons résumer les progrès accomplis de 1852 à 1858.

	SITUATION	
	à la fin de 1851	à la fin de 1858
Développement des chemins de fer d'intérêt général concédés définitivement	(1) 3.918 km.	14.250 km.
Développement des chemins de fer d'intérêt général concédés éventuellement	»	1.831
TOTAL	3.918	16.081
Développement des chemins de fer d'intérêt général déclarés d'utilité publique et non concédés	1.049	»
TOTAL	4.967	16.081
Développement des chemins de fer industriels	77	93
TOTAL	5.044	16.174
Développement des chemins de fer d'intérêt général en exploitation	3.554	8.681
Développement des chemins de fer industriels en exploitation	73	89
TOTAL	3.627	8.770
Dépenses faites par l'État pour les chemins d'intérêt général	579 millions	771 millions
Dépenses faites par les Compagnies pour les chemins d'intérêt général	871 —	3.344 —
Dépenses faites par divers pour les chemins d'intérêt général	1 —	9 —
TOTAL	1.451 —	4.124 —
Dépenses à faire par l'État pour les chemins d'intérêt général	278 millions	457 millions
Dépenses à faire par les Compagnies pour les chemins d'intérêt général	196 —	1.900 —
Dépenses à faire par divers pour les chemins d'intérêt général	3 —	18 —
TOTAL	477 —	2.375 —

7. **Période de 1859 à 1870.** — Nous avons fait connaître les difficultés avec lesquelles les Compagnies se trouvaient aux prises. Tout en proclamant qu'au point de vue du droit strict ces sociétés n'avaient rien à réclamer, qu'elles avaient librement accepté leurs concessions nouvelles, et que, si ces concessions faisaient peser sur elles de lourdes charges, elles les prémunissaient, en revanche, contre des concurrences redoutables, le Gouvernement ne crut pas devoir repousser leur demande. Le crédit public était, en effet, étroitement uni à celui des grandes Compagnies qui s'étaient

(1) Y compris le chemin de fer de ceinture (rive droite), concédé le 11 décembre 1851.

associées à l'État pour l'accomplissement d'une œuvre d'utilité publique, et dont les titres, répartis entre une multitude de mains et créés le plus souvent avec la garantie du Trésor, formaient une partie notable de la richesse du pays.

De nombreux précédents pouvaient justifier cette détermination. En effet, la Compagnie du chemin de fer d'Orléans s'était fait exonérer, en 1840, d'une partie de ses charges et avait obtenu la garantie d'un minimum d'intérêt; vers la même époque, l'État avait prêté plus de 12 millions à la Compagnie de Strasbourg à Bâle; en 1847, le Gouvernement avait rendu une partie de leur cautionnement aux deux Compagnies de Bordeaux à Cette et de Lyon à Avignon, qui renonçaient à leur concession; en 1848, le Trésor avait remboursé, en rentes sur l'État, les sommes versées par les actionnaires de la Compagnie de Paris à Lyon, qui était dans l'impossibilité de continuer ses travaux; en 1850, les Compagnies d'Orléans à Bordeaux et de Tours à Nantes avaient fait décider la prorogation de leurs concessions et la décharge d'une partie de leurs obligations; enfin, en 1852, l'Empire avait pris une mesure générale consistant à reculer à 99 ans le terme des contrats.

En 1859, deux systèmes pouvaient être adoptés pour venir en aide aux Compagnies et consolider leur crédit, à savoir : d'un côté, la suppression ou l'ajournement indéfini, dans chaque réseau, des lignes présumées les moins productives; de l'autre, une garantie d'intérêt convenablement combinée, et, dans le cas exceptionnel où la mesure serait jugée indispensable, l'intervention de l'État, soit au moyen de subventions, soit au moyen de travaux payés sur les fonds du Trésor.

Il n'était guère possible de s'arrêter au premier système, étant données les promesses faites aux populations et l'impatience avec laquelle la réalisation en était attendue. Restait le second système, dont la garantie d'intérêt constituait le principal élément; le Gouvernement l'adopta pour ce motif, que la garantie substituait le paiement éventuel d'un intérêt à celui d'un capital, qu'elle fonctionnait précisément dans la mesure de l'insuffisance des produits, et que d'ailleurs, jusqu'alors, tout en offrant aux Compagnies un appui moral très utile à leur crédit, elle n'avait imposé aucun sacrifice au Trésor.

Le taux de cette garantie, qui avait varié lors de l'institution des diverses concessions antérieures, fut fixé à 4 % pendant cinquante ans; on y ajouta l'amortissement calculé au même taux et pour la même durée, ce qui le porta à 4,65 % ou, plus exactement, 4,655 %.

On dut ensuite se demander s'il y avait lieu de l'appliquer à l'ensemble des réseaux ou seulement aux lignes récemment concédées, c'est-à-dire à la partie la moins productive de ces réseaux. La première solution n'eût pas apporté une amélioration réelle au crédit des Compagnies; la seconde seule était de nature à remédier à la situation ; elle avait, du reste, déjà reçu une application, pour les lignes du Grand Central rétrocédées à la Compagnie d'Orléans et pour les lignes des Pyrénées concédées à la Compagnie du Midi.

Les concessions de chaque Compagnie furent donc divisées, au point de vue de la garantie d'intérêt, en deux groupes distincts, désignés sous les noms d'*ancien* et de *nouveau réseau* ; seules, les lignes du nouveau réseau jouissaient du bénéfice de la garantie.

Mais, comme les chemins du nouveau réseau étaient, en général, des affluents de ceux de l'ancien réseau et leur apportaient des voyageurs et des marchandises, il était juste que l'ancien réseau contribuât, dans une certaine mesure, à l'exécution et à l'exploitation du nouveau. Il sembla donc nécessaire de stipuler que toute la portion du produit net de l'ancien réseau qui dépasserait un certain chiffre kilométrique se *déverserait* sur le nouveau réseau et viendrait couvrir, jusqu'à due concurrence, l'intérêt garanti par l'État.

Ce revenu réservé à l'ancien réseau était calculé de manière : 1° à assurer aux actions un dividende fixe, basé sur le revenu des dernières années ; 2° à pourvoir au service des obligations afférentes à ce réseau ; 3° à fournir un appoint de 1,10 % nécessaire pour compléter, avec le taux garanti de 4,65 %, l'intérêt et l'amortissement effectifs des emprunts contractés pour l'exécution du nouveau réseau.

Cette combinaison atténuait les risques du Trésor, neutralisait la tendance que les Compagnies pouvaient avoir à favoriser le trafic de certaines lignes de l'ancien réseau au détriment des lignes du nouveau réseau et restituait, en outre, à ce dernier une partie des bénéfices indirects résultant de sa construction.

Les sommes que l'État pouvait être appelé à verser, à titre de garant, devaient lui être remboursées, avec les intérêts à 4 %, dès que les produits du nouveau réseau auraient dépassé l'intérêt garanti et à quelque époque que cet excédent se produisît.

L'origine de la garantie était fixée au 1er janvier 1864 pour la Compagnie de l'Est et au 1er janvier 1865 pour les autres Compagnies.

Si, à l'expiration de la concession, l'État était créancier de la Compagnie, le montant de sa créance devait « être compensé, jusqu'à due concur« rence, avec la somme due à la Compagnie pour la reprise du matériel, « s'il y avait lieu, aux termes de l'article 36 du cahier des charges ».

En compensation des avantages qui leur étaient accordés, les Compagnies s'engageaient à partager avec l'État, à partir de 1872, la partie de leurs revenus qui excèderait un chiffre déterminé. Ce chiffre correspondait, en général, à 6 °/₀ des dépenses du nouveau réseau et à 8 °/₀ des dépenses de l'ancien.

Des conventions furent conclues sur ces bases avec les grandes Compagnies et ratifiées par une loi du 11 juin 1859.

La situation générale des entreprises pouvait se résumer comme le montre le tableau suivant :

COMPAGNIES	LONGUEURS					DÉPENSES.				
	Ancien réseau.	Nouveau réseau.	Totales.	En exploitation au 1er février 1859.	En construction ou à construire.	Faites au 31 décembre 1857.	A faire au 1er janvier 1858.	Totales.	Ancien réseau.	Nouveau réseau.
	km.	km.	km.	km.	km.	millions	millions	millions	millions	millions
Orléans	1.764	2.162	3.926	1.733	2.193	517	743	1.260	445	815
P.L.M.-Dauphiné	1.834	2.496	4.330	2.165	2.165	886	974	1.860	735	1.125
Nord	967	618	1.585	925	660	350	253	603	403	200
Est-Ardennes	985	1.365	2.350	1.767	583	578	254	832	310	522
Ouest	1.192	1.112	2.304	1.183	1.121	412	340	752	461	291
Midi	798	825	1.623	794	829	205	166.5	371.5	239.5	132
Cies diverses	234	»	234	134	100	52	19.5	71.5	71.5	»
Totaux	7.774	8.578	16.352	8.701	7.651	3.000	2.750	5.750	2.665	3.085
A déduire les dépenses de la campagne de 1858							250			
RESTE							2.500			

Les subventions (non comprises dans les chiffres ci-dessus) étaient, avant les conventions, de 910 millions, dont 746 soldés et 164 à payer dans une période de dix années, en numéraire ou sous forme d'obligations d'État. Cette somme s'appliquait, jusqu'à concurrence de 732 millions aux anciens réseaux et de 178 millions aux nouveaux réseaux ; elle correspondait à près de 100 000 fr. par kilomètre pour les anciennes lignes et à 20 000 fr. environ pour les nouvelles lignes.

Les conventions de 1859 portaient à 215 millions, soit 25 000 fr. par kilomètre, la subvention afférente aux nouveaux réseaux.

Quant à la dépense à la charge des Compagnies, elle devait atteindre, en moyenne, 350 000 fr. par kilomètre.

La Commission du Corps législatif évaluait à 28 000 fr. le produit net kilométrique de l'ancien réseau et à 7 000 fr. celui du nouveau réseau ;

elle estimait, par suite, à 83 millions le maximum des charges annuelles que le fonctionnement de la garantie d'intérêt ferait peser sur l'État; mais elle admettait que cette charge se réduirait rapidement par le fait du développement du trafic et par la réalisation d'économies dans les dépenses.

Malgré les concessions de 1859, de vastes espaces étaient encore dépourvus de chemins de fer, non seulement en exploitation, mais même en construction ou en projet. Sur certains points, les difficultés topographiques justifiaient cette situation; sur d'autres, au contraire, il n'existait pas d'obstacles naturels, et les populations y attendaient avec d'autant plus d'impatience le bienfait des nouvelles voies de communication que leurs produits se trouvaient dans une situation d'infériorité incontestable vis-à-vis des contrées plus favorisées. Pour certains ports de mer, c'était une véritable question de vie ou de mort que d'être pourvus de débouchés vers l'intérieur. D'autre part, les lignes concédées à titre définitif rayonnaient presque toutes de Paris et de certains grands centres et manquaient de communications transversales dont la nécessité s'imposait absolument. Enfin, la réforme économique récemment réalisée exigeait que les droits protecteurs fussent, autant que possible, compensés par un abaissement du prix de transport des matières premières et du combustible destinés à alimenter les fabriques et les usines. La construction d'un réseau complémentaire était donc indispensable à tous les points de vue.

Mais l'établissement des nouvelles lignes soulevait les difficultés financières les plus sérieuses; leurs produits directs devaient être peu rémunérateurs et il fallait s'attendre à de grandes résistances de la part des Compagnies, qui ne voulaient pas voir diminuer le dividende assuré à leurs actionnaires. L'État, qui avait aliéné entre leurs mains, pour près d'un siècle, les meilleures lignes, était à peu près complètement à leur discrétion pour la construction et l'exploitation de tronçons trop disséminés, trop découpés pour faire l'objet d'entreprises distinctes. Leurs prétentions furent telles que le législateur dut déclarer d'utilité publique et autoriser l'Administration à entreprendre un grand nombre de chemins, en attendant que la concession pût en être réalisée dans des conditions acceptables pour l'État.

Ces chemins ne tardèrent pas cependant à être concédés, soit aux grandes Compagnies, soit à des Compagnies nouvelles.

Des conventions furent conclues en 1863 avec les Compagnies de l'Est, de l'Ouest, d'Orléans, de Paris-Lyon-Méditerranée et du Midi. Ces conventions modifiaient la répartition des lignes entre l'ancien et le nouveau réseau et ajoutaient des chemins à ce dernier. L'État s'engageait à payer des subventions considérables; mais il se réservait de les acquitter, soit en seize termes semestriels égaux, soit en quatre-vingt-dix annuités représentant l'intérêt et l'amortissement du capital au taux de 4,50 %, de manière à éviter la création de titres nouveaux, à échelonner sur une longue période les dépenses extraordinaires afférentes à l'accroissement du réseau national et à élargir ainsi le cadre de ce réseau, sans surcharger les budgets annuels. Les trois Compagnies de l'Est, de l'Ouest et du Midi ayant éprouvé de graves mécomptes sur leurs évaluations antérieures et ayant vu tous leurs calculs à cet égard absolument déjoués, les contrats conclus avec elles révisaient ces évaluations et élevaient les maxima assignés, soit au capital entrant en ligne de compte dans la fixation du revenu réservé, soit au capital garanti par l'État; mais, en revanche, le revenu attribué aux actionnaires avant déversement était réduit, du moins pour les Compagnies de l'Est et de l'Ouest. Certaines améliorations dans les conditions du partage des bénéfices étaient stipulées au profit du Trésor. Une 4e classe, à prix relativement réduit et à base décroissante, était ajoutée au tarif pour les marchandises pondéreuses, notamment pour les houilles et les engrais.

La Compagnie du Midi avait présenté en 1861 des offres pour la construction d'une ligne directe de Cette à Marseille et soulevé ainsi une question d'autant plus grave qu'elle touchait non seulement aux intérêts de la Compagnie de Paris à Lyon et à la Méditerranée, déjà concessionnaire d'une ligne réunissant Cette à Marseille, mais encore aux principes qui avaient, jusqu'alors, présidé à la distribution des réseaux. Sans contester qu'un moment pourrait venir, où le développement de la richesse publique et les exigences nouvelles d'une production industrielle plus avancée rendraient nécessaire ou profitable l'établissement de lignes rivales, sans contester qu'il pût être indispensable de réduire dans certains cas le trafic des chemins préexistants, par l'ouverture de chemins nouveaux destinés à donner satisfaction à de légitimes intérêts, le Gouvernement pensa que le principe de la concurrence ne pouvait recevoir une application immédiate et utile à la construction du réseau français, qu'il jetterait l'inquiétude parmi les nombreux porteurs de titres constituant une part considérable de la fortune publique, qu'il amoindrirait le crédit des Compagnies et qu'il compromettrait l'exécution de lignes décidées depuis longtemps et attendues avec une vive et juste impatience. Le Corps législatif partagea l'appréciation du Ministre des travaux publics et ratifia la détermination à laquelle il s'était arrêté : la Compagnie de Paris-Lyon-Méditerranée avait d'ailleurs, afin d'éviter l'intrusion de la Compagnie du Midi dans son champ d'action, consenti divers engagements pour faciliter les communications entre Cette et Marseille.

Nous avons à signaler, vers la même époque :

— la formation des Compagnies des Dombes, des Charentes et de la Vendée;

— une convention avec la Compagnie Victor-Emmanuel, dont la concession était partiellement englobée dans le territoire annexé à la France lors de la cession de la Savoie par l'Italie;

— la rétrocession à la Compagnie de Paris-Lyon-Méditerranée des chemins algériens, précédemment concédés à une Société qui se voyait dans l'impossibilité de mener à bonne fin son entreprise;

— enfin une grande enquête que dirigea M. Michel Chevalier et dont les investigations portèrent sur la vitesse des trains, sur la sécurité de l'exploitation, sur le bien-être à assurer aux voyageurs, sur la responsabilité des Compagnies pour le transport des marchandises, sur diverses questions relatives aux tarifs, sur les frais de magasinage, sur le factage et le camionnage, et sur les conditions de construction et d'exploitation des lignes d'intérêt général et des lignes d'intérêt local.

A la fin de 1863, le développement des chemins de fer d'intérêt général de la Métropole s'élevait à 20 684 kilomètres, dont 19 315 kilomètres concédés définitivement, 1 358 concédés éventuellement et 11 déclarés d'utilité publique, mais non concédés. 12 037 kilomètres étaient livrés à l'exploitation. Les dépenses faites par l'État, les Compagnies et les localités dépassaient déjà six milliards.

En 1864, nous n'avons à noter que la constitution des Compagnies d'Orléans à Châlons-sur-Marne et de Lille à Valenciennes.

L'acte capital de l'année 1865 fut la loi du 12 juillet sur les chemins de fer d'intérêt local. Un mouvement considérable s'était produit au sein des Conseils généraux, pendant le cours de la session de 1864, pour réclamer l'exécution de lignes secondaires. L'État ne pouvait faire pour ces lignes les mêmes sacrifices que pour les chemins plus importants établis ou concédés antérieurement. Il avait, en effet : 1° à pourvoir aux charges d'une garantie d'intérêt qui devait nécessiter l'inscription annuelle au budget d'un crédit de 40 à 50 millions; 2° à acquitter, pendant une longue période, des annuités de subventions montant à plus de 18 millions; 3° à dépenser un capital de 75 millions environ, pour la construction de l'infrastructure des lignes pyrénéennes et pour le concours promis aux Compagnies des Charentes, de la Vendée, des Dombes et de Perpignan à Prades. Le Gouvernement pensa qu'il convenait de revenir au principe inscrit dans divers actes législatifs concernant l'exécution des travaux publics, et notamment dans la loi du 16 septembre 1807, le décret du 16 décembre 1811 sur les routes, la loi du 31 mai 1836 sur les chemins vicinaux, enfin la loi du 11 juin 1842 sur les chemins de fer, c'est-à-dire de recourir à un système qui fît converger les ressources des départements, des communes, des propriétaires et des intéressés. Il avait d'ailleurs, pour le guider dans cette voie, l'expérience récente faite, avec le plus grand succès, par le département du Bas-Rhin, qui avait appliqué à l'exécution d'un réseau départemental les ressources de la vicinalité, et les dispositions de la loi du 21 mai 1836. Il avait, en outre, l'avis de la Commission d'enquête présidée par M. Michel Chevalier, qui avait conclu à la constitution d'une nouvelle catégorie de chemins de fer économiques, construits et exploités dans des conditions de simplicité appropriées à leur rôle modeste et restreint. Sur son initiative, le Corps législatif créa les *chemins de fer d'intérêt local*. Ces lignes devaient être de peu de longueur, relier exclusivement des localités secondaires aux grands réseaux, ne traverser ni faîtes ni grandes vallées, n'avoir qu'un trafic peu considérable, ne comporter qu'un petit nombre de trains, épouser la forme du terrain, être établis à voie étroite si le terrain présentait quelque difficulté, jouir d'une certaine liberté pour l'organisation du service. Elles étaient placées entre les mains des départements ou des communes, l'autorité supérieure n'intervenant que pour en prononcer la déclaration d'utilité publique et en autoriser l'exécution; les ressources créées par la loi du 21 mai 1836 pouvaient être affectées, en partie, à la dépense. La loi prévoyait l'allocation de subventions sur les fonds du Trésor, jusqu'à concurrence de la moitié ou du quart du contingent des localités, suivant la valeur du centime additionnel aux quatre contributions directes dans les départements.

Nous avons à relater aussi en 1865 : 1° des réclamations très vives, mais infructueuses, au sujet de la réunion des chemins de fer et des canaux du Midi; 2° la concession du chemin de fer de Ceinture de Paris (rive gauche) à la Compagnie de l'Ouest.

Le seul fait à noter en 1866 est la cession du Victor-Emmanuel à la Compagnie de Paris Lyon-Méditerranée; ce réseau secondaire restait absolument distinct du réseau principal, au point de vue des rapports financiers entre l'État et la Compagnie.

En 1868 et 1869, des remaniements importants furent apportés, sinon au principe, du moins aux détails des conventions de 1859 et 1863 avec les grandes Compagnies. Des concessions nouvelles étaient attribuées à ces Compagnies, avec des subventions représentant en général les dépenses d'infrastructure et fournies, soit en argent, soit sous forme de travaux; ces subventions étaient payables dans les conditions que nous avons indiquées à propos des conventions de 1863 ; certaines Compagnies faisaient à l'État, pour l'exécution de la plateforme, des avances remboursables en seize termes semestriels ou en annuités à long terme, au choix du Gouvernement. La répartition des lignes entre l'ancien et le nouveau réseau était modifiée, de manière à éviter les détournements de l'un sur l'autre, au détriment de la garantie d'intérêt, et à mieux grouper les chemins liés par leur situation géographique. Des augmentations nouvelles étaient consenties sur les évaluations antérieures. Les Compagnies étaient en outre autorisées à imputer au compte de premier établissement, pour le calcul du revenu réservé et du revenu garanti, pendant une période de dix ans, des dépenses complémentaires préalablement autorisées par décret délibéré en Conseil d'État, pour augmentation du matériel roulant, extension des gares, doublement des voies, etc... Ces dépenses étaient limitées à 379 millions. La Compagnie du Nord acceptait l'addition à son tarif légal de petite vitesse d'une 4e classe de marchandises, comme l'avaient déjà fait les autres Compagnies en 1863.

La discussion de ces contrats provoqua une nouvelle attaque contre l'abandon des canaux du Midi à la Compagnie du chemin de fer, dont ces voies navigables auraient dû constituer le frein et le modérateur, ainsi que des critiques fort vives contre les abus des tarifs spéciaux.

Indépendamment des vingt-six lignes que les Conventions de 1868 concédaient aux grandes Compagnies et qui constituaient à peu près la limite des charges susceptibles de leur être imposées, il en était d'autres, très utiles, dont la longueur était de 1 953 kilomètres et qui furent classées par une loi du 18 juillet 1868 : le Ministre était autorisé à en entreprendre les travaux, mais sans qu'en aucun cas la dépense pût excéder celle de l'infrastructure; des actes législatifs spéciaux devaient régler les dispositions financières des conventions à intervenir.

La Compagnie des Charentes voyait en même temps son réseau considérablement augmenté par l'adjonction de chemins dotés de fortes subventions.

En 1869, se forma une nouvelle Compagnie secondaire, celle du Nord-Est qui réunit 298 kilomètres de lignes d'intérêt général, s'étendant sur le territoire des départements du Nord, du Pas-de-Calais et de l'Aisne, avec garantie solidaire de l'État et de ces départements.

Le fait le plus important de l'année 1870 fut la loi du 27 juillet sur les travaux publics, qui restreignit les pouvoirs du Gouvernement en matière de déclaration d'utilité publique et ne laissa entre les mains du pouvoir exécutif que l'autorisation de construction des chemins d'embranchement de moins de 20 kilomètres de longueur. Les travaux dont la dépense devait être supportée en totalité ou en partie par le Trésor ne pouvaient, d'ailleurs, être entrepris qu'en vertu d'une loi créant les voies et moyens ou de l'inscription d'un crédit au budget. C'était le retour aux règles de la Monarchie de Juillet.

Mentionnons encore :

Une proposition de plusieurs députés, tendant à la révision de la loi de 1865 sur les chemins de fer d'intérêt local, dans le but de faciliter l'exécution de ces voies secondaires et d'augmenter le concours de l'État ;

Les craintes que suscita à notre commerce le percement du Saint-Gothard et qui eurent leur écho au Corps législatif ;

Une grande enquête parlementaire sur le régime économique, enquête dont le cours fut interrompu par la guerre contre l'Allemagne ;

Enfin une autre enquête administrative sur les chemins de fer, qui, pour le même motif, ne put être menée à bonne fin.

La période de 1859 à 1870, que nous venons de parcourir, a été particulièrement féconde au point de vue du développement du réseau. Le tableau suivant en fait foi :

	SITUATION	
	à la fin de 1858	Vers la fin de 1870
Développement des chemins de fer d'intérêt général concédés définitivement	14.250 km.	22.623 km.
Développement des chemins de fer d'intérêt général concédés éventuellement	1.831	817
TOTAL	16.081	23.440
Développement des chemins de fer déclarés d'utilité publique, mais non concédés	»	986
TOTAL	16.081	24.426
Développement des chemins fer industriels	93	246
Développement des chemins de fer d'intérêt local	»	1.819
TOTAL	16.174	26.491
Développement des chemins de fer d'intérêt général en exploitation	8.681	17.439
Développement des chemins de fer industriels en exploitation	89	195
Développement des chemins de fer d'intérêt local en exploitation	»	293
TOTAL	8.770	17.927

	SITUATION	
	A la fin de 1858	Vers la fin de 1870
Dépenses faites par l'État pour les chemins de fer d'intérêt général	771 millions	1.147 millions
Dépenses faites par les Compagnies pour les chemins de fer d'intérêt général	3.344 —	6.989 —
Dépenses faites par divers pour les chemins de fer d'intérêt général	9 —	32 —
TOTAL	4.124 —	8.168 —

Quant à la situation des six grandes Compagnies, elle avait subi la transformation suivante :

Longueur des lignes concédées à titre définitif	13.371 km.	20.600 km.
d° à titre éventuel	1.715	492
Longueur des lignes ouvertes à l'exploitation	8.254	16.896

8. **Période de 1870 à 1875.** — Lorsque éclata la funeste guerre de 1870-1871, il n'existait aucune organisation sérieuse des transports militaires; le maréchal Niel avait seul tenté cette organisation, mais ses projets avaient disparu avec lui et n'avaient point été repris. Aussi les chemins de fer ne rendirent-ils point les services que, avec plus de prévoyance de la part du Gouvernement, il eût été possible de leur demander. Il se produisit sur certains points, même au début des hostilités, alors que nos armées n'avaient pas encore subi leurs premières défaites, un désordre indicible, dû aux ordres contradictoires de l'autorité militaire. Éclairé par cette triste expérience, M. de Freycinet reprit, vers la fin de la guerre, l'œuvre si malheureusement abandonnée du maréchal Niel; mais notre situation était désespérée et l'intelligente initiative du Délégué à la Guerre ne pouvait plus porter ses fruits.

Il n'est que juste de rendre hommage au dévouement et à l'habileté dont firent preuve les fonctionnaires et agents des Compagnies pendant ces jours de deuil; leur patriotisme, leur discipline, leurs habitudes d'ordre ne se démentirent pas un instant. Une mention toute spéciale est due à la Compagnie de l'Est, qui se trouva la première aux prises avec l'ennemi et dont le réseau fut si rudement frappé par les événements.

A la suite du traité de Francfort, les transports subirent une crise sans précédent. Les Compagnies avaient à faire face au rapatriement des prisonniers français et à l'évacuation de l'armée allemande; d'un autre côté, les relations commerciales, suspendues par les opérations militaires, avaient repris avec une grande intensité; les gares étaient encombrées de marchandises et cet encombrement était d'autant plus redoutable que les commerçants subordonnaient leurs livraisons à un remboursement immédiat; une partie de notre matériel roulant était encore retenue en Allemagne et les usines ne pouvaient répondre aux commandes qui leur avaient été faites; le camionnage était en souffrance, par suite de la perte d'un grand nombre de chevaux; beaucoup de magasins publics, d'entrepôts, qui constituaient en quelque sorte les déversoirs des gares, avaient été détruits. Malgré les mesures vigoureuses prises par l'Administration et par les Compagnies, la crise fut profonde et souleva les plus vives réclamations.

L'Assemblée nationale institua une commission d'enquête chargée de l'éclairer sur la situation de nos voies de communication et spécialement des chemins de fer. Cette commission se livra à une étude approfondie des graves questions dont elle était saisie et joua, pendant plusieurs années, un rôle des plus importants. Parmi ses travaux les plus remarquables, nous devons signaler particulièrement un rapport de M. l'ingénieur Cézanne sur le projet d'une nouvelle ligne de Calais à Marseille (3 février 1873). L'auteur de ce rapport traitait magistralement de la concurrence en matière de chemins de fer et en montrait l'inanité, en s'appuyant sur les enseignements de l'histoire des réseaux anglais et américain; il faisait ressortir les funestes effets qu'aurait pour nos finances la création d'une ligne nécessairement appelée à vivre aux dépens des artères nourricières de la Compagnie du Nord et de la Compagnie de Lyon; il concluait donc au rejet de la proposition, mais en conseillant d'importantes améliorations aux communications existantes entre la Manche et la Méditerranée.

Le traité de Francfort avait englobé dans l'Empire allemand 840 kilomètres de chemins concédés à la Compagnie de l'Est; le Gouvernement français avait dû contracter l'engagement de désintéresser cette Compagnie, moyennant une réduction de 325 millions sur le montant de l'indemnité de guerre. La réalisation de cet engagement présentait les plus sérieuses difficultés, attendu que le droit de rachat prévu au cahier des charges ne pouvait s'appliquer à une partie seulement de la concession. Le Gouvernement, ne voulant pas ajouter aux difficultés avec lesquelles il était aux prises celle du rachat total du réseau, conclut avec la Compagnie de l'Est une convention qui, en sa forme définitive, subrogeait l'État à cette Compagnie dans ses droits sur les lignes d'Alsace-Lorraine, ainsi que dans ses droits et obligations pour l'exploitation des chemins de fer Guillaume-Luxembourg, moyennant remise d'un titre inaliénable de rente de 20 500 000 fr.

représentant, au taux de l'emprunt du 2 juillet 1871, la somme de 325 millions payés à la France par l'Allemagne; ce titre devait être restitué à l'État à la fin de la concession. La Compagnie recevait, en outre, la concession de 308 kilomètres (1) rattachés à son nouveau réseau. Cette convention fut ratifiée, le 17 juin 1873, par l'Assemblée nationale, après de longs débats, dans le cours desquels fut formulé, mais rejeté, un amendement tendant au rachat complet de la concession de la Compagnie de l'Est. Déjà auparavant, le 3 février 1872, M. Gambetta et quelques-uns de ses collègues avaient déposé sur le bureau de l'Assemblée une proposition ayant pour objet le rachat général des chemins de fer, mais n'avaient pas tardé à retirer cette proposition.

En 1874, nous devons signaler une loi importante du 23 mars, connue sous la dénomination de « *Loi Montgolfier* », du nom de son rapporteur. Cette loi rendait définitives des concessions éventuelles, antérieurement faites aux Compagnies d'Orléans, de Lyon, du Midi et des Charentes, et prescrivait la mise en adjudication d'une ligne nouvelle, classée en 1868 : celle de Besançon à Morteau. Des subventions en travaux et des subventions en argent payables, au choix du Gouvernement, soit en seize termes semestriels égaux, soit en annuités calculées conformément aux conventions antérieures, pour les lignes concédées aux grandes Compagnies, et en trente termes semestriels pour la ligne de Besançon à Morteau, étaient accordées aux concessionnaires sur les fonds du Trésor. La loi, généralisant une disposition insérée dans la convention de 1873 avec la Compagnie de l'Est, portait que, en cas de rachat, les Compagnies pourraient demander le remboursement de leurs dépenses de premier établissement pour les chemins concédés depuis moins de quinze ans. Enfin, elle fixait des règles tutélaires pour la proportion du capital-obligations au capital-actions et pour les conditions d'émission des obligations, en ce qui touchait le chemin de Besançon à Morteau.

Nous avons encore à noter, en 1874, une proposition d'un certain nombre de députés, tendant à mettre annuellement à la disposition du Gouvernement un crédit de 4 millions, pour subventionner la percée du Simplon et mettre ainsi le Gothard en échec, et un très intéressant rapport de M. Cézanne sur cette question délicate.

La Commission d'enquête instituée en 1871 par l'Assemblée nationale avait adressé aux Chambres de commerce, aux Chambres consultatives, aux Conseils généraux, aux préfets, aux maires, aux tribunaux consu-

(1) Déduction faite de 55 kilomètres abandonnés.

laires, aux commerçants et industriels, un long questionnaire portant spécialement sur l'exploitation commerciale des chemins de fer. Par deux rapports, des 14 mars 1874 et 2 août 1875, M. Dietz-Monnin rendit compte des vœux qui paraissaient se dégager des réponses faites à ce questionnaire et dont les principaux visaient l'uniformité à apporter dans la sérification des marchandises sur les divers réseaux, la réduction du nombre des tarifs, l'abréviation des délais de transport et de livraison, le remaniement des tarifs internationaux pour faire disparaître les inégalités de prix préjudiciables aux producteurs français.

En 1875, le Gouvernement conclut et le Parlement approuva diverses conventions avec les grandes Compagnies, à l'exception de celle d'Orléans. Ces conventions portaient concession de 2 250 kilomètres environ. Elles stipulaient diverses subventions, soit sous forme de travaux, soit sous forme de versements payables dans les conditions prévues par les précédents contrats; elles apportaient certains remaniements à la distribution des lignes entre l'ancien et le nouveau réseau et aux règles du partage des bénéfices; elles maintenaient, pour deux des Compagnies, le système des avances au Trésor en vue de l'exécution des travaux à la charge de l'État.

Des conventions du 15 juin 1872 et du 3 août 1875 avaient institué, pour quelques chemins nouveaux concédés à la Compagnie du Nord, un réseau spécial ne bénéficiant pas de la garantie d'intérêt, mais soumis au partage; la convention du 30 décembre 1875 supprimait ce réseau distinct.

Les conventions que nous venons de relater et notamment celle qui avait été passée avec la Compagnie Paris-Lyon-Méditerranée ne furent votées qu'après une longue discussion, pendant laquelle des attaques violentes furent dirigées contre les grandes Compagnies et aussi contre le Gouvernement, que certains départements accusaient d'avoir retenu à tort dans le réseau d'intérêt général des lignes antérieurement classées par eux comme chemins d'intérêt local. Le débat qui s'éleva sur ce dernier point eut l'avantage de bien mettre en lumière les droits imprescriptibles de l'autorité supérieure pour l'application de la loi de 1865.

Nous devons noter aussi, en 1875, des concessions à la Compagnie de Picardie et-Flandres, celle d'un chemin de fer sous-marin entre la France et l'Angleterre, celle du chemin de Grande-Ceinture de Paris à un syndicat formé par les grandes Compagnies, et la constitution de la Compagnie d'Alais au Rhône.

Les contrats passés avec les Compagnies n'embrassant pas un nombre de lignes suffisant pour faire face à toutes les nécessités, le Gouvernement provoqua et obtint, en outre, la déclaration d'utilité publique et l'autorisation d'entreprendre l'infrastructure de 1 325 kilomètres, notamment dans la région de l'Ouest, ainsi que le classement de 1 417 kilomètres.

La sollicitude des Pouvoirs publics s'était d'ailleurs portée, non seulement sur le côté technique et économique de la question des chemins de fer, mais aussi sur le sort du personnel des Compagnies, et particulièrement des agents commissionnés. Diverses propositions d'initiative parlementaire, inspirées par des vues philantropiques, avaient été déposées sur le bureau de l'Assemblée nationale pour améliorer la situation des agents commissionnés.

Comme on le voit, les faits principaux de la période de 1870 à 1875 furent le démembrement du réseau de l'Est, par suite de la perte de l'Alsace-Lorraine; les débats provoqués par ce démembrement et par la crise des transports, au sujet du régime général des chemins de fer; l'institution d'une Commission d'enquête, au sein de l'Assemblée nationale; les remarquables travaux de cette Commission et, notamment, les rapports de MM. Cézanne et Krantz; les conventions intervenues en 1874 et 1875 avec les grandes Compagnies; les attaques très vives dirigées contre ces sociétés, à l'occasion de la discussion de ces conventions; le triomphe définitif des principes qui avaient dicté les contrats de 1859, 1863 et 1868.

Nous résumons ci-dessous les progrès accomplis de 1871 à 1875.

	SITUATION	
	à la fin de 1870	à la fin de 1875
Développement des chemins de fer d'intérêt général concédés définitivement	22.623 km.	26.423 km.
Développement des chemins de fer d'intérêt général concédés éventuellement	817	242
Total	23.440	26.665
Développement des chemins de fer d'intérêt général déclarés d'utilité publique, mais non concédés	986	1.476
Développement des chemins de fer d'intérêt général classés	»	1.417
Total	24.426	29.558
Développement des chemins de fer industriels	246	334
Développement des chemins de fer d'intérêt local	1.819	4.368
Total	26.491	34.260

	SITUATION	
	à la fin de 1870	à la fin de 1875
Développement des chemins de fer d'intérêt général en exploitation	17.439 km.	19.744 km.
Développement des chemins de fer industriels en exploitation	195	224
Développement des chemins de fer d'intérêt local en exploitation	293	1.803
TOTAL	17.927	21.771
Dépenses faites par l'État pour les chemins de fer d'intérêt général	1.147 millions	1.371 millions
Dépenses faites par les Compagnies pour les chemins de fer d'intérêt général	6.989 —	7.991 —
Dépenses faites par divers pour les chemins de fer d'intérêt général	32 —	41 —
TOTAL	8.168 —	9.403 —

Quant à la situation des six grandes Compagnies, elle avait subi la transformation suivante :

Longueur des lignes concédées à titre définitif	20.600 km.	22.803 km.
d° à titre éventuel	492	230
Longueur des lignes ouvertes à l'exploitation	16.896	17.967

9. **Période de 1876 à 1879.** — Les Compagnies secondaires qui s'étaient formées depuis quelques années éprouvaient presque toutes des embarras.

Celles de Lille à Valenciennes, du Nord-Est et de Lille à Béthune conclurent, à la fin de 1875 et au commencement de 1876, avec la Compagnie du Nord des traités par lesquels cette dernière se substituait à elles pour l'exploitation d'un grand nombre de lignes Un décret du 20 mai 1876 autorisa la mise en vigueur de ces traités, sous la double condition : 1° que la Compagnie du Nord ne réclamerait pas l'application de la garantie d'intérêt stipulée antérieurement au profit de la Compagnie du Nord-Est, jusqu'à ce qu'il eût été statué par une loi sur les questions financières soulevées par ces contrats ; 2° qu'il serait fait par la Compagnie un compte à part des résultats de l'exploitation des réseaux secondaires ainsi placés entre ses mains.

Quant à la Compagnie des Charentes, inquiète des premiers résultats de son exploitation, elle avait sollicité de nouvelles concessions et demandé, notamment, des chemins destinés à la mettre en relation directe avec les réseaux du Midi, de l'Ouest et de Paris-Lyon-Méditerranée. A la fin de 1875, M. Caillaux, ministre des travaux publics, avait conclu avec elle et soumis à l'Assemblée nationale une convention qui lui attribuait diverses lignes et divisait son réseau en un ancien et un nouveau réseaux soumis à un régime analogue à celui des grandes Compagnies. Mais la législature avait pris fin sans que l'Assemblée se prononçât sur cette combinaison.

En 1876, la situation de la Compagnie des Charentes devenant de plus en plus critique, le Gouvernement crut pouvoir souscrire à un traité de fusion entre cette Compagnie et celle d'Orléans ; des traités analogues avaient été conclus entre la Compagnie d'Orléans et celles de la Vendée, de Saint-Nazaire au Croisic, de Bressuire à Poitiers, d'Orléans à Rouen et de Poitiers à Saumur. Le 1er août 1876, M. Christophle, ministre des travaux publics, déposa un projet de loi qui tendait à ratifier ces traités et à ajouter au nouveau réseau d'Orléans, non seulement les 1 650 kilomètres cédés par les Compagnies secondaires, mais aussi 110 kilomètres antérieurement concédés à la Compagnie d'Orléans, à titre d'intérêt local, et 464 kilomètres de concessions nouvelles.

M. Waddington (Richard), rapporteur à la Chambre des députés, présenta un rapport fort détaillé, qui, après un aperçu général sur la plupart des questions relatives au régime des chemins de fer, concluait au rejet de la convention et au vote d'une résolution invitant le Ministre : « à déposer, dans le plus bref délai, un projet de loi ayant pour objet d'assurer le service des lignes comprises dans la convention et de celles qui les complétaient, soit par la constitution de réseaux distincts et indépendants, soit au moyen du rachat par l'État et de l'exploitation par des Compagnies fermières, en appliquant, comme base du rachat, les dispositions de l'article 12 de la loi du 23 mars 1874..... » Le projet de résolution portait, en outre, que le Ministre devrait tenir compte de la double nécessité « d'assurer, à l'avenir, la construction et l'exploitation des lignes reconnues nécessaires et de faire disparaître les inégalités et l'arbitraire des tarifs. »

La discussion à la Chambre fut ardente et approfondie : elle sortit, comme le rapport de M. Waddington, du cadre du projet de loi, pour s'étendre à l'ensemble de la question du régime des chemins de fer. Pendant le cours des débats, M. Lecesne proposa le rachat général des concessions. Finalement, après une bataille qui ne dura pas moins de sept journées, la Chambre des députés adopta, le 22 mars 1877, un projet de résolution de M. Allain-Targé tendant :

a. — Au remaniement de la convention sur les bases suivantes :

1° Rachat d'après leur prix réel de premier établissement, subventions déduites, des lignes qui cesseraient d'être exploitées par leurs premiers concessionnaires ;

2° Concentration des lignes à grand trafic de la région entre les mains d'une même administration, de telle sorte qu'il ne pût s'établir aux dépens de l'État une concurrence ruineuse pour le Trésor, pour les exploitants et pour les populations elles-mêmes, entre les lignes subventionnées par l'État ;

3° Exercice permanent de l'autorité de l'État sur les tarifs et le trafic ;

4° Réserve absolue, au profit des Pouvoirs publics, du droit d'ordonner à toute époque, sans porter atteinte à la situation financière assurée à la Compagnie par les contrats, la construction des lignes nouvelles qu'il jugerait nécessaire d'adjoindre au réseau de cette société ;

b. — pour le cas où la Compagnie d'Orléans se refuserait à traiter sur ces bases, à la constitution d'un grand réseau de l'Ouest et du Sud-Ouest exploité par l'État.

Telle fut l'origine du réseau d'État, à la formation duquel nous ne tarderons pas à arriver.

Peu de temps après, le 23 juin 1877, la Chambre des députés manifestait de nouveau son peu de sympathie pour l'extension pure et simple de la combinaison sur laquelle reposaient les contrats de 1859, 1863, 1868 et 1875, en ajournant sa décision sur un projet de convention conclu avec la Compagnie du Nord pour la concession de deux lignes nouvelles.

Avant de clore l'année 1877, nous mentionnerons une enquête de la Commission centrale des chemins de fer au Ministère des travaux publics sur les points suivants :

1° Simplification des tarifs généraux par la diminution du nombre des séries ;

2° Établissement d'une classification uniforme des marchandises pour les divers réseaux ;

3° Application du même tarif kilométrique général sur les différents réseaux ;

4° Abréviation des délais de transport ;

5° Généralisation des tarifs de moyenne vitesse ;

6° Abréviation des délais et réduction de la taxe de transmission d'un réseau à un autre ;

7° Révision des tarifs spéciaux, en vue d'en réduire le nombre, de les classer méthodiquement et de faire disparaître leurs anomalies ;

8° Obligation, pour les Compagnies, d'appliquer le tarif le plus réduit, lorsque l'expéditeur le demanderait, sans qu'il fût besoin d'indiquer expressément un tarif déterminé ;

9° Multiplication des billets d'aller et retour.

A la suite du vote émis le 22 mars 1877 par la Chambre des députés, le Ministre des travaux publics avait conclu avec les six Compagnies d'intérêt général des Charentes, de la Vendée, de Bressuire à Poitiers, de Saint-Nazaire au Croisic, d'Orléans à Châlons, de Clermont à Tulle, et avec les quatre Compagnies d'intérêt local de Poitiers à Saumur, des chemins Nantais, de Maine-et-Loire et Nantes, et d'Orléans à Rouen, des conventions portant rachat de 2 611 kilomètres, moyennant un prix à fixer par trois arbitres, d'après les dépenses réelles de premier établissement, déduction faite des subventions.

A la fin de 1877, les arbitres avaient terminé leurs opérations et fixé à 280 millions, en nombre rond, le montant des indemnités de rachat. D'autre part, l'Administration évaluait à 225 millions environ les dépenses à faire, soit par les Compagnies pour le compte de l'État, soit par l'État lui-même, pour mettre les lignes rachetées en état d'exploitation, y compris la fourniture du matériel roulant. C'était donc un sacrifice total de 500 millions ou de 200 000 fr. par kilomètre.

Le 12 juin 1878, M. de Freycinet, ministre des travaux publics, déposa sur le bureau de la Chambre des députés un projet de loi ayant pour objet la ratification des conventions intervenues entre l'État et les Compagnies en souffrance, remettant à une loi de finances la création des ressources nécessaires et autorisant en outre le Ministre à assurer l'exploitation des lignes rachetées, par les moyens qu'il jugerait le moins onéreux pour le Trésor, en attendant qu'il fût statué sur leur régime définitif. Afin de faciliter la transition, les concessionnaires devaient continuer le service pendant le délai nécessaire, sans que ce délai excédât six mois.

Ce projet de loi provoqua une opposition assez vive de la part d'une fraction de la Chambre et du Sénat, notamment en ce qui touchait le blanc-seing donné au Ministre pour assurer provisoirement l'exploitation directe des chemins compris dans le rachat. Néanmoins il fut voté, avec l'addition d'une clause aux termes de laquelle il devait être statué par décret rendu en Conseil d'État sur l'indemnité ou sur les dédommagements qui pourraient être dus aux départements, à raison de l'incorporation des chemins d'intérêt local dans le réseau d'intérêt général. Pendant la discussion, M. de Freycinet avait repoussé hautement la pensée du rachat général des chemins de fer et attesté que l'exploitation par l'État avait un caractère provisoire et temporaire et serait organisée de manière à pouvoir cesser à la volonté du Parlement.

Deux décrets du 25 mai 1878 réglèrent le fonctionnement administratif et financier du nouveau réseau d'État. Ces décrets attribuaient à l'Administration des chemins de fer de l'État une organisation en beaucoup de points analogue à celle des grandes Compagnies, ainsi qu'une indépendance, une autonomie et une liberté d'allures suffisantes pour l'affranchir des règles trop étroites imposées aux agents directs du pouvoir central

Il ne suffisait pas d'avoir décidé la grande opération du rachat des concessions secondaires du Sud-Ouest ; il fallait aussi créer l'instrument financier destiné à fournir les ressources nécessaires pour le paiement des indemnités, l'achèvement des travaux, et aussi l'exécution du grand programme à l'étude. Une loi du 11 juin 1878 pourvut à cette nécessité en instituant un nouveau type de rente 3 °/₀ amortissable. Ce type était calqué sur celui des obligations 3 °/₀ des grandes Compagnies. Les émissions devaient avoir lieu, au fur et à mesure des besoins, par les guichets des trésoriers généraux, des receveurs particuliers et, le cas échéant, des percepteurs, à des cours déterminés de jour en jour suivant le niveau du crédit public. Le délai d'amortissement était de 75 ans ; la nouvelle rente n'était pas convertible.

Le Sénat avait nommé, au commencement de l'année 1877, une Commission chargée de rechercher les bases sur lesquelles il y avait lieu de compléter l'assiette du réseau des chemins de fer d'intérêt général, les voies et moyens les plus propres à en assurer l'exécution, et les simplifications et améliorations à apporter aux tarifs de marchandises. Après une instruction minutieuse, trois rapports furent déposés en 1878, au nom de cette Commission :

— le premier, par M. le général d'Andigné, concernant les lignes à ajouter au réseau d'intérêt général ;

— le second, par M. Foucher de Careil, sur les voies et moyens d'achèvement du réseau ;

— le troisième, par M. George, sur les tarifs.

M. le général d'Andigné concluait au classement de 6 705 kilomètres et à l'étude de 1 000 kilomètres dont la construction s'imposerait dans un délai rapproché.

M. Foucher de Careil se prononçait contre l'exploitation par l'État et en faveur du système qui avait jusqu'alors prévalu pour la constitution de notre réseau. Il conseillait de continuer l'application de ce système ; de traiter autant que possible avec les grandes Compagnies, en vue de la construction des lignes nouvelles ; en cas d'insuccès dans les négociations avec ces sociétés, de recourir à d'autres Compagnies ; enfin, à défaut de concessionnaires, de faire exécuter les travaux par l'État, mais de rétrocéder ensuite les chemins achevés à des Compagnies exploitantes.

Quant à M. George, son rapport, l'un des plus remarquables qui aient été écrits sur la question, aboutissait aux conclusions suivantes :

a. — Adopter dorénavant pour tarifs légaux des tarifs à base décroissante dans le système belge ;

b. — Poursuivre, pour les tarifs généraux, l'unification dans la classification et les barèmes ;

c. — Réviser les tarifs spéciaux et supprimer, d'une part ceux que rendrait inutile la réforme des tarifs généraux, d'autre part ceux qui n'auraient d'autre but que l'intérêt particulier des Compagnies et qui seraient contraires, soit à l'intérêt du Trésor, soit à l'intérêt général, soit au respect des intérêts particuliers entre lesquels l'État devait maintenir égalité de traitement et impartiale protection.

Ces trois rapports furent renvoyés le 10 juin 1879 au Ministre des travaux publics.

Vers la fin de 1878, M. de Freycinet soumit à la Chambre des députés deux projets de conventions avec la Compagnie du Nord et la Compagnie de l'Ouest. De ces deux Compagnies, la première recevait la concession de 400 kilomètres de chemins, dont l'État devait lui livrer l infrastructure ; ses lignes d'intérêt local étaient classées dans le réseau d'intérêt général et formaient, avec celles de Lille à Valenciennes, du Nord-Est et de Lille à Béthune, un réseau spécial dont les insuffisances devaient être couvertes par les excédents de revenu des deux autres réseaux ou portées, le cas échéant, à un compte d'attente ; les résultats de leur exploitation étaient rattachés à ceux du surplus de la concession, au point de vue du partage des bénéfices. La convention avec la Compagnie de l'Ouest reposait sur une combinaison différente et présentait plutôt les caractères d'un traité d'affermage que ceux d'un traité de concession : cette Société recevait 700 kilomètres prêts à être livrés à la circulation et se chargeait de les exploiter pour le compte de l'État, moyennant le remboursement de ses dépenses, jusqu'à concurrence de maxima kilométriques déterminés. Les propositions du Ministre furent mal accueillies par la Commission de la Chambre et ne reçurent pas de suite : cet insuccès empêcha le dépôt des contrats préparés avec les autres Compagnies.

Le 12 janvier 1878, M. de Freycinet avait institué des Commissions régionales pour l'étude d'un classement complémentaire ; dans un rapport du même jour au Président de la République, il avait évalué, par aperçu, à 10 000 kilomètres le développement des lignes à ajouter au réseau d'intérêt général, savoir :

Report des lois de 1875	2 897 km
Lignes d'intérêt local à reprendre par l'État.	2 100
Lignes nouvelles à classer.................	5 000
Total........	9 997 km, soit 10 000 k.

Éclairé par les travaux des Commissions régionales, il déposa le 4 juin 1878 un projet de loi portant classement de 6 200 kilomètres et prévoyant l'incorporation dans le réseau d'intérêt général de 2 500 kilomètres empruntés à des chemins d'intérêt local. Contrairement à son intention première, il avait renoncé à assigner aux nouvelles lignes un ordre de priorité que les études ultérieures, les nécessités militaires, les négociations à engager pour obtenir le concours des localités seraient venues inévitablement déjouer dans l'avenir. Le prix de revient kilométrique était estimé à 200 000 fr. en moyenne, de telle sorte qu'en tenant compte des lignes de 1875 et des chemins concédés aux Compagnies, mais non encore terminés, l'effort total nécessaire pour compléter notre outillage en voies ferrées se chiffrait par une dépense de 3 200 000 000 fr.

Ce projet de loi, légèrement modifié par le Ministre à deux reprises différentes, fut reçu aux acclamations de la majorité des deux Chambres. L'infériorité relative de la France par rapport à plusieurs pays voisins, les concurrences menaçantes qui se dressaient à l'extérieur contre notre commerce, le besoin qui s'imposait aux Pouvoirs publics d'assurer, par le développement de nos voies de communication, la reconstitution des ressources englouties dans les désastres de 1870-1871, l'utilité d'arrêter par avance un programme bien défini, tout militait en faveur des propositions de M. de Freycinet. Aussi ces propositions furent-elles adoptées par la Chambre d'abord, par le Sénat ensuite, après une brillante passe d'armes entre MM. de Freycinet et Varroy, d'une part, MM. Krantz et Bocher, d'autre part. La loi du 17 juillet 1879 embrassait même, dans sa forme définitive, un nombre de lignes notablement supérieur à celui que comportait le plan primitif du Ministre; par suite d'additions opérées successivement par les deux Chambres, elle portait classement de 8 826 kilomètres. Le Parlement s'était toutefois refusé à sanctionner le tableau des lignes d'intérêt local à incorporer dans le réseau d'intérêt général, afin de ne pas aliéner sa liberté au regard des départements et de réserver l'indépendance de ses décisions ultérieures. Il restait d'ailleurs entendu que la réalisation du programme voté par les Chambres, quoique paraissant susceptible de s'accomplir en dix ou douze années, serait réglée suivant les disponibilités de ressources susceptibles d'y être affectées.

Ajoutons que, dans le cours des débats, la Chambre des députés et le Sénat avaient renvoyé pour étude au Ministre de nombreux amendements pour le classement de chemins ayant ensemble une longueur de 4 150 kilomètres.

Une autre loi du 18 juillet 1879 classa 1 713 kilomètres en Algérie, non compris 94 kilomètres appartenant à des lignes d'intérêt local et à incorporer dans le réseau d'intérêt général.

Il importait de déterminer au plus tôt le régime des lignes nouvelles décidées en principe par le Parlement. En présence de l'opposition que les projets de convention avec les Compagnies du Nord et de l'Ouest avaient soulevé au sein de la Chambre des députés, M. de Freycinet avait invité cette Assemblée à manifester nettement ses vues et ses intentions. Pour répondre à l'invitation du Ministre, la Chambre nomma, le 9 juillet 1879, une Commission de trente-trois membres, à l'occasion d'une proposition de loi de M. Jean David.

Signalons encore : 1° une nouvelle proposition formulée en 1877 par M. Germain Casse et quelques autres députés, concernant les rapports entre les Compagnies et les mécaniciens et chauffeurs ;

2° L'approbation provisoire, en 1879, d'une nouvelle classification uniforme des marchandises en six séries, pour les transports intérieurs et communs des six grandes Compagnies.

La situation s'était transformée de 1876 à 1879 comme l'indique le tableau suivant :

1° Métropole.	SITUATION à la fin de 1875	SITUATION à la fin de 1879
Développement des chemins de fer d'intérêt général concédés : définitivement....	26.423 km.	24.513 km.
éventuellement....	242	149
TOTAL........	26.665	24.662
Développement des chemins de fer d'intérêt général déclarés d'utilité publique, mais non concédés.........	1.476	6.984
Développement des chemins de fer d'intérêt général classés..	1.417	8.460
TOTAL........	29.558	40.106
Développement des chemins de fer industriels..........	334	372
Développement des chemins de fer d'intérêt local......	4.368	3 869
TOTAL........	34.260	44.347

	SITUATION	
	à la fin de 1875	à la fin de 187[illegible]
1° Métropole (Suite).		
Développement des chemins de fer d'intérêt général en exploitation	19.744	22.758
Développement des chemins de fer industriels en exploitation	224	262
Développement des chemins de fer d'intérêt local en exploitation	1.803	2.163
TOTAL	21.771	25.183
Dépenses faites par l'État pour les chemins de fer d'intérêt général	1.371 millions	2.204 millions
Dépenses faites par les Compagnies pour les chemins de fer d'intérêt général	7.991 —	8.330 —
Dépenses faites par divers pour les chemins de fer d'intérêt général	41 —	62 —
TOTAL	9.403 —	10.646 —
Grandes Compagnies.. Longueur des lignes concédées à titre définitif	22.803 km.	23.037 km.
Grandes Compagnies.. Longueur des lignes concédées à titre éventuel	230	132
Grandes Compagnies.. Longueur des lignes ouvertes à l'exploitation	17.967	19.946
2° Algérie.		
Développement des chemins de fer d'intérêt général concédés..... définitivement	906	1.161
Développement des chemins de fer d'intérêt général concédés..... éventuellement	80	133
TOTAL	986	1.294
Développement des chemins de fer d'intérêt général déclarés d'utilité publique, mais non concédés	»	»
Développement des chemins de fer d'intérêt général classés	»	1.633
TOTAL	986	2.927
Développement des chemins de fer industriels	33	33
Développement des chemins de fer d'intérêt local	139	94
TOTAL	1.158	3.054
Développement des chemins de fer d'intérêt général en exploitation	513	1.042
Développement des chemins de fer industriels en exploitation	33	33
Développement des chemins de fer d'intérêt local en exploitation	»	79
TOTAL	546	1.154

Les chemins d'intérêt général concédés en Algérie se répartissaient entre les quatre Compagnies de Paris-Lyon-Méditerranée, de l'Est-Algérien, de Bône-Guelma et Franco-Algérienne.

10. Période de 1879 à 1883. — La loi de classement du 17 juillet 1879 imposait à l'Administration une lourde tâche : il fallait en effet, tout à la fois, poursuivre les travaux engagés en vertu des lois de 1875 ou de lois spéciales, procéder aux études définitives des lignes nouvellement classées, engager le plus tôt possible leur construction et organiser l'exploitation sur celles qui seraient successivement achevées.

Le Ministère des travaux publics se montra à la hauteur de cette tâche difficile. Bien que, depuis longtemps, son personnel ne prit plus une part active à l'exécution et même aux études des voies ferrées et manquât par suite d'expérience, il put, grâce au dévouement du corps des Ponts et Chaussées, entreprendre et pousser rapidement la réalisation du programme de 1879; il eut surtout le mérite d'apporter à cette grande œuvre un ordre et une méthode que certains orateurs ont pu contester à la tribune du Parlement, mais qu'il n'en est pas moins juste de reconnaître et qui sont tout à l'honneur des hommes éminents placés, de 1880 à 1883, à la tête du Département des travaux publics.

Dès la fin de 1882, le développement des chemins non concédés, déclarés d'utilité publique, s'élevait à 12 379 kilomètres; c'était une augmentation de 5 400 kilomètres pour les trois années de 1880, 1881 et 1882. Près de 3 200 kilomètres avaient été livrés à l'exploitation durant cette courte période.

Tout d'abord les lois déclaratives d'utilité publique n'autorisaient le Ministre qu'à entreprendre l'infrastructure, et des lois spéciales intervenaient ensuite pour lui conférer une autorisation complémentaire, en ce qui touchait la superstructure. Mais, plus tard, le Parlement consentit à réunir ces deux autorisations en une seule, qui était jointe à la déclaration d'utilité publique.

L'État dut, d'ailleurs, non seulement assurer la construction des lignes nouvelles, mais encore reprendre des chemins d'intérêt général ou d'intérêt local, qui devaient nécessairement constituer des mailles de son réseau ou dont les concessionnaires ne pouvaient tenir leurs engagements. Lorsque les travaux de ces chemins étaient commencés ou terminés, le concessionnaire recevait une indemnité représentant la dépense que le Trésor aurait eu à supporter pour les amener en l'état où ils se trouvaient, sauf déduction, dans certains cas, des frais de remaniement indispensables pour les adapter à leur nouvelle destination. Le matériel roulant était racheté à dire d'experts. L'Administration restait absolument étrangère à la répartition de l'indemnité entre les ayants droit et à la liquidation des Compagnies. Des indemnités de licenciement étaient prévues au profit des employés qui satisferaient à certaines conditions de durée de services et qui ne seraient pas maintenus dans leurs fonctions.

Il fallait, nous l'avons dit, que le Ministre pourvût à l'exploitation des lignes reprises par l'État et déjà livrées à la circulation, et à celles des lignes nouvelles, au fur et à mesure de leur achèvement. Diverses lois de 1880, 1881 et 1882, lui déléguèrent les pouvoirs nécessaires pour assurer temporairement cette exploitation par les moyens qu'il jugerait le moins onéreux pour le Trésor. Les procédés auxquels il eut recours à cet effet furent les suivants :

1° La plupart des chemins mis en service en vertu de cette délégation furent confiés aux Grandes Compagnies, dans le champ d'action desquelles ils étaient placés. Aux termes des conventions d'affermage conclues avec elles, ces Compagnies exploitaient les lignes avec leur personnel et leur matériel, en les traitant comme les chemins dont elles étaient concessionnaires. Elles étaient redevables des recettes envers le Trésor; d'autre part elles étaient remboursées de leurs dépenses, jusqu'à concurrence d'un maximum par train kilométrique, et recevaient en outre une annuité représentant les charges des dépenses d'acquisition du matériel roulant. Elles étaient intéressées à une bonne gestion, par l'allocation d'une prime sur les économies et d'une part des bénéfices. Elles exécutaient pour le compte de l'État les travaux de premier établissement.

L'État restait maître des tarifs. Les traités étaient passés pour un délai relativement court. Ils étaient approuvés par décret.

Nous nous bornons à relater très sommairement les traits généraux de ces conventions, sur lesquelles nous aurons à revenir plus longuement.

2° D'autres lignes, qui se trouvaient dans la région du réseau des chemins de fer de l'État, furent exploitées par l'Administration préposée à ce réseau, tout en restant distinctes du groupe constitué par la loi et les décrets de 1878.

3° Enfin, le Ministre fit un essai d'exploitation en régie pour le chemin de Perpignan à Prades et pour quelques chemins de la région de l'Ouest. La direction de cette exploitation était attribuée à un Ingénieur en chef des Ponts et Chaussées; les règles auxquelles elle était soumise étaient empruntées, pour partie aux décrets de 1878, pour partie aux règlements en vigueur en ce qui concerne les travaux publics.

Après avoir ainsi indiqué en quelques mots les faits généraux communs aux quatre années, nous devons mentionner, pour chacune d'elles, les faits spéciaux de quelque importance.

Année 1879. — Les découvertes des voyageurs avaient, depuis quelques années, révélé l'existence de grandes agglomérations d'hommes, de villes importantes dans l'Afrique centrale et notamment dans le Soudan, dont la population était évaluée à plus de cent millions d'habitants et qui paraissait offrir tous les éléments d'un trafic international; elles avaient établi, d'autre part, que le Sahara lui-même, loin d'être couvert de sables mouvants sur toute son étendue, présentait presque partout un sol d'une consistance comparable à celle des sols européens. Il n'était guère douteux que le Soudan pût être pratiquement atteint par des voies ferrées ayant leur origine en Algérie ou au Sénégal. Le problème avait tenté beaucoup d'esprits et fixé l'attention du Parlement, qui avait nettement affirmé ses sympathies pour l'étude de la question, lors de la discussion au Sénat du classement de 1879 et lors de l'examen du projet de budget de 1880 par la Chambre des députés.

Le 13 juillet 1879, M. de Freycinet provoqua un décret instituant une Commission supérieure appelée à formuler un programme de reconnaissances et d'explorations. Cette Commission conclut à l'étude de diverses directions se rattachant, soit à la province d'Oran, soit à celle d'Alger, soit à celle de Constantine. Cette étude comportait la rédaction d'avant-projets sur le territoire de l'Algérie, des reconnaissances détaillées dans la zone intermédiaire entre l'Algérie et le désert, et des explorations au delà de cette zone. Les explorateurs étaient M. Soleillet, qui devait se rendre de Saint-Louis du Sénégal à Tombouctou et de Tombouctou au Touât, et M. le colonel Flatters, qui devait aller d'Ouargla vers Temassanin et le Haut-Igharghar, jusqu'à Idelès et au delà, s'il était possible.

Année 1880. — La Commission de 33 membres, nommée le 9 juillet 1879 par la Chambre des députés pour étudier le régime des chemins de fer, s'était divisée en trois Sous-Commissions ayant dans leurs attributions : la première, la réforme à opérer dans la législation des tarifs; la seconde, les bases du rachat des réseaux concédés aux grandes Compagnies; la troisième, les divers modes d'exploitation.

Le premier travail qui sortit des délibérations de la Commission fut un rapport rédigé par M. Wilson, au nom de la deuxième Sous-Commission. L'honorable auteur de ce rapport proposait le rachat total de la concession d'Orléans, en se fondant principalement sur l'impossibilité de maintenir le statu quo sans voir les intérêts du Trésor gravement compromis par la lutte du réseau d'Orléans contre celui de l'État. Il reproduisait les calculs auxquels s'était livrée la Commission pour évaluer l'indemnité de rachat et affirmait l'opportunité et les avantages de la mesure, au double point de vue financier et économique.

De son côté, M. Varroy, chargé, au commencement de 1880, du portefeuille des Travaux publics, s'était immédiatement préoccupé de mettre fin à la guerre de tarifs entre le réseau de l'État et celui d'Orléans. Il conclut avec la Compagnie et déposa sur le bureau de la Chambre, peu de temps après la rédaction du rapport de M. Wilson, une convention portant rachat de toutes les lignes situées à l'Ouest de la grande artère de Paris à Bordeaux, moyennant allocation d'une rente annuelle de 17 100 000 francs.

Le réseau d'État devait ainsi s'étendre sur toute la région comprise entre cette artère, la ligne de Tours à Nantes et à Saint-Nazaire (inclusivement) et la mer. La Compagnie d'Orléans se chargeait de construire pour le compte de l'État un certain nombre de chemins à l'Est de celui de Paris à Bordeaux et de les exploiter à titre de fermier, dans des conditions analogues à celles que nous avons précédemment indiquées : le bail pouvait être résilié annuellement. La convention fixait les règles de partage du trafic entre les itinéraires concurrents et apportait diverses améliorations au cahier des charges de la Compagnie.

M. Baïhaut, rapporteur de la Commission, émit un avis défavorable; il fit valoir que la solution proposée par le Ministre était un expédient insuffisant et qu'il importait de prendre la question de plus haut et de se résoudre à des mesures plus radicales pour mettre fin aux abus du régime en vigueur, notamment au point de vue de la tarification. Comme l'avait déjà fait M. Wilson, il conclut au rachat total de la concession d'Orléans.

A la même époque, MM. Richard Waddington et Lebaudy présentèrent deux autres rapports, au nom de la 1re et de la 3e Sous-Commissions, sur les tarifs et sur les différents modes d'exploitation.

Après un examen fort intéressant de la tarification étrangère et de la tarification française, M. Waddington formulait des désiderata dont les principaux étaient les suivants :

1° Amélioration des conditions de transport des voyageurs;

2° Classification uniforme des marchandises pour tout le réseau français ;

3° Établissement d'un tarif général unique pour tout le territoire et adoption de séries, dont les premières seraient tarifées à une taxe kilométrique constante et les autres à une taxe kilométrique décroissant au fur et à mesure qu'augmenterait la distance ;

4° Application de la règle de la plus courte distance ;

5° Révision et réduction du nombre des tarifs spéciaux.

De son côté, M. Lebaudy passait en revue les divers régimes en vigueur en Angleterre, en Belgique, en Hollande, en Allemagne; il indiquait leurs résultats généraux, leurs avantages, leurs défauts ; il esquissait les principaux éléments de la détermination que nous avions à prendre pour choisir entre le système des concessions, celui de l'exploitation par des Compagnies fermières, et celui de l'exploitation directe par l'État. Bien qu'il ne se prononçât catégoriquement que pour le rachat total de la concession d'Orléans, ses tendances paraissaient être favorables au rachat général.

Le projet de convention élaboré par M. Varroy, ainsi repoussé par la Commission des 33, fut retiré par M. Sadi Carnot le 16 décembre 1880.

Le second acte important que nous ayons à noter pour l'année 1880 est la loi du 11 juin 1880 sur les chemins de fer d'intérêt local et les tramways.

L'expérience n'était pas venue confirmer les espérances qu'avait fait concevoir la loi de 1865 sur les chemins de fer d'intérêt local. Au lieu de rester dans leur rôle, dans leur sphère d'action; au lieu de se pénétrer de la nécessité d'une stricte économie; au lieu d'éviter soigneusement toute prodigalité dans la construction comme dans l'exploitation; au lieu de se considérer comme les alliés, les auxiliaires des grandes Compagnies; au lieu de comprendre qu'ils couraient inévitablement à leur perte en voulant faire concurrence aux lignes d'intérêt général, les concessionnaires de chemins d'intérêt local avaient trop souvent établi et exploité ces lignes avec un luxe de dépenses tout à fait excessif et oublié qu'en toutes choses il faut proportionner l'outil au service qui lui est demandé. Trop souvent aussi, on les avait vus s'efforcer de souder entre elles les concessions obtenues sur le territoire de divers départements, chercher à créer ainsi de véritables lignes de transit et même des réseaux entremêlant leurs mailles à celles des grands réseaux, engager une lutte qui ne pouvait que leur être fatale et les conduire à des catastrophes.

A côté de ce vice, exclusivement imputable à la manière dont la loi avait été appliquée, il en était un autre inhérent à la loi elle-même. Le législateur de 1865 avait commis une faute lourde en instituant un système de subvention en capital; il avait ainsi involontairement encouragé la spéculation, en lui procurant une première mise de fonds et en lui donnant un aliment qui lui permettait de se soutenir pendant la période de construction et de faire illusion au public, sans attribuer aux capitaux engagés aucune garantie de rémunération, sans fournir aux départements intéressés aucune garantie d'exploitation. Plus d'une fois, les concessionnaires des chemins secondaires s'étaient empressés de réaliser d'énormes bénéfices au moyen de l'émission des titres ou de marchés de construction consentis avec des majorations scandaleuses, puis d'abandonner les entreprises dont ils avaient pris l'initiative, laissant ainsi les départements en face de difficultés et d'embarras inextricables Cette situation avait encore été aggravée par la liberté que la loi du 24 juillet 1867 laissait aux sociétés anonymes.

D'autre part, à côté des chemins de fer d'intérêt local proprement dits, qui seuls étaient visés par la loi de 1865, il s'était établi un certain nombre de voies ferrées d'un caractère spécial, empruntant le sol des voies publiques. Ce nouveau type de voies ferrées avait été importé d'Amérique. Jusqu'en 1857, les chemins de fer empruntant ainsi des voies préexistantes avaient été autorisés par des actes du chef du pouvoir exécutif, sans enquête préalable et sans intervention du Conseil d'État. A partir de 1857, on avait considéré les concessions de tramways comme touchant à des intérêts généraux ou privés assez graves pour qu'elles fussent entourées de certaines garanties; il avait été procédé à une enquête, dans les formes prévues par le titre Ier de la loi du 3 mai 1841, et le Conseil d'État avait été entendu sur les projets de décrets et de cahiers des charges. Enfin, depuis 1873, le Gouvernement avait cru devoir accorder exclusivement les concessions aux départements ou aux villes, avec faculté de rétrocession à des Compagnies ou à des particuliers; il avait d'ailleurs continué à se réserver dans tous les cas le droit de concession, par suite de la nécessité de suppléer par le cahier des charges au défaut de législation. Le régime des tramways n'avait ainsi d'autre base qu'une jurisprudence administrative; il importait de régler la matière par voie législative.

La loi du 11 juin 1880 vint, tout à la fois, modifier la loi de 1865 sur les chemins de fer d'intérêt local et donner une assiette légale aux concessions de tramways.

Les traits caractéristiques de cette loi étaient les suivants.

En ce qui concernait les chemins de fer, la déclaration d'utilité publique et l'autorisation d'exécution étaient enlevées au pouvoir exécutif et attribuées au pouvoir législatif, en raison des conflits qui s'étaient trop souvent produits entre l'autorité centrale et les autorités locales, au sujet du classement des lignes. La subvention en capital était remplacée par des annuités : cette nouvelle forme de concours devait attirer les capitaux de l'épargne, empêcher les spéculations auxquelles avait donné lieu la législation antérieure, assurer l'exécution des engagements contractés par les concessionnaires, permettre à l'Administration d'exercer sur la gestion financière des Compagnies un contrôle permanent, donner aux concessionnaires les avantages d'un crédit solidement assis pour l'émission de leurs emprunts. Des dispositions étaient prises pour réglementer les conditions de constitution et de réalisation des capitaux nécessaires à la construction.

En ce qui concernait les tramways, le régime de la concession se substituait à celui de l'autorisation précaire. La concession était accordée, soit par le Gouvernement, soit par les Conseils généraux, soit par les Conseils municipaux, suivant que les voies de l'ordre le plus élevé empruntées pour leur établissement appartenaient au domaine public national, départemental ou communal. Elle pouvait être attribuée, soit à l'État, soit aux départements, soit aux communes, avec faculté de rétrocession. Dans tous les cas, l'utilité publique était déclarée par décret en Conseil d'État. Les concessionnaires des tramways à traction de locomotives, transportant des voyageurs et des marchandises, pouvaient être dotés de subventions analogues à celles des chemins de fer d'intérêt local.

Des règlements d'administration publique et des cahiers des charges approuvés par décret en Conseil d'État complétaient la loi du 11 juin 1880.

Depuis longtemps des concessionnaires de mines avaient obtenu la déclaration d'utilité publique de chemins de fer destinés à relier leur exploitation aux lignes voisines; pour justifier cette mesure, le Gouvernement leur avait imposé immédiatement ou s'était réservé de leur imposer plus tard un service public. La loi du 27 juillet 1880, portant modification de celle du 21 avril 1810 sur les mines, vint donner une base légale aux actes de cette nature, en les prévoyant explicitement pour les voies ferrées qui, sans sortir du périmètre de la concession, modifieraient le relief du sol et pour celles qui excéderaient les limites du périmètre; les voies de cette dernière catégorie pouvaient être affectées à l'usage du public.

Les études entreprises conformément au programme arrêté sur l'avis de la Commission supérieure du Transsaharien avaient été vigoureusement entreprises et avaient déjà donné de grands résultats. M. le colonel Flatters, notamment, avait poussé ses reconnaissances jusqu'au lac Mentchough, à une faible distance de Rhat. Seule, la mission de M. Soleillet avait échoué. Un nouveau crédit de 400 000 fr. fut ouvert le 17 juillet 1880 au Ministre des travaux publics.

Une crise des plus graves s'était produite dans les transports pendant l'hiver de 1879-1880; des encombrements considérables avaient eu lieu dans plusieurs grandes gares des départements et surtout dans les gares de Paris. Une Commission fut constituée le 9 mars 1880 par le Ministre, pour rechercher les causes de cette crise et pour étudier les mesures propres à en éviter autant que possible le retour. Cette Commission, élargissant le cadre de ses investigations, les fit porter sur le passé comme sur le présent. Elle conclut à l'utilité : 1° de prévenir, en cours de route, les destinataires du jour de l'arrivée de leurs marchandises transportées au prix de tarifs spéciaux conditionnels ; 2° d'appliquer rigoureusement et sans préférence les prescriptions ministérielles relatives aux délais d'expédition et de transport ; 3° d'autoriser les Compagnies à effectuer après 24 heures le camionnage d'office, en tout temps, aux frais, risques et périls de qui de droit.

La première et la dernière de ces conclusions, qui tendaient à des mesures nouvelles, n'ont pas reçu de suite.

Le 5 février 1880, le Ministre de la marine présenta un projet de loi tendant à la construction de chemins de fer reliant Saint-Louis du Sénégal à Dakar, d'un côté, et au Niger de l'autre : la dépense était évaluée à 120 millions. Le Parlement crut devoir se borner à l'allocation d'un crédit de 1 300 000 fr. pour études.

Relatons enfin les travaux importants d'une Commission d'enquête administrative instituée, à la suite du grave incident de Flers (Ouest), pour rechercher les moyens propres à assurer la sécurité de l'exploitation. Cette Commission proposa diverses mesures, concernant notamment l'emploi du block-system, des enclenchements et des freins continus. Conformément à son avis, des ordres furent donnés aux Compagnies.

Année 1881. — Au début de l'année 1881, nous devons relater un échange d'observations entre M. Baïhaut, rapporteur de la Commission des 33, et M. Sadi Carnot, ministre des travaux publics, à l'occasion d'un projet de loi portant autorisation d'exploiter provisoirement plusieurs chemins non concédés. M. Baïhaut insistait sur l'urgence d'une solution définitive pour l'exploitation du 3e réseau et pour l'amélioration du régime des voies existantes ; il invitait le Ministre à exposer son programme, à déposer un projet de loi, à ne pas reculer, le cas échéant, devant le rachat des concessions faites aux grandes Compagnies. M. Sadi Carnot ne crut pas devoir s'engager sur le terrain d'une discussion générale. Il se borna à exposer les mesures prises par son administration pour améliorer la tarification, les résultats obtenus, les divers systèmes d'affermage ou d'exploitation directe, alors en expérimentation.

Des observations analogues furent encore échangées, lors de la discussion du budget de 1882.

Vers la fin de 1880, le Ministre de la marine avait demandé l'allocation d'un crédit de 8 millions et demi environ pour la construction en régie de la section du chemin de Saint-Louis au Niger, comprise entre Médine et

Bafoulabé, ainsi que l'approbation d'un traité provisoire de concession conclu pour le chemin de Dakar à Saint-Louis. La seconde partie de cette proposition souleva des débats qui l'empêchèrent d'aboutir en 1881 ; mais la première fut accueillie (Loi du 26 février 1881).

La réunion du congrès international de Berne de 1874 avait été le point de départ d'une série de conventions postales appelées à exercer la plus grande influence sur le développement du commerce et de l'industrie. Une loi du 3 mars 1881 ratifia l'une de ces conventions, qui avait pour objet de faciliter autant que possible le transport des petits colis de 0 à 3 kilogs, en appliquant à ces expéditions tous les avantages d'économie, de rapidité et de sécurité que donnaient les services postaux. Les grandes Compagnies s'étaient d'ailleurs engagées à assurer ce transport sur le territoire français. Elles avaient, de plus, amélioré de leur côté les conditions de transport des colis de moins de 5 kilogs en grande vitesse.

Le lieutenant-colonel Flatters était retourné en Afrique, pour y reprendre son voyage d'exploration, dans les derniers jours de 1880; il était accompagné de trois ingénieurs, de deux officiers, d'un médecin militaire et d'une escorte assez nombreuse. Il était à la veille d'atteindre le puits d'Asiou, par 21° de latitude, lorsque, trompé par la trahison de plusieurs de ses guides, il laissa sa colonne se diviser et fut massacré, avec la plupart de ses compagnons, par un fort parti de Touaregs-Hoggar dont les incitations venues de la Tripolitaine et peut-être aussi d'Iusalah et du Touât avaient surexcité le fanatisme. On connaît la terrible odyssée des survivants, obligés de revenir vers l'Algérie, sans cesse harcelés par l'ennemi, ayant à leur livrer des combats réitérés, manquant de vivres et d'eau, et finissant par se laisser aller à des actes d'anthropophagie. Quelques indigènes seulement survécurent au désastre et rentrèrent successivement dans la colonie. Cet événement mit fin aux études entreprises pour le Transsaharien.

Emus des dangers de l'ouverture du Saint-Gothard pour notre industrie et notre commerce, un certain nombre de députés présentèrent, soit en 1880, soit en 1881, des propositions relatives à de nouvelles percées des Alpes, par le Simplon, le Mont-Blanc ou le petit Saint-Bernard. Ces propositions firent l'objet d'un remarquable rapport de M. Brossard, qui, tout en exprimant des préférences pour le Mont-Blanc, conclut à inviter le Gouvernement à étudier les diverses solutions.

Le 11 juin 1874, MM. de Seigneux, avocat à Genève, et Christ, avocat à Bâle, avaient adressé aux Chambres fédérales suisses une pétition tendant à la réunion d'une conférence internationale pour créer un droit uniforme des transports internationaux et faciliter ainsi les échanges entre les divers pays. Les Chambres fédérales suisses ayant favorablement accueilli la pétition, le Conseil fédéral fit préparer un avant-projet de convention et le communiqua aux divers Gouvernements, avec invitation de le discuter en commun. La plupart des puissances du continent répondirent à cet appel. Trois congrès eurent lieu à Berne, en 1878, 1881 et 1886, et aboutirent à une rédaction, sur laquelle ont été engagées depuis des négociations diplomatiques.

Relevons enfin :

Un projet de tarif général commun présenté par les grandes Compagnies, pour les relations de réseau à réseau, mais repoussé par le Ministre, parce qu'il comportait de trop nombreux relèvements et parce qu'il n'était applicable ni aux relations intérieures des réseaux, ni aux échanges entre les Compagnies et l'Administration des chemins de fer de l'État ;

Une nouvelle proposition de M. de Janzé, pour la réglementation des rapports entre les Compagnies et leurs agents commissionnés, proposition qui échoua après de longs débats.

Année 1882. — Appelé pour la seconde fois au Ministère des travaux publics, vers la fin de 1881, M. Varroy chercha à conclure des conventions avec les Compagnies. Son but était : 1° de mettre fin à une situation incertaine et précaire, qui durait depuis plusieurs années et qui était des plus préjudiciables à l'intérêt public et au crédit ; 2° d'assurer l'exécution du programme de travaux publics, en y faisant concourir les efforts et les ressources de l'industrie privée ; 3° d'obtenir des Compagnies, en échange de la sécurité relative qui leur serait assurée, l'abaissement des tarifs de la grande vitesse, particulièrement pour les voyageurs de 3me classe et pour les denrées alimentaires, la régularisation des tarifs généraux et spéciaux de la petite vitesse, la réduction de ces tarifs, spécialement pour les marchandises de moindre valeur ; 4° de les faire contribuer aux dépenses de construction du 3me réseau.

Le 22 mai 1882, il soumit à la Chambre une première convention qu'il avait passée avec la Compagnie d'Orléans et dont les traits essentiels étaient les suivants :

Concession à la Compagnie d'un petit nombre de lignes, en échange de chemins qu'elle rétrocédait à l'État en vue du remaniement des réseaux voisins et notamment de celui de l'État ;

Affermage à la Compagnie, jusqu'au 31 décembre 1899, de 320 kilomètres de chemins et exploitation de ces chemins dans des conditions qui laissaient au Ministre une autorité directe sur les tarifs ;

Subvention de 160 millions environ de cette société pour les travaux, sous la réserve qu'au terme du bail, s'il n'était pas renouvelé, le Trésor aurait à continuer le service des obligations ;

Abaissement immédiat de 7 % sur les taxes des voyageurs autres que ceux des trains rapides ;

Engagement de réaliser ultérieurement des réductions égales à celles que l'État consentirait sur son impôt de grande vitesse ;

Généralisation des billets d'aller et retour ;

Adoption d'un nouveau tarif général commun et intérieur, élaboré précédemment par le Comité consultatif des chemins de fer ;

Remaniement des tarifs spéciaux, dans le sens des vœux exprimés par la Commission d'enquête du Sénat, c'est-à-dire suppression des anomalies qui s'y étaient introduites progressivement et que rien ne justifiait; engagement de procéder à ce remaniement, de manière à abaisser la moyenne des tarifs ;

Augmentation de la part de l'État dans les bénéfices ;

Suspension du droit de rachat pendant la durée du bail d'affermage.

Ces bases, appliquées aux diverses Compagnies de chemins de fer, devaient avoir pour effet de mettre à leur compte un milliard de travaux et de faire bénéficier le public de réductions de taxes correspondant à une somme de plus de cinquante millions par an.

La Commission de la Chambre jugea que la suspension du droit de rachat était un avantage excessif accordé à la Compagnie d'Orléans ; elle se méprit sur la portée de certains articles du contrat qui étaient cependant avantageux pour l'État et dont le principal mérite était de résoudre, non seulement la question de construction du 3ᵉ réseau, mais encore et surtout celle de la tarification ; elle conclut, en conséquence, au rejet de la convention, qui fut retirée plus tard par M. Hérisson, successeur de M. Varroy.

En même temps qu'elle signait avec l'État la convention technique que nous venons d'analyser brièvement, la Compagnie d'Orléans s'engageait à rembourser par anticipation au Trésor le montant de sa dette au titre de la garantie d'intérêt, réglée à 207 millions, en nombre rond. Ce remboursement, qui constituait l'un des éléments du projet de budget de M. Léon Say, fut abandonné à la chute du Cabinet présidé par M. de Freycinet.

La discussion du projet de budget de M. Say devant la Chambre des députés avait, d'ailleurs, porté principalement sur le régime des chemins de fer.

M. Tirard, successeur de M. Léon Say, renonça à la convention financière avec la Compagnie d'Orléans, dans laquelle il ne voyait qu'un expédient temporaire et ingénieux, laissant irrésolue la grande question des travaux publics et susceptible de gêner, le cas échéant, les négociations avec les Compagnies. La discussion, qui s'ouvrit le 11 décembre devant la Chambre des députés et le 19 décembre devant le Sénat sur le nouveau projet de budget de 1883, fut comme la préface du débat solennel de 1883 sur les conventions. Elle roula sur l'étendue du programme Freycinet, sur son évaluation, sur la méthode suivant laquelle l'exécution en avait été engagée, sur la mesure et les procédés à adopter pour en poursuivre la réalisation, aussi bien au point de vue technique qu'au point de vue financier, enfin sur les résultats de l'exploitation du réseau de l'État, comparée à celle des Compagnies. Des attaques très vives furent dirigées contre le nombre prétendu excessif des chantiers ouverts par le Ministère des travaux publics, contre l'éparpillement peu raisonné de ces chantiers; mais MM. Sadi Carnot et Rousseau n'eurent pas de peine à faire justice d'allégations que rien ne justifiait. Toutefois, il fut reconnu que la situation financière recommandait dorénavant une extrême prudence et qu'il importait de prendre le plus tôt possible un parti définitif au sujet du régime général des chemins de fer.

M. Hérisson, qui avait recueilli la succession de M. Varroy, avait, nous l'avons dit, retiré le projet de convention technique avec la Compagnie d'Orléans. Le 7 octobre 1882, il institua une Commission extraparlementaire appelée :

1° A discuter la question de l'exploitation par l'État ou par l'industrie privée, et, dans le cas où elle se prononcerait pour l'industrie privée, à étudier deux combinaisons, dont l'une impliquerait des traités avec les Compagnies, la révision de leurs cahiers des charges et le prélèvement de la plus forte part de leurs plus-values au profit des lignes nouvelles, tandis que l'autre comporterait, en dehors de tout accord avec les Compagnies, des groupements distincts combinés de manière à détourner par la concurrence les excédents de produits des lignes préexistantes;

2° A élaborer la réforme de la tarification;

3° A établir avec précision les conditions dans lesquelles s'effectuerait, au besoin, la reprise des concessions.

Les Sous-Commissions auxquelles furent renvoyés ces trois ordres de questions se livrèrent à des études intéressantes et complètes; mais leurs travaux ne furent pas soumis à la Commission et ne reçurent, par suite, aucune consécration.

Nous avons mentionné, au passage, diverses propositions concernant les rapports entre les Compagnies et leurs agents commissionnés. Le

6 février 1882, MM. Raynal, Waldeck-Rousseau, Lesguillier, Martin-Feuillée et Margue, députés, en déposèrent une nouvelle dans laquelle ils reprenaient et reproduisaient celles des dispositions antérieures qui avaient soulevé le moins d'objections.

Après de longs débats, la Chambre vota un texte dont les traits généraux étaient les suivants :

Le contrat de louage de service passé entre les Compagnies et leurs agents commissionnés ou participant aux caisses de retraite et de secours ne pouvait être résilié sans motif légitime par l'une des parties que moyennant le paiement de dommages-intérêts ;

Un règlement d'administration publique devait déterminer les emplois réservés aux agents commissionnés, ainsi que les causes de nature à justifier la révocation ou la descente de classe ;

Les contestations devaient être instruites par les tribunaux comme affaires sommaires et jugées d'urgence.

Ce projet de loi n'a pas encore été discuté par le Sénat.

Il nous reste à signaler, en 1882, la concession du chemin de Dakar à Saint-Louis du Sénégal. L'État a dû, aux termes de la loi du 29 juin 1882, fournir, au moyen d'une émission de 3 % amortissable, les trois quarts du capital de premier établissement ; le surplus est donné par le capital-actions qui bénéficie d'une garantie d'intérêt de 6 %.

11. Période de 1883 à 1885. — La déclaration ministérielle portée devant la Chambre, le 22 février 1883, au nom du Cabinet présidé par M. Jules Ferry, annonçait : « l'ouverture de négociations avec les grandes « Compagnies de chemins de fer et le ferme espoir qu'il en sortirait des « conventions équitables, respectueuses des droits de l'État et de nature « à faciliter l'exécution des grands travaux publics, sans charger à l'excès « notre crédit. »

Conformément à cette déclaration, M. Raynal, ministre des travaux publics, déposa, en juin et juillet 1883, sur le bureau de la Chambre des députés, six conventions intervenues avec les grandes Compagnies.

Le but principal de ces contrats était d'assurer la continuation de la réalisation du programme Freycinet.

Les Compagnies recevaient la concession ferme ou éventuelle d'un grand nombre de lignes et fournissaient, pour leur établissement, une contribution qui, pour la plupart de ces lignes, représentait une somme de 50 000 fr. par kilomètre, y compris la fourniture du matériel roulant évaluée à 25 000 fr. Nous récapitulons, dans le tableau ci-contre, les longueurs des chemins concédés et les éléments du concours des Compagnies :

DÉSIGNATION des RÉSEAUX	LONGUEUR ANTÉRIEURE	LONGUEURS					Longueur nouvelle des réseaux	CONCOURS			
		CONCÉDÉES			CÉDÉES OU ÉCHANGÉES	Totales		Contribution aux lignes nouvelles	Matériel roulant		TOTAL
		à titre définitif	à titre éventuel	non dénommées					des lignes concédées	des lignes cédées	
	km.	km.	km.	km.	km.	km.	km.	millions	millions	millions	millions
Paris-Lyon-Méditerranée	7.137	1.126	223	600	89	2.038	(a) 9.175	49	49	2	100
Orléans.....	4.359	1.910	116	400	1.086	3.512	(b) 7.472	94	61	16	171
Nord.......	2.172	197	62	»	174	433	(c) 2.605	90	7	4	101
Midi........	3.017	838	169	200	59	1.266	4.283	30	30	1	61
Est.........	3.149	596	187	250	703	1.736	4.885	26	26	18	70
Ouest.......	3.236	1.187	216	200	877	2.480	5.716	41	41	22	102
TOTAUX..	23.070	5.854	973	1.650	2.988	11.465	34.136	330	214	63	607

Ainsi l'État était déchargé de 11 465 kilomètres. Le réseau des grandes Compagnies s'augmentait de 11 066 kilomètres, soit de 48 % environ. Un peu plus de 2 000 kilomètres de lignes classées dans le champ d'action des Compagnies étaient laissés en dehors des conventions.

Les Compagnies étaient chargées de la presque totalité des travaux, qu'elles s'engageaient à exécuter en 10 ans environ. Elles y concouraient pour une quote-part de 330 millions, soit de 1/9 à 1/8 de la dépense totale afférente aux lignes réunies à leurs concessions, et de 1/7 à 1/6 de la dépense afférente à celles de ces lignes qui n'étaient pas encore achevées. Elles fournissaient le matériel roulant des chemins ajoutés à leur réseau ; bien que le sacrifice correspondant, estimé à 277 millions, n'eût pas le même caractère que la subvention consacrée aux travaux, puisqu'en fin de concession le matériel devait être repris par l'État, le Trésor n'en était pas moins déchargé d'autant pour un délai fort long.

A ces ressources venait se joindre le remboursement des dettes contractées par les Compagnies d'Orléans, du Midi, de l'Est et de l'Ouest au titre de la garantie d'intérêt, soit 540 millions, déduction faite d'une

(a) Non compris 432 kilomètres provenant principalement du réseau des Dombes et annexés à la concession de Paris-Lyon-Méditerranée.

(b) Déduction faite des 399 kilomètres cédés par la Compagnie d'Orléans.

(c) Non compris 1 108 kilomètres de lignes provenant, soit de concessions à des Compagnies secondaires, soit de concessions à la Compagnie du Nord au titre d'intérêt local, et placées entre les mains de cette dernière Compagnie.

remise de 80 millions stipulée en faveur de cette dernière Compagnie.

Les grandes Compagnies assumaient, en outre, les insuffisances de l'exploitation des lignes nouvelles. Elles prêtaient leur crédit à l'État pour la réalisation des emprunts destinés à faire face aux dépenses qui restaient à sa charge, tout en lui laissant la faculté de contracter directement ces emprunts, s'il le jugeait utile.

Le dividende avant partage était abaissé pour la plupart des réseaux ; la part attribuée au Trésor était portée de 1/2 à 2/3.

Les Compagnies s'engageaient : 1° à réduire de 10 % les taxes des voyageurs de 2e classe et de 20 % celles des voyageurs de 3e classe, au cas où l'État renoncerait à la surtaxe de 10 %, ajoutée en 1871 aux impôts de grande vitesse; 2° à opérer, en outre, de nouvelles diminutions équivalentes à celles que l'État viendrait à consentir ultérieurement, au delà de cette surtaxe.

Par des lettres adressées au Ministre des travaux publics, elles avaient, de plus, promis de simplifier leurs tarifs de petite vitesse, de prendre comme règle les barêmes à base kilométrique décroissante, de diminuer le nombre des prix fermes, de consentir des sacrifices immédiats et sérieux sur certaines catégories de marchandises. Des avantages étaient également stipulés au profit du public pour la messagerie. Des garanties sérieuses étaient prises par l'État pour les transports internationaux.

Les comptes étaient simplifiés.

En revanche, les Compagnies obtenaient :

— la garantie d'un minimum de dividende pour les actionnaires des quatre réseaux d'Orléans, du Midi, de l'Est et de l'Ouest;

— la suppression à peu près générale de la limitation de leurs dépenses de premier établissement;

— la faculté d'imputer au compte de construction, pour le jeu de la garantie d'intérêt comme pour celui du partage des bénéfices, toutes les dépenses complémentaires de premier établissement;

— l'imputation prolongée des insuffisances d'exploitation au même compte;

— l'interprétation ou plutôt la modification de la loi Montgolfier, en ce sens que l'origine de la période de 15 ans, pendant laquelle les lignes nouvelles devaient, en cas de rachat, être reprises au prix de premier établissement, était fixée, non plus à la date de la concession, mais à la date de la mise en exploitation;

— le paiement, dans le même cas, des travaux complémentaires exécutés pendant les quinze dernières années, sauf réduction de 1/15 pour chaque année écoulée, ce qui, à raison de 3 millions de dépenses par million d'augmentation de recette brute et pour une progression annuelle de 3 %, équivalait à une indemnité supplémentaire de 675 millions;

— l'assurance qu'en cas de rachat, pendant la période de fonctionnement de la garantie d'intérêt, l'annuité serait réglée en comprenant dans le revenu des dernières années les sommes avancées par l'Etat, au titre de la garantie;

— enfin, et par-dessus tout, la consolidation de leur situation.

La Compagnie de Lyon obtenait la ratification de son traité de fusion avec celle des Dombes. Il en était de même des traités conclus entre la Compagnie du Nord et les Compagnies secondaires de la région, ce qui permettait à cette société de faire entrer dans le compte du partage des éléments sur lesquels elle subissait des pertes notables.

Certaines stipulations étaient introduites dans les conventions avec l'Orléans et l'Ouest, pour assurer au réseau d'État le trafic qui lui était légitimement acquis et pour donner à ses transports un accès facile sur Paris.

Les contrats dont nous venons d'indiquer brièvement les principales dispositions provoquèrent une discussion passionnée, surtout à la Chambre des députés. Ils furent notamment combattus par MM. Allain-Targé, Wilson et Waddington, députés, et par M. Tolain, sénateur, qui leur reprochèrent de sacrifier les intérêts du Trésor, de consolider outre mesure le monopole des Compagnies, de désarmer absolument l'État pour l'avenir, de compromettre le sort du réseau d'État, de ne pas donner au public les satisfactions indispensables en matière de tarification. Mais, défendus avec une grande habileté et un rare talent par M. Raynal, ministre des travaux publics, ils réunirent une importante majorité. (Loi du 20 novembre 1883.)

En ratifiant les conventions de 1883, les Pouvoirs publics ont mis fin, au moins en ce qui concerne le développement des réseaux, à une situation qu'il importait de faire cesser; ils ont signé, nous ne dirons pas une paix définitive (car personne n'est maître de l'avenir), mais tout au moins une trève de longue durée avec les grandes Compagnies.

C'est là le fait capital de la période de 1883 à 1886.

Les seuls faits postérieurs de quelque importance qui méritent d'être signalés au lecteur sont les suivants :

1° Réforme des tarifs. — Comme nous l'avons fait connaître à diverses reprises, l'opinion publique réclamait depuis longtemps la réforme des tarifs, leur simplification, la réduction du nombre des taxes spéciales, la généralisation des barêmes à base kilométrique décroissante suivant le système belge, et, en même temps, la diminution des prix de transport. Les Compagnies avaient pris elles-mêmes des engagements à cet égard, soit dans des lettres qu'elles avaient adressées au Ministre des travaux publics à l'appui des conventions de 1883, soit dans des communications antérieures. Conformément à ces engagements elles ont présenté des propositions qui ont fait et qui font encore l'objet d'un examen approfondi de la part de l'Administration.

La nouvelle tarification du réseau de l'Est, celle du réseau de P.-L.-M. et celle du réseau du Nord ont été homologuées : la première en 1884, la seconde en 1885 et la troisième en 1886.

Malheureusement la réforme a coïncidé avec une période d'affaissement considérable dans les recettes de l'exploitation ; elle n'a pu, par suite, être aussi profonde, aussi complète qu'on l'avait désiré et espéré il y a quelques années. Une diminution trop importante des taxes eût été inacceptable, non seulement pour les Compagnies, mais encore pour l'État dont les avances au titre de la garantie d'intérêt se fussent accrues outre mesure.

L'œuvre accomplie dans les conditions défavorables que nous venons de rappeler pourra être améliorée ou complétée quand la crise industrielle et commerciale aura pris fin.

2° Désignation, pour les Compagnies de l'Est, de l'Ouest, de P.-L.-M. et du Midi, de tout ou partie des lignes non dénommées dans les conventions de 1883. — Parmi les lignes concédées aux grandes Compagnies en 1883, il en était un certain nombre qui n'avaient point été dénommées dans les conventions et qui n'y avaient été portées que pour leur longueur totale. Les lignes dont la désignation était ainsi restée en suspens ont été partiellement déterminées par des lois de 1885 et 1886, comme l'indique le tableau ci-après :

DÉSIGNATION des réseaux	DATES des lois	NOMBRE DE KILOMÈTRES		OBSERVATIONS
		Prévu aux conventions de 1883	Concédés	
Est.	30 avril 1886.	250	122	—
Ouest.	10 décembre 1885 et 15 mars 1886.	200	205	La loi du 10 décembre 1885 a autorisé la Compagnie à établir à voie étroite le réseau Breton, comportant un développement de 338 kilom., dont 197 déjà dénommés aux conventions de 1883. En compensation des avantages que la réduction de la largeur de la voie doit procurer à la Compagnie, la longueur des lignes non dénommées a été portée de 200 à 250 kilom.
P.-L.-M.	20 août 1885 et 2 août 1886.	600	651	La Compagnie ayant renoncé au bénéfice de la concession du chemin de Saint-André à Digne, le chiffre de prévision de 600 kilomètres, qui avait été inscrit à la convention de 1883 pour les lignes non dénommées, a été élevé à 645 kilomètres.
Midi.	17 juillet 1886.	200	194	—

Un projet de loi analogue, présenté par le Ministre des travaux publics pour le réseau d'Orléans, a donné lieu à une longue discussion devant la Chambre des députés : la Chambre a manifesté, à cette occasion, sa volonté de voir construire un certain nombre de lignes dans un système économique ; elle a modifié en conséquence les propositions du Gouvernement ; mais le texte sorti de ses délibérations n'a pas été ratifié par le Sénat, de telle sorte qu'il n'a pas encore été pris de décision définitive.

3° Présentation de plusieurs projets de loi successifs pour la création d'un chemin de fer métropolitain à Paris. — Depuis longtemps, les embarras de la circulation dans Paris avaient fait naître l'idée de l'exécution d'un chemin de fer métropolitain, destiné à desservir les principaux courants de cette circulation et à relier, en outre, les gares des grands réseaux qui aboutissent à la capitale. Après une très longue et très laborieuse instruction, le Ministre des travaux publics a déposé en 1885, sur le bureau de la Chambre des députés, un projet de loi tendant à donner satisfaction aux vœux de la population parisienne. La législature ayant pris fin peu de temps après, un projet de loi nouveau a été présenté en 1886 par le Gouvernement ; mais la Chambre ne s'est pas encore prononcée.

Tel est, résumé à grands traits, l'historique des chemins de fer en France, depuis leur origine jusqu'à nos jours.

CHAPITRE II

APERÇU ÉCONOMIQUE

SUR LES RÉSULTATS GÉNÉRAUX DE L'OUVERTURE DES CHEMINS DE FER

1. **Transport des voyageurs.** — Ainsi que nous l'avons dit précédemment, nous sortirions du cadre de notre publication ou, du moins, nous lui donnerions des développements excessifs, en faisant un exposé complet des conséquences économiques et sociales de la création des chemins de fer. Cet exposé a fait l'objet d'un grand nombre de mémoires et de traités spéciaux ; nous signalerons particulièrement au lecteur :

1° Les leçons faites en 1867 à l'École des ponts et chaussées, sur l'exploitation des chemins de fer, par M. Jacqmin, aujourd'hui directeur de la Compagnie de l'Est ;

2° Un très remarquable ouvrage de M. de Foville, ancien élève de l'École polytechnique, chef de bureau au Ministère des finances, sur « la Transformation des moyens de transport ».

Nous ne saurions cependant laisser absolument de côté l'étude économique du rôle des voies ferrées : l'économie politique ou sociale et l'histoire sont les deux « Étoiles du berger » que l'administrateur ne doit jamais perdre de vue, sous peine de s'égarer et de compromettre les intérêts dont il est le dépositaire et le gardien.

Nous considérons donc comme absolument indispensable d'aborder la question, sauf à rester dans le domaine des généralités.

Les chemins de fer ont provoqué une véritable révolution dans les transports des voyageurs, au double point de vue du prix et de la vitesse.

a. Prix de transport. — Avant que l'exécution de notre réseau de voies ferrées fût sérieusement engagée, le tarif kilométrique moyen, y compris l'impôt de 10 % créé par la loi du 9 vendémiaire an VI et le décime ajouté à cet impôt par la loi du 6 prairial an VII, était le suivant :

Transport en chaise de poste.................. 20 c. et au-dessus.
— en malle-poste..................... 17 c. 1/2.
— en diligence { coupé.............. 16 c.
intérieur........... 14 c.
rotonde ou impériale. 11 c. }

En admettant une proportion de 5 voyageurs en diligence contre un voyageur en poste, et en supposant, d'autre part, que les diligences fournissent trois places de coupé pour six places d'intérieur et dix places de rotonde ou d'impériale, on peut évaluer à 14 centimes par kilomètre le prix moyen des anciens procédés de locomotion, soit à 12 c. 5 environ la taxe perçue au profit du transporteur.

D'après le cahier des charges type qui a servi de base aux traités avec les grandes Compagnies et qui est encore en vigueur, il existe trois classes de voyageurs, respectivement taxées à 10 c., 7 c. 5 et 5 c. 5. Il résulte des tableaux statistiques officiels qu'en 1883 les voyageurs se sont répartis entre ces trois classes dans la proportion de 7,7 à 32,4 et 59,9. La taxe moyenne susceptible d'être perçue au profit des Compagnies serait donc de 6 c. 49. Il y aurait lieu, toutefois, d'ajouter à ce chiffre l'impôt que la loi du 16 septembre 1871 a porté à 23,2 %, soit à 1 c. 51, ce qui l'élèverait à 8 c.

Mais il convient d'observer qu'en fait ce chiffre est notablement diminué :
— par les réductions de prix ou les immunités complètes stipulées dans les contrats de concession en faveur des militaires ou marins, de certaines catégories de fonctionnaires et des enfants en bas âge;
— par des réductions bénévoles que les Compagnies ont consenties, soit sur les *distances d'application*, lorsque la distance à parcourir par rails est de beaucoup supérieure à la distance par voie de terre, soit sur la taxe elle-même (congrégations religieuses, indigents, élèves des lycées et collèges, ouvriers, membres de sociétés savantes ou d'associations présentant un intérêt public, artistes dramatiques en tournée de représentations, etc....);
— par la délivrance des billets d'aller et retour dont l'usage s'est de plus en plus généralisé;
— par des abonnements temporaires, pour la circulation à volonté entre deux points déterminés;
— par les facilités données aux excursionnistes, à certaines époques de l'année;
— par l'organisation de trains de plaisir;
— par les services de banlieue, etc....

Le nombre des voyageurs à place entière n'a pas dépassé 49,2 % en 1883, alors que celui des voyageurs à prix réduit était de 50,8 %.

La taxe moyenne effectivement perçue par les Compagnies est ainsi descendue en 1883 à 4 c. 77 ; en y ajoutant l'impôt de 23,2 %, on n'arrive qu'à 5 c. 88 environ.

Le rapprochement entre ces chiffres et ceux que nous avons relatés pour les transports par voie de terre suffit à montrer l'immense progrès accompli à cet égard.

Nous aurons d'ailleurs à revenir plus amplement sur les diverses causes de réduction que nous nous sommes provisoirement borné à énumérer sommairement.

Avant d'en finir avec les taxes afférentes aux voyageurs, nous devons signaler une différence essentielle entre les transports par routes et les transports par chemins de fer. Pour les premiers, l'usage de la voie est gratuit ; pour les derniers, au contraire, le tarif se compose de deux éléments bien distincts, à savoir : 1° le *péage*, qui représente le droit d'usage de la voie ferrée et qui, en principe, est affecté à l'intérêt et à l'amortissement des frais de construction ainsi qu'aux dépenses d'entretien ; 2° le *prix de transport* proprement dit. D'après le tarif légal inséré au cahier des charges, le péage est des 2/3 de la taxe totale ; mais, en fait, il a été, durant ces dernières années, de 48, soit 50 % seulement du prix de revient réel des transports. (*Voir* un Mémoire de M. Baum, ingénieur des Ponts et Chaussées. — Annales des Ponts et Chaussées. — Décembre 1883.)

Pour rendre la comparaison équitable, il faudrait ajouter au tarif des anciennes messageries 1 centime environ, suivant une évaluation faite par M. de Foville, en comptant 24 000 fr. pour frais de premier établissement et 600 fr. pour frais annuels de conservation des routes et en admettant une circulation générale de 200 à 210 colliers par jour.

L'économie serait ainsi de 65 %, impôts déduits. Rapportée au nombre total de voyageurs à un kilomètre transportés en 1883, elle représenterait une somme de 460 millions, en nombre rond.

Il faut, du reste, ainsi que nous l'expliquons plus loin, ne prendre ce chiffre que comme une indication et se garder de lui attribuer une valeur et une portée absolues ; car l'un des effets de la création de notre réseau de voies ferrées a été de multiplier les déplacements et d'en faire naître qui ne se seraient jamais produits avec les anciens modes de transport.

b. Vitesse des transports. — Dans la notice historique placée en tête des « documents statistiques sur les routes et ponts » publiés en 1873 par le Ministère des travaux publics, M. l'Ingénieur en chef Nicolas a donné un très intéressant tableau des vitesses moyennes, à diverses époques, pour les messageries. Il résulte des chiffres consignés dans ce tableau que, y compris les temps d'arrêt, les voyageurs ne parcouraient pas plus de 2 kilomètres 2 à l'heure au XVIIe siècle, 3 kilomètres 4 à la fin du XVIIIe siècle, 4 kilomètres 3 en 1814, 6 kilomètres 5 en 1830 et 9 kilomètres 5 en 1848 ; encore M. Nicolas a-t-il eu soin de faire remarquer que ces vitesses officielles, indiquées par les règlements des messageries ou les almanachs royaux, étaient le plus souvent réduites par les accidents ou les incidents multiples des voyages.

Quant aux malles-postes, leur vitesse était supérieure de moitié environ à celle des messageries, en 1848.

La révolution produite par les chemins de fer a été plus profonde encore à ce point de vue qu'à celui des prix de transport.

Dès 1856, M. Nicolas calculait que la vitesse moyenne sur les voies ferrées, arrêts compris, variait entre 35 kilomètres et 72 kilomètres.

En 1863, la Commission d'enquête sur l'exploitation et la construction des chemins de fer relevait les chiffres suivants :

	NORD	EST	OUEST	ORLÉANS	LYON	MIDI
	km.	km.	km.	km.	km.	km.
Trains express ou directs.	46 à 57	38 à 49	45 à 59	40 à 50	40 à 48	40
Trains omnibus..........	30 à 40	30 à 34 (réduction à 26 pour les trains de banlieue.)	26 à 30 (réduction à 24 pour le chemin d'Auteuil.)	27 à 33	27 à 39	26 à 27

En 1883, ces chiffres s'étaient accrus comme le montre le tableau suivant, dressé par les bureaux du Ministère des travaux publics :

	NORD		EST		OUEST		ORLÉANS		P.-L.-M.		MIDI		ETAT	
	Vitesse moyenne, arrêts non compris	Vitesse moyenne, arrêts compris	Vitesse moyenne, arrêts non compris	Vitesse moyenne, arrêts compris	Vitesse moyenne, arrêts non compris	Vitesse moyenne, arrêts compris	Vitesse moyenne, arrêts non compris	Vitesse moyenne, arrêts compris	Vitesse moyenne, arrêts non compris	Vitesse moyenne, arrêts compris	Vitesse moyenne, arrêts non compris	Vitesse moyenne, arrêts compris	Vitesse moyenne, arrêts non compris	Vitesse moyenne, arrêts compris
	km.	km.	km.	km.	km.	km.	km.	km.	km.	km.	km.	km.	km.	km.
Trains rapides	69 à 74	55 à 59	65 à 70	52 à 56	70 (1)	56	70	56	70 à 72	56 à 58	70	56	62 à 65	50
— express					70 (1)	56	70	56	60 à 63	48 à 50				
— poste	62 à 64	50 à 51	55 à 60	41 à 48	59 à 65	47 à 52	70	56	60	48	70	56	62 à 65	50
— directs	62 à 64	47 à 48	50 à 55	38 à 41	59	44	55	41	60	45	55	41	60	45
— omnibus	50	33	45 à 50	30 à 33	44 à 50	29	50	33	50	33	50	33	50	33
— mixtes	28	19	25 à 30	17 à 20	38	22	40	27	50	33	50	33	40	27
— de marchandises	28	»	25 à 30	»	20 à 30	»	25	»	25	»	25 à 30	»	25	»

1. Sur les lignes autres que celle de Paris au Havre, le type est de 65 kilomètres.

Nous n'avons tenu compte jusqu'ici que de la vitesse moyenne. Il est un autre élément important de la durée des transports : nous voulons parler de la distance à parcourir. Le tracé des chemins de fer, offrant un peu moins de souplesse et d'élasticité que celui des voies de terre, comporte nécessairement un peu plus de développement ; cependant la différence est moins grande qu'on ne pourrait être porté à le croire au premier abord, surtout en ce qui concerne les lignes principales, qui, à l'inverse des routes, peuvent laisser de côté les localités secondaires et dont on n'a pas hésité à réduire la longueur, au prix de certains sacrifices sur les terrassements et les ouvrages d'art. Il résulte des calculs auxquels nous nous sommes livré sur les principaux courants de circulation que cette différence est, en moyenne, de 6 %.

Si, au lieu d'envisager les vitesses, on considère la durée du trajet, on arrive aux résultats suivants pour les relations entre Paris et un certain nombre de grands centres de population.

DÉSIGNATION DES PARCOURS (1)	DURÉE DU TRAJET	
	Par les Messageries en 1848	Par les Chemins de fer en 1883
Paris au Havre	18 heures	$4^{h}10^{m}$ à $8^{h}2^{m}$
Paris à Calais	22 —	$5^{h}34^{m}$ à $12^{h}25^{m}$
Paris à Lille	20 —	$4^{h}20^{m}$ à $8^{h}12^{m}$
Paris à Strasbourg	49 —	$10^{h}19^{m}$ à $16^{h}46^{m}$
Paris à Bâle	60 —	$16^{h}19^{m}$ à $18^{h}49^{m}$
Paris à Lyon	55 —	$8^{h}39^{m}$ à $18^{h}35^{m}$
Paris à Toulouse	80 —	$15^{h}20^{m}$ à $25^{h}17^{m}$
Paris à Bordeaux	60 —	$9^{h}30^{m}$ à $18^{h}3^{m}$
Paris à Nantes	40 —	$9^{h}13^{m}$ à $17^{h}10^{m}$
Paris à Brest	60 —	$13^{h}33^{m}$ à $20^{h}25^{m}$
Paris à Genève	60 —	$11^{h}30^{m}$ à $17^{h}40^{m}$

Ainsi, alors qu'en 1848 il fallait, par exemple, une journée pour aller de Paris au Havre, il est facile maintenant de s'y rendre le matin, d'y disposer de l'après-midi et de rentrer le soir à Paris ; au lieu de 3 jours 1/2, il suffit de moins d'un jour pour le voyage de Toulouse. En prenant pour terme de comparaison la vitesse des parcours à une époque antérieure à 1848, l'avantage pour les voies ferrées serait encore bien plus accusé.

(1) Nous avons choisi à dessein les itinéraires cités dans les « documents statistiques des routes et ponts » publiés en 1873 par le Ministère des travaux publics.

Il est à peine besoin de le faire remarquer, les rapprochements qui précèdent s'appliquent à des itinéraires dont les points extrêmes sont desservis actuellement par les chemins de fer et l'étaient, auparavant, par des services de voitures publiques.

Notre réseau de voies ferrées en exploitation n'ayant pas l'étendue des voies de terre sur lesquelles il existait des services de cette nature, les voyageurs sont encore contraints de recourir trop souvent à des itinéraires mixtes et ne bénéficient que partiellement des avantages du nouveau mode de locomotion. Le développement incessant des chemins de fer étend chaque jour leurs bienfaits à des populations qui en étaient jusqu'alors deshéritées, et nous ne sommes pas éloignés du moment où l'infériorité de leur longueur aura disparu.

Un calcul fort simple permet de constater que, si en l'état actuel les chemins de fer étaient uniformément répartis sur la surface du territoire, les points les plus éloignés n'en seraient pas distants de plus de 9 kilomètres à vol d'oiseau, et que la moyenne géométrique des distances à parcourir pour y arriver serait de 3 kilomètres seulement.

Mais ce sont là des chiffres purement spéculatifs : l'inégale distribution du réseau, la nécessité de se rendre à des stations et d'y aller par des itinéraires plus ou moins tourmentés ne leur laissent de valeur et d'intérêt qu'au point de vue théorique et mathématique.

La réduction que les chemins de fer ont permis de réaliser sur la durée du trajet procure aux voyageurs une économie qui vient s'ajouter à la diminution du prix de transport : il est évidemment impossible de chiffrer cette économie, qui dépend de la valeur du temps pour les diverses catégories de voyageurs, ainsi que du rapport entre leurs dépenses ordinaires et leurs dépenses en cours de route, c'est-à-dire d'éléments trop divers et trop peu certains pour se prêter à une estimation, même approximative. Nous nous contentons de l'indication suivante.

En 1883, le nombre des voyageurs sur les chemins de fer d'intérêt général a été de 207 millions, ce qui correspond à 5 voyages, 4 en moyenne par habitant. Le parcours moyen a été de 34 kilomètres. En se plaçant dans les conditions les plus défavorables pour les voies ferrées, on ne saurait évaluer à moins de 2 heures l'économie de temps sur chaque voyage, soit 414 millions d'heures ou 17 millions de journées de 24 heures pour l'ensemble des voyageurs, soit encore de 10 à 11 heures par habitant.

c. Régularité, fréquence des départs, confort, sécurité, capacité de transport. — Aux avantages que nous venons de signaler s'en ajoutent d'autres non moins importants.

Quiconque a dû recourir aux anciens modes de locomotion sait leur peu de régularité, les mille incidents qui venaient retarder le départ et provoquer des arrêts plus ou moins prolongés en cours de route, l'influence des intempéries, la fréquence des accidents au véhicule ou à l'attelage. Aujourd'hui, en négligeant les imperfections inhérentes aux œuvres humaines, on ne peut s'empêcher d'admirer la régularité des transports par chemin de fer, la ponctualité relative du départ et de l'arrivée des trains, le peu d'importance des retards.

Les départs étaient peu nombreux. A part quelques itinéraires privilégiés ils n'avaient lieu, même au commencement de ce siècle, que périodiquement, à certains jours de la semaine. De nos jours, les lignes les moins bien partagées ont, au minimum, trois trains par 24 heures.

Les voyages dans ces vieilles *pataches* où l'on était serré, empilé, exposé au froid ou à la chaleur, au vent, à la poussière, souvent même à la pluie ou à la neige, constituaient un véritable supplice pour l'homme le plus robuste et, à plus forte raison, pour les femmes et les enfants; le malheureux qui était condamné à un trajet de quelque longueur débarquait rompu, moulu et fourbu. Les compartiments de 3e classe de nos voitures de chemin de fer sont eux-mêmes des modèles de confort, en comparaison des rotondes ou des impériales du vieux temps.

Quant à la sécurité, elle a été également accrue, moins cependant qu'on pourrait être porté à le croire au premier abord. Comme le rappelle M. de Foville dans son ouvrage, le Ministère des travaux publics a publié la statistique des accidents relevés à la charge des messageries pendant la période décennale de 1846 à 1855 (1). Cette statistique constate les résultats suivants :

		MESSAGERIES nationales	MESSAGERIES générales	ENSEMBLE
Nombre de voyageurs transportés	pour un mort...	334.553	381.045	355.000
	pour un blessé..	29.676	30.082	30.000

Tel était le degré de sécurité offert par les services les plus perfectionnés. Or, dès 1857, des documents officiels remontant jusqu'au 7 septembre 1835 montraient que, de cette date au 31 décembre 1856, malgré la catastrophe survenue en 1842 sur le chemin de Versailles, rive gauche, les

(1) Voir le rapport de la Commission d'enquête sur les moyens d'assurer la régularité et la sûreté de l'exploitation (1858).

chiffres afférents aux voies ferrées étaient de beaucoup inférieurs aux chiffres précédemment cités pour les services de messageries; on ne comptait plus que :

	Par le fait de l'exploitation	Par imprudence ou par des causes indépendantes de l'exploitation	Ensemble
Un tué sur	2.021.133	4.378.485	1.495.638
Un blessé sur	558.074	2.096.690	440.759
Un tué ou blessé sur	437.321	1.181.704	335.345

Pour la période de 1877 à 1883 inclusivement, la proportion des victimes s'est encore réduite, comme le prouve le tableau ci-dessous :

	Par le fait de l'exploitation	Par leur imprudence ou leur faute	Ensemble
Un tué sur	17.746.817	6.462.156	4.737.198
Un blessé sur	816.646	1.478.901	526.122
Un tué ou blessé sur	780.725	1.203.478	473.531

On le voit, le nombre des voyageurs blessés et surtout des voyageurs tués par le fait de l'exploitation a très notablement diminué; au contraire celui des voyageurs blessés par leur imprudence ou leur faute a sensiblement augmenté : c'est une observation que présentait déjà le rapporteur de la Commission d'enquête de 1853-1858; il semblerait que plus les voyageurs se sont familiarisés avec les chemins de fer, moins ils ont su prendre les précautions nécessaires pour se préserver contre les accidents.

Il nous reste à dire deux mots de la capacité de transport des chemins de fer. Cette capacité est pour ainsi dire indéfinie. On jugera du progrès réalisé à cet égard, par les chiffres suivants empruntés aux documents statistiques publiés par le Ministère des travaux publics :

Nombre annuel moyen de voyageurs transportés de 1841 à 1855 par les messageries nationales ou générales............... 710 000

Nombre de voyageurs transportés par les chemins de fer en 1883.................................... 207 200 000

Nombre de voyageurs kilométriques transportés sur les voies de terre, en 1841	520 000 000
Nombre de voyageurs kilométriques transportés par rails en 1883	7 040 000 000

2. **Transport des marchandises.** — *a.* Prix des transports — Dans son traité des « Réformes à opérer dans l'exploitation des chemins de fer », Proudhon, se livrant à d'ingénieux calculs sur les transports par colporteurs, en estimait à 3 fr. 33 le prix de revient par tonne et par kilomètre.

M. de Foville évalue à 87 centimes le coût de la tonne kilométrique transportée à dos de mulet.

Sans nous appesantir sur ces moyens primitifs, sans remonter jusqu'au déluge, voyons quels étaient les prix du roulage accéléré et du roulage ordinaire au commencement de ce siècle.

D'après des avis au commerce, publiés par divers commissionnaires de la région de l'Est et relatés dans les « Leçons de M. Jacqmin sur l'exploita-« tion commerciale des chemins de fer », le prix kilométrique moyen était, pendant la période de 1834 à 1846 :

— de 0 fr. 44 pour le roulage accéléré ;

— de 0 fr. 25 pour le roulage ordinaire.

En 1855, M. Nicolas réduisait ce dernier prix à 0 fr. 20 ; c'était également le chiffre indiqué par M. Eugène Flachat, au cours de l'enquête de 1861. Mais, en 1873, M. Nicolas complétait ses travaux statistiques et ajoutait que, si le prix de la tonne kilométrique était descendu à 0 fr. 20 en 1847, il était de 0 fr. 25 en 1830, de 0 fr. 36 vers 1814, et de 0 fr. 40 à la fin du siècle dernier.

D'autre part, lors de la discussion de la loi de classement de 1879, MM. de Freycinet et Varroy ont cité le chiffre de 0 fr. 30 comme représentant le prix des charrois sur les voies de terre.

On ne saurait donc se tromper beaucoup, en admettant les prix calculés par M. Jacqmin pour l'époque vers laquelle a été enfanté notre réseau de voies ferrées.

Aujourd'hui les tarifs maxima fixés par les cahiers des charges des grandes Compagnies sont les suivants :

Marchandises transportées en grande vitesse (par tonne et par kilomètre)		0fr36
Marchandises transportées en petite vitesse	1re classe	0 16
	2e classe	0 14
	3e classe	0 10
	4e classe, base décroissante de 0 08 à	0 04

Pour la messagerie, c'est le tarif maximum qui est le plus généralement appliqué, avec addition : 1° de l'impôt de 23,2 °/₀ que nous avons déjà signalé pour les voyageurs ; 2° du timbre de 0 fr. 35 sur la lettre de voiture ou le récépissé. Cependant les Compagnies ont créé des tarifs réduits, notamment pour les petits colis, ainsi que nous aurons à l'indiquer plus tard.

Pour la petite vitesse, les tarifs maxima sont considérablement diminués. Les tarifs généraux applicables aux transports par petite masse et les tarifs spéciaux applicables aux transports par grande masse, avec allongement de délais et restrictions à la responsabilité des Compagnies, sont très notablement inférieurs aux chiffres ci-dessus relatés : c'est ainsi que, dès 1855, la taxe moyenne effectivement perçue ne dépassait pas 7° 65 et qu'en 1883 elle était descendue à 5° 73 (5° 68 pour les 7 grands réseaux et 7° 55 pour les réseaux et lignes secondaires). On voit le progrès réalisé sur l'ancienne taxe du roulage.

Nous venons de faire allusion aux tarifs spéciaux. Il y aurait beaucoup à dire à cet égard ; mais il nous paraît inutile d'anticiper ici sur les développements dans lesquels nous serons conduit à entrer par la suite. Nous nous bornons donc à prier le lecteur de se reporter aux chapitres consacrés à la tarification.

Nous avons jusqu'ici laissé de côté les impôts sur les transports en petite vitesse. D'une part, en effet, la taxe de 5 °/₀ instituée en 1874 a été supprimée par la loi du 26 mars 1878 ; d'autre part, le droit de timbre des lettres de voiture et des récépissés est relativement peu important et frappe à peu près également les voies de terre et les voies ferrées.

Nous négligeons aussi les frais accessoires, dont le roulage était de même grevé.

A l'occasion du transport des voyageurs, nous avons insisté sur ce fait qu'à l'inverse des tarifs des messageries, ceux des chemins de fer comprennent, outre le prix de transport proprement dit, un *péage* représentant le droit d'usage de la voie ferrée et correspondant, en principe, aux charges du capital de premier établissement ainsi qu'aux dépenses d'entretien. D'après le tarif légal inséré au cahier des charges, le péage est des 5/9 de la taxe totale pour les messageries et des 3/5 environ pour la petite vitesse ; comme nous l'avons déjà indiqué, il a été en fait, durant ces dernières années, de 48 °/₀, soit 50 °/₀ du prix de revient des transports.

Le nombre des tonnes de marchandises en petite vitesse transportées à un kilomètre en 1883 s'étant élevé à 11 064 700 000 en nombre rond, l'application à ce chiffre de l'économie de 0 fr. 19 à 0 fr. 24 par tonne, que font ressortir les prix précédemment relatés pour le roulage et les chemins de fer, représenterait une somme de 2 milliards à 2 milliards et demi; mais, ainsi que nous l'avons déjà fait remarquer à propos des voyageurs, il faudrait bien se garder d'attribuer à ce résultat une valeur absolue.

b. Vitesse des transports. — Nous n'avons, pour la messagerie, rien à ajouter à ce que nous avons dit de la vitesse des transports de voyageurs.

En ce qui concerne la petite vitesse, suivant M. Nicolas, le roulage ne dépassait guère 3 à 4 kilomètres à l'heure, sans parler des interruptions de circulation, des stationnements, des arrêts de nuit.

Examinons quelle est la situation nouvelle créée par les chemins de fer.

Aux termes du cahier des charges, « le maximum de durée du trajet « doit être fixé par l'Administration, sans que ce maximum puisse « excéder 24 heures par fraction indivisible de 125 kilomètres. » Des arrêtés ministériels, dont les derniers sont en date du 12 juin 1866 et du 15 mai 1877, ont, en conséquence, décidé que les délais de transport seraient calculés : 1° pour la plupart des lignes, à raison de 24 heures par fraction indivisible de 125 kilomètres, sans que les excédents de distance, jusques et y compris 25 kilomètres, pussent donner lieu à un supplément de délai; 2° pour les lignes maîtresses, à raison de 24 heures par fraction indivisible de 200 kilomètres, mais seulement en ce qui concerne les marchandises appartenant à la 1re et à la 2e séries ou payant comme telles, sur la demande des expéditeurs.

En tenant compte de l'indivisibilité des fractions de 125 ou de 200 kilomètres, de la clause afférente aux excédents de distance de 25 kilomètres et au-dessous, de la proportionnalité entre les transports qui bénéficient du parcours journalier de 200 kilomètres, et ceux qui ne bénéficient que du parcours journalier de 125 kilomètres, enfin de la distance moyenne des transports, il est difficile d'évaluer à plus de 5 kilomètres par heure la vitesse moyenne imposée aux Administrations de chemins de fer.

A la vérité, les Compagnies ne profitent pas toujours du plein des délais, pour les expéditions aux prix des tarifs généraux.

Mais, en revanche, elles subordonnent leurs tarifs spéciaux à des allongements de délais, et les marchandises placées sous le régime de ces tarifs constituent de beaucoup la plus forte part du trafic, comme nous le verrons par la suite.

D'autre part, au délai de transport il faut ajouter le délai d'expédition, celui de livraison et celui de transmission, en cas de passage d'un réseau à l'autre. Les Compagnies ne sont tenues d'expédier les marchandises que dans le jour qui suit celui de la remise, et de les tenir à la disposition du destinataire que dans le jour qui suit celui de l'arrivée effective en gare. Elles ont un jour pour la transmission d'un réseau à l'autre.

Ce simple aperçu suffit à démontrer que, même en ayant égard à l'avantage des chemins de fer sur les routes, au point de vue des transports de nuit, le progrès a été bien moindre en ce qui touche la vitesse qu'en ce qui touche les prix. On comprend donc les réclamations que le public a fait si souvent entendre à cet égard.

Il ne faudrait cependant pas voir le tableau sous des couleurs trop sombres. En effet, si faible qu'elle soit relativement à celle des transports en grande vitesse, l'amélioration n'en est pas moins réelle ; en outre, les marchandises expédiées en petite vitesse peuvent, le plus souvent, supporter sans inconvénient des délais de quelque longueur ; l'important est que les taxes dont elles sont passibles soient notablement réduites ; la preuve en est dans la proportion considérable des expéditions au prix des tarifs spéciaux à délais allongés, que le commerce accepte le plus souvent, de préférence aux tarifs généraux, ainsi que dans le trafic des voies navigables, sur lesquelles la vitesse est encore beaucoup moindre.

c. Fixité des prix et des délais. — L'un des principaux avantages des chemins de fer réside dans la fixité des prix et des délais.

Tout d'abord, il n'existait de service régulier que sur certaines directions privilégiées ; dans les autres directions, les conditions du transport faisaient nécessairement l'objet de contrats débattus, en chaque cas, entre l'expéditeur et le transporteur, et il est à peine utile de rappeler que le faible, c'est-à-dire l'expéditeur, était forcé de subir la volonté du plus fort, c'est-à-dire du transporteur.

Même pour les itinéraires régulièrement desservis, les variations de prix et de délai étaient pour ainsi dire continuelles et suivaient la loi « de l'offre et de la demande ». Si la marchandise était abondante, si les transports étaient difficiles, si les véhicules ou les attelages faisaient défaut, les prix s'élevaient rapidement et les délais augmentaient, souvent au delà de toute mesure ; si, au contraire, la marchandise était rare et les transports faciles, des réductions de prix et de délai étaient offertes au public. Point de stabilité, point de fixité, point de garanties, impossibilité absolue de calculer par avance avec quelque certitude les frais de transport et d'évaluer avec quelque approximation le prix de revient des marchandises que l'on avait à faire venir de localités éloignées, et pour lesquelles on avait à contracter à longue échéance : tel était le triste régime sous lequel vivaient nos pères. Il est facile de comprendre, sans y insister, que ce régime ne permettait pas au commerce de se développer, que les relations et les échanges entre les diverses parties du territoire étaient enfermés dans les limites les plus étroites, que le sort du consommateur était des plus misérables.

C'était surtout en temps de disette que les manœuvres des transporteurs prenaient un caractère alarmant et presque odieux. A la suite de mauvaises récoltes, les voituriers entre Paris et Marseille, par exemple, allaient jusqu'à décupler leurs taxes pour les grains, pris au port de Marseille et destinés à l'approvisionnement de la capitale et du centre de la France.

La navigation n'offrait pas des conditions plus favorables. Dans son traité de l'exploitation des chemins de fer, M. Jacqmin reproduit une statistique des plus instructives, dressée par la Compagnie de Paris-Lyon-Méditerranée, au sujet des prix réclamés par les Compagnies de navigation du Rhône pendant le cours des années 1852 à 1854, c'est-à-dire avant l'ouverture de la ligne de Lyon à Avignon. Cette statistique révèle vingt-quatre variations du tarif en 1853 et dix-neuf en 1854 ; elle montre, à quelques mois d'intervalle, des oscillations tout à fait excessives dans les prix : c'est ainsi que pour les marchandises de la première classe, qui formaient plus des neuf dixièmes du trafic, la taxe de la tonne entre Lyon et Avignon passait de 17 à 90 francs. Il n'en fallait pas davantage pour compromettre au plus haut point l'alimentation publique.

Les chemins de fer ont eu l'incomparable mérite de donner la fixité là où règnait l'instabilité et d'apporter avec eux la régularité, l'ordre et la sécurité.

Aux termes de l'ordonnance de 1846 et des cahiers des charges, les Compagnies sont liées par les tarifs homologués ; elles sont tenues d'appliquer ces tarifs sans aucune faveur et de leur donner une large publicité ; elles ne peuvent solliciter le relèvement des taxes que trois mois après leur abaissement pour les voyageurs et un an pour les marchandises ; elles sont astreintes à des délais que l'on peut critiquer, mais qui n'en présentent pas moins l'immense avantage d'avoir force de loi entre les parties. Il y a là, nous le répétons, un bienfait inappréciable, bienfait d'autant plus précieux qu'il s'est fait sentir, non seulement sur les voies ferrées, mais encore sur les voies concurrentes, dont le trafic eût disparu si leur régime ne se fût modelé sur celui des chemins de fer.

d. Capacité de transport. — Comme pour les voyageurs, la capacité de transport des chemins de fer pour les marchandises est à peu près indéfinie. Nous aurons plus tard à donner des renseignements précis sur la progression du trafic; nous nous contentons, en ce moment, de citer les chiffres suivant :

	1855	1883
Nombre de tonnes transportées à toute distance..	10.643.000	89.056.000
Nombre de tonnes transportées à un kilomètre..	1.516.900.000	11.064.700.000

3. Action sur les prix des objets livrés à la consommation. — *a.* Nivellement des prix. — L'impossibilité ou, tout au moins, les difficultés et la dépense considérable des transports à grande distance constituaient autrefois un obstacle à peu près absolu aux échanges; le cercle dans lequel pouvaient s'épancher, se répandre les produits d'une localité était des plus restreints.

Dans les régions forestières, par exemple, le propriétaire ne tirait de ses biens qu'un maigre revenu; les bois étaient livrés à vil prix au consommateur. Au contraire, dans les régions dépourvues de forêts, le moindre bouquet de bois avait une valeur considérable, le chauffage était l'un des éléments les plus importants du budget des habitants.

Les départements riches en vignobles, ceux du Midi notamment, avaient le vin en telle abondance que, dans les années favorables, les cultivateurs laissaient dessécher sur pied une partie de la récolte, dont la valeur n'eût pas couvert les frais d'acquisition des futailles. En revanche, le vin était chose presque inconnue dans les départements du Nord.

Ces exemples pourraient être multipliés à l'infini.

Sur le lieu de production, la marchandise n'avait qu'une faible valeur; ailleurs, elle atteignait des prix qui croissaient dans une proportion parfois fabuleuse avec la distance.

Aujourd'hui la situation est bien modifiée, grâce au développement des voies de communication et, en particulier, des chemins de fer : la rapidité et le bon marché relatif des transports ont, en quelque sorte, effacé les distances.

Aussitôt que la marchandise abonde en un point du territoire, le trop plein est emporté au loin par les voies ferrées; quand, au contraire, elle y est rare, quand l'offre est dépassée par la demande, le courant se renverse et vient alimenter le marché.

Les chemins de fer fonctionnent, en quelque sorte, comme des pompes aspirantes et foulantes d'une extrême sensibilité, agissant tantôt dans un sens, tantôt dans l'autre, pour rétablir sans cesse, sur tous les points du pays, l'équilibre entre les besoins de la consommation et les moyens d'y satisfaire.

Aussi les fluctuations, les variations des prix et leurs différences entre les diverses régions de la France se sont elles singulièrement atténuées.

M. de Foville cite à ce sujet, dans son ouvrage sur « la transformation des moyens de transport », des chiffres tout à fait caractéristiques, concernant notamment les houilles, les sels, les marbres.

Mais le nivellement des prix est une conséquence aujourd'hui si évidente et si connue de l'amélioration et de l'extension de notre réseau de voies de communication qu'il est tout à fait inutile d'y insister davantage, surtout dans le simple aperçu, sans prétention didactique, dont nous ne voulons pas franchir les limites.

b. Influence sur les prix. — Ce nivellement a-t-il profité exclusivement au consommateur; le producteur en a-t-il, au contraire, seul bénéficié, ou enfin le producteur et le consommateur y ont-ils trouvé l'un et l'autre des avantages simultanés ?

Il y a là une analyse des plus délicates à faire sur les variations qu'ont subies les prix depuis l'origine du siècle. Ces variations tiennent, en effet, à des causes multiples, parmi lesquelles il est assez difficile de dégager, avec quelque précision, l'influence directe des voies perfectionnées de communication : nous citerons spécialement la dépréciation du signe monétaire, l'élévation du taux des salaires, les modifications survenues dans les conditions de la vie matérielle, les transformations profondes des procédés industriels et même des procédés de culture, les changements apportés au régime douanier et au régime fiscal, l'accroissement de la population qui a tout à la fois augmenté la production et la consommation, la concurrence étrangère, le développement des relations avec les autres pays, la découverte de contrées jusqu'alors inconnues, l'invention du télégraphe électrique. Cette nomenclature, que nous pourrions longuement étendre, suffit à mettre en lumière l'impossibilité de supputations précises et en quelque sorte mathématiques sur le rôle joué par les chemins de fer, en ce qui concerne les prix.

Les seuls principes incontestables et incontestés sont les suivants :

1° Considérés dans leur ensemble, les prix de toutes choses ont subi un abaissement moyen correspondant, non point à la totalité de l'économie des frais de transport, mais bien à une partie de cette économie, qui s'est ainsi partagée entre le producteur et le consommateur;

2° Si on envisage plus particulièrement les produits industriels, qui sont susceptibles d'une extension presque indéfinie, le prix de vente a pu le plus souvent s'abaisser, même au centre de production, par suite de la réduction sur les frais de transport et d'approvisionnement des matières premières. Le consommateur a ainsi bénéficié d'une double économie : la première sur la valeur des objets pris à l'usine, et la seconde sur la dépense nécessaire pour les porter au lieu de consommation. De son côté, le producteur a pu néanmoins prélever un bénéfice un peu plus considérable sur le prix de vente et a profité, en outre, de l'immense développement des affaires.

3° Pour les produits agricoles ou naturels, qui offrent moins d'élasticité, les choses se sont passées autrement. Le prix de vente s'est naturellement déprimé sur les marchés éloignés des centres de production; mais, en revanche, il s'est relevé dans ces centres, par suite de l'extension du champ de consommation. L'économie sur les frais de transport est allée, pour une large part, grossir la bourse du producteur. Le consommateur à distance a également gagné; le consommateur sur place a au contraire perdu, en payant plus cher qu'auparavant.

Comme exemple topique de ce dernier fait, on peut citer les fruits, qui se vendaient autrefois à vil prix dans les régions où on les récoltait et qui, aujourd'hui, y coûtent quelquefois plus cher que sur certains marchés très éloignés. Le même phénomène s'est produit pour le poisson de mer qu'il était à peu près impossible de transporter à grande distance, avant la création des voies ferrées, et qu'il est parfois plus difficile de se procurer aujourd'hui dans les ports maritimes qu'à Paris. M. de Foville donne, sur le mouvement ascensionnel du prix des huîtres à la halle de Paris, des renseignements fort curieux, d'après lesquels ce prix aurait décuplé de 1840 à 1872 : depuis, l'ostréiculture a modéré un peu les cours exorbitants de 1872.

4. Suppression des famines et des disettes. — L'un des progrès les plus considérables, l'une des conquêtes les plus glorieuses de l'homme, dans le cours du XIXe siècle, a été la suppression des famines et des disettes.

La nature n'a pas également doté toutes les parties du sol, au point de vue de la production des céréales : telle région privilégiée les donne en abondance, telle autre est impropre à leur culture.

Les phénomènes atmosphériques sont, d'ailleurs, loin d'exercer partout la même influence sur les récoltes : ici la pluie, la grêle, la sécheresse, le vent font dépérir les blés ; là, au contraire, le sol est épargné et même fécondé.

Les années sont, en outre, loin de se ressembler. Après les sept vaches grasses, les sept vaches maigres ; après les années prodigues, les années de détresse. Toutefois, il est rare que la succession des périodes heureuses et des périodes malheureuses soit la même dans les divers pays, de telle sorte que, si l'on envisage une région suffisamment étendue, sa production peut être considérée comme à peu près constante.

On conçoit aisément quelles variations devait subir le prix du blé, c'est-à-dire du produit le plus essentiel à la vie humaine ; on comprend quelles différences devaient présenter les prix dans des centres de consommation, même peu éloignés les uns des autres ; on se rend compte des famines qui frappaient certains points du globe, amenant avec elles leur cortège de maux et de maladies, alors que sur d'autres points les populations regorgeaient de récoltes.

Le défaut de moyens de transport était, sinon la seule, du moins l'une des causes les plus importantes des souffrances qui se déchaînaient ainsi périodiquement sur telle ou telle partie du territoire. Deux faits venaient encore singulièrement aggraver la situation :

1° Des entraves légales de toute sorte s'opposaient à la liberté des transactions et du mouvement des grains : cette législation irrationnelle et surannée, condamnée dans les écrits de l'illustre Vauban, sapée plus tard par Turgot, n'a disparu qu'en 1790, pour la circulation intérieure, et en 1861, pour l'importation (1) ;

2° La hausse des prix suivait une progression beaucoup plus rapide que celle du décroissement de la récolte, si bien que la disette était plus profitable à l'agriculteur que l'abondance. A la fin du XVIIe siècle, Davenant et King relevaient la relation suivante :

DÉFICIT par rapport à la consommation moyenne.	HAUSSE DES PRIX par rapport au prix moyen.
$^1/_{10}$	.... $^3/_{10}$
$^2/_{10}$	.... $^8/_{10}$
$^3/_{10}$	.... $^{16}/_{10}$
$^4/_{10}$	.... $^{28}/_{10}$
$^5/_{10}$	.... $^{45}/_{10}$

(1) Les souffrances de l'agriculture ont déterminé récemment les Pouvoirs publics à rétablir des droits sur les blés étrangers.

Il ne restait ainsi au cultivateur d'autre stimulant que le désir de produire plus que son voisin. Encore ce stimulant avait-il pour contre-partie la difficulté d'écoulement des récoltes, lorsqu'elles dépassaient les besoins de la consommation locale.

Nous ne retracerons pas le sombre tableau des famines qui ont si souvent désolé la France. Le lecteur pourra consulter utilement, à cet égard, un ouvrage de M. Pierre Clément sur *la police sous Louis XIV*, les leçons de M. Jacqmin sur *l'exploitation des chemins de fer*, l'ouvrage de M. de Foville sur la *transformation des moyens de tranport*. Il y verra les misères effroyables dont souffraient les populations, les maladies qui les décimaient, les préjugés funestes contre le commerce en gros des céréales, les mesures incroyables prises pour empêcher les échanges, non seulement entre les pays voisins, mais aussi de province à province.

Nous nous bornerons à relater quelques chiffres, afin de donner un corps aux indications générales dans lesquelles nous nous sommes jusqu'ici renfermé.

Le rapprochement des mercuriales anciennes de Paris et de Strasbourg fait ressortir des différences qui étaient, en général, de 100 % au profit de la vallée du Rhin, mais qui ont atteint jusqu'à 300 %, tantôt en faveur de Strasbourg, tantôt en faveur de Paris.

En juin 1692, le blé se vendait à Figeac 130 % plus cher qu'à Rodez, bien que ces deux villes ne soient séparées que par une distance de 60 kilomètres.

D'après Turgot, durant la disette de 1740 à 1744, tandis que le froment valait 45 fr. les 120 kilogrammes à Paris, il n'en coûtait que 17 à Angoulême.

En 1801, l'hectolitre coûtait 11 fr. dans la Marne et 46 fr. dans les Alpes-Maritimes ; en 1817, 36 fr. dans les Côtes-du-Nord et 81 fr. dans le Haut-Rhin ; en 1847, 29 fr. dans l'Aude et l'Ariège et 49 fr. dans le Bas-Rhin.

M. Jacqmin cite deux marchés d'achat conclus à Marseille, en 1847, pour le compte de la ville de Vesoul : le transport revenait à 14 fr. 75 par hectolitre, soit 174 fr. par tonne, ce qui correspondait à une taxe kilométrique de 0 fr. 26.

Avec les chemins de fer, la situation s'est profondément modifiée. A ne considérer que les tarifs légaux, on ne s'expliquerait pas complètement cette transformation. Les cahiers des charges autorisent, en effet, les Compagnies à percevoir une taxe kilométrique de 0 fr. 14 par tonne, soit de 0 fr. 012 environ par hectolitre. Mais il convient d'observer :

— d'une part, que le Gouvernement s'est réservé la faculté de réduire cette taxe de moitié, quand le prix du blé dépasserait 20 fr. sur des marchés régulateurs déterminés;
— d'autre part, que les tarifs généraux et surtout les tarifs spéciaux, appliqués en fait, sont notablement inférieurs aux maxima fixés par les actes de concession.

Les bases des tarifs généraux oscillent presque toutes entre les limites extrêmes de 10 c. et de 6 c. par kilomètre, suivant les réseaux et suivant les parcours.

Quant à la base des tarifs spéciaux, elle est, en moyenne, de moins de 5 c.

A l'occasion des conventions de 1883, les Compagnies ont encore promis des abaissements de taxes : c'est ainsi que la Compagnie de Paris-Lyon-Méditerranée s'est engagée à renfermer ses tarifs spéciaux dans un barême dont la base décroîtrait de 8 c. à 3 c., 5; mais nous n'insisterons pas sur ces chiffres que nous aurons plus tard l'occasion d'indiquer avec beaucoup plus de détails.

Cette réduction considérable des prix de transport n'a pas seulement contribué puissamment à faciliter les échanges à l'intérieur du territoire; combinée avec la modification du régime douanier et avec le développement de la navigation à vapeur, elle a fait, en quelque sorte, tomber les barrières qui séparaient la France des autres pays et nous a permis de nous approvisionner à l'étranger pour combler, le cas échéant, les insuffisances de notre récolte et, inversement, de déverser à l'étranger le trop plein de notre production.

D'après l'annuaire statistique de la France, publié par le Ministère du commerce, les importations auraient atteint, durant les dernières années, les chiffres consignés dans le tableau suivant où nous relatons également les exportations :

ANNÉES	IMPORTATIONS de grains et farines (hectolitres)	EXPORTATIONS de grains et farines (hectolitres)	EXCÉDENT des importations (hectolitres)	EXCÉDENT des exportations (hectolitres)
1873	6.924.000	2.972.000	3.952.000	»
1874	10.940.000	2.281.000	8.659.000	»
1875	4.713.000	6.556.000	»	1.843.000
1876	7.118.000	3.272.000	3.746.000	»
1877	4.651.000	5.175.000	»	524.000
1878	18.640.000	820.000	17.820.000	»
1879	29.788.000	439.000	29.349.000	»
1880	27.193.000	407.000	26.786.000	»
1881	17.585.000	433.000	17.152.000	»
1882	17.885.000	298.000	17.587.000	»

On saisira toute l'importance de ces chiffres, en remarquant :

1° Que la production en hectolitres du sol national a varié, pendant la période de 1873 à 1882, de 80 900 000 à 136 400 000 et qu'elle a été en moyenne de 101 824 000;

2° Que la consommation moyenne a été de 112 millions d'hectolitres.

Nous aurions voulu donner également des renseignements complets sur le mouvement des transports de blés et de farines par chemin de fer; malheureusement les documents statistiques dont dispose le Ministère des travaux publics, à ce sujet, présentent de nombreuses lacunes.

Ajoutons que, jusqu'en 1877, les blés étrangers nous sont venus surtout de la Russie méridionale et, particulièrement, du grand marché d'Odessa, par la mer Noire et la Méditerranée, mais qu'aujourd'hui c'est l'Amérique du Nord qui est notre grenier d'abondance. Les États-Unis ont commencé à exporter vers 1860. Cette exportation a progressé avec une rapidité extraordinaire, au point d'atteindre environ 50 millions d'hectolitres, c'est-à-dire près du tiers de la production; elle s'explique par la faible valeur de la terre, par l'étendue des propriétés, par l'emploi des procédés perfectionnés de culture qui sont incompatibles avec le morcellement du sol, par la modicité des prix de transport sur les lacs et les canaux du nord des États-Unis, par le taux peu élevé du fret entre New-York et l'Europe : le prix du blé ne dépasse presque jamais 17 fr. l'hectolitre à New-York, et la traversée de l'Atlantique ne coûte pas plus de 1.50 à 2 fr.

L'invasion des blés américains a provoqué les plaintes et les craintes les plus vives de la part d'un grand nombre d'agriculteurs français qui y ont vu un danger redoutable, une cause de décadence pour la culture nationale que la valeur de la terre, le morcellement de la propriété, la difficulté d'appliquer les procédés mécaniques à un sol très divisé, mettraient hors d'état de lutter contre la concurrence du Nouveau-Monde. Comme toujours, il y a quelque chose de fondé dans ces appréhensions; il est certain que la concurrence américaine est de nature à diminuer les bénéfices des cultivateurs, alors surtout qu'elle coïncide avec les difficultés sans cesse croissantes, dans le recrutement des ouvriers. Cependant, il ne faudrait pas s'exagérer le péril : car nos agriculteurs sont encore protégés par les frais de transport imposés aux blés des États-Unis; ils ont d'ailleurs beaucoup à faire pour perfectionner leur mode d'utilisation de la terre et en augmenter le rendement. D'un autre côté, si l'intérêt du producteur est légèrement atteint, celui du consommateur est, au contraire, servi par l'afflux des blés étrangers sur nos marchés.

Quoi qu'il en soit de ce côté spécial de la question, l'effet général du développement des moyens de transport a été de réduire, à peu près sans discontinuité, les écarts entre les prix du blé, soit dans un centre donné, soit dans les divers centres de consommation. Nous avons vu, il n'y a qu'un instant, ce qu'étaient ces écarts avant la construction des chemins de fer. D'après les statistiques du Ministère de l'agriculture, la différence entre les prix moyens dans les neuf régions du nord-ouest, du nord, du nord-est, de l'est, du centre, de l'ouest, du sud-ouest, du sud et du sud-est était encore de 4 fr. 61 en 1859; de 1860 à 1870, elle s'est tenue entre les limites de 1 fr. 74 et 3 fr. 89 et a été, en moyenne, de moins de 3 fr.; depuis 1871 elle a encore décru, de manière à ne pas dépasser 3 fr. 55 au maximum et 2 fr. 65 en moyenne. M. Jacqmin fait observer avec raison à ce sujet que, si jadis un écart de quelques francs entre deux localités même peu éloignées pouvait passer inaperçu, aujourd'hui une différence de 1 fr. par hectolitre, représentant 12 fr. 50 par tonne, suffit pour provoquer des transports de plus de 200 kilomètres, et qu'ainsi un équilibre presque parfait s'établit inévitablement sur toute la surface du territoire.

L'action bienfaisante des chemins de fer ne s'est pas bornée à faciliter les transports; elle a aussi contribué à étendre la culture, comme nous l'expliquerons par la suite, tant en assurant un débouché aux produits du sol, qu'en permettant la transformation, la mise en valeur de terrains jusqu'alors stériles ou tout au moins impropres à la production des céréales. Le nombre d'hectares ensemencés en blé a augmenté beaucoup plus rapidement que la population; le rendement s'est lui-même accru. Nous extrayons de l'annuaire de statistique de France quelques chiffres intéressants que voici :

ANNÉES	POPULATION (habitants)	SUPERFICIE ensemencée (hectares)	RAPPORT de la superficie ensemencée à la population	PÉRIODES ou années	RENDEMENT par hectare		PRIX MOYEN annuel de l'hectolitre	
					Moyenne (hectolitres)	Limites (hectolitres)	Moyenne (francs)	Limites (francs)
1821		4.753.079						
				1821 à 1830	11,90	12,79 à 10,53	18,38	22,59 à 15,49
1831	32.569.223	5.111.155	0,1569					
				1831 à 1840	12,77	15,52 à 11,04	18,92	22,14 à 15,25
1841	34.250.178	5.562.668	0,1624					
				1841 à 1850	13,68	15,21 à 10,23	19,68	29,01 à 14,32
1851	35.783.170	5.999.376	0,1677					
				1851 à 1861	18,99	16,75 à 10,26	19,76	30.75 à 14,48
1861	37.386.313	6.754.227	0,1807					
				1861 à 1869	14,28	16,83 à 11,12	21,60	26,64 à 16,41
1869	36.855.178	7.034.087						
1871	(1) 36.544.067	(1) 6.397.801	0,1751	1871	11,38	»	25,65	»
1872	36.102.921	6.867.152	0,1902	1872	17,33	»	23,15	»
1873	36.281.335	6.966.419	0,1920	1873	12,04	»	25,62	»
1874	36.450.740	6.944.614	0,1905	1874	19.64	»	25,11	»
1875	36.638.163	6.976.115	0,1904	1875	14,57	»	19,32	»
1876	36.905.788	6.873.267	0,1862	1876	14,35	»	20,59	»
1877	37.038.396	6.948.154	0,1879	1877	14,50	»	23,44	»
1878	37.181.016	6.955.360	0,1873	1878	13,65	»	21,25	»
1879	37.279.157	6.929.306	0,1859	1879	11,67	»	22,12	»
1880	37.500.000	6.873.503	0,1833	1880	14,48	»	22,19	»
1881	37.672.048	6.937.084	0,1847	1881	13.91	»	22,20	»
1882	37.780.277	6.977.792	0,1847	1882	17,68	»	19,29	»

En examinant de près ce tableau, on voit confirmés les faits généraux que nous avions indiqués; on peut remarquer, en outre :

— que, pendant ces dernières années, le prix moyen de l'hectolitre est revenu à ce qu'il était il y a 25 ans;

— que la concurrence étrangère a enrayé le développement de la culture du blé, développement qui avait atteint son maximum d'intensité vers 1860 (2) (3).

(1) Réduction du territoire par suite de la perte de l'Alsace-Lorraine.

(2) La consommation moyenne du froment a été évaluée : de 1821 à 1836, à 62 millions d'hectolitres ; de 1835 à 1855, à 78 millions de 1856 à 1870, à 100 millions ; de 1870 à 1876, à 104 millions.

(3) Dans la séance du 3 juillet 1880, M. Levasseur a présenté à l'Académie des Sciences morales et politiques de très intéressantes considérations sur la *question du blé*. Il a notamment indiqué que, pour l'année 1877, la Statistique des pays d'Europe, de l'Australie et de quelques parties de l'Amérique, de l'Afrique et de l'Asie, avait accusé un mouvemen d'échanges de 7 milliards 800 millions, chiffre correspondant à 2 000 millions d'hectolitres ou au chargement de 10 000 navires de 2 000 tonneaux.

5. **Progrès généraux de l'agriculture.** — Dans le paragraphe précédent, nous avons été conduit à montrer, avec quelques détails, à propos de la suppression des disettes et des famines, le rôle important des voies perfectionnées de communication au point de vue de la production du blé. Il ne nous reste guère à présenter qu'une observation à cet égard. Comme le fait si justement remarquer M. de Foville, la situation du cultivateur s'est absolument transformée. Autrefois, nous l'avons dit, les mauvaises récoltes lui rapportaient davantage que les récoltes abondantes; aujourd'hui, au contraire, les variations du prix de vente sont extrêmement restreintes, de telle sorte que le revenu est presque proportionnel à la quantité de grains produite par le sol; l'agriculteur est, du reste, toujours assuré de pouvoir vendre, sinon sur place, du moins sur des marchés plus ou moins éloignés, l'excédent de sa récolte; il est, par suite, intéressé à améliorer ses procédés de culture et à arracher à la terre tout ce qu'elle peut lui donner. Or le réseau des voies ferrées est un de ses instruments les plus puissants, un de ses auxiliaires les plus utiles, pour développer le rendement de sa propriété. C'est ce que nous allons expliquer brièvement.

a. Transport des engrais et amendements. — Les végétaux puisent non seulement dans l'air, mais encore et surtout dans le sol, leurs éléments constitutifs. On comprend donc qu'à moins d'être abondamment pourvue de ces éléments, la terre s'épuise rapidement et devienne, au moins temporairement, impropre à la production d'une plante déterminée : telle est la raison des assolements, c'est-à-dire d'une sorte de roulement entre les diverses cultures dont le sol est susceptible, et même de la mise périodique en jachère, pour permettre à la terre de se *reposer*, suivant l'expression un peu naïve du paysan.

D'autre part les végétaux présentent les plus grandes différences au point de vue de leur composition : ainsi, le raisin contient une assez forte proportion de sels de potasse; le blé renferme des phosphates en telle quantité que ses cendres fournissent souvent près de la moitié de leur poids d'acide phosphorique; la paille contient beaucoup de silice; le foin, le trèfle, ont besoin de se nourrir de chaux en abondance; d'autres végétaux ne prospèrent qu'à la condition de s'assimiler de la soude. On conçoit par suite, qu'à l'état naturel, le sol ne puisse s'approprier à toutes les cultures et que, souvent même, il soit à peu près inutilisable.

De là une double nécessité, à savoir : celle de réparer les pertes, de refaire les forces productives de la terre, et celle d'en corriger, d'en rectifier la composition.

Ces simples indications, sur lesquelles nous n'avons pas à insister plus longuement, suffisent à mettre en lumière l'importance capitale des engrais et des amendements.

Parmi les engrais animaux ou végétaux, nous citerons notamment :

— les fumiers de ferme ;

— le guano, résultat de l'accumulation séculaire des excréments d'une multitude d'oiseaux dans des États de la mer du Sud, sur les côtes du Pérou et du Chili ;

— les déjections humaines ;

— les cendres, et particulièrement les cendres de tourbe et les cendres vitrioliques ;

— les engrais verts ;

— les goëmons et varechs ;

— les terreaux et la tourbe ;

— les marcs de raisin ;

— les résidus de féculerie et les pulpes de betterave.

Tous ces engrais sont riches en azote et fournissent au sol l'élément essentiel de l'organisme des plantes.

Parmi les amendements minéraux, nous signalerons :

— la chaux, employée soit à l'état carbonaté, soit à l'état caustique ;

— la marne, qui agit puissamment sur les terrains maigres, par sa chaux et par son argile ;

— le nitrate de potasse, le nitrate de soude, le sel marin, le plâtre, les phosphates.

Autrefois, le transport à pied d'œuvre de la plupart de ces matières était à peu près impossible : seul, le fumier de ferme était d'un usage général. Il en est tout autrement aujourd'hui. Aussi de véritables prodiges se sont-ils accomplis depuis quelques années : la culture s'est étendue ; le rendement du sol s'est accru, souvent dans des proportions inattendues ; des régions, jusqu'alors désertes, se sont couvertes de récoltes ; le génie de l'homme a fait violence à la nature. Tout le monde connaît l'exemple classique de la transformation de la Sologne par le marnage, celui de l'amélioration du Forez par le chaulage, l'utilisation des phosphates minéraux des Ardennes jusqu'au centre de la France. Nous pourrions multiplier les faits : mais ce serait sortir du cadre de cet ouvrage.

D'après les cahiers des charges de 1857-1859, les engrais et amendements étaient rangés dans la 3e classe et passibles d'une taxe kilométrique de 0 fr. 10. Les progrès de la chimie agricole ont déterminé, en 1863, l'État et les Compagnies à les placer dans une 4e classe, dont la taxe était la suivante :

de 0 à 100 kilomètres, base de 0 fr. 08 avec maximum de 5 fr.;
de 101 à 300 kilomètres, base de 0 fr. 05 avec maximum de 12 fr.;
au delà de 300 kilomètres, base de 0 fr. 04.

Les tarifs généraux se confondent sur presque tous les réseaux avec le tarif maximum dont nous venons d'indiquer les bases; mais ils restent sans application, les engrais se transportant toujours par grande masse, au prix de tarifs spéciaux à délai allongé et à base réduite. La taxe kilométrique résultant, soit des barêmes à la distance, soit des prix fermes, descend, pour les parcours de quelque longueur, à 4 c., 3 c., 2 c. 5 et même 2 c.

Le tonnage des engrais et amendements, qui ont circulé en 1883 sur les chemins de fer d'intérêt général, a ainsi atteint 1 800 000 tonnes, en nombre rond : il a plus que triplé depuis 1867, époque à laquelle il était de 500 000 tonnes environ.

Grâce à l'emploi rationnel des amendements, au stimulant de la concurrence étrangère pour la culture nationale, à la facilité des transports et aux améliorations générales dans les procédés d'utilisation du sol, la superficie ensemencée en froment s'est sensiblement accrue, comme le montre le tableau de la page 82; le rendement par hectare a lui-même notablement augmenté et la production totale, qui, de 1821 à 1840, oscillait entre 50 et 80 millions d'hectolitres, s'est élevé à 100 millions d'hectolitres en moyenne depuis 1871 et a même atteint le chiffre de 136 millions en 1874.

Comme le fait remarquer M. de Foville, le développement superficiel de la culture du blé a préjudicié, dans une certaine mesure, à la culture des grains inférieurs; mais l'amélioration des procédés d'utilisation de la terre a, même pour le seigle et l'orge, compensé la réduction de la superficie ensemencée : c'est ainsi que la production du seigle continue à varier entre 20 et 30 millions d'hectolitres, bien que la superficie, qui était de 2 millions 1/2 d'hectares, pendant la première moitié du siècle, ait subi une diminution de plus du quart; c'est encore ainsi que la production de l'orge a sensiblement progressé et atteint actuellement 20 millions d'hectolitres, en nombre rond, bien que la superficie ensemencée, après avoir augmenté d'un quart, soit retombée au-dessous du chiffre de 1815, c'est-à-dire de 1 100 000 hectares.

b. Transport des vins. — L'importance des transports pour les vins est encore beaucoup plus grande que pour les céréales : la culture de la vigne est, en effet, bien plus localisée que celle du blé, et certaines régions privilégiées donnent seules le raisin avec quelque abondance. Le producteur a un immense intérêt à pouvoir expédier au loin le produit de sa récolte; le consommateur a, nous l'avons déjà démontré, le même intérêt dans la partie du territoire dépourvue de vignobles.

Lors de l'établissement des premiers chemins de fer, les doutes les plus sérieux s'étaient élevés sur la possibilité d'utiliser ces nouvelles voies de communication pour le transport des vins : on redoutait l'effet des trépidations des wagons. L'expérience est venue dissiper ces craintes et prouver que, du moins avec quelques précautions, les vins pouvaient impunément circuler sur rails, et les Compagnies n'ont pas tardé à y trouver l'un de leurs principaux éléments de trafic.

Les cahiers des charges rangent les vins dans la 2e classe, taxée à raison de 0 fr. 14 par kilomètre.

Les tarifs généraux réalisent déjà certaines réductions sur ces chiffres; leurs bases varient de 14 centimes à 6 centimes, suivant les réseaux, les distances, le mode d'expédition (en fût ou en caisse), le tonnage, la responsabilité de la Compagnie.

Il existe, en outre, de nombreux tarifs spéciaux comportant des taxes notablement plus faibles, qui descendent (exceptionnellement à la vérité) jusqu'à 2 c. 25 par kilomètre sur le réseau du Midi.

Les facilités de transport, jointes aux progrès de la culture, ont provoqué, non seulement l'extension de la superficie plantée, mais encore et surtout le rendement. Les vignobles occupaient 2 millions d'hectares en 1829; ce chiffre s'était élevé à 2 643 000 hectares en 1869; la perte de l'Alsace-Lorraine, puis les ravages du phylloxéra, l'ont ramené à 2 180 000 hectares. La production n'excédait guère 30 millions d'hectolitres en 1848; elle a atteint 70 millions d'hectolitres en 1869 et dépassé 78 millions en 1875; en 1881 et 1882, elle a été de 39 millions. L'exportation n'a cessé, jusqu'en 1878, d'être supérieure à l'importation; l'écart a atteint 3 439 000 hectolitres en 1875. Quant au prix moyen de l'hectolitre au lieu de production, l'annuaire statistique de la France l'évalue à 17 fr. en 1829, à 16 fr. en 1835, à 11 fr. en 1840, à 13 fr. en 1845; il s'est ensuite abaissé à 9 fr. pour remonter progressivement et osciller généralement entre 25 et 35 fr. Il a atteint 41 fr. en 1873 et dépassé 40 fr. en 1881 et 1882.

Le phylloxéra est venu, depuis quelques années, atteindre une partie de nos vignobles et nous causer un grave préjudice; mais les chemins de fer ont encore rendu, dans ces circonstances malheureuses, les plus grands services, en apportant au consommateur les vins étrangers et aux producteurs les agents chimiques employés pour combattre le fléau, ainsi que les plants américains destinés à remplacer, sur certains points, les plants français.

c. Transport des bestiaux. — Les facilités données par les chemins de fer pour le transport des bestiaux offrent de nombreux avantages aux producteurs et aux consommateurs. Ils permettent notamment :

— d'amener dans les centres de population le bétail destiné à être livré immédiatement à la consommation ;

— d'accroître le rayon d'attraction et d'augmenter l'importance des marchés ;

— de conduire économiquement, dans les régions riches en pâturages, les bestiaux maigres des régions moins favorisées ;

— de se prêter à l'importation du bétail étranger.

D'après le cahier des charges, le tarif maximum est le suivant, non compris les frais accessoires :

	GRANDE VITESSE	PETITE VITESSE
Bœufs, vaches, taureaux, chevaux, mulets, bêtes de trait	0 fr. 20 (1)	0 fr. 10
Veaux et porcs	0 08	0 04
Moutons, brebis, agneaux, chèvres	0 04	0 02

Toutes les Compagnies appliquent ces bases pour les transports effectués par tarifs généraux. Mais elles ont, en outre, des tarifs spéciaux, en grande et en petite vitesse. Nous y reviendrons avec détails lorsque nous traiterons de la tarification : nous nous bornons ici aux indications suivantes :

1. *Grande vitesse*. — Plusieurs Compagnies ont des tarifs spéciaux au wagon, calculés sur des bases variant de 0 fr. 30 à 0 fr. 95 par kilomètre. Les wagons peuvent contenir 5 à 6 bœufs, vaches ou taureaux ; 14 à 15 veaux ou porcs ; 25 à 40 moutons, brebis, agneaux ou chèvres.

Ces nombres peuvent même être augmentés, mais le transporteur est déchargé de la responsabilité des accidents auxquels donnerait lieu l'excédent.

Les palefreniers ou toucheurs jouissent, dans certaines conditions, de la gratuité de circulation.

2. *Petite vitesse*. — Il existe, sur tous les réseaux, des tarifs spéciaux

(1) Les taxes afférentes à la grande vitesse doivent être augmentées de 23, 2 °/₀ à raison de l'impôt perçu au profit de l'État.

analogues pour les transports en petite vitesse; ces tarifs sont tantôt fixés par wagon, tantôt au contraire calculés par tête. Les taxes au wagon varient généralement entre 0 fr. 18 et 0 fr. 50 par kilomètre; les taxes par tête oscillent entre 0 fr. 05 et 0 fr. 04 pour le gros bétail, entre 0 fr. 03 et 0 fr. 02 pour les veaux et porcs, entre 0 fr. 008 et 0 fr. 004 pour les moutons, brebis, agneaux et chèvres.

Nous donnerons une idée du mouvement considérable auquel donne lieu le transport des bestiaux, en citant les chiffres ci-dessous extraits des documents statistiques officiels relatifs à l'année 1883.

	TRANSPORTS EN 1883		
	Gros bétail	Petit bétail	Bétail moyen
	têtes	têtes	têtes
Nord	236.402	442.714	491.518
Est	119.785	284.726	1.767.033
Ouest	418.078	447.212	194.835
Paris-Lyon-Méditérranée	318.288	535.056	1.636.094
Rhône au Mont-Cenis	25.048	9.380	172.180
Orléans	406.531	809.939	721.326
Midi	72.148	243.184	188.921
État	223.423	341.814	174.579

Mentionnons encore que les animaux envoyés aux concours agricoles reviennent gratuitement à leur point de départ, lorsqu'ils ont voyagé aux conditions des tarifs généraux.

Ajoutons enfin :

— que l'importation, qui en 1866 ne dépassait pas 1 million de têtes de bétail, a atteint, durant ces dernières années, de 3 500 000 à 2 900 000 têtes;

— que l'exportation s'est, en revanche, sensiblement réduite et qu'elle n'atteint plus aujourd'hui 250 000 têtes.

d. Transport des viandes, etc. — Les voies ferrées apportent dans les grands centres de population, et spécialement à Paris, des quantités considérables de viandes ordinaires (1) et de viandes de luxe, par exemple des filets de bœuf venant de l'Allemagne et de la Suisse.

Nous signalons aussi, en nous réservant de traiter plus amplement la question dans la suite de notre ouvrage, les transports de foin, de lait, de gibier, de betteraves, de fruits, de légumes, etc...

(1) Il a été vendu en 1882, au marché de la Villette, pour Paris, 214 000 bœufs ou vaches; 133 000 veaux; 1 373 000 moutons; 126 000 porcs gras.

e. État actuel de la culture. — Il ne sera pas sans intérêt de montrer à quelle proportion relativement modeste s'est réduite la partie encore inculte du territoire. Nous donnons, à cet égard, quelques renseignements empruntés à la statistique agricole de 1873, la dernière qui ait été publiée par le service de statistique du Ministère du commerce.

			hectares.		hectares.
Terres labourables	Céréales.	Froment et épeautre	6.966.419	15.015.328	26.300.777
		Méteil	503.178		
		Seigle	1.912.601		
		Orge	1.117.071		
		Avoine	3.182.456		
		Sarrasin	677.626		
		Maïs	605.993		
		Millet	49.984		
	Farineux			1.981.424 (1)	
	Cultures potagères ou maraîchères			474.061	
	Cultures industrielles			871.678	
	Prairies artificielles			2.586.492	
	Fourrages annuels			508.572	
	Jachères mortes et cultures non dénommées			4.863.222	
Autres superficies productives.	Vignes			2.582.716	18.293.128
	Bois et forêts			8.337.066	
	Prairies naturelles et vergers			4.224.103	
	Pâturages et pacages			3.131.243	
Terres incultes					4.425.703
Territoire agricole					49.021.608
Autres superficies					3.883.366
				Total	52.904.974 (2)

(1) Les 3/5 environ en pommes de terre.

(2) D'après une enquête récente dont le *Bulletin de l'agriculture* a donné les résultats, dans son n° 5 de l'année 1883, la situation, en 1879, aurait été la suivante :

	1879	Rappel du cadastre de 1851.
	hectares.	hectares.
Terrains de qualité supérieure	695.929	674.844
Terres labourables ou assimilées	26.173.657	25.009.702
Prés et herbages	4.998.280	4.603.418
Vignes	2.320.533	2.142.811
Bois	8.397.131	7.672.757
Landes, pâtis et autres terrains incultes	6.746.800	7.188.634
Cultures diverses	702.829	633.103
Total du territoire agricole	50.035.159	

Le sol de la France n'est pas seulement utilisé d'une manière plus complète, il l'est aussi d'une manière plus rationnelle. Grâce à l'extrême mobilité de ses produits, l'agriculteur n'a plus à adapter sa culture aux besoins de la consommation locale; il peut, au contraire, l'approprier à la nature, à la capacité de production du terrain, et obtenir par suite un rendement plus élevé. C'est ainsi que l'on a vu les diverses cultures se cantonner, se spécialiser pour ainsi dire, dans certaines régions : le blé dans les pays de plaine, la betterave dans le Nord, etc.

f. Valeur de la propriété rurale. — La propriété rurale a acquis une énorme plus-value depuis le commencement du siècle.

Les chiffres ci-dessous sont assez éloquents pour se passer de commentaire :

Valeur moyenne de l'hectare en	1789..........	500 fr.	(1)
	1815..........	700 »	(1)
	1821..........	1.000 »	(1)
	1851..........	1.275 »	(2)
	1879..........	1.830 »	(2)

Ces deux derniers chiffres se décomposent comme il suit :

	1851	1879
Terres de qualité supérieure........................	4.339 fr.	5.502 fr.
Terres labourables et assimilées......................	1.479	2.197
Prés et herbages..................................	2.256	2.961
Vignes..	2.067	2.968
Bois..	642	745
Landes, pâtis ou pâtures et autres terrains incultes....	155	206
Cultures diverses..................................	1.433	1.282

6. **Progrès généraux de l'industrie.** — Si les chemins de fer ont joué un grand rôle dans l'amélioration et le développement de l'agriculture, leur influence sur le progrès industriel a été plus éclatante encore : on peut dire qu'ils ont créé la grande industrie, en lui apportant les matières premières nécessaires à sa fabrication et en emportant au loin ses produits manufacturés.

(1) Chiffres extraits de l'*Essai sur la variation des prix* de M. de Foville.

(2) Chiffres empruntés à l'enquête entreprise par l'Administration des contributions indirectes à la suite de la loi de finances du 9 août 1879.

Nous ne saurions évidemment passer en revue toutes les branches de l'industrie française ; comme pour l'agriculture, nous nous bornerons aux faits les plus essentiels et les plus caractéristiques.

a. Industrie minérale. — 1. *Industrie houillère*. — De toutes les matières premières indispensables à l'industrie, celle qui doit être placée au premier rang est sans contredit la houille, sans laquelle le travail mécanique est impossible. Les voies ferrées et les voies navigables l'ont mise, en quelque sorte, sous la main des usiniers.

D'après les cahiers des charges de 1857-1859, les combustibles minéraux étaient rangés dans la 3e classe, taxée à 0 fr. 10 par tonne et par kilomètre ; mais, en 1863-1864, des conventions intervenues entre l'État et les Compagnies ont créé une 4e classe où sont placés les houilles et cokes et qui est taxée à raison de :

0 fr. 08 jusqu'à 100 kilomètres, avec maximum de 5 francs ;

0 fr. 05 de 101 à 300 kilomètres, avec maximum de 12 francs ;

0 fr. 04 au-dessus de 300 kilomètres.

Les tarifs généraux sont presque tous inférieurs au tarif légal ; sur le réseau de Paris-Lyon-Méditerranée, la base descend jusqu'à 3 centimes pour les grandes distances.

Mais les combustibles minéraux sont presque toujours transportés aux conditions de tarifs spéciaux à prix très réduits.

C'est ainsi qu'on voit la base s'abaisser pour les longs parcours :
sur le réseau du Nord, à 2 c. 3 ;
sur le réseau de l'Est, à 2 c. 7 ;
sur le réseau de l'Ouest, à 3 c. 5, 3 c. et même au-dessous ;
sur le réseau d'Orléans, à 3 c., 2 c. 5 et même 2 c. ;
sur le réseau de Paris-Lyon-Méditerranée, à 3 c. et 2 c. 5 ;
sur le réseau du Midi, à 3 c. 5, 3 c. et même au-dessous ;
sur le réseau de l'État, à 4 c.

La perception moyenne a été de 0 fr. 04 environ par tonne kilométrique en 1883.

Nous résumons, dans le tableau suivant, les progrès de la production et de la consommation depuis le commencement du siècle.

ANNÉES	PRODUCTION	IMPORTATION	EXPORTATION	CONSOMMATION
	tonnes.	tonnes.	tonnes.	tonnes.
1811	774.000	120.000	30.000	864.000
1820	1.094.000	281.000	26.000	1.348.000
1830	1.863.000	637.000	6.000	2.494.000
1840	3.003.000	1.291.000	37.000	4.257.000
1845	4.202.000	2.207.000	66.000	6.343.000
1850	4.434.000	2.833.000	42.000	7.225.000
1855	7.453.000	4.952.000	112.000	12.294.000
1860	8.310.000	6.160.000	200.000	14.270.000
1865	11.600.000	7.213.000	343.000	18.522.000
1870	13.330.000	6.043.000	395.000	18.830.000
1871	13.259.000	5.950.000	329.000	18.860.000
1872	15.803.000	7.709.000	577.000	23.233.000
1873	17.479.000	8.029.000	695.000	24.702.000
1874	16.908.000	7.433.000	747.000	23.418.000
1875	16.957.000	8.282.000	672.000	24.658.000
1876	17.101.000	8.221.000	727.000	24.472.000
1877	16.805.000	7.882.000	614.000	24.144.000
1878	16.961.000	8.201.000	594.000	24.555.000
1879	17.111.000	8.882.000	539.000	25.332.000
1880	19.362.000	9.942.000	603.000	28.846.000
1881	19.766.000	10.221.000	601.000	29.443.000
1882	20.604.000	10.868.000	457.000	31.025.000
1883	21.334.000	11.707.000	510.000	32.439.000
1884	20.024.000	11.678.000	590.000	30.941.000

Voici, d'ailleurs, quelles ont été les variations des prix moyens de la tonne de houille sur le carreau de la mine et au centre de consommation, de 1847 à 1884 :

ANNÉES	PRIX MOYEN sur le carreau de la mine	PRIX MOYEN DE VENTE au lieu de consommation	DIFFÉRENCE
	fr. c.	fr. c.	fr. c.
1847	10,00	21,61	11,61
1850	9,33	20,33	11,00
1855	11,87	24,93	12,16
1860	11,65	22,93	11,28
1865	11,33	22,97	11,64
1870	11,69	23,11	11,42
1871	12,39	23,77	11,38
1872	13,46	28,58	15,12
1873	16,61	31,83	15,22

ANNÉES	PRIX MOYEN sur le carreau de la mine	PRIX MOYEN DE VENTE au lieu de consommation	DIFFÉRENCE
1874	16,52	28,33	11,81
1875	15,93	26,56	10,63
1876	15,33	24,82	9,49
1877	14,06	22,87	8,81
1878	13,46	22,19	8,73
1879	12,94	21,84	8,90
1880	12,74	21,74	9,00
1881	12,43	21,61	9,18
1882	12,36	21,47	9,11
1883	12,50	21,02	8,52
1884	12,33	21,00	8,67

Ces deux tableaux donnent lieu aux observations suivantes :

1° La production a quadruplé depuis 1845.

Il en est de même de l'importation.

L'exportation reste à peu près stationnaire et tend même à diminuer.

On le voit, malgré l'accroissement de la production indigène, nous continuons à être tributaires de l'étranger et le poids des combustibles que nous lui prenons chaque année ne cesse d'augmenter. La Belgique, l'Angleterre et l'Allemagne ont, en effet, presque à nos portes, des mines d'une richesse incomparable, dont l'exploitation est notablement plus économique que celle des gîtes français.

En 1884, la Belgique nous a fourni 5 733 000 tonnes, l'Angleterre 4 259 000 et l'Allemagne 1 678 000 tonnes.

2° L'écart total entre le prix moyen de vente au lieu de consommation et le prix moyen de vente sur le carreau de la mine semble, au premier abord, ne pas avoir subi une réduction sensible depuis la construction du réseau des chemins de fer.

Ce fait s'explique par deux raisons :

Tout d'abord, les houilles empruntent, pour une large part, les voies navigables qui présentaient déjà un grand développement avant 1850 (10 450 kilomètres en 1847 et 12 540 kilomètres en 1884).

En second lieu, le rayon d'expansion s'est considérablement accru, de telle sorte qu'au même prix total de transport correspond une base kilométrique beaucoup plus faible.

Le mouvement à l'étranger a été aussi prononcé qu'en France. En effet, l'annuaire statistique de l'Empire allemand donne les indications suivantes :

ANNÉES	HOUILLE				LIGNITE			
	Production	Importation	Exportation	Consommation	Production	Importation	Exportation	Consommation
	Milliers de tonnes	Milliers de tonnes	Milliers de tonnes	Milliers de tonnes	Milliers de tonnes	Milliers de tonnes	Milliers de tonnes	Milliers de tonnes
1860	12.350	»	»	»	4.380	»	»	»
1865	21.790	»	»	»	6.760	»	»	»
1870	26.400	»	»	»	7.610	»	»	»
1875	37.436	1.876	4.523	34.790	10.368	2.416	11	12.772
1876	38.454	2.104	5.288	35.271	11.096	2.432	17	13.510
1877	37.530	2.026	5.009	34.547	10.700	2.463	9	13.155
1878	39.590	1.931	5.825	35.695	10.930	2.597	6	13.521
1879	42.026	1.894	6.012	37.907	11.445	2.859	8	14.297
1880	46.974	2.059	7.256	41.796	12.144	3.081	19	15.207
1881	48.688	1.953	7.458	43.183	12.852	3.064	24	15.893
1882	52.119	2.091	7.632	46.578	13.260	3.021	35	16.245
1883	55.943	2.181	8.705	49.419	14.500	3.320	46	17.774

D'autre part, M. Neumann-Spallart, dans son « Aperçu économique sur « la production et le commerce du monde », fournit les renseignements ci-dessous, pour la houille :

DÉSIGNATION DES PAYS	PRODUCTION EN MILLIONS DE TONNES							CONSOMMATION en 1877	
	1860	1866	1873	1874	1875	1876	1877	totale	par habitant, en tonnes
Grande-Bretagne.........	85	103	129	127	134	135	137	121	3,6
Allemagne.............	12	28	46	47	49	50	48	48	1,1
Etats-Unis.............	15	22	51	49	48	50	55	50	1,1
France..................	8	12	18	17	17	17	17	24	0,6
Belgique................	10	13	16	15	15	14	14	10	2,»
Autriche-Hongrie........	4	8	12	12	13	13	14	12	0,3
TOTAUX.....	134	183	272	267	276	279	285		
Pour le monde entier......	136	»	»	274	»	287	294		

Enfin, la dernière publication statistique du Ministère des travaux publics sur l'industrie minérale relate les chiffres que voici, pour la production des principaux pays en combustibles minéraux :

		tonnes.
1884	Grande-Bretagne et Irlande	163 330 000
1883-1884	Allemagne	71 982 000
1884	Belgique	18 051 000
1884	Autriche	17 200 000
1879	Hongrie	1 641 000
1882	Italie	165 000
1883	Russie	3 980 000
1883	Suède	266 000
1883	Espagne	1 071 000
1884	États-Unis	108 617 000
1880	Chili	410 000
1883	Canada	1 673 000
1883	Australie	2 668 000
1882-1883	Tasmanie et Nouvelle-Zélande	437 000
1882	Indes et possessions anglaises en Asie	1 148 000
1875	Japon	396 000
	Ensemble des principaux pays	413 115 000

Ajoutons, pour en finir avec l'industrie houillère de la France, que le nombre des ouvriers, qui était de moins de 35 000 en 1847, atteignait 109 000 en 1884; que leur salaire s'était élevé de 595 fr. à 1 175 fr. par an ; et que la production annuelle par ouvrier (en y comptant non seulement les ouvriers du fond, mais les ouvriers de la surface) avait crû de 148 tonnes à 183 tonnes.

2. *Exploitation des mines de fer et des mines métalliques autres que celles de fer.* — Les minerais de fer sont, comme les houilles, placés dans la 4e classe du cahier des charges et taxés sur la base de :

8 c. pour les parcours de 100 kil. au plus, avec maximum de 5 fr.;
5 c. — de 300 kil. au plus, — 12 fr ;
4 c. — supérieurs à 300 kilomètres.

Quant aux autres minerais, ils sont rangés dans la 3e classe et taxés ainsi à raison de 10 c. par kilomètre.

Les tarifs généraux sont, pour la plupart, inférieurs au tarif légal. Mais les transports se font le plus souvent par tarifs spéciaux. Les bases de ces tarifs s'abaissent, comme nous le verrons plus loin, jusqu'à 2 c. par tonne et par kilomètre.

Nous résumons ci-après les principaux renseignements relatifs à l'exploitation des mines métalliques de la France (Algérie non comprise), depuis l'année 1850.

ANNÉES	MINES DE FER				VALEUR totale des minerais métalliques
	Tonnage de la production indigène	Tonnage de l'importation	Tonnage de l'exportation	Valeur du minerai indigène	
	t.	t.	t.	fr.	fr.
1850	1.821.000	»	»	6.481.000	7.560.000
1860	3.033.000	»	»	14.089.000	18.493.000
1869	3.131.000	»	»	13.334.000	18.289.000
1870	2.614.000	489.000	145.000	11.255.000	14.112.000
1871	1.852.000	378.000	136.000	9.077.000	12.146.000
1872	2.782.000	669.000	337.000	14.070.000	18.674.000
1873	3.051.000	721.000	353.000	11.897.000	19.354.000
1874	2.517.000	801.000	213.000	8.953.000	16.374.000
1875	2.506.000	833.000	180.000	8.563.000	15.612.000
1876	2.393.000	849.000	105.000	8.740.000	15.326.000
1877	2.426.000	977.000	79.000	9.406.000	16.187.000
1878	2.470.000	932.000	80.000	9.498.000	14.945.000
1879	2.271.000	942.000	67.000	11.393.000	16.879.000
1880	2.874.000	1.168.000	115.000	14.909.000	21.612.000
1881	3.032.000	1.287.000	88.000	15.172.000	22.129.000
1882	3.467.000	1.426.000	121.000	16.842.000	23.970.000
1883	3.298.000	1.601.000	105.000	15.426.000	22.565.000
1884	2.977.000	1.413.000	120.000	12.828.000	18.768.000

Nota. — Les chiffres qui précèdent représentent le poids et la valeur des minerais après les préparations auxquelles ils sont soumis sur place.

Comme le montre ce tableau, la production indigène, après s'être considérablement développée de 1850 à 1860, est restée depuis presque stationnaire.

Les importations de minerais de fer se sont, au contraire, notablement accrues. Elles nous viennent, pour une large part, de l'Algérie, dont la production s'est élevée à 493 000 tonnes en 1884 et qui a envoyé à la métropole 308 000 tonnes en 1883 et 187 000 tonnes en 1884.

Le prix moyen de la tonne de minerai de fer sur le carreau de la mine est monté de 3 fr. 60 à 4 fr. 30 depuis 1850; le nombre des ouvriers employés à l'extraction ou à la préparation sur place de ce minerai s'est abaissé de 10 400 à 7 800, mais leur salaire est passé de 3 600 000 fr. à 7 540 000 fr. (1).

(1) Depuis 1872, la production de l'Allemagne en minerais de fer a oscillé entre 4 710 000 tonnes et 6 570 000 tonnes, chiffre qu'elle a atteint en 1883-1884.

L'Angleterre a extrait 16 403 000 tonnes en 1884; le Luxembourg 2 451 000 tonnes en 1884; la Belgique, 177 000 tonnes en 1884; l'Autriche, 974 000 tonnes en 1884; la Hongrie, 321 000 tonnes en 1879; l'Italie, 272 000 tonnes en 1882; la Russie, 998 000 tonnes

3. *Exploitation du sel gemme et du sel marin.* — D'après le cahier des charges, le sel est classé dans la 3e classe et taxé à raison de 10 c. par kilomètre.

Mais la plupart des gros transports, ceux qui intéressent notamment l'agriculture et la fabrication des produits chimiques, bénéficient de tarifs spéciaux dont la base s'abaisse jusqu'à près de 2 c. par tonne kilométrique.

Voici d'ailleurs quel a été le développement progressif de l'industrie salicole en France :

ANNÉES	TONNAGE de la production indigène	VALEUR de la production indigène	TONNAGE de l'importation	TONNAGE de l'exportation
	tonnes	francs	tonnes	tonnes
1850	495.000	8.806.000	»	»
1860	475.000	9.011.000	»	»
1869	878.000	14.802.000	»	»
1870	817.000	13.112.000	»	»
1871	573.000	9.735.000	»	»
1872	458.000	9.174.000	»	»
1873	627.000	11.387.000	3.840	147.000
1874	656.000	13.128.000	1.845	183.000
1875	675.000	9.698.000	2.500	174.000
1876	585.000	9.135.000	2.550	152.000
1877	593.000	13.144.000	1.375	169.000
1878	571.000	13.293.000	6.260	170.000
1879	546.000	14.270.000	18.000	147.000
1880	700.000	18.533.000	25.500	122.000
1881	744.000	17.615.000	14.400	124.000
1882	738.000	18.312.000	16.500	152.300
1883	743.000	18.245.000	13.500	151.500
1884	740.000	15.744.000	19.800	124.000

On le voit, bien qu'ayant pris un accroissement notable, l'industrie salicole est loin d'avoir augmenté aussi rapidement que l'industrie houillère.

Les importations sont peu considérables; jusqu'à ces dernières années, elles consistaient presque exclusivement en résidus d'approvisionnements de bateaux armés pour la pêche. Quant aux exportations, elles alimentent

en 1883; la Suède, 885 000 tonnes en 1883; l'Espagne, 4 526 000 tonnes en 1883; les États-Unis d'Amérique, 9 144 000 tonnes en 1884. Le total annuel pour les principaux pays est actuellement de 46 millions de tonnes.

surtout la Belgique et l'Allemagne en sel gris, pour salaisons, ou en sels bruts, pour l'industrie.

Le prix de la tonne à l'usine, qui était de moins de 18 fr. en 1850, est aujourd'hui de plus de 21 fr.

Le nombre des ouvriers s'est élevé à 12 460 en 1884 (1).

4. *Ensemble de l'exploitation minière.* — Nous extrayons de la statistique officielle les indications suivantes, afférentes à l'année 1884, pour l'ensemble de l'exploitation minière de la France :

Nombre de tonnes extraites.	24.333.000 tonnes.
Valeur correspondante sur les lieux d'extraction.	284.941.000 fr.
Nombre d'ouvriers	119.5[illegible]0
Nombre des concessions de mines	1.329

Superficie correspondante.	Combustibles minéraux	5.634	10.916 km. q.
	Minerais de fer	1.368	
	Autres minerais métallifères	3.377	
	Sel gemme	294	
	Substances diverses	242	

soit environ 1/50 de la superficie totale du territoire.

Les chiffres suivants relatifs au produit des redevances de mines donnent une idée assez exacte des progrès de l'industrie minière depuis 1830 :

PÉRIODES	PRODUIT ANNUEL moyen des redevances
1830 à 1839	253.000 fr.
1840 à 1849	429.000
1850 à 1859	1.014.000
1860 à 1869	1.254.000
1870 à 1879	2.320.000
1880 à 1885	2.511.000

Y compris le produit des 10 c. additionnels pour fonds de non-valeurs et les remises des receveurs et percepteurs.

5. *Exploitation des carrières.* — Les Ingénieurs des mines, n'ayant qu'une surveillance très restreinte à exercer sur les carrières, ne dressent point de statistique concernant cette branche de l'Industrie.

(1) La production des principaux pays a été la suivante durant ces dernières années :

1884 Grande-Bretagne	2 370 000t	1882 Italie	431 000t
1883-1884 Allemagne	808 000	1883 Russie	1 139 000
1884 Autriche	265 000	1883 Espagne	118 000
1879 Hongrie	151 000	1884 États-Unis	827 000
		1882 Hongrie	1 196 000

Toutefois les documents publiés par l'Administration des travaux publics indiquent que le nombre des ouvriers employés à l'exploitation des carrières en 1850 était de 87 000 et que la valeur des produits extraits était de 40 millions environ. Ils portent aujourd'hui le nombre des ouvriers à près de 120 000, sans donner l'évaluation correspondante pour les produits de l'extraction ; mais il est à peu près certain que les perfectionnements apportés aux procédés d'exploitation et le renchérissement de toutes choses ont dû augmenter la valeur des produits extraits dans une proportion supérieure à celle du personnel ouvrier.

Les chemins de fer jouent, de même que les voies navigables, un très grand rôle pour le transport des pierres ; il suffit, pour en être convaincu, de se rendre compte de l'importance de la consommation des grandes villes et notamment de la consommation parisienne, ainsi que des distances considérables auxquelles se font souvent les approvisionnements ; il suffit de se rappeler, par exemple, que l'éminent architecte de l'Opéra, **M.** Garnier, a pris sa pierre en Lorraine et en Bourgogne et ses matériaux de choix ou de luxe dans l'Isère, dans le Jura, dans les Alpes, dans les Vosges, dans le Morvan, en Algérie et jusqu'en Italie, en Écosse et en Suède ; il suffit encore de constater la très grande distance à laquelle sont envoyés les matériaux de pavage et d'empierrement (grès, quartzites, trapps, etc...).

6. *Exploitation des eaux minérales.* — Nous nous bornerons à signaler en deux mots l'influence des voies ferrées sur l'exploitation des eaux minérales, d'une part à raison des facilités qu'elles fournissent aux malades pour se rendre aux établissements balnéaires, d'autre part à cause des conditions favorables dans lesquelles elles effectuent le transport des eaux en bouteilles.

En 1881, le nombre des baigneurs a atteint 221 000, et celui des bouteilles expédiées par les établissements les plus importants 21 000 000.

b. Industrie métallurgique. — 1. *Fontes, fers, aciers.* — Le cahier des charges range : 1° les fontes moulées, les fers et les aciers dans la 2e classe, taxée à raison de 14 c. par kilomètre ; 2° les fontes brutes dans la 3e classe, taxée à raison de 10 c. par kilomètre.

Les tarifs généraux donnent au public des réductions notables sur ces chiffres.

Quant aux tarifs spéciaux, leur base est beaucoup plus faible et descend jusqu'à 3 c. et même 2 c. 5.

Sous l'influence de causes multiples parmi lesquelles figurent les facilités procurées aux usines pour l'approvisionnement de leurs matières premières et particulièrement de la houille (1), l'industrie du fer a pris un essor véritablement inouï, comme le montre le tableau suivant :

(1) Il faut 2 250 kilogrammes de minerai de fer et 1 300 kilogrammes de coke en moyenne pour la fabrication d'une tonne de fonte.

La production des principaux pays a été la suivante durant les dernières années :

		Fonte.	Fer.	Acier.
1884	Grande-Bretagne et Irlande	7 937 000t	2 273 000t	1 985 000t
1883-1884	Allemagne	3 228 000	1 472 000	1 064 000
1884	Luxembourg	365 000	?	?
1884	Autriche	540 000	327 000	270 000
1879	Hongrie	110 000		
1882	Italie	25 000	90 000	3 450
1883	Russie	482 000	323 000	222 000
1883	Suède	423 000	303 000	66 000
1883	Espagne	140 000	58 700	410
1884	États-Unis	4 163 000	2 130 000	1 540 000
	Ensemble des principaux pays	20 042 000	8 325 000	5 808 000

ANNÉES	FONTES				FERS				ACIERS			
	Tonnage de la production indigène	Valeur de la production indigène	Tonnage de l'importation	Tonnage de l'exportation	Tonnage de la production indigène	Valeur de la production indigène	Tonnage de l'importation	Tonnage de l'exportation	Tonnage de la production indigène	Valeur de la production indigène	Tonnage de l'importation	Tonnage de l'exportation
	tonnes	francs	tonnes	tonnes	tonnes	francs	tonnes	tonnes	tonnes	francs	tonnes	tonnes
1820	112.500	»	»	»	74.000	»	»	»	»	»	»	»
183	266.000	»	»	»	148.000	»	»	»	»	»	»	»
1840	348.000	»	»	»	237.000	»	»	»	8.500	»	»	»
1845	439.000	»	»	»	342.000	»	»	»	12.400	»	»	»
1850	406.000	53 800 000	»	»	246.000	68.900 000	»	»	11.000	8.800 000	»	»
1855	849.000	149.500.000	»	»	557.000	203.000.000	»	»	22.000	19.000.000	»	»
1860	898.000	116.100.000	»	»	532.000	151.900.000	»	»	29.800	19.900.000	»	»
1865	1.204.000	128.000.000	»	»	769.000	182.900.000	»	»	40.600	21.400.000	»	»
1869	1.381.000	126.000.000	»	»	904.000	203 400.000	»	»	110.000	41.800.000	»	»
1870	1.178.000	108 700 000	»	»	831.000	185.100.000	»	»	94.400	33.900.000	»	»
1871	860.000	84.700.000	»	»	677.000	161.000.000	»	»	86.100	29.700.000	»	»
1872	1.218.000	147.600.000	137.000	50.000	883.000	257.300.000	64.000	203.000	142.000	57.300 000	6.800	9.300
1873	1.382.000	190.300.000	134.000	61.000	761.000	240.700.000	59.000	183.000	151.000	63.500.000	7.900	25.700
1874	1.416.000	168 700.000	130.000	55.000	742.000	201.600.000	77.000	170.000	209.000	74.400.000	8.900	36.700
1875	1.448.000	156.400.000	187.000	43.000	745.000	187.000.000	70.000	146.000	256.000	81.200.000	6.600	43.900
1876	1.435.000	141.600.000	194.000	43.000	837.000	202.500.000	91.000	148.000	242.000	72.400.000	6.900	23.700
1877	1.507.000	142.700.000	192.000	44.000	881.000	202.000.000	100.000	112.000	269.000	80.100.000	7.000	17.500
1878	1.521.000	133.800.000	173.000	39.000	843.000	182.200.000	124.000	114.000	313.000	84.400.000	7.800	24.900
1879	1.400.000	119 700.000	157.000	39.000	857.000	187 700 000	105.000	108.000	333.000	98 500.000	10.300	27.600
1880	1.725.000	160 500 000	162.000	44.008	966.000	222.600.000	109.000	120.000	389.000	112.000 000	12.700	23.200
1881	1.886.000	172.400.000	289.000	39.000	1.026.000	233.700.000	147.000	112.000	422.000	118.500.000	26.000	29.700
1882	2.039.000	185 600 000	311.000	34.000	1.073.000	247.600.000	184.000	110.000	458.000	128 600.000	54.000	26.000
1883	2.069.000	168.400.000	320.000	34.000	979.000	214.900.000	160.000	123.000	522.000	135.700.000	47.000	20.000
1884	1.872.000	139 800.000	217.000	30.000	877.000	172.700.000	134.000	118.000	503.000	122.400.000	22.000	23.000

On remarquera à l'inspection de ce tableau : 1° que le prix moyen de la tonne de fonte en 1850 était de 133 fr. et qu'il s'est abaissé à 75 fr. en 1884; 2° que le prix moyen de la tonne de fer, qui en 1850 était de 280 fr., est tombé à 197 fr. en 1884; 3° que le prix moyen de la tonne d'acier, qui était de 800 fr. en 1850, est descendu à 243 fr. en 1884.

Les usines affectées à la métallurgie du fer sont au nombre de 304 et emploient 61,000 ouvriers.

Nous ne saurions nous dispenser de donner, dans un ouvrage relatif aux chemins de fer, un aperçu sommaire sur la progression de la fabrication des rails et sur la diminution de leur prix de revient.

ANNÉES	PRODUCTION des rails de fer	PRIX MOYEN de la tonne de rails de fer à l'usine	PRODUCTION des rails en acier	PRIX MOYEN de la tonne de rails en acier à l'usine
	tonnes	francs	tonnes	francs
1847	88.700	334	»	»
1850	23.100	302	»	»
1855	148 000	290	»	»
1860	121.000	242	»	»
1865	209.000	194	»	»
1869	217.000	192	»	»
1870	171 000	199	43.000	»
1871	123.000	298	33.000	»
1872	129 000	236	82.000	»
1873	154.000	271	102.000	»
1874	161.000	233	154.000	291
1875	119.000	223	178.000	259
1876	82 000	199	181.000	240
1877	60.000	195	184.000	236
1878	52.000	186	231 000	217
1879	40.000	176	254.000	216
1880	42.000	181	279 000	218
1881	28 000	176	303.000	209
1882	27.000	191	336.000	199
1883	19.000	187	391.000	187
1884	16.000	161	368.000	170

2. *Métaux autres que le fer.* — La production des métaux autres que le fer n'a qu'une importance secondaire. Cependant, nous croyons utile d'indiquer sommairement par quelles phases elle est passée depuis 1847. Tel est l'objet du tableau suivant :

ANNÉES	TONNAGE de la production indigène.	VALEUR des métaux de production indigène.	TONNAGE de l'importation (1)	TONNAGE de l'exportation (1)
	Tonnes	fr.	Tonnes	Tonnes
1847	3.100	1.9 0.000	»	»
1850	1.500	3.300.000	»	»
1860	45.000	57.000.000	»	»
1869	52.000	70.000.000	»	»
1870	51.000	60.000.000	»	»
1871	61.000	68.000.000	»	»
1872	78.000	87.000.000	»	»
1873	55.000	83.000.000	88.000	17.000
1874	63.000	91.000.000	97.000	18.000
1875	66.000	93.000.000	90.000	16.000
1876	(2) 27.400	34.000.000	114.000	24.000
1877	27.400	32.800.000	116.000	19.000
1878	32.100	32.000.000	119.000	23.000
1879	27.500	23.000.000	125.000	17.000
1880	26.500	24.000.000	114.000	17.000
1881	30.000	28.400.000	139.000	18.000
1882	31.000	30.000.000	132.000	13.000
1883	27.000	23.100.000	149.000	15.000
1884	27.300	24.000.000	120.000	14.000

c. Appareils a vapeur. — Nous ne saurions mieux faire ressortir la véritable révolution industrielle qui s'est produite en France, qu'en donnant des renseignements statistiques sur le développement des appareils à vapeur.

(1) Non compris le numéraire et les lingots destinés à la fabrication du numéraire.

(2) A partir de l'année 1876, la statistique des mines a négligé les élaborations secondaires pour s'attacher exclusivement à la production des métaux extraits des minerais ou des mattes par des opérations métallurgiques, en y comprenant la séparation de l'argent des plombs d'œuvre.

Le nombre moyen des ouvriers est actuellement de 1 200.

ANNÉES	LOCOMOTIVES		MACHINES de bâteaux (a)		MACHINES d'industries diverses (b)		TOTAUX	
	Nombre	Force	Nombre	Force	Nombre	Force	Nombre	Force
		ch.v.		ch.v.		ch.v.		ch.v.
1840	142	14.200	263	11.422	2.591	34.350	2.996	59.972
1850	973	97.300	537	22.421	5.322	66.642	6.832	186.363
1855	1.855	183.500	648	40.932	9.076	114.150	11.579	340 582
1860	3.101	310.100	681	36.690	14.936	180.554	18.718	527.344
1865	3.963	396.300	799	50.504	21.574	259.652	26.376	706.456
1869	4.822	482.200	917	62.827	27.047	325.605	32.786	870.632
1870	4.835	483 500	973	59.573	27.958	341.443	33.761	884.516
1871	4.867	486.700	1.005	63.711	27.005	321.210	32.877	871.621
1872	5.102	510.200	1.048	69 880	28.553	343.964	34.703	924.044
1873	5.340	534.000	1.116	84.101	30.149	368.299	36.605	986.400
1874	5.674	567.400	1.077	89.424	31.665	388.217	38.416	1.045.041
1875	5.916	(1) 591.600	1.080	90.774	33 056	407.220	40.052	(2) 1.089.594
1876	6.250	2.086.242	1.326	150.299	34.582	433.983	42.158	2.670.524
1877	6 602	2.202.557	1.417	163.859	37.046	473.634	45.065	2.840.050
1878	6.929	2.358.993	1.535	173.039	38.879	492.418	47.343	3.024.450
1879	7.055	2.403.700	1.891	252.400	40 889	525.000	49.835	3.181.000
1880	7.289	2.495.251	2.072	292.347	43 182	544.152	52.543	3.341.973
1881	7.724	2.674.209	2.382	347.484	45.475	586.831	55.581	3.608.524
1882	8.401	3.030.500	2.563	406.126	47.869	623.267	58.833	4.059.893
1883	9.034	3.242.415	1.902	421.783	50.090	666.573	61.026	4.430.771
1884	9.246	3.443.749	1.879	474.138	52.013	696.552	63.138	4.614.439

En 1883, la force motrice à vapeur employée par les industries diverses, autres que celle des chemins de fer, se répartissait ainsi :

Industries minérales........................	36,6 %
— textiles...........................	20,4
— alimentaires........................	13,8
— des travaux et bâtiments.	8,7
— des papeteries, objets mobiliers, etc..	4,6
— chimiques et tanneries..............	5,»
Agriculture..............................	8,5
Services publics de l'Etat..................	2,4
	100 %

(a) Non compris les bâtiments de la marine militaire.

(b) Y compris les machines fixes employées dans l'industrie des chemins de fer.

(1) Jusqu'en 1875, la force des locomotives a été évaluée en nombre rond dans les documents statistiques de l'administration des mines à 100 chevaux vapeur par machine ; cette évaluation est notablement trop faible, surtout pour les dernières années ; toutefois, nous n'avons pas voulu modifier les chiffres admis jusqu'ici.

(2) D'après le docteur Engel (*directeur du bureau royal de statistique à Berlin*), l'Alle-

Nous rappelons, en tant que de besoin, au lecteur que le travail du cheval-vapeur représente environ trois fois celui du cheval de trait, et 21 fois celui du manœuvre.

d. Industrie du batiment et de la construction en général. — L'art de bâtir a subi une transformation complète. Jadis l'architecte ou l'ingénieur étaient obligés de se servir des matériaux de la région. Aussi certaines parties déshéritées du territoire ne comportaient-elles que des maisons en bois, en pisé, en craie, en moellons sans mortier. Les constructions en matériaux de choix y étaient des plus rares et constituaient des propriétés de luxe d'une valeur exceptionnelle, inaccessibles aux fortunes moyennes. Aujourd'hui tout est changé. Nous avons été déjà amené à citer, à propos des carrières, des exemples frappants, mettant en lumière la distance considérable à laquelle s'expédient actuellement certains matériaux; nous pourrions multiplier ces exemples, y ajouter celui des bois de chêne de la Hongrie, qui arrivent jusqu'au cœur de la France; celui des bois de sapin de la forêt Noire et même de Suède et de Norwège, qui alimentent la plupart de nos marchés; celui des chaux du Theil et des ciments de Boulogne et de Grenoble, qui s'expédient sur tous les points de la France : mais ce serait trop insister sur une vérité évidente, qui éclate à tous les yeux.

Grâce à cette mobilité donnée aux matériaux par l'ouverture des voies de communication perfectionnées, l'industrie du bâtiment a fait des progrès et pris des développements inouïs, dans les villes et même dans les campagnes. Pour apprécier la portée de cette révolution, il suffit de comparer les quartiers neufs de la capitale avec ceux du vieux Paris. Tel hôtel particulier de nos grandes villes contient plus de pierre de taille, plus de matériaux de luxe que beaucoup de monuments célèbres de l'antiquité. Dans tel village, où l'on ne voyait autrefois que toits en chaume ou en bardeaux et murs en torchis, ces constructions modestes sont aujourd'hui l'exception, et ont fait place à de belles et solides toitures en ardoises ou en tuiles, et à des murs en maçonnerie avec mortier hydraulique.

Quant aux travaux publics, ils se sont développés et transformés comme l'industrie du bâtiment. Chaque ligne ouverte à la circulation a permis d'amener à pied d'œuvre les éléments nécessaires à la construction de lignes nouvelles s'embranchant avec elles ou s'y raccordant. L'un

magne avait, vers 1879, 4 millions 1/2 de chevaux vapeur; l'Autriche, 1 million 1/2; l'Angleterre, 7 millions; et les États-Unis, 7 millions 1/2, non compris les locomotives.

des exemples les plus frappants de la puissance d'expansion des voies ferrées est celui des ouvrages métalliques, des tabliers de ponts, qui parfois s'expédient de l'une des extrémités de la France à l'extrémité opposée et même à l'étranger, et qui permettent l'établissement de voies de communication dont l'exécution eût été impossible, ou tout au moins très onéreuse, s'il eût fallu recourir à l'emploi de la pierre.

Les facilités de transport exercent, d'ailleurs, leur influence, non seulement sur les matériaux, mais aussi sur le personnel ouvrier. Chaque année, on est témoin d'une véritable immigration de maçons limousins à Paris; ces habiles ouvriers viennent travailler aux bâtiments de la capitale pendant la saison favorable et retournent passer l'hiver dans leur pays. La corporation des ouvriers charpentiers de Paris envoie ses membres aux quatre coins de la France. S'il nous est permis de rappeler un souvenir personnel, nous citerons une circonstance de notre carrière d'ingénieur : nous étions chargé de construire des baraquements d'une grande étendue en Lorraine, pour le logement des troupes de l'armée allemande d'occupation ; il s'agissait de loger plusieurs bataillons appelés à quitter les départements dont l'évacuation était attendue avec une légitime impatience; il n'y avait donc ni un jour, ni une nuit à perdre : en deux jours nous avons pu réunir sur place de nombreux charpentiers parisiens, puis faire appel, à la suite d'une menace de grève, à des ouvriers des arsenaux de la marine. Nos ouvriers d'art vont, d'ailleurs, jusque dans les pays les plus lointains, en Egypte, en Turquie, en Cochinchine, etc.; inversement la Belgique et l'Italie fournissent un grand nombre de terrassiers à nos chantiers de travaux publics.

Ce que nous venons de dire de l'industrie du bâtiment s'applique également aux industries accessoires, telles que celles du mobilier, de la tapisserie, etc.

c. Industrie des tissus. — Les progrès de l'industrie des tissus sont particulièrement frappants. Ils sont dus, pour la plus large part, aux perfectionnements remarquables des procédés de fabrication, à la substitution de plus en plus complète des machines à la main-d'œuvre de l'homme. L'action directe des chemins de fer est beaucoup moins accusée que pour les industries qui emploient des matières pondéreuses : le prix de transport ne constitue plus en effet qu'un élément accessoire de la valeur des matières premières et des objets fabriqués ; les chiffres suivants le démontreront amplement (1).

(1) Ces chiffres sont empruntés aux tableaux des valeurs en douane et à une étude faite par le Ministère des travaux publics.

Valeur de la tonne de coton filé ordinaire..	750	à	3 000 fr.
— — brut......	500	à	1 800
Valeur de la tonne de laine filée.........	6 000	à	10 000
— de laine cardée.......	2 500	à	10 000
— de laine peignée......	4 750	à	18 000
— de laine brute........	1 400	à	2 800
— de soie..............	5 000	à	55 000
Valeur de la tonne de tissus de coton.....	1 500	à	20 000
— d'étoffe de laine...... — de soierie...........	7 000	à	120 000

Les frais de transport disparaissent devant les oscillations du marché.

Mais, ainsi que le fait remarquer M. Jacqmin, les chemins de fer n'en offrent pas moins des avantages inappréciables, en permettant aux fabricants :

— de s'approvisionner sur les divers marchés, en suivant les variations de leurs cours ;

— de recevoir rapidement leurs matières premières et de réduire ainsi leurs approvisionnements et leur fonds de roulement ;

— de recruter plus facilement leurs ouvriers et de placer plus aisément leurs produits.

La prospérité générale, le bien-être qu'ils ont provoqués, ont, en outre, accru notablement le nombre des consommateurs et, par suite, l'importance de la production.

f. Industrie des glaces et du verre. — Dans son ouvrage sur « les moyens de transport », M. de Foville insiste particulièrement sur le rôle des chemins de fer, au point de vue de la fabrication des glaces et du verre.

Non seulement, en effet, cette industrie emploie des matériaux, tels que le quartz, le carbonate de potasse, le carbonate de soude, qu'elle est obligée de faire venir de fort loin ; mais encore, et surtout, elle ne peut expédier avec quelque sécurité ses produits à grande distance que par des voies de communication perfectionnées.

D'après les renseignements statistiques consignés dans le livre de M. de Foville, le prix des glaces de Saint-Gobain, en entrepôt à Paris, se serait abaissé dans les proportions suivantes depuis 1805.

ANNÉES	GLACES DE			
	1 mètre carré	2 mètres carrés	3 mètres carrés	4 mètres carrés
1805	226 fr.	945 fr.	1.813 fr.	4.008 fr.
1835	127	377	757	1.245
1856	61	113	248	349
1862-1872	47,75	107	186	262
depuis 1873	60	140	240	340

Le cent de bouteilles valait de 28 à 34 francs à la fabrique, en 1835; il ne vaut plus que 8 francs.

Le prix du kilogramme de verre à vitres, qui était de 1 fr. 25 de 1847 à 1860, est tombé au-dessous de 0 fr. 30.

g. Industrie du sucre. — Cette industrie, comme les précédentes, a bénéficié, soit directement, soit indirectement, de la construction des voies ferrées.

La consommation, qui était à peine de 2 kilogs par habitant, à la fin de la Restauration, s'est progressivement élevée jusqu'à 7 kilogs, chiffre qu'elle a atteint en 1866. Depuis, les impôts l'ont empêchée de croître. Un dégrèvement important a eu lieu, à partir de 1881 : le droit a été ramené de 65 fr. 52 à 40 fr. Ce dégrèvement a presque immédiatement déterminé une reprise de l'accroissement de la consommation. Dans son exposé des motifs à l'appui du projet de budget de 1884, le Ministre des finances a exprimé l'espoir que le montant total de la perception se relèverait bientôt à son niveau d'avant 1881.

h. *Observations générales sur la transformation de l'industrie.* — Nous nous en tenons à ces considérations sommaires sur quelques-unes des branches les plus importantes de l'industrie.

Comme nous l'avons fait remarquer à diverses reprises, la véritable révolution industrielle à laquelle nous avons assisté depuis moins d'un demi-siècle ne résulte pas exclusivement de la création des voies ferrées. Le perfectionnement des moyens de transport n'a été que l'un des facteurs, l'un des éléments, l'une des manifestations de cet immense mouvement de progrès qui s'est produit dans l'activité sociale. L'influence des chemins de fer n'en a pas moins été des plus considérables : directe et prépondérante pour les industries employant ou produisant des matières pondéreuses et de peu de valeur, indirecte et secondaire pour les autres industries, elle a eu, dans son ensemble, une importance qu'il serait puéril aujourd'hui de chercher à méconnaître et même à amoindrir.

L'un des traits caractéristiques de la transformation du pays a été la substitution de la grande industrie à la petite industrie, le remplacement de la main-d'œuvre humaine par le travail mécanique, l'association des capitaux et la concentration des forces productives. Ce phénomène économique n'est, du reste, pas spécial à la France ; il devait naître inévitablement des facilités données à la concurrence étrangère.

7. Progrès généraux du commerce. — Nous avons montré les progrès généraux de l'agriculture et de l'industrie depuis l'origine des chemins de fer. Ces progrès ont eu pour corollaire un développement considérable des affaires commerciales. La production et la consommation des produits agricoles et industriels augmentant, les transactions devaient elles-mêmes s'accroître et suivre une progression analogue.

Quelques chiffres le prouveront surabondamment.

a. Commerce extérieur. — Tout d'abord, en ce qui touche le commerce extérieur général qui donne lieu à des statistiques minutieuses, voici un résumé rétrospectif présentant, en millions de francs, des moyennes annuelles par périodes décennales. Nous y distinguons, d'ailleurs, les importations et les exportations par terre des mouvements par mer, parce que nous aurons à présenter une observation sur la répartition entre ces deux branches du commerce extérieur.

PÉRIODES	IMPORTATION			EXPORTATION			TOTAUX		
	Par terre	Par mer	Total	Par terre	Par mer	Total	Par terre	Par mer	Total
1827-1836	221	446.4	667.4	192.4	506	698.4	413.4	952.4	1.365.8
1837-1846	321.4	767	1.088.4	282.7	471.3	1.024	604.1	1.508.3	2.112.4
1847-1856	519.2	983.5	1.502.7	377.1	1.295.2	1.672.3	896.3	2.278.7	3.175
1857-1866	1.002.6	(1) 1.984.1	2.986.7	848	(1) 2.445	3.293	1.850.6	(1) 4.429.1	6.279.7
1867-1876	1.434.5	2.827.5	4.262	1.299.7	2.902.1	4.201.8	2.734.2	5.126.6	8.463.8
1877-1884 (8 années)	1.866.8	(1) 3.687.6	5.554.4	1.464.8	(1) 2.989.3	4.454.1	3.331.5	(1) 6.676.9	10.008.4

Si, au lieu d'envisager l'ensemble du commerce extérieur, on se borne au commerce spécial, les relevés des douanes donnent les chiffres suivants :

(1) Le tonnage effectif total des ports maritimes de commerce était, y compris le cabotage, d'un peu plus de 10 millions de tonnes en 1857 ; en 1883, il a dépassé 21 millions de tonnes. Le rapport du tonnage de jauge des navires au tonnage effectif est resté de 60 °/。 environ.

PÉRIODES	COMMERCE SPÉCIAL								NUMÉRAIRE		
	IMPORTATION				EXPORTATION			TOTAL	IMPORTATIONS	EXPORTATIONS	TOTAL
	Matières nécessaires à l'industrie	Objets naturels	Objets fabriqués	Total	Produits naturels	Objets manufacturés	Total				
1827-1836	315.5	128.3	36.1	479.9	148.9	372.5	521.4	1.001.3	»	»	»
1837-1846	543.3	178,0	55.1	776.4	186	526.9	712.9	1.489.3	120.9	41.1	162
1847-1856	727.5	298.9	50.7	1.077.1	391.8	831.9	1.223.7	2.300.8	338.3	224.4	562.7
1857-1866	1.559.6	521.3	119.6	2.200.5	988.3	1.441.8	2.430.1	4.630.6	687.7	502.6	1.190.3
1867-1876	2.184.5	894	329	3.407.5	1.596.5	1.709.9	3.306.4	6.713.9	647.7	300.7	948.4
1877-1884 (8 années)	2.272.9	1.616.8	648.7	4.538.4	1.609.7	1.782.2	3.391.9	7.930.3	375.5	279.5	655

L'examen des tableaux précédents révèle les faits suivants :

1° En 50 ans, la valeur totale des marchandises importées ou exportées, en y comprenant le transit, s'est accrue dans la proportion de 1 à 8 ou 9.

Le commerce spécial a subi une augmentation comparable.

2° Les importations et les exportations ont suivi un mouvement à peu près parallèle.

3° Les échanges par mer, loin de souffrir du développement des échanges par les voies de terre, ont augmenté simultanément et dans une proportion peu différente.

4° La période pendant laquelle l'accroissement a été relativement le plus rapide est celle de 1850 à 1860, c'est-à-dire celle qui correspond à l'achèvement de nos lignes principales de chemins de fer.

Cette impulsion véritablement inouïe, donnée à notre commerce depuis un demi-siècle, tient sans doute à des causes multiples parmi lesquelles il faut ranger, non seulement la transformation des moyens de locomotion, mais encore la modification du régime douanier, la révolution industrielle, l'augmentation de valeur des choses à volume et à poids égal. Néanmoins le rôle des chemins de fer a été immense ; l'observation que nous avons présentée sur la coïncidence du maximum de développement des échanges internationaux avec l'achèvement des grandes artères du réseau suffit à le démontrer : au surplus le même fait a été constaté dans les autres pays.

Il ne sera pas sans intérêt de reproduire ici quelques renseignements approximatifs donnés par M. de Foville, sur les progrès du commerce extérieur, pour l'ensemble des pays du monde.

MOUVEMENT GÉNÉRAL DES IMPORTATIONS ET DES EXPORTATIONS
(en millions de francs)

Années	Importations	Exportations	Totaux
1852-1853	»	»	30.000
1867-1868	29.143	26.125	55.268
1869-1870	30.407	27.518	57.925
1872-1873	38.860	33.346	72.206
1874-1875	36.257	32.242	68.499
1876	37.372	22.430	69.802

Le mouvement des échanges pour l'Europe entre pour les deux tiers dans ces chiffres.

On le voit, la période de 1872 à 1873 est celle pendant laquelle le commerce international a atteint son maximum d'intensité ; il avait augmenté, en vingt ans, dans la proportion de 1 à 2 1/2.

Cet accroissement a du reste été loin de porter également sur les divers pays. Ainsi les statistiques accusent les coëfficients suivants :

Grande-Bretagne	98 %
France	201
Allemagne	126
Belgique	277
Russie	267
Autriche-Hongrie	215
Italie	290
Pays-Bas	85
Suède, Norwège et Danemark	393
Espagne et Portugal	155
Turquie et Grèce	173
Moyenne pour l'Europe	151 %

On remarquera, à l'inspection du tableau ci-dessus, que l'évaluation des importations est toujours supérieure à celle des exportations. Cette anomalie apparente tient aux procédés d'estimation. Les marchandises importées sont, en effet, presque toujours évaluées d'après leur prix-courant sur les marchés de consommation, tandis que les marchandises exportées le sont d'après leur valeur à la sortie ou même au lieu de production ; il y a donc nécessairement entre les chiffres correspondants un écart afférent aux frais de transport, de courtage, de commission, etc.... J.-B. Say et, avant lui, Necker avaient déjà signalé le fait. Il y a, en outre, certains échanges de valeurs qui échappent forcément à la statistique. Mais nous n'insistons pas davantage à cet égard : car nous serions conduit à toucher à la théorie de la Balance du commerce, c'est-à-dire à sortir du cadre spécial de notre publication.

Il ne nous reste, pour en finir avec les indications générales, qu'à signaler l'erreur dans laquelle on serait entraîné, si on considérait les totaux des trois tableaux précédents comme donnant la valeur effective des marchandises échangées entre les divers peuples. On ne doit pas perdre de vue qu'ils comprennent le transit et que, dans le 3e tableau, toute marchandise figure deux fois, à savoir : une première fois à l'exportation du pays producteur, et une seconde fois à l'importation dans le pays consommateur.

b. Commerce intérieur. — Il est évidemment impossible de saisir et, par suite, de chiffrer les innombrables opérations que comporte le commerce intérieur d'un grand pays comme la France. On se fera une idée de la somme à laquelle doivent s'élever les transactions, en considérant qu'elles intéressent une population de près de 40 millions d'habitants, que la plus grande partie du revenu annuel de cette population est consacrée à des actes de commerce, et que la plupart des objets sur lesquels portent les marchés passent entre les mains de plusieurs intermédiaires avant d'arriver du producteur au consommateur.

Mais, à défaut de supputation approximative sur le chiffre des opérations commerciales, on peut, du moins, se rendre compte de leur accroissement progressif par certains faits économiques qui sont susceptibles d'une évaluation précise et que relève soigneusement la statistique.

Nous allons citer brièvement quelques-uns de ces faits, d'après les documents publiés par le Ministère du commerce.

1° *Mouvement postal.* — Le nombre annuel des lettres transportées par la poste, qui ne dépassait guère 50 millions vers 1827, a successivement atteint ou excédé 100 millions en 1842, 200 millions en 1854, 300 millions en 1864, 400 millions en 1878, 500 millions en 1880 ; en 1882, il était de 595 millions.

Le nombre des imprimés qui, vers 1827, n'était pas de plus de 30 millions, a de même atteint ou dépassé 100 millions en 1848, 200 millions en 1862, 300 millions en 1867, 400 millions en 1876, 500 millions en 1878, 600 millions en 1879; en 1882, il était de 729 millions.

Le montant des mandats français s'est élevé, pendant la période de 1866 à 1882, de 134 millions à 518 millions, et celui des mandats internationaux de 6 millions à 66 millions (1).

2° *Mouvement télégraphique.* — Le nombre des dépêches télégraphiques, presque nul avant 1850, a dépassé 200 000 en 1854, 500 000 en 1859, 1 million en 1862, 2 millions en 1865, 5 millions en 1870, 8 millions en 1876, 11 millions en 1878, 14 millions en 1879 et 21 millions en 1882.

3° *Opérations de la Banque de France.* — L'escompte des effets de commerce par la Banque de France, qui dépassait à peine 100 millions en 1800 et un milliard en 1839, a atteint ou excédé 2 milliards en 1853, 3 milliards en 1855, 4 milliards en 1856 ; en 1873, les opérations ont porté sur plus de 9 milliards et demi ; elles ont subi ensuite une certaine diminution, puis se sont relevées, en 1881 et 1882, à plus de 11 milliards.

(1) Les chemins de fer ont seuls rendu possible cette extension considérable du service postal.

Il convient d'ailleurs d'observer que la proportion des effets de commerce reçus par la Banque de France se restreint de plus en plus, par suite du développement des établissements particuliers de crédit.

4° *Opérations de la Bourse de Paris.* — D'après M. Hippolyte Passy, les fonds négociables à la Bourse de Paris ne représentaient en 1815 qu'un capital de 1 500 millions; en 1876, ce capital s'était élevé à 45 milliards.

En rappelant ces chiffres, M. de Foville fait connaître qu'à deux reprises depuis 1870 la liquidation annuelle des comptes des banquiers anglais par le Clearing-House a dépassé 150 milliards.

5° *Circulation sur les chemins de fer.* — Vers 1848, le nombre de tonnes transportées à toutes distances par les chemins de fer était à peine de 3 millions; il a atteint ou excédé 10 millions en 1855, 15 millions en 1857, 20 millions en 1859, 30 millions en 1864, 40 millions en 1868, 50 millions en 1872, et s'est élevé à près de 89 millions en 1883.

Quant au tonnage kilométrique, c'est-à-dire au produit du nombre de tonnes transportées par la longueur du parcours, il a été de plus de 10 milliards de tonnes kilométriques en 1880, 1881 et 1882 et de 11 milliards en 1883.

Le nombre des voyageurs à toute distance a suivi une proportion analogue, quoique un peu moins rapide. De 20 millions en 1851, il est passé à 40 millions en 1857, 50 millions en 1859, 75 millions en 1864, 100 millions en 1867, 150 millions en 1878, et 207 millions en 1883.

Quant au nombre de voyageurs kilométriques, il a été de 7 milliards 40 millions en 1883 (1).

(1) Les dernières statistiques des pays étrangers accusent les résultats suivants :

DÉSIGNATION des pays	ANNÉES	MILLIERS DE VOYAGEURS		MILLIERS DE TONNES	
		à toute distance	à un kilomètre	à toute distance	à un kilomètre
Allemagne	1884-1885	272 600	7.080 000	202.200	16.208.000
Angleterre	1884	695.000	»	259.000	»
Autriche-Hongrie	1883	53.300	2.411.000	69.800	7.140.000
Belgique (État)	1884	50.500	1.098.000	21.000	1.500.000
Espagne	1883	18.400	»	9.500	»
Italie	1884	36.400	1.638.000	12.800	1 521.000
Russie	1882	37.200	3.961.000	44.100	8.789.000
Suisse	1884	23.500	521.000	7.300	420.000
États-Unis d'Amérique	1884	334.600	14.125.000	390.160	71.963.000

6. *Circulation sur les autres voies de communication. — Cabotage.* — La circulation sur les voies navigables a été loin de progresser, comme nous venons de le voir pour les chemins de fer. D'une part, en effet, le développement du réseau de navigation intérieure est relativement faible : de 11 470 kilomètres en 1847, il n'est passé qu'à 12 538 kilomètres en 1884. D'autre part, si le trafic de ce réseau a bénéficié de l'accroissement général des affaires, il a, en revanche, perdu par la concurrence des voies ferrées. Le tonnage kilométrique des rivières et des canaux a, depuis 1850, oscillé dans les environs de 2 milliards de tonnes kilométriques. En 1884, il a été exactement de 2 452 100 000 tonnes kilométriques.

La situation a été à peu près la même pour la circulation sur les routes nationales. Le développement de ces voies de communication, qui était de plus de 33 000 kilomètres dès 1825, n'a pas atteint 38 000 kilomètres en 1884. Les comptages périodiques, effectués en 1851, 1852, 1856, 1857, 1863, 1864, 1869, 1876 et 1882, ont donné un nombre moyen diurne de colliers de 250 à 200, avec une légère tendance à la diminution. Le poids utile par collier étant de 600 kilogs environ, la circulation annuelle peut être évaluée à 1 milliard 700 millions de tonnes kilométriques, la réduction kilométrique se compensant à peu près avec l'augmentation du nombre des kilomètres.

Sur les routes départementales, dont la longueur était de 34 000 kilomètres environ au 31 décembre 1882 (1), les derniers comptages ont révélé une circulation diurne de 160 à 180 colliers ou un tonnage kilométrique annuel de 1 100 à 1 200 millions de tonnes kilométriques.

Le réseau subventionné ou non subventionné des chemins de grande communication, des chemins d'intérêt commun et des chemins vicinaux ordinaires, à l'état de viabilité, ne compte pas moins de 400 000 kilomètres. Il n'a fait l'objet d'aucun comptage ; l'Administration estime que le tonnage kilométrique est au moins égal à celui des routes nationales et départementales.

Le cabotage porte actuellement sur 2 millions de tonnes environ ; la zone moyenne d'action des ports est de 437 kilomètres ; on arrive ainsi à un milliard de tonnes kilométriques. Nous signalons, en passant, ce résultat assez curieux emprunté aux travaux de la statistique du Ministère des travaux publics, que le petit cabotage (de beaucoup le plus important) correspond à un courant continu de 350 000 tonnes le long des côtes

(1) Cette longueur a subi des variations durant ces dernières années, par suite du déclassement de certaines routes qui ont été transférées dans le réseau vicinal.

de l'Océan et de la Manche, et de 220 000 tonnes le long des côtes de la Méditerranée.

Reste enfin la circulation urbaine, sur laquelle on n'a pas de donnée précise.

Si l'on additionne les chiffres que nous avons indiqués pour la circulation sur les chemins de fer, pour celle des routes et chemins, pour celle des voies navigables et pour le cabotage, on arrive à un total de 20 milliards de tonnes kilométriques, non compris la circulation urbaine qui pourrait conduire au chiffre de 25 milliards.

c. Observations générales sur la transformation du commerce. — Les observations générales que nous avons présentées à propos du développement de l'industrie s'appliquent incontestablement aux progrès du commerce. Il est certain que la transformation des voies de communication n'a pas été le seul facteur de ces progrès, mais qu'elle en a été l'une des causes déterminantes.

Les chemins de fer en particulier, en réduisant les distances, ont permis : 1° au consommateur, de se mettre, dans tous les cas, en relation directe avec le producteur et d'éviter ainsi les dépenses frustratoires des intermédiaires ; 2° au marchand, d'étendre le cercle de ses opérations, d'en accroître l'importance, de réduire par suite la quote-part des frais généraux à prélever sur chacune d'elles, et de diminuer en même temps ses approvisionnements et son fonds de roulement, le tout au grand avantage du consommateur.

On peut résumer comme il suit les effets commerciaux de la création des voies ferrées : développement considérable des affaires, diminution du nombre des intermédiaires, réduction du commerce de détail au profit du grand commerce (1), abaissement notable du prix de revient et du prix de vente des objets. Cet abaissement a trouvé sa contre-partie dans d'autres modifications de la vie sociale, mais nous n'avons pas à y insister.

8. Développement de la richesse publique et du bien-être. — *a*. Développement de la richesse publique. — Nous aurons à passer ultérieurement en revue les diverses appréciations des profits procurés au pays par la réduction des frais de transport. Pour le moment, nous nous bor-

(1) C'est ainsi que le nombre des patentes ne s'est accru que de 1/7 environ en 20 ans, 1 650 000 en 1880 au lieu de 1 450 000 en 1860, quoique les affaires aient augmenté bien plus rapidement et que la valeur locative servant de base au droit proportionnel ait monté de 600 millions à plus de 1 milliard.

nons à indiquer sommairement l'influence des chemins de fer sur le développement général de la richesse publique.

Les considérations qui précèdent sur l'agriculture, l'industrie et le commerce, ont déjà montré au lecteur le puissant essor donné à la production et à la consommation par l'établissement de notre réseau de voies ferrées.

Nous avons vu, en effet, l'énorme plus-value de la propriété rurale depuis le commencement du siècle et notamment depuis 1850; la valeur de la propriété bâtie s'est encore accrue plus rapidement.

Mais, si la richesse immobilière a progressé, il est presque permis de dire que la richesse mobilière a vu le jour avec les chemins de fer. Les titres émis pour leur construction, la forme heureuse et la solidité de ces titres qui forment encore aujourd'hui, avec les fonds de l'État, la pierre angulaire de notre marché, ont vulgarisé les placements mobiliers et les ont fait passer dans les habitudes, non seulement du monde financier, mais encore et surtout du public; l'épargne, tout d'abord timide et craintive, s'est peu à peu enhardie et n'a pas tardé à venir avec confiance aux placements de cette nature. En même temps que la constitution du réseau acclimatait, provoquait ces appels au crédit, elle leur fournissait un aliment par le grand mouvement industriel et commercial auquel elle donnait naissance et qu'elle favorisait ainsi doublement, d'une part, en lui assurant des débouchés et, d'autre part, en lui procurant des capitaux. Du même coup, elle grossissait les sources des revenus de l'État et lui permettait d'augmenter sa dette pour faire face à des dépenses d'utilité publique. A leur tour les chemins de fer recueillaient le bénéfice de ce développement des affaires; leur trafic et leurs recettes augmentaient; le réseau se développait et les mêmes effets continuaient à se produire avec une intensité sans cesse croissante. Il y avait là toute une chaîne non interrompue, tout un cycle de phénomènes économiques réagissant les uns sur les autres et se communiquant réciproquement la force et la vie.

Quel est aujourd'hui le résultat de cet enfantement incessant? Quelle est la valeur du capital national? Quelle en a été la progression? Il est naturellement impossible de répondre avec une rigueur mathématique à ces questions, et l'on en est réduit à rester dans le domaine des appréciations ou, tout au moins, à se contenter de quelques chiffres statistiques, concernant certains éléments de la richesse publique, et à en tirer des déductions par analogie pour les autres éléments moins faciles à saisir.

Voici, tout d'abord, une évaluation du capital national empruntée à un mémoire de M. de Foville, inséré dans l'*Économiste français* en 1878-1879 :

Propriété non bâtie	100	milliards
Propriété bâtie	25	—
Créance nette sur l'étranger	15	—
Métaux précieux	8	—
Meubles, effets, objets d'art	10	—
Matériel agricole	4	—
Animaux de ferme et autres	5	—
Approvisionnement agricole	5	—
Autres capitaux commerciaux	5	—
Autres capitaux industriels	20	—
Marine, arsenaux, etc	3	—
Total	200	milliards.

Dans une conférence faite à la Sorbonne, le 14 mars 1883, sous les auspices de la Société de statistique, M. de Foville a porté ce chiffre à 210 milliards, savoir :

Propriété non bâtie	100	milliards
Constructions, non compris les bâtiments consacrés aux exploitations agricoles.	30	—
Fonds d'État français et étrangers	25	—
Valeurs mobilières et propriété mobilière	55	—
Total pareil	210	milliards,

sans compter le domaine public ni le domaine privé de l'État, des départements et des communes.

M. Yves Guyot, député, a, dans un rapport du 14 octobre 1886 concernant l'impôt sur le revenu, donné une estimation de 250 milliards.

L'accroissement des estimations servant de base à la perception des droits successoraux peut donner un aperçu de la marche ascendante qu'a subie ce capital. D'après les publications du Ministère des finances, la valeur en capital des successions constatées était

de 1340 millions environ en 1826
de 1450 id. en 1830
de 1600 id. en 1840 ;

elle s'élevait à deux milliards en 1850, 3 milliards en 1865, près de 4 milliards en 1872 ; aujourd'hui elle a dépassé 5 milliards. Ainsi la plus-value annuelle, qui n'atteignait pas 1,5 % de 1826 à 1840, est montée à 2,5 % durant ces dernières années. Sans doute ces chiffres peuvent être faussés par beaucoup de circonstances telles que les modifications dans le taux de capitalisation du revenu des immeubles, la dissimulation d'une partie des héritages, etc.; mais ils n'en donnent pas moins une indication précieuse. Ils justifient d'ailleurs l'estimation que nous avons citée d'après M. de Foville pour le capital national. Si l'on remarque, en effet, que la vie moyenne est de 40 ans et qu'ainsi 1/40 du capital change de mains chaque année, abstraction faite des biens de main-morte, on voit que, non compris ces biens, la fortune publique serait de 40 × 5 milliards et demi ou 220 milliards.

Les recettes ordinaires du budget ont suivi une échelle ascendante tout à fait comparable. En effet, les comptes définitifs accusent les résultats suivants :

1815....	729 millions	1873....	2 815 millions
1825....	979 —	1874....	2 889 —
1835....	1 021 —	1875....	3 095 —
1845....	1 330 —	1876....	3 187 —
1855....	1 536 —	1877....	3 183 —
1860....	1 722 —	1878....	3 267 —
1865....	1 965 —	1879....	3 295 —
1869....	2 087 —	1880....	3 381 —
1870....	1 939 —	1881....	3 466 —
1871....	2 153 —	1882....	3 449 —
1872....	2 520 —	1883....	3 513 —

Ici, encore, il y aurait lieu de faire la part des changements survenus dans le nombre, la nature et la quotité des impôts; mais, abstraction faite de ces causes perturbatrices, on retrouve la progression que nous avons précédemment indiquée pour les successions.

La dette consolidée, dont le service n'était inscrit au budget de 1822 que pour 180 millions et qui a oscillé autour de ce chiffre jusque vers 1840, s'est depuis accrue plus rapidement. En 1869, l'annuité était de 366 millions et demi ; les malheurs de la guerre de 1870-1871 et l'exécution du grand programme de travaux publics de 1879 l'ont portée à plus de 750 millions, pour les diverses rentes 3 %, 4 % et 4 1/2 %. Le capital correspondant est supérieur à 20 milliards.

La situation des émissions faites pour la constitution des réseaux des six grandes Compagnies était la suivante à la fin de 1884 :

DÉSIGNATION des réseaux	ACTIONS		OBLIGATIONS		CAPITAL total réalisé
	Nombre	Capital réalisé	Nombre	Capital réalisé	
		fr.		fr.	fr.
Nord	525.000	231.875.000	3.168.640	1.039.309.547	1.271.184.547
Est	584.000	292.000.000	4.031.072	1.302.654.805	1.594.654.805
Ouest	300.000	150.947.918	4.118.593	1.263.138.276	1.414.086.194
Orléans	600.000	307.784.570	4.247.928	1.286.703.195	1.594.487.765
Paris-Lyon-Méditerr.	800.000	340.968.056	9.735.059	3.100.826.957	3.441.795.013
Midi	250.000	146.319.020	3.037.679	930.369.037	1.076.688.057
Rhône au Mont-Cenis	»	»	380.005	118.593.990	118.593.990
Chemins algériens de la Cie P.-L.-M.	»	»	467.250	146.358.159	146.358.159
G^{de} Ceinture de Paris	»	»	165.463	59.573.282	59.573.282
Totaux	3.059.000	1.469.894.564	29.351.689	9.247.527.248	10.717.421.812

Nous n'avons pas besoin de faire remarquer que, par suite de l'augmentation des cours, le capital correspondant aux titres représente aujourd'hui une somme très notablement supérieure au capital réalisé.

L'impôt de 3 % sur le revenu des valeurs mobilières a produit près de 47 millions en 1884, ce qui correspond à un revenu de 1 600 millions environ ou à un capital de 35 à 40 milliards.

b. Développement du bien-être. — Le progrès général de la richesse publique, sur lequel nous venons de donner quelques indications, a profité à toutes les classes de la société et transformé la vie matérielle.

Nous n'avons point à reproduire ici ce que nous avons dit des facilités de transport procurées aux voyageurs, de l'influence des voies ferrées sur le prix des objets livrés à la consommation, de la véritable révolution survenue dans les conditions d'approvisionnement des centres de population. La nourriture, le logement, le vêtement, tout s'est amélioré.

Les salaires des ouvriers, en particulier, se sont accrus dans une proportion supérieure à celle qui a été constatée pour les objets nécessaires à la vie. Les appréciations sur la valeur comparative de ce double accroissement ne sont pas concordantes; cependant, on peut admettre avec divers économistes :

— que, depuis la Restauration, les salaires ont augmenté en moyenne de 75 %;

— que, pour la même période, le prix moyen de toutes choses n'a augmenté que de 1/3 environ.

L'écart entre ces deux chiffres correspond, pour partie, à un surcroît de consommation et, pour partie, à des placements d'épargne.

Suivant M. de Foville, le rapport entre les dépenses actuelles de consommation calculées d'après les prix courants de la fin du premier Empire et les dépenses de cette époque est de 1, 6 à 1, 7.

Quant à l'épargne, elle s'est constituée sous les formes les plus diverses. Si l'on consulte spécialement les situations successives des caisses d'épargne, on constate que le crédit des déposants, qui ne dépassait pas 62 millions en 1835, s'est élevé progressivement à 100 millions en 1837, à 200 millions en 1841, à 300 millions en 1842, à près de 400 millions en 1846 ; qu'il est tombé brusquement au-dessous de 100 millions en 1848-1849 ; qu'il est remonté à 300 millions en 1858, à 400 millions en 1861, à 500 millions en 1866, à 600 millions en 1868, à 700 millions en 1869 ; qu'il a subi une dépression peu accusée, mais assez prolongée, en 1870 et pendant les cinq années suivantes ; enfin qu'il a repris son essor et dépassé 1 milliard en 1878 et 1 700 millions en 1882.

9. Influence des voies ferrées sur le budget de la France. — *a.* Dépenses de l'État pour construction des chemins de fer. — Les dépenses totales de l'État au 31 décembre 1882, pour la construction des chemins de fer, y compris le capital des subventions converties en annuités, s'élevaient à 3 230 000 000 en nombre rond. (*Voir* tome VI, page 650 de notre *Étude historique.*)

b. Avances faites aux compagnies, au titre de la garantie d'intérêt. — D'autre part, en vertu des conventions avec les Compagnies de la métropole et de l'Algérie, le Trésor a dû faire à ces sociétés des avances au titre de la garantie d'intérêt qui, à la même époque, s'élevaient, y compris leurs intérêts à 4 %, à 700 millions environ.

Mais il convient d'observer que ces avances sont, pour la plus large part, en voie de remboursement sous forme de travaux, conformément aux contrats de 1883.

c. Profits procurés au Trésor par la construction et l'exploitation des chemins de fer. — En échange de son concours à la création du réseau, l'État en a retiré et continue à en retirer des profits directs considérables, à savoir :

1. — *Recettes perçues au profit du Trésor.*

Impôt sur les transports ;

Contributions foncières et patentes;

Licences, estampilles, plombs de douane, etc.;

Abonnement pour le timbre des actions et des obligations;

Droit de transmission sur les titres, soit nominatifs, soit au porteur;

Impôt sur le revenu des valeurs mobilières;

Timbre des récépissés et des lettres de voiture;

Timbres-poste pour les lettres d'avis aux destinataires;

Droits de douane sur les houilles et cokes consommés par les Compagnies et les diverses matières employées pour le service;

Frais de contrôle et de surveillance;

Droit de timbre sur les quittances ou acquits et autres titres emportant libération, reçu ou décharge.

2. — *Économies réalisées.*

Économie sur les transports des postes et des télégraphes;
— de la guerre et de la marine;
— des prisonniers;

Transport gratuit des agents des contributions indirectes et des douanes, etc...

	fr.
En 1884, les recettes perçues se sont élevées à........	169 200 000
Et les économies réalisées —	102 800 000
Total........	272 000 000

On le voit, bien que les recettes perçues soient, pour une certaine part, absorbées par les dépenses de contrôle ou les frais de perception, il reste encore pour le budget une ressource importante et un intérêt très rémunérateur des capitaux engagés par l'État dans la construction des chemins de fer. Nous reviendrons, d'ailleurs, plus amplement sur cette question.

Il est à peine nécessaire de rappeler qu'aux profits immédiats s'ajoutent les perceptions directes ou indirectes de toute nature sur l'industrie, sur le commerce, sur la consommation, par suite du développement des affaires et de la richesse publique.

Ajoutons, enfin, que les réseaux concédés feront gratuitement retour à l'État vers le milieu du siècle prochain et que nos petits-fils seront alors témoins d'une révolution profonde tout à la fois dans les conditions des transports et dans la situation budgétaire du pays.

10. Influence sur la civilisation, sur les mœurs et sur l'organisation politique et administrative. — *a.* Prévisions de 1837 sur le

RÔLE DES CHEMINS DE FER. — Dès l'origine des chemins de fer en France, on a compris l'importance du rôle qu'ils étaient appelés à jouer au point de vue social, politique et administratif. En 1837, l'illustre Dufaure s'exprimait en ces termes, dans un rapport à la Chambre des députés sur un projet de loi tendant à la construction de la ligne de Lyon à Marseille : « .... Les chemins de fer font autre chose que de présenter des facilités à « l'industrie et des bénéfices à l'intérêt privé..... Nous nous attachons de « plus en plus à cette unité nationale qu'organisèrent, il y a cinquante ans, « les travaux de l'Assemblée constituante. Nos lois, nos mœurs, nos usages « contribuent de jour en jour à la fortifier. Les limites des anciennes pro- « vinces ont disparu ; les traces de leurs vieux idiomes s'effacent ; les « époques de leur agglomération ne sont plus qu'une histoire presque « oubliée. Confondus dans les camps, dans les écoles, sous les mêmes « maîtres et sous les mêmes drapeaux, les Français du Nord sont les « frères des Français du Midi, et tout ce qui tend à resserrer les liens de « notre unité nationale est au nombre des intérêts les plus pressants du « pays. Rien ne pourrait y tendre plus activement que les grandes lignes « de fer, ces merveilleuses voies de communication, qui, par la rapidité « du voyage, engagent les populations à se mêler et à confondre les pro- « duits de leur territoire et de leur travail. Les extrémités de la France « seront plus rapprochées et plus unies..... Au centre de ces communica- « tions se trouverait la capitale du royaume et un autre grand intérêt pu- « blic serait ainsi satisfait : l'action du pouvoir central, trop souvent dis- « sipée dans une préoccupation trop minutieuse des intérêts locaux, « s'exercerait plus prompte et plus puissante que jamais pour les objets « qui doivent véritablement appeler sa sollicitude. Ne serait-ce rien que « cette facilité de la porter en peu d'instants sur toutes les frontières du « royaume, de faire arriver dans une nuit des troupes fraîches et prêtes « au combat de Paris au bord du Rhin, de Lyon au pied des Alpes ?.... »

Dans une discussion générale qui s'ouvrit également en 1837 devant la Chambre, au sujet de la question des chemins de fer, M. Legrand, Directeur général des Ponts et Chaussées et des Mines, donnait la curieuse définition que voici des diverses voies de communication : « Les routes « sont les voies de l'agriculture ; les canaux, les rivières sont les voies du « commerce ; les chemins de fer sont les voies de la puissance, des lumières « et de la civilisation. » Un peu plus tard, en 1838, cet éminent ingénieur ajoutait : « Les chemins de fer répondent merveilleusement au nouveau « besoin de la société d'étendre ses relations. Ils créent, pour les hommes « et pour les choses, une rapidité de circulation jusqu'alors inconnue. En « quelques instants, ils portent du centre aux extrémités le mouvement

« et la vie, et les extrémités, à leur tour, renvoient au cœur de l'État le « mouvement et la vie qu'ils ont reçus. Les chemins de fer sont assuré- « ment, après l'imprimerie, l'instrument de civilisation le plus puissant « que le génie de l'homme ait pu créer, et il est difficile de prévoir et « d'assigner les conséquences qu'ils doivent un jour produire sur la vie « des nations. »

Ces prévisions ont reçu de l'expérience la plus éclatante confirmation.

La démonstration de cette vérité, évidente à tous les yeux, pourrait servir de thème à de longs développements, à de longues dissertations philosophiques. Nous nous contenterons cependant de présenter à cet égard quelques considérations très courtes et très sommaires et de fournir au lecteur une sorte de memento, de table des matières.

b. INFLUENCE SUR L'INSTRUCTION, LES ARTS ET LES MŒURS. — Les voies perfectionnées de communication constituent l'un des instruments les plus puissants d'instruction et d'éducation.

Elles suppriment, en effet, les distances et facilitent ainsi, avec les voyages, l'étude des civilisations étrangères; elles permettent d'aller observer *de visu* les mœurs, les conditions de la vie sociale, l'activité commerciale et industrielle, dans les régions les plus reculées de France et même dans les autres pays; elles donnent le moyen de visiter, rapidement et sans fatigue, de vastes étendues de territoire, de recueillir sur place les enseignements de l'histoire et de la géographie.

D'autre part, elles mettent les Facultés et les autres établissements d'instruction institués dans les grands centres de population à la portée de la moindre bourgade, du moindre hameau. L'enfant du village peut, sans perdre pour ainsi dire de vue son clocher, conquérir successivement tous ses grades universitaires.

L'artiste, autrefois confiné dans un champ restreint, a aujourd'hui un horizon sans bornes. Il peut aller s'inspirer des chefs-d'œuvre de l'architecture, de la peinture et de la sculpture; voir les monuments et les musées étrangers; étudier les sites, les types, les costumes qu'il aura à reproduire. L'Italie, la Grèce, les Pays-Bas sont à sa porte.

Le savant apprend presque instantanément les travaux et les découvertes du monde civilisé; il va aux antipodes, comme il serait allé jadis à quelques lieues, pour faire des observations astronomiques, assister à des phénomènes volcaniques, recueillir des données sur la géologie du sol. La science est devenue, sinon universelle, du moins absolument cosmopolite.

Il n'est pas jusqu'au théâtre qui n'ait subi une véritable transformation. Au lieu d'avoir un public restreint, d'être obligés à varier leur répertoire et à disposer d'une troupe nombreuse d'acteurs peu rétribués et le plus souvent médiocres, les directeurs de nos grandes scènes voient leur public sans cesse renouvelé, peuvent ainsi maintenir leurs pièces pendant de longs mois sur l'affiche, les monter avec un grand luxe, avoir un petit nombre d'artistes de talent largement rémunérés. Les théâtres secondaires de province, tels que nous les voyons encore actuellement, nous donnent une image fidèle de ce qu'étaient autrefois les théâtres de nos principales villes et même de Paris.

Les bienfaits des voies de transport rapide ne sont d'ailleurs pas l'apanage exclusif des quelques privilégiés de la fortune.

Ils s'étendent aux plus humbles. Au premier rayon de soleil, les employés, les ouvriers parisiens, que le travail a retenus toute la semaine dans des locaux ou des ateliers privés d'air et de lumière, prennent chaque dimanche leur volée et vont, grâce aux chemins de fer et aux bateaux à vapeur, se répandre dans la banlieue, y faire une large provision de santé et y chercher, en même temps, des plaisirs honnêtes qui élèvent leur âme et leur font oublier les entraînements de la capitale. Cet exode hebdomadaire, auquel nous assistons à Paris, se produit également dans les autres agglomérations importantes.

Les chemins de fer permettent, en outre, à une partie de la population ouvrière des grandes villes de se loger dans les localités avoisinantes, d'y trouver plus d'air et plus d'espace, et surtout de mettre leur famille à l'abri de la promiscuité, si dangereuse au point de vue moral, qui s'impose inévitablement dans les maisons des quartiers populeux.

De plus, et ce n'est pas là le moindre avantage des chemins de fer et de la navigation à vapeur, le jeune ouvrier peut effectuer, sinon son tour du monde, du moins son tour d'Europe, plus aisément qu'il ne faisait autrefois son *tour de France*. Il lui est possible de visiter les ateliers étrangers, les expositions internationales, et d'y compléter, d'y perfectionner son instruction professionnelle. A peine avons-nous besoin de rappeler que des députations des différents corps de métier ont été envoyées aux expositions de Philadelphie et d'Amsterdam.

Ainsi, développement de l'instruction et de l'éducation dans toutes les classes, influence heureuse sur les conditions de la vie sociale et sur les mœurs, tels ont été les résultats incontestables de la transformation de nos moyens de communication.

c. Influence sur la politique intérieure, l'administration et la législation. — Les chemins de fer constituent, on ne saurait le nier, le plus puissant instrument de consolidation de l'unité nationale. En mélangeant les races des anciennes provinces, en les confondant dans des rapports de chaque jour, en faisant disparaître les dialectes locaux, en unifiant les habitudes, les mœurs, les coutumes, ils ont dissipé les vieilles rivalités, le plus souvent inconscientes, qui divisaient les populations et ont amené une homogénéité, une solidarité de sentiments et d'intérêts, que les anciens rois de France n'avaient certes pas entrevue, même dans leurs rêves les plus optimistes.

Leur rôle, au point de vue de l'émancipation du peuple, n'a pas été moins considérable. En mettant entre les mains du pouvoir central le moyen de se tenir continuellement en relation avec les agents locaux, de recevoir presque instantanément leurs informations, de leur transmettre sur l'heure ses instructions et ses ordres, et aussi de réprimer rapidement les écarts des citoyens, les chemins de fer et le télégraphe électrique ont permis d'abandonner en action préventive ce qu'ils gagnaient en action de surveillance et de répression, et de desserrer les liens sous lesquels étouffait la liberté.

Les rênes gouvernementales, étant plus courtes, pouvaient se détendre sans danger et sans inconvénient.

Sans doute, à certaines époques de notre histoire, il s'est produit des faits qui, de prime abord, sembleraient infirmer cette appréciation; les moyens d'émancipation ont été transformés en moyens d'oppression et de dictature. Mais ce sont là des accidents passagers, inévitables dans la vie des nations, et qui ne sauraient prévaloir contre les résultats d'ensemble envisagés de haut et sans parti-pris.

Il est impossible, nous le répétons, de contester que l'extension et le perfectionnement de nos instruments de communication n'ait largement contribué à développer la liberté et à combattre ses deux plus redoutables ennemis : le gouvernement absolu et l'insurrection.

En même temps que la politique intérieure, l'administration a complètement changé de face. Jadis, les gouverneurs des provinces, isolés, abandonnés à eux-mêmes, devaient nécessairement avoir une très grande initiative, des pouvoirs propres très étendus; placés loin de l'œil du maître, ils abusaient trop fréquemment de leur délégation. Aujourd'hui, les Ministres étendent eux-mêmes la main sur tous les points du territoire; du fond de leur cabinet, ils suivent et dirigent aussi facilement les affaires de la ville la plus reculée que celles des localités situées à la porte de Paris; ils tiennent, en quelque sorte, tous les fils commandant la manœuvre des divers organes de cette machine si compliquée que l'on appelle l'Administration française. Les préfets, au lieu d'être encore de véritables proconsuls, ne sont plus guère que des agents d'information, de transmission et d'exécution ; leur rôle, que nous ne voulons d'ailleurs point amoindrir, s'est absolument transformé. La centralisation a été poussée à ses dernières limites. A côté de ses avantages indiscutables, cette transformation n'est pas sans quelques inconvénients et comporte des correctifs : en exagérant le travail du cerveau qui pense à Paris pour toute la France, on s'exposerait à le fatiguer, à le paralyser.

La législation a été moins souple et moins maniable que l'administration. Le magnifique monument que nous ont légué nos pères était trop solide pour se laisser facilement entamer, trop merveilleux pour ne pas inspirer un respect religieux. On peut, cependant, exprimer le regret que certaines parties de la législation commerciale, notamment celles qui ont trait à la matière des transports, soient un peu surannées et ne se trouvent plus en harmonie avec l'état de choses actuel : sur ce point, il ne faudrait pas pousser jusqu'au fétichisme le respect du passé. Nous nous hâtons d'ajouter que quelques améliorations ont été mises récemment à l'étude.

Le progrès des voies de communication aurait dû avoir pour corollaire un changement dans la division administrative du territoire français.

Le morcellement est aujourd'hui beaucoup trop accusé. On aurait pu réduire le nombre des départements, peut-être supprimer les sous-préfectures, élargir les circonscriptions judiciaires. Malheureusement les intérêts des localités que froisserait cette réforme ont été et seront sans doute encore longtemps trop puissants pour qu'il soit possible de l'accomplir. Quelle est la ville qui consentirait à déchoir de son rang de chef-lieu de département, de centre judiciaire, sans avoir épuisé tous les moyens de résistance avec lesquels un gouvernement, quel qu'il soit, sera toujours obligé de compter et de composer? Quelle est l'agglomération qui ne nourrit pas l'espoir, secret ou avoué, de gravir tôt ou tard un échelon, au lieu de descendre? Cette fâcheuse tendance à l'émiettement se manifeste particulièrement pour les communes, dont les séparations sont pour ainsi dire incessantes, alors qu'au contraire les réunions sont tout à fait exceptionnelles. Et cependant, que d'avantages et que d'économies on pourrait réaliser, en donnant à notre régime administratif une assiette plus large, en abattant la barrière infranchissable sur laquelle est venue jusqu'ici se briser la locomotive.

11. Influence sur les relations internationales. — *a.* Influence sur les relations politiques des peuples. — Les chemins de fer auront-ils sur l'union des peuples l'influence qu'ils ont eue sur l'union des divers éléments de la nation française? Engendreront-ils cette paix universelle qu'ont préconisée et prévue certains philanthropes à l'âme généreuse? Nous ne commettrons pas l'imprudence de chercher à soulever les voiles de l'avenir, à interroger le sphinx qui ne nous répondrait pas. Le volcan qui a tant de fois lancé sa lave brûlante sur l'Europe n'est certes pas éteint; plus d'une convulsion viendra encore en agiter les flancs.

Sans s'élever à des visées si hautes, on peut cependant constater des progrès considérables dans les rapports politiques des peuples. Les voyages, les relations de chaque jour, le mélange des races, la communauté des intérêts commerciaux ou industriels ont fait et feront beaucoup plus que toutes les théories, que toutes les alliances gouvernementales, pour aplanir les difficultés et effacer les inimitiés.

Il est à remarquer, en outre, que le rôle des ambassadeurs s'est amoindri comme celui des préfets et pour les mêmes raisons; à leur action propre, à leur initiative, sujette aux imprudences ou aux entraînements, sont venues se substituer l'action et la pensée de leur gouvernement. Le temps est déjà loin, où ils tenaient dans les plis de leur manteau la destinée de leur pays.

b. Influence sur les relations commerciales des peuples. — En multipliant les relations commerciales entre les peuples, la locomotive a balayé les entraves presque absolues qui s'opposaient autrefois au passage des lignes frontières. Sans établir une solidarité complète, mathématique, entre le développement des chemins de fer et la réduction des tarifs de douane, réduction qui soulève les questions économiques et financières les plus complexes, on ne saurait méconnaître l'influence exercée par les voies ferrées sur la propagation des idées de libre-échange ; on ne saurait oublier que le foyer de ces idées a été précisément la cité anglaise de Manchester, où l'œuvre des Stephenson a reçu sa première application; on ne saurait perdre de vue que, lors des traités de commerce de 1860, l'extension du réseau français a été considérée comme le corollaire indispensable de cette réforme.

Sir Robert Peel, Bastiat, Michel Chevalier et Joseph Garnier n'ont pas fait davantage que les Stephenson et leur disciples en faveur du libre échange.

L'accroissement des transports internationaux a eu pour effet de favoriser la tendance à l'unification si désirable des poids, des mesures et des monnaies : la véritable tour de Babel, que formait l'accumulation des systèmes divers en usage dans l'ancien et le nouveau monde, n'a pu résister au travail de décomposition qui la minait; le système décimal s'est peu à peu imposé à la plupart des nations civilisées; la Belgique, la Grèce, l'Italie et la Suisse ont même constitué, avec la France, une union monétaire.

Les communications postales se sont simplifiées; d'importantes conventions ont été conclues entre la France et les autres pays. Nous citerons, parmi les plus récentes, celles de 1881, sur les colis postaux, au sujet desquelles nous aurons plus tard à fournir des indications précises.

En présence de ce mouvement irrésistible de rapprochement, on a compris la nécessité de créer une législation des transports internationaux par chemins de fer; sur l'initiative intelligente et hardie de MM. de Seigneux, avocat à Genève, et Christ, avocat à Bâle, et du Conseil fédéral suisse, d'importantes conférences ont été tenues à cet égard à Berne en 1878, 1881 et 1886, et ont abouti à un remarquable projet de convention proposée dans une réunion des délégués de l'Allemagne, de l'Autriche-Hongrie, de la Belgique, de la France, de l'Italie, du Luxembourg, des Pays-Bas et de la Russie ; malheureusement les négociations diplomatiques destinées à la ratification de cette convention ne sont pas encore terminées.

12. Influence sur la répartition de la population. — Les chemins de fer exercent deux effets contraires sur le chiffre de la population. D'une part, ils développent les moyens et les facilités d'existence; ils suppriment notamment les disettes et les famines, jadis si meurtrières; ils tendent ainsi à accroître la longévité et l'importance de la population. D'autre part et en sens inverse, ils augmentent le bien-être et provoquent, par suite, une diminution de la fécondité des peuples : car c'est aujourd'hui un fait à peu près incontesté que la richesse et l'aisance réduisent la productivité humaine.

Voici, d'après les tableaux officiels de statistique, quelle a été la progression de la population française depuis le commencement du siècle dernier :

ÉPOQUE	POPULATION	ÉPOQUE	POPULATION
	Habitants		Habitants
1700	19.600.000	1851	35.783.000
1789	24.800.000	1856	36.139.000
1801	27.445.000	1861	37.386.000
1806	29.107.000	1866	38.067.000
1821	30.462.000	1868	38.330.000 [1]
1831	32.569.000	1871	36.544.000 [1]
1836	33.541.000	1876	36.906.000
1841	34.230.000	1881	37.672.000
1846	35.400.000		

(1) Perte de l'Alsace-Lorraine.

Ce tableau montre combien s'est ralentie la progression de la population, abstraction faite de la perte de l'Alsace-Lorraine. Il y a là un phénomène des plus inquiétants, quand on le rapproche de la fécondité de nos voisins de l'autre côté des Vosges.

Mais nous ne voulons pas insister sur ce point. Ce que nous avons surtout l'intention de mettre en lumière, c'est la modification profonde survenue dans la répartition de la population et l'influence incontestable du chemin de fer sur cette répartition.

Le trait caractéristique des dernières années a été un accroissement considérable de la population urbaine au détriment des campagnes. Les recensements officiels ont, en effet, donné les résultats suivants :

1° — *Ville de Paris.*

ÉPOQUE	POPULATION	ACCROISSEMENT annuel
	Habitants.	
1810	600.000	
		16.300
1817	714.000	
		5.100
1831	786.000	
		22.600
1836	899.000	
		7.200
1841	935.000	
		23.800
1846	1.054.000	
		»
1851	1.053.000	
		24.200
1856	1.174.000	
		104.400
1861	1.690.000	
		25.800
1866	1.825 000	
		— 5.200 (1)
1872	1.794.000	
		48.750
1876	1.989.000	
		56.000
1881	2.269.000	

(1) Guerre et insurrection communaliste.

2° — *Villes de plus de 100 000 âmes*

(Population en milliers d'habitants).

VILLES	1789	1821	1836	1851	1866	1872	1876	1881
Lyon	139	149	151	177	324	323	343	377
Marseille	76	109	146	195	300	313	319	360
Bordeaux	83	89	99	131	194	194	215	221
Lille	13	64	72	76	155	158	163	178
Toulouse	55	52	77	93	127	125	132	140
Saint-Étienne	9	26	42	36	97	110	126	124
Nantes	65	68	76	96	112	119	122	124
Rouen	65	87	92	100	101	102	105	106
Le Hâvre	»	»	»	29	»	»	92	106
Totaux	»	»	»	933	»	»	1.617	1.736

3° — *Proportion de la population des villes et de celle des campagnes à la population totale.*

ANNÉES	POPULATION DES CENTRES DE 2,000 AMES ET AU DESSOUS	POPULATION RURALE
1846	24.42 0/0	75.58 0/0
1851	25.52	74.48
1856	27.31	72.69
1861	28.86	71.14
1866	30.46	69.54
1872	31.12	68.88
1876	32.44	67.56
1881	34.76	65.24

Le lecteur que cette étude intéresse pourra, pour la compléter, se reporter aux documents statistiques publiés par le Ministère du commerce, ainsi qu'au dépouillement qui en a été fait par M. de Foville dans son ouvrage sur les voies de communication. Nous ne saurions nous livrer à une étude plus détaillée, sans allonger outre mesure l'entrée en matière d'un ouvrage dont l'objet est plus spécialement administratif et juridique; nous nous bornons donc à la constatation des faits principaux que voici :

1° La population des villes a progressé continuellement depuis le commencement du siècle.

Cette progression a été d'autant plus accusée qu'elle portait sur des centres plus importants. Ainsi la ville de Paris s'est, toute proportion gardée, accrue beaucoup plus rapidement que les autres villes de plus de 100 000 âmes; celles-ci, à leur tour, se sont développées plus promptement que les villes de moins de 100 000 âmes.

L'augmentation relevée de 1876 à 1881 dans la population de l'ensemble de la France (766 000) provient pour les 5/7 des villes de 30 000 âmes et au-dessus.

En 1881, M. Goblet, ministre de l'intérieur, faisait connaître dans un rapport au Président de la République que les 47 villes principales absorbaient à elles seules près du 1/6 de la population de la France, le surplus se répartissant entre 36 050 communes, dont près de la moitié avait une population inférieure à 500 âmes.

2° Le maximum d'intensité de cette augmentation de la population urbaine a coïncidé avec l'ouverture à l'exploitation de nos grandes lignes de chemins de fer.

3° Ces phénomènes ne sont pas spéciaux à la France. Ils se sont produits également dans les autres pays.

4° La proportion de la population rurale à la population totale a décru sans cesse depuis de longues années.

Il convient cependant d'observer :

Que le nombre absolu des habitants de la campagne n'a pas diminué;

Que les chiffres statistiques précédemment reproduits ont fait passer en apparence dans la population urbaine les habitants des localités dont la population, autrefois inférieure à 2 000 habitants, a franchi cette limite, lors des derniers recensements;

Que les progrès dans les procédés de culture ont largement compensé la dépopulation relative des campagnes.

5° L'exode vers les villes s'est surtout manifesté dans les régions montagneuses et dans les parties voisines de la mer.

Au recensement de 1881, six départements, ceux des Basses-Alpes, du Jura, de la Manche, du Calvados, de l'Orne et de l'Eure avaient perdu, relativement à 1801.

Le rapprochement entre les résultats de ce recensement et ceux du dénombrement de 1876, montre que 34 départements sont en décroissance; les plus éprouvés sont ceux de la Manche, de l'Orne et de Vaucluse. Ceux qui ont gagné le plus sont le Nord et la Seine.

Ces changements dans la répartition des habitants sont faciles à expliquer.

Ils tiennent principalement :

Au développement de l'industrie et du commerce dans les villes;

Aux avantages que les ouvriers trouvent dans les centres industriels, soit en ce qui touche les salaires, soit en ce qui touche les jouissances matérielles;

Aux facilités que leur offrent les chemins de fer pour s'expatrier et aller tenter la fortune loin de leur clocher natal (1);

A leur tendance bien naturelle à déserter les parties du territoire où le sol est ingrat, le climat rigoureux, la vie pénible et laborieuse;

A l'amélioration des moyens de culture.

Le rôle prépondérant des voies ferrées dans cette transformation a été depuis longtemps reconnu par les économistes et les statisticiens : les villes et les régions de plaine présentent plus de ressources et sont plus largement desservies par notre réseau; les pays de montagne, au contraire, sont plus pauvres et moins accessibles à la locomotive. La dépopulation des massifs montagneux a même été l'une des raisons principales invoquées, lors du grand classement de 1879, pour leur attribuer des lignes dont l'établissement n'eût pas été justifié par des intérêts commerciaux.

Le déplacement des habitants ne s'est d'ailleurs pas effectué exclusivement dans les limites du territoire. Les frontières ont été franchies; les pays riches ou peu peuplés se sont largement ouverts à l'immigration étrangère; les pays pauvres ou trop peuplés ont été, au contraire, abandonnés et ont déversé leur trop plein au dehors.

C'est ainsi que le dénombrement de 1881 a révélé la présence d'un million d'étrangers en France, à savoir :

Belges	430 000
Allemands	82 000
Suisses	66 000
Italiens	240 000
Espagnols et Portugais	75 000
Anglais et Américains	47 000
Autres nationalités	60 000
Total	1 000 000

soit environ 2,66 % de la population.

(1) Un cinquième environ des habitants sont nés dans un département différent de celui où ils sont domiciliés; pour la Seine, cette proportion s'élève à près de moitié.

Tous les départements ont subi cette invasion pacifique; les plus atteints sont naturellement les départements frontières; il en est, comme ceux du Nord et des Alpes-Maritimes, pour lesquels le contingent étranger représente une quote-part de près de 20 % (17,30 % dans le Nord et 19,33 % dans les Alpes-Maritimes); la Seine, à elle seule, compte 193 000 étrangers, dont 56 000 Belges, 36 000 Allemands et 26 000 Italiens.

Les Belges sont cantonnés dans le Nord-Est et ne dépassent guère Paris; il y en a 270 000 dans le département du Nord.

Les Allemands occupent une zone un peu plus étendue vers l'Est; ils se sont spécialement établis à Paris et dans Meurthe-et-Moselle.

Les Suisses se rencontrent dans le Nord-Est, l'Est et le Sud-Est.

Les Italiens, plus nomades, occupent une plus grande superficie de territoire; on les trouve surtout dans les départements situés à l'Est du méridien de Paris.

Les Anglais et les Américains occupent particulièrement le Nord, le Pas-de-Calais, la Seine, Seine-et-Oise, l'Oise, la Seine-Inférieure, la Gironde, les Basses-Pyrénées, les Alpes-Maritimes.

Quant aux Espagnols et Portugais, ils ne sont pour ainsi dire pas sortis du Sud-Ouest et spécialement des Basses-Pyrénées et des Pyrénées-Orientales.

En 1851, le nombre des étrangers recensés en France ne dépassait pas le tiers du chiffre actuel. L'accroissement le plus sensible porte sur les Belges et les Italiens.

Si l'immigration en France est très accusée, en revanche l'émigration est des plus faibles, comme le prouvent les chiffres ci-dessous donnés par le service de la sûreté générale pour les quatre ports de Bayonne, Bordeaux, le Havre, Marseille.

1865	4 715	1872	15 829 (1)	1879	4 171
1866	5 752	1873	8 404 (1)	1880	5 038
1867	6 047	1874	7 163 (1)	1881	4 649
1868	6 406	1875	4 284	1882	4 858
1869	7 898	1876	2 190	1883	4 011
1870	4 600	1877	2 116	1884	3 768 (2)
1871	5 947	1878	2 167		

C'est surtout aux États-Unis que se rendent les émigrants. Mais, nous

(1) L'augmentation afférente aux années 1872 et suivantes résulte de la guerre de 1870-1871 et du départ d'un assez grand nombre d'Alsaciens-Lorrains ayant opté pour la nationalité française.

(2) Ce chiffre, comme les précédents, ne comprend que l'émigration soumise au contrôle administratif. En 1884, 2 332 Français sont partis par des navires non soumis à ce contrôle et appartenant presque tous à la Compagnie des Messageries maritimes.

le répétons, l'élément français ne forme qu'une goutte d'eau dans le torrent que l'ancien monde jette chaque année sur le nouveau monde. La reproduction de la race humaine est si faible et la vie est relativement si douce dans notre beau pays que l'on comprend sans peine le peu d'attrait de l'expatriation pour nos nationaux.

Les races teutonique, celtique, anglo-saxonne et scandinave sont celles qui alimentent le plus ce grand courant vers les États-Unis, dont le débit annuel dépasse parfois 400 000 hommes.

Il ne nous reste plus à présenter qu'une observation sur le rôle des voies ferrées dans le développement des villes ; nous voulons parler de la consommation de ces puissantes agglomérations, qui vont puiser les objets nécessaires à la vie jusqu'aux points les plus reculés de la France et même à l'étranger.

La statistique, pour laquelle il n'y a plus de secrets, a fait les révélations sinon les plus indiscrètes, du moins les plus étonnantes, sur ce qu'il faut livrer chaque jour à l'estomac des Parisiens ; il y a là des chiffres à humilier Gargantua. On peut du reste s'en faire une idée en visitant les halles le matin, en assistant à l'arrivée des trains de nuit dans les gares, en voyant passer ces files de voitures qui viennent converger avant l'aube vers les principaux marchés.

Nous extrayons les données suivantes des derniers annuaires du Bureau des longitudes, ainsi que des documents publiés par le Ministère du commerce.

Consommation par habitant et par an :

Pain			158 kilog.
Boissons et liquides comestibles :	Vins	207 litres	
	Alcools et liqueurs	6	
	Bières	15	
	Autres liquides	5	
	Total	233 ci.	233 lit.
Viande de boucherie ou de charcuterie			80 kil.
Volaille et gibier			10
Poisson			5
Beurre et fromage			10
Œufs			9
Fruits			4
Sel			6 5
Glace à rafraîchir			4 25
Combustible			400

A eux seuls, le pain, la viande et les boissons correspondent à un tonnage journalier de près de 3 000 tonnes.

Les chiffres précédents laissent, d'ailleurs, de côté les légumes qui entrent, pour une très large part, dans l'alimentation parisienne.

Si l'on y ajoute les matériaux employés dans l'industrie et les constructions, on se demande comment il serait possible de pourvoir aux besoins d'une population de 2 270 000 habitants, sans les chemins de fer qui convergent vers la capitale.

Les difficultés de l'approvisionnement de Paris se reproduisent dans des proportions moindres, il est vrai, mais cependant comparables, pour les centres tels que Lyon, Marseille, Bordeaux, etc... On peut donc affirmer que, si les voies ferrées ont provoqué l'extension des grandes villes, elles constituaient, en même temps, l'instrument indispensable de leur vie matérielle.

13. **Trouble apporté à certaines industries.** — Comme toute révolution économique et industrielle, la création des voies ferrées a préjudicié à certains intérêts, en a troublé un plus grand nombre.

Nous n'avons point l'intention de nous attarder à cette page de l'histoire des chemins de fer : les souvenirs s'effacent si vite, qu'elle est déjà presque oubliée. Il nous suffira d'y consacrer quelques lignes.

a. Messageries fluviales ou terrestres. — Les industries les plus profondément atteintes ont été celle des transports de voyageurs sur les fleuves ou canaux et celle des messageries fluviales ou terrestres.

Il existait sur certains fleuves, particulièrement sur la Saône et sur le Rhône, des services de voyageurs et de marchandises à vitesse accélérée : ces services devaient nécessairement disparaître devant la locomotive, qui assurait une rapidité et une régularité plus grandes, et que n'arrêtaient ni les gelées, ni les sécheresses, ni les crues, ni les brouillards. Les bateaux à vapeur qui y étaient affectés ont pu, au moins en partie, subir une transformation de nature à les adapter à d'autres transports, pour lesquels la navigation continuait à lutter contre les chemins de fer.

Les entreprises de messageries terrestres n'ont pu résister davantage à la concurrence des voies ferrées. Il faudrait cependant se garder de les plaindre outre mesure ; c'est moins à la ruine qu'à une transformation qu'elles ont été condamnées. Si les voies de terre ont perdu leur circulation à grande distance là où elles étaient doublées par des chemins de fer, en revanche elles ont vu leur fréquentation s'accroître dans des proportions notables partout où elles constituaient des affluents des nouvelles voies de communication. Elles ont retrouvé, dans la multiplicité des déplacements engendrés par l'apparition de la locomotive, ce qu'elles perdaient sous une autre forme. Deux faits le prouvent surabondamment.

Tout d'abord, en effet, la circulation sur les routes nationales n'a pas sensiblement diminué (comme nous l'avons indiqué page 115), et l'ensemble de la circulation sur les voies de terre de toute nature s'est notablement accrue.

D'autre part, le nombre et le prix des chevaux ont presque constamment augmenté. En 1840, leur nombre était estimé à 2 800 000 ; en 1866, il était de 3 300 000 ; les statistiques actuelles le fixent à 3 000 000 environ.

La conséquence de la construction des chemins de fer a été de faire disparaître les services à grande distance, mais de multiplier en revanche les services de correspondance, de réexpédition et de camionnage. Cela a été, non point la mort, mais une métamorphose pour les anciennes entreprises de diligence et de roulage.

b. Hôteliers et aubergistes. — Il existait autrefois, sur les itinéraires des services de transport par terre, des hôtels et des auberges qui accaparaient les voyageurs et les rouliers à leur passage ; quelques-uns de ces établissements ont perdu leur clientèle et leur raison d'être ; beaucoup d'autres, situés dans des localités d'une certaine importance, ont simplement changé de clients et ont bénéficié du développement de la circulation générale et des affaires commerciales.

Pour un petit nombre qui a péri, on en a vu sortir de terre un bien plus grand nombre, soit dans les villes, soit aux abords des stations.

c. Industries d'entrepôt et de réexpédition. — Diverses villes de France, où devaient s'opérer soit des changements dans le mode de transport, soit des visites en douane, comportaient une industrie spéciale pour ces opérations et pour les manutentions qui s'y rattachaient.

Cette industrie, devenue absolument inutile et parasite, ne s'est pas laissé évincer sans une vive résistance. Nous ne citerons qu'un exemple caractéristique de sa lutte pour l'existence. En 1844, le Ministre des travaux publics avait déposé, sur le bureau de la Chambre des députés, un projet de loi tendant à compléter la ligne de Paris à Lyon, entreprise sur une partie de sa longueur entre Paris et Châlon : plusieurs membres de l'Assemblée combattirent pour faire ajourner la section de Châlon à Dijon, qui devait enlever à la ville de Châlon les transbordements du chemin de fer à la Saône et réciproquement ; ils ne succombèrent qu'après un débat prolongé.

Ici encore, les industriels atteints dans leur situation ont trouvé un aliment pour leur activité dans le mouvement commercial provoqué par la mise en exploitation du réseau.

d. Commissionnaires, intermédiaires, commerçants en détail. — En traitant spécialement de l'action des chemins de fer sur le mouvement commercial, nous avons montré les progrès du commerce en gros, la réduction progressive du nombre des intermédiaires, la diminution du rôle des commissionnaires. Nous avons expliqué comment le consommateur avait été mis à même, dans beaucoup de cas, d'entrer en relation directe avec le producteur et d'éviter ainsi des dépenses frustratoires; comment le marchand avait pu étendre le cercle de ses opérations, en accroître l'importance, réduire la quote-part des frais généraux à prélever sur chacune d'elles, diminuer ses approvisionnements et son fonds de roulement, et livrer, par suite, les objets à meilleur marché.

Cette révolution a fait incontestablement quelques victimes; mais on ne saurait mettre un instant en balance les maux restreints auxquels elle a donné naissance, avec les avantages incalculables qu'elle a procurés au consommateur.

e. Petits rentiers. — Une catégorie de citoyens qui a plus souffert est celle des petits rentiers, des pensionnés de l'État. Leur revenu était fixe, alors que l'argent s'avilissait et que le prix de beaucoup de choses subissait une augmentation sensible; la vie est devenue pour eux moins douce et moins facile. Au bien-être a succédé, pour beaucoup d'entre eux, sinon la misère, du moins la gêne sur leurs vieux jours.

Mais, ainsi que nous l'avons fait observer, c'était là un accident inévitable, et, quelque respectable que soit la souffrance partout où elle se manifeste, elle ne saurait faire oublier les bienfaits inappréciables des voies ferrées pour l'ensemble de la nation.

14. Rôle militaire des Chemins de fer. — Les chemins de fer sont avant tout des instruments de paix, de civilisation et de richesse. Mais ils sont aussi, le cas échéant, des engins de guerre redoutables.

Aujourd'hui la lutte n'est plus circonscrite entre des armées peu nombreuses marchant à petites journées; ce sont les nations entières qui se précipitent les unes contre les autres. En même temps que les armes se multipliaient, se perfectionnaient, devenaient plus meurtrières, les armées sont elles-mêmes devenues plus considérables et plus compactes.

Il faut, dès la rupture des relations entre deux peuples, que chacun d'eux puisse verser un torrent d'hommes sur sa frontière, qu'en quelques jours ses soldats soient amenés des points les plus reculés du territoire sur la ligne d'opérations. Cet immense mouvement de mobilisation et de concentration se fait par les voies ferrées, et il est hors de doute que le premier arrivé, que le vainqueur de cette lutte de vitesse, conquiert immédiatement d'immenses avantages sur son ennemi, puisqu'il peut envahir le territoire étranger, livrer bataille hors de chez lui, surprendre et troubler la réunion, la concentration de son adversaire, tirer parti de la supériorité de l'offensive sur la défensive.

Ce ne sont pas seulement les hommes qu'il faut transporter : ce sont leurs chevaux, leurs canons, leur matériel, leurs approvisionnements, leurs munitions. Les chemins de fer sont alors comme autant de fleuves grossis par l'orage et roulant leurs eaux à flots pressés.

Les tristes événements de 1870-1871 sont encore dans nos souvenirs ; leur sombre image flotte encore devant nos yeux. Nous savons le rôle important des voies ferrées dans cette lutte épouvantable, dont nous sommes sortis sanglants et mutilés. En 10 jours, la Compagnie de l'Est avait, à elle seule, déversé sur la frontière 187 000 hommes, 32 400 chevaux, 3 200 canons ou voitures, 1 000 wagons de munitions ; et pourtant, nous n'avions qu'une organisation rudimentaire des transports militaires ; à vrai dire, cette organisation n'existait même pas. Au contraire, cette partie de l'art de la guerre avait, comme les autres, fait l'objet des études approfondies de nos voisins d'Outre-Rhin, qui l'avaient préparée de longue main avec une science profonde, qui avaient établi de nombreuses lignes d'invasion, qui avaient élaboré une réglementation savante, et qui avaient le précieux avantage d'une double expérience faite pendant la guerre des duchés et ensuite pendant la guerre contre l'Autriche.

Le malheur a laissé derrière lui des enseignements dont nous avons tiré profit; la France, suivant l'exemple du vainqueur, a entrepris l'amélioration de ses moyens de concentration rapide et réglementé ses transports par chemins de fer.

Ce n'est point le moment d'étudier en détail cette organisation : nous y reviendrons, plus à loisir, dans la suite de cet ouvrage.

Nous nous bornons à reproduire quelques indications d'un article inséré dans le Bulletin de la réunion des Officiers (n° du 26 janvier 1884), concernant les *Méditations sur les choses de la guerre*, d'après les œuvres militaires du général Von Vilisen et du colonel Blum.

Un bataillon emploie 7 heures de marche pour parcourir 28 kilom. ; cette marche épuise ses forces pour 24 heures.

Par voie ferrée, au contraire, il peut, sans grande fatigue, franchir 200 kilomètres dans le même temps.

Un corps d'armée ayant à se déplacer de 900 kilomètres y consacre :

60 jours par les routes ordinaires ;

13 jours par un chemin de fer à une voie ;

9 jours par un chemin de fer à deux voies.

Une armée composée de cinq corps et de trois divisions de cavalerie, ayant à sa disposition trois lignes à double voie pour franchir 675 kilomètres, gagne trente jours sur le temps qu'elle aurait employé sur les routes ordinaires.

Ces quelques chiffres, qu'il serait inutile de multiplier dans un simple aperçu d'ensemble, suffisent à montrer toute l'importance des voies ferrées, au point de vue stratégique, et tout le soin qu'il importe d'apporter au développement des lignes de concentration et au bon aménagement de leur mode d'utilisation.

CHAPITRE III

DE LA MESURE DE L'UTILITÉ

DES CHEMINS DE FER

1. Méthode de Dupuit. — *a.* EXPOSÉ DE LA MÉTHODE. — Après avoir donné un aperçu sommaire des principaux avantages procurés au pays par les chemins de fer, nous devons serrer d'un peu plus près la question de leur utilité directe.

Les théories et les appréciations les plus diverses ont été formulées à cet égard par les économistes, les ingénieurs et les hommes politiques. Il faudrait des volumes pour les reproduire, pour les discuter, pour en montrer les qualités et les défauts.

Nous nous bornerons aux plus essentielles.

L'une des méthodes les plus connues est celle de feu Dupuit, inspecteur général des Ponts et Chaussées, qui l'a exposée dans deux Mémoires (Annales des Ponts et Chaussées, 1844, 2e semestre, et 1849, 1er semestre), avec sa haute autorité d'ingénieur éminent et de savant, et sa profonde connaissance de l'économie politique. (Ces deux Mémoires sont intitulés : le premier : « De la mesure de l'utilité des travaux publics », et le second : « De l'influence des péages sur l'utilité des voies de communication. »)

Dupuit part de ce principe que « l'utilité absolue d'un objet pour un « consommateur se mesure par le sacrifice maximum que ce consom- « mateur serait disposé à faire pour se le procurer » ; et que « son utilité « relative est égale à l'utilité absolue diminuée du prix de vente. »

Il en tire des déductions qui peuvent se résumer comme il suit (1) :

1° En désignant par N_1 le tonnage correspondant à un tarif t_1 et par N_2 le tonnage moindre correspondant à un tarif un peu supérieur t_2, la

(1) Les deux mémoires de Dupuit sont extrêmement développés ; ils sont, en grande partie, consacrés à des considérations abstraites et scientifiques, ainsi qu'à une polémique avec ses contradicteurs. Nous avons cherché à en dégager les traits essentiels et caractéristiques.

différence N_1 — N_2 correspond à des marchandises pour lesquelles l'utilité absolue de la voie de communication était précisément mesurée par le tarif t_1.

2° En faisant varier le tarif par échelons successifs, de 0 à la limite t_m qui correspond à un tonnage nul, chacune de ces augmentations fait disparaître un certain nombre de tonnes pour lesquelles l'utilité maximum était mesurée par le tarif de l'échelon inférieur, de telle sorte que, si l'on désigne par t_p et t_{p+1} les tarifs des gradins qui limitent un échelon quelconque et par N_p et N_{p+1} les tonnages correspondants, l'utilité absolue totale de la voie de communication est la somme de toutes ces différences partielles, soit $\Sigma_0^m (N_p - N_{p+1})\, t_p$, pour un tarif nul, et $\Sigma_k^m (N_p - N_{p+1})\, t_p$, pour un tarif t_k.

Ces formules peuvent se traduire en langage ordinaire et, à titre d'exemple, par le tableau suivant extrait du mémoire de 1849 de Dupuit et dans lequel on suppose un tonnage de 100 pour un tarif nul et un tonnage nul pour un tarif de 10.

TARIF 1	TONNAGE 2	DIMINUTION du tonnage 3	UTILITÉ partielle 4	UTILITÉ absolue totale 5
0	100	»	»	330
1	70	30	30	300
2	50	20	40	260
3	35	15	45	215
4	27	8	32	183
5	20	7	35	148
6	14	6	36	112
7	9	5	35	77
8	4	5	40	37
9	1	3	27	10
10	0	1	10	0
	Totaux. . . .	100	330	

Chacun des chiffres de la colonne (4) de ce tableau s'obtient en multipliant l'un par l'autre les chiffres correspondants des colonnes (1) et (3); quant à ceux de la colonne (5), ils ne sont autre chose que la somme des chiffres de la colonne (4) afférents aux tarifs suivants de la colonne (1).

Si, au lieu de la représentation numérique, l'on recourt à la représentation graphique pour traduire la formule précédente, et si, à cet effet, on porte en abscisses les valeurs du tarif et en ordonnées les valeurs du tonnage, on construit en courbe $N_o\ N_k\ N_p\ N_{p+1}\ t_m$ que l'on peut appeler la *courbe de consommation* ou *courbe de tonnage*.

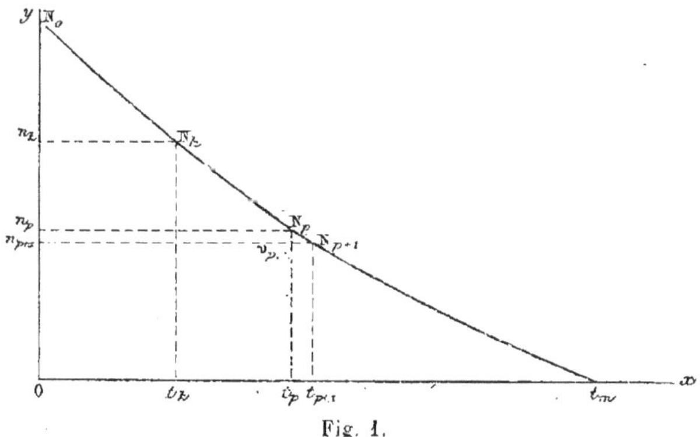

Fig. 1.

L'utilité absolue totale pour les $N_p - N_{p+1}$ tonnes qui disparaissent quand le tarif passe de t_p à t_{p+1} est mesurée par la surface du rectangle $N_p\ n_p\ \nu_{p+1}\ n_{p+1}$; l'utilité absolue pour les N_k tonnes correspondant au tarif t_k est la somme de tous les rectangles élémentaires afférents aux variations progressives du tarif entre les limites t_k et t_m, c'est-à-dire la surface du quadrilatère, curviligne sur un de ses côtés, $O\ N_k\ N_n\ t_m$; l'utilité absolue pour les N_o tonnes correspondant au tarif nul est la superficie totale du triangle curviligne $O\ N_o\ t_m$.

3° L'utilité relative étant la différence entre l'utilité absolue et le prix payé par le consommateur est donnée :
pour un tarif t_k, par l'expression $\Sigma_k^m\ (N_p - N_{p+1})\ t_p - N_k\ t_k$; et pour un tarif nul, comme ci-dessus, par l'expression $\Sigma_o^m\ (N_p - N_{p+1})\ t_p$.

Dans ce dernier cas, l'utilité relative se confond naturellement avec l'utilité absolue.

La traduction numérique de ces formules, pour les tarifs et les tonnages que nous avons précédemment admis, à titre d'exemple, donnerait les résultats ci-après :

TARIF 1	TONNAGE 2	UTILITÉ TOTALE absolue 3	UTILITÉ TOTALE relative 4
0	100	330	330
1	70	300	230
2	50	260	160
3	35	215	110
4	27	183	75
5	20	148	48
6	14	112	28
7	9	77	14
8	4	37	5
9	1	10	1
10	0	0	0

En se reportant, d'autre part, au diagramme de la page 143 (fig. 1), on voit qu'il faut, pour avoir l'utilité relative totale correspondant au tarif t_k, retrancher de la surface représentant l'utilité absolue totale, c'est-à-dire du quadrilatère $O\ n_k\ N_k\ t_m$, la superficie représentant la dépense du consommateur, c'est-à-dire le rectangle $O\ n_k\ N_k\ t_k$, ce qui laisse le triangle $t_k\ N_k\ t_m$.

On peut remarquer, à l'inspection de ce diagramme et des deux tableaux numériques, que la proportion entre la réduction du tonnage et l'augmentation du tarif y diminue au fur et à mesure que ce tarif s'accroît ou, inversement, que le rapport entre l'augmentation du tonnage et la réduction du tarif s'accroît au fur et à mesure que le tarif diminue. C'est là une hypothèse conforme aux résultats de l'expérience et, d'ailleurs, parfaitement rationnelle : plus le prix d'un objet s'abaisse, plus il devient accessible à des couches profondes et compactes de consommateurs.

4° L'accroissement d'utilité relative fourni par la réduction du tarif t_p à t_k est la différence entre les utilités relatives afférentes à ces tarifs, c'est-à-dire la surface du trapèze $t_k\ N_k\ N_p\ t_p$.

5° Si l'État frappe d'un impôt $(t_{p+1} - t_p)$ les transports assujettis au tarif t_p, tout se passe pour les usagers comme si le tarif était porté à t_{p+1}, de telle sorte que l'utilité relative est réduite du trapèze $t_p\ N_p\ N_{p+1}\ t_{p+1}$; mais, le produit de l'impôt donnant aux caisses publiques une somme représentée par le rectangle $t_p \nu_{p+1}\ N_{p+1}\ t_{p+1}$, la perte définitive pour les usagers et pour le fisc est le petit triangle $\nu_{p+1} N_p\ N_{p+1}$

Si l'impôt est doublé et porté à $(t_{p+1} - t_p)$, la perte est représentée par le triangle $\nu_{p+2} N_p N_{p+2}$ dont les deux côtés sont doubles de ceux du triangle $_{p+1} N_p N_{p+1}$ (*voir* figure 2) et la surface quadruple.

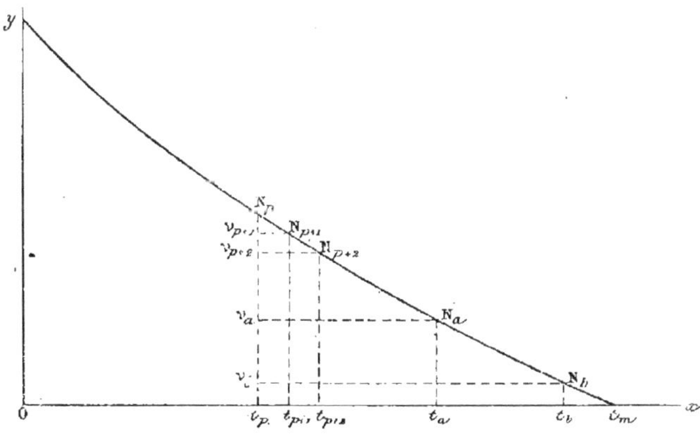

Fig. 2.

Ainsi l'utilité perdue croit comme le carré de l'impôt et l'impôt rend relativement d'autant moins qu'il est plus élevé.

Un impôt considérable tel que $(t_b - t_p)$, faisant tomber le tonnage à un chiffre minime N_b et ne donnant au fisc qu'un faible produit $t_p \nu_b N_b t_b$, préjudicie infiniment plus au public et à l'État qu'un impôt moindre $(t_a - t_p)$, qui pourtant fournit une somme plus forte $t_p \nu_a N_a t_a$; en poussant les choses à l'extrême, un impôt $(t_m - t_a)$ ne rendrait plus rien au fisc et annihilerait l'utilité de la voie de communication : ces simples indications suffisent à montrer de quelle main légère l'État doit imposer les transports sous peine de tuer la poule aux œufs d'or.

Le raisonnement s'applique, sans modification, aux accroissements du tarif.

6° Quand il est possible, comme pour les chemins de fer, de diviser les voyageurs ou les marchandises en plusieurs classes et d'avoir plusieurs tarifs appropriés à leur convenance au lieu d'un seul, il en résulte une augmentation de produit et, en même temps, d'utilité relative.

Soit, en effet, t_k le tarif unique que le concessionnaire juge nécessaire pour faire face à ses charges, s'il y ajoute deux taxes t_i et t_l, convenablement déterminées, la perception, au lieu d'être mesurée par le rectangle $O\ n_k\ N_k\ t_k$ (figure 3), comprend en outre le rectangle $n_k\ \nu_i\ N_i\ \nu_k$ correspondant à l'appoint du trafic $(N_i - N_k)$ qui emprunte la voie de communication grâce au tarif t_l et le rectangle $t_l\ \nu_l\ N_l\ t_l$ correspondant au supplément de taxe susceptible d'être supporté par le trafic $N_k - N_l$.

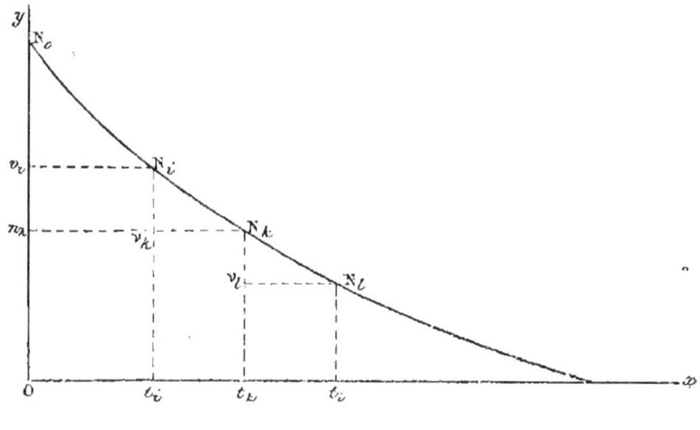

Fig. 3.

La perte d'utilité pour le public et le concessionnaire est ramenée du triangle $n_k\ N_o\ N_k$ au triangle $\nu_i\ N_o\ N_i$ afférent à la taxe la plus faible.

Tels sont, en quelques mots, les principaux théorèmes démontrés par Dupuit dans ses Mémoires de 1844 et de 1849. L'auteur traite ensuite fort longuement des péages et de leur influence : il y a, dans cette partie de son étude, beaucoup de vérités, beaucoup d'idées ingénieuses, mais aussi certaines déductions théoriques dont l'application serait absolument impossible. Nous n'en retenons qu'une observation judicieuse sur les tarifs : c'est la suivante.

Lorsque la taxe varie de 0 à la limite qui annihile la circulation, le produit de sa perception, d'abord nul, s'élève progressivement pour atteindre un maximum et décroître ensuite jusqu'à zéro. La courbe représentative des variations de la recette affecte la forme ci-dessous :

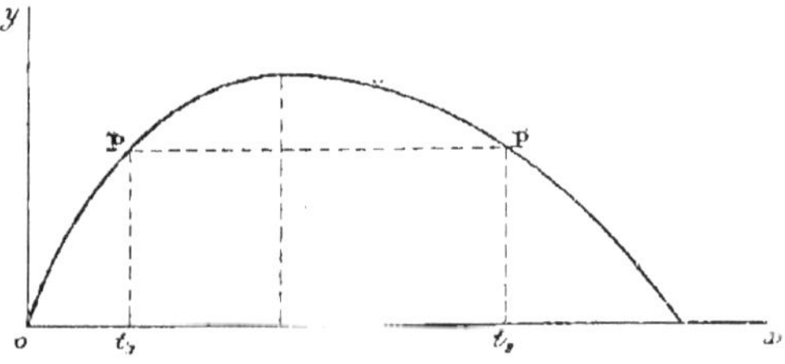

Fig. 4.

Il existe toujours deux tarifs qui donnent le même produit brut au concessionnaire (si ce n'est pour le tarif particulier correspondant au rendement maximum). De ces deux tarifs, le plus faible est celui qui provoque la fréquentation la plus active et qui produit la plus grande utilité pour les usagers. Le tarif le plus fort, au contraire, déterminera une circulation moins intense et une utilité moindre : néanmoins, si la voie de communication est concédée, c'est généralement cette dernière taxe que le concessionnaire sera tenté de choisir, puisque, pour une même recette brute, elle donnera un tonnage moins considérable et, par suite, des frais moins élevés d'exploitation et une recette nette supérieure.

Dupuit tire de cette observation un motif de préférence en faveur de l'exploitation par l'Etat, qui, à l'inverse du concessionnaire, ne manquera pas d'appliquer le tarif le plus bas, si ce tarif lui permet de faire face à ses charges, et qui pourra même consentir un certain sacrifice sur ces charges, s'il en trouve la compensation sous une autre forme.

b. Application de la méthode de Dupuit. — Il est généralement très difficile d'appliquer la méthode de Dupuit, par suite de l'ignorance où l'on se trouve de la relation entre les tarifs et les tonnages ; il y a là une loi de variation sur laquelle on ne possède que fort peu de données expérimentales, même pour les chemins de fer en exploitation depuis de longues années ; les tarifs effectivement perçus n'ont, en effet, varié que dans des limites relativement restreintes et les modifications qui se sont produites dans l'importance de la circulation tenaient à des causes multiples et complexes, parmi lesquelles il était à peu près impossible de dégager l'influence directe des taxes.

Quoi qu'il en soit, voici quelques exemples de calculs approximatifs, donnés à titre de simple indication.

1° *Ensemble des chemins de fer livrés à l'exploitation à la fin de 1881.*

D'après les statistiques officielles reproduites dans le 4e volume de notre *Etude historique sur les chemins de fer*, le compte d'exploitation du réseau d'intérêt général en 1881 a embrassé 24 249 kilomètres, ayant coûté 424 000 fr. de premier établissement par kilomètre, à savoir :

Dépenses des Compagnies..........	329 000 fr.
Dépenses de l'État et autres........	95 000
Total..............	424 000

Les principaux éléments et résultats de l'exploitation ont été les suivants :

Charge kilométrique à 5 1/2 % des dépenses de construction	23 320 fr.
Dépense kilométrique d'exploitation	22 140
Total	45 460
Nombre de voyageurs	326 733 (1)
Taxe moyenne kilométrique des voyageurs	4 c. 99
Recette kilométrique correspondante	16 304 fr.
Nombre de tonnes de marchandises	462 176 (1)
Taxe moyenne kilométrique des marchandises	5 c. 88
Recette kilométrique correspondante	27 176 fr.
Recette kilométrique totale (y compris les recettes diverses)	44 500 »
Impôt par voyageur et par kilomètre	1 c. 08 (2)

Le prix moyen du transport sur les voies de terre étant de 0 fr. 10 pour les voyageurs et de 0 fr. 25 à 0 fr. 30 pour les marchandises, on peut admettre, par approximation, qu'un accroissement de 0 fr. 10 au plus annihilerait l'utilité des chemins de fer pour les voyageurs, même en ayant égard aux avantages de vitesse et de régularité de ces dernières voies de transport, et qu'il en serait de même d'un accroissement de 0 fr. 30 en ce qui concerne les marchandises.

D'un autre côté, on peut supposer aussi, sans trop s'écarter de la vérité, qu'entre les taxes effectives et ces taxes limites, la réduction du trafic est proportionnelle à l'accroissement du tarif; l'expérience démontre, en effet, que la courbure de la courbe de consommation, d'abord très prononcée, ne tarde pas à s'atténuer en même temps qu'augmente le prix de vente de l'objet consommé.

Calculée sur ces bases, l'utilité relative des chemins de fer exploités en 1881 serait pour le public :

— en ce qui touche la grande vitesse, de $0.10 \times \frac{326\,733}{2}$ par kilomètre, soit	16 300 fr.
— en ce qui touche la petite vitesse, de $0.30 \times \frac{462\,176}{2}$ par kilomètre, soit	69 300
Total	85 600

Le rapport entre ce chiffre et le montant de la recette brute est de 1, 9, soit de 2. On peut donc dire que l'utilité relative de nos voies ferrées

(1) Chiffres fictifs comprenant la messagerie et les services accessoires transformés en voyageurs ou tonnes de marchandises.

(2) Chiffre fictif obtenu en divisant le produit de l'impôt par le nombre fictif des voyageurs.

pour les usagers est en moyenne du double de la recette brute, soit d'un peu plus de deux milliards par an pour l'ensemble du réseau.

Il y aurait lieu d'ajouter à ce bénéfice l'impôt perçu par le fisc sous diverses formes et les économies réalisées sur certains transports publics, non compris dans les chiffres statistiques précédemment indiqués pour le trafic, ce qui porterait la proportion de 1, 9 ou 2 à 2, 2.

Quant au bénéfice réalisé par l'exploitant, on peut le négliger, attendu qu'il y a à peu près équilibre entre la recette et les charges de premier établissement ou d'exploitation.

A peine est-il besoin de rappeler encore une fois que nous laissons de côté les avantages indirects de toute nature assurés à l'État et au public par les chemins de fer; le développement considérable de l'industrie, du commerce, de la richesse publique, du bien-être; l'accroissement du rendement des impôts, etc... Ce chapitre est essentiellement limité au profit direct tiré des voies ferrées.

2° *Chemins de fer classés en 1879.*

Dans l'exposé des motifs du projet de loi du 4 juin 1878 portant classement de nouvelles lignes de chemins de fer, M. de Freycinet a évalué, au minimum, à 7 000 fr. la recette brute kilométrique de ces lignes et a admis que les dépenses d'exploitation s'élèveraient à pareille somme. D'autre part, il a estimé à 200 000 fr. par kilomètre les frais de premier établissement.

Une étude un peu plus précise a montré depuis que ce dernier chiffre subirait une certaine augmentation et serait, sans doute, porté à 270 000 fr., y compris le matériel roulant. En revanche, on peut espérer que la recette brute dépassera 7 000 fr.; cependant, pour ne pas être accusé d'optimisme, nous nous en tenons à l'évaluation première. Nous supposons, d'ailleurs, que les charges des capitaux s'élèveront à 4 1/2 % et que la recette se répartira à peu près également entre la grande et la petite vitesse.

D'après ces bases, des calculs tout à fait analogues à ceux de la page 148 donneraient les résultats suivants, si on considérait les chemins du 3e réseau comme isolés :

Utilité relative pour les usagers : 12 500 fr., soit une fois, 8 la recette brute;

Utilité relative pour les usagers, le Trésor et l'exploitant : 1 200 fr., soit 1/6 de la recette brute.

Mais ces résultats ne sauraient être acceptés tels quels. Il ne faut pas perdre de vue, en effet, que les lignes nouvelles sont presque toutes des affluents du premier et du deuxième réseau qui en recevront et qui lui rendront, à leur tour, du trafic, et dont le produit sera ainsi sensiblement accru.

Si l'on remarque que la longueur moyenne des chemins classés est de 50 kilomètres, que le parcours moyen des voyageurs est de 35 kilomètres d'après les statistiques officielles et celui des marchandises de 130 kilomètres, on voit qu'après un trajet de 25 kilomètres par exemple sur ces chemins, les voyageurs emprunteront les lignes anciennes sur 10 kilomètres et les marchandises sur 105 kilomètres et leur donneront un appoint de recette qui, reporté fictivement sur les lignes nouvelles, accroîtrait de 1/5 leur produit brut de grande vitesse et triplerait celui de la petite vitesse. Les frais d'exploitation correspondant à ce supplément de trafic sur les lignes anciennes ne dépasseront certainement pas la proportion de 40 %. Mais, d'un autre côté, il est nécessaire de tenir compte des détours imposés aux relations entre les points situés sur les lignes principales et les points situés sur les embranchements, et, à cet effet, d'assigner une valeur sensiblement moindre aux limites de taxes susceptibles de stériliser la voie ferrée.

En opérant ces diverses corrections, on arrive à un rapport de 1, 6 à 1, 7 entre l'utilité relative pour les usagers, pour le Trésor et pour l'exploitant, et la recette brute kilométrique.

Les deux spécimens d'application de la méthode de Dupuit, que nous venons de donner, permettent d'affirmer, sans erreur trop sensible, que l'utilité relative totale des chemins de fer pour le pays est, en moyenne, *du double* de la recette brute.

2. Appréciation de M. Louis-Jules Michel, ingénieur des Ponts et Chaussées. — Un ingénieur très distingué, M. Michel, a publié dans les Annales des Ponts et Chaussées (1868, 1er semestre) un mémoire remarquable sur les moyens d'évaluer le trafic probable des chemins de fer d'intérêt local. Il a traité incidemment, dans ce mémoire, de l'utilité directe des chemins de fer pour les populations.

Suivant l'auteur, cette utilité se compose de deux éléments, à savoir :

— l'économie réalisée sur les frais proprement dits de transport, par suite de la substitution des voies ferrées aux routes ordinaires;

— la valeur du temps gagné et des autres satisfactions procurées au public par les nouvelles voies de communication (1).

(1) Nous avons tenu compte de ce second élément dans les applications précédentes de la méthode de Dupuit, en adoptant des chiffres relativement élevés pour les augmentations de taxe qui stériliseraient les chemins de fer.

En ce qui concerne le premier élément, il signale l'erreur que l'on commettrait en appliquant à l'ensemble des unités de trafic des chemins de fer la totalité de l'écart entre les anciens et les nouveaux prix de transport : car, si les voyageurs ou les marchandises dont le déplacement est forcé donnent, en effet, cette économie tout entière, il en est beaucoup d'autres dont le déplacement n'est sollicité que par la modicité des tarifs et pour lesquels le profit est beaucoup moindre. Il estime, par aperçu, qu'il convient de réduire de moitié le chiffre obtenu en considérant toutes les unités de trafic comme bénéficiant complètement de la réduction des taxes.

Quant au second élément, il l'évalue à la moitié du premier, de telle sorte qu'en définitive il estime l'utilité relative pour les usagers aux 3/4 de la différence entre les anciens et les nouveaux prix de transport.

Partant de cette donnée, admettant des prix de 0 fr. 10 et de 0 fr. 20 pour le transport des voyageurs et des marchandises sur les voies de terre et des taxes de 0 fr. 05 et 0 fr. 06 pour le transport sur les voies de fer, il arrive à cette conclusion que l'utilité relative des chemins de fer d'ordre secondaire, sans trafic industriel proprement dit, peut se mesurer par le chiffre même de la recette annuelle.

Malgré l'infériorité des voies ferrées auxquelles elle s'applique spécialement, cette appréciation nous semble un peu trop modérée.

Calculé sur la même base, le rapport entre l'utilité relative de l'ensemble des chemins de fer français exploités en 1881 et leur recette brute serait, pour les usagers, non plus de 1, 9, mais de 1, 6 seulement, même en substituant le chiffre de 0 fr. 25 à celui de 0 fr. 20 pour le prix de transport de la tonne de marchandises par les voies de terre.

3. **Appréciation de M. de Freycinet.** — Le 14 mars 1878, M. de Freycinet, ministre des travaux publics, fut appelé à prononcer un discours considérable à la Chambre des députés, à l'occasion de la constitution du réseau d'État. Dans ce discours, il eut à formuler son appréciation sur l'utilité des chemins de fer. Il fit observer que, si pour l'exploitant le revenu d'une voie ferrée consistait exclusivement dans le produit net destiné à rémunérer le capital engagé, pour le pays, pour la communauté, le véritable revenu était l'économie réalisée sur les transports, et ajouta : « Savez-vous ce que coûtaient les transports avant la création des che-« mins de fer, et ce qu'ils coûtent encore là où il n'y a pas de chemins « de fer pour les voyageurs et les marchandises? La dépense est de « 0 fr. 30 par kilomètre, alors que, grâce aux chemins de fer, cette « dépense est en moyenne de six centimes. La communauté réalise donc

« un bénéfice de 24 centimes sur 30; en d'autres termes, la communauté « réalise un profit égal à quatre fois le péage du trafic, à quatre fois la « recette brute. Ainsi, là où il y a une recette brute de 1 le pays bénéficie « de 4..... Donc, aujourd'hui que la recette brute de tous les chemins de « fer français est de 850 millions, le bénéfice du pays se chiffre par quatre « fois cette somme, c'est-à-dire 3 milliards et demi... »

Le 4 juin 1878, M. de Freycinet reproduisit cette appréciation dans l'exposé des motifs du projet de loi relatif au classement du réseau complémentaire: « Quand même, disait-il, les nouvelles lignes, conformément « aux prévisions les moins optimistes, ne produiraient que 7 000 fr. par « kilomètre, c'est-à-dire un peu moins du tiers du chiffre actuel, et, en « admettant d'ailleurs que les frais d'exploitation absorbent la totalité de « la recette, le profit du pays serait représenté par cinq fois la recette « brute, moins les frais, c'est-à-dire par quatre fois la recette brute (puis- « qu'ici les frais sont égaux à la recette), ou 28 000 fr. Tel serait, dans « cette hypothèse peu favorable, le produit réel du capital de 200 000 fr. « engagé dans le kilomètre, soit, pour le pays, un revenu effectif qui s'élè- « verait encore à 14 % des sommes dépensées.

« Ce chiffre même devrait être considérablement augmenté si l'on « tenait compte de la plus-value que l'ouverture des lignes nouvelles « procure à l'ensemble du réseau déjà existant. Sous l'influence des exten- « sions kilométriques, les produits nets des lignes antérieures n'ont cessé « de s'accroître depuis quinze ans, de telle sorte que les ressources propres « de ces lignes ont permis de faire face, chaque année, à l'immobilisation « d'une nouvelle somme de 150 millions, c'est-à-dire que, chaque année, « sur les sommes dépensées et qui se sont élevées parfois à 4 ou 500 mil- « lions, il y a une part de 150 millions qui a été rémunérée directement « par les profits croissants des lignes déjà existantes.

« Il n'y a aucune raison de supposer qu'il en puisse être autrement « dans l'avenir; il est même probable que cette part sera augmentée, « puisque le réseau est plus vaste qu'il ne l'était il y a quinze ans; il s'en- « suit que, dans dix ans, 1 500 millions, soit près de la moitié du capital « dépensé, aura sa rémunération directe dans les produits mêmes de « l'industrie. »

D'après ces considérations, le revenu effectif devait, tout compte fait, s'élever à 30 % en nombre rond, pour le pays.

Enfin, le 11 juillet 1879, dans un discours au Sénat, M. de Freycinet répondant aux critiques dirigées contre son programme et à la doctrine d'après laquelle un chemin de fer ne méritait d'être construit que si les recettes devaient suffire pour rémunérer le capital de premier établissement, s'exprimait dans les termes suivants : « Un pareil raisonnement est « un raisonnement privé, un raisonnement de négociant, mais ce n'est « pas un raisonnement d'homme d'État... Dans les chemins de fer que « vous établissez, il y a ce que vous voyez, c'est-à-dire le phénomène « direct, immédiat, ressortant, en quelque sorte, de la proportion qui « existe entre les dépenses et les recettes, entre la mise de fonds et le « revenu que ces chemins de fer sont susceptibles de lui procurer. Voilà « le point de vue auquel doit se placer l'industriel, le négociant ou la « société financière qui veut de ses deniers créer une ligne de chemin de « fer. Mais il y a aussi ce qu'on ne voit pas et qui ne touche pas cet indus- « triel, ce négociant, cette société, mais qui doit toucher l'État, placé à un « autre point de vue. Il y a cette économie énorme réalisée par le public « sur ses transports. Il y a cette quantité considérable d'impôts, dont le « président de la Compagnie du Nord évaluait récemment le chiffre... « L'État, au dire de M. de Rotschild lui-même, fait donc sur les chemins de « fer du Nord des bénéfices presque équivalents à ceux des actionnaires. « Et ces impôts, dont je parlais à l'instant, ne sont pas les seuls; il ne « faut pas considérer uniquement ceux qui sont établis sur les chemins « de fer eux-mêmes, considérés comme instruments de transport, mais « sur tous les objets qui viennent se faire véhiculer par lui et qui augmen- « tent dans une grande proportion. C'est ainsi que vous voyez les droits « de douane, les contributions indirectes, directes même, croître chaque « année d'une manière étonnante, qu'on n'aurait jamais osé prévoir..... »

Bien que l'argumentation de ce discours soit moins précise que celle du discours du 14 mars 1878 et de l'exposé des motifs du 4 juin 1878, nous avons tenu à la citer, parce qu'elle y ajoute les avantages afférents à l'augmentation du rendement des imptôs.

Par sa forme nette, précise, saisissante, la théorie de M. de Freycinet était bien de nature à frapper les esprits d'assemblées politiques devant lesquelles il est toujours sage de ne développer que des idées simples et dépourvues d'appareil scientifique.

Mais elle a provoqué, de la part d'un certain nombre de publicistes, de nombreuses objections dont les plus importantes sont formulées dans « les Études économiques de M. de la Gournerie, membre de l'Institut, « inspecteur général des Ponts et Chaussées en retraite, sur l'exploitation « des chemins de fer » et dans des articles de la *Nouvelle Revue*, écrits par M. Level, ingénieur civil, et intitulés : « Les Chemins de fer devant le « Parlement. — Les grands classements. — Construction des lignes « classées. — L'État et l'industrie privée. » Ces objections peuvent se résumer comme il suit :

1° Le calcul de M. de Freycinet repose sur une assimilation complète des voyageurs aux marchandises, tandis que, pour eux, la réduction du prix de transport est beaucoup moindre.

2° Il suppose que la totalité du trafic des chemins de fer se fût nécessairement déplacée par les voies de terre, alors que, pour beaucoup de voyageurs et de marchandises, le déplacement est exclusivement justifié par la modicité des frais de transport.

3° Il conduirait à cette conséquence singulière que, plus le tarif serait faible, plus le profit du pays serait considérable, et devrait mener à la gratuité des transports.

Ce n'est point la taxe perçue qui doit servir de terme de comparaison, mais bien le prix de revient des transports, y compris les charges des capitaux engagés, les annuités de subvention ou de garantie d'intérêt, etc. Or il est incontestable que, sur les lignes nouvelles, les tarifs devront être plus élevés et néanmoins ne seront peut-être pas rémunérateurs.

4° Grâce à l'entretien perfectionné des routes, à l'excellence des matériaux, à l'amélioration de la main-d'œuvre, les transports par voie de terre ne coûtent plus 0 fr. 30 par tonne de marchandise ; ce prix s'est notablement abaissé et, souvent, ne dépasse pas 0 fr. 20, de telle sorte qu'en réalité, même pour les marchandises, l'écart est seulement de 0 fr. 08 à 0 fr. 10.

5° Le raisonnement suppose que l'établissement des chemins de fer n'a pas modifié les itinéraires suivis par les marchandises, ce qui n'est vrai que pour le trafic entre des localités situées sur une même ligne, et nullement quand les points de départ et d'arrivée sont éloignés des stations ou placés sur des lignes différentes.

6° Les agriculteurs et beaucoup d'industriels se trouvant dans la nécessité d'avoir des voitures et des chevaux, certains transports sur routes à des distances réduites n'imposeraient pas une grande augmentation de dépenses.

7° Lors même que les charges du premier établissement et de l'exploitation n'excéderaient pas le prix de transport sur route, il serait irrationnel de faire payer par la masse des contribuables une partie des avantages des usagers.

8° Si les chemins de fer étaient supprimés, une partie des marchandises qu'ils transportent s'adresseraient à la batellerie ou au cabotage dont les prix seront toujours peu élevés.

Parmi les objections dont nous venons de faire connaître en quelques mots la substance, il en est qui ont une portée indéniable. Ce sont particulièrement celles qui ont trait au défaut de distinction entre les voyageurs et les marchandises; à l'admission en compte de la totalité du trafic, sans aucune réserve pour les voyageurs et les marchandises dont le déplacement n'était pas nécessaire; au rapprochement des prix de transport par terre avec les tarifs des chemins de fer et non avec le prix réel de revient des transports sur rails; aux allongements de parcours. La première seule suffirait à justifier une réduction du tiers au moins sur l'estimation de M. de Freycinet.

Il ne faudrait cependant pas que le lecteur se laissât impressionner outre mesure par cet échafaudage de critiques et surtout par la vivacité de polémiste avec laquelle elles ont été présentées par un ingénieur, qui, cependant, s'était fait plus d'une fois l'apôtre de lignes d'ordre tout à fait secondaire. Il ne faudrait pas non plus oublier que toute œuvre mi-administrative, mi-politique, comme le classement de 1879, entraîne presque inévitablement son auteur à en présenter les avantages au travers d'un prisme grossissant.

Tout en faisant la part du milieu et des circonstances dans lesquelles M. de Freycinet a exposé sa théorie, il convient de ne pas se laisser aller à l'excès contraire, de ne point considérer dans son ensemble l'exécution du programme de 1879 comme funeste aux intérêts du pays. La vérité est, comme toujours, entre ces deux opinions extrêmes; nous sommes convaincu que le mieux est de s'en tenir aux résultats précédemment indiqués à propos de la méthode de Dupuit.

4. **Appréciation de M. Varroy.** — Dès 1871, dans une note sur les chemins de fer d'intérêt local de Meurthe-et-Moselle, notre ami regretté, M. Varroy, alors chargé des fonctions d'ingénieur en chef pour le département et depuis Ministre des travaux publics, donnait son appréciation sur l'utilité directe des chemins de fer.

Il faisait remarquer que cette utilité était une fonction de la recette brute, puisqu'elle augmentait avec le nombre des voyageurs et le tonnage des marchandises; mais que la recette brute ou la recette nette était loin d'en donner la mesure exacte; qu'en effet, elle comprenait deux éléments, à savoir : 1° le bénéfice réalisé par la Compagnie concessionnaire et destiné à couvrir l'intérêt et le dividende des capitaux de spéculation engagés dans l'affaire, sous forme d'actions et d'obligations; 2° le bénéfice réalisé par le public faisant usage de la voie ferrée. Il ajoutait que des calculs élémentaires, basés sur la méthode de Dupuit, l'avaient conduit à évaluer, au minimum, au double de la recette kilométrique brute l'utilité totale des chemins de fer français, dans l'état actuel des tarifs; il en concluait que les dépenses de construction étaient promptement amorties.

Le 11 juillet 1879, prenant la parole dans la discussion du classement devant le Sénat, il émit une opinion analogue, en portant toutefois de 2 à 3 le coefficient par lequel il multipliait le produit brut pour en déduire l'utilité des chemins de fer. Partant de cette donnée, il défendit chaleureusement le programme de M. de Freycinet; pour bien faire saisir sa pensée, pour faire passer sa conviction dans l'esprit de ses collègues, il invoqua l'exemple des lignes du second réseau des grandes Compagnies, qui ne donnaient pas un produit net supérieur à 1 1 2 % du capital engagé et qui, cependant, ne pouvaient être envisagées comme mettant la France en perte, ainsi que celui des routes et des canaux dont le produit net pour le Trésor était nul ou minime et qui, pourtant, étaient des instruments de richesse pour le pays. Il ajoutait que les chemins secondaires ne donnaient pas seulement leur recette spéciale, mais qu'ils augmentaient en outre le trafic des lignes principales et que, par exemple, un chemin fournissant une recette locale de 6 500 fr. verrait le plus souvent ce chiffre élevé à 9 000 ou 10 000 fr., si on portait à son actif le supplément de produit des artères voisines. S'il avait signalé la petite divergence d'appréciation qui le séparait de M. de Freycinet, c'était surtout pour inciter l'Administration à apporter la plus stricte économie dans la construction, à ne pas reculer devant quelques allongements de tracé pour recueillir le trafic sur le parcours des chemins nouveaux, à mettre ces chemins en harmonie avec le rôle plus modeste qu'ils étaient appelés à jouer.

On le voit, l'appréciation de M. Varroy était fondée, non point sur une méthode nouvelle, mais sur celle de Dupuit. Son estimation, d'abord restreinte au double de la recette brute, s'était ensuite élevée au triple.

5. **Appréciation de M. Krantz.** — Un ingénieur éminent, M. Krantz, sénateur, a publié en 1875 une brochure intitulée « Observations au sujet des chemins de fer d'intérêt général et local » et y a consacré un paragraphe intéressant à l'utilité générale des chemins de fer.

L'auteur insistait, en termes éloquents, sur l'erreur que l'on commettrait, si, à l'instar de certains économistes et de certains politiques à courte vue, on mesurait l'utilité d'un chemin de fer au point de vue étroit du capitaliste et du spéculateur. Il en donnait comme preuve irréfutable l'exemple des voies de navigation et des voies de terre dont la construction avait coûté fort cher, dont l'entretien grevait annuellement de plus de cent millions le budget de l'État, des départements et des communes, et dont la suppression serait un désastre sans nom (1). Suivant lui, pour être

(1) Les dépenses d'entretien des voies de terre et des voies navigables en 1883 ont atteint

dans le vrai, il fallait chercher la véritable utilité économique des chemins de fer dans les services qu'ils rendaient pour le transport des hommes et des choses.

Prenant, à titre de spécimen, le chemin de la Vendée, il montrait que, pour 1874, à la recette brute de 5 245 fr. par kilomètre il fallait ajouter :

1° pour impôts perçus par le Trésor, sans parler des services en nature, plus de.. 800 fr.

2° pour économie sur les voyages, une somme de 0 fr. 04 par voyageur (différence entre le prix de 0 fr. 10 sur les routes de terre et celui de 0 fr. 06 sur les voies ferrées), soit. 1 310

3° pour économie sur le transport des marchandises en petite vitesse, une somme de 0 fr. 25 par tonne (différence entre le prix ancien de 0 fr. 35, y compris les retours à vide, et le prix nouveau de 0 fr. 10), soit...................... 6 820

4° pour économie sur les messageries.................. 170

Total......... 9 100 fr.

chiffre correspondant, à peu près, à l'intérêt et à l'amortissement des frais de premier établissement.

Ces économies avaient, d'ailleurs, été le point de départ d'une série de progrès de toute nature, la semence d'abondantes récoltes de toute espèce : accroissement de la consommation en charbon, c'est-à-dire de l'activité productrice du pays ; chaulage et transformation en terres à blé de terres qui, auparavant, ne produisaient guère que du seigle ou du sarrazin ; développement du port, des pêcheries, de la station balnéaire des Sables-d'Olonne, etc....

S'appuyant sur cet exemple, M. Krantz concluait à étendre notre réseau de voies ferrées, même dans les départements pauvres, qui avaient fourni

166 millions, sans parler des grosses réparations et des remboursements d'emprunt, à savoir :

Routes nationales.........	36,5	(y compris 3 millions de concours du Trésor pour les chaussées de Paris).
Routes départementales....	19,5	
Chemins vicinaux.........	100,»	
Voies navigables.........	10,»	
Total........	166 millions.	

Le coût de premier établissement de nos voies de circulation de tout ordre était évalué, à la même époque, à 22 milliards, savoir :

Ponts, routes et chemins...	5 milliards.
Rues des villes...........	3 »
Voies de navigation intérieure..................	1 »
Ports maritimes...........	1 »
Chemins de fer...........	12 »
Total...........	22 milliards.

par l'impôt des subsides pour les chemins établis chez leurs voisins et qui avaient droit à une œuvre, sinon de réparation, du moins de stricte justice.

Cette analyse, très sommaire, suffit à prouver qu'en 1875 M. Krantz était porté à adopter, pour chiffrer l'utilité des chemins de fer, une méthode analogue à celle qui devait être admise quelques années plus tard par M. de Freycinet.

A la vérité, l'opinion de M. Krantz paraît s'être modifiée de 1875 à 1879. Car, lors de la discussion du classement de 1879, au Sénat, il critiqua vivement l'exécution de chemins ne devant pas faire leurs frais d'exploitation et éleva même les doutes les plus sérieux sur l'opportunité de créer des lignes dont le produit net serait absorbé par les charges des capitaux de premier établissement.

6. Observations publiées dans le Journal des Economistes. — Le *Journal des Économistes* du 1er novembre 1879 contient un article, sans nom d'auteur, sur la question de l'utilité des chemins de fer.

Le rédacteur de cet article chiffre ainsi, pour les lignes nouvelles, le bénéfice réalisé par le public sur les transports par voie ferrée.

La tonne de marchandises parcourrait environ 20 kilomètres sur ces lignes et devrait y être frappée d'une taxe de 0 fr. 10 ; elle supporterait, en outre : 1° un droit de transmission de 0 fr. 40 au raccordement avec les lignes anciennes ; 2° des frais de camionnage de 0 fr. 60 par kilomètre, soit 1 fr. 20 pour 2 kilomètres, etc... de telle sorte qu'en définitive le prix de revient kilométrique serait de $\frac{(20 \times 0{,}10) + 0{,}40 + 1{,}20}{20}$ ou de 0 fr. 18 et l'économie réalisée par les usagers de (0 fr. 30 — 0 fr. 18) ou de 0 fr. 12, c'est-à-dire des 2/3 de la recette brute. Dès lors, l'État ne devrait construire et exploiter un chemin de fer que si la recette brute, augmentée des deux tiers de sa valeur, représentait une somme égale aux frais d'exploitation, augmentés de l'intérêt du capital de premier établissement. Toutefois, l'auteur reconnaît que son calcul ne tient pas compte des bénéfices indirects que la présence d'un chemin de fer réalise pour le pays ou pour l'État lui-même.

Si nous avons mentionné cet article du *Journal des Économistes* c'est, d'une part, en raison de l'importance qu'on y a attachée, et, d'autre part, pour montrer combien l'erreur est facile en pareille matière.

Le lecteur n'aura pas manqué de remarquer que les bases du calcul ci-dessus reproduit sont des plus discutables : le droit de transmission ne doit point être compté pour des lignes placées dans les mêmes mains; l'évaluation des frais de camionnage est excessive, surtout pour la campagne; le tarif de 0 fr. 10 est exagéré; la distinction essentielle que nous avons faite entre le trafic des voyageurs et celui des marchandises a été omise; il en est de même de l'accroissement de la circulation sur les lignes anciennes, etc...

7. **Conclusion.** — De toutes les appréciations que nous venons de passer en revue, une seule satisfait l'esprit : c'est celle qui découle de la méthode de Dupuit.

Nous avons exposé cette méthode, en cherchant à en dégager, pour les mettre en lumière, les points essentiels. Nous en avons fait ensuite deux applications : l'une à l'ensemble des chemins de fer exploités en 1880, l'autre aux lignes classées en 1879. Ces applications reposent sans doute sur des hypothèses discutables; mais du moins elles ont, à défaut d'autres mérites, celui d'être raisonnées, d'être basées sur des données à la fois scientifiques et expérimentales, de tenir compte des principaux éléments en jeu, de garder une juste mesure entre l'enthousiasme un peu romantique auquel certaines imaginations se sont laissé entraîner et le pessimisme auquel quelques hommes politiques et quelques économistes se sont, au contraire, abandonnés en ne voyant la question que par le petit côté.

Faute de mieux, faute de solution en quelque sorte mathématique et rigoureuse pour un problème qui, par sa nature même, par sa complexité, ne saurait en comporter, nous nous en tenons aux résultats auxquels nous sommes arrivé et qui se traduisent par la formule très simple que voici :

L'utilité directe, pour le pays, des chemins de fer exploités, en construction ou classés, c'est-à-dire le bénéfice direct réalisé par l'ensemble des citoyens, par le Trésor et par l'exploitant, après paiement des frais d'exploitation et des charges des capitaux, peut être évaluée, en moyenne, au double de la recette brute;

Elle dépasse légèrement la moyenne pour le premier et le deuxième réseaux;

Elle lui est, au contraire, un peu inférieure, pour le troisième réseau.

Si cette utilité directe était la seule, la construction des lignes nouvelles serait nécessairement injustifiable : car ces lignes ne peuvent être établies qu'au prix de sacrifices considérables du Trésor, dont on ne saurait confondre les intérêts et les bénéfices avec ceux de l'ensemble des citoyens ; le fisc ne peut recueillir qu'une faible part des profits de la nation et, s'il ne devait recevoir que sa dîme sur les avantages directs assurés aux usagers pour le troisième réseau, le budget ne tarderait pas à être surchargé au delà de toute mesure.

Heureusement à l'utilité directe viennent s'ajouter, nous ne saurions trop le redire, des avantages indirects de toute nature résultant de l'essor donné à la production agricole, à l'industrie et au commerce.

Quelle est la mesure de ces avantages indirects ? Quelle en est la quote-part entrant dans les caisses du Trésor ? Nous sommes à cet égard en plein inconnu : ce ne sont plus des supputations plus ou moins approchées, mais de simples conjectures que nous pouvons formuler.

En traitant des résultats généraux de l'ouverture des chemins de fer, nous nous sommes efforcé de mettre en relief par de nombreux faits, par des indications statistiques empruntées aux diverses branches de l'activité nationale, l'extension inouïe qu'avaient prise le mouvement des affaires et la richesse publique, au fur et à mesure du développement du réseau. Nous avons montré, notamment, que, pendant les 30 dernières années, les recettes ordinaires du budget s'étaient accrues de près de 1 500 millions et avaient ainsi doublé. Nous serons certainement au-dessous de la vérité en attribuant le tiers de cet accroissement, soit 500 millions, à l'action indirecte des chemins de fer : c'est la proportion qu'a admise M. Olry de Labry, ingénieur en chef des Ponts et Chaussées, dans un mémoire inséré aux Annales des Ponts et Chaussées (1880, 1er semestre). D'un autre côté, les économistes et les financiers admettent que, dans son ensemble, le produit des impôts représente le dixième de la production nationale : cette production aurait ainsi augmenté, sous l'influence indirecte des chemins de fer, de 5 milliards, c'est-à-dire de 50 °/₀ des capitaux engagés.

Quelque peu précise, quelque peu exacte que puisse être cette évaluation, elle n'en est pas moins des plus encourageantes ; elle justifie amplement les sacrifices faits par l'État ou les localités pour l'établissement de nouvelles voies ferrées ; elle est de nature à rassurer ceux qui voient notre situation sous des couleurs trop sombres, depuis le classement de 1879.

CHAPITRE IV

DE LA CONCURRENCE DES CHEMINS DE FER ENTRE EUX

1. **Droit réservé à l'État par les cahiers des charges des concessions.** — En concédant les chemins de fer, l'État s'est réservé explicitement le droit de créer ou d'autoriser l'établissement de lignes concurrentes. Les cahiers des charges comprennent, en effet, un article ainsi conçu : « Toute exécution ou autorisation ultérieure de route, de canal, « de chemin de fer, de travaux de navigation dans la contrée où est situé « le chemin de fer objet de la présente concession, ou dans toute autre « contrée voisine ou éloignée, ne pourra donner ouverture à aucune demande d'indemnité de la part de la Compagnie. »

L'histoire des origines de cette clause prouve, toutefois, que le but des Pouvoirs publics, en l'introduisant dans les contrats, a été, non point d'en faire ultérieurement des applications, mais bien de se réserver une arme, une menace, pour obtenir des Compagnies les légitimes satisfactions réclamées par le pays. On en trouve le témoignage frappant dans un rapport présenté en 1845 à la Chambre des députés sur le projet de loi portant concession du chemin de Paris à la frontière de Belgique, avec embranchements sur Calais et sur Dunkerque, du chemin de Creil à Saint-Quentin et du chemin de Fampoux à Hazebrouck. (Voir *Étude historique*, tome I, p. 503.) L'honorable M. Muret de Bort, rapporteur, s'exprimait, en effet, dans les termes suivants : « Il faut entrevoir d'avance que toute « ligne très prospère, ayant doublé ou triplé la valeur créée de ses actions, « éveillera des rivalités, tentera des concurrents qui voudront partager, « sur une ligne parallèle, la richesse de sa circulation. C'est une circon- « stance dont l'État doit habilement profiter, non pas pour autoriser la « construction d'une ligne rivale, là serait la faute, mais pour réclamer « à la ligne menacée une réduction de tarifs, un partage de ses bénéfices « avec le public. Cette circonstance, qui se présentera avec le temps pour

« plus d'un chemin de fer, doit nous rassurer contre la longueur de « quelques concessions déjà accordées ; avec le temps, l'article 56 (1) du « cahier des charges sera contre ces concessions une arme plus puissante « et moins coûteuse encore que le rachat, à condition de la garder à l'état « de menace, sans consentir les lignes concurrentes là où les besoins pu- « blics ne les réclament pas. En effet, deux lignes dont le parallélisme « ne serait pas assez écarté pour trouver dans leur sphère d'action un « aliment à elles propre, à elles spécial, qui seraient obligées de vivre « toutes deux sur le même fonds de voyageurs et de marchandises, con- « stitueraient, au point de vue économique, une désastreuse opération, « une opération qu'il faut se garder d'encourager. Vivant de la même « vie, puisant aux mêmes sources, ne rendant, chacune d'elles, que les « services que l'autre pourrait rendre, ce sont deux dépenses pour par- « tager un seul et même revenu. Applaudissons à la concurrence toutes « les fois qu'elle améliore les produits, qu'elle économise les frais, qu'elle « développe les affaires ; déplorons-la quand elle ne s'exerce que sur la « même masse de transactions et en occupant infructueusement deux ca- « pitaux, deux travailleurs, là où un seul aurait suffi à la tâche. . . . . . « . . . . Que, sans nécessité constatée, quand on ne peut encore « rien préjuger sur la suffisance ou l'insuffisance des services à rendre « par une entreprise ; sans tenir compte des chances qu'elle affronte, des « espérances légitimes qu'elle a pu concevoir, l'État, au lendemain du « contrat, aille concéder une ligne rivale ou creuser, des deniers des con- « tribuables, côte à côte, un canal sans tarif, indépendamment du déplo- « rable emploi de la fortune publique qu'il fait en cette circonstance, c'est « là l'abus et non plus l'usage de l'article 56. Cet article, votre Commis- « sion le tient pour prévoyant, pour judicieux ; mais elle n'a pas cru, « toutefois, devoir le laisser passer sans ces réflexions qui peuvent pré- « venir ses dangers, sans rien affaiblir de son autorité. »

Sans critiquer les idées émises au nom de la Commission par M. Muret de Bort, il est permis de remarquer qu'elle a fait acte, sinon de naïveté, du moins d'imprudence, en condamnant ainsi ouvertement l'application de l'article 56 du cahier des charges et en émoussant, dès l'abord, l'arme qu'elle entendait placer entre les mains de l'État. Quoi qu'il en soit, nous devions invoquer son appréciation pour bien mettre en lumière la portée attribuée à cet article, lorsqu'il a été inséré dans les premiers actes de concession.

Le droit de l'État étant ainsi rappelé, nous allons passer aux faits et les

(1) Article 60 du type actuel.

interroger, tant en France qu'à l'étranger, pour en tirer ensuite un enseignement et des conclusions.

2. Tentatives diverses de concurrence en France. — *a.* TENTATIVE DE CONCURRENCE ENTRE LA COMPAGNIE DU MIDI ET LA COMPAGNIE DE PARIS-LYON-MÉDITERRANÉE, EN 1861. — L'histoire des chemins de fer français offre un certain nombre de tentatives de concurrence. L'une des plus connues est celle qui se produisit, en 1861, entre la Compagnie du Midi et la Compagnie de Paris-Lyon-Méditerranée. Cette dernière était déjà concessionnaire d'une ligne réunissant Cette à Marseille. Néanmoins, la première présenta une demande en concession d'une nouvelle ligne reliant ces deux villes par le littoral, et offrant un raccourci de 45 kilomètres (160 kilomètres au lieu de 205 kilomètres) (1). La question ainsi soulevée était des plus graves ; elle touchait non seulement aux intérêts de la Compagnie de Lyon, mais encore aux principes qui avaient jusqu'alors présidé à la distribution des réseaux.

Le Conseil général des Ponts et Chaussées et le Comité consultatif des chemins de fer, consultés sur l'affaire, conclurent, le premier à une faible majorité, le second à l'unanimité, à ne pas y donner suite. Le Gouvernement, cédant aux sollicitations de la Compagnie du Midi et des populations, crut devoir compléter l'instruction par une enquête d'utilité publique.

Avant cette enquête, la Compagnie du Midi et la Compagnie de Paris-Lyon-Méditerranée furent invitées à formuler chacune leurs propositions définitives. La première s'engagea : 1° à construire et à exploiter, sans subvention ni garantie d'intérêt, la nouvelle ligne de Cette à Marseille, qui eût été rattachée à son ancien réseau ; 2° à y adjoindre des embranchements. La seconde promit, de son côté, d'établir divers chemins sans subvention ; de ne compter la ligne de Cette à Marseille que pour 160 kilomètres, dans l'application des taxes afférentes aux voyageurs et aux marchandises en provenance ou à destination de Cette et du réseau du Midi, ainsi que dans la répartition du produit des tarifs communs avec ce réseau ; enfin, de mettre en marche, sur la demande de la Compagnie du Midi, des trains directs de voyageurs et de marchandises, sans transbordement, de Marseille sur Cette, Toulouse et Bordeaux, et réciproquement.

L'enquête donna les résultats les plus contradictoires. A Marseille,

(1) Cette demande était liée à des projets du Crédit mobilier et de la Société immobilière pour l'agrandissement de Marseille.

notamment, le Conseil municipal vota à l'unanimité pour la Compagnie du Midi; la Chambre de commerce, au contraire, émit un vote également unanime au profit de la Compagnie de Paris à Lyon et à la Méditerranée; quant à la Commission d'enquête, elle se divisa par moitié.

Le Conseil général des Ponts et Chaussées et le Comité consultatif des chemins de fer, consultés de nouveau, conclurent à rejeter la proposition de la Compagnie du Midi et, subsidiairement, à ne lui accorder la concession que moyennant abandon par elle du canal du Midi et du canal latéral à la Garonne.

Puis le dossier fut soumis à l'Empereur par M. Rouher, alors Ministre des travaux publics.

Dans son remarquable rapport, M. Rouher discutait à fond la question des lignes concurrentielles. Sans contester qu'un moment pourrait venir où le développement de la richesse publique et les exigences nouvelles d'une production industrielle plus avancée pourraient rendre nécessaire ou profitable l'établissement de lignes rivales, l'auteur du rapport exprimait la conviction que ce moment n'était pas encore arrivé. Le principe de la concurrence, si fécond dans les œuvres spontanées de l'industrie humaine, ne lui paraissait pas susceptible de recevoir une application immédiate et utile à la construction du vaste réseau des chemins de fer français, sous peine de jeter l'inquiétude parmi les nombreux porteurs d'actions et même d'obligations, de déprécier une partie considérable de la fortune publique, d'amoindrir le crédit des Compagnies, et de compromettre par suite l'exécution des chemins attendus avec une juste et vive impatience. « Il s'agit de savoir, disait-il, quelle a été la portée du prin-
« cipe qui a guidé le Gouvernement dans la constitution des grandes
« Compagnies de chemins de fer. L'organisation du réseau a-t-elle créé
« pour elles des droits que le Gouvernement soit tenu de respecter, à la
« concession de toute nouvelle ligne dans l'étendue de leur périmètre?
« Ainsi posée, la question ne saurait être douteuse, et le Gouvernement
« doit repousser une interprétation qui serait incompatible avec les droits
« inaliénables de la puissance publique. Les derniers actes de l'Admini-
« stration prouvent, d'ailleurs, qu'elle n'a pas considéré les réseaux des
« Compagnies comme un domaine inviolable, puisque les chemins de fer
« des Charentes et de la Vendée, qui sont compris dans le périmètre de la
« Compagnie d'Orléans, ont été concédés à de nouvelles Compagnies.
« Mais si le Gouvernement n'a pas concédé des territoires, il a concédé
« des lignes et le trafic de ces lignes définies par leurs points extrêmes,
« l'objet même du contrat passé entre les Compagnies et lui. Je ne de-
« manderai pas si, après avoir concédé un chemin déterminé, il a conservé

« la faculté de faire la même concession à une Compagnie concurrente; « si cette faculté lui appartient, on peut du moins affirmer que c'est là un « de ces droits extrêmes, dont la prudence et l'équité commandent de « n'user qu'avec la plus grande circonspection et dans des cas tout à fait « exceptionnels. Dans le cas actuel, l'intention du Gouvernement, de con- « céder à la Compagnie de la Méditerranée la ligne de Cette à Marseille, est « exprimée dans tous les actes qui ont précédé cette concession, de la « manière la plus explicite..... Ces énonciations se retrouvent encore dans « les rapports qui ont précédé la concession définitive faite, en 1852, à la « Compagnie du Midi, et dans les documents relatifs à la réunion des « lignes du Gard au réseau de la Méditerranée..... » M. Rouher proposait de repousser la demande de la Compagnie du Midi, sauf, bien entendu, acceptation des offres de la Compagnie de Lyon; la Compagnie du Midi recevait, en outre, la faculté d'établir à Marseille une gare spéciale reliée par un embranchement au réseau de Paris-Lyon-Méditerranée.

L'avis de M. Rouher fut ratifié par l'Empereur et plus tard par le Corps législatif à l'occasion du vote des conventions de 1863 avec les deux Compagnies de Lyon et du Midi (1).

b. Tentative de concurrence entre le réseau Philippart et les réseaux des grandes compagnies. — La seconde tentative de concurrence, sur laquelle nous croyons devoir entrer dans quelques détails, est celle qu'entreprit M. Philippart et qui provoqua, il y a quelques années, une si vive émotion.

A la fin de 1868, l'insuffisance de notre réseau poussait les populations à réclamer avec instance la construction de lignes nouvelles. Le département du Nord, en particulier, l'un des plus riches de France, attendait impatiemment l'extension de ses voies ferrées. La Compagnie du Nord ne marchant pas, à son gré, d'un pas assez rapide, un certain nombre de notables de ce département et des départements du Pas-de-Calais et de l'Aisne résolurent d'agir sans son concours et cherchèrent l'appui financier dont ils avaient besoin en la personne de M. Philippart, qui était alors Directeur général de la Société des bassins houillers du Hainaut et qui s'était fait une véritable spécialité en Belgique pour la

(1) De nouvelles demandes ont été formulées depuis par divers industriels; mais elles n'ont pas reçu de suite. Le Conseil d'État, saisi de l'une de ces demandes en 1874, a conclu très énergiquement à la repousser. Il a rappelé que, si le Gouvernement s'était réservé le droit de concéder des voies ferrées dans une région déjà desservie, ce droit devait être appliqué avec équité, et seulement dans le cas où l'intérêt général et les intérêts locaux seraient en souffrance.

construction et l'exploitation des chemins de fer. Le système de cet industriel était de ne se rendre concessionnaire qu'après avoir conclu pour l'exécution des travaux un marché d'entreprise à forfait, puis de remettre les lignes, après leur achèvement, à une Société fermière ayant à payer une rente déterminée.

A la suite de négociations et d'une entente avec le comité qui s'était adressé à lui, M. Philippart sollicita du Ministre des travaux publics la concession d'un véritable réseau de concurrence, qui devait plus tard relier Lille avec Valenciennes, Somain, Boulogne, Arras, Amiens, Saint-Quentin, Paris, Rouen et le Havre; mettre le bassin houiller du Pas-de-Calais en rapport avec la Belgique et, par Laon et le réseau de l'Est, avec les bassins métallurgiques de la Champagne, de la Marne et de la Meuse; ouvrir à Gravelines et à Dunkerque une voie nouvelle sur Paris; rattacher tous les ports de mer, du Havre à Dunkerque, avec Bruxelles, Anvers et Gand, et toutes les autres villes importantes de la Belgique, de la Hollande et de l'Allemagne On le voit, le plan était grandiose; le rêve était beau et on n'entrevoyait guère le réveil cruel qui devait le dissiper quelques années après.

Le Gouvernement, fidèle à ses doctrines antérieures et froissé d'ailleurs d'un vote récent du Parlement belge concernant les cessions d'exploitation et de concession de chemins de fer, refusa d'adhérer au projet de création d'un réseau faisant concurrence à celui du Nord et de consentir aucune concession au profit de la Société des bassins houillers du Hainaut. Il se borna à concéder à la Compagnie locale du Nord-Est les lignes de Lille à Comines, de Tourcoing à Menin, de Gravelines à Watten, de Boulogne à Saint-Omer, de Saint-Omer à Berguette, de Berguette à Armentières, de Dunkerque à Calais par Gravelines, de Somain à Roubaix et à Tourcoing, d'Erquelines à Fourmies ou Anor, et de Chauny à Anisy (Loi du 22 mai 1869). M. Philippart était resté dans la coulisse et avait contracté avec la nouvelle Compagnie pour l'exécution des travaux.

Deux mois plus tard, le 4 août 1869, ce financier obtenait à titre d'intérêt local un premier tronçon du chemin d'Orléans à Rouen, entre Patay et Saint-George.

Cependant les projets de M. Philippart continuaient à être entravés : l'Administration s'étant formellement opposée à l'exploitation du réseau du Nord-Est par la Société générale d'exploitation qu'il avait fondée en Belgique, il dut traiter de cette exploitation avec la Compagnie du Nord. Au surplus, il n'était peut-être pas encore sérieusement résolu à engager la lutte contre les grandes Compagnies et, s'il s'était associé aux idées de concurrence qui avaient germé au sein du département du Nord, c'était plutôt afin de s'y concilier des sympathies que pour se lancer dans une entreprise dont il était trop intelligent pour ne pas comprendre les périls.

Les événements de 1870-1871, la crise des transports qui les suivit, le mouvement que cette crise fit naître contre le régime des grandes Compagnies, vinrent stimuler M. Philippart et le lancer dans la voie où il n'était pas encore complètement engagé. En 1871-1872, il agrandit considérablement le champ d'action de la Compagnie d'Orléans à Rouen et passa, avec la Compagnie d'Orléans à Châlons, un traité qui rétrocédait à la première de ces deux sociétés l'exploitation de 227 kilomètres dans l'Eure. La Compagnie du Nord, elle-même, rétrocéda, en octobre 1872, ses lignes de l'Oise à la Compagnie d'Orléans à Rouen, que M. Philippart présentait encore comme l'auxiliaire, l'affluent des grands réseaux. En février 1873, le Gouvernement, cédant aux représentations des députés du Nord, refusa de sanctionner le traité aux termes duquel la Compagnie du Nord s'était chargée d'exploiter les lignes du Nord-Est : ce refus amena M. Philippart à rechercher une autre combinaison, qu'il trouva en prenant la suite des entreprises de MM. Lebon et Otlet dans la Compagnie de Lille à Valenciennes et en confiant à cette dernière société l'exploitation qu'il avait d'abord voulu transférer à la Compagnie du Nord. Dès cette époque, il était à la tête de plus de 2 000 kilomètres de voies ferrées, dont les frais de premier établissement devaient atteindre 350 millions. Il avait d'ailleurs franchement arboré le drapeau de la concurrence.

Les premiers résultats de l'exploitation des chemins concédés aux Compagnies d'Orléans à Rouen et de Lille à Valenciennes n'étant pas de nature à asseoir solidement le crédit dont M. Philippart avait besoin, il dut chercher à prendre la direction de sociétés financières; il mit la main sur la Banque franco-autrichienne-hongroise et sur la Banque franco-hollandaise et fusionna ces deux établissements. Il ne tarda pas à se rendre maître du réseau de la Vendée et à préparer ainsi, sauf entente avec les Charentes, des relations directes entre Bordeaux et le Midi, d'une part, Rouen et la région du Nord, d'autre part.

Mais la Commission d'enquête parlementaire sur le régime des chemins de fer, instituée par l'Assemblée nationale, commençait à s'émouvoir d'un programme qui ne tendait à rien moins qu'à doubler des artères largement suffisantes pour faire face à tous les besoins, à tarir les sources de leurs revenus, à provoquer finalement un relèvement des tarifs et à compromettre gravement les intérêts du Trésor, en même temps que la fortune publique. Saisie d'un projet de concession des trois chemins de Cambrai à Douai, de Douai à Orchies, et d'Aubigny-au-Bac à Somain, au profit de la Compagnie de Picardie et Flandres, elle refusa de souscrire à ce projet pour le chemin de Cambrai à Douai et affirma, par l'organe de M. Krantz, sa ferme volonté d'empêcher les combinaisons de nature à porter atteinte à la situation de la Compagnie du Nord.

Le Gouvernement, se conformant à ces vues, opposa son veto à tout ce qui pouvait constituer un acte de concurrence. M. Philippart n'obtint plus une seule déclaration d'utilité publique de chemin d'intérêt local.

Aux prises avec les embarras les plus sérieux, cet ingénieux financier, qui avait tiré de la Banque franco-hollandaise tout ce qu'elle pouvait fournir, s'empara du Crédit mobilier et voulut en augmenter le capital social, en créant 160 000 actions de 500 fr. privilégiées.

Le Tribunal de commerce de Paris et la Cour d'appel ayant annulé l'émission, il essaya un artifice consistant dans l'institution d'une Société auxiliaire, au capital nominal de 160 millions, avec garantie de 6 % du Crédit mobilier ; mais l'épargne ne répondit pas à son appel et, le 14 juin 1875, il fut amené à donner sa démission de président de cet établissement qui avait perdu près de 27 millions en moins de quatre mois, et dont le portefeuille était surchargé de titres des Compagnies de Lille à Valenciennes, du Nord-Est et de la Vendée.

C'en était fait de la puissance éphémère de M. Philippart qui, à certain moment, avait visé à prendre possession d'un et même, dit-on, de deux de nos grands réseaux. Il dut se retourner vers les grandes Compagnies et leur offrir les débris de cet édifice qui s'était écroulé sous ses pieds et que son génie inventif n'avait pu sauver de la ruine.

Par des traités des 17 et 31 décembre 1875 et du 2 février 1876, dont la mise en vigueur fut autorisée par décret du 20 mai 1876, la Compagnie du Nord reprit l'exploitation de la plupart des lignes concédées aux Compagnies du Nord-Est, de Lille à Valenciennes et de Lille à Béthune, moyennant paiement de rentes déterminées ; elle racheta en outre le matériel roulant de la Compagnie de Lille à Valenciennes. Il serait trop long de dire par le menu toutes les opérations financières qui s'échafaudèrent sur ces traités : l'historique en a été fait dans une brochure éditée en 1877 par Dentu, sans nom d'auteur, et intitulée : « L'Affaire Philippart. »

La ligne de Lérouville à Sedan, bien que concédée à la Compagnie de Lille à Valenciennes, était restée en dehors du contrat passé entre cette Compagnie et celle du Nord : M. Philippart obtint un arrêté ministériel du 27 mars 1876 approuvant la cession des annuités de subventions de l'État à une société civile ; il engagea, par avance, le produit possible de l'aliénation de cette ligne dans la Société du Prince-Henri, constituée pour construire et exploiter un réseau Luxembourgeois de 200 kilomètres environ et substitua même la Compagnie de Lille à Valenciennes à la Banque belge du commerce et de l'industrie dans les engagements contractés par cette dernière vis-à-vis du Prince-Henri. Toutefois, cette Compagnie put se délier, grâce à une clause restrictive insérée dans la loi néerlandaise du 7 juillet 1876.

M. Philippart négociait en même temps pour la cession de ses autres chemins de fer. Des traités intervenaient successivement, dans les premiers mois de 1876, avec la Compagnie d'Orléans pour la reprise des lignes de Saint-Nazaire au Croisic, de la Vendée, de Bressuire à Poitiers, de Poitiers à Saumur et d'Orléans à Rouen, et avec la Compagnie du Nord pour la reprise de divers chemins d'intérêt local de l'Oise, antérieurement concédés à la Compagnie d'Orléans à Rouen. Le 1er et le 11 août 1876, le Gouvernement présenta deux projets de loi, dont le premier tendait à consacrer les traités passés par la Compagnie d'Orléans ainsi que la fusion de cette Compagnie avec celle des Charentes, et le second à concéder à la Compagnie du Nord les lignes de Lens à Armentières et de Valenciennes au Cateau, formant le complément des chemins rétrocédés par la Compagnie de Lille à Valenciennes. Ces deux projets de loi échouèrent devant la Chambre des députés, dans des circonstances sur lesquelles nous n'insisterons pas, mais qui sont relatées en détail dans le 3e volume de notre « Étude historique ».

M. Philippart voulut reprendre l'étrier ; il réalisa plusieurs emprunts au profit de la Banque franco-hollandaise, en les gageant sur les capitaux ou les rentes à provenir des cessions. Mais c'étaient là les dernières convulsions de son agonie. Le 2 janvier 1877, un jugement du Tribunal de commerce de la Seine déclara en faillite la Banque franco-hollandaise ; le 6 janvier, le Tribunal de commerce de Bruxelles prit la même mesure pour la Société des bassins houillers du Hainaut ; le 13, M. Philippart fut mis personnellement en faillite à Bruxelles et donna sa démission d'administrateur de la Compagnie de la Vendée. Les Compagnies de Lille à Valenciennes, d'Orléans à Rouen et de la Vendée subirent le même sort les 21 février, 22 mars et 22 juin 1877.

Tel fut l'épilogue de cette tragi-comédie unique dans les annales de la finance.

Le dénouement était fatal, car toute la trame reposait sur deux idées fausses, à savoir : la concurrence ou plutôt le désir de créer des lignes concurrentes et de les faire ensuite racheter à beaux deniers, et, d'autre part, l'usage abusif de la loi de 1865, qui avait été édictée pour permettre la construction de lignes d'intérêt purement local et non la création de tronçons destinés à former de grandes artères en se soudant les uns aux autres.

On sait que, depuis, l'État a ratifié définitivement, en 1883, la reprise des réseaux du Nord-Est, de Lille à Valenciennes, de Lille à Béthune, de Picardie et Flandres, d'Abancourt au Tréport et de Frévent à Gamaches par la Compagnie du Nord, et qu'il est rentré en possession de ceux des Charentes, de la Vendée, de Bressuire à Poitiers, de Saint-Nazaire au Croisic, d'Orléans à Châlons, de Clermont à Tulle, d'Orléans à Rouen, de Poitiers à Saumur, de Maine-et-Loire et Nantes et des chemins nantais, pour en exploiter lui-même une partie et pour rétrocéder le surplus aux grandes Compagnies.

Il y a eu là pour les actionnaires et les obligataires de véritables désastres et, pour le Trésor, des charges que ne justifiait pas l'intérêt public (1). La leçon a été cruelle : espérons qu'elle portera ses fruits.

c. Tentative de concurrence entre Calais et Marseille. — Après la crise des transports de 1870-1871, MM. Delahante, Donon et Gladstone sollicitèrent la concession d'une ligne directe de Calais à Marseille, sans subvention ni garantie d'intérêt. Ils faisaient valoir l'insuffisance des chemins existants, la nécessité d'une concurrence pour y remédier, le danger où nous nous trouvions de voir le transit d'Angleterre en Orient abandonner la France au profit de l'Allemagne, les avantages que la voie nouvelle pourrait offrir aux voyageurs, au point de vue de la rapidité, du confort, de la sécurité et aussi des tarifs, qui seraient de 10 % inférieurs aux taxes en vigueur.

La Commission d'enquête parlementaire sur le régime des chemins de fer se livra à une étude approfondie de la question, et l'opinion de la majorité fut consignée dans un remarquable rapport de M. Cézanne, en date du 3 février 1873.

L'honorable rapporteur faisait tout d'abord observer qu'il était impossible d'espérer la suppression absolue des crises industrielles par la multiplication des voies de transport ; que chercher à accumuler des moyens d'action, des instruments de travail permettant de faire face tout à coup à des exigences exceptionnelles, ce serait commettre une grave erreur économique ; qu'il en résulterait une immobilisation de capitaux plus désastreuse que les crises elles-mêmes.

(1) D'après un tableau statistique dressé par l'auteur de la brochure « l'Affaire Philippart », la valeur des titres de Lille-Valenciennes, d'Orléans à Rouen, de la Vendée et des Chemins Normands, cotés à la Bourse du 31 mai 1877, était tombée à 38 millions, alors que le capital réalisé s'était élevé à 271 millions ; 6 000 actions de Lille à Valenciennes avaient été vendues à Bruxelles et adjugées à 6 ou 7 francs l'une ; des actions d'Orléans à Rouen n'avaient trouvé acquéreur qu'au prix de 0 fr. 50.

Il traitait ensuite de main de maître la question doctrinale de la concurrence. Voici un extrait de cette partie de son rapport : « La libre con-« currence est souvent présentée au public comme le plus puissant « remède aux imperfections de notre système actuel de chemins de fer. « Toutefois, et sans parler des faits accomplis, des engagements pris, en « un mot, du passé qui pèse forcément sur nos délibérations actuelles, « mais en supposant même que la France soit absolument libre de choisir « aujourd'hui, pour ses chemins de fer, entre tel ou tel système, la question « de la concurrence mériterait un examen attentif.

« Qui ne se souvient de ces deux puissantes Compagnies de transport « qui, ayant leur siège à Paris, exploitaient autrefois simultanément toutes « les grandes routes de France : les messageries nationales et les messa-« geries Laffitte et Gaillard? Les actionnaires, les employés, la raison « sociale étaient différents : les Compagnies se faisaient-elles concur-« rence? Leurs voitures partaient aux mêmes heures, relayaient aux « mêmes lieux, arrivaient en même temps, percevaient le même tarif; « elles ne différaient que par quelques traits de la peinture extérieure. « Il n'y avait donc pas concurrence; il y avait accord, concert, bonne « harmonie, on pouvait presque dire association, coalition perma-« nente.

« Il en sera forcément, fatalement, de même entre deux puissantes « compagnies de chemins de fer placées côte à côte et desservant la même « route. Le fait est si certain que M. Delahante n'a pas hésité à le recon-« naître lui-même, dans le sein de la Commission. Répondant à une « question de M. Arago, membre de la Commission, il s'est exprimé en « ces termes : « On ne devrait pas parler de concurrence en matière de « chemins de fer; on ne se bat pas à coups de tarifs; c'est pour cela que « j'ai dit, à propos de la ligne de Calais à Marseille, que je ne ferais que « 10 °/₀ d'abaissement de tarifs; les tarifs ne pourraient baisser que si les « Compagnies pouvaient espérer de se débarrasser des concurrents. En « Angleterre, on ne s'est pas fait la guerre des tarifs, ainsi nous ne ferons « pas baisser les tarifs. »

« Cette déclaration si nette est absolument conforme à la théorie pro-« fessée par les maîtres de la science économique. La concurrence a ses « lois comme tous les autres phénomènes, et la première condition de « son existence, c'est qu'il n'y ait pas intérêt et facilité à la faire cesser.

« Qu'une administration convie à l'adjudication publique d'un ouvrage « ou d'une fourniture de nombreux industriels en quête d'affaires, il y « aura concurrence réelle : les candidats s'ignorant les uns les autres, « n'ayant pu se concerter, calculent isolément les chances de l'affaire

« basées sur leurs procédés de fabrication, chacun se présente à l'adju-« dication avec un prix différent et le plus réduit possible; mais, que « l'adjudication soit fréquemment renouvelée en sorte que les concurrents « aient la facilité de se syndiquer, ou même que l'adjudication, sans être « fréquente, soit de telle nature que les concurrents restent forcément peu « nombreux et connus les uns des autres, aussitôt le concert s'établit, la « concurrence cesse.

« La plupart des compagnies de chemins de fer ont renoncé pour cette « cause à l'adjudication des fournitures de rails, de locomotives, etc.; elles « traitent de gré à gré. Ne voit-on pas nombre d'industries similaires se « syndiquer et le même prix s'imposer au public, pour certains objets, « chez tous les marchands d'une grande ville?

« La concurrence que les économistes représentent, à bon droit, comme « le régime naturel de l'industrie, comme le régulateur souverain des « compétitions contraires, comme la source féconde du progrès, trouve « ainsi des limites qui lui sont imposées par la force des choses et par la « liberté même laissée aux intérêts.

. . . .

« Si au lieu d'une compagnie de chemins de fer, il y en a deux, établies « dans le même pays, pour une longue durée de temps, desservant côte à « côte la même route, ayant tout intérêt et toute facilité à s'entendre, « l'entente est certaine et inévitable.....

« La seule concurrence efficace qui puisse être opposée aux chemins de « fer est celle des routes de terre, pour les petites distances avec de faibles « charges, et, pour les grands transports, celle des voies navigables inté-« rieures ou maritimes. C'est ainsi que, soit dans l'intérieur de la France, « soit le long des canaux et des côtes, toute une population de rouliers, « de bateliers, de caboteurs, tiennent en échec les compagnies de chemins « de fer. C'est donc un devoir impérieux, pour les représentants du « pays, de veiller au bon entretien et à l'amélioration des voies navi-« gables, afin d'activer cette concurrence salutaire qui résulte, pour les « chemins de fer, de l'impossibilité d'amener un concert entre des per-« sonnes si nombreuses et des instruments de transport si différents.....

« Tout esprit non prévenu et qui consentira, dans ces difficiles matières, « à interroger consciencieusement les faits, sans se payer de mots sonores, « reconnaîtra que le premier besoin de deux compagnies industrielles « placées en concurrence, c'est de vivre; or, s'il n'y a pas de tonnage « pour deux, il faudra, par une élévation des tarifs, chercher au moins « de la recette pour deux. Dans ce cas, l'élévation du tarif ne sera limitée « que par le cahier des charges, si le Gouvernement possède, comme en

« France, les moyens de le faire respecter, ou par la crainte de diminuer « le produit en écrasant la matière tarifable. »

M. Cézanne invoquait, à l'appui de sa thèse, les faits survenus en Amérique et en Angleterre, faits sur lesquels nous reviendrons plus loin; il ramenait à sa juste valeur l'importance attribuée au transit entre l'Angleterre et l'Orient; il montrait le préjudice considérable que la seconde ligne de Calais à Marseille infligerait aux artères nourricières du Nord et du Lyon, en drainant la moitié de leur trafic; il mettait en relief la faute considérable que l'on commettrait en détournant une somme de plus de 600 millions de son affectation naturelle à d'autres lignes depuis longtemps reconnues nécessaires et promises aux populations. Il concluait donc à ne pas accueillir la demande de MM. Delahante, Donon et Gladstone. Néanmoins, entrant dans le détail de la répartition du trafic entre les diverses sections des chemins existants entre Calais et Marseille, il signalait celles de ces sections qui étaient surchargées et plus particulièrement sujettes aux encombrements; il conseillait certains doublements et, en outre, des travaux de navigation, notamment un canal latéral au Rhône, de Lyon à Arles, avec prolongement sur Marseille.

Malgré les résistances de la minorité, la thèse soutenue par M. Cézanne triompha devant l'Assemblée nationale. Elle était, il faut le reconnaître, à peu près irréfutable : nous n'aurions guère de réserves à formuler qu'en ce qui touche la concurrence des canaux, au sujet de laquelle nous entrerons, par la suite, dans quelques développements.

Mais, si l'ennemi était tombé, il n'était pas mort et ne demandait qu'à relever la tête.

Le 26 juillet 1882, 52 députés déposèrent une proposition de loi nouvelle tendant à la création de la seconde ligne de Calais à Marseille, avec adjonction d'embranchements sur Dijon, sur la Suisse, sur Saint-Étienne, sur Clermont-Ferrand et sur Cette. Ils motivaient cette proposition, d'un côté par la nécessité de sauvegarder nos intérêts que compromettait l'ouverture du Saint-Gothard, et de l'autre par l'encombrement des grandes artères du Nord et du Lyon. Ils avaient en vue une ligne magistrale construite avec des pentes maxima de 5 millimètres, des courbes de 1 000 mètres au moins de rayon et des voies très robustes, de manière à se prêter à des vitesses de 100 à 120 kilomètres à l'heure et à une réduction notable des tarifs (50 % pour les voyageurs, 40 % pour les messageries, et 20 % pour la petite vitesse). Le tracé de l'artère principale devait passer par ou près Boulogne-sur-Mer, Abbeville, Beauvais, Pontoise, Paris, Nevers, Lyon et Avignon. Dans la pensée des auteurs de la proposition, des mesures analogues devaient être prises ultérieurement pour tous les grands courants de trafic de notre territoire ; ils estimaient à 3 000 kilomètres le développement des artères préexistantes dont le produit brut dépasserait 200 000 fr. dans quinze ans et qu'il faudrait par suite doubler. Suivant eux, la dépense évaluée à 1 500 millions ou 2 milliards serait largement rémunérée par les produits de l'exploitation. L'État pourrait y rattacher les lignes du 3e réseau; il n'aurait d'ailleurs pas à redouter, au point de vue du jeu de la garantie d'intérêt, les effets de la concurrence sur les recettes des grandes Compagnies : car, lorsque le dédoublement des grandes artères serait un fait accompli, ces recettes se seraient accrues de 30 à 40 % au moins et l'on ne pouvait évaluer à un chiffre supérieur les détournements dont les Compagnies auraient à souffrir.

L'horizon des partisans de la concurrence s'était élargi : il n'était plus limité au Calais-Marseille, mais s'étendait à toute la France. Quoi qu'il en soit, les conventions de 1883 avec les grandes Compagnies empêcheront, pendant de longues années, toute velléité nouvelle d'établir une ligne indépendante de la Manche à la Méditerranée.

d. Tentative de concurrence générale sur toute l'étendue du territoire français. — Le système esquissé dans la proposition de loi du 26 juillet 1882, à propos du Calais-Marseille, prit un corps et fit l'objet d'une proposition spéciale, en date du 10 mai 1883, de M. Lesguillier et de 69 autres députés. Les honorables auteurs de cette proposition nouvelle invoquaient l'encombrement des 3 000 kilomètres de grandes artères, les inconvénients qui en résultaient au point de vue de l'insuffisance de la vitesse et du nombre des trains, l'exemple des Anglais qui doublaient toutes les lignes ayant au moins 70 000 fr. de recette brute kilométrique, la nécessité de mettre notre outillage en mesure de soutenir la lutte contre l'étranger, les dangers qui menaçaient notre commerce et notre industrie. Ils concluaient à l'établissement immédiat de nouvelles artères de Dunkerque à Calais et à Marseille, de Paris en Suisse, de Paris à Bordeaux et de Paris à Toulouse, avec des embranchements destinés à étendre à tous les grands centres de population le bénéfice de cette œuvre de salut : le développement de ces lignes était évalué à 3 000 kilomètres, dont 1 900 pour les artères principales; quant à la dépense, elle était estimée à 2 milliards. Chiffrant à 4 % la plus-value annuelle des recettes, M. Lesguillier et ses collègues considéraient les dépenses comme devant être rémunérées à l'expiration d'une période de quinze ans par les seuls excédents de produit du réseau.

Lors de la discussion des conventions de 1883, M. Lesguillier expliqua et développa son système; mais il ne trouva que peu d'écho; les adversaires les plus résolus et les plus autorisés du régime en vigueur, comme

M. Allain-Targé, combattirent eux-mêmes la concurrence en matière de chemins de fer. La Chambre des députés pensa comme l'Administration et comme M. Allain-Targé.

e. Autres exemples. — Nous pourrions multiplier ces exemples, rappeler la lutte des deux chemins de Paris à Versailles (rive droite et rive gauche) et la fusion qui en fut la conséquence, redire les projets formés en 1856 pour intercaler entre les réseaux de Lyon et d'Orléans un réseau concurrent constitué du Grand Central, du Midi et d'une grande partie de la ligne du Bourbonnais.

Mais ce serait allonger inutilement les quelques pages d'histoire qu'il nous a paru nécessaire de placer en tête de notre étude sur la concurrence.

Les faits que nous avons cités, soit à raison de leur importance, soit à raison des discussions ou des déclarations de principe auxquelles ils ont donné lieu de la part des représentants des Pouvoirs publics, montrent que la France a eu la sagesse de ne pas céder aux entraînements ruineux de la concurrence ou, tout au moins, que si, dans certains cas, elle a glissé sur cette pente fatale, elle n'a pas tardé à la remonter et à retrouver son équilibre.

3. **Entente entre les administrations françaises de chemins de fer pour les itinéraires concurrents.** — Bien que les tentatives de concurrence proprement dite aient été peu nombreuses en France et y aient toujours échoué, il s'est, par la force des choses et au fur et à mesure du développement de notre réseau, créé des itinéraires concurrents pour le transport des marchandises entre certains points déterminés.

A défaut d'entente spéciale, les Compagnies ont généralement admis :

1° Qu'elles pouvaient disposer librement des transports susceptibles d'être effectués par leurs rails sans emprunter ceux d'une autre Compagnie;

2° Qu'entre deux points situés sur des réseaux différents, les transports devaient suivre le trajet le plus direct.

Mais il est intervenu, dans un certain nombre de cas, des arrangements particuliers. L'un des plus connus est celui qui a été conclu à la fin de 1863 entre les Compagnies d'Orléans et de l'Ouest pour les transports de Paris à Angers ou à Redon. L'ouverture prochaine de la ligne du Mans à Angers, concédée à la Compagnie de l'Ouest, allait créer entre Paris et Angers, par Chartres et le Mans, une voie nouvelle de 308 kilomètres de longueur, alors que la voie par Orléans et Tours, concédée à la Compagnie d'Orléans, avait un développement de 339 kilomètres. De même, l'ouverture de la section de Rennes à Redon donnait à la Compagnie de l'Ouest une ligne de 445 kilomètres seulement entre Paris et Redon, par Chartres, Le Mans, Laval et Rennes, tandis que l'itinéraire suivant les rails de l'Orléans, par Tours, Angers et Nantes, comptait 508 kilomètres. Les deux Compagnies, voulant éviter une concurrence qui pouvait leur causer un grave préjudice et qu'elles considéraient comme devant finalement tourner au détriment du public et de l'État, signèrent, le 14 octobre 1863, une convention dont les principales dispositions étaient les suivantes. La Compagnie de l'Ouest, étant en possession de la voie la plus directe, était chargée du service des voyageurs; celle d'Orléans avait au contraire le service des marchandises en petite vitesse; quant à la messagerie, elle devait être répartie entre les deux Compagnies de la manière qui paraîtrait la plus avantageuse pour le public. Les prix de transport entre Paris et les au delà d'Angers et de Redon devaient être établis par la Compagnie d'Orléans; les prix entre Paris et Angers et entre Paris et Redon devaient l'être par les deux Compagnies, sans excéder ceux fixés pour les au delà. Toutes les recettes brutes réalisées par le trafic de Paris à Angers ou à Redon, et vice versa, étaient mises en commun; chaque Compagnie prélevait sur ces recettes les frais accessoires et les frais de transport; le produit net était réparti dans une proportion à fixer par deux Inspecteurs généraux des Ponts et Chaussées et un Inspecteur général des Mines, désignés comme arbitres. Cette convention fut ratifiée par un arrêté ministériel du 31 décembre 1863. Les arbitres décidèrent le 4 juin 1864 :

1° Que la Compagnie de l'Ouest aurait 45 % et la Compagnie d'Orléans 55 0/0 du produit net;

2° Que les frais de transport seraient fixés à 30 % du produit brut pour la grande vitesse et à 46 % pour la petite vitesse;

3° Que les frais relatifs aux transports détournés de leur voie normale seraient réduits à 15 % pour la grande vitesse et à 23 % pour la petite vitesse.

En 1885, l'ouverture des lignes de Segré à Nantes et de Châteaubriant à Saint-Nazaire, concédées à la Compagnie de l'Ouest, est venue modifier la situation respective des deux Compagnies et les a déterminées à remplacer l'arrangement de 1863 par une convention nouvelle que le Ministre des travaux publics a revêtue de son approbation le 4 décembre 1885, et dont les bases sont les suivantes :

Le service des transports de toute nature entre Paris, Angers, Nantes, Saint-Nazaire, Redon et leurs au delà est organisé de concert entre les deux Compagnies de la façon la plus commode et la plus avantageuse pour le public.

Les prix de transport en grande et en petite vitesse entre Paris et les points communs d'Angers, Nantes, Montoir, Saint-Nazaire, Pont-Château, Redon, Ploërmel et Pontivy, sont établis de concert d'après la voie la plus courte et, autant que possible, rendus indistinctement applicables par les lignes des deux Compagnies. Les prix entre Paris et les gares de la Compagnie d'Orléans, intermédiaires entre ces points communs ou situés au delà de ces points, sont établis par la Compagnie d'Orléans, sans pouvoir attaquer les prix des points de contact. Les délais de transport sont calculés, dans tous les cas, par l'itinéraire le plus court. Les billets d'aller et retour sont rendus valables pour le retour par les lignes des deux Compagnies indistinctement.

Les produits bruts des transports de toute nature entre Paris et ses au delà, et Angers, Nantes, Saint-Nazaire, Redon et leurs au delà, dans l'un et l'autre sens, sont, après prélèvement des impôts et frais accessoires, calculés au prorata kilométrique, pour être mis dans trois comptes communs, comprenant :

Le premier, le trafic de Paris et de ses au delà avec Redon et ses au delà, jusques et y compris Ploërmel et Pontivy, mais non compris Landerneau ;

Le deuxième, le trafic des gares d'Angers, de Nantes, de Montoir, de Saint-Nazaire et de Pont-Château avec Paris et les au delà, et la part afférente au parcours d'Angers à Paris dans le trafic des gares de la Compagnie d'Orléans, situées au delà d'Angers jusqu'à Redon et Châteaubriant exclusivement, et au delà de Saint-Nazaire jusqu'au Croisic inclusivement ;

Le troisième, la part afférente au parcours d'Angers à Paris dans le trafic des gares situées au delà d'Angers ou de la Maître-École, sur les lignes de l'État avec Paris et ses au delà.

Le trafic, objet de ces trois comptes, est réparti comme il suit :

Premier compte, 55 % à la Compagnie de l'Ouest et 45 % à la Compagnie d'Orléans ;

Deuxième compte, 49 % à la Compagnie de l'Ouest et 51 % à la Compagnie d'Orléans ;

Troisième compte, $\frac{230}{304}$ à la Compagnie de l'Ouest et $\frac{74}{304}$ à la Compagnie d'Orléans.

Chacun des comptes communs est subdivisé en trois comptes partiels, savoir : 1° voyageurs ; 2° excédents de bagages, messageries, denrées et autres transports taxés en grande vitesse ; 3° marchandises, denrées et autres transports taxés en petite vitesse.

La Compagnie qui a effectué des transports rentrant dans l'un des comptes partiels pour une somme supérieure à cette proportion ne prélève que 20 % de l'excédent pour le premier compte partiel, 25 % pour le second et 30 % pour le troisième.

Ces stipulations sont valables pour dix années; elles pourront être maintenues par tacite reconduction et par périodes décennales.

On trouve un autre exemple d'arrangements de cette nature dans les conventions conclues en 1880, 1881 et 1882 entre l'État et les grandes Compagnies pour l'exploitation provisoire des lignes du troisième réseau. Ces lignes constituant souvent des raccourcis sur les chemins compris dans les concessions des Compagnies, il a presque toujours été stipulé que « les marchandises seraient dirigées suivant la voie reconnue par le « Ministre des travaux publics, la Compagnie entendue, la plus économique « au point de vue des dépenses d'exploitation ». Les taxes à base kilométrique étaient établies d'après la longueur de l'itinéraire le plus court. Le montant des perceptions correspondant à des itinéraires mixtes sur les rails de l'État et ceux de la Compagnie était réparti au prorata des distances réellement parcourues sur chacune des lignes. Quant aux voyageurs, ils prenaient naturellement la voie qui répondait à leur convenance. Parfois, comme dans la convention du 21 février 1881 relative aux chemins de Mirecourt à Chalindrey et d'Andilly à Langres, dont l'exploitation était confiée à la Compagnie de l'Est, au lieu de laisser au Ministre le soin de déterminer l'itinéraire le plus économique pour le transit des marchandises, les parties ont admis le principe de la plus courte distance, mais en majorant dans une certaine mesure la longueur des chemins de l'État, pour tenir compte de l'infériorité de leur profil en long.

Une règle analogue avait été inscrite dans le projet de convention de 1882 avec la Compagnie d'Orléans, pour le partage du trafic entre les lignes concédées à cette Compagnie et celles qu'elle devait exploiter au compte de l'État : les marchandises devaient être dirigées par l'itinéraire présentant la moindre longueur, en adoptant des majorations fixées par le cahier des charges pour les rampes d'une certaine étendue; lorsque la longueur d'un itinéraire n'excédait pas de plus de 5 % celle d'un itinéraire concurrent, il était considéré comme équivalent et avait droit à la moitié du trafic; en cas de détournement, le produit était rétabli au compte de l'Administration à laquelle il devait appartenir, sauf déduction des frais de transport calculés à raison de 30 %. La convention portait en outre qu'en cas de désaccord entre l'Administration des chemins de fer de l'État et la Compagnie sur l'itinéraire à faire suivre par les marchandises susceptibles d'emprunter l'un ou l'autre des deux réseaux concurrents, le Ministre statuerait en tenant compte, dans une mesure équitable, de la distance à parcourir sur chaque itinéraire, de son tracé et des transmissions d'un réseau à l'autre.

On sait que le contrat préparé en 1882 ne fut pas sanctionné par le Parlement. Mais les conventions approuvées par les lois du 20 novembre 1883 ont réglé sur des bases analogues le partage du trafic entre le réseau d'État et les réseaux d'Orléans et de l'Ouest. Aux termes de ces conventions, le trafic de grande et de petite vitesse est attribué à l'itinéraire le plus court, en tenant compte des déclivités supérieures à 15 m/m par mètre et des transmissions; en cas de désaccord sur l'application de cette clause, il doit être statué au moyen d'un arbitrage.

L'entente n'ayant pu s'établir immédiatement, l'État et la Compagnie d'Orléans ont eu recours à l'arbitrage. Mais, avant la fin des opérations, les deux parties ont conclu des arrangements dont nous nous bornerons à relater ici les dispositions essentielles.

Pour les relations de Paris et de ses au delà avec les gares du réseau d'État situées au Sud de la Loire, une ligne de partage entre la direction de Tours et la direction de Chartres est tracée de Tours vers Rochefort. Le trafic de la partie du réseau d'État située à l'Ouest de cette ligne est dirigé par Chartres, en empruntant, s'il y a lieu, les lignes de la Compagnie de l'Ouest, d'Angers à Chartres ou de Nantes à Chartres. Celui de la partie située à l'Est est dirigé par Tours, en empruntant les lignes de la Compagnie d'Orléans entre Tours et Paris, à moins que le passage par un autre point de transit, entre Tours et Bordeaux, ne comporte une abréviation sur l'itinéraire *via* Tours, auquel cas le trafic est dirigé par ce point de transit. Le trafic de Paris et ses au delà avec Cognac est attribué à la voie de Tours. Le trafic de Paris et ses au delà avec les gares de l'État situées au Nord de la Loire est réparti conformément à la règle de la plus courte distance, étant entendu qu'il n'est compté aucune transmission à Chartres et qu'au contraire la transmission aux autres points de transit entre deux réseaux donne lieu à une majoration de 25 kilomètres.

Le trafic de Paris et de ses au delà avec Saumur-local fait l'objet d'un compte commun, dont le produit est partagé par moitié entre les deux Administrations, après prélèvement, pour celle des deux Administrations qui a effectué le transport, de 20 % de la recette brute pour les voyageurs, 25 % pour les excédents de bagages et autres transports taxés en grande vitesse, 30 % pour la petite vitesse.

Le prix des billets simples et des billets aller et retour entre Paris et les diverses gares du réseau de l'État, situées au Sud de la Loire, dont le trafic doit être dirigé soit par Saumur et Chartres, soit par Tours, sont les mêmes par les deux voies; les billets d'aller et retour sont valables pour le retour par l'un ou l'autre itinéraire. Sous réserve de cette disposition et de quelques autres, sur lesquelles il n'y a pas lieu d'insister ici, les tarifs sont établis par l'itinéraire auquel le trafic est attribué.

Pour les transports de marchandises en grande et en petite vitesse, les tarifs que l'Administration des chemins de fer de l'État a la faculté d'établir jusqu'à Paris, en vertu de l'art. 16 de la convention du 28 juin 1883, sont établis par l'itinéraire auquel le trafic doit être attribué. Dans le cas où l'application des tarifs intérieurs de chaque réseau soudés, s'il y a lieu, soit entre eux, soit avec ceux des réseaux voisins, donnerait par une voie détournée des prix plus réduits que par l'itinéraire auquel le trafic appartient, les transports de toute nature, autres que ceux de voyageurs, n'en sont pas moins dirigés par ce dernier itinéraire, mais bénéficient de la taxe la plus avantageuse. Le montant de cette taxe, après prélèvement des frais accessoires, est réparti au prorata des kilomètres parcourus sur chaque réseau, sans toutefois que la part de l'un des réseaux puisse excéder celle résultant de ses tarifs intérieurs. Les transports, qui, par la volonté de l'expéditeur, seraient détournés de l'itinéraire légal, seraient taxés au prix maximum du cahier des charges.

Les stipulations que nous venons de relater concernent le trafic entre Paris et ses au delà d'une part, et le réseau d'État d'autre part. Des règles minutieuses ont été également concertées pour les tarifs intéressant les autres relations.

Il a été dressé un tableau des itinéraires légaux résultant de l'application de l'art. 16 de la convention du 28 juin 1883. Ces itinéraires légaux sont déterminés en comptant une majoration de 25 kilomètres aux points de transit d'un réseau à l'autre, si ce n'est à Chartres.

Les taxes sont établies suivant ces itinéraires.

En ce qui concerne les voyageurs, les tarifs de l'État pour les billets simples sont calculés sur la distance totale, pour toutes les relations des gares de l'État situées au Nord de la Loire entre elles et avec Paris, ainsi que pour les relations des gares du Sud entre elles et avec Bordeaux. Quant aux relations des gares du groupe Nord avec celles du groupe Sud, elles sont taxées par soudure à Saumur.

Les marchandises sont dirigées d'office par l'itinéraire légal, sauf application, s'il y a lieu, des taxes afférentes à un autre itinéraire qui seraient plus avantageuses que la soudure des tarifs intérieurs.

En cas de détournement de marchandises de leur itinéraire légal, la recette correspondante serait reversée à l'Administration lésée, sauf déduction de 25 % pour la grande vitesse, et de 30 % pour la petite vitesse.

4. **Effets de la concurrence en Angleterre.** — Franchissons maintenant la Manche et étudions les effets de la concurrence en Angleterre, dans un pays où elle n'a pas rencontré les mêmes résistances qu'en France (1).

Jusqu'en 1845, c'est-à-dire pendant la période d'essais et d'enfantement des chemins de fer, le Parlement, en délivrant les bills de concession, faisait grand état de la concurrence qui, suivant lui, devait constituer un puissant stimulant et exercer sur les voies ferrées une influence considérable et salutaire. Toutefois ce n'était pas la concurrence proprement dite, c'est-à-dire la lutte entre des lignes parallèles, qu'il envisageait à cette époque; c'était la concurrence entre propriétaires et usagers d'une même ligne; tous les *acts* de chemins de fer contenaient une clause obligeant le concessionnaire à laisser circuler sur ses voies les machines et wagons des autres entrepreneurs de transport, moyennant un prix déterminé. Les espérances fondées sur cette clause furent bientôt déçues; les Compagnies ne refusaient point à d'autres l'usage de leurs lignes; mais le défaut de place pour la distribution des billets, pour l'alimentation des machines, pour tous les autres détails du service, et les nécessités d'une direction unique pour la coordination des dispositions relatives à l'exploitation, devaient inévitablement rendre illusoire la faculté inscrite dans les bills de concession. C'est ce que reconnut un comité institué par le Parlement, en 1839, et dont faisait partie sir Robert Peel.

Cependant le réseau se développait rapidement et la concurrence ne tarda pas à se produire sous sa véritable forme (à laquelle on n'avait pas songé au début), par suite du doublement, du triplement des lignes entre les mêmes points.

Malgré les sages avis d'un comité présidé par M. Gladstone, en 1844, les concessions se multiplièrent au delà de toute mesure pendant la période de 1845 à 1848, que nos voisins ont caractérisée en l'appelant l'époque de la manie ou de la folie des chemins de fer. En 1845, la publication des prospectus des Compagnies nouvelles rapporta jusqu'à 300 000 francs en moyenne par semaine aux principaux journaux; au mois de novembre de la même année, le Parlement était saisi de 1 263 demandes de sociétés différentes, pour des projets entraînant une dépense de

(1) Le lecteur consultera avec fruit le bel ouvrage de M. Ch. de Franqueville sur le *Régime des travaux publics en Angleterre* et le rapport de mission de M. de Malézieux sur les *Chemins de fer anglais en 1873*.

14 milliards 75 millions. Durant les trois années 1845, 1846 et 1847, il intervint 580 actes portant sur une longuenr de près de 14 000 kilomètres et une dépense de près de 6 milliards. C'était trop : dès la fin de 1847, il fallut proroger les délais d'exécution et plus tard autoriser l'abandon de 2 500 kilomètres; d'autres chemins furent délaissés sans autorisation législative; les capitaux engagés subirent une dépréciation notable.

L'essor se trouva ainsi enrayé. Les Compagnies comprirent qu'il était de leur intérêt de s'entendre, de se concentrer, de réunir dans les mêmes mains les lignes rivales. Elles entrèrent dans la voie des fusions. Cependant les nouveaux groupements ne se réalisaient qu'avec lenteur et la lutte continuait avec ardeur sur certains points; on se rendra compte de la vivacité du combat en apprenant, par exemple, que la compétition des Compagnies du *London and North-Western* et du *Great-Northern* fit tomber la taxe des voyageurs de 1re et de 2e classe, entre Londres et Manchester (293 kilomètres), de 75 et 50 fr. à 8 fr. 75 et 7 fr. 50; qu'à certain moment le duel entre les Compagnies du *London and North-Western* et du *Great-Western* abaissa le tarif des voyageurs jusqu'au chiffre dérisoire de 0 fr. 10 entre Shrewsbury et Wellington, et que les Compagnies écossaises du *Calédonian* et d'*Edimbourg* à *Glasgow* abaissèrent leurs tarifs, entre ces deux villes (64 kilomètres), de 10 fr., 7 fr. 50 et 5 fr. à 1 fr. 25, 0 fr. 90 et 0 fr. 62.

Le 9 septembre 1858, eut lieu à Londres une réunion des représentants des Compagnies, sous la présidence du marquis de Chandos, depuis duc de Buckingham, alors président du *London and North-Western* (1). Cette réunion aboutit aux quatre résolutions suivantes :

« 1° Les tarifs des voyageurs et des marchandises sur les divers chemins de fer du Royaume-Uni doivent être établis de façon à assurer aux « Compagnies les bénéfices les plus considérables qu'il soit possible d'obtenir, sans pourtant sacrifier les intérêts du public.

« 2° Lorsque deux ou plusieurs Compagnies desservant les mêmes « points ne peuvent s'entendre pour établir des tarifs uniformes, elles « doivent avoir recours à un arbitrage pour fixer les points en litige.

« 3° Lorsqu'il existe deux ou plusieurs routes pour aller d'un endroit « à un autre, les tarifs doivent être égaux pour toutes ces routes.

« 4° L'Assemblée recommande vivement aux Compagnies de faire « trancher leurs différends par des arbitres, au lieu d'avoir recours à des « procès ruineux. »

De telles résolutions devaient donner le coup de mort à la concurrence.

(1) Les Compagnies représentées à la conférence avaient un capital de 3 800 000 000 fr.

Les fusions, les traités d'exploitation ou tout au moins les arrangements se succédèrent dès lors avec rapidité.

La tendance s'accusa même au point de provoquer une industrie parasite, consistant à exploiter la facilité avec laquelle le Parlement anglais délivrait les concessions et à construire de nouveaux chemins à proximité d'une ligne des grandes Compagnies ou même, de préférence, entre deux lignes possédées par ces Compagnies puissantes, puis, une fois les travaux terminés, à s'adresser à ces Compagnies et à vendre les voies nouvelles au plus offrant. Les enquêtes parlementaires et l'ouvrage de M. Herbert Spencer, intitulé : *Railway morals and Railway policy*, abondent en renseignements des plus curieux à cet égard.

Quoi qu'il en soit, voici quelques chiffres indiquant dans quelle proportion se groupèrent les divers réseaux. De 1846 à 1870, la Compagnie du *London and North-Western* engloba successivement 60 Compagnies diverses; de 1836 à 1872, celle du *Great-Western* en engloba 38 et loua, en outre, les chemins concédés à 14 Sociétés secondaires; celle du *North-Eastern* en réunit 28; celle du *Great-Eastern*, 39; celle du *Lancashire and Yorkshire*, 18; celle du *London and South-Western*, 22, etc.

Quant aux autres formes d'association, en voici les plus essentielles, d'après une énumération d'un comité parlementaire de 1872 :

« *a.* Arrangements aux termes duquel les tarifs sont égaux et la vitesse « égale partout où les mêmes points sont desservis par deux Compa- « gnies (1) ;

(1) Dans son rapport de mission de 1873, M. Malézieux donne les exemples suivants d'égalité de prix pour des itinéraires comportant de grandes différences de longueur :

DE LONDRES A	GREAT Western	LONDON and North Western	MIDLAND	GREAT Northern	GREAT Eastern
	km	km	km	km	km
Birmingham	209	179	»	»	»
Leeds	420	352	312	299	349
Liverpool	402	323	352	281	431
Manchester	360	293	301	327	377
Newark	»	235	230	193	231
Nottingham	»	208	203	204	245
Lincoln	»	261	256	209	141
Wolverhampton	227	201	248	»	»

« *b*. Contrat par lequel les Compagnies concurrentes conviennent de « transporter voyageurs et marchandises par leurs lignes réciproques, « chacune d'elles conservant tout le produit du trafic de son réseau ;

« *c*. Arrangement permettant aux deux Compagnies de faire circuler « les trains sur les deux réseaux, en partageant les produits dans une « proportion déterminée ;

« *d*. *Bourse commune*, c'est-à-dire partage des recettes de tout le trafic « suivant des règles convenues, quelle que soit la Compagnie qui ait effec- « tué réellement le transport;

« *e*. Traités de location. »

Ces conventions diverses sont très nombreuses et ont été généralement conclues sans l'autorisation du Parlement ni du *Board of Trade*.

C'est ainsi que la Compagnie du *London and North-Western* s'est liée avec celles du *Great-Western*, du *Midland*, du *Lancashire and Yorkshire*, du *North-Staffordshire*, du *Caledonian*, du *Manchester-Sheffield and Lincolnshire* et du *Great-Northern*, notamment pour la fixation de leurs tarifs, la répartition du trafic et le partage des recettes. On trouvera des indications détaillées concernant ces traités dans l'ouvrage de M. Charles de Franqueville sur le « Régime des travaux publics en Angleterre ».

Que reste-t-il dès lors de la concurrence primitive ? Peu de chose, si ce n'est un gaspillage de la fortune publique et tous les inconvénients, tous les dangers du monopole de fait, sans les tempéraments, sans les correctifs que la France a eu soin de se ménager. M. Stewart, secrétaire de la Compagnie du *London and North-Western*, appelé à déposer devant la Commission royale des chemins de fer, évaluait à cent millions sterling (2 525 000 000 fr.) la somme qu'avait coûté la lutte ardente engagée entre les Compagnies rivales. Presque toutes les personnes compétentes s'accordent à reconnaître que les tarifs se sont en définitive élevés à un taux supérieur et que partout où il existait deux lignes, quand une seule aurait suffi, les concessionnaires avaient dû chercher dans un accroissement des taxes, dans des arrangements réciproques, le double du dividende dont une seule se serait contentée. M. Malézieux cite le relèvement de 6 fr. 25 et 8 fr. 25 à 8 fr. 10 et 9 fr. 80 pour les transports vers Londres des houilles du Nottinghamshire et du South-Yorkshire ; M. Ch. de Franqueville, de son côté, cite le relèvement de 16 fr. 75 à 25 fr. 25 du tarif de la quincaillerie entre Birmingham et Liverpool. Nous reviendrons sur ce côté de la question, lorsque nous traiterons spécialement des tarifs.

De plus, et ce n'est pas la conséquence la moins fâcheuse du régime anglais, les grandes Compagnies, au lieu d'appliquer une partie de leurs bénéfices à la construction de chemins nouveaux, ont dû les dissiper en dépenses stériles.

A la vérité, beaucoup de personnes estiment avec le Comité d'enquête parlementaire de 1872 que, si la concurrence n'a pas profité au public au point de vue des taxes, elle a porté ses fruits pour l'exploitation technique et pour certaines branches de l'exploitation commerciale. Les avantages attribués aux usagers pourraient se résumer comme il suit :

a. — Multiplicité des trains de voyageurs ;

b. Célérité du service des marchandises qui seraient remises à domicile dans la matinée, le lendemain du jour de l'enlèvement chez l'expéditeur, pour les relations entre deux gares situées sur une même ligne principale, jusqu'à la frontière d'Écosse, ou dans les 48 heures, pour les relations entre deux gares dont l'une située sur un chemin secondaire ou sur un réseau éloigné ;

c. — Prévenances pour le public ;

d. — Crédit de un, deux, trois ou quatre mois pour les règlements de comptes ;

e. — Tendance à la conciliation dans l'examen des réclamations.

On cite à l'appui de ces assertions l'exemple des Compagnies du Great-Western, du London et North-Western, du Midland, du Great-Northern et du Great-Eastern pour les transports entre Londres et Liverpool. Le London et North-Western et le Midland font par jour : l'une 14 trains de voyageurs vers Liverpool et 10 en sens inverse, dont la plupart ne mettent que 5 h. à 5 h. 10, et la seconde 8 trains vers Liverpool et 9 en sens inverse, qui n'exigent en général que 5 h. 35 ou 5 h. 45.

Mais le concert de louanges n'est pas unanime.

Malgré les fusions réitérées que nous avons signalées, le Royaume Uni comptait encore, à la fin de 1884, 291 Compagnies, à savoir :

	NOMBRE DES COMPAGNIES		LONGUEUR des lignes en exploitation en 1884
	Nombre total	Nombre des compagnies exploitant leurs propres lignes	km
Angleterre et Pays de Galles....	216	101	21.465
Écosse........................	30	8	4.825
Irlande.......................	42	22	4.063
TOTAUX.............	288	131	30.353

Toutefois, en fait, la plus grande partie du réseau était concentrée entre un petit nombre de mains. En Angleterre, notamment, les sept Compagnies les plus importantes exploitaient à elles seules 15 412 kilomètres, c'est-à-dire les trois quarts de la longueur totale, savoir :

Great-Eastern	1 670	kilomètres.
Great-Northern	1 264	—
Great-Western	3 702	—
London and North-Western	2 914	—
London and South-Western	1 161	—
Midland	2 233	—
North-Eastern	2 468	—
Total pareil	15 412	kilomètres.

En Écosse, deux Compagnies, celles du Caledonian et du North-British, exploitaient 3 044 kilomètres.

Le capital total engagé dans les chemins de fer du Royaume-Uni s'élevait, au 31 décembre 1884, à 20 milliards en nombre rond, comme le montre le tableau ci-dessous (1) :

		ANGLETERRE et Pays de Galles	ÉCOSSE	IRLANDE	TOTAL
		Millions de francs	Millions de francs	Millions de francs	Millions de francs
Capital autorisé...	Actions	14,280	2.189	715	17.184
	Obligations	5.081	644	295	6.020
	TOTAL	19.361	2.833	1.010	23.204
Capital réalisé...	Actions	12.499	1.995	648	15.142
	Obligations	4.274	544	254	5.072
	TOTAL	16.773	2.539	902	20.214
Souscriptions pour Concours à d'autres Compagnies ou entreprises		679	44	10	733

Il ressort de ce tableau que la dépense kilométrique de premier établissement s'élève au chiffre considérable de 650 000 fr. Ce chiffre dépasse de beaucoup le prix de revient des chemins français, bien que les conditions de premier établissement soient au moins aussi favorables et que les prix élémentaires des diverses natures d'ouvrages ne soient pas plus élevés. La différence ne s'explique que pour une faible partie par l'importance du matériel roulant ; elle est due surtout au gaspillage des capitaux dans des travaux hâtifs et prématurés.

(1) Voir, pour plus de détails, la statistique intitulée : « Railway Returns. »

Remarquons en passant la différence entre le régime français et le régime anglais, au point de vue de la proportion du capital-actions et du capital-obligations : dans le Royaume-Uni, le capital-actions forme 75 % du capital total.

Quant à l'intérêt servi en 1884 aux porteurs de titres, voici quels chiffres il a atteint (1) :

TAUX DES INTÉRÊTS	ACTIONS (2) Ordinaires montant du capital	pour cent	Garanties montant du capital	pour cent	Privilégiées montant du capital	pour cent	OBLIGATIONS simples et consolidées montant du capital	pour cent
	milliers de fr.		milliers de fr.		milliers de fr.		milliers de fr.	
Nul	1.063.935	14,4	10.369	0,4	265.328	5,1	202	»
Moins de 1 %	79.045	1,1	»	»	9.358	0,2	»	»
De 1 % à 2 %	366.097	5	2.552	0,1	7.509	0,1	3.816	0,1
De 2 % à 3 %	239.440	3.2	»	»	21.520	0,4	29,835	0,6
De 3 % à 4 %	533.[illegible]68	7,2	1.331 811	55,2	2.616.317	50.4	3.424.028	67,5
De 4 % à 5 %	1.772.072	24	959.973	40	2.153.215	41,5	1.529.084	30,2
De 5 % à 6 %	1.651.435	22,4	103.896	4,3	99.103	1.9	83.835	1,6
De 6 % à 7 %	1.513.934	20,5	»	»	378	»	»	»
De 7 % à 8 %	70.732	1	»	»	12.610	0,2	136	»
De 8 % à 9 %	25 240	0,3	50	»	»	»	»	»
De 9 % à 10 %	30.977	0,4	1.606	»	1.009	»	»	»
De 10 % à 12 %	»	»	»	»	»	»	»	»
De 12 % à 13 %	757	»	»	»	»	»	»	»
De 15 %	38.136	0,5	»	»	4 161	0,1	»	»
TOTAUX	7.385.868	100	2.400.257	100	5.190.509	100	5.070.947	100

Ce tableau montre qu'un sixième à peine du capital reçoit une rémunération de plus de 5 %. Encore a-t-il fallu la puissance de production industrielle et la mobilité de la population de l'Angleterre pour arriver à ce résultat.

(1) Ces chiffres ne comprennent pas les capitaux des Compagnies nouvelles dont les lignes sont encore en construction.

(2) Les actions se divisent en trois catégories :

a. — Actions *simples*, recevant une part proportionnelle des bénéfices de l'exploitation.

b. — Actions *garanties*, recevant un dividende fixe garanti sur les profits nets de l'année, avec recours sur les exercices ultérieurs en cas d'insuffisance.

c. — Actions *privilégiées*, recevant un dividende fixe garanti sur les profits nets de l'année ou du semestre, sans recours ultérieur.

Les obligations sont ou *consolidées*, c'est-à-dire non remboursables, ou *simples*, c'est-à-dire remboursables. Elles priment les actions. A leur tour les actions privilégiées et les actions garanties priment les actions simples.

Pendant de longues années la situation a été bien plus mauvaise, comme le prouvent les chiffres ci-dessous, pour 1858 et 1870.

	1858	1870
Rémunération du capital total	3.75	4.19
— des actions ordinaires	»	»
— des actions de préférence et des obligations	4.63	4.48
— des actions de préférence	»	4.54
— des obligations à terme	»	4.37
— des obligations consolidées	»	4.47

Du reste, les illusions des Pouvoirs publics se sont depuis longtemps dissipées. C'est aujourd'hui un fait officiellement reconnu que le Parlement est de moins en moins disposé à autoriser des lignes concurrentes; qu'il recule devant la création de chemins nouveaux dans lesquels seraient engloutis des capitaux à rémunérer, en définitive, par une augmentation des taxes; qu'en un mot il juge la concurrence à peu près impossible en matière de chemins de fer. (*Voir* le rapport de 1872 du Comité de la Chambre des communes.) C'est un fait non moins incontesté que les tarifs des lignes concurrencées ne sont pas inférieurs à ceux des autres lignes et que la concurrence a engendré un monopole redoutable, par suite de la liberté d'allures laissée aux concessionnaires.

De leur côté, les Compagnies ne se lancent plus comme autrefois dans la construction de chemins rivaux : d'un côté, parce qu'il leur faut maintenant la certitude d'une rémunération de 7 à 8 % de leurs capitaux, et, d'autre part, parce qu'elles sentent la nécessité de garder les unes envers les autres les plus grands ménagements.

Nos voisins en sont revenus à l'appréciation si nettement formulée, dès l'origine de leur réseau, par l'illustre Robert Stephenson : « Là où « la coalition est possible, la concurrence est impossible. » Suivant l'expression du Ministre du commerce du Royaume-Uni, en 1872, les luttes temporaires entre les Compagnies rivales sont querelles d'amoureux, qui soudent la chaîne, au lieu de la rompre.

5. Effets de la concurrence aux États-Unis d'Amérique. — Si nous passons l'Océan pour étudier le régime des chemins de fer en Amérique, nous y voyons les Compagnies jouir d'une liberté plus grande encore qu'en Angleterre. Alors que dans le Royaume-Uni les bills de concession sont toujours précédés d'un examen au double point de vue de l'utilité publique et des voies et moyens, aux États-Unis la construction des voies ferrées est de droit commun pour les Compagnies légalement constituées à cet effet; le Parlement n'intervient plus, sauf exception, que pour déterminer en principe les conditions de cette constitution; les demandes en concession ne lui sont généralement pas déférées et l'Administration elle-même ne joue guère que le rôle d'un bureau d'enregistrement. Cette extrême liberté qu'expliquent et que justifient suffisamment le génie de la nation américaine et les circonstances spéciales de son développement a engendré tout à la fois des merveilles et des désastres; le bon grain et l'ivraie ont poussé côte à côte avec une abondance inouïe.

L'un des résultats les plus étonnants du régime américain a été la rapidité prodigieuse avec laquelle le réseau s'est accru : on en jugera par les chiffres suivants extraits du Manuel de M. Poor :

Tableau des longueurs en exploitation à diverses époques.

ANNÉES	LONGUEUR en exploitation	ANNÉES	LONGUEUR en exploitation
1830	37 km	1881	165.960 km
1840	4.534	1882	184.573
1850	14.515	1883	195.419
1860	49.292	1884	201.735
1870	85.139	1885	207.408
1880	150.199		

Tableau de la progression annuelle du réseau depuis 1870.

ANNÉES	NOMBRE DE KILOMÈTRES construits pendant l'année	ANNÉES	NOMBRE DE KILOMÈTRES construits pendant l'année
1870	9.767 km	1878	4.230 km
1871	11.856	1879	7.635
1872	9.474	1880	11.063
1873	6.608	1881	15.761
1874	3.387	1882	18.613
1875	2.780	1883	10.846
1876	4.364	1884	6.316
1877	3.669	1885	5.673

C'est surtout à partir de la fin de la guerre civile que l'industrie des chemins de fer prit une activité fébrile, principalement dans les États de l'Est, de l'Ouest et du Pacifique peu éprouvés par la guerre. L'immigration toujours croissante, en offrant à cette industrie des perspectives presque indéfinies, et les nouveaux tarifs douaniers, en provoquant la création d'usines métallurgiques pour la fabrication des rails, aidèrent singulièrement à ce mouvement.

Mais l'extension inconsidérée du réseau ne tarda pas à troubler l'équilibre économique du pays ; la concurrence effrénée à laquelle se livrèrent les Compagnies, coïncidant avec un crise commerciale prolongée, amena de nombreuses faillites ; les tarifs ultra-protecteurs de l'Union, en fermant ses ports à l'importation et, par voie de conséquence, à une partie de son exportation, contribuèrent à aggraver la situation pour les chemins de fer.

De 1873 à 1878, les paiements durent être suspendus pour un grand nombre de Compagnies, ayant ensemble un capital-obligations de 4 milliards 450 millions, c'est-à-dire près de la moitié du capital-obligations de l'ensemble du réseau. Pour la moitié environ de ce capital, il y eut arrangement entre les actionnaires et les obligataires ; pour l'autre moitié, la suspension des paiements aboutit à la vente par autorité de justice. Voici, pour les 4 années 1876 à 1879 inclusivement, le relevé de ces ventes :

ANNÉES	NOMBRE DE LIGNES vendues	LONGUEUR TOTALE	CAPITAL Actions et Obligations
1876	30	6.192 km.	1.089 millions
1877	54	6.238	945 —
1878	48	6.282	1.558 —
1879	65	8.000	1.216 —

Le chemin de « *l'Atlantic et Pacific* », par exemple, qui était exploité sur 528 kilomètres, qui avait coûté 187 millions, qui possédait 465 000 hectares de terres, fut ainsi vendu au prix dérisoire de 2 millions et demi (1).

Il ne faut d'ailleurs pas s'étonner de la multiplicité de ces faillites, qui ne frappent pas en Amérique comme en France d'une déconsidération indélébile et qui sont bien plutôt envisagées comme des accidents naturels dans les opérations commerciales ou industrielles.

Au surplus, elles ont eu pour résultat de déblayer le terrain des plus mauvaises affaires. Après ce nettoyage des écuries d'Augias, des ententes se sont produites entre beaucoup de Compagnies ; ces arrangements et la

(1) En 1880 il s'est produit une nouvelle faillite qui a fait grand bruit : c'est celle de la Compagnie de *Philadelphia and Reading ;* elle doit être principalement attribuée à des spéculations malheureuses sur les charbons.

fin de la crise commerciale ont permis à l'industrie des chemins de fer de reprendre son essor.

Quelle a été la part de la concurrence dans les catastrophes que nous venons de mentionner ? A quoi cette concurrence a-t-elle abouti ? C'est ce que nous allons maintenant examiner avec un peu plus de détails.

De 1865, c'est-à-dire de la fin de la guerre de Sécession à 1873, c'est-à-dire à l'origine de la dernière crise commerciale, les Compagnies n'ayant encore que peu de points de contact, disposant d'un trafic abondant, maîtresses de la zone dans laquelle elles étaient établies, n'eurent point à entrer en lutte. Leurs tarifs n'avaient d'autres limites que celles qui ne pouvaient être dépassées sans nuire au développement de la circulation ou sans contrevenir trop ouvertement aux statuts. Mais, en 1873, la diminution de la production industrielle et la jonction des *Trunk-lines* avec les lignes des États de l'Ouest mirent le feu aux poudres et donnèrent le signal de la bataille pour les transports des produits de ces États vers les ports de la côte orientale.

Ce fut une véritable guerre au couteau. Les Compagnies déployèrent une ardeur sans pareille à dépouiller leurs rivales, en faisant quêter le trafic à domicile par des agents ad hoc (*soliciting agents*) et en offrant des réductions de taxes (*rebates*). Le public y gagna des abaissements temporaires de tarifs, mais y perdit en revanche la stabilité des prix. Quant aux concessionnaires, ils y engloutirent une partie de leurs capitaux.

MM. Lavoinne et Pontzen donnent, dans le tome II de leur excellent ouvrage sur « *les chemins de fer en Amérique* », des renseignements circonstanciés relativement à l'un des épisodes les plus néfastes de cette bataille prolongée : nous voulons parler de la lutte qui éclata entre les *Trunk-lines* à la suite d'une conférence tenue à Saratoga (New-York), en juillet 1874. Cette conférence avait pour objet la détermination de tarifs généraux applicables aux voyageurs et aux marchandises : les Compagnies du *New-York Central et Hudson River, de l'Erié* et *du Pennsylvania* arrivèrent à se mettre d'accord ; mais les négociations furent rompues par le refus de la Compagnie de *Baltimore et Ohio* qui venait de s'ouvrir un accès direct sur Chicago ; ce furent surtout cette dernière société et celle du *Pennsylvania* qui eurent à entrer en ligne. Les taxes des transports de l'Ouest vers l'Est tombèrent à 0 fr. 012 pour les marchandises et à 0 fr. 045 pour les voyageurs ; la Compagnie du *Michigan Central*, l'une des plus solides, dut supprimer toute distribution de dividende ; celles de *l'Erié* et *de l'Atlantic et Great-Western* suspendirent le service de leurs obligations.

Les *Trunk-lines* voyant le gouffre béant sous leurs pieds conclurent un arrangement basé sur l'adoption de tarifs déterminés pour les transports entre Chicago et les différents ports de l'Est. Cet arrangement ne suffit pas pour sauvegarder leurs intérêts; elles furent contraintes à de nouveaux abaissements par la concurrence du *Grand Trunk* du Canada, qui, pendant plusieurs mois, porta des céréales à Boston à des prix inférieurs de plus de moitié à ceux de l'itinéraire de Chicago à New-York.

L'entente cessa à la suite de compétitions entre le port de New-York et les autres ports; du 3 mai au 14 juin 1876, les taxes s'affaissèrent de 130 fr. à 70 fr. la tonne sur le *New-York Central*, et à 62 fr. 50 sur le *Grand Trunk*. Certains tarifs de marchandises descendirent à 1 c. 1 dans la direction de l'Ouest vers l'Est et à 0 c. 9 dans la direction inverse. Enfin, en 1876, l'accord se rétablit.

L'ouvrage de MM. Lavoinne et Pontzen cite d'autres exemples de concurrence plus prolongée entre certaines lignes de l'Ouest, permettant de diriger les courants de transit, soit vers Chicago, soit vers la Nouvelle-Orléans : nous y relevons ce fait que les alternatives de coalition et de lutte ont amené des variations de 42 fr. 50 à 2 fr. 50 pour les voyageurs, et de 27 fr. 50 à 5 fr. 50 pour les marchandises entre Kansas-City et Saint-Louis.

Comme dans la Grande-Bretagne, la concurrence a abouti à des associations (*pooling associations*). Ces associations, moins étroites qu'en Angleterre, ont surtout pour but le partage du trafic, soit par la répartition, suivant une proportion convenue et assurée par un groupe d'expéditeurs, soit par l'attribution à chaque Compagnie d'une part déterminée des produits afférents aux transports mis en commun : le dernier de ces deux systèmes est de beaucoup le plus usité.

Le lecteur trouvera, dans le livre de MM. Lavoinne et Pontzen, plusieurs spécimens d'arrangements de cette nature, à savoir :

a. *Conventions pour certains parcours et certaines marchandises.* — 1° Arrangement de 1870 entre 3 lignes reliant Omaha à Chicago (488, 493 et 503 kilomètres). — Les taxes de transit sur ces 3 lignes étaient les mêmes; les produits étaient partagés également, en admettant un coefficient d'exploitation de 45 % pour les voyageurs, et de 50 % pour les marchandises. Afin de simplifier les comptes, les trois Compagnies recevaient alternativement les marchandises de leurs voisines des États de l'Est, aboutissant à Chicago. De nouveaux copartageants ont dû être admis dans l'association; mais les bases du contrat sont restées les mêmes.

2° Arrangement de 1875 entre les lignes de l'Est, desservant Chicago, pour le transport des bestiaux.

Les principaux expéditeurs se sont engagés à assurer à chaque Compagnie sa part dans ce transport.

3° Arrangement pour le transport du pétrole brut aux raffineries de Cleveland (lac Erié) et de Philadelphie.

b. *Système d'association permanente*, imaginée par M. Finck, en 1875.

Ce système, analogue à l'organisation syndicale des grandes Compagnies anglaises, repose sur le partage du trafic entre les lignes rivales, sur l'établissement de tarifs uniformes et sur le règlement par voie d'arbitrage des différends entre les Compagnies. Les relations des Compagnies sont centralisées dans un bureau à la tête duquel est placé un commissaire général, agent d'exécution ; les questions d'intérêt commun sont réglées dans des conférences périodiques entre les représentants des diverses sociétés ; en cas de différend sur les décisions du commissaire général, le litige est soumis à une commission d'arbitrage ; enfin les comptes sont liquidés par un *clearing-house*.

L'organisation dont nous venons d'indiquer les traits généraux a reçu une première application en 1875 dans une association connue sous le nom de *Southern-R.R. and Steamship association*, embrassant plusieurs lignes de chemins de fer dans les deux Carolines, le Kentucky, la Géorgie et le Tennessee et un certain nombre de lignes de navigation, et ayant pour objet le partage du trafic du coton à destination des États du Nord et du trafic de retour vers le Sud ; elle a donné de bons résultats. Le partage porte sur les recettes nettes ; mais les transports sont autant que possible distribués dans la proportion voulue ; quand cette proportion est dépassée, la ligne qui a un excédent de marchandises ne garde que 0 fr. 015 par tonne kilométrique, somme inférieure au prix de revient. En 1879, le nombre des lignes de fer ou d'eau englobées dans l'association était de 36.

Une seconde application du système Finck a été faite en 1877, sous la dénomination de *Trunk-lines Committee*, entre les *Trunk-lines* américaines et le *Grand-Trunk* canadien, pour le partage de toutes les expéditions des grands ports de l'Est vers l'Ouest, entre les chemins aboutissant à ces ports ou s'y reliant, soit par d'autres chemins, soit par des services de navigation.

C'est ainsi qu'en 1880 une répartition a eu lieu :

— pour les expéditions de Boston, entre *le New-York Central et Hudson-River, le Grand-Trunk, le New-York, Lake Erié et Western, le Pennsylvania, le Baltimore et Ohio ;*

— pour les expéditions de New-York et de Philadelphie, entre la première et les trois dernières de ces Compagnies ;

— pour les expéditions de Baltimore, entre les deux dernières.

Une troisième application, avec une forme un peu différente, s'est faite en 1878 sous le titre de *Joint executive Committee*, entre les *Trunk-lines* et les *Western-lines* qui les prolongent vers Chicago et le Mississipi, pour la répartition du transit de marchandises de l'Ouest vers l'Est, notamment du trafic au départ de Chicago, de Saint-Louis, d'Indianopolis, de Louisville, de Cincinnati et des au delà de cette ville. Le partage porte sur le tonnage ; quand une Compagnie a dépassé sa part, elle suspend ses transports de transit jusqu'à ce que l'équilibre soit rétabli. A la fin de 1879, ce syndicat comprenait 37 lignes et étendait son action jusque dans l'Alabama : à la fin de 1880, le nombre des participants s'élevait à 40. Après une interruption de 6 mois, résultant d'abaissements consentis en dehors des prix officiels et conduisant à des anomalies injustifiables, l'accord s'est rétabli.

A ces trois applications, on pourrait en ajouter d'autres. Mais il suffira de dire que les associations de tarifs de transit embrassent actuellement la plus grande partie du réseau des États-Unis (1).

Ces arrangements ont naturellement conduit les Compagnies à relever les prix qui les constituaient en perte. Toutefois, il faut reconnaître que, si la concurrence excessive a eu pour résultat, comme en Angleterre, des pertes de capitaux, une instabilité extrême dans les tarifs et des inégalités choquantes entre les itinéraires concurrencés et les autres, du moins elle n'a pas amené, en dernière analyse, une augmentation des taxes. Son effet, à cet égard, a été compensé par la lutte entre les voies ferrées et les lignes de navigation des grands lacs, dont le matériel n'a cessé de se perfectionner, par le développement du trafic, par des économies très notables sur les dépenses d'exploitation.

Ainsi, en ce qui concerne les voyageurs, sur l'ensemble des chemins du Massachussets, d'après MM. Lavoinne et Pontzen, la taxe moyenne s'était abaissée de 7 c. à 6 c. 5, entre 1872 et 1878 ; sur le Pennsylvania RR., elle était descendue de 7 c. 7 à 7 c. 2, entre 1873 et 1879 ; pendant la même période, elle avait été ramenée, sur l'Illinois Central RR., de 10 c. 5 à 9 c. 8, et, sur le Louisville-Nashville, de 11 c. 3 à 10 c. 4.

Pour les marchandises, l'abaissement a été bien plus marqué encore, comme le montrent les tableaux suivants, extraits de l'ouvrage auquel nous avons déjà fait tant d'emprunts :

(1) Un grand financier de New-York, M. Gould, a de même groupé entre ses mains plus de 12 500 kilomètres de chemins de fer.

1° Tableau relatif aux lignes de l'Est.

DÉSIGNATION DES LIGNES	ANNÉES	TARIF moyen par tonne kilométrique	DÉPENSE moyenne par tonne kilométrique	PRODUIT net par tonne kilométrique
New-York Central et Hudson-River. .	1864	8^{c}4	6^{c}0	2^{c}4
	1872	4,9	3,5	1,4
	1878	2,9	1,7	1,2
	1879	2,5	1,7	0,8
	1880	2,7	1,7	1,0
Erié (New-York Lake Erie et Western.	1864	7,2	4,5	2,7
	1872	4,7	3,0	1,7
	1878	3,0	2,1	0,9
	1879	2,4	1,7	0,7
	1880	2,6	1,7	0,9
Lake Shore et Michigan.	1864	10,2	6,5	3,7
	1872	4,1	2,9	1,2
	1878	2,2	1,5	0,7
	1879	2,0	1,2	0,8
	1880	2,3	1,3	1,0
Pennsylvania.	1864	7,6	5,8	1,8
	1872	4,4	2,7	1,7
	1878	2,8	1,5	1,3
	1879	2,5	1,3	1,2
	1880	2,7	1,5	1,2
Boston et Albany.	1865	7,6	»	»
	1873	6,0	5,0	1,0
	1878	3,5	3,1	0,4
	1879	3,4	2,4	1,0
	1880	3,7	3,1	0,6

2° Tableau relatif aux lignes de l'Ouest.

DÉSIGNATION DES LIGNES	TARIF MOYEN PAR TONNE KILOMÉTRIQUE				
	1868	1872	1878	1879	1880
Illinois central	12^{c}0	8^{c}9	5^{c}1	4^{c}7	4^{c}8
Chicago, Burlington, Quincy.	9,3	6,7	3,8	3,2	»
Chicago, Rock-Island, Pacific	»	7,1	4,8	4,4	3,8
Chicago et Northwestern.	»	7,0	5,3	4,7	5,0
Louisville Nashville.	9,7	7,8	6,3	4,8	4,6

3° Tableau des prix de transport du blé entre Chicago et New-York.

ANNÉES	PAR EAU	PAR EAU et sur rails	SUR RAILS en moyenne pendant l'année	SUR RAILS pendant la saison de navigation
1868	3'54	4'06	5'96	»
1872	3,72	3,92	4,69	4'58
1878	1,41	1,60	2,48	2,15
1879	1,82	1,86	2,42	2,21
1880	1,85	2,20	2,74	2,56

L'examen de ces tableaux montre que, dès avant la guerre de tarifs, des abaissements considérables s'étaient déjà produits par le fait de la concurrence des voies de navigation.

Dans tout ce qui précède, nous n'avons parlé que des associations entre Compagnies : ces associations constituent, en effet, le trait dominant, caractéristique, des dernières années aux États-Unis. Nous devons cependant mentionner aussi les fusions. A l'origine, la plupart des États, désireux de favoriser la concurrence, avaient interdit la réunion des Compagnies exploitant des lignes parallèles ; mais cette interdiction était sans effet pratique, attendu que rien n'empêchait une Compagnie de conclure un bail d'affermage d'une durée quelconque (999 ans par exemple), ou d'acheter toutes les actions de la société rivale : aussi a-t-elle été non seulement tournée, mais même levée par le législateur pour un certain nombre d'États.

La loi générale qui, dans tous les pays, a porté les concessions à se grouper, à se concentrer, s'est imposée aux États-Unis comme en Angleterre ; les fusions se sont multipliées de jour en jour : c'est ainsi que se sont notamment constitués les *Trunk-lines* qui mettent les États de l'Ouest en relation avec les ports de l'Est en traversant la chaîne des Alleghanys et qui ont absorbé leurs affluents transversaux ; c'est encore ainsi que se sont produits des groupements entre Chicago et Omaha, tête de ligne de l'Union-Pacific RR.

Les fusions se sont réalisées, soit sous la forme d'une réunion directe, soit plus souvent par un affermage de 999 ans, soit par la reprise des lignes tombées en faillite, soit par le rachat de tout ou partie des titres de l'une des Compagnies. En 1885, l'on comptait aux États-Unis 14 grandes Compagnies ayant ainsi entre les mains de 2 500 à 8 000 kilomètres. En voici le tableau :

NOMS DES COMPAGNIES	LONGUEUR		
	appartenant en propre aux Compagnies	affermée ou exploitée à divers titres	Totale
Chicago, Milwaukee and Saint-Paul...	7.918 km	»	7.918 km
Missouri-Pacific..........	5.850	1.485 km	7.335
Union-Pacific..........	2.948	4.325	7.273
Chicago and Northwestern..........	6.183	»	6.183
Pennsylvania..........	»	5.254	5.254
Wabash, Saint-Louis and Pacific......	3.832	639	4.471
Northern-Pacific..........	3.297	996	4.293
Atchison, Topeka and Santa-Fé........	3.836	»	3.836
Pennsylvania RR..........	726	2.960	3.686
Louisville and Nashville..........	2.729	740	3.469
Illinois-Central..........	2.678	646	3.324
Baltimore and Ohio..........	610	2.117	2.727
Central-Pacific..........	2.018	637	2.655
New-York, Lake-Erié and Western....	954	1.624	2.578

Voyons maintenant quelle a été la rémunération des capitaux engagés dans les chemins de fer.

Nous avons dit qu'à la fin de 1885 la longueur totale des voies ferrées en exploitation était de 207 400 kilomètres, en nombre rond. Ce chiffre correspondait :

— à 40 kilomètres par 10 000 habitants (plus de trois fois la proportion de la Suède, c'est-à-dire du pays le mieux doté d'Europe, à cet égard, et sept fois la proportion générale en Europe) ;

— à 0 kilomètre 022 par kilomètre carré (plus que la proportion moyenne en Europe, malgré la densité beaucoup plus faible de la population aux États-Unis).

Le Capital émis à la même époque correspondait à une dépense kilométrique de 180 000 francs et s'élevait, au total, à près de 40 milliards, non compris les subventions (1). Pendant les 3 années 1880, 1881 et 1882, les émissions ont dépassé 10 milliards et demi, c'est-à-dire qu'elles ont à très peu près atteint le montant total des dépenses faites en France par l'État, les Compagnies et les localités, pour la constitution de notre réseau. La somme de 40 milliards correspond à 800 fr. en nombre rond par habitant, alors qu'en France nous n'avons guère dépensé que 300 fr. par habitant.

(1) Travaux, subventions en argent, garanties d'intérêt, concessions de terre, souscriptions d'actions et d'obligations.

La répartition du capital en actions et en obligations s'est faite à peu près par parties égales; le taux d'émission des obligations a généralement oscillé entre 6 et 8 %.

Voici quelles ont été les variations des dividendes depuis 1867.

ANNÉES	Nouvelle Angleterre	États du Centre	États du Sud	États de l'Ouest et du Sud-Ouest	États du Pacifique	MOYENNE
1867	»	»	»	»	»	4,2
1871	»	»	»	»	»	3,9
1872	»	»	»	»	»	3,9
1873	6,3	5,6	0,4	2,1	3,6	3,4
1874	6,0	5.7	0,5	1,8	5,7	3,3
1875	4,6	5,7	0,6	1,9	9,2	3,3
1876	3,8	4,9	0,7	1,8	7,5	3,0
1877	3.5	3,5	1,0	1,4	7,5	2,5
1878	4,0	3,2	1,1	1,8	4,3	2,4
1879	3,6	3,3	1,0	2,0	2,3	2,5
1880	4,3	3,6	1,6	2,8	2,3	3,0
1881	4,4	3,8	1,1	2,5	3,4	3,0
1882	4,5	3,8	1,2	2,8	2,1	2,9
1883	4,3	3,6	0,9	2,6	2,2	2,8
1884	4,5	3,5	0,8	2,2	1,4	2,5
1885	4,6	2,7	0,6	1,9	0,6	2,»

Quant au rapport entre le produit net et le capital de premier établissement, il a été le suivant :

1867............	9.»	1878............	3.9
1871............	5.3	1879............	4.4
1872............	5.2	1880............	5.1
1873............	4.9	1881............	4.6
1874............	4.2	1882............	5.1
1875............	4.1	1883............	4.9
1876............	4.»	1884............	4.2
1877............	3.7	1885............	4.»

En 1876, les intérêts d'un tiers des obligations sont restés impayés et 60 % des actions n'ont pas reçu de dividende, même pour les Compagnies les plus solides, comme celles du Baltimore et Ohio RR et Pennsylvania RR.

Le total des actions émises par les 40 Compagnies les plus importantes de l'Union a subi, vers la fin de 1873, une dépréciation du tiers; depuis, cette dépréciation s'est effacée.

Si nous cherchons à résumer les indications que nous venons de donner sur les chemins de fer des États-Unis et à en déduire une appréciation sur les effets de la concurrence, nous voyons que, dans le Nouveau-Monde comme en Angleterre, la lutte entre les Compagnies a provoqué de véritables désastres financiers et qu'elle a abouti à des fusions et à des associations. Toutefois, il est juste de reconnaître que l'immensité du champ d'action des voies ferrées, la puissance de production du pays, la progression incessante du trafic en ont rendu les résultats moins funestes pour le public et ont amené une diminution finale des tarifs.

Ajoutons que l'engouement pour la concurrence s'est dissipé, que les hommes les plus compétents ne cachent plus leurs sympathies pour le régime français, et que certains États sont allés jusqu'à interdire la construction de lignes concurrentes dans l'étendue d'une zone déterminée.

6. **Effets de la concurrence en Belgique.** — Si nous nous sommes étendu si longuement sur les effets de la concurrence en Angleterre et aux États-Unis de l'Amérique du Nord, c'est parce que, nulle part ailleurs, les Compagnies ne se sont constituées dans de telles conditions de liberté et d'indépendance, et parce que, pour bien saisir les résultats, il fallait naturellement les chercher là où la cause était plus particulièrement agissante.

Il s'est produit des luttes, quoique moins vives, dans d'autres pays. Nous n'avons nullement l'intention d'en faire l'historique : ce serait surcharger inutilement notre exposé et affaiblir notre démonstration. Toutefois il ne sera pas inutile de rappeler en deux mots ce qui s'est passé en Belgique, dans l'Autriche-Hongrie et en Allemagne.

En Belgique, la multiplicité des lignes et leur répartition entre l'État et les Compagnies ont déterminé à diverses reprises des guerres de tarifs, qui se sont généralement terminées par une entente entre les Administrations intéressées. Les comptes rendus du Gouvernement aux Chambres législatives citent un certain nombre de conventions de cette nature. Tout récemment encore, à la date du 28 avril 1884, l'État et la Compagnie du Grand Central Belge ont signé un arrangement, dont le texte nous a été communiqué et que nous allons analyser rapidement, parce qu'il résume en quelque sorte les résultats d'une longue expérience.

La convention a dû être mise en vigueur à partir du 1er octobre 1884. Elle s'applique au trafic intérieur et au trafic international.

a. *Trafic à l'intérieur du pays.* — Les transports entre une gare desservie par la Compagnie et une autre gare, desservie exclusivement par elle ou commune avec l'État, appartiennent à la Compagnie. Dans le cas inverse, ils appartiennent à l'État. Chacune des parties a le droit de diriger le trafic qui lui est attribué par un itinéraire de son choix, en empruntant au besoin des lignes de l'autre Administration, ou même des lignes appartenant à d'autres Compagnies.

Les transports entre deux gares, appartenant l'une à l'État et l'autre à la Compagnie du Grand Central, seule ou en commun avec une autre Compagnie et réciproquement, sont acheminés par la voie la plus courte.

Les transports entre deux gares, dont la première appartient à l'une des parties contractantes et la seconde à une ou plusieurs autres Administrations, sont dirigés par la voie la plus courte, quand cette voie emprunte en transit les rails de l'autre partie contractante.

Les transports entre deux gares, dont chacune est commune aux deux parties, peuvent être tarifés par deux itinéraires, l'un à choisir par l'État, l'autre par le Grand Central, et sont dirigés par l'itinéraire auquel ils sont remis; l'itinéraire à choisir par chacune des parties ne peut emprunter les rails de l'autre partie; toutefois le concours n'est admis que si la longueur de l'itinéraire le moins direct ne dépasse pas de plus de 25 % celle de l'itinéraire le plus court; dans le cas contraire, il n'y a qu'un itinéraire, celui de la voie la plus courte.

Il en est de même des transports : 1° entre deux gares, dont l'une es commune aux deux parties, et dont l'autre appartient seulement à l'État ou au Grand Central, en communauté avec d'autres Compagnies, ou même appartient exclusivement à d'autres réseaux ; 2° entre deux gares, dont la première est commune à l'une des parties et à une autre Compagnie, et la seconde, à l'autre partie et à une autre Compagnie.

Pour la fixation des taxes, les lignes sont considérées comme appartenant à une seule administration. Les tarifs sont calculés par la voie la plus courte. Ils sont déterminés d'après les barèmes actuellement en vigueur sur les chemins de fer de l'État, sauf certaines exceptions. Dans le cas où il y a deux itinéraires, la taxe est celle de la voie la plus courte.

Lorsque l'itinéraire est mixte, c'est-à-dire emprunte des sections appartenant aux deux parties, le produit du transport est ventilé conformément aux règles en usage entre l'État et les Compagnies belges avec lesquelles il est en relation.

Lorsqu'il y a ou lorsqu'il peut y avoir deux itinéraires, celui par lequel est effectué le transport reçoit les frais accessoires et 50 % de la taxe proprement dite. Le surplus, considéré comme bénéfice, est réparti ainsi qu'il suit :

Itinéraires égaux	—	25 %	à chacun d'eux.
Itinéraires inégaux :	Excès de longueur de 5 % au minimum :	22 5 %	au plus long.
	— 5 à 10 % —	18	—
	— 10 à 15 % —	13 5	—
	— 15 à 20 % —	9	—
	— 20 à 25 % —	4 5	—

Si les itinéraires empruntent les lignes de plusieurs Administrations, le partage entre ces administrations se fait, en ce qui concerne les frais accessoires et les 50 % du prix de transport, d'après les règles en usage pour les services mixtes, et, en ce qui concerne la part de bénéfice, au prorata kilométrique.

b. *Trafic international.* — Les transports en provenance ou à destination d'une gare appartenant exclusivement à l'une des parties contractantes lui sont attribués, avec faculté de diriger au besoin le trafic par un itinéraire empruntant les rails de l'autre Administration ou de Compagnies différentes.

Les transports en provenance ou à destination d'une gare commune à l'une des parties et à une autre Compagnie ou n'appartenant, même partiellement, ni à l'État, ni au Grand Central, peuvent être tarifés par deux itinéraires, choisis l'un par l'État, l'autre par le Grand Central. Ils sont effectués par celui des itinéraires auquel ils sont remis. L'itinéraire choisi par l'État ne peut emprunter les rails du Grand Central, et inversement.

Il ne peut être admis de concours entre deux itinéraires que si la longueur de la voie la moins directe entre la station belge et le point de rencontre de ces itinéraires sur le territoire étranger ne dépasse pas de plus de 25 % la longueur de la voie la plus courte. La longueur des itinéraires à l'étranger entre la frontière et la station de départ ou de destination est établie par la voie la plus directe.

Les tarifs internationaux sont calculés par la frontière qui donne les prix les plus bas. Pour comparer les prix, on ajoute les taxes sur parcours étranger aux taxes belges déterminées par la voie la plus courte d'après les barêmes du service intérieur ou du transit actuellement en vigueur sur les lignes de l'État belge (sauf certaines exceptions devant faire l'objet d'une entente spéciale). Les relations avec les Pays-Bas sont régies par l'application d'un même barême aux distances réunies.

Le partage des produits afférents aux parcours belges se fait d'après des règles identiques à celles que nous avons relatées pour le trafic intérieur. Dans le cas où il y a deux itinéraires, les distances comparatives qui doivent servir de base à la répartition de la demi-taxe de transport considérée comme bénéfice sont mesurées entre la station belge et le point de rencontre des deux itinéraires à l'étranger.

La convention que nous venons d'analyser sera obligatoirement révisée dans le cours de l'exercice 1887 et pourra être dénoncée avant le 1er juillet 1887, pour cesser ses effets le 31 décembre de la même année. Chacune des parties a, en outre, la faculté de dénoncer le traité à une époque quelconque et de lui faire prendre fin à l'expiration du trimestre suivant.

7. Effets de la concurrence en Allemagne et dans l'Autriche-Hongrie. — Le défaut de plan d'ensemble, la division de l'Allemagne, la divergence d'intérêts des divers États, y ont provoqué la création de lignes concurrentes. Sur certains points, la lutte de trafic a été effective, surtout alors que la publication des abaissements de taxes n'était pas obligatoire; les Compagnies qui étaient en état d'hostilité avaient des commissionnaires chargés de rechercher le trafic, en offrant des bonifications à leurs clients. Mais elles ne tardèrent pas à constater que la plus forte part de ces réductions, au lieu de profiter au public, restait entre les mains crochues des intermédiaires; que leurs sacrifices servaient ainsi surtout à alimenter une industrie parasite, et que, d'ailleurs, elles courraient à la ruine en continuant une guerre sans issue. La paix fut faite par la conclusion de conventions ou cartels déterminant des règles de partage de trafic. Des accords de cette nature intervinrent même, soit entre des chemins privés et des chemins d'État, soit entre des lignes d'État qui desservaient les mêmes relations : cependant le fait est devenu plus rare en Allemagne, du jour où le Gouvernement s'est décidé à reprendre successivement les chemins privés et, à une certaine époque non reculée, l'État y a rouvert la lutte, dans l'espoir secret ou avoué de déprécier les chemins à racheter.

Les premières conventions furent basées sur la règle de la plus courte distance, sans aucun tempérament. Au cas d'égalité de parcours, les taxes étaient les mêmes et les expéditeurs avaient le choix de leur itinéraire (1).

Ce modus vivendi reposait sur un principe trop étroit, trop rigoureux pour subsister. On ne tarda pas à admettre une répartition de trafic, au moins pour les relations principales, entre les itinéraires dont la diffé-

(1) Les renseignements qui suivent sont empruntés à un rapport de mission de M. Kopp, Ingénieur en chef des Ponts et Chaussées, ancien Directeur général de la Staatsbahn.

rence de longueurs ne dépassait pas une proportion déterminée, atteignant jusqu'à 20 %.

Le partage se fait sous différentes formes, que nous allons énumérer :

1° *Partage en nature.* — Il y a identité de tarifs. Les stations d'expédition délivrent à chacun des itinéraires la part qui lui est dévolue.

Tantôt la répartition s'opère au wagon, si le trafic comporte des envois par wagon complet. C'est ainsi que sont traités les transports de céréales de Galicie vers la Saxe par les itinéraires Cracovie-Olmütz-Bodenbach, Cracovie-Olmütz-Wildenschwert-Tetschen, et Cracovie-Myslovitz-Breslau.

Tantôt le partage se fait par périodes, sauf rectifications de temps à autre pour corriger les inégalités dans l'intensité du trafic, si ces inégalités sont accusées. C'est à ce régime qu'ont été soumises : 1° les relations entre Proskaza (Hongrie) et Lindau (Bavière), desservies par les itinéraires Szegedin-Villany-Kufstein, Szegedin-Kestkeinet-Vienne, et Csaba-Szolnok-Köbaya-Vienne (Compagnies de l'Alföld-Bahn et de la Südbahn, société autrichienne des chemins de fer de l'État, Elisabeth-Bahn, chemin Mohacs-Fünfkirchen, chemin Fünfkirchen-Barcs et chemin de l'État hongrois); 2° les relations entre le chemin de Berg et Mark, le chemin rhénan rive droite et le chemin rhénan rive gauche.

Tantôt, mais plus rarement, la répartition a lieu par sections de provenance ou de destination. C'est ainsi que le trafic entre Raab et Vienne, ainsi qu'entre Raab et les stations de l'Elisabeth-Bahn, a été attribué jusqu'à Saint-Pölten à l'itinéraire via Wieselbourg et à partir de Saint-Pölten à l'itinéraire via Œdenbourg.

2° *Attribution de la totalité du trafic à un itinéraire et d'une indemnité aux itinéraires concurrents.* — Tantôt l'indemnité représente la différence entre le produit brut correspondant à la part de trafic fictivement attribuée aux itinéraires concurrents et les prix de revient des transports. Cet arrangement a été appliqué au trafic pour lequel la Société autrichienne et la Südbahn sont en concurrence, entre Buda-Pesth (rive gauche) et Vienne.

Tantôt, quoique plus rarement, l'indemnité consiste en une somme fixe, sans tenir compte du tonnage effectif transporté.

Les conventions de ce second groupe ont l'avantage de laisser à la Compagnie qui effectue les transports sa liberté de tarification ; mais elles donnent lieu à des contestations sur le prix de revient de ces transports.

3° *Partage en nature et en argent.* — Les cartels de cette catégorie sont généralement préférés aux autres. Ils comportent tous l'égalité des prix.

Dans certains cas, les parties contractantes déterminent par avance la répartition du trafic en nature. Les stations d'expédition doivent réaliser en fait cette répartition, en faisant leurs envois pendant un délai convenu sur chacun des itinéraires; à la fin du semestre ou de l'année, il est procédé à un règlement définitif et les Compagnies qui ont excédé leur quote-part versent aux autres la différence entre le produit brut de l'excédent et le prix de revient. On peut en citer une très large application aux relations entre la Hongrie d'un côté, l'Allemagne du Nord, la Hollande et la Belgique, d'autre part : sont entrés dans l'association tous les chemins hongrois, la Société autrichienne, le Nord-Ouest autrichien, le chemin de François-Joseph, le chemin du Nord, celui de l'Empereur Ferdinand, partiellement le chemin de l'impératrice Elisabeth, et aussi divers chemins allemands. La convention dont nous venons d'indiquer les traits généraux est intervenue à la suite d'une guerre violente de tarifs, qui avait jeté une véritable perturbation en Hongrie, en plaçant dans des conditions d'inégalité extrême les centres pour lesquels la concurrence pouvait s'exercer et ceux où, au contraire, elle était impossible.

Dans d'autres cas, le décompte, au lieu de se faire semestriellement ou annuellement, a lieu pour chaque expédition : les stations expéditrices, tout en cherchant à assurer la répartition en fait comme précédemment, ont des barêmes leur indiquant le prix de revient du transport et le partage du bénéfice net, de telle sorte que les écritures attribuent immédiatement à chaque Compagnie la quote-part qui doit lui revenir. Cette combinaison, spéciale aux situations peu compliquées, a été mise en usage dans l'Allemagne du Sud, spécialement pour le trafic de Prague avec la Bavière, par les voies Prague-Eger-Nuremberg et Prague-Furth-Nuremberg.

Parfois, comme pour le trafic de la Bohême avec Vienne et pour celui des stations bohêmes entre elles, les stations expéditrices font la répartition entre les diverses lignes par périodes. Les recettes sont cumulées et partagées après un délai déterminé, sauf paiement à chaque Compagnie du prix de revient de ses transports effectifs.

Quand chaque Compagnie a sa station d'expédition, l'expéditeur choisit lui-même son itinéraire; il est fait masse des recettes, sauf déduction du prix de revient, et la ventilation de la différence s'opère dans une proportion convenue, qui, le plus souvent, correspond aux préférences manifestées par le public dans le choix des itinéraires pendant une période déterminée. On trouve un exemple de ce régime, pour le partage du trafic entre Vienne et Pesth.

Lorsque l'un des deux itinéraires est dans des conditions manifestes d'infériorité et que, néanmoins, la Compagnie en possession de l'autre itinéraire a intérêt à ne pas sacrifier sa rivale, la totalité de la recette brute appartient à la Compagnie la plus puissante. Mais celle-ci est tenue de transporter une quote-part du trafic moyennant une indemnité un peu supérieure au prix de revient; si elle ne reçoit pas cette quote-part, elle est dédommagée de l'insuffisance par l'allocation du bénéfice qu'elle eût réalisé. Ce système a été admis par la Société autrichienne et par le chemin du Nord de l'empereur Ferdinand pour le trafic entre la Hongrie et la Bohême : c'est la Société autrichienne qui a le rôle prépondérant. Une autre application en a été faite par la Société autrichienne et le chemin d'État hongrois pour le trafic des stations du chemin d'État hongrois avec Pesth : ici la Société autrichienne n'a que le rôle secondaire.

On le voit, dans la plupart de ces traités, le prix de revient ou *tarif de régie* est un élément essentiel des règlements de compte : ce prix est fixé pour les colis et pour les wagons complets :
— soit à une somme déterminée par tonne kilométrique (le plus souvent 3 c. 5 et 2 c. 25 en Autriche-Hongrie);
— soit à une somme déterminée par tonne pour tout le parcours, sans avoir égard aux différences de longueur des itinéraires;
— soit à une certaine fraction des taxes.

Ces divers modes de calcul sont usités suivant les circonstances : le second, par exemple, s'impose, lorsque les itinéraires concurrents ont des longueurs très différentes.

8. **Observations et conclusions.** — Si l'on récapitule les résultats d'expérience que nous sommes allé puiser à l'étranger, si l'on cherche à en dégager un enseignement, on arrive aux conclusions suivantes :

a. — La concurrence, après avoir été effective en Angleterre, comme aux États-Unis, comme en Allemagne et en Autriche-Hongrie, a cessé pour faire place à des fusions, à des syndicats, à des associations.

b. — En Angleterre et aux États-Unis, elle a engendré des désastres financiers.

c. — Elle y a poussé très vivement à l'abaissement des tarifs ; mais cette action très avantageuse pour le public a eu sa contre-partie dans l'instabilité des taxes, dans des inégalités déplorables entre les centres, pour lesquels la concurrence était mise en jeu et ceux pour lesquels elle ne pouvait s'exercer, dans des dépenses frustratoires de premier établissement qui sont venues en définitive grever l'exploitation, enfin dans le monopole écrasant qui s'est finalement constitué sans être compensé, comme en France, par l'autorité de l'État sur les Compagnies.

d. — En ayant égard aux causes de relèvement des tarifs, que la concurrence a ainsi apportées à sa suite, il est difficile de croire qu'en dernière analyse elle ait hâté la réduction progressive des taxes, qui s'est produite et continuera à se produire dans tous les pays grâce aux améliorations, aux perfectionnements de l'exploitation et au développement du trafic.

e. — Dans le Royaume-Uni, comme dans l'Amérique du Nord, il s'est produit un revirement profond dans l'opinion publique, tout d'abord si favorable à la libre concurrence.

C'est qu'en effet les principes généraux de l'économie politique sont inapplicables en la matière.

Il est certain qu'en thèse générale, dans l'industrie ordinaire, dans le commerce, la concurrence, c'est-à-dire la compétition entre les producteurs, contribue puissamment à raviver l'activité sociale ; qu'elle en est « l'âme et l'aiguillon », suivant l'expression de Montesquieu ; qu'elle constitue le stimulant du progrès ; qu'elle a pour effet de ramener le prix des choses ou des services à sa juste valeur. Mais pour qu'elle existe, il faut que les producteurs soient nombreux, qu'ils ne puissent se concerter entre eux ou que ce concert soit nuisible à leurs intérêts. Toutes les fois que le nombre des producteurs diminue, la tendance à la lutte perd de son intensité ; s'il est très faible, l'association devient presque inévitable. Sans parler des chemins de fer, on pourrait en citer de nombreux exemples, familiers à quiconque a été mêlé de près ou de loin à la vie industrielle. Nous n'en rappelons qu'un, parce qu'il est particulièrement frappant : le sous-sol du département de Meurthe-et-Moselle renferme, le long de la Meurthe et du Sanon, de magnifiques gisements de sel gemme, les plus beaux et les plus riches de toute la France ; diverses concessions ont été instituées pour l'exploitation de ces gîtes ; après une lutte de quelque durée, les concessionnaires qui se sentaient maîtres du marché, qui étaient investis d'un monopole de fait, se sont réunis en association, se sont syndiqués pour faire la loi au consommateur. A cet exemple, nous pourrions en ajouter bien d'autres empruntés aux diverses branches de l'industrie, aux rapports entre patrons et ouvriers, et même aux anciens procédés de transport. Mais c'est là une vérité aujourd'hui évidente et indiscutée sur laquelle nous nous reprocherions d'insister. Les économistes les plus convaincus sont maintenant unanimes à reconnaître que leurs devanciers ont exagéré leurs théories ; qu'en véritables apôtres, entraînés par une foi et une conviction ardentes, ils ont à tort érigé en principes absolus des règles ne comportant point une pareille rigidité ; qu'ils ont dépassé la mesure en voulant faire une science en quelque sorte mathématique d'une science essentiellement expérimentale et empirique. Il en est de la concurrence comme du libre-échange, qu'une certaine école voulait faire prévaloir, sans aucune restriction, sans aucun tempérament, sans avoir égard aux nécessités financières et au régime des peuples voisins, sans se rappeler qu'ici-bas il ne peut rien y avoir d'absolu dans la vie sociale, non plus qu'en politique ou en administration.

Si, même dans l'industrie ordinaire, la concurrence entre producteurs s'évanouit dans beaucoup de cas, comment peut-on admettre qu'elle subsiste dans la grande industrie des chemins de fer ?

Le nombre des lignes reliant deux centres déterminés est nécessairement restreint : on pourra en construire deux, trois ou quatre, mais on n'ira pas plus loin. Au début, la lutte s'engagera, comme nous l'avons vu dans le Royaume-Uni et dans l'Amérique du Nord ; les tarifs seront abaissés au delà de toute mesure ; mais les recettes baisseront en même temps qu'augmenteront les dépenses d'exploitation ; des ruines, des désastres se produiront, ou, si les concessionnaires savent s'arrêter à temps, s'ils comprennent que la continuation des hostilités les mène tout droit à des catastrophes, ils s'entendront, se concerteront ; leurs tarifs se relèveront et, en fin de compte, le public paiera les frais de la guerre ; car, s'il n'y a pas de trafic pour deux, il faudra nécessairement trouver de la recette pour deux par un accroissement des taxes. Notre argumentation ne porte, bien entendu, que sur les courants de circulation qu'une ligne suffirait matériellement à desservir : s'il y avait insuffisance, l'établissement de lignes nouvelles répondrait à des besoins nouveaux et ne constituerait plus, à proprement parler, un acte de concurrence portant sur les mêmes services à rendre au public.

A cette première conséquence fâcheuse de la concurrence s'en ajoute une autre relative à la distribution du réseau. La lutte ne naîtra évidemment que suivant quelques directions privilégiées, ayant un trafic relativement abondant : on la verra, par exemple en France, se concentrer sur les lignes du Nord ou du Havre à Paris, de Paris à Lyon et à Marseille ; les capitaux iront s'y engloutir, délaissant les courants de circulation moins accusés, de telle sorte qu'un petit nombre de centres commerciaux importants seront réunis par plusieurs chemins, tandis que le surplus du pays sera absolument privé des bienfaits des voies ferrées. Tout pour les régions riches, rien pour les régions moins favorisées de la nature : tel sera le mot d'ordre des financiers, qui sont nécessairement réalistes et auxquels on ne peut demander de faire du sentiment.

Que serait devenu le réseau français, si dès l'abord la concurrence y avait été admise ? Notre pays aurait-il même été doté de ce second réseau des grandes Compagnies qui a coûté plus de quatre milliards, qui a donné en 1882 moins de 78 millions de produit net, c'est-à-dire sensiblement moins de 2 % des dépenses de premier établissement, et sur lequel l'ancien réseau a déversé plus d'un milliard?

D'un autre côté, la concurrence est à peu près inséparable du régime de liberté pour les Compagnies : c'est ainsi que l'ont entendu les Anglais et les Américains. Or, il est permis de se demander si les nations du continent européen n'ont pas mieux compris l'intérêt public en se réservant une autorité plus ou moins étendue sur la gestion des concessionnaires, en ne lâchant pas complètement la bride à des industriels nécessairement enclins à une certaine passion pour « les beaux yeux de leur cassette », en n'oubliant pas que les chemins de fer sont avant tout des instruments d'intérêt général, que la voirie est l'un des attributs les plus importants de la puissance publique, qu'à elle seule la délégation du droit d'expropriation suffirait à justifier l'intervention administrative dans l'organisation et l'utilisation des voies ferrées. Au surplus, la concurrence aboutissant inévitablement, nous l'avons vu, à des fusions ou à des associations, les monopoles de fait qu'elle engendre ne sont-ils pas plus redoutables que ceux dont l'institution résulte de la volonté des Pouvoirs publics, puisqu'ils n'ont ni contrepoids, ni frein, ni modérateur?

A toutes ces considérations d'ordre général s'en joint une autre spéciale à la France. Nous n'avions pas l'activité industrielle de l'Angleterre, sa richesse inouïe, son commerce maritime et, par suite, sa circulation intérieure; nous n'avions pas davantage la force d'expansion de la jeune nation américaine, le champ indéfini ouvert à son travail et à son industrie; l'État a dû contribuer largement aux dépenses de construction des voies ferrées, garantir aux capitaux du second réseau un revenu déterminé, devenir ainsi l'associé des Compagnies. Cette association, soit au point de vue des frais de premier établissement, soit au point de vue de la garantie d'intérêt, soit au point de vue du partage des bénéfices promis au Trésor en échange de ses sacrifices, s'est resserrée, au fur et à mesure du développement de notre réseau : en se succédant les unes aux autres, les concessions n'ont cessé de porter sur des lignes de moins en moins productives, d'exiger un concours de plus en plus accusé des finances publiques, de grossir le montant du revenu garanti. Les conventions votées en 1883 sont trop récentes, le souvenir en est trop présent à tous les esprits, pour qu'il soit utile de rappeler combien elles ont solidarisé les intérêts de l'État et des Compagnies, et de montrer qu'en fait le Trésor et la caisse de ces Sociétés ne sont plus, à beaucoup d'égards, qu'une bourse commune. Le moment n'est pas venu d'examiner et de discuter la ligne de conduite suivie par les différents Gouvernements, depuis près d'un demi-siècle.

Nous nous bornons à constater leurs actes et à en conclure que, même abstraction faite de toute autre raison, l'union intime de l'État et des concessionnaires rendrait la concurrence impraticable : car la lutte se traduirait par un affaissement de la recette kilométrique, par une aggravation des charges du Trésor, et plus tard aussi par une réduction dans sa part des bénéfices.

Les auteurs des cahiers des charges ont sagement agi en réservant aux Pouvoirs publics le droit de concéder ou de construire des chemins concurrents, sans ouvrir un droit à indemnité au profit des Compagnies qui auraient à en souffrir : c'était le seul moyen de couper court aux réclamations et d'éviter des résistances trop prononcées à l'extension progressive du réseau. Il y avait là une mesure de précaution, de prudence, de prévoyance, mais nullement une arme sérieuse de combat contre les Compagnies, en cas de résistance de ces Sociétés. Sans parler de l'action de tous les jours sur les concessionnaires, sans parler des ressources de tout genre dont l'Administration dispose pour empêcher les Compagnies de tenir en échec l'intérêt public, il est une arme beaucoup plus puissante, c'est l'ultima ratio du droit de rachat, c'est la reprise des réseaux par l'État. A la vérité, la simple perspective de cette mesure a le don de jeter l'épouvante dans beaucoup d'esprits, et il est indéniable qu'elle ne se justifierait que par des motifs d'une gravité exceptionnelle; elle serait funeste, si elle ne s'appuyait sur un programme bien étudié et bien arrêté pour l'exploitation ultérieure ; mais, sagement préparée, provoquée par des nécessités générales indiscutables, elle n'aurait pas les dangers et les conséquences dont on a parfois trop agité le spectre aux yeux du public.

Ne cherchons donc pas dans la concurrence ce que nous n'avons pas besoin d'y chercher, ce que nous ne pourrions pas y trouver. Les Pouvoirs publics ont une large autorité sur les Compagnies ; il est de leur devoir de ne pas la laisser amoindrir, d'en user avec fermeté, de couvrir sans cesse de leur protection les intérêts généraux dont ils sont les gardiens et les tuteurs; mais leur action sera d'autant plus prompte et plus efficace, qu'ils ne se serviront pas d'armes émoussées par avance et trop fragiles pour ne pas se rompre entre leurs mains.

Jusqu'ici nous avons raisonné surtout en envisageant le côté financier de la question. Les quelques partisans qu'a encore conservés le principe de la concurrence ont compris l'impossibilité de soutenir la lutte sur ce terrain ; ils ont reconnu l'inanité des guerres de trafic ; mais ils ont choisi un autre champ de bataille et proclamé l'efficacité de la concurrence au point de vue des progrès de l'exploitation technique. Nous voulons bien admettre qu'à défaut d'un abaissement des taxes, l'émulation entre les Compagnies rivales les porte à s'ingénier pour améliorer leur matériel roulant, pour accroître la régularité de leur service, pour l'adapter plus complètement aux convenances du public, pour hâter l'expédition, le transport et la livraison des marchandises, pour rechercher les économies, pour éliminer les dépenses frustratoires, pour éviter les formalités inutiles; cependant, il y aurait beaucoup à dire sur les perfectionnements susceptibles d'entraîner des charges pour les Compagnies, sur la durée de cette émulation à laquelle les traités de fusion ou de partage de trafic ne manquent pas de couper les ailes. Mais, en passant outre à ces objections, en supposant que tout aille au gré des défenseurs de la concurrence, il resterait à compter le prix auquel seraient achetées les améliorations du service; il resterait à examiner si l'intérêt du concessionnaire de la ligne unique à développer son trafic, si l'autorité de l'Administration sur ce concessionnaire n'aurait pu produire les mêmes résultats. Quant à nous, nous avons une conviction très arrêtée à cet égard. Nous croyons qu'avec une volonté énergique et éclairée, le Ministre des travaux publics et ses collaborateurs peuvent exercer une grande influence sur les améliorations de l'exploitation, qu'ils tiennent des pouvoirs suffisants de la législation existante, et que l'une des parties essentielles de leur mission consiste précisément à pousser les Compagnies dans la voie du progrès, à coordonner leurs efforts quelquefois divergents, à ranimer leur courage et leur activité, lorsqu'ils faiblissent.

Ainsi, à quelque point de vue qu'on se place, la concurrence doit être écartée, soit pour des raisons d'ordre général, soit pour des raisons spéciales au régime en vigueur pour le réseau français.

Les considérations générales que nous venons de présenter sous une forme concise et abstraite gagneront à être appuyées par quelques chiffres. Examinons rapidement à cet effet les conséquences financières qu'aurait eues la construction prématurée d'une grande ligne nouvelle de Calais à Marseille et à fortiori celle des 3 000 kilomètres de chemins concurrents proposés en 1883 par un certain nombre de députés.

La ligne actuelle de Calais à Marseille a une longueur de 1 166 kilomètres. Le tableau ci-dessous indique la longueur de ses diverses sections, leur dépense de premier établissement, leur produit brut et leur produit net en 1883.

DÉSIGNATION DES SECTIONS		LONGUEUR	DÉPENSES de premier établissement au 31 décembre 1883	RECETTE kilométrique		RECETTE TOTALE	
				brute	nette	brute	nette
		km	fr.	fr.	fr.	fr.	fr.
Calais à Boulogne		40	24.016.000	43.600	18.200	1.743.000	728.000
Boulogne à Amiens		123	63.093.000	77.500	37.000	9.532.000	4.772.000
Amiens à Paris	Amiens à Creil	82	109.000.000	181.800	74.800	24.571.000	9.800.000
	Creil à Paris	49		197.300			
Paris à Lyon		512	439.742.000	177.000	103.600	90.632.000	53.029.000
Lyon à Marseille		360	312.507.000	172.500	116.800	62.432.000	42.274.000
Totaux ou moyennes		1166	948.448.000	162.000	95.000	188.945.000	110.603.000

Parmi ces chiffres, il en est qui ont dû être calculés par aperçu, faute de renseignements statistiques précis ; mais nous avons la conviction de nous être écarté aussi peu que possible de la réalité. On peut donc admettre que le chemin actuel de Calais à Marseille a coûté plus de 800 000 fr. par kilomètre et près de 950 millions au total, qu'il a donné un produit brut de près de 190 millions et un produit net d'environ 110 millions : c'est un peu moins de 1/10 de la dépense totale des réseaux concédés aux six grandes Compagnies et de 1/5 de leur recette brute, et un peu plus de 1/5 de leur recette nette. La recette brute et la recette nette du chemin de Calais à Paris représentent environ le 1/5 du produit net de l'ensemble du réseau du Nord ; quant à la ligne de Paris à Marseille, elle fournit près de 1/2 de la recette brute et sensiblement plus de moitié de la recette nette totale du réseau de Paris-Lyon-Méditerranée ; la première, toutes dépenses et toutes charges payées, donne à la Compagnie un excédent de 4 millions, et la seconde un excédent de 64 millions (1).

Notons encore les renseignements suivants :

Sommes déversées de l'ancien sur le nouveau réseau en 1883	par la Cie du Nord.	1 713 000 fr.
	par la Cie de Lyon.	24 654 000 fr.

Dividendes distribués pour l'exercice 1883						
Nord	Intérêt statutaire.	par action...	16	pour les 525.000 actions	8.400.000
	Dividende proprement dit.......	—	57	—	29.925.000
	Total.......	—	73	—	38.325.000
P.-L.-M.	Intérêt statutaire.	par action...	20	pour les 800.000 actions	16.000.000
	Dividende proprement dit.......	—	35	—	28.000.000
	Total.......	—	55	—	44.000.000

(1) Abstraction faite des charges des capitaux fournis par l'État.

Dividende réservé par les conventions de 1883.	Nord	par action....	54	pour les 525.000 actions	28.350.000
	P.-L.-M.	—	55	pour les 800.000 actions	44.000.000

Supposons pour un instant que les Pouvoirs publics aient consenti, à la suite de la guerre, à la construction d'une seconde ligne de Calais à Marseille, qu'en serait-il advenu ?

Même en tenant un large compte de l'essor imprimé au trafic général par l'ouverture de ce nouveau chemin, et en supposant que les tarifs actuels eussent été maintenus ou que leur réduction n'eût pas provoqué un affaissement des produits, les voies préexistantes auraient certainement perdu un tiers de leur recette brute. Le produit brut des réseaux du Nord et de Paris-Lyon-Méditerranée aurait subi dès lors les réductions suivantes :

Réseau du Nord........................ 12 millions.
Réseau de Paris-Lyon-Méditerranée....... 51 millions.

Ces réductions auraient eu nécessairement pour effet d'élever un peu le coefficient d'exploitation, d'autant plus fort que la circulation est moindre ; le produit net aurait certainement subi pour ce motif des diminutions que l'on ne peut évaluer à moins de :

Réseau du Nord........................ 8 millions.
Réseau de Paris-Lyon-Méditerranée....... 34 millions.

Ainsi, la Compagnie du Nord aurait vu baisser son dividende de 15 fr. en 1883 et, ce qui est plus grave, non seulement la Compagnie de Paris-Lyon-Méditerranée aurait vu descendre son dividende à 20 fr. au-dessous du chiffre réservé, mais la garantie de l'État aurait été mise en jeu pour une somme d'environ 20 millions.

Quant à la nouvelle artère de Calais à Marseille, voici quelle eût été sa situation. Les promoteurs de l'affaire annonçaient leur intention de créer une voie magistrale, dépassant en confort tout ce qui avait été vu jusqu'alors en France, de l'approprier à des vitesses de 100 à 120 kilomètres à l'heure, de la pourvoir d'un matériel perfectionné ; ils voulaient d'ailleurs la tracer par Boulogne, Abbeville, Beauvais, Pontoise, Paris, Nevers, Lyon et Avignon.

Établie dans ces conditions, la ligne n'eût pas présenté un raccourci considérable. Les difficultés du terrain, notamment entre Abbeville et Beauvais ainsi qu'entre Paris et Lyon, eussent conduit à des frais énormes de premier établissement, pour éviter les rampes incompatibles avec de grandes vitesses. Le tracé se fût jeté dans des propriétés qui ont acquis une très grande valeur, par le fait de la progression considérable observée dans le prix des immeubles, surtout aux abords des villes, depuis une vingtaine d'années, et aussi par le fait même de la construction des chemins de Calais-Amiens-Paris et Paris-Dijon-Marseille et des autres chemins de la région. Sur certains points, particulièrement dans les parties étroites de la vallée du Rhône, la ligne nouvelle eût trouvé, sinon la seule place favorable, du moins la meilleure, prise par les lignes existantes. Notre conviction est qu'il eût été presque impossible de descendre notablement au-dessous du chiffre d'un milliard pour la dépense de construction.

En attribuant au second chemin de Calais à Marseille le même produit brut qu'au premier, c'est-à-dire les 2/3 du produit brut actuel, soit 130 millions, et en admettant un coefficient d'exploitation de 0,35 à 0,40, le produit net eût été, en 1881, de 80 millions en nombre rond, soit de 8 °/₀ du capital engagé.

On le voit, la spéculation eût été bonne en elle-même, pour les financiers qui l'eussent entreprise, et il était impossible qu'il en fût autrement, puisqu'elle reposait sur le drainage du courant de circulation le plus puissant de toute la France.

Mais, en revanche, le réseau du Nord aurait été profondément atteint et le réseau de Paris-Lyon-Méditerranée aurait été frappé dans ses œuvres vives, dans son artère nourricière.

Ce bouleversement des situations acquises, cette menace pour le Trésor, eussent-ils été justifiés par les profits indirects procurés au public, par les conditions plus larges et plus grandioses de l'exploitation, par l'émulation entre les Compagnies ancienne et nouvelle? Nous sommes porté à croire qu'envisagée dans son ensemble, et abstraction faite des intérêts si profondément solidaires du Trésor et des Compagnies actuelles, l'opération était de nature à profiter aux usagers. Mais nous avons trop longuement démontré, pour être obligé d'y revenir, qu'avec le régime français il faut, sans négliger les avantages directs ou indirects assurés au public, tenir aussi un large compte des considérations budgétaires : et à ce point de vue, nous le répétons, l'ouverture d'une seconde artère magistrale entre Calais et Marseille eût été jusqu'ici inopportune.

Au surplus, cette œuvre colossale s'imposait elle par une insuffisance notoire des voies existantes ?

Dans la suite de cet ouvrage, nous consacrons un article spécial à l'étude de la capacité de transport des voies ferrées. Le lecteur y trouvera des indications sur l'influence du nombre des voies, de la vitesse des trains, de leur distribution aux diverses heures de la journée, de la distance des stations, de la nature du trafic, des moyens de sécurité; il y verra les résultats de l'expérience des chemins de fer anglais. Nous ne retenons, pour le moment, de cette étude que les faits suivants :

1° La recette brute moyenne par kilomètre des lignes à double voie de la Grande-Bretagne dépasse notablement 70 000 fr.; c'est donc à tort que les promoteurs des lignes concurrentes en France ont invoqué ce chiffre comme une limite à partir de laquelle nos voisins d'Outre-Manche considéraient l'établissement de chemins nouveaux et parallèles comme nécessaire, ou tout au moins utile.

2° Dans les conditions moyennes où sont placés leurs réseaux avec peu de trains de marchandises à marche lente, les Compagnies anglaises paraissent admettre le chiffrec de 200 pour le nombre de trains que peut débiter en 24 heures une ligne à deux voies. Cette limite peut être excessive ou insuffisante, suivant la vitesse, la répartition et l'ordre de succession des trains : elle ne correspond, d'ailleurs, qu'à 4 trains en moyenne par heure, dans chaque sens.

3° En ajoutant une ou deux voies auxiliaires par tronçons disséminés aux abords des gares, elles augmentent dans une large proportion la puissance de débit qui, suivant elles, pourrait atteindre et dépasser 600 trains par 24 heures sur les sections à quadruple voie.

Mais n'anticipons point sur l'examen détaillé de cette question (les faits que nous venons de relater nous suffisent pour l'heure), et revenons aux chemins actuels de Calais à Paris et de Paris à Marseille.

Voici, d'après les tableaux de la marche des trains et d'après les statistiques des Compagnies du Nord et de Paris à Lyon et à la Méditerranée, les nombres maxima et moyens des trains, pendant l'année 1883, sur les diverses sections de ces deux chemins.

DÉSIGNATION DES SECTIONS	LONGUEUR	MOYENNES			MAXIMA d'après le tableau de la marche des trains		
		Voyageurs	Marchandises	Totaux	Voyageurs	Marchandises	Totaux
1° Ligne de Calais à Paris.	km.						
Calais à Boulogne	40	22	10	32	27	36	63
Boulogne à Amiens	125	28	14	42	35	48	83
Amiens à Creil	79	37	23	60	41	60	101
Creil à Chantilly	9	76	28	104	82	65	147
Chantillly à Saint-Denis	35	84	24	108	92	59	151
Saint-Denis à Paris — Chantilly	6	88	26	114	96	63	159
Saint-Denis à Paris — Pontoise		113	35	148	147	99	237

DÉSIGNATION DES SECTIONS	LONGUEUR	MOYENNES			MAXIMA d'après le tableau de la marche des trains		
		Voyageurs	Marchandises	Totaux	Voyageurs	Marchandises	Totaux
2° Ligne de Paris à Marseille.	km.						
Paris à Villeneuve-Saint-Georges........	14	101	46	147	127	64	191
Villeneuve-Saint-Georges à Moret........	53	71	29	100	97	46	143
Moret à Laroche....................	88	39	26	65	67	41	108
Laroche à Dijon......................	159	33	21	54	61	37	98
Dijon à Macon.......................	127	37	36	73	77	55	132
Mâcon à Saint-Germain-au-Mont-d'Or....	51	33	26	59	77	48	125
Saint-Germain à Lyon-Vaise............	20	46	30	76	87	51	138
Lyon-Vaise à Lyon-Perrache............	»	46	48	94	87	81	168
Lyon à Valence.......................	106	30	47	77	67	82	149
Valence à Tarascon....................	146	31	72	103	68	109	177
Tarascon à Marseille..................	99	40	44	84	76	77	153

Ces chiffres montrent que le mouvement n'est réellement très intense que sur les sections de Creil à Paris et de Paris à Villeneuve-Saint-Georges. Les Compagnies du Nord et de Lyon sont, d'ailleurs, en situation de parer à toutes les éventualités, non seulement sur ces sections, mais encore sur les autres.

En effet, la Compagnie du Nord dispose :

1° Entre Calais et Amiens, d'une seconde ligne, par Watten, Saint-Omer, Hazebrouck et Arras;

2° Entre Amiens et Paris, d'une deuxième ligne par Beauvais, Montsoult et Épinay, et d'une troisième ligne par Montdidier, Estrées-Saint-Denis, Ormoy et le Bourget, point de soudure avec la Grande-Ceinture.

Ces deux dernières lignes ont des entrées distinctes à Paris et sont établies dans des conditions techniques très favorables. Elles n'ont qu'un trafic propre très restreint; nous n'en dirons pas autant de la ligne de Calais à Amiens, par Arras, qui emprunte la grande artère de Lille à Amiens; mais, nous l'avons vu, entre la Manche et Amiens, le mouvement est peu considérable.

Mentionnons encore, pour ne rien omettre, le chemin par Pontoise et Enghien aux abords de Paris.

Les lignes de dégagement que la Compagnie du Nord possède entre Amiens et Paris lui permettent tout à la fois d'alléger le mouvement sur l'itinéraire Creil-Chantilly et de faire un triage, un groupement de ses trains par catégories de vitesse, ce qui contribue puissamment à accroître la capacité de débit : nous le démontrerons par la suite.

Quant à la Compagnie de Paris-Lyon-Méditerranée, elle achève le doublement de ses voies principales entre Paris et Villeneuve-Saint-Georges; dès maintenant elle peut dégager sa ligne maîtresse entre Villeneuve-Saint-Georges et Lyon, par le chemin du Bourbonnais, c'est-à-dire, soit par l'itinéraire Corbeil, Montargis, Gien, Nevers, Moulins, Saint-Germain-des-Fossés et Roanne, qui s'en détache à Villeneuve-Saint-Georges; soit par l'itinéraire Moret, Montargis, Nevers, qui s'en détache à Moret et se confond avec le premier à partir de Montargis; ces deux itinéraires n'allongent pas sensiblement le parcours et leurs conditions de tracé et de profil sont relativement bonnes. La Compagnie a, de plus, obtenu en 1883 la concession éventuelle d'un chemin nouveau de Corbeil à Melun et Montereau par la vallée de la Seine, qui, avec l'embranchement de Corbeil, pourra prendre sa part de trafic jusqu'à Montereau, de telle sorte que, même en laissant de côté la branche de Montargis au delà de Corbeil, elle disposera de quatre voies entre Paris et Montereau. Entre Dijon et Lyon, elle a, dès aujourd'hui, un chemin auxiliaire par Saint-Jean-de-Losne, Louhans et Bourg, qui a le précieux avantage de conduire directement vers l'Ain, la Savoie et l'Italie (par le mont Cenis). Elle a encore le chemin de Chagny, Paray-le-Monial, Roanne et Saint-Étienne, qui enlève à la ligne principale le transport des houilles de Saint-Étienne à destination du Creuzot et de la région située au Nord-Est de Châlon-sur-Saône. Notons aussi, avant d'en finir avec la section de Paris à Lyon, diverses mailles nouvelles qui vont s'intercaler entre la ligne principale et celle du Bourbonnais et qui pourront constituer un nouvel itinéraire par Clamecy, Cercy-la-Tour, Gilly-sur-Loire, Paray-le-Monial et Lozanne. Le prolongement jusqu'à Givors permettra de tourner Lyon; il en est de même d'un raccordement de 4 kilomètres entre Collonges et Lyon-Saint-Clair.

Au delà de Lyon, la Compagnie a une seconde ligne qui court côte à côte avec la première par la rive droite du Rhône, jusqu'à la hauteur d'Avignon et même de Tarascon. La concession qui lui a été faite, en 1883, de la traversée du Rhône, à Avignon, et du chemin de Miramas à Lestaque, par le Sud de l'étang de Berre, complétera plus tard, avec le chemin d'Avignon à Miramas qui est en exploitation et avec celui de Lestaque à Marseille dont la Compagnie est depuis longtemps concessionnaire, le doublement de la grande artère jusqu'à Marseille, où la ligne nouvelle aboutira près des bassins du port.

On est donc fondé à dire que la voie magistrale de Calais à Marseille est dès aujourd'hui doublée sur presque toute sa longueur et le sera prochainement en entier.

Ajoutons à cela les perfectionnements qui ont été apportés aux moyens de sécurité, notamment par l'emploi du block-system, et qui ont augmenté la puissance de débit de cette voie; ajoutons-y encore la ressource qu'offre le chemin de Grande-Ceinture pour dégager les abords immédiats de la capitale de tout le trafic de transit des marchandises.

D'ailleurs, nous l'avons déjà fait connaitre, la Commission d'enquête instituée par l'Assemblée nationale après la guerre avait étudié la question dans tous ses détails et avait formulé les désidérata suivants par l'organe autorisé de M. Cézanne :

1° Construction, entre le Pouzin et Nîmes, d'une ligne à double voie, à pentes douces et à grands rayons, suivant la rive droite du Rhône et indépendante de celle déjà existante par Alais;

2° Construction d'un chemin à double voie, établi dans les meilleures conditions de tracé qu'il serait possible et partant du Rhône, près de Givors, pour desservir la rive gauche du Gier jusqu'à Saint-Étienne;

3° Prompt achèvement de la ligne de Marseille à Grenoble, avec embranchements sur Briançon et la frontière italienne, d'une part, et sur Digne, d'autre part;

4° Construction d'un chemin de fer de Grande-Ceinture, mettant les réseaux en relations faciles et dégageant les gares de Paris et le chemin de fer de Petite-Ceinture du trafic de transit;

5° Construction d'une ligne directe d'Amiens à Dijon, avec un profil aussi favorable que possible;

6° Construction, dans les mêmes conditions, d'un chemin d'Avallon vers Mâcon;

7° Établissement d'un embranchement partant de Marseille par le littoral, indépendant du tunnel de la Nerthe et se reliant avec les chemins des deux rives du Rhône, de telle sorte qu'il y eût deux lignes distinctes de Lyon à Marseille (rive gauche et rive droite), de Paris à Marseille par Lyon et par Saint-Étienne, et de Marseille dans le Languedoc;

8° Travaux divers d'amélioration des voies navigables dans les bassins de la Saône et du Rhône;

Jonction de la Saône avec la Moselle et la Marne;

Construction d'un canal latéral au Rhône à partir de Lyon jusqu'à Arles, avec prolongement sur Marseille.

Il a été satisfait à la plupart de ces vœux. En effet :

1° La nouvelle ligne à double voie est en exploitation de Givors à Nîmes par Villeneuve-lès-Avignon;

2° Un deuxième chemin de Lyon à Saint-Étienne a été concédé, le 3 juillet 1875, à la Compagnie de Paris-Lyon-Méditerranée, avec obligation de le construire, lorsque le tonnage des marchandises expédiées en une année par les gares de Saint-Étienne inclusivement à Lyon-Perrache exclusivement se serait accru de 50 % : cette condition n'est pas encore remplie ;

3° La ligne de Marseille à Grenoble et son embranchement sur Digne sont en exploitation, l'embranchement de Briançon est ouvert ;

4° Le chemin de Grande-Ceinture est livré à la circulation sur toute son étendue et des négociations ont été engagées entre l'État et le syndicat pour y reporter tout le transit des marchandises qui ne doit pas forcément emprunter le chemin de Petite-Ceinture ;

5° La ligne directe d'Amiens à Dijon est en exploitation. Toutefois, il faut constater que diverses considérations ont conduit à donner à la section comprise entre les lignes de Paris à Soissons et de Paris à Avricourt une direction peu favorable aux transports directs d'Amiens vers Dijon ou inversement ;

6° La ligne d'Avallon à Mâcon par Dracy-Saint-Loup, Montchanin et Saint-Gengoux est ouverte sur la plus grande partie de sa longueur ;

7° La traversée d'Avignon et les sections de Miramas à Lestaque et de Lestaque à Marseille constitueront, avec celle d'Avignon à Miramas par Orgon, le second chemin d'Avignon à Marseille : le tronçon de Lestaque à Marseille, trop longtemps ajourné, doit être achevé dans un délai de 4 années aux termes de la convention conclue, en 1883, entre l'État et la Compagnie de Paris-Lyon-Méditerranée ;

8° Les travaux de navigation, indiqués par la Commission, sont achevés ou en cours d'exécution, sauf le canal latéral au Rhône, de Lyon à Arles, et son prolongement vers Marseille. Les Pouvoirs publics ont cru devoir renoncer à créer un canal de navigation le long du Rhône, pour des raisons que nous n'avons ni à discuter, ni même à énumérer ici, mais parmi lesquelles il faut placer leur intention d'établir un grand canal d'arrosage dérivé des eaux du Rhône (1). Quant au canal de jonction du Rhône à Marseille, l'avant-projet en a été dressé ; la situation financière du pays n'a pas permis d'y donner suite jusqu'à ce jour.

Dans tout ce qui précède, nous avons négligé un argument souvent invoqué par les partisans de la nouvelle ligne de Calais à Marseille et bien fait pour frapper l'opinion publique : nous voulons parler de la nécessité de sauvegarder les intérêts du transit international, qui nous est si vivement disputé par les nations voisines. C'est qu'en effet, si au lieu de se laisser tromper par les apparences, au lieu de céder sans examen aux

(1) On a toutefois entrepris de grands travaux pour l'amélioration du fleuve.

sentiments patriotiques qu'éveille nécessairement un argument de cette nature, on envisage, on interroge froidement la situation, on ne tarde pas à constater le peu d'importance de ce mouvement de transit, à reconnaître que le géant n'est qu'un pygmée (1). Nous nous expliquerons avec quelque développement, dans un autre chapitre de cet ouvrage, sur cette question, au premier abord si grosse, en fait si petite, des échanges en grande vitesse entre l'Angleterre d'une part, et l'Italie ou l'Orient, d'autre part. Nous nous bornons, pour le moment, à extraire les renseignements suivants d'un remarquable rapport présenté, le 12 juillet 1881, par M. Brossard, député, sur diverses propositions de loi tendant à une nouvelle percée des Alpes.

Nombre de voyageurs s'embarquant ou débarquant annuellement à Brindisi en destination ou en provenance de l'Orient, moins de 4 000.

Marchandises traversant la France, en destination ou en provenance de l'Orient.. Néant.

Transit annuel, par la France, des marchandises provenant de l'Angleterre et en destination de l'Italie ou réciproquement.... 15 000 T.

Transit entre l'Italie et la Belgique par la France...... 10 000 T.

Echanges annuels entre l'Angleterre et la Belgique, d'une part, et l'Italie d'autre part.................................. 1 800 000 T.

Le transit par voies ferrées ne constitue donc et ne peut constituer qu'une fraction minimum du mouvement entre l'Angleterre et la Belgique d'un côté, l'Italie ou l'Orient, de l'autre. Pour l'Angleterre, notamment, ce serait une singulière erreur que de croire à la possibilité de détourner le trafic de sa voie naturelle, c'est-à-dire de la voie maritime. Si le percement du Saint-Gothard nous a causé un préjudice indéniable, ce n'est point en nous enlevant un transit considérable, mais en faisant tomber la barrière naturelle qui séparait l'Allemagne de l'Italie, en multipliant les échanges entre ces deux pays, en sapant ainsi notre exportation ; si le port de Gênes a pris, depuis quelque temps, un développement qui a paru redoutable pour Marseille, c'est pour des causes étrangères à l'état des voies de communication aboutissant à notre grand port méditerranéen. L'établissement d'une nouvelle artère entre Calais et Marseille ne remédierait nullement au mal, qui appelle d'autres remèdes. Ce que nous avons à faire, ce n'est point d'engloutir un milliard dans une œuvre, sinon stérile, du moins prématurée. C'est de perfectionner au plus tôt l'outillage de nos ports, de les pourvoir de hangars et d'engins de chargement et de déchar-

(1) Nous réservons, bien entendu, les modifications que pourra subir la situation actuelle, si le tunnel sous la Manche vient à s'exécuter.

gement, de munir leurs terre-pleins de rails amenant les wagons en contact avec les navires, d'éviter les manutentions et les charrois onéreux, d'en faire de véritables gares de transbordement. C'est aussi et surtout d'améliorer sans cesse notre production, d'avoir toujours l'œil ouvert sur les problèmes sociaux qui agitent la classe ouvrière, de chercher à obtenir d'elle la plus grande somme possible de travail à bon marché tout en améliorant sa situation matérielle; d'encourager par exemple à cet effet la participation aux bénéfices, de faire de l'ouvrier l'associé du patron et non son antagoniste. C'est encore d'avoir un régime douanier sagement approprié à notre situation et à celle de nos voisins. Il y a là une grande et noble tâche, plus haute que celle de l'addition de quelques centaines de kilomètres de voies ferrées dont l'utilité est des plus contestables.

Est-ce à dire qu'il faille délivrer aux grandes Compagnies un satisfecit sans réserve, un brevet de perfection? Non, elles ne le réclament certainement pas elles-mêmes. Elles ont une part active à prendre dans cette lutte pour la vie qui s'impose aux peuples comme aux hommes; elles doivent, par des efforts de tous les instants, perfectionner leur exploitation, poursuivre l'abaissement des taxes, augmenter le confort de leur matériel, accroître la vitesse de leurs trains pour les voyageurs et les marchandises, réduire les délais d'expédition et de livraison. Leur intérêt et l'honneur de leurs administrateurs, de leurs directeurs, les y obligent. Elles détiennent l'un des instruments les plus puissants de la richesse publique, elles sont préposées à la garde de l'une des sources les plus fécondes de la grandeur nationale; leur habileté doit être à la hauteur de la tâche qu'elles ont assumée.

Mais nous nous reprocherions de prolonger une étude, peut-être déjà trop développée, sur le Calais-Marseille. Nous croyons avoir surabondamment démontré, et par des considérations théoriques, et par des faits recueillis sans parti-pris, soit en France, soit à l'étranger, que la concurrence est à peu près impossible en matière de chemins de fer, qu'en tous cas elle était irrationnelle avec le régime du réseau français, qu'elle eût compromis au plus haut point les intérêts du Trésor, qu'elle eût retardé l'expansion des voies ferrées, qu'en exagérant les dépenses des lignes principales elle eût porté obstacle à l'abaissement des tarifs, et qu'elle eût, par suite, causé au pays un préjudice incalculable.

CHAPITRE V

DE LA CONCURRENCE

ENTRE LES CHEMINS DE FER ET LES VOIES DE NAVIGATION INTÉRIEURE.

1. Opinion généralement admise sur le rôle respectif des chemins de fer et des voies navigables. — Dès l'origine des chemins de fer, on s'est occupé de la concurrence entre ces nouvelles voies de communication et les voies navigables.

Les voies ferrées devaient-elles enlever aux rivières et aux canaux tout ou partie de leur trafic ?

Devaient-elles, par suite, porter un préjudice grave aux concessionnaires de canaux et à l'industrie de la batellerie ?

Devaient-elles tarir une des sources des revenus publics, en diminuant la matière imposable des transports par eau, alors assujettis à des droits relativement élevés au profit du Trésor ?

Etait-ce une bonne opération économique, que de construire des chemins de fer dans les vallées déjà desservies par des canaux ?

Réciproquement, ne fallait-il pas suspendre l'établissement des canaux, instruments d'un autre âge, appelés à perdre toute leur utilité en présence de la locomotive ?

On comprend la légitime émotion des concessionnaires de canaux et des entrepreneurs de transports par eau, dès qu'ils virent le danger auquel allait les exposer la lutte de cet ennemi redoutable, mis au monde par le génie de Stephenson.

On comprend également les discussions que provoqua la question au sein des Assemblées politiques ; les études approfondies auxquelles elle donna lieu de la part de l'Administration, des ingénieurs, des économistes ; les polémiques qu'elle engendra entre les publicistes.

L'examen rétrospectif des discours, des écrits que nous ont laissés nos pères à cet égard, serait une œuvre, sinon stérile, du moins fort laborieuse : nous nous bornerons donc à quelques indications sommaires.

En 1833, à l'occasion d'un projet de loi tendant à l'ouverture d'un crédit de 500 000 fr. pour des études de chemins de fer, la Commission de la Chambre des députés, à laquelle ce projet avait été renvoyé, fut saisie de l'expression des craintes qu'éveillait déjà dans quelques esprits la concurrence des voies ferrées et des voies navigables. Dans son rapport, M. de Bérigny s'efforça de dissiper ces appréhensions en faisant valoir que chacune des deux catégories de voies de communication aurait son domaine spécial et distinct, que les canaux conserveraient l'avantage de l'économie et garderaient, par suite, le trafic des marchandises, et que les chemins de fer, ayant pour eux la rapidité des transports, prendraient le trafic des voyageurs, peu important pour la navigation intérieure.

En 1844, à l'occasion d'un débat sur la ligne de Paris à Lille et à la frontière belge, M. Dumon, ministre des travaux publics, formula un avis analogue et affirma que les canaux auraient toujours le transport des matières encombrantes.

Cependant, l'accord sur ce point n'était pas complet : car, en 1844, M. Philippe Dupin, rapporteur d'un projet de loi concernant le chemin de Paris à Strasbourg, crut devoir appeler l'attention de l'Administration sur l'opportunité de ne pas achever les travaux du canal de la Marne au Rhin, au moins sur une partie de sa longueur, et même de les utiliser au delà de Nancy pour l'assiette des rails.

L'éminent Ingénieur en chef chargé de la construction de cette voie navigable et, en même temps, du chemin de fer de Paris à la frontière allemande, M. Ch. Collignon, publia à cette occasion, en 1845, un livre fort remarquable intitulé « Du concours des canaux et des chemins de fer, et « de l'achèvement du Canal de la Marne au Rhin ». Dans cet ouvrage, M. Collignon faisait connaître les résultats de l'expérience en Belgique, c'est-à-dire dans un pays où le Gouvernement n'était dominé par aucune préoccupation fiscale dans l'exploitation des chemins de fer, dirigeait tous ses efforts vers l'accroissement du transit, le développement de l'exportation et l'augmentation des facilités offertes à l'importation des matières premières, et avait entre les mains la plus grande partie des voies navigables du Royaume. L'auteur y montrait le trafic progressant simultanément sur les voies ferrées et sur les canaux, et les Pouvoirs publics tendant à encourager, à étendre une rivalité qu'ils envisageaient comme féconde et salutaire, loin de la redouter et d'y porter obstacle. Passant à l'Angleterre où les canaux étaient concédés comme les chemins de fer, il constatait que les entreprises de navigation avaient jusqu'alors donné un revenu supérieur à celui des entreprises de voies ferrées, et que la concurrence y avait procuré d'immenses avantages au public. En France même, sur les quelques points où la lutte existait déjà, elle avait tourné au grand profit des usagers, sans enlever aux voies navigables leur part de transports.

M. Collignon estimait à plus de six centimes par tonne kilométrique l'économie du coût de transport par la navigation, tout péage mis à part ; il considérait les chemins de fer comme ayant une puissance de débit trop restreinte pour suffire aux besoins de la grande industrie ; il pensait que, sagement entendue, leur rivalité avec les canaux et les rivières aboutirait en définitive à développer la prospérité des uns et des autres et constituerait, en même temps, le modérateur le plus efficace contre les prétentions d'envahissement et de monopole des Compagnies de chemins de fer Il. concluait à mener de front les deux opérations de l'achèvement de notre réseau de navigation et de l'exécution de nos voies ferrées.

Le savant et habile plaidoyer de M. Collignon sauva le canal de la Marne au Rhin, qui fut continué jusqu'à Strasbourg et qui est aujourd'hui dans une situation florissante.

Peu de temps après, M. Lambrecht, ingénieur des Ponts et Chaussées, insérait aux Annales des Ponts et Chaussées (1846, 2e semestre) un mémoire dans lequel il étudiait à son tour l'influence de l'ouverture des chemins de fer sur les transports par eau en Belgique et établissait :

1° Que le tonnage des voies navigables n'avait cessé de s'accoître ;

2° Que les frais de transport par la navigation pouvaient être évalués, sur les canaux, au 1/6 et sur les rivières au 1/3 ou à la 1/2 des frais de transports par rails ;

3° Que les canaux et rivières, malgré leur excédent de longueur sur les lignes parallèles de chemins de fer, pourraient, par un abaissement convenable des péages, faire encore une concurrence utile aux voies ferrées, quand même celles-ci se borneraient à un très minime bénéfice et réduiraient leurs frais d'un tiers ou même de moitié.

En 1850, M. Minard, inspecteur général des Pont et Chaussées, qui jouissait d'une très grande autorité professionnelle et qui avait déjà publié une étude sur ce grave problème, le reprit et le traita à nouveau dans un beau mémoire consacré à l'Économie politique dans ses rapports avec les Travaux publics (Annales des Ponts et Chaussées, 1850, 1er semestre). Il y passa minutieusement en revue les faits constatés en Belgique et en Angleterre ; il confirma, pour la Belgique, les appréciations de MM. Collignon et Lambrecht ; il prouva qu'en Angleterre les canaux, frappés dans une certaine mesure par la concurrence des chemins de fer, n'en avaient pas moins conservé le transport des marchandises lourdes et de peu de valeur, et qu'en tous cas les tarifs s'étaient notablement abaissés au grand profit du public. Son sentiment paraissait être favorable à la juxtaposition des voies ferrées aux voies navigables, lorsque la région desservie offrait des éléments de trafic suffisamment nombreux et abondants pour justifier une double dépense de premier établissement.

Néanmoins l'opinion publique, excitée par les effets merveilleux de la locomotive et par le désir d'avoir le plus tôt possible des chemins de fer, continuait à se montrer rebelle à la coexistence des deux catégories de voies de communication et prête, au besoin, à sacrifier la navigation, dont elle avait l'ingratitude de méconnaître les services passés. Cette disposition de sa part à brûler ce qu'elle avait adoré la veille se trahit à propos de la concession du chemin de Bordeaux à Cette. Le premier concessionnaire n'ayant pas satisfait à ses engagements et ayant, en conséquence, été frappé de déchéance en 1847, les Compagnies qui prétendaient à lui succéder demandaient, soit la remise simultanée, entre leurs mains, de la voie ferrée et du canal latéral à la Garonne, soit même la destruction de la voie navigable et son utilisation pour l'assiette des rails. Cinquante-trois députés, représentant douze départements du Midi et porteurs de quatre cents délibérations de conseils municipaux et de chambres de commerce, vinrent appuyer cette dernière solution auprès du Gouvernement. Le Ministre eut la sagesse de ne pas se prêter à un tel acte de vandalisme; mais il se résigna à réunir la concession du canal latéral à la Garonne à celle du chemin de fer. Entre deux maux, il avait choisi le moindre; il eût certainement mieux fait de les éviter l'un et l'autre. Quoi qu'il en soit, le Corps législatif ratifia sa détermination en 1852.

La Compagnie du chemin de fer du Midi, après s'être rendue ainsi maîtresse du canal latéral à la Garonne, ne tarda pas à mettre également la main sur le canal du Midi. La Société concessionnaire de cette grande voie de navigation, qui a immortalisé le nom de Riquet, ne put, en effet, supporter la concurrence de la voie ferrée; l'insuccès des efforts qu'elle fit pour retenir le trafic par des abaissements de taxes et l'avilissement de ses recettes l'amenèrent à déposer les armes et à conclure avec la Compagnie du Midi un traité d'affermage pour une durée de 99 ans. Après une résistance assez vive, le Gouvernement crut devoir ratifier ce traité par décret du 20 mai 1858, mais en réduisant la durée à 40 années et en subordonnant son approbation à un abaissement des taxes, compensé d'ailleurs, pour la Compagnie du Midi, par un relèvement des tarifs du canal latéral à la Garonne. Cette regrettable décision fut inspirée par le désir de sauvegarder les intérêts des dotataires de l'Empire, auxquels appartenait la moitié des actions du canal du Midi, et aussi par la pensée que la région n'offrait pas une masse de transports suffisante pour alimenter isolément et faire vivre simultanément les deux voies de communication. Nous n'avons pas à discuter ici la valeur de ces raisons : nous y reviendrons plus tard.

Des réclamations très vives surgirent bientôt contre le monopole institué au profit de la Compagnie du Midi; des pétitions revêtues d'innombrables signatures furent présentées au Sénat en 1863, 1864 et 1865; la discussion à laquelle ces protestations donnèrent lieu provoqua l'affirmation très nette et très formelle de l'utilité de la concurrence entre les voies navigables et les chemins de fer.

Depuis, ce principe n'a cessé d'être reconnu en toute circonstance.

Nous ne nous attarderons pas aux dernières années de l'Empire et nous arriverons immédiatement aux rapports présentés à l'Assemblée nationale, en 1872, au nom de la Commission d'enquête sur les voies de transport. L'un des rapporteurs de cette Commission, M. Krantz, spécialement chargé de formuler un avis et des propositions sur le régime et sur le rôle de notre réseau de navigation intérieure, ainsi que sur les améliorations et les compléments à y apporter, traita son sujet de main de maître, avec l'autorité de sa haute expérience et de son indiscutable compétence. Il s'attacha à démontrer que, si les voies navigables avaient contre elles le défaut de célérité, elles présentaient en revanche sur les voies ferrées les plus sérieux avantages, grâce à l'économie de leurs transports, à leur puissance pour le déplacement des grandes masses, au bon marché de leur matériel, à la faculté pour les bateaux de stationner et de prendre ou de laisser du fret sur tous les points du parcours. Il s'efforça de prouver que la navigation avait encore un rôle important à jouer, au point de vue du développement de notre agriculture et de notre industrie, et qu'elle devait faire une concurrence efficace aux chemins de fer, suivant un certain nombre de directions. Dans l'argumentation qu'il produisit à l'appui de cette opinion, M. Krantz, envisageant plus particulièrement les transports de la région du Nord, évaluait à 0 fr. 0193, soit à 0 fr. 02, le fret par eau, y compris les droits de navigation, pour la houille amenée de Mons à Paris; il considérait ce prix comme susceptible de s'abaisser à 0 fr. 013 ou, tout au moins, à 0 fr. 015 :

1° par une bonne organisation du halage ;

2° par l'augmentation du mouillage, de la longueur utile des écluses, et, par suite, du tonnage des bateaux ;

3° par l'institution d'agences procurant aux mariniers du fret de retour vers le Nord.

Ajoutant aux frais de transport proprement dits les charges à 5, 65 % du capital de premier établissement, estimé à 180 000 fr. par kilomètre, et les dépenses d'entretien, qui s'élevaient à 1 450 fr. en moyenne. il portait le coût réel de la tonne kilométrique par canaux ou rivières aux chiffres suivants :

TONNAGE ANNUEL par kilomètre	COUT TOTAL des transports
50.000 tonnes	24c74
100.000 —	13,12
200.000 —	7,30
300.000 —	5,37
400.000 —	4,40
500.000 —	3,83
600.000 —	3,44
700.000 —	3,16
800.000 —	2,95
900 000 —	2,79
1.000.000 —	2,66
1.500.000 —	2,28
2.000.000 —	2,08

D'autre part, il regardait le prix de 3c.5 comme la limite inférieure de la taxe par chemin de fer, pour les marchandises encombrantes et de peu de valeur. Il en déduisait que, pour un trafic de 600 000 tonnes, une voie navigable pouvait utilement pénétrer dans la zone d'activité d'un chemin de fer, même abstraction faite des profits indirects procurés au pays.

M. Krantz montrait, d'ailleurs, que la lutte ne serait pas de nature à compromettre l'avenir financier des chemins de fer; qu'en effet elle porterait exclusivement sur certaines catégories de marchandises, comme les houilles, les minerais, les matériaux de construction, c'est-à-dire sur un trafic peu rémunérateur et peu recherché des Compagnies ; qu'elle se limiterait aux seuls transports qui suscitassent les réclamations du public.

Accessoirement, il invoquait l'utilité de ménager nos ressources houillères, de créer des forces motrices, de faciliter les irrigations, de multiplier l'alimentation de nos ports maritimes.

Bref, il concluait à l'amélioration et à l'extension de nos voies de navigation intérieure.

De son côté, M. Cézanne, dans son rapport sur le projet d'une nouvelle ligne de Calais à Marseille, s'exprimait ainsi : « La seule concurrence

« qui puisse être opposée aux chemins de fer est celle des routes de terre, « pour les petites distances, avec les faibles charges, et, pour les grands « transports, celle des voies navigables intérieures ou maritimes. C'est « ainsi que, soit dans l'intérieur de la France, soit le long des canaux et « des côtes, toute une population de rouliers, de bateliers, de caboteurs, « tiennent en échec les Compagnies de chemins de fer. C'est donc un « devoir impérieux, pour les représentants du pays, de veiller au bon « entretien et à l'amélioration des voies navigables, afin d'activer cette « concurrence salutaire qui résulte, pour les chemins de fer, de l'impos- « sibilité d'amener un concert entre des personnes si nombreuses et des « instruments de transport si différents. »

Quelques années plus tard, en 1878, lorsque M. de Freycinet entreprit l'élaboration de son grand programme de travaux publics, il invoqua des considérations analogues dans son rapport au Président de la République : « Les voies navigables, disait-il, jouent un rôle important dans la « production de la richesse du pays. Si l'on a pu croire un instant que « leur utilité allait disparaître et qu'elles céderaient bientôt entièrement « la place aux chemins de fer, cette impression, un peu superficielle, n'a « pas tardé à se modifier devant un examen plus attentif des faits. On a « reconnu que les voies navigables et les chemins de fer sont destinés, « non à se supplanter, mais à se compléter. Entre les uns et les autres, « s'effectue un partage naturel d'attributions. Aux chemins de fer va le « trafic le moins encombrant, celui qui réclame la vitesse et la régularité, « qui supporte le mieux les frais de transport; aux voies navigables « reviennent les marchandises lourdes et de peu de valeur qui ne sau- « raient se déplacer qu'à peu de frais, qui ne donnent aux chemins de « fer qu'une rémunération illusoire et qui les encombrent plutôt qu'elles « ne les alimentent.

« Les voies navigables remplissent encore une autre destination. Par « leur seule présence elles contiennent, elles modèrent les taxes des mar- « chandises qui préfèrent la voie ferrée ; elles sont, pour l'exploitant du « railway, un avertissement de ne pas dépasser la limite au delà de la- « quelle le commerçant n'hésiterait pas à sacrifier la régularité à l'écono- « mie. A cet égard, les voies navigables sont bien plus efficaces que les « voies ferrées concurrentes; car celles ci, par cela même qu'elles luttent « entre elles à armes égales, finissent généralement par s'entendre plutôt « que de s'entraîner dans une ruine inévitable, tandis que la batellerie et « le railway se distribuent naturellement le trafic qui leur est le mieux « approprié. »

Dans son exposé des motifs du 4 novembre 1878, à l'appui du projet de loi portant classement et amélioration des voies navigables, M. de Freycinet ajoutait : « Certaines personnes estiment que le retour de faveur qui « se manifeste dans l'opinion à l'égard des voies navigables procède « d'une idée inexacte et que, si les transports sur ces voies étaient, comme « sur les chemins de fer, grevés des intérêts du capital de premier éta- « blissement, on n'obtiendrait pas d'économie réelle. On fournit même, à « l'appui de cette thèse, des calculs qui, au premier abord, semblent la « confirmer; car ils sont fondés sur les dépenses véritables de construc- « tion et sur le trafic constaté de nos voies navigables.

« Mais ces calculs pèchent par la base, hâtons-nous de le dire.

« En comparant, en effet, dans l'ensemble de leurs résultats, le réseau « actuel de nos voies navigables et celui de nos chemins de fer, on com- « pare deux choses absolument dissemblables.

« Les chemins de fer ont accompli, jusqu'à ce jour, la partie la plus « fructueuse de leur œuvre; ils sont en pleine prospérité. Leur fréquen- « tation moyenne s'élève à 800 000 tonnes par an (en assimilant un « voyageur à une tonne).

« Les voies navigables, au contraire, malgré leur grande puissance de « transport, ne desservent qu'une fréquentation moyenne de 300 000 « tonnes. Nous en avons indiqué les raisons : les défectuosités du réseau, « ses solutions de continuité, ses diversités de types, et toutes les autres « imperfections tenant aux conditions dans lesquelles il a été successive- « ment établi, sont autant d'obstacles presque insurmontables au dévelop- « pement du trafic.

« Comparer ces deux situations, c'est, qu'on nous passe le mot, com- « parer un homme malade à un homme bien portant. C'est vouloir tirer « d'un état de choses anormal les mêmes conclusions que d'un état de « choses régulier.

« Pour que le rapprochement entre les chemins de fer et les canaux « fût juste, il faudrait les envisager là où ils se trouvent dans des condi- « tions analogues.

« C'est ce qu'il nous est, jusqu'à un certain point, possible de faire « dans la région du Nord. Là, le meilleur état des lignes navigables et la « nature du pays desservi ont permis aux canaux d'atteindre un trafic « comparable à celui des chemins de fer. La fréquentation annuelle « moyenne est, de part et d'autre, très sensiblement de 1 200 000 tonnes.

« Si l'on tient compte pour l'un et l'autre moyens de transport : 1° de « l'intérêt et de l'amortissement des capitaux de premier établissement; « 2° de l'entretien et des grosses réparations; 3° des dépenses d'adminis- « tration, d'exploitation et de traction, on trouve que le prix de transport

« d'une tonne sur le réseau des chemins de fer du Nord est un peu plus « du double de ce qu'il est sur les canaux.

« Cette conclusion n'a rien qui doive surprendre. Le prix de con- « struction des canaux est, en général, inférieur par kilomètre à celui « des chemins de fer; le prix du matériel l'est également, ainsi que le « prix de la traction. Il est évident, dès lors, qu'à trafic égal le prix de « transport doit être aussi inférieur.

« Est-il nécessaire d'ajouter que les voies navigables offrent, en outre, « l'avantage d'être ouvertes à tous, de permettre sur tout leur parcours le « chargement et le déchargement des marchandises et de faire, dans une « juste mesure, contrepoids au monopole des chemins de fer ? »

M. Sarrien, député, confirma l'appréciation du Ministre dans son rapport à la Chambre. Il en fut de même de M. Cuvinot, rapporteur au Sénat. Les deux assemblées se rangèrent à l'avis du Gouvernement.

Animé de la même conviction que ses prédécesseurs, M. Raynal, ministre des travaux publics, présenta en 1882 un projet de loi tendant à la construction d'un grand canal du Nord sur Paris : les difficultés financières avec lesquelles nous sommes aux prises ont empêché jusqu'ici le vote de ce travail considérable.

On le voit, c'est aujourd'hui un fait presque universellement admis en France que les chemins de fer n'ont point enlevé aux voies navigables leur utilité; que les uns et les autres ont leur part à prendre dans les transports et dans le développement de la prospérité nationale; qu'aux voies navigables doivent toujours aller les marchandises pondéreuses, les matières premières nécessaires à l'industrie; qu'elles constituent un contrepoids salutaire au monopole de fait des Compagnies.

Devons-nous accepter ce dogme avec une foi, en quelque sorte superstitieuse? Devons-nous nous incliner sans discussion devant l'adage « Vox populi, vox Dei » ? Devons-nous admettre sans examen une proposition si souvent affirmée, si hautement proclamée par les Pouvoirs publics et par les plus hautes personnalités? Nous ne le croyons pas. La question est trop grave, les dépenses à engager pour l'exécution du programme de 1879 sont trop élevées, pour qu'il n'y ait pas intérêt à reprendre une étude digne d'appeler et de retenir pendant quelques instants toutes nos méditations.

C'est ce que nous allons faire en nous efforçant d'être aussi bref que possible.

2. Progression du développement et variations du tonnage des rivières navigables et flottables. — Avant tout, il importe de rappeler en quelques lignes les modifications progressives survenues dans le développement et le tonnage des canaux et rivières navigables et flottables depuis 1847, date de la première publication des contributions indirectes et époque avant laquelle les chemins de fer étaient trop peu nombreux en France pour porter une atteinte sérieuse à la navigation :

ANNÉES	CANAUX			RIVIÈRES			CANAUX ET RIVIÈRES RÉUNIS		
	Longueur	Tonnage ramené au parcours		Longueur	Tonnage ramené au parcours		Longueur	Tonnage ramené au parcours	
		d'un kilomètre	total		d'un kilomètre	total		d'un kilomètre	total
	kilomètres	tonnes kilométriques	tonnes	kilomètres	tonnes kilométriques	tonnes	kilomètres	tonnes kilométriques	tonnes
1847	3.750	837 millions	223.000	6.700	976 millions	146.000	10.450	1.813 millions	174.000
1850	3.830	728 —	188.000	6.700	938 —	140.000	10.580	1.666 —	157.000
1855	4.290	988 —	230.000	6.700	1.052 —	157.000	10.990	2.040 —	186.000
1860	4.400	1.043 —	237.000	6.700	858 —	128.000	11.110	1.901 —	172.000
1865	4.410	1.222 —	277.000	6.700	837 —	125.000	11.110	2.059 —	185.000
1869	4.560	1.195 —	262.000	6.700	804 —	120.000	11.260	1.999 —	178.000
1872	4.160	967 —	232.000	6.590	869 —	132.000	10.750	1.836 —	171.000
1873	4.160	974 —	234.000	6.590	873 —	132.000	10.750	1.847 —	172.000
1874	4.160	962 —	231.000	6.590	833 —	126.000	10.750	1.795 —	167.000
1875	4.180	1.054 —	252.000	6.590	910 —	138.000	10.770	1.964 —	182.000
1876	4.200	1.063 —	258.000	6.590	890 —	135.000	10.790	1.953 —	181.000
1877	4.200	1.129 —	269.000	6.590	905 —	137.000	10.790	2.034 —	189.000
1878	4.210	1.077 —	256.000	6.590	928 —	141.000	10.800	2.005 —	186.000
1879	4.350	1.104 —	254.000	6.590	919 —	139.000	10.940	2.023 —	185.000
1880	4.350	1.104 —	254.000	6.590	903 —	137.000	10.940	2.007 —	183.000
1881	4.650	1.147 —	247.000	7.320	1.027 —	140.000	11.970	2.174 —	182.000
1882	4.650	1.214 —	261.000	7.580	1.051 —	139.000	12.230	2.265 —	185.000
1883	4.713	1.291 —	274.000	7.825	1.092 —	140.000	12.538	2.383 —	190.000
1884	4.713	1.326 —	281.000	7.825	1.126 —	144.000	12.538	2.482 —	196.000

A l'examen de ce tableau, on voit immédiatement apparaître les faits suivants :

1° Même en tenant compte de la perte de territoire qui nous a été infligée en 1871, le réseau des voies navigables de France s'est fort peu développé depuis 1847.

2° Les canaux et les rivières n'ont transporté, durant ces dernières années, que 2 milliards à 2 milliards et demi de tonnes kilométriques, alors que les chemins de fer en ont transporté 11 milliards en 1882 et 1883, en ne comptant que les marchandises en petite vitesse et sans parler de 7 milliards de voyageurs kilométriques.

3° Le tonnage ramené au parcours total a été, en moyenne, pendant les quatre dernières années, de 265 000 tonnes pour les canaux, 140 000 tonnes pour les rivières et 190 000 tonnes pour l'ensemble du réseau, alors que les chemins de fer ont eu en 1883 un tonnage kilométrique de 415 000 tonnes en petite vitesse, non compris les marchandises en grande vitesse ni 264 000 voyageurs.

4° Le tonnage kilométrique total, après s'être progressivement élevé jusque vers 1866, s'est ensuite affaissé et ne s'est relevé que péniblement depuis 1872 pour atteindre, en 1884, un chiffre un peu supérieur à celui de 1865.

La loi de variation a été à peu près la même pour les canaux et les rivières.

5° Le tonnage kilométrique moyen s'est peu modifié, aussi bien sur les canaux que sur les rivières.

Cependant des sacrifices considérables ont été faits par l'État en faveur des voies navigables; il ne sera pas inutile de les énumérer en quelques mots.

a.—Des travaux importants ont été engagés pour améliorer ou compléter le réseau de navigation intérieure. Les dépenses extraordinaires, de 1848 à 1885, se sont élevées aux chiffres suivants, y compris les avances et les fonds de concours :

PÉRIODES	DÉPENSE TOTALE (1)			DÉPENSE annuelle (1)
	Rivières	Canaux	Total	
	fr.	fr.	fr.	fr.
1848-1851	20.200.000	17.600.000	37.800.000	9.450.000
1852-1870	162.700.000	77.700.000	240.400.000	12.650.000
1871-1885	278.200.000	260.800.000	539.000.000 (2)	35.930.000 (2)

b. — En 1847, le tiers environ des canaux étaient concédés, soit à titre temporaire, soit à perpétuité.

Plus de 2 000 kilomètres étaient placés sous le régime des lois des 5 août 1821 et 14 août 1822. On sait que ces lois portaient approbation de contrats aux termes desquels des Compagnies s'étaient engagées à fournir les fonds nécessaires à l'achèvement ou à l'exécution de travaux, à charge de remboursement par le Trésor et avec participation au produit du péage. Les tarifs annexés aux traités ne pouvaient être modifiés que du consentement mutuel des parties contractantes.

Dès 1852, les Pouvoirs publics sont entrés à pleines voiles dans la voie du rachat. A la fin de 1863, les canaux établis en vertu des lois de 1821 et de 1822 étaient soustraits à l'action des anciens soumissionnaires. En 1881, il ne restait plus que 800 kilomètres environ de canaux concédés.

Indépendamment de 9 548 000 francs compris dans le tableau précédent pour les rachats effectués depuis 1870, l'Empire y a consacré environ 79 millions en capital; les indemnités ont été transformées en annuités trentenaires, dont la dernière payable en 1890. Les sommes acquittées de ce chef s'élevaient, au 31 décembre 1885, à 109 666 603 francs.

c. — Les dépenses d'entretien se sont élevées, bon an mal an, à 10 millions en nombre rond, non compris le traitement des ingénieurs et conducteurs et d'autres frais généraux.

d. — Les droits de navigation perçus au profit du Trésor ont été successivement réduits et finalement supprimés en 1880.

L'établissement de ces droits remonte au commencement du siècle. Le

(1) Les chiffres de ce tableau comprennent des dépenses afférentes aux voies navigables que nous avons perdues en 1871.

(2) Non compris une somme de 73 368 000 fr. prélevée sur le crédit de 135 millions qui a été affecté par la loi du 8 juillet 1881 au remboursement en capital des avances faites à l'État par les départements, villes, chambres de commerce et établissements de crédit, pour les travaux de navigation intérieure et maritime.

principe de leur perception a été posé par la loi du 30 floréal an X, en vue de pourvoir à l'entretien des voies navigables et, pendant un certain temps, le produit en a été spécialisé et affecté à cet objet.

Au début, les taxes étaient très élevées ; elles variaient pour ainsi dire sur chaque voie et n'étaient pas toujours proportionnées à l'importance et à la nature des chargements.

Plus tard, des mesures d'unification furent prises par les Pouvoirs publics.

Aux termes de la loi du 9 juillet 1836, combinée avec des ordonnances du 27 octobre 1837, du 30 novembre 1839 et du 2 mars 1845, le tarif, sur la plupart des rivières et sur les canaux construits par l'État latéralement aux cours d'eau navigables, était le suivant vers 1847, non compris le décime créé par les lois du 6 prairial an VII et du 25 mars 1817 :

Marchandises (par tonne)	1re classe	....	0 003mm 1/2 par km.
	2e classe	bois indigènes, combustibles, minéraux, pierres, minerais, sable, chaux, engrais, amendements, etc..	0 001mm 1/2 par km.

Trains de bois (par décastère)	sur la partie navigable	chargés.......	8 centimes.
		non chargés...	4 —
	sur la partie non navigable	chargés.......	4 —
		non chargés...	2 —

Sur la partie maritime des fleuves, la perception se faisait encore conformément à d'anciens tarifs établis en exécution de la loi du 30 floréal an X, et variait dans des limites fort étendues ; elle était le plus souvent opérée sur la totalité de la longueur comprise entre la limite de l'inscription maritime et l'embouchure, quelle que fût la distance réellement parcourue.

En outre, certaines rivières et un grand nombre de canaux demeuraient régis par des tarifs particuliers, soit qu'ils fussent placés sous le régime des lois de 1821 et 1822, soit même qu'ils fussent à la libre disposition de l'État. C'est ainsi, par exemple, que, sur l'Oise canalisée, la taxe par tonne, pour les bateaux chargés, était de 3 millimes 5 environ par kilomètre, les bateaux vides payant en outre 2 centimes 5 par tonneau de jauge au passage de chaque écluse (il en existait 7 sur une longueur de 100 kilomètres). Sur le canal de Saint-Quentin, la taxe par tonne de marchandise ou par mètre cube de bois en trains était de 1 centime, les bateaux vides payant 1 millime par tonne de jauge, le tout non compris le décime. Sur le canal de Manicamp (d'une très faible longueur, à la vérité), le tarif était bien plus élevé ; il atteignait 5 centimes par kilomètre pour la houille, qui cependant bénéficiait d'un traitement privilégié, etc.....

Le lecteur pourra, s'il désire pénétrer dans le dédale de ces vieux tarifs, consulter utilement un ouvrage de M. Grangez, intitulé : « Précis historique et statistique sur les voies navigables de la France. »

La taxe kilométrique moyenne, décime compris, était, en somme, de 8 millimes 94 en 1847, pour l'ensemble des canaux et cours d'eau non concédés. Elle a peu varié pendant les dix années suivantes.

Un décret du 22 août 1860, intervenu à la suite des traités de commerce, vint améliorer notablement la situation pour la batellerie. Le tarif fut abaissé :

1° Sur les fleuves et rivières dénommés dans les tableaux annexés à la loi du 9 juillet 1836 :

A 0 c. 2 par tonne pour les marchandises de 1re classe ;

A 0 c. 1 — 2e classe (marchandises de peu de valeur : houille, coke, minerais, métaux non ouvrés, bois, pierres, engrais, sable, etc...) ;

A 0 c. 02 et 0 c. 01 par mètre cube pour les trains de bois ;

2° Sur le canal de Saint-Quentin, à 1 c., 0 c. 5, 0 c. 25 par tonne, pour les trois classes de marchandises, et à 0 c. 25 par mètre cube pour les trains de bois (la houille, le coke et les métaux non ouvrés étant rangés dans la 2e classe et les autres matières ci-dessus indiquées dans la 3e classe) ;

3° Sur l'Oise canalisée, à 0 c. 25 pour toutes marchandises ;

4° Sur la plupart des canaux, à 2 c., 1 c., 0 c. 5 et 0 c. 25 pour les quatre classes de marchandises et 0 c. 25 pour les trains de bois (les métaux non ouvrés étant rangés dans la 3e classe et les autres matières pondéreuses dans la 4e classe).

Les droits précités étaient frappés du double décime.

Un nouveau pas fut fait par le Gouvernement en 1867. Par décret du 9 février 1867, le tarif fut abaissé aux chiffres suivants, non compris le double décime :

		RIVIÈRES	CANAUX
Marchandises (à la tonne)	de 1re classe	Deux millimes.	Cinq millimes.
	de 2e classe (comprenant toutes les marchandises pondéreuses)	Un millime.	Deux millimes.
Bois en train au mètre cube d'assemblage		Deux dix-millimes.	Deux millimes.

Enfin, une loi du 19 février 1880 a prononcé la suppression complète des droits.

Sous l'influence de ces réductions successives, le tarif moyen était tombé à moins de 3 millimes par tonne kilométrique en 1861 et à 2 millimes 1/4 en 1868. Il ne s'était relevé à 2 millimes 4 qu'en 1874, à la suite de l'établissement du demi-décime édicté par la loi du 30 décembre 1873.

Quant au montant total des perceptions, après avoir oscillé vers 10 millions par an jusqu'en 1857, il était tombé à 4 millions en 1861, s'était relevé à 5 380 000 francs en 1866, était redescendu à moins de 4 millions en 1867 et n'avait que peu dépassé ce chiffre durant les dernières années : depuis 1857, on le voit, il ne suffisait même plus pour couvrir les charges de l'entretien (1).

c. — Le rachat progressif des concessions a soustrait la navigation au paiement de taxes de péage fort onéreuses pour elle.

Vers 1850, en effet, les charges qui pesaient de ce chef sur la batellerie étaient très lourdes ; quelques exemples le prouveront surabondamment.

Sur le canal de l'Aire à la Bassée, la taxe kilométrique moyenne était de 2 c. 5 environ pour la plupart des marchandises et particulièrement pour les combustibles minéraux ;

Sur le canal de la Deule, elle n'était que de 0 fr. 008 ; mais elle était perçue sur l'intégralité de la jauge, quel que fût le chargement ;

Sur le canal du Midi, elle était en moyenne de 3 c. 1/2 environ ;

Sur le canal de l'Ourcq, elle était de 4 c. à la remonte, pour toutes les marchandises ; à la descente, elle variait suivant le parcours et la nature des matières ;

Sur le canal de la Sambre à l'Oise, elle dépassait 3 centimes en moyenne ; la houille, en particulier, payait 3 centimes, avec remise du quart pour le transit ;

Sur la Scarpe inférieure, la taxe kilométrique moyenne était d'un peu plus de 1 centime ;

Sur le canal de la Sensée, elle atteignait 3 centimes pour la houille.

De plus, les bateaux vides étaient grevés de droits relativement élevés sur plusieurs de ces voies navigables.

Dans les notes annexées à son ouvrage, M. Grangez a donné des renseignements détaillés concernant les frais de transport suivant un certain nombre d'itinéraires. Nous relevons parmi ces renseignements, qui paraissent se rapporter à l'année 1854, les chiffres que voici :

(1) En 1878, le Ministre des finances évaluait les frais de perception à 400 000 fr. par an.

DÉSIGNATION DU PARCOURS	NATURE DES MARCHANDISES	Frais généraux et frais de traction (par tonne)	DROITS de navigation ou péage (par tonne)
		f.	f.
Mons à Paris (350 kil.)........	Houille (bateau de 200 tonnes)..	5,51	4,12
Charleroi à Paris (360 kil.)......	— —	6,23	5,16
Mons à Lille (128 kil.)..........	Houille (bateau de 180 tonnes)..	2,65	1,26
Dunkerque (125 kil.)...........	Denrées coloniales (bat. de 190 t.).	2,34	1,06
Cambrai à Dunkerque (174 kil.)..	Farine (bateau de 130 tonnes)...	3,62	3,21
Lyon à Paris (par le can. de Bourgogne, 647 kil.— Serv. accéléré).	Vins (bateau de 135 tonnes)....	17,30	6,88
Lyon à Paris (par les canaux du Centre, 650 kil.— Serv. accéléré).	Vins (bateau de 120 tonnes)....	14,68	23,97
Andrezieux à Paris (par la Loire, 273 kil.).....................	Marchandises diverses en 4 couplages de 2 bat., soit 8 bat. portant 265 tonnes..........	5,36	0,41
Andrezieux à Paris (par le canal de Roanne à Digoin et le canal latéral à la Loire, 252 kil.)....	March. diverses par bat. de 98 t.	3,10	3,05
Lyon à Mulhouse (441 kil. — Service accéléré)................	March. diverses par bat de 120 t.	23,42	13,28
Beaucaire à Cette (99 kil.)......	Marchandises de 1re classe.....	2,50	5,75
	Marchandises pondéreuses.....	2,00	1,85
Cette à Toulouse (260 kil.)......	Marchandises de 1re classe.....	4,00	16,80
	— de 2e classe......	3,50	9,60
	— de 3e classe......	3,50	4,80
	— de 4e classe	3,50	2,40
Toulouse à Bordeaux (257 kil.)...	March. de grosse expédition...	3,44	4,56
	Vins, spiritueux.............	3,30	3,20
Bordeaux à Toulouse (257 kil.)..	March. de grosse expédition...	6,15	3,85
	Vins, spiritueux.............	7,44	4,56

D'autre part, nous avons pu nous procurer les renseignements suivants au Ministère des travaux publics, d'après une étude faite en 1878 sur les canaux concédés.

DÉSIGNATION des canaux concédés	LONGUEUR	TONNAGE kilométrique en 1868	PÉAGE PAR TONNE KILOMÉTRIQUE Limites	Moyenne	PRODUIT du péage
	km	t. k.			fr.
Embranchement de Nœux, sur le canal d'Aire à la Bassée.	2,4	158.600	Affecté exclusivement aux transports de la Cie des mines de Nœux.		
Arcachon..........	50,3	»	Impropre à la navigation		
Beaucaire.........	77,8	4.300.000	6^c à 2^c	4^c»	172.000 »
Dives et Thouet....	42,8	1.200.000	»	1,5	18.000 »
Dunkerque à la frontière............	13,3	1.300.000	(Pour la distance entière) Bateaux chargés 10^c, vides 5^c	0,75	9.950 »
Latéral à la Garonne	210,6	16.500.000	Remonte { 1e cl., 4^c / 2e cl., 3^c } descente { 1e cl., 3^c / 2e cl., 2^c } Houilles et matières minérales. cl., 1^c	2,6	429.000 »
Givors.............	18,5	1.448.000	Descente 2^c. — Remonte 6^c	4,»	57.920 »
De Grave (Lez).....	9,6	180.000	»	12,5	22.500 »
Lunel..............	8,7	150.000	»	8,»	12.000 »
Midi...............	240,3	24.500.000	1re classe 6^c — 2e — 5^c — 3e — 4^c — 4e classe 3^c — 5e — 2^c	3,8	931.000 »
Narbonne..........	36,9				
Ourcq..............	107,9	28.821.000	»	0,385	110.960 »
Saint-Denis........	6,6	8.420.000	4^c à 7^c par écluse (8 écluses) — 3^c à 10^c par écluse (10 écluses) — 20^c à forfait pour la traversée des marchandises en transit de la haute et basse Seine.	4, 9 par écluse	566.950 »
Saint-Martin......	4,5			6, 6 par écluse	
Du Plessis.........	»	»	Pas de navigation		
Roubaix...........	19,»	571.500	6^c à 3^c	4,5	25.617 50
Sambre canalisée...	51,7	33.165.000	3^c,2 à 0^c,8	1,667	552.860 »
Sambre à l'Oise....	69,7	46.700.000	4^c à 1^c	2,24	1.046.080 »
Scarpe inférieure..	36,1	10.364.000	1^c par tonne et par 880^m	1,2	124.368 »
Vire et Taute......	32,7	800.000	2^c,4 à 4^c,2	2,37	18.960 »
TOTAL......	1.025,»	169.858.000			fr. 4.098.164 50

Ces tableaux montrent combien la part des droits de navigation ou du péage dans le prix du fret était considérable, lors de la création des voies ferrées, et dans quelle mesure les Pouvoirs publics sont venus en aide à la navigation fluviale en les supprimant presque complètement.

3. **Variations dans la répartition du tonnage entre les diverses voies navigables.** — Si, au lieu de se borner à envisager l'ensemble du réseau de navigation intérieure, on examine d'un peu plus près les tableaux de la fréquentation depuis 1847, on ne tarde pas à constater que la répartition du mouvement s'est profondément modifiée. Certains fleuves, certaines rivières, certains canaux même, ont perdu successivement une

grande partie de leurs transports, alors que d'autres voyaient leur trafic grossir et atteindre des proportions inattendues.

Voici quelques chiffres bien caractéristiques à cet égard :

FLEUVES OU RIVIÈRES

Désignation	Tonnage moyen En 1850	Tonnage moyen En 1884
1° — Accroissements		
	Tonnes	Tonnes
Ain.....	104.900	773.000
Aisne............	222.200	619.000
Escaut...........	749.500	1.145.000
Scarpe supérieure.	121.600	300.000
Seine { de Paris à la Briche.. de la Briche à l'Oise. de l'Oise à Rouen..... }	521.500	1.173.000
2° — Diminutions		
Adour (de St-Sever à la Nive)......	54.600	33.400
Allier...........	21.600	248
Garonne.	100.000	56.000
Loire........ ...	125.700	46.000
Midouze.,........	21.200	4.300
Rhône............	226.300	141.000
Saône............	432.500	234.000
Tarn.............	20.100 (a atteint 53,400 en 1860)	650
Yonne.	407.500	322.000

CANAUX

Désignation	Tonnage moyen En 1850	Tonnage moyen En 1884
1° — Accroissements		
	Tonnes	Tonnes
Aire à la Bassée..	255.800	1.178.400
Can. lat. à l'Aisne.	93.500	450.900
Berry	95.200	313.200
Bourbourg..	213.400	813.600
Briare.	143.000	383.700
Centre.	190.400	358.900
Colme,...........	34.000	68.800
Deule............	441.500	990.300
Loing..........	209.900	440.500
Can. lat. à la Loire.	132.700	442.100
Can. lat. à la Marne	73.100	514.600
Nantes à Brest...	8.400	37.100
Neuffossé	354.500	1.040.900
Nivernais.........	34.600	95.900
Oise canalisée et can. de Manicamp.	1.003.300	1.799.100
Roubaix..........	44.600	158.700
Saint-Quentin.....	841.500	2.172.100
Sensée......... .	224.000	1.568.900
2° — Diminutions		
Dives et Thouet...	31.500	4.500
Givors.	273.800	93
Luçon.	24.000	13.800
Midi.............	181.800	58.400
Orléans.	84.300	34.100
Vire et Taute. ...	45.000	10.000

Les variations qu'accusent les indications du tableau précédent tiennent à des causes multiples : conditions de navigabilité des rivières ou canaux, changements survenus par suite des rachats, nature et importance de la consommation ou de la production dans les centres desservis, etc....

Mais le fait essentiel à dégager, c'est la prépondérance prise par les voies navigables de la région du Nord et de l'Est, prépondérance due principalement au transport des combustibles minéraux. La région située au Nord du parallèle de Paris fournit à elle seule les 3/5 environ du tonnage kilométrique.

4. Éléments du trafic des voies navigables. — Nous sommes ainsi tout naturellement amené à rechercher quels sont les éléments dont se compose le trafic des voies navigables.

La statistique dressée par le Ministre des travaux publics pour l'année 1884 fournit à ce sujet les renseignements que nous résumons ci-dessous :

DÉSIGNATION des groupes de marchandises	FLEUVES ET RIVIÈRES		CANAUX		ENSEMBLE des voies navigables	
	Tonnage effectif	Tonnage kilométrique	Tonnage effectif	Tonnage kilométrique	Tonnage effectif	Tonnage kilométrique
1 Combustibles minéraux	16,6	31,1	31,8	41,7	25,3	36,8
2 Matériaux de construction, minéraux	44,»	19.8	31,6	19,8	36,9	19,8
3 Engrais et amendements	8,5	2,4	3,1	1,7	5,4	2,»
4 Bois à brûler et bois de service (par bateau)	5,2	9,»	8,4	7,7	7,1	8,3
5 Machines	0,4	0,9	0,1	0,4	0,3	0,6
6 Industrie métallurgique (minerais, castine, fonte, fer, etc.)	3,4	5,8	9,1	11,5	6,6	8,9
7 Produits industriels	2,2	3,9	3,»	4,6	2,6	4.3
8 Produits agricoles et denrées alimentaires	15,3	21,1	9,9	9,3	12,2	14,7
9 Divers	1,3	2,9	1,7	1,7	1,5	2,2
10 Bois flottés de toute espèce	3,1	3,1	1,3	1,6	2,1	2,3
	100,»	100.»	100,»	100,»	100,»	100,»

Les combustibles minéraux donnent donc plus du 1/3 du tonnage kilométrique; les matériaux de construction, le 1/5 environ; les bois, un peu moins du 1/10, les minerais, castines, fontes, fers, etc., un peu moins du 1/10; les produits agricoles et denrées alimentaires, le 1/7 à peu près. Le trafic appartenant aux autres groupes est négligeable.

Le mouvement des houilles et des cokes se concentre, pour la plus large part, sur les voies navigables du Nord et de l'Est (9/10 du mouvement total de la France pour les rivières de cette région, 3/4 pour les canaux et 4/5 pour l'ensemble). Quand on examine la carte figurative du trafic des combustibles minéraux, on y voit comme trois courants qui convergent des bassins du Nord et du Pas-de-Calais, de Mons et de Charleroi, pour se réunir et descendre sur Paris, avec des dérivations vers l'Est et vers Rouen.

Les matériaux de construction alimentent plus particulièrement les voies navigables aboutissant aux grandes villes et surtout à Paris. La Seine et ses affluents donnent les 3/4 du mouvement total de cette catégorie de marchandises sur les fleuves et rivières de tout le territoire.

Voici quel a été de ce chef le trafic moyen de la Seine, aux abords de Paris, en 1884 :

de Montereau à Paris	469 000 tonnes.
traversée de Paris	680 000
de Paris à la Briche	211 000
de la Briche au confluent de l'Oise	293 000
L'Oise, de Janville à la Seine, en a transporté	193 000

Les engrais et amendements circulent plus spécialement sur la Seine, à la traversée de Paris et en aval, ainsi que sur le canal Saint-Denis; les bois, sur l'Yonne et la Seine, en amont et à la traversée de Paris, ainsi que sur les canaux latéral à la Loire, de Briare, du Loing, Saint-Denis, latéral à la Marne, de la Marne au Rhin, et sur certains canaux du Nord; les minerais, castines, fontes, fers, sur les canaux latéral à l'Aisne, du Centre, latéral à la Loire, et de la Marne au Rhin; les produits agricoles et denrées alimentaires, sur l'Aa, l'Escaut, la Scarpe, la Dordogne, la Garonne, la Basse-Loire, le Rhône en aval de Lyon, la Saône, l'Aisne, la Seine, les canaux de l'Aire, de Bourbourg, Saint-Denis, de la Deule, des Étangs, latéral à la Marne, de la Marne au Rhin, du Midi, de Mons à Condé, de Neuffossé, latéral à l'Oise, de Saint-Quentin et de la Sensée.

Quelles ont été les variations survenues, depuis 1847, dans les éléments constitutifs du trafic sur notre réseau de navigation? Les anciens documents statistiques ne se prêtent point à une comparaison précise à cet égard. Cependant on peut affirmer que les transports de combustibles minéraux, de matériaux de construction et de matières premières destinées à l'industrie métallurgique ou de produits de cette industrie, se sont considérablement développés, alors qu'au contraire le trafic des marchandises de valeur s'est notablement réduit. C'est ainsi, par exemple, que le tonnage kilométrique de la houille et du coke a doublé sur le canal de Saint-Quentin.

Le rapprochement entre les voies navigables et les chemins de fer présente aussi les plus sérieuses difficultés; la classification des marchandises est en effet différente; les statistiques officielles des chemins de fer ne donnent même pas la décomposition du trafic pour toutes les Compagnies;

enfin, elles ne distinguent pas entre le trafic né sur le réseau et le trafic né à l'extérieur, de telle sorte qu'une tonne empruntant deux réseaux est comptée deux fois dans le tonnage effectif, à l'inverse de ce que fait le Ministère des travaux publics dans ses comptages sur les rivières et les canaux, depuis la suppression des droits de navigation. Quoi qu'il en soit, voici quelques renseignements d'une précision absolue, ou tout au moins suffisante, pour les combustibles minéraux, c'est-à-dire pour l'élément principal du trafic des voies navigables :

1° Sur l'ensemble des chemins de fer d'intérêt général, les combustibles minéraux constituent, comme sur les voies navigables, l'élément prédominant et fournissent le 1/5 environ du tonnage kilométrique total, soit plus de 2 milliards de tonnes kilométriques pour l'année 1883.

Pendant la même année, le chiffre correspondant pour les rivières et canaux a été de 847 millions de tonnes kilométriques, c'est-à-dire environ les 3/8 du tonnage des voies ferrées.

2° Si, au lieu de considérer l'ensemble des chemins de fer, on envisage séparément les réseaux, on voit la prépondérance des combustibles minéraux s'accuser bien davantage encore sur certains d'entre eux.

Sur le réseau du Nord, par exemple, la houille et le coke fournissent la 1/2 du tonnage kilométrique (938 000 000 de tonnes kilométriques sur 1 897 000 000 pour 1883).

3° D'après un tableau fort intéressant, inséré à l'Album de statistique graphique du Ministère des travaux publics (atlas de 1882), la relation entre les transports de combustibles minéraux par chacun des grands réseaux et par les voies navigables comprises dans la région correspondante aurait été la suivante en 1880 :

DÉSIGNATION des régions	CHEMINS DE FER		RIVIÈRES ET CANAUX		ENSEMBLE	
	Tonnage total	Proportion	Tonnage total	Proportion	Tonnage total	Proportion
	t. kilom.	(a)	t. kilom.	(a)	t. kilom.	(b)
Réseau du Nord..	830.969.000	61 %	549.373.000	39 %	1.380.342.000	52 %
— de l'Est......	216.366.000	77	64.067.000	23	280.433.000	11
— de l'Ouest....	92.802.000	83	18.999.000	17	111.801.000	4
— de Paris à Orléans.......	154.203.000	85	28.055.000	15	182.259.000	7
— de Paris Lyon Méditerranée	546.942.000	88	74.239.000	12	621.181.000	23
— du Midi......	54.634.000	92	4.915.000	8	59.549.000	2
— de l'État......	16.489.000	94	1.117.000	6	17.606.000	1
ENSEMBLE...	1.912.405.000	71 (b)	740.766.000	29 (b)	2.653.171.000	100

Ainsi, dans la région du Nord, malgré sa faible étendue, le tonnage kilométrique des combustibles minéraux par toutes voies de transport dépasse la moitié du chiffre total de la France. Les chemins de fer prennent à ce mouvement une part sensiblement supérieure à celle des rivières et canaux (3/5 environ contre 2/5).

4° Un examen attentif des statistiques montre que, depuis 1862, le mouvement des houilles sur la grande voie navigable de Mons à Paris (c) ne s'est pas sensiblement accru, malgré l'énorme augmentation de la production et de la consommation. Le chemin de fer a bénéficié de tout l'excédent. Il est juste d'ajouter que les autres rivières ou canaux du Nord ont été mieux partagés. Cependant, dans son ensemble, le développement du trafic des combustibles minéraux a plus largement profité aux voies ferrées qu'aux voies de navigation.

5. **Distance moyenne de transport**. — Nous venons d'établir un parallèle entre les chemins de fer et les rivières ou canaux au point de vue du tonnage kilométrique ; il est intéressant d'examiner également quelles sont les distances moyennes de transport sur ces deux catégories de voies de communication.

(a) Proportion du tonnage des chemins de fer et des voies navigables dans le tonnage total de chaque région.

(b) Proportion dans le tonnage total de la France (chemins de fer et voies navigables réunis).

(c) La production du Nord et du Pas-de-Calais, qui n'était que de 1 400 000 tonnes en 1853, s'est élevée à 9 400 000 tonnes en 1884. Pendant la même période, la consommation du département de la Seine est passée de 870 000 à 3 000 000 tonnes.

Les statistiques du Ministère des travaux publics permettent de trouver exactement ces distances, pour les voies navigables. En voici le tableau, pour l'année 1884 :

DÉSIGNATION DES GROUPES DE MARCHANDISES	FLEUVES OU RIVIÈRES et Canaux
1. Combustibles minéraux	171 kilomètres
2. Matériaux de construction, minéraux	63 —
3. Engrais et amendements	44 —
4. Bois à brûler et bois de service (par bateau)	139 —
5. Machines	284 —
6. Industrie métallurgique (minerais, castines, fontes, fers, etc.)	157 —
7. Produits industriels	190 —
8. Produits agricoles et denrées alimentaires	142 —
9. Divers	173 —
10. Bois flottés	130 —
Ensemble	117 kilomètres

A l'inverse des statistiques relatives aux voies navigables, les statistiques concernant les chemins de fer n'établissent pas, nous l'avons déjà fait remarquer, la distinction entre le trafic né sur le réseau et le trafic provenant du dehors ; aussi ne peut-on calculer les distances moyennes que pour chaque réseau isolé. Les chiffres ainsi obtenus sont nécessairement inférieurs aux parcours moyens réels.

Or, même dans ces conditions défavorables aux voies ferrées, la distance moyenne de transport sur l'ensemble des réseaux est de 124 kilomètres, en 1883 ; elle dépasse de beaucoup ce chiffre sur les réseaux étendus comme l'Orléans, où elle atteint 200 kilomètres, et sur le Lyon, où elle s'élève à 180 kilomètres ; on peut donc affirmer qu'elle est très notablement supérieure à celle des voies navigables.

Cependant, comme les marchandises de valeur, qui n'ont point recours à la navigation ou qui n'en usent que dans une faible mesure, parcourent de très longues distances sur les voies ferrées, on peut admettre que les distances de transport des marchandises pondéreuses et de peu de valeur sont comparables sur les rivières ou canaux et sur les chemins de fer.

6. **Longueur des parcours.** — Le cours des rivières offrant des sinuosités assez nombreuses et le tracé des canaux n'ayant pas autant de souplesse et d'élasticité que celui des chemins de fer, quand on peut aller

d'un point à un autre par voie ferrée ou par voie navigable, le parcours par eau est généralement plus long que le parcours sur rails. Il est admis qu'en moyenne 1 000 mètres de longueur de voies navigables correspondent à 800 mètres de chemins de fer.

Voici, à titre d'exemple, quelques chiffres comparatifs :

DÉSIGNATION des parcours	DISTANCES par eau	DISTANCES par rails	DÉSIGNATION des parcours	DISTANCES par eau	DISTANCES par rails
	km	km		km	km
Charleroi à Paris	317	270	Denain à Jarville	520	351
Charleroi à Rouen	436	316	Sarrebrück à Saint-Dizier.	342	272
Mons à Lille	102	73	Lérouville à Reims	211	173
Mons à Paris	333	283	Frouard à Creil	396	357
Mons à Nancy	550	291	Gray à Lyon	276	252
Anzin à Reims	284	179	Montceau à Paris	437	399
Anzin à Paris	317	249	Cette à Paris	1.000	800
Anzin à Nancy	534	339	Bordeaux à Toulouse	247	257
Lens à Paris	347	210	Paris à Rouen	242	136
Lens à Elbeuf	416	216	Rouen à Varangéville	650	502
Denain à Dunkerque	204	134	Nantes à Rennes	184	123

L'ensemble de ces chiffres permet de vérifier la proportion approximative que nous avons indiquée.

Il convient, en outre, de remarquer que le développement continu du réseau de chemins de fer crée progressivement de nouveaux raccourcis et augmente l'avantage des voies ferrées sur les voies navigables, à ce point de vue.

7. Vitesse des transports. — Il est très difficile d'apprécier la vitesse moyenne des transports de marchandises par eau : cette vitesse est essentiellement variable avec la nature de la voie navigable, avec le sens dans lequel s'effectue la navigation, avec le mode de traction (hommes, chevaux, vapeur), avec la forme des bateaux, avec leur chargement, avec la section de la rivière ou du canal, avec l'importance de la circulation, avec les obstacles (tels qu'écluses, passages rétrécis, ponts tournants, souterrains) que les bateaux ont à franchir, avec l'état des eaux, avec les circonstances climatériques, etc.

Ici, comme en beaucoup d'autres matières, les moyennes sont trompeuses et il ne faut y voir que ce qu'elles peuvent montrer, c'est-à-dire des aperçus ne dispensant pas d'une étude spéciale dans chaque cas particulier.

Sous le bénéfice de cette observation, nous allons reproduire quelques chiffres extraits de diverses publications (1).

1° EXTRAIT D'UN MÉMOIRE DE MM. CHANOINE ET DE LAGRENÉ, INSÉRÉ AUX ANNALES DES PONTS ET CHAUSSÉES, 2e SEMESTRE 1863.

DÉSIGNATION DES LIEUX D'EXPÉRIENCE	CHEMINEMENT MOYEN par jour
1° Traction à bras d'hommes sur les Canaux.	
Canaux du Loing, de Briare et d'Orléans (trois expériences). Deux hommes traînant un bateau chargé de 85 à 105 tonnes............	km 13,980
Canal du Centre et canal latéral à la Loire (sept expériences). Deux hommes traînant un bateau de 80 à 115 tonnes (7k 220 à 11k 620)..	8.710
MOYENNE..................	km 11,345
2° Traction par chevaux sur les Canaux.	
Canaux du Loing, de Briare et d'Orléans. (Deux chevaux. — Bateaux de 60 tonnes.)............	km 20,900
Canaux du Loing, de Briare et d'Orléans. (Deux chevaux. — Bateaux de 60 tonnes.)............	25,420
Canaux du Loing, de Briare et d'Orléans. (Deux chevaux. — Bateaux de 80 tonnes.)............	21,150
MOYENNE..................	km 22,490
3° Traction par chevaux sur les Rivières.	
Seine entre Montereau et Nogent. (Bateaux de 220 tonnes en moyenne.)	km 16 »
Seine entre Paris et Montereau. (Bateaux portant 30 tonnes en moyenne, naviguant en trains.)............	25 »
Yonne entre Montereau et Auxerre............	20 »
Yonne entre Montereau et Sens. (4 bateaux portant ensemble 96 tonnes.)	36 »
MOYENNE..................	km 24,250
4° Traction par la Vapeur.	
Seine entre Paris et Montereau (touage sur chaîne noyée)............	km 33,330

2° EXTRAIT DU COURS DE NAVIGATION INTÉRIEURE PROFESSÉ, EN 1876-1877, PAR M. MALÉZIEUX, A L'ÉCOLE DES PONTS ET CHAUSSÉES.

a. *Renseignements généraux.*

1° Halage à bras. — Bateau portant de 80 à 150 tonnes.

(1) Nous avons laissé de côté les publications trop anciennes.

Vitesse à la seconde en pleine marche........ 0^{m},50
Cheminement journalier...... 8 à 12 km.

2° Halage par chevaux. — Bateau portant 100 à 275 tonnes.
Vitesse à la seconde en pleine marche....... 1^{m},00
Cheminement journalier..... 20 à 30 km.

3° Navigation à vapeur sur les canaux. — Maximum de vitesse pour les bateaux chargés.............................. 6 km. à l'heure.
Vitesse moyenne du parcours........... 4 km. —

b. *Renseignements particuliers.*

		Cheminement journalier.
Canal de Bourgogne :	1° halage à bras........	10 à 12 kilom.
—	2° halage par un cheval sans relais..........	15 à 16 »
—	3° halage par deux chevaux avec relais de jour...	24 à 27 »
—	4° halage accéléré par deux chevaux avec relais de jour et de nuit......	35 à 40 »
—	5° Service à vapeur de jour et de nuit.......	48 à 60 »

Oise et Basse-Seine. — Touage à vapeur : Vitesse de marche à la seconde.................. { à la remonte 3^{m},6 à 4^{m}. / à la descente 6^{m}. à 8^{m}.

3° Extrait d'une étude sur les voies de transport en France, par M. Brunfaut, ingénieur civil (1876).

1° Traction à bras d'hommes.	Cheminement moyen par jour		11^{km}340
2° Traction par chevaux.	—	sur les canaux	22 . 940
2° Traction par chevaux.	—	sur les rivières	21 . 070
3° Touage à vapeur.	—	....	33 . 330

4° Extrait d'une notice de M. l'ingénieur en chef Flamant, sur l'avant-projet du canal du Nord (1880).

« Les bateliers considèrent que la durée normale du trajet, entre le « bassin houiller du Nord et Paris, devrait être de 25 jours environ par le « canal actuel. La distance étant de 350 kilomètres, cela ferait un parcours « de 14 kilomètres par jour. Mais la durée normale est toujours dépassée, « et il n'est pas rare de voir un bateau mettre, au lieu de 25 jours, 40,

« 50, 60 jours (1) et même davantage pour arriver à Paris. Les causes de « retard sont multiples.

« C'est d'abord le passage des deux ponts tournants du chemin de fer « de Douai à Lille, sur la Deule et sur la Scarpe, qui peut faire perdre un « ou deux jours. C'est la traversée de Douai, c'est le passage au bassin « rond d'Etrun, où l'on trouve presque toujours des encombrements qui se « traduisent par quelques journées de retard. Le même effet se produit « sur le canal latéral à l'Oise, au point où aboutit le canal de Charleroi, et « à Janville, à l'origine de l'Oise canalisée. Enfin, arrivés à Conflans, les ba- « teaux doivent y attendre souvent un jour, quelquefois deux, trois ou « quatre, que le toueur veuille bien les prendre et les remonter jusqu'à Paris.

« La durée ordinaire du trajet, au lieu d'être de 25 jours, est en « moyenne au moins de 40. »

A la vérité, ces indications portent sur une voie navigable exceptionnellement chargée ; mais elles se réfèrent aussi à une part considérable des transports par eau.

M. Flamant n'évalue pas à plus de 16 kilomètres par jour le cheminement moyen sur « le canal du Nord » dont il a présenté l'avant-projet.

5° Extrait d'un rapport de M. l'ingénieur en chef Flamant sur l'utilité de la section du canal du Nord, comprise entre Noyon et Paris (1882).

M. Flamant, ayant eu à justifier avec plus de précision, en 1882, l'utilité de la section du canal du Nord comprise entre Noyon et Paris, a produit un relevé fort intéressant et fort complet de la durée du voyage pour les bateaux expédiés, en 1880 et 1881, de Denain à Paris et de Douai à La Briche.

Ce tableau fait ressortir les moyennes suivantes :

(1) Six fois la durée de la traversée de l'Océan entre New-York et le Havre par les transatlantiques. Deux fois le délai nécessaire pour aller de Marseille en Cochinchine.

MOIS DE DÉPART	ANNÉES	
	1880	1881
Janvier	70 j.	60 j.
Février	38	41
Mars	34	34
Avril	27	25
Mai	21	22
Juin	19	21
Juillet	23	(chômage)
Août	25	47
Septembre	25	40
Octobre	31	28
Novembre	47	27
Décembre	68	27
MOYENNES	38	34
	36 j.	

Le cheminement moyen par jour a donc oscillé, suivant les circonstances, entre 4 kilomètres 5 et 16 kilomètres, et n'a guère dépassé en moyenne 8 kilomètres 5.

6° EXTRAIT D'UN RAPPORT DE M. HOLLEAUX, ALORS INGÉNIEUR EN CHEF, DEPUIS INSPECTEUR GÉNÉRAL DES PONTS ET CHAUSSÉES (1880).

Dans un rapport à l'appui d'un avant-projet tendant à améliorer les lignes navigables existant entre la région du Nord et Paris, au lieu de faire un nouveau canal de toutes pièces, M. Holleaux exprimait l'avis qu'après la construction d'un canal latéral à l'Oise entre Janville et Méry, et d'un canal à point de partage entre Méry et le canal Saint-Denis, et après l'allongement des écluses en service entre Valenciennes et Janville, les bateaux pourraient parcourir en moyenne 15 kilomètres par jour.

Ajoutons que, sur le canal de la Marne au Rhin, le parcours journalier des bateaux de 180 à 200 tonnes, halés par deux chevaux, était évalué, il y a peu d'années encore, à 20 kilomètres en moyenne.

Ces indications, qu'il serait inutile de multiplier davantage, suffisent à prouver combien est faible la vitesse des transports par eau : le chiffre de 20 kilomètres de cheminement journalier est certainement au-dessus plutôt qu'au-dessous de la moyenne, pour les bateaux halés par chevaux.

Sans doute des efforts ont été faits, des travaux ont été engagés et continuent à s'exécuter pour améliorer ces transports, pour hâter les opérations de sassement aux écluses, pour réduire les sujétions des passages rétrécis, pour faciliter la circulation dans les souterrains et aux abords; on pourra aussi améliorer les formes un peu barbares des bateaux, organiser des services réguliers pour la traction sur les canaux à forte circulation où les chevaux font parfois défaut, augmenter la section des chenaux de navigation, réduire les chômages. L'Administration et l'industrie privée ont encore fort à faire l'une et l'autre dans cette voie. Mais, quoi qu'on fasse, les augmentations qu'il sera possible de réaliser seront toujours renfermées dans des limites très étroites : en effet, la résistance opposée par l'eau au mouvement des bateaux est, on le sait, proportionnelle au carré de la vitesse de translation et croît par suite considérablement avec cette vitesse ; de plus, une marche trop rapide dans les canaux soulèverait des ondes susceptibles de compromettre gravement la conservation des berges ; enfin, l'emploi des services dits accélérés, soit à la vapeur, soit avec halage de jour et de nuit, donnerait lieu à des dépenses que supporteraient difficilement des marchandises pondéreuses.

Sur les chemins de fer, aux termes des arrêtés ministériels du 12 juin 1866 et du 15 mars 1877, les délais d'expédition, de transport et de livraison des marchandises en petite vitesse taxées au prix du *tarif général*, sont les suivants :

1° Expédition dans le jour qui suit celui de la remise ;

2° Transport, à raison de 125 kilomètres au minimum par 24 heures, les excédents de distance jusques et y compris 25 kilomètres n'étant pas comptés et ne donnant point lieu, par suite, à une augmentation de délai ;

3° Accélération sur les lignes les plus importantes, pour les marchandises de la 1re et de la 2e classe (le parcours journalier minimum étant porté de 125 à 200 kilomètres);

4° Livraison dans le jour qui suit celui de l'arrivée effective en gare.

En cas de transmission d'un réseau à un autre, les Compagnies ont droit, pour cette opération, à un délai supplémentaire qui est de 24 heures, sauf à Paris où il est de deux jours, y compris la durée du parcours sur le chemin de fer de Ceinture.

Mais la plupart des marchandises pour lesquelles la navigation est en concurrence avec les chemins de fer font l'objet de tarifs spéciaux subordonnés à des allongements de délais.

Voici quelques chiffres indiquant le supplément de délai auquel les Compagnies subordonnent généralement leurs tarifs réduits :

	HOUILLE et Coke	FONTES BRUTES	MINERAIS de Fer	PIERRE DE TAILLE brute Moellons Pierres à macadam
Nord	15 jours	5 jours	5 jours	5 jours
Est	5 jours	5 jours	8 jours	10 jours
Paris-Lyon-Méditerranée	5 jours	5 jours	8 jours	10 jours
Orléans	0 à 15 jours	0 à 5 jours	0 à 15 jours	15 jours
Midi	5 à 8 jours	0 à 5 jours	5 à 10 jours	5 à 10 jours
Ouest	10 jours	5 jours	5 jours	10 jours
Nord-Est	15 jours	8 à 20 jours	20 jours	8 jours
Nord-Ouest	15 jours	8 à 20 jours	»	15 jours
Nord-Orléans	15 jours	15 jours	15 jours	»
Nord-Paris-Lyon-Méditerranée	15 jours	»	»	»
Nord-Est-Orléans	»	8 jours	»	»
Nord-Est-Ouest	»	8 jours	»	»
Est-Paris-Lyon-Méditerranée	5 jours	»	»	»
Est-Paris-Lyon-Méditerr.-Orléans	»	8 jours	»	»
Est-Ouest	»	8 jours	»	20 jours
Ouest-Orléans-Paris-Lyon-Méditerr.	»	5 jours	»	»
Orléans-Paris-Lyon-Méditerranée	5 jours	5 jours	15 jours	5 jours
Paris-Lyon-Méditerr.-Orléans-Midi	»	10 jours	»	»
Paris-Lyon-Méditerranée-Midi	»	»	5 jours	»
Orléans-Midi	10 jours	10 jours	10 jours	5 à 15 jours
Orléans-Ouest	»	5 à 15 jours	»	»

Ces délais supplémentaires, dont quelques-uns au moins sont excessifs, laissent encore l'avantage aux chemins de fer : il est rare, d'ailleurs, que les Compagnies usent de la plénitude de leurs droits à cet égard, et, si elles ont si vivement résisté jusqu'ici aux réductions qui leur étaient demandées, c'est surtout afin de se mettre à l'abri des réclamations pour le cas où des circonstances exceptionnelles retarderaient leurs livraisons.

La lenteur des transports sur les canaux et les rivières a l'inconvénient de contraindre les intéressés à prévoir leurs besoins et à faire leurs commandes longtemps à l'avance ; cet inconvénient n'est pas sans gravité pour certaines marchandises dont les cours sont variables et qui ne se prêtent pas aux transactions à échéance éloignée. Elle immobilise les chargements pendant un délai souvent fort long et en grève le prix de charges d'intérêt que les chemins de fer ne font point peser sur eux : toutefois, le fait est de peu d'importance pour les matières pondéreuses et de faible valeur dont le transport s'effectue par la batellerie.

Mais cette immobilisation a une conséquence plus grave que nous devons signaler. Jusqu'ici on s'est refusé à assimiler les bateaux à des magasins et à prêter sur leur cargaison; or on sait le rôle important que jouent, à cet égard, dans certains pays et même en France, les *warrants*, c'est-à-dire les titres de propriété ou plutôt les récépissés transmissibles par endossements. Il y a là une cause de difficultés et d'embarras pour le commerce, qui ne peut être fécondé que par une circulation rapide des capitaux.

8. Régularité des transports. — A la question de la vitesse des transports se lie intimement celle de leur régularité. Sur ce point, malheureusement, les voies navigables sont dans un état d'infériorité que personne ne saurait contester. Les causes principales qui contribuent à la placer dans cette situation fâcheuse sont les suivantes :

a. — En premier lieu, sur les rivières, les crues, en augmentant la vitesse des courants et souvent même en noyant les chemins de halage, rendent la circulation tout d'abord difficile, puis impossible surtout à la remonte.

La fréquence et la durée des interruptions varient avec les années, avec le caractère plus ou moins torrentueux de la rivière, avec la région, avec le débouché assuré aux hautes eaux, avec la pente de la vallée, avec le niveau des chemins de halage, avec les moyens de traction.

D'après le rapport de M. Flamant sur l'utilité de la section du canal du Nord comprise entre Noyon et Paris, durant la période décennale de 1872 à 1881 il y aurait eu, en moyenne, trois mois de navigation défectueuse, chaque année, sur la Seine entre l'Oise et Paris; de 1872 à 1879, la circulation sur l'Oise aurait été en souffrance deux mois par an et même totalement interrompue 17 jours en moyenne.

D'autre part, M. Holleaux indique les chiffres suivants pour les années 1875 à 1878 :

DÉSIGNATION DES VOIES NAVIGABLES	CHOMAGES CAUSÉS par les CRUES			
	1875	1876	1877	1878
Canal de Mons à Condé	6	26	9	17
Rivière de l'Escaut	6	26	14	17
Canal de Saint-Quentin	»	»	»	»
Canal de Manicamp et canal latéral à l'Oise	»	24	8	»
Oise canalisée	»	31	14	5

Nous nous bornons à ces citations, que nous avons choisies à dessein parce qu'elles se rapportent à la ligne de France la plus fréquentée.

b. — Les gelées viennent apporter leur contingent aux chômages des rivières et surtout des canaux. La Commission parlementaire d'enquête sur les voies de transport évaluait la durée des interruptions par les glaces à 20 jours en moyenne sur la Scarpe et sur la Deule, et à un mois sur le canal du Centre. Dans la région de l'Est, nous avons vu la navigation interceptée pendant six semaines. Dans le Midi de la France, c'est-à-dire dans la région la plus favorisée à cet égard, il y a eu, sur le canal du Languedoc, 15 jours d'interruption en 1876 et 52 jours en 1879.

M. Holleaux donne les chiffres que voici pour la voie de Mons à Paris :

	1875	1876	1877	1878
	jours	jours	jours	jours
Canal de Mons à Condé	15	13	»	6
Rivière de l'Escaut	3	8	»	1
Canal de Saint-Quentin	21	14	»	3
Canal de Manicamp et canal latéral à l'Oise	10	12	»	»
Oise canalisée	5	4	»	»

Les ingénieurs cherchent à y remédier sur les canaux, en cassant la glace, au moyen d'appareils dits « brise-glace » halés par des chevaux, et en entretenant, autant que possible, des courants par un surcroît d'alimentation ; mais il n'y a là que des expédients dont l'efficacité se borne à retarder un peu la congélation, à empêcher l'action des gelées d'une faible intensité et à hâter la reprise de la navigation. Sur les rivières, les gelées peuvent d'ailleurs créer de très graves dangers, en provoquant des débâcles, comme celle dont les Parisiens ont été témoins en janvier 1880, et en causant par suite de nombreux sinistres.

c. — Comme les crues, les sécheresses prolongées peuvent nuire à la circulation sur les rivières, en réduisant le débit au-dessous du volume nécessaire pour le maintien du mouillage réglementaire, et sur les canaux, en tarissant leurs ressources alimentaires.

L'Administration fait tous ses efforts pour développer les moyens d'alimentation ; elle augmente la capacité des réservoirs, elle en crée de nouveaux, elle installe à grands frais des machines élévatoires hydrauliques ou à vapeur, et l'on peut espérer que, malgré l'accroissement de la dépense d'eau par le fait de l'allongement des écluses et du relèvement du plan d'eau sur la plupart des canaux, elle arrivera à remédier, dans une mesure suffisante, aux imperfections de l'ancien état de choses.

d. — Parmi les travaux d'amélioration et d'entretien que comportent les voies navigables, il en est beaucoup qui ne peuvent s'exécuter sans un abaissement de la retenue ou même une vidange complète des biefs, c'est-à-dire sans une interruption partielle ou totale de la navigation. Aussi des chômages plus ou moins prolongés sont-ils autorisés chaque année par le Ministre des travaux publics.

En 1884, ces chômages ont frappé presque tous les canaux et toutes les rivières de France ; ils ont été échelonnés de juin à septembre ; leur durée a oscillé entre 10 jours et 2 mois, abstraction faite de deux sections de rivières sur lesquelles elle a atteint trois mois.

A la vérité, cette interruption générale de la circulation était motivée par des travaux dont la batellerie tirera plus tard un large profit, et notamment par l'allongement des écluses, dont la longueur utile doit être portée à 38m50, en conformité de la loi du 5 août 1879. Cependant, il ne faudrait point y voir un fait exceptionnel : en effet, les améliorations en cours exigent encore plusieurs campagnes, et ce ne sont ni les premières, ni les dernières, dont la nécessité se sera imposée à l'Administration. D'ailleurs, il y aura toujours des réfections, des ouvrages d'entretien, qui exigeront impérieusement une interruption de la circulation.

L'Administration s'ingénie pour réduire le nombre et la durée des chômages, pour multiplier l'usage des procédés de travail sous l'eau, pour faire coïncider les réparations avec l'époque des interruptions naturelles de la navigation par les gelées ou les sécheresses. Des progrès sérieux sont encore à réaliser à ce point de vue. Mais, quoi qu'on fasse, on ne pourra qu'atténuer le mal ; on n'arrivera point à l'éviter.

e. — A ces chômages périodiques et prévus viennent s'ajouter parfois des chômages accidentels et imprévus, dus à des incidents, tels que l'échouage d'un bateau dans un sas ou dans un passage rétréci, une avarie aux portes d'une écluse ou à un barrage, une rupture de digue, etc... Mais nous ne les notons que pour mémoire : en général, leur durée est peu considérable.

f. — Les diverses interruptions de navigation que nous venons de mentionner présentent les plus graves inconvénients sur les lignes à fort tonnage, non seulement par elles-mêmes, mais encore, et surtout, par les encombrements qui se produisent inévitablement lors de la reprise de la circulation.

M. Holleaux donne, sur cette conséquence indirecte des chômages, des renseignements fort intéressants. Pendant les crues de l'Oise, par exemple, les bateaux s'accumulent parfois dans le canal latéral à l'Oise sur un rang de 20 kilomètres de longueur ; au moment de la reprise de la navigation, ce stationnement oblige à opérer les croisements dans des gares ou des parties libres, que l'on a ménagées de distance en distance à cet effet, et réduit la capacité de transport du canal, précisément alors qu'il serait désirable de la voir accrue. De 1870 à 1879, il y a eu, en moyenne, 46 jours d'encombrement par an, à la suite des crues, sur le canal latéral à l'Oise. Les années les plus mauvaises ont été 1872 et 1873 (140 jours — 600 bateaux), 1876 (90 jours — 550 bateaux), 1877 (80 jours — 300 bateaux), 1878-1879 (151 jours — 503 bateaux). Pendant cette dernière période, la durée du parcours en descente sur le canal, qui est habituellement de 1 jour 1/2, a atteint 35 jours, 8; le retard moyen a été par conséquent de 17 jours, il a porté sur 2 233 bateaux; la perte pour les propriétaires des bateaux a été évaluée à 136 fr. par bateau, soit à 350 000 fr. au total, sans parler du préjudice causé aux destinataires.

Dans un rapport de 1882 sur le choix entre le système de la simultanéité et le système de l'échelonnement pour les chômages, M. l'ingénieur en chef Dérome, successeur de M. Holleaux au service de la navigation entre la Belgique et Paris, a fait connaître, de son côté, que la durée du trajet de la frontière à la Seine ou réciproquement, qui est généralement de 20 jours, a souvent dépassé 25 à 30 jours à la descente et 35 à 40 jours à la remonte, à la suite des chômages pour l'exécution des travaux de réparation ou d'entretien.

Telles sont les principales causes d'irrégularité dont souffre la circulation. Elles grèvent lourdement les transports. Elles ont, en outre, l'inconvénient d'obliger les industriels ou commerçants à se pourvoir d'un stock considérable d'approvisionnements, d'immobiliser ainsi leurs capitaux, d'avoir de vastes magasins, et à subir des pertes du fait de la détérioration des marchandises accumulées dans ces magasins.

Sur les chemins de fer, le service n'est pas non plus complètement à l'abri des perturbations; les neiges, les incidents dans la marche des trains, les avaries causées à la voie par les trombes d'eau, l'intensité exceptionnelle des transports à certaines époques de l'année, peuvent entraîner des retards préjudiciables au commerce. Toutefois, ces perturbations sont moins fréquentes et moins prolongées. Deux crises assez violentes se sont produites depuis la guerre de 1870-1871. La première, survenue immédiatement après les préliminaires de paix, était due à des causes de force majeure; une partie du matériel roulant était en Allemagne; il fallait pourvoir aussitôt que possible à l'évacuation de l'armée allemande et au rapatriement des prisonniers français; de plus, les relations commerciales, interrompues par les événements, avaient pris une activité exceptionnelle dès le rétablissement des communications; l'encombrement des gares était aggravé par ce fait que les commerçants subordonnaient leurs livraisons au paiement de la marchandise par le destinataire; le camionnage faisait défaut par suite de la perte d'un grand nombre de chevaux. Le Ministre dut, pendant plusieurs mois, soustraire les Compagnies à l'observation des délais réglementaires.

La seconde crise a pris naissance pendant l'hiver de 1879-1880, à la suite des neiges abondantes qui sont tombées sur presque toute l'étendue de la France et plus particulièrement dans la région du Nord. La circulation sur les voies de terre étant devenue impossible, les destinataires ont cessé de prendre livraison de leurs marchandises et ont ainsi immobilisé dans les gares une fraction considérable du matériel roulant.

Mais, nous le répétons, les incidents de cette nature sont heureusement fort rares, et l'on ne peut nier qu'au point de vue de la régularité des transports, les voies ferrées aient une grande supériorité sur les voies navigables.

9. **Capacité de transport.** — Il est à peu près impossible de faire un parallèle entre les chemins de fer et les voies navigables, au point de vue de la capacité de transport.

Comme nous avons eu déjà l'occasion de le faire observer, le tonnage susceptible d'être débité par une voie ferrée dépend d'une foule d'éléments, tels que le nombre des voies, la vitesse des trains, la différence entre les vitesses des divers convois, leur répartition dans la journée, la distance des stations, la nature du trafic, l'organisation des mesures de sécurité, etc... L'expérience anglaise a conduit nos voisins à admettre, en moyenne, le chiffre de 200 trains par 24 heures comme la limite de débit de leurs lignes à deux voies, avec un petit nombre de trains à marche lente; en ajoutant une ou deux voies auxiliaires par tronçons disséminés aux abords des gares, ils arrivent à augmenter dans une large proportion cette capacité de transport et à la porter à 600 trains et même davantage sur les sections à quadruple voie. D'autre part, les statistiques permettent d'évaluer à 175 tonnes le tonnage utile moyen des trains de marchandises. En supposant que le nombre des trains se répartisse à peu près par moitié entre le trafic à grande vitesse et le trafic à petite vitesse, en ne comptant par suite que 100 trains de marchandises par jour, en ne leur attribuant qu'un chargement de 175 tonnes, chiffre certainement trop faible pour les marchandises pondéreuses expédiées par wagon complet et pour les lignes de premier ordre auxquelles les voies navigables peuvent faire concurrence, on voit que le débit peut s'élever à 17 500 tonnes par 24 heures ou à 6 400 000 tonnes environ par année. Cette limite serait facilement dépassée par l'addition de voies supplémentaires sur certaines sections du chemin de fer.

On peut donc considérer la puissance de transport des voies ferrées comme à peu près indéfinie.

Sur les rivières et les canaux, l'écoulement des bateaux est limité par des sujétions, des passages rétrécis et notamment par le sassement aux écluses. Il varie suivant les dimensions des sas; les moyens plus ou moins rapides de remplissage et de vidange; le temps perdu pour les manœuvres d'approche, d'entrée et de sortie; la longueur des passages rétrécis et particulièrement des souterrains; les procédés de traction employés pour les franchir; les dimensions des gares aux abords, etc... Dans les conditions actuelles, sur les canaux perfectionnés, sans écluses accolées, l'éclusage d'un bateau montant et d'un bateau descendant ne peut guère s'effectuer en moins d'une demi-heure; le maximum théorique de débit journalier serait donc de 96 bateaux par 24 heures. En attribuant aux bateaux chargés un tonnage de 250 tonnes, en admettant 330 jours de navigation par an et en supposant que sur trois bateaux il y en ait un vide et deux chargés, le débit annuel s'élèverait à 5 280 000 tonnes. Mais l'exploitation ne peut se faire avec la précision, la permanence et la régularité théoriques nécessaires pour réaliser un pareil chiffre qui, en pratique, ne saurait être atteint. D'autre part, on peut, en doublant les écluses, en abaissant leur radier pour réduire la résistance opposée aux bateaux, en améliorant leurs appareils de remplissage et de vidange, en accélérant l'ouverture et la fermeture des portes, accroître très notablement la puissance de transport : ce sont des expédients auxquels on a déjà eu recours sur certaines voies de navigation.

D'après M. Holleaux, sur la voie navigable de Mons à Paris, dont les écluses sont simples, le mouvement le plus fort a été de 2 millions de tonnes, en 1878 (1); il n'aurait pu dépasser notablement ce chiffre; l'allongement des sas à 38 m. 50 portera ce maximum à 2 500 000 tonnes.

M. Flamant estime que le canal du Nord, pourvu d'écluses du type ordinaire, mais à sas jumelés, débitera facilement plus de 4 000 000 de tonnes par an.

Quelle que soit la valeur de ces indications, on peut tenir pour certain que la capacité moyenne de transport des voies navigables est inférieure à celle des chemins de fer, mais qu'elle est néanmoins fort élevée et que, sauf sur certaines lignes exceptionnellement chargées, il n'y a pas lieu de s'en préoccuper.

Ce serait donc se tromper que de chercher dans cet élément de la question, comme l'ont fait certaines personnes, un argument pour ou

(1) Le mouvement de 1884 a été un peu supérieur.

contre les voies navigables dans leur concurrence avec les chemins de fer.

Voici d'ailleurs, à titre de renseignement, le tonnage des sections les plus chargées du réseau des chemins de fer et du réseau des voies navigables, pour l'année 1883 :

CHEMINS DE FER (petite vitesse) — *Année 1883.*	tonnes.	VOIES NAVIGABLES — *Année 1883.*	tonnes.
Nord. — Paris à Creil (par Chantilly)........	1 496 300	Seine. — De Montereau à Corbeil...........	969 000
Creil à Amiens.....	2 113 100	De Corbeil à Paris...	1 835 700
Amiens à la frontière.	2 049 000	Traversée de Paris...	1 712 300
Creil à Erquelines..	1 986 500	De Paris à Conflans..	2 153 000
Est. — Paris à Avricourt...	967 700	De Conflans à Rouen.	741 100
Frouard à Pagny-sur-Moselle........	867 300	Seine maritime......	1 236 900
Reims à Charleville et à Givet........	1 034 200	Canal Saint-Denis............	1 250 900
Ouest. — Paris à Nantes.....	1 609 700	Oise en aval de Janville.......	1 550 800
Nantes à Rouen.....	1 611 100	Canal latéral à l'Oise.........	1 996 400
Rouen au Havre....	1 212 200	Canal de Manicamp...........	1 996 400
Paris au Mans......	613 700	Canal de Saint-Quentin.......	2 012 200
Orléans. — Paris à Bordeaux. .	1 010 500	Escaut.....................	1 589 100
P.-L.-M. — Paris à Lyon.......	1 756 400	Canal de la Sensée...........	1 437 600
Lyon à Marseille....	2 310 600	Canal de la Deule............	934 700
Tarascon à Cette...	1 789 100	Canal de l'Aire à la Bassée....	1 068 500
Nîmes à Alais et à la Levade........	1 247 314	Canal de Neuffossé...........	1 002 400
Midi. — Bordeaux à Toulouse. .	752 800	Aa.......................	722 642
Toulouse à Cette....	1 375 600	Canal de Bourbourg..........	737 700
		Canal de Mons à Condé.......	741 200
		Sambre....................	422 700
		Aisne.....................	558 800
		Canal latéral à l'Aisne........	438 900
		Canal de l'Aisne à la Marne...	518 200
		Canal latéral à la Marne.......	510 300
		Canal de la Marne au Rhin....	618 300
		Canal du Loing..............	435 100
		Canal de Briare..............	376 400
		Canal latéral à la Loire.......	446 900

10. Liberté de circulation. — Facilités d'accès. — Théoriquement, la Compagnie concessionnaire d'un chemin de fer n'a pas le monopole de la circulation sur les rails; d'autres Compagnies, et même des particuliers, peuvent y faire passer leurs trains, en acquittant des droits de péage stipulés au cahier des charges. Mais de la théorie à la pratique il y a un abîme : le péage ne correspond qu'à l'usage de la voie ferrée; il ne comprend ni le personnel des gares, ni la fourniture de l'eau et du combustible, ni les installations matérielles nécessaires pour recevoir les marchandises, les livrer au destinataire, remiser les machines et les wagons, etc.... Aussi le droit inscrit au cahier des charges est-il resté à l'état de lettre morte pour les particuliers et même pour les Compagnies : si, dans quelques cas tout à fait exceptionnels, il s'est établi des parcours communs, c'est en vertu de conventions spéciales. Au surplus, la nature même des choses, les nécessités de l'exploitation, celles de la sécurité empêchaient qu'il en fût autrement.

Sur les rivières et les canaux, la situation est toute différente. Comme les routes, les voies navigables sont ouvertes à tous. De même qu'une voiture quelconque peut circuler sur les voies de terre, tout bateau ne dépassant pas les dimensions maxima déterminées par les écluses peut emprunter les canaux ou les rivières. Suivant l'heureuse expression de M. Krantz, la voie de navigation « appartient aux riverains, aux expédi- « teurs grands ou petits, à l'ouvrier, au paysan, comme au grand indus- « triel ». Chacun peut y installer son matériel et y effectuer ses transports; c'est là une des causes les plus actives de la vitalité de la batellerie.

A cet avantage s'en ajoute un autre non moins important. Aux termes des cahiers des charges des chemins de fer, les Compagnies sont tenues de s'entendre avec tout propriétaire de mine ou d'usine qui désire relier son établissement à la voie ferrée par un embranchement. Mais le nombre des raccordements de cette nature est très restreint; ils sont limités à quelques industries spéciales; leur installation est fort coûteuse. Les chemins de fer ne sont donc, en réalité, accessibles que sur certains points déterminés.

Au contraire, les rivières et les canaux sont accessibles sur tout leur parcours; un bateau peut s'arrêter en un point quelconque pour y prendre ou y laisser du fret; les voies navigables constituent de véritables *ports continus*. Ici, ce sont des moellons, de la castine, du sable, de la pierre de taille, que le bateau prendra au droit de la carrière; là, ce sont des amendements qu'il déposera en face de la terre destinée à les recevoir; plus loin, ce sont des betteraves qu'il recueillera pour les porter à la sucrerie. Nous pourrions multiplier ces exemples à l'infini; mais ce serait peine perdue : car personne ne nie, à cet égard, la supériorité des voies navigables.

11. Matériel d'exploitation et traction. — Le matériel d'exploitation des rivières et des canaux diffère profondément de celui des chemins de fer, au point de vue du prix de revient, du poids mort, de l'utilisation, de la traction.

a. Prix de revient. — On admet assez généralement que la tonne de capacité coûte, en moyenne, dix fois moins pour la batellerie que pour le matériel roulant des voies ferrées. Il serait possible, par exemple, de construire pour 6 000 fr. un bateau susceptible de porter 200 tonnes, alors qu'un wagon de 10 tonnes coûtera 3 000 fr. Le chiffre de 6 000 fr. nous paraît un peu faible, et notre appréciation est conforme à celle de M. Holleaux qui évalue à 10 800 fr. le prix de revient des bateaux portant 265 tonnes, appelés à la vérité à circuler sur la ligne de Mons à Paris, c'est-à-dire à faire une navigation mixte en rivière et en canal. D'un autre côté, le chiffre de 3 000 fr. est trop élevé pour les wagons employés au transport des marchandises pondéreuses. Cependant nous acceptons ces deux chiffres à titre de données approximatives. La dépense en capital par tonne serait donc de 30 fr. seulement pour les voies navigables et de 300 fr. pour les voies ferrées. Mais il ne suffit pas de rapprocher ces deux prix; il faut, en outre, se rendre compte du nombre de tonnes effectives qui viennent remplir, chaque année, la capacité du bateau et celle du wagon.

Actuellement, sur la ligne de navigation de Mons à Paris, qui est encombrée, mais qui, en revanche, offre de puissants éléments de trafic, un bateau de 300 tonnes de capacité ne peut effectuer que trois voyages par an entre Lens et Paris, aller et retour; il parcourt un peu plus de 2 000 kilomètres. En supposant deux parcours à charge pour un parcours à vide, il transporte ainsi 1 200 tonnes et fournit 400 000 tonnes kilométriques.

Sur l'ensemble du réseau des chemins de fer français, les wagons à marchandises parcourent en moyenne 15 000 kilomètres par an, transportent 400 tonnes et fournissent 50 000 tonnes kilométriques.

La tonne de capacité se remplirait donc 4 fois pour les bateaux et 40 fois pour les wagons, et fournirait respectivement 1 333 tonnes kilométriques et 5 000 tonnes kilométriques, de telle sorte que, tout compte fait, la valeur en capital du matériel par tonne kilométrique sur les chemins de fer ne serait plus que le triple de la valeur correspondante sur les canaux ou rivières.

Il y aurait lieu aussi de faire entrer en ligne de compte l'amortissement et l'entretien. Mais ce sont des éléments sur lesquels les renseignements statistiques sont très incertains pour la batellerie.

En admettant, de part et d'autre, une charge annuelle de 12 %, la part des dépenses afférentes à la tonne kilométrique ne dépasserait pas :

pour les canaux et rivières............ 2 millimes,
pour les chemins de fer.............. 7 millimes,

Ce serait donc un avantage de 5 millimes pour les voies navigables.

Mais il faut remarquer que sur les voies ferrées à grand trafic de matières pondéreuses, telles que les houilles, le matériel roulant affecté au transport de ces marchandises peut fournir un nombre de tonnes kilométriques beaucoup plus considérable, attendu que les wagons reçoivent leur chargement intégral et que les Compagnies organisent même des trains complets faisant très rapidement la navette entre le lieu de production et les centres de consommation; l'écart peut ainsi s'atténuer et même s'effacer complètement.

C'est ainsi qu'entre Lens et Paris, par exemple, la Compagnie du Nord a mis en marche des trains complets de 350 à 400 tonnes qui se chargent, font le trajet, se déchargent et sont revenus au point de chargement en 5 ou 6 jours. Dans de telles conditions la tonne de capacité se remplit 70 fois et fournit plus de 15 000 tonnes kilométriques, de telle sorte que les bateaux perdent l'avantage qui paraissait leur être attribué par un premier calcul basé sur l'utilisation moyenne des wagons pour l'ensemble des transports de marchandises.

b. Poids mort. — Le poids mort des bateaux à pleine charge est en moyenne, de 15 % du poids utile. En comptant un voyage à vide pour deux voyages en charge, la proportion serait de 0,225.

Le poids mort des wagons à pleine charge, y compris la part à y ajouter pour la locomotive, représente les $\frac{60}{100}$ du poids utile. D'autre part, les statistiques démontrent que leur chargement moyen ne dépasse pas les 4/10 de leur capacité ; le rapport du poids mort au poids utile serait donc, en fait, de 1,50. Mais il convient de remarquer ici, comme pour le prix de revient, que l'utilisation de la capacité des wagons pour les marchandises pondéreuses est de beaucoup supérieure à la moyenne et que, dès lors, la différence entre les rapports de $\frac{150}{100}$ et $\frac{22,5}{100}$ doit être notablement réduite. Néanmoins le matériel de la batellerie conserve un avantage incontestable sur celui des chemins de fer.

c. Traction. — La résistance de l'eau au mouvement d'un bateau est représentée par la formule :

$$R = CSV^2$$

dans laquelle S désigne la section transversale immergée ;

V, la vitesse de translation ;

et C, un coefficient variant avec la forme de la coque, avec le débouché offert aux eaux sur les flancs et au-dessous du bateau, et avec le rapport entre la section immergée et ce débouché.

Dans son cours de navigation intérieure, à l'École des Ponts et Chaussées, M. Malézieux, évaluant à 1 mètre par seconde ou 3 600 mètres par heure la vitesse normale sur les canaux, donne le chiffre de 1 kilogramme pour l'effort moyen de traction par tonne.

M. de Lagrené, inspecteur général des Ponts et Chaussées, auteur d'un ouvrage important sur la navigation, estime, d'après M. Labrousse (traité de touage), le coefficient C :

— à 9, pour les bateaux de rivière prismatiques, d'une longueur égale à 5 ou 6 fois leur largeur, avec extrémités cylindriques à axe vertical ou à pans droits et plan inférieur incliné à 42° ;

— à 21, 58, pour les bateaux de rivière prismatiques, d'une longueur égale à 4 ou 5 fois la largeur, avec bouts carrés ;

— à 33, pour les péniches de 300 tonnes naviguant sur les canaux du Nord.

Il n'évalue, d'ailleurs, qu'à 0m,40 la vitesse ordinaire du halage sur les voies navigables.

Les observations auxquelles nous avons eu nous-même l'occasion de procéder, sur le canal des houillères de la Sarre et sur le canal de la Marne au Rhin, nous ont conduit aux résultats suivants, pour les bateaux flamands chargés de 180 à 200 tonnes :

Vitesse de marche en plein bief..... 0m,55 à 0m,60 par seconde ;

Effort de traction de deux chevaux, environ 75 kilogrammes ;

Coefficient de résistance....... 25 ;

Effort par tonne utile......... 0 kg. 4.

Sur les chemins de fer, la résistance moyenne par tonne de poids total, pour les trains de marchandises, est de 5 kilogrammes, au moins, en tenant compte des pentes.

Si l'on considère, d'ailleurs, que le rapport du poids utile au poids total est beaucoup plus élevé pour les voies ferrées que pour les voies navigables, on voit combien ces dernières présentent d'avantages au point de vue des résistances au mouvement.

d. Transport par petites masses. — Les bateaux, en raison de leur capacité considérable, ne se prêtent pas comme les wagons au transport des faibles masses et ne rendent, par suite, de réels services qu'à la grande industrie ou au commerce qui a besoin d'approvisionnements considérables.

Leur infériorité à cet égard est surtout sensible pour les villes importantes où les terrains sont d'un prix élevé et où il est fort difficile de disposer de vastes emplacements. Elle constitue un obstacle absolu à l'emploi de bateaux d'un tonnage trop considérable. Les Pouvoirs publics nous paraissent avoir très sagement agi, en déterminant le gabarit des voies principales d'après une capacité moyenne de 300 tonnes.

e. Utilisation comme magasins. — En revanche, leur valeur peu élevée permet au destinataire de les utiliser temporairement comme magasins flottants, en attendant, soit le moment propice pour le déchargement, soit la vente de la marchandise.

Pour les wagons, au contraire, cette utilisation est impossible; elle doit même être combattue par les Compagnies et par l'Administration, eu égard aux crises que l'immobilisation prolongée d'une partie du matériel provoquerait inévitablement dans les transports.

12. Dépenses de premier établissement et d'entretien. — Nous arrivons maintenant à l'un des éléments les plus importants de la question : les dépenses de premier établissement et d'entretien.

Dans son très remarquable ouvrage sur le chemin de fer de Paris à Strasbourg et le canal de la Marne au Rhin, M. Graëff, alors Ingénieur en chef, depuis Inspecteur général et vice-président du Conseil général des Ponts et Chaussées, n'a pas hésité à affirmer, avec sa haute autorité, que « la dépense de construction d'un chemin de fer est à la dépense d'un « canal construit dans les mêmes conditions, dans le rapport de 3 à 2 au « moins ».

M. Krantz, dans son rapport du 13 juin 1874 à l'Assemblée nationale, évaluait à 180 000 fr. en moyenne par kilomètre la dépense de premier établissement des canaux, et à 443 000 fr. celle des chemins de fer à la fin de 1867.

Plus tard, M. de Freycinet, en présentant, le 4 novembre 1878, à la Chambre des députés son projet de classement de travaux de navigation intérieure, invoquait l'infériorité du prix de construction des canaux sur celui des chemins de fer.

La même opinion a toujours prévalu en ce qui concerne l'entretien.

Que valent ces assertions? C'est ce que nous allons examiner.

a. Chemins de fer. — Voici tout d'abord quelques données sur le prix de revient des chemins de fer entrés au compte d'exploitation avant la fin de l'année 1883.

1° — *Renseignements spéciaux aux grandes Compagnies* (31 décembre 1883).

DÉSIGNATION des RÉSEAUX	ANCIEN RÉSEAU				NOUVEAU RÉSEAU				ANCIEN ET NOUVEAU RÉSEAUX			
	Longueur	Subvention kilométrique de l'État	Dépense kilométrique de la Compagnie	Total	Longueur	Subvention kilométrique de l'État	Dépense kilométrique de la Compagnie	Total	Longueur	Subvention kilométrique de l'État	Dépense kilométrique de la Compagnie	Total
	k	fr.	fr.	fr.	k	fr.	fr.	fr.	k	fr.	fr.	fr.
Nord	1.358	5.987	596.664	602.651	710	26.924	322.117	349.041	2.068	13.175	502.404	515.579
Est	»	»	»	»	»	»	»	»	3.343	77.257	320.987	398.244
Ouest	»	»	»	»	»	»	»	»	2.896	101.140	410.164	511.304
Orleans	2.020	115.155	276.446	391.601	2.342	53.807	349.925	403.732	4.362	82.217	315.898	398.115
Paris-Lyon-Méditerran.	4.923	69.000	502.400	571.400	1.653	83.100	351.200	434.300	6.576	72.500	466.900	539.400
Midi	821	62.728	426.544	489.272	1.541	106.660	276.037	382.697	2.362	91.399	328.351	419.741
TOTAUX ET MOYENNES	»	»	»	»	»	»	»	»	21.607	75.426	394.480	469.906

2° — Renseignements généraux.

DÉSIGNATION DES LIGNES	LONGUEUR	Subvention kilométrique	Dépense kilométrique de la Compagnie	TOTAL	OBSERVATIONS
	km	fr.	fr.	fr.	
Nord	2.068	13.175	502.404	515.579	*Nota.* — Les lignes comprises sous la dénomination de « Réseau de l'État » sont celles dont le rachat a été opéré en 1878. Le chiffre porté dans la colonne « Subvention kilométrique » correspond aux subventions accordées par l'État aux anciennes compagnies rachetées. Quant au chiffre porté dans la colonne « Dépense kilométrique de la Compagnie » il correspond aux dépenses de rachat et d'achèvement.
Est	3.343	77.257	320 987	398.244	
Ouest	2.896	101.140	410.164	511.304	
Orléans	4.362	82.217	315.898	398.115	
Paris-Lyon-Méditerranée	6.676	72.500	466.900	539.400	
Midi	2.362	91 390	328.351	419.741	
Lignes secondaires	1.294	27.106	316.365	343.471	
Ensemble des lignes concédées	22.901	72.697	387.364	460 061	
Réseau de l'État	2.234	45.599	221.437	267.036	
TOTAUX ET MOYENNES	25.135	70.288	372.616	442.904	

Si donc l'on envisage l'ensemble des lignes concédées et le réseau de l'État, tel qu'il a été constitué en 1878, on voit que le prix de premier établissement a été de 443 000 fr. en moyenne, y compris les subventions. Mais il convient : 1° de ne faire entrer en ligne de compte que la dépense à la charge des Compagnies, soit 373 000 fr. environ (les subventions de l'État trouvent, en effet, leur rémunération dans les économies réalisées sur les transports pour le compte des services publics) ; 2° de réduire ce chiffre de 10 °/₀ environ et de le ramener à 336 000 fr. au plus, pour éliminer le matériel d'exploitation qui n'entre pas dans le prix des canaux et des canalisations de rivières.

La charge annuelle, calculée à raison de 5,5 °/₀ est de 18 500 fr. en nombre rond.

Or, en 1883, le nombre moyen de voyageurs et de tonnes de marchandises débités par les chemins de fer a été de 767 000 (en convertissant les recettes accessoires en unités de trafic).

On peut, par suite, évaluer en moyenne à 2 c. 4 par unité de trafic et par kilomètre la part incombant aux frais de construction.

Les chemins classés en 1875 et 1879 coûteront sensiblement moins que les chemins antérieurs ; mais ils auront aussi un trafic notablement moindre ; ils n'abaisseront donc pas le chiffre de 2 c. 4, même en tenant compte du surcroît de mouvement qu'ils détermineront sur les lignes préexistantes.

Si, au lieu de se borner à des moyennes, on considère en particulier les lignes à grand trafic, on arrive naturellement à des résultats beaucoup plus favorables pour les chemins de fer. C'est ainsi que, pour les grandes artères du Nord, de l'Ouest et du P.-L.-M. par exemple, on ne trouve plus guère qu'un centime par unité kilométrique de trafic.

En ce qui concerne l'entretien et la surveillance de la voie et des bâtiments, les Compagnies ont indiqué les chiffres suivants par kilomètre pour l'année 1883, par exemple :

Nord	6 775 fr.
Est	4 451
Ouest	4 103
Orléans	5 702
Paris-Lyon-Méditerranée	4 750
Midi	4 896
Lignes secondaires	2 397
État (ancien réseau)	2 029

La moyenne est de 4 729 fr., elle correspond à 6 millimes 4 environ par unité de trafic, en y ajoutant les frais généraux. Sur les artères maîtresses, ce chiffre descend à 3 millimes.

Ainsi, les charges de premier établissement et d'entretien s'élèvent en moyenne à 30 millimes au plus, mais ne dépassent pas sensiblement 13 millimes sur les lignes à grande circulation.

Il convient, d'ailleurs, de rappeler que jamais personne n'a contesté l'opportunité de faire peser inégalement ces charges sur les diverses catégories d'unités de trafic et notamment de marchandises, d'augmenter la part des matières rangées dans les classes supérieures, et de réduire celles des matières pondéreuses rangées dans les classes inférieures. Ce ne sont donc point les chiffres de 3 centimes et de 13 millimes qu'il faut adopter pour une comparaison raisonnée entre les chemins de fer et les canaux, mais des chiffres moindres.

b. Rivières et canaux. — Nous croyons devoir reproduire avant tout, sauf à formuler ensuite quelques observations, deux états donnant, en ce qui concerne les rivières et les canaux, les charges d'établissement et d'entretien en 1883, d'après les écritures de l'Administration centrale des Travaux publics.

DÉSIGNATION des Rivières ou Canaux	LONGUEUR	DÉPENSES KILOMÉTRIQUES				TONNAGE moyen en 1883	RAPPORT de la dépense au tonnage		
		Frais de premier établissement au 31 décembre 1883	Charges à 5,5 °/° des capitaux de construction	Entretien	Charges des capitaux et entretien réunis		Charges des capitaux de construction	Entretien	Total
	k.	f.	f.	f.	f.	tonnes	f.	f.	f.
1° RIVIÈRES									
Aa	29	104.835	5.766	1.777	7.543	723.042	0,0080	0,0024	0,0104
Adour et Midouze	170	15.022	859	577	1.436	27.200	0,0315	0,0212	0,0527
Aisne	59	70.900	3.899	1.115	5.014	558.802	0,0070	0,0020	0,0090
Allier	247	1.599	88	212	300	119	0,7395	1,7815	2,5210
Annecy (Lac d')	18	2.656	146	267	413	2.750	0,0531	0,0971	0,1502
Baïse	84	40.049	2.203	641	2.844	31.557	0,0698	0,0203	0,0901
Boutonne	31	23.915	1.315	290	1.605	209	6,2919	1,3875	7,6794
Charente	164	27.323	1.503	432	1.935	33.073	0,0454	0,0131	0,0585
Dordogne	415	5.776	318	230	548	18.060	0,0176	0,0127	0,0303
Doubs	69	947	52	92	144	4.395	0,0118	0,0209	0,0327
Escaut	63	38.881	2.138	1.866	4.004	1.096.483	0.0019	0,0017	0,0036
Eure	14	14.117	776	1.024	1.800	980	0,7918	1,0449	1,8367
Garonne	394	27.109	1.491	639	2.130	50.796	0,0293	0,0125	0,0419
Isère	192	7.414	408	482	890	3.954	0,1032	0,1219	0,2251
Isle	143	37.553	2.065	309	2.374	32.264	0,0640	0,0096	0,0736
Léman (Lac)	52	20.551	1.130	183	1.313	49.215	0,0230	0,0037	0,0267
Lez	10	46.000	2.530	»	2.530	7.176	0,3526	»	0,3526
Loir	115	292	16	230	246	8.074	0,0020	0,0285	0,0305
Loire	723	13.942	767	816	1.583	51.185	0,0150	0,0159	0,0309
Lot	256	81.134	4.462	729	5.191	8.092	0,5514	0,0901	0,6415
Loue	34	176	10	35	45	4.227	0,0023	0,0083	0,0106
Lys	72	23.584	1.297	458	1.755	162.023	0,0080	0,0028	0,0108
Maine	10	87.497	4.812	200	5.012	30.955	0,1554	0,0065	0,1619
Marne	183	142.324	7.828	1.099	8.927	201.258	0,0389	0,0055	0,0444
Mayenne	135	152.067	8.364	476	8.840	30.955	0,2702	0,0154	0,2856
Moselle (Frouard à la frontière)	33	91.984	5.059	1.001	6.120	45.209	0,1119	0,0235	0,1354
Rhône	489	116.136	6.387	1.046	7.433	167.774	0,0381	0,0062	0,0443
Saône	344	113.761	6.257	920	7.177	195.612	0,0320	0,0047	0,0367
Sarthe	132	65.128	3.582	396	3.978	23.022	0,1556	0,0172	0,1728
Scarpe	66	141.109	7.764	1.614	9.378	294.990	0,0263	0,0055	0,0318
Seine { Amont de Paris	178	155.799	8.569	1.001	9.570	695.498	0,0123	0,0014	0,0137
Seine { Traversée de Paris	12	1.712.473	94.186	8.942	103.128	1.719.251	0,0548	0,0052	0,0600

DÉSIGNATION des Rivières ou Canaux	LONGUEUR	DÉPENSES KILOMÉTRIQUES				TONNAGE moyen en 1883	RAPPORT de la dépense au tonnage		
		Frais de premier établissement au 31 décembre 1883	Charges à 5,5 °/° des capitaux de construction	Entretien	Charges des capitaux et entretien réunis		Charges des capitaux de construction	Entretien	Total
	k.	f.	f.	f.	f.	tonnes	f.	f.	f.
Seine { Paris à Rouen...	235	290.357	15.970	1.002	16.972	1.057.705	0,0151	0,0009	0,0160
Seine { Maritime.......	129	147.566	8.065	860	9.526	128.068	0,0673	0,0067	0,0740
Sèvre-Niortaise......	54	19.848	1.092	1.148	2.240	7.697	0,1419	0,1491	0,2910
Tarn..............	147	31.393	1.727	747	2.474	234	7,3803	3,1923	10,5726
Taute......	14	7.143	393	378	771	16.739	0,0235	0.0226	0,0461
Vendée............	25	5.924	326	590	916	5.561	0,0586	0,1061	0,1647
Vilaine............	144	23.860	1.312	402	1.714	31.180	0,0421	0,0129	0,0550
Vire..............	70	39.701	2.184	381	2.565	18.459	0,1183	0,0206	0,1389
Yonne.............	114	226.891	12.479	1.224	13.703	338.892	0,0368	0,0036	0,0404
2° CANAUX									
Aire..............	43	157.963	8.688	1.256	9.944	1.068.497	0,0081	0,0012	0,0093
Aisne à la Marne.....	58	389.298	21.906	1.202	23.108	518.219	0,0423	0,0023	0,0446
Aisne (latéral à l')....	51	124.510	6.848	725	7.573	438.858	0,0156	0,0016	0,0172
Ardennes..........	100	178.842	9.836	1.210	11.046	141.672	0,0694	0,0085	0,0779
Arles à Bouc........	47	251.809	13.849	1.297	15.146	81.562	0,1698	0,0159	0,1857
Beaucaire..........	59	228.813	12.585	1.023	13.610	203.476	0,0619	0,0050	0,0669
Bergues............	8	71.875	3.953	750	4.703	65.223	0,0606	0,0115	0,0721
Berry et Cher canalisé.	323	88.909	4.890	1.204	6.094	292.963	0,0167	0,0041	0,0208
Blavet.	60	99.579	5.477	571	6.048	22.424	0,2442	0.0255	0,2697
Bourbourg..........	21	193.781	10.658	1.377	12.035	737.672	0,0144	0,0019	0,0163
Bourgogne.........	242	293.901	16.165	1.509	17.674	181.139	0,0892	0,0083	0,0975
Briare.............	59	293.511	16.143	1.495	17.638	376.357	0,0429	0,0040	0,0469
Calais.............	41	137.521	7.564	836	8.400	184.120	0,0411	0,0045	0,0456
Centre.............	130	172.618	9.494	1.292	10.786	385.418	0,0246	0,0034	0,0280
Charente à la Seudre..	32	115.757	6.367	563	6.930	13.741	0,4633	0,0410	0,5043
Colme.............	38	90.291	4.966	721	5.687	67.587	0,0735	0,0106	0,0841
Coutances..........	6	96.167	5.289	2.160	7.449	2.208	2,3954	0,9783	3,3736
Deule.............	73	151.404	8.327	1.682	10.009	934.702	0,0089	0,0018	0,0107
Dive et Thouet......	40	50.361	2.770	»	2.770	5.653	0,4900	»	0,4900
Est...............	473	(a) 216.642	11.915	2.016	13.931	79.463	0,1499	0,0254	0,1753
Etangs............	43	178.457	9.815	1.780	11.595	194.393	0,0505	0,0091	0,0596
Furnes............	13	124.769	6.862	»	6.862	59.649	0,1150	»	0,1150

(a) Y compris les anciens travaux de canalisation de la Meuse et de la Moselle entre Toul et Pont-Saint-Vincent.

DÉSIGNATION des Rivières ou Canaux	LONGUEUR	DÉPENSES KILOMÉTRIQUES				TONNAGE moyen en 1883	RAPPORT de la dépense au tonnage		
		Frais de premier établissement au 31 décembre 1883	Charges à 5,5 % des capitaux de construction	Entretien	Charges des capitaux et entretien réunis		Charges des capitaux de construction	Entretien	Total
	k.	f.	f.	f.	f.	tonnes	f.	f.	f.
Garonne (latéral à la)	204	306.861	16.877	1.650	1.827	109.381	0,1543	0,0151	0,1694
Hazebrouck.........	25	16.000	880	760	1.640	13.637	0,0645	0,0557	0,1202
Ile et Rance........	65	176.109	9.689	672	10.361	50.333	0,1925	0,0133	0,2058
Loing..............	50	196.863	10.827	1.040	11.867	435.114	0,0249	0,0024	0,0273
Loire (latéral à la)...	206	164.887	9.069	822	9.891	446.881	0,0203	0,0018	0,0221
Luçon..............	14	163.072	8.969	1.176	10.145	10.897	0,8231	0,1079	0,9310
Lunel..............	9	121.111	6.661	»	6.661	6.874	0,9690	»	0,9690
Marans à la Rochelle.	24	632.849	34.807	2.019	36.826	1.379	25,2407	1,4641	26,7048
Marne (latéral à la). .	63	130.549	7.180	641	7.821	510.300	0,0141	0,0012	0,0153
Marne (Haute-)......	100	170.078	9.354	778	10.132	127.326	0,0735	0,0061	0,0796
Marne au Rhin......	210	276.607	15.213	1.225	16.438	618.310	0,0246	0,0020	0,0266
Midi...............	279	129.032	7.097	1.650	8.747	66.630	0,1065	0,0248	0,1313
Mons à Condé.......	5	192.855	10.607	2.304	12.911	741.157	0,0143	0,0031	0,0174
Nantes à Brest.......	360	154.535	8.499	917	9.416	39.402	0,2157	0,0233	0,2390
Neuffossé...........	18	365.260	20.089	1.726	21.815	1.002.415	0,0200	0,0017	0,0217
Nivernais...........	178	192.907	10.610	1.549	12.159	97.581	0,1087	0,0159	0,1246
Oise canalisée et canaux latéral à l'Oise et de Manicamp....	139	47.858	2.632	1.351	3.983	1.667.214	0,0016	0,0008	0,0024
Orléans............	74	163.291	8.981	940	9.921	40.429	0,2221	0,0233	0,2454
Paris (Ourcq, Saint-Denis, Saint-Martin)	120	505.000	27.775	»	27.775	263.162	0,1055	»	0,1055
Pont de Vaux.......	3	188.362	10.360	2.053	12.413	5.659	18,307	0,3628	2,1935
Quentin (Saint-)......	98	284.347	15.639	2.919	18.558	2.012.190	0,0078	0,0014	0,0092
Rhône au Rhin......	190	94.751	5.211	583	5.794	158.391	0,0329	0,0037	0,0366
Roanne à Digoin.....	56	178.576	9.822	102	9.924	171.591	0,0572	0,0006	0,0578
Roubaix............	23	468.970	25.793	3.696	29.489	126.216	0,2043	0,0293	0,2336
Sambre canalisée....	54	55.555	3.056	1.840	4.896	452.259	0,0067	0,0041	0,0108
Sambre à l'Oise.....	67	188.060	10.343	2.600	12.943	422.676	0,0245	0,0061	0,0306
Sauldre............	43	138.709	7.629	732	8.361	18.155	0,4202	0,0403	0,4605
Seine (Haute-).......	44	271.048	14.908	1.069	15.977	8.976	1,6609	0,1191	1,7800
Sensée.............	25	104.825	5.765	1.708	7.473	1.437.583	0,0040	0,0012	0,0052
Somme.............	156	94.572	5.201	951	6.152	87.740	0,0593	0,0108	0,0701
Vire et Taute.......	12	145.583	8.007	1.964	9.971	9.611	0,8331	0,2043	1,0374

Les états que nous venons de reproduire appellent quelques observations :

1° *Pour les dépenses de 1er établissement*, ils accusent des chiffres très modiques :

70 500 fr. par kilomètre de rivière ;
188 500 fr. par kilomètre de canal.

Mais ce ne sont là que des moyennes de peu d'intérêt. Elles sont, en effet, calculées sur des dépenses remontant, pour une large part, à des dates reculées, c'est-à-dire à une époque où l'argent avait beaucoup plus de valeur qu'aujourd'hui, et, en examinant de près les tableaux, il est facile de constater qu'elles sont notablement inférieures aux dépenses effectives des voies relativement récentes.

En outre, elles s'appliquent à des voies placées dans les conditions les plus dissemblables et dont quelques-unes sont tout à fait imparfaites.

Elles ne comprennent point les frais généraux imputés sur les chapitres « du Personnel ».

Elles ne tiennent pas compte des charges des capitaux pendant la période de construction, alors que, pour les chemins de fer, ces charges, ajoutées aux insuffisances de recettes des sections successivement livrées à l'exploitation, représentent en moyenne 20 °/₀ de la dépense totale de construction.

Enfin, elles laissent naturellement de côté les frais d'achat du matériel d'exploitation auxquels ne participe pas l'État, tandis que ce matériel entre pour 1/10 dans le prix des voies ferrées.

2° *Pour les dépenses d'entretien*, la moyenne serait de :

720 fr. par kilomètre de rivière,
et 1 280 fr. par kilomètre de canal.

Mais ces chiffres ne comprennent que l'entretien proprement dit ; les traitements des gardes, barragistes, éclusiers, pontiers (1) ; les allocations accessoires payées au personnel de toute catégorie sur les fonds des travaux (2) ; et les émoluments des agents non commissionnés (3).

Il faut y ajouter :

— les dépenses dites de seconde catégorie de l'entretien, c'est-à-dire celles qui, tout en étant imputées sur le même chapitre, sont plus particulièrement affectées aux grosses réparations et dont la répartition varie avec

(1) Ces émoluments se sont élevés à 85 fr. environ par kilomètre de rivière et à 215 fr. par kilomètre de canal.

(2) Ces allocations ont atteint 60 fr. environ par kilomètre de rivière et 80 fr. par kilomètre de canal.

(3) Ces émoluments ont été de 65 fr. environ par kilomètre de rivière et de 95 fr. par kilomètre de canal.

les années, suivant l'état des ouvrages, les nécessités de la circulation et d'autres circonstances sur lesquelles il est inutile d'insister;
— les traitements des ingénieurs, conducteurs et employés secondaires et les frais généraux d'Administration centrale.

Les crédits portés dans les développements du projet de budget de 1883, pour les travaux d'entretien de 2e catégorie, s'élevaient à 1 100 000 fr. pour les rivières et à 1 200 000 fr. pour les canaux et, en fait, bien que ces développements ne lient pas le Ministre pour la sous-répartition des chapitres, on s'est peu écarté des prévisions portées à la connaissance des Chambres : il y a donc à augmenter, de ce chef, de 180 fr. par kilomètre de rivière et de 245 fr. par kilomètre de canal les chiffres précédemment cités.

Quant aux traitements des ingénieurs, conducteurs et employés secondaires, et aux frais généraux, on est obligé de se contenter d'une évaluation tout à fait approximative : beaucoup d'ingénieurs sont, en effet, attachés simultanément à des services de navigation et à d'autres services, tels que routes, contrôle de construction ou contrôle d'exploitation de chemins de fer, etc..., et leurs émoluments doivent être ventilés entre ces divers services. Nous ne croyons pas nous écarter beaucoup de la vérité en admettant une moyenne de :

200 fr. par kilomètre de rivière,

et 375 fr. par kilomètre de canal, ce qui porterait, en somme, la dépense moyenne d'entretien à : 1 100 fr. par kilomètre de rivière,

et 1 900 fr. par kilomètre de canal.

Toutefois, il convient d'observer que les dépenses afférentes aux rivières intéressent non seulement la navigation, mais aussi l'écoulement des eaux, la conservation des berges, l'exercice des pouvoirs de police de l'Administration, la surveillance de la pêche.

Nous admettrons donc, en définitive, pour les frais de personnel et d'entretien annuels, nécessités par la navigation :

800 fr. par kilomètre de rivière,

1 900 fr. par kilomètre de canal.

A peine avons-nous besoin de faire remarquer, comme pour les dépenses de premier établissement, qu'il n'y a là que des moyennes embrassant les voies les plus diverses au point de vue de leur situation, de leurs conditions de navigabilité et de leur trafic.

Tenons-nous en néanmoins, pour un instant, à ces moyennes et à celles que nous avons indiquées pour les dépenses de premier établissement, sauf à majorer ces dernières de 20 % et à les porter respectivement à 85 000 fr. par kilomètre de rivière et à 226 000 fr. par kilomètre de canal, afin de tenir compte des frais généraux et des pertes d'intérêt pendant la construction. Rappelons, d'autre part, que le tonnage kilométrique moyen des rivières a été, en 1883, de 140 000 tonnes et celui des canaux de 274 000 tonnes. Adoptons enfin pour les charges des capitaux le coefficient de 5,50 °/₀ déjà appliqué aux chemins de fer, bien que la nécessité d'un amortissement soit moins impérieuse pour les voies navigables placées entre les mains de l'État. Calculée sur ces bases, la dépense afférente aux frais de premier établissement et à l'entretien ressort, par tonne kilométrique, à :

— 3 c. 6 (1) sur les rivières ;

— 5 2 (1) sur les canaux ;

— et 4 8 (1) sur l'ensemble du réseau de navigation intérieure.

Ces chiffres sont sensiblement supérieurs à ceux auxquels nous sommes arrivé pour les chemins de fer.

Après avoir ainsi envisagé les moyennes, considérons quelques voies à grand trafic, en majorant, comme nous l'avons fait, les dépenses de premier établissement accusées par les états de la page 267 et suivantes, et en cherchant à évaluer aussi exactement que possible les frais de personnel et d'entretien spéciaux à chacune de ces voies. Nous arrivons aux résultats suivants, pour 1883 :

Seine (de Paris à Rouen)	1 c.	7
Oise canalisée et canaux latéral à l'Oise et de Manicamp	0	3
Escaut	0	4
Aa	1	3
Aisne canalisée	1	»
Canal de Saint-Quentin	1	3
Canal de la Sensée	0	6
Canal de l'Aire	1	3
Canal de la Deule	1	3
Canal de Neuffossé	2	8
Canal de Mons à Condé	2	1
Canal de Bourbourg	2	2
Canal de l'Aisne à la Marne	5	2
Canal de la Marne au Rhin	3	6

c. Comparaison entre les voies navigables et les voies ferrées. — Ces exemples et d'autres qu'il serait facile d'y ajouter montrent surabon-

(1) Dont 6 millimes environ pour l'entretien.

damment que, même en négligeant les insuffisances d'évaluation des travaux remontant à des dates souvent reculées, certaines voies navigables, privilégiées au point de vue de leurs conditions naturelles de navigabilité et de l'importance de leur trafic, ont seules l'avantage sur les voies ferrées à grande circulation. Les autres fleuves ou rivières et à fortiori les canaux artificiels sont, au contraire, dans une situation d'infériorité manifeste au regard des chemins de fer qui occupent une situation comparable dans l'échelle de la fréquentation. La raison en est dans ce fait, que les voies navigables où le mouvement est le plus actif n'ont pas une circulation supérieure à celle des marchandises en petite vitesse sur les grandes artères de notre réseau ferré, et que les chemins de fer ont, en outre, un trafic considérable de grande vitesse compensant et au delà la différence des dépenses de premier établissement.

A la vérité, nous avons raisonné en traitant les voies navigables et les voies ferrées sur un pied d'égalité, en ce qui concerne les charges des capitaux, et l'on a souvent allégué dans la discussion que, pour la plupart des canaux ou des canalisations, les dépenses de premier établissement devaient être considérées aujourd'hui comme amorties par les bénéfices directs ou indirects procurés au pays depuis une longue série d'années, et que, dès lors, il n'y avait plus lieu de faire entrer en ligne de compte ni intérêt, ni amortissement. Certes, il y a du vrai dans cette allégation, à la condition de ne pas en exagérer la valeur et la portée. L'État, ayant conservé les voies navigables, a pu trouver la rémunération de ses sacrifices dans le développement général de l'industrie et de la richesse publique; au contraire, les Compagnies concessionnaires des chemins de fer sont obligées de chercher cette rémunération dans la perception des taxes de transport. Mais si, au lieu de s'attacher à la forme dans laquelle sont fournis les capitaux, on en fait abstraction pour voir les choses de plus haut; si, au lieu de distinguer entre le cas où les sommes nécessaires à la construction sont prises dans la bourse des contribuables et celui où elles sont empruntées à des actionnaires ou à des obligataires, on considère les charges imposées à la nation, on reconnaît qu'à ce point de vue en quelque sorte philosophique les voies ferrées et les voies navigables doivent être envisagées de même, et que, si les canaux ou les canalisations ont l'avantage de l'ancienneté, les chemins de fer ont, en revanche, à égalité de durée, celui d'une plus grande somme et d'une plus grande variété de services rendus.

D'autres personnes, sans méconnaître l'opportunité d'avoir égard à l'intérêt des capitaux dans la comparaison entre les voies navigables et les voies ferrées, ont soutenu qu'il était tout au moins illogique de compter l'amortissement, puisqu'à l'inverse des Compagnies l'État conservait indéfiniment ses travaux et n'avait, par suite, point à les amortir. Il est facile de répondre à l'objection. D'une part, en effet, elle ne tendrait à rien moins qu'à affirmer la théorie soutenue par certains financiers éminents, mais heureusement repoussée jusqu'ici, de l'inutilité de rembourser les emprunts contractés par l'État pour l'exécution d'œuvres profitables aux générations futures comme à la génération actuelle. D'autre part, les transformations qu'ont subies et que subiront certainement encore les conditions de la circulation ont entraîné déjà et continueront à entraîner des transformations correspondantes dans les voies de communication, stériliseront certains ouvrages, exigeront pour les autres de profonds remaniements. Ce serait faire œuvre d'économiste ou de politique à courte vue, que de considérer les travaux comme devant servir à perpétuité.

Nous pouvons donc passer à côté de ces deux systèmes, sans nous y arrêter plus longtemps.

d. Observations sur quelques voies navigables projetées. — Après avoir consulté le passé et recueilli ses enseignements, examinons en deux mots la situation probable de quelques lignes nouvelles de navigation dont l'exécution a été décidée ou mise à l'étude.

1. *Canal du Nord*. — M. l'ingénieur en chef Flamant a donné les évaluations suivantes pour cette voie magistrale :
— canal de 17 mètres au plafond, avec écluses jumelles. 105 000 000 fr.
— canal de 11 mètres au plafond, avec écluses jumelles. 98 000 000
— canal de 11 mètres au plafond, avec écluses simples. 90 000 000
y compris les frais de surveillance et de conduite des travaux.

Il s'est d'ailleurs prononcé catégoriquement pour la solution la plus large et la Chambre des députés lui a donné raison (1).

La longueur totale étant de 236 kilomètres, y compris 50 kilomètres empruntés à des voies existantes et à améliorer, c'est une dépense kilométrique de 445 000 fr. ou de 510 à 515 000 fr. avec les pertes d'intérêt pendant la construction et une charge annuelle de 23 000 fr.

D'un autre côté, M. Flamant a estimé à 900 000 fr. pour l'ensemble du canal, soit à 3 800 fr. par kilomètre, les frais relatifs à l'entretien, à l'alimentation, ainsi qu'au traitement des gardes, éclusiers et pontiers, ce qui,

(1) La Chambre n'a voté que la construction d'une partie du canal et a ajourné le surplus. Quant au Sénat, la situation financière l'a empêché de statuer jusqu'à ce jour.

avec les dépenses du personnel des ingénieurs, conducteurs et employés secondaires, et avec les autres frais généraux, porterait à 28 000 fr. en nombre rond le montant des charges annuelles.

Enfin, l'habile auteur de l'avant-projet du canal du Nord a exprimé l'avis que le tonnage kilométrique de cette nouvelle artère atteindrait très rapidement 4 millions de tonnes.

Si cette prévision optimiste se réalisait, la charge pesant sur la tonne kilométrique ne dépasserait pas 7 millimes et serait un peu inférieure à celle des voies ferrées sur lesquelles la circulation est le plus intense.

Mais il convient d'observer :

— que, malgré l'élasticité de la production minière dans la région du Nord et l'étendue du champ de consommation ouvert aux houilles de cette région, le chiffre de 4 millions de tonnes kilométriques ne saurait être atteint à brève échéance ;

— que, pendant un certain délai au moins, la nouvelle voie navigable portera atteinte au trafic des voies préexistantes, qui verront ainsi s'accroître le coefficient de leurs charges de premier établissement et d'entretien ;

— et que cet effet sera même permanent sur l'Oise et la Seine.

2. *Canal de l'Escaut à la Meuse.* — Ce canal, dont la construction a été décidée par une loi du 8 juillet 1882, est destiné à relier les houillères, les hauts-fourneaux et les forges du Nord aux établissements métallurgiques et aux minières de l'Est. Sa longueur sera de 141 kilomètres.

La dépense totale est évaluée à 67 millions, ce qui donne une dépense kilométrique de 475 000 fr. et une charge annuelle de 28 000 fr., avec les frais généraux, les pertes d'intérêt pendant l'exécution des travaux et l'entretien. Le trafic moyen étant estimé à 760 000 tonnes, le coefficient par tonne kilométrique serait de 3 c. 8. Mais, comme pour le canal du Nord, le trafic sur les voies navigables ou ferrées préexistantes serait réduit, au moins durant d'assez longues années, et leur coefficient serait accru d'autant.

3. *Canal de la Chiers.* — Ce canal, qui a été déclaré d'utilité publique le 26 juillet 1881, relierait au canal de l'Escaut à la Meuse et, par suite, mettrait en relation directe avec les houillères et les forges du Nord les grandes usines métallurgiques et les puissants gisements ferrifères de la région de Longwy.

Sa longueur serait de .... 85 km.

La dépense kilométrique de premier établissement, y compris les frais généraux et les pertes d'intérêt pendant la construction, de.. 380 000 fr.

La charge annuelle kilométrique pour frais de premier établissement et frais d'entretien, de..................... 18 000

Le tonnage moyen, dès le début, de.................. 350 000 t.

Et la charge par tonne kilométrique, de. .... 5 c. 1

4. *Canal de Dombasle à Saint-Dié.* — Cette nouvelle voie de navigation a été déclarée d'utilité publique le 26 juillet 1881. Elle desservirait les industries de la vallée de la Meurthe, en amont de Dombasle, et une vaste région forestière.

Sa longueur serait de.................................. 70 km.

La dépense kilométrique de premier établissement, comme ci-dessus, de.. 340 000 fr.

La charge annuelle kilométrique, de................... 15 500

Le tonnage moyen, dès le début, de.................. 200 000 t.

Et la charge par tonne kilométrique, de............... 7 c. 8

Nous ne voulons pas multiplier davantage ces exemples. Mais, avant de clore ce paragraphe, nous devons rappeler que la longueur des parcours par eau entre deux points déterminés est supérieure à celle des parcours par rails, qu'en moyenne 800 mètres de voies ferrées correspondent à 1 000 mètres de voies navigables, et que dès lors, pour rendre la comparaison irréprochable, il faudrait, soit majorer de 1/4 les prix afférents aux rivières ou canaux, soit réduire de 1/5 les prix afférents aux chemins de fer.

13. Prix de transport payés par les usagers. — Après avoir comparé les voies navigables aux voies ferrées, en ce qui touche les dépenses de premier établissement et d'entretien, nous allons établir un parallèle entre ces deux catégories de voies de communication, au point de vue du prix de transport payé par les usagers. Pour apprécier à leur juste valeur les renseignements et les chiffres qui suivent, le lecteur ne perdra pas de vue la différence capitale de régime existant entre les chemins de fer et les rivières ou canaux : tandis que les Compagnies concessionnaires des voies ferrées sont obligées de percevoir des taxes les rémunérant, non seulement des frais de transport proprement dits, mais encore des charges de leurs capitaux, l'État, au contraire, livre gratuitement au public ses voies de navigation, de telle sorte que l'un des éléments des taxes afférentes aux transports sur rails disparaît pour les transports par eau.

a. Rivières et canaux. — En 1885, dans son « Précis historique et statistique des voies navigables de France », M. Grangez a fourni des indications intéressantes sur le taux du fret pour les principales lignes de navigation. Nous en extrayons les données suivantes :

1. — Transport de la houille de Mons à Paris (350 kilomètres, bateau chargé de 200 tonnes).

Frais généraux. — Patentes belge et française, supposant deux voyages par an.........	39 f	
Chargement au rivage belge..............	18	
Commission d'affrètement................	15	
Assurance à 0 fr. 10 par tonne.............	20	
Droits de visite de douane à Condé.........	6.10	
Déchargement à Paris, à la charge du destinataire..............................	» »	
Intérêts des avances.....................	25	
Gages, nourritures et faux-frais...........	251.50	
Usure et entretien du bateau........	80	
Usure des cordages et agrès..............	120	
	574.60	574 f 60
Droits de navigation (y compris 118 fr. 77 pour retour à vide)......................................		823.43
Frais de traction. — Halage (y compris 112 fr. 10 pour retour à vide)....................	432.60	
Pilotage sur divers point du parcours......	78	
Aide................................	17	
	527.60	527.60
Total.....		1925.63
Soit, par tonne et pour tout le parcours.............		9.63
et par tonne kilométrique........................		2 c 75
Avec le bénéfice de l'entrepreneur, ces deux chiffres s'élevaient, en fait, à..		10 f 65
et...........		3 c 04
En déduisant les droits de navigation, il restait............		6 53
et...........		1 c 87

(Le prix d'abonnement par le chemin de fer était de 10 fr. 80 pour 308 kil.).

2. — Transport de la houille ou d'autres matières suivant diverses directions.

DÉSIGNATION DES PARCOURS	DISTANCES	NATURE DES MARCHANDISES ET CHARGEMENT	PRIX DE REVIENT DU TRANSPORT par tonne, pour tout le parcours				TAUX effectif du fret par tonne pour tout le parcours	TAUX DU FRET par tonne kilométrique	
			Frais généraux	Droits de navigation et de péage	Frais de traction	Total		y compris des droits de navigation	sans les droits de navigation
	km.		fr.	fr.	fr.	fr.	fr.	c.	c.
Charleroi à Paris	360	Houille. Chargement de 200 tonnes	3,43	5,16	2,79	11,39	15 »	4,17	2,72
Mons à Lille	128	— — de 180 —	1,68	1,26	0,96	3,91	4,38	3,42	2,67
Dunkerque à Lille	125	Denrées coloniales. Ch^t de 190 tonnes.	1,49	1,06	0,85	3,40	5 »	4 »	3,15
Cambrai à Dunkerque	174	Farine. Chargement de 174 tonnes	2,30	3,21	1,33	6,83	8 »	4,60	2,75
Lyon à Paris, par le canal de Bourgogne	647	Vins. Charg^t de 135 tonnes (accéléré).	5,96	6,88	11,34	24,18	35 »	5,40	4,35
Lyon à Paris, par les canaux du Centre	650	— — de 120 — —	6,31	23,97	8,38	38,66	»	»	»
Andrézieux à Paris (section de Roanne à Briare), par la Loire	273	Houille. Ch^t de 365 tonnes (8 bateaux).	»	»	»	»	5,77	2,11	1,97
Andrézieux à Paris (section de Roanne à Briare), par les canaux de Roanne à Digoin et latéral à la Loire	252	— — de 98 —	»	»	»	»	6,45	2,44	1,23
Lyon à Mulhouse	441	Marchandises diverses. Ch^t de 120 t.	12,42	13,28	11 »	36,70	50 »	12,70	8,23

On le voit, en 1855, le taux du fret variait dans des limites fort étendues avec les voies navigables ; il était généralement très élevé, même abstraction faite des droits de navigation et de péage.

En 1872, dans son rapport d'ensemble à l'Assemblée nationale au nom de la Commission d'enquête sur les voies de transport, M. Krantz évaluait à 2 centimes environ le taux du fret de la houille entre Mons et Paris et l'établissait comme il suit :

	PRIX	
	pour un bateau de 240 tonnes et pour la distance entière de 324 kilomètres	par tonne kilométrique
Traction, touage, pilotage	440 fr.	0c57
Intérêt et amortissement du matériel	300	0,38
Entretien du matériel	85	0,11
Patente et assurance	49	0,06
Droits de navigation	360	0,46
Retour à vide	250	0,33
Salaire du marinier	16	0,02
TOTAUX	1.500 fr.	1,93

Ces évaluations supposaient 3 voyages par an. M. Krantz faisait, d'ailleurs, remarquer que le marinier vivait exclusivement de ses journées de manœuvre aux différentes escales.

Pour l'ensemble des canaux, il admettait le même chiffre, soit 1c47 par tonne kilométrique, déduction faite des droits de navigation ; sur les rivières, il portait le taux du fret à 2c, non compris ces droits.

Peu de temps après, M. Lucas, ingénieur attaché à l'Administration centrale, écrivait ce qui suit dans son « Étude historique et statistique sur les voies de communication de la France » : « On peut regarder comme « un minimum le prix de 2 centimes par tonne kilométrique et comme « un maximum celui de 4 à 5 centimes. En moyenne, les transports s'ef- « fectuent sur nos voies navigables au prix de 3 centimes par tonne kilo- « métrique. »

Le rapport, en date du 26 juin 1879, de M. Sarrien, député, sur le projet de loi relatif au classement et à l'amélioration des voies navigables, n'estimait qu'à 1c 1/2 par kilomètre le prix de transport de la houille par la batellerie.

Nous empruntons à M. l'ingénieur Flamant le tableau ci-dessous afférent aux transports de houille par les canaux du Nord, pendant les années 1876, 1877, 1878 et 1879.

DÉSIGNATION DES PARCOURS	DISTANCES	PRIX MOYEN DU FRET PAR TONNE					PRIX moyen de la tonne kilométrique
		en 1876	en 1877	en 1878	en 1879	Pendant les quatre années	
	km.	fr.	fr.	fr.	fr.	fr.	c.
Lens à la Villette..........	344	6,57	5,92	6,12	6,11	6,18	1,8
— Rouen.............	467	7,66	6,82	6,80	6,71	7,00	1,5
— Amiens............	227	4,25	3,79	3,85	3,83	3,93	1,7
— Arras.............	51	1,75	1,50	1,53	1,63	1,60	3,1
— Douai.............	23	0,80	0,80	0,83	0,63	0,82	3,6
— Cambrai...........	64	1,92	1,70	1,70	1,79	1,78	2,8
— Péronne...........	166	»	3,06	3,26	3,14	3,15	1,9
— Saint-Quentin......	117	2,97	2,43	2,41	2,52	2,58	2,2
— Compiègne.........	199	3,93	3,54	3,50	3,54	3,63	1,8
— Lille.............	25	0,82	0,80	0,81	0,80	0,81	3,2
— Béthune...........	23	0,80	0,76	0,79	0,80	0,79	3,4
— Saint-Omer........	64	1,20	1,20	1,24	1,21	1,21	1,9
— Dunkerque.........	108	1,60	1,55	1,58	1,61	1,58	1,5
— Calais.............	109	1,60	1,55	1,58	1,61	1,58	1,5
Anzin à la Villette.........	302	5,99	5,37	5,52	5,65	5,63	1,9
— Rouen.............	425	6,79	6,32	6,32	6,45	6,47	1,5
— Amiens............	185	4,21	3,68	3,45	3,34	3,67	2,0
— Arras.............	59	2,51	2,01	2,00	1,92	2,11	3,5
— Douai.............	40	1,71	1,21	1,20	1,12	1,31	3,3
— Cambrai...........	23	1,47	0,99	0,93	1,02	1,10	4,7
— Péronne...........	125	3,51	3,03	2,80	2,69	3,02	2,4
— Saint-Quentin......	76	2,47	0,99	1,93	2,02	2,10	2,8
— Compiègne.........	158	3,50	3,03	3,36	3,35	3,31	2,1
— Lille.............	89	2,07	1,56	1,69	1,62	1,73	1,9
— Béthune...........	87	2,22	1,71	1,92	1,92	1,94	2,2
— Saint-Omer........	128	2,62	2,11	2,51	2,61	2,46	1,9
— Dunkerque.........	172	3,37	3,85	3,03	3,11	3,09	1,8
— Calais.............	173	2,97	2,51	3,01	3,16	2,91	1,7
						Moyenne..............	2,34

Tous les renseignements que nous venons de reproduire ont le défaut, soit de remonter à une époque reculée, soit d'être trop généraux, ou de s'appliquer à un nombre trop restreint de voies de navigation.

En voici qui sont beaucoup plus complets et que nous avons puisés dans des états mis à notre disposition par le Ministère des travaux publics. Ils se rapportent :

— les uns à une période de 4 mois, à cheval sur l'année 1879 et l'année 1880, c'est-à-dire antérieure à la suppression des droits de navigation.

— les autres aux années 1882 et 1883.

DÉSIGNATION DES PARCOURS	DISTANCE	PRIX TOTAL par tonne			PRIX par tonne kilométrique		
		1879-80	1882	1883	1879-80	1882	1883
	k.	f.	f.	f.	c.	c.	c.
1° — Combustibles minéraux. (*Houille et coke*).							
Anzin à Amiens	198	3,75	3,85	3,55	1,89	1,94	1,79
— Ham	112	»	»	3,36	»	»	3.00
— Marquette (La)	108	»	2,40	2,40	»	2,22	2,22
— Nancy	531	»	8,50	7,75	»	1.60	1,46
— Paris	318	6,30	6.00	5,85	1,98	1.89	1,84
— Reims	284	»	5,45	5.30	»	1,92	1.87
— Rouen	441	6,70	7,35	6,55	1,52	1,67	1,48
Ardres à Guines	18	2,00	»	»	11,11	»	»
Arles à Bouc	47	0,40	0,35	0,40	0,85	0,74	0,85
— Cannes	282	6,00	6,00	»	2,13	2,13	»
— la Ciotat	125	4,00	»	»	3,20	»	»
— la Gare	44	»	0,40	»	»	0,91	»
— Marseille	84	»	4,00	»	»	4,76	»
— Nice	313	»	6,00	6,00	»	1,92	1,92
— Toulon	132	»	»	5,00	»	»	3,79
Aubigny à Noyers	190	»	4,00	»	»	2,11	»
— Paris	268	»	4.75	»	»	1,77	»
Beaupuis à Montluçon	88	»	2.00	»	»	2,27	»
Beuvry à la Bassée	9	»	1,50	»	»	16,67	»
— Elbeuf	464	»	»	6,75	»	»	1,45
— Lescure	485	»	»	7,25	»	»	1,49
— Rouen	488	7,10	8,70	»	1.45	1,78	»
— Saint-Omer	46	»	»	1,25	»	»	2.72
Blanzy à Roanne	109	»	2,20	2,00	»	2,02	1,83
Bordeaux à Béziers	456	11,00	»	»	2,41	»	»
— Condom	181	»	8,00	8,00	»	4,42	4,42
Bordeaux à Toulouse	247	7,00	»	»	2,83	»	»
Brassac à Puy-Guillaume	93	3,90	»	»	4,19	»	»
Calais à Lille	124	»	3,25	»	»	2,62	»
Cette à Beaucaire	98	4.20	»	»	4,29	»	»
Châlon à Lyon	134	1,50	1.50	3,00	1,12	1,12	2,24
— Saint-Symphorien	78	2,40	2,20	3,00	3,08	2,82	3,83
Charleroi à Amiens	274	7,35	8,00	8,00	2,68	2,92	2,92
— Compiègne	213	»	»	6,55	»	»	3,08
— Elbeuf	459	»	»	9,65	»	»	2,10
— Paris	360	9,50	10,60	9,25	2,64	2.94	2,57
— Reims	326	»	8,30	»	»	2,55	»
— Rouen	483	»	»	10,50	»	»	2,17
Châtelier (Le) à Rennes	85	3,25	»	3,25	3,82	»	3,82

DÉSIGNATION DES PARCOURS	DISTANCE	PRIX TOTAL par tonne			PRIX PAR TONNE kilométrique		
		1879-80	1882	1883	1879-80	1882	1883
	k.	f.	f.	f.	c.	c.	c.
Condom à Saint-Jean	32	»	1,30	»	»	4,06	»
Copine (La) au Creuzot	141	»	2,15	»	»	1,52	»
— à Montargis	187	»	3,55	»	»	1,90	»
— Saint-Mammès	355	»	6,40	»	»	2,10	»
Courrières à Saint-Dizier	419	»	»	7,00	»	»	1,67
Creuzot (Le) à Dammarie	319	11,00	11,00	»	3,45	3,45	»
Dampierre à Roanne	82	»	1,87	»	»	2,28	»
Decize à Auxerre	174	4,00	4,00	»	2,30	2,30	»
— Montargis	184	4,25	4,25	»	2,31	2,31	»
— Paris	324	6,75	6,75	»	2,08	2,08	»
Denain à Amiens	184	»	3,91	»	»	2,12	»
— Bayard	399	6,95	»	»	1,74	»	»
— Dunkerque	170	»	»	2,75	»	»	1,62
— Jarville	520	»	9,00	9,00	»	1,73	1,73
— Nancy	517	»	9,25	»	»	1,79	»
— Paris	304	»	»	5,10	»	»	1,68
— Pont-à-Mousson	526	»	»	»	»	»	»
— Roubaix	104	2,15	»	2,10	2,07	»	2,02
Dorignies à Arleux	16	»	1,50	»	»	9,37	»
Douai à Jarville	537	»	9,75	»	»	1,82	»
— Maxéville	530	»	9,25	»	»	1,75	»
— Roubaix	65	»	2,00	»	»	3.08	»
— Saint-Dizier	404	6,50	»	»	1,61	»	»
Evran à Rennes	66	»	3,25	»	»	4,92	»
Givors à Avignon	223	5,00	5,00	»	2,24	2,24	»
— Valence	92	2,80	2,50	2,80	3.04	2,72	3,04
Gravelines à Guines	40	2,50	»	»	6,25	»	»
Harnes à Deulémont	52	»	1,60	»	»	3,08	»
— Douai	22	»	0,80	»	»	3,64	»
— Lille	35	»	1,20	»	»	3,43	»
Hennebont à Nantes	266	7,00	7,00	»	2,63	2,63	»
— La Nouée	95	»	3,00	»	»	3,16	»
Isle-sur-le-Doubs (L') à Deluz	48	1,40	1,00	»	2,92	2,92	»
— Gonille	76	2,00	2,04	»	2,63	2,63	»
Josselin à Nantes	158	»	5,00	»	»	3,16	»
— Redon	63	3,50	3.55	»	5,56	5,63	»
— Rennes	152	»	5,00	»	»	3,29	»
Lens à Elbeuf	442	»	»	6,30	»	»	1,43
— Paris	343	»	»	5,85	»	»	1,71
Liège à Monthermé	154	»	6,25	»	»	4,06	»
— Stenay	257	»	9,50	»	»	3,70	»

DÉSIGNATION DES PARCOURS	DISTANCE	PRIX TOTAL par tonne			PRIX PAR TONNE kilométrique		
		1879-80	1882	1883	1879-80	1882	1883
	km.	f.	f.	f.	c.	c.	c.
Louisenthal à Bar-le-Duc	266	»	6,50	»	»	2,44	»
Malestroit à Nantes	132	»	4,85	»	»	3,67	»
— Redon	37	2,85	2,85	»	7,70	7,70	»
Meurchin à Lille	23	0,95	»	»	4,13	»	»
Roubaix	40	»	1,80	»	»	4,50	»
Mons à Amiens	233	4,45	4,15	4,15	1,91	1,78	1,78
— Compiègne	202	4,60	»	»	2,28	»	»
— Lille	138	»	»	2,60	»	»	1,88
— Nancy	563	»	»	8,00	»	»	1,42
— Paris	352	7,40	»	6,75	2,10	»	1,92
Montceau à Besançon	218	5,00	5,00	»	2,29	2,29	»
— Bourges	275	»	4 00	»	»	1,45	»
— Briare	242	»	4,00	»	»	1,65	»
— Châlon	65	1,70	1,70	1,50	2,62	2,62	2,31
— Dijon	169	»	4,70	»	»	2,78	»
— Fraisans	186	»	4,75	»	»	2,55	»
— Avignon	61	»	0,80	»	»	1,31	»
— Lyon	202	4,50	4,50	»	2,23	2,23	»
— Montargis	297	»	5,50	»	»	1,85	»
— Montereau	363	»	8,25	»	»	2,27	»
— Noyers	361	4,75	5,00	»	1,32	1,39	»
— Orléans	323	»	8,00	»	»	2,48	»
— Paris	440	8,15	8,20	7,35	1,85	1,86	1,67
— Roanne	105	»	2,00	»	»	1,90	»
— Rouen	680	14,00	14,00	»	2,06	2,06	»
— Saint-Amand	252	4,25	4,25	»	1,68	1,68	»
— Saint-Léger	32	»	»	1,00	»	»	3,12
— Vierzon	306	»	4,25	»	»	1,39	»
Montluçon à Aubigny	119	»	1,95	»	»	1,64	»
— Bourges	126	»	1,75	»	»	1,39	»
— Briare	191	»	3,00	»	»	1,57	»
— Fourchambault	126	»	2,35	»	»	1,87	»
— Montargis	246	»	4.35	»	»	1,77	»
— Paris	384	7,50	7,50	»	1,95	1,95	»
— Villefranche	181	»	2,75	2,97	»	1,52	1,64
Nantes à Châteaulin	360	»	»	8,50	»	»	2,36
— la Flèche	161	»	»	6,00	»	»	3,73
— Redon	95	»	»	4,00	»	»	4,21
— Rennes	184	»	»	5,00	»	»	2,72
Nœux à Froissy	235	»	5,87	»	»	2,50	»
— Rouen	488	»	8,70	»	»	1,78	»

DÉSIGNATION DES PARCOURS	DISTANCE	PRIX TOTAL par tonne			PRIX par tonne kilométrique		
		1879-80	1882	1883	1879-80	1882	1883
	k.	f.	f.	f.	c.	c.	c.
Nord à Reims	320	5,90	6,15	»	1,84	1,92	»
— Saint-Dizier	434	7,05	7,15	»	1,62	1,65	»
Noyers à Tours	62	3,50	»	»	5,65	»	»
Paris à Montereau	98	»	4,00	»	»	4,08	»
— Pont-à-Mousson	453	»	9,50	»	»	2,10	»
Pas-de-Calais à Rouen	495	7,50	»	»	1,52	»	»
Peuchot à Cahors	100	8,00	»	»	8,00	»	»
Pont-à-Vendin à Biache	37	»	2,25	2,00	»	6,08	5,41
— Corbehen	45	»	1,50	»	»	3,33	»
— Ivry	371	»	»	5,90	»	»	1,59
— Lille	28	»	»	1,00	»	»	3,57
— Loos	21	»	1,65	»	»	7,86	»
— Paris	345	6,50	8,25	5,75	1,88	2,39	1,67
Pont d'Ouche à Fraisans	116	»	2,70	»	»	2,33	»
Pontivy à Hennebont	60	»	3,50	»	»	5,83	»
Quiheix à Nantes	22	»	»	2,50	»	»	11,36
Roanne à Bois-Bretoux	120	2,50	2,20	»	2,08	1,83	»
— Bourges	280	»	3,90	»	»	1,39	»
— Digoin	56	»	1,45	»	»	2,59	»
— Montluçon	294	»	3,90	»	»	1,33	»
Rochefort à Saint-Jean-d'Angély	44	4,00	4,00	»	9,09	9,09	»
Rohan à Nantes	181	5,00	4,30	5,00	2,76	2,38	2,76
— Redon	86	»	4,25	»	»	4,94	»
Rouen à Bonnières	104	»	»	»	»	»	»
— Elbeuf	24	1,65	1,50	1,75	6,87	6,25	7,29
— Paris	247	5,75	»	»	2,33	»	»
— Poses	41	2,25	2,00	»	5,49	4,88	»
Saint-Éloi à Nantes	499	»	»	8,50	»	»	1,70
Saint-Gislhain à Houdelaincourt	480	»	8,35	»	»	1,74	»
— Tronville	453	»	8,00	»	»	1,77	»
Saint-Nazaire à Nantes	56	»	»	3,00	»	»	5,36
Saint-Nicolas à Hennebont	42	»	»	3,00	»	»	7,14
Saint-Omer à Lille	79	»	»	1,50	»	»	1,90
Saint-Valéry à Amiens	62	»	»	2,50	»	»	4,03
Sarrebrück à Bar-le-Duc	264	»	4,75	»	»	1,80	»
— Besançon	416	10,00	10,00	»	2,40	2,40	»
— Bienville	356	8,50	»	»	2,39	»	»
— Crévic	128	»	3,90	»	»	3,05	»
— Eurville	355	7,00	»	»	1,97	»	»
— Montbéliard	323	»	7,50	»	»	2,32	»
— Nancy	148	3,50	»	»	2,36	»	»

DÉSIGNATION DES PARCOURS	DISTANCE	PRIX TOTAL par tonne			PRIX par tonne kilométrique		
		1879-80	1882	1883	1879-80	1882	1883
	k.	f.	f.	f.	c.	c.	c.
Sarrebrück à Paris	565	10,00	12,00	»	1,77	2,12	»
— Saint-Dizier	342	»	5,25	5,50	»	1,54	1,61
— Verdun	268	»	»	4,35	»	»	1,62
Tonnay-Charente à St-Jean-d'Angély	38	4,00	4,00	»	10,53	10,53	»
Vieux-Condé à Douai	50	1,70	2,00	»	3,40	4,00	»
— Dunkerque	175	3,00	3,25	3,20	1,71	1,86	1,83
— Ham	126	»	2,77	»	»	2,20	»

2° — Matériaux de construction. — Minéraux.

DÉSIGNATION DES PARCOURS	DISTANCE	1879-80	1882	1883	1879-80	1882	1883
Agen à Bordeaux	140	»	7,50	»	»	»	5,36
Arles à Bouc	47	»	»	»	»	»	»
— Cannes	282	»	6,00	5,60	»	2,13	1,99
— Marseille	84	»	3,55	»	»	4,23	»
— Nice	313	»	6,00	6,00	»	1,92	1,92
— Toulon	152	»	4,50	»	»	2,96	»
Arques à Bergues	39	1,35	»	1,27	3,46	»	3,26
Attigny à Reims	86	»	1,50	»	»	1,74	»
Beaucaire à Cette	98	5,00	4,00	»	5,10	4,08	»
— Montauban	410	»	»	14,00	»	»	3,41
— Toulouse	363	24,00	24,00	»	6,61	6,61	»
Beffes à Saint-Mammès	177	»	2,95	2,95	»	1,67	1,67
Beuvry à la Fosse	16	»	1,50	»	»	9,37	»
Beziers à Bordeaux	456	»	25,00	»	»	5,48	»
Boël à Rennes	21	»	4,00	»	»	19,05	»
Bordeaux à Condom	162	»	8,00	»	»	4,94	»
Briche (La) à Rethel	275	6,00	»	»	2,18	»	»
Capdenac à Bordeaux	364	»	17,00	»	»	4,67	»
Carentan à Tribehon	13	»	1,25	»	»	9,62	»
Carlot à Rochefort	9	»	2,00	»	»	22,22	»
Castelnaudary à Toulouse	66	»	1,65	»	»	2,50	»
Cette à Béziers	56	»	2,95	»	»	5,27	»
Carcassonne	153	»	5,65	»	»	3,65	»
— Toulouse	259	»	8,30	»	»	3,20	»
Chagny à Châlon-sur-Saône	20	»	0,20	»	»	1,00	»
Châlon à Chagny	20	»	0,20	»	»	1,00	»
— Lyon	134	»	1,50	»	»	1,12	»
— la Seille	35	»	0,45	»	»	1,29	»
— Verdun	26	»	0,75	»	»	2,88	»
Chamouilley à Nancy	203	»	2,50	»	»	1,23	»

DÉSIGNATION DES PARCOURS	DISTANCE	PRIX TOTAL par tonne			PRIX par tonne kilométrique		
		1879-80	1882	1883	1879-80	1882	1883
	k.	f.	f.	f.	c.	c.	c.
Chamouilley à Pont-à-Mousson.....	212	»	2,75	»	»	1,30	»
— Sarrebrück....	351	4,00	3,75	»	1,14	1,07	»
Charenton à Corbeil..............	30	»	0,55	»	»	1,83	»
Chassignoles à Mehun.............	99	»	»	2,05	»	»	2,07
Chauny à Anzin.................	130	2,10	»	»	1,62	»	»
Chaussée (La) à Contrisson.........	44	»	»	1,50	»	»	3,41
Chépy à Mulhouse,...............	526	»	5,00	»	»	0,95	»
Clamecy à Paris.................	272	»	7,50	»	»	2,76	»
Connage à Réthel................	56	»	1,75	»	»	3,12	»
Corbeil à Paris..................	35	»	0,40	1,50	»	1,14	4,29
Couvailles à Paris...............	210	»	»	5,70	»	»	2,71
Creil à Rouen....................	231	5,00	»	»	2,16	»	«
Dampierre à Dannemarie..........	41	»	1,70	»	»	4,15	»
— Montbéliard..........	9	»	1,20	»	»	13,33	»
— Mulhouse.............	64	2,30	2,30	»	3,59	3,59	»
Dannemarie à Baume-les-Dames....	86	»	3,00	»	»	3,49	»
— Besançon...........	125	4,50	4,50	»	3,60	3,60	»
— Châlon-sur-Saône....	278	8,00	8,00	»	»	2,88	2,88
— Dijon...............	234	»	6,00	»	»	2,56	»
— Dôle................	181	»	5,50	»	»	3,04	»
— l'Isle-sur-le-Doubs....	55	»	2,00	»	»	3,64	»
— Montbéliard.........	32	»	1,75	»	»	5,47	»
— Nancy..............	276	5,00	»	»	1,81	»	»
— Saint-Jean-de-Losne..	214	»	6,00	»	»	2,80	»
Decize à Clamecy................	114	»	2,70	»	»	2,37	»
Dinan au Châtelier...............	6	»	0,75	»	»	12,50	»
Dunkerque à Furnes..............	24	»	»	3,00	»	»	1,25
— Saint-Dizier.........	531	»	12,75	»	»	2,40	»
Epinay à Paris..................	96	»	2,00	»	»	2,08	»
Euville à Condé-sur-Marne........	167	»	»	3,50	»	»	2,10
Fosse (La) à Béthune............	10	»	1,50	»	»	15,00	»
Frette (La) à Anvers............	519	6,20	»	»	1,19	»	»
Gévelard à Bois-Bretoux..........	30	»	0,60	»	»	2,00	»
— Paris................	423	»	8,00	»	»	1,89	»
Gueffiers à Aubigny..............	5	»	1,00	»	»	20,00	»
Hoymille à Steene...............	8	»	1,60	»	»	20,00	»
Josselin à Nantes...............	158	»	6,00	»	»	3,80	»
Juigné à Chateauneuf............	35	»	0,95	»	»	2,71	»
Lafarge à Arles.................	121	»	6,35	6,25	»	5,17	5,17
Laval à Mayenne.................	34	»	2,50	»	»	7,35	»
— Saint-Beaudelle...........	31	»	1,10	»	»	3,55	»

DÉSIGNATION DES PARCOURS	DISTANCE	PRIX TOTAL par tonne			PRIX par tonne kilométrique		
		1879-80	1882	1883	1879-80	1882	1883
	k.	f.	f.	f.	c.	c.	c.
Lehon au Châtelier	8	»	1,50	»	»	18,75	»
Lérouville à Bougival	427	»	8,00	»	»	1,87	»
— Paris	375	»	7,50	»	»	2,00	»
— Reims	211	»	»	4,00	»	»	1,90
— Sermaize	103	»	2,75	»	»	2,67	»
— Vitry	128	»	3,00	»	»	2,34	»
Lessures à Béthencourt	206	5,00	»	»	2,43	»	»
Lowestel à Steene	10	»	1,75	»	»	17,50	»
Marcilly à Troyes	44	»	2,00	»	»	4,55	»
Marie (La) à Bourges	21	»	1,00	»	»	4,76	»
— Vierzon	12	»	0,80	»	»	6,67	»
— Villefranche	36	»	1,40	»	»	3,89	»
Marseille à Arles	84	»	»	3,60	»	»	4,29
Mehun à Bourges	17	»	1,00	»	»	5,88	»
— Vierzon	14	»	1,25	»	»	8,93	»
Merville à Aire	19	»	1,00	»	»	5,26	»
Mitham à Bergues	12	»	1,50	»	»	12,50	»
Montbard à Paris	291	»	8,00	»	»	2,75	»
Montceau à Paris	440	8,00	8,00	»	1,82	1,82	»
— Rouen	683	»	14,00	»	»	2,05	»
Montereau à Paris	98	3,00	»	»	3,06	»	»
Monthermé à Vouziers	88	2,50	3,00	»	2,84	3,41	»
Montimont à Vouziers	58	»	»	1,70	»	»	2,93
Nantes à Châteaulin	360	»	»	8,50	»	»	2,36
— Châteauneuf	317	»	8,00	»	»	2,52	»
— Redon	95	»	»	4,00	»	»	4,21
— Rennes	184	»	3,50	5,00	»	1,90	2,72
Narbonne à Bordeaux	432	22,00	22,00	»	5,09	5,09	»
Nemours à Paris	104	»	3,50	»	»	3,37	»
— Roanne	336	»	3,90	»	»	1,16	»
Niort à la Rochelle	78	4,00	»	»	5,13	»	»
Noyers à Tours	62	»	3,60	»	»	5,81	»
Pargny-sur-Saulx à Nancy	145	»	2,25	»	»	1,55	»
— Reims	102	2,25	»	»	2,21	»	»
Paris à Mons	352	5,00	»	»	1,42	»	»
— Montereau	98	»	5,00	»	»	5,10	»
— Rouen	242	»	»	5,00	»	»	2,07
Pont-Réan à Redon	71	»	3,50	»	»	4,93	»
Pondy (Le) à Bourges	46	»	1,75	»	»	3,80	»
Quiheix à Nantes	22	»	»	2,50	»	»	11,36
Quirieux à Lyon	69	»	3,50	»	»	5,07	»

DÉSIGNATION DES PARCOURS	DISTANCE	PRIX TOTAL par tonne			PRIX par tonne kilométrique		
		1879-80	1882	1883	1879-80	1882	1883
	k.	f.	f.	f.	c.	c.	c.
Redon à Rennes	89	»	2,50	2,50	»	2,81	2,81
Remigny à Bois-Bretoux	29	0,55	0,55	»	1,90	1,90	»
Reyniès à Montauban	15	»	1,30	»	»	8,67	»
Rhimbé à Montluçon	72	»	1,49	»	»	1,94	»
Rohan à Nantes	181	»	»	5,00	»	»	2,76
Sablé à Angers	62	»	»	1,75	»	»	2,82
Saint-Amand à Laqueune	22	»	0,95	»	»	4,32	»
— Vallon	27	»	1,00	»	»	3,70	»
Saint-Éloi à Nantes	499	»	»	8,50	»	»	1,70
Saint-Germain à Rennes	24	»	2,00	2,00	»	8,33	8,33
Saint-Gilles à Roanne	143	»	2,25	»	»	1,57	»
Saint-Léger-d'Heune à Montargis	329	»	5,00	»	»	1,52	»
— Paris	467	9,00	9,00	»	1,93	1,93	»
Saint-Léger-des-Vignes à Bourges	161	3,50	3,50	3,50	2,17	2,17	2,17
— Roanne	119	»	1,90	»	»	1,60	»
Saint-Leu à Saint-Denis	123	»	2,50	»	»	2,03	»
Saint-Martin à Cahors	36	»	4,00	»	»	11,11	»
Saint-Pierre-lès-Étieux à Vierzon	95	»	1,90	»	»	2,00	»
Saint-Symphorien à St-Jean-de-Losne	4	»	0,15	»	»	3,75	»
Saint-Valéry à Amiens	63	»	2,50	2,70	»	3,97	4,29
— Sarreguemines	751	11,50	10,00	10,00	1,53	1,33	1,33
— Varangéville	595	»	»	9,00	»	»	1,51
Sorcy à Moussey	108	»	1,75	»	»	1,62	»
— Sarrebrück	202	2,40	»	»	1,19	»	»
Souppes à Paris	124	4,00	3,70	»	3,23	2,98	»
Teil (Le) à Arles	124	»	1,50	»	»	1,21	»
— Avignon	82	»	5,00	»	»	6,10	»
— Bouc	171	»	1,50	»	»	0,88	»
Torteron à Montluçon	113	1,70	»	»	1,50	»	»
Toulouse à Bordeaux	247	16,00	16,00	»	6,48	6,48	»
Tournay à Saint-Quentin	130	4,50	»	»	3,46	»	»
Tours à Noyers	62	4,25	»	»	6,85	»	»
Tranchasse à Montluçon	41	»	1,75	»	»	4,27	»
Troyes à Paris	222	8,00	»	»	3,60	»	»
Urçay à Montluçon	34	»	1,40	»	»	4,12	»
Vendenheim à Paris	650	10,50	»	»	1,62	»	»
Verdun à Lyon	166	1,75	1,75	»	1,05	1,05	»
Vierzon à Bourges	31	»	1,35	»	»	4,35	»
Villebois à Givors	83	5,00	5,00	6,00	6,02	6,02	7,23
— Lyon	61	«	3,20	»	»	5,25	»

DÉSIGNATION DES PARCOURS	DISTANCE	PRIX TOTAL par tonne			PRIX par tonne kilométrique		
		1879-80	1882	1883	1879-80	1882	1883
	k.	f.	f.	f.	c.	c.	c.
3° — Engrais, Amendements.							
Angers à Mayenne	124	5,00	»	»	4,03	»	»
Beaucaire à Cette	98	»	6,00	»	»	6,12	»
Bourges à Noyers	86	»	2,00	»	»	2,33	»
Carentan à Saint-Sauveur	30	0,75	0,90	»	2,50	3,00	»
— Tribehon	13	»	0,80	»	»	6,15	»
Châtelier (Le) à Dinan	6	»	0,75	0,75	»	12,50	12,50
— Hédé	42	2,60	2,60	2,60	6,19	6,19	6,19
Contrisson à Dunkerque	530	»	7,50	»	»	1,42	»
Croix à Saint-Christ	201	»	»	5,95	»	»	2,96
Dunkerque à Suaiskerque	75	»	3,00	»	»	4,00	»
Hédé à Rennes	43	»	2,50	»	»	5,81	»
Marans au Port-des-Gueux	31	3,00	3,00	»	9,68	9,68	»
Nantes à Châteaulin	360	»	»	8,50	»	»	2,36
— Redon	95	3,85	»	4,00	4,05	»	4,21
— Rennes	184	6,00	5,50	5,50	3,26	2,99	2,99
Paris à Rouen	242	5,00	»	»	2,07	»	»
Pont-du-Vay à Saint-Fromont	16	0,60	0,80	0,80	3,75	5,00	5,00
Redon à Rennes	89	3,75	»	»	4,21	»	»
Révigny à Dunkerque	533	»	»	7,00	»	»	1,31
Sablé au Mans	71	4,00	»	»	5,63	»	»
Saint-Fromont à Saint Lô	19	»	1,60	»	»	8,42	»
Saint-Lô à Pont-Farcy	31	»	3,00	»	»	9,68	»
Saint-Valéry à Amiens	63	»	»	3,00	»	»	4,76
Toulouse à Capestang	188	4,50	4,50	»	2,39	2,39	»
— Homps	145	»	3,55	»	»	2,45	»
— Somail	166	»	4,00	»	»	2,41	»
Tours à Saint-Georges	37	3,60	»	»	9,73	»	»
Vouziers à Dunkerque	473	»	6,75	»	»	1,43	»
4° — Bois à brûler et Bois de service							
Agen à Bordeaux	140	»	7,50	»	»	5,36	»
Angers à Laval	90	5,00	5,00	»	5,56	5,56	»
Anvers à Châlons	605	12,00	»	»	1,98	»	»
Arcy à Paris	252	»	10,00	»	»	3,97	»
Arles à Bouc	47	»	0,30	0,30	»	0,64	0,64
— Marseille	84	»	5,25	»	»	6,25	»
— Toulon	152	»	6,75	6,75	»	4,44	4,44
Bayes à Paris par l'Yonne	319	»	9,90	»	»	3,10	»
— par les canaux	394	»	12,00	»	»	3,05	»

DÉSIGNATION DES PARCOURS	DISTANCE	PRIX TOTAL par tonne			PRIX par tonne kilométrique		
		1879-80	1882	1883	1879-80	1882	1883
	k.	f.	f.	f.	c.	c.	c.
Beaucaire à Cette	98	4,50	3,50	»	4,59	3,57	»
Betton à Rennes	14	»	1,50	»	»	10,71	»
Béziers à Bordeaux	456	25,00	25,00	»	5,48	5,48	»
Bordeaux à Condom	181	12,00	22,00	22,00	6,63	12,15	12,15
— Toulouse	247	14,00	14,00	»	5,67	5,67	»
Bourogne à Saint-Symphorien	182	»	2,80	»	»	1,54	»
Bourré à Tours	44	»	2,60	»	»	5,91	»
Brai-sur-Seine à Paris	130	»	5,50	»	»	4,23	»
Briare à Paris	195	»	4,10	»	»	2,10	»
Calais à Cambrai	173	5,50	»	»	3,18	»	»
— Lille	126	»	3,00	»	»	2,38	»
Capdenac à Bordeaux	364	»	17,00	»	»	4,67	»
Cercy-la-Tour à Paris	342	7,60	6,75	6,70	2,22	1,97	1,96
Charbonnière (La) à Paris	326	»	7,80	16,00	»	2,39	4,91
Charité (La) à Paris	257	»	5,10	»	»	1,98	»
Châtelier (Le) à Rennes	85	3,25	3,25	3,25	3,82	3,82	3,82
Châtillon à Paris	166	»	7,00	»	»	4,22	»
Chevillon à Nancy	214	»	»	3,75	»	»	1,75
Clamecy à Paris	272	»	»	6,50	»	»	2,39
Condé à Dunkerque	181	3,60	»	»	1,99	»	»
Culoz à Lyon	130	»	1,50	»	»	1,15	»
Damazan à Reyniès	123	6,60	»	9,00	5,37	»	7,32
Decize à Paris	322	»	6,60	»	»	2,05	»
Dun à Béthune	487	»	14,00	»	»	2,87	»
— Paris	415	»	8,50	»	»	2,05	»
Dunkerque à Anzin	185	4,00	»	»	2,16	»	»
— Gand	120	5,00	»	»	4,17	»	»
— Toul	632	»	14,00	»	»	2,21	»
Evran au Châtelier	19	»	2,00	2,00	»	10,52	10,52
— à Rennes	66	»	2,75	»	»	4,17	»
Fontanes à Orléans	418	»	6,00	»	»	1,43	»
— Vichy	131	5,50	6,00	»	4,20	4,58	»
Gray à Lyon	280	»	»	5,00	»	»	1,79
Grossouvre à Mehun	96	»	2,15	»	»	2,24	»
— Montluçon	93	»	2,00	»	»	2,15	»
Hesse à Nancy	77	»	2,25	»	»	2,92	»
Huningue à Saint-Symphorien	256	»	3,20	»	»	1,25	»
Imphy à Nevers	11	2,40	2,40	»	2,18	2,18	»
Josselin à Nantes	158	5,79	»	»	3,64	»	»
Jumeaux à Orléans	399	»	6,00	»	»	1,50	»
Lavardac à Condom	33	»	1,65	»	»	5,00	»

DÉSIGNATION DES PARCOURS	DISTANCE	PRIX TOTAL par tonne			PRIX par tonne kilométrique		
		1879-80	1882	1883	1879-80	1882	1883
	k.	f.	f.	f.	c.	c.	c.
Lehon au Châtelier	8	»	1,50	»	»	18,75	»
Lengager à Rennes	32	»	2,25	»	»	7,03	»
Lyon à Beaucaire	271	»	5,50	»	»	2,03	»
— Tournon	94	»	3,00	2,30	»	3,19	2,45
— Valence	113	»	4,95	»	»	4,38	»
Malicorne à Écouflant	82	2,00	»	»	2,44	»	»
Marcilly à Paris	178	7,00	»	7,00	3,93	»	3,93
Marseille à Lyon	365	»	13,50	»	»	3,70	»
Mehun à Montluçon	143	»	1,20	»	»	0,84	»
Méry à Paris	196	5,90	5,90	»	3,01	3,01	»
Montbéliard à Besançon	93	2,75	2,75	»	2,96	2,96	»
Monthermé à Namur	107	»	4,00	»	»	3,74	»
Montrichard à Véretz	31	»	.3,80	»	»	1,23	»
Mouzay à Paris	404	»	9,50	»	»	2,35	»
Mulhouse à Lyon	442	8,50	8,50	»	1,92	1,92	»
Mussey à Pont-à-Mousson	134	»	3,50	»	»	2,61	»
Nancy à Vitry	164	5,00	»	»	3,05	»	»
Nantes à Hennebont	266	»	7,00	»	»	2,63	»
Narbonne à Bordeaux	432	»	22,00	»	»	5,09	»
Naud (La) à Moulins	110	»	2,00	»	»	1,82	»
Nemours à Paris	108	»	2,15	»	»	1,99	»
Nérac à Bordeaux	136	»	9,00	»	»	6,62	»
Nevers à Paris	292	»	6,10	»	»	2,09	»
Noyers à Bois-Bretoux	374	»	5,70	»	»	1,52	»
— Montluçon	212	»	5,60	»	»	2,64	»
— Montrichard	21	»	1,30	»	»	6,19	»
— Tours	62	3,50	»	»	5,65	»	»
Parcé à Écouflant	71	»	1,93	»	»	2,72	»
Pontfarcy à Troits-Gots	26	1,80	»	»	6,92	»	»
Raon-l'Étape à Metz	155	6,50	4,50	»	4,19	2,90	»
Redon à Nantes	95	»	4,00	»	»	4,21	»
— Rennes	89	»	3,50	»	»	3,93	»
Rennes à Nantes	184	»	6,00	5,00	»	3,26	2,72
— Redon	89	»	3,00	3,00	»	3,37	3,37
Rochefort à Saint-Jean-d'Angély	44	4,00	»	»	9,09	»	»
Rogny à Paris	176	»	7,50	»	»	4,26	»
Rouen à Billancourt	234	»	5,75	»	»	2,46	»
— Paris	242	7,00	»	»	2,89	»	»
Sablé à Angers	62	»	»	2,50	»	»	4,03
— Écouflant	56	»	1,55	»	»	2,77	»
Saint-Amand à Aubigny	69	»	2,10	»	»	3,04	»

DÉSIGNATION DES PARCOURS	DISTANCE	PRIX TOTAL par tonne			PRIX par tonne kilométrique		
		1879-80	1882	1883	1879-80	1882	1883
	k.	f.	f.	f.	c.	c.	c.
Saint-Amand à Roanne	245	7.00	»	»	2,86	»	»
Saint-Clair à Nantes	73	»	3,50	»	»	4,79	»
Saint-Dizier à Paris	277	5,50	»	»	1,99	»	»
Saint-Germain à Rennes	24	»	2.00	»	»	8,33	»
Saint-Jean-de-Losne à Lyon	208	2,60	»	4,80	1,25	»	2,31
Saint-Just à Paris	183	»	5.55	»	»	3,00	»
Saint-Léger-des-Vignes à Paris	322	»	12,00	»	»	3,73	»
Saint-Mammès à Montceau	350	6,00	6,00	»	1,71	1.71	»
Saint-Menges à Charleroi	211	»	5,00	»	»	2,37	»
Saint-Mesmin à Méry	9	»	0,30	»	»	3.33	»
— Paris	205	»	6,15	»	»	3.00	»
Saint-Nazaire à Nantes	52	»	»	2,50	»	»	4,81
Saint-Symphorien à Châlon	78	2,30	2,30	2,50	2,95	2,95	3,21
— St-Jean-de-Losne	4	»	0,15	»	»	3,75	»
Saint-Valéry à Amiens	63	2.30	»	2,60	3,65	»	4.13
— Picquigny	48	»	2,05	»	»	4,27	»
Seurre à Lyon	180	»	2,50	»	»	1,39	»
Sivry à Verdun	29	»	2,25	»	»	7,76	»
Stenay à Paris	400	9,50	»	»	2,37	»	»
Strasbourg à Paris	664	11,75	»	»	1,77	»	»
— Reims	398	»	7,25	»	»	1,82	»
Toulouse à Bordeaux	247	»	16,00	»	»	6,48	»
Troyes à Paris	226	8,00	8,00	»	3,54	3,54	»
Urçay à Nevers	109	»	»	3,85	»	»	3,53
Vallant à Paris	200	»	6,00	»	»	3,00	»
Vallon à Saint-Amand	26	»	2,00	»	»	7,69	»
— Vierzon	134	»	3,40	»	»	2,53	»
Vierzon à Noyers	55	»	»	2,65	»	»	4,82
Villefranche à Bois-Bretoux	343	»	7,20	»	»	2,10	»
— Montceau	330	»	6,00	»	»	1,82	»
— Montluçon	181	»	5,00	»	»	2,76	«
Villeneuve à Bessières	13	»	1,30	»	»	10,00	»
— Bordeaux	177	»	9,00	»	»	5,08	»
— Lisle	36	»	3,60	»	»	10,00	»
Vouziers à Denain	325	»	»	5,00	»	»	1,54
5°— INDUSTRIE MÉTALLURGIQUE (*Minerais, fontes, fers, autres métaux bruts, etc.*)							
Anzin à Denain	14	1,25	»	»	8,93	»	»
— Paris	318	8,75	»	»	2.75	»	»
Arles à la Gare	44	»	0,40	»	»	0,91	»
— Plan d'Aren	44	»	0,35	»	»	0,80	»

DÉSIGNATION DES PARCOURS	DISTANCE	PRIX TOTAL par tonne			PRIX par tonne kilométrique		
		1879-80	1882	1883	1879-80	1882	1883
	k.	f.	f.	f.	c.	c.	c.
Aubrives à Paris	434	12,00	»	»	2,76	»	»
Beaucaire à Cette	98	»	3,00	»	»	3,10	»
Bois-Bretoux à Châlon	52	»	1,50	»	»	2,88	»
— Montargis	311	»	5,00	6,00	»	1,61	1,93
Bordeaux à Condom	181	»	8,00	»	»	4,42	»
— la Réole	65	8,00	»	8,00	12,31	»	12,31
— Lavardac	124	7,45	»	»	6,01	»	»
— Toulouse	247	12,35	»	12,35	5,00	»	5,00
Bouc au Creuzot	522	»	12,00	12,00	»	2,30	2,30
— à Givors	312	»	9,00	»	»	2,88	»
Bourges à Montluçon	125	«	1,85	»	»	1,48	»
Cette à Beaucaire	98	5,50	»	»	5,61	»	»
Châlon à Lyon	134	»	1,50	»	»	1,12	»
Charenton à Messein	406	11,00	»	»	2,71	»	»
Charleville à Paris	379	10,00	»	»	2,64	»	»
Champigneulles à Hénaménil	40	»	1,50	»	»	3,75	»
Compiègne à Anzin	168	»	2,00	»	»	1,19	»
Creuzot (Le) à Châlon	52	1,50	»	»	2,88	»	»
Flize à Liège	199	»	2,50	»	»	1,26	»
Frouard à Commercy	53	»	1,75	»	»	3,30	»
— Fraisans	350	»	10,50	5,00	»	3,00	1,43
— Montataire	396	»	6,75	6,00	»	1,70	1,52
Jarville à Contrisson	138	»	3,00	»	»	2,17	»
— Eurville	208	»	4,25	»	»	2,04	»
— Fraisans	337	»	»	8,00	»	»	2,37
— Trith-Saint-Léger	528	6,25	7,00	»	1,18	1,33	»
— Valenciennes	532	»	7,25	»	»	1,36	»
Lyon à Avignon	244	10,00	8,75	»	4,10	3,59	»
— Belfort	400	»	»	8,00	»	»	2,00
— Marseille	385	11,00	9,00	9,00	2,86	2,34	2,34
Marbache à Pont-à-Mousson	15	»	0,60	»	»	4,00	»
Marnaval à Rouen	527	7,30	»	»	1,39	»	»
Maron à Bar-le-Duc	101	»	2,25	»	»	2,23	»
Marseille à Lyon	365	»	13,50	»	»	3,70	»
Maxéville à Burbach	154	»	2,80	»	»	1,82	»
— Marnaval	193	»	3,50	»	»	1,81	»
— Saint-Dizier	194	»	3,25	»	»	1,71	»
Mehun à Montluçon,	143	»	2,20	»	»	1,54	»
Messein à Bayard	205	3,83	»	»	1,87	»	»
— Menaucourt	90	3,25	»	»	3,61	»	»
— Saint-Dizier	190	»	3,25	»	»	1,71	«

DÉSIGNATION DES PARCOURS	DISTANCE	PRIX TOTAL par tonne			PRIX par tonne kilométrique		
		1879-80	1882	1883	1879-80	1882	1883
	k.	f.	f.	f.	c.	c.	c.
Messein à Sermaize	135	»	3,00	»	»	2,22	»
Montereau à Paris	98	3,35	»	»	3,42	»	»
Monthermé à Charleroi	162	»	3,00	»	»	1,85	»
Montluçon à Bois-Bretoux	302	»	3,50	3,50	»	1,16	1,16
— Chagny	334	5,30	»	»	1,59	»	»
— Fourchambault	128	2,65	2,35	2,35	2,07	1,84	1,84
— Nevers	143	2,80	»	»	1,96	»	»
— Roanne	294	5,00	4,25	»	1,70	1,45	»
Pompey à Novéant	33	»	1,50	»	»	4,55	»
— Paris	405	8,50	»	»	2,10	»	»
Pont-à-Mousson à Belleville	9	»	0,60	»	»	6.67	»
— Commercy	72	2,00	2,25	»	2,78	3,13	»
— Eurville	214	»	5.75	»	»	2,69	»
— Fraisans	3[illegible]	10,50	10,50	»	2,8 5	2,85	»
— Marnaval	206	5,50	»	»	2,67	»	»
— Saint-Dizier	203	4,40	5,00	»	2,17	2,46	»
— Sarreguemines	160	»	2,00	»	»	1,23	»
Pont-Saint-Vincent à Bayard	202	»	4,00	»	»	1,98	»
— Chamouilley	195	»	4,00	»	»	2,05	»
— Sermaize	112	»	3,00	»	»	2,68	»
Pont-Vert à Mazières	7	»	1,00	»	»	14,29	»
— Montluçon	130	»	2,00	»	»	1,54	»
Rennes à Nantes	184	»	5,00	»	»	2,72	»
Roanne à Paris	442	7,35	6.80	6.25	1,66	1,54	1,41
— Montluçon	294	»	3.90	»	»	1,33	»
Rochefort à Saint-Jean-d'Angély	44	4,00	»	»	9,09	»	»
Saint-Dizier à Hautmont	382	»	5,75	»	»	1.51	»
— Nord	390	7,80	4,30	»	2,00	1,10	»
— Paris	277	7,00	»	»	2,53	»	»
— Sermaize	55	»	1,00	»	»	1,82	»
Saint-Jean-de-Losne à Lyon	208	»	3,60	3,00	»	1,73	1,44
Saint-Mammès à Gueugnon	317	»	6.20	»	»	1.96	»
Saint-Nazaire à Nantes	52	»	2,30	3,00	»	4,42	5,77
Saint-Symphorien à Châlon	78	2,30	2.30	3,00	2,95	2,95	3,85
Saint-Valéry à Amiens	62	2,55	2,50	»	4,11	4,03	»
Segré à Nantes	135	»	»	4,25	»	»	3,15
Soyons à Arles	168	»	7,25	»	»	4.32	»
— Bouc	215	»	9.00	9.00	»	4.19	4,19
Torteron à Fourchambault	15	»	1,50	»	»	10,00	»
— la Guerche	10	»	1,00	»	»	10,00	»
— Montluçon	113	»	1,40	»	»	1.24	»

DÉSIGNATION DES PARCOURS	DISTANCE	PRIX TOTAL par tonne			PRIX par tonne kilométrique		
		1879-80	1882	1883	1879-80	1882	1883
	k.	f.	f.	f.	c.	c.	c.
6° — Produits agricoles et Denrées alimentaires							
Agen à Bordeaux	140	»	7,50	»	»	5,36	»
Angers à Mayenne	124	3,00	»	»	2,42	»	»
Anvers à Toul	624	14,00	»	»	2,24	»	»
— Paris	562	13,00	»	»	2,31	»	»
— Rouen	457	»	»	11,00	»	»	2,41
— Valenciennes	243	6,00	»	»	2,47	»	»
Ardres à Calais	17	»	1,50	»	»	8,82	»
Auxerre à Paris	214	»	»	7,00	»	»	3,27
Beaucaire à Lyon	270	»	11,50	12,00	»	4,46	4,44
Béthune à Aire	23	»	1,50	»	»	6,52	»
— Arques	37	»	1,40	»	»	3,78	»
Beuvry à Rouen	488	»	8,70	»	»	1,78	»
Béziers à Bordeaux	456	»	25,00	25,00	»	5,48	5,48
— Cette	66	4,75	»	»	7,20	»	»
Bordeaux à Béziers	456	25,00	»	»	5,38	»	»
— Condom	157	»	8,75	»	»	5,48	»
— Lavardac	124	»	7,45	»	»	6,01	»
— Marmande	83	»	4,50	»	»	5,42	»
— la Réole	65	»	8,00	8,00	»	12,31	12,31
— Tonneins	99	»	4,50	»	»	4,55	»
— Toulouse	247	»	12,35	12,35	»	5,00	5,00
Bout-de-Bois à Nantes	38	»	2,50	»	»	6,58	»
Calais à Don	108	»	3,50	»	»	3,24	»
Capdenac à Bordeaux	364	»	17,00	»	»	4,67	»
Carcassonne à Bordeaux	353	»	18,00	»	»	5,10	»
Cette à Beaucaire	98	5,50	»	»	5,61	»	»
— Carcassonne	155	»	10,50	»	»	6,77	»
— Gray	651	»	23,00	»	»	3,53	»
— Lyon	368	»	14,50	»	»	3,94	»
— Narbonne	95	»	8,75	»	»	9,21	»
— Paris	1000	»	30,00	30,00	»	3,00	3,00
— Toulouse	259	»	17,00	»	»	6,56	»
Châlon à Saint-Mammès	419	11,75	11,75	»	2,80	2,80	»
Châteauneuf à Noyers	63	1,75	»	»	2,78	»	»
Châtelier (Le) à Rennes	85	3,25	»	»	3,82	»	»
Compiègne à Ham	73	2,60	»	»	3,53	»	»
Condom à Bordeaux	157	10,00	10,00	10,00	6,37	6,37	6,37
— Pont-de-Bordes	32	»	2,00	»	»	6,25	»
Dorignies à Arques	79	»	1,50	»	»	1,90	»

DÉSIGNATION DES PARCOURS	DISTANCE	PRIX TOTAL par tonne			PRIX par tonne kilométrique		
		1879-80	1882	1883	1879-80	1882	1883
	k.	f.	f.	f.	c.	c.	c.
Dunkerque à Bourbourg	17	»	2,50	»	»	14,70	»
— Bruges	70	3,00	»	»	4,29	»	»
— Chauny	264	17,00	»	»	6,44	»	»
— Ham	246	»	8,75	»	»	3,56	»
— Hondschoote	21	»	3,00	»	»	14,29	»
— Moulinet	139	5,50	»	»	3,96	»	»
— Nancy	665	15,50	»	»	2,33	»	»
— Saint-Omer	43	3,00	»	»	6,98	»	»
— Steene	10	»	1,50	»	15,00	»	»
— Valenciennes	183	»	»	4,50	»	»	2,46
Écouflant à Juigné	60	»	1,60	»	»	2,67	»
Einville à Liège	460	»	9,50	»	»	2,07	»
— Namur	401	»	9,25	»	»	2,31	«
Étang à Montauban	399	»	13,00	»	»	3,26	»
— Toulouse	240	»	12,50	»	»	5,21	»
Frouard à Sarrebrück	158	3,50	»	»	2,22	»	»
Gray à Lyon	280	»	»	6,00	»	»	2,14
Guines à Dunkerque	60	»	2,00	»	»	3,33	»
Josselin à Nantes	158	5,75	»	»	3,64	»	»
Havre (Le) à Corbeil	407	9,30	»	11,00	2,29	»	2,70
— Montereau	474	»	9,30	»	»	1,96	»
Homps à Bordeaux	392	»	21,00	21,00	»	5,36	5,36
— Cette	100	»	10,00	»	»	10,00	»
— Toulouse	145	»	12,00	»	»	8,28	»
Lyon à Châlon	134	3,00	2,75	4,00	2,24	2,05	2,99
— Gray	280	6,40	6,10	»	2,29	2,18	»
— Paris	642	»	»	15,00	»	»	2,34
— Saint-Jean-de-Losne	210	»	4,10	»	»	1,95	»
Marseille à Arles	84	»	3,60	3,60	»	4,29	4,29
— Gray	643	»	20,00	»	»	3,11	»
— Lyon	375	13,50	13,50	13,50	3,60	3,60	3,60
— Paris	1000	30,00	29,00	»	3,00	2,90	»
Melun à Montereau	42	»	3,00	»	»	7,14	»
Mérignac à Rochefort	26	»	4,00	»	»	15,38	»
Montereau à Paris	100	5,00	»	»	5	»	»
Montgon au Chesne	5	0,90	»	»	18,00	»	»
Montrichard à Véretz	31	3,80	»	»	12,26	»	»
Mortagne à Rouen	466	»	»	11,00	»	»	2,36
Narbonne à Bordeaux	432	»	22,00	»	»	5,09	»
— Cette	95	9	»	»	9,47	»	»
Nérac à Bordeaux	136	»	9,00	»	»	6,62	»

DÉSIGNATION DES PARCOURS	DISTANCE	PRIX TOTAL par tonne			PRIX par tonne kilométrique		
		1879-80	1882	1883	1879-80	1882	1883
	k.	f.	f.	f.	c.	c.	c.
Niort à Marans	54	»	4,60	»	»	8,52	»
Paris à Montereau	100	»	2,50	»	»	2,50	»
— Roanne	445	»	14,50	»	»	3,26	»
— Rouen	242	5	»	5,00	2,07	»	2,07
— Strasbourg	564	»	»	12,00	»	»	2,13
Pont-du-Château à Moulins	110	4,65	»	»	4,23	»	»
Redon à Rennes	89	»	3,50	»	»	3,93	»
Rennes à Redon	89	»	4,00	»	»	4,49	»
Révigny à Strasbourg	282	»	7,00	»	»	2,48	»
Rouen à Charenton	248	»	»	5,50	»	»	2,22
— Corbeil	278	»	»	6,20	»	»	2,23
— Nancy	635	14,50	»	14,00	2,28	»	2,20
— Paris	242	6,85	»	5,50	2,83	»	2,27
— Roche	771	20,00	2 ,00	»	2,59	2,59	»
— Roussière (La) à Nantes	109	»	»	3,30	»	»	3,03
Sablé à Ecouflant	56	»	1,55	»	»	2,77	»
Sacé à Montfleurs	16	»	1,80	»	»	11,25	»
Saint-Amand à Châlon	307	»	»	5,00	»	»	1,63
— Roanne	245	8,15	6,60	»	3,33	»	2,69
Saint-Dizier à Sermaize	55	1,25	»	»	2,27	»	»
Saint-Jean-d'Angély à Rochefort	44	4,00	4,00	»	9.09	9.09	»
Saint-Jean-de-Losne à Roche	93	4,00	4,00	»	4,30	4,30	»
— St-Symphorien	4	»	0,30	»	»	7,50	»
Saint-Georges à Noyers	25	4,00	»	»	16,00	»	»
Saint-Nicolas à Amiens	531	»	7,00	»	»	1,32	»
— Bruxelles	551	»	10,00	»	»	1,94	»
— Lille	595	»	7,00	»	»	1,18	»
Saint-Sauveur à Bordeaux	232	»	»	12,00	»	»	4,76
Saint-Valéry à Amiens	62	»	3,00	»	»	4,84	»
Thau à Beaucaire	98	»	6,00	»	»	6,12	»
Tonnay-Charente à St-Jean-d'Angély	38	»	4,00	»	»	10,53	»
Toulouse à Bordeaux	247	16,00	16,00	»	6,48	6,48	»
Varangéville à Chauny	414	»	5,50	»	»	1,33	»
Couillet	440	»	9,00	»	»	2,05	»
— Lille	596	»	»	7.00	»	»	1,17
— Rouen	650	»	10,00	10.00	»	1,54	1,54
Villeneuve à Bordeaux	177	»	9,00	»	»	5,08	»
Vitry-le-François à Nancy	164	»	4,00	»	»	2,44	»
— Strasbourg	314	8,00	8,00	»	2,55	2,55	»
Vouziers à Charleroi	252	»	7,50	»	»	2,98	»
— Rouen	444	»	10,00	»	»	2,25	»

Les prix de fret très nombreux que nous venons de citer pour la période de 1879 à 1883 présentent sans doute des inexactitudes. On sait en effet combien il est difficile pour les ingénieurs d'obtenir des mariniers des renseignements précis et même véridiques à cet égard. On sait aussi (et c'est un point sur lequel nous aurons à revenir) quelles fluctuations subit le coût des transports par les voies navigables.

Cependant, comme nos indications résultent de constatations multipliées, comme elles se réfèrent aux itinéraires les plus divers, il y a quelque chance pour qu'envisagées dans leur ensemble elles se rapprochent de la réalité, autant qu'on peut le désirer en pareille matière.

On peut donc tenir comme très approchés les chiffres suivants, qui forment en quelque sorte la synthèse de nos tableaux et des quelques autres documents que nous avons eus à notre disposition, mais que nous ne pourrions reproduire sans entrer dans des développements excessifs.

DÉSIGNATION DES MARCHANDISES	PRIX MOYEN PAR TONNE KILOMÉTRIQUE	
	pour les transports à toute distance	pour les transports à plus de 200 km
Combustibles minéraux	2c80	2c00
Matériaux de construction. Minéraux	4,20	2,40
Engrais. Amendements	5,00	1,90
Bois à brûler et bois de service	3,90	2,80
Industrie métallurgique. (Minerais, fontes, fers et autres métaux bruts.)	3,10	2,25
Produits agricoles et denrées alimentaires	4,70	3,20

Si l'on néglige les autres éléments de trafic, qui n'ont qu'une importance tout à fait secondaire, et si l'on affecte chacun des chiffres précédents d'un coefficient proportionnel à la part de l'élément correspondant dans le tonnage kilométrique de notre réseau de navigation, on en déduit que le taux moyen du fret a été, pour la période de 1879 à 1883, de :

3 c. 60 pour les transports de toute nature et à toute distance, et 2 c. 25 pour les transports à plus de 200 kilomètres.

Il est incontestable que ces prix sont susceptibles de s'abaisser dans une certaine mesure. Les voies navigables de la France comportent encore de trop nombreuses améliorations, soit au point de vue de leurs conditions de navigabilité, soit au point de vue de leur exploitation, pour qu'il soit possible d'en douter.

Tandis, en effet, que les chemins de fer ont été construits dès l'origine dans des vues d'ensemble, les canaux et les canalisations de rivières ont au contraire été établis sous l'empire d'idées fort diverses, sous l'impulsion de nécessités locales, en vue de besoins souvent circonscrits dans d'étroites limites. Il en est résulté une véritable incohérence dans les principes qui ont présidé à leur étude et à leur exécution.

L'unité n'existe ou plutôt n'existait ni dans le mouillage, ni dans la largeur du chenal, ni dans les dimensions des écluses, ni dans la hauteur libre sous les ponts. Les relations entre les diverses voies de navigation ont profondément souffert de cet état de choses.

C'est ainsi, par exemple, qu'en 1872, dans un de ses rapports à l'Assemblée nationale sur les voies de transport, M. Krantz signalait une section de la ligne de Paris à la frontière vers Strasbourg dont le mouillage était seulement de 1 mètre 20, chiffre inférieur de 0 mètre 40 à celui du canal de la Marne au Rhin.

C'est encore ainsi que, sur le réseau du Nord, les écluses avaient les dimensions suivantes :

Suippe............	largeur :	$4^{m}50$ à $5^{m}20$;	longueur utile :	$33^{m}20$ à 42^{m}
Sambre............	—	$5^{m}10$ à $5^{m}20$	—	$41^{m}50$ à 42
Oise canalisée......	—	8^{m}	—	51^{m}
Canal latéral à l'Oise.	—	$6^{m}50$	—	40^{m}
Canal de la Somme..	—	$6^{m}50$	—	$36^{m}40$
Canal de St-Denis...	—	7^{m}	—	42^{m}

A peine avons-nous besoin de faire remarquer qu'il suffirait d'un passage à dimensions réduites, sur le parcours d'un bateau, pour limiter son gabarit et celui de son chargement, et pour lui faire perdre tout le bénéfice des excédents de débouché sur le surplus de son itinéraire.

Les Pouvoirs publics ont compris depuis 1870 qu'il importait de mettre un peu d'ordre, d'harmonie, d'homogénéité dans ce chaos. Ils ont décidé, par la loi de classement du 5 août 1879, « que les lignes principales au-« raient au minimum les dimensions suivantes :

« Profondeur d'eau.................................. 2^{m}

« Largeur des écluses................................ $5^{m}20$

« Longueur des écluses entre la corde du mur de chute « et l'enclave des portes d'aval........................ $38^{m}50$

« Hauteur libre sous les ponts, pour les canaux....... $3^{m}70$

« et qu'il ne pourrait être dérogé à cette règle que par mesure législative. »

La transformation des voies principales, en conformité de cette loi, a été vigoureusement entreprise : lorsqu'elle sera terminée, des bateaux de 300 tonnes pourront circuler d'un bout à l'autre du territoire.

D'un autre côté, l'alimentation des canaux était souvent insuffisante. L'Administration a engagé des travaux pour l'améliorer et éviter les chômages auxquels donnait lieu la pénurie des ressources alimentaires.

Le Ministère des travaux publics a également porté toute son attention sur les précautions à prendre pour réduire et pour coordonner les interruptions de circulation, que nécessitent l'entretien périodique et les réparations des canaux.

Toutes ces sages mesures porteront certainement leurs fruits dans l'avenir.

Mais il faut que de son côté l'industrie, entre les mains de laquelle est restée et restera l'exploitation des voies navigables, perfectionne ses procédés un peu trop barbares et surannés.

Il est indispensable de modifier les formes des bateaux destinés aux longs trajets, de leur donner des coupes moins défectueuses au point de vue de la traction, sauf à sacrifier un peu de leur capacité, d'améliorer les services de halage, de doter les principaux ports fluviaux d'engins de chargement et de déchargement, d'y élever des magasins et des abris, de multiplier les agences de transport.

Il est nécessaire aussi de raccorder les rivières et les canaux avec les voies ferrées, partout où il peut y avoir un mouvement d'échange de quelque importance.

Il faut, en un mot, que notre réseau de navigation soit exploité plus commercialement qu'il ne l'a été jusqu'ici.

Tout cela doit se faire et se fera sans doute avec le temps. Nous ne voulons point y insister davantage, afin de ne pas sortir du cadre de notre publication.

Quelle est l'importance des réductions que l'on peut ainsi espérer sur le taux du fret ? Il est fort difficile de le dire.

Dans son rapport du 13 juin 1874, M. Krantz, raisonnant spécialement sur la ligne de Mons à Paris, a indiqué le prix de 1 c. 3 comme susceptible d'être réalisé pour les transports de houille entre la Belgique et la capitale.

En 1880, M. l'ingénieur en chef Flamant a écrit que la construction du canal du Nord à grande section, avec des courbes peu prononcées et avec des écluses jumelées, ferait tomber le fret entre les houillères du Nord ou du Pas-de-Calais et Paris à 10 ou même 9 millimes par tonne et par kilomètre.

M. l'inspecteur général Holleaux a exprimé, de son côté, l'avis que le perfectionnement des voies existantes dans la même direction pourrait réduire le fret à 12 millimes.

Nous avions nous-même donné une appréciation analogue à celle de M. Holleaux pour le canal de la Marne au Rhin, dans un mémoire sur l'exhaussement à 2 m. du mouillage de cette voie navigable, inséré aux Annales des Ponts et Chaussées (1880, 1er semestre).

L'évaluation de M. Flamant nous paraît quelque peu optimiste.

Il ne faut pas d'ailleurs perdre de vue :

— qu'une partie notable du bénéfice dû aux améliorations du réseau sera retenue par les transporteurs et servira à augmenter tout à la fois leur profit et le salaire absolument insuffisant des mariniers (1);

— que, par suite, l'abaissement du prix du fret ne sera pas aussi grand qu'on pourrait le supposer au premier abord;

— et, de plus, que les chiffres précédents s'appliquent à des voies placées dans des conditions exceptionnellement favorables.

Les renseignements les plus récents fournis par les ingénieurs donnent les chiffres suivants pour le transport des combustibles minéraux en 1886 :

Charbons du Nord et du Pas-de-Calais.	Anzin à Paris. Prix par tonne et par km. :		1c6,	pour une distance de	318 km.
	Anzin à Rouen.	—	1 3	—	441
	Anzin à Amiens.	—	1 5	—	198
	Anzin à Reims.	—	1 6	—	284
	Anzin à Nancy.	—	1 3	—	531
	Lens (Vendin) à Paris.	—	1 45	—	343
	Lens à Lille.	—	3 6	—	28
	Courrières à Varangéville.	—	1 1	—	566
	Douai à Jarville.	—	1 3	—	537
Charbons ou cokes de Belgique.	Mons à Paris.	—	1 7	—	352
	Mons à Lille.	—	1 6	—	138
	Mons à Amiens.	—	1 7	—	233
	Mons à Nancy.	—	1 4	—	563
	Mons à Rouen.	—	1 4	—	476
	Charleroi à Paris.	—	2 4	—	360
	Charleroi à Nancy.	—	1 6	—	443
Charbons anglais.	Rouen à Paris.	—	1 8	—	247
	Rouen à Elbeuf.	—	6 3	—	24
	Saint-Nazaire à Nantes.	—	3 7	—	56
Charbons allemands.	Sarrebrück à Paris.	—	1 6	—	565
	Sarrebrück à Bar-le-Duc.	—	1 0	—	264
	Sarrebrück à Nancy.	—	2 2	—	148
	Sarrebrück à Besançon.	—	2 3	—	416
	Sarrebrück à Montbéliard.	—	2 3	—	323
Charbons du Centre.	Montceau à Paris.	—	1 6	—	440
	Montceau à Châlon-s.-Saône.	—	2 3	—	63

(1) On en trouve la preuve frappante dans ce fait, que la suppression des droits de navigation n'a pour ainsi dire pas profité aux usagers des canaux et des rivières.

En rapprochant ces chiffres de ceux de 1883, on constate une réduction qui s'élève jusqu'à 15 °/₀ pour les charbons du Nord et du Pas-de-Calais, 15 °/₀ pour les charbons belges, 22 °/₀ pour les charbons anglais, 25 °/₀ pour les charbons allemands.

Des abaissements analogues sont signalés pour d'autres marchandises.

Mais ces abaissements ne résultent pas seulement des améliorations réalisées sur les itinéraires indiqués au tableau précédent; ils sont dus aussi, pour une large part, à la crise industrielle et à l'avilissement qu'a subi le prix du fret par suite du jeu de l'offre et de la demande, c'est-à-dire à une cause temporaire.

Le prix de 1 c. 2 nous paraît l'extrême limite à laquelle on puisse espérer descendre normalement, dans un avenir assez éloigné, sur les canaux les plus fréquentés et pour les transports à longue distance.

Même après l'achèvement des travaux compris dans la loi de classement de 1879 ou projetés postérieurement à cette loi, on n'arrivera que péniblement à moins de :

2 c. 50 ou 2 c. 75 pour l'ensemble des transports de toute nature et à toute distance;

et 1 c. 80 pour l'ensemble des transports à plus de 200 kilomètres.

b. CHEMINS DE FER. — En regard des prix que nous venons de donner pour les transports par eau, mettons ceux des transports par rails.

Si l'on divise le nombre de tonnes kilométriques transportées par les chemins de fer pendant chacune des trente dernières années par la recette brute correspondante, on voit que la taxe moyenne, qui était de 7 c. 65 en 1855, est tombée à moins de 7 c. dès 1860, qu'elle s'est approchée de 6 c. à partir de 1864 et qu'elle est descendue à 5 c. 73 en 1883.

Ces chiffres ne sont cependant point ceux qu'il faut considérer pour une comparaison équitable des deux catégories de voies de communication. Ils se rapportent en effet, non seulement aux marchandises pondéreuses pour lesquelles la batellerie est en concurrence avec les Compagnies, mais encore aux marchandises de valeur, qui sont frappées de taxes plus élevées; ils comprennent tout à la fois le trafic par wagon complet et le trafic de détail auquel s'appliquent, dans la plupart des cas, les tarifs généraux, à l'exclusion des tarifs spéciaux.

Il est donc indispensable d'entrer plus avant dans l'analyse des taxes, de restreindre le parallèle aux marchandises qui empruntent, suivant les circonstances, les voies ferrées ou les voies navigables, et de n'envisager sur les chemins de fer que les transports par wagon complet.

C'est ce que nous allons faire, en suivant l'ordre des tableaux relatifs aux prix du fret.

1. — Combustibles minéraux (houille et coke).

Le tonnage kilométrique des houilles et cokes sur l'ensemble des chemins de fer d'intérêt général s'est élevé à 2 milliards 100 millions de tonnes kilométriques en nombre rond, pendant l'année 1883; la recette brute correspondante a été de 87 millions environ; la taxe kilométrique moyenne applicable aux transports par tarifs généraux et par tarifs spéciaux n'a pas, en conséquence, dépassé 4 centimes 2 par tonne et par kilomètre, bien que la distance moyenne de transport ait été inférieure à 85 kilomètres.

Voici, d'ailleurs, quelques renseignements sommaires concernant les bases des tarifs spéciaux en vigueur sur les divers réseaux (1) :

DÉSIGNATION des réseaux	DÉSIGNATION DES BASES DES TARIFS pour le transport des combustibles minéraux par wagon complet
NORD...	Barème applicable à toutes les relations, pour le transport de la houille et du coke par wagon de 5 tonnes, et établi sur les bases suivantes : 6 centimes par kilomètre, jusqu'à 50 kilomètres; 4 centimes par kilomètre en sus, jusqu'à 100 kilomètres; 3 centimes par kilomètre en sus, jusqu'à 200 kilomètres; 2 centimes par kilomètre en sus, jusqu'à 300 kilomètres. Barème applicable à toutes les relations, pour le transport du coke de gaz par wagon de 6 tonnes, et établi sur les bases suivantes : 5 centimes par kilomètre, jusqu'à 50 kilomètres; 4 centimes par kilomètre en sus, jusqu'à 100 kilomètres; 2 c. 5 par kilomètre en sus, jusqu'à 200 kilomètres; 1 c. 5 par kilomètre en sus, jusqu'à 300 kilomètres. Nombreux prix fermes pour la houille et le coke en provenance de l'Angleterre, de la Belgique, et des départements du Nord et du Pas-de-Calais, par wagon de 10 tonnes : base de 5 c. environ pour une distance de 75 kilomètres, s'abaissant progressivement à 2 c. 3 pour 300 kilomètres.

(1) Aucun des prix que nous indiquons ne comprend les frais de chargement et de déchargement, qui doivent être laissés de côté pour les chemins de fer, comme ils le sont pour la navigation.

Nous avons également éliminé, autant que possible, les frais de gare, qui s'élèvent à 40 c. par tonne.

DÉSIGNATION des réseaux	INDICATION DES BASES DES TARIFS pour le transport des combustibles minéraux par wagon complet
Est. . . .	Barème applicable à toutes les relations, pour le transport de la houille par wagon de 10 tonnes et du coke par wagon de 6 tonnes, et établi sur les bases suivantes : 7 centimes par kilomètre, jusqu'à 25 kilomètres ; 4 centimes par kilomètre en sus, jusqu'à 100 kilomètres ; 2 c. 25 par kilomètre en sus, jusqu'à 200 kilomètres ; 2 centimes par kilomètre en sus, au-dessus de 200 kilomètres. Prix fermes pour la houille par wagon de 10 tonnes et le coke par wagon de 6 tonnes, au départ de la frontière belge : base descendant à 3 centimes vers 275 kilomètres. Prix fermes pour le coke par wagon de 10 tonnes, au départ de la frontière belge : base descendant au-dessous de 4 centimes vers 120 kilomètres.
Ouest. .	Barème applicable à toutes les relations, pour le transport de la houille par wagon de 10 tonnes et du coke par wagon de 5 tonnes, et établi sur les bases suivantes : Parcours de 0 à 75 kilomètres : 7 centimes, avec minimum de 2 fr.; Parcours de 76 à 150 kilomètres : 5 centimes, avec minimum de 5 fr. 25; Parcours de 151 kilomètres et au-dessus : 4 centimes, avec minimum de 7 fr. 50. Pas de perception de droits de gare. Prix fermes au départ de Paris et des ports, pour la houille par wagon de 10 tonnes et pour le coke par wagon de 5 tonnes : base descendant au-dessous de 3 centimes.
Orléans	Tarif applicable à presque toutes les relations, pour le transport du coke par wagon de 5 tonnes et sous condition d'un parcours minimum de 100 kilomètres, et établi sur la base uniforme de 6 centimes par kilomètre, frais de gare compris. Prix fermes pour le transport de la houille ou du coke par wagon de 5 tonnes, au départ de Paris, des ports de l'Océan, de Saincaize, Lavaveix, Fourneaux, Montluçon, Commentry, Saint-Éloy, Cransac, Decazeville, etc. : base descendant à 2 c. 5 vers 400 kilomètres.
P.-L.-M.	Barème applicable à toutes les relations, pour le transport de la houille et du coke par wagon complet, et établi sur les bases suivantes : 8 centimes par kilomètre, jusqu'à 25 kilomètres ; 4 centimes par kilomètre en sus, jusqu'à 100 kilomètres ; 3 c. 5 par kilomètre en sus, jusqu'à 300 kilomètres ;

DÉSIGNATION des réseaux	INDICATION DES BASES DES TARIFS pour le transport des combustibles minéraux par wagon complet
	3 centimes par kilomètre en sus, jusqu'à 600 kilomètres; 2 c. 5 par kilomètre en sus, jusqu'à 900 kilomètres; 2 centimes par kilomètre en sus, jusqu'à 1100 kilomètres.
	Prix fermes pour la houille et le coke par wagon complet, au départ de Rive-de-Gier, Firminy, Epinac, le Creuzot, Blanzy, Monceau-les-Mines, Decize, Arvant, etc. : base descendant à 2 c. 4 vers 600 kilomètres.
MIDI....	Prix fermes pour le transport de la houille et du coke par wagon complet, au départ de Carmaux, Graissessac, le Bousquet d'Orb, Bordeaux, Cette, etc. : base s'abaissant jusqu'à 2 c. 7 ou 2 c. 8 vers 500 kilomètres.
ÉTAT...	Barême applicable à toutes les relations, pour le transport de la houille et du coke par wagon complet, et faisant ressortir une base de 5 centimes à 25 kilomètres, 4 c. 5 à 50 kilomètres, 3 c. 8 à 100 kilomètres, 3 centimes à 200 kilomètres, 2 c. 5 à 300 kilomètres et au delà.
	Il existe en outre un grand nombre de tarifs communs, dont la base descend jusqu'à 2 centimes pour des distances de 7 à 800 kilomètres.

Si, au lieu de se borner à envisager les bases des tarifs, on considère les taxes elles-mêmes qui tiennent compte tout à la fois de ces bases et des distances, et si on les rapproche des prix du fret, on arrive aux résultats suivants pour un certain nombre de parcours :

DÉSIGNATION DES PARCOURS	TRANSPORTS par eau		TRANSPORTS par rails
	Distance	Prix moyen de 1879 à 1883	Prix (frais de gare compris)
	k.	f.	f.
Valenciennes (Anzin) à Amiens	198	3,80	5,30
— Ham	112	3,35	5,30
— Nancy	331	7,75	10,60
— Paris	318	6,20	7,40
— Reims	284	5,30	6,50
— Roubaix	108	2,40	2,00
— Rouen	441	7,00	7,40
Arles à Marseille	84	4,00	4,85
La Bassée (Beuvry) à Elbeuf	464	6,75	9,60
— Rouen	488	7,90	7,40
— Saint-Omer	46	1,25	3,60
Bordeaux à Condom	181	8,00	6,00
— Toulouse	247	7,00	10,50
Calais à Lille	124	3,25	4,70
Charleroi à Amiens	274	7,80	8,10
— Compiègne	213	6,55	7,70
— Elbeuf	459	9,65	11,15
— Paris	360	9,25	9,20
— Reims	326	8,30	8,20
— Rouen	483	10,50	9,20
Decize (la Copine) à Auxerre	174	4,00	7,30
— au Creusot	141	2,15	3,00
— à Montargis	187	3,55	8,05
— Paris	324	6,75	9,00
— Saint-Mammès	355	6,40	9,00
Denain à Amiens	184	3,91	6,15
— Chevillon (Bayard)	399	6,95	11,20
— Dunkerque	170	2,75	5,70
— Jarville	520	9,00	12,35
— Nancy	517	9,25	12,30
— Paris	304	5,10	8,60
— Roubaix	104	2,15	3.20
Douai à Jarville	537	9,75	11,55
— Maxéville, près Nancy	530	9,25	11,50
— Roubaix	65	2,00	2,00
— Saint-Dizier	404	6,50	9,85
Lens à Elbeuf	442	6,30	9,35
— Paris	343	5,85	7,40
Liège à Monthermé	154	6,25	5,95
— Stenay	257	9,50	8,85

DÉSIGNATION DES PARCOURS	TRANSPORTS par eau		TRANSPORTS par rails
	Distance	Prix moyen de 1879 à 1883	Prix (Frais de gare compris)
	k.	f.	f.
Louisenthal à Bar-le-Duc	266	6,50	7,90
Mons à Amiens	233	4,25	7,20
— Compiègne	202	4,60	6,40
— Lille	138	2,60	3,90
— Nancy	565	8,00	9,70
— Paris	352	7,10	8,30
Montceau à Dijon	169	4,70	4,00
— Fraisans	186	4,75	5,00
— Montereau	363	8,25	9,60
— Paris	440	7,90	10,50
Montluçon à Bourges	126	1,75	4,25
— Paris	384	7,50	8,80
Nœux à Rouen	488	8,70	7,40
Nord à Reims	320	6,00	6,50
— Saint-Dizier	434	7,10	9,05
Pont-à-Vendin à Corbehem	45	1,50	2,20
— Ivry	371	1,90	8,86
— Lille	28	1,00	1,80
— Paris	345	6,67	7,40
Rouen à Elbeuf	24	1,65	1,95
— Paris	247	5,75	5,65
Saint-Éloy à Nantes	499	8,50	12,50
Saint-Ghislain à Houdelaincourt	480	8,35	11,22
— Nançois-le-Petit (ville)	453	8,00	10,52
Saint-Nazaire à Nantes	56	3,00	2,75
Sarrebrück à Bar-le-Duc	264	4,75	7,90
— Eurville	355	7,00	9,35
— Nancy	148	3,50	5,55
— Paris	590	11,0[illegible]	12,45
— Saint-Dizier	342	5,40	9,10
Vieux-Condé à Douai	50	1,85	3,85
— Dunkerque	175	3,15	6,65
— Ham	126	2,77	6,75

2. — Matériaux de construction. — Minéraux.

Les principaux tarifs spéciaux applicables au transport des matériaux de construction sont les suivants (1) :

DÉSIGNATION des réseaux	INDICATION DES BASES DES TARIFS SPÉCIAUX
NORD...	A. — *Pierres de taille brutes ou légèrement ébauchées.* — Barême applicable à toutes les relations, par chargement de 5 tonnes, et établi sur les bases suivantes : 7 centimes par kilomètre, jusqu'à 50 kilomètres; 5 centimes par kilomètre en sus, jusqu'à 100 kilomètres; 3 c. 5 par kilomètre en sus, jusqu'à 200 kilomètres; 2 c. 25 par kilomètre en sus, jusqu'à 300 kilomètres. Prix fermes dont la base descend à 2 c. 5 vers 300 kilomètres. B. — *Moellons, briques, tuiles.* — Barême applicable à toutes les relations, par chargement de 5 tonnes, et établi sur les bases suivantes : 6 centimes par kilomètre, jusqu'à 50 kilomètres; 4 centimes par kilomètre en sus, jusqu'à 100 kilomètres; 3 centimes par kilomètre en sus, jusqu'à 200 kilomètres; 2 centimes par kilomètre en sus, jusqu'à 300 kilomètres. Barême applicable à toutes les relations, par chargement de 10 tonnes, et établi sur les bases suivantes : 5 centimes par kilomètre, jusqu'à 50 kilomètres; 4 centimes par kilomètre en sus, jusqu'à 100 kilomètres; 2 c. 5 par kilomètre en sus, jusqu'à 200 kilomètres; 1 c. 5 par kilomètre en sus, jusqu'à 300 kilomètres. Prix fermes pour les moellons, à base descendant jusqu'à 2 c. 2 vers 300 kilomètres. C. — *Ardoises.* — Barême applicable à toutes les relations, par chargement de 5 tonnes, et établi sur les mêmes bases que le précédent. Prix fermes à base de 3 centimes. D. — *Sable, gravier, pierres cassées.* — Même barême pour toutes les relations, par chargement de 5 tonnes. Barême applicable à toutes les relations, par chargement de 10 tonnes, et établi sur les bases suivantes : 4 centimes par kilomètre, jusqu'à 25 kilomètres; 3 centimes par kilomètre en sus, jusqu'à 75 kilomètres; 2 c. 5 par kilomètre en sus, jusqu'à 200 kilomètres; 2 c. par kilomètre en sus, jusqu'à 250 kilomètres; 1 c. 5 par kilomètre en sus, jusqu'à 300 kilomètres.

(1) Voir l'observation de la page 303.

DÉSIGNATION des réseaux	INDICATION DES BASES DES TARIFS SPÉCIAUX
Est....	*Pierres de taille, moellons, briques, tuiles, ardoises, sable, gravier, pierres cassées.* — Barème applicable à toutes les relations, par chargement de 5 tonnes, et établi sur les bases suivantes : 6 centimes par kilomètre, jusqu'à 25 kilomètres; 3 centimes par kilomètre en sus, jusqu'à 100 kilomètres; 2 c. 25 par kilomètre en sus, jusqu'à 200 kilomètres; 2 centimes par kilomètre en sus, au delà de 200 kilomètres. Prix fermes pour les pierres de taille, les pierres meulières et le sable, à base descendant jusqu'à 2 c. 7 vers 240 kilomètres.
Ouest..	A. — *Pierres de taille, moellons, briques, tuiles, cailloux, pierres cassées.* — Barême applicable à toutes les relations, par chargement de 5 tonnes, et établi sur les bases suivantes : Parcours de 0 à 75 kilomètres : 7 centimes par kilomètre, avec minimum de 2 fr.; Parcours de 75 à 150 kilomètres : 5 centimes par kilomètre, avec minimum de 3 fr. 25; Parcours de 151 kilomètres et au-dessus : 4 centimes par kilomètre, avec minimum de 7 fr. 50; Nombreux prix fermes, dont la base descend jusqu'à 2 c. 5. B. — *Ardoises.* — Barême applicable à toutes les relations et faisant ressortir une base de 4 c. 2 à 50 kilomètres et de 2 c. 9 au delà de 500 kilomètres. Prix fermes dont la base descend à 3 centimes vers 400 kilomètres. C. — *Sable, gravier.* — Barême applicable à toutes les relations, par chargement de 5 tonnes, et établi sur les bases suivantes : Parcours de 0 à 50 kilomètres : 5 centimes par kilomètre, avec minimum de 2 fr.; Parcours de 51 à 100 kilomètres : 4 centimes par kilomètre, avec minimum de 2 fr. 50; Parcours de 101 à 200 kilomètres : 3 centimes par kilomètre, avec minimum de 4 fr.; Parcours au-dessus de 200 kilomètres : 2 c. 5 par kilomètre, avec minimum de 6 fr. Prix fermes dont la base descend à 3 centimes vers 80 kilomètres.
Orléans	A. — *Pierres de taille, moellons, cailloux.* — Barême applicable à toutes les relations, par chargement de 5 tonnes, et établi sur les bases suivantes, frais de gare compris : Parcours de 100 kilomètres au plus : 6 centimes, avec minimum de 2 fr. 40 et maximum de 5 fr.;

DÉSIGNATION des réseaux	INDICATION DES BASES DES TARIFS SPÉCIAUX
	Parcours de 101 à 300 kilomètres : 4 centimes, avec minimum de 8 fr.; Parcours au-dessus de 300 kilomètres : 3 c. 5, avec minimum de 12 fr. Prix fermes dont la base descend à moins de 2 c. 6. B. — *Briques*, *tuiles*, *sable*. — Barème applicable à toutes les relations, par chargement de 5 tonnes, et établi sur les bases suivantes, frais de gare compris : Parcours de 100 kilomètres au plus : 6 centimes, avec minimum de 3 fr.; Parcours de 101 à 200 kilomètres : 5 centimes, avec minimum de 6 fr.; Parcours au-dessus de 200 kilomètres : 4 centimes, avec minimum de 10 fr. Prix fermes dont la base descend à près de 2 centimes. C. — *Ardoises*. — Barème applicable à toutes les relations, par chargement de 5 tonnes, et établi sur la base uniforme de 6 centimes par kilomètre, frais de gare compris. Réduction de cette base à 5 centimes, pour les relations entre certaines gares et toutes les autres stations du réseau. Prix fermes dont la base descend à 2 c. 6.
P.-L.-M.	A. — *Pierres de taille*, *moellons*, *pierres cassées*, *cailloux*, *sable*, *gravier*. — Barème applicable à toutes les relations, par chargement de 5 tonnes, et établi sur les bases suivantes, frais de gare compris : 8 centimes par kilomètre, jusqu'à 25 kilomètres; 4 centimes par kilomètre en sus, jusqu'à 50 kilomètres; 3 centimes par kilomètre en sus, jusqu'à 100 kilomètres; 2 c. 5 par kilomètre en sus, jusqu'à 800 kilomètres; 2 centimes par kilomètre en sus, au delà de 800 kilomètres. Prix fermes dont la base descend jusqu'à 2 c. 7. B. — *Briques*, *tuiles*. — Même barème, non compris les frais de gare. C. — *Ardoises*. — Barème applicable aux relations de quelques gares avec tout le réseau, par chargement de 5 tonnes, et établi sur les bases suivantes : 8 centimes par kilomètre, jusqu'à 25 kilomètres; 4 centimes par kilomètre, jusqu'à 100 kilomètres; 3 c. 5 par kilomètre en sus, jusqu'à 300 kilomètres; 3 centimes par kilomètre en sus, jusqu'à 600 kilomètres; 2 c. 5 par kilomètre en sus, jusqu'à 900 kilomètres; 2 centimes par kilomètre en sus, au-dessus de 900 kilomètres.

DÉSIGNATION des réseaux	INDICATION DES BASES DES TARIFS SPÉCIAUX
MIDI....	A. — *Pierres de taille.* — Barème applicable à une partie du réseau, par chargement de 5 tonnes, et établi sur les bases suivantes (sans perception de frais de gare) : Parcours de 50 kilomètres au plus : 5 centimes, avec minimum de 2 fr. ; Parcours de 51 à 100 kilomètres : 4 c. 5, avec minimum de 2 fr. 50 ; Parcours de plus de 100 kilomètres : 4 centimes, avec minimum de 4 fr. 50 ; Prix fermes dont la base descend à 2 c. 8. B. — *Moellons, pierres cassées, gravier.* — Barème applicable à une partie du réseau, par chargement de 5 tonnes, et établi sur les bases suivantes (sans perception de frais de gare) : Parcours de 50 kilomètres au plus : 5 centimes, avec minimum de 2 fr. ; Parcours de plus de 50 kilomètres : 4 centimes, avec minimum de 2 fr. 50 ; Prix fermes dont la base descend à 2 c. 2. C. — *Sable.* — Barème applicable à une partie du réseau, par chargement de 5 tonnes, et établi sur les bases suivantes (sans perception de frais de gare) : Parcours de 50 kilomètres au plus : taxe totale de 1 fr. 75 ; Parcours de plus de 50 kilomètres : taxe de 1 fr. 75, plus 2 c. 5 par kilomètre en sus. Prix fermes descendant à 2 c. 8. D. — *Briques, tuiles, ardoises.* — Prix fermes dont la base descend à 3 centimes environ.
ÉTAT...	A. — *Pierres de taille, moellons, pierres cassées, gravier, briques, tuiles, ardoises.* — Barème applicable à toutes les relations, par wagon complet, et faisant ressortir une base de 4 c. 8 à 50 kilomètres, 4 c. à 100 kilomètres, 3 c. 5 à 200 kilomètres, 3 centimes à 300 kilomètres et au delà. Prix fermes un peu plus bas. B. — *Sable.* — Barème applicable à toutes les relations par wagon complet, et faisant ressortir une base de 3 centimes à 50 kilomètres, 2 c. 5 à 200 kilomètres, 2 centimes à 300 kilomètres et au delà. Il existe, en outre, de nombreux tarifs communs, dont la base descend jusqu'à 2 c. 4.

Le lecteur pourra, pour plus amples détails, se reporter au recueil Chaix et faire ainsi des comparaisons détaillées entre les prix de transport par chemin de fer et les prix par eau. Les courants de circulation étant moins nettement déterminés pour les matériaux de construction que pour les combustibles minéraux, nous ne saurions présenter ici le résultat de ces comparaisons sans nous lancer dans des développements excessifs.

3. — *Engrais et amendements.*

Voici pour les engrais et amendements quelques indications analogues à celles que nous avons données pour les matériaux de construction.

DÉSIGNATION des réseaux	INDICATION DES BASES DES TARIFS SPÉCIAUX
NORD...	A. — *Boues, phosphates de chaux, poudrette, terreau, engrais non dénommés.* — Barême applicable à toutes les relations, par chargement de 10 tonnes, et établi sur les bases suivantes : 5 centimes par kilomètre, jusqu'à 50 kilomètres; 4 centimes par kilomètre en sus, jusqu'à 100 kilomètres; 2 c. 5 par kilomètre en sus, jusqu'à 200 kilomètres; 1 c. 5 par kilomètre en sus, jusqu'à 300 kilomètres.
	B. — *Cendres, coprolithes, déchets de chaux, engrais de mer, fumier, marne, pulpes, sulfate de chaux.* — Barême applicable à toutes les relations, par chargement de 10 tonnes, et établi sur les bases suivantes : 4 centimes par kilomètre, jusqu'à 25 kilomètres; 3 centimes par kilomètre en sus, jusqu'à 75 kilomètres; 2 c. 5 par kilomètre en sus, jusqu'à 200 kilomètres; 2 centimes par kilomètre en sus, jusqu'à 250 kilomètres; 1 c. 5 par par kilomètre en sus, jusqu'à 300 kilomètres.
	C. — *Guano en sacs ou en tonneaux et tourteaux.* — Barême applicable à toutes les relations, par chargement de 5 tonnes, et établi sur les bases suivantes : 6 centimes par kilomètre, jusqu'à 50 kilomètres; 4 centimes par kilomètre en sus, jusqu'à 100 kilomètres; 3 centimes par kilomètre en sus, jusqu'à 200 kilomètres; 2 centimes par kilomètre en sus, jusqu'à 300 kilomètres.
EST....	A. — *Coprolithes, guano en sacs ou en tonneaux, phosphate de chaux, tourteaux.* — Barême applicable à toutes les relations, par chargement de 5 tonnes, et établi sur les bases suivantes : 6 centimes par kilomètre, jusqu'à 20 kilomètres; 3 centimes par kilomètre en sus, jusqu'à 100 kilomètres;

DÉSIGNATION des réseaux	INDICATION DES BASES DES TARIFS SPÉCIAUX
	2 centimes 25 par kilomètre en sus, jusqu'à 200 kilomètres ; 2 centimes par kilomètre en sus, au delà de 200 kilomètres.
	B. — *Boues, cendres, engrais marins, fumier, marne, terreau.* — Barême applicable à toutes les relations, par chargement de 5 tonnes, et établi sur les bases suivantes : 4 centimes par kilomètre, jusqu'à 25 kilomètres ; 3 centimes par kilomètre en sus, jusqu'à 50 kilomètres ; 2 c. 5 par kilomètre en sus, jusqu'à 100 kilomètres ; 2 centimes par kilomètre en sus, au delà de 200 kilomètres.
OUEST..	A. — *Coprolithes, engrais animalisés, fumier, guano, phosphate de chaux, poudrette, pulpes, tourteaux.* — Barême applicable à toutes les relations, par wagon de 5 tonnes, et établi sur les bases suivantes : Parcours de 75 kilomètres au plus : 7 centimes, avec minimum de 2 fr., frais de gare compris ; Parcours de 76 à 150 kilomètres : 5 centimes, avec minimum de 5 fr. 65, frais de gare compris ; Parcours de 151 à 225 kilomètres : 4 centimes, avec minimum de 7 fr. 90, frais de gare compris ; Parcours de plus de 225 kilomètres : 3 c. 5, avec minimum de 9 fr. 40, frais de gare compris. Prix fermes dont la base descend à 2 c. 8.
	B. — *Boues, cendres pour engrais, engrais de mer, marne, sablon, tangues.* — Barême applicable à toutes les relations, par wagon de 5 tonnes, et établi sur les bases suivantes : Parcours de 50 kilomètres au plus : 5 centimes, avec minimum de 2 fr., frais de gare compris ; Parcours de 51 à 100 kilomètres : 4 centimes, avec minimum de 2 fr. 90, frais de gare compris ; Parcours de 101 à 200 kilomètres : 3 centimes, avec minimum de 4 fr. 40, frais de gare compris ; Parcours de plus de 200 kilomètres : 2 c. 5, avec minimum de 6 fr. 40, frais de gare compris. Prix fermes dont la base descend à 2 c. 8.
ORLÉANS	A. — *Boues, cendres, engrais de mer, fumier, marne, phosphate de chaux, poudrette, tourteaux.* — Barême applicable à toutes les relations, par wagon de 5 tonnes, et établi sur les bases suivantes, frais de gare compris : Parcours de 200 kilomètres au plus : 5 centimes, avec minimum de 2 fr. 50 ;

DÉSIGNATION des réseaux	INDICATION DES BASES DES TARIFS SPÉCIAUX
	Parcours de 201 à 400 kilomètres : 4 centimes, avec minimum de 10 fr.; Parcours de plus de 400 kilomètres : 3 c. 5, avec minimum de 16 fr. Prix particuliers, dont la base descend à 2 c. 4. B. — *Guanos.* — Prix fermes dont la base descend à 2 c. 8. C. — *Pulpes de betteraves.* — Barème applicable à toutes les relations, par wagon de 5 tonnes, et établi sur les bases suivantes : Parcours de 30 kilomètres au plus : 8 centimes ; Parcours de plus de 30 kilomètres : 4 centimes, avec minimum de 2 fr. 40 ; Prix fermes dont la base descend à 2 c. 8.
P.-L.-M.	A. — *Boues, cendres, fumier, marne, terreaux, pulpes de betterave.* — Barème applicable à toutes les relations, par wagon de 5 tonnes, et établi sur les bases suivantes : 8 centimes, jusqu'à 25 kilomètres ; 4 centimes par kilomètre en sus, jusqu'à 50 kilomètres; 2 centimes par kilomètre en sus, au delà de 50 kilomètres. B. — *Coprolithes, engrais de mer, engrais fabriqués, guano, phosphate de chaux, tourteaux.* — Barème applicable à toutes les relations, par wagon de 5 tonnes, et établi sur les bases suivantes : 8 centimes, jusqu'à 25 kilomètres ; 4 centimes par kilomètre en sus, jusqu'à 100 kilomètres; 3 c. 5 par kilomètre en sus, jusqu'à 300 kilomètres; 3 centimes par kilomètre en sus, jusqu'à 600 kilomètres; 2 c. 5 par kilomètre en sus, jusqu'à 900 kilomètres ; 2 centimes par kilomètre en sus, au delà de 900 kilomètres. C. — *Chaux en vrac pour l'agriculture, poudrette.* — Barème applicable à toutes les relations, par wagon de 5 tonnes, et établi sur les bases suivantes : 8 centimes, jusqu'à 25 kilomètres; 4 centimes par kilomètre en sus, jusqu'à 50 kilomètres; 3 centimes par kilomètre en sus, jusqu'à 100 kilomètres ; 2 c. 5 par kilomètre en sus, jusqu'à 800 kilomètres ; 2 centimes par kilomètre en sus, au delà de 800 kilomètres.
Midi....	A. — *Boues, marne,* etc. — Barème applicable à une partie du réseau, par wagon de 8 tonnes, et établi sur les bases suivantes : Parcours de 50 kilomètres au plus : taxe totale de 1 fr. 75 ; Parcours de plus de 50 kilomètres : 2 c. 5 par kilomètre en sus.

DÉSIGNATION des réseaux	INDICATION DES BASES DES TARIFS SPÉCIAUX
	B. — *Boues et vases du port de Bordeaux.* — Base de 2 c. 5 applicable à toutes les destinations du réseau, par wagon de 10 tonnes, avec minimum de 10 fr. par wagon. Réduction de cette base à 2 centimes, avec minimum de 8 fr., pour les expéditions de 50 tonnes. (Applicable aux ports de Bayonne et du Boucau.) C. — *Fumiers de litière.* — Prix kilométrique de 30 centimes, par plate-forme chargée de 10 tonnes au maximum, applicable à toutes les relations, avec minimum de 30 fr. par plate-forme. D. — *Mêmes engrais et autres.* — Prix fermes, dont la base descend à 2 c. 6.
ÉTAT...	A. — *Boues, coprolithes, fumier, guano, phosphate, poudrette, pulpes de betteraves, tourteaux.* — Barême applicable à toutes les relations, par wagon de 4 tonnes, et faisant ressortir une base de 4 c. 8 à 50 kilomètres, 4 centimes à 100 kilomètres, 3 c. 5 à 200 kilomètres, 3 centimes à 300 kilomètres et au delà. B. — *Cendres, chaux, engrais de mer.* — Barême applicable à toutes les relations, par wagon de 8 tonnes, et faisant ressortir une base de 3 centimes à 50 kilomètres, 2 c. 5 à 200 kilomètres, 2 centimes à 300 kilomètres et au delà. Il existe en outre des tarifs communs, dont la base descend à 2 c. 7.

4. — *Bois à brûler et bois de service.*

Les Compagnies ont également, pour le transport des bois, des tarifs spéciaux qui peuvent se résumer ainsi :

DÉSIGNATION des réseaux	INDICATION DES BASES DES TARIFS SPÉCIAUX
NORD...	A. — *Bois à brûler.* — Barême applicable à toutes les relations, par chargement de 5 tonnes, et établi sur les bases suivantes : 6 centimes par kilomètre, jusqu'à 50 kilomètres; 4 centimes par kilomètre en sus, jusqu'à 100 kilomètres; 3 centimes par kilomètre en sus, jusqu'à 200 kilomètres; 2 centimes par kilomètre en sus, jusqu'à 300 kilomètres.

DÉSIGNATION des réseaux	INDICATION DES BASES DES TARIFS SPÉCIAUX
	B. — *Bois de charpente équarri, bois destinés aux houillères dont la longueur excède 4 m. 50, madriers, planches, poutres, voliges.* — Même barême. Prix fermes dont la base descend à 4 c. 7 vers 100 kilomètres. C. — *Bois de charpente en grume, chevrons, frises.* — Barême applicable à toutes les relations, par chargement de 5 tonnes, et établi sur les bases suivantes : 7 centimes par kilomètre, jusqu'à 50 kilomètres; 5 centimes par kilomètre en sus, jusqu'à 100 kilomètres; 3 c. 5 par kilomètre en sus, jusqu'à 200 kilomètres: 2 c. 25 par kilomètre en sus, jusqu'à 300 kilomètres. Prix fermes dont la base descend à 4 c. vers 100 kilomètres.
EST....	A. — *Bois à brûler.* — Barême applicable à toutes les relations, par chargement de 5 tonnes, et établi sur les bases suivantes : 7 centimes par kilomètre, jusqu'à 25 kilomètres; 4 centimes par kilomètre en sus, jusqu'à 100 kilomètres; 2 c. 25 par kilomètre en sus, jusqu'à 200 kilomètres; 2 centimes par kilomètre en sus, au-dessus de 200 kilomètres. B. — *Bois de charpente, chevrons, madriers, perches, planches, poutres, solives et voliges.* — Même barême.
OUEST..	A. — *Bois à brûler.* — Barême applicable à toutes les relations, par chargement de 5 tonnes, et établi sur les bases suivantes (sans perception de frais de gare) : Parcours de 75 kilomètres au plus : 7 centimes, avec minimum de perception de 2 fr.; Parcours de 76 à 150 kilomètres : 5 centimes, avec minimum de 5 fr. 25; Parcours de 151 kilomètres et au-dessus : 4 centimes, avec minimum de 7 fr. 50. Prix fermes dont la base descend à 3 c. 1. B. — *Bois de charpente, chevrons, frises, madriers, planches, poutres, solives, voliges.* — Barême applicable à toutes les relations, par chargement de 5 tonnes, et établi sur les bases suivantes : Parcours de 50 kilomètres au moins : 6 centimes, avec minimum de 4 fr. et maximum de 11 fr., frais accessoires compris; Parcours de 200 kilomètres au moins : 5 centimes, avec minimum de 11 fr., frais accessoires compris ; Prix fermes dont la base descend à 3 centimes environ. C. — *Perches destinées aux houillères.* — Mêmes tarifs que pour la houille.

DÉSIGNATION des réseaux	INDICATION DES BASES DES TARIFS SPÉCIAUX
ORLÉANS	*Bois à brûler et bois de service.* — Barême applicable à toutes les relations, par chargement de 5 tonnes, et établi sur les bases suivantes, frais de gare compris : Parcours de 150 kilomètres au plus : 7 centimes, avec minimum de perception de 2 fr. 80 ; Parcours de 151 à 250 kilomètres : 5 centimes, avec minimum de 10 fr. 50 ; Parcours de plus de 250 kilomètres : 4 centimes, avec minimum de 12 fr. 50. Prix fermes dont la base descend à près de 2 c. 5.
P.-L.-M.	A. — *Bois à brûler.* — Barême applicable à toutes les relations, par chargement de 5 tonnes, et établi sur les bases suivantes : 8 centimes par kilomètre, jusqu'à 25 kilomètres ; 4 centimes par kilomètre en sus, jusqu'à 50 kilomètres; 3 centimes par kilomètre en sus, jusqu'à 100 kilomètres ; 2 c. 5 par kilomètre en sus, jusqu'à 800 kilomètres ; 2 centimes par kilomètre en sus, au delà de 800 kilomètres. Prix fermes dont la base descend à 2 c. 7. B. — *Bois de charpente, chevrons, frises, madriers, planches, poutres, solives, voliges.* — Barême applicable à toutes les relations, par expédition de 5 tonnes, et établi sur les bases suivantes : 8 centimes par kilomètre, jusqu'à 25 kilomètres; 4 centimes par kilomètre en sus, jusqu'à 100 kilomètres; 3 c. 5 par kilomètre en sus, jusqu'à 300 kilomètres; 3 centimes par kilomètre en sus, jusqu'à 600 kilomètres; 2 c. 5 par kilomètre en sus, jusqu'à 900 kilomètres; 2 centimes par kilomètre en sus, au delà de 900 kilomètres. Prix fermes dont la base descend à 3 centimes environ vers 400 kilomètres.
MIDI....	A. — *Bois à brûler.* — Barême applicable à une partie du réseau, par chargement de 5 tonnes, et établi sur les bases suivantes : Parcours de 50 kilomètres au plus : 7 centimes, avec minimum de perception de 2 fr. ; Parcours de 51 à 100 kilomètres : 6 centimes, avec minimum de perception de 3 fr. 50 ; Parcours de plus de 100 kilomètres : 5 centimes, avec minimum de 6 fr. Prix fermes dont la base descend au-dessous de 3 centimes.

DÉSIGNATION des réseaux	INDICATION DES BASES DES TARIFS SPÉCIAUX
	B. — *Bois de charpente, chevrons, madriers, perches, planches, poutres, solives, voliges.* — Barème applicable à une partie du réseau, par chargement de 5 tonnes, et établi sur les bases suivantes : Parcours de 50 kilomètres au plus : 9 centimes, avec minimum de perception de 3 fr.; Parcours de 51 à 100 kilomètres : 8 centimes, avec minimum de perception de 4 fr. 50; Parcours de plus de 100 kilomètres : 7 centimes, avec minimum de perception de 8 fr. Prix fermes dont la base descend au-dessous de 4 centimes.
ÉTAT...	A. — *Bois à brûler.* — Barème applicable à toutes les relations, par chargement de 4 tonnes, et faisant ressortir une base de 4 c. 8 à 50 kilomètres, 4 centimes à 100 kilomètres, 3 c. 5 à 200 kilomètres, 3 centimes à 300 kilomètres et au delà. B. — *Bois de charpente, chevrons, madriers, perches, planches, poutres, solives, voliges.* — Même barème. C. — *Frises.* — Barème applicable à toutes les relations, par chargement de 4 tonnes, et faisant ressortir une base de 7 centimes à 50 kilomètres, 5 centimes à 100 kilomètres, 4 c. 5 à 200 kilomètres, 4 centimes à 300 kilomètres et au delà. Il existe en outre des tarifs communs dont la base descend au-dessous de 3 centimes.

5. — *Minerais de fer et fontes brutes. (Industrie métallurgique.)*

DÉSIGNATION des réseaux	INDICATION DES BASES DES TARIFS SPÉCIAUX
NORD...	A. — *Minerais de fer.* — Barème applicable à toutes les relations, par wagon de 10 tonnes, et établi sur les bases suivantes : 4 centimes par kilomètre, jusqu'à 25 kilomètres; 3 centimes par kilomètre en sus, jusqu'à 75 kilomètres; 2 c. 5 par kilomètre en sus, jusqu'à 200 kilomètres; 2 centimes par kilomètre en sus, jusqu'à 250 kilomètres; 1 c. 5 par kilomètre en sus, jusqu'à 300 kilomètres. Prix fermes dont la base descend à 2 c. 3.

DÉSIGNATION des réseaux	INDICATION DES BASES DES TARIFS SPÉCIAUX
	B. — *Fonte brute.* — Barême applicable à toutes les relations, par wagon de 5 tonnes, et établi sur les bases suivantes : 6 centimes par kilomètre, jusqu'à 50 kilomètres; 4 centimes par kilomètre en sus, jusqu'à 100 kilomètres; 3 centimes par kilomètre en sus, jusqu'à 200 kilomètres; 2 centimes par kilomètre en sus, jusqu'à 300 kilomètres. Prix fermes dont la base descend à près de 2 c. 5.
Est....	A. — *Minerais de fer.* — Barême applicable à toutes les relations, par chargement de 5 tonnes, et établi sur les bases suivantes : 4 centimes par kilomètre, jusqu'à 25 kilomètres; 3 centimes par kilomètre en sus, jusqu'à 50 kilomètres; 2 c. 5 par kilomètre en sus, jusqu'à 100 kilomètres; 2 centimes par kilomètre en sus, au-dessus de 300 kilomètres. B. — *Fonte brute.* — Barême applicable à toutes les relations, par chargement de 5 tonnes, et établi sur les bases suivantes : 7 centimes par kilomètre, jusqu'à 25 kilomètres; 4 centimes par kilomètre en sus, jusqu'à 100 kilomètres; 2 c. 25 par kilomètre en sus, jusqu'à 200 kilomètres; 2 centimes par kilomètre en sus, au delà de 200 kilomètres. Prix fermes dont la base descend à 2 c. 4.
Ouest..	A. — *Minerais de fer.* — Prix fermes dont la base descend à 2 c. 7. B. — *Fonte brute.* — Prix fermes dont la base descend à 2 c. 8.
Orléans	A. — *Minerais de fer.* — Barême applicable à presque toutes les relations, par wagon de 8 tonnes, et établi sur la base uniforme de 6 centimes, frais de gare compris, sans que le prix puisse excéder celui de la 4e série (8 centimes, jusqu'à 100 kilomètres, avec maximum de 5 fr.; 5 centimes, jusqu'à 300 kilomètres, avec maximum de 12 fr.; 4 centimes au delà de 300 kilomètres). Prix fermes dont la base descend à 2 c. 6. Barême temporaire applicable à presque toutes les relations, par wagon de 8 tonnes, et établi sur les bases suivantes : 8 centimes par kilomètre, jusqu'à 25 kilomètres; 3 centimes par kilomètre en sus, jusqu'à 50 kilomètres; 2 c. 5 par kilomètre en sus, jusqu'à 100 kilomètres; 2 centimes par kilomètre en sus, au delà de 100 kilomètres.

DÉSIGNATION des réseaux	INDICATION DES BASES DES TARIFS SPÉCIAUX
	B. — *Fonte brute.* — Barême applicable à toutes les relations, et établi sur les bases suivantes : 8 centimes par kilomètre, jusqu'à 25 kilomètres; 5 centimes par kilomètre en sus, jusqu'à 100 kilomètres; 3 centimes par kilomètre en sus, jusqu'à 200 kilomètres; 2 centimes par kilomètre en sus, au delà de 200 kilomètres. Prix fermes dont la base descend à 2 c. 7.
P.-L.-M.	A. — *Minerais de fer.* — Barême applicable à toutes les relations, par wagon complet, et établi sur les bases suivantes, y compris les frais de gare : 8 centimes par kilomètre, jusqu'à 25 kilomètres; 4 centimes par kilomètre en sus, jusqu'à 50 kilomètres; 2 centimes par kilomètre en sus, au delà de 200 kilomètres. B. — *Fonte brute.* — Barême applicable à toutes les relations, par chargement de 5 tonnes, et établi sur les bases suivantes : 8 centimes par kilomètre, jusqu'à 25 kilomètres; 4 centimes par kilomètre en sus, jusqu'à 100 kilomètres; 3 c. 5 par kilomètre en sus, jusqu'à 300 kilomètres; 3 centimes par kilomètre en sus, jusqu'à 600 kilomètres; 2 c. 5 par kilomètre en sus, jusqu'à 900 kilomètres; 2 centimes par kilomètre en sus, au delà de 900 kilomètres. Prix fermes dont la base descend à 2 c. 5.
MIDI....	A. — *Minerais de fer.* — Prix fermes dont la base descend au-dessous de 3 centimes. B. — *Fonte brute.* — Prix fermes dont la base descend exceptionnellement à 3 centimes.
ÉTAT...	A. — *Minerais de fer.* — Barême applicable à toutes les relations, par wagon de 4 tonnes, et faisant ressortir une base de 4 c. 8 à 50 kilomètres, 4 centimes à 100 kilomètres, 3 c. 5 à 200 kilomètres, 3 centimes à 300 kilomètres et au delà. Il existe en outre des tarifs communs, dont la base descend à 2 c. 2.

6. — *Produits agricoles.*

Les tarifs pour les produits agricoles sont beaucoup trop multiples pour que nous les passions tous en revue ; nous sommes donc obligé de nous restreindre à quelques renseignements sommaires.

DÉSIGNATION des réseaux	INDICATION DES BASES DES TARIFS SPÉCIAUX
	a. — SELS.
NORD...	Barème applicable à toutes les relations, par wagon de 10 tonnes, et établi sur les bases suivantes : 5 centimes par kilomètre, jusqu'à 50 kilomètres ; 4 centimes par kilomètre en sus, jusqu'à 100 kilomètres ; 2 c. 5 par kilomètre en sus, jusqu'à 200 kilomètres ; 1 c. 5 par kilomètre en sus, jusqu'à 300 kilomètres ;
EST....	Barème applicable à toutes les relations et établi sur les bases suivantes : 7 centimes par kilomètre, jusqu'à 25 kilomètres ; 4 centimes par kilomètre en sus, jusqu'à 100 kilomètres ; 2 c. 25 par kilomètre en sus, jusqu'à 200 kilomètres ; 2 centimes par kilomètre en sus, au delà de 200 kilomètres.
OUEST..	Barème applicable à toutes les relations et établi sur les bases suivantes : Parcours de 75 kilomètres au plus : 7 centimes, avec minimum de perception de 2 francs ; Parcours de 76 à 150 kilomètres : 5 centimes, avec minimum de 5 fr. 25 ; Parcours de 151 kilomètres et au-dessus : 4 centimes, avec minimum de 7 fr. 50. Prix fermes dont la base descend au-dessous de 3 centimes.
ORLÉANS	Barème applicable à presque tout le réseau et établi sur la base uniforme de 6 centimes. Prix fermes dont la base descend à 2 c. 7.
P. L.-M.	Barème applicable à toutes les relations et établi sur les bases suivantes : 8 centimes par kilomètre, jusqu'à 25 kilomètres ; 4 centimes par kilomètre en sus, jusqu'à 100 kilomètres ; 3 c. 5 par kilomètre en sus, jusqu'à 300 kilomètres ; 3 centimes par kilomètre en sus, jusqu'à 600 kilomètres ; 2 c. 5 par kilomètre en sus, jusqu'à 900 kilomètres ; 2 centimes par kilomètre en sus, au delà de 900 kilomètres. Prix fermes dont la base descend à 3 c. 4 vers 320 kilomètres.

DÉSIGNATION des réseaux	INDICATION DES BASES DES TARIFS SPÉCIAUX
MIDI....	Prix fermes dont la base descend au-dessous de 2 centimes.
ÉTAT...	Barême applicable à toutes les relations, par wagon de 4 tonnes, et faisant ressortir une base de 4 c. 8 à 50 kilomètres, 4 centimes à 100 kilomètres, 3 c. 5 à 200 kilomètres, 3 centimes à 300 kilomètres et au delà. Il existe en outre des tarifs communs, dont la base descend à 2 c. 3. *b.* — CÉRÉALES, POMMES DE TERRE, BETTERAVES.
NORD...	A. — *Grains.* — Barême applicable à toutes les relations, par wagon de 5 tonnes, et établi sur les bases suivantes : 7 centimes par kilomètre, jusqu'à 50 kilomètres ; 5 centimes par kilomètre en sus, jusqu'à 100 kilomètres ; 3 c. 5 par kilomètre en sus, jusqu'à 200 kilomètres ; 2 c. 25 par kilomètre en sus, jusqu'à 300 kilomètres. Prix fermes dont la base descend à moins de 3 c. 5. B. — *Pommes de terre.* — Mêmes prix. C. — *Betteraves.* — Barême applicable à toutes les relations, par wagon de 5 tonnes, et faisant ressortir une base de 6 c. 8 à 50 kilomètres, 5 c. 4 à 100 kilomètres, 4 c. 6 à 150 kilomètres. Autre barême identique à celui des grains.
EST....	A. — *Grains.* — Barême applicable à toutes les relations et établi sur les bases suivantes : 8 centimes par kilomètre, jusqu'à 25 kilomètres ; 5 centimes par kilomètre en sus, jusqu'à 50 kilomètres ; 4 centimes par kilomètre en sus, jusqu'à 200 kilomètres ; 2 c. 5 par kilomètre en sus, jusqu'à 400 kilomètres. 2 centimes par kilomètre en sus, au delà de 400 kilomètres. B. — *Pommes de terre.* — Même barême. C. — *Betteraves.* — Barême applicable à toutes les relations, par wagon de 5 tonnes, et établi sur les bases suivantes : 6 centimes par kilomètre, jusqu'à 25 kilomètres ; 3 centimes par kilomètre en sus, jusqu'à 100 kilomètres ; 2 c. 25 par kilomètre en sus, jusqu'à 200 kilomètres ; 2 centimes par kilomètre en sus, au delà de 200 kilomètres.

DÉSIGNATION des réseaux	INDICATION DES BASES DES TARIFS SPÉCIAUX
OUEST..	A. — *Grains.* — Barème applicable à toutes les relations et établi sur les bases suivantes : Parcours de 100 kilomètres au plus : 9 centimes, avec minimum de 2 francs, frais accessoires compris ; Parcours de 101 à 200 kilomètres : 8 centimes, avec minimum de 10 francs, frais accessoires compris ; Parcours de 201 à 300 kilomètres : 6 centimes, avec minimum de 17 francs, frais accessoires compris ; Parcours de 301 à 500 kilomètres : 5 centimes, avec minimum de 19 francs, frais accessoires compris ; Parcours de plus de 500 kilomètres : 4 centimes, avec minimum de 22 francs, frais accessoires compris. Prix fermes dont la base descend à 3 centimes. B. — *Pommes de terre, betteraves.* — Barème applicable à toutes les relations, par wagon de 5 tonnes, et établi sur une base uniforme de 5 centimes, avec minimum de perception de 2 francs, frais de gare compris. Prix fermes dont la base descend à 2 c. 6.
ORLÉANS	A. — *Grains.* — Barème applicable à toutes les relations et établi sur les bases suivantes : Parcours de 100 kilomètres au plus : 8 centimes ; Parcours de 101 à 250 kilomètres : 6 centimes, avec minimum de perception de 8 francs ; Parcours de 251 à 400 kilomètres : 5 centimes, avec minimum de perception de 15 francs ; Parcours de plus de 400 kilomètres : 4 centimes, avec minimum de perception de 20 francs. Réduction exceptionnelle de la base à 4 centimes sur certaines sections. Prix fermes dont la base descend exceptionnellement à 2 centimes. B. — *Pommes de terre.* — Mêmes barèmes, par wagon de 5 tonnes. Prix fermes dont la base descend à 2 c. 5. C. — *Betteraves.* — Barème applicable à toutes les relations, par wagon de 5 tonnes, et établi sur les bases suivantes : Parcours de 30 kilomètres au plus : 8 centimes, avec maximum de 2 francs ; Parcours de plus de 30 kilomètres : 4 centimes, avec minimum de 2 francs.

DÉSIGNATION des réseaux	INDICATION DES BASES DES TARIFS SPÉCIAUX
P.-L.-M.	A. — *Grains.* — Barème applicable à toutes les relations et établi sur les bases suivantes : 8 centimes par kilomètre, jusqu'à 25 kilomètres ; 5 centimes par kilomètre en sus, jusqu'à 30 kilomètres ; 4 c. 25 par kilomètre en sus, jusqu'à 200 kilomètres ; 4 centimes par kilomètre en sus, jusqu'à 300 kilomètres ; 3 c. 25 par kilomètre en sus, jusqu'à 700 kilomètres ; 3 centimes par kilomètre en sus, jusqu'à 800 kilomètres ; 2 c. 5 par kilomètre en sus, au delà de 800 kilomètres. Prix fermes dont la base descend à 3 centimes environ. B. — *Pommes de terre.* — Barème applicable à toutes les relations, par expédition de 5 tonnes, et établi sur les bases suivantes : 8 centimes par kilomètre, jusqu'à 50 kilomètres ; 4 c. 5 par kilomètre en sus, jusqu'à 200 kilomètres ; 3 c. 75 par kilomètre en sus, jusqu'à 300 kilomètres ; 3 c. 25 par kilomètre en sus, jusqu'à 700 kilomètres ; 3 centimes par kilomètre en sus, jusqu'à 800 kilomètres ; 2 c. 5 par kilomètre en sus, au delà de 800 kilomètres. C. — *Betteraves.* — Barème applicable à toutes les relations, par expédition de 5 tonnes, et établi sur les bases suivantes, frais accessoires compris : 8 centimes par kilomètre, jusqu'à 25 kilomètres ; 4 centimes par kilomètre en sus, jusqu'à 50 kilomètres ; 2 centimes par kilomètre en sus, au delà de 50 kilomètres.
Midi....	*Grains et pommes de terre.* — Taxe kilométrique de 8 centimes sur presque tout le réseau (sans perception de frais de gare). Prix fermes dont la base descend à près de 2 centimes.
État...	*Grains, pommes de terre, betteraves.* — Barème applicable à toutes les relations, par wagon de 4 tonnes, et faisant ressortir une base de 4 c. 8 à 50 kilomètres, 4 centimes à 100 kilomètres, 3 c. 5 à 200 kilomètres, et 3 centimes à 300 kilomètres et au delà. Il existe en outre de nombreux tarifs communs, dont la base descend jusqu'à 2 c. 5.

DÉSIGNATION des réseaux	INDICATION DES BASES DES TARIFS SPÉCIAUX
	c. — VINS EN FUTS.
NORD...	Barème applicable à toutes les relations, par wagon de 4 tonnes, et établi sur les bases suivantes : 10 centimes par kilomètre, jusqu'à 100 kilomètres ; 8 centimes par kilomètre en sus, jusqu'à 200 kilomètres ; 6 centimes par kilomètre en sus, jusqu'à 300 kilomètres. Prix fermes dont la base descend à 6 c. 5, vers 200 kilomètres.
EST....	Barème applicable à toutes les relations et établi sur les bases suivantes : 10 centimes par kilomètre, jusqu'à 100 kilomètres ; 9 centimes par kilomètre en sus, jusqu'à 300 kilomètres ; 8 centimes par kilomètre en sus, au delà de 300 kilomètres. Prix exceptionnels dont la base descend à 6 centimes.
OUEST..	Taxe kilométrique de 8 centimes applicable à toutes les relations. Prix fermes dont la base descend à 3 c. 3.
ORLÉANS	Prix fermes dont la base descend au-dessous de 3 centimes.
P.-L.-M.	Barème applicable à toutes les relations, par expédition de 5 tonnes, et établi sur les bases suivantes : 8 centimes par kilomètre, jusqu'à 150 kilomètres; 7 centimes par kilomètre en sus, jusqu'à 200 kilomètres ; 4 centimes par kilomètre en sus, au delà de 200 kilomètres. Prix fermes dont la base descend à 4 centimes environ.
MIDI....	Prix fermes dont la base descend à 2 centimes.
ÉTAT...	Barème applicable à toutes les relations et faisant ressortir une base de 8 centimes à 50 kilomètres, 6 centimes à 100 kilomètres, 5 c. 5 à 200 kilomètres, 5 centimes à 300 kilomètres et au delà. Prix fermes dont la base descend à 3 c. 7. Il existe en outre des tarifs communs, dont la base descend à 3 c. 8.

Si l'on cherche à tirer de tous ces chiffres quelques conclusions d'ensemble, en les rapprochant les uns des autres et en empruntant en outre aux statistiques officielles quelques données sur le tonnage kilométrique et sur les recettes correspondant aux diverses catégories de marchandises, on arrive aux résultats suivants.

1° La taxe kilométrique moyenne afférente aux transports susceptibles d'emprunter les voies navigables ne doit pas s'écarter très sensiblement de 4 c.

2° Pour les combustibles minéraux, elle ne doit pas dépasser 3 c. 5.

3° La base des tarifs est faible aussi pour les matériaux de construction, les engrais, les amendements, les minerais, les fontes et les sels ; elle est au contraire relativement élevée pour les bois et pour les produits agricoles.

4° La taxe kilométrique subit en général une décroissance prononcée, au fur et à mesure que la distance de transport augmente.

Telles sont les seules indications générales qu'il soit possible de donner. Les statistiques dressées par les Compagnies ne sont point, en effet, assez complètes et surtout assez uniformes pour permettre une analyse plus détaillée ; nous faisons remarquer, en passant, que c'est là un des points sur lesquels l'Administration devra porter son attention, afin de coordonner les écritures des Compagnies.

On s'est souvent demandé si les prix perçus pour les transports par chemins de fer pourraient être sensiblement réduits. Divers publicistes se sont prononcés pour la négative. M. Jacqmin, directeur de la Compagnie de l'Est, a même prévu l'éventualité d'un relèvement, lors de sa déposition devant la Commission d'enquête du Sénat, en 1877. Il a fait valoir, à l'appui de son opinion, les charges que l'adjonction de lignes nouvelles peu productives ferait peser sur les concessionnaires et, d'autre part, l'augmentation que subiraient les frais d'exploitation, par le fait de la hausse des salaires, de la dépréciation du signe monétaire, des exigences toujours croissantes du public pour le nombre, la vitesse et le confort des trains, des dépenses afférentes à la réfection ou au remplacement du matériel fixe ou roulant. Sans doute, les causes de relèvement signalées par M. Jacqmin et, après lui, par d'autres personnes fort compétentes, ne sauraient être contestées ; mais, en revanche, le développement incessant de la circulation et les perfectionnements apportés chaque jour aux procédés d'exploitation viennent heureusement en contrebalancer l'influence et en compenser les effets. Le tarif moyen n'a cessé de décroître depuis l'origine des chemins de fer, ce qui n'a pas empêché la situation financière des Compagnies de s'améliorer, puisque, avant la crise actuelle, leur appel à la garantie de l'État a diminué, que quelques-unes d'entre elles sont même entrées dans la voie des remboursements et que d'autres ont, sinon atteint, du moins touché l'ère du partage des bénéfices. On est en droit d'affirmer, sans craindre un démenti de l'expérience, que ce phénomène économique de l'abaissement progressif des taxes est encore loin d'avoir pris tout son développement et que la génération actuelle peut, à cet égard, envisager l'avenir avec espoir.

Au point de vue spécial du transport des marchandises encombrantes, conservées jusqu'ici par la navigation, la carrière ouverte aux chemins de fer est d'autant plus facile que, l'intérêt et l'amortissement des capitaux étant à peu près assurés par le trafic actuel, les Compagnies peuvent se contenter d'un bénéfice restreint sur les éléments de trafic supplémentaire. Partout où il existe des courants de circulation bien accusés de matières pondéreuses permettant d'organiser des trains complets et un service régulier, les chemins de fer peuvent les disputer aux canaux ou aux rivières par des taxes très réduites.

Nous avons, par exemple, cherché à nous rendre compte de la limite à laquelle pourrait descendre la Compagnie du Nord pour les transports de houille entre les bassins du Nord et du Pas-de-Calais et Paris. D'après les renseignements très précis et tout à fait indiscutables que nous avons pu recueillir à cet égard, le prix de revient moyen de la tonne kilométrique est de 1 c. 5 environ, en y comprenant les frais de traction, d'entretien du matériel roulant, d'usure de la voie, de personnel des gares et des trains, ainsi que les charges des capitaux affectés tant aux gares de classement, de chargement et de déchargement, qu'au matériel roulant. La Compagnie du Nord pourrait donc, le cas échéant, se rapprocher du tarif de 2 c., si le développement du trafic ou la concurrence des canaux du Nord l'amenait à des abaissements notables sur ses prix actuels. Sans entrer dans le détail des calculs par lesquels nous avons dû passer pour arriver à ces chiffres, le lecteur pourra se convaincre de leur vraisemblance en remarquant que, dans les nouveaux tarifs récemment homologués par le Ministre des travaux publics, la Compagnie du Nord a admis une base de 2 c. 47 pour le transport à 300 kilomètres des marchandises suivantes : cailloux, castine, gravier, matériaux pour la construction et la réparation des routes, minerais de fer, pavés, pierres à plâtre, pierres à macadam, pyrites, sables, scories ou résidus d'usines métallurgiques.

c. Comparaison entre les voies ferrées et les voies navigables. — Après cette longue énumération de prix de transport par rails et par eau, il ne nous reste que peu de chose à ajouter pour en finir avec la comparaison des voies ferrées et des voies navigables, en ce qui concerne les taxes ou le fret à payer par les usagers. Nous nous bornons à quelques courtes observations.

a. — Si l'on veut faire un parallèle rationnel entre les prix kilométriques de transport afférents à ces deux catégories de voies de communication, il est indispensable de ne point perdre de vue qu'en moyenne les longueurs à parcourir par eau sont supérieures de 20 % aux longueurs à parcourir par rails (*voir* ci-dessus, page 245). Il faut donc, soit réduire de 1/5 les taxes de chemin de fer, soit augmenter de 1/4 les prix sur rivières ou sur canaux.

b. — Même en ayant égard à cette rectification, la marine conserve un avantage indéniable sur les Compagnies, sauf dans des cas tout à fait spéciaux auxquels nous nous garderons bien de nous arrêter.

La différence est faible pour les matières premières de minime valeur comme les combustibles minéraux, les matériaux de construction et les amendements : en particulier pour les houilles et cokes, les prix totaux relatés à la page 306 montrent que le tarif moyen sur rails est au fret moyen dans le rapport de 1,4 à 1. Cet écart suffit, mais est nécessaire pour conserver aux voies navigables une part importante du trafic. En effet, les industriels évaluent en moyenne à 20 % des prix de transport par eau les faux frais que leur font supporter les lenteurs de la navigation, les pertes et déchets de la houille durant les longs trajet par eau, et l'obligation d'avoir des magasins plus vastes et plus coûteux : c'est là, bien entendu, un chiffre purement empirique, trop fort pour les grands établissements commerciaux et les usines installées en dehors des centres importants de population, trop faible au contraire pour les établissements et les usines des grandes villes et en particulier de Paris où les terrains sont d'un prix si élevé. Dans la situation actuelle, on peut dire qu'il y a à peu près parité entre les chemins de fer et les voies navigables du Nord : la meilleure preuve en est d'ailleurs dans le partage du trafic que nous avons signalé précédemment.

c. — Pour les matières d'une valeur plus grande, telles que les bois de service, les céréales, les vins, l'écart est plus considérable. Mais, d'un autre côté, le prix de transport ne constitue pas une fraction aussi importante du prix de vente sur les marchés ou du prix de revient à pied d'œuvre; en outre, les pertes résultant de l'immobilisation des capitaux pendant le trajet sont relativement plus lourdes; enfin les variations des cours se prêtent moins aux marchés à longue échéance.

Aussi les Compagnies ont-elles moins à redouter la concurrence de la navigation pour ces marchandises que pour les matières pondéreuses, malgré l'économie en apparence plus grande du transport par eau.

d. — C'est presqu'un axiome aujourd'hui pour la plupart des ingénieurs, que la navigation est surtout avantageuse pour les grandes distances. M. l'inspecteur général Bertin, qui a dirigé avec tant de distinction et de compétence un service important de canaux dans la région du Nord, a affirmé le fait avec sa haute autorité dans un opuscule du 1er juillet 1879, tout au moins pour les transports de houille. Sans doute, il faut une économie notable et par suite un parcours assez long pour faire abandonner un mode de communication perfectionné au profit d'un autre plus primitif et moins rapide. Cependant l'examen attentif des nombreux chiffres précédemment cités montre qu'il y a plus d'une réserve à formuler à ce sujet.

Nous ne voulons point tirer argument de ce que la distance moyenne de transport est plus faible sur les voies navigables que sur les chemins de fer : le fait s'explique, du moins en partie, par le développement des voies ferrées qui se ramifient en tous sens et ont un champ d'action beaucoup plus vaste.

Mais nous devons faire remarquer qu'en général la décroissance de la base kilométrique est beaucoup plus accusée sur les chemins de fer que sur les rivières et les canaux, au fur et à mesure qu'augmente la longueur du parcours : les frais généraux de gare, de formation des trains, de personnel, etc., grèvent en effet plus lourdement les premiers kilomètres et ne s'atténuent qu'à la condition d'être répartis sur un trajet d'une certaine étendue.

D'un autre côté, l'infériorité des voies navigables au point de vue de la vitesse disparaît à peu près complètement pour les petits parcours, par suite des délais supplémentaires auxquels sont subordonnés les tarifs spéciaux des chemins de fer.

Aussi l'expérience vient-elle souvent s'inscrire en faux contre la doctrine, en quelque sorte classique, que nous avons cru devoir relater, sinon pour l'infirmer, du moins pour la dépouiller de son caractère trop absolu. Le service de l'exploitation de la Compagnie du Nord professe même une doctrine tout à fait inverse et considère que la lutte lui est surtout difficile pour les faibles distances.

Comme toujours, la vérité est entre les opinions extrêmes ; incontestable dans des circonstances déterminées, elle peut, dans d'autres circonstances, cesser de l'être et même se transformer en erreur, si l'on n'y prend garde.

Les canaux et les rivières navigables pénétrant moins dans le cœur du pays, les marchandises qui les empruntent ont souvent à subir, soit au départ, soit à l'arrivée, un transbordement et un parcours sur rails ou sur route pour aller au point d'embarquement ou au lieu de destination : il y a là des frais et des sujétions incompatibles avec les faibles parcours par eau. A ce point de vue, il est incontestable qu'il faut de longues distances à la batellerie.

Mais pour les relations entre les centres desservis directement par les voies navigables, la situation est différente ; souvent la supériorité de la batellerie atteint son apogée, sinon pour les petites distances qui ne procurent qu'une économie insignifiante, du moins pour les distances moyennes qui donnent une économie sensible sans immobiliser trop longtemps la marchandise et sans l'exposer à trop de déchets.

e. — L'avenir augmentera-t-il l'écart entre les prix de transport par rails et les prix de transport par eau ?

Comme nous l'avons vu, les améliorations en cours d'exécution sur les rivières et les canaux, les travaux à l'étude, les perfectionnements à apporter aux procédés d'exploitation réduiront certainement le taux du fret.

Mais l'industrie des chemins de fer n'a pas encore dit son dernier mot ; le développement du trafic et les progrès incessants de la science lui permettront certainement d'abaisser ses taxes pour les matières pondéreuses, surtout si on ne l'enferme pas dans des formules trop mathématiques, trop rigoureuses, et si on laisse à sa tarification une élasticité sagement pondérée. Elle a, d'ailleurs, pour se mouvoir, un champ plus vaste que la batellerie et n'aura certainement pas de peine à la suivre dans la carrière ouverte à son émulation.

L'utilité des travaux entrepris ou à entreprendre, en vue d'améliorer la navigation, sera beaucoup moins de supplanter les chemins de fer pour une partie des transports, que de faire progresser simultanément les deux catégories de voies de communication et de ne point laisser les rivières et les canaux dans un état d'infériorité indigne de notre siècle, qui les exposerait à une irrémédiable décadence.

f. Observations sur les variations du prix payé par les usagers. — On a parfois invoqué comme l'une des qualités maîtresses des voies navigables la fixité de leurs tarifs, et cette opinion a même trouvé un écho dans l'un des remarquables rapports de M. Krantz à l'Assemblée nationale. Cet éminent ingénieur a une trop légitime autorité pour qu'il soit possible de laisser passer son appréciation sans s'y arrêter un instant et sans formuler les observations auxquelles elle donne lieu.

Loin de présenter de la fixité, le taux du fret est essentiellement variable dans la plupart des cas ; il est l'esclave de la loi « de l'offre et de la demande ». Lorsque le trafic est peu abondant, il s'abaisse et s'avilit. Lorsqu'au contraire le mouvement est intense, il se relève dans des proportions souvent considérables : tel est, par exemple, le cas de la reprise de la navigation, à la suite d'un chômage prolongé qui a épuisé les approvisionnements des usines et qui force à les reconstituer ; tel est aussi le cas de l'approche d'une interruption de circulation, qui oblige les industriels à constituer un stock de matières premières ; tel est encore le cas d'une recrudescence d'activité dans la vie commerciale. Ce sont là des phénomènes économiques qui peuvent souffrir quelques exceptions, mais qui, à un point de vue d'ensemble, sont absolument incontestables, et qui sont bien connus des ingénieurs ayant une longue pratique des services de navigation. Nous nous rappelons parfaitement avoir vu le prix de transport des houilles, entre le bassin houiller de la Sarre et la région de Nancy, varier du simple au double dans le courant d'une même année. Il ne peut, d'ailleurs, en être autrement : en effet, la circulation atteint son maximum d'intensité presque simultanément, sinon sur tout le territoire, du moins sur des groupes importants de voies navigables ; de plus, en fût-il autrement, le matériel de la batellerie ne serait pas assez mobile pour affluer, au moment voulu, sur les points où le trafic aurait le plus d'activité.

Sur les chemins de fer, les taxes n'ont pas non plus une immobilité absolue. Cependant leurs modifications sont beaucoup moins fréquentes. Cette fixité relative tient principalement aux causes que voici :

1° Aux termes de l'art. 44 de l'ordonnance du 15 novembre 1846, aucune taxe ne peut être perçue sans l'homologation du Ministre des travaux publics qui saurait, le cas échéant, couper court aux variations incompatibles avec les intérêts du commerce.

2° Les propositions des Compagnies donnent lieu, tout d'abord, à une étude généralement fort longue de leur part, puis à un affichage d'un mois, enfin à une instruction minutieuse de la part de l'Administration, et notamment à une consultation des Chambres de commerce, à des rapports des inspecteurs particuliers et principaux de l'exploitation commerciale et de l'inspecteur général du Contrôle, enfin à un examen par le Comité consultatif des chemins de fer. En admettant même qu'il ne surgisse pas d'objections nécessitant une étude supplémentaire de l'affaire, les délais de cette procédure suffiraient à donner les garanties voulues.

3° D'après l'art. 48 du cahier des charges, les taxes ne peuvent être relevées en aucun cas avant l'expiration d'un délai de trois mois au moins pour les voyageurs et d'un an pour les marchandises. L'Administration ne s'est d'ailleurs presque jamais prêtée aux relèvements : les variations se sont ainsi presque toujours trouvées restreintes à des abaissements, qui ne peuvent être réalisés qu'avec une extrême prudence, sous peine de compromettre la situation financière des Compagnies, et dont le pays n'a d'ailleurs pas à se plaindre.

C'est donc à tort qu'on a, à cet égard, attribué une supériorité aux voies navigables sur les voies ferrées.

14. Prix de revient réel des transports. — Nous venons de donner des indications détaillées sur le prix payé par les usagers pour le transport des marchandises par eau ou par rails. Mais nous avons fait observer à diverses reprises que la situation des voies navigables et des voies ferrées était inégale, puisque les unes sont mises gratuitement à la disposition des intéressés, alors que, pour les autres, les Compagnies concessionnaires ont à se rémunérer, non seulement de leurs frais d'exploitation, mais encore de leurs dépenses de premier établissement et d'entretien : sur les rivières et canaux, ces dépenses sont payées par l'ensemble des contribuables; sur les chemins de fer, au contraire, elles le sont exclusivement, ou à peu près exclusivement, par ceux qui utilisent ces voies de communication.

Si l'on veut apprécier le prix de revient des transports, non plus pour les usagers mais pour le pays, il faut, en ce qui concerne la navigation fluviale, ajouter au taux du fret les charges relatives aux dépenses de construction et d'entretien. Au contraire, en ce qui concerne les voies ferrées, on peut maintenir sans modification les taxes perçues par les Compagnies : en effet, l'excédent des recettes nettes sur les charges des capitaux engagés est très faible; il n'a représenté en moyenne que deux millimes en 1882 et 1883 par unité kilométrique de trafic, et l'on peut négliger cet écart pour les marchandises pondéreuses, sur lesquelles le bénéfice doit être moindre que sur les autres marchandises.

Les chiffres à mettre en regard les uns des autres sont, dès lors, les suivants, pour l'ensemble du réseau des rivières ou canaux et du réseau des chemins de fer :

	PRIX RÉEL DE REVIENT des transports	
	Rivières et Canaux	Chemins de fer
Transport des combustibles minéraux................	7^{c}	$3^{c}5$
Transport des marchandises de toute nature susceptibles d'emprunter, soit les voies navigables, soit les voies ferrées....................................	8^{c}	4^{c}

Ainsi, en définitive, les transports coûtent deux fois plus par eau que par rails, et cette proportion doit même être portée à 2,4 si l'on tient compte de la longueur des parcours.

Cela n'est vrai, bien entendu, qu'à titre de résultat *moyen*.

Il peut en être autrement pour certaines voies en particulier. Ainsi la comparaison entre les voies navigables et les voies ferrées mettant les bassins houillers du Nord, du Pas-de-Calais et de la Belgique en communication avec Paris donnerait les chiffres suivants, entre Cambrai et la Briche, pour les combustibles minéraux :

	RIVIÈRES et canaux	CHEMINS de fer
	c.	c.
Prix de revient par kilomètre (sans avoir égard à la majoration des distances pour les canaux et rivières).	2,6	3,3
— (en augmentant le prix afférent à la navigation, dans la proportion des distances par eau et par rails)	3,7	3,3

Il y aurait donc à peu près équivalence; cependant l'avantage resterait encore aux chemins de fer.

Sur la Seine, entre Paris et Rouen, on aurait, pour les marchandises de toute nature :

	SEINE	CHEMIN de fer
	c.	c.
Prix de revient par kilomètre (sans avoir égard à la majoration des distances pour la voie fluviale)	4,1	4
— (en augmentant le prix afférent à la navigation, dans la proportion des distances par eau et par rails)	7,4	4

L'avantage du chemin de fer sur le fleuve, sans atteindre la moyenne, serait plus accusé déjà que pour la ligne de Cambrai à Paris.

Si, de ces voies magistrales, on passait à des voies moins importantes, quoiqu'occupant encore un rang élevé dans l'échelle des trafics, on trouverait à fortiori des chiffres peu favorables pour la navigation. Ainsi, pour les transports entre Vitry-le-François et Nancy par le chemin de fer de Paris à Strasbourg et par le canal de la Marne au Rhin, les prix de revient seraient :

	CANAL	CHEMIN DE FER
	c.	c.
Prix de revient (sans majoration pour le canal)	5,5	4,00
— — (avec majoration pour le canal)	6,1	4,00

Ici, on le voit, l'écart entre les prix kilométriques, abstraction faite de la longueur des parcours, s'est notablement accru, et s'il n'est pas plus sensible, en tenant compte de la majoration, c'est parce qu'on est exceptionnellement en présence de deux voies courant côte à côte et n'ayant entre elles qu'une faible différence de longueur.

Nous nous bornons à ces exemples, afin de ne pas nous égarer dans trop de détails. Le lecteur pourra se livrer, pour d'autres voies navigables, à des calculs analogues; il en trouvera tous les éléments dans ce qui précède et vérifiera aisément les faits suivants, que nous retenons comme établis :

1° Le prix moyen de revient des transports par eau pour le pays est plus élevé que celui des transports par rails.

Le rapport des prix kilométriques est de 2.

Celui des prix totaux, eu égard aux différences de parcours, est de 2,4.

2° Sur certaines voies navigables particulièrement chargées de trafic et peu coûteuses de premier établissement, comme le groupe du canal de Saint-Quentin, du canal de Manicamp, du canal latéral à l'Oise, de l'Oise canalisée et de la Seine entre Conflans et la Briche, le prix de revient kilométrique peut être un peu inférieur à celui des chemins de fer; mais la longueur plus grande des parcours compense cette différence et restitue l'avantage à la voie ferrée.

Encore avons-nous établi notre parallèle dans des conditions favorables à la navigation : en effet, nous avons été très modéré dans l'appréciation des frais généraux et des charges d'intérêt à porter au compte des travaux de canalisation, qui souvent sont échelonnés sur de longues années; nous avons appliqué aux chemins de fer à grand trafic le prix de revient moyen de l'ensemble du réseau, sans le faire bénéficier d'aucune réduction, bien qu'il s'abaisse incontestablement par l'accroissement de la circulation; nous avons pris tels quels les chiffres de dépenses accusés par les statistiques officielles pour les canaux et les rivières, sans leur faire subir d'augmentation, eu égard à l'époque de l'exécution des travaux, pour les ramener en quelque sorte à l'échelle des dépenses relatives aux chemins de fer.

Comme nous l'avons déjà fait dans les paragraphes spécialement consacrés aux charges des capitaux et aux dépenses d'entretien, ainsi qu'aux prix payés par les usagers, nous devons examiner si l'avenir améliorera la situation relative des voies navigables par rapport aux chemins de fer.

Tout d'abord, en ce qui concerne les voies existantes, quand elles auront reçu toutes les améliorations et tous les compléments décidés en principe par la loi de classement de 1879, quand les dimensions déterminant le gabarit des bateaux auront été complètement unifiées, quand le mouillage des voies principales aura été partout porté à 2 mètres, quand les bateaux pourront recevoir ainsi des cargaisons plus fortes et accomplir des parcours plus longs sans rompre charge, quand l'industrie de la batellerie se sera elle-même mieux outillée et mieux organisée, le prix de revient des transports par eau s'abaissera certainement, tant à raison de la diminution des frais de traction, de personnel et de matériel, par tonne de chargement, qu'à raison de l'augmentation du trafic, qui répartira sur un tonnage plus considérable l'intérêt des capitaux et les dépenses d'entretien.

Néanmoins il ne faudrait pas se laisser aller à des espérances excessives, à des illusions. Quoi qu'on fasse, les voies navigables s'adresseront toujours à une clientèle restreinte; leurs dépenses de premier établissement et d'entretien pèseront toujours exclusivement sur des marchandises de peu de valeur, tandis que celles des chemins de fer se répartissent à la fois sur ces marchandises et sur les matières de prix, sur la messagerie, sur les voyageurs qui prennent et peuvent prendre une part plus que proportionnelle de ces dépenses. L'élasticité de leur mouvement sera toujours inférieure à celle des voies ferrées. Le champ dans lequel pourra se mouvoir le taux du fret sera toujours plus limité. Sans prétendre au don de double vue, il est permis d'affirmer que l'avenir est beaucoup plus aux chemins de fer qu'à la navigation.

Quant aux voies nouvelles, leur sort peut-il être différent de celui des voies préexistantes ? Poser la question, c'est presque la résoudre : car on ne saurait compter sur un avilissement très notable du fret, par suite des conditions de perfection dans lesquelles l'Administration établira les canaux classés en 1879.

Le canal du Nord est le seul sur lequel nous considérions comme intéressant de retenir un instant l'attention à cet égard. Ainsi que nous l'avons vu page 275, en supposant réalisées les prévisions optimistes des auteurs du projet, c'est-à-dire en admettant un tonnage moyen de 4 millions de tonnes, les dépenses de construction et d'entretien grèveraient de 7 millimes seulement la tonne kilométrique. Si donc le taux du fret descendait à la limite extrême de 12 millimes, le prix de revient total ne dépasserait pas 19 millimes, soit 2 centimes. Or, ainsi que nous l'avons indiqué, la tonne kilométrique de houille dirigée du Nord ou du Pas-de-Calais vers Paris par trains complets coûte environ 15 millimes à la Compagnie du Nord pour frais de traction, d'entretien du matériel roulant, d'usure de la voie, de personnel des gares et des trains, et pour intérêt et amortissement des capitaux affectés aux gares de classement, de chargement et de déchargement, ainsi qu'au matériel roulant, mais non compris l'intérêt des dépenses de construction de la ligne proprement dite; la Compagnie serait donc en mesure de transporter au même prix que la navigation, tout en prélevant 5 millimes sur sa taxe, et cette perception suffirait sans doute aux travaux complémentaires que le développement de la circulation pourrait nécessiter. Toutefois, nous le reconnaissons, la différence est si faible que l'opinion contraire peut être soutenue : c'est, du reste, un point sur lequel nous reviendrons dans quelques instants.

15. Observations sur les voies navigables concédées. — *a.* Indications générales. — Dans les considérations qui précèdent, nous avons fait à peu près complètement abstraction des voies navigables concédées : elles sont aujourd'hui fort peu nombreuses. En voici la nomenclature pour 1884 :

DÉSIGNATION	LONGUEUR	TONNAGE moyen par kilomètre en 1884	TONNAGE kilométrique total en 1884
1° Rivières.	km.		
Drot	64	1.647	105.417
Lez	10	9.300	93.000
Sambre	54	467.626	25.251.805
2° Canaux.			
Embranchement de Nœux du canal d'Aire	2	»	»
Bourgidou	11	16.575	182.326
Dive	40	4.527	181.065
Furnes	13	66.777	868.099
Garonne (latéral à la)	204	108.638	22.162.219
Givors	20	93	1.859
Lunel	9	10.671	96.041
Saint-Denis	7	1.078.449	7.549.145
Saint-Martin	5	417.898	2.089.488
Midi. ligne principale	242	64.782	15.677.219
Midi. canal de jonction et robine de Narbonne	37	16.316	603.681
Ourcq	108	160.824	17.368.984
Sambre à l'Oise	72	434.038	31.250.742
Sylvéréal	9	6.114	55.026
Vassy à Saint-Dizier	23	»	»
Totaux	930		124.336.116

La longueur des rivières et canaux concédés ne représente donc que 7 1/2 % environ du développement total de notre réseau de navigation; quant à leur tonnage kilométrique, il ne dépasse guère 5 % du tonnage général.

Ces voies navigables sont naturellement dans une situation inférieure à celle des voies de l'État, au point de vue de la concurrence avec les chemins de fer, et, si quelques-unes d'entre elles ont encore un trafic relativement élevé, cela tient à des circonstances spéciales.

Le péage auquel y sont assujetties les marchandises est généralement fort élevé, comme le montrent les chiffres que nous avons cités page 238 et sur lesquels nous n'avons pas à revenir.

b. Observations spéciales au canal latéral a la Garonne et au canal du Midi. — Nous ne croyons devoir entrer dans quelques développements qu'au sujet du canal latéral à la Garonne et du canal du Midi.

Le canal latéral à la Garonne, étudié vers 1830 en vertu d'une ordonnance du 17 décembre 1828, fut concédé par une loi du 22 avril 1832. La Compagnie concessionnaire, quoique relevée par une seconde loi du 9 juillet 1835 de la déchéance qu'elle avait encourue, ne put satisfaire à ses engagements. Les Pouvoirs publics durent, en conséquence, par une loi du 3 juillet 1838, reprendre l'œuvre au compte de l'État et lui affecter une dotation de 40 millions. Le renchérissement de la main-d'œuvre et les améliorations apportées aux projets primitifs révélèrent, dès 1844, la nécessité de crédits supplémentaires. Une discussion des plus vives s'éleva à ce sujet devant les Chambres. On agita la question de savoir s'il y avait lieu de pourvoir à l'achèvement des travaux, alors qu'on améliorerait la Garonne elle-même et qu'en outre le canal se trouverait inévitablement en concurrence avec un chemin de fer dans un avenir peu éloigné; on alla même jusqu'à proposer de combler la nouvelle voie navigable et d'y substituer une voie ferrée, en aval d'Agen. Le Parlement s'arrêta provisoirement à un moyen terme: il vota 6 millions pour les travaux de la partie supérieure, mais décida que le canal ne serait pas terminé dans sa partie inférieure. En 1845, il alloua un second crédit de 3 550 000 francs environ, sans revenir sur la disposition restrictive à laquelle il avait subordonné son vote de 1844. Mais en 1846, après un débat approfondi, il changea de détermination et affecta 15 millions et demi à l'achèvement du canal sur toute sa longueur, entre Toulouse et Castets, point de jonction avec la Garonne.

Cependant, il ne tarda pas à se produire un fait économique très grave, de nature à stériliser au moins partiellement les sacrifices que s'était imposés le pays.

Le chemin de fer de Bordeaux à Cette, concédé par la loi du 17 juin 1846, avait été bientôt abandonné par la Compagnie concessionnaire, dont la déchéance avait été prononcée par arrêté ministériel du 21 décembre 1847. Toutes les propositions faites à l'Administration pour la reprise de la ligne avaient un point commun : les précautions à prendre contre la concurrence du canal latéral à la Garonne. La plupart des Compagnies sollicitaient la remise simultanée, entre leurs mains, du canal et du chemin de fer ; quelques-unes allaient même jusqu'à réclamer la destruction de la voie navigable et son utilisation pour l'assiette de la voie ferrée. L'engouement des populations pour le chemin de fer était tel, que l'on assista à ce spectacle attristant, d'un grand nombre de communes et de 53 députés appartenant à douze départements du Midi et porteurs de 400 délibérations de Conseils municipaux, venant appuyer cette dernière demande et convier les Pouvoirs publics à un acte de vandalisme déshonorant. Le Gouvernement eut la sagesse de ne point céder aux suggestions aveugles qui lui arrivaient de toutes parts ; il se refusa à anéantir une œuvre qui complétait si heureusement celle de Riquet. Mais, aux prises avec les difficultés les plus sérieuses pour la concession du chemin de fer, il crut pouvoir consentir à la réunion des deux voies, afin d'éviter une lutte dont l'État eût fait les frais par l'augmentation de sa subvention à la voie ferrée ou de sa garantie d'intérêt. Il déposa donc le 18 juin 1852, sur le bureau du Corps législatif, un projet de loi portant autorisation de concéder à une même Compagnie le canal latéral à la Garonne et le chemin de fer de Bordeaux à Cette, moyennant abandon gratuit du canal à la Compagnie, allocation d'une subvention de 40 millions et garantie pendant 50 ans de l'intérêt à 4 % du capital à réaliser jusqu'à concurrence de 100 millions, ainsi que de l'amortissement des obligations dans le même délai. La durée du bail était de 99 ans. Pour éviter l'exagération des tarifs du chemin de fer, le projet de loi limitait les taxes du canal aux maxima suivants :

	REMONTE	DESCENTE
Marchandises de 1re classe	3c (par tonne)	2c (par tonne)
Marchandises de 2e classe (telles que matériaux de construction, houille, minerais, engrais et amendements, etc.)	2c (d°)	1c (d°)
Trains de bois de charpente	2c (par m. c.)	1c (par m. c.)
Trains de bois à brûler	1c (d°)	0c5 (d°)

Les deux concessions étaient indissolublement liées et ne pouvaient prendre fin que simultanément.

Devant la commission du Corps législatif, quelques députés plaidèrent la cause de la navigation; ils firent valoir que la Compagnie, maîtresse des deux voies de communication, ferait inévitablement peser des tarifs plus élevés sur le commerce et l'agriculture, et qu'elle ne saurait résister à la tentation d'abandonner les travaux d'entretien du canal, pour le rendre innavigable et faire prospérer le chemin de fer, au détriment de l'autre voie moins lucrative. Ils demandèrent, soit la distraction du canal, soit tout au moins l'inscription du droit de le racheter isolément.

Mais la Commission ne crut pas devoir se ranger à cet avis. Suivant elle, la concentration du canal et du chemin de fer entre les mains d'une même Compagnie formait la base même du projet de loi et la condition sine qua non de l'exécution du chemin de fer; il fallait à tout prix éviter entre la voie navigable et la voie ferrée une guerre ruineuse, dont l'État aurait à payer les frais; la combinaison que proposait le Gouvernement avait de nombreux précédents en Angleterre et ne pouvait engendrer de réels abus, grâce aux maxima relativement modiques, stipulés pour les taxes de péage par eau, et aux garanties prises en vue du bon entretien du canal. La Commission ne voulut même pas adhérer à la disjonction des deux voies, au point de vue de l'éventualité du rachat.

En séance publique, M. Darblay jeune porta à la tribune les objections que provoquait le projet de loi. Mais le commissaire du Gouvernement répondit qu'il s'agissait exclusivement d'abandonner à la Compagnie la perception de taxes, qui auraient été encaissées par l'État pour le canal latéral à la Garonne comme pour les autres voies navigables. Il fit même valoir que la mesure constituerait une sorte de précaution contre le système, si souvent préconisé, de la suppression du péage sur les canaux et contre les désastres que l'adoption de ce système entraînerait pour les Compagnies de chemins de fer. La loi fut votée à la presque unanimité et sanctionnée le 8 juillet 1852 par le chef de l'État. Un décret du 24 août 1852 consacra définitivement la concession du chemin de fer et du canal dans des conditions qui, par suite de l'affermissement du crédit public, étaient un peu plus avantageuses pour l'État, mais qui néanmoins ne modifiaient pas les dispositions autorisées par la loi du 8 juillet 1852 pour le canal.

Telles furent les circonstances dans lesquelles eut lieu la première main-mise de la Compagnie du Midi sur les voies navigables de la région. Quelles que soient les considérations que l'on puisse invoquer pour expliquer et justifier la détermination des Pouvoirs publics, il n'y en eut pas moins là une grave erreur économique, commise par le Gouvernement et par les Chambres. Sans doute, il était permis de regretter la construction d'un canal, le long d'un fleuve comme la Garonne, à la veille même de l'établissement d'un chemin de fer parallèle, dans une région dont le trafic était insuffisant pour alimenter largement plusieurs voies de communication et n'offrait pas les éléments plus particulièrement réservés à la navigation; il était permis aussi de regretter les subsides considérables que la concurrence du canal forcerait à accorder à la voie ferrée; mais il n'en fallait pas moins envisager de sang-froid la situation et se garder de stériliser une voie navigable qui avait coûté plus de 60 millions. Si le mouvement sur le canal avait pu prendre son développement normal et exercer son action pondératrice sur le chemin de fer, il en fût certainement résulté, après un certain délai, un accroissement général de la circulation, qui eût puissamment contribué à enrichir le pays et qui eût donné à l'État, sous diverses formes, la compensation de ses sacrifices.

Du reste, la faute ne tarda pas à être singulièrement aggravée. La concession du canal latéral à la Garonne à la Compagnie du chemin de fer du Midi n'avait point empêché complètement la concurrence de la navigation, qui pouvait encore emprunter librement la Garonne, puis le canal du Midi, et relier ainsi Bordeaux aux ports de Cette et de La Nouvelle. La voie magistrale concédée à Riquet par lettres patentes de 1666 et ouverte sur toute sa longueur en mai 1681 avait rendu les plus grands services à la région. A la suite d'incidents sur lesquels nous n'avons point à nous appesantir, 68 °/₀ seulement de la propriété du canal du Midi étaient restés entre les mains des héritiers du constructeur; 31 centièmes de cette propriété étaient passés entre les mains de l'État, qui leur avait assigné une destination spéciale (dotation de l'Empire). Aux termes d'une ordonnance du 30 juillet 1838, le péage était fixé comme il suit, à dater de l'achèvement du canal latéral à la Garonne :

Marchandises en général..........	6 c. par tonne et par km.	
Matériaux de construction en général, bois à brûler, foin et paille..........	4	—
Charbon de terre..................	2	—
Bois à brûler, en radeaux..........	4.5	—
Pierre de taille....................	10 c. environ par tonne et par k.	
Bois à bâtir transporté sur bateaux..	6 c. par tonne et par km.	
— par radeaux....	Tarifs divers.	

La Compagnie avait consenti des réductions sur ces taxes pour diverses marchandises, notamment au profit du mouvement de transit.

Dès la constitution de la Compagnie du chemin de fer du Midi, la Compagnie du canal se prépara à la lutte; elle contracta un emprunt de 2 400 000 fr. pour mettre en parfait état la voie navigable et abaissa à 2 c. 8, à partir de 1857, c'est-à-dire à partir de l'ouverture de la voie ferrée entre Toulouse et Cette, les tarifs qu'elle avait perçus depuis la mise en eau du canal latéral à la Garonne. Mais le chemin de fer attira une partie notable du trafic par des abaissements analogues; la Compagnie du canal vit ainsi ses recettes atteintes tout à la fois par la réduction de la circulation et par celle des prix : elle se trouva dès lors dans la nécessité de conclure en 1857, avec la Compagnie du chemin de fer, un traité portant rétrocession du canal à cette dernière, pour 99 ans. Ce traité, successivement soumis aux délibérations du Comité des chemins de fer et à celles du Conseil d'État, fut repoussé par ce double motif qu'il ne contenait, au point de vue des tarifs, aucune stipulation contre les abus possibles du monopole et que la durée de 99 ans assignée au bail était trop longue pour permettre d'en apprécier les conséquences économiques. La lutte continua, désastreuse pour le canal, dont les recettes brutes, après s'être maintenues, de 1847 à 1856, au chiffre moyen de 2 417 500 fr., s'abaissèrent à 778 500 fr. pour les douze mois compris entre le 1er juin 1857 et le 31 mai 1858; comme les dépenses d'entretien s'étaient élevées à 823 000 fr. durant la même période, il en résultait que le canal ne faisait plus ses frais. Sur les nouvelles instances de la Compagnie du canal du Midi, l'Administration consentit à reprendre l'examen de l'affaire; elle considéra que, si la concurrence entre deux voies latérales était désirable et possible, quand il y avait une masse de transports suffisante pour les alimenter et les faire vivre simultanément, il ne pouvait en être de même quand la matière manquait à cette double circulation, ce qui lui paraissait être le cas dans l'espèce. D'un autre côté, le Gouvernement tenait à sauvegarder les intérêts, sérieusement menacés, des dotataires de l'Empire. Par suite de ces considérations, les deux Compagnies obtinrent la ratification, par décret du 21 juin 1858, d'un traité du 20 mai, portant affermage de la voie navigable à la Compagnie du chemin de fer pour 40 années, du 1er juillet 1858 au 30 juin 1898, moyennant le paiement à la Compagnie du canal : 1° d'un canon annuel de 743 000 fr., dont 710 000 fr. représentant l'intérêt du fonds social; 2° de la somme nécessaire au service de 8 000 obligations; 3° des pensions des agents retraités ou à retraiter. La période de 40 années concordait avec celle de l'amortissement du dernier emprunt de 2 400 000 fr. Le tarif du canal du Midi était revisé et fixé à 3 c. et 2 c. pour les voyageurs de 1re et de 2e classe, et à 6, 5, 4, 3 et 2 c. pour les marchandises, divisées en 5 classes dont la dernière comprenait les houilles, minerais et matériaux de construction. En même temps, le tarif du canal latéral à la Garonne était relevé :

Pour les marchandises de 1re classe à la remonte, de 3c à 4c, et à la descente, de 2c à 3c (par tonne) ;

Pour les marchandises de 2e classe à la remonte, de 2c à 3c, et à la descente, de 1c à 2c (par tonne);

Pour les trains de charpente à la remonte, de 2c à 3c, et à la descente, de 1c à 2c (par m. c.);

Pour les trains de bois à brûler à la remonte, de 1c à 2c, et à la descente, de 0 5 à 1c (par m. c.).

Ainsi s'est trouvée consommée la réunion des canaux du Midi au chemin de fer de Bordeaux à Cette.

Le décret du 21 juin 1858 a été souvent attaqué au point de vue de son opportunité ; il l'a été souvent aussi au point de vue de sa légalité : on a soutenu que le Gouvernement avait excédé la limite de ses pouvoirs en modifiant, pour le canal latéral à la Garonne, des taxes fixées par le législateur en 1852. Nous ne pouvons qu'adhérer aux critiques dirigées contre le décret en lui-même : les observations que nous avons formulées au sujet de la concession du canal latéral à la Garonne s'appliquent à fortiori au canal du Midi. Quant aux objections d'ordre constitutionnel, elles ne nous paraissent pas fondées : en effet, entre la loi du 8 juillet 1852 et le décret du 21 juin 1858, la constitution avait été modifiée par le sénatus-consulte du 23 décembre 1852, qui avait attribué au chef de l'État le droit d'ordonner ou d'autoriser les entreprises d'intérêt général par voie de décret rendu dans la forme des règlements d'administration publique et, comme conséquence implicite, celui de modifier de même la situation des entreprises préexistantes, sans intervention du législateur, lorsqu'il ne devait en résulter ni dépenses, ni engagements sur les fonds du Trésor.

Les fautes commises par le Gouvernement impérial en 1852 et en 1858 ont été très sévèrement jugées à maintes reprises. C'est ainsi qu'en 1863, à l'occasion de la demande formée par la Compagnie du chemin de fer du Midi pour la concession d'une ligne de Cette à Marseille, l'enquête provoqua des réclamations très vives contre la situation faite à la région ; le Conseil général des Ponts et Chaussées et le Comité consultatif des chemins de fer conclurent, comme la Commission d'enquête, à subordonner en tous cas la concession sollicitée par la Compagnie à l'abandon par elle des deux canaux. L'affaire ne reçut pas de suite.

Vers la même époque, le Sénat fut saisi de diverses pétitions, dont l'une signée par plus de 35 000 intéressés, tendant au rachat du canal latéral à la Garonne et à la résiliation de l'affermage du canal du Midi. M. Hubert-Delisle présenta, le 23 mai 1865, sur ces pétitions, un rapport développé concluant à leur renvoi au Ministre, pour examiner s'il ne conviendrait pas de procéder immédiatement au rachat des deux canaux ou, tout au moins, de dégager le plus important, celui du Languedoc, en combinant l'opération avec la reprise des améliorations de la Garonne entre Toulouse et Castets. Cette conclusion fut adoptée, malgré les efforts du commissaire du Gouvernement. La Compagnie, invitée en conséquence à faire connaître si elle était disposée à entrer en négociation pour la réalisation totale ou partielle du vœu exprimé par un grand nombre d'habitants du Midi, insista sur les dangers que courrait sa ligne nourricière de Bordeaux à Cette; elle invoqua la situation spéciale des canaux du Midi, qui, à l'inverse des autres voies navigables, ne pouvaient trouver un aliment suffisant dans le trafic des matières pondéreuses et auxquels leur état de perfection permettait de disputer au chemin de fer les marchandises de valeur, dévolues partout ailleurs à la voie ferrée ; elle fit valoir la modicité relative de ses tarifs et le soin apporté par elle à l'entretien des canaux. Au point de vue de la légalité, elle contesta à l'État le droit de reprendre le canal latéral à la Garonne avant le 1er janvier 1877 et sans le chemin de fer, et même celui de rapporter le décret du 21 juin 1858, qui avait été le point de départ du développement du nouveau réseau et qui avait reçu une consécration nouvelle des conventions de 1859 et 1863. Subsidiairement, elle évalua à un chiffre très élevé le préjudice dont la réparation lui serait due. Le Comité consultatif des chemins de fer, appelé à en délibérer, reconnut que, à moins d'accord entre les parties, le canal latéral à la Garonne ne pouvait être racheté sans la voie ferrée et que ce rachat était impossible avant le 1er janvier 1877 ; au contraire, pour le canal du Midi, il proclama absolument le droit de l'État de le racheter isolément, sauf allocation d'une indemnité. Il affirma ses sympathies pour la cause de la région du Midi. Toutefois, en présence des sacrifices que devait imposer au Trésor la reprise, même isolée, du canal du Languedoc, il exprima l'avis qu'il convenait d'ajourner la solution et de profiter de nouvelles négociations avec la Compagnie du Midi pour reprendre la question.

L'affaire en resta là. A l'occasion des conventions de 1868, un débat très vif s'ouvrit devant le Corps législatif. La commission à laquelle avait été renvoyé le projet de convention avec la Compagnie du Midi soutint deux amendements ayant pour objet: l'un, la présentation, dans le cours de la session suivante, d'un projet de loi pour le rachat du canal du Languedoc; l'autre, la réduction des tarifs du canal latéral à la Garonne au taux fixé par la convention de 1852, ceux du canal du Midi demeurant fixés à 3c pour la 1re classe et à 2c pour la seconde, conformément à la classification en vigueur pour le canal latéral. M. Peyrusse, notamment, prononça un remarquable discours, dans lequel, après un historique complet des précédents, il montrait la Compagnie du chemin de fer étreignant la navigation par les taxes prohibitives des canaux, attirant à la voie ferrée par des artifices dans la sérification des marchandises les éléments naturels du trafic de la voie navigable, tuant ainsi peu à peu la batellerie. Le Gouvernement obtint le rejet des amendements ; mais, pour cela, la Compagnie dut s'engager à abaisser à 1c, sur les deux canaux, le tarif des marchandises pondéreuses (houille, matériaux de construction, minerais de fer, etc.) et à 3 millimes 1/2 celui des fumiers de litière ; cet engagement fut consacré par une convention et un décret du 20 septembre 1868.

En 1874, M. Krantz reprit l'étude de la question, dans l'un de ses rapports, au nom de la Commission d'enquête sur les moyens de transport, et conclut très fermement à la nécessité de faire disparaître une situation essentiellement préjudiciable aux intérêts du pays, en rachetant la concession de la Compagnie du Midi, sauf à retrocéder la voie ferrée, pour ne conserver que le canal latéral à la Garonne, et en reprenant la propriété ou la gestion du canal du Languedoc, dès que la situation du Trésor le permettrait.

Lors du classement de 1879, la Sous-Commission de la Chambre des députés, spécialement chargée de l'étude des voies navigables du Sud-Ouest, proposa deux résolutions tendant : l'une, à l'éviction de la Compagnie, par voie d'expropriation, du bail relatif au canal du Midi, et l'autre, au rachat du canal latéral à la Garonne, par la reprise de l'ensemble des concessions faites à la Compagnie. La Chambre et le Sénat se bornèrent toutefois, conformément aux dispositions du projet de loi du Gouvernement, à classer les deux canaux parmi les lignes principales et à les comprendre, par suite, au nombre des voies tombant sous l'application de l'art. 6 de la loi du 5 août 1879 : « Les canaux ou rivières navi-
« gables actuellement concédés qui sont classés comme lignes principales
« par la présente loi seront rachetés au fur et à mesure que les ressources
« du budget et les circonstances le permettront. »

Enfin, à propos des conventions de 1883, M. Achard soutint vigoureusement devant la Chambre des députés, le 31 juillet 1883, la cause du rachat des canaux du Midi ; mais il ne put rallier la majorité de l'Assemblée.

Nous n'avons mentionné que les principaux incidents qu'a fait naître la réaction contre la loi de 1852 et le décret de 1858. Le lecteur qui voudra de plus amples détails les trouvera dans notre « Étude historique sur les « chemins de fer. »

Quoi qu'il en soit, on doit aujourd'hui regarder comme indissoluble, pour de longues années, la fusion des chemins de fer et des canaux du Midi. Il est en effet impossible de reprendre le canal latéral à la Garonne, sans reprendre en même temps la concession du chemin de fer, et, à défaut de toute autre considération, les liens étroits créés entre l'État et la Compagnie par la convention de 1883 suffiraient à empêcher ce rachat, d'ici à longtemps. Quant au bail du canal du Midi, il expirera en 1898 seulement; ce n'est donc pas avant cette époque que les Pouvoirs publics pourront aviser.

Le jugement sévère que nous avons porté, au point de vue économique, sur les fautes commises en 1852 et 1858, s'adresse du reste, non pas à la Compagnie qui était dans son rôle en défendant ses intérêts, mais au Gouvernement qui a eu tort de céder à ses demandes.

Au surplus, comme nous ne voulons point être accusé de partialité, nous rappelons encore une fois les circonstances atténuantes de ce jugement, à savoir :

Difficultés de la concession du chemin de Bordeaux à Cette;

Démarches imprudentes des intéressés pour sacrifier le canal latéral à la Garonne à l'exécution de cette ligne;

Situation précaire faite à la Compagnie du canal du Midi par sa lutte contre la Compagnie du chemin de fer.

Nous ferons remarquer aussi que, si les canaux du Midi n'ont pas rempli complètement leur rôle, néanmoins ils ont obligé la Compagnie du chemin de fer à certains abaissements de taxes dont bénéficient les usagers de la ligne de Bordeaux à Cette.

Ajoutons, pour ne rien omettre, les renseignements suivants :

Le trafic du canal latéral à la Garonne, qui avait dépassé 50 millions de tonnes kilométriques en 1856, est tombé à moins de 25 millions de tonnes kilométriques au lendemain du décret de 1858 et s'est affaissé à 16 millions de tonnes kilométriques environ, vers 1875; depuis, il s'est un peu relevé et a atteint 22 millions de tonnes kilométriques en 1884.

Quant au trafic du canal du Midi, qui était de près de 60 millions de tonnes kilométriques en 1853, il n'était plus que de 32 millions de tonnes kilométriques en 1858, de moins de 25 millions en 1875 et de 16 millions environ en 1884.

Le tarif moyen perçu sur les deux canaux en 1885 a été de 3 c. 12.

16. **Observations sur le transport des voyageurs.** — Le lecteur a pu remarquer que, dans tout ce qui précède, nous avons absolument laissé de côté le transport des voyageurs. C'est qu'en effet, si cet élément de trafic de la navigation fluviale a eu autrefois son importance, il a à peu près complètement disparu dès l'origine des voies ferrées. Le temps a une telle valeur pour les voyageurs qu'ils ne circulent plus guère sur les rivières et canaux que pour leur agrément. L'examen rétrospectif du rôle qu'a pu jouer jadis à cet égard la navigation intérieure ne présenterait donc qu'un intérêt historique et ne saurait trouver place dans un traité pratique des chemins de fer.

Tout au plus peut-il être utile de dire quelques mots de la circulation parisienne sur la Seine, en vue de la concurrence ultérieure du chemin de fer métropolitain dont la concession est actuellement à l'étude.

Le service des bateaux omnibus de la Seine remonte à l'Exposition universelle de 1867, époque à laquelle il a été installé à Paris, par une Compagnie qui exploitait déjà un service semblable à Lyon. Il s'étend de Charenton à Suresnes. Le tarif entre le Pont-National et le Point-du-Jour (12 kilomètres), primitivement fixé à 25 c., est aujourd'hui réduit à 10 centimes, chiffre correspondant à 2 centimes au plus par voyageur kilométrique. Le nombre des voyageurs transportés, qui n'était que de 3 millions 1/2 en 1868, s'est progressivement élevé et a été de près de 19 millions en 1885, savoir :

Bateaux-omnibus.	Traversée de Paris.......	12 909 000
	Banlieue amont.........	3 440 000
	Banlieue aval...........	1 592 000
Bateaux express.	Service de la Seine.......	846 000
	Service de la Marne......	34 000
	Total...	18 821 000

Le mouvement général de la circulation parisienne pendant la même année a été le suivant :

	NOMBRE TOTAL des voyageurs	MOYENNE par jour
1. Compagnie générale des omnibus (omnibus et tramways).	191.218.000	523.800
2. Compagnie des tramways Nord........................	24.983.000	68.000
Compagnie des tramways Sud........................	25.083.000	69.000
3. Chemin de fer de ceinture........................	31.006.000	85.000
4. Compagnie des bateaux-omnibus et des bateaux-express.	18.821.000	56.000
TOTAUX................	291.113.000	798.000

17. Résumé et conclusions. — En résumé, les faits que nous avons mis en relief sont les suivants :

a. — Le réseau des voies navigables en France s'est fort peu développé depuis 1847.

Malgré les sacrifices considérables faits par l'État pour l'améliorer, et surtout pour supprimer les taxes de péage ou les droits de navigation qui grevaient autrefois les transports par eau, le tonnage moyen s'est peu modifié, aussi bien sur les canaux que sur les rivières.

Leur tonnage kilométrique total atteint à peine aujourd'hui le 1/5 de celui des chemins de fer.

L'immense mouvement industriel qui s'est produit depuis près d'un demi-siècle a profité presque exclusivement aux voies ferrées.

b. — Les éléments du trafic desservi par la batellerie se sont profondément modifiés. Les marchandises de valeur sont allées au chemin de fer ; la voie d'eau n'a conservé que les marchandises pondéreuses, pour lesquelles la rapidité des déplacements n'a qu'une importance secondaire et dans le prix desquelles le transport entre pour une part relativement considérable.

Les voies navigables qui ne pouvaient s'alimenter de marchandises de cette nature ont subi une véritable décadence ; au contraire, celles qui desservaient des régions industrielles ont vu grandir leur rôle, notamment dans la région du Nord. Ainsi s'est produite une compensation, qui a maintenu le mouvement moyen à son niveau primitif.

Même pour les matières pondéreuses, les chemins de fer ont acquis la prépondérance. C'est ainsi que, pour les combustibles minéraux, le tonnage kilométrique des voies navigables en 1883 n'a pas dépassé les 2/5 de celui des voies ferrées, dans l'ensemble de la France, et les 2/3 dans la région du Nord.

c. — La stagnation du mouvement sur les canaux et rivières tient à des causes multiples, dont les principales sont :

— la longueur plus grande des parcours par eau, qui dépasse en moyenne de 25 % au moins les parcours par rails ;

— le développement plus considérable des chemins de fer, qui relient directement beaucoup de points dont les relations par eau exigent des transbordements et des transports par rails ou par route, soit pour accéder au point d'embarquement, soit pour aller du point de débarquement au point de destination ;

— les avantages des voies ferrées au point de vue de la vitesse des transports, qui, surtout aujourd'hui, exerce une grande influence sur le prix des marchandises et sur les transactions commerciales ;

— leur supériorité au point de vue de la division des masses transportées, et, par suite, au point de vue de l'importance des approvisionnements, ainsi que de l'étendue des magasins et emplacements de dépôts;

— les irrégularités trop fréquentes des transports par eau, à raison des crues, des gelées, des sécheresses prolongées, des chômages nécessités par les travaux d'entretien et d'amélioration; l'imperfection d'un certain nombre de voies navigables, et surtout l'état presque barbare de leur exploitation commerciale.

Ces défauts ont suffi pour paralyser les qualités incontestables des rivières ou canaux, au point de vue de la modicité dans le prix de revient du matériel, dans l'effort de traction, dans le prix de transport à la charge des usagers.

d. — La dépense d'établissement des canaux, quoique inférieure dans la plupart des cas à celle des chemins de fer, s'en écarte moins que ne pourraient le faire supposer, au premier abord, les statistiques officielles, si l'on fait entrer dans la comparaison les mêmes éléments de dépense et si on fait porter le parallèle sur des canaux perfectionnés, susceptibles de lutter utilement contre les voies ferrées.

Pour les rivières, l'avantage de la navigation est naturellement beaucoup plus accusé, puisque tout se borne à des travaux de correction et d'amélioration de l'œuvre préparée par la nature.

Les dépenses d'entretien des canaux et des rivières sont très notablement inférieures à celles des chemins de fer.

Néanmoins, comme les chemins de fer ont pour s'alimenter non seulement les matières pondéreuses, mais encore les marchandises de valeur et les voyageurs, leurs charges de construction et d'entretien se répartissent sur un nombre beaucoup plus considérable d'unités de trafic et grèvent moins lourdement chacune d'elles. Il n'y a donc que certaines voies navigables exceptionnellement privilégiées qui puissent avoir l'avantage à cet égard.

e. — Le taux moyen du fret est de plus de 3 centimes pour les transports à toute distance; on peut l'évaluer à 2 c. 25 pour les transports à plus de 200 kilomètres; ce dernier chiffre se réduit à 2 centimes, en ce qui concerne spécialement les combustibles minéraux.

Sur les chemins de fer, la taxe moyenne pour les marchandises susceptibles d'emprunter la navigation ne s'écarte pas très sensiblement de 4 centimes et ne dépasse pas 3 c. 5 pour les combustibles minéraux. Quoi qu'il en soit, elle est notablement supérieure au taux moyen du fret.

Dans l'avenir, le prix des transports par eau, sans bénéficier intégralement des améliorations apportées aux conditions de navigabilité ou à l'exploitation des rivières ou canaux, profitera néanmoins de certaines diminutions, et l'on peut espérer qu'il descendra à 2 c. 50 ou 2 c. 75 pour l'ensemble du trafic à toute distance, à 1 c. 80 pour le trafic à 200 kilomètres au moins, et même à 1 c. 2 sur certaines voies très fréquentées. Mais, de leur côté, les chemins de fer peuvent abaisser leurs tarifs, grâce au perfectionnement de leurs procédés d'exploitation et à l'accroissement de leur fréquentation : dans certains cas spéciaux, pour des courants de circulation bien dessinés, tels que celui des houilles entre le Nord et Paris, ils pourront descendre à près de 2 centimes, s'ils y sont contraints par les circonstances.

Les voies ferrées conserveront en outre l'avantage de la longueur et prendront même une supériorité d'autant plus marquée que leurs mailles se resserreront et qu'elles se ramifieront davantage au cœur du pays.

f. — Si, au lieu d'envisager le prix payé par les usagers, on considère le prix réel de revient des transports, c'est-à-dire si on ajoute au taux du fret les charges des capitaux engagés et les dépenses d'entretien, on voit que, dans leur ensemble, les prix des transports par eau dépassent le double de ceux des transports par rails. Ce n'est que pour certaines voies navigables exceptionnellement favorisées qu'il peut y avoir à peu près équivalence.

Il convient toutefois de remarquer que, pour les travaux remontant à une époque déjà reculée, les dépenses peuvent être considérées comme amorties et comme ne devant plus, par suite, entrer en ligne de compte.

Quelles conclusions peut-on et doit-on tirer de ces faits d'expérience ?

Il faut, pour répondre à cette question, distinguer entre les voies navigables préexistantes et les voies navigables nouvelles.

En ce qui concerne les premières, il serait absolument puéril de se livrer à une discussion rétrospective sur les erreurs qui ont pu être commises dans l'appréciation de leur utilité. Ce serait là un débat purement platonique, tout à fait dépourvu d'intérêt pratique. En économie politique et en administration, comme en politique, il faut prendre les faits accomplis, tels qu'ils sont, et chercher à tirer le meilleur parti possible des situations acquises.

Les canalisations et les canaux que les générations précédentes nous ont légués, comme ceux qui ne remontent pas au delà de notre génération, sont des instruments pour lesquels le pays a consenti des sacrifices considérables. Ce serait une faute impardonnable, que de laisser péricliter cette partie de l'outillage national, que de ne point veiller sans relâche à sa conservation et à son amélioration. Les Pouvoirs publics failliraient à leur devoir, s'ils ne faisaient pas bonne garde à cet égard, s'ils n'employaient pas leurs ressources et leur activité à perfectionner nos voies navigables et à faire sortir la batellerie des conditions par trop primitives dans lesquelles elle vit aujourd'hui. Il faut poursuivre sans désemparer la transformation de nos voies principales, telle que l'a décidée en principe le législateur de 1879 ; unifier les dimensions qui détermineront le gabarit des bateaux, de manière à éviter les ruptures de charge si désastreuses pour la navigation ; s'efforcer de réduire au strict minimum les interruptions de la circulation, en généralisant les procédés de réparation sans vidange ou sans abaissement des biefs, et en faisant, autant que possible, concorder les chômages artificiels avec les chômages naturels ; augmenter les moyens d'alimentation, là où ils font défaut à certaines époques de l'année. Il faut aussi que l'industrie privée, entre les mains de laquelle a été remise et doit rester l'exploitation des voies navigables, sache se mettre à la hauteur de sa tâche et ne pas rester si loin en arrière des progrès de la science. Il faut enfin que, sans sortir de son rôle, l'Administration pousse l'industrie dans cette voie ; qu'elle lui prête tout son concours ; qu'elle lui donne toutes les facilités compatibles avec l'intérêt public ; qu'elle prenne elle-même une certaine initiative ; qu'elle encourage et appuie au besoin de ses deniers les expériences utiles. C'est un devoir sacré pour le pays, comme pour ses mandataires et ses agents, de ne rien négliger pour mettre en valeur le patrimoine national ; c'est de plus une nécessité du combat pour la vie que la France soutient contre les peuples rivaux sur le terrain commercial. Les sommes consacrées à ces améliorations seront certes bien placées, puisqu'avec un faible appoint aux dépenses primitives d'établissement elles rendront ces dépenses beaucoup plus productives.

En ce qui concerne les voies navigables nouvelles, classées en 1879 ou étudiées postérieurement à cette date, la question est plus délicate et plus complexe. A ne considérer que les chiffres précédemment indiqués pour le prix de revient réel des transports, y compris les charges d'intérêt, d'amortissement et d'entretien, bien peu de ces voies nouvelles seraient justifiées. C'est à peine si le canal du Nord pourrait se défendre. Mais cette considération n'est pas la seule qui s'impose aux Pouvoirs publics.

Par les facilités qu'ils offrent au transport des marchandises pondéreuses, les canaux contribuent puissamment à développer le mouvement industriel et la richesse du pays. Les exemples de leur influence abondent ; l'un des plus frappants est celui du canal de la Marne au Rhin. Cette belle voie de navigation, juxtaposée, sur une grande partie de sa longueur, au chemin de fer de Paris à Strasbourg, a donné un essor véritablement prodigieux à l'industrie minérale, salicole et sidérurgique, dans notre beau pays de Lorraine. Les minerais qui dormaient sous terre depuis des siècles ont été arrachés à leur sommeil séculaire ; les usines sont comme sorties de terre, s'amoncelant les unes contre les autres, entre le canal qui leur apporte les matières premières et le chemin de fer qui emporte leurs produits. Ce ne sont que mines, forges, hauts-fourneaux, salines et carrières, se succédant presque sans interruption dans la banlieue de Nancy ; à elle seule, la voie ferrée eût difficilement engendré cette situation merveilleuse. Il y a eu là, comme il y a sur d'autres points du territoire, une transformation radicale de la face du pays, un développement d'activité et, par suite, de richesse, dont la France profite largement, dont le Trésor lui-même recueille le bénéfice sous mille formes diverses et qui doit fournir une ample compensation des charges de premier établissement et d'entretien.

Les mêmes faits et les mêmes résultats doivent se produire ailleurs.

Sans doute, si les voies ferrées étaient restées entre les mains de l'État, les Pouvoirs publics auraient pu, en employant l'épargne à leur amélioration et à l'amortissement de leurs dépenses de premier établissement, au lieu de construire des voies navigables parallèles, obtenir des résultats, sinon semblables, du moins comparables. et ce n'est pas l'un des moindres motifs pour lesquels certaines personnes regrettent l'aliénation du réseau. Mais on ne saurait faire abstraction des faits acquis, du régime existant ; les chemins de fer ont été remis pour de longues années à des Sociétés, qui sont obligées de chercher dans les produits de leur exploitation la rémunération de leurs capitaux, qui ne peuvent point trouver comme l'État une compensation indirecte de leurs sacrifices dans le développement de la richesse publique. dont la tendance inévitable est de ne point consentir aux réductions de taxes susceptibles de compromettre même temporairement leurs recettes nettes. Les canaux ont donc à remplir un rôle peu compatible avec les conditions de la vie sociale des chemins de fer. Leur concurrence constitue en outre un modérateur, un stimulant pour les Compagnies, et peut en définitive, tout en les contraignant à des sacrifices, leur faire trouver la contre-partie de ces sacrifices dans l'accroissement général de la circulation. A un point de vue théorique et abstrait, cette concurrence prête le flanc aux critiques les plus sérieuses ; elle se comprendrait peu, nous le répétons, si le réseau des chemins de fer appartenait à l'État ; mais elle s'explique davantage, si, au lieu de la juger de trop haut, on ne la sépare pas des circonstances dans lesquelles elle s'exerce.

Cependant, nous nous hâtons d'ajouter qu'il ne faut pas aller trop loin dans cette voie et qu'il importe de se tenir en garde contre les entraînements. Si les règles de la science économique comportent des tempéraments dans l'application, ce serait folie que de vouloir les méconnaître complètement. La solidarité intime des intérêts du Trésor et de ceux des Compagnies, surtout depuis les conventions de 1883, doit imposer aux Pouvoirs publics une grande réserve et une grande modération, sous peine d'accroître outre mesure les charges de la garantie d'intérêt et de retarder le remboursement des avances faites aux Compagnies, ainsi que le partage des bénéfices. L'ouverture de voies navigables nouvelles, dans les régions qui n'offrent pas de puissants éléments de trafic et où les lignes de chemins de fer sont peu chargées, constituerait une faute administrative et un mauvais emploi des deniers publics. Mieux vaudrait, dans ce cas, si la situation financière le permettait, poursuivre par d'autres moyens l'abaissement des taxes de transport et, par exemple, y consacrer, par une entente avec les Compagnies, une partie des capitaux qui eussent été employés à la création des voies concurrentes : car on en ferait profiter, non plus seulement telle ou telle région, telle ou telle industrie ne pouvant donner un grand mouvement de circulation, mais bien l'ensemble des transports et l'ensemble des citoyens. Agir autrement, ce serait imposer à la nation de lourdes charges au profit d'un nombre trop restreint d'intéressés.

Pour nous résumer, nous formulons en deux mots la ligne de conduite qui nous paraît s'imposer aux Pouvoirs publics. Ne rien négliger pour améliorer le réseau actuel de navigation et pour en perfectionner l'exploitation, se montrer très sobre et très prudent dans l'ouverture de voies navigables nouvelles : tel doit être, à notre avis, le programme actuel du Gouvernement et des Chambres.

18. **Effets de la concurrence en Angleterre.** — Le régime des travaux publics diffère profondément du nôtre dans la plupart des pays étrangers. Tandis que nos voies ferrées sont concédées et nos canaux détenus par l'État, nous voyons à l'étranger, tantôt les chemins de fer ou les voies navigables abandonnés à l'industrie privée, tantôt au contraire les uns et les autres placés entre les mains de l'Administration, tantôt enfin un régime mixte tenant tout à la fois de la première et de la seconde de ces deux combinaisons.

La comparaison entre les résultats de l'expérience des autres peuples et ceux de l'expérience française offre donc un intérêt plutôt scientifique que pratique.

Cependant on a si souvent reproché à la France de se confiner dans ses frontières et de ne pas chercher d'enseignements au dehors, qu'il nous paraît impossible de ne pas dire quelques mots de la concurrence entre la navigation et les transports par rails en Angleterre, en Belgique, aux États-Unis d'Amérique et en Allemagne.

Les canaux et les chemins de fer de la Grande-Bretagne sont concédés à des Compagnies ou à des particuliers. Avant la construction des voies ferrées, les canaux étaient affranchis de toute concurrence de la part des routes, qui étaient grevées d'un droit de barrières très élevé et qui repoussaient absolument certains transports, comme celui des houilles; largement alimentés, ouverts dans des terrains relativement peu accidentés, ils avaient pu, malgré l'élévation de leurs tarifs, absorber le trafic de leur région et arriver à un état d'extrême prospérité. Mais les concessionnaires, forts de leur monopole, négligeaient l'entretien, se refusaient aux améliorations réclamées par l'industrie et laissaient certaines lignes de navigation, telles que celles de Liverpool à Manchester, dans une situation véritablement déplorable.

L'établissement des railways, en faisant naître la concurrence, provoqua presque immédiatement l'abaissement des tarifs sur les canaux et l'exécution au moins partielle des travaux trop longtemps ajournés.

La lutte devint bientôt assez vive pour que l'opinion publique s'émût de l'éventualité de la ruine de la navigation intérieure. Un canal de 15 kilomètres de longueur, dit « de Croydon », qui avait coûté 80 000 livres sterling, mais qui n'avait pas d'éléments de trafic, fut même converti en chemin de fer.

L'attention du législateur fut appelée, en 1845, sur la question. Les Pouvoirs publics, voulant venir en aide à la navigation, donnèrent aux Compagnies de canaux la faculté de modifier leurs taxes, de se charger elles-mêmes des transports de marchandises, d'affermer les voies dont elles étaient concessionnaires, de conclure entre elles des traités de location ou d'exploitation, de contracter des emprunts.

Malgré ces mesures, la lutte continua à produire des effets généralement désastreux pour les canaux. Un grand nombre d'entre eux furent vendus aux Compagnies de chemins de fer, avec l'assentiment du Parlement. En 1872, sur 6 670 kilomètres de canaux, 2 769 étaient ouvertement en la possession de ces Compagnies, à savoir :

	DATE D'ACQUISITION	LONGUEUR
1° ANGLETERRE		
Compagnie du Manchester Sheffield and Lincolnshire.	1846 à 1850	273 km.
Compagnie de Bristol à Exeter	1864 à 1866	43
Compagnie du Furness Railway	1862	1
Compagnie du Great Eastern	1860	74
Compagnie du Great Northern	1846 à 1847	180
Compagnie du Great Western	1846 à 1872	270
Compagnie du Lancashire and Yorkshire	1846 à 1871	312
Compagnie du London and North-Western	1846 à 1870	745
Compagnie du Midland	1846 à 1852	98
Compagnie du Monmoutshire	1845 à 1865	85
Compagnie du North-Eastern	1847	108
Compagnie du North Staffordshire	1846 a 1864	189
Compagnies diverses d'Angleterre	1846 à 1862	84
2° ÉCOSSE		
Compagnie du North British	1848	51
Compagnie du Caledonian	»	83
Compagnie du Glasgow and South-Western	»	17
3° IRLANDE		
Compagnie du Midland Great Western Railway	1845	156
TOTAL		2.769 km.

En autorisant ces fusions, le Parlement a cherché à prendre des précautions pour sauvegarder l'intérêt du public. Dans la plupart des cas, en effet, il a interdit d'élever les tarifs de la navigation au-dessus du taux réel auquel ces tarifs étaient fixés lors de la conclusion des traités; il a, en outre, prohibé toute mesure tendant à concéder aux transports par chemins de fer des avantages ou préférences dont ne bénéficieraient pas les transports par eau. Souvent, il a inséré dans les Bills d'*amalgamation* des clauses permettant au *Board of trade* d'exercer un certain contrôle sur les taxes ou d'exiger le maintien des canaux en bon état d'entretien. Toutes ces précautions ont été inutiles. Le *Board of trade* a été impuissant à accomplir sa tâche ; dans deux circonstances il a cherché à agir et ses décisions ont été annulées par la Cour du Banc de la Reine.

Quant aux canaux qui avaient conservé une indépendance apparente, il en est beaucoup qui ont aliéné leur liberté par des traités avec les Compagnies de chemins de fer, pour la fixation de leurs taxes, moyennant garantie d'un revenu déterminé.

Enfin, à défaut d'accord sous cette forme, les Compagnies de chemins de fer sont encore arrivées à atteindre leur but, dans bien des cas, soit en abaissant leurs tarifs par rails, soit en coupant les grandes lignes de navigation par l'élévation des taxes ou par le défaut d'entretien des tronçons de canaux dont elles étaient propriétaires.

M. Ch. de Franqueville donne à ce sujet des renseignements très précis que nous résumerons brièvement.

Les grandes lignes de navigation intérieure de l'Angleterre sont les suivantes :

1° Ligne de la mer du Nord à la mer d'Irlande, entre l'embouchure de l'Hunster et celle de la Mersey, par l'Aire and Calder Canal et le Leeds and Liverpool Canal ;

Autre ligne parallèle par la River Dun Navigation, le Calder and Hebbler Canal et les deux canaux voisins de Rochdale et d'Huddersfield à Manchester, qui aboutissent au canal du duc de Bridgewater.

2° Ligne du Pas-de-Calais au canal de Bristol par la Tamise et la Kennet and Avon Navigation.

3° Ligne perpendiculaire aux deux précédentes, les unissant entre elles et se dirigeant vers la mer du Nord par le Grand Junction Canal et le Grand Union Canal, le Leicester and Northampton Canal et les rivières Soar et Trent.

4° Autres lignes analogues, allant à la mer d'Irlande par la Tamise et par les canaux d'Oxford, de Coventry, de Trent and Mersey, doublés de ceux de Birmingham and Warwich et du Shropshire Union.

5° Ligne du canal de Bristol à la mer d'Irlande par le canal de Gloucester and Salop, la Severn et le Shropshire Union Canal.

6° Ligne de la Manche à la mer du Nord par les rivières Arun et Wey, le Grand Junction Canal et la Nene River.

Quelques autres voies navigables mettent certaines parties du territoire en communication directe avec la mer.

Le canal d'Huddersfield appartient au London and North-Western Railway, qui, malgré la modicité des taxes fixées par l'acte de concession, est parvenu à le stériliser en ne maintenant pas un mouillage suffisant.

Le canal de Rochdale est dans les mains des Compagnies du London and North-Western, du Lancashire and Yorkshire, et du North-Eastern, qui y ont établi un tarif prohibitif. (Taxe maximum de 0 fr. 265 par kilomètre, soit de 13 fr. 30, pour le parcours d'Halifax à Manchester, c'est-à-dire plus que le tarif de la voie ferrée pour la totalité du parcours d'Hull à Manchester.)

La Compagnie concessionnaire du canal de Leeds à Liverpool s'est entendue avec les Compagnies de chemins de fer de London and North-

Western et du Lancashire and Yorkshire pour maintenir ses tarifs au maximum, moyennant paiement d'une annuité de près d'un million par an; par suite de cette entente, le droit de transit sur le canal est de 20 fr., alors que le chemin de fer perçoit 18 fr. 75 au plus, transport compris.

Ces manœuvres ont fait perdre à l'Aire and Calder Navigation les trois quarts de son trafic et les quatre cinquièmes de ses recettes. M. Wilson, directeur de cette belle voie navigable, s'en est plaint dans les termes les plus vifs lors de l'enquête de 1872.

Quant au canal du duc de Bridgewater, malgré sa brillante situation financière, Lord Ellesmere, à qui il appartenait, a cru devoir traiter avec les Compagnies de chemins de fer pour se faire assurer un minimum de recettes.

Sur la grande ligne de l'embouchure de la Tamise à l'embouchure de la Severn, le Kennet and Avon Canal appartient à la Compagnie du Great Western.

Sur les lignes perpendiculaires, la situation est peu différente; on ne peut aller de la Severn à la Mersey ou de Londres à Liverpool, sans rencontrer des canaux dépendant des Compagnies de chemins de fer.

Les canaux du Nord vers l'Humber sont entre les mains de la Compagnie du North-Eastern, sauf la rivière Hull. Parmi les procédés employés par cette Société, il en est un qu'il est intéressant de rappeler parce qu'il démontre l'âpreté de la lutte. Ne pouvant légalement dépenser la somme d'un million nécessaire pour l'acquisition de la Derwent River, elle a fait réaliser l'achat par trois de ses agents supérieurs qui ont traité en leur nom personnel et qu'elle désintéresse de toutes les charges annuelles.

Vainement les Compagnies de canaux restées indépendantes ont-elles cherché à se coaliser en 1866 : il était trop tard pour résister au torrent.

L'ancienne et puissante Compagnie du *Birmingham Canal Navigation*, qui cependant desservait, entre Birmingham et Wolwerhampton, une région industrielle d'une prospérité inouïe, et dont les actions primitives de 2 525 fr. avaient été divisées en 32 parts cotées, chacune, à 2 372 fr. en 1865 et rapportant 4 % l'an, n'en a pas moins cru devoir déposer les armes et conclure un traité de cession au profit de la Compagnie du London and North-Western Railway.

De même, la Compagnie du canal de Worcester, enserrée entre deux canaux appartenant à des Compagnies de chemins de fer, a dû capituler devant le Midland Railway.

Toutes ces fusions occultes ou légales ont produit les effets les plus funestes pour la batellerie. Quelques chiffres cités par M. de Franqueville le prouvent surabondamment.

C'est ainsi qu'en 1874 la Compagnie du London and North-Western Railway percevait 1 fr. 90 pour un parcours de 16 kilomètres sur le canal de Birmingham, alors que la taxe des canaux indépendants, pour le surplus du trajet entre le Sud du Staffordshire et Londres, soit pour 232 kilomètres, ne dépassait pas 3 fr. 75.

Les plaintes les plus violentes se sont fait entendre lors des enquêtes de 1867 et de 1872 contre l'impuissance du Board of trade, le relèvement des droits de navigation, le préjudice causé à l'industrie des transports par eau ; le Comité d'enquête formulait lui-même, en 1872, les conclusions suivantes : « En fait, on voit combien il serait difficile de maintenir la « concurrence là où elle existe aujourd'hui et de la rétablir là où elle a « cessé d'exister. Les Compagnies de chemins de fer ont des capitaux con- « sidérables ; elles possèdent les canaux les plus importants, et les Com- « pagnies de canaux en sont réduites, pour sauvegarder leurs intérêts, à « traiter avec les chemins de fer. Les avocats de la concurrence disent « que le Parlement doit empêcher ces fusions ou, du moins, imposer des « clauses pour protéger le public. Le Parlement pourrait, assurément, « refuser sa sanction ; mais les Compagnies de chemins de fer n'en con- « tinueraient pas moins à acheter les canaux d'une façon occulte, et, d'ail- « leurs, lorsqu'une Compagnie de canal affirme au Parlement qu'elle ne « peut éviter la ruine qu'en cédant sa propriété au chemin de fer, il est « bien difficile de repousser sa demande..... Le rachat des canaux par « l'État est le seul moyen d'empêcher l'achèvement de la constitution de « ces monopoles ; mais il est possible que l'établissement de ces monopoles « soit plus avantageux que le système absurde qui existe aujourd'hui.

« Le rachat des canaux par l'État présenterait, d'ailleurs, de graves « difficultés.

« Pour les canaux productifs, il faudrait payer une somme considé- « rable ; et, à quelque prix que l'on achetât les mauvaises lignes, on ferait « toujours une mauvaise affaire. Les Compagnies de chemins de fer « feraient tout leur possible pour empêcher de passer de leurs mains dans « celles du Gouvernement, à un prix raisonnable, les canaux qui ont « pour elles une double valeur, en raison du profit direct qu'ils leur rap- « portent et du bénéfice indirect résultant de la suppression de la concur- « rence. En supposant même que l'État soit en possession de tous les « canaux, il serait encore très douteux que la concurrence puisse subsis- « ter entre les voies navigables et les chemins de fer, autrement que pour « les faibles distances et pour un trafic spécial. Si la concurrence ne « réussissait pas, si les produits ne suffisaient pas au Gouvernement pour « assurer l'entretien des voies navigables, on aurait la plus grande diffi-

« culté à obtenir du Parlement qu'il vote, ainsi que cela se fait en France, « une somme d'argent, non pas pour développer un trafic qui donne des « produits, mais pour maintenir, à perte, une concurrence contre les « chemins de fer. »

Tous ces faits, empruntés à l'excellent ouvrage de M. de Franqueville, sont également attestés, quoiqu'avec moins de détails, dans le rapport de mission rédigé à la fin de 1873 par M. Malézieux.

La gravité de la situation était telle que, le 21 juillet 1873, les Pouvoirs publics édictèrent, par interprétation du « *Railway and Canal trafic Act, 1854* », les dispositions suivantes :

« Art. 16. — Aucune Compagnie de chemin de fer ou de canal, à moins « qu'elle n'y soit expressément autorisée par un acte antérieur à l'homo- « logation du présent acte, ne pourra, sans l'approbation des commissaires « (commissaires de chemins de fer) — approbation qui devra être signifiée « sous forme d'ordre de service général ou directement — entrer dans des « arrangements qui aient pour but de donner à la Compagnie du chemin « de fer un droit de contrôle ou d'intervention dans le trafic, les prix ou les « péages d'une portion quelconque de canal. Les mêmes arrangements « seront interdits à toute personne ayant quelques rapports avec l'admi- « nistration d'un chemin de fer. Toutes conventions de cette nature, qui « seraient conclues après le 1er septembre 1873 sans ladite approbation, « seront nulles et non avenues.

« Les commissaires retireront leur approbation aux conventions de ce « genre qui, dans leur opinion, seraient préjudiciables aux intérêts du « public.

« Un mois au moins avant qu'une convention de ce genre soit « approuvée, des copies du texte, certifiées par le secrétaire de l'une des « Compagnies de chemins de fer intéressées, seront déposées, pour être « soumises au public, dans le bureau des commissaires et dans celui de « la Justice de Paix de la circonscription judiciaire (en Angleterre et en « Irlande) qui comprend le principal bureau du canal en question, et au « bureau du principal shériff du comté en Ecosse. Un avis de l'arran- « gement projeté, faisant connaître les noms des parties en cause, avec « tous les renseignements de détail que les commissaires peuvent exiger, « sera inséré dans la Gazette de Londres, d'Edimbourg ou de Dublin... et « envoyé au secrétaire ou au principal fonctionnaire de toutes les « Compagnies des canaux qui communiquent avec ceux que la convention « concerne. Le même avis sera publié par tout autre mode que les commis- « saires pourraient prescrire, dans le but de le porter à la connaissance de « tous les intéressés.

« Art. 17. — Toute Compagnie de chemin de fer possédant ou « administrant quelque canal ou portion de canal les entretiendra en tout « temps, y compris les réservoirs, les travaux et leurs dépendances, « réparant, draguant, veillant sur les moyens d'alimentation, de telle « sorte que la voie navigable soit constamment ouverte et en bon état, « et que tout le monde puisse s'en servir sans obstacle, sans interruption « et sans retard. »

Ces dispositions tardives ne pouvaient plus conjurer le mal. Sauf certaines exceptions, les canaux ont cessé d'exercer une concurrence efficace contre les chemins de fer.

Nous récapitulons ci-dessous, d'après un rapport de M. Martenot à l'Assemblée nationale, en date du 27 mars 1874, les principaux renseignements sur les variations du tonnage et des recettes des canaux. Les statistiques faisant défaut en Angleterre, ces renseignements sont incomplets; nous sommes d'ailleurs obligé, à notre grand regret, de les détailler par canal, au lieu de donner des indications d'ensemble, par suite de l'impossibilité d'additionner des chiffres qui manquent absolument pour certaines voies navigables.

DÉSIGNATION DES CANAUX	LONGUEUR	CAPITAL-ACTIONS Autorisé	CAPITAL-ACTIONS Restant	CAPITAL d'emprunt autorisé	DETTE actuelle	1828	1838
	km.	fr.	fr.	fr.	fr.	t.	t.
Aberdare canal	10	562.500	»	275.000	150.000	59.255	60.8
Aire and Calder navigation	130	*(Société en participation)*				?	1.383.9
Ancholme drainage and navigation	31	»	»	975.000	386.775	»	»
Ashton canal *	28	Act. et Oblig. 5.250.000	Remboursé	»	?	274.020	514.2
Basingstoke canal	60	3.150.000	3.150.000	1.500.000	800.000	18.675	31.1
Beverley Beck	1	»	»	25.000 Prêts hypotres	25.000 Dette flottante	»	31.1
Birmingham canal *	270	5.930.000 Actions	9.725.000	28.212.175	28.812.175	»	3.332.7
Bridgewater canal	64				*Entreprise particulière du duc de Bridge*		
Bridgewater and Taunton canal *	25	»	»	»	»	»	»
Bude Harbour and canal	57	2.387.800	2.309.173	500.000	5.000	»	»
Chelmer and Blackwater navigation	22,5	1.000.000	1.000.000	»	»	52.813	47.2
Chesterfield canal *	74	2.500.000	Remboursé	1.250.000	?	»	130.7
Coventry canal	52	1.250.000	»	1.000.000	Tout remboursé	550.000	550 0
Dee River	16	3.079.000 1 million non réalisé	52.103	1.875.000	445.175	»	»
Derby canal	31	2.250.000	»	725.000	»	»	?
Dervent River *	64	»	»	*Propriété privée*			
Droitwich junction canal	2	600.000	600.000	850.000	»	»	»
Droitwich canal	10	500.000	»	500.000	»	28.225	31.49
Foss Dyke navigation *	17,50	»	»	»	4.785.500	»	»
Glamorganshire canal	40,80	2.590.000	Néant	Néant	Néant	168.371	319.71
Gloucester and Berkeley canal	25,60	13.809.425 dont 2.500.000 d'actions	9.870.400	1.250.000	1.900.175	»	273.90
Grand Junction canal	216	41.737.500	30.815.000	»	»	»	948.48
Grand Union canal	42	6.230.000	»	1.250.000	»	»	»
Grantham canal *	52	2.812.500	?	»	»	»	»
Herefordshire and Gloucestershire canal *	54	3.750.000	3.720.750	1.250.000	864.500	6.410	16.03
Kennet and Avon canal	140	25.000.000 plus une somme indéterminée	3.680.350	3.250.000	1.250.000	»	341.87

NOTA. — Les canaux appartenant à des Compagnies de chemins de fer sont marqués d'un astérisque.

	RECETTES BRUTES					SOMMES PAYÉES A TITRE DE DIVIDENDE				
1868	1828	1838	1848	1858	1868	1828	1838	1848	1858	1868
f.	f.	f.	f.	f.	f.	f.	f.	f.	f.	f.
93.542	43.325	46.315	94.456	108.806	71.432	19.120 (3,5 %)	32.775 (6 %)	27.315 (5 %)	54.625 (9 %)	32.775 (6 %)
747.251	»	»	»	»	»	?	?	?	?	?
»	23.750	40.500	75.500	17.500	16.375	»	»	»	»	»
?	268.400	434.200	286.000	234.750	?	175.900	309.750	?	?	?
23.521	86.125	122.850	51.375	53.350	35.900	»	»	»	»	»
39.850	10.900	14.850	15.900	17.225	18.580	»	»	»	»	»
982.773	»	2.850.000	3.806.950	4.201.100	4.813.325	1.250.000	1.595.075 (16 %)	1.742.825 (17 %)	2.139.950 (20 %)	2.314.650 (21 %)
30.018	»	»	»	»	80.200	»	»	»	»	»
53.103	»	»	88.400	80.125	58.025	»	»	»	»	»
43.294	»	»	»	»	»	50.000	40.000	30.000	30.000	32.500
?	»	376.100	310.725	133.375	?	»	229 875	?	?	?
327.000	883.825	788.925	340.250	287.800	242.550	550 000 (40 %)	575.000 (46 %)	262.500 (20 %)	150 000 (12 %)	159.375 (12 ½ %)
»	»	»	»	»	»	81.075 (8,8 %)	81 075 (8,8 %)	91.200 (4,3 %)	70 950 (3,5 %)	101.125 (5 %)
?	»	204.500	123.275	86.525	63.875	»	275	Par action 150	100	100
»	»	»	»	»	»	*Revenu confondu avec celui de la Cie du Worcester et Birmingham canal.*				
17.326	53.900	60.600	55.350	»	11.275	40.000	40.000	40.000	40.000	40.000
»	»	»	»	»	»	»	»	239.250	239.250	339.250
315.749	441.800	534.200	465.800	579.850	387.725	204.500	204.500	204.500	204.500	204.500
184.802	»	392.000	565.125	588.375	819.400	»	»	85 900	315.750	443.025
404.012	4.548.275	3.816.425	1.984.350	1.690.850	1.713.250	3.770.000	2.875.000	1.431.675	1.002.262	1.132.900
60.349	196.840	186.940	188.750	80.000	48.280	71.225	71.225	127.150	45.000	20.900
						Annuité servie par la Cie du Nottingham and Granthem Railway				
51.156	234.325	314.325	226.475	85.250	63.175	475.000	475.000	475 000	475.000	475.000
28.060	16.025	40.075	154.150	116.175	52.100	»	»	»	»	»
210.567	1.258.675	1.322.750	843.500	474.900	278.125	791.500	854.800	237.400	Rente de 184.325 f. servie par la Cie du Great Western Railway.	

DÉSIGNATION DES CANAUX	LONGUEUR	CAPITAL-ACTIONS Autorisé	CAPITAL-ACTIONS Restant	CAPITAL d'emprunt autorisé	DETTE actuelle	1828	1838
	km.	f.	f.	f.	f.	t.	t.
Lee River	46	»	»	6.000.000	4.600.000	»	240.831
Leeds and Liverpool canal *	230	8.000.000	10.554.400	10.750.000	»	1.436.160	2.220.408
Leicester navigation	26	2.100.000	140 actions de 13.500 fr. et 110 de 125 f.	950.000	»	167.200	173.854
Leicestershire and Northamptonshire Union canal	39	5.000.000	»	2.500.000	»	»	»
Leven canal	5	»	»	»	»	*Propriété privée*	
Louth navigation	19	»	»	700.000 avec faculté d'augmentation	1.550.000	»	»
Macclesfied canal	42	7.500.000	Remboursé	2.500.000	?	»	»
Medway (Lower) navigation	12	400.000	400.000	300.000	95.000	?	217.337
Medway (Upper) navigation	21	750.000	355.300	»	375.000	15.285	?
Melton Mowbray navigation	23	750.000	»	»	»	»	40.421
Mersey and Irwel navigation	93	»	»	»	2.327.500	»	»
Monmouthshire railway and canal *	87	»	»	»	»	»	»
Newport Paguell canal	»	»	»	»	»	»	»
Nottingham canal	24	1.875.000	Remboursé	»	»	»	»
Ouse (River) navigation	96	*Propriété communale d'York*		250.000	22.500	118.023	134.657
Oxford canal	122	4.466.200	4.466.200	6.546.925	»	450.000	520.000
Peak forest canal *	33	5.250.000 Oblig. comprises	Remboursé	?	?	»	442.253
Pocklington canal *	15	»	»	»	»	»	»
Portsmouth and Arun canal	5	?	»	»	»	»	»
Regents canal	10	24.416.625	»	»	»	494.774	736.750
Severn River	72	Néant	»	7.075.000	4.650.000	»	»
Sheffield canal *	5	1.750.000	»	»	»	»	»
Shropshire canal *	325	?	?	?	?		7 à 8
Sleafort navigation	19	325.000 Avec faculté d'augmentation	400.000	»	»	»	»

	RECETTES BRUTES					SOMMES PAYÉES A TITRE DE DIVIDENDE				
1868	1828	1838	1848	1858	1868	1828	1838	1848	1858	1868
t.	f.	f.	f.	f.	f.	f.	f.	f.	f.	f.
329.416	249.100	321.400	208.725	202.000	320.350	*Pas d'actionnaires propriétaires*				
141.131	2.802.950	3.745.800	2.816.525	2.638.025	2.355.175	1.224.200	1.944.400	2.160.450	1.944.400	1 728.350
113.835	316.725	263.375	129.975	65.550	64.600	207.550	100.375	108.775	35.675	40.775
98.329	221.200	336.625	237.425	60.425	44.225	100.700	333.725	261.200	47.675	28.600
»	»	»	»	»	»	»	»	»	»	»
28.000	»	»	135.750	»	73.675	»	»	*Rente de 37.50 fr. servie par le Great-Northern*		
?	»	»	335.325	201.125	124.050	»	182.500	?	?	?
235.815	63.300	83.300	80.225	40.220	73.025	20.225	29.150	30.175	30.000	30.000
?	»	»	»	»	»	»	»	»	»	»
11.169	?	?	?	?	?	»	»	»	»	»
»	»	»	»	»	»	»	»	»	»	»
56.879	»	»	»	»	»	»	»	»	»	»
»	»	»	»	»	»	»	»	»	»	»
198.812	242.275	419.000	221.000	142.800	106.650	*Rente de 116.000 fr. par le Great Northwy Railway*				
110.329	47.450	12.300	47.400	26.100	32.225	»	»	»	»	»
182.000	2.232.500	2.160.500	1.400.000	617.500	617.500	1.518.500	1.339.850	900.000	357.375	379.625
?	»	480.000	250.000	200.000	?	119.575	299.875	?	?	?
»	»	»	»	»	»	»	»	»	»	»
7.070	»	»	»	4.775	4.600	Néant	Néant	Néant	Néant	Néant
633.098	598.450	809.000	1.066.950	1.278.500	1.559.625	»	421.250	669.300	607.900	903.625
349.393	»	»	283.400	231.650	206.650	»	»	»	»	»
»	»	»	»	»	»	»	»	»	2 ½ %	2 ½ %
»	2 à 300.000 *fr. environ*					»	»	»	»	»
»	»	36.000	42.400	26.425	6.425	3 %	6 %	8 %	6 %	»

DÉSIGNATION DES CANAUX	LONGUEUR	CAPITAL-ACTIONS Autorisé	CAPITAL-ACTIONS Restant	CAPITAL d'emprunt autorisé	DETTE actuelle	1828	1838
	km.	f.	f.	f.	f.	t.	t.
Somersetshire coal-canal. { Houillères, canal, routes, railways réunis. }	17	4.125.000	Remboursé	500.000	»	113.442	138.403
South Yorkshire (Dearne and Dove canal)....	23	2.250.000	1.350.000	1.000.000	?	»	»
— (River Dun Navigation)....	48	4.816.000	»	»	»	233.567	456.133
— (Stainfort and Keadly canal).	20	»	»	»	»	»	»
Staffordshire and Wolcestershire canal......	70	8.500.000	1.600.000	»	»	?	680.479
Stort River...........................	21	»	»	»	»	»	»
Stourbridge navigation *.................	12	1.375.000	300.000	200.000	45.000	97.161	269.176
Stowmarket navigation *................	13	631.675	631.675	»	»	»	»
Stratford Upon and Avon canal *.........	41	4.047.050	2.082.500	4.900.000	1.300.000	132.745	181.708
Surrey (canal et dock-works)............	7	4.259.802	3.402.000	3,500 000	800,000	?	?
Tavistock canal........................	7	1.000.000 faculté de l'aug. de 250.000 fr.	»	»	»	15.678	17.691
Thames and Severn canal................	49	8.250.000	6.123.000	5.000.000	»	57.633	60.894
Tone River..........................	»	»	»	»	»	»	»
Trent River...........................	116	650.000	650.000	425.000	»	»	»
Trent and Mersey navigation *............	190	»	»	»	»	»	»
Ulverston canal *........................	»	»	»	»	»	»	»
Ure River *............................	13	»	»	»	»	»	»
Warwich and Birmingham canal.........	36	3.750.000	3.750.000	750.000	»	216.563	319.926
Warwich and Napton canal..............	23	2.500.000	2.450.000	750.000	213.150	203.286	308.045
Wilts and Berks canal..................	109	11.800.000	»	375.000	Remboursé	51.502	62.899
Wisbeck canal..........................	9	350.000	330.000	150.000	»	»	»
Witham navigation *....................	51	3.000.000	»	»	»	»	»
Worcester and Birmingham (Basse navigation de la River Avon)....................	40	»	»	»	»	»	»
Worcester and Birmingham canal..........	50	12.440.000	12.440.000	»	2.530.000	»	»

1868	RECETTES BRUTES 1828	1838	1848	1858	1868	SOMMES PAYÉES A TITRE DE DIVIDENDE 1828	1838	1848	1858	1868
t.	f.	f.	f.	f.	f.	f.	f.	f.	f.	f.
140.112	370.000	423.000	300.000	214.000	153.000	280.000	270.000	265.000	115.000	90.625
?	280.000	300.000	?	?	?	»	»	»	»	»
776.393	555.525	731.750	940.300	1.105.000	1.230.000	375.000	412.500	450.000	?	?
»	»	»	»	»	»	»	»	»	»	»
798.780	?	940.000	930.000	920.000	620.000	700.000	600.000	500.000	525.000	350.000
54.197	54.064	»	137.000	64.825	61.025	62.025	»	»	»	»
301.673	172.675	216.900	282.125	343.550	231.350	90.000	133.333	173.000	172.500	115.000
10.083	»	»	23.000	4.500	6.075	»	»	4 %	4 %	3 %
95.439	235.550	360.750	331.825	205.100	129.000	*Annuité de 197.900 fr. servie par le Great Western Railway.*				
»	»	»	100.000	74.000	170.000	?	?	?	?	?
9.812	23.400	27.325	19.200	18.600	5.977	10.000	15.000	10.000	10.000	»
51.407	160.000	199.225	153.800	85.625	61.950	82.125	55.325	71.550	25.875	»
»	»	»	»	»	»	»	»	»	»	»
259.538	197.200	272.500	143.450	106.700	99.000	45.500	45.500	45.500	45.500	45.500
394.524	»	»	2.466.625	2.137.700	1.852.500	*Rente de 1.962.500 fr. garantie par la Cie du North Staffortshire Railway.*				
»	»	»	»	»	»	»	»	»	»	»
»	»	»	»	»	»	»	»	»	»	»
243.373	580.000	842.500	394.675	181.000	180.375	430.000	637.500	150.000	37.500	112.500
212.948	325.500	477.250	226.375	118.525	105.975	245.000	380.000	73.500	»	»
41.002	300.000	323.750	185.300	100.525	90.000	100.000	175.000	125.000	18.750	15.625
»	10.579	10.925	42.000	21.325	17.575	6.123	»	18.075	14.975	9.000
85.134	»	»	433.900	146.523	95.000	»	»	263.625	263.625	263.625
»	»	»	»	8.000	6.650	25.000	25.000	25.000	21.250	21.250
»	681.000	980.000	900.000	500.000	469.000	300.000	600.000	450.000	75.000	»

Les indications des tableaux précédents, reproduites d'un rapport de M. Martenot à l'Assemblée nationale et empruntées à un document parlementaire de la Chambre des communes de 1869, ont le défaut de remonter à une époque déjà éloignée et de présenter de nombreuses lacunes. Mais, nous le répétons, le Board of trade ne publie pas de statistiques concernant la navigation intérieure ; d'autre part, les Compagnies de chemins de fer, propriétaires de canaux, noient les résultats de l'exploitation de ces voies de communication dans les résultats généraux de leur entreprise ; quant aux Compagnies de canaux qui sont restées indépendantes et qui ont conservé leur autonomie, effective ou apparente, elles ne mettent pas davantage le public dans le secret de leurs opérations.

Nous nous sommes efforcé cependant de rechercher si la situation s'était notablement modifiée depuis l'époque à laquelle ont paru les ouvrages de M. de Franqueville et de M. Malézieux et le rapport de M. Martenot. A cet effet, nous avons compulsé les comptes rendus volumineux de l'enquête à laquelle a procédé la Chambre des communes en 1882.

Les plaintes enregistrées dans ces comptes rendus fournissent la preuve manifeste que les choses en sont toujours au même point.

L'une des réclamations auxquelles s'attache la plus grande autorité émane de l'association des Chambres de commerce du Royaume. Après avoir rappelé le rôle considérable que doivent et que peuvent jouer les voies navigables au point de vue des transports, cette association signalait l'état de subordination regrettable d'une partie des canaux vis-à-vis des Compagnies de chemins de fer qui les avaient achetés ou avaient tout au moins acquis un droit de contrôle sur leurs taxes, afin d'éviter leur concurrence ou de se soustraire aux oppositions qu'auraient pu provoquer leurs demandes en concession. Elle appelait l'attention des Pouvoirs publics sur les manœuvres des concessionnaires de railways, consistant, soit à négliger l'entretien des canaux placés entre leurs mains et à les laisser s'envaser, soit à y établir des taxes prohibitives et fatales au trafic de transit, soit à abaisser leurs propres tarifs pour tuer la batellerie et à les relever une fois la guerre terminée. A titre d'exemple, elle citait un traité par lequel la Compagnie du canal de Birmingham s'était placée sous la dépendance de la Compagnie du chemin de fer de London and North-Western, à charge par cette dernière de garantir un dividende de 4 °/₀ aux actionnaires du canal ; le droit d'intervention du London and North-Western devait subsister jusqu'au complet remboursement de ses avances, c'est-à-dire jusqu'à une époque qui serait indéfiniment reculée (1). L'asso

(1) La Compagnie du canal de Birmingham a protesté contre la plainte des Chambres

ciation des Chambres de commerce citait encore le cas d'entreprises de transports par eau, devant emprunter le Shropshire canal et le Birminhgam canal, que la Compagnie du chemin de fer avait ruinées en relevant la taxe par tonne et par mille, sur ce dernier canal, de 1/2 penny à 1 penny 1/2 (3c à 9c par tonne et par kilomètre). Elle demandait en conséquence que des précautions fussent prises pour empêcher l'absorption des canaux par les concessionnaires de railways, pour émanciper ceux qui avaient aliéné leur indépendance, et pour y rendre la circulation libre comme sur les routes de terre.

M. Lester, entrepreneur de navigation fluviale, a fait entendre des plaintes analogues et a insisté, en outre, pour que les Compagnies de canaux ne soient pas transporteurs et se bornent à percevoir un péage ; il s'est attaché aussi à faire ressortir les avantages des canaux, au point de vue des facilités de chargement et de déchargement en un point quelconque du parcours.

A la suite de l'enquête, le Comité de la Chambre des communes a enregistré les réclamations que nous venons d'analyser rapidement ; il a constaté que ces plaintes n'étaient pas dénuées de fondement, et témoigné des profits que la navigation intérieure pouvait procurer au public pour le transport des matières pondéreuses ; il a émis l'avis qu'il était impolitique de laisser les canaux sous l'action directe ou indirecte des Compagnies de chemins de fer et que le Parlement ferait œuvre sage en s'efforçant de rendre, autant que possible, aux voies navigables leur autonomie. Toutefois, il a repoussé deux amendements tendant : l'un au rachat des canaux fusionnés avec les chemins de fer, l'autre à l'allocation d'indemnités aux porteurs d'actions de canaux auxquels leur émancipation ferait perdre le bénéfice des traités conclus avec les concessionnaires de railways.

Le Gouvernement a présenté, depuis la clôture de l'enquête, un projet de loi portant spécialement sur les chemins de fer, et y a inséré quelques dispositions relatives à la navigation ; mais ces dispositions se bornent à imposer aux Compagnies concessionnaires de canaux des déclarations ne répondant point aux vœux du Comité de la Chambre des communes.

En résumé, le système des concessions qui a prévalu en Angleterre pour les canaux comme pour les voies ferrées et la liberté excessive qui y

de commerce; elle a soutenu que les sommes versées par la Compagnie du chemin de fer, par suite du jeu de la garantie, n'avaient pas le caractère d'avances remboursables et que, dès lors, l'action de cette dernière société était limitée aux années pendant lesquelles le revenu serait insuffisant pour assurer aux actionnaires un dividende de 4 %; elle a en outre affirmé qu'elle apportait tous ses soins à l'entretien du canal.

a été laissée aux concessionnaires de ces deux catégories de voies de communication ont abouti, sinon à l'anéantissement, du moins à la mise en tutelle de la navigation par les Compagnies de chemins de fer. Nos voisins d'outre-mer n'en sont plus à leur premier regret de la faute irréparable qu'ils ont commise à cet égard, et nous devons nous féliciter de ne pas avoir suivi leur exemple.

19. Effets de la concurrence en Belgique.. — La Belgique est l'un des pays les mieux pourvus en voies navigables. Ces voies ont fait, en 1880, l'objet d'une série de publications officielles très intéressantes, que le lecteur pourra consulter avec fruit, notamment un ouvrage descriptif, technique et historique, en trois volumes ; un album du développement progressif du réseau ; diverses cartes dont l'une intitulée « carte des mouillages », et une autre dénommée « carte du batelier ».

Voici quelques indications empruntées à ces publications, aux comptes rendus du Ministre des travaux publics au Parlement, à un rapport de mission de M. l'ingénieur en chef Joly de Boissel, et à quelques autres documents que nous avons eus entre les mains.

Le réseau de navigation comprend des voies de l'État, des voies provinciales, des voies communales et des voies concédées. Il s'est progressivement accru, comme l'indique le tableau ci-dessous:

ANNÉES	SITUATION AU 31 DÉCEMBRE				
	Réseau de l'État	Réseau des provinces	Réseau des communes	Réseau concédé	TOTAL
	km.	km.	km.	km.	km.
1830	156	1.034	111	317	1.618
1840	808	550	111	238	1.707
1850	1.180	281	111	247	1.819
1860	1.421	158	94	247	1.920
1870	1.633	146	94	103	1.976
1880	1.736	119	94	74	2.023 (1)

Le chiffre de 2 023 kilomètres comprend..... 949 km. de rivières.
Et.................................. 1 074 km. de canaux.

Total pareil.......... 2 023 kilomètres,

non compris 183 kilomètres de lignes flottables.

(1) Le chiffres que nous reproduisons pour 1880 sont puisés dans l'album des développements progressifs du réseau. Ils sont en discordance avec l'un des rapports du Ministre aux Chambres législatives.

Pendant la même période, le réseau des voies ferrées progressait comme il suit :

ANNÉES	CHEMINS DE FER EXPLOITÉS PAR		TOTAL
	L'ÉTAT	LES COMPAGNIES	
1840	334 km.	32 km.	366 km.
1850	625	273	898
1860	748	981	1.729
1870	809	2.028	2.897
1880	2.792	1.320	4.112

Ici, comme en France, l'étendue des voies navigables s'est relativement peu accrue durant le dernier demi-siècle, alors qu'au contraire les voies ferrées prenaient un grand essor.

Il suffit de jeter les yeux sur une carte pour reconnaître que le réseau de navigation de la Belgique se compose d'une grande ligne de ceinture, de quatre transversales et de quelques autres lignes d'embranchement.

La ceinture (qui n'est pas encore complètement fermée, mais le sera bientôt) comprend :

— le long de la frontière Sud, de Furnes à Ypres, Courtrai, Tournay, Mons, Charleroi, Namur et Liège, le canal de Loo, l'Yser, le canal d'Ypres à l'Yser, le canal de la Lys à l'Yperlé, la Lys, le canal de Bossuyt à Courtrai, l'Escaut, le canal de Pommerœul à Antoing, le canal de Mons à Condé, le canal du Centre, le canal de Charleroi à Bruxelles, la Sambre et la Meuse (1);

— le long de la frontière Est, entre Liège, Maëstricht et la Hollande, le canal latéral à la Meuse et celui de Maëstricht à Bois-le-Duc;

— le long de la frontière Nord, de la frontière Hollandaise à Anvers, Gand, Bruges et Ostende, le canal de jonction de la Meuse à l'Escaut, le bas Escaut et le canal de Gand à Ostende ;

— le long de la frontière Ouest, d'Ostende à Nieuport et Furnes, les canaux de Plasschendaele et de Dunkerque à Nieuport.

Les transversales courent sensiblement du Sud au Nord et sont constituées :

— entre la frontière française, Deyuze et Eecloo, près de la frontière hollandaise, par la Lys et le canal de dérivation de la Lys;

(1) Plusieurs de ces voies ne sont empruntées par la ceinture que sur une partie de leur cours.

— entre les mêmes frontières, en passant à Gand, par le haut Escaut et le canal de Gand à Terneuzen ;

— entre la frontière française, Ath et Termonde, sur le bas Escaut, par le canal de Blaton à Ath et la Dendre ;

— entre la frontière française, Charleroi, Bruxelles, le Rupel et le bas Escaut, par la Sambre, le canal de Charleroi à Bruxelles, le canal de Willebroeck et le Rupel.

Le rapport du Ministre des travaux publics au Parlement divise le réseau en grandes lignes de navigation, parcourues par des bateaux de 225 tonnes et plus, et en lignes de petite navigation, servant aux bateaux de 20 à 225 tonnes.

Les grandes lignes de navigation ont généralement 2 m. 10 de mouillage au moins ; leurs écluses ont le plus souvent 5 m. 20 au minimum de largeur et 37 à 40 m. de longueur utile. Toutefois quelques-unes d'entre elles ont des dimensions moindres.

Ce sont :

1°	la Meuse, de Givet à Dinant, Namur, Huy et Liège......	132 km.
2°	la Sambre, de la frontière française à Namur, Thuin, Charleroi et Namur..............................	94
3°	le canal latéral à la Meuse, de Liège à Maëstricht......	21
4°	le canal de Maëstricht à Bois-le-Duc, entre Maëstricht et la frontière hollandaise..........................	45
5°	le canal de jonction de la Meuse à l'Escaut, de la frontière hollandaise à Anvers........................	86
6°	le canal de Charleroi à Bruxelles....................	87
7°	les trois embranchements du canal de jonction de la Meuse à l'Escaut, vers le camp de Beverloo, Hasselt et Turnhout..	80
8°	le canal de Turnhout à Anvers.........................	37
9°	la Nèthe inférieure, de Lierre au Rupel.............	15
10°	la Dyle, de Malines au Rupel.........................	9
11°	le canal de Louvain au Rupel.........................	30
12°	le Rupel..	12
13°	le canal de Willebroeck, entre Bruxelles et le Rupel....	28
14°	le canal de Mons à Condé.............................	20
15°	le canal de Blaton à Ath.............................	21
16°	la Dendre, entre Ath et Termonde.....................	65
17°	le canal de Pommerœul à Antoing......................	25
	A reporter. . . .	807 km.

	Report. . . .	807 km.
18°	le haut Escaut, entre Tournai et Gand..............	115
19°	la Lys, de Courtrai à Gand........................	120
20°	le canal de dérivation de la Lys....................	27
21°	le canal d'Eccloo..................................	2
22°	le canal de Gand à Terneuzen et embranchements....	23
23°	le bas Escaut, entre Gand, Anvers et la mer..........	116
24°	le canal de Gand à Ostende, par Bruges, et embranchements..................................	77
25°	le canal de Bruges à l'Écluse.......................	14
26°	le canal de Plasschendaele, d'Ostende à Nieuport......	21
27°	le canal de Nieuport à Furnes.......................	19
	Total.......	1 341 km.

De même qu'en France, le gabarit des voies navigables est des plus variables et l'on s'est beaucoup plus préoccupé, lors de leur établissement, du trafic local que des transports à grande distance : les tableaux statistiques officiels montrent que le tonnage maximum des bateaux oscille entre une limite inférieure de moins de 10 tonnes et une limite supérieure de 650 tonnes.

L'Administration n'a cessé de multiplier ses efforts pour faire rentrer entre les mains de l'État le réseau provincial, le réseau communal et le réseau concédé : dès la fin de 1880, il ne lui restait plus à reprendre que 287 kilomètres.

Presque toutes les voies navigables de la Belgique sont assujetties à des droits au profit de l'État. La plus grande diversité règne dans l'assiette de ces droits : nous ne pouvons, à cet égard, que renvoyer, pour les détails, aux renseignements circonstanciés donnés par le « Guide du batelier »; cependant nous citons, à titre d'exemple, les chiffres suivants, relatifs aux voies communes à la France et à la Belgique :

1. Canal de Dunkerque à Nieuport. — Par tonne de chargement et par kilomètre.................................. 0 c. 5
   (Des droits de pont qui existaient antérieurement à 1877 ont été supprimés.)
2. Canal de Bergues à Furnes. — Droits variant au total de 2 c. 75 à 6 c. 75 suivant le tonnage; demi-taxe pour les bateaux vides ; taxe de 16 c. par m. c. pour les radeaux, avec minimum de.................................. 3 fr. 20
3. Yser. — Par tonne de chargement et par kilomètre...... 0 c. 5
   (Droits de pont supprimés le 30 décembre 1879.)

4. LYS. — Par tonne de chargement et par kilomètre........ 0 c. 12
par bateau vide.................................... 20 c.
(Droits de passage à un pont tournant; droits de quai sur divers points.)

5. CANAL DE L'ESPIERRES. — *a*. Bateaux traversant entièrement le canal : Par tonne de capacité, à vide......... 10 c.
Par tonne de chargement.................... 30 c.
b. Bateaux ne parcourant qu'une partie du canal :
Par tonne de capacité et par kilomètre, à vide...... 2 c.
Par tonne de chargement et par kilomètre, pour bateaux chargés de fumiers, cendres et autres engrais................................ 4 c. 7
Par tonne de chargement et par kilomètre, pour bateaux chargés de toutes autres marchandises................................... 5 c.

6. HAUT ESCAUT. — En remonte, au-dessus de la demi-charge, et en descente, quelle que soit la charge, droits variant de 0 fr. 16 à 2 fr. 13 suivant le tonnage des bateaux, aux écluses d'Antoing et de Tournai.
— En remonte, à demi-charge et au-dessous, droits variant de 0 fr. 12 à 1 fr. 60 aux mêmes écluses;
— à vide, dans les deux sens, droits variant de 0 fr. 08 à 1 fr. 07.
— Droits divers à l'écluse d'Espierres et aux bureaux de la Flandre-Orientale.

7. CANAL DE MONS A CONDÉ. — Par tonne de chargement et par kilomètre.................. 1 c.
Taxe de 20 c. pour les bateaux vides.

8. SAMBRE CANALISÉE. — Par tonne de chargement et par kilomètre....................... 0 c. 75
Permis de circulation coûtant 20 c. pour les bateaux vides.

9. MEUSE CANALISÉE. — Par tonne de capacité et par 5 km.,
à charge....................... 0 c. 08
à vide......................... 0 c. 04
avec réduction pour les bateaux munis d'une échelle de flottaison.

Les perceptions se sont élevées, durant ces dernières années, à

1 500 000 ou 1 600 000 fr. pour l'ensemble du réseau, soit, en moyenne, à 2 millimes environ par tonne kilométrique (1-2).

Le halage se fait encore presque exclusivement par hommes et par chevaux. Ce n'est qu'exceptionnellement que l'on a recours au remorquage ou au touage sur chaîne noyée.

Les arrêtés royaux du 6 novembre 1880 et du 30 avril 1881 ont donné des facilités à la navigation par porteurs à vapeur et ont déjà reçu, à cet égard, un certain nombre d'applications.

L'examen de la carte des voies de communication de la Belgique montre que toutes les voies navigables sont doublées d'une ou de plusieurs voies ferrées.

Il y a là une situation d'autant plus intéressante à étudier que l'État exploite les deux tiers du réseau de chemins de fer et que les taxes de transport par rails sont extrêmement faibles. Aussi a-t-elle depuis longtemps fixé l'attention des ingénieurs et des économistes.

Dans son ouvrage sur le concours des canaux et des chemins de fer, M. Ch. Collignon l'a longuement examinée dès 1845. Il constatait qu'à cette époque le développement des voies ferrées était de 560 kilomètres et celui des voies navigables de 1 587 kilomètres, et que la concurrence entre les deux modes de transport était effective sur 500 kilomètres au moins ; il discutait et cherchait à mettre en relief les effets de cette lutte et la pensée du Gouvernement belge à ce sujet ; sa conclusion était la suivante : « Malgré le progrès considérable du trafic de ses chemins de fer, « la Belgique n'a cessé de voir le mouvement de sa navigation intérieure « s'accroître dans toutes les directions parallèles ou non, concurrentes ou « non, avec le railway ; et, loin qu'elle redoute cette rivalité, elle tend à la « développer par des améliorations continuelles et simultanées aux deux « voies. Enfin, pour elle, loin que l'existence d'un chemin de fer soit une « raison invincible pour ne pas faire un canal, ce serait plutôt, les faits « le prouvent, une raison de plus de l'exécuter. Et, on le répète, le Gou-

(1) Les dépenses ordinaires d'entretien sont de 1 million en nombre rond ; mais, durant ces dernières années, elles ont été augmentées d'un appoint de pareille somme, à titre temporaire.

(2) Depuis la publication du « Guide du batelier », un arrêté royal du 1er juin 1886 a fixé le péage par tonne kilométrique à 0c3 sur l'Ourthe, le canal de Liège à Maëstricht, le canal de jonction de la Meuse à l'Escaut, les embranchements du camp de Beverloo, d'Hasselt et de Turnhout, le canal de Turnhout à Anvers, la Petite-Nèthe, le canal de Charleroi à Bruxelles, le canal de Mons à Condé, le canal de Pommerœul à Antoing ; à 0c4 sur la Sambre canalisée ; et à 1c5 sur la Lys et le canal de dérivation de la Lys.

« vernement belge a en mains les documents d'une vaste expérience. Il « exploite directement et les chemins de fer et la plus grande partie des « voies navigables du royaume. Aucun résultat n'est perdu ; tout est au « contraire scruté, discuté, rigoureusement apprécié..... »

Un an plus tard, en 1846, M. Lambrecht publiait, dans les Annales des Ponts et Chaussées, une note très remarquable « pour servir à l'examen « de la question de la concurrence des chemins de fer et des voies navi- « gables ». Dans cette note, entièrement consacrée à la Belgique, l'auteur examinait quelle avait été l'influence de l'ouverture des chemins de fer sur le tonnage des rivières et canaux, et établissait un parallèle entre les prix de transport par eau et par rails pour les principales directions. Il ne sera pas sans intérêt de relever les appréciations et les faits les plus importants consignés dans le mémoire de M. Lambrecht et de les rapprocher de la situation actuelle.

Dès cette époque, les principaux centres de population et d'industrie communiquaient entre eux par une voie ferrée et par une voie navigable. Cependant, en 1844, les chemins de fer parallèles aux canaux ou rivières ne transportaient pas plus de 20 millions de tonnes kilométriques, tandis que ces dernières voies en transportaient plus de 200 millions (1). La voie d'eau, loin de souffrir de la proximité du railway, avait vu au contraire, sauf sur certaines sections, son trafic se développer et s'accroître dans une proportion notable. Les chiffres suivants, puisés dans un mémoire de M. Belpaire, ingénieur belge, le prouvaient surabondamment :

Tonnage absolu en 1834 et en 1844 (2)

DÉSIGNATION DES VOIES NAVIGABLES	ANNÉE 1834		ANNÉE 1844		OBSERVATIONS
	Charbon	Marchandises diverses	Charbon	Marchandises diverses	
	t.	t.	t.	t.	
1° VOIES NAVIGABLES PARALLÈLES AUX CHEMINS DE FER					
Rupel entre Rumpst et Boom	100.000	140.000	130.000	160.000	Augmentation
— — Boom et l'Escaut	60.000	340.000	200.000	450.000	—
Canal de Louvain au Rupel	60 000	80.000	70.000	80.000	—
Canal de Bruxelles au Rupel	100.000	200.000	250.000	300.000	—

(1) M. Collignon avait indiqué le chiffre de 275 millions comme un minimum pour l'ensemble du réseau de navigation.

(2) Année particulièrement défavorable à la navigation.

DÉSIGNATION DES VOIES NAVIGABLES	ANNÉE 1834		ANNÉE 1844		OBSERVATIONS
	Charbon	Marchandises diverses	Charbon	Marchandises diverses	
	t.	t.	t.	t.	
Canal de Charleroi à Bruxelles — entre Charleroi et Seneffe	60.000	20.000	130.000	50.000	Augmentation
Canal de Charleroi à Bruxelles — en aval de Seneffe	220.000	40.000	480.000	80.000	—
Canal de Charleroi à Bruxelles — à l'entrée de Bruxelles	200.000	50.000	380.000	120.000	—
Sambre à Namur	80.000	50.000	90.000	60.000	—
— à Charleroi	100.000	60.000	120.000	70.000	—
Canal de Pommerœul à Antoing	420.000	10.000	510.000	50.000	—
Canal de Mons à Condé (entre Mons et le canal d'Antoing)	1.040.000	»	1.220.000	30.000	—
Escaut entre le canal d'Antoing et Tournai	310.000	30.000	420.000	60.000	—
— — Tournai et Autryve	380.000	60.000	450.000	130.000	—
— devant Audenarde	330.000	110.000	390.000	120.000	—
— à l'entrée de Gand	240.000	120.000	310.000	160.000	—
— à la sortie de Gand	80.000	220.000	120.000	300.000	—
— devant Termonde	60.000	230.000	80.000	300.000	—
— avant l'embouchure du Rupel	50.000	230.000	60.000	300.000	—
— au delà de cette embouchure	50.000	520.000	160.000	640.000	—
— devant Anvers	50.000	520.000	160.000	640.000	—
Lys devant Coutrai	30.000	50.000	40.000	30.000	Diminution
— — Deynze	40.000	50.000	50.000	30.000	—
— à l'entrée de Gand	40.000	50.000	50.000	30.000	—
Canal de Gand à Ostende — de Gand à la Lière	120.000	120.000	100.000	100.000	—
Canal de Gand à Ostende — de la Lière à Bruges	120.000	100.000	100.000	90.000	—
Canal de Gand à Ostende — de Bruges à Plasschendaele	100.000	90.000	90.000	80.000	—
Canal de Gand à Ostende — de Plasschendaele à Ostende	20.000	60.000	20.000	60.000	—
2° VOIES NAVIGABLES INDÉPENDANTES DES CHEMINS DE FER					
Meuse entre Givet et Dinant	60.000	20.000	70.000	30.000	Augmentation
— entre Dinant et Namur	80.000	70.000	90.000	80.000	—
— à Namur	80.000	70.000	90.000	70.000	—
— à Liège	90.000	120.000	100.000	150.000	—
— entre Liège et Maëstricht	10.000	20.000	8.000	40.000	—
— entre Maëstricht et la frontière	10.000	20.000	50.000	30.000	—
Dendre entre Termonde et Alost	20.000	130.000	20.000	110.000	Diminution
— — Alost et Lessines	»	70.000	»	50.000	—
Canal de Terneuzen — de Gand à l'embouchure du Moervaert	10.000	110.000	20.000	150.000	Augmentation
Canal de Terneuzen — de cette embouchure à la frontière	10.000	90.000	10.000	110.000	—
Sambre : à Charleroi	160.000	70.000	230.000	110.000	—
— à la frontière	180.000	20.000	260.000	30.000	—
Canal de Mons à Condé (entre le canal d'Antoing et la frontière)	640.000	»	720.000	10.000	—

On le voit, dans leur ensemble les voies navigables avaient beaucoup gagné, malgré leur contact avec les chemins de fer : l'augmentation de leur trafic était due en partie à l'ouverture de mailles nouvelles du réseau et aux mesures prises en faveur de l'exportation des houilles vers la Hollande, et, pour le surplus, à l'accroissement général des affaires commerciales et industrielles.

Un autre tableau, dressé par M. Belpaire pour le produit des péages sur les principales voies navigables de la Belgique durant chacune des 12 années de 1834 à 1845, mettait en lumière les mêmes résultats.

Les prix de transport étaient les suivants :

a. *Transports par eau.*

	DISTANCE	PRIX PAR TONNE KILOMÉTRIQUE y compris le retour à vide		
		Péage	Frais	Total
	km	c.	c.	c.
Charleroi à Bruxelles	74	4.15	1.85	6.00
Charleroi à Anvers	121	2.80	2.30	5.10
Charleroi à Namur	53	3.80	1.90	5.70
Anvers à Bruxelles	47	1.30	3.40	4.70
Mons à Anvers	241	0.47	1.90	2.37
Mons à Louvain	271	0.48	1.70	2.20
Mons à Ostende	215	0.70	1.20	1.90
Gand à Courtrai	65	0.40	3.50	3.90

b. *Transports par rails.* — Le tarif applicable aux matières encombrantes, telles que houilles, fontes, minerais, bois de construction, engrais, pavés, briques, ardoises, etc., expédiées par charge de 4 tonnes au moins, était de 10 centimes par tonne et par kilomètre. Une remise de 20 % était accordée pour les marchandises à l'exportation ou en transit. La taxe des houilles et des fontes en gueuse à l'exportation était même réduite à 7 c., chiffre correspondant, à très peu près, au prix de revient du transport, sans aucun prélèvement pour les charges des capitaux et l'entretien de la voie.

c. *Résultats de l'application des prix précédents à certains itinéraires.* — La comparaison entre les prix totaux de transport par eau et les prix par rails au tarif de 10 c., en comptant les frais de chargement et de déchargement à raison de 65 c. pour les voies navigables et de 90 c. pour les chemins de fer, faisait ressortir les résultats ci-dessous :

	PRIX PAR TONNE		ÉCONOMIE de la voie d'eau
	voie d'eau	voie ferrée	
	f.	f.	f.
Charleroi à Bruxelles	5,09	8,10	3,01
Charleroi à Anvers	6,85	12,50	5,65
Charleroi à Namur	3,67	4,60	0,93
Anvers à Bruxelles	2,88	5,30	2,42
Mons à Anvers	6,35	11,40	5,05
Mons à Louvain	6,81	11,40	4,59
Mons à Ostende	4,90	21,30	16,40
Gand à Courtrai	3,19	5,30	2,11

En 1850, dans un mémoire sur l'économie politique appliquée aux travaux publics, M. Minard, inspecteur général des Ponts et Chaussées, enregistrait également ce fait que, de 1834 à 1844, le nombre de tonnes kilométriques transportées par les voies navigables de la Belgique s'était élevé de 200 millions à 275 millions, et que l'accroissement avait été considérable sur plusieurs canaux ou rivières parallèles aux chemins de fer.

Comment la situation s'est-elle transformée ?

Nous avons déjà indiqué le développement progressif des voies navigables et des voies ferrées jusqu'en 1880 ; nous n'avons donc pas à y revenir et nous n'avons à entrer dans quelques détails qu'au sujet du mouvement et des prix de transport sur ces deux catégories de voies de communication.

L'Annuaire statistique de 1885 comprend un tableau résumé des transports sur les voies navigables en 1883.

D'après ce tableau, qui porte sur les canaux ou rivières où la navigation a quelque importance (1634 kilomètres), le tonnage kilométrique total a été de 726 millions de tonnes kilométriques. Ce chiffre se décompose comme il suit (1) :

Charbon et coke	20 %
Métallurgie, minéraux, minerais, matériaux de construction, céramiques, verreries	28
Produits agricoles et bois	18
Produits industriels divers	34
Total	100 %

(1) Ces moyennes ont été calculées d'après les chiffres statistiques afférents aux voies navigables pour lesquelles la répartition entre les diverses catégories de marchandises avait été faite dans le tableau annexé au compte rendu.

Le nombre total de tonnes transportées à toute distance et la longueur moyenne du parcours sont indiqués ci-après, pour les principales lignes de navigation :

Canal de Blaton à Ath (concédé)............	438 000 t.	21 k.
Canal communal de Bruxelles au Rupel......	1 061 000	25
Charleroi à Bruxelles......................	889 000	39
Dendre canalisée (concédée)................	672 000	31
Canal de dérivation de la Lys..............	279 000	10 5
Escaut { Haut Escaut.....................	784 000	59
Escaut { Bas Escaut. Gand à la frontière....	14 005 000	25
Canal de Gand à Ostende....................	972 000	16
Canal de Gand à Terneuzen..................	1 004 000	13 5
Canal de la Meuse à l'Escaut...............	913 000	42
Canal de Liège à Maëstricht................	596 000	16
Canal communal de Louvain au Rupel.........	205 000	26 5
Lys..	931 000	15
Canal de Maëstricht à Bois-le-Duc..........	630 000	39
Meuse canalisée............................	1 075 000	26
Canal de Mons à Condé......................	1 106 000	9
Pommerœul à Antoing........................	796 000	14
Raccordement à Gand........................	606 000	2
Rupel......................................	1 615 000	8
Sambre.....................................	1 228 000	26

La carte figurative montre que les courants de circulation par eau atteignent leur maximum d'intensité aux abords d'Anvers. La progression du tonnage de ce port a été véritablement merveilleuse, comme l'attestent les chiffres suivants :

1° — Navigation maritime.

ANNÉES OU PÉRIODES décennales	ENTRÉES		SORTIES		TOTAL	
	Tonnage de jauge	Tonnage effectif (1)	Tonnage de jauge	Tonnage effectif (1)	Tonnage de jauge	Tonnage effectif (1)
1841	180.700	175.500	177.400	52.300	358.100	227.800
1841-1850	248.100	225.400	248.100	78.500	496.200	303.900
1851	233.300	195.000	232.600	135.900	465.900	330.900
1851-1860	397.300	352.400	397.800	196.900	795.100	549.300
1861	633.500	616.700	640.800	300.200	1.274.300	916.900
1861-1870	903.700	834.600	895 700	494.100	1.799.400	1.328.700
1871	1.827.800	1.734.600	1.844.100	833.900	3 671.900	2.568.500
1871-1880	2.316.000	2.221.900	2 315.600	1.395.100	4.631.600	3.618.000
1881	2.824.300	2.692.600	2.843.900	1.837.600	5.668.200	4.530.200
1882	3.425 300	3.202.600	3.418.200	2.047.700	6.843.500	5.250.300
1883	3.734.000	3.448.400	3.779.000	2.178.400	7.513.000	5 626.800

2° — Navigation fluviale.

Les comptes rendus aux chambres ne donnent pas de détails sur la navigation fluviale à Anvers. Mais en voici qui sont empruntés à un mémoire de M. Quinette de Rochemont (Ann. des Ponts et Chaussées, 1878, 1er sem.); au rapport de M. Mir, député, sur le projet de loi relatif au canal du Havre à Tancarville ; au rapport de mission de MM. Plocq et Laroche sur les ports de l'Europe septentrionale et au Bulletin consulaire français :

ANNÉES	TONNAGE DE JAUGE		
	ENTRÉES	SORTIES	TOTAL
	Tonnes	Tonnes	Tonnes
1870	1.031.000	»	»
1871	1.145.000	»	»
1872	1.298.000	»	»
1873	1.236.000	»	»
1874	1.154.000	»	»
1875	1.328.000	»	»
1876	1.324.000	»	»
1877	1.472 000	»	»
1878	1.512.000	»	»
1882	2.080 000	2.153.000	4.233.000
1883	2.230.000	2.223.000	4.353.000

(1) Les chiffres indiqués pour le tonnage effectif ne sont qu'approximatifs. Ils ne ré-

M. Quinette de Rochemont évalue le poids des cargaisons aux 7/8 du tonnage de jauge pour l'entrée et aux 4/5 environ pour la sortie.

Ces quelques indications suffisent à établir le développement considérable qu'a pris la navigation intérieure depuis 40 ans : le fait saillant à retenir est que, de 1844 à 1881, le nombre de tonnes kilométriques est passé de 200 millions à 700 millions en nombre rond, alors que l'étendue des voies navigables ne croissait que dans une minime proportion.

Plusieurs causes ont concouru à produire cette augmentation de circulation : les plus importantes sont la richesse extraordinaire du sol belge en combustibles minéraux et autres matières pondéreuses, les progrès incessants de son industrie que les événements militaires ne sont point venus troubler comme dans des pays voisins, les sacrifices importants faits par les Pouvoirs publics en faveur de la batellerie, la situation naturelle du port d'Anvers, les facilités particulières offertes à la navigation par la topographie de la Belgique, et aussi la construction même des chemins de fer dont l'exploitation a été surtout dirigée en vue de l'essor à donner aux affaires commerciales.

Il est assez difficile de préciser les dépenses de premier établissement du réseau des voies navigables de Belgique. Les nombreux documents statistiques que nous avons consultés ne fournissent pas de renseignegnements complets à cet égard. La seule indication que nous puissions donner est celle de la dépense totale faite de 1830 à 1879 inclusivement, d'après un album graphique récemment publié par le Ministère belge des travaux publics : les sommes consacrées par l'État, pendant cette période, à l'entretien, aux travaux d'amélioration, aux travaux neufs et aux opérations de rachat, se sont élevées à 259 millions (y compris le port d'Anvers qui est mixte, mais non compris 31 millions pour les autres travaux maritimes). La recette correspondante a été de 90 millions.

Quant au taux du fret, il paraît peu différent de celui du réseau des voies navigables françaises pour les transports similaires; cependant nous le croyons un peu plus faible.

Si la navigation a pris une grande extension, de son côté le trafic des chemins de fer n'a, pour ainsi dire, pas cessé de croître. Voici, d'après le compte rendu aux Chambres, sur l'année 1884, quelle a été la progression de la recette brute kilométrique du réseau de l'État depuis 1835.

sultent point en effet de constatations directes, mais sont déduits de ceux du tonnage de jauge à l'aide d'un coefficient qui paraît trop élevé.

ANNÉES OU PÉRIODES	LONGUEUR MOYENNE EXPLOITÉE	RECETTE BRUTE KILOMÉTRIQUE
	km.	f.
1835	13	20,720
1836-1840	186	17,189
1841-1850	532	21,443
1851-1860	687	34,199
1861-1870	799	48,013
1871-1880	2.056	43,860
1881	2.841	39,950
1882	2.975	40,115
1883	3.045	40,049
1884	3.100	38,771

Ainsi, la recette brute kilométrique, après être partie de 20 000 fr. et s'être même abaissée à près de 15 000 fr. en 1836, a dépassé à plusieurs reprises 50 000 fr., dans la période de 1861 à 1870, et s'élève encore à 40 000 fr., chiffre à peu près double de celui de 1837.

Sur les chemins de fer exploités par des Compagnies, la recette brute kilométrique a été, en 1884, de 26 400 fr. pour une longueur moyenne de 1 472 kilomètres.

Mais ce n'est là qu'un premier élément d'appréciation ; il en est un autre au moins aussi important : celui des tarifs.

Sans négliger la rémunération des capitaux engagés dans la construction des voies ferrées, l'Administration, désireuse avant tout de favoriser le commerce national, a successivement réduit les taxes sur les chemins de fer de l'État et a, par suite, déterminé des abaissements analogues sur les autres lignes du réseau belge. Nous n'avons pas à entrer ici dans l'étude de détail de ces abaissements progressifs : il nous suffira de rappeler en quelques mots les traits généraux de la tarification aujourd'hui en vigueur pour le trafic de petite vitesse.

Les marchandises sont divisées en quatre classes à chacune desquelles est appliqué un tarif différentiel à base décroissante, dont le tableau suivant fait ressortir la physionomie :

PARCOURS	PRIX PAR TONNE ET PAR KILOMÈTRE				
	1re classe	2e classe	3e classe	4e classe	OBSERVATIONS
km.	c.	c.	c.	c.	
100	10,50	8,00	6,25	4,50	(non compris les frais de chargement et de déchargement).
200	8,75	5,25	3,75	2,75	
300	7,16	4,16	2,83	2,17	
400	6,38	3,62	2,38	2,00	

La plupart des marchandises susceptibles d'emprunter les voies navigables sont rangées dans la 4e classe.

Indépendamment du tarif général, il existe un certain nombre de tarifs spéciaux dont la base descend à 2 centimes.

Toutefois, il convient d'ajouter que ces tarifs spéciaux jouent un rôle beaucoup moins important qu'en France; en effet, la recette totale résultant de leur application ne dépasse guère le quart de la recette totale de petite vitesse.

Les transports taxés au tarif de la 4e classe ont donné, en 1881 par exemple, 33 % du produit brut total de la petite vitesse.

Ajoutons encore que la taxe kilométrique moyenne des marchandises sur les chemins de fer belges (exploités par l'État ou par les Compagnies a été de 4 c. 89 en 1878, de 4 c. 86 en 1880 et de 5 c. en 1882. La taxe correspondante en France pour les mêmes années a été de 5 c. 97, 5 c. 95 et 5 c. 89. Les chemins de fer allemands concédés, mais exploités par l'État, sont les seuls pour lesquels la perception ait été un peu plus faible qu'en Belgique.

Il est certain que les tarifs dont bénéficient les marchandises lourdes couvrent à peine les frais d'exploitation, qui, de 1878 à 1880, ont oscillé entre 2 c. 80 et 2 c. 90 par unité de trafic.

Néanmoins, considérés dans leur ensemble, les résultats de l'exploitation ont été assez satisfaisants; car le revenu net des capitaux engagés dans les lignes exploitées appartenant à l'État (1) a atteint les chiffres ci-dessous :

1835 à 1869	6.19 %	1875	3.81 %	1880	4.48 %
1870	7.01	1876	4.47	1881	3.78
1871	8.42	1877	4.14	1882	3.86
1872	6.33	1878	4.19	1883	4.01
1873	3.01	1879	4.31	1884	3.90
1874	3.56				

(1) Y compris le capital représentatif des annuités à servir à diverses Compagnies.

L'exploitation a donné un solde annuel actif, de 1852 à 1872; ce solde ne s'est traduit par un déficit que de 1873 à 1878 et de 1881 à 1884. En 1884, le déficit a été de 3 348 000 fr.; néanmoins, il restait encore à la fin de l'année un total de soldes actifs accumulés de 61 millions.

Quoi qu'il en soit, si on rapproche d'une part la progression de la longueur du réseau, et de la recette et d'autre part la réduction des taxes, on reconnait de suite quelle importance a prise la circulation par rails.

Les années 1879 et 1880 sont les dernières pour lesquelles les comptes rendus aux Chambres fournissent des indications sur le tonnage kilométrique des marchandises : il s'est élevé, en 1879, à plus de 1 400 millions de tonnes kilométriques sur les chemins de fer de l'État, le Grand-Central et le Nord-Belge; en 1880, il a approché de 1 600 millions de tonnes kilométriques. De 1880 à 1884, il y a eu certainement encore une augmentation, comme le démontrent les chiffres du tonnage absolu.

CHEMINS EXPLOITÉS PAR L'ÉTAT	CHEMINS EXPLOITÉS PAR LES COMPAGNIES
1880 — 18.800.000 tonnes	1880 — 14.000.000 tonnes
1881 — 19.900.000 —	1881 — 14.200.000 —
1882 — 21.400.000 —	1882 — 14.700.000 —
1883 — 21.700.000 —	1883 — 14.900.000 —
1884 — 21.300.000 —	1884 — 13.800.000 —

Le nombre de tonnes kilométriques transportées en petite vitesse par les chemins de fer est donc supérieur au double de celui des transports par eau.

D'autre part, le compte rendu afférent à l'année 1880 contient un tableau fort intéressant de la proportion dans laquelle les divers éléments du trafic en petite vitesse sont entrés dans le tonnage absolu des chemins de fer de l'État. Pour les principales marchandises pondéreuses, on y trouve les chiffres ci-après :

Houille	41 7 %
Coke	6 2 »
Minerais de fer	7 3 »
Fonte brute	2 3 »
Pierres brutes, pavés, etc	5 » »
Bois bruts	2 6 »
	65 1 %

soit, avec diverses autres marchandises, 70 à 75 %.

Ainsi, même pour les grosses marchandises, le tonnage kilométrique total des chemins de fer serait supérieur à celui des voies navigables. Pour la houille et le coke en particulier, le rapport serait de 3,3. Le développement des voies ferrées étant, en nombre rond, le double de celui des rivières et canaux, ce rapport, ramené au kilomètre, serait encore de 1,6. Mais il faut observer que les coefficients précédemment relatés pour les divers éléments de trafic se rapportent au tonnage absolu, que la distance de transport par rails des matières lourdes est inférieure à celle des matières d'un prix plus élevé, qu'en conséquence les coefficients relatifs au tonnage kilométrique doivent être plus faibles et que, dès lors, les chiffres de 3,3 et de 1,6 doivent subir une certaine réduction.

Néanmoins, il est certain que les matières, qui, par leur nature, peuvent emprunter les voies navigables ou les voies ferrées, vont plus à ces dernières. L'avantage des voies ferrées paraît même plus marqué en Belgique que dans le nord de la France, où nous avons trouvé pour le tonnage kilométrique des combustibles minéraux :

Chemins de fer. . . . . 61 %
Rivières et canaux. . . . . 39 %.

Le fait s'explique par la modicité des tarifs belges sur rails.

L'étude sommaire que nous venons de condenser en quelques pages tire un intérêt spécial de cette circonstance qu'en Belgique l'État est maître de la plus grande partie du réseau. On peut en résumer ainsi les résultats :

1° Les voies navigables présentent chez nos voisins comme chez nous un défaut regrettable d'unité et d'harmonie. Cependant, dans leur ensemble, les conditions de navigabilité y sont plus satisfaisantes.

2° Bien qu'ayant en mains la plupart des chemins de fer, l'État a fait et continue à faire des sacrifices considérables pour l'amélioration de la navigation intérieure. Les crédits qu'il affecte à cette amélioration sont d'ailleurs employés, non plus à étendre le réseau, mais à le perfectionner.

Les taxes de péage sur les rivières ou canaux ont été progressivement abaissées et sont aujourd'hui très modiques.

3° L'exploitation des voies navigables se fait encore d'après des procédés primitifs. Une campagne a été engagée en vue de provoquer la transformation de ces procédés et la création d'un outillage plus scientifique. (Nous recommandons au lecteur une brochure de M. Finet, intitulée « de l'exploitation des canaux et des voies navigables », qui contient l'exposé de tout un système étudié à cet effet.)

4° Le tonnage moyen des voies navigables de quelque importance a atteint, durant ces dernières années, 440 000 tonnes. Celui de l'ensemble du réseau, en y comprenant même les voies d'ordre tout à fait secondaire, n'est pas descendu au-dessous de 350 000 tonnes. En France, le chiffre correspondant a été de 196 000 tonnes seulement en 1884 (281 000 tonnes pour les canaux et 144 000 tonnes pour les rivières).

Sur les chemins de fer, le tonnage moyen en 1881, pour les grosses marchandises, a été de 415 000 tonnes, chiffre inférieur à celui des voies navigables et peu différent de celui des chemins de fer français.

Le tonnage kilométrique total des voies navigables a atteint 700 millions de tonnes kilométriques. Celui des chemins de fer s'est élevé à 1 700 millions de tonnes kilométriques environ. La prépondérance des voies ferrées, sans être aussi grande qu'en France, n'en est pas moins très accusée au point de vue de la masse des transports.

5° Les combustibles minéraux forment en Belgique, de même qu'en France, le tiers environ du tonnage kilométrique total des voies navigables.

Ils fournissent une quote-part au moins égale du trafic de petite vitesse des chemins de fer Belges, tandis que chez nous la proportion ne dépasse pas 20 %.

6° Malgré les abaissements successifs des taxes pour le transport par rails des matières pondéreuses, malgré l'extrême modicité des tarifs actuels, les voies navigables sont parvenues à vivre et à prospérer.

Il y a là une situation spéciale qui doit être attribuée à la richesse minérale et à la fécondité industrielle de la Belgique. Nous n'avons en France qu'une région comparable, celle du Nord.

Tous ces faits, loin d'affaiblir nos conclusions de la page 347, viennent au contraire leur donner une éclatante confirmation.

20. Effets de la concurrence aux États-Unis d'Amèrique et au Canada. — Les États-Unis d'Amérique et le Canada possèdent un réseau de navigation d'un développement relativement considérable.

Sur le versant du Pacifique, trois fleuves importants, la Columbia, le Sacramento et le Salinas, viennent déboucher, le premier vers Pacific-City; le second dans la grande baie de San-Francisco ; le troisième dans la rade de Monterey.

Sur le versant de l'Atlantique, ainsi que l'exposent MM. Lavoinne et Pontzen dans leur ouvrage sur « les chemins de fer en Amérique », les voies navigables se rattachent à deux groupes principaux. Le premier de ces groupes est constitué au Nord : 1° par la ligne des grands lacs (lac Supérieur, lac Michigan, lac Huron, lac Érié, lac Ontario); 2° par le

Saint-Laurent, qui relie les lacs à Montréal et à Québec; 3° par l'Hudson, le canal Érié, le canal Champlain, le lac Champlain et la rivière Richelieu, qui les rattachent à New-York. Les ports de Duluth, sur le lac Supérieur; de Milwaukee et de Chicago, sur le lac Michigan; de Détroit, entre les deux lacs Erié et Huron; de Toledo, Cleveland et Buffalo, sur le lac Érié; de Toronto, sur le lac Ontario; de Montréal et d'Ogdensburg, sur le Saint-Laurent, font par voiliers et par vapeurs un trafic important de grains, de minerais et de charbons.

Le second groupe comprend le Mississipi et ses affluents, dont les principaux sont le Missouri et l'Ohio. Le Mississipi, qui coule à peu près du Nord au Sud, est navigable sur plus de 3 000 kilomètres à partir de Saint-Paul, point situé à proximité du lac Supérieur; il se jette dans le golfe du Mexique, à la Nouvelle-Orléans; au-dessous de Saint-Louis, il porte des bateaux à vapeur de 600 tonnes, calant 2 m. 50. Le Missouri est peu fréquenté, à cause des irrégularités de son régime; il débouche dans le Mississipi à Saint-Louis. L'Ohio a, au contraire, une navigation active de Pittsburg, au sud du lac Érié, jusqu'à son confluent avec le Mississipi, à Cairo.

Les deux groupes du versant de l'Atlantique communiquent entre eux par les canaux: 1° d'Illinois et Michigan, reliant l'Illinois, affluent du Mississipi, au lac Michigan et aboutissant sur ce lac à Chicago; 2° de Wabash-Erié, Miami-Érié, Ohio-Érié, réunissant l'Ohio au lac Érié, à Toledo et Cleveland.

MM. Lavoinne et Pontzen font d'ailleurs connaître qu'en 1881 il était question de réunir directement: 1° Chicago, sur le lac Michigan, à Toledo, sur le lac Érié; 2° le Great Kanawha, affluent de l'Ohio, à la rivière James, qui se jette dans l'Océan à Richmond (Virginie); 3° le Tennessee, affluent de l'Ohio, au Turtle River, qui aboutit au port de Brunswick (Géorgie). Actuellement ces lacunes sont comblées par des voies ferrées.

Mentionnons encore, dans les districts houillers de la Pennsylvanie, le canal de la Delaware à l'Hudson, le canal Morris, le canal de la Delaware à la baie du Raritan, la Delaware et le Lehigh canalisé.

Les conditions de navigabilité de ces voies naturelles ou artificielles sont très diverses. Voici à cet égard quelques renseignements extraits: 1° du rapport de mission de M. Malézieux sur « les travaux publics des États-Unis d'Amérique en 1870 »; 2° de rapports officiels des fonctionnaires américains.

Le Mississipi livre passage, au-dessous de Saint-Louis, comme nous l'avons déjà dit, à des steamers de 2 m. 50 à 2 m. 75 de tirant d'eau. Entre Saint-Paul et Saint-Louis, il présente, à Rock-Island et en amont de

Keokuk (à l'embouchure de la rivière des Moines), des rapides qui sont les derniers vestiges des barrages d'anciens lacs : ces rapides, infranchissables pendant les basses eaux, entravent de la manière la plus fâcheuse la navigation du fleuve et portent un grave préjudice aux cinq États agricoles du Haut-Mississipi, ainsi qu'aux États de l'Est, auxquels sont expédiés les produits de l'intérieur. Les glaces interrompent aussi la circulation pendant un délai qui, de 1865 à 1882, a varié de 0 à 70 jours et a été en moyenne de 30 jours à Saint-Louis. Bon an, mal an, la gêne par les glaces ou les basses eaux dure 126 jours, à la hauteur de Saint-Louis. Il est rare que la navigation soit suspendue au-dessus de Cairo.

Le Missouri est le cours d'eau le plus considérable du bassin du Mississipi. Les bateaux le remontent jusqu'à Fort-Benton, au pied des Montagnes-Rocheuses. Mais la navigation y est gênée, dans la partie supérieure, par de nombreux rapides, et dans la partie inférieure, par des bancs de sable et autres alluvions, par l'instabilité du lit qui se déplace parfois de plusieurs kilomètres en quelques semaines, et par la rapidité des courants.

L'Illinois a un certain nombre de hauts-fonds sur lesquels il y a moins de 0 m. 90 d'eau en étiage. Le canal d'Illinois à Michigan a un mouillage normal de 1 m. 83 ; mais ce mouillage était, par le défaut d'entretien, réduit à 1 m. 22 environ en 1870.

Sur l'Ohio, le principal obstacle à la navigation consiste dans les chutes de Louisville, qui, sur 5 kilomètres environ de longueur, présentent une pente totale de 8 m. et qui sont infranchissables pendant 300 jours en moyenne par année; on tourne ces rapides par le canal latéral de Louisville à Portland.

Les steamboats peuvent remonter l'Hudson jusqu'à Albany avec un tirant d'eau de 2 m. 85 ; entre Albany et Troy, point où débouche le canal Érié, les bateaux calent notablement moins.

La belle ligne des lacs Supérieurs au golfe Saint-Laurent, dont la longueur est de plus de 3 800 kilomètres, ne comporte que 114 kilomètres de navigation artificielle, à savoir :

	MOUILLAGE	TONNAGE des plus forts navires
	m.	t.
Canal du Sault-Sainte-Marie, entre le lac Supérieur et le lac Huron	3.25	2.000
Canal Welland, entre le lac Érié et le lac Ontario (chutes du Niagara)	3.12	400
Six canaux tournant les rapides du Saint-Laurent, en amont de Montréal	2.7	600

Les glaces y interrompent la navigation pendant près de 5 mois.

Le réseau des canaux de l'État de New-York, qui comprend principalement le canal Érié, le canal Champlain, le canal de la vallée Genesee et le canal du Chenango (sans parler de la rivière Hudson, du lac Champlain et des autres lacs), présente deux types, l'un à petite section (1 m. 22 de mouillage, 8 m. 54 de largeur au plafond) et l'autre à section moins réduite (2 m. 13 de mouillage et 17 m. 08 de largeur au plafond); le chargement maximum des bateaux y varie de 76 à 240 tonnes. Les glaces y interrompent la circulation comme sur les canaux du Canada.

En 1870, le nombre des canaux existant aux États-Unis était de 81; leur développement total était de 7 580 kilomètres; le nombre des rivières canalisées était de 16 et leur développement de 3 025 kilomètres. Les canaux appartiennent généralement aux États; cependant, il en est quelques-uns qui constituent des propriétés privées.

Nous ne croyons pas devoir multiplier davantage ces renseignements, qui suffisent à donner une idée du réseau des voies navigables, et nous passons immédiatement aux indications relatives aux résultats de leur exploitation commerciale.

a. Indications empruntées a l'ouvrage de M. Malézieux. — 1. *Mississipi*. — En 1867, 70 % du maïs, de l'avoine, de l'orge, du foin, du chanvre, du tabac et des porcs vendus à Saint-Louis et dont on estime la valeur totale à près d'un milliard, étaient venus par eau des cinq États du Haut-Mississipi. Mais les chemins de fer enlevaient une fraction croissante de ce trafic, à La Crosse, à Prairie-du-Chien, à Dunleith, à Rock-Island: ce détournement était principalement attribué à l'existence des rapides de Rock-Island et des Moines.

2. *Canaux de l'État de New-York*. — Ces canaux ne sont point concédés; mais il y est perçu des droits de navigation, dont le tarif varie de 0 c. 34 (pour les charbons, minerais de fer, pierres calcaires, sables, etc...) à 3 c. 42 par tonne et par kilomètre, et qui se sont élevés en moyenne à 1 c. 3 en 1869.

Le trafic se compose surtout de bois, céréales, matériaux de construction, charbons et minerais.

Le tonnage absolu, c'est-à-dire le nombre de tonnes transportées à toute distance, qui était de 1 520 000 tonnes en 1841, a atteint 4 510 000 tonnes en 1861 et 5 860 000 tonnes en 1869; sur ce dernier chiffre, 3 100 000 tonnes sont arrivées à la mer.

En 1853, M. Mac Alpine, ingénieur en chef des canaux, évaluait comme il suit le taux du fret comparé au prix de transport par rails:

Océan	long trajet	0 c. 5	
	court trajet	0 6 à 1 c.	9
Lacs du Nord	long trajet	0 6	
	court trajet	0 9 à 1	2
Rivières	Hudson	1 3	
	Saint-Laurent et Mississipi	0 9	
	affluents de ces deux fleuves	1 6 à 3	2
Canaux	canal Érié agrandi	1 2	
	autres canaux, de mêmes dimensions, mais plus courts	1 6 à 1	9
	canaux de plus petites dimensions	1 6	
	id° avec encombrement des écluses	1 9 à 2	5
Chemins de fer (pour les charbons)	conditions favorables d'établissement	1 9 à 3	1
	tracé et pentes peu favorables	3 9	
	fortes pentes	4 7 à 6	2

En moyenne, de 1856 à 1870, le prix de transport du blé, de Buffalo à New-York, a été de 3 c. 7 par tonne et par kilomètre; en 1870, il était de 3 c. 1.

De 1837 à 1869, c'est-à-dire pendant 33 ans, le tonnage des canaux de l'État de New-York à toute distance s'est élevé à 116 millions de tonnes;
les droits de navigation ont atteint.......... 492 millions de francs;
les dépenses de transport, déduction faite de ces droits, ont été de.................... 552 — —
les frais d'entretien et d'exploitation, de...... 147 — —
et le reliquat disponible sur les droits de navigation, de.......................... 345 — —
soit 10 millions environ par année.

Les dépenses de premier établissement, de 1817 à 1866, non compris les intérêts, se sont élevées à 324 millions.

Avant l'établissement des chemins de fer, le canal Érié avait le monopole des transports de l'Ouest; des Compagnies puissantes avaient tout à la fois des bateaux sur ce canal et des navires sur les grands lacs, et entretenaient dans les contrées de l'Ouest des représentants chargés de diriger les transports vers Buffalo ou Oswego. Lorsqu'il fut question de créer des voies ferrées parallèles au canal, l'État de New-York, redoutant la diminution de ses droits de navigation, n'autorisa tout d'abord la construction de ces voies nouvelles qu'à la condition d'en exclure le transport des marchandises. Cette restriction fut peu à peu atténuée; les

Compagnies de chemins de fer reçurent la faculté de transporter des marchandises pendant la période de chômage des canaux, moyennant paiement des droits imposés à la navigation; plus tard, elles obtinrent l'extension de cette faculté à toute l'année, puis l'exonération des droits pour les périodes de chômage; enfin, elles furent complètement émancipées, en 1851.

Le canal Érié a supporté la lutte, mais dans des conditions pénibles. Le climat le condamne, en effet, à chômer pendant 3 ou 4 mois de l'année; les chemins de fer, faisant concurrence au lac comme au canal, ont attiré dans leur orbite la marine de ces lacs et s'en servent pour accaparer le trafic; les courtiers d'affaires qu'entretenaient autrefois les Sociétés de batellerie dans les régions de l'Ouest ont disparu; enfin, les mariniers sont surchargés de matériel, depuis la guerre de sécession qui a temporairement concentré dans le Nord les relations de l'Ouest avec l'Atlantique.

Dès 1870, on admettait que les canaux devaient borner leur ambition à transporter les marchandises lourdes, encombrantes et de peu de valeur, les produits de l'agriculture, des forêts et des mines, et à servir de contrepoids au monopole des chemins de fer. On considérait même qu'ils ne pourraient suffire à cette tâche, sans améliorer leur exploitation, sans accélérer la vitesse de marche, sans substituer la traction à vapeur au halage. L'idée d'abaisser les droits de navigation était d'ailleurs repoussée, comme ne constituant qu'un remède illusoire et compromettant pour le Trésor.

Nous empruntons à M. Malézieux le tableau suivant, qui donne, pour les années 1859 à 1868, l'état comparatif du tonnage et du prix moyen de transport (droits compris) sur les canaux, sur le New-Central Railroad et sur l'Érié Railway :

ANNÉES	CANAUX (1.460 km. en 1869)		NEW-YORK-CENTRAL RAILROAD (954 km. en 1869)		ÉRIÉ RAILWAY (1.244 km. en 1869)	
	Tonnes à 1 km.	Prix payé	Tonnes à 1 km.	Prix payé	Tonnes à 1 km.	Prix payé
	millions	centimes	millions	centimes	millions	centimes
1859	870	2,10	251	6,66	235	6,78
1860	1.297	3,11	318	6,44	342	5,75
1861	1.382	3,37	379	6,12	402	5,41
1862	1.798	2,90	475	6,94	562	5,91
1863	1.654	2,74	499	7,30	646	6,53
1864	1.394	3,59	502	8,59	675	7,22
1865	1.350	3,44	424	10,34	622	8,62
1866	1.619	3,12	530	2,87	765	7,66
1867	1.533	2,81	579	7,91	880	6,38
1868	1.654	2,75	586	8,09	954	6,00
	14.551		4.543		6.083	

b. Indications empruntées a l'ouvrage de MM. Lavoinne et Pontzen. — L'ouvrage de MM. Lavoinne et Pontzen, ayant été publié en 1882, donne des renseignements récents qui complètent heureusement ceux de l'ouvrage de M. Malézieux.

On y voit, par exemple, qu'à Saint-Louis, malgré l'impulsion donnée à la navigation par l'amélioration de l'embouchure du fleuve, les transports par eau sont loin de se développer comme sur les chemins de fer. Les chiffres suivants en font foi :

Expédition des marchandises de Saint-Louis par eau et par rails.

ANNÉES	TONNAGE (1)		
	PAR EAU	PAR RAILS	TOTAL
1878	614.675	1.880.559	2.495.234
1879	677.145	2 285.716	2.962' 861
1880	1.037.525	2.755.680	3.793.205

Même dans la direction du Sud, qui est la plus favorable aux transports par eau, les chemins de fer transportent encore près de la moitié des marchandises expédiées.

(1) Les chiffres donnés par MM. Lavoinne et Pontzen paraissent être exprimés en tonnes des Etats-Unis, dont le poids est un peu supérieur à celui de la tonne française (1 016 kilogrammes au lieu de 1 000 kilogrammes).

A Chicago, la concurrence de la navigation sur les lacs n'a pas empêché les chemins de fer d'accaparer successivement le transport des farines, des produits animaux, des salaisons, des viandes fraîches et d'une grande partie du blé et du maïs. Les expéditions par eau et par rails de ce grand entrepôt vers l'Est ont été les suivantes, de 1878 à 1881 :

DÉSIGNATION des MARCHANDISES	ANNÉE 1878 TONNAGE		ANNÉE 1879 TONNAGE		ANNÉE 1880 TONNAGE	
	par eau	par rails	par eau	par rails	par eau	par rails
Grains	1.906.550	1.233.794	1.871.353	1.623.049	2.713.631	1.480.508
Produits animaux	35.837	1.164.259	32.866	1.288.771	74.839	1.420.438
Autres produits	36.617	493.004		574.450		674.298
	1.979.004	2.891.057	1.914.219	3.486.270	2.788.470	3.575.244

Le canal Érié, qui avait autrefois le monopole du transport des grains vers le port de New-York, en a été partiellement dépouillé. Voici d'ailleurs, pour la période de 1870 à 1880, quelles ont été les variations du tonnage absolu sur les canaux de l'État de New-York et sur trois des quatre Trunk-lines de cet État :

ANNÉES	CANAUX	NEW-YORK Lake-Érié et Western R. R.	PENNSYLVANIA R. R.	NEW-YORK Central et Hudson River R. R.
1870	6.467.888	4.532.056	4.884.208	7.100.294
1871	6.673.370	4.393.965	5.564.274	8.459.535
1872	6.364.782	5.522.724	6.777.652	9.998.794
1873	6.364.782	5.522 724	6.777.652	9.998.794
1874	5.804.588	5.759.672	6.990 250	9.118.419
1875	4.809.858	5.678.808	6.765.188	9.787.176
1876	4.172.129	6.510.508	6.488.184	10.600.547
1877	4.955.963	6.078.273	6.752.839	10.438.394
1878	5.171.320	7.889.389	6.721.724	11.627.228
1879	5.362.372	9.101,012	8 811.123	14.457.502
1880	6.462,290	10.576.754	9.445.392	16.311.568

Si, au trafic des trois Trunk-lines ci-dessus indiquées, on ajoutait celui de la quatrième, c'est-à-dire du Baltimore-Ohio, que nous n'avons pas exactement, on trouverait probablement pour l'ensemble des quatre lignes 46 millions de tonnes.

Ainsi de 1870 à 1880, tandis que le trafic des canaux n'augmentait pas, celui des chemins de fer se trouvait au moins doublé. La prépondérance des voies ferrées est d'autant plus marquée, qu'elles ont bénéficié de la presque totalité de l'augmentation des transports à long parcours et qu'en cinq années seulement, de 1873 à 1877, la distance moyenne des transports y a crû de 267 à 296 kilomètres.

On le voit, malgré l'abaissement des droits de navigation (1) et du taux total du fret qui était descendu à 1 c. 3 en 1880, les prévisions rapportées par M. Malézieux ont continué à se réaliser ; les voies navigables n'ont conservé l'avantage que pour les matières pondéreuses et de peu de valeur, comme les minéraux et les charbons.

Bien que la victoire soit restée aux chemins de fer, il s'en faut cependant que la concurrence ait été stérile : elle a conduit tout à la fois les Compagnies de railways à perfectionner leur exploitation pour la rendre plus économique, et la navigation à accomplir des progrès, dont le pays a largement bénéficié et bénéficiera surtout dans l'avenir.

La substitution progressive, sur les lacs, de steamers à vapeur jaugeant 2 400 tonnes aux voiliers de 600 tonnes au plus, l'augmentation de capacité des bateaux naviguant sur le canal Érié et l'Hudson (240 tonnes au lieu de 55 tonnes), et l'abaissement des droits de navigation sur le canal Érié ont, sinon provoqué à eux seuls, du moins puissamment contribué à déterminer de très importantes réductions de tarifs, comme le montre le tableau ci-dessous pour les blés :

ANNÉES	PRIX PAR HECTOLITRE DE BLÉ DE CHICAGO A NEW-YORK			
	Par eau	Par eau et sur rails	SUR RAILS	
			en moyenne pendant l'année	pendant la saison de navigation
	f.	f.	f.	f.
1868	3,54	4,06	5,96	—
1872	3.72	3,92	4,69	4,58
1878	1,41	1,60	2,48	2,15
1879	1,82	1,86	2,42	2.21
1880	1,85	2,20	2,74	2,56

Pendant la guerre de tarifs de l'été de 1881, le blé a été transporté de Chicago à New-York sur rails au prix de 1 fr. 01 l'hectolitre et, par eau, au

(1) D'après un renseignement que nous extrayons d'un rapport présenté par le commissaire du revenu de l'intérieur au Canada, pour l'année 1881, le taux du péage sur les canaux de l'État de New-York aurait été réduit en 1872 de 1/2 pour les blés, l'orge, le seigle, l'anthracite et le minerai de fer ; de 2/5 pour le maïs et l'avoine ; de 1/3 pour certains fers, le sel indigène et la houille bitumineuse.

prix de 0 fr. 91 : c'est à peine s'il restait un minime bénéfice aux mariniers ; quant aux chemins de fer, ils étaient en perte. L'entente s'étant rétablie entre les Compagnies au commencement de 1882, le prix de transport sur rails est remonté à 1 fr. 83.

MM. Lavoinne et Pontzen prévoyaient des résultats peut-être encore plus frappants pour les relations entre Chicago et Montréal, par suite de l'achèvement des canaux du Canada, dont le mouillage allait être porté de 3 mètres à 4 mètres 17 et où des bateaux de 1 500 tonnes devaient pouvoir circuler sans rompre charge.

Les améliorations réalisées sur le Mississipi et celles que l'on se proposait de réaliser entre la Nouvelle-Orléans et Saint-Louis leur paraissaient devoir amener des conséquences analogues pour les transports vers le golfe du Mexique.

c. Indications empruntées au rapport du commissaire du revenu intérieur au Canada pour l'année 1881 (1). — Dans son rapport du 1er mai 1882, M. Brunel, commissaire du revenu de l'intérieur au Canada, cite les chiffres suivants, comme représentant les variations progressives de la proportion entre le tonnage absolu des canaux de l'État de New-York et le tonnage absolu total de ces voies navigables et des chemins de fer concurrents :

1859.......	68,90 °/o	1873.......	34,97 °/o	1878......	27,19 °/o
1869.......	47,05	1874.......	31,74	1879.......	21,73
1870.......	38,95	1875.......	28.41	1880.......	25,12
1871.......	38,96	1876.......	24,62	1881.......	18,59
1872.......	40,12	1877.......	28,33		

En ce qui concerne spécialement les céréales expédiées à des ports de marée, la proportion a varié comme il suit :

1869......	54.50 °/o	1874........	38,7 °/o	1879........	26,6 °/o
1870.......	42,3	1875........	35,7	1880........	33,3
1871.......	45,6	1876........	27,»	1881........	18,3
1872.......	47,2	1877........	37,5		
1873.......	46,1	1878........	34,1		

Tandis que le trafic général sur les canaux restait à peu près stationnaire, il quintuplait presque en douze ans sur les chemins de fer.

Sur le canal Welland, le tonnage des céréales avait décru de 18 °/o, par

(1) Pour la conversion des mesures américaines, nous avons adopté les bases suivantes :

Un mille = 1 609 mètres ; une tonne = 1 016 kilogrammes ; un dollar = 5 fr. 18 ; un cent = 5 centimes 18.

rapport à 1869, pendant l'année finissant le 30 juin 1881 ; celui des marchandises lourdes (fers, houilles, minerais, sels) avait diminué de 52 %. Le mouvement de transit entre les ports des États-Unis sur le même canal s'était réduit de 83 % pour les céréales et de 56 % pour les marchandises lourdes.

Le tableau ci-après donne du reste la répartition des céréales entre les trois voies du canal Welland, des canaux de l'État de New-York et des chemins de fer de cet État pendant la période de 1869 à 1881 :

ANNÉES	CANAL WELLAND	CANAUX de l'État de New-York	CHEMINS DE FER	TOTAUX
	tonnes	tonnes	tonnes	tonnes
1869	503.860	1.302.613	1.087.809	2.892.282
1870	596.749	1.295.010	1.766.437	3.668.216
1871	668.076	1.850 198	2.205.589	4.723.863
1872	623.448	1.674.320	1.870.614	4.168.382
1873	540.050	1.745.171	2.036.992	4.322.212
1874	622.558	1.767.598	2.791.517	5.181.673
1875	511.990	1.305.550	2.343.241	4.160.781
1876	455.022	1.064.293	2.875.803	4.395.118
1877	406.567	1.408.984	2.493.683	4.309.234
1878	438.889	1 912.734	3.693.764	6.047.387
1879	422.725	1.833.399	4.353.617	6.609.741
1880	465.249	2.371.090	4.732.385	7.568.724
1881	415.365	1.116.561	4.983.722	6.515.648

d. Indications empruntées a un rapport de M. Joseph Nimmo, chef du bureau de la statistique au ministère des finances (1881). — M. Nimmo, chef du bureau de la statistique au Ministère des finances des États-Unis d'Amérique, a présenté, en juillet 1881, un rapport volumineux sur le commerce et la navigation et en a consacré une partie à la question de la concurrence entre les voies navigables et les voies ferrées. Nous avons cherché à en extraire les indications les plus importantes.

Suivant M. Nimmo, les lacs, rivières et canaux ont exercé une influence incontestable sur la tarification des chemins de fer, notamment pour les matières pondéreuses. Toutefois, cette influence est limitée par diverses causes, à savoir :

1° *Faible développement des voies navigables par rapport aux chemins de fer.* — Comme nous l'avons déjà indiqué, il n'y a, en fait, que deux lignes de navigation qui fassent une concurrence réelle aux voies ferrées, à savoir :

— pour les relations de l'Ouest vers l'Est, les lacs, le canal Érié et l'Hudson, d'une part; les lacs, les canaux du Canada et le Saint-Laurent, d'autre part;

— pour les relations du Nord vers le Sud, le Mississipi.

Or, la distance de Chicago à New-York, par eau, ne dépasse pas 1 400 milles, soit 2 250 kilomètres;

La distance de Chicago à Montréal, par eau, ne dépasse pas 1 260 milles, soit 2 025 kilomètres;

La distance de Saint-Paul à Saint-Louis, par eau, ne dépasse pas 600 milles, soit 965 kilomètres;

La distance de Saint-Louis à la Nouvelle-Orléans, par eau, ne dépasse pas 800 milles, soit 1 287 kilomètres.

Les chemins de fer ont, au contraire, un développement de plus de 100 000 milles ou de plus de 160 000 kilomètres; les 9/10 de la superficie des États-Unis n'ont pas d'autres moyens de transport.

2° *Infériorité au point de vue de la rapidité des transports.* — Aujourd'hui, la rapidité des transports est, dans beaucoup de cas, une nécessité commerciale de premier ordre; cette nécessité s'est accrue par l'établissement des lignes télégraphiques, par l'amélioration des communications postales, par la diffusion des cours des marchandises sur les principaux marchés, par les progrès dans les opérations financières. La régularité et la célérité des transports, comme les facilités de réception, ont plus d'importance qu'une faible différence de prix pour les marchandises de valeur; cette différence est d'autant moins appréciable que les frais de manutention et d'écritures restent les mêmes. Il faut descendre assez bas dans l'échelle de la classification pour que les voies navigables puissent offrir des avantages réels; leur influence ne devient sensible que pour les graviers, les minerais, les houilles et aussi les blés. Pour ces dernères marchandises, elles ont exercé une action salutaire sur les exportations.

3° *Limitation de la concurrence aux grands entrepôts.* — La concurrence ne peut s'exercer effectivement qu'aux grands entrepôts de Milwaukee, Chicago, Saint-Louis, Détroit, Toledo, Louisville, Cincinnati, etc., où se concentrent les relations entre l'Ouest et le Nord-Ouest d'une part, l'Est et le Sud d'autre part, et qui commandent les transports, soit sur les ports de l'Atlantique, soit vers la Nouvelle-Orléans dans le golfe du Mexique (1). Or, ces entrepôts sont desservis par les chemins de fer dans

(1) Nous signalons en passant le rôle important joué dans ces ports par les élévateurs, qui assurent l'aération, la conservation et le nettoyage du blé dans des conditions irrépro-

des conditions que nous indiquerons plus loin et qui sont très avantageuses pour le commerce. En 1880, sur un mouvement total de 400 millions de boisseaux de blé (35 à 36 litres), 80 % ont été mis en vente dans les entrepôts, 1/5 seulement a été expédié directement du centre de production pour l'Atlantique; 90 % des grains et 85 % des autres denrées qui ont atteint Chicago y ont été vendus; à Saint-Louis, les chiffres correspondants ont été de 90 % et de 97 %.

Reproduisons de suite les indications de M. Nimmo sur la répartition du trafic entre les voies d'eau et de fer, à Chicago et à Saint-Louis, en 1880 :

DÉSIGNATION DES MARCHANDISES	DÉSIGNATION des entrepôts	PROPORTION réexpédiée par eau	PROPORTION réexpédiée par rails
Farines et grains	Chicago	61 %	39 %
	Saint-Louis	49	51
Autres denrées	Chicago	10	90
	Saint-Louis	38	62

4° *Tarifs communs entre les Compagnies de chemins de fer.* — Les Compagnies de chemins de fer ont pu aussi restreindre l'action des voies navigables en instituant des tarifs communs, qui font, pour ainsi dire, un réseau unique des lignes dont elles sont concessionnaires; leur tendance, durant ces dernières années, a toujours été de s'entendre plutôt entre elles qu'avec la batellerie, pour les transports susceptibles de suivre, soit une voie mixte par rails et par eau, soit exclusivement la voie de fer. Les quelques dérogations à cette tendance qui ont pu être relevées s'expliquent presque toutes par une communauté d'intérêts entre les Compagnies de railways et de navigation (1).

L'avantage de ces tarifs communs pour le public est d'autant plus marqué qu'ils évitent les transbordements ou qu'ils n'imposent, au pis aller, que des transbordements beaucoup moins coûteux. Ils facilitent l'approvisionnement des régions de l'Ouest, qui peuvent échapper à l'intermédiaire des entrepôts. Ils permettent aux producteurs de choisir, sui-

chables. Nous mentionnons aussi les avantages de l'application qui y est faite, des warrants transmissibles par endossement, et qui rend les transactions aussi faciles que l'échange d'effets de commerce.

(1) Les fusions proprement dites entre les Compagnies de chemins de fer et les Compagnies de navigation sont extrêmement rares; mais les exemples de communauté d'intérêts sont plus fréquents.

vant les convenances du moment, les marchés sur lesquels sont dirigées leurs marchandises.

5° *Entente entre les Compagnies de chemins de fer et les Sociétés de navigation sur l'Atlantique.* — Souvent enfin, les Compagnies de chemins de fer ont conclu avec les Sociétés de navigation sur l'Atlantique des traités pour le transport des produits de l'Ouest vers les ports européens, au grand profit des producteurs auxquels la batellerie ne pouvait point offrir de tels avantages.

Quoique limitée comme nous venons de l'expliquer, la concurrence n'en a pas moins eu les meilleurs effets pour le commerce; elle a été un puissant stimulant pour les progrès de l'exploitation des chemins de fer et de la batellerie et pour l'abaissement des taxes. Voici quels ont été les prix de transport du boisseau de froment (1), entre Chicago et New-York, par les diverses voies, de 1868 à 1880 (2):

ANNÉES	LACS ET CANAL	LACS ET RAILS	RAILS	
			Saison de navigation	Surplus de l'année
	fr.	fr.	fr.	fr.
1868	1,31	1,51	»	2,22
1869	1,25	1,30	»	1,82
1870	0,91	1,14	»	1,73
1871	1,12	1,30	»	1,61
1872	1,38	1,46	1,69	1,74
1873	1,00	1,40	1,55	1,73
1874	0,74	0,87	1,39	1,49
1875	0,59	0,76	1,24	1,25
1876	0,50	0,61	0,62	0,85
1877	0,39	0,82	1,03	1,05
1878	0,52	0,59	0,80	0,92
1879	0,68	0,69	0,82	0,90
1880	0,69	0,81	0,95	1,02

Les prix portés à ce tableau sont des moyennes annuelles; pendant l'été de 1881, la guerre de tarifs des *Trunk-lines* a fait baisser les taxes par boisseau jusqu'à 0 fr. 37 par rails et 0 fr. 34 par eau; ces taxes mettaient certainement les Compagnies de chemins de fer en perte, et la batellerie elle-même ne pouvait les accepter qu'à titre temporaire pour conserver sa clientèle et ne pas immobiliser son matériel.

(1) Le boisseau est de 35 l. 235.

(2) Nous avons attribué, comme M. Malézieux, une valeur de 5 c. 18 au *cent* : ce chiffre est celui qu'indique l'Annuaire du bureau des longitudes.

Après avoir ainsi étudié, dans ses traits généraux, la concurrence entre les voies navigables et les voies ferrées, nous allons, avec M. Nimmo, serrer d'un peu plus près la question pour le Mississipi et la ligne de navigation des lacs vers l'Atlantique.

a. Mississipi. — Les chiffres suivants indiquent le rôle joué, en 1880, par le Mississipi, dans le mouvement général des transports :

— quantité de marchandises reçues de l'Ouest par les trunk-lines de l'Est et de l'Ouest. . . . . 11 684 000 tonnes.
— tonnage expédié de Saint-Louis vers l'Est. . . . 1 346 000
— tonnage total expédié de Saint-Louis vers le Sud, par rails ou par eau. 1 516 000
— tonnage expédié de Saint-Louis vers le Sud, par le fleuve. 834 000
— tonnage des produits des États de l'Ouest et du Nord-Ouest, exportés à la Nouvelle-Orléans (pendant l'année finissant au 30 juin 1880). . 322 000

soit 36 °/₀ du tonnage expédié de Saint-Louis vers le Sud par le fleuve, 21 °/₀ du tonnage total expédié de Saint-Louis vers le Sud par rails ou par eau, 23,9 °/₀ du tonnage expédié de Saint-Louis vers l'Est, et 2,8 °/₀ du tonnage total reçu par les trunk-lines de l'Est et de l'Ouest.

Pour les grains, en particulier, les expéditions de Saint-Louis se sont réparties comme il suit, de 1871 à 1880 :

ANNÉES	EXPÉDITIONS vers l'Est par rails	EXPÉDITIONS VERS LE SUD	
		Par eau	Par rails
	boisseaux	boisseaux	boisseaux
1871	2.154.065	4.563.973	1.322.427
1872	3.456.409	6.618.757	2.194.019
1873	2.065.660	5.920.687	1.874.386
1874	2.318.350	5.344.534	1.683.478
1875	2.658.470	3.260.035	1.871.022
1876	12.434.296	4.212.435	995.540
1877	6.570.520	5.601.403	1.079.982
1878	7.561.475	7.230.422	1.054.221
1879	8.227.465	8.596.952	1.360.036
1880	8.790.059	18.978.347	2.646.714

On voit que le rôle du Mississipi a considérablement grandi durant ces dernières années, pour le transport des grains; sur les 19 millions de boisseaux envoyés par eau à la Nouvelle-Orléans, 15 millions environ ont été exportés.

Néanmoins, Saint-Louis n'occupe encore que le troisième rang parmi les grands entrepôts des États-Unis. En effet, la récolte totale de ces États, en 1879, a été de. . . . . 2 705 millions de boisseaux, dont pour l'Illinois, le Wisconsin et les autres États du N.-O. . . . . 1 493 —

Les expéditions des entrepôts de Duluth, Milwaukee, Chicago, Peoria, Détroit, Toledo et Saint-Louis, ont été de. . 322 millions de boisseaux.

Sur ce total, Chicago compte pour 154 millions de boisseaux et Toledo pour 53 millions; Saint-Louis ne vient qu'après, avec 47 millions, dont 19 à destination de l'Est et 27 à destination du Sud (21 par eau et 6 par rails).

Quant au tonnage total des marchandises arrivées du Sud à Saint-Louis ou expédiées en sens inverse par le Mississipi, après s'être abaissé de 864 000 tonnes à 513 000 tonnes pendant la période de 1871 à 1876, il est remonté à 1 076 000 tonnes en 1880.

La concurrence du Mississipi et des voies ferrées de l'Est à l'Ouest, pour le transport des grains vers les ports maritimes, a entraîné des résultats surprenants au point de vue de l'abaissement des taxes. Les Compagnies de chemins de fer ont engagé une guerre de tarifs qui les a conduites, à un certain moment, à ne faire payer que 0 fr. 47 par boisseau de Saint-Louis à l'Atlantique (1). Ce prix les mettant en perte, elles se sont entendues vers 1878, et, du 1er janvier 1880 au 1er juillet 1881, la taxe moyenne était remontée à 1 fr. 24; elles préféraient, en effet, perdre une partie du trafic au départ de Saint-Louis que d'avilir leurs recettes pour le trafic beaucoup plus important des autres entrepôts vers l'Est. Depuis, la guerre a repris en 1881 et la taxe est redescendue à 0 fr. 47. Par le Mississipi, le fret coûte 44 c. et pourrait descendre à 21 c. Mais il convient d'observer que le prix de transport de la Nouvelle-Orléans à Liverpool est supérieur de 1/4 à celui de New-York à Liverpool.

b. Canal Érié. — Comme nous l'avons déjà relaté, d'après MM. Lavoinne et Pontzen, le canal Érié, qui était autrefois la seule voie importante de communication entre l'Est et l'Ouest, a été détrôné par les voies ferrées.

M. Nimmo donne un état complet du tonnage annuel sur les canaux de l'État de New-York et sur les principales lignes de chemins de fer en concurrence avec ces canaux, de 1855 à 1880. La partie de cet état qui se réfère à la période de 1870 à 1880 a déjà été reproduite page 392; nous

(1) La distance de Saint-Louis à New-York est de 1 710 kilomètres.

nous bornons à ajouter que, dès 1855, les canaux transportaient plus de 4 millions de tonnes, tandis que le tonnage des trois chemins de fer de New-York Central and Hudson River Railway, du New-York, Lake-Érié and Western-Railroad, et du Pennsylvania Railroad, ne dépassait guère 2 millions de tonnes.

Il résulte d'ailleurs des statistiques que, depuis plus de dix ans, New-York reçoit près de la moitié des grains expédiés vers les principaux ports (Montréal, Portland, Boston, Philadelphie, Baltimore, la Nouvelle-Orléans et New-York).

La concurrence a fait baisser progressivement le prix moyen de la tonne kilométrique, comme le montre le tableau ci après :

ANNÉES	Par le New-York Central Railway	Par l'Érié Railway	Par les Canaux de l'État de New-York	ANNÉES	Par le New-York Central Railway	Par l'Érié Railway	Par les Canaux de l'État de New-York
	c	c	c		c	c	c
1857	9,8	7,8	2,5	1876	3,3	3,4	2,2
1860	6,5	5,8	3,2	1877	3,2	3,»	1,8
1865	10,5	8,7	3,2	1878	2,9	3,1	1,3
1870	5,9	4,3	2,6	1879	2,5	2,5	1,5
1875	4,»	3,8	2,1	1880	2,8	2,7	1,6

La voie d'eau est encore sensiblement plus économique que la voie de fer, mais l'économie s'est notablement réduite depuis 1857. Aussi la proportion des transports de grains vers New-York par les canaux Érié et Champlain n'a-t-elle cessé de décroître, ainsi que le font voir les chiffres suivants :

1871	60,69 °/₀	1875	41,17 °/₀	1879	35,88 °/₀
1872	57,44	1876	34,12	1880	42,70
1873	48,83	1877	46,81		
1874	45,63	1878	41,81		

c. Indications empruntées a un article de fond du Railway-News, du 11 octobre 1884. — Le Railway-News a publié, dans son numéro du 11 octobre 1884, un article très étudié sur « la compétition des « canaux et des chemins de fer » La thèse développée dans cet article est celle de l'impossibilité de la lutte des voies navigables artificielles contre les voies ferrées. Elle est appuyée d'un grand nombre de faits, dont les principaux sont les suivants :

Sur 4 468 milles de canaux ayant coûté 214 millions de dollars, 1 953 milles auraient été abandonnés et le revenu de ceux qui ont été conservés ne couvrirait pas les frais d'entretien.

Le canal Érié, qui constitue l'entreprise la plus considérable, ne donnerait pas un produit net de plus de 1/5 °/₀ du prix d'établissement.

Le seul exemple d'un canal florissant serait celui du Delaware et Hudson, dont le sort est lié à de puissants intérêts miniers et à celui d'un grand réseau de voies ferrées.

En développant outre mesure ses canaux, l'État de Pennsylvanie aurait vu sa dette croître dans des proportions excessives et n'aurait évité qu'avec peine la banqueroute.

Les produits des voies navigables artificielles n'auraient pas dépassé, d'après les « Returns », les chiffres que voici pour l'année 1880 :

ÉTATS 1	LONGUEURS 2	DÉPENSES d'établissement ou DE RACHAT 3	RECETTES 4	DÉPENSES 5
	milles	dollars	dollars	dollars
New-York	608	68.229.416	1.239.448	1.099.974
New-Jersey	171	10.776.353	635.108	491.762
Pennsylvania	629	37.706.645	1.562.018	588.024
Delaware	14	3.730.230	201.783	62.245
Maryland	194	11.290.327	372.616	227.277
Virginia	44	4.042.363	104.048	71.632
N.-Carolina	13	300.000	8.000	3.000
Georgia	25	1.907.818	8.200	14.362
Florida	10	70.000	» »	» »
Louisiana	19	2.030.000	27.840	13.650
Texas	8	340.000	4.535	3.454
Illinois	102	6.557.681	107.605	125.601
Michigan	3	7.425.300	52.519	29.532
Ohio	674	15.022.503	214.891	223.643
Orégon	0,75	600.000	» »	»
TOTAUX	2.515,00	170.028.636	4.538.620	2.954.156

Bien que les prix portés à la colonne 3 représentent généralement les indemnités de rachat, dont le montant est notablement inférieur aux frais réels de construction, et qu'ils ne comprennent pas les subventions de l'État et des municipalités, le produit net ne ressort qu'à moins de 1 °/₀ du capital. Nous nous bornons à reproduire ces indications, en faisant observer qu'elles se réfèrent exclusivement à la rémunération directe des fonds engagés dans l'établissement des canaux.

f. OBSERVATIONS. — Nous pourrions multiplier ces renseignements;

mais ce serait dépasser les bornes qui s'imposent à une publication d'ordre général. Le lecteur qui voudrait se livrer à une étude plus approfondie de la question, pour les États-Unis, pourra se reporter au très intéressant rapport de M. Nimmo.

Les indications que nous avons fournies suffisent à mettre en lumière les faits suivants :

A. — En Amérique, comme en France, les voies navigables présentent dans leurs dimensions une variété regrettable; cependant, si l'on considère que le réseau américain comprend les grands lacs, le Saint-Laurent et le Mississipi, c'est-à-dire des voies de premier ordre, on reconnaîtra qu'il est supérieur au nôtre.

B. — Le tonnage des voies navigables s'est, en général, peu développé depuis quelques années (seul le Mississipi fait exception); leur part dans l'ensemble du trafic s'est progressivement réduite.

C. — Leur rôle s'est limité, comme dans tous les pays, au transport des matières pondéreuses et, en particulier, des grains qui doivent être rangés en Amérique parmi les marchandises de peu de valeur (1).

D. — La concurrence entre la voie d'eau et la voie de fer, combinée avec la concurrence des chemins de fer entre eux, a provoqué des abaissements considérables dans les tarifs; elle a en outre déterminé d'importantes améliorations dans l'exploitation des voies ferrées et des voies navigables.

Le public a largement bénéficié de cet abaissement et de ces améliorations, qui n'ont pas peu contribué à développer l'exportation vers l'Europe, notamment pour les grains.

21. Effets de la concurrence en Allemagne. — Nous venons d'entrer dans d'assez longs développements sur l'Angleterre, la Belgique et les États-Unis d'Amérique, dont le régime se rattache pour ainsi dire à trois types différents, à savoir :

— en Angleterre, concession des canaux et des voies ferrées;

— en Belgique, maintien des voies navigables et de la plupart des chemins de fer entre les mains de l'Administration;

— aux États-Unis d'Amérique, concession des voies ferrées et maintien des voies navigables entre les mains de l'État.

Nous ne dirons que quelques mots de l'Allemagne, dont le régime légal se rapproche beaucoup de celui de la Belgique.

Les canaux y sont très peu nombreux; leur longueur, dans tout l'Empire, ne dépasse pas 1 600 kilomètres, y compris le canal des Houillères de

(1) Les blés sont généralement transportés en vrac.

la Sarre, le canal de la Marne au Rhin et le canal du Rhône au Rhin, situés sur le territoire de l'Alsace-Lorraine (300 kilomètres). Les plus importants sont, indépendamment de ces trois derniers :

l'Elbinger Oberländischer Kanal.	196	kilomètres.
le Ludwigs Kanal.	177	—
le Finow Kanal.	58	—

Le trafic est, en somme, peu considérable et ne mérite pas que l'on s'arrête à l'étude du partage de circulation qui peut s'établir entre eux et les chemins de fer voisins.

Le champ d'action des voies navigables artificielles augmentera-t-il beaucoup dans l'avenir ? Des fluctuations paraissent s'être produites à cet égard dans l'opinion publique. Le Gouvernement lui-même, maître des voies ferrées, ne peut se montrer aussi favorable aux canaux que dans d'autres pays où ces voies de transport constituent, dans certains cas, un utile contrepoids au monopole des Compagnies. Cependant nous relevons, dans un mémoire du 30 janvier 1882 au Landtag prussien, l'indication d'un programme comportant l'ouverture de voies navigables nouvelles, dont la longueur atteindrait 1 200 kilomètres environ :

1° Canal du Rhin à la Meuse, se raccordant avec un tronçon hollandais;

2° Canal du Rhin au Weser et à l'Elbe, par Ruhrort, Heirichenburg (près Dortmund), Papenburg (sur l'Ems maritime), Neudorpen, Elsfleth (sur le Weser) et Vegesack (sur l'Elbe);

3° Canal de la Sprée à l'Oder, par Rüdersdorf, Kienitz et Schwedt (une autre communication existe déjà entre Berlin et l'Oder par le Harel et le canal de la Finow) :

4° Canal de l'Elbe à la Sprée, par Riesa et Capenick (un peu au-dessous de Berlin);

5° Canal de la mer du Nord à la Baltique, se détachant de l'Elbe vers Glückstadt, pour aboutir près de Kiel;

6° Canal de l'Elbe à la Trave, par Lauenburg et Lubeck, qui ne serait guère qu'un élargissement du canal existant de la Stecknitk;

7° Canal de Berlin à Rostock, sur le Warnow, près de son embouchure dans la mer Baltique;

8° Amélioration de la navigation de la Sprée, à l'intérieur et autour de Berlin.

Le Gouvernement prévoyait, en outre, l'éventualité de la canalisation du Mein au-dessus de Francfort et de l'établissement de deux canaux de Leipzig à l'Elbe et de l'Oder au Danube.

Une loi du 9 juillet 1886 a autorisé le Gouvernement à consacrer

88 750 000 francs : 1° à la construction d'un canal de navigation, reliant le Rhin, l'Ems, le Weser et l'Elbe inférieurs et moyens; 2° à l'établissement d'une voie navigable dans le cours supérieur de l'Oder, de l'embouchure de la Neisse à Cosel; 3° ainsi qu'à la création d'un port à Cosel. C'est un premier pas fait pour la réalisation du programme précédent.

Toutes ou presque toutes ces lignes nouvelles paraissent devoir être disposées de manière à livrer passage à des bateaux de fort tonnage.

Le mouvement sur les voies navigables naturelles est beaucoup plus considérable. Parmi les fleuves de l'Allemagne, il y a lieu de mentionner spécialement :

— le Rhin, qui est navigable à partir de Mannheim et qui dessert Mayence, Coblentz, Cologne et Düsseldorf, avant de pénétrer en Hollande où il débouche dans la mer du Nord;

— le Weser, qui se jette également dans la mer du Nord, près de Bremershafen, après avoir desservi le port de Brême;

— l'Elbe, qui descend de la Bohême vers Dresde, Magdebourg et Hambourg, et aboutit aussi à la mer du Nord;

— l'Oder, qui touche Breslau, passe non loin de Berlin et débouche à Stettin, dans la Baltique;

— la Vistule, qui a son embouchure dans le golfe de Dantzig;

— enfin, à l'extrémité nord, le Niémen, entre la frontière de Russie et la Baltique.

La navigation sur les fleuves allemands a fait, depuis quelques années, de notables progrès, grâce à l'extension du touage, au développement des transports par bateaux à vapeur, à l'amélioration et à l'organisation de la batellerie. Des syndicats se sont formés avec des agences, des bureaux de chargement, où sont reçues les demandes des expéditeurs et où se font inscrire les bateliers affiliés, dès qu'ils sont disponibles; ces associations jouissent de réductions de prix pour le touage; les encaissements, les réclamations, le règlement des comptes et des litiges, sont centralisés; le matériel est utilisé plus complètement et avec plus de méthode; les mariniers recueillent des bénéfices plus élevés, en même temps que le public profite de taxes réduites.

Les documents nous manquent, pour donner une statistique complète des transports par eau sur les fleuves que nous avons précédemment énumérés. D'ailleurs, lors même que nous disposerions de ces documents, nous considérerions comme inutile d'en faire une étude détaillée, après celle à laquelle nous nous sommes livré pour l'Angleterre, la Belgique et les Etats-Unis. Nous nous bornerons donc à quelques renseignements susceptibles de présenter un intérêt particulier pour le lecteur.

a. RHIN. — D'après une note de M. Baum, ingénieur des Ponts et Chaussées, insérée dans la chronique des Annales (juillet 1883), la part du trafic total de Mannheim revenant à la navigation du Rhin s'élevait à 39 °/₀ en 1875 et à 46 °/₀ en 1881.

Les articles pour lesquels le fleuve l'emporte sur le chemin de fer sont, notamment, la houille, le bois, le fer, les aciers, la soude, le pétrole, le café, etc.

M. Müller donne, dans un article de « l'Économiste français du 7 juin 1884 », des chiffres de tonnage qui attribueraient aux transports par la navigation une part bien plus considérable : en effet, suivant lui, le trafic à Mannheim, en 1881, aurait atteint 480 000 tonnes par la voie d'eau et serait resté au-dessous de 250 000 tonnes pour la voie de fer.

b. ELBE. — M. Baum évalue comme il suit les tarifs du chemin de fer et ceux des bateaux express ou des bateaux à marchandises, pour le transport de diverses matières entre Dresde et Hambourg (550 kilom.) :

	TARIF PAR RAILS (à la tonne)	TARIFS PAR EAU	
		Bateaux express (à la tonne)	Bateaux à marchandises (à la tonne)
	f	f	f
Céréales	28,90	12,50	6,90
Café	40,75	18.75	13,75
Vins	40,75	18.75	13,15
Guano	16,90	13,75	8,09
Denrées coloniales	40,75	20,00	12,50
Soude	28,90	13,75	10,65
Pétrole	40.75	»	11,65
Harengs	28.90	17.50	10,00
Fer brut	15,90	12,50	7,50
Mélasse	40,75	16,25	12,50

D'autre part, un rapport d'une commission du Comité consultatif des chemins de fer (M. Félix Faure, président, et M. Colson, secrétaire) indique comme limite du taux du fret sur le même parcours, en temps ordinaire, 14 à 17 fr., à la remonte, et 7 fr. 50 à 10 fr. 50, à la descente.

On voit quelle est l'économie assurée par la navigation, même à vitesse accélérée.

Aussi le mouvement de la navigation fluviale à Hambourg présente-t-il une grande activité. Parmi les documents que nous avons pu consulter à ce sujet, il en est deux qui concordent entre eux et dont nous extrayons les renseignements suivants : ce sont la note de M. Baum et l'article de M. Müller.

ANNÉES	ENTRÉES par terre et par mer (TONNAGE)	EXPÉDITIONS ET ARRIVAGES			
		PAR CHEMIN DE FER		PAR L'ELBE	
		Tonnage	p. °/₀	Tonnage	p. °/₀
	tonnes	tonnes		tonnes	
1851-1860 (moyenne)	1.597.783	132.080	8,3	203.205	12,7
1861-1870 —	2.334.371	270.497	11,5	308.337	13,1
1871-1875 —	3.586.727	341.221	15,1	327.409	9.0
1876-1880 —	4.789.311	1.111.845	23,2	624.609	13,0
1879	4.926.500	1.120.300	24,4	703.290	14,3
1880	5.546.040	1.289.596	23,3	824.541	14,4
1881	5.683.532	1.276.496	22,4	926.593	16,3

Si, au lieu de faire porter la comparaison sur le tonnage, on la fait porter sur la valeur des marchandises transportées, l'augmentation est plus sensible pour la voie d'eau : en effet, sa part qui n'était que de 7, 9 °/₀ en 1879 a atteint 11,2 °/₀ en 1881, alors que, pour la voie ferrée, le coefficient est resté de 35 °/₀ environ. La navigation fluviale l'emporte sur les transports par rails pour la houille, les céréales, le fer brut, le pétrole, la soude, les résines, les bois de teinture, le riz, etc... La tendance est aujourd'hui de confier à la batellerie, non seulement des marchandises pondéreuses, mais aussi des matières de prix.

Notons encore quelques données empruntées à l'article de M. Müller, sur le partage du trafic entre la voie d'eau et la voie de fer à Berlin :

ANNÉES	TONNAGE		QUOTE-PART DU TRAFIC PAR EAU
	PAR RAILS	PAR EAU	
	tonnes	tonnes	
1869	1.768.700	2.241.300	56,2 °/₀
1870	2.163.200	2.057.300	48,7
1871	2.260.700	2.540.300	53,0
1872	3.270.300	3.160.600	50,0
1873	» »	» »	» »
1874	5.438,400	3.187.900	36,9
1875	4.599.700	3.239.900	41,3
1876	5.427.800	3,058.000	36,0
1877	5.822.100	3.384.100	39,4
1878	5.041.000	3.086.300	37,8

Ce tableau montre que, depuis 1872, le mouvement sur les voies navigables qui desservent Berlin est stationnaire, tandis que la circulation par rails s'est au contraire notablement accrue.

Tels sont les seuls renseignements qu'il nous paraisse utile de consigner ici relativement à l'Allemagne, pour laquelle, nous le répétons, nous n'avons point voulu entrer dans une étude de détail.

On peut résumer ainsi la situation :

1° Les canaux sont peu nombreux et ne jouent qu'un rôle secondaire dans le mouvement général des transports. Le Gouvernement se préoccupe d'en établir de nouveaux ; néanmoins, en supposant réalisé le programme que nous avons mentionné, les voies navigables artificielles n'auront encore qu'un développement très faible relativement à celui des chemins de fer.

2° C'est surtout sur les fleuves que se portent les efforts de la batellerie. Cette industrie a fait de grands progrès durant ces dernières années et soutient honorablement la lutte sur le Rhin et sur l'Elbe.

CHAPITRE VI

DE LA CONCURRENCE

ENTRE LES CHEMINS DE FER ET LA NAVIGATION MARITIME

§ 1. — CABOTAGE.

1. Importance du cabotage. — La navigation maritime est un mode de transport plus redoutable, à certains égards, pour les chemins de fer que la navigation fluviale. C'est ce que nous allons examiner successivement pour le cabotage et pour la navigation au long cours.

Tout d'abord, en ce qui concerne le cabotage, si l'on multiplie pour chaque port le tonnage de sortie par le rayon d'expansion correspondant et si l'on répartit sur toute la longueur du littoral (1) la somme des tonnages kilométriques ainsi obtenus, on arrive aux résultats suivants :

Le petit cabotage de l'Océan et de la Manche représente un courant continu de circulation qui a atteint 347 120 tonnes en 1880, 352 640 tonnes en 1881 et 343 400 tonnes en 1882.

Le petit cabotage de la Méditerranée représente de même un courant de 220 630 tonnes en 1880, de 259 185 tonnes en 1881, et de 262 900 tonnes en 1882.

Quant au grand cabotage, c'est-à-dire aux relations par mer entre les côtes de l'Océan et les côtes méditerranéennes ou inversement, les chiffres similaires ont été de 80 780 tonnes en 1880, de 66 070 en 1881 et de 60 000 tonnes en 1882.

Ainsi, en définitive, l'intensité totale des courants de circulation littorale a été :

— en 1880, de 427 900 tonnes sur les côtes de l'Océan et de 301 410 tonnes sur les côtes de la Méditerranée ;

— en 1881, de 418 710 tonnes sur les côtes de l'Océan et de 325 255 tonnes sur les côtes de la Méditerranée ;

(1) La distance de Dunkerque à Bayonne est de 1 250 kilomètres; celle de Port-Vendres à Nice, de 410 kilomètres; celle de Dunkerque à Nice, de 4 360 kilomètres.

— en 1882, de 403 400 tonnes sur les côtes de l'Océan et de 322 900 tonnes sur les côtes de la Méditerranée.

2. **Trafic des voies ferrées en concurrence avec le cabotage.** — Or, il suffit de jeter les yeux sur la carte figurative du tonnage des voies ferrées, pour constater que les lignes suivant le littoral n'ont qu'un trafic très minime. A la vérité, ces lignes ne sont généralement pas les plus courtes pour les communications entre nos grands ports ; mais, si l'on cherche à analyser les éléments constitutifs du trafic des chemins plus directs rattachant ces ports les uns aux autres, on trouve que les relations de bout en bout sont peu importantes : ce fait tient, d'une part à ce que les besoins d'échanges se manifestent surtout entre le littoral et l'intérieur du pays, d'autre part à ce que les échanges entre les divers points du littoral trouvent dans la navigation des facilités et des avantages exceptionnels.

3. **Indications de détail sur le mouvement du cabotage.** — Avant d'étudier ces avantages, il ne sera pas inutile d'entrer dans quelques détails sur le mouvement du cabotage des principaux ports.

Voici un premier tableau donnant pour chacun d'eux, en 1884, les entrées et les sorties, le rayon moyen d'attraction (c'est-à-dire le rapport entre le tonnage kilométrique et le tonnage effectif des entrées), et le rayon moyen d'expansion (c'est-à-dire le rapport entre le tonnage kilométrique et le tonnage effectif des sorties) :

RANG d'importance	DÉSIGNATION DES PORTS	TONNAGE EFFECTIF Entrées	Sorties	Totaux	RAYON d'attraction (1)	RAYON d'expansion (1)
		t.	t.	t.	km.	km.
1	Marseille	238.384	279.413	517.797	139	197
2	Le Havre	128.532	235.434	363.986	264	202
3	Bordeaux	185.759	156.073	341.832	807	542
4	Dunkerque	78.713	171.157	249.870	756	753
5	Rouen	125.401	60.717	186.118	261	547
6	Nantes	79.294	42.058	121.352	483	385
7	Brest	82.914	35.101	118.015	521	403
8	Port-de-Bouc	22.184	81.724	103.908	57	59
9	La Rochelle	67.130	25.662	92.792	63	95
10	Cette	41.624	43.397	90.021	137	163
11	Boulogne	7.276	80.157	87.433	520	524
12	Arles	42.309	40.741	83.050	103	140
13	Cherbourg	40.022	36.049	76.071	234	221
14	Charente	21.314	51.385	72.699	134	100
15	Rochefort	31.624	37.753	69.377	196	73
16	Bayonne	31.279	14.140	45.419	776	630
17	Caen	35.530	9.853	45.383	88	109
18	Port-Vendres	27.506	11.696	39.202	234	199
19	Nice	25.604	10.190	35.794	231	200
20	Bastia	24.435	10.100	34.535	398	393
21	Honfleur	19.280	15.183	34.463	105	70

Le tonnage effectif total à la sortie, le tonnage kilométrique total et le rayon moyen d'expansion ou d'attraction pour l'ensemble de nos côtes ont été les suivants :

		TONNAGE effectif total en 1884	TONNAGE kilométrique total (2)	RAYON moyen d'action des ports (2)
		t.	t. k.	km.
Petit cabotage	Océan	1.394.062	474.000.000	340
	Méditerranée	568.587	94.000.000	166
	Ensemble	1.962.649	568.000.000	290
Grand cabotage		89.742	320.000.000	3.570
Petit et grand cabotage réunis		2.052.391	888.000.000	433

(1) Les chiffres consignés au tableau ci-dessus pour le rayon d'attraction et le rayon d'expansion sont ceux qu'indique l'album de statistique graphique du Ministère des travaux publics, publié en 1883 pour l'année 1882.

(2) Les chiffres indiqués pour le rayon moyen d'action des ports sont ceux que relate l'album de statistique graphique du Ministère des travaux publics, publié en 1885.

Ainsi le tonnage kilométrique total du cabotage s'élève à 8 % environ de celui du réseau des voies ferrées.

4. Prix des transports par cabotage. — Cette attribution d'une partie notable de notre trafic intérieur au petit et au grand cabotage s'explique par la modicité des prix des transports maritimes.

Il est fort difficile de donner des renseignements de quelque exactitude concernant ces prix. Car rien n'est plus variable que le taux du fret; rien n'est plus sensible aux effets de l'offre et de la demande : des bâtiments assurés d'avoir des cargaisons complètes, comme les charbonniers embarquant la houille du Nord et du Pas-de-Calais au départ de Dunkerque, feront le transport à un prix minime ; il en sera de même des navires pouvant prendre les marchandises comme fret de retour ou se rendant sur lest dans un port où les attend un chargement ; il en sera de même encore des bâtiments n'ayant qu'un chargement insuffisant et le complétant en cours de route. Au contraire, le prix s'élèvera si les expéditions se font par petites masses, si elles sont irrégulières, si les navires sans cargaison ou incomplètement chargés font défaut. Nous avons néanmoins cherché à nous procurer quelques indications approximatives. Voici des chiffres que nous avons pu recueillir, soit en nous adressant à l'obligeance des ingénieurs, soit en consultant nos notes personnelles :

PORTS de provenance	PORTS de destination	DISTANCE approximative	PRIX MOYEN par tonne	PRIX PAR TONNE kilométrique
		km.	fr.	
Dunkerque......	Le Havre.......	265	8 à 16 (1)	3c à 6c
—	Nantes..........	950	10 à 35	1 à 3,7
—	Bordeaux........	1.200	12 à 35 (2)	1 à 2,9
—	Marseille........	3.800	15 à 30 (2)	0c39 à 0c77
Rouen...........	Bordeaux........	1.150	14	1,2
Nantes..........	Dunkerque......	950	8 à 20	0c84 à 2c1
—	Le Havre........	830	10 à 16	1,2 à 1,9
—	Bordeaux........	1.080	8 à 15	0,74 à 1,4
Bordeaux........	Dunkerque......	1.200	10 à 35	0,83 à 2,9
—	Rouen..........	1.150	12 à 20	1 à 1,7
—	Nantes..........	1.080	8 à 15	0,74 à 1,4
—	Marseille........	3.250	10 à 20	0,31 à 0,62
Marseille........	Dunkerque......	3.800	20 à 35	0,53 à 0,92
—	Le Havre........	3.575	25 à 35	0,70 à 0,98
—	Rouen..........	3.700	20 à 50	0,54 à 1,35
—	Nantes..........	3.250	16 à 40	0,49 à 1,23
—	Bordeaux........	3.250	16 à 22	0,49 à 0,68

(1) Prix exceptionnel de 1 fr. 50 par tonne de morue.
(2) Abstraction faite de certaines marchandises d'une densité exceptionnellement faible.

Nous ne donnons, bien entendu, ces chiffres que pour ce qu'ils valent, c'est-à-dire à titre de simple indication approximative ; mais, quel que soit leur degré d'exactitude, ils suffisent à établir combien faible est le taux du fret, dès que le transport se fait à grande distance (1).

5. **Principaux éléments du trafic du cabotage.** — Les principales marchandises qui ont alimenté le grand et le petit cabotage en 1884 sont :

1.	Grains et farines	292 000	tonnes
2.	Matériaux de construction	287 000	—
3.	Vins	182 000	—
4.	Houille	176 000	—
5.	Pierres et terres servant aux arts et métiers	146 000	—
6.	Bois communs	139 000	—
7.	Sel marin et sel gemme	130 000	—
8.	Fers, fonte et aciers	109 000	—
9.	Futailles vides	38 000	—
10.	Eaux-de-vie	30 000	—
11.	Engrais	28 000	—
12.	Graines et fruits oléagineux	26 000	—
13.	Pierres ouvrées	20 000	—
14.	Fourrages (paille, foin, etc.)	19 000	—
15.	Fruits de table	19 000	—
16.	Pommes de terre et légumes secs	19 000	—
17.	Huiles de graines grasses	19 000	—
18.	Savons	18 000	—
19.	Ouvrages en métaux	17 000	—
20.	Poissons	16 000	—
21.	Coton	16 000	—
22.	Résines de pin et de sapin	15 000	—
23.	Bitumes	13 000	—
24.	Bois exotiques	13 000	—
25.	Poteries, verres et cristaux	12 000	—
26.	Soufre	11 000	—
27.	Sucre raffiné	11 000	—
28.	Tourteaux de graines oléagineuses	11 000	—

(1) Les frais de transport comprennent :

1° Les frais à terre, c'est-à-dire les frais de prise à quai et d'embarquement au port de départ, de débarquement et de mise à quai au port d'arrivée, de pesage au départ et à l'arrivée, de bâchage et de gardiennage à quai, de camionnage, ainsi que la rémunération du commissionnaire, quand il y a lieu ;

2° Le fret ou rémunération du transporteur ;

6. **Indications sur le trafic des principaux ports de cabotage.** — Nous récapitulons dans les deux tableaux ci-après, pour les ports de cabotage les plus importants :

1° Les ports avec lesquels ils ont le plus de relations ;

2° Les éléments dont se compose surtout leur trafic.

3° Les droits de port, quand ils ne sont pas compris dans le fret;

4° Les frais de courtage;

5° Les frais d'assurance maritime.

Voici, à cet égard, quelques renseignements qu'a bien voulu nous donner, pour le port de Dunkerque, M. l'Ingénieur en chef Guillain, aujourd'hui directeur de la navigation.

a. — Les chartes-parties stipulent presque toujours que la marchandise sera prise ou livrée par le capitaine sous palan, c'est-à-dire accrochée à la grue ou au palan du navire le long du quai. L'expéditeur et le destinataire n'ont donc à pourvoir qu'aux manipulations supplémentaires sur le quai; souvent le contrat donne aux capitaines des vapeurs la faculté de mettre la marchandise sur le quai, moyennant 1 fr. par tonne, afin de faire gagner du temps au navire.

Le pesage est généralement fait au départ et à l'arrivée; il a lieu par les soins de peseurs jurés, qui, bien que n'ayant pas de monopole légal, sont presque toujours employés, parce que leurs déclarations sont seules admises par le Tribunal de commerce.

Le bâchage n'est effectué que pour certaines marchandises, et plus souvent à l'arrivée qu'au départ, attendu que les marchandises séjournent plus longtemps.

La Compagnie du Nord ne perçoit aucune taxe supplémentaire pour les marchandises échangées par wagon complet entre les quais et la gare ou réciproquement; il n'y a de camionnage que pour les colis séparés et pour les marchandises en provenance ou à destination de la ville.

L'emploi des commissionnaires ne s'impose que si l'acheteur ou le vendeur n'habite pas sur place; la rémunération correspondante varie avec la concurrence que se font ces intermédiaires. Le taux moyen des frais à terre est le suivant, tant au départ qu'à l'arrivée :

Manutention sur le quai	1 fr.	25
Pesage	0	50
Bâchage	0	40
Commission	1	00
Gardiennage ou pertes par le vol (approximativement)	0	35
TOTAL	3 fr.	50

chiffre auquel il faut ajouter 2 fr. pour camionnage en ce qui concerne les envois partiels.

b. — Le cabotage de port français à port français ne paie pas de droit de quai à l'État; il est aussi le plus souvent exempté des droits de tonnage perçus en vertu de la loi du 9 mai 1866 sur la marine marchande.

c. — La rémunération des courtiers, conducteurs de navire, est fixée, pour le cabotage, à 2 °/₀ du montant du fret à l'arrivée et à 1 °/₀ au départ. Quand les armateurs sont sur place, ils peuvent éviter de recourir à ces agents.

d. — Le taux de l'assurance varie avec la nature du navire et avec le parcours; il est fixé au prorata de la valeur déclarée. Il est :

De 1 °/₀ par voilier et de 1/4 °/₀ par vapeur, pour les transports entre Dunkerque et le Havre;

De 1 à 1 1/4 °/₀ par voilier et de 1/2 °/₀ par vapeur, pour les transports entre Dunkerque et Nantes ou Bordeaux;

De 1 1/2 °/₀ par voilier et de 3/4 à 1 °/₀ par vapeur, pour les transports entre Dunkerque et Marseille.

e. — En résumé, les frais accessoires, tant à l'arrivée qu'au départ, grèvent, par exemple, de 13 à 14 fr. une tonne de conserves alimentaires transportée par vapeur de Nantes à Dunkerque et pour laquelle le prix de fret proprement dit serait de 22 fr., et de 6 fr. seulement la tonne de fonte transportée par voilier de Dunkerque à Nantes et pour laquelle le prix du fret serait de 10 fr. 50.

1° — Tableau des relations principales des ports de cabotage les plus importants en 1884.

PORTS D'EXPÉDITION ou de destination	SORTIES		ENTRÉES	
	Ports de destination	Tonnage	Ports d'expédition*	Tonnage
		tonnes		tonnes
Marseille	Cette	34.000	Port-de-Bouc	68.000
—	Bastia	28.000	Arles	30.000
—	St-Louis-du-Rhône	27.000	Cette	26.000
—	Arles	25.000	Dunkerque	17.000
—	Ajaccio	18.000	St-Louis-du-Rhône	16.000
—	L'Ile-Rousse	15.000	St-Tropez	10.000
—	Port-Vendres	15.000	Cannes	8.500
—	Dunkerque	13.000	Propriano	8.200
—	Nice	13.000	Bastia	7.000
—	Port-de-Bouc	13.000	La Nouvelle	5.200
—	Agde	10.000	Port-Vendres	5.000
—	La Nouvelle	9.600	St-Raphaël	2.800
—	Cannes	9.100	Bonifacio	2.700
—	Calvi	8.200	Agde	2.700
—	Bandol	7.600	St-Maxime	2.600
—	Nantes	7.600	Solenzava	2.600
—	St-Tropez	6.900	Nice	2.200
—	Bordeaux	6.100	Le Havre	2.000
—	Le Havre	5.200	Ajaccio	1.800
—	Toulon	4.800	Toulon	1.500
—	Propriano	3.600	Les Ambiers	1.400
—	Rouen	2.800	La Ciotat	1.400
—	Caen	2.000	Bayonne	1.200
—	Menton	1.700	Bordeaux	1.100
—	La Seyne	1.600	Lavandou	1.100
—	»	»	Calvi	1.000
Le Havre	Rouen	98.000	Rouen	33.000
—	Caen	26.000	Cherbourg	15.000
—	Bordeaux	19.000	Bordeaux	9.200
—	Pont-Audemer	16.000	Dunkerque	8.600
—	Dunkerque	11.000	Caudebec	8.400
—	Honfleur	11.000	Caen	7.900
—	Cherbourg	10.000	Honfleur	7.100
—	Morlaix	7.600	Marseille	5.200
—	Brest	5.200	Morlaix	4.200
—	Nantes	4.600	Lannion	2.400
—	Bayonne	3.700	Courseulles	2.400
—	Harfleur	3.500	Boulogne	2.200
—	St-Vaast	2.500	Hennebont	2.000

PORTS D'EXPÉDITION ou de destination	SORTIES		ENTRÉES	
	Ports de destination	Tonnage	Ports d'expédition	Tonnage
		tonnes		tonnes
Le Havre..........	Trouville..........	2.100	Trouville..........	1.900
—	Marseille..........	2.000	Bayonne..........	1.900
—	Caudebec..........	1.700	Port-Vendres..........	1.800
—	Granville..........	1.400	Pont-Audemer..........	1.700
—	Carentan..........	1.000	Carentan..........	1.600
—	»	»	Duclair..........	1.400
—	»	»	Granville..........	1.300
—	Libourne..........	21.000	Brest..........	1.100
Bordeaux..........	Dunkerque..........	23.000	Bourg..........	46.000
—	Nantes..........	18.000	Dunkerque..........	24.000
—	Rouen..........	16.000	Le Havre..........	19.000
—	Plaigne..........	16.000	Rouen..........	18.000
—	Le Havre..........	9.100	Nantes..........	13.000
—	Bourg..........	8.600	Brest..........	9.300
—	Pauillac..........	4.600	Pauillac..........	8.600
—	Royan..........	3.700	Marseille..........	6.100
—	Brest..........	3.500	Boulogne..........	6.100
—	St-Nazaire..........	3.400	St-Nazaire..........	5.600
—	Blaye..........	3.400	La Fosse..........	5.100
—	Lorient..........	2.900	Cette..........	3.100
—	La Fosse..........	2.200	La Rochelle..........	2.700
—	Paimpol..........	1.700	Lorient..........	2.400
—	Granville..........	1.700	Douarnenez..........	1.700
—	Pornic..........	1.200	Royan..........	1.300
—	Fécamp..........	1.200	Dieppe..........	1.200
—	Marseille..........	1.100	»	»
—	St-Martin..........	1.100	»	»
—	Brest..........	38.000	»	»
Dunkerque..........	Bordeaux..........	24.000	Bordeaux..........	23.000
—	Nantes..........	17.000	Marseille..........	13.000
—	Marseille..........	17.000	Cherbourg..........	12.000
—	Cherbourg..........	13.000	Le Havre..........	11.000
—	La Rochelle..........	12.000	L'Aiguillon..........	3.100
—	St-Nazaire..........	9.100	Nantes..........	2.800
—	Le Havre..........	8.600	Bayonne..........	2.500
—	Lorient..........	7.200	Lorient..........	1.100
—	Bayonne..........	6.200	Pont-l'Abbé..........	1.000
—	Granville..........	3.800	»	»
—	Quimper..........	3.300	»	»
—	Toulon..........	2.900	»	»
—	Port-Launay..........	2.200	»	»
—	»	»	»	»

PORTS D'EXPÉDITION ou de destination	SORTIES		ENTRÉES	
	Ports de destination	Tonnage	Ports d'expédition	Tonnage
		tonnes		tonnes
Dunkerque	Cette	1.700	»	»
—	Le Légué	1.100	»	»
—	Rochefort	1.000	»	»
Rouen	Le Havre	33.000	Le Havre	98.000
—	Bordeaux	18.000	Bordeaux	16.000
—	Honfleur	2.600	Marseille	2.800
—	Luçon	1.700	Honfleur	2.100
—	Blaye	1.300	Bayonne	2.100
Nantes	Bordeaux	13.000	Bordeaux	18.000
—	Brest	3.400	Dunkerque	17.000
—	Dunkerque	2.800	Boulogne	8.600
—	Le Palais	2.300	Marseille	7.600
—	Lorient	2.200	Le Havre	4.600
—	Plaigne	1.900	Noirmoutier	4.200
—	La Rochelle	1.800	Charente	2.900
—	L'Abrevach	1.200	Brest	2.100
—	Rochefort	1.100	Rochefort	1.600
—	Charente	1.000	Bayonne	1.400
—	—	»	Le Palais	1.300
—	—	»	Beauvoir	1.300
—	—	»	Bouin	1.100
—	—	»	Ile-d'Yeu	1.100
Brest	Bordeaux	9.300	Dunkerque	38.000
—	Port-Launay	6.900	Boulogne	20.000
—	Douarnenez	4.500	Le Havre	5.200
—	Nantes	2.100	Bordeaux	3.500
—	Audierne	1.800	Nantes	3.400
—	Camaret	1.200	Ars	2.800
—	Le Faou	1.200	Cherbourg	1.100
—	Le Havre	1.100	»	»
—	Ars	1.000	»	»
Port-de-Bouc	Marseille	68.000	Marseille	13.000
—	Granville	3.700	Giraud	6.900
—	Saint-Servan	2.300	Aigues-Mortes	1.300
—	La Ciotat	1.400	»	»
—	Port-Vendres	1.400	»	»
—	St-Louis-du-Rhône	1.300	»	»
La Rochelle	La Flotte	3.200	Dunkerque	12.000
—	Bordeaux	2.700	Charente	11.000
—	Saint-Pierre	2.500	Ars-en-Ré	9.100
—	Saint-Martin	2.200	Saint-Pierre	4.700
—	Ars-en-Ré	1.600	Loix	4.300

PORTS D'EXPÉDITION ou de destination	SORTIES		ENTRÉES	
	Ports de destination	Tonnage	Ports d'expédition	Tonnage
		tonnes		tonnes
La Rochelle	Paimpol	1.600	Saint-Martin	3.800
—	Le Château	1.600	Rochefort	3.100
—	Morgat	1.300	La Flotte	2.600
—	Saujon	1.300	Saint-Denis	2.300
—	»	»	Nantes	1.800
—	»	»	Marans	1.800
—	»	»	Le Château	1.300
—	»	»	Le Pouliguen	1.100
—	»	»	Boulogne	1.100
Cette	Marseille	26.000	Marseille	34.000
—	Cette	5.900	Barcarès	4.500
—	Bordeaux	3.100	Port-Vendres	2.200
—	Toulon	2.600	Dunkerque	1.700
—	Barcarès	1.700	»	»
Boulogne	Brest	20.000	»	»
—	Nantes	8.000	»	»
—	Saint-Malo	6.900	»	»
—	Bordeaux	6.100	»	»
—	Dieppe	5.600	»	»
—	Caen	4.800	»	»
—	Redon	4.300	»	»
—	Cherbourg	2.300	»	»
—	Le Havre	2.200	»	»
—	Chantenay	2.000	»	»
—	Fécamp	1.800	»	»
—	Honfleur	1,100	»	»
—	Bayonne	1.100	»	»
—	La Rochelle	1.100	»	»
Arles	Marseille	30.000	Marseille	25.000
—	Giraud	5.500	Giraud	12.000
—	La Ciotat	2.100	St-Louis-du-Rhône	3.000
—	St-Louis-du-Rhône	1.300	Saint-Tropez	1.300
Cherbourg	Le Havre	15.000	Dunkerque	13.000
—	Dunkerque	12.000	Le Havre	10.000
—	Calais	2.100	Boulogne	2.300
—	Tréport	1.800	Dielette	2.100
—	Brest	1.100	Pontrieux	1.900
—	»	»	Tréguier	1.400
—	»	»	Saint-Malo	1.300
Charente	Rochefort	15.000	Rochefort	16.000
—	La Rochelle	11.000	Saint-Pierre	3.100
—	Bayonne	3.300	Nantes	1.000
—	Marans	3.200	»	»

PORTS D'EXPÉDITION ou de destination	SORTIES		ENTRÉES	
	Ports de destination	Tonnage	Ports d'expédition	Tonnage
		tonnes		tonnes
Charente	Nantes	2.900	»	»
—	Saint-Pierre	2.100	»	»
—	La Flotte	1.800	»	»
—	Luçon	1.600	»	»
—	Redon	1.600	»	»
—	Les Sables	1.500	»	»
—	Saint-Martin	1.200	»	»
—	Le Château	1.200	»	»
Rochefort	Charente	16.000	Charente	15.000
—	Le Château	4.000	Saint-Pierre	2.700
—	Marennes	3.200	Marennes	1.700
—	La Rochelle	3.100	Saint-Denis	1.700
—	Vannes	2.000	Le Château	1.100
—	Saint-Pierre	2.000	Noirmoutier	1.100
—	Nantes	1.600	Nantes	1.100
—	»	»	Dunkerque	1.000
Bayonne	Dunkerque	2.500	Dunkerque	6.200
—	Rouen	2.100	Le Havre	3.700
—	Le Havre	1.900	Charente	3.300
—	Nantes	1.400	Marans	3.100
—	Marseille	1.200	Lannion	2.900
—	Morlaix	1.100	Pontrieux	2.100
—	»	»	L'Aiguillon	1.900
—	»	»	Les Sables	1,600
—	»	»	Boulogne	1.100
Caen	Le Havre	7.900	Le Havre	26,000
—	Harfleur	1.100	Boulogne	4.800
—	»	»	Marseille	2.000
Port-Vendres	Marseille	5.000	Marseille	15.000
—	Cette	2.200	Cette	5.900
—	Le Havre	1.800	La Ciotat	5.100
Nice	Cannes	4.200	Marseille	13.000
—	Marseille	2.200	Bastia	2.300
—	»	»	Saint-Louis	1.700
—	»	»	Saint-Tropez	1.500
—	»	»	Cassis	1.300
Bastia	Marseille	7.000	Marseille	23.000
—	Nice	2.300	»	»
Honfleur	Le Havre	7.100	Le Havre	11.000
—	Pont-Audemer	5.000	Rouen	2.600
—	Rouen	2.100	Tréguier	1.200
—	»	»	Boulogne	1.100
—	»	»	Trouville	1.100

2° — *Tableau des principaux éléments de trafic des ports de cabotage les plus importants (1883).*

PORTS d'expédition ou de destination	SORTIES	ENTRÉES
Marseille.	Grains et farines (92.000 t.), matériaux à bâtir, houille, futailles vides, savons, fruits de table, bois communs, soufre, vins, tourteaux de graines oléagineuses, fourrages, pommes de terre, bitumes, eaux-de-vie, engrais, poteries, métaux et machines, engrais, huiles, tissus, bière.	Houille (58.000 t.), vins, bois, sel, pierres et terres, matériaux à bâtir, métaux, futailles vides, sucre, huiles, poteries, bitumes, papier, tissus.
Le Havre.	Grains et farines (80.000 t.), coton, matériaux à bâtir, fruits oléagineux, houille, bois exotiques, vins, huiles, bois communs, peaux, futailles vides, pommes de terre et légumes secs, sucre, eaux-de-vie, tabacs, fers et aciers, suif, bitumes, plomb, café, drilles et chiffons, riz, engrais, savons, produits chimiques, semences, marrons, fruits de table, meubles, teintures, résines.	Matériaux à bâtir (47.000 t.), bois communs, vins, fromages, beurre, œufs, fourrages, légumes, savons, eaux-de-vie, grains et farines, tissus, cidre, fers et aciers, huiles, poissons, pommes de terre, résines, poteries, verres, cristaux, futailles vides, machines, papier, ouvrages en bois.
Bordeaux.	Vins (37.000 t.), bois communs, grains, houille, fruits oléagineux, sel, fourrages, matériaux à bâtir, résines, tabac, eaux-de-vie, fers et aciers, fruits, engrais, futailles vides, cuivre, soufre, poteries, verres et cristaux, huiles, bitumes.	Pierres et terres (44.000 t.), vins, matériaux à bâtir, fers et aciers, grains et farines, fonte, futailles vides, eaux-de-vie, poissons, ouvrages en métaux, sucre, café, sel, bois, engrais, huiles, tissus, fourrages, houille, poteries, verres et cristaux, sulfates, drilles et chiffons, savons, soufre.
Dunkerque.	Houille (47.000 t.), fers et aciers, fonte, eaux-de-vie, pierres et terres, engrais, sucre, ouvrages en métaux, produits chimiques, matériaux à bâtir, sucre, poissons, huiles, tissus, pommes de terre et légumes secs.	Pierres et terres (13.000 t.), vins, bois, grains et farines, tourteaux, résines, tabac, ouvrages en bois, coton, savons, engrais, graines et fruits oléagineux.

PORTS d'expédition ou de destination	SORTIES	ENTRÉES
Rouen.	Matériaux à bâtir (24.000 t.), produits chimiques, fers et aciers, pierres et terres, tissus, futailles vides, ouvrages en métaux, machines, papier	Grains et farines (50.000 t.), vins, bois, huiles, coton, graines oléagineuses, résines, savons, pommes de terre et légumes secs, plomb, cuivre, riz, suif, fruits de table.
Nantes.	Matériaux à bâtir (10.000 t.), fonte, engrais, pierres et terres, grains et farines, fers et aciers, futailles vides, poissons.	Pierres et terres (8.900 t.), vins, matériaux à bâtir, sel, fers et aciers, bois, fonte, engrais, alcalis, tabacs, poissons, eaux-de-vie, huile, sucre, savons, graines oléagineuses, résines.
Brest.	Vins (7.700 t.), matériaux à bâtir, bois, grains et farines, poissons, eaux-de-vie, pierres et terres, ouvrages en bois, futailles vides, fers et aciers.	Houille (29.000 t.), matériaux à bâtir, grains et farines, eaux-de-vie, fers et aciers, engrais, vins, sel, produits chimiques.
Port-de-Bouc.	Houille (50.000 t.), sel, matériaux à bâtir.	Sel (8.000 t.), houille, grains et farines.
La Rochelle.	Houille (5.900 t.), matériaux à bâtir, sel, futailles vides, bois, vins, pierres et terres.	Sel (20.000 t.), matériaux à bâtir, vins, cuivre, bois, eaux-de-vie.
Cette.	Vins (31.000 t.), matériaux à bâtir, bois, futailles vides.	Futailles vides (11.000 t.), fruits, vins, grains et farines, tourteaux, eaux-de-vie, soufre.
Boulogne.	Matériaux à bâtir (51.000 t.), pierres et terres, poissons, produits chimiques, fonte.	Sel (1.900 t.), pierres et terres, grains et farines.
Arles.	Houille (18.000 t.), matériaux à bâtir, ouvrages en métaux, fers et aciers, bois, bitumes, fonte, futailles vides.	Grains et farines (17.000 t.), sel, bois, cuivre.
Cherbourg.	Matériaux à bâtir (16.000 t.), pierres et terres, fers et aciers, engrais.	Grains et farines (16.000 t.), houille, matériaux à bâtir.
Charente.	Matériaux à bâtir (32.000 t.), pierres et terres, bois communs, houille.	Houille (9.000 t.), fers et aciers, vins, bois, matériaux à bâtir.

PORTS d'expédition ou de destination	SORTIES	ENTRÉES
Rochefort.	Houille (10.000 t.), pierres et terres, bois, fers et aciers.	Matériaux à bâtir (18.000 t.), sel, bois, vins, produits chimiques, houille.
Bayonne.	Résines (7.300 t.), sels, fers et aciers.	Grains et farines (15.000 t.), matériaux à bâtir, fers et aciers, fonte, pommes de terre et légumes secs.
Caen.	Matériaux à bâtir (6.500 t.).	Graines oléagineuses (7.400 t.), grains et farines, houille, coton, matériaux à bâtir, savons, poissons, peaux.
Port-Vendres.	Vins (5.300 t.), pierres et terres, futailles vides.	Grains et farines (7.000 t.), pierres ouvrées, matériaux à bâtir, fourrages, houille.
Nice.	Vins (2.000 t.), matériaux à bâtir.	Matériaux à bâtir (7.900 t.), bois, vins, houille, grains et farines, huile, sel.
Bastia.	Vins (2.500 t.), fonte, eaux minérales.	Grains et farines (11.000 t.), matériaux à bâtir, poteries, verres et cristaux, eaux-de-vie.
Honfleur.	Bois (9.700 t.), cidre.	Grains et farines (6.500 t.), matériaux à bâtir, graines oléagineuses, semences.

Nous ne voulons pas multiplier ces indications, peut-être trop longues déjà ; elles suffisent pour montrer l'importance relative du cabotage et pour guider le lecteur qui voudrait entrer plus avant dans l'étude de détail de la concurrence entre la navigation côtière et les transports par chemins de fer.

Il nous est impossible de rapprocher des tonnages ci-dessus énumérés, pour les relations par mer entre les divers ports, les tonnages correspondants pour les voies ferrées ; ce rapprochement exigerait des recherches statistiques, dont certains éléments font défaut, et qui seraient, d'ailleurs, extrêmement laborieuses.

Au surplus, les prix de fret que nous avons cités sont, pour la plupart, si minimes que les Compagnies ont peine à lutter avec quelque chance de succès, surtout pour les longs parcours.

7. Comparaison des distances par rails et par mer. — Les rails ont, il est vrai, dans presque tous les cas, l'avantage d'une moindre distance, particulièrement pour les échanges entre le littoral de l'Océan et celui de la Méditerranée.

Voici, à cet égard, quelques chiffres comparatifs :

PORTS DE PROVENANCE	PORTS DE DESTINATION	DISTANCE PAR MER	DISTANCE PAR RAILS (1)
Dunkerque	Le Havre	265 km.	362 km.
—	Nantes	950	705
—	Bordeaux	1.200	897
—	Marseille	3.800	1.157
Rouen	Bordeaux	1.150	701
Nantes	Dunkerque	950	705
—	Le Havre	830	507
—	Bordeaux	1.080	377
Bordeaux	Dunkerque	1.200	897
—	Rouen	1.150	701
—	Nantes	1.080	377
—	Marseille	3.250	667
Marseille	Dunkerque	3.800	1.157
—	Le Havre	3.575	1.089
—	Rouen	3.700	997
—	Nantes	3.250	977
—	Bordeaux	3.250	667

Mais cet avantage des chemins de fer est largement compensé par le prix beaucoup plus élevé du transport à distance égale.

8. Tarifs des voies ferrées en concurrence avec le cabotage. — Nous avons relevé dans le recueil Chaix et nous reproduisons ci-après les principaux tarifs par rails, pour les relations entre les divers ports (frais de gare compris) :

(1) D'après les itinéraires habituels des marchandises.

PORTS D'EXPÉDITION	PORTS DE DESTINATION	NATURE DES MARCHANDISES	DISTANCE (1)	PRIX
			km.	fr.
Boulogne.....	Nantes..........	Coprolithes	663	21,55
—	Saint-Nazaire....	—	727	24,15
Bordeaux	Calais..........	Vins et Vinaigres	781	
La Rochelle	Gravelines.......	—	à	35,00
Rochefort	Dunkerque......	—	893	
—	—	Eaux-de-vie	781 à 893	45,00
	Le Havre........	Produits métallurgiques		15,00
	Dieppe..........	—		14,00
	Fécamp.........	—		15,00
Boulogne	Trouville........	—	298	19,00
Calais	Honfleur........	—	à	19,00
Dunkerque	Caen............	—	900	19,50
	Cherbourg.......	—		23,50
	Saint-Malo......	—		28,50
	Brest...........	—		35,00
Boulogne.....	Le Havre........	Carreaux en faïence	321	18,00
—	—	Ciment	321	10,00
Caen	Boulogne........	Tourteaux	413	
Honfleur	Calais..........	—	à	14,00
	Dunkerque......	—	471	
Dieppe.......	Boulogne........	—	265	9,50
—	Calais..........	—	309	9,50
—	Dunkerque......	—	323	9,50
Boulogne.....	Le Havre........	Harengs, Morues	308	23,00
—	Caen............	—	447	25,50
—	Cherbourg.......	—	548	30,00
—	Honfleur........	—	410	25,50
—	Trouville........	—	397	25,50
Dunkerque....	Le Havre........	—	366	23,50
—	Caen............	—	475	26,00
—	Cherbourg.......	—	606	30,50
—	Saint-Malo......	—	773	40,00
—	Honfleur........	—	468	26,00
Dunkerque....	Le Havre........	Noir pour raffinerie, Noir pour engrais	379	15,00
Calais........	—	—	365	15,00
Boulogne.....	—	Sucre brut	321	16,50
Calais........	—	—	365	16,50
Dunkerque....	—	—	379	16,50
	Le Havre........	Alcools, Trois-six		25,00
Boulogne	Honfleur........	—	282	30,00
Calais	Dieppe..........	—	à	30,00
Dunkerque	Fécamp.........	—	897	30,00
	Caen............	—		30,00

(1) Les chiffres indiqués dans cette colonne sont ceux du recueil Chaix.

PORTS D'EXPÉDITION	PORTS DE DESTINATION	NATURE DES MARCHANDISES	DISTANCE	PRIX
			km.	fr.
Boulogne Calais Dunkerque	Saint-Lô........	Alcools, Trois-six	282 à 897	33,00
	Cherbourg.......	—		35,00
	Brest..........	—		45,00
	Saint-Malo......	—		41,00
Dunkerque....	Brest..........	Huiles de graines	913	45,00
Cherbourg....	Dunkerque......	Varechs	578	24,00
Le Havre.....	Boulogne........	Jutes	309	16,50
—	Dunkerque......	—	371	19,50
Boulogne Calais Dunkerque	Caen...........	Lins et Chanvres	473 à 733	37,00
	Cherbourg.......	—		42,00
	Brest..........	—		52,00
	Saint-Malo......	—		50,00
Dunkerque....	Brest..........	Fils de chanvre, de jute et de lin	931	65,00
Cette.........	Boulogne........	Vins, Vinaigres, Spiritueux	1064	69,00
—	Calais...........	—	1108	69,00
—	Dunkerque......	—	1116	69,00
Marseille......	Boulogne........	Cotons, Chanvres, Lins	1108	65,00
—	Calais...........	—	1152	65,00
—	Dunkerque......	—	1160	65,00
—	Boulogne........	Tourteaux	1108	35,00
—	Calais...........	—	1152	35,00
—	Dunkerque......	—	1160	35,00
—	Rouen...........	Soufre	1004	34,50
—	Dieppe..........	—	1040	35,75
—	Le Havre.......	—	1096	37,00
Cette.........	Rouen..........	Vins, Vinaigres, Spiritueux	1016	47,00
—	Le Havre.......	—	1108	50,00
—	Dieppe..........	—	1080	50,00
—	Fécamp.........	—	1102	50,00
—	Honfleur........	—	1112	50,00
—	Trouville........	—	1099	50,00
Marseille Nice	Le Havre........	Huiles	1075 à 1327	70,00 à 82,00
	Dieppe..........	—		
	Fécamp.........	—		
Marseille......	Rouen..........	Cotons bruts	1011	60,00
—	Le Havre........	—	1103	65,00
—	Dieppe..........	—	1075	65,00
—	Rouen..........	Laines	1011	83,00
—	Le Havre,.......	—	1103	89,00
—	Dieppe..........	—	1075	89,00
Cette.........	Rouen..........	—	1016	83,00
—	Le Havre........	—	1108	89,00
—	Dieppe..........	—	1080	89,00

PORTS D'EXPÉDITION	PORTS DE DESTINATION	NATURE DES MARCHANDISES	DISTANCE	PRIX
			km.	fr.
Marseille......	Rouen..........	Savons	1041	45,50
—	Le Havre........	—	1103	49,00
—	Dieppe..........	—	1075	50,00
—	Fécamp.........	—	1097	50,00
—	Honfleur........	—	1107	51,50
—	Trouville........	—	1094	51,50
Le Havre Dieppe Fécamp	Marseille........	Lames ou frises p' parquets	1025 à 1035	49,00
Fécamp.......	Arles...........	—	939 à 999	44,50
—	Marseille........	Planches, Madriers, Poutrelles	1025 à 1035	38,50
—	Arles...........	—	939 à 999	36,00
Le Havre Dieppe Fécamp	Cette...........	Lames ou Frises	981 à 1041	49,00
Fécamp.......	Cette............	Planches, etc.	981 à 1041	37,00
Marseille......	Brest...........	Céréales	1281	55,00
—	—	Savons	1316	53,00
—	Saint-Malo......	—	1148	53,00
—	Caen...........	—	1071	51,50
—	Cherbourg.......	—	1202	58,00
—	Caen............	Soufre	1039	35,00
—	La Rochelle......	Céréales	918	40,00
—	Rochefort.......	—	916	40,00
—	Nantes..........	—	966	40,00
—	Saint-Nazaire....	—	1030	40,00
Cette.........	Nantes..........	—	922	35,00
Marseille......	Saint-Nazaire....	Sucre brut	1030	32,00
—	Nantes..........	—	966	30,00
Nantes........	Cette............	—	922	36,00
—	—	Sucre en pains	922	44,00
—	Nice............	—	1190	68,00
Cette.........	Nantes..........	Vins, Vinaigres, Alcools	922	45,00
—	Saint-Nazaire....	—	986	45,00
—	La Rochelle.....	—	867	41,00
—	Rochefort.......	—	865	41,00
Marseille......	Saint-Nazaire....	—	1030	45,00
—	La Rochelle......	—	918	48,00
—	Rochefort.......	—	916	48,00
Toulon.......	Saint-Nazaire....	—	1097	50,00
—	La Rochelle.....	—	985	51,00
—	Rochefort.......	—	983	51,00
—	Saint-Nazaire....	Marchandises diverses	1219	49 à 116

PORTS D'EXPÉDITION	PORTS DE DESTINATION	NATURE DES MARCHANDISES	DISTANCE	PRIX
			km.	fr.
Marseille......	Nantes..........	Huiles, Savons, Bougies	966	50,00
—	Lorient.........	—	1155	58,00
—	La Rochelle.....	—	918	50,00
—	Rochefort.......	—	916	50,00
Nice..........	Nantes..........	—	1190	60,00
—	Lorient..........	—	1379	67,50
—	La Rochelle.....	—	1142	62,00
—	Rochefort.......	—	1140	62,00
Marseille......	Saint-Nazaire....	Savons et Bougies	1030	60,00
—	Lorient.........	—	1155	68,00
—	La Rochelle.....	—	918	50,00
—	Rochefort.......	—	916	50,00
—	Bordeaux........	Savons	640	38,50 à 44
—	Agde...........	—	188	12,00
—	Bayonne.........	Jutes	701	35,00
—	Bordeaux........	Soufre	640	20,00
—	Bayonne.........	—	701	26,00
Bordeaux	Marseille........	Engrais divers	640	22,50
Bayonne......	—	—	701	25,00
Bordeaux	—	Laines	630	30,00
—	—	Café, etc.	660	27,00
—	—	Bois de teinture	660	24,50
Marseille.....	Bordeaux........	Bitumes, etc.	660	20,00
Bordeaux.....	Marseille........	Riz, etc.	660	20,00
—	—	Bois, Fer, Suif, etc.	660	20,00
Marseille......	Bordeaux........	Toiles de Guinée	660	40,00
—	—	Bouteilles vides	660	29,50
—	Ports du Nord et du N.-O.	Marchandises diverses	»	37 à 100
Caen .... Dieppe.. ..... Fécamp........ Honfleur...... Le Havre...... Rouen......... Trouville.....	Marseille Cette	Fils	Distances diverses	49,00
Boulogne...... Calais......... Dunkerque.... Gravelines.... Saint-Valéry..	Marseille Cette	Fils	Distances diverses	50,00
Boulogne......	Marseille........	Vinaigres et Spiritueux	1114	53,35
—	Cette...........	—	1061	53,35
Calais........	Marseille........	—	1156	53,35

PORTS D'EXPÉDITION	PORTS DE DESTINATION	NATURE DES MARCHANDISES	DISTANCE	PRIX
			km.	fr.
Calais........	Cette...........	Vinaigres et Spiritueux	1103	53,35
Bordeaux.....	—	Marchandises diverses	486	20,00
—	Arles...........	—	573	20,00
—	Marseille........	—	640	20,00
—	Toulon..........	—	707	20,00
Marseille......	Bordeaux........	Bougies, Savons, etc.	640	27,00
Bordeaux.....	Marseille........	Vins, Vinaigres, Spiritueux	640	26,00
—	Boulogne........	Vins, Vinaigres, Spiritueux, Huiles	841	48,00
—	Calais..........	—	885	48,00
—	Dunkerque......	—	893	48,00
La Rochelle...	Boulogne........	—	749	48,00
— ...	Calais...........	—	784	48,00
— ...	Dunkerque	—	792	48,00
Rochefort.....	Boulogne........	—	737	48,00
—	Calais...........	—	781	48,00
—	Dunkerque.......	—	789	48,00
Bordeaux.....	Boulogne........	Fils	841	69,00
—	Calais...........	—	885	69,00
—	Dunkerque......	—	893	69,00
Dunkerque....	Bordeaux........	Sucres	893	55,00
Calais........	—	—	885	55,00
Boulogne.....	—	—	841	55,00
Bordeaux.....	Dunkerque.......	Matières résineuses	893	36,00
—	Calais..........	—	885	36,00
—	Boulogne........	—	841	36,00
La Rochelle / Rochefort	Dunkerque.......	—	737	36,00
	Calais...........	—	à	
	Boulogne........	—	893	
Dunkerque....	Bordeaux........	Plomb et Zinc	737	30,25
Calais........	La Rochelle.....	—	à	
Boulogne.....	Rochefort........	—	893	
Bordeaux.....	Dunkerque.......	Bois	893	29,00
—	Calais...........	—	885	29,00
—	Boulogne........	—	841	29,00
Le Havre.....	Bordeaux........	Marchandises diverses	786	50 à 80
—	La Rochelle.....	—	685	49 à 76
—	Rochefort.......	—	682	49 à 76
Dieppe.......	Bordeaux.......	—	758	58 à 84
—	La Rochelle.....	—	657	49 à 76
—	Rochefort........	—	654	49 à 76
Fécamp......	Bordeaux........	—	780	53 à 84
—	La Rochelle.....	—	679	49 à 76
—	Rochefort........	—	676	49 à 76

PORTS D'EXPÉDITION	PORTS DE DESTINATION	NATURE DES MARCHANDISES	DISTANCE	PRIX
			km.	fr.
Caen.........	Bordeaux........	Marchandises diverses	612	50 à 77
—	La Rochelle......	—	511	42 à 70
—	Rochefort.......,	—	508	42 à 70
Cherbourg....	Bordeaux........	—	743	50 à 80
— ...	La Rochelle......	—	642	50 à 80
—	Rochefort..	—	639	50 à 80
Trouville	Bordeaux........	—	643	50 à 80
—	La Rochelle.	—	542	43 à 73
—	Rochefort..	—	539	43 à 73
Brest.........	Bordeaux........	—	857	45 à 72
—	La Rochelle......	—	756	47 à 80
—	Rochefort........	—	753	47 à 80
Saint-Malo....	Bordeaux........	—	689	52 à 75
—	La Rochelle.	—	588	40 à 66
—	Rochefort..	—	585	40 à 66
Bordeaux.. ...	Brest......	Vins, Vinaigres, Spiritueux	857	28,50
—	Saint-Malo.......	—	689	30 à 33
—	Caen............	—	612	30 à 34
—	Cherbourg.......	—	743	30 à 34
—	Le Havre........	—	786	30 à 34
—	Rouen...........	—	694	30 à 34
—	Dieppe	—	758	30 à 34
—	Fécamp.........	—	780	30 à 34
La Rochelle Rochefort	Saint-Malo.......	—	585-588	33,00
	Caen............	—	508-511	34,00
	Cherbourg...	—	639-642	30 à 34
	Trouville........	—	539-542	34,00
	Honfleur.........	—	552-555	34,00
	Rouen...........	—	590-593	30 à 34
	Le Havre........	—	682-685	30 à 34
	Dieppe..........	—	634-637	30 à 34
	Fécamp.........	—	676-679	30 à 34
Rouen Le Havre	Bordeaux........	Huiles	694-786	32,00
	La Rochelle......	—	593-685	32,00
	Rochefort........	—	590-682	32,00
	Lorient..........	—	»	32,00
Cherbourg Honfleur	Bordeaux........	—	656-743	32,00
	La Rochelle.. ...	—	555-642	32,00
	Rochefort..	—	552-639	32,00
Dieppe Fécamp	Bordeaux........	—	758-780	32,00
	La Rochelle	—	657-679	32,00
	Rochefort........	—	654-676	32,00
	Lorient..........	—	»	32,00

PORTS D'EXPÉDITION	PORTS DE DESTINATION	NATURE DES MARCHANDISES	DISTANCE	PRIX
			km.	fr.
Saint-Malo	Bordeaux........	Huiles	689	32,00
	La Rochelle......	—	588	32,00
	Rochefort......	—	585	32,00
Rouen........	Bordeaux........	Acide stéarique, Stéarine	694	40,00
—	La Rochelle.....	—	593	37,00
—	Rochefort.......	—	590	37,00
Le Havre.....	Bordeaux........	—	786	40,00
—	La Rochelle.....	—	685	39,00
—	Rochefort.......	—	682	39,00
Rouen........	Bordeaux........	Suif	694	40,00
Le Havre.	—	—	786	40,00
Cette.........	Lorient.........	Marchandises diverses	1211	51 à 122
—	Saint-Nazaire....	—	1086	43 à 110
—	La Rochelle......	—	862	43 à 110
—	Rochefort.......	—	859	43 à 110
Marseille	La Rochelle.....	—	1067	45 à 110
—	Rochefort.......	—	1064	45 à 110
Toulon.......	La Rochelle.....	—	1134	49 à 116
—	Rochefort.......	—	1131	49 à 116
Nantes........	Cette...........	Conserves alimentaires	922	44,00
—	Marseille........	—	966	54,00
—	La Rochelle.....	Bois	181	11,00
—	Rochefort.......	—	216	11,00
—	Bordeaux........	—	423	15,00
—	La Rochelle.	Produits métallurgiques	181	14,00
—	Rochefort.......	—	216	14,00
—	Bordeaux........	—	423	20,00
—	—	Céréales, Grains	423	20,00
—	La Rochelle.....	Sucres	181	14,00
—	Rochefort.......	—	216	14,00
—	Bordeaux........	—	423	20,00
—	—	Brai, Résine, etc.	423	16,00
—	La Rochelle.....	Marchandises diverses	181	17,00
—	Rochefort.......	—	216	17,00
—	La Rochelle.....	Conserves alimentaires	181	14,00
—	Rochefort.......	—	216	14,00
—	Bordeaux........	—	423	20,00
La Rochelle...	Nantes..........	Produits chimiques	181	15,00
Rochefort.....	—	—	216	15,00
Nantes........	Bordeaux........	Engrais	423	16,00
Rochefort.....	Nantes..........	Bouteilles	216	18 00
Nantes........	Bordeaux........	Cordages, Chanvres	423	28,50
Bordeaux.. ..	Nantes..........	Prunes sèches	423	28,50

PORTS D'EXPÉDITION	PORTS DE DESTINATION	NATURE DES MARCHANDISES	DISTANCE	PRIX
			km.	fr.
Nantes........	Cette............	Céréales	1019	35,00
—	Bayonne........	—	746	30,25
Le Havre	La Rochelle Rochefort Bordeaux	Marchandises diverses	618 à 786	28 à 42
Dieppe			590 à 758	25 à 42
Fécamp			612 à 780	25 à 42
Cherbourg			569 à 743	25 à 42
Honfleur			488 à 656	25 à 42
Trouville			475 à 643	25 à 42
Rouen........	Bordeaux........	Produits chimiques, etc.	694	38,00
—	La Rochelle......	—	590	38,00
—	Rochefort.......	—	587	38,00
Le Havre.....	Bordeaux........	—	786	42,00
—	La Rochelle......	—	682	42,00
—	Rochefort.......	—	679	42,00
Bordeaux.....	Saint-Valéry.....	Tourteaux	782	26,40
—	Boulogne........	—	841	26 40
—	Calais...........	—	865	26,40
—	Dunkerque......	—	893	26,40
—	Gravelines.......	—	902	26,40
Brest.........	Bordeaux........	Céréales	857	27,50
Bordeaux.....	Saint-Malo......	Brai, Goudron, Résine, etc.	689	22,00
—	Brest...........	—	857	23,00
—	Caen............	—	612	26,50
—	Cherbourg.......	—	743	26,50
—	Trouville........	—	643	26,50
—	Rouen...........	—	694	26,50
—	Honfleur........	—	656	26,50
—	Le Havre........	—	786	26,50
—	Dieppe..........	—	758	26,50
—	Fécamp........	—	780	26,50
—	Brest...........	Produits métallurgiques	857	37,00
—	Nantes..........	Bois	416	12,00
Nantes........	Marseille........	Cordages	954	45,00
—	—	Fils de chanvre	954	50,00
Le Havre.....	—	Pièces de fonte	1085	50,00
Honfleur......	Arles............	Planches, Madriers, Poutrelles	950 à 994	36 à 44,50
Trouville.....	Marseille........	—	1036 à 1080	38,50 à 49
Caen.........	Cette...........	—	992 à 1036	37 à 49

En mettant les chiffres de ce tableau en regard de ceux que nous avons donnés, page 412, pour le fret maritime, on voit que, même avec des tarifs à base relativement modique et malgré leur avantage au point de vue de la distance, les Compagnies n'arrivent pas à abaisser leurs prix totaux de transport au niveau des prix de la marine. Il convient toutefois d'observer que les taxes par rails comprennent généralement, à l'inverse de la plupart des taxes par eau, les frais de chargement et de déchargement; mais il ne s'agit là que d'une somme minime.

9. Comparaison entre les voies ferrées et le cabotage, au point de vue de la durée des transports. — Les voies ferrées n'ont même pas une supériorité appréciable, en ce qui touche la durée des transports, attendu que leurs tarifs spéciaux sont subordonnés à des délais supplémentaires. Si elles arrivent néanmoins à prélever une quote-part du trafic, cela tient surtout à ce qu'elles ont pour elles la régularité, la fréquence des départs, la sécurité, et aussi à ce qu'elles se prêtent mieux aux envois par petites masses.

10. Action régulatrice du cabotage sur les tarifs de chemins de fer. — La concurrence du cabotage exerce ses effets, non seulement sur les côtes, mais encore dans une certaine zone le long du littoral. On comprend, en effet, que le bénéfice réalisé sur le transport par mer soit suffisant pour couvrir les frais d'un simple ou même d'un double transbordement et d'un transport supplémentaire, soit sur rails, soit par les fleuves, rivières ou canaux. C'est surtout vers la réduction de cette zone soumise à l'influence du cabotage que doivent tendre et que tendent en effet les efforts des Compagnies.

L'action régulatrice et modératrice de la navigation côtière s'étend ainsi à une distance souvent assez grande des ports de mer; sur certains réseaux, elle joue un rôle important dans la détermination d'un grand nombre de taxes. Elle est d'autant plus puissante que, depuis quelques années, la tendance des Pouvoirs publics est, sinon d'imposer aux Compagnies des tarifs uniformes s'appliquant indistinctement à tous les itinéraires suivis par une même marchandise, du moins de réduire les écarts des anciens tarifs. Tout abaissement pour les transports soumis plus ou moins directement à l'influence du cabotage réagit ainsi sur les autres transports similaires du réseau. D'un autre côté, les Compagnies, ne pouvant s'exposer à avilir outre mesure leurs recettes, sont souvent empêchées de réaliser, le long du littoral, des réductions de taxes qu'elles auraient pu consentir si elles avaient eu leur liberté d'allures; le cabotage conserve par suite des transports qu'avec un régime différent les chemins de fer auraient pu lui disputer.

11. Observations sur le maintien du trafic du cabotage. — Les considérations que nous venons d'esquisser sommairement expliquent comment le cabotage a pu échapper à l'affaissement qu'il pouvait tout d'abord redouter de la construction des chemins de fer. Les statistiques établissent qu'en 1861 il a porté sur un tonnage effectif total de 2 400 000 tonnes, chiffre un peu supérieur à celui des dernières années, mais qu'en revanche le tonnage kilométrique correspondant était seulement de 846 000 000 tonnes kilométriques, chiffre légèrement inférieur à celui de 1884.

La proportion des navires à vapeur a d'ailleurs augmenté. Il en résulte une diminution sensible dans le personnel des équipages ; en effet, les bâtiments à vapeur n'exigent pas pour leur manœuvre un aussi grand nombre de marins que les bâtiments à voiles, et, d'un autre côté, ils peuvent fournir un tonnage plus considérable pendant l'année. Le dommage qui en est résulté pour le recrutement de la marine militaire a été compensé par le développement de la pêche, à laquelle les chemins de fer ont ouvert des débouchés nouveaux.

12. Concurrence entre les voies ferrées desservant les divers ports. — Indépendamment de l'influence, en quelque sorte directe, que nous venons d'examiner, le cabotage en exerce une autre dont nous devons dire un mot. Lorsque les marchandises transportées par mer sont destinées à une ville située à l'intérieur des terres, il arrive fréquemment que cette ville est reliée par rails avec deux ou plusieurs ports. Les allongements de parcours sur mer n'amenant pas de variation sensible dans le taux du fret, le navire est, toutes choses égales d'ailleurs, dirigé vers le port pour lequel le prix de transport par rails sera le plus faible. Ainsi s'établit, entre les diverses lignes susceptibles de livrer passage à la marchandise, une lutte qui provoque nécessairement des abaissements de taxes et dont il serait facile de citer plus d'un exemple. Sans doute, ce n'est pas la seule considération qui soit mise en jeu pour le choix du port de débarquement ; il en est d'autres, telles que la destination des autres marchandises portées par le navire, les facilités d'entrée, celles de manutention, les ressources locales pour l'affrètement de retour, etc.... Cependant elle est souvent prépondérante.

Un phénomène du même ordre se produit quand plusieurs ports communiquent avec le lieu de destination, les uns par des voies ferrées, les autres par des voies de navigation intérieure. Pour conserver le trafic, les Compagnies sont contraintes à des réductions parfois considérables sur leurs tarifs.

13. Renseignements sur la concurrence dans le Royaume-Uni. — Il est des pays, comme le Royaume-Uni, où le développement des côtes rend la rivalité du cabotage beaucoup plus dangereuse encore pour les chemins de fer et où la navigation côtière est même le seul concurrent sérieux des Compagnies. M. Charles de Franqueville a consacré plusieurs pages de son livre sur « le régime des travaux publics en Angleterre » à l'étude de cette compétition (voir tome II, pages 357 et suivantes). Il signale des tarifs exceptionnellement abaissés, partout où la lutte est ouverte, par exemple de Londres à Margate ou à Ramsgate, de Liverpool à Glascow, de Londres à Aberdeen. Comme nous, il montre l'influence de la concurrence s'étendant en dehors des ports de départ et d'arrivée des navires : « Les transports entre l'Angleterre et l'Irlande se font, dit-il, « entre les divers ports des deux pays par plusieurs lignes de steamers, « dont quelques-unes appartiennent à des Compagnies de chemins de fer, « les autres à des entrepreneurs indépendants, et l'effet de la concurrence « se fait ressentir, non seulement sur le chiffre du fret, mais aussi sur le « prix des transports par les voies ferrées qui amènent les marchandises « dans les ports. Les prix de Manchester à Fleetwood, par exemple, « dépassent à peine ceux de Manchester à Preston, bien que la distance « soit plus considérable de 32 kilomètres..... Mais il faut remarquer aussi « que toute réduction dans les prix de transport des marchandises à des- « tination d'un certain point amène une baisse dans les tarifs des mêmes « marchandises expédiées vers ce même point des autres parties du pays, « de telle sorte que, si la navigation maritime réduit le prix des houilles « entre Newcastle et Londres, la même réduction se produit sur les tarifs « de transport entre les autres centres de production et Londres. Un des « témoins entendus dans l'enquête de 1872 sur les chemins de fer et dont « le comité parlementaire semble partager l'avis estime que la concur- « rence maritime exerce une influence plus ou moins directe sur les tarifs « des chemins de fer pour les trois cinquièmes des localités du Royaume- « Uni. »

Les Compagnies anglaises, profitant de ce que le Gouvernement intervenait rarement dans la construction des ports, sont parvenues à se rendre maîtresses d'un grand nombre d'entre eux ; dès 1874, elles en possédaient 43. Nous n'avons pas besoin d'expliquer quelle puissance elles avaient ainsi entre les mains pour lutter contre le cabotage. Cette situation avait paru assez préjudiciable à l'intérêt public pour amener le comité parlementaire de 1872 à demander que de nouveaux monopoles du même genre ne fussent plus constitués à l'avenir sans un sérieux examen.

§ 2. — NAVIGATION AU LONG COURS

1. Concurrence entre les voies ferrées desservant les divers ports. — Le fret pour la navigation au long cours est encore bien moins coûteux et bien plus indépendant du parcours que pour le cabotage. On comprend, dès lors, qu'il soit à peu près indifférent de faire arriver la cargaison à tel ou tel point du littoral et que, toutes choses égales d'ailleurs, l'on choisisse de préférence le port dont les relations avec le lieu de destination sont le plus économiques, soit que la distance par rails soit la plus courte, soit que le tarif ait une base plus faible, soit qu'il existe une voie de navigation intérieure. C'est ainsi que les marchandises en provenance d'Amérique et destinées à la consommation parisienne iront toujours débarquer au Havre, plutôt qu'à Brest, par exemple, malgré l'augmentation de leur trajet sur mer : elles seront, en effet, beaucoup plus près de Paris et pourront, d'ailleurs, remonter la Seine pour y arriver. C'est encore ainsi que les vins de la côte orientale de l'Espagne, de la Sicile, de l'Archipel et du Levant prendront la voie du Havre ou de Rouen de préférence à celle de Marseille ou de Cette, malgré les efforts de la Compagnie de Paris-Lyon-Méditerranée pour les attirer dans les ports méditerranéens.

Nous pouvons appuyer ce dernier exemple de quelques chiffres. La Compagnie de Lyon, désireuse d'alimenter sa grande artère de Marseille à Paris et de compenser, dans une certaine mesure, le préjudice résultant pour elle du phylloxéra et de la substitution des blés américains aux blés du Danube sur le marché français, a conclu, en 1879 et 1880, avec divers armateurs de Marseille et de Toulon, des traités pour le transport à Paris, vià Marseille, des vins à prendre dans les ports d'Alicante, de Valence, de Malaga, de Cadix, de Naples, et dans ceux de l'Adriatique, de la mer Ionienne, de la mer Noire, etc.... Elle a consenti des réductions considérables sur ses tarifs spéciaux entre Marseille et Paris. Néanmoins, elle n'a pu arriver au prix de la voie du Havre ou de Rouen, ainsi que l'établit le tableau suivant :

PORTS DE DÉPART	PRIX MOYEN par le Havre (1)		PRIX MOYEN par Rouen (2)		PRIX des traités P.-L.-M.
	En 1879	Fin 1880	En 1879	Fin 1880	
	fr.	fr.	fr.	fr.	fr.
Espagne	43.50	40,50	45.50	40,50	50 et 53
Sicile	46.50	43.50	48.50	43,50	53
Adriatique	48,50	45.50	50.50	45.50	58
Mer Noire	»	»	60,50	55.50	68

Aussi les traités ont-ils produit fort peu d'effet : du commencement de juillet 1879 à la fin de septembre 1880, soit pendant quinze mois, ils n'ont amené à Marseille que 13 400 tonnes de vins, alors que les documents de la douane ont accusé, pour le 1er semestre de 1880, des entrées de 52 000 tonnes de vin d'Espagne et d'Italie par le Havre et de 29 000 tonnes par Rouen, soit au total 91 000 tonnes, dont environ 55 000 sont arrivées à Paris. A la vérité, il faut un certain temps pour déplacer des courants commerciaux ; cependant l'expérience était déjà assez prolongée à la fin de 1880, pour démontrer le peu de succès de la tentative.

Au surplus, les avantages de délais offerts par la voie de Marseille n'étaient pas suffisants pour compenser les différences de prix qu'avait encore laissé subsister la Compagnie de Paris-Lyon-Méditerranée.

La Compagnie de Paris-Lyon-Méditerranée a également concerté avec la Compagnie hispano-française de navigation un tarif commun de 52 francs, pour le transport, viâ Cette, des vins de Valence et d'Alicante dirigés sur Paris-Bercy. Elle perçoit sur ce prix une part de 35 fr. 50, inférieure de 4 fr. à la taxe intérieure de Cette à Paris. Malgré cette réduction sensible, elle n'a pu attirer sur ses rails plus de 12 000 tonnes par an, alors que les arrivages par mer à Rouen se sont élevés en 1885 à 160 000 tonnes, dont 12 000 tonnes au plus de vins français et le surplus de vins à peu près exclusivement espagnols. En effet, le taux du fret d'Espagne à Rouen est descendu à 20 fr. et même moins, et le transport par la Seine de Rouen à Paris ne coûte que 7 fr. 50 environ.

Mais il est des circonstances où les communications existant entre les ports et le lieu de destination sont placées dans des conditions moins dissemblables et où la lutte s'engage sérieusement entre elles. Les houilles anglaises de Cardiff, par exemple, peuvent pénétrer dans la direction de

(1) Dont 11 fr. 50 pour la remonte de la Seine.
(2) Dont 8 fr. pour la remonte de la Seine.

Paris, soit par Dunkerque, soit par le Havre, soit par les ports intermédiaires et notamment par celui de Dieppe : aussi trouve-t-on dans le livret Chaix, à côté du prix de 5 fr. 25, sans les frais accessoires, soit 6 fr. 25 avec les frais accessoires, pour le transport de Rouen à Paris par les rails de l'Ouest (134 kilomètres) : 1° un prix de 7 fr., frais accessoires compris, pour le transport de Dieppe à Paris par les rails de la même Compagnie (166 kilomètres); 2° un prix de 7 fr. 40, frais de gare compris, pour le transport de Dunkerque à Paris par les rails du Nord (304 kilomètres). Ce dernier prix est également applicable aux itinéraires Calais-Paris (296 kilomètres) et Boulogne-Paris (252 kilomètres).

Le fait que nous venons de signaler n'est qu'un cas particulier de la concurrence entre les divers ports du Nord-Ouest, qui porte sur beaucoup d'autres matières et beaucoup d'autres itinéraires. En dépouillant le recueil Chaix, on y trouve un grand nombre de prix égaux ou à peu près égaux, malgré la différence des distances, pour le transport au départ de Dunkerque, de Calais, de Boulogne et du Havre, de l'acier, de l'amidon, des bois de construction ou de teinture, du café, des céréales, du chanvre brut, du coton, du cuir, des engrais, des farines alimentaires, des fers, de la fonte, des graines oléagineuses, de la houille et du coke, des jutes, des laines, de la potasse et de la soude, du riz, du savon, du sucre brut ou raffiné, des tissus, des vins, etc.... Les principaux parcours auxquels s'appliquent ces prix, pour les ports de Dunkerque et du Havre, sont ceux de :

Dunkerque à	Bâle et réciproquement	(725 kilom.).	
—	Batilly	(405)	—
—	Avricourt	(520)	—
—	Petit-Croix	(656)	—
—	Delle	(666)	—
—	Sarreguemines	(506)	—
—	Mulhouse	(621)	—
—	Colmar	(647)	—
—	Manheim	(664)	—
—	Nancy	(462)	—
—	Épinal	(536)	—
Le Havre à	Bâle	(756)	—
—	Batilly	(562)	—
—	Avricourt	(642)	—
—	Petit-Croix	(687)	—
—	Delle	(697)	—
—	Sarreguemines	(663)	—
—	Mulhouse	(723)	—

Le Havre à Colmar et réciproquement (766 kilom.).
— Manheim (771) —
— Nancy (585) —
— Épinal (629) —

La base des taxes descend jusqu'à 2 c. 8 par tonne et par kilomètre, pour les marchandises de peu de valeur.

Si, au lieu de se confiner dans nos frontières, on élargit le champ de ses investigations, on voit se produire des faits analogues, mais d'un ordre beaucoup plus général. On assiste notamment à une lutte sans merci entre les ports étrangers du Nord et nos ports du Havre et de Dunkerque, pour l'approvisionnement de l'Allemagne, de l'Alsace-Lorraine, de la Suisse et même d'une certaine zone du territoire français. Dans ce grand combat commercial, le jouteur le plus terrible est, sans contredit, le port d'Anvers, pour lequel la nature semble avoir tout fait. Ce port est dans une situation admirable, très avant à l'intérieur des terres; il a pour lui l'avantage de la distance aux grands marchés de l'Europe centrale; la Belgique, n'oubliant pas l'adage « Aide-toi, le ciel t'aidera », a consacré à son amélioration des sommes considérables; il commande un faisceau de voies de navigation intérieure qui le mettent en relation avec les frontières; il est desservi par un admirable système de voies ferrées; les moyens d'embarquement et de débarquement y sont des plus perfectionnés; l'État belge, qui exploite la plupart des chemins de fer du pays, applique au transit des taxes très modiques. Aussi la progression du tonnage du port d'Anvers a-t-elle été merveilleuse : de 1841 à 1883, c'est-à-dire en 42 ans, il est passé de 227 800 tonnes à 5 626 800 tonnes (tonnage effectif), sans compter la navigation fluviale. Pendant la même période, le tonnage du Havre ne s'est élevé que de 600 000 à 2 600 000 tonnes environ; celui de Dunkerque n'a guère atteint que 1 400 000 tonnes.

Nous ne saurions évidemment entrer dans l'étude de détail des tarifs de guerre provoqués par la concurrence entre les ports du Havre, de Dunkerque, d'Anvers, de Rotterdam, d'Amsterdam, de Brême, de Hambourg. Cette étude a été faite récemment par une commission du Comité consultatif des chemins de fer, qui l'a résumée dans des tableaux fort intéressants. Il nous suffira de dire qu'au départ d'Anvers pour la Suisse, ou inversement, on trouve des taxes dont la base descend exceptionnellement à moins de 1 c. 6.

Il serait facile de multiplier les exemples. Mais ceux que nous avons choisis mettent assez en lumière l'influence de la navigation au long cours sur les tarifs de chemins de fer; ils montrent suffisamment ce fait, déjà signalé à propos du cabotage, que le taux minime du fret et la modicité de ses variations, quand la distance augmente, créent une véritable concurrence de la navigation maritime contre les chemins de fer et provoquent inévitablement des réductions de taxes sur les itinéraires reliant au lieu de destination les divers ports susceptibles de recevoir les marchandises. Comme nous l'avons déjà fait remarquer, ces réductions en entraînent d'autres pour les relations continentales et exercent ainsi une action indirecte sur l'ensemble de la tarification des transports par rails.

2. **Concurrence directe avec les chemins de fer.** — Il est un genre spécial de navigation au long cours, qui, du moins, est classée comme telle dans les statistiques officielles, mais qui est bien plutôt de la navigation côtière et à laquelle s'applique ce que nous avons dit du cabotage. Telle est la navigation entre les côtes d'Espagne et celles de la France. Nous avons cité incidemment deux espèces, en rappelant : 1° les traités passés par la Compagnie de Paris-Lyon-Méditerranée avec des armateurs de Marseille et de Toulon, pour attirer à Marseille les vins d'Alicante, de Valence, de Malaga et de Cadix ; 2° le tarif commun concerté entre la Compagnie de Paris-Lyon-Méditerranée et la Compagnie hispano-française de navigation, pour le transport des vins de Valence et d'Alicante à Paris. Voici une autre espèce qui se rattache aux deux précédentes : les Compagnies espagnoles, la Compagnie du Midi et celle de Paris-Lyon-Méditerranée, voulant lutter contre le cabotage, pour le transport des vins d'Espagne vers Port-Vendres, La Nouvelle, Agde, Cette et Marseille, ont concerté des tarifs communs comportant, par exemple, les prix suivants :

Tarragone	à Cette (453 km.).	Prix 15 fr. 50.	Base 3 c. 10
—	à Marseille (635 km.).	— 20 fr.	— 2 c. 91
—	à Bordeaux (782 km.).	— 36 fr. 50.	— 4 c. 48

Le fret de Tarragone à Cette coûte de 12 à 14 fr. Cette faible différence a suffi pour maintenir sur la voie maritime la plus grande part du trafic : de mars 1879 à 1880, en effet, le cabotage a importé en vins d'Espagne dans les ports ci-dessus indiqués 190 000 tonnes, alors que le chemin du Midi n'en a pas fait entrer par Cerbère plus de 35 000 tonnes, dont 20 000 à destination de Perpignan et de Rivesaltes ne pouvaient lui échapper.

Les Compagnies d'Orléans et du Midi ont institué de leur côté un tarif commun, qui permettait aux vins espagnols de venir d'Hendaye à Paris (811 kil.) au prix de 42 fr., frais accessoires compris. Ce tarif n'a pas produit les résultats que l'on en attendait. En effet, les vins espagnols peuvent s'embarquer au port de Pasajes et arriver à Paris au prix moyen de 30 fr. En 1885, le chemin de fer n'a pu recueillir à Hendaye que 28 800 tonnes, tandis que la voie maritime en prenait 52 000 (1).

A fortiori le chemin de fer ne peut-il lutter contre la navigation pour les vins d'Italie, dont le transport par eau jusqu'à Paris ne coûte pas plus de 40 fr. et se paie souvent beaucoup moins. Les entrées par Modane ne dépassent pas 10 000 à 12 000 tonnes, alors que le Havre reçoit 80 000 tonnes, dont 30 000 sont réexpédiées à Paris, par eau ou par rails.

§ 3. — CONCLUSIONS

Nous bornons là les indications générales qu'il nous a paru utile de donner au lecteur. La question est, en effet, moins complexe et surtout moins controversée que celle de la navigation intérieure et ne saurait comporter les mêmes développements. Personne n'a jamais contesté l'opportunité de tirer le meilleur parti possible de la voie maritime. Personne, non plus, n'a jamais nié l'utilité de faire dans les ports les travaux d'amélioration nécessaires pour en augmenter la sécurité, pour en faciliter l'accès, pour y rendre les opérations plus rapides et moins coûteuses. Si un débat a pu s'ouvrir, cela n'a été que sur le meilleur emploi des deniers publics, sur l'opportunité de concentrer les ressources du budget, au lieu de les éparpiller outre mesure. Mais c'est là une discussion qui ne porte nullement atteinte au principe même, pour lequel les Pouvoirs publics ont toujours témoigné tant de sollicitude.

Tout se réduisait donc pour nous à rechercher les effets de la concurrence entre les chemins de fer, d'une part, la navigation maritime et en particulier le cabotage, d'autre part.

Les résultats qui se dégagent de l'expérience sont, en résumé, les suivants :

1° L'importance du trafic par le cabotage a peu varié ; le tonnage des marchandises a même diminué ; mais cette réduction a eu pour contre-partie un accroissement dans le rayon d'expansion ou d'attraction des ports, de telle sorte que le tonnage kilométrique s'est légèrement relevé.

Cette stagnation de l'industrie du cabotage tient non seulement à ce que

(1) Les Compagnies d'Orléans et du Midi, désireuses de concurrencer plus efficacement la navigation, viennent de demander et d'obtenir l'homologation d'un tarif commun qu'elles ont concerté avec la Compagnie du Nord de l'Espagne, et sur lequel il leur est attribué une part de 30 francs, pour le transport de la frontière à Paris.

les chemins de fer ont seuls profité de l'essor considérable des transports, mais aussi à ce que les courants commerciaux sont surtout dirigés du littoral vers l'intérieur du pays ou inversement.

2° La navigation côtière a exercé une grande influence sur les tarifs applicables aux voies ferrées qui desservent les mêmes besoins commerciaux.

Cette influence s'est fait sentir manifestement dans une zone assez étendue le long du littoral. Elle a même réagi sur l'ensemble de la tarification des chemins de fer.

3° Le prix du fret augmentant très peu avec la distance, le cabotage et, dans une mesure plus large encore, la navigation au long cours ont déterminé entre les voies de communication reliant les ports aux centres de consommation une concurrence qui a provoqué des abaissements de taxes profitables au commerce et à l'industrie. Cette rivalité s'est d'ailleurs manifestée au delà comme en deçà de nos frontières; elle constitue un stimulant énergique pour inciter les Administrations de chemins de fer à perfectionner leur exploitation, à accélérer leurs transports et à les rendre plus économiques.

Tels sont les faits les plus saillants.

On remarquera que nous avons envisagé exclusivement le trafic de petite vitesse. A peine avons-nous besoin d'en indiquer la raison en deux mots.

Elle est la suivante :

D'une part, les marchandises destinées à être transportées comme articles de messagerie, après leur débarquement ou avant leur embarquement, ne peuvent jamais donner qu'une fraction trop minime de la cargaison des navires pour déterminer le port de transbordement.

D'autre part, l'itinéraire des voyageurs est commandé, tantôt par le même motif, tantôt, et le plus souvent, par des considérations de convenance devant lesquelles disparaît celle du prix total de transport.

Nous n'avions donc point à tenir compte du trafic de grande vitesse, même pour la navigation au long cours, la seule qui ait à le desservir.

CHAPITRE VII

DE LA CONSTRUCTION ET DE L'EXPLOITATION

PAR L'ÉTAT OU PAR LES COMPAGNIES

§ 1. — OBSERVATIONS PRÉLIMINAIRES ET HISTORIQUES

1. **Observations préliminaires.** — De toutes les questions à traiter dans cet ouvrage, il n'en est pas une qui ait provoqué autant de discussions dans la presse ou à la tribune du Parlement, qui ait fait éclore autant d'écrits, que celle du meilleur système à adopter pour la construction et l'exploitation des chemins de fer. L'abondance des arguments invoqués à l'appui des divers régimes, la variété des solutions qui ont prévalu dans les différents pays, les changements mêmes survenus dans la ligne de conduite de plusieurs Gouvernements étrangers, montrent combien le problème est complexe et difficile. Nous devons l'examiner aussi brièvement que possible.

Si l'on consulte les faits accomplis, soit en deçà, soit au delà de nos frontières, on voit que les combinaisons mises en pratique se réduisent à quatre types :

1° Construction et exploitation par l'État;

2° Concession à des Compagnies, avec ou sans le concours financier de l'État;

3° Construction par l'État et exploitation par des Compagnies fermières;

4° Construction par des Compagnies et exploitation par l'État.

De ces quatre combinaisons, la dernière constitue une véritable exception et ne se réalise que dans des circonstances spéciales, au sujet desquelles nous n'aurons pas à entrer dans de longs développements.

La troisième est, à divers point de vue, un cas particulier de la première et parfois de la seconde.

Le débat porte donc presque exclusivement sur le choix entre le régime de la construction et de l'exploitation par l'État ou pour le compte de l'État et celui de la concession. A peine avons-nous besoin d'ajouter que l'élément dominant de la discussion est celui de l'exploitation : car la période de premier établissement est essentiellement temporaire, et, de plus, l'État est souvent conduit à exécuter une partie des travaux, à titre de subvention, lorsqu'il concède les voies ferrées à des Compagnies.

2. Variations de l'opinion publique en France, au sujet du régime des chemins de fer. — *a.* ORIGINE ET PÉRIODE DE 1837 A 1848. — Avant d'entrer dans l'examen des raisons qui militent en faveur des divers systèmes, il ne sera pas inutile de rappeler en quelques pages les origines et les développements progressifs du régime actuellement en vigueur en France. Nous pourrons le faire d'autant plus sommairement qu'au début de cet ouvrage nous avons donné un court historique de la constitution du réseau national : au surplus, le lecteur désireux d'avoir plus de détails pourra se reporter à notre histoire des chemins de fer français.

C'est en 1837 que la question fut pour la première fois soulevée et débattue avec une certaine ampleur devant la Chambre des députés. Les opinions et les tendances les plus opposées se manifestèrent à la tribune: l'exécution par l'État avait ses apôtres; l'industrie privée avait aussi ses prosélytes; enfin les partisans d'un système mixte, se rapprochant plus ou moins de l'affermage, tel qu'on le conçoit aujourd'hui, étaient fort nombreux. L'accord ne put s'établir et les travaux furent ajournés malgré les efforts du Gouvernement, dont les tendances, peut-être trop dissimulées, étaient pour l'exécution et l'exploitation par l'État.

Une Commission extraparlementaire, instituée par le Ministre des travaux publics à la suite de cet échec, se prononça pour un système mixte, mais se divisa sur la délimitation entre le rôle de l'État et celui de l'industrie privée. Plusieurs membres de la Commission voulaient réserver à l'État les lignes présentant un intérêt politique ou militaire; les autres, au contraire, ne voulaient lui laisser que celles qui ne feraient pas l'objet d'offres acceptables de la part des Compagnies.

Le 15 février 1838, le Ministre saisit de nouveau la Chambre de la question, par le dépôt d'un projet de loi tendant à décider en principe la construction par l'État de quatre chemins de fer reliant Paris à Douai, Lille à Valenciennes, Paris à Rouen, Paris à Orléans et Avignon à Marseille. L'exposé des motifs de ce projet de loi, rédigé par M. Legrand, directeur général des Ponts et Chaussées et des Mines, traitait avec une grande autorité du choix entre l'exécution par l'État, sauf affermage ultérieur, et la remise de la construction et de l'exploitation à l'industrie privée. Les principaux motifs invoqués pour justifier la proposition du Gouvernement étaient : 1° la nécessité de n'appliquer que des taxes modiques, en cherchant une partie de la rémunération des capitaux dans le progrès général de la richesse publique; 2° l'opportunité de ne porter aucune atteinte à l'autorité de l'État sur la tarification; 3° l'importance politique et militaire des nouvelles voies de communication; 4° les doutes à concevoir sur la capacité de l'industrie privée pour des entreprises si considérables et les spéculations dangereuses auxquelles ces entreprises pourraient donner naissance; 5° les traditions françaises, qui avaient toujours attribué à l'Administration les travaux exigeant de grands efforts et de grands capitaux. L'auteur de l'exposé des motifs ajoutait que l'industrie privée aurait un aliment suffisant, un champ d'action assez étendu, dans l'établissement des lignes secondaires.

Arago, rapporteur, conclut au rejet des propositions du Gouvernement. Suivant lui, l'Administration, malgré la science et le zèle de ses ingénieurs, ne pouvait ni apporter l'économie nécessaire dans l'exécution, ni gérer convenablement l'exploitation, dont le caractère commercial était incompatible avec la rigueur et la minutie du formalisme administratif. Il jugeait, en outre, souverainement imprudent d'ouvrir si largement le grand-livre de la dette publique pour faire face aux dépenses des travaux. Quant à l'éventualité de l'affermage de l'exploitation, si elle était de nature à lever les objections relatives à l'inaptitude de l'État, en revanche elle devait forcément restreindre les droits du Gouvernement sur la tarification et faire disparaître ainsi l'un des motifs principaux invoqués à l'appui du projet de loi. Toutes les préférences d'Arago étaient pour la concession des chemins de fer, en stipulant dans le cahier des charges les clauses propres à assurer la complète exécution des contrats et à empêcher l'agiotage. De l'ensemble du rapport se dégageait d'ailleurs l'impression d'un scepticisme peu mitigé, au sujet de l'utilité des voies ferrées.

Le projet de loi fut éloquemment défendu par M. Martin, ministre des travaux publics, par M. Jaubert, par Lamartine et par M. Legrand. Mais il succomba sous les coups de M. Duvergier de Hauranne, de Berryer et d'Arago.

L'œuvre de la constitution de notre réseau était, une fois de plus, paralysée. Suivant l'exemple de son prédécesseur, M. Dufaure, ministre des travaux publics, crut devoir recourir aux lumières d'une Commission extraparlementaire qu'il institua vers la fin de 1839.

Comme sa devancière, cette Commission émit l'avis qu'il convenait d'écarter tout système exclusif et que la construction des chemins de fer devait être confiée, soit à l'État, soit à l'industrie privée, suivant les circonstances, l'état du crédit, l'importance politique ou commerciale des lignes. Elle exprima en outre l'opinion que, dans la plupart des cas, le rôle de l'Administration pourrait se borner à l'exécution de la partie la plus aléatoire des travaux, c'est-à-dire de l'infrastructure. Toutefois elle conseilla de réserver à l'État certains chemins, tels que celui de Paris à la Belgique, qui pouvait exercer une influence prédominante sur la fortune du pays.

Cet avis contenait le germe de la loi mémorable du 11 juin 1842, qui décida l'établissement des grandes lignes destinées à relier : 1° Paris à la frontière de Belgique, au littoral de la Manche, à la frontière d'Allemagne (par Nancy et Strasbourg), à la Méditerranée (par Lyon, Marseille et Cette), à la frontière d'Espagne (par Tours, Bordeaux et Bayonne), à l'Océan (par Tours et Nantes) et au centre de la France (par Bourges) ; 2° la Méditerranée au Rhin (par Lyon, Dijon et Mulhouse) ; 3° l'Océan à la Méditerranée (par Bordeaux, Toulouse et Marseille). Aux termes de cette loi, l'infrastructure devait être faite par l'État ; la superstructure et la fourniture du matériel roulant incombaient à la Compagnie à laquelle l'exploitation serait confiée, mais devaient lui être remboursées à l'expiration du bail. Les départements traversés et les communes intéressées avaient à payer les deux tiers des indemnités dues pour les terrains et bâtiments à acquérir. Le système inauguré par la loi de 1842 était donc un système mixte, mettant en jeu le concours de l'État, des localités et de l'industrie privée pour l'exécution des travaux et donnant à bail l'exploitation. L'art. 2 de la loi prévoyait l'éventualité de concessions. en vertu de lois spéciales : c'était une satisfaction donnée, pendant le cours des débats, aux partisans convaincus, comme Berryer, de la supériorité des Compagnies sur l'État, même pour la construction.

La loi de 1842 n'avait pas été votée sans une longue discussion à la Chambre des députés et à la Chambre des pairs. Son principal champion avait été Dufaure, qui en avait arrêté les bases comme Ministre des travaux publics et auquel étaient ensuite échues les fonctions de rapporteur à la Chambre des députés.

Elle reçut de nombreuses applications. Toutefois, pour certains chemins, les circonstances conduisirent l'Administration à prendre à l'exécution des travaux une part plus large que celle qui avait été prévue par le législateur de 1842. C'est ainsi que l'État fit, non seulement l'infrastructure, mais encore la superstructure du chemin de Montpellier à Nîmes. Le Parlement eut à examiner en 1844 si, eu égard à cette circonstance, il n'y avait pas lieu de réserver l'exploitation à l'État. Conformément à l'avis de M. Dumon, ministre des travaux publics, il se refusa à entrer dans cette voie. Il considéra que l'État ne devait point être exposé aux responsabilités civile ou commerciale mises nécessairement en jeu par l'exploitation des chemins de fer ; que l'Administration n'avait, ni la liberté d'allures, ni l'indépendance d'action, indispensables pour une entreprise industrielle ; enfin que les Pouvoirs publics se laisseraient inévitablement entraîner à réduire outre mesure les tarifs et à supprimer progressivement le péage, c'est-à-dire la taxe de circulation sur les rails, pour ne retenir que le prix de transport proprement dit. L'exploitation de la ligne de Montpellier à Nîmes fut affermée par adjudication, en 1844, pour une durée de douze années.

Vers la même époque, à l'occasion d'un projet de loi sur le chemin de Paris à la Belgique, le principe même de la loi de 1842 fut remis en question. La Commission de la Chambre des députés, sans aller jusqu'à l'exploitation directe, pensa qu'il y avait lieu de réduire le rôle de l'industrie privée, de faire exécuter par l'État la totalité des travaux (superstructure comprise) et de se borner à affermer l'exploitation. Elle y voyait l'avantage de réduire la durée du bail, de rendre plus tôt au Gouvernement la libre disposition des tarifs, de ménager ainsi les mesures de salut qui pourraient être utiles dans l'intérêt des industries en péril, de solliciter un plus grand nombre de Compagnies, de diminuer le montant des émissions de ces sociétés et par suite les chances d'agiotage.

La Chambre des députés ajourna sa résolution et autorisa le Gouvernement à poursuivre la construction, à poser les rails et, au besoin, à exploiter provisoirement les sections terminées, en attendant qu'une loi à intervenir eût fixé définitivement le régime de la ligne. M. le comte Daru, rapporteur à la Chambre des pairs, signala en termes énergiques le danger que présentaient à ses yeux des solutions de cette nature ; il y voyait un acheminement inévitable vers l'exploitation par l'État. Il considérait les baux à court terme comme incompatibles avec un bon service ; comme devant inciter les Compagnies à négliger les améliorations, à ne penser qu'aux intérêts du moment, à y sacrifier l'avenir ; comme n'assurant pas au personnel une carrière assez prolongée. Il redoutait les dépenses excessives qui pèseraient sur le Trésor, si l'État assumait ainsi la charge complète des travaux. Néanmoins, la Commission ne voulut pas prendre la responsabilité d'un retard dans l'ouverture de la ligne de Paris à la Belgique et adhéra, sous le bénéfice des observations de son rapporteur, au texte voté par la Chambre des députés. La Chambre des pairs statua dans le même sens.

Un débat analogue eut lieu également en 1844, au sujet de la ligne d'Orléans-Bordeaux. Le Ministre des travaux publics avait sollicité l'application pure et simple de la loi de 1842 à cette ligne importante ; ses propositions étaient appuyées par Dufaure, rapporteur à la Chambre des députés. Plusieurs membres de l'Assemblée, notamment MM. Muret de Bort, Gouin et de Chasseloup-Laubat, préconisèrent le système de l'exécution complète des travaux par l'État et de l'affermage de l'exploitation par des baux à court terme ; ils firent valoir l'influence considérable des tarifs sur le commerce intérieur et sur le commerce extérieur, la nécessité de pouvoir les modifier fréquemment pour les approprier aux circonstances, les dangers de la constitution de Sociétés financières trop puissantes sur lesquelles le Gouvernement ne pourrait plus avoir l'autorité et l'action voulues, la supériorité du crédit de l'État, l'incertitude sur le rendement des chemins de fer et l'opportunité de ne se lier que pour un court délai, pendant lequel on recueillerait les enseignements de l'expérience. M. Crémieux insista même pour le maintien de l'exploitation entre les mains de l'État. Il ne comprenait pas que le Gouvernement pût se dessaisir d'un instrument si puissant au point de vue de la civilisation, de la politique, de la défense du pays ; que les Pouvoirs publics s'exposassent à laisser des Compagnies formées d'éléments étrangers prendre possession de nos voies ferrées ; qu'ils répudiassent le seul régime susceptible d'assurer une administration conforme à l'intérêt général. Mais la loi n'en fut pas moins votée par la Chambre des députés, après une habile défense de MM. Dumon, ministre des travaux publics, Duchatel, ministre de l'intérieur, et Dufaure, rapporteur. Suivant ces orateurs, l'hésitation ne pouvait naître qu'entre le système de l'exécution complète et de l'exploitation par l'État et celui de la loi de 1842 ; les fermages à court terme, tout en dessaisissant l'État, quoique pour un délai moins long que les concessions, avaient le très grave inconvénient d'augmenter dans une large proportion les sacrifices de l'État et de faire perdre les garanties de durée et de stabilité indispensables pour les améliorations du service et le bon recrutement du personnel. La Chambre des pairs ratifia également le projet de loi, et le chemin d'Orléans à Bordeaux fut adjugé pour une durée d'un peu moins de 28 ans.

Ces quelques exemples montrent combien les esprits étaient encore divisés. Les concessions perpétuelles de l'origine avaient tout d'abord fait place à des concessions emphythéotiques, puis à des affermages avec ou sans obligation pour le fermier de construire la superstructure ; l'exploitation par l'État n'avait pas prévalu, mais n'en avait pas moins encore des défenseurs convaincus ; dans plusieurs circonstances, le Parlement n'avait point su adopter un parti définitif et s'était contenté de prendre les mesures nécessaires pour la continuation des travaux par l'Administration.

Dans l'intervalle des sessions de 1844 et de 1845, l'industrie privée, enhardie par les résultats inespérés de l'exploitation sur diverses sections ouvertes depuis quelque temps à la circulation, engagea des pourparlers avec le Ministre pour obtenir la concession de plusieurs des lignes classées en 1842 et offrit de prendre à sa charge les dépenses de premier établissement. Le Gouvernement ne crut pas devoir décliner ces offres, qui lui donnaient le moyen de se dégager d'une partie des charges de construction du réseau et de rendre ainsi disponibles des ressources importantes, pour l'exécution d'autres lignes et la prompte réalisation du programme de 1842. Le droit de rachat lui paraissait une arme suffisante pour couper court aux abus que viendrait à engendrer la durée plus longue des concessions.

Malgré les efforts de MM. Gaulthier de Rumilly et Crémieux, le Ministre fit ratifier par le Parlement la concession pendant 38 ans de la ligne de Paris à la Belgique, moyennant remboursement intégral des dépenses de l'État par la Compagnie concessionnaire. Cette première concession fut suivie de plusieurs autres, parmi lesquelles nous citerons en particulier celles des chemins de Paris à Lyon (41 ans), de Lyon à Avignon (45 ans), de Tours à Nantes (34 ans), de Paris à Strasbourg avec embranchements (43 ans), de Bordeaux à Cette (66 ans), etc.

La durée de ces concessions était relativement faible. Mais les Compagnies ne tardèrent pas à en demander la prolongation, en même temps que d'autres modifications à leurs contrats, par suite des mécomptes sur les prévisions de dépenses et des difficultés provoquées par une crise financière très violente. Une décision favorable du Parlement intervint pour le chemin de Paris à Lyon.

b. Période de 1848 a 1851. — Sur ces entrefaites, la Royauté fit place à la République de 1848. Le 17 mai de la même année, M. Duclerc, ministre des finances, présenta à l'Assemblée nationale, au nom de la Commission exécutive (Arago, Garnier-Pagès, Marie, Lamartine et Ledru-Rollin), un projet de loi tendant au rachat de tous les chemins de fer. En déposant ce projet de loi, le nouveau Gouvernement avait surtout pour but de détruire l'institution des Compagnies qu'il considérait comme profondément imprégnées de l'esprit aristocratique, de reprendre le dépôt de la puissance publique aliénée à tort par la Monarchie de Juillet, de ne point laisser soustraire à son action l'armée d'employés et de travailleurs que comportaient les voies ferrées, d'échapper à l'ingestion éventuelle des capitalistes étrangers, de ne point laisser subsister en face des Pouvoirs publics des Sociétés assez fortes pour les tenir en échec, de reprendre la libre disposition des tarifs qui ne pouvaient être équitablement réglés que par une autorité supérieure et impartiale. La Commission exécutive voyait dans le rachat une mesure propre à fortifier le régime républicain et à en assurer la vitalité, en affirmant la supériorité du crédit de l'État sur celui des Compagnies, en permettant de ranimer le travail sur un grand nombre de points du territoire, en réprimant les excès de la spéculation. Au surplus, il envisageait cette mesure comme rendue inévitable par l'impuissance des concessionnaires à tenir leurs engagements.

Le projet de loi rencontra une très vive opposition au sein de l'Assemblée nationale. Une fraction de la Chambre le considérait comme une violation des contrats de concession, qui avaient fixé une date ultérieure pour l'ouverture du droit de rachat et qui avaient déterminé des bases différentes pour le règlement de l'indemnité due aux Compagnies évincées. Il avait en outre pour adversaires les députés qui, par principe, ne voulaient pas dépouiller l'industrie privée d'un de ses principaux aliments et ceux qui étaient hostiles à la nouvelle forme de Gouvernement. Les événements de la rue vinrent suspendre la discussion, et quelques jours après, le 3 juillet, le général Cavaignac, président du Comité, annonça le retrait de la proposition.

Cependant l'état de détresse où se trouvait la Compagnie concessionnaire du chemin de Paris à Lyon contraignit bientôt les Pouvoirs publics à reprendre possession de ce chemin; la Compagnie de Lyon à Avignon avait été, de son côté, frappée de déchéance, avant même d'avoir entrepris les travaux; enfin la section d'Avignon à Marseille avait été mise sous séquestre. Toute la grande artère de Paris à Marseille était donc en souffrance et son régime remis en question.

Le Gouvernement penchait pour l'exploitation par l'État, eu égard au rôle des voies ferrées comme instruments de service public. M. Vivien, ministre des travaux publics, déposa, le 29 novembre 1848, un projet de loi dans ce sens pour la section de Paris-Lyon, sauf à conclure des marchés d'entretien et de traction. Cette proposition, reproduite sous une autre forme par M. Léon Faucher, successeur de M. Vivien, fut adoptée, le 17 mai 1849, mais à titre essentiellement provisoire. Au mois d'août suivant, à l'occasion d'une demande de crédit pour la construction entre Paris et Châlons, la Commission de l'assemblée, à laquelle cette demande avait été renvoyée, affirma ses sympathies pour le retour au régime des concessions. Les conclusions du rapport étaient les suivantes sur ce point : « La concession des chemins de fer n'est antipathique avec aucune forme « de Gouvernement, quand la tendance du Pouvoir n'est pas d'absorber « tous les citoyens dans son action exclusive.

« Les Compagnies construisent plus économiquement et dirigent mieux « leurs travaux, dans un but d'utilité industrielle.

« Elles exploitent surtout avec plus de profit pour elles et pour la « généralité du pays.

« Elles permettent à l'État de devenir, dans un laps de temps déterminé, « propriétaire d'un capital immense.

« Elles le débarrassent d'importunités qui finissent toujours par porter « un préjudice notable aux intérêts publics.

« Elles dégagent le Gouvernement de la position fausse dans laquelle « il se trouverait, s'il devait faire concurrence aux intérêts industriels.

« Elles réduisent le budget des travaux publics et laissent à l'État « toute sa puissance financière, si indispensable dans les moments de crise « intérieure ou extérieure.

« Les objections nombreuses, parfois très sérieuses, qu'on présente « contre elles, exigent une grande rigueur, une circonspection extrême « dans les concessions ; mais ces objections reposent sur des faits qui ne « sont pas inhérents au système des Compagnies et qu'on peut faire dispa- « raître en grande partie ; ils ne peuvent conduire à proscrire ce système. »

Jamais encore profession de foi aussi catégorique n'avait été faite au nom d'une Commission du Parlement.

Déjà, quelques mois auparavant, lors de la discussion d'un projet de loi pour l'exploitation provisoire par l'État du chemin de Versailles à Chartres et à la Loupe, Jules Favre s'était prononcé, sinon en faveur du régime des concessions, du moins contre l'exploitation directe par l'Administration, qu'il jugeait incapable d'imprimer au service une direction profitable à la prospérité publique, de solliciter la production et le trafic, d'adapter ses tarifs aux besoins si variables du public, de donner à sa gestion la souplesse et la flexibilité indispensables.

Le Gouvernement ne tarda pas à faire lui-même une évolution complète. En novembre 1849, M. Bineau, ministre des travaux publics, appelé à la tribune de l'Assemblée nationale par les débats relatifs à l'allocation d'une garantie d'intérêt au profit de la Compagnie de Marseille à Avignon, affirma ses sentiments favorables à la remise des chemins de fer entre les mains de l'industrie privée et même son intention de reculer le terme des concessions, en compensation de certains sacrifices à réclamer des Compagnies.

Au commencement de 1851, Berryer profita d'une occasion qui lui était offerte, pour donner à cette doctrine l'appui de sa grande éloquence. Se faisant l'interprète de la Commission du budget, il repoussa hautement toute tendance à engager l'argent de l'ensemble des contribuables dans l'exécution de lignes ne devant servir qu'à certains d'entre eux. Selon lui, il y avait plus de véritable économie, plus d'intelligence, plus d'activité commerciale et industrielle, dans les Compagnies que dans l'État. Les intérêts des transports ne pouvaient être bien servis par une administration assujettie à des règles étroites et à une hiérarchie très lente, très méticuleuse, très compliquée. Seul le génie des Compagnies était capable de donner à ces intérêts les satisfactions nécessaires et de mettre notre commerce en mesure de soutenir la concurrence avec celui des pays étrangers.

On le voit, les Compagnies, un instant menacées, avaient regagné le terrain perdu et même conquis une situation qu'elles n'avaient jamais eue jusque-là.

c. Période de 1852 à 1870. — Le coup d'État du 2 décembre 1851 n'était point fait pour affaiblir cette situation. Le Gouvernement impérial, désireux de développer rapidement le réseau national et affranchi d'ailleurs de la tutelle du Parlement, trouva dans les Compagnies des auxiliaires prêts à servir ses projets.

Dès l'origine, il porta à 99 ans la durée des concessions, afin de relever le crédit des Compagnies, d'asseoir leurs opérations sur une base plus large et plus solide, de réduire la quote-part de leurs bénéfices à affecter annuellement à l'amortissement, de leur assurer dans l'avenir des plus-values certaines et considérables, et de leur permettre de se charger de lignes peu productives au début.

En même temps il favorisa la fusion des Compagnies, pour constituer des sociétés puissantes, n'ayant pas à redouter de concurrence pour leurs lignes principales, maîtresses de tout le trafic susceptible d'affluer sur ces lignes, sûres de ne point voir tarir la source la plus abondante de leurs revenus, et pouvant, par suite, consacrer leurs excédents de produit net et leurs plus-values à l'établissement de chemins secondaires que des sociétés indépendantes auraient hésité à entreprendre, à raison de l'insuffisance présumée de leur rendement. Cette fusion avait, en outre, aux yeux du Gouvernement, l'avantage d'accroître l'unité et l'homogénéité du service, d'éviter les transbordements et de diminuer les frais généraux

Les concessions se multiplièrent et se succédèrent à des intervalles rapprochés pendant toute la durée du second Empire. C'est à peine si, en 1868, le Gouvernement, rencontrant des résistances de la part des Compagnies, dut entreprendre lui-même certaines lignes, avec l'intention bien arrêtée, d'ailleurs, de les concéder ultérieurement. C'est à peine également si quelques plaintes, quelques protestations plus ou moins discrètes contre la gestion des Compagnies, contre l'aliénation des voies ferrées pour une durée séculaire, se firent entendre à la tribune du Corps législatif ou du Sénat.

d. Période de 1870 a 1883. — A la suite des malheureux événements de 1870-1871, le domaine des grandes Compagnies continua à s'étendre sans difficultés sérieuses jusqu'à la fin de 1875. Les hostilités commencèrent en 1876.

L'Assemblée nationale avait, à sa dernière heure, décidé l'établissement d'un assez grand nombre de lignes qui n'avaient pu être comprises dans les conventions de 1875; toutefois elle avait limité les travaux à exécuter par l'État à l'infrastructure. La Commission de la Chambre des députés, appelée à examiner le projet de loi de finances de l'exercice 1877, conclut à autoriser le Ministre des travaux publics à entreprendre non seulement la plate-forme, mais encore la superstructure. Son rapporteur, M. Sadi Carnot, fit valoir à l'appui de cette conclusion que les Compagnies ne pourraient avoir liquidé leur arriéré avant plusieurs années; que l'État disposait d'un nombreux personnel; que ses ingénieurs, convenablement guidés, pourraient construire économiquement; que la possibilité de recourir à des adjudications publiques et de déférer les litiges avec les entrepreneurs à la jurididiction administrative offrirait à cet égard les plus sérieux avantages; que, d'ailleurs, il importait de ne pas charger davantage le compte, déjà si lourd et si compliqué, ouvert entre le Trésor et les Compagnies. La Commission témoignait en outre de son désir de voir inaugurer un nouveau système, donnant à l'Administration une influence plus grande sur l'exécution et présentant des garanties plus complètes pour la bonne exploitation des nouvelles lignes. La Chambre des députés ratifia les propositions de la Commission. Mais le Sénat supprima l'autorisation et les crédits afférents à la superstructure.

Ce n'était là qu'une première escarmouche. La bataille ne s'engagea à vrai dire qu'en 1877.

La Compagnie des Charentes, celle de la Vendée et quelques autres Compagnies secondaires de la région étaient en déconfiture. Le 1er août 1876, M. Christophle, ministre des travaux publics, déposa un projet de loi ayant pour objet :

1° De ratifier le rachat de leurs concessions par la Compagnie d'Orléans;

2° De concéder en outre à cette dernière 464 kilomètres de chemins nouveaux, à titre ferme, et 315 kilomètres, à titre éventuel.

La Commission de la Chambre des députés, par l'organe de M. Waddington, conclut au rejet des propositions du Gouvernement, qu'elle jugeait trop avantageuses pour la Compagnie d'Orléans et trop peu favorables aux intérêts généraux ou locaux. Elle formula, à cette occasion, des critiques vives et multiples contre les grandes Compagnies; elle leur reprocha leurs résistances au développement du réseau, leurs tendances à subordonner l'intérêt public à l'intérêt privé, leur routine et leurs lenteurs, la confusion et l'arbitraire de leurs tarifs.

Elle préférait à la fusion, appuyée par le Ministre, entre les petites Compagnies du Sud-Ouest et la Compagnie d'Orléans, soit la reconstitution des réseaux secondaires sur de nouvelles bases assurant leur vie et leur indépendance, soit leur rachat par l'État et leur exploitation par des Compagnies fermières. Elle ne méconnaissait pas qu'une fois propriétaire de certains réseaux l'État serait obligé de construire les chemins de la région correspondante; mais, suivant elle, l'Administration avait des ressources suffisantes en personnel pour s'acquitter de cette tâche à son honneur. L'État pourrait du reste bénéficier des adjudications publiques et de la juridiction administrative, payer moins cher les terrains, rompre avec les traditions des grandes Compagnies, établir plus simplement des lignes appelées à n'avoir qu'un faible trafic et réaliser d'importantes économies. S'expliquant sur les divers modes d'exploitation, M. Richard Waddington exprimait l'avis que le système des grandes Compagnies avait la plupart des défauts d'une exploitation purement privée et d'une administration de l'État, sans avoir les qualités de l'un ou de l'autre de ces deux régimes. Il repoussait l'exploitation directe par l'État, en raison de l'inaptitude de l'Administration pour une gestion commerciale et industrielle, et des dangers politiques qu'il pourrait y avoir à mettre à la disposition des partis se succédant au pouvoir la distribution de milliers d'emplois, à faire de l'État le plus grand industriel du pays, à l'obliger de prendre position en cette qualité dans les questions si vivement débattues des rapports entre le capital et le travail. Toutes ses préférences étaient pour le système de l'affermage, laissant à l'État le droit de fixer les conditions de transport, de reviser les tarifs, d'intervenir dans l'intérêt de la collectivité, et donnant au fermier le soin des détails de la gestion financière et commerciale.

Le débat fut très ardent. Les attaques les plus vives furent portées à la tribune contre le régime des grandes Compagnies; une proposition de rachat général des chemins de fer fut même défendue par M. Lecesne. Après plusieurs séances de discussion, M. Allain-Targé fit adopter par la Chambre, le 22 mars 1877, les résolutions suivantes :

1° Rachat des lignes en souffrance, au prix réel de premier établissement, déduction faite des subventions payées au concessionnaire;

2° Concentration des lignes à grand trafic d'une même région, de manière à éviter des concurrences ruineuses pour le Trésor, pour les exploitants, pour les populations elles-mêmes ;

3° Garanties pour l'exercice permanent de l'autorité de l'État sur les tarifs et le trafic ;

4° Réserve absolue du droit de l'État d'ordonner à toute époque, et sans atteindre la situation financière réservée par les contrats, la construction des lignes nouvelles qu'il jugerait nécessaire de joindre au réseau de la région ;

5° Pour le cas où la Compagnie d'Orléans se refuserait à traiter sur ces bases, constitution d'un grand réseau de l'Ouest et du Sud-Ouest exploité par l'État.

On le voit, tout en se plaignant amèrement des abus dont s'étaient suivant lui rendues coupables les grandes Compagnies, tout en admettant que le but idéal serait le rachat général de leurs concessions, M. Allain-Targé ne s'était pas cependant opposé au maintien et même à la consolidation de la Compagnie d'Orléans, pourvu qu'elle consentît à la modification de son contrat. Il avait absolument repoussé le système des Compagnies fermières du type hollandais; mais il avait, au contraire, chaleureusement défendu l'exploitation par l'État, en invoquant des exemples pris à l'étranger et notamment en Belgique, en montrant que l'Administration savait construire économiquement et exploiter commercialement, en écartant le fantôme des dangers politiques que faisait redouter un accroissement du fonctionnarisme.

A la suite des résolutions prises par la Chambre, le Ministre des travaux publics conclut avec les Compagnies des Charentes, de la Vendée, de Bressuire à Poitiers, de Saint-Nazaire au Croisic, d'Orléans à Châlons, de Clermont à Tulle, de Poitiers à Saumur, des chemins Nantais, de Maine-et-Loire et Nantes, et d'Orléans à Rouen, des conventions portant rachat de 2 615 kilomètres de voies ferrées. Le 12 janvier 1878, M. de Freycinet, qui avait succédé à M. Christophle, demanda la ratification de ces conventions et « en attendant qu'il fût statué sur les bases définitives du régime auquel « seraient soumis les chemins de fer repris par l'État, l'autorisation d'en « assurer l'exploitation provisoire, à l'aide de tels moyens qu'il jugerait « le moins onéreux pour le Trésor ». La loi fut votée, mais non sans quelque difficulté. Quoique temporaire, le nouveau régime qui allait s'établir était celui de l'exploitation par l'État et devait à ce titre rencontrer l'opposition des partisans des grandes Compagnies. Néanmoins, le Ministre rallia dans les deux Chambres une majorité imposante.

Telle fut l'origine du premier et du seul réseau d'État qui ait été créé en France. Ce réseau fut organisé par deux décrets du 25 mai 1878. Nous entrerons plus tard dans l'étude de la constitution administrative et financière à laquelle s'est arrêté le Gouvernement. Bornons-nous à rappeler, en ce moment, que le principe de cette organisation a été de créer une situation pouvant durer ou prendre fin à la volonté du Parlement, sans qu'il en résultât aucune perturbation dans le service, et aussi de donner à la nouvelle Administration une grande autonomie, en s'inspirant de l'organisation des Compagnies.

La question du régime général des chemins de fer restait ouverte. Le Sénat, notamment, avait institué, le 4 juillet 1876, une Commission d'enquête de dix-huit membres, appelée à rechercher les bases sur lesquelles il y avait lieu de compléter l'assiette du réseau, les voies et moyens d'exécution des nouveaux chemins, ainsi que les simplifications et améliorations à apporter aux tarifs de marchandises. A la suite d'une instruction laborieuse, les trois sous-commissions entre lesquelles avait été réparti le travail formulèrent leurs conclusions, en 1878, dans trois rapports circonstanciés : rapport de M. le général d'Andigné sur les lignes à ajouter au réseau d'intérêt général ; rapport de M. Foucher de Careil sur les voies et moyens; rapport de M. George sur les tarifs. De ces trois rapports, le seul à retenir pour l'heure est celui de M. Foucher de Careil.

Sans proclamer que les grandes Compagnies fussent irréprochables, sans nier qu'elles eussent des progrès à accomplir, l'honorable sénateur constatait que leur éviction inquiéterait les intérêts, troublerait la confiance et porterait atteinte à la fortune du pays. Il croyait nécessaire de ne pas briser des instruments qui avaient si puissamment contribué à doter la France de voies ferrées et dont le crédit propre pouvait encore être si utile dans l'avenir pour l'établissement des chemins nouveaux. L'expérience des peuples étrangers lui paraissait décisive contre l'exploitation par l'État, plus lente, plus coûteuse, moins intelligente, moins commerciale, et surtout plus sujette aux exigences sans cesse renaissantes du public. Il concluait donc à ne pas renoncer, pour la continuation du réseau, à une méthode qui avait pu résister à tant de crises et à tant d'épreuves et à laquelle une longue pratique avait donné sa consécration.

Cependant les tendances de la Chambre des députés continuaient à être peu favorables à l'extension des concessions faites aux grandes Compagnies. Deux conventions conclues entre le Ministre des travaux publics et les Compagnies du Nord et de l'Ouest, et déposées en novembre 1878, reçurent un accueil défavorable; M. de Freycinet ne crut pas devoir insister pour qu'elles fissent même l'objet d'un rapport de la part de la Commission.

Sur ces entrefaites, fut voté le grand programme de 1879. Ce programme n'avait d'autre portée que celle d'un classement; mais il n'en impliquait pas moins la construction progressive d'un nombre considérable de lignes nouvelles, sans que leur régime ultérieur fût déterminé.

Le Ministre avait, dans un discours à la Chambre des députés, le 27 mars 1879, mis cette assemblée en demeure de manifester sa volonté en matière d'exploitation; une commission de 33 membres avait été instituée pour l'étude de la question, à la suite d'une proposition d'initiative parlementaire émanée de M. Jean David. La première œuvre de cette commission fut un rapport provisoire de M. Wilson « sur le rachat par « l'État de la Compagnie du chemin de fer de Paris à Orléans ». Après avoir constaté l'antagonisme entre le réseau de cette Compagnie et le réseau de l'État, coupé, morcelé, étranglé de toutes parts, n'ayant accès ni à Paris, ni à Rouen, ni à Bordeaux, soumis à une concurrence et à des détournements désastreux, incapable de remplir son rôle dans de telles conditions, l'honorable rapporteur montrait qu'il n'y avait que deux solutions pour sortir de cette impasse : l'absorption du réseau d'État par la Compagnie d'Orléans ou le rachat de la concession de cette Compagnie. La première solution avait été condamnée par le Parlement et par l'opinion publique; la seconde seule pouvait prévaloir. C'était donc au rachat que concluait M. Wilson.

Quelques jours après, le 12 février 1880, M. Varroy, ministre des travaux publics, déposait sur le bureau de la Chambre un projet de convention, non point pour le rachat total, mais pour le rachat partiel du réseau d'Orléans : la région du Sud-Ouest était divisée en deux zones, dont l'une formée du triangle Nantes-Tours-Bordeaux (sauf les lignes de Tours à Nantes et de Tours à Bordeaux) était attribuée à l'Administration des chemins de fer de l'État et dont l'autre était attribuée à la Compagnie d'Orléans. Cette Compagnie recevait, mais à titre de fermier ou plutôt de régisseur, les chemins nouveaux compris dans son champ d'action; le traité d'affermage était résiliable à la fin de chaque année.

Au nom de la commission des trente-trois, M. Baïhaut conclut au rejet de la convention, qui lui paraissait trop onéreuse, qui ne donnait pas au public les satisfactions voulues, notamment au point de vue des tarifs, et qui ne résolvait pas le problème du régime des chemins de fer. Comme M. Wilson, M. Baïhaut demandait le rachat total du réseau d'Orléans.

Vers la même époque, M. Richard Waddington et M. Lebaudy, rapporteurs de la commission, le premier pour les tarifs et le second pour le régime d'exploitation, déposaient à leur tour deux rapports fort développés. Nous n'avons à parler ici que de celui de M. Lebaudy.

Cet honorable député commençait par rappeler que nous étions dans un véritable état d'infériorité au regard des pays voisins, au point de vue de l'étendue de notre réseau. Pour sortir de cette situation, il fallait, suivant lui, renoncer au système des conventions de 1859, qui avait donné tout ce qu'il pouvait produire et qui restait avec son vice essentiel, la participation trop passive de l'État dans l'établissement des tarifs. M. Lebaudy passait en revue les combinaisons qui avaient prévalu en Angleterre, en Belgique, en Hollande et en Allemagne; il en indiquait les traits essentiels et les résultats. Il discutait les trois régimes, entre lesquels nous avions à choisir : « celui de l'exploitation par des Compagnies privées, celui de « l'exploitation par des Compagnies fermières ou des Sociétés régionales, « celui de l'exploitation par l'État. » Il s'attachait à réfuter toutes les objections élevées contre ce dernier régime, en invoquant les résultats de l'expérience du réseau d'État, qui avait été constitué pendant le cours de 1878 dans les conditions les plus difficiles et qui avait su s'acquitter de sa tâche, malgré son manque de cohésion, malgré la diversité des éléments dont il se composait, malgré les détournements de trafic auxquels il était en butte, malgré les préjugés contraires de l'opinion. Sans conclure au rachat général, il demandait, comme M. Baïhaut, la reprise de la concession d'Orléans.

Une fois de plus, les tentatives d'accord avec les grandes Compagnies avaient échoué devant les résistances de la Chambre.

Les travaux de construction des chemins de fer déclarés d'utilité publique à la fin de 1875 ou postérieurement s'achevant peu à peu sur diverses sections, le Ministre des travaux publics dut provoquer le vote de lois successives l'autorisant à pourvoir à l'exploitation provisoire de ces sections. Armé de ces autorisations, il confia le service, suivant les cas, soit à l'Administration des chemins de fer de l'État, soit à des ingénieurs en chef régisseurs, soit aux grandes Compagnies en vertu de traités à courte échéance qui comportaient le remboursement aux Compagnies de leurs dépenses, l'allocation à leur profit de primes sur les économies et les bénéfices, et le versement des recettes au Trésor.

Il n'y avait là qu'un modus vivendi essentiellement précaire, que des expédients d'un jour, et il importait d'autant plus de mettre un terme à cette situation que les grandes Compagnies bénéficiaient du trafic déversé par les nouvelles lignes sur leur réseau, sans avoir à contribuer aux dépenses, dont l'État seul supportait toutes les charges.

Le 28 février 1882, M. Varroy, ministre des travaux publics, signait avec la Compagnie d'Orléans un protocole posant les bases générales d'une convention relative tant au développement du réseau qu'à l'amélioration du régime d'exploitation et assurant en outre le remboursement anticipé de la dette contractée par la Compagnie envers le Trésor, au titre de la garantie d'intérêt. Le 22 mai suivant, la Chambre des députés était saisie d'un projet de convention dont les dispositions générales étaient les suivantes. Un échange de lignes était fait entre le réseau de la Compagnie et celui de l'État, de manière à consolider la situation de ce dernier réseau et à lui donner la cohésion qui lui manquait jusqu'alors. La Compagnie prenait en outre à bail près de 900 kilomètres, pour les exploiter, partie à ses risques et périls, partie comme régisseur intéressé; le bail expirait à la fin du siècle; l'État restait maître des tarifs sur les chemins exploités pour son compte. La convention stipulait un concours de 150 millions environ de la Compagnie pour la construction des lignes affermées, étant entendu toutefois que, si le bail n'était pas renouvelé au commencement du siècle prochain, l'État continuerait le service des obligations émises pour réaliser cette somme. En ce qui concernait le régime d'exploitation, la Compagnie consentait de nombreuses améliorations, telles que l'abaissement du prix de transport des voyageurs, la révision et l'unification de ses taxes, l'adoption du tarif général intérieur et commun étudié par le comité consultatif. La part des bénéfices de l'État était augmentée. En revanche, le droit de rachat était suspendu pendant la durée du bail d'affermage.

Cette convention devait être suivie de contrats semblables avec les autres Compagnies; le Ministre espérait obtenir au total un concours en capital d'un milliard et des réductions de taxes représentant un capital de pareille somme. Malgré ses mérites incontestés, l'œuvre de M. Varroy ne trouva pas grâce devant la Commission du régime des chemins de fer.

Le débat reprit à l'occasion du projet de budget soumis à la Chambre par M. Léon Say, ministre des finances, pour l'exercice 1883. M. Allain-Targé formula des critiques violentes contre les projets de conventions préparés depuis quelques années et demanda que l'on ne reculât pas plus longtemps devant le rachat, si les Compagnies ne se montraient pas plus conciliantes et plus dociles. Au contraire, M. Léon Say, se déclara l'adversaire du rachat et insista pour que l'on cherchât une solution dans le remaniement des conventions de 1859. Entre temps, le cabinet fut renversé.

M. Hérisson, qui avait succédé à M. Varroy, institua une Commission extraparlementaire pour élaborer les solutions du problème que les Pouvoirs publics semblaient impuissants à résoudre. Cette Commission, dont nous avons analysé les travaux dans notre *Étude historique*, tome V, n'acheva pas son œuvre.

Cependant les esprits commençaient à s'inquiéter des embarras de notre situation financière et à comprendre la nécessité de mettre un terme à un état de choses qui ne pouvait se prolonger sans un grave dommage pour le pays. Ce revirement d'opinion se manifesta très nettement, à la fin de 1882, lors de la discussion du projet de budget de M. Tirard, pour l'exercice 1883. Des passes d'armes eurent bien encore lieu entre les partisans et les adversaires de l'exploitation par l'État; mais l'impression dominante était que, s'il convenait de ne point supprimer le réseau d'État créé en 1878 et même de le renforcer, il y avait lieu de traiter avec les grandes Compagnies pour les autres régions de la France.

Ce fut dans ces conditions que M. Raynal, qui avait été chargé du département des Travaux publics au commencement de 1883, négocia et fit approuver par le Parlement des conventions avec les six grandes Compagnies. Aux termes de ces contrats, les Compagnies voyaient leurs concessions s'augmenter de plus de 11 000 kilomètres, à l'établissement desquels elles concouraient pour 330 millions, non compris 277 millions de matériel roulant. Elles remboursaient leur dette, qui se montait à 540 millions. La part du Trésor dans les bénéfices était accrue. L'État obtenait certaines promesses pour l'amélioration et l'abaissement des tarifs; son réseau entrait en libre possession du triangle compris entre la mer, la ligne de Tours à Nantes et celle de Tours à Bordeaux. En revanche, les Compagnies obtenaient divers avantages, tels que la garantie d'un dividende minimum pour quatre réseaux, l'extension de leur compte de premier établissement, l'imputation prolongée des insuffisances à ce compte, des conditions plus favorables pour la liquidation de l'indemnité en cas de rachat.

Quel que soit le jugement que l'on porte sur les conventions de 1883, on ne peut nier qu'elles n'aient consolidé pour de longues années la situation des Compagnies et qu'elles n'aient été une véritable défaite pour les partisans de l'exploitation par l'État ou de l'affermage à courte durée. Aussi la bataille avait-elle été chaude, surtout à la Chambre des Députés, où les propositions du Ministre avaient eu à subir de rudes assauts de la part de nombreux orateurs, parmi lesquels MM. Allain-Targé, Madier de Montjau, Waddington et Wilson.

c. Récapitulation. — Si on jette un coup d'œil rétrospectif sur l'histoire des chemins de fer en France, on voit les faits se dérouler dans l'ordre suivant.

Durant les premières années, les voies ferrées sont concédées à perpétuité; mais ce système est abandonné dès 1833, pour faire place à celui des concessions emphythéotiques. En 1837, les Pouvoirs publics, comprenant ou plutôt pressentant l'importance du rôle réservé aux chemins de fer, engagent des débats approfondis sur le régime à adopter; ils hésitent longtemps entre la construction et l'exploitation par l'État, la construction par l'État et l'affermage de l'exploitation ou la régie intéressée, et la concession pure et simple avec ou sans subvention du Trésor; le Gouvernement, dont les sympathies étaient pour le maintien du réseau entre les mains de l'État, ne parvient pas à faire triompher ses idées. En 1842, on s'arrête à un système mixte, consistant à faire établir l'infrastructure par l'Administration et à traiter de la pose de la voie et de l'exploitation avec des Compagnies; toutefois de nombreuses dérogations sont apportées à ce principe jusqu'en 1848, époque à laquelle il se produit une évolution en faveur de la reprise des voies ferrées par l'État. Mais cette évolution est de courte durée et l'Empire entre à pleines voiles dans l'ère des concessions à longue échéance et de la fusion des concessions, de manière à constituer quelques Sociétés puissantes se partageant tout le territoire de la France. La situation des grandes Compagnies ainsi formées ne cesse de grandir jusqu'à la fin de 1875. A partir de 1876, on assiste à un nouveau revirement d'opinion : le Parlement résiste fermement à toute extension du monopole de fait des Compagnies et le Gouvernement est conduit ainsi à créer un réseau d'État dans le Sud-Ouest. Mais en 1883 les embarras financiers et l'impossibilité pour l'État de tirer utilement parti de ses lignes nouvelles sans les adjoindre aux grands réseaux et, par suite, sans les concéder ou sans racheter au moins en partie les concessions antérieures, les craintes qu'inspire le rachat, diverses autres circonstances enfin sur lesquelles nous n'avons pas à insister, permettent aux Compagnies de reprendre encore une fois le dessus, et les conventions de 1883 viennent consolider plus que jamais leur situation.

Ainsi, c'est toujours le régime des concessions à long terme qui a fini par prévaloir en France.

§ 2. — CONSTRUCTION PAR L'ÉTAT OU PAR LES COMPAGNIES.

1. Principales questions à examiner. — L'État peut construire les chemins de fer, soit pour les exploiter lui-même, soit pour les affermer, soit pour les livrer à des Compagnies concessionnaires. Son action peut s'étendre tout à la fois à l'infrastructure et à la superstructure, ou au contraire se limiter à l'infrastructure. Le plus souvent, il supporte la charge des dépenses nécessitées par les travaux, sauf à obtenir ultérieurement le remboursement total ou partiel de ces dépenses, en cas de concession. Parfois, au contraire, il opère pour le compte des Compagnies ; mais c'est à titre tout à fait exceptionnel.

Les Compagnies, du moins en France, ne construisent guère que des lignes dont elles sont et resteront concessionnaires ; cependant, durant ces dernières années, elles ont prêté leur concours à l'État pour l'exécution de chemins qui ne leur étaient pas encore concédés. Elles supportent le plus généralement la charge, les risques et l'aléa des dépenses, sauf allocation de subventions fermes sur les fonds du Trésor. Mais quelquefois (et c'est le système inauguré par les conventions de 1883) les rôles sont intervertis : ce sont les Compagnies qui concourent aux dépenses pour une somme ferme et l'État qui assume le surplus des frais effectifs de premier établissement.

Dans l'étude comparative de ces différents modes de procéder, nous laisserons de côté la question du système d'exploitation, sur laquelle nous aurons à nous expliquer par la suite.

Notre examen portera principalement sur les avantages et les inconvénients de la construction par l'État ou par les Compagnies, au point de vue :

1° de la conformation du réseau ;

2° de l'ordre, de la méthode et de la durée des travaux ;

3° des dépenses afférentes aux acquisitions de terrains, à l'infrastructure et à la superstructure ;

4° des charges dont ces dépenses grèvent l'avenir et de leur influence sur le crédit public.

2. Conformation du réseau. — *a*. Griefs articulés contre l'intervention de l'État. — L'intervention active de l'État dans la construction des chemins de fer ne peut évidemment influer sur la conformation du réseau que pour les lignes non encore concédées.

On lui reproche d'exposer les Pouvoirs publics à des entraînements funestes et de déterminer l'établissement de lignes d'une utilité douteuse. Nous ne méconnaîtrons pas ce qu'il peut y avoir de fondé dans ce reproche. Le Trésor a toujours été et sera malheureusement toujours, pour beaucoup de citoyens, une caisse taillable et corvéable à merci. Les localités et leurs représentants s'efforceront toujours, de la meilleure foi du monde, d'y puiser à pleines mains. On aurait, du reste, mauvaise grâce à leur faire un crime de cet excès d'avidité ; c'est là un simple péché véniel, qu'excusent bien des circonstances atténuantes. Jamais on n'empêchera la plus humble bourgade de se rappeler qu'elle apporte sa modeste contribution à toutes les œuvres d'intérêt général, de se considérer comme plus ou moins sacrifiée dans la répartition des ressources budgétaires, de chercher à recueillir sa « part du gâteau » et à l'avoir aussi large que possible. Jamais on n'empêchera les mandataires élus de prendre en mains les intérêts qu'ils ont le droit et le devoir de défendre. Jamais, sous aucun régime, on n'empêchera ni le Parlement, ni le Pouvoir exécutif, de compter avec certaines nécessités politiques. Quiconque a appartenu à une administration centrale sait toutes les sollicitations convaincues, toutes les instances pressantes, auxquelles sont en butte les Ministres et leurs collaborateurs ; l'énergie et la force de volonté qui sont nécessaires pour résister aux demandes indiscrètes ; les habiletés stratégiques auxquelles il faut avoir recours, pour empêcher les finances publiques d'être prises d'assaut et mises au pillage.

Les adversaires de la construction par l'État ont souvent invoqué l'exemple du grand programme de 1879. Tel qu'il avait été conçu par son éminent auteur, ce programme était une œuvre de sagesse et de prévoyance ; quoi qu'on en ait dit, il était maintenu dans des limites prudentes. Mais on lui reproche d'avoir singulièrement grandi avant d'arriver à terme. En laissant de côté les lignes qui étaient déjà décidées antérieurement ou qu'il s'agissait simplement de faire passer du réseau d'intérêt local dans le réseau d'intérêt général, et pour lesquelles le plan de travaux publics de 1879 avait exclusivement le caractère d'un inventaire, le développement des chemins nouveaux ne devait pas dépasser 5 000 kilomètres, aux termes du rapport préparatoire de M. de Freycinet au Président de la République, en date du 2 janvier 1878. Ce chiffre a été successivement porté :

— à 6 200 kilomètres, dans le projet de loi déposé le 4 juin 1878 sur le bureau de la Chambre des députés ;

— à près de 8 900 kilomètres, lors du vote de la loi.

Il s'est ainsi accru de 3 900 kilomètres, pendant les diverses phases de l'instruction administrative ou parlementaire à laquelle il a donné lieu, et il est indéniable que les Pouvoirs publics y ont compris un certain nombre de lignes dont l'urgence, sinon l'utilité, était fort discutable.

Suivant les adversaires de l'État, les Compagnies obligées, avant tout, de rémunérer leurs capitaux, ne se laissent point aller aux entraînements et aux illusions ; elles savent discerner les chemins utiles de ceux qui ne le sont pas ; elles savent résister aux extensions inconsidérées de leur réseau ; elles n'entreprennent les travaux qu'à l'heure fixée par les nécessités commerciales et économiques ; elles suivent, sinon d'un pas assez rapide au gré des impatients, du moins sans défaillance et sans écart, les modifications progressives qui se manifestent dans les besoins du pays ; l'outil créé par elles est toujours proportionné aux services qu'il est appelé à rendre.

Telles sont, fidèlement résumées, les raisons principales invoquées par les partisans des Compagnies. Elles sont, nous le répétons, fondées dans une certaine mesure.

Cependant la médaille a son revers et doit être vue sur ses deux faces.

b. Arguments en faveur de l'intervention de l'État. — Il faut tout d'abord distinguer entre le régime des Compagnies libres, tel qu'il est pratiqué en Angleterre et aux États-Unis, et le régime des Compagnies tenues en tutelle par l'État, tel qu'il est pratiqué en France. De ces deux régimes, le premier ne saurait être sérieusement considéré comme donnant des résultats irréprochables au point de vue de la structure du réseau. En traitant de la concurrence des chemins de fer, nous avons montré les doubles emplois, les dépenses frustratoires qu'il engendre; nous avons fait voir les lignes se multipliant au delà de toute nécessité, dans un certain nombre de directions priviligiées. Nous avons expliqué que, si ce système avait prévalu en France, au lieu d'avoir un réseau pénétrant fortement au cœur du pays, nous aurions pu voir nos artères maîtresses doublées ou triplées et le surplus du territoire privé du bienfait des chemins de fer dans la plus grande partie de son étendue. Les capitaux se seraient accumulés suivant les principaux courants de circulation et auraient, au contraire, déserté les régions moins favorisées. Laissons donc ce système pour ne parler que du second, c'est-à-dire de celui des Compagnies tenues en tutelle par l'État et investies d'un monopole de fait dans le champ d'action qui leur a été assigné.

Grâce à ce monopole, les Compagnies, n'ayant pas à redouter de concurrence ruineuse, peuvent recueillir de larges profits sur leurs lignes principales, consacrer l'excédent de leurs recettes à l'établissement de lignes de second ordre, étendre progressivement leur réseau au fur et à mesure que s'accroît son produit net, lui donner ainsi un développement successif réglé sur celui des transactions commerciales et de la fortune publique. Ayant pour mobile déterminant l'intérêt de leurs actionnaires, ne devant pas compter au même degré que le Gouvernement avec les compétitions locales, elles peuvent, dans le choix de leurs lignes, se préoccuper plus exclusivement des besoins économiques du pays. Tout cela est absolument vrai; mais les enseignements de l'expérience sont là pour démontrer que, par la force des choses, les Compagnies ont souvent fait preuve d'une réserve et d'une prudence excessives et que l'État a dû, plus d'une fois, les pousser en avant, leur forcer en quelque sorte la main, en entreprenant lui-même les chemins dont elles reculaient à accepter la concession. Des actionnaires, en possession de dividendes qu'ils considèrent comme leur étant définitivement acquis et à peu près assurés de plus-values progressives pour l'avenir, consentiront toujours avec peine à sacrifier la moindre parcelle de leurs bénéfices présents ou futurs, à compromettre leur situation, à s'exposer aux risques même les plus atténués; ce sera toujours à regret qu'ils consentiront à délier les cordons de leur bourse, beaucoup plus disposée à se fermer qu'à s'ouvrir. Sans doute, ces tendances sont tempérées par l'intelligence, par le patriotisme éclairé du personnel dirigeant des Compagnies; sans doute, les administrateurs et les directeurs de ces Sociétés comprennent que « noblesse oblige », qu'avec le régime français les entreprises de chemins de fer sont par-dessus tout des œuvres d'intérêt général, qu'ils sont les dépositaires d'une partie de la puissance publique et qu'à ce titre ils doivent au pays de légitimes satisfactions; qu'ayant reçu de l'État aide et protection, ils lui doivent en échange un concours dévoué ; que c'est là une condition sine qua non de leur situation privilégiée. Mais ces sentiments élevés ne peuvent effacer le sentiment si humain de l'intérêt pécuniaire, surtout chez les actionnaires dont les administrateurs ne sont que des mandataires responsables, ayant charge d'âme et ne pouvant céder outre mesure sans faillir à leur devoir vis-à-vis de leurs mandants. Voilà pourquoi les Pouvoirs publics ont à maintes reprises trouvé devant eux, avant comme après 1870, des résistances qu'il leur a fallu vaincre, en prenant l'initiative des travaux et même en menaçant les grandes Compagnies de l'« ultima ratio» du rachat.

L'État a-t-il été trop loin dans cette voie, a-t-il fait fausse route comme on l'en a souvent accusé? A ne considérer que la structure générale du réseau français, l'accusation est injuste. La France n'occupe en effet que le sixième rang parmi les divers pays de l'Europe pour la longueur des chemins de fer relativement à la superficie et que le quatrième rang relativement à la population, ainsi que le montre le tableau suivant :

DÉSIGNATION DES ÉTATS	SUPERFICIE	POPULATION	LONGUEUR des chemins de fer en exploitation au 31 décembre 1885	LONGUEUR		RANG de chaque État	
				par kilom. carré	par 10.000 habitants	pour la col. 5	pour la col. 6
1	2	3	4	5	6	7	8
	kq.	hab.	km.	km.	km.		
Allemagne..........	540.514	45.234.061	37.535	0,069	8,298	4	6
Autriche-Hongrie (*a*).	686.390	39.227.987	22.613	0,033	5,765	9	9
Belgique............	29.455	5.784.958	4.410	0,150	7,624	1	7
Danemark...........	38.302	1.969.039	1.942	0,051	9,863	7	2
Espagne............	500.443	16.858.721	9.185	0,018	5,448	10	10
France (*b*)..........	528.930	37.684.897	32.491	0,062	8,621	6	4
Grande-Bretagne et Irlande...........	314.951	36.325.115	30.983	0,098	8,529	2	5
Grèce..............	64.688	1.979.423	323	0,005	1,632	17	16
Italie (*c*)............	296.409	29.368.848	10.354	0,035	3,526	8	12
Pays-Bas et Luxembourg............	35.587	4.487.842	2.800	0,079	6,240	3	8
Portugal............	89.625	4.306.554	1.529	0,017	3,551	11	11
Roumanie...........	129.947	5.376.000	1.660	0,013	3,088	12	13
Russie et Finlande...	5.389.628	87.438.572	26.483	0,005	3,029	16	14
Suède et Norvège....	775.997	6.451.348	8.454	0,011	13,105	13	1
Suisse..............	41.390	2.846.102	2.758	0,067	9,691	5	3
Turquie, Bulgarie et Roumélie.........	265.311	7.323.859	1.394	0,005	1,904	14	15
Serbie..............	48.590	1.902.419	244	0,005	1,283	15	17
Monténégro.........	9.030	236.000	»	»	»	»	»
TOTAUX ET MOYENNES	9.785.187	334.801.745	195.158	0,020	5,829	»	»
Malte, Gibraltar, Héligoland, Iles Fœroë, Islande, Açores, Madère et Canaries...	117.273	947.632	»	»	»	»	»
TOTAUX.....	9.902.460	335.749.377	195.158	0,020	5,813	»	»

A la vérité, le rapport entre la longueur des chemins de fer d'un pays et sa superficie ou sa population ne saurait fournir une mesure exacte de la satisfaction donnée aux besoins économiques ou sociaux : ce rapport

(*a*) Y compris la Bosnie et l'Herzégovine, et la principauté de Lichtenstein.
(*b*) Y compris la principauté de Monaco et la République d'Andorre.
(*c*) Y compris la République de Saint-Marin.

dépend d'une foule d'éléments, parmi lesquels nous citerons notamment la topographie du sol, l'intensité de la vie commerciale et industrielle, l'importance et la distribution des richesses minérales ou agricoles. Mais il n'en est pas moins avéré que le rang modeste occupé par la France atteste la réserve avec laquelle le Gouvernement a marché et poussé les Compagnies dans la voie du développement du réseau.

L'action de l'État se justifie d'ailleurs par d'autres arguments. Les voies ferrées ne sont pas seulement des instruments commerciaux : ce sont des instruments de gouvernement et de civilisation; ce sont aussi, dans beaucoup de cas, des engins de guerre plus puissants et plus efficaces que les fusils et les canons. Telle ligne, qui ne paraîtra pas justifiée par des considérations purement économiques, sera commandée par des considérations de justice distributive, par la nécessité de ne pas laisser absolument déshéritées des populations qui versent chaque année leur part d'impôt au Trésor; telle autre le sera par les intérêts supérieurs de la défense nationale; telle autre encore le sera par l'opportunité de resserrer les liens qui rattachent à la patrie certains départements frontières. Nous nous reprocherions d'insister à cet égard : car c'est l'évidence même, et personne ne saurait contester que certains chemins d'une utilité douteuse au point de vue purement industriel soient au contraire indispensables à un point de vue plus large et plus élevé, et qu'il entre dans le rôle naturel de l'État de les entreprendre, si les Compagnies n'y mettent pas assez d'empressement. C'est même là le secret de la ligne de conduite suivie par plusieurs peuples étrangers, chez lesquels la mainmise de l'État sur les voies ferrées a été à peu près exclusivement dictée par des considérations politiques.

Il convient en outre de remarquer, comme nous l'avons déjà dit à diverses reprises, que les Compagnies doivent trouver dans le produit net de leur réseau la rémunération de leurs capitaux. L'État, au contraire, peut chercher cette rémunération, non seulement dans les bénéfices directs de l'exploitation, mais encore dans les bénéfices indirects procurés au pays par cette exploitation, dans l'augmentation générale de la richesse publique, dans les plus-values d'impôts qui en sont la conséquence. En étudiant l'utilité des chemins de fer, nous avons montré que cette utilité était en général de beaucoup supérieure au produit encaissé par les concessionnaires; nous avons même cherché à en chiffrer les éléments constitutifs. Les Compagnies ne pouvant envisager que leur profit propre, il appartient aux Pouvoirs publics de suppléer à ce que leur initiative ainsi restreinte a nécessairement d'insuffisant et d'incomplet, et de substituer leur action à la leur, si elles ne vont point assez de l'avant; l'expérience prouve du reste que l'intervention de l'État ne peut pas se borner à un concours pécuniaire plus ou moins élevé au profit des Compagnies et qu'elle doit parfois se manifester sous une forme plus directe et plus active.

Sans doute, il y a là pour le Gouvernement et pour les Chambres des appréciations fort délicates; sans doute les Pouvoirs publics ont à se prémunir avec un soin extrême contre les illusions et les entraînements, à se tenir en garde contre un optimisme irréfléchi qui pourrait jeter le désordre dans les finances publiques. Mais, Dieu merci, la sagesse n'a pas encore été bannie de notre pays : nous n'en voulons d'autre preuve que les conditions dans lesquelles s'est progressivement formé le réseau français.

Le grand programme de 1879 lui-même, contre lequel il a été de mode de médire depuis quelque temps, après l'avoir acclamé au début, ne mérite point les reproches articulés contre lui. Pour le juger comme il convient, on doit négliger les détails, laisser dans l'ombre les erreurs secondaires qui pèsent forcément sur toute œuvre humaine, envisager l'opération dans son ensemble et dans ses traits généraux. Que dirait-on d'un critique d'art qui examinerait une toile de maître à la loupe, au lieu d'en apprécier la composition générale et les qualités d'ensemble !

Ce programme avait tout d'abord le mérite incontestable de préparer avec ordre et méthode l'extension de notre réseau de voies de communication et d'asseoir les travaux sur des vues d'avenir, au lieu de les engager au jour le jour, un peu au hasard et suivant les besoins du moment.

Il se justifiait par l'infériorité du développement des chemins de fer français, comparé à celui de plusieurs nations voisines; par des considérations d'équité et de justice distributive au regard des régions jusqu'alors privées du bienfait des voies ferrées; par la nécessité de remédier à la dépopulation des pays de montagne.

Il était loin d'avoir l'importance qu'on lui a depuis attribuée par erreur. Bien qu'il portât sur un total de 18 000 km., il ne comprenait en réalité que 8 860 km. de chemins nouveaux. Le chiffre de 18 000 km. se décomposait en effet comme il suit :

a. — Lignes classées antérieurement au 17 juillet 1879 et non concédées	3 058 km.
b. — Lignes concédées et non livrées à l'exploitation au 17 juillet 1879	3 387
c. — Lignes d'intérêt local incorporées ou à incorporer au réseau d'intérêt général et non comprises au réseau d'État constitué par le décret du 25 mai 1878	2 889
d. — Lignes classées par la loi du 17 juillet 1879	8 863
Total	18 197 km.

Encore le Parlement avait-il refusé de prendre aucun engagement pour les lignes d'intérêt local à incorporer au réseau d'intérêt général.

L'inventaire des dépenses à faire s'élevait à 3 milliards et demi, non compris 7 à 800 millions pour rachat de chemins de fer d'intérêt général, que leurs concessionnaires primitifs étaient hors d'état de construire ou d'exploiter (sur cette dernière somme, 500 millions avaient été déjà affectés, en mai 1878, au réseau d'État proprement dit). En y ajoutant un milliard pour les voies navigables et 500 millions pour les ports, on arrivait à un total de 6 milliards, dont un milliard incombant aux Copagnies d'après les conventions antérieures. Dans son rapport au Président de la République, en date du 28 décembre 1879, M. de Freycinet prévoyait que la dépense serait répartie sur douze exercices, mais se hâtait d'ajouter, comme il l'avait déjà fait en toute occasion, que la marche des travaux serait réglée sur les ressources disponibles et qu'ainsi leur exécution comporterait une élasticité suffisante pour calmer toutes les appréhensions.

Le tableau suivant des sommes dépensées annuellement sous l'Empire montre que les prévisions de M. de Freycinet n'étaient pas entachées d'imprudence et de témérité :

ANNÉES	DÉPENSES DE PREMIER ÉTABLISSEMENT			
	Chemins de fer	Navigation intérieure (1)	Ports maritimes	Total
1852	131 millions	8 millions	6 millions	145 millions
1853	270 —	8 —	7 —	285 —
1854	339 —	7 —	7 —	353 —
1855	496 —	6 —	7 —	509 —
1856	576 —	6 —	8 —	590 —
1857	491 —	6 —	12 —	509 —
1858	371 —	5 —	11 —	387 —
1859	274 —	6 —	12 —	292 —
1860	327 —	8 —	13 —	348 —
1861	418 —	17 —	14 —	449 —
1862	499 —	19 —	15 —	533 —
1863	442 —	20 —	13 —	475 —
1864	403 —	17 —	12 —	432 —
1865	322 —	13 —	12 —	347 —
1866	355 —	14 —	15 —	384 —
1867	318 —	16 —	15 —	349 —
1868	234 —	21 —	17 —	272 —
1869	235 —	24 —	20 —	279 —
MOYENNES....	361 millions	12 millions	12 millions	385 millions

(1) Non compris les dépenses imputées sur le budget du Ministère des finances pour le rachat des voies navigables concédées.

On voit que, de 1852 à 1870, la dépense annuelle afférente aux travaux extraordinaires de chemins de fer et de navigation avait, à diverses reprises, dépassé 500 millions. Or les prévisions du programme n'excédaient pas ce chiffre et les ressources du pays s'étaient notablement accrues, malgré les désastres de 1870; la plus-value moyenne des recettes ordinaires du budget était évaluée à 50 millions au moins par année : il suffisait d'en prélever un peu plus du tiers pour faire face aux charges de la construction des nouvelles lignes, en supposant même que ces charges pesassent entièrement sur le Trésor.

M. de Freycinet et ses successeurs n'avaient, d'ailleurs, cessé d'annoncer qu'ils comptaient faire largement appel à l'industrie privée, obtenir d'elle un concours important et soulager ainsi les finances de l'État.

Depuis est survenue une crise industrielle et commerciale due à des causes multiples, notamment à l'excès de production pendant les années précédentes, aux progrès réalisés à l'étranger dans certaines branches de fabrication qui formaient jusqu'alors l'apanage de France, à l'élévation du taux des salaires, aux défauts de l'outillage un peu suranné de beaucoup d'usines, aux mauvaises récoltes et aussi aux clauses douanières du traité de Francfort. Cette crise, habilement exploitée par des adversaires trop zélés de l'État, a jeté la panique dans les esprits et provoqué des critiques acerbes contre le programme de 1879.

On ne s'est pas borné à en blâmer l'exagération ; on a très vivement attaqué l'insuffisance des estimations de 1879. Nous avons fait justice du premier de ces griefs; il nous reste à examiner quelle est la valeur du second.

Le coût moyen kilométrique des lignes comprises au classement avait été évalué à 200 000 fr., matériel compris. Nous n'hésitons pas à reconnaître la faiblesse de ce chiffre, inférieur à celui qu'avait indiqué le conseil général des Ponts et Chaussées (250 000 fr. sans le matériel roulant). L'expérience a prouvé qu'il subirait, en fait, une majoration sensible par suite du renchérissement de la main-d'œuvre et des matériaux, par suite aussi des améliorations apportées à la conception première, dans la rédaction des projets définitifs, et surtout des exigences des populations et de la Chambre des députés elle-même, pendant le cours de l'instruction préalable à la mise en train des travaux. Là où l'Administration avait compté, à bon droit, faire des chemins à fortes pentes et à courbures prononcées, elle a été plus d'une fois contrainte d'adopter un profil et un tracé plus parfaits et par conséquent plus coûteux ; là où elle espérait pouvoir desservir une localité en passant à une certaine distance et en évitant ainsi un allongement de parcours et des difficultés de terrains, elle a été obligée de revenir sur ses intentions premières; là où elle ne devait établir que des haltes, elle a dû créer des gares complètes avec toutes les installations nécessaires aux marchandises. Néanmoins, la majoration a été loin de s'élever aussi haut qu'on l'a soutenu. Vers la fin de 1882, l'Administration centrale des travaux publics, revisant, trop largement cette fois, l'estimation de 1879, l'avait portée à 9 milliards 137 millions, savoir :

6 500 millions pour les chemins de fer
et 2 637 — la navigation,

y compris certains travaux dont la nécessité s'était revélée postérieurement au classement. Le chiffre de 9 milliards, mis soigneusement en relief par les adversaires de l'État, avait jeté l'émoi dans l'opinion publique: lors de la discussion du projet de budget pour l'exercice 1883, M. Sadi Carnot, ancien ministre, et M. Rousseau, ancien sous-secrétaire d'État des travaux publics, l'ont ramené à sa juste valeur, avec toute l'autorité qui s'attache à leur caractère, à leur talent et à leur situation; s'appuyant sur des évaluations consciencieuses, faites pendant le second ministère de M. Varroy, ils ont montré que l'augmentation sur les prévisions de 1879 serait de moins de 1 300 millions, savoir :

Estimation revisée pour les chemins de fer......	5 282	millions
— — les travaux de navigation.	2 010	—
Total..........	7 292	millions
A déduire l'estimation de 1879.................	6 000	—
Reste...........	1 292	millions

Les causes que nous avons énumérées et dont plusieurs sont certainement indépendantes de l'Administration suffisent amplement à expliquer cette augmentation. Au surplus, il serait facile de prouver, par des exemples sans nombre, que les Compagnies n'ont jamais été exemptes de mécomptes de cette nature et qu'elles en ont, à maintes reprises, éprouvé de plus considérables; nous nous contenterons de rappeler quelques-uns des accroissements de dépenses officiellement constatés par des conventions avec l'État :

1. — *Révision, en 1863, des estimations de 1859.*

Compagnie de l'Est, ancien réseau. — Estimation de 1859 : 307 millions. Excédent constaté en 1863 : 8 millions.

Compagnie de l'Est, nouveau réseau. — Estimation de 1859 : 522 millions. Excédent constaté en 1863 : 176 millions.

Compagnie de l'Ouest, ancien réseau. — Estimation de 1859 : 461 millions. Excédent constaté en 1863 : 99 millions.

Compagnie de l'Ouest, nouveau réseau. — Estimation de 1859 : 307 millions 5. Excédent constaté en 1863 : 92 millions 5.

Compagnie du Midi, ancien réseau. — Estimation de 1859 : 239 millions 5. Excédent constaté en 1863 : 78 millions 5.

Compagnie du Midi, nouveau réseau. — Estimation de 1859 : 132 millions. Excédent constaté en 1863 : 101 millions 5.

2. — Révision, en 1868, des estimations de 1863 (1).

Compagnie de l'Ouest, nouveau réseau. — Estimation de 1863 : 570 millions. Excédent constaté en 1868 : 48 millions.

Compagnie de Paris-Lyon-Méditerranée, ancien réseau. — Estimation de 1863 (2) : 1692 millions. Excédent contaté en 1868 : 309 millions 5.

Compagnie du Midi, nouveau réseau. — Estimation de 1863 : 338 millions 5. Excédent constaté en 1868 : 49 millions 7 (3).

Que l'on cesse donc de se répandre en vaines récriminations contre des erreurs inhérentes à la nature des choses et de lancer contre l'État des accusations qui se retourneraient avec une égale force contre les Compagnies.

c. — Résumé et observations. — En résumé, au point de vue de la structure du réseau, le système des Compagnies libres est incontestablement mauvais.

L'action des Compagnies tenues en tutelle, comme elles le sont en France, et l'action directe de l'État ont l'une et l'autre des avantages et des inconvénients. Les Compagnies sont généralement à l'abri des entraînements et des illusions ; mais elles sont nécessairement portées à ne juger les lignes que d'après le produit net de leur exploitation, à faire abstraction des autres intérêts en jeu et à avancer d'un pas trop lent dans la voie du développement du réseau. Au contraire, l'État est exposé, dans certaines circonstances, à céder outre mesure aux sollicitations politiques et à voir au travers d'un prisme trompeur les avantages indirects des nouveaux chemins ; mais, en revanche, il peut engager la construction de lignes, qui, sans donner une rémunération directe des capitaux engagés dans les travaux, soient néanmoins d'une utilité incontestable pour le pays et fournissent au Trésor, sous forme d'augmentation d'impôts, de quoi combler le déficit des produits de l'exploitation ; il peut aussi tenir compte d'intérêts gouvernementaux et sociaux, auxquels les Compagnies se montreraient rétives.

(1) Non compris les travaux complémentaires prévus pour l'avenir.
(2) Y compris les lignes passant du nouveau réseau à l'ancien.
(3) Y compris des insuffisances d'exploitation.

Tout compte fait, le système français, basé tout à la fois sur l'action des Compagnies et l'action de l'État, qui se complètent et se corrigent l'une l'autre, a donné des résultats satisfaisants.

Malgré son infériorité apparente au point de vue du développement, notre réseau dessert aussi bien les intérêts du pays que les réseaux relativement plus étendus de diverses nations étrangères. Comme l'a fait observer avec tant d'à propos un savant ingénieur du corps des Ponts et Chaussées, la terre la mieux irriguée, à superficie égale, n'est pas toujours celle dont les rigoles d'arrosage et de colature présentent la plus grande longueur ; c'est celle dont les rigoles sont le mieux disposées eu égard à la configuration du terrain, au volume d'eau dont on dispose, à la perméabilité du sol, à la nature de la culture. De même, la valeur d'un réseau de chemins de fer se mesure, non pas seulement à son étendue, mais aussi à sa distribution, aux services qu'il peut rendre eu égard aux capitaux affectés à sa construction, à la relation entre le prix de revient des lignes qui le constituent et l'utilité de ces lignes pour le public.

Ainsi envisagé, le réseau français, sans être parfait, n'a rien à envier à divers réseaux voisins placés avant lui dans l'échelle des rapports entre le développement des voies ferrées et la superficie du territoire ou la population.

3. Durée des travaux et méthode dans leur exécution. — *a.* Durée de l'exécution. — Il existe une certaine école de publicistes qui proclament, en toute occasion, la lenteur de l'État en matière de travaux publics et qui l'attribuent à des causes multiples, telles que :

la dissémination des crédits sur un grand nombre de points ;

les variations dans les ressources annuelles mises à la disposition de l'Administration et l'impossibilité qui en résulte, pour les ingénieurs, d'imprimer une sérieuse activité à leurs chantiers ;

l'importance et la multiplicité des fonctions dévolues aux membres du Corps des Ponts et Chaussées ;

l'infériorité manifeste de l'organisation de ce corps, comparée à celle des Compagnies, qui ont pu faire une large application du principe de la division du travail et instituer des services distincts pour les études, le contentieux et les acquisitions, les travaux, le matériel de la voie, l'architecture ;

son inexpérience, qui ne saurait trouver un correctif efficace dans l'usage abusif des types et des formulaires ;

l'excès de centralisation administrative ;

la mobilité du personnel, dont les changements et les déplacements sont incompatibles avec la méthode, l'esprit de suite, la continuité de vues et d'efforts qu'exige la rapidité d'exécution.

On le voit, les raisons abondent, l'acte d'accusation est complet. Mais les échafaudages les plus touffus ne sont pas toujours les plus solides.

Nous ne voulons certes pas méconnaître ce qu'il peut y avoir de fondé dans l'argumentation des adversaires de la construction par l'État. Cependant il nous est impossible d'y souscrire sans réserves. Examinons donc la part de vérité et la part d'erreur qu'elle renferme; examinons, en outre, si la construction par les Compagnies ne porte pas des germes de lenteur qui lui sont propres et qui ne sauraient être laissés dans l'ombre.

La tendance à la dissémination des crédits sur un assez grand nombre de points du territoire est un fait incontestable; il n'est pas un département, il n'est pas un arrondissement, qui ne s'efforce, nous l'avons déjà dit, d'avoir sa part dans la répartition des travaux publics. Mais il appartient au Gouvernement de discerner entre toutes ces prétentions celles qui sont légitimes et celles qui, au contraire, ne sont pas suffisamment justifiées; il lui appartient d'engager et de poursuivre rapidement les travaux qui répondent à un intérêt général indiscutable, et d'ajourner en revanche ceux qui ne répondent qu'à des intérêts purement locaux; il lui appartient de céder ou de résister, suivant les circonstances; il lui appartient de ne point s'écarter d'une ligne de conduite raisonnée et méthodique. Une grande expérience a été faite à cet égard, après la loi de classement de 1879, et, quoi qu'on en ait dit, les Ministres entre les mains desquels a été successivement remis le portefeuille des Travaux publics ont eu le mérite de ne point se laisser entraîner à la dérive. C'est un point sur lequel nous reviendrons plus loin, pour fournir la preuve de notre affirmation.

Quant aux variations dans le chiffre des crédits mis annuellement à la disposition des ingénieurs, elles sont également loin d'avoir l'importance que leur attribuent les ennemis de la construction par l'État. Sans doute, il se produit dans la situation politique, financière ou commerciale, des oscillations et même des crises qui réagissent plus ou moins profondément sur le rendement des impôts. Toutefois, il y a lieu de remarquer que les grands travaux sont généralement payés au moyen de fonds d'emprunt et non au moyen des recettes de l'exercice pendant lequel ils sont exécutés; que les émissions destinées à fournir ces fonds sont faites, non point à échéance fixe, mais au jour où l'état du marché leur est favorable; que, si les circonstances conduisent à retarder un emprunt au delà du terme prévu, l'État y pourvoit par des expédients temporaires, tels que des imputations provisoires sur les ressources de la dette flottante, et qu'ainsi la distribution des crédits, au lieu de subir les fluctuations de la rentrée des impôts, peut être aménagée et régularisée de manière à assurer l'exécution méthodique des travaux. Nous ne parlons pas, bien entendu, des événements intérieurs ou extérieurs qui, à certaines époques de l'histoire, viennent suspendre en quelque sorte la vie industrielle du pays : car ces événements atteignent les Compagnies aussi bien que l'État. Au surplus, les oscillations ordinaires dans la situation du marché, dans le mouvement des affaires, exercent leur contre-coup, non seulement sur les ressources dont dispose le Trésor, mais aussi sur les émissions d'obligations que les Compagnies réalisent avec plus ou moins de facilités et à des conditions plus ou moins onéreuses. Peut-être le crédit des grandes Compagnies est-il un peu moins sensible que celui de l'État : nous examinerons par la suite cette question spéciale. Mais, en admettant même qu'il en soit ainsi, notre esprit se refuse à y voir un avantage déterminant, de nature à condamner la construction directe par l'Administration.

De l'objection basée sur la multiplicité des fonctions dévolues aux ingénieurs, nous avons peu de chose à dire. Personne n'ignore que les travaux neufs importants sont confiés à des services spéciaux et non point aux services ordinaires, et qu'ainsi les ingénieurs et conducteurs préposés à leur exécution peuvent y consacrer tous leurs soins, sans autre préoccupation. L'étendue de la tâche impartie à l'Administration des Ponts et Chaussées pour les routes, les canaux, les rivières, les ports maritimes, loin d'être un obstacle à la construction des chemins de fer par l'État, peut, au contraire, y aider à certains égards, en permettant au Ministre d'avoir toujours sous la main un nombreux personnel rompu aux affaires et d'y prendre des agents ou de les y faire rentrer en réserve, suivant les circonstances.

Nous rendons volontiers hommage à la forte organisation des grandes Compagnies, à l'habileté avec laquelle ces sociétés ont su pratiquer la division du travail, répartir et spécialiser les diverses opérations que comportent l'étude et la construction d'une voie ferrée. Tels de leurs fonctionnaires sont plus particulièrement chargés des études, tels autres des acquisitions de terrains et du contentieux, des terrassements et des maçonneries, des ponts métalliques, du matériel fixe de la voie, des bâtiments des gares et stations; chacun acquiert ainsi une expérience consommée dans sa spécialité, se tient au courant des progrès accomplis en France ou à l'étranger, sait trouver les solutions appropriées aux circonstances. Mais, nous le répétons une fois de plus, si cette organisation peut être invoquée aujourd'hui comme constituant au profit des Compagnies une supériorité sur l'État, cela tient à ce que jusqu'ici le régime de la concession a toujours prévalu en France et à ce qu'en conséquence l'Administration n'a pu s'outiller pour une tâche qui ne lui incombait pas. Au cas où le régime inverse eût été admis par le législateur, rien n'eût empêché le Ministre des travaux publics d'instituer une organisation semblable : c'est, au reste, la voie dans laquelle il était entré après le classement de 1879; il avait notamment créé un service central du matériel fixe, chargé de l'acquisition et de la fourniture des rails, éclisses, traverses, changements de voie, etc..., avec des agents réceptionnaires expérimentés. Sans copier servilement les Compagnies, qui ont peut-être exagéré parfois l'application d'un principe excellent en lui-même, il fût certainement arrivé à constituer un organisme comparable au leur et faisant une juste part à la division du travail, sans porter atteinte à l'autorité qu'il convient de laisser aux ingénieurs sur l'ensemble de leurs travaux et sans réduire outre mesure leur initiative, sans exagérer la centralisation administrative.

Nous avons déjà répondu trop souvent à l'objection tirée de l'inexpérience des ingénieurs de l'État : deux mots seulement sur les types et les formulaires.

A la vérité, le Ministère des travaux publics a fait imprimer et distribuer à ses ingénieurs des recueils de dessins-types, alors qu'ils avaient à diriger l'exécution des lignes classées en 1879 : mais il s'est bien gardé d'imposer ces types; il ne les a donnés que comme des renseignements, comme des indications susceptibles de hâter et de faciliter la rédaction des projets; son seul but était d'éviter aux services locaux des recherches laborieuses et des tâtonnements inutiles, et d'imprimer à la grande œuvre de notre troisième réseau un certain caractère d'unité et d'harmonie. D'ailleurs les Compagnies n'en agissent-elles pas ainsi ? N'ont-elles pas elles-mêmes des types et des formules reproduisant les dispositions consacrées par une longue expérience ? On ne saurait les en blâmer; mais il ne faut pas davantage en faire un reproche à l'État; il ne faut pas trouver mauvais d'un côté ce que l'on juge bon de l'autre. Les dessins-types ne peuvent qu'être utiles, si les ingénieurs n'y sont pas étroitement enfermés et conservent la liberté d'allures nécessaire pour tirer parti des ressources locales et pour bien adapter les ouvrages aux conditions dans lesquelles ils doivent être établis.

Que dire de l'accusation formulée contre l'excès de centralisation administrative pour les travaux de l'État ? Sans doute, les projets rédigés par les ingénieurs de l'État doivent être soumis à l'examen du Conseil général des Ponts et Chaussées. Mais cet examen, indispensable pour la sauvegarde des deniers publics, n'a pas les lenteurs alléguées dans l'entraînement de la polémique entre les adversaires et les partisans de la construction directe. Quiconque a vu de près le fonctionnement de l'Administration doit reconnaître le zèle, le dévouement et l'activité des inspecteurs généraux des Ponts et Chaussées. Il ne faudrait pas croire non plus que, pour le moindre détail, les ingénieurs en chef soient obligés d'en référer au Ministère des travaux publics : ces fonctionnaires ne sont point enchaînés dans une dépendance si étroite et si rigoureuse, leur initiative n'est pas si complètement étouffée. Des mesures ont même été prises, depuis quelques années, pour hâter l'instruction des affaires, pour apporter à la préparation des projets toutes les simplifications compatibles avec la nécessité d'une bonne exécution et pour répondre ainsi à la légitime impatience du pays. La centralisation n'est certainement pas moindre dans les Compagnies, et, si l'on voulait entrer dans le détail, il serait facile de citer tels réseaux sur lesquels elle est poussée à son extrême limite, où les ingénieurs locaux sont dépouillés de toute initiative, où les degrés d'instruction s'échafaudent les uns sur les autres, où les états-majors sont plus que fortement constitués. En outre, les projets des Compagnies, après avoir passé par la filière des services intérieurs de ces sociétés, doivent ensuite être soumis à l'examen des ingénieurs du contrôle et du Conseil général des Ponts et Chaussées et recevoir l'approbation ministérielle. Ce n'est donc point de ce côté qu'il faut se tourner pour chercher des arguments en faveur de la rapidité de construction par les concessionnaires. Est-ce à dire que de part et d'autre il ne soit pas possible de décentraliser, de lâcher un peu plus la bride aux fonctionnaires locaux ? Nous n'avons point à nous prononcer à ce sujet. Ce que nous voulions seulement rappeler, c'est que l'Administration des Compagnies est hiérarchisée comme celle de l'État, que la centralisation y est au moins aussi prononcée et qu'elles ont, en outre, à subir les délais de l'instruction par le contrôle.

Reste le dernier reproche tiré de la mobilité des agents de l'État, des déplacements que leur imposent les avancements, les convenances politiques ou administratives, souvent aussi les convenances personnelles. Ce reproche ne saurait s'adresser aux conducteurs des Ponts et Chaussées, qui peuvent conquérir toutes leurs classes sur place et qui constituent un personnel d'une stabilité incontestable. C'est donc exclusivement pour les ingénieurs que la question doit être discutée. Or, tout d'abord, les avancements de grade, c'est-à-dire le passage du grade d'ingénieur ordinaire au grade d'ingénieur en chef et celui du grade d'ingénieur en chef au grade d'inspecteur général, sont les seuls qui enlèvent presque nécessairement les ingénieurs de l'État à leur service ; il s'agit, en tout, de deux mutations forcées dans une période de quarante années, et nous ne sachons pas que les ingénieurs des Compagnies échappent à des changements analogues, quand ils avancent dans la hiérarchie de leur Administration. Les déplacements politiques doivent être également éliminés : ils sont heureusement fort rares ; les ingénieurs des Ponts et Chaussées sont gens de travail et de labeur, qui peuvent avoir leurs convictions personnelles, mais qui n'ont pas le loisir de se mêler à la politique militante et dont la seule préoccupation est de s'acquitter de leurs fonctions au mieux des intérêts généraux du pays, sans aucune arrière-pensée en faveur de tel ou tel parti. Quant aux déplacements pour convenances personnelles, quoique plus fréquents, ils sont cependant moins nombreux qu'on ne se plaît parfois à le dire. Les sentiments élevés que les ingénieurs des Ponts et Chaussées ont puisés à l'École polytechnique les portent à sacrifier, sans hésitation, leurs intérêts et leurs préférences toutes les fois que le service l'exige, à ne point déserter le poste de combat qui leur a été assigné, à rechercher les beaux travaux bien plutôt que les situations lucratives ou les résidences agréables. Sans doute, il est des circonstances où les considérations de famille deviennent trop impérieuses pour ne pas prendre le dessus ; il est des cas aussi où la faiblesse humaine finit par l'emporter. Mais ce ne sont là que des exceptions. S'il m'est permis de réveiller des souvenirs déjà trop lointains, je rappellerai qu'à sa sortie de l'École des Ponts et Chaussées la génération d'ingénieurs à laquelle j'appartiens a eu exclusivement pour mobile, dans le choix des résidences, l'importance et l'intérêt des services, sans même s'enquérir des avantages matériels attachés aux postes qui lui étaient offerts par l'Administration supérieure ; je rappellerai encore que, parmi nos contemporains, plus d'un a refusé des emplois honorables et largement rémunérés dans l'industrie privée, pour continuer et achever des travaux dont il avait rédigé les projets et commencé l'exécution. Je ne doute pas que les jeunes ingénieurs n'aient recueilli pieusement et gardé intactes les traditions de leurs devanciers. Du reste, c'est un devoir impérieux pour le Ministère de ne point souffrir d'atteinte à ces traditions, qui ont fait l'honneur et la force du Corps des Ponts et Chaussées ; de ne point prêter la main aux tendances inverses qui viendraient à se manifester ; d'exiger de ses fonctionnaires la stabilité sans laquelle ils ne sauraient avoir ni autorité ni influence dans les départements ; d'encourager et de récompenser ceux qui donnent à cet égard des témoignages plus particuliers de leur dévouement à la chose publique.

Les publicistes qui combattent la construction par l'État reprochent, il est vrai, aux déplacements des ingénieurs, non seulement d'être plus fréquents, mais aussi de faire passer ces fonctionnaires d'un service à un service tout différent, d'amener par exemple à la tête d'ateliers de chemins de fer des ingénieurs qui, jusqu'alors, s'étaient exclusivement occupés de routes, de navigation intérieure ou de ports maritimes. Cela a pu être vrai pour les courtes périodes pendant lesquelles l'Administration des Ponts et Chaussées a eu la charge de la construction des voies ferrées, sans y avoir été préparée par avance. Mais, si le régime de l'exécution par l'État avait prévalu en France, les services spéciaux de chemins de fer eussent été assez nombreux pour permettre d'y maintenir les ingénieurs, tout en leur accordant des avancements de grade et sans même leur refuser des déplacements pour raisons personnelles.

Nous venons de discuter en quelques mots les arguments invoqués par les adversaires de l'État pour démontrer que l'Administration apporte de la lenteur dans l'exécution des chemins de fer ; nous croyons avoir réduit ces arguments à leur juste valeur.

Ajoutons que, si la thèse des ennemis de la construction par l'État peut se soutenir pour les lignes principales, il n'en est pas de même pour les lignes secondaires. L'exploitation de ces chemins devant être peu rémunératrice et comporter souvent des insuffisances de revenu, les Compagnies ont une propension inévitable à ne point en hâter la construction. L'État, au contraire, profitant des bénéfices indirects procurés au pays par les voies ferrées, n'a pas les mêmes préoccupations ; il peut se placer à un point de vue plus élevé et faire, sans aucun regret, tous ses efforts pour mener rapidement à terme des travaux, qui, à défaut de rémunération directe, auront du moins pour effet d'accroître la richesse et l'activité nationales.

Au surplus, les faits parlent plus haut et prouvent mieux que l'argumentation la plus convaincue. Or, voici ce qu'ils apprennent :

Le délai moyen d'exécution des lignes concédées depuis 1859 aux grandes Compagnies a été de 7 ans à 7 ans 1/2, entre la date de la déclaration d'utilité publique et celle de l'ouverture à la circulation. C'est le chiffre qui a été indiqué par M. Sadi Carnot, ancien Ministre, et M. Rousseau, ancien sous-secrétaire d'État des travaux publics, lors de la discussion du budget de 1883 devant la Chambre des députés ; c'est également le chiffre auquel nous sommes arrivé nous-même, par un dépouillement consciencieux des statistiques officielles. Nous ne nous avancerons pas trop en affirmant que l'État n'eût point dépassé ce délai.

L'Administration des Ponts et Chaussées a montré l'effort dont elle était capable, lorsqu'elle s'est trouvée tout à coup face à face avec le programme de 1879 ; les chiffres suivants en font foi :

	LONGUEUR (1)		OBSERVATIONS
	au commencement de 1879	à la fin de 1882	
		km.	
Chemins non concédés, livrés à la circulation..........	Néant	1.926	(1) Non compris le réseau d'État proprement dit.
— déclarés d'utilité publique...... — en construction ou à construire.	1.957	7.796	

Ainsi, en quatre années, les ingénieurs avaient pu terminer et ouvrir à l'exploitation près de 2 000 kilomètres de voies ferrées; ils avaient en outre achevé les avant-projets, obtenu la déclaration d'utilité publique, rédigé les projets définitifs et engagé ou préparé la construction de près de 8 000 kilomètres, sans compter ni l'ouverture de 500 kilomètres appartenant au réseau d'État proprement dit, ni les travaux d'infrastructure de diverses lignes concédées. Les dépenses imputées sur les fonds du Trésor s'étaient élevées en nombre rond :

en 1879, à........... 129 millions;
en 1880, à........... 224 —
en 1881, à........... 263 —
en 1882, à........... 330 —

non compris les subventions aux Compagnies, les indemnités de rachat et les frais généraux de personnel.

Tout était organisé pour livrer en moyenne de 1 000 à 1 200 kilomètres par an.

Malgré toutes les critiques qui ont pu être portées à la tribune du Parlement ou formulées dans la presse, ce sera pour le personnel des Travaux publics à tous les degrés un éternel honneur d'avoir su ainsi se mettre à la hauteur de la tâche écrasante que faisaient peser sur lui les lois mémorables de 1879; d'avoir courageusement répondu à l'appel des Pouvoirs publics; d'avoir déployé une habileté et une activité qui ont imposé à ses détracteurs, sinon le silence, du moins le respect, et surtout de n'avoir sacrifié ni l'ordre, ni la méthode dans l'exécution.

C'est sur ce dernier point que nous avons maintenant à nous expliquer.

b. Ordre et méthode dans l'exécution. — L'un des arguments invoqués par les adversaires de la construction par l'État est tiré de la dissémination des ressources du Trésor, de la dispersion des chantiers au gré des nécessités et des convenances politiques. C'est surtout vers la fin de 1882 qu'ils ont usé et abusé de cette arme de combat. Exploitant certains chiffres fournis à la « Commission du budget » de la Chambre par M. Hérisson, alors Ministre des travaux publics, ils ont affirmé urbi et orbi que l'exécution du programme de 1879 avait été engagée d'une manière hâtive et inconsidérée, sans ordre ni méthode, et qu'au lieu de concentrer ses efforts sur un certain nombre de lignes, l'Administration avait eu le tort et la faiblesse d'ouvrir des ateliers sur tous les points du territoire.

En traitant de la durée des travaux, nous avons loyalement reconnu que les populations avaient plus d'une fois marché à l'assaut du Gouvernement pour obtenir de lui l'ouverture simultanée d'un grand nombre de chantiers, que les membres du Parlement avaient plus d'une fois assiégé le Ministère pour lui arracher la construction immédiate de chemins destinés à être relégués au dernier plan. Mais nous avons ajouté que les hommes éminents auxquels avait été remis le portefeuille des Travaux publics depuis 1879 avaient su résister et suivre, sans écart, une ligne de conduite raisonnée et méthodique.

Le moment est venu de fournir la preuve de cette affirmation, en prenant corps à corps les attaques dirigées contre les Ministres de 1880, 1881 et 1882.

Le chiffre que l'on agitait le plus devant l'opinion publique pour la frapper était celui de 5 596 kilomètres, représentant la longueur totale des lignes sur lesquelles les travaux auraient été entrepris d'après les déclarations de l'honorable M. Hérisson à la Commission du budget. Ce chiffre était exagéré : car il comprenait 289 kilomètres de chemins livrés à l'exploitation et 220 kilomètres sur le point d'être également ouverts à la circulation, et devait, par suite, être ramené à 5 087 kilomètres pour l'exercice 1883. Ainsi réduit, il n'avait rien d'excessif : nous le démontrerons dans un instant.

Mais auparavant nous devons dire que les lignes sur lesquelles l'Administration avait mis la main à l'œuvre n'avaient point été prises au hasard, suivant les impressions, les inspirations ou les influences du moment, et qu'elles avaient été au contraire choisies dans des vues d'ensemble parfaitement arrêtées. Le devoir du Gouvernement était de porter ses premiers efforts :

1° Sur les chemins stratégiques, dont la construction était impérieusement exigée par les intérêts supérieurs de la défense du pays et qui devaient être sans conteste placés au premier rang ;

2° Sur les chemins répondant à des intérêts commerciaux bien marqués ou nécessaires pour mettre en valeur le réseau d'État créé en 1878, en commençant de préférence par ceux qui ne présentaient pas de sérieuses difficultés et dont l'exploitation pouvait être facilement et promptement assurée.

C'était, sans contredit, un programme irréprochable. Diverses circonstances étaient venues, à la vérité, contrarier un peu les intentions de l'Administration. D'une part, en effet, pour se conformer au texte de la loi du 17 juillet 1879, elle avait dû provoquer les offres de concours financier des départements et entamer des négociations qui n'avaient pas abouti partout avec la même rapidité. D'un autre côté, certains tracés avaient soulevé, lors des enquêtes, de très vives protestations et des compétitions très ardentes ; les ingénieurs avaient été contraints d'accumuler les contre-études les unes sur les autres et d'y consacrer un délai souvent fort prolongé. Ajoutons encore que, lors de la mise en train, le Ministre avait dû naturellement faire, dans une certaine mesure, le sacrifice de son classement théorique, en organisant les ateliers sur les lignes ou sections dont les projets, antérieurement étudiés, pouvaient d'ores et déjà faire l'objet d'adjudications. Cependant, abstraction faite de ces circonstances auxquelles il était matériellement impossible d'échapper, l'Administration n'avait cessé de poursuivre le but qu'elle s'était assigné dès l'origine ; elle n'avait pas un seul instant abandonné sa pensée première ; constamment, elle s'était efforcée de ne pas entamer de tronçons isolés et de grouper les chemins en construction, de manière à en faire au besoin de petits réseaux susceptibles d'une exploitation distincte, à ne point se mettre sous la dépendance des Compagnies et à réserver la solution à l'étude pour la question du régime de notre réseau. Sans doute, les travaux n'en étaient pas moins répartis sur un assez grand nombre de points du territoire et pouvaient apparaître aux esprits superficiels comme entachés d'une dispersion critiquable. Mais c'était la conséquence forcée de l'ampleur du programme de 1879, qui dotait de nouvelles voies ferrées toutes les régions de la France et dont la réalisation progressive comportait inévitablement l'exécution simultanée de travaux considérables dans les diverses parties du pays. Au surplus, contenue dans de sages limites, la dissémination des chantiers était un acte de justice distributive ; elle était aussi un acte de prudence, au point de vue du recrutement des ouvriers et du prix de revient des ouvrages. Concentrés à l'excès, les travaux eussent entraîné un relèvement notable du taux des salaires et une augmentation certaine de la dépense.

Après ces courtes explications, revenons au chiffre de 5 596 kilomètres, ou plutôt au chiffre rectifié de 5 087 kilomètres, et voyons s'il était excessif. Les raisons abondent pour établir qu'il était absolument rationnel et que, si quelque reproche pouvait lui être adressé, c'était plutôt à raison de son insuffisance.

1° Comme nous avons déjà eu l'occasion de le faire connaître, le délai moyen qui s'est écoulé entre la déclaration d'utilité publique et la circulation des chemins concédés depuis 1859 aux grandes Compagnies a été de 7 ans 1/2 environ (1). Ce délai peut se décomposer comme il suit :

Rédaction des projets et enquêtes..................	2 ans
Acquisitions de terrains, adjudications, mise en train des travaux..	1 an
Pleine exécution..	3 ans 1/2
Achèvement et ouverture à l'exploitation.....»......	1 an
Total pareil...........	7 ans 1/2

Ainsi les Compagnies ont mis en général 5 ans 1/2 à l'exécution proprement dite des travaux.

Or, le programme de 1879 comprenait 18 000 kilomètres de voies ferrées et les Pouvoirs publics avaient, à diverses reprises, manifesté l'intention d'en échelonner la réalisation sur une période, d'abord fixée à 12 ans, puis portée à 15 ans. Il fallait pour cela ouvrir annuellement 1 200 kilomètres en moyenne. En assignant à la construction la durée de 5 ans 1/2 consacrée par l'expérience des grandes Compagnies, le développement des lignes en cours d'exécution aurait dû excéder 6 000 kilomètres, alors qu'en fait il ne dépassait pas sensiblement 5 000 kilomètres. Cette durée pouvait, il est vrai, subir une certaine réduction ; cependant c'eût été commettre une grave erreur que d'imprimer aux travaux une précipitation qui se fût nécessairement traduite par un accroissement de dépense. Aussi sommes-nous convaincu que la longueur des lignes dont l'Administration avait engagé la construction ne dépassait pas la mesure voulue, même en ayant égard à la possibilité et à la convenance de diminuer un peu le délai, de 5 ans 1/2 et en tenant compte de quelques chemins à livrer par les Compagnies.

2° Si, au lieu d'envisager le nombre de kilomètres à ouvrir annuellement, on envisage la dépense, on arrive à la même conclusion.

Lors du classement, les Pouvoirs publics, sans prendre une décision ferme à ce sujet et sans engager inconsidérément l'avenir, avaient néanmoins témoigné du désir d'affecter, bon an, mal an, 350 millions à l'exécution des nouvelles voies ferrées. Nous avons montré par les précédents du second Empire qu'il n'y avait dans cette prévision aucune témérité ; en effet, de 1852 à 1869, la dépense annuelle avait été en moyenne de 361 millions et s'était élevée jusqu'à 576 millions.

Si, conformément au sage avis exprimé par le Conseil général des

(1) Déduction faite de certaines lignes retardées pour des motifs exceptionnels.

Ponts et Chaussées dès 1878, on estime le coût moyen du kilomètre à 250 000 fr. (1) sans le matériel roulant et à 270 000 ou 275 000 fr. avec ce matériel et les autres objets mobiliers, on retombe à très peu près sur la longueur de 1 200 kilomètres à livrer chaque année à la circulation.

Or, les crédits demandés pour l'exercice 1883 par M. Varroy, ministre des travaux publics, d'accord avec son collègue des finances, ne dépassaient pas 286 ou 287 millions. En y ajoutant 40 millions à dépenser par l'industrie privée, on restait un peu en dessous des prévisions primitives et on se réservait la marge nécessaire pour faire face aux dépenses aléatoires et aux dépenses d'autre nature (telles que rachats, insuffisances d'exploitation, etc.) imputées sur le budget extraordinaire.

Le chiffre de 286 millions se justifiait ainsi :

	LONGUEUR	DÉPENSE kilométrique	DÉPENSE totale
Dépenses pour parachèvement et règlement de comptes sur les lignes livrées à la circulation ou sur le point de l'être	km. 509	fr. 10.000	fr. 5.090.000
Dépenses sur les lignes en pleine exécution	4.383	55 à 60.000	250.000.000
Dépenses sur les lignes dont les travaux étaient à peine engagés	704	25.000	17.600.000
TOTAL	5.596		272.690.000
Dépenses pour derniers parachèvements, pour mise en train de lignes destinées à remplacer celles qui seraient livrées à l'exploitation en 1883, et pour études			14.000.000
TOTAL			286.690.000

Aussi M. Varroy considérait-il que, si l'on n'était pas arrivé au roulement normal, l'on était tout au moins sur le point de l'atteindre : sa préoccupation incessante était de ne plus laisser entreprendre de travaux que

(1) La somme de 250 000 fr. se décompose ainsi :

1re année. — Acquisitions de terrains, adjudication, mise en train des travaux	25 000 fr.
4 années 1/2. — Pleine exécution et règlement des comptes, à raison de 10 000 fr. pour la dernière année et de 50 à 60 000 fr. pour les autres années.	210 000
Parachèvements ultérieurs, répartis sur un plus ou moins grand nombre d'exercices	15 000
TOTAL pareil	250 000 fr.

Rien n'empêche d'ailleurs de réduire un peu la période de pleine exécution, en forçant la dépense annuelle.

sur des lignes dont la dépense fût à peu près égale à celle des chemins sortant de la période de construction pour entrer dans la période d'exploitation ; il jugeait que le stock de dépenses engagées était suffisant et qu'il convenait, désormais, de maintenir l'équilibre entre les entrées et les sorties.

Sans aller plus avant dans le détail, sans développer davantage des calculs arides que nous avons cherché à présenter sous une forme simple et frappante, n'est-il pas évident que le reproche d'impéritie formulé contre l'Administration par certains orateurs ou publicistes était complètement immérité ? N'est-il pas indéniable, au contraire, que cette administration, tout en déployant l'activité nécessaire pour répondre à l'appel des Pouvoirs publics, a su accomplir sa tâche avec ordre, méthode, esprit de suite et sagesse ?

Si nous avons présenté ces brèves observations, ce n'est certainement pas pour dégager la responsabilité des Ministres des travaux publics qui se sont succédé de 1880 à 1882 : ni M. Varroy, ni M. Sadi Carnot n'avaient besoin d'être défendus. C'est pour montrer que, sur ce point comme sur beaucoup d'autres, les attaques dirigées de la meilleure foi du monde contre le système de la construction par l'État ne résistent pas à un examen tant soit peu approfondi des faits. C'est pour établir que, dans une des phases les plus difficiles de son existence, l'Administration des travaux publics, prise un peu au dépourvu par l'immensité de la tâche qu'elle avait à accomplir, écrasée de travail, accablée de sollicitations et d'obsessions qui tendaient à la faire sortir du droit chemin, a pu cependant rester à la hauteur de sa mission, s'en acquitter à son honneur et atteindre le but sans le dépasser.

D'ailleurs, M. Sadi Carnot et M. Rousseau ont fait, à la tribune de la Chambre des députés, bonne et entière justice des accusations iniques auxquelles nous venons de répondre ; ils ont retorqué ces accusations avec leur loyauté à toute épreuve et leur autorité incontestée. Ceux qui auraient encore quelques doutes pourront lire les discours éloquents de l'ancien Ministre et de l'ancien Sous-Secrétaire d'État des travaux publics au Journal officiel du 16 décembre 1882. Cette lecture suffira pour dissiper toutes leurs hésitations (1).

(1) Ces lignes étaient écrites lorsqu'a paru le rapport présenté à la Chambre des députés par M. Cavaignac sur le projet de budget de l'exercice 1885 (Études et travaux de chemins de fer à effectuer en exécution des conventions du 20 novembre 1883). Ce rapport constate, avec force chiffres à l'appui, que jamais les prévisions primitives de 1879 n'ont été atteintes ; il constate ainsi, une fois de plus, l'exagération des critiques formulées lors de la discussion du budget de 1883.

4. Dépenses d'exécution. — *a.* Acquisitions de terrains. — La question a été souvent agitée de savoir si l'État achetait les terrains moins cher que l'industrie privée. Elle a été notamment posée dans la grande enquête ouverte en 1876 par le Sénat et dont les résultats ont fait l'objet d'un compte rendu détaillé, en date du 17 avril 1878. La plupart des Compagnies ont répondu qu'à cet égard il n'y avait aucune différence à faire entre elles et l'État ; cependant elles n'ont pas été absolument unanimes : nous citerons notamment la Compagnie du Midi, qui, depuis de longues années, n'a cessé d'émettre une opinion contraire et de soutenir que l'État était moins mal traité par les jurys d'expropriation.

Nous croyons, en effet, que toutes les régions ne se comportent pas de même. Il est certaines parties du territoire où l'esprit de spéculation est moins accusé et où les jurys, quoique capricieux, paraissent traiter les Compagnies et l'État sur le même pied. Au contraire, il en est d'autres où le public est disposé à voir dans les chemins de fer, non seulement une œuvre d'intérêt général, mais aussi une œuvre de spéculation, et où il est porté à prélever sa dîme sur les financiers qui viennent exploiter les besoins de circulation du pays. Les procès-verbaux de l'enquête du Sénat fournissent à ce sujet des renseignements très instructifs. On y voit citer, pour le réseau de Paris-Lyon-Méditerranée, par exemple, sept lignes dont les terrains ont coûté de 40 à 50 000 fr. par kilomètre ; ce prix a atteint de 50 à 60 000 fr. sur six autres lignes, de 60 à 80 000 fr. sur six lignes également, 107 000 fr. sur celle de Givors à la Voulte, 108 000 fr. sur celle de Marseille à Aix et 292 000 fr. sur celle du Var à la frontière d'Italie, qui cependant est à voie unique. Si l'on veut bien remarquer que, dans un pays accidenté, les emprises ont une largeur moyenne de 30 à 35 mètres, ce qui correspond à une superficie de 3 hectares à 3 hectares 5 par kilomètre, on verra à quel chiffre s'est élevée la dépense par hectare pour ces dernières lignes. D'autres exemples empruntés à la Compagnie du Midi et à celle de Clermont à Tulle fourniraient des résultats analogues. Nous croyons que, pour l'ensemble de la France, les expropriations faites par l'État sont, toutes choses égales d'ailleurs, un peu moins onéreuses que les expropriations faites par les Compagnies. Mais c'est là une impression, plutôt qu'une conviction absolue.

Le véritable moyen d'éviter les allocations exagérées au profit des propriétaires dépossédés consiste à associer les départements et même les communes aux acquisitions de terrains. En effet, l'expérience a prouvé que, plus l'intérêt de l'expropriant est localisé, plus il touche les jurés dans leurs appréciations : un département paie moins que l'État; une commune paie généralement moins qu'un département. Cela tient à ce que la caisse départementale ou la caisse communale sont moins garnies que celle du Trésor; à ce que l'on éprouve plus de scrupules à y puiser à pleines mains; à ce que les jurés, habitants du pays, reculent devant tout acte de dilapidation des finances locales; et peut-être aussi à ce que, dans la désignation des citoyens appelés à faire partie des jurys, les conseils généraux sont instinctivement portés à plus de soin et plus de réserve en pareil cas.

Le législateur de 1842 l'avait si bien compris qu'il avait inséré dans la grande loi du 11 juin un article mettant à la charge des départements et des communes les deux tiers des indemnités d'acquisition de terrains ou de bâtiments. Cette disposition fut, il est vrai, rapportée le 19 juillet 1845, à la suite de concessions sans subvention qui rendaient inégale la situation des départements et créaient cette inégalité au profit des départements riches, où les chemins de fer trouvaient plus facilement des concessionnaires sans concours des localités. Mais le principe n'en a pas moins été retenu et préconisé depuis à diverses reprises. C'est ainsi que dans l'enquête sénatoriale, dont nous avons déjà parlé, les grandes Compagnies ont émis une opinion très favorable à l'intervention des départements et des communes; M. Mangini, président du conseil d'administration et directeur de la Compagnie des Dombes, a précisé, en faisant connaître que, là où sa Compagnie payait les terrains de 10 à 12 000 fr. l'hectare, le département ne payait pas plus de 5 à 6 000 fr. Devant le Conseil supérieur des voies de communication, en 1878, M. le sénateur Varroy a cité, de son côté, des faits particulièrement frappants, dont nous avons été nous-même témoin et qui ont trait aux chemins de fer d'intérêt local de Meurthe-et-Moselle ainsi qu'au chemin de ceinture de Nancy: pour ce dernier chemin, la ville fournissait les terrains avec l'appui du département, qui s'était engagé à payer la moitié de l'excédent sur une somme déterminée, et les expropriations ont réussi au delà de toute espérance. Lors de la mise à exécution du programme de 1879, l'État, ayant à provoquer le concours des localités en exécution de l'article 3 de la loi du 17 juillet, s'est efforcé en toute occasion d'obtenir ce concours sous forme de livraison ou de paiement total ou partiel des terrains.

Bien que l'intervention des communes soit utile, elle est généralement plus difficile à réaliser que celle des départements, par suite de la faible longueur sur laquelle leur territoire est traversé par les chemins de fer.

L'intervention des localités peut d'ailleurs se manifester sous diverses formes.

Tantôt elles poursuivent elles-mêmes les acquisitions; tantôt, au contraire, elles se bornent à rembourser les dépenses à l'État. De ces deux systèmes, le premier est peut-être plus efficace pour la modération des verdicts du jury ; mais il a l'inconvénient d'obliger les départements ou les communes à procéder à des opérations pour lesquelles ils ne sont pas toujours outillés.

A un autre point de vue, les localités peuvent, soit supporter toutes les dépenses, soit se charger des acquisitions moyennant une subvention à forfait de l'État, soit participer aux charges de ces acquisitions dans une proportion donnée, soit encore en accepter l'aléa au-dessus d'une somme déterminée.

Quelle que soit la combinaison adoptée, l'important est d'intéresser sérieusement les départements ou les communes aux expropriations. A cet égard, et c'est là la conclusion à laquelle nous voulions arriver, la construction par l'État se prête plus que la construction par les Compagnies à la mise en jeu du concours des localités.

b. **Travaux de l'infrastructure.** — Dans les travaux, nous distinguerons l'infrastructure, c'est-à-dire les terrassements, les ouvrages d'art et les maisons de garde, de la superstructure, c'est-à-dire du ballastage, de la fourniture et de la pose de la voie, des bâtiments et des aménagements des gares et des stations.

Lors de l'enquête sénatoriale de 1876-1878, deux grandes Compagnies, celle d'Orléans et celle du Midi, ont été spécialement interrogées sur le choix à faire entre l'État et les Compagnies pour l'exécution de l'infrastructure.

M. Didion, délégué général du conseil d'administration de la Compagnie d'Orléans, et M. Solacroup, directeur de cette Compagnie, ont affirmé hautement la supériorité des Compagnies, en s'appuyant notamment sur l'activité de leurs agents, moins nombreux, mieux rétribués, ayant à produire beaucoup plus de travail, moins gênés par le formalisme administratif.

En revanche, la Compagnie du Midi a maintenu la doctrine qu'elle professe depuis de longues années et que l'un de ses directeurs, M. Surell, a très nettement formulée dans un mémoire inséré aux Annales des Ponts et Chaussées (1868, 2e semestre). Voici les avantages que M. Surell attribue à l'intervention de l'État :

1° L'Administration, ayant un personnel réparti sur toute l'étendue de la France, n'a qu'à le renforcer sur certains points, pour faire face aux travaux supplémentaires dont elle est chargée. Par suite, elle dépense moins en frais généraux que les Compagnies, obligées d'installer un personnel spécial et de le rémunérer beaucoup plus largement.

2° Les projets des Compagnies étant soumis à deux juridictions, celle du directeur et du Conseil d'administration, d'une part, et celle du Conseil général des Ponts et Chaussées, d'autre part, il en résulte pour elles plus de formalités et plus d'écritures, et l'obligation d'avoir un personnel plus nombreux.

3° Ce double contrôle par des autorités qui jugent à des points de vue différents rend beaucoup plus difficile la tâche des ingénieurs de Compagnies et les oblige souvent à recommencer leurs études; il entraîne, en outre, de longs délais, de telle sorte que le personnel, plus dispendieux et plus nombreux, pèse encore plus longtemps sur la dépense de chaque ligne.

4° Les Compagnies ne peuvent, sans traverser toute la série des formalités, apporter à leurs projets approuvés les modifications dont l'utilité leur apparaît en cours d'exécution. Les ingénieurs de l'État ont beaucoup plus de latitude à cet égard.

5° Les populations sont plus exigeantes vis-à-vis des Compagnies, pour les travaux accessoires nécessités par le maintien des communications, par exemple pour les passages à niveau, les passages inférieurs ou supérieurs, les chemins latéraux, les déviations de routes ou de chemins, etc... Malgré l'impartiale fermeté du Conseil général des Ponts et Chaussées, elles obtiennent davantage, parce que les autorités locales inclinent plus à soutenir les intérêts de leurs administrés qu'à défendre les droits des Compagnies et parce que les difficultés se résolvent le plus souvent par certaines concessions.

6° L'État achète les terrains moins cher que les Compagnies.

7° Il bénéficie de la juridiction des Conseils de préfecture et du Conseil d'État.

8° Ses ingénieurs n'ont pas à s'inquiéter du compte d'intérêts pendant la période de premier établissement, tandis que, pour les Compagnies, ces intérêts viennent grossir de 15 à 20 °/ₒ les frais de construction proprement dits.

9° On chercherait vainement dans l'exécution matérielle des travaux les économies capables de racheter, au profit des Compagnies, tant de désavantages incontestables. Les procédés de construction, les moyens d'exécution, le salaire des ouvriers, le prix des matériaux, sont les mêmes.

Sans attacher une importance capitale à quelques-uns des arguments que nous venons d'analyser, et tout en laissant de côté la considération des charges d'intérêts pendant la construction, considération sur laquelle nous reviendrons par la suite, nous ne doutons pas qu'en beaucoup de cas l'État ne puisse construire plus économiquement la plate-forme des chemins de fer. Ses ingénieurs ont la même origine, la même valeur technique que ceux des Compagnies; le sentiment du devoir est trop profondément enraciné chez eux pour que l'infériorité de leur traitement se traduise par moins de soin et moins d'ardeur de leur part : le mobile le plus puissant pour des hommes à l'âme généreuse sera toujours la satisfaction du devoir accompli, et l'on ne saurait refuser à l'éducation de l'École polytechnique le don d'allumer dans les cœurs le feu sacré du patriotisme, sous toutes ses formes. En vain leur reproche-t-on parfois de trop chercher à « faire grand » et à élever des ouvrages coûteux qui leur fassent honneur : quiconque voudra comparer sans parti pris les travaux exécutés par l'État et les travaux exécutés par les Compagnies y trouvera à peu près la même somme de qualités et de défauts; de part et d'autre, on verra quelques ingénieurs sacrifiant un peu trop à la beauté et au luxe, et un beaucoup plus grand nombre sachant allier la simplicité et l'économie avec la solidité. Au surplus, lors même que le reproche aurait quelque chose de fondé, il serait facile à l'Administration supérieure d'y veiller et d'y porter remède, soit dans l'approbation des projets, soit dans la distribution des avancements et des distinctions honorifiques. Vainement aussi invoque-t-on leur défaut d'expérience : tout d'abord, en effet, les travaux d'infrastructure sont aujourd'hui des travaux courants, ne présentant rien de spécial et généralement plus faciles à exécuter que les travaux hydrauliques, dont l'Administration est toujours chargée; d'un autre côté, si les ingénieurs de l'État étaient, en fait, peu préparés à l'exécution du programme de 1879, cette situation résultait exclusivement de la politique suivie jusqu'alors en matière de chemins de fer, de la concentration de nos voies ferrées entre les mains des grandes Compagnies, et ne saurait être mise en ligne de compte dans un parallèle théorique et didactique entre les capacités relatives de l'État et des Compagnies. Vainement encore fait-on valoir que l'Administration, ne pouvant exploiter elle-même les chemins de fer, ne peut approprier convenablement leur tracé aux besoins de leur exploitation ultérieure et adapter l'outil aux services qu'il est appelé à rendre : cette objection préjuge, en effet, la question d'exploitation que nous voulons réserver pour la traiter plus loin ; d'un autre côté, même en écartant l'État de l'exploitation, la matière des chemins de fer est aujourd'hui chose trop connue pour que ses ingénieurs aient l'incompétence dont on les accuse. Ajoutons encore que, pour toutes les lignes concédées dont l'infrastructure est faite par l'État, les conditions essentielles du tracé sont déterminées par les actes de concession et les projets de détail communiqués pour observations aux Compagnies. Il reste à l'actif de l'État l'avantage de la juridiction administrative pour ses litiges avec les entrepreneurs, celui d'un examen un peu plus rapide des projets, celui d'une autorité plus grande au regard des exigences des populations, celui de frais généraux incontestablement moins élevés.

Nous avons, pour tous ces motifs, la ferme conviction que l'État peut construire aussi bien et au moins aussi économiquement, si ce n'est plus, que les Compagnies.

Il est même un mode d'intervention des Compagnies qui doit conduire inévitablement à des dépenses plus élevées. Nous voulons parler de celui qui a été inauguré par les conventions de 1883 et qui comporte l'exécution de l'infrastructure par les concessionnaires aux risques et périls de l'État. Loin de nous la pensée de critiquer à cet égard l'Administration des travaux publics, dont la détermination a pu être dictée par d'autres considérations et qui a d'ailleurs eu soin de s'entourer de certaines garanties, telles que la limitation des dépenses par des maxima à débattre, lors de l'approbation des projets d'exécution, et la faculté de construire elle-même au cas où elle ne pourrait accepter les évaluations des Compagnies. Nous ne voulons apprécier que la valeur intrinsèque du système, abstraction faite des circonstances dans lesquelles il est né et des correctifs susceptibles d'être apportés à son application. Jugée à ce point de vue exclusif, la combinaison est défectueuse, en ce sens que les Compagnies, déchargées de tout l'aléa des frais de premier établissement et assumant, au contraire, les charges de l'exploitation, sont nécessairement entraînées à admettre des tracés plus parfaits, des courbes moins prononcées, des pentes plus faibles, des installations plus larges, des ouvrages moins économiques et plus durables, pour réduire dans l'avenir leurs dépenses d'exploitation et d'entretien et pour retarder l'époque à laquelle elles seront assujetties à des travaux de réfection ou à des travaux complémentaires. Il y a là un inconvénient que le contrôle le plus sévère et le plus éclairé peut bien atténuer, mais ne saurait faire disparaître entièrement : quelle que soit sa vigueur, ce contrôle s'émoussera toujours devant la difficulté d'étudier des contre-projets, devant la nécessité de ne pas retarder outre mesure l'exécution, devant la lassitude qu'engendrent les discussions prolongées. Aussi le Ministre a-t-il sagement agi en se réservant la faculté de substituer, le cas échéant, son action à celle des Compagnies.

On remarquera que, dans ce qui précède, nous avons laissé de côté le système anglais ou américain des Compagnies libres. La liberté d'allures de ces sociétés peut avoir des avantages et des inconvénients, en ce qui touche la dépense de premier établissement. Mais il nous paraît inutile d'entrer à cet égard dans l'examen critique d'une combinaison qui n'a jamais reçu et ne peut recevoir droit de cité en France.

c. TRAVAUX DE LA SUPERSTRUCTURE. — Dans sa note du 25 mai 1867, après avoir reconnu les avantages de la construction de la plate-forme par l'État, M. Surell proclamait, au contraire, la supériorité des Compagnies pour l'établissement de la voie. Il s'exprimait ainsi : « Une Compagnie est « toujours mieux organisée que l'État, pour ces grandes fournitures, à « cause de ses relations constantes avec les usines. Elle connaît mieux la « voie, parce qu'elle l'entretient et la renouvelle ; elle connaît mieux les « machines, parce qu'elle les fait marcher. Les avertissements du public « et ceux de ses propres employés lui enseignent constamment tout ce qui « est commode ou incommode dans les moindres détails des dispositions « adoptées pour les stations. Elle sait donc mieux les approprier à leur « destination. »

L'argumentation de M. Surell portait exclusivement sur des lignes concédées. Pour ces lignes, nous le reconnaissons, il y a un intérêt réel à confier au concessionnaire l'exécution de la superstructure, qui touche de beaucoup plus près à l'exploitation que l'infrastructure; il est hors de doute que celui qui a à tirer parti d'une ligne est plus apte à en harmoniser les dispositions avec les convenances futures du service, notamment pour les gares et stations. Le système de la loi de 1842 était, à ce point de vue comme à beaucoup d'autres, une œuvre de profonde sagesse.

Mais nous devons aussi envisager le cas où la France aurait adopté un autre régime, où l'exploitation des chemins de fer serait restée entre les mains de l'État, au lieu d'être aliénée et confiée à l'industrie privée.

L'expérience ne saurait fournir, pour ce cas, d'utiles éléments d'appréciation. Ce n'est en effet qu'à titre exceptionnel, avant 1852 et durant ces dernières années, que l'Administration a été amenée à faire elle-même la superstructure d'un certain nombre de chemins; c'est à titre plus exceptionnel encore et sur des longueurs très réduites qu'elle a eu l'occasion d'exploiter directement.

Au point de vue technique, pour les raisons que nous avons déjà si souvent indiquées, nous considérons les ingénieurs de l'État comme ayant une capacité équivalente à celle des ingénieurs des Compagnies, aussi bien en ce qui concerne la superstructure qu'en ce qui concerne l'infrastructure. Il n'existe, en principe, aucun motif pour qu'ils déploient moins de talent et d'habileté dans le choix des dispositions de la voie et dans l'exécution des travaux.

Si l'intervention des Compagnies peut offrir quelque économie, c'est seulement pour la dépense d'achat du matériel. Nous devons donner deux mots d'explication à ce sujet.

Aux termes des règlements sur la comptabilité publique, et particulièrement du décret du 18 novembre 1882, modifiant celui du 31 mai 1862, « les marchés de travaux, fournitures ou transports au compte de l'État, « sont faits avec concurrence et publicité », sauf certaines exceptions limitativement déterminées. Ainsi la publicité est de principe. Ce mode de procéder offre souvent des avantages pour les adjudications ordinaires, telles que celles de terrassements ou d'ouvrages d'art, qui peuvent provoquer le concours de nombreux entrepreneurs. Par contre, il n'est pas sans inconvénient pour les fournitures de matériel : car le nombre des usines est limité et, en s'adressant à elles par la voie des affiches et de la presse, l'Administration s'expose à provoquer des collusions de leur part. Plus d'une fois, nous avons vu échouer des adjudications dont le succès paraissait assuré, sans qu'il fût possible de trouver une autre cause à cet échec. A la vérité, le Ministre peut sauvegarder les intérêts du Trésor, en fixant par avance un maximum de prix ou un minimum de rabais. Toutefois cette mesure ne constitue qu'un palliatif. Loin de nous la pensée de critiquer les règles que nous venons de rappeler : pour conserver intact son vieux renom d'honnêteté, l'Administration française devait se mettre à l'abri des attaques et des soupçons même les plus injustifiés ; elle devait se prémunir contre la calomnie, qui souille toujours celui qu'elle a touché. Mais nous n'en devions pas moins signaler les charges qui peuvent en résulter, dans certaines circonstances, pour les finances publiques.

Les grandes Compagnies ont une plus grande liberté d'allures. Leur cahier des charges porte en effet qu' « elles exécuteront les travaux par « des moyens à leur choix (1) ». Leurs statuts donnent des pouvoirs généraux et illimités au conseil d'administration pour passer les marchés. Elles peuvent donc substituer aux adjudications avec publicité et concurrence des adjudications sur soumissions cachetées, entre des entrepreneurs ou fournisseurs dont elles arrêtent la liste et qu'elles préviennent individuellement ; leurs administrateurs ont même la faculté de contracter des marchés de gré à gré. Cette double latitude leur permet de réaliser souvent leurs achats de matériel à des conditions un peu moins onéreuses, de mettre plus facilement à profit les occasions favorables, d'apporter plus d'obstacles aux collusions. L'honnêteté des hommes placés à la tête des

(1) Les cahiers des charges récents, auxquels ne sont point d'ailleurs soumises les grandes Compagnies, contiennent la disposition suivante : « Les travaux devront être adjugés par lots et sur série de prix, soit avec publicité et concurrence, soit sur soumissions « cachetées, entre entrepreneurs agréés à l'avance ; toutefois, si le conseil d'administration « juge convenable, pour une entreprise ou une fourniture déterminée, de procéder par voie « de régie ou de traité direct, il devra, préalablement à toute exécution, obtenir de l'assemblée générale des actionnaires l'approbation, soit de la régie, soit du traité. »

grandes Compagnies donne d'ailleurs des garanties absolues contre les abus et les dangers qu'elle pourrait faire naître entre des mains peu scrupuleuses.

A l'appui de cet avantage que l'on reconnaît généralement à l'intervention des Compagnies, nous citerons un fait expérimental maintes fois renouvelé. Le service central du matériel fixe, institué en 1880 pour la construction des chemins de fer non concédés, a dû, à diverses reprises, après des adjudications infructueuses, traiter de gré à gré conformément à la disposition du règlement sur la comptabilité publique qui autorise les marchés de cette nature : « Pour les fournitures, transports ou travaux « qui n'ont été l'objet d'aucune offre aux adjudications ou à l'égard des« quels il n'a été proposé que des prix inacceptables. » Ces traités ont presque tous été favorables aux intérêts de l'État.

Ajoutons que les Compagnies ne sont pas astreintes, pour les achats de matériel, à l'approbation préalable de leurs projets de détail par le Ministre des travaux publics; qu'elles n'ont pas à subir, comme les services de l'État, de longs délais pour cette approbation; qu'elles peuvent se soustraire, en outre, aux délais d'affichage; qu'elles ne sont pas soumises à des règles financières si rigoureuses; qu'elles n'ont ni le contrôle de la Cour des comptes, ni le contrôle parlementaire, et qu'en conséquence elles sont en situation d'engager plus facilement l'avenir, quand elles le jugent opportun, de mieux utiliser les circonstances, de profiter plus aisément des dépressions dans les cours.

Sans doute, si l'État était entré largement dans la voie de la construction et de l'exploitation directe, rien n'eût empêché d'émanciper un peu l'Administration et de l'enfermer dans des liens moins étroits. Des mesures ont même été prises dans ce sens en 1878, lors de l'organisation provisoire du réseau « des chemins de fer de l'État ». Mais, quoi qu'on fasse, une administration publique n'aura et ne pourra jamais avoir autant d'indépendance qu'une société particulière; toujours elle obéira à des principes plus rigoureux, à un formalisme plus absolu, en matière de marchés de travaux ou fournitures.

Il ne faudrait cependant pas s'exagérer l'importance des économies susceptibles d'être réalisées par les Compagnies : une différence de 10 fr. par exemple sur la tonne de rail ne correspond en effet qu'à 700 fr. par kilomètre, si la ligne est à voie unique, et à 1 400 fr., si la ligne est à double voie (non compris les voies de service).

Nous avons cherché à faire des rapprochements de chiffres pour la période de 1880 à 1882 pendant laquelle les Compagnies, l'Administration « des chemins de fer de l'État » et le service central du matériel fixe des

« chemins de fer construits par l'État » ont vécu côte à côte et conclu parallèlement des marchés d'acquisition de matériel.

Parmi les tableaux que nous avons pu consulter, en voici un qui récapitule les traités passés en 1880, 1881 et 1882, pour les fournitures de rails :

DATES des MARCHÉS	COMPAGNIES ou TYPES	QUANTITÉS	LIEUX de LIVRAISON	DÉSIGNATION des FOURNISSEURS (Sociétés ou autres)	PRIX DE LA TONNE au lieu de livraison	PRIX DE LA TONNE en forge	OBSERVATIONS
		tonnes			fr.	fr.	
			1° COMPAGNIES				
26 Février 1880....	Est............	3.000	Gray.........................	Compagnie de Saint-Étienne	204	278	
		3.000	Montereau......................	Châtillon-Commentry	295	288	
		3.000	Gray.........................	Terre-Noire	297	281	
		3.000	Gray.........................	Marine et Chemins de fer.........	298	282	
		3.000	Gray.........................	Firminy........................	299	283	
		3.000	Gray.........................	Creuzot................	300	293,30	
		3.000	Hirson.........................	Denain et Anzin	300	294,80	
20 Mai 1880........	Ouest (D. C.)[1]....	100.000	Batignolles......................	Creuzot........................	200	184,50	
Juin 1880.......	Dombes	5.000	Lyon.........................	Terre-Noire....................	200	194,80	
		2.000	En forge.......................	Saint-Chamond..................	200	200	
Juillet 1880.....	P.-L.-M........	70.000	En forge.......................	Creuzot........................	170	170	
		62.000	En forge.......................	Terre-Noire....................	170	170	
		20.000	En forge.......................	Saint-Chamond..................	170	170	
		47.000	Bercy.........................	Denain.........................	170	158,40	
		20 000	Beaucaire	Châtillon-Commentry	170	170	
	Est.	60.000	Jœuf..........................	De Wendel et Compagnie.........	200	194,30	
	Nord (30 k.).....	60 000 à 100.000	Denain.........................	Denain	175	175	
	Nord (35 k.)....				170	170	

(1) D. C. Double champignon.

DATES des MARCHÉS	COMPAGNIES ou TYPES	QUANTITÉS	LIEUX de LIVRAISON	DÉSIGNATION des FOURNISSEURS (Sociétés ou autres)	PRIX DE LA TONNE au lieu de livraison	PRIX DE LA TONNE en forge	OBSERVATIONS
		tonnes			fr.	fr.	
10 Septembre 1880..	Midi (D. C.). . .	50.000	Cette	Terre-Noire	190	179,20	
		50.000		Marine et Chemins de fer	200	181,40	
Septembre 1880..	P.-L.-M.	2.000	En forge	Firminy	215	215	
6 Décembre 1880....	Grande-Ceinture de Paris	800	Épinay-s-Seine	Denain et Anzin	214,25	203,80	
		500	Épinay-s-Orge	Marine et Chemins de fer	214	194,95	
Décembre 1880...	Ouest	12.000	Batignolles	Denain	200	189,40	
24 Février 1881....	Est	8.000	Gray	Schneider et Compagnie	245	238,50	
12 Mai 1881	Gde-Ceint. de Paris	1.000	Versailles, Épinay-s-Orge	Marine et Chemins de fer	222	198,05	
16 Juin 1881	Est	100.000	Jœuf	De Wendel et Compagnie	170	164,30	
		100.000			160	154,30	
25 Août 1881	Est	3.000	Audun-le-Roman ou Pagny-s.-Moselle	De Wendel et Compagnie	215	211,30	
Septembre 1881...	Orléans	150.000	En forge	Aciéries de France	200	200	
6 Octobre 1881	P.-L.-M	2.000	Trere-Noire	Terre-Noire	220	220	
21 Octobre 1881....	Orléans	13.000	Saincaize	Firminy	229,85	215,35	
27 Octobre 1881....	Est	3.000	Hirson	Hauts fourneaux de Maubeuge	189,40	185,40	Fer
		3.000	Hirson	Société de Vézin-Aulnoye	189,70	185,50	Fer
29 Novembre 1881..	Nord	2.000	Seraing	Société Cockerill	165	165	
		2.000	Rénory-Ongrée	De Rossins	157	157	
Mars 1882	Est	2.000	Hirson	Maubeuge	188,60	184,60	

DATES des MARCHÉS	COMPAGNIES ou TYPES	QUANTITÉS	LIEUX de LIVRAISON	DÉSIGNATION des FOURNISSEURS (Sociétés ou autres)	PRIX DE LA TONNE au lieu de livraison	PRIX DE LA TONNE en forge	OBSERVATIONS
		tonnes			fr.	fr.	
4 Avril 1882	P.-L.-M.	9.000	Berey	Aciéries de France	186,50	174,80	
		2.000	Gannat		223,70	222	
		3.600	Berey	Société du Nord et de l'Est	223	21[illegible],40	
		6.000	Berey	Denain et Anzin	210	197,30	
		4.500	Creuzot	Creuzot	210	210	
		3.600	Beaucaire	Châtillon-Commentry	210	210	
		15.000	Terre-Noire, Bessèges	Terre-Noire	200	200	
Mai 1882	Est	12.000	Givet	Société Cockerill	215	208,15	
		6.000	Givet	Aciéries d'Angleur	215	208,30	
Octobre 1882	Nord	700	Lourches	Denain et Anzin	160	157,20	2e choix.
	Orléans	12.400	Réseau	Aciéries de France	194	»	
		3.600	Saint-Nazaire	Forges de Saint-Nazaire	193	193	
2° ADMINISTRATION DES CHEMINS DE FER DE L'ÉTAT							
6 Décembre 1880	État (D. C.)	5.000	Beillant	Marine et chemins de fer	262	233,05	
			Aixe-sur-Vienne		258	230,95	
		4.000	Joué	Creuzot	243,05	231,15	
		3.000	Villeneuve-d'Ingrée	Terre-Noire	240	218,65	
		5.550	Brou	Châtillon-Commentry	234,05	219,35	
		2.650	Elbeuf	Firminy	249	222	

DATES des MARCHÉS	COMPAGNIES ou TYPES	QUANTITÉS	LIEUX de LIVRAISON	DÉSIGNATION des FOURNISSEURS (Sociétés ou autres)	PRIX DE LA TONNE au lieu de livraison	PRIX DE LA TONNE en forge	OBSERVATIONS
		tonnes			fr.	fr.	
24 Janvier 1881.....	État (D. C.).....	7.500	Aixe-sur-Vienne..............	Creuzot.....................	214,40	192,25	
		7.500	Joué.........................		204,70	191,60	
		7.800	Aiffres et Patay..............	Marine et Chemins de fer.........	250	218,42	
		4.000	Maranais-Roumazières...........	Forges de Saint-Nazaire.........	212	195,38	
		4.800	Tonnay-Char^te et la Prairie-au-Duc		210	198,39	
4 Juillet 1881.......	État (D. C.)....	3.700	Elbeuf.........................		210	186,35	
		3.600	Beillant.......................		210	196,65	
		6.100	Aiffres et Joué................		215	203,01	
		7.800	Joué...........................	Aciéries de Firminy............	235	209,20	
		8.000	Beillant.......................	Aciéries de France.............	229,50	210,05	
		8.000			232	212,55	
5 Janvier 1882......	État (D. C.).....	6.800	Joué...........................	Creuzot.......................	225,60	212,20	
		6.000				212,80	
		2.400	Villeneuve-d'Ingrée............	Châtillon et Commentry.........	228	216,45	
		5.000	Joué...........................	Denain et Anzin................	227	199,60	

DATES des MARCHÉS	COMPAGNIES ou TYPES	QUANTITÉS	LIEUX de LIVRAISON	DÉSIGNATION des FOURNISSEURS - (Sociétés ou autres)	PRIX SUR WAGON au lieu de livraison	À L'USINE d'après le marché	À L'USINE d'après le règlement définitif (2)	OBSERVATIONS
		tonnes			fr.	fr.	fr.	
3° SERVICE CENTRAL DU MATÉRIEL FIXE DES CHEMINS DE FER CONSTRUITS PAR L'ÉTAT								
5 Mars 1881.......	Ouest (V.) (1)...	20.306	Auray, etc.	Terre-Noire, Marine et Chemins de fer, Firminy..................	252	211,95	216,15	
		16.167	Divers, etc..............	Denain et Anzin.................	240	218,90	21[illegible],83	
	État-Orl. (D. C.)	14.036	Chinon, etc.	Creuzot........................	238,8	214,15	220,38	
		12.807	Romorantin, etc........	Châtillon-Commentry............	235,5	222,61	22[illegible],34	
		15.320	Fleuré, etc.......	Creuzot........................	242,5	217,66	220,91	
		14.982	Velluire, etc...........	Terre-Noire, Marine et Chemins de fer, Firminy..................	246,8	215,85	21[illegible],20	
		22.828	Eymoutiers, etc........	Châtillon-Commentry............	240	217,47	21[illegible],83	
		26.707	Saint-Denis, etc........	Terre-Noire, Marine et Chemins de fer	244,87	201,52	203,08	
	P.-L.-M........	16.075	Besançon, etc...........	Creuzot........................	236,30	225,45	225,48	
	Est (V.)........	6.864	Fère-Champenoise, etc....	—	237,25	220,35	22[illegible],00	
		13.120	Baccarat, etc.......	—	240	219,93	220,26	
	Nord (V.).......	8.274	Hirson, etc.	Denain et Anzin.................	228	223,30	22[illegible],45	
	Midi (D. C.).....	3.232	Pau, etc.	Terre-Noire, Marine et Chemins de fer, Firminy..................	225	211,22	20[illegible],56	

(1) V. Vignole.

(2) Divers marchés ont dû être résiliés à la suite des conventions de 1883 avec les grandes Compagnies; pour d'autres, les conditions d'exécution ont été modifiées; d'autres enfin ont été rétrocédés aux Compagnies.

DATES des MARCHÉS	COMPAGNIES ou TYPES	QUANTITÉS	LIEUX de LIVRAISON	DÉSIGNATION des FOURNISSEURS (Sociétés ou autres)	PRIX SUR WAGON au lieu de livraison	PRIX SUR WAGON À L'USINE d'après le marché	PRIX SUR WAGON À L'USINE d'après le règlement définitif	OBSERVATIONS
		tonnes			fr.	fr.	fr.	
24 Décembre 1881	Nord (V.)......	3.280	Hirson, etc............	Denain et Anzin................	219,5	213,93	214,04	
24 Décembre 1881	Est (V.)........	4.850	Ormoy, etc............	Aciéries de Longwy.............	225	212,36	212,72	
24 Décembre 1881	État-Orléans (D.C.)	1.300	Villeneuve-Saint-Georges.	Aciéries du Nord et de l'Est.......	221,50	212,20	»	Usine de Valenciennes.
24 Décembre 1881	Ouest (D. C.)....	1.150	Saint-Cloud....	Aciéries du Nord et de l'Est.......	221,50	212,20	»	Usine de Valenciennes.
24 Décembre 1881	État-Orl. (D. C.)	9.510	Loubès, etc...........	Marine et Chemins de fer........	230	204,10	204,07	Usine de Bayonne.
24 Décembre 1881	État-Orl. (D. C.)	19.400	Argenton, etc.....	Terre-Noire....................	233	205,54	200,31	
24 Décembre 1881	État-Orl. (D. C.)	20.606	Saumur, etc...........	Forges de Saint-Nazaire..........	224	208,41	»	Marché résilié.
24 Décembre 1881	État-Orl. (D. C.)	10.738	Verneuil, etc..........	Aciéries de France..............	227	210,29	210,24	Usine d'Aire.
24 Décembre 1881	État-Orl. (D. C.)	7.730	Gien, etc.............	Aciéries du Nord et de l'Est..... ..	227	204,03	202,16	
24 Décembre 1881	P.-L.-M........	5.900	Avallon, etc...........	Aciéries de Longwy..............	220	210,40	210,38	Marché rétrocédé à la Cie P.-L.-M., à 210 f. 38, en forge.
24 Décembre 1881	P.-L.-M........	1.220	Firminy, etc...........	Firminy........................	215	214,44	214,44	
24 Décembre 1881	Midi (D. C.)....	2.227	Mont-de-Marsan, etc.....	Marine et Chemins de fer.........	230	222,56	198,38	
24 Juillet 1882	Ouest (V.)	15.500	Vire, etc..............	Denain et Anzin................	213	189,70	190,99	
24 Juillet 1882	Ouest (V.)	6.405	Morlaix, etc...........	Société du Nord et de l'Est........	213	185,50	188,70	Marché rétrocédé à la Cie de l'Ouest, à 188 f. 70, en gare de Valenciennes.
24 Juillet 1882	Ouest (V.)	7.120	La Brohinière, etc.......	Forges de Saint-Nazaire..........	213	199,80	201,21	
24 Juillet 1882	Ouest (V.)	9.342	Châteaubriant, etc.......	—	215	208	204,26	Marché rétrocédé à la Cie de l'Ouest, à 204 f. 26, en gare de Saint-Nazaire.

DATES des MARCHÉS	COMPAGNIES ou TYPES	QUANTITÉS	LIEUX de LIVRAISON	DÉSIGNATION des FOURNISSEURS (Sociétés ou autres)	PRIX SUR WAGON au lieu de livraison	PRIX SUR WAGON À L'USINE d'après le marché	PRIX SUR WAGON À L'USINE d'après le règlement définitif	OBSERVATIONS
		tonnes			fr.	fr.	fr.	
22 Juillet 1882	Est (V.)	20.379	Vitry-le-François, etc.	Aciéries de Longwy	219	202,55	175	Marché rétrocédé à la Cie de l'Est, à 175 fr., à l'usine.
		9.840	Jussey, etc.	Aciéries de France	210	186,95	190,98	Usine d'Aire.
	État-O.-I. (D. C.)	3.660	Maintenon, etc.	—	210	199,55	»	Marché supprimé.
		6.630	Port-de-Piles, etc.	Terre-Noire	225	196,70	196,22	Marché rétrocédé à la Cie d'Orléans, à 196 f. 12, en forge.
		12.930	Montluçon, etc.	Châtillon-Commentry	220	210,10	212,04	
		13.800	Marmande, etc.	Marine et Chemins de fer	217	188,60	188,75	Marché rétrocédé à la Cie d'Orléans, à 188 f. 75 (usine de Bayonne).
		11.327	Carsac, etc.	Terre-Noire	222	194,80	195,78	
		22.032	Saint-Sébastien, etc.	Aciéries de France	219	201,50	201,24	Usine d'Aubin.
	P.-L.-M.	3.300	Clamecy, etc.	Marine et Chemins de fer	213	194,80	»	Usine de Saint-Chamond; marché supprimé.
		16.230	Chagny, etc.	Creuzot	210	203,10	203,58	Marché rétrocédé à la Cie P.-L.-M., à 203 f. 58, à l'usine.
		10.204	Dôle, etc.	—	211	200,80	200,76	Marché rétrocédé à la Cie P.-L.-M., à 200 f. 76, à l'usine.
		8.779	Ambert, etc.	Firminy	210	201,45	200,82	
		5.500	Voiron, etc.	Terre-Noire	213	195,45	195,71	Marché rétrocédé à la Cie P.-L.-M., à 195 f. 71, en forge.
	Midi (D. C.)	5.864	Elne, etc.	Châtillon-Commentry	225	203,70	203,37	Marché rétrocédé à la Cie du Midi, à 203 f. 37, en forge.
	Corse (D. C.)	4.850	Bastia, etc.	Terre-Noire	224,50	192,50	192,50	
	Nord (V.)	4.770	Lourches, etc.	Sociétés du Nord et de l'Est	204,75	200	200	Usine de Valenciennes.
	Grande Ceinture	2.510	Villeneuve-Saint-Georges	Aciéries de France	205	191,5	190,6	Usine d'Aire.

L'examen attentif de ces tableaux, sans donner des indications absolument probantes, paraît cependant confirmer l'appréciation que nous avons exprimée sur les conditions relatives dans lesquelles l'État et les Compagnies passent leurs marchés, pour la fourniture des matériaux de la superstructure.

d. Ensemble des dépenses. — Les partisans convaincus de la construction par l'État ont souvent comparé le prix de revient kilométrique des lignes établies par les Compagnies au prix des lignes établies directement par l'Administration et ont tiré argument des résultats de ce rapprochement au profit de la thèse qu'ils défendaient.

Nous devons immédiatement faire quelques réserves sur ce procédé de raisonnement.

1° La dépense d'exécution d'un chemin de fer dépend essentiellement de la valeur des terrains dans la région qu'il traverse, de la configuration plus ou moins accidentée du pays, de la structure géologique du sol. Elle dépend aussi des limites de pente et de rayon de courbure que l'on s'impose, du nombre des voies, de l'étendue des gares, en un mot du degré plus ou moins grand de perfection qu'exige la nature et l'importance du trafic.

Une ligne construite en pays de montagne ne saurait être mise en parallèle avec une ligne construite en pays plat; il en est de même d'une ligne ayant à se développer, soit dans des terrains rocheux, soit dans des terrains glissants ou marécageux, et d'une ligne n'ayant à traverser que des terrains faciles. Il en est encore ainsi d'une ligne appelée à desservir un grand courant de circulation et d'une ligne secondaire.

Les voies ferrées sont des instruments profondément dissemblables, et il faut tout à la fois une grande expérience et une grande sagacité, pour se livrer à des comparaisons qui ne soient point entachées d'erreurs grossières. En tout cas, ce n'est pas sur des moyennes, mais bien sur des chiffres particuliers, que peuvent utilement porter les rapprochements.

2° Les dépenses accusées le plus souvent par les statistiques, pour les frais de premier établissement des réseaux concédés, comprennent non seulement les dépenses de construction proprement dite, mais aussi les charges des capitaux pendant la période d'exécution et même les insuffisances de revenu durant un délai plus ou moins prolongé.

Ce n'est point le moment d'examiner en détail cette question, que nous traiterons plus tard à propos des comptes des Compagnies. Bornons-nous à quelques citations de textes.

Les règlements de 1863 et de 1868, sur les justifications financières à fournir par les six grandes Compagnies, comprennent dans les frais de premier établissement la dépense d'entretien et d'exploitation (sauf déduction de la recette correspondante), des sections successivement mises en service jusqu'au 1er janvier qui suit l'ouverture de la ligne entière; les trois-cinquièmes de la dépense d'entretien de la voie et des terrassements, pendant une année à dater de la même époque, pour les parties du chemin qui n'auraient été mises en service que dans le cours de l'année précédente; les sommes employées au paiement de l'intérêt et de l'amortissement des titres jusqu'à l'époque où commence l'application de la garantie, pour la portion de ces charges qui ne serait pas couverte par les produits nets de la ligne ou des sections successivement mises en exploitation.

La date jusqu'à laquelle les charges des capitaux sont ainsi ou peuvent être imputées au compte de premier établissement est souvent fort reculée. Les conventions de 1883, par exemple, l'ont fixée au 1er janvier qui suivra l'achèvement complet des lignes concédées par ces conventions, et cela non seulement pour lesdites lignes, mais aussi pour celles qui avaient été comprises dans les conventions de 1875.

A ces augmentations s'ajoute encore celle des travaux complémentaires que nécessite l'accroissement du trafic.

L'État, au contraire, paie au moyen des produits de l'impôt les charges des capitaux, soit pendant la construction, soit après, de telle sorte que ces charges ne grèvent pas les chiffres de dépenses accusés par les statistiques. D'autre part, s'il porte des travaux complémentaires au compte de premier établissement, comme les Compagnies, il convient d'observer que les lignes exécutées par l'Administration et prises comme terme de comparaison sont de construction récente et n'ont pu, par suite, subir une majoration sérieuse de ce chef.

D'un calcul que nous avons fait pour un grand nombre de chemins concédés, il résulte qu'en moyenne les frais réels de construction ont été accrus de 23 % pour le service des intérêts et de l'amortissement, dans les conditions ci dessus indiquées.

Sous le bénéfice de ces observations, voici un tableau donnant la dépense kilométrique totale (charges accessoires et matériel roulant compris) des lignes composant l'ancien et le nouveau réseaux des six grandes Compagnies et livrées à l'exploitation au 31 décembre 1882 :

DÉSIGNATION DES COMPAGNIES	ANCIEN RÉSEAU		NOUVEAU RÉSEAU		ANCIEN ET NOUVEAU réseaux réunis	
	Longueur exploitée	Dépense kilométrique au 31 décembre 1882 (1)	Longueur exploitée	Dépense kilométrique au 31 décembre 1882 (1)	Longueur exploitée	Dépense kilométrique au 31 décembre 1882 (1)
	km.	fr.	km.	fr.	km.	fr.
Nord........	1.358	588.800	711	339.399	2.069	503.095
Est.........	601	564.946	2.210	424.383	2.811	454.436
Ouest........	900	679.234	2.247	387.973	3.147	471.269
Orléans......	2.017	395.983	2.342	390.285	4.359	392.922
P.-L.-M. (2)..	4.765	554.879	1.576	426.482	6.341	522.967
Midi.........	820	482.747	1.518	391.722	2.338	423.647
TOTAUX ET MOYENNES	10.461	534.268	10.604	399.075	21.065	466.212

Ces chiffres sont certainement élevés. Mais il y aurait lieu de leur faire subir une certaine réduction, afin d'en éliminer notamment le matériel roulant, les charges d'intérêt et d'amortissement, et les travaux complémentaires nécessités par le développement du trafic. D'un autre côté, il faut remarquer que, pour les lignes de l'ancien réseau et pour une partie des lignes du second réseau, la dépense s'explique par la perfection du tracé, que l'on n'a certes pas à regretter et qui était impérieusement commandée par l'importance du trafic à desservir. Certains chemins secondaires n'ont-ils pas été traités avec trop d'ampleur; les Compagnies n'auraient-elles pas pu, d'accord avec l'Administration, s'écarter un peu plus de leurs types habituels et faire des installations plus modestes ? Nous sommes porté à le croire. Toutefois, c'est là une question fort délicate. En augmentant les pentes, en diminuant le rayon des courbes, on réduit les frais de premier établissement et, par suite, les charges qui pèsent de ce chef sur les transports ultérieurs; mais, en revanche, on augmente les difficultés et le prix de la traction, ainsi que la capacité de débit de la ligne, de telle sorte que, tout compte fait, les transports peuvent coûter plus cher. Il y a, dans chaque cas particulier, une compensation à faire entre les avantages et les inconvénients des économies sur la construction, en ayant égard à l'intensité probable de la circulation.

Dans l'enquête de 1876-1878, les grandes Compagnies ont soutenu qu'elles savaient, le cas échéant, construire économiquement. Plusieurs d'entre elles ont appuyé leurs dires sur des exemples, dont les plus saillants sont les suivants :

(1) Y compris les subventions de l'État.
(2) Non compris la ligne du Rhône au Mont-Cenis.

COMPAGNIES	LIGNES	DÉPENSE KILOMÉTRIQUE (1)	OBSERVATIONS
		fr.	
Est..........	Chaumont à Pagny-sur-Meuse.....	148.200	(1) Non compris les frais d'administration centrale, les intérêts pendant la construction, ni le matériel roulant.
	Reims à Metz....................	125.300	
	Mézières à Hirson................	123.400	
	Châtillon à Chaumont............	107.700	
	— à Bar-sur-Seine.........	101.100	
	Saint-Dizier à Vassy.............	79.900	Ligne construite par une Société particulière.
	Bazancourt à Bétheniville.........	60.400	
P.-L.-M......	Auxerre à Clamecy..............	173.300	
	Cravant à Avallon...............	155.000	
	Dijon à Is-sur-Tille.............	149.000	
	Châlon à Dôle....................	142.100	
Ouest.........	Saint-Brieuc à Pontivy...........	158.700	
	Flers à Mayenne.................	157.900	
	Laigle à Conches................	150.900	
	Motteville à Clères..............	129.800	
	Rennes à Brest..................	127.600	
	Sablé à Château-Gonthier.........	109.100	
	Laval à Château-Gonthier.........	100.400	
	Château-Gonthier à Châteaubriant..	94.700	

Ces chiffres, exceptionnellement faibles, ne peuvent, pas plus que les moyennes générales de l'ancien et du nouveau réseaux des Compagnies, servir de terme de comparaison avec les dépenses des chemins construits par l'État.

Pour établir un parallèle plus rationnel, nous avons relevé soigneusement les frais de premier établissement, matériel roulant non compris, de tous les chemins livrés à la circulation en 1878, 1879, 1880 et 1881, et exécutés, soit en totalité par les Compagnies, soit en totalité par l'État, soit en partie par les Compagnies et en partie par l'État : le rapprochement portait ainsi sur des lignes contemporaines les unes des autres, répondant à des besoins similaires, ayant une importance comparable au point de vue du mouvement général de la circulation. Nous sommes arrivé aux résultats suivants, abstraction faite de certains chemins placés dans des conditions exceptionnelles :

	LONGUEUR	COUT KILOMÉTRIQUE moyen
1° Lignes concédées et entièrement construites par les Compagnies	1.689 km.	253.000 fr.
2° Lignes concédées, dont l'infrastructure a été faite par l'État	178	191.000
3° Lignes rachetées, terminées par l'État	494	190.000
4° Lignes concédées, construites par l'État	1.015	170.000

Ce tableau est incontestablement à l'avantage de l'État, même si l'on tient compte des charges d'intérêts qui pèsent sur les travaux des Compagnies. Néanmoins, nous ne voulons pas y voir un argument décisif, parce que les difficultés du terrain nous paraissent avoir été moindres pour les lignes construites par l'Administration que pour les lignes construites par les Compagnies et ouvertes durant la période de 1878 à 1881. Nous nous contentons d'y trouver la preuve irrécusable de ce que nous avions avancé, à savoir que les Compagnies seraient mal fondées à prétendre à une supériorité sur l'État, au point de vue de l'économie dans les dépenses de premier établissement.

Il est d'ailleurs un exemple bien connu et presque classique, qui a été souvent invoqué à l'appui de cette opinion : c'est celui des lignes de Paris à Strasbourg et de Paris à Mulhouse. De ces deux lignes, la première, construite en partie par l'État, ne figure au compte de 1882 que pour une dépense de 571 000 fr. environ par kilomètre, à savoir :

Dépense de l'État.......	220 000 fr.
Dépense de la Compagnie.	351 000
Total pareil...	571 000 fr.

tandis que la seconde, entièrement établie par le concessionnaire, y est inscrite pour une dépense de 705 000 fr. Cependant la grande artère de Paris à Strasbourg dessert une circulation beaucoup plus importante, traverse des régions plus difficiles dans leur ensemble, est établie dans des conditions plus parfaites, comporte des gares plus vastes.

Ainsi, nous considérons en principe l'État comme ayant au moins la même capacité que les grandes Compagnies pour la construction des chemins de fer au point de vue de la dépense, et les faits, sans être absolument concluants en France, nous semblent cependant donner raison à cette appréciation. S'ensuit-il qu'à un moment donné la balance ne doive pas pencher en faveur d'un système, de préférence à l'autre? Incontestablement non. Que les Compagnies aient été pendant de longues années maîtresses de tous les travaux de voies ferrées et que l'on vienne brusquement à changer de ligne de conduite et à mettre la construction entre les mains du personnel de l'État, ce personnel devra faire au début quelques écoles, commettre quelques erreurs, manquer de l'expérience indispensable en cela comme en toutes choses. Qu'au contraire la situation soit intervertie et que l'on passe d'une longue période d'exécution par l'État à la construction par les Compagnies, celles-ci se montreront pendant un certain temps inférieures à l'Administration. Mais ce sont là des considérations de circonstances, qui ne sauraient toucher au principe lui-même du choix entre l'État et les Compagnies, et trouver leur place dans un examen purement didactique de la question.

5. **Charges grevant l'avenir. Crédit de l'État et crédit des Compagnies.** — *a*. CHARGES RÉSULTANT DE L'IMPUTATION DE DIVERSES DÉPENSES AU COMPTE DE PREMIER ÉTABLISSEMENT. — Ainsi que nous l'avons exposé précédemment, page 503, les Compagnies portent au compte de premier établissement, non seulement les dépenses de construction proprement dites et celles d'achat du matériel roulant, mais encore :

— les frais d'entretien des parties de chaque ligne successivement mises en service, jusqu'au 1er janvier qui suit l'ouverture totale de cette ligne;

— les trois cinquièmes des frais d'entretien de la voie et des terrassements pendant une année à compter de cette date, pour les sections qui n'auraient été mises en service que dans le cours de l'année précédente;

— l'intérêt et l'amortissement des capitaux pendant la période de construction et même souvent pendant un certain nombre d'années d'exploitation, pour la partie qui n'est point couverte par les produits nets.

Nous n'avons pas à apprécier ici le mérite de ces imputations, qui sont conformes aux conventions et aux règlements sur les justifications financières à fournir par les Compagnies. Il n'en est qu'une, d'ailleurs, qui puisse être sérieusement discutée : c'est celle de tout ou partie des charges des capitaux, durant un certain délai après l'ouverture à la circulation; elle a été stipulée, aussi bien dans l'intérêt de l'État que dans l'intérêt des Compagnies, afin de ne pas faire entrer les lignes au compte de garantie, avant leur mise en valeur, et de ne pas exposer par suite le Trésor à des avances trop considérables.

L'État, au contraire, paie au moyen des produits de l'impôt les charges de ses emprunts, non seulement après l'achèvement des travaux, mais aussi pendant leur exécution.

A un point de vue abstrait, la dépense totale reste évidemment la même, en supposant le crédit des Compagnies équivalent à celui de l'État. Mais il n'en est pas moins vrai que cette différence dans le mode de paiement de l'intérêt et de l'amortissement des titres, pendant un délai souvent fort long, a une réelle importance. Tandis que les Compagnies déchargent le présent au détriment des générations futures, l'État dégrève l'avenir au détriment du présent.

De ces deux procédés, quel est le meilleur? Il est fort difficile de le dire. D'ailleurs, la question ne comporte guère de réponse absolue. D'une part, en effet, on ne saurait faire un parallèle rationnel entre l'État et les Compagnies, obligées d'obéir à des lois financières différentes : l'État a des ressources plus élastiques et ses traditions ne lui permettent d'emprunter pour faire face aux charges d'emprunts antérieurs que dans des cas tout à fait exceptionnels; les Compagnies ne disposent que des produits de leur exploitation, elles ont à compter avec les intérêts de leurs actionnaires dont les dividendes ne sauraient impunément subir de trop fortes fluctuations, ce sont enfin des sociétés industrielles pouvant se conformer à une pratique fréquente dans l'industrie et le commerce. D'autre part, il y a lieu de se demander si l'État, maître de tous les chemins de fer, n'eût pas été conduit à dévier, au moins dans une certaine mesure, de sa ligne de conduite habituelle.

Quoi qu'il en soit, la différence, justifiée ou non, n'en existe pas moins. Nous avons déjà eu l'occasion de faire connaître que, d'après un calcul portant sur un grand nombre de lignes, l'imputation temporaire des charges d'intérêt et d'amortissement au compte de premier établissement avait majoré de 23 °/₀ environ les frais réels de construction des lignes concédées.

Les conventions de 1883, en concédant aux Compagnies des chemins peu fructueux et en prolongeant la période d'imputation, auront inévitablement pour effet d'augmenter cette majoration.

Mais ce n'est là qu'un des éléments du surcroît de charges que la construction par les Compagnies fait peser sur l'avenir. Il peut y en avoir un autre, résultant de l'écart entre le taux de leurs emprunts et celui des emprunts contractés par l'État. Nous sommes ainsi amené à entrer dans quelques développements sur le crédit de l'État et le crédit des Compagnies.

b. Comparaison entre le crédit de l'État et le crédit des Compagnies. — Les emprunts des grandes Compagnies sont-ils plus ou moins onéreux que ceux du Gouvernement?

La confiance qu'elles inspirent au public est-elle indépendante de leurs liens financiers avec l'État ? Résulte-t-elle, au contraire, exclusivement de la garantie du Trésor ?

L'État aurait-il intérêt à emprunter au lieu et place des Compagnies ? Pourrait-il le faire sans déprimer le cours de la rente et sans augmenter les charges des capitaux engagés dans les œuvres d'utilité publique et, en particulier, dans la construction des chemins de fer ?

Telles sont les questions que nous avons à examiner.

Pour comparer le crédit de l'État et celui des Compagnies, le plus souvent on rapproche l'un de l'autre le cours moyen de la rente et celui des obligations de chemins de fer, à certaines époques ou pendant des périodes déterminées.

Au point de vue spécial qui nous occupe, il est préférable d'établir le parallèle entre le taux réel d'émission des emprunts de l'État et le taux moyen des émissions d'obligations faites pendant l'année correspondante : car, ce qu'il importe de connaître, c'est le montant des annuités à servir aux prêteurs, quelles que puissent être plus tard les variations de la cote à la Bourse.

Pour l'État, le calcul est généralement des plus simples. La plupart des emprunts se sont faits sous forme de titres de rente perpétuelle et par voie de souscription publique, de telle sorte qu'il suffit de diviser le chiffre de la rente par le prix du titre pour avoir le taux effectif de l'émission, en ayant soin, bien entendu : 1° de prendre toujours le prix de négociation au comptant, au cas où les souscripteurs auraient reçu la faculté de se libérer en plusieurs termes ; 2° de retrancher les intérêts courus au jour de la souscription, si le point de départ de la rente était antérieur à cette date.

Cependant les Pouvoirs publics ont, à diverses époques, créé des rentes amortissables ; une loi du 11 juin 1878, notamment, a institué des rentes 3 % de cette nature, en fixant la durée de l'amortissement à 75 ans. Ici, pour avoir le taux de l'emprunt, il faut tenir compte de l'écart entre le taux de négociation des titres et la valeur à rembourser au pair. C'est un problème dont les tables usuelles d'intérêts composés et d'annuités donnent rapidement la solution. Soit en effet :

A — La valeur nominale à rembourser au pair ;

A' — Le prix de négociation ;

r — Le taux de l'intérêt à servir sur le capital nominal ;

R — Le taux effectif de l'emprunt.

On cherche dans les tables l'annuité nécessaire pour le service de l'intérêt et de l'amortissement du capital nominal A au taux r : le rapport entre cette annuité et le capital effectif A' donne le montant des charges par franc et les tables fournissent, par une opération inverse de la première, le taux réel R.

Ainsi, un titre de rente de 3 %, émis à 80 francs et remboursable en 70 ans à 100 francs, exige une annuité de 3 fr. 434 ; la charge par franc du prix de négociation est de $\frac{3 \text{ fr. } 434}{80} = 0$ fr. 0429 ; les tables montrent que le taux effectif est de 4 % environ.

Quant aux Compagnies, elles n'émettent plus, depuis longtemps, que des obligations 3 % remboursables à 500 francs dans un délai dont le terme coïncide avec celui de leur concession ou n'en diffère que fort peu. Le calcul du taux réel de leurs emprunts se fait comme pour les rentes amortissables de l'État.

Mais, si l'on veut rendre la comparaison irréprochable, il est indispensable de tenir compte des droits et impôts auxquels sont assujetties les obligations et qui, au contraire, ne pèsent point sur la rente publique. Ces droits et impôts sont actuellement les suivants :

1° *Timbre.* — Aux termes des lois du 5 juin 1850 (art. 27) et du 23 août 1871 (art. 2), les Compagnies ont à acquitter pour le timbre 1 fr. 20, décimes compris, par 100 francs du montant des obligations.

Cette taxe peut être transformée en un abonnement annuel de 6 centimes (1) par 100 francs pour la durée des titres. (Lois du 5 juin 1850, art. 22 et 31 ; du 23 août 1871, art. 2, et du 30 mars 1872, art. 3.)

2° *Impôt sur le revenu et sur la prime de remboursement.* — Les intérêts et la prime de remboursement sont frappés d'une taxe de 3 %. (Lois du 29 juin 1872, art. 1er, et du 21 juin 1875, art. 5.)

La valeur passible de cette taxe est déterminée, pour la prime, par la différence entre la somme remboursée et le prix d'émission. (Lois du 29 juin 1872, art. 2, et du 21 juin 1875, art. 5.)

3° *Droit de transmission.* — Le transfert des obligations nominatives donne lieu au versement, au profit du Trésor, d'un droit de 0 fr. 50, sans décimes, par 100 francs de la valeur négociée. (Lois du 23 juin 1857, art. 6 ; du 30 mars 1872, art. 1er, et du 29 juin 1872, art. 3.)

Les obligations au porteur acquittent obligatoirement un droit annuel de transmission fixé à 20 centimes par 100 francs, d'après le cours moyen

(1) Ce chiffre comprend deux décimes successivement ajoutés à la taxe primitive de 5 centimes.

de l'année précédente (1). (Lois du 23 juin 1857, art. 6; du 30 mars 1872, art. 1er, et du 29 juin 1872, art. 3.)

Le droit de timbre est supporté par les Compagnies, qui l'inscrivent en dépense à leurs comptes d'établissement ou d'exploitation ; il n'influe point en conséquence sur le taux d'émission. Mais il en est autrement du droit de transmission et de l'impôt de 3 %, que supportent les obligataires et qui pèsent, par suite, sur le cours des titres.

On peut recourir à plusieurs méthodes pour ramener le taux des emprunts à ce qu'il serait, si les émissions des Compagnies jouissaient des mêmes immunités que celles de l'État.

La plupart de ces méthodes ne sont qu'approchées. Nous nous bornons à en indiquer deux, à titre de spécimens, en les appliquant à des obligations au porteur émises à 370 francs, rapportant 15 francs d'intérêt nominal et remboursables à 500 francs par voie de tirages annuels, dans une période de 75 ans.

1re Méthode. — La vie probable de ces obligations est de 56 ans; c'est sur cette vie moyenne que les souscripteurs doivent compter, lorsqu'ils apportent le produit de leur épargne à la Compagnie. Ils savent que, durant ce délai, ils auront à verser au Trésor pour chacun de leurs titres :

— une annuité de 0 fr. 45, comme impôt sur le revenu ;

— une annuité variable de 0 fr. 20 par 100 fr. de valeur de l'obligation, au cours moyen de l'année précédente, comme droit de transmission ;

— enfin, au moment du remboursement, un impôt de 3 fr. 90 sur la prime de 130 francs.

En admettant un taux de capitalisation de 4 % en nombre rond, d'après le cours de la rente 3 % perpétuelle, ces versements équivalent au paiement immédiat des sommes suivantes :

	fr.
Pour l'impôt sur le revenu..............................	9 999
Pour le droit de transmission, abstraction faite de la progression du cours, qui se rapproche successivement du pair (2).	16 443
Pour l'impôt sur la prime de remboursement...........	0 434
Total..........	26 876

(1) Ce droit, fixé à 12 c. à partir du 1er juillet 1857, a été porté à 15 c. à dater du 15 octobre 1871, puis à 25 c. à compter du 1er avril 1872, pour être ramené presque immédiatement à 20 c.

(2) Théoriquement, cette progression obéit à une loi donnée par le calcul des probabilités, en fonction du nombre des titres à amortir annuellement; mais, en pratique, elle est loin de se plier à cette loi mathématique.

Les souscripteurs font donc leurs calculs sur un versement fictif total de 370 fr. + 26 fr. 876, soit 396 fr. 876, productif de 15 fr. d'intérêt annuel et remboursable à 500 francs sans impôt.

Or l'annuité versée par la Compagnie est de 3 fr. 3668 par 100 fr. de capital nominal, soit de $\frac{3 \text{ f. } 3668 \times 500}{396{,}876} = 4$ fr. 242 par 100 fr. de capital fictif déboursé lors de l'émission. Les tables donnent, pour le taux d'intérêt correspondant, 4,04 %.

Sans les impôts, ce taux eût été de 4,37 %. C'est donc une diminution de 0 fr. 33 par cent francs de capital versé.

2e *Méthode*. — Conservons les notations de la page 509 et désignons par :

- t — le prix d'émission des obligations ;
- a — l'annuité constante affectée à l'intérêt et à l'amortissement du capital ;
- α — la part croissante de cette annuité afférente à l'amortissement ;
- et n — le nombre d'années sur lesquelles s'échelonne le remboursement.

A la fin d'une année quelconque, la somme servie à titre d'intérêt est $(a - \alpha)$; l'impôt de 3 % sur le revenu est de $0{,}03\,(a - \alpha)$.

Pendant la même année, le nombre des obligations non encore amorties est de $\frac{a - \alpha}{500\, r}$; le droit de transmission produit donc $\frac{0{,}20\, t}{100 \times 500\, r}\,(a - \alpha)$, en négligeant, comme nous l'avons déjà fait dans l'application de la méthode précédente, les variations du cours.

Enfin, le nombre des obligations amorties à la fin de l'année est de $\frac{\alpha}{500}$ et le montant de l'impôt sur la prime de remboursement, de $\frac{0{,}03\,(500 - t)}{500}\,\alpha$.

L'ensemble des trois impôts représente une somme de :

$$\left(0{,}03 + \frac{0{,}20\, t}{50.000\, r}\right) a - \frac{0{,}20 \times 3\, r}{50.000\, r}\, t\alpha.$$

Pour avoir la majoration fictive du versement initial, au moyen de laquelle les souscripteurs se libèreraient envers le Trésor, il suffit de rechercher la valeur, au moment de l'émission, de l'annuité exprimée par cette formule, en adoptant le taux d'intérêt R ou un taux peu différent.

En ce qui concerne le premier terme, rien n'est plus simple. Les tables d'amortissement donnent immédiatement la solution.

En ce qui concerne le second terme, il n'y a pas non plus de difficulté. On sait, en effet, que les sommes α, consacrées chaque année à l'amortissement, s'élèvent à $(a - Ar)$, $(a - Ar)(1 + r)$, $(a - Ar)(1 + r)^2$ $(a - Ar)(1 + r)^{n-1}$ et correspondent à un paiement immédiat de : $\frac{a - Ar}{1 + R} + \frac{(a - Ar)(1 + r)}{(1 + R)^2} + \frac{(a - Ar)(1 + r)^2}{(1 + R)^3} \ldots\ldots\ldots\ldots + \frac{(a - Ar)(1 + r)^{n-1}}{(1 + R)^n}$ soit à

$(a - Ar)\frac{(1+R)^n - (1+r)^n}{(R-r)(1+R)^{n-1}}$, soit encore à la valeur initiale au taux $\frac{R-r}{1+r}$ de n annuités de $\frac{a-Ar}{1+R}$.

Appliquée aux obligations du type défini à la page 511, cette méthode donne pour l'ensemble des impôts 21 fr. 44, soit 5 fr. de moins que la méthode précédente.

Dès lors, le prix fictif d'acquisition des titres est de 391 fr. 44 et le taux du placement de 4,09.

Comme la précédente, cette méthode néglige l'accroissement du droit de transmission par suite de la progression des cours. On a une limite supérieure de l'erreur ainsi commise, en rapprochant le chiffre correspondant au maintien du cours initial et celui auquel on arriverait en admettant immédiatement la valeur remboursable de 500 francs : l'écart est de 7 francs. Il est évident d'ailleurs que le chiffre exact est beaucoup plus rapproché du premier que du second : les cours ne croissent, en effet, avec rapidité que vers la fin du remboursement, c'est-à-dire à une époque trop éloignée pour que leur augmentation influe sensiblement sur la valeur initiale du droit de transmission.

Nous le répétons, ces deux méthodes, et surtout la première, ne sont qu'approximatives ; mais les financiers ne recherchent pas et n'ont pas à rechercher une exactitude absolue en une matière où les impressions et les tendances du marché jouent un rôle si considérable.

Le lecteur qui désirerait une solution plus précise pourrait se reporter utilement à divers articles de MM. Achard et Charlon, insérés au « Journal des Actuaires français ».

Ces principes étant rappelés, voici deux tableaux donnant : 1° le premier, le taux d'émission des principaux emprunts de l'État par voie de souscription publique, depuis 1854 ; 2° le second, le prix net de vente des obligations de chemins de fer et le taux des charges correspondantes, amortissement compris, depuis 1856.

1° *Tableau des principaux emprunts d'État, par voie de souscription publique, depuis 1854.*

ANNÉES	DÉSIGNATION des RENTES	CAPITAL RÉALISÉ	TAUX d'émission	TAUX d'intérêt	OBSERVATIONS
		fr.	fr.		
1854	4 1/2 %	93.540.933,00	92,50	4,86 %	
	3 %	155.721.082,50	65,25	4,60	
	4 1/2 %	164.621.120,00	92,00	4,89	
	3 %	344.901.277,50	65,25	4,60	
1855	4 1/2 %	89.930.080,00	92,25	4,88	
	3 %	689.469.345,00	65,25	4,60	
1859	3 %	508.193.143.33	60,50	4,96	
1863	3 %	314.910.391,90	66,30	4.52	
1868	3 %	450.456.720.32	69,25	4,33	
1870	3 %	804.572.181,20	60,60	4,95	
1871	5 %	2.293.092.367,50	82,50	6.06	
1872	5 %	3.498.744.639,00	84,50	5,92	
1878	3 % amortissable	439.878.545,00	80,00	3.98	Amortissement en 75 ans. — Annuité moyenne : 3,3668 %.
1881	—	999.967.365,00	83.25	3,81	Amortissement en 72 ans. — Annuité moyenne : 3,405 %.
1884	—	349.978,889,00	76,60	4,25	Amortissement en 69 ans — Annuité moyenne : 3,4486 %.

ANNÉE	NORD		EST		OUEST		ORLEANS		P.-L.-M.		MIDI	
	PRODUIT net	CHARGES 0/0	PRODUIT net	CHARGES 0/0	PRODUIT net	CHARGES 0/0	PRODUIT net	CHARGES 0/0	PRODUIT net	CHARGES 0/0	PRODUIT net	CHARGES 0/0
	fr.	fr.	fr.	fr.	fr.	fr.	fr.	fr.	fr.	fr.	fr.	fr.
1856	289,91	5,56	267,29	6,00	280,08	5,71	292,43	5,46	»	»	»	»
1857	279,16	5,77	256,33	6,26	263,02	6,05	279,36	5,88	»	»	270,06	5,87
1858	297,14	5,44	272,29	5,88	272,82	5,08	270,74	5,90	271,79	5,81	276,40	5,73
1859	294,85	5,49	278,17	5,81	278,27	5,77	284,60	5,64	282,97	5,59	»	»
1860	296,03	5,48	287,18	5,63	285,26	5,64	288,33	5,57	292,99	5,41	287,08	5,53
1861	310,08	5,25	287,96	5,66	285,07	5,65	290,62	5,55	292,86	5,42	299,03	5,49
1862	310,56	5,25	299,45	5,41	298,90	5,39	»	»	301,25	5,27	298,83	5,34
1863	306,57	5,33	294,73	5,53	293,45	5,51	296,41	5,44	300,39	5,30	291,21	5,49
1864	302,76	5,42	285,22	5,72	282,05	5,73	289,18	5,60	287,91	5,55	282,42	5,67
1865	310,58	5,29	294,00	5,51	291,33	5,58	298,72	5,44	294,54	5,43	290,47	5,52
1866	305,90	5,30	298,75	5,41	298,46	5,46	303,73	5,37	299,37	5,35	297,19	5,40
1867	316,32	5,23	303,79	5,34	305,52	5,35	309,34	5,27	306,59	5,24	»	»
1868	323,91	5,12	315,47	5,15	315,42	5,20	321,60	5,00	315,50	5,10	319,54	5,04
1869	341,51	4,87	328,28	4,95	325,52	5,04	330,82	4,95	325,18	4,96	325,68	5,04
1870	347,76	4,80	319,75	5,09	335,24	4,94	320,40	5,14	334,18	4,53	330,36	5,39
1871	306,89	5,30	285,54	5,77	291,52	5,68	301,24	5,46	289,72	5,59	281,03	5,79
1872	295,43	5,62	278,40	5,90	281,05	5,87	278,05	5,92	281,91	5,76	266,45	6,12
1873	281,71	5,91	266,31	6,17	267,25	5,90	272,46	6,00	265,07	6,15	»	»
1874	284,11	5,87	271,44	6,11	277,91	5,99	287,97	5,80	274,40	5,96	277,23	5,91
1875	306,04	5,54	295,50	5,69	293,89	5,68	312,87	5,34	298,96	5,48	297,99	5,50
1876	318,72	5,34	311,54	5,42	308,98	5,42	324,60	5,16	314,29	5,24	313,70	5,24
1877	328,26	5,20	319,26	5,31	323,96	5,19	336,81	4,99	323,72	5,08	324,32	5,08
1878	348,27	4,92	338,70	5,02	342,32	4,93	350,83	4,81	343,72	4,80	341,14	4,85
1879	379,39	4,54	364,55	4,69	370,43	4,57	374,36	4,53	371,10	4,46	370,24	4,48
1880	394,64	4,35	379,02	4,44	»	»	»	»	381,25	4,37	380,72	4,38
1881	387,00	4,46	383,01	4,41	382,30	4,49	»	»	384,50	4,35	384,89	4,34
1882	369,61	4,67	365,13	4,67	369,28	4,58	366,90	4,60	366,62	4,57	366,57	4,54
1883	352,48	4,79	349,80	4,88	354,97	4,78	356,64	4,87	354,80	4,74	355,50	4,75
1884	362,56	4,82	354,78	4,84	360,93	4,72	359,61	4,86	360,03	4,69	360,70	4,70
1885	379,10	4,64	371,45	4,64	376,32	4,54	377,68	4,56	376,08	4,51	372,70	4,57

OBSERVATIONS

I. — La dernière échéance du remboursement est la suivante :

Nord, 1950 (*a*) [Terme de la concession : 31 Décembre 1950).

Est, 1954 (Terme de la concession : 26 Novembre 1954).
Ouest, 1er Octobre 1956 (Terme de la concession : 31 Décembre 1956).

Orléans, 1er Janvier 1951 (*b*) et 1er Octobre 1956 (Terme de la concession : 31 Décembre 1956).

P.-L.-M., Juillet 1958 (Terme de la concession : 31 Décembre 1958).

Midi, 1er Juillet 1957 (Terme de la concession : 31 Décembre 1960).

II. — Les chiffres indiqués pour le taux moyen des charges afférentes aux emprunts de chaque année ne comprennent pas les frais accessoires et particulièrement les droits de timbre.

(*a*) Les obligations sont divisées en séries de 75,000 chacune : la dernière échéance est : 1926 pour les 4 premières séries, 1947 pour les 14 suivantes et 1950 pour les autres.

(*b*) 1er Janvier 1958 pour les obligations du Grand-Central.

Il était intéressant de rechercher quel avait été le taux moyen du placement fait par les souscripteurs d'obligations pendant les années correspondant aux grands emprunts de l'État. Nous avons fait ce calcul en appliquant la 2e méthode ci-dessus indiquée, page 512, et nous en résumons les résultats dans le tableau suivant, pour les obligations de la Compagnie de Paris-Lyon-Méditerranée qui sont les plus nombreuses et dont les cours se sont peu écartés de la moyenne générale des six grandes Compagnies.

ANNÉES	TAUX EFFECTIF D'INTÉRÊT	
	EMPRUNTS DE L'ÉTAT	EMPRUNTS DE LA Cie DE P.-L.-M.
1859	4,96 %	5,46 %
1863	4,52	5,16
1868	4,33	4,94
1870	4,95	4,65
1871	6,06	5,44
1872	5,92	5,46
1878	3,98	4,39
1881	3,81	3,90
1884	4,25	4,23

Les renseignements que nous venons de reproduire mettent en lumière les faits suivants :

Jusqu'en 1870, le crédit des grandes Compagnies était notablement inférieur à celui de l'État ; l'écart était, par exemple, de 0 fr. 50 en nombre rond par 100 fr. de capital, pour l'année 1859, et de plus de 0 fr. 60 en 1868.

Les désastres de 1870-1871 ont naturellement affecté plus profondément le cours de la rente que celui des obligations de chemins de fer. Ces dernières ont pris le dessus ; en 1872, elles avaient environ 0 fr. 50 d'avance.

Mais la reconstitution de nos finances n'a pas tardé à rétablir l'égalité et même à restituer l'avantage au crédit de l'État : en 1878, l'émission de la rente 3 % amortissable a pu se faire à 0 fr. 40 % de moins que celle des obligations de chemins de fer ; en 1881, l'écart a encore été de près de 0 fr. 10.

On peut donc admettre, en résumé, que, sauf dans certaines circonstances exceptionnelles, les grandes Compagnies empruntent à un taux un peu supérieur à celui des emprunts de l'État.

Néanmoins, on ne saurait méconnaître que leur crédit est très solidement assis. Cette situation, dont elles s'honorent à juste titre, est-elle indépendante de leurs liens financiers avec l'État? Doit-elle, au contraire, être attribuée à l'appui que leur ont prêté les Pouvoirs publics?

Presque à toute époque, les grandes Compagnies ont soutenu qu'elles avaient un crédit spécial et distinct de celui de l'État, que le grand-livre des obligations de chemins de fer prêtait un utile appui au grand-livre de la dette publique et que ces deux livres ne sauraient être confondus sans porter atteinte au crédit de l'État.

On trouve notamment dans les dépositions recueillies en 1877 et 1878 par la Commission d'enquête du Sénat l'expression très nette de cette opinion; M. le sénateur Foucher de Careil, rendant compte, le 24 mai 1878, des résultats de cette enquête, a formulé au nom de la Commission la même appréciation.

Plusieurs des orateurs, qui ont pris part à la discussion du projet de budget de l'exercice 1883 et des dernières conventions, ont, à leur tour, défendu cette thèse avec beaucoup de talent et d'autorité.

La question est fort complexe; il est extrêmement difficile de démêler dans la confiance du public la part des divers éléments sur lesquels elle se fonde.

Cependant la vérité nous paraît être, comme toujours, entre les opinions extrêmes. Le crédit des Compagnies a bénéficié largement du secours qui leur a été apporté dès l'origine par l'État, sous les formes les plus diverses, et notamment sous la forme de la garantie d'intérêt. Personne ne peut contester qu'abandonnées à elles-mêmes ces sociétés eussent subi des crises redoutables; l'histoire est là pour l'attester. En assurant un minimum de revenu à une forte part des obligations, en faisant de ces titres du papier à deux signatures, en leur donnant l'estampille la plus sûre et la plus respectée, l'État leur a, en quelque sorte, attribué le caractère de titres de rente d'une nature spéciale. Son concours n'a pas eu seulement pour effet de faciliter l'extension des voies ferrées et de hâter la concession de lignes que les Compagnies, livrées à leurs propres forces, auraient nécessairement ajournées ou se seraient même refusées à construire; il a, du même coup, consolidé l'ensemble de la situation financière de nos grands réseaux.

Cette solidarité entre le crédit de l'État et celui des Compagnies n'a d'ailleurs fait que s'accentuer davantage, à chaque pas nouveau dans la voie du développement des chemins de fer français. En effet, les conventions de 1859 n'avaient accordé la garantie du Trésor qu'aux dépenses du nouveau réseau, c'est-à-dire à 3 milliards 101 millions sur 5 milliards 695 millions, et que jusqu'à concurrence d'un taux d'intérêt de 4 %, ou de 4,65 % amortissement compris, en réservant, il est vrai, aux Compagnies sur le revenu de l'ancien réseau : 1° un dividende convenu pour les actions; 2° l'intérêt et l'amortissement à 5,75 % des obligations émises pour ce réseau ; 3° la somme nécessaire pour parfaire le service à 5,75 % des obligations afférentes au nouveau réseau. Les conventions de 1863, 1868-1869 et 1875, tout en réduisant la proportion entre le capital du nouveau réseau et le capital total, avaient élevé le maximum du capital garanti à 4 milliards 300 millions environ. Les conventions de 1883 ont étendu la garantie à l'ancien réseau, pour les quatre Compagnies de l'Est, de l'Ouest, d'Orléans et du Midi, et n'ont laissé subsister la spécialité de cette garantie au nouveau réseau que pour les Compagnies du Nord et du Paris-Lyon-Méditerranée dont l'ancien réseau a paru, en tous cas, assuré d'un revenu largement rémunérateur.

L'assimilation des obligations de chemins de fer à la rente est donc de plus en plus complète.

Est-ce à dire qu'il y ait identité entre ces titres et que la prétention des Compagnies d'avoir un crédit distinct soit dénuée de fondement? Nous nous garderions bien de pousser nos conclusions jusqu'à cette limite. Quelques observations suffiront à prouver que le public ne confond pas et ne traite pas sur un pied d'égalité les emprunts de l'État et ceux des Compagnies.

Tout d'abord, dans les circonstances normales, le crédit de l'État est, nous l'avons vu, supérieur à celui des Compagnies : l'avantage, très marqué au début, a pu s'atténuer au fur et à mesure que les liens financiers unissant le Trésor aux concessionnaires se sont resserrés ; il n'en a pas moins subsisté, si ce n'est aux heures critiques qu'a traversées notre pays. C'est qu'en effet, quand le Gouvernement fait appel à l'épargne, il a derrière lui toute la France, toutes les forces vives de la patrie ; il offre les garanties les plus larges que puissent désirer les souscripteurs ; il donne en gage les ressources infinies de l'activité nationale. Pour qu'il manquât à ses engagements, il faudrait un effondrement impossible à concevoir.

Au contraire, lorsque ce sont les Compagnies qui sollicitent les capitaux, elles ne peuvent, malgré leur solidarité avec l'État, dépouiller entièrement leur personnalité ; elles ne peuvent rejeter complètement au second plan leur caractère de sociétés particulières, de sociétés industrielles. Il y a là une considération morale, dont l'influence sur le public ne saurait s'effacer absolument.

En revanche, ce qui fait leur infériorité dans les circonstances ordinaires fait leur force dans les moments de crise politique. Les malheurs de

1870-1871, les charges écrasantes de la guerre néfaste contre l'Allemagne, la nécessité de réaliser à brève échéance la rançon de cinq milliards que nous avait imposée le vainqueur, l'urgence de la reconstitution de nos ouvrages et de notre matériel de défense, tout a concouru à avilir la rente pendant quelques années. Les obligations des Compagnies, quoiqu'entraînées dans le mouvement général de dépression des valeurs, ont été moins profondément atteintes. A l'heure où le pays se débattait dans les convulsions d'une crise effroyable, où l'on se prenait à douter de son avenir et où seules les âmes bien trempées ne se laissaient point aller au découragement, les chemins de fer profitaient de cette spécialité que nous signalions naguère comme une cause d'infériorité habituelle, de ce gage particulier et tangible qu'offraient leurs revenus. Du reste, l'État était obligé de jeter ses titres à pleines mains sur le marché et de les émettre à un taux qui assurât le succès de ses emprunts : la libération du territoire était à ce prix et le Gouvernement ne pouvait s'exposer à un échec en présence de l'ennemi. Les Compagnies n'avaient point à obéir à des besoins si pressants ; elles n'avaient point à accélérer l'écoulement de leurs obligations, elles pouvaient même le ralentir dans une certaine mesure.

Le tableau suivant, dans lequel nous avons relaté le cours maximum et le cours minimum annuel des titres de rente et des obligations de chemins de fer depuis 1857, fait ressortir les phénomènes économiques que nous venons d'esquisser et nous dispense d'entrer dans de plus longs développements à cet égard. En l'étudiant avec quelque attention, le lecteur se rendra facilement compte des fluctuations dans la cote des titres de l'État et des titres des Compagnies ; il reconnaîtra sans peine l'exactitude de nos indications générales sur la valeur relative de ces titres et sur la différence d'amplitude de leurs variations.

ANNÉES	3 % (1825)		4 1/2 % (1825)		4 % (1830)		5 % (1871) (1)		3 % amortis	
	Plus haut	Plus bas	Plus haut	Plus bas	Plus haut	Plus bas	Plus haut	Plus bas	Plus haut	Pl
	fr.	fr.	fr.	fr.	fr.	fr.	fr.	fr.	fr.	
1857	71,10	65,85	87,50	82,75	83,00	79,00	»	»	»	
1858	74,95	67,50	91,50	82,75	85,00	79,00	»	»	»	
1859	72,50	69,50	97,25	88,10	90,00	78,50	»	»	»	
1860	71,40	67,10	96,50	95,00	87,00	84,00	»	»	»	
1861	70,15	66,80	95,75	90,00	87,00	80,00	»	»	»	
1862	72,90	67,60	100,25	91,00	95,25	82,50	»	»	»	
1863	70,60	66,10	99,50	91,00	91,95	87,80	»	»	»	
1864	67,70	64,45	95,70	90,00	88,20	80,00	»	»	»	
1865	69,57	66,30	99,00	93,90	88,50	83,50	»	»	»	
1866	70,60	62,45	100,25	91,50	90,00	84,75	»	»	»	
1867	70,75	65,25	101,00	93,90	90,00	81,00	»	»	»	
1868	72,05	68,25	103,00	98,40	92,50	89,00	»	»	»	
1869	73,90	69,80	105,00	100,00	92,00	87,50	»	»	»	
1870	75,10	50,80	105,75	76,00	91,00	80,00	»	»	»	
1871	58,45	50,35	85,00	74,50	67,00	64,50	93,80	80,25	»	
1872	57,25	52,00	83,50	75,25	71,25	66,00	92,35	83,00	»	
1873	59,10	53,25	84,50	77,00	73,00	66,25	93,60	85,00	»	
1874	64,80	57,80	93,10	83,50	78,05	73,00	100,50	92,75	»	
1875	66,95	61,60	98,50	90,00	86,50	78,00	103,2[illegible]	99,60	»	
1876	73,00	65,10	105,00	94,25	92,50	82,00	107,25	101,80	»	
1877	74,25	66,10	105,25	94,00	93,00	86,00	108,70	101,75	»	
1878	77,75	69,95	109,50	100,25	96,00	88,00	115,95	106,70	87,00	[illegible]
1879	84,50	76,30	116,00	107,75	103,50	97,00	118,80	108,[illegible]0	86,80	[illegible]
1880	87,25	81,10	118,85	112,50	106,25	102,00	120,85	115,35	89,30	[illegible]
1881	87,25	82,00	117,50	110,00	106,10	102,00	121,20	113,25	89,00 (2) 87,60	[illegible]
1882	84,75	78,65	115,00	108,40	107,00	99,50	118,70	112,70	85,00	[illegible]
1883	82,65	74,15	112,75	103,50	100,50	98,00	116,10	104,30	83,20	[illegible]
1884	79,50	75,10	110,00	103,00	103,00	96,50	109,40	105,15	82,30	[illegible]
1885	82,95	76,00	107,95	102,00	103,50	100,25	110,77	107,00	84,00	78[illegible]

(1) Converti en 4 1/2 % à partir du 1er août 1883.
(2) 3 % de 1881.

OBLIGATIONS 3 0/0 REMBOURSABLES A 500 FRANCS

n	EST		OUEST		ORLÉANS		P.-L.-M. Fusion ancienne		MIDI	
Plus bas	Plus haut	Plus bas	Plus haut	Plus bas	Plus haut	Plus bas	Plus haut	Plus bas	Plus haut	Plus bas
fr.	fr.	fr.	fr.	fr.	fr.	fr.	fr.	fr.	fr.	fr.
273,75	285,00	256,25	285,00	261,25	286,25	262,50	»	»	286,25	258,75
282,50	310,00	272,50	307,50	272,50	307,50	272,50	310,00	271,25	307,50	270,00
275,00	300,00	270,00	300,00	270,00	303,75	270,00	301,25	267,50	300,00	268,75
295,00	305,00	286,25	305,00	286,25	310,00	288,75	308,75	285,00	305,00	282,50
301,25	305,00	291,25	305,00	292,50	308,75	297,50	308,75	293,75	306,25	292,50
302,50	310,00	291,25	311,25	292,50	316,25	297,50	312,50	295,00	312,50	292,50
302,50	305,00	283,75	306,25	292,50	318,75	298,75	310,00	293,75	307,50	293,75
297,50	293,75	281,25	293,75	283,75	300,00	287,50	295,25	287,50	296,25	282,50
302,50	309,00	286,25	310,00	282,50	309,25	286,25	309,50	285,00	308,00	283,75
299,50	312,50	287,50	312,50	289,50	314,00	292,00	314,00	288,50	312,25	287,50
305,00	319,50	300,00	318,25	296,00	320,75	299,50	319,00	299,50	318,00	297,50
312,00	336,00	311,00	335,00	307,50	338,00	312,50	334,50	309,50	331,00	307,50
334,00	337,50	323,75	342,00	324,00	345,00	327,00	342,50	324,00	339,75	320,00
275,00	360,00	240,00	359,00	250,00	360,00	250,00	356,00	250,00	355,50	250,00
285,00	298,75	260,00	307,50	272,50	315,00	277,00	313,75	274,00	307,50	275,00
285,00	286,50	261,50	291,25	270,00	297,00	270,00	296,00	271,75	297,00	269,00
277,50	280,00	266,00	277,00	265,00	285,00	268,00	283,00	266,50	280,25	267,50
279,25	297,00	269,25	295,00	268,00	307,00	275,00	305,00	271,50	300,00	271,00
292,50	320,00	286,50	320,00	285,50	324,00	295,00	320,00	289,00	317,50	289,00
305,00	337,50	295,00	335,00	297,50	336,00	304,75	337,50	295,00	332,75	295,00
320,00	340,00	311,00	341,00	312,50	347,50	318,50	343,00	312,50	338,00	313,00
335,00	362,00	327,00	363,00	331,00	370,00	336,00	367,00	331,00	366,00	328,00
360,00	388,25	355,50	392,50	355,00	398,75	359,00	391,25	356,00	389,00	355,00
384,00	396,00	378,00	398,50	379,00	397,50	379,00	401,00	379,00	398,00	377,00
383,50	394,00	370,00	398,00	376,00	405,00	370,00	402,00	371,00	402,00	380,00
70,00	380,00	356,00	380,00	365,50	385,00	366,00	382,00	365,00	383,00	364,00
56,25	370,00	345,00	365,00	342,50	370,00	350,00	371,00	350,00	364,00	348,00
59,00	381,00	348,00	381,75	350,00	384,50	355,00	385,00	354,00	383,00	353,00
78,00	385,00	370,00	390,00	372,00	388,75	390,00	387,50	370,00	390,00	372,00

s chiffres du présent tableau sont empruntés, jusqu'à 1871, à une publication de M. Courtois, 1872, au Journal des chemins de fer.

A cette considération tirée des écarts entre les fluctuations du cours de la rente et celles du cours des obligations, s'en ajoute une autre que les Compagnies ont souvent invoquée pour démontrer la spécialité de leur crédit. Elles ont fait valoir que jusqu'en 1883 la garantie de l'État s'appliquait exclusivement aux dépenses de leur nouveau réseau (1); qu'un grand nombre de leurs obligations avaient été émises pour la construction de l'ancien réseau; que, même pour le nouveau réseau, l'État n'avait pas garanti la totalité du revenu à servir aux souscripteurs et avait limité ses engagements à un terme bien antérieur à celui des concessions; et que, par suite, le concours financier du Trésor ne suffisait pas à expliquer la confiance du public. Nous n'attachons pas grande importance à cet argument.

Sans doute, les Compagnies ont contracté des emprunts pour l'ancien comme pour le nouveau réseau. Le tableau suivant donne, à cet égard, la situation au 31 décembre 1882 :

COMPAGNIES	CAPITAL ACTIONS	CAPITAL RÉALISÉ EN OBLIGATIONS		
		ANCIEN RÉSEAU	NOUVEAU RÉSEAU	TOTAL (2)
	fr.	fr.	fr.	fr.
Nord	231.875.000	557.946.614	255.155.751	912.253.217
Est	292.000.000	82.192.833	1.002.173.240	1.127.860.911
Ouest	150.947.918	275.000.000	847.130.529	1.155.350.208
Orléans	307.784.570	216.800.916	867.406.034	1.125.438.597
P.-L.-M.	345.549.216	2.165.355.018	661.192.330	2.893.464.550 (3)
Midi	146.406.944	212.772.411	572.496.675	810.068.129
TOTAUX	1.474.563.648	3.510.067.792	4.208.554.559	8.024.435.612

Sans doute encore, la garantie de l'État pour les dépenses du nouveau réseau ne portait, avant 1883, que sur l'intérêt au taux de 4 % et l'amortissement, alors que les charges réelles étaient bien supérieures.

Mais les conventions avaient réservé à l'ancien réseau, avant déversement de ses recettes sur le nouveau, le revenu nécessaire à la rémunération de ses dépenses et au paiement de la différence entre les charges effectives et les charges garanties pour le second réseau. Les lignes

(1) Sauf pour la Compagnie du Midi, au profit de laquelle les conventions de 1859 ont maintenu la garantie de l'ancien réseau.

(2) Y compris des dépenses diverses.

(3) Non compris : Rhône au Mont-Cenis.............. 116 392 448 fr.
Chemins algériens.................. 145 998 119
262 390 567 fr.

composant l'ancien réseau étaient assez fructueuses pour qu'il n'y eût point à redouter d'en voir descendre le produit au-dessous du minimum réservé ; il y avait là, sinon en droit, du moins en fait, une véritable garantie que le public savait parfaitement apercevoir au travers des voiles dont elle était masquée.

Sans doute, enfin, les conventions de 1859 ont limité le jeu de la garantie au 1er janvier 1915 pour les Compagnies du Nord, de l'Ouest, d'Orléans, de Paris-Lyon-Méditerranée et du Midi, et au 1er janvier 1914 pour la Compagnie de l'Est ; et ces dates, maintenues par les contrats de 1863, 1868 et 1869, n'ont été modifiées par les conventions de 1875 que pour certaines lignes rattachées au nouveau réseau de l'Est et appelées à bénéficier de la garantie jusqu'au 1er janvier 1935. Mais l'esprit humain est ainsi fait que, surtout en matière industrielle, il n'a pas de visées si lointaines et n'embrasse pas d'horizons si étendus. La limitation de la durée des engagements contractés par l'État laisse encore une période assez longue pour que les souscripteurs ne s'inquiètent pas de son échéance. Le public, peu au courant des détails des arrangements financiers intervenus entre les Compagnies et le Gouvernement, ne s'en préoccupe pas ; au surplus, il sait que jamais les Pouvoirs publics ne laisseront sérieusement en souffrance les porteurs d'obligations ; il sait aussi que la progression normale et à peu près continue des recettes le met à l'abri de toute éventualité fâcheuse.

Quoi qu'il en soit, il n'y a pas identité absolue entre le crédit de l'État et celui des Compagnies, et tout en constatant que le second puise sa source principale dans le concours effectif ou éventuel du Trésor, on doit lui reconnaître certains caractères propres et distincts.

Si effacée que soit cette personnalité des Compagnies au point de vue des appels à l'épargne, elle est cependant utile à la constitution des ressources nécessaires pour l'établissement progressif du réseau. L'État eût-il réalisé des économies en empruntant lui-même ?

Au premier abord on est tenté de répondre de plano que, si l'intervention des Compagnies a été incontestablement utile lors des funestes événements de 1870-1871, elle a généralement abouti à un relèvement dans le taux d'intérêt des émissions et que, par suite, la communauté aurait eu avantage à agir directement. Mais un instant de réflexion suffit à rendre plus hésitant et moins affirmatif.

Les charges annuelles de la dette publique s'élèvent actuellement à plus d'un milliard : ce chiffre montre à lui seul toute l'importance des emprunts qu'a dû faire le Trésor. Si l'État avait eu à y ajouter les émissions pour lesquelles il s'est substitué les Compagnies et qui ont atteint près de 10 milliards, en y comprenant le capital-actions, son crédit en eût nécessairement souffert. Le marché de la Bourse n'est, après tout, qu'un marché commercial, obéissant à la loi de l'offre et de la demande : plus une valeur est offerte, moins le prix de vente est élevé ; plus les emprunts sont répétés, moins les titres sur lesquels ils portent sont « enlevés » par le public. Quand les capitalistes savent qu'à une émission succédera bientôt une émission semblable, ils choisissent leur heure et se retirent au besoin sous la tente pour amener l'emprunteur à composition. C'est même là une des raisons militant en faveur du mode d'emprunt qui est le plus souvent employé par l'État et qui consiste à n'ouvrir ses guichets que pendant quelques heures au lieu d'écouler les titres de rente au jour le jour, comme le font par exemple les grandes Compagnies, pour des motifs d'un autre ordre.

Il est impossible de supputer la dépression qu'auraient ainsi subie les fonds publics et de savoir si, tout compte fait, il en fût résulté une perte ou un bénéfice pour le pays. Notre impression est qu'avant 1870 l'avantage eût été certain, grâce à la situation du crédit de l'État et à l'écart notable qui séparait le taux de ses emprunts de celui des émissions faites par les Compagnies ; après 1870, au contraire, le fait inverse se serait produit ; somme toute, il fût sans doute resté un léger avantage à l'actif de l'intervention directe de l'État. Mais, nous le répétons, c'est une impression et non une conviction absolue, et nous la formulons avec d'autant plus de réserve que les financiers les plus habiles sont divisés à cet égard.

Notons en passant qu'il eût été sans doute utile de créer pour la grande œuvre des chemins de fer un type de rente particulier, portant l'indication explicite de sa destination et offrant aux souscripteurs, outre la garantie générale des rentes de l'État, le gage tangible des produits de l'exploitation. Les titres de cette nature auraient participé tout à la fois aux avantages ordinaires de la rente et aux avantages spéciaux des obligations des Compagnies. A la vérité, les partisans de l'unification de la dette auraient vu des inconvénients à cette dualité ; mais l'expérience a démontré que les circonstances obligeaient presque infailliblement les États à avoir plusieurs types de rente.

Nous sommes convaincu qu'à ce point de vue l'institution de la rente 3 % amortissable n'a pas été des plus heureuses et, surtout, que l'on a eu tort de ne pas donner une application plus rigoureuse aux principes qui avaient présidé à cette institution. D'après l'exposé des motifs du projet de loi de 1878, l'intention du Gouvernement était : « 1° de

« demander les capitaux au public sous une forme à laquelle il fût dès « longtemps habitué et qui se rapprochât autant que possible de celle « qui avait été consacrée pour les grands travaux de chemins de fer ; « 2° d'exclure les grandes émissions à époque fixe. » Il eût fallu ne pas sortir de la spécialisation du nouveau titre aux travaux publics et même aux chemins de fer, le faire connaître au public dès le début par un fort emprunt, puis l'écouler par les guichets des trésoriers généraux, des receveurs particuliers et des percepteurs, et même par les guichets des gares de l'État, pour mieux en accuser l'assimilation aux obligations des Compagnies, malgré les avantages théoriques du mode d'émission usité par le Trésor. Mais nous n'avons pas à insister davantage sur ce côté de la question.

En résumé, les emprunts de l'État sont généralement moins onéreux que ceux des Compagnies ; ils le sont davantage dans les périodes de crise politique. La réalisation directe par le Trésor des ressources nécessaires à l'établissement des voies ferrées eût sans doute procuré un léger avantage au pays : toutefois, il est impossible de l'affirmer et on ne saurait y puiser un argument en faveur de la construction par l'État.

c. Charges résultant des frais accessoires, droits et impôts. — Les émissions des Compagnies comportent certains frais accessoires, mais il en est de même pour l'État. C'est là un élément secondaire que nous pouvons négliger.

Les obligations sont, en outre, assujetties, comme nous l'avons indiqué précédemment :

1° au droit de timbre payable par abonnement annuel à raison de 6 centimes par cent francs de valeur négociée, soit, à raison de 30 centimes par obligation ou, au cours moyen de 1885, de 8 centimes environ par cent francs de capital versé ;

2° au droit annuel de transmission de 20 centimes par cent francs (pour les titres au porteur) ;

3° à l'impôt de 3 °/₀ sur le revenu, soit de 12 centimes par cent francs, d'après les cours de 1885 ;

4° à l'impôt de 3 °/₀ sur la prime de remboursement, soit à une taxe actuellement équivalente à 1/2 centime environ par cent francs.

Toutes ces taxes, qui s'élèvent à 0 fr. 40 environ par cent francs du produit net des émissions, grèvent l'exploitation des chemins de fer. Elles profitent à la communauté des citoyens, mais sont payées en définitive par les usagers des voies ferrées. Les lignes construites au moyen des fonds recueillis par des emprunts de l'État en sont, au contraire, exemptes. Il y a là une différence qui ne saurait être imputée aux Compagnies, mais qui n'en pèse pas moins sur elles dans l'état actuel de notre législation financière. Nous devons toutefois ajouter qu'elle s'atténuera, au fur et à mesure de l'amortissement des obligations.

d. Observations sur les actions des compagnies. — En comparant le crédit de l'État à celui des Compagnies, nous avons exclusivement parlé des obligations, en laissant de côté les actions.

C'est qu'en effet le nombre de ces titres n'augmente plus depuis de longues années, et que les appels des Compagnies au crédit public se font toujours aujourd'hui sous la forme d'émissions d'obligations. C'est aussi que les actions sont, dans une certaine mesure, des valeurs de spéculation à revenu aléatoire, ne pouvant être mises en parallèle avec les rentes de l'État.

Il ne sera cependant pas inutile de faire remarquer que le capital-actions reçoit un revenu supérieur à celui des capitaux prêtés au Trésor. Nous récapitulons à cet effet, dans le tableau ci-après, les intérêts et dividendes distribués depuis 1855 par les six grandes Compagnies.

COMPAGNIES	NOMBRE D'ACTIONS	TAUX DE RÉALISATION	1855	1856	1857	1858	1859	1860	1861	1862	1863	1864	1865
		fr.	fr.	fr.	fr.	fr.	fr.	fr.	fr.	fr.	fr.	fr.	fr.
Nord.......	400.000	400	64	56	60	61	65,50	65,50	66	62	62	67	71,50
	425.000	575	»	»	»	«	»	40,75	42,40	39			
Est.......	500.000	500	78,50	74	40,65	40,46	38,70	40	40	35	33	33	33
	84.000		»	»	»	»	»	»	»	»			
Ouest.....	300.000	503,16	50	40	37.50	33	37,50	37,50	42,50	35	37,50	39	37,50
Orléans....	300.000	512,97	80	84	90	87	97	100	100	100	100	100	56
	300.000		»	»	»	»	»	»	»	»	»	»	
P.-L.-M....	800,000	426,21	82,5	81	53	49,50	63,50	63,50	75	75	75	65	60
Lyon-Méditerranée..			86	117									
Midi.......	250.000	585,28	»	»	»	»	27	35	50	52	45	42,50	40
TOTAUX ET MOYENNES...	3.059.000	480,51	»	»	»	»	56,18	56,86	62,41	60,06	59,56	57,55	52,4

NOTA. — Toutes les actions sont remboursables à 500 francs, sauf celles du Nord, qui le sont à

1869	1870	1871	1872	1873	1874	1875	1876	1877	1878	1879	1880	1881	1882	1883	1884	1885
fr.	fr.	fr.	fr.	fr.	fr.	fr.	fr.	fr.	fr.	fr.	fr.	fr.	fr.	fr.	fr.	fr.
67	42	58	67	67	64	66	66	64	68	68	74	77	77	73	64	62
33	25	33	33	33	33	33	33	33	33	33	33	33	33	35,5	35,5	35,5
35	20	35	35	33	35	35	35	35	35	35	35	35	35	37	37	37
56	56	56	56	56	56	56	56	56	56	56	56	56	56	57,5	57,5	57,5
60	40	52	60	60	55	55	55	52	55	55	70	75	65	55	55	55
40	35	40	40	40	40	40	40	40	40	40	40	40	40	40	50	50
1,18	37,07	47,54	51,18	51,18	49,35	49,70	49,70	48,57	50,04	50,04	54,99	56,81	54,20	51,87	51,14	50,90

Ainsi, pendant les 5 dernières années (1881 à 1885), les actions non amorties des six grandes Compagnies ont reçu, en moyenne :

COMPAGNIES	INTÉRÊT	DIVIDENDE	TOTAL	POURCENTAGE DU CAPITAL INITIAL
	fr.	fr.	fr.	
Nord	16,00	54,60	70,60	16,0 °/o
Est	20,00	14,50	34,50	6,9
Ouest	17,50	18,70	36,20	7,2
Orléans	15,00	41,90	56,90	11,1
P.-L.-M	20,00	41,00	61,00	14,1
Midi	25,00	19,00	44,00	7,5
MOYENNE			52,96	11,0

sans compter les réserves statutaires et facultatives, qui, au 31 décembre 1885, s'élevaient à 136 millions, soit à 45 fr. environ par action, ni les approvisionnements qui représentaient à la même époque une valeur de 210 millions.

Quant aux actions amorties, elles n'ont reçu que le dividende; d'après les derniers comptes rendus aux assemblées générales d'actionnaires sur les opérations de 1885, leur nombre est minime : il n'est, en effet, que de 110 371.

Les conventions de 1883 ont fixé ainsi qu'il suit les sommes réservées ou garanties pour l'avenir aux actionnaires :

COMPAGNIES	REVENU RÉSERVÉ			REVENU GARANTI			REVENU AVANT PARTAGE		
	TOTAL	Par action	Pour-centage du capital initial	TOTAL	Par action	Pour-centage du capital initial	TOTAL	Par action	Pour-centage du capital initial
1	2	3	4	5	6	7	8	9	10
	fr.	fr.		fr.	fr.		fr.	fr.	
Nord........	20.000.000 plus l'intérêt et l'amortissement des actions, montant à environ 8.400.000 fr.	54,10	12,2 %	»	»	»	38.062.500 plus l'intérêt et l'amortissement des actions	88,50	20 %
Est..........	»	»	»	20.750.000	35,50	7,1 %	29.500.000	50,50	10,1
Ouest........	»	»	»	11.550.000	38,50	7,7	15.000.000	50,00	9,9
Orléans......	»	»	»	24.600.000 plus l'intérêt et l'amortissement des actions : environ 9.600.000 fr.	56,00	10,9	34.200.000 plus l'intérêt et l'amortissement des actions	72,00	14,00
P.-L.-M.....	44.000.000	55,00	12,9	»	»	»	60.000.000	75,00	»
Midi.........	»	»	»	12.500.000	50,00	8,5	15.000.000	60,00	10,3
		Moyenne des colonnes 4 et 7 : 10,3 %					MOYENNE.............		14,3

Les porteurs d'actions sont donc dès aujourd'hui assurés de toucher plus de 10 °/₀ en moyenne du capital initial, sous forme de revenu réservé ou de revenu garanti, et plus de 14 °/₀ avant partage des bénéfices avec le Trésor.

En supposant qu'au pis aller l'État eût emprunté à 5 °/₀ la somme de 1 470 millions, à laquelle monte le fonds social des Compagnies, les charges de l'exploitation auraient bénéficié de plus de 5 °/₀ au minimum et de plus de 9 °/₀ lors du partage; elles auraient été ainsi dégrevées respectivement de 77 et de 137 millions. Rapportée au nombre total d'unités kilométriques de trafic de l'année 1883, la première de ces deux sommes représente 4 millimes, 4 par unité.

Il convient, en outre, de remarquer que les Compagnies jusqu'ici les plus riches, celles du Nord et de Lyon, c'est-à-dire celles pour lesquelles le partage paraissait devoir s'ouvrir le plus tôt, sont précisément celles qui sont dotées du revenu le plus élevé.

Nous avons négligé, dans les courtes explications que nous venons de produire au sujet des actions, les impôts dont ces titres sont frappés. Ce sont :

Un droit d'abonnement au timbre de 0 fr. 06 (décimes compris) par 100 fr. de capital nominal, pour toute la durée de la Société (lois précitées de 1850, 1871 et 1872) (1);

Un droit de transfert de 0 fr. 50, sans décimes, par cent francs de la valeur négociée, pour les actions nominatives, ou une taxe annuelle de 0 fr. 20 par cent francs, d'après le cours moyen de l'année précédente, pour les actions au porteur (lois précitées de 1857 et 1872 et décret du 17 juillet 1857) (1);

Une taxe de 3 °/₀ sur les intérêts et dividendes (loi précitée de 1872) (1).

Le droit de timbre est imputé aux dépenses d'exploitation; il représente en moyenne 0 fr. 27 par action........................ 0 fr. 27

Le droit de transmission des actions au porteur correspond, pour l'exercice 1885 (années de perception 1885-1886), à :

3 fr.	20	pour la Compagnie	du Nord,
1	58	—	de l'Est,
1	71	—	de l'Ouest,
2	67	—	d'Orléans,
2	50	—	de Paris-Lyon-Méditerranée,
2	33	—	du Midi,

et, en moyenne, à.. 2 39

A reporter......... 2 fr. 66

(1) Voir ci dessus, page 510.

Report........... 2 fr. 66

La taxe de 3 °/₀ s'est élevée, en ce qui concerne l'année 1885, à :

1 fr. 86 pour la Compagnie du Nord,
1 065 — de l'Est,
1 11 — de l'Ouest,
1 725 — d'Orléans,
1 65 — de Paris-Lyon-Méditerranée,
1 50 — du Midi,

et, en moyenne, à................................ 1 53

Total........................ 4 fr. 19

dont 3 fr. 92 prélevés sur le dividende moyen de 50 fr. 80, ce qui le ramène à 46 fr. 88.

Les intérêts et dividendes attribués aux actions au porteur ont subi de ce chef, pour la moyenne des cinq dernières années (1881 à 1885), les diminutions indiquées dans le tableau ci-après qui donne également le pourcentage net par rapport au capital initial :

COMPAGNIES	DIVIDENDE BRUT	DROIT DE TRANSMISSION et taxe de 3 p. °/₀	DIVIDENDE NET	POURCENTAGE DU CAPITAL initial
	fr.	fr.	fr.	
Nord...............	70,60	5,77	64,83	14,7 °/₀
Est.................	34,50	2,57	31,93	6,4
Ouest...............	36,20	2,73	33,47	6,7
Orléans.............	56,90	4,33	52,57	10,2
P.-L.-M.............	61,00	4,76	56,24	13,2
Midi................	44,00	3,70	40,30	6,9
MOYENNES..................			48,97	10,5

Nous nous écarterions de notre sujet, en relatant ici par le menu les variations du cours des actions depuis l'origine des grandes Compagnies. C'est un point sur lequel nous aurons l'occasion de revenir. Il nous suffira de rappeler, pour le moment, que ces cours se sont élevés progressivement et ont atteint les chiffres suivants :

COMPAGNIES	MAXIMUM ABSOLU		MOYENNE ANNUELLE LA PLUS ÉLEVÉE	
	Années	Cours	Années	Cours
		fr.		fr.
Nord	1882	2.440,00	1882	2.055
Est	1881	885,00	1881	801
Ouest	1881	897,50	1885	854
Orléans	1881	1.450,00	1881	1.354
Paris-Lyon-Méditerran.	1881	1.885,00	1881	1.722
Midi	1881	1.380,00	1881	1.248

c. Observations sur l'amortissement des capitaux. — Les Compagnies, ayant une existence limitée, sont contraintes de pourvoir à l'amortissement des dépenses de premier établissement avant le terme de leur concession. Nous avons déjà fait connaître les dernières échéances du remboursement des obligations; pour les actions, l'amortissement se terminera aux époques suivantes :

Nord.................... 1er juillet 1950.
Est....................... 1er janvier 1950.
Ouest.................... 1er janvier 1952.
Orléans.................. 1er janvier 1951.
Paris-Lyon-Méditerranée ... 1er janvier 1954.
Midi...................... 1er juillet 1959.

Les charges qui pèsent de ce chef sur l'exploitation sont jusqu'ici peu élevées; elles augmenteront pour les emprunts nouveaux, au fur et à mesure que l'on approchera de la fin des concessions, comme le montre le tableau ci-après qui donne à titre d'indication l'annuité nécessaire pour amortir 1 fr. à divers taux d'intérêt et pendant diverses périodes :

NOMBRE D'ANNÉES	TAUX DE 3 0/0	TAUX DE 4 0/0	TAUX DE 5 0/0	TAUX DE 6 0/0
	c.	c.	c.	c.
90	3,226	4,121	5,063	6,032
80	3,311	4,181	5,103	6,057
70	3,433	4,275	5,170	6,103
60	3,613	4,420	5,283	6.188
50	3,887	4,655	5,478	6,344
40	4,326	5,052	5,828	6,646
30	5,102	5,783	6,505	7,265
20	6,721	7,358	8,024	8,718
10	11,723	12,329	12,950	13,587

Il pourra en résulter de très sérieuses difficultés dans l'avenir, pour l'extension du réseau et même pour l'exécution des travaux complémentaires, ou plutôt il sera indispensable de prendre des mesures nouvelles pour y pourvoir. Mais ce n'est là qu'une éventualité fort lointaine; nous nous bornons à la signaler en passant, sans y insister davantage.

L'État est-il tenu d'amortir comme les Compagnies? Théoriquement non, puisque son existence est indéfinie. Cependant, en pratique, un peuple sage et prévoyant doit toujours poursuivre l'extinction de sa dette, sous peine de préparer aux générations futures une situation obérée à laquelle il leur serait impossible de faire face. Cette nécessité s'impose d'autant plus pour les chemins de fer, qu'après tout rien ne leur garantit à jamais leur prépondérance actuelle sur les autres voies de communication. Rien ne prouve qu'ils ne seront pas détrônés un jour par des voies plus perfectionnées. Rien n'établit que l'avenir ne réserve pas à nos petits-fils quelque surprise merveilleuse, analogue à celles qu'ont éprouvées nos pères eux-mêmes lors de l'invention de la locomotive. Rien ne démontre que, même en supposant aux chemins de fer un empire immortel, ils ne subissent dans leur exploitation, et par contre-coup dans leurs conditions techniques d'établissement, une révolution profonde.

Au surplus, il en a été jugé ainsi, aussi bien en France qu'à l'étranger. Sans aller chercher des exemples en Allemagne et en Belgique, il nous suffira de rappeler que, dans notre pays, les Pouvoirs publics ont recouru le plus souvent à des emprunts amortissables, pour la réalisation des subventions de l'État aux Compagnies ou pour l'exécution de ses propres travaux. C'est ainsi qu'ils ont émis des obligations trentenaires, puis créé en 1878 des titres de rente remboursables en 75 ans; c'est encore ainsi que les dernières conventions ont stipulé des emprunts par l'intermédiaire des Compagnies, avec amortissement échelonné sur le délai à courir jusqu'au terme des concessions.

On doit donc considérer l'État et les Compagnies comme liés à cet égard par les mêmes principes et par les mêmes règles.

6. **Conclusions.** — En résumé, *au point de vue de la structure du réseau*, la construction par l'État et la construction par les Compagnies ont chacune leurs avantages et leurs inconvénients. Les Compagnies, forcées d'obéir à des nécessités financières, sont mieux armées que l'État pour résister aux entraînements et pour ne pas se laisser aller à l'établissement de lignes improductives; mais ces nécessités mêmes peuvent les conduire à défendre outre mesure leurs dividendes, à pécher par excès de prudence, à se cantonner trop rigoureusement dans leurs positions, à ne point mar-

cher assez de l'avant, à ne pas donner au réseau un développement suffisant. L'État, au contraire, peut faire entrer en ligne de compte dans ses supputations, non seulement le produit net de l'exploitation, mais aussi l'accroissement général de la richesse publique et les revenus indirects qui en résulteront pour le Trésor; il peut avoir égard, non seulement aux intérêts pécuniaires, mais aussi aux intérêts gouvernementaux et sociaux. En revanche, il est plus exposé que les Compagnies aux illusions, aux imprudences, à une appréciation trop optimiste des avantages généraux procurés au pays par les voies ferrées; il est moins à l'abri des influences et des pressions politiques. Somme toute, le système français, combinant l'action progressive de l'État et la résistance modératrice des Compagnies, a doté la France d'un réseau qui, sauf des imperfections de détail, est assez satisfaisant dans son ensemble.

Au point de vue de l'ordre, de la méthode et de la durée des travaux, l'État ne le cède en rien aux Compagnies. C'est en vain qu'on a invoqué contre lui l'inexpérience de son personnel, l'infériorité de l'organisation administrative comparée à celle des sociétés industrielles, l'excès de la centralisation, la dissémination et la variation des crédits, la mobilité des agents, la lenteur proverbiale de l'Administration française, sa faiblesse en face des pressions politiques. Sans méconnaître ce qu'il peut y avoir de fondé dans ces griefs, nous sommes convaincu qu'on en a singulièrement exagéré la portée, qu'on a trop mis en relief les défauts de l'État et trop masqué ceux des Compagnies.

De part et d'autre, on a des agents d'élite, qui, à un moment donné, peuvent avoir plus ou moins d'expérience suivant le régime antérieurement en vigueur, mais qui ont la même capacité technique, qui sont doués des mêmes aptitudes, qui ont un égal sentiment du devoir, qui obéissent les uns et les autres à ce sentiment, qui ne mesurent point leur travail et leurs efforts aux avantages matériels de leur situation, qui sont aussi sujets aux mêmes fautes et aux mêmes erreurs.

De part et d'autre encore, on trouve une organisation similaire et des procédés analogues. Constituées comme elles le sont, maîtresses de réseaux immenses, les grandes Compagnies ne fonctionnent plus comme des sociétés industrielles, au moins en ce qui touche la construction; ce sont de véritables administrations, jouissant d'une certaine liberté d'allures, mais amenées par l'étendue même de leurs opérations à une centralisation et à un formalisme, souvent plus étroits que ceux de l'État.

L'objection tirée de la multiplicité des fonctions dévolues aux ingénieurs des Ponts et Chaussées est purement spécieuse; car le Ministre des travaux publics n'a jamais hésité, le cas échéant, à créer des services spéciaux pour la construction des chemins de fer, et, grâce à son dévouement incontesté, à son élasticité, à son habitude des affaires, à sa forte instruction professionnelle, le corps des Ponts et Chaussées s'est toujours montré à la hauteur de sa tâche.

On ne saurait s'arrêter davantage à la prétendue mobilité des agents. Le reproche ne porte pas pour les conducteurs. qui, le plus souvent, restent attachés à leur service comme le paysan à son clocher. Quant aux ingénieurs, ils peuvent conquérir leurs classes sur place, et, si les chemins de fer étaient entre les mains de l'État, l'Administration donnerait facilement le grade d'ingénieur en chef aux ingénieurs ordinaires qui le mériteraient, sans cesser d'utiliser leurs aptitudes spéciales pour la construction des voies ferrées. A peine avons-nous besoin d'ajouter que les changements pour raisons de convenances sont toujours subordonnés aux volontés du Ministre et que les ingénieurs n'hésitent jamais à sacrifier leurs préférences et même leurs intérêts au désir d'exécuter leurs projets et d'achever leurs travaux. Du reste, les fonctionnaires des Compagnies sont, comme ceux de l'État, exposés à des déplacements en cas d'avancement ; ils ont, comme eux, des convenances personnelles et des intérêts matériels à satisfaire.

Il n'y a pas non plus à faire grand état de l'imputation dirigée contre l'Administration, en ce qui touche la dissémination et la variation des crédits. S'il est indéniable que le budget ait à subir de rudes assauts de la part des départements et des communes et que le Gouvernement soit sollicité de toutes parts pour la répartition des crédits mis à sa disposition, le devoir des Ministres est précisément de défendre les finances publiques, d'en assurer l'emploi méthodique, de discerner entre les prétentions légitimes et les prétentions injustifiées, d'y apporter toute leur vigilance et toute leur fermeté. S'il est vrai que le rendement des impôts subisse le contre-coup des crises politiques ou commerciales, il ne faut pas oublier que les grands travaux de l'État sont payés sur des fonds d'emprunt, que les émissions ne se font point à échéance fixe, mais au jour où les conditions du marché sont favorables, que des expédients temporaires permettent toujours d'attendre l'heure propice ; il ne faut pas non plus perdre de vue que, si le crédit des Compagnies a un peu moins de sensibilité, il n'en obéit pas moins aux mêmes lois, il n'en est pas moins soumis aux mêmes influences.

Quant à la lenteur invoquée comme un mal chronique auquel n'échappe aucun organe de l'Administration française, les faits sont là pour attester que les Compagnies n'apportent pas plus de rapidité à la construction et même qu'elles sont inévitablement portées à retarder l'ouverture des lignes peu rémunératrices. Il convient, en outre, de remarquer que l'approbation de leurs projets exige des délais plus prolongés, en raison de la dualité d'examen par leur service central et par l'Administration des travaux publics, et aussi en raison des divergences fréquentes entre les intérêts des actionnaires et les intérêts du pays, que le contrôle doit avoir seuls en vue.

Au point de vue des dépenses de premier établissement, l'État peut, dans certains cas, acquérir les terrains à des prix moins onéreux; il peut obtenir plus facilement le concours des localités; il supporte des frais généraux moins élevés; il a plus d'autorité pour résister aux exigences des populations, en ce qui concerne les travaux accessoires, tels que ceux du rétablissement des communications; il bénéficie de la juridiction des Conseils de préfecture et du Conseil d'État; il construit par les mêmes moyens, par les mêmes méthodes; tout au plus, peut-on faire valoir en faveur des Compagnies qu'elles sont un peu plus libres pour les marchés de fourniture de matériel et qu'elles sont ainsi en situation de réaliser certaines économies. Somme toute, il serait injuste de lui dénier une capacité au moins égale.

Au point de vue des charges grevant l'avenir, les Compagnies imputent au compte de premier établissement des dépenses qui, à proprement parler, ne devraient pas en faire partie, notamment les insuffisances d'exploitation pendant un certain nombre d'années, et reportent ainsi sur l'avenir des charges souvent considérables. Nous ne faisons, du reste, que constater le fait sans le critiquer : c'est une combinaison financière que l'État a admise dans son propre intérêt et qui, en définitive, ne saurait modifier le chiffre total des dépenses de construction et d'exploitation.

Quant au crédit des Compagnies, autrefois très inférieur à celui de l'État, il s'en est rapproché, l'a même dépassé à la suite des désastres de 1870-1871, mais a perdu, depuis, son avance. Moins sensibles que la rente aux événements politiques, les obligations de chemins de fer s'écoulent cependant à des conditions moins favorables et comportent, par suite, des charges plus lourdes, pour le même capital. L'avantage ainsi constaté à l'actif de l'action directe de l'État se fût certainement atténué, si les emprunts publics s'étaient accrus de toute la somme empruntée par les Compagnies; il en serait incontestablement résulté une dépréciation de la rente. Fût-il resté, en définitive, un profit pour le pays? Nous le croyons, sans pouvoir l'affirmer. En tout cas, ce profit eût été minime.

A l'intérêt effectivement payé aux porteurs de titres des Compagnies viennent s'ajouter des taxes assez lourdes, perçues par le Trésor : le droit de timbre, le droit de transmission, l'impôt sur le revenu, l'impôt sur la prime de remboursement. Ces taxes augmentent aujourd'hui de 0 fr. 40 environ les charges par 100 fr. de capital versé et non encore amorti. A la vérité, si elles sont acquittées par les Compagnies, elles viennent grossir d'autant les ressources générales du budget. Mais il n'en faut pas moins que les frais de transport soient augmentés de la somme nécessaire pour y pourvoir. Le système de l'exécution par les Compagnies impose donc aux usagers des chemins de fer des surtaxes profitant à l'ensemble des contribuables. C'est encore une différence que nous nous bornons à constater, sans la critiquer et surtout sans l'imputer aux Compagnies.

A tous ces points de vue, nous considérons la construction par l'État comme donnant des résultats, sinon supérieurs, au moins égaux à ceux de la construction par les concessionnaires. Quelle que soit d'ailleurs l'opinion que l'on ait sur la valeur relative des deux systèmes, on est généralement d'accord pour reconnaître que leurs avantages et leurs inconvénients se compensent à peu près. Pour les uns, la balance penche du côté de l'État ; pour les autres, elle penche du côté des Compagnies ; pour tous, l'écart est minime et ne saurait fournir une raison de décider entre l'action directe de l'État et la concession. Seule, l'exploitation peut donner des arguments solides aux partisans de l'État et à ceux des Compagnies.

Ainsi que le lecteur a pu le remarquer, dans toute cette étude sur la construction des voies ferrées, nous avons envisagé exclusivement les grandes Compagnies constituées comme elles le sont en France, c'est-à-dire tenues en tutelle par l'État, unies au Trésor par des liens financiers étroits et dotées de réseaux étendus.

Nous avons laissé de côté les Compagnies libres, qui n'ont pas reçu et ne pouvaient recevoir droit de cité dans notre pays. Le système anglais était, en effet, inconciliable avec le tempérament, les mœurs, les traditions, les principes administratifs du peuple français : la vie industrielle et commerciale n'avait, d'ailleurs, pas assez d'intensité sur notre territoire pour fournir les éléments d'une existence assurée à des concessionnaires indépendants et obligés de voler de leurs propres ailes. Au surplus, même au point de vue particulier de la construction, nous pouvons écarter d'un mot les Compagnies libres, en faisant observer qu'elles eussent concentré leur action sur certaines directions privilégiées, sur certains courants de circulation déterminés ; qu'elles y eussent doublé ou triplé des lignes encore suffisantes aujourd'hui pour faire face au trafic ; et qu'ainsi les dépenses de premier établissement, rapportées au mouvement des voyageurs et des marchandises, eussent été singulièrement accrues.

Nous avons également laissé de côté les petites Compagnies, auxquelles on a souvent attribué le mérite d'une économie plus grande dans l'exécution des travaux. On peut faire valoir, en leur faveur, certains exemples frappants, tels que celui de la Compagnie des Dombes, habilement dirigée par MM. Mangini, et dont le compte de premier établissement ne s'élevait pas à plus de 175 000 francs par kilomètre à la fin de 1881, y compris le matériel roulant, pour la partie de son réseau classée d'intérêt général. On peut leur opposer aussi de nombreux exemples de dilapidation et de construction défectueuse. Pour ne point nous livrer à une discussion stérile à cet égard, il nous suffira de dire que le système des petites Compagnies n'était point viable en France et qu'il n'était compatible, ni avec les nécessités du développement progressif du réseau, ni avec celles d'une bonne exploitation, ni avec les exigences impérieuses de la défense. Nous le démontrerons plus loin, en traitant de l'étendue des réseaux.

Ainsi, sous peine de nous embarrasser dans des dissertations théoriques sans utilité pratique et sans intérêt, nous n'avions à rapprocher que les deux systèmes de la construction par l'État et de la construction par les grandes Compagnies du type français. C'est ce que nous nous sommes efforcé de faire brièvement.

§ 3. — DE L'EXPLOITATION PAR L'ÉTAT OU PAR LES COMPAGNIES.

1. **Observations préliminaires.** — Ainsi que nous l'avons déjà fait remarquer, l'exploitation constitue l'élément principal du grave problème relatif au maintien des chemins de fer entre les mains de l'État ou à leur abandon aux mains des Compagnies.

En effet, la période de premier établissement est essentiellement passagère ; sa durée, trop longue au gré des populations intéressées, n'embrasse cependant jamais qu'un très petit nombre d'années. D'un autre côté, la construction ne met en jeu que des intérêts bien définis, bien limités ; elle n'exige pas, comme l'exploitation, un contact, une entente de tous les jours, de tous les instants, avec le public ; elle rentre dans le champ habituel et normal de l'action de l'État, dont les ingénieurs ont été de tout temps rompus aux travaux ; elle ne préjuge même pas absolument le régime ultérieur des voies ferrées, puisqu'à maintes reprises l'Administration a exécuté, au moins partiellement, des lignes concédées ou destinées à l'être. Elle n'est, en quelque sorte, qu'une mesure préparatoire.

Au contraire, l'exploitation a une durée sans limite ; elle touche aux intérêts les plus multiples et les plus complexes ; elle est un des facteurs les plus puissants de l'activité nationale, de la vie industrielle et commerciale ; elle met les agents qui y sont préposés en rapport incessant avec les usagers ; elle fait inévitablement naître des débats, des conflits, des litiges nombreux ; elle soulève les questions les plus délicates et les plus grosses au point de vue économique ou financier ; elle est sans cesse livrée à la controverse et à la critique.

Aussi comprend-on que la lutte entre les partisans des divers systèmes se soit presque toujours circonscrite sur le terrain de l'exploitation et que la construction ait été reléguée au second plan dans les polémiques de la tribune et de la presse.

Avant de franchir le seuil de cette partie de notre étude, nous croyons devoir présenter deux observations préliminaires qui dégageront d'autant la discussion.

Tout d'abord, au point de vue professionnel, pas plus pour l'exploitation que pour la construction, on ne saurait faire une différence appréciable entre la valeur intrinsèque des agents de l'État et celle des agents des Compagnies. Il n'existe aucune raison de principe pour que ces agents ne s'acquittent pas de leur tâche avec le même succès, si on les suppose guidés par la même ligne de conduite, obéissant à la même inspiration, conduits par les mêmes mobiles, poursuivant le même but, poussés par la même impulsion. Sans doute, les Compagnies rémunèrent plus largement leur personnel, et l'on peut soutenir qu'elles ont ainsi le moyen d'attirer à elles des hommes plus capables, d'exiger d'eux plus de travail, d'en obtenir une plus grande somme de dévouement et de services. Mais on ne conçoit pas, à priori, pourquoi l'État, s'il détenait les voies ferrées, n'améliorerait pas également le sort de ses bons fonctionnaires. D'ailleurs, si l'argument est susceptible de porter dans une certaine mesure pour les agents inférieurs, il tombe de lui-même pour les agents supérieurs, c'est-à-dire pour ceux qui exercent une influence dirigeante sur l'exploitation : la nation française a encore le cœur assez généreux pour qu'arrivés à un certain degré d'instruction et d'éducation, ses enfants sachent mettre la satisfaction du devoir accompli bien au-dessus de leurs intérêts matériels, pour qu'ils ne mesurent pas leur zèle et leurs peines aux émoluments dont ils sont dotés. Nous ne pourrions que reproduire ici les considérations déjà développées à propos de l'exécution des chemins de fer par l'État ou par les Compagnies. Nous n'y insisterons pas davantage : nous y insisterons d'autant moins qu'il n'y a guère de contradiction à cet égard et que la plupart des agents supérieurs des Compagnies françaises sont pris parmi les ingénieurs du corps des Ponts et Chaussées et du corps des Mines. Il doit donc être bien entendu que l'aptitude personnelle des fonctionnaires de l'État ou des Compagnies reste hors de cause et que, dans l'examen des divers systèmes, il s'agira exclusivement des qualités du maître au nom duquel ils exercent, des tendances qui leur sont imposées, de la direction qui leur est imprimée, du moule auquel ils sont obligés d'adapter leurs actes.

Notre seconde observation a trait au caractère et à la nature des sociétés dont l'intervention peut être utilement mise en parallèle avec celle de l'État. Il y a lieu de distinguer à cet égard entre les types suivants :

1° Compagnies jouissant d'une indépendance à peu près absolue, comme en Angleterre ou en Amérique ;

2° Compagnies unies par des liens étroits avec l'État, contrôlées, surveillées et tenues en tutelle par l'Administration, mais conservant néanmoins l'initiative, l'action et la responsabilité, et détenant pour un délai assez long les voies ferrées dont elles sont concessionnaires, comme en France ;

3° Compagnies fermières, exploitant les chemins de fer en vertu de baux à courte échéance et ayant une part plus ou moins grande dans la direction générale du service, suivant la forme des contrats.

Nous laisserons provisoirement de côté, sauf à en dire par la suite quelques mots, le système des Compagnies libres, qui n'a pu s'acclimater en France. De même, nous ferons abstraction, pour l'heure, des Compagnies fermières, qui sont comparables aux Compagnies concessionnaires (avec quelques qualités en moins), si, comme en Hollande, elles ont l'initiative et ne sont soumises qu'à un contrôle supérieur des Pouvoirs publics, et qui, au contraire, masquent à peine une exploitation directe mal dissimulée, si l'État garde son autorité sur les tarifs et sur les détails de l'organisation des services.

Ainsi, tout en nous réservant de revenir plus tard sur les Compagnies libres et les Compagnies fermières, nous nous bornerons en ce moment à rapprocher l'exploitation par l'État et l'exploitation par les grandes Compagnies du système français. Nos explications seront plus claires, plus courtes, plus pratiques, plus conformes au but de cet ouvrage, qui n'a nullement la prétention de constituer une encyclopédie didactique et philosophique sur la matière.

Ces deux observations préliminaires formulées, nous pouvons aborder notre sujet. Nous le ferons avec toute la sobriété et toute la concision possibles : le lecteur qui désirerait des aperçus ou des exposés plus détaillés n'aura que l'embarras du choix parmi les discours et les écrits innombrables où la question a été traitée sous ses divers aspects ; en les lisant et en les étudiant sans parti pris, il arrivera sans peine à y discerner le bon grain de l'ivraie, à y distinguer ceux qui sont le fruit de la passion ou de l'intérêt et ceux qui, au contraire, traduisent des convictions impartiales et raisonnées.

2. Rappel du rôle des chemins de fer. — Il importe, avant tout, de redire quel est le rôle des voies ferrées.

Ce rôle est multiple, comme nous l'avons déjà montré dans le chapitre consacré « aux résultats généraux de l'ouverture des chemins de fer ». Il est d'ordre politique, gouvernemental, administratif, militaire, industriel et commercial.

Au point de vue politique, gouvernemental et administratif, nos pères ont, dès l'origine, compris toute l'importance des nouvelles voies de communication dues au génie des Stephenson. Il suffit, pour s'en convaincre, de relire le rapport présenté en 1837 par Dufaure à la Chambre des députés, sur le projet de loi tendant à la construction d'une ligne de Lyon à Marseille; les paroles de M. Legrand, directeur général des Ponts et Chaussées et des Mines, lors de la discussion à laquelle se livra cette Assemblée, dans le cours de la même année, au sujet de la création du réseau national et du régime à lui assigner ; les discours prononcés par cet éminent ingénieur en 1838. Tous les débats parlementaires engagés sous la monarchie de Juillet portent la trace d'une foi profonde dans l'influence des chemins de fer sur la consolidation de l'unité nationale et sur l'action du pouvoir central. Des citations, même écourtées, nous entraîneraient trop loin : nous renvoyons donc le lecteur aux extraits que nous avons insérés page 121 et surtout au tome I de notre « Etude historique ».

L'intuition de nos devanciers ne les avait pas trompés. En mélangeant les races des anciennes provinces, en les confondant dans des rapports de chaque jour, en faisant disparaître les dialectes locaux, en unifiant les habitudes, les mœurs, les coutumes, les voies ferrées devaient, nous l'avons déjà dit, dissiper les vieilles rivalités inconscientes, déterminer l'homogénéité et la solidarité des sentiments et des intérêts, fournir l'instrument le plus puissant et le plus efficace pour resserrer et sceller définitivement l'unité nationale. Ce qui était vrai en 1837 l'est encore aujourd'hui. Toutes les fois qu'un peuple fait la conquête militaire ou pacifique d'une province nouvelle, son premier soin n'est-il pas d'y développer les communications, de la rattacher par des voies de transport rapide aux villes voisines et à la capitale, de modifier le sens des courants de circulation? Ne considère-t-il pas la locomotive comme l'auxiliaire le plus utile, pour consacrer l'annexion et empêcher la chaîne de se rouvrir ? N'est-ce point ainsi qu'a agi la Prusse à toutes les phases de la constitution du grand empire allemand? N'en avons-nous pas vu un exemple douloureux, après nos sanglantes défaites de 1870-1871 et la perte de notre chère Alsace-Lorraine ? N'est-ce-point ainsi que la France elle-même a agi et agit encore aujourd'hui du côté des Alpes ? L'objectif des Gouvernements coloniaux de tous les pays n'est-il pas de lancer le plus tôt possible des rails entre le chef-lieu et les confins les plus reculés de la colonie ?

Les chemins de fer ne servent pas seulement à sceller les faits accomplis ; souvent ils préparent la conquête. En feuilletant l'histoire du siècle depuis une vingtaine d'années, on se trouve, presque à chaque pas, en face des efforts de certains peuples, pour exploiter des chemins de fer à l'étranger, et aussi en face des résistances jalouses et instinctives opposées à ces efforts. Sans aller bien loin au delà de notre frontière de l'Est, en parcourant les pays voisins du Nord au Sud, il nous serait facile de sortir des généralités, de citer des faits précis, d'y découvrir même les causes du régime adopté par certaines nations pour leur réseau ; mais le terrain est trop brûlant pour que nous nous y aventurions sans réserve. Qu'il nous suffise de citer l'exemple classique des États-Unis, dont la locomotive a été presque partout le premier pionnier, et de rappeler les études du Transsaharien que le désastre de la mission Flatters a fait ajourner temporairement, l'exécution du chemin de fer de la Medjerdah en Tunisie, et celle de la voie du Sénégal au Niger.

Les procédés administratifs ont, de leur côté, subi une véritable transformation. En atténuant l'effet des distances, les chemins de fer ont donné au pouvoir central le moyen de se mettre pour ainsi dire en contact avec tous les points du territoire, de tenir tous les fils de manœuvre de cet organisme si complexe que l'on appelle « l'Administration », d'en diriger tous les détails du fond des Ministères, de réduire son action préventive. Les rênes gouvernementales étant plus courtes ont pu se détendre sans danger ; l'autorité déléguée aux représentants locaux de l'État a pu être diminuée, au grand profit de l'émancipation des citoyens.

Le rôle des chemins de fer n'est d'ailleurs pas limité aux frontières; leur horizon est plus étendu. Nous avons eu déjà l'occasion de montrer l'influence qu'ils peuvent avoir sur les relations politiques des peuples par le mélange des races, les rapports quotidiens, la communauté des intérêts commerciaux. Ils ont certainement fait et feront beaucoup plus que toutes les théories, que toutes les alliances gouvernementales, pour aplanir les différends, pour effacer les inimitiés, pour faire tomber, ou du moins pour abaisser les barrières qui séparent les pays voisins, pour modifier la politique douanière, pour unifier les poids, les mesures et les monnaies, pour réduire les différences de législation.

Au point de vue militaire, chacun sait quels engins redoutables sont les voies ferrées ; quelles modifications profondes elles ont provoquées dans l'art de la guerre ; quel rôle prépondérant elles jouent dans la mobilisation et la concentration des armées ; quelle influence décisive elles peuvent exercer sur le sort d'une campagne ; combien elles sont indispensables pour le transport du matériel, des approvisionnements et des munitions ; combien il serait impossible sans elles de réunir et d'alimenter ces immenses accumulations d'hommes, qui luttent aujourd'hui les unes contre les autres.

Au point de vue industriel et commercial, nous n'avons pas à revenir sur les indications développées que nous avons réunies dans le chapitre II. Nous n'avons pas à reproduire le tableau de la révolution économique qu'a engendrée la création de notre réseau ; nous n'avons pas à refaire l'inventaire des richesses que la locomotive a apportées dans ses flancs et qu'elle apportera partout où elle se montrera ; nous n'avons pas à redire l'action des chemins de fer sur le déplacement des hommes et des choses, sur le prix des objets livrés à la consommation, sur l'utilisation agricole de la terre. Nous n'avons pas à récapituler de nouveau les progrès merveilleux de l'industrie, du commerce intérieur et du commerce extérieur.

Le lecteur comprendra et appréciera le sentiment qui nous porte à éviter toute répétition dans un ouvrage au cadre si vaste; il voudra bien se reporter aux aperçus et aux chiffres statistiques des pages 60 et suivantes.

Quelle est l'importance relative des services rendus par les chemins de fer à ces divers points de vue ? Les uns ont prétendu que le rôle industriel et commercial des voies ferrées devait seul entrer en ligne de compte, qu'il constituait seul leur principe et leur but essentiel, que leur utilisation politique ou militaire était accessoire et constituait, non point un des motifs de leur établissement, mais simplement une manifestation de leur puissance et de leur action sociale. D'autres, au contraire, les ont considérées à peu près exclusivement comme des instruments de gouvernement et d'administration, ou, tout au moins, ont admis que ce caractère primait les autres au point de les absorber et de commander le régime du réseau.

La vérité est entre ces théories extrêmes. Pour mieux dire, il ne peut y avoir de théorie absolue et universelle à cet égard.

En France, comme à l'étranger, la construction de certaines lignes a été incontestablement dictée par des considérations politiques, par la nécessité de relier au réseau tel ou tel centre administratif, par l'opportunité de faire participer des régions déshéritées aux bienfaits des voies perfectionnées de communication, par le désir de s'opposer à la dépopulation de contrées montagneuses, par les exigences impérieuses de la sécurité du pays, par la convenance de resserrer les relations internationales. C'est là un fait historique qui ne saurait être contesté.

D'autre part, ce serait folie de nier que presque partout le but prédominant ait été un but industriel et commercial, en prenant ces mots dans leur acception la plus large, en les appliquant à toutes les catégories de production, d'échanges, de transactions.

Dans tous les pays, on retrouve ces divers éléments concourant et formant le faisceau des intérêts qui ont présidé à la naissance et au développement progressif des chemins de fer. Suivant les époques, suivant les circonstances, suivant les lieux, leur valeur relative a pu se modifier, occuper une place plus ou moins grande dans les préoccupations et les vues des Pouvoirs publics : des nations privilégiées, comme l'Angleterre, qui n'a à redouter aucune attaque du dehors, ont pu faire abstraction des considérations militaires ; mais ce n'est là qu'une exception, et nulle part, sur le continent, on n'a pu se borner à envisager seulement sous l'une ou l'autre de ses faces la grave question du régime des chemins de fer.

En résumé, donc, nous le répétons, les voies ferrées ont un rôle mixte : gouvernemental, politique, administratif, militaire, industriel et commercial. Mais, chez nous du moins, c'est certainement la partie industrielle et commerciale qui est de beaucoup la plus importante.

3. Rappel de quelques chiffres concernant le mouvement de la circulation, ainsi que les recettes et les charges de l'exploitation. — Il convient encore de rappeler, pour ne point les perdre de vue, quelques chiffres relatifs au mouvement de la circulation et au montant des recettes et des charges de l'exploitation.

Au 31 décembre 1885, la longueur des lignes d'intérêt général livrées à la circulation sur le territoire de la métropole était de 30 478 kilomètres, non compris 241 kilomètres de chemins industriels et 1 772 kilomètres de chemins d'intérêt local.

Les dépenses faites, depuis l'origine jusqu'au 31 décembre 1882, pour l'établissement du réseau d'intérêt général s'élevaient à 12 200 000 000 fr. en nombre rond, dont 8 971 000 000 fr. à la charge des Compagnies, 3 143 000 000 fr. à la charge de l'État et 86 000 000 fr. de subventions locales.

Pendant l'année 1884, le trafic a été le suivant :

Voyageurs	à toute distance....	211 900 000 V.
	à un kilomètre.....	6 882 700 000 V. km.
Marchandises en petite vitesse	à toute distance....	80 400 000 T.
	à un kilomètre.....	10 478 300 000 T. km.

Les recettes, pour une longueur moyenne exploitée de 28 722 kilomètres, ont atteint 1 080 500 000 fr., savoir :

Grande vitesse (non compris l'impôt sur les transports)........................	405 400 000 fr.
Petite vitesse..........................	646 700 000
Recettes diverses........................	28 400 000
Total pareil..........	1 080 500 000 fr.

ce qui correspond à 37 600 fr. le kilomètre.

Quant aux dépenses, non compris les charges des capitaux, elles ont été de 591 500 000 fr., soit d'un peu moins de 20 600 fr. par kilomètre.

L'excédent des recettes sur les dépenses a donc été de 489 millions ou 17 000 fr. environ par kilomètre.

En 1883, les chiffres kilométriques avaient été respectivement de 41 400 fr. pour les recettes, 22 300 fr. pour les dépenses et 19 100 fr. pour le produit net.

Le seul énoncé de ces données statistiques suffit à prouver toute l'importance des intérêts économiques et financiers en jeu et à révéler tous les dangers que susciterait une gestion malhabile ou imprudente.

4. Comparaison au point de vue politique. — C'est surtout à l'origine des chemins de fer que les Pouvoirs publics se sont préoccupés de l'influence que pouvait exercer le régime d'exploitation, au point de vue politique : on trouve notamment la trace de cette préoccupation dans les discussions générales de 1837 et de 1838 devant la Chambre des députés. Cependant, depuis, la question a pris place à diverses reprises dans les débats parlementaires, par exemple en 1848, en 1877, 1878, 1880, et, tout récemment, en 1883, lors de la discussion des conventions avec les grandes Compagnies.

Les arguments invoqués en faveur de l'exploitation par l'État peuvent se résumer ainsi :

1° L'exploitation des chemins de fer constitue le service public le plus important, celui qui est le plus étroitement lié à la fortune du pays; les communications, les relations entre les diverses parties du territoire, sont l'un des éléments les plus actifs de la vie sociale ; l'existence et l'administration des voies ferrées intéressent au plus haut degré la force et la grandeur de la nation. A ce titre, l'aliénation des chemins de fer équivaut à une véritable abdication de l'État, à une renonciation de sa part à l'une de ses fonctions naturelles, à l'un de ses attributs essentiels.

Il peut même arriver que l'unité nationale soit en jeu, et, dans ce cas, à défaut de toute autre considération, le devoir de l'État serait de ne point se dessaisir de l'un de ses instruments les plus efficaces pour maintenir et resserrer les liens unissant entre elles les différentes provinces.

2° En exploitant lui-même, l'État étend la main partout, fait sentir partout son action, atteste partout sa présence et son intervention. Ses agents répartis sur tous les points du territoire, en contact permanent avec les citoyens, gérant le service le plus vaste que l'on puisse concevoir, prenant une part de tous les instants à la vie économique du pays, donnant à la notion de Gouvernement sa forme la plus manifeste et la plus tangible, la puissance publique acquiert ainsi une autorité et un prestige que rien autre ne saurait lui assurer.

3° L'État peut n'avoir d'autre objet en vue que l'intérêt général, diriger sa gestion de manière à procurer à cet intérêt la plus grande somme de satisfactions, prendre les mesures que commandent les relations internationales, corriger l'effet de certaines mesures prohibitives prises par les peuples voisins au regard de notre industrie et de notre commerce.

4° Il est absolument irrationnel et périlleux de constituer un monopole écrasant entre les mains de sociétés financières, qui ne se laissent et ne peuvent se laisser guider que par leur intérêt individuel, et qui ne sauraient hésiter à sacrifier et à fouler aux pieds l'intérêt général, toutes les fois que ces deux intérêts seront contradictoires.

Il est souverainement dangereux de mettre la fortune du pays à la discrétion de quelques individualités, dont les vues sont nécessairement égoïstes.

On ne peut, sans s'exposer aux plus graves embarras, s'abandonner à la discrétion d'administrateurs qui disposeront d'un personnel innombrable, de moyens d'action exceptionnels, et qui pourront les faire servir à une opposition systématique vis-à-vis du Gouvernement.

Le péril est d'autant plus grave que les financiers étendent le plus souvent leurs opérations au delà des frontières, que leurs tendances sont par suite cosmopolites, et que l'on risque même de voir les chemins de fer administrés par des étrangers.

Quant aux arguments invoqués à l'encontre de l'exploitation par l'État et en faveur des Compagnies, ce sont les suivants :

1° L'exploitation des voies ferrées par l'État le ferait sortir complètement de son rôle, qui est exclusivement celui d'un tuteur. D'après un article publié en 1878 par M. Jacqmin, directeur de la Compagnie de l'Est, ce rôle se bornerait : « à garantir aux citoyens la sécurité dans leurs « biens et dans leur profession ; à assurer l'impartiale distribution de la « justice, la défense du pays sur terre et sur mer, l'exacte répartition des « impôts, leur perception économique, leur emploi régulier, à se charger « de l'exécution des travaux publics que l'industrie privée ou les pouvoirs « locaux ne sauraient entreprendre. »

Étendre au delà de ces limites la mission du Gouvernement, ce serait le jeter hors de son orbite, de sa sphère d'action ; ce serait se lancer dans le communisme ; ce serait commettre une grave erreur économique ; ce serait méconnaître les principes qui doivent présider à l'organisation politique du pays ; ce serait porter une atteinte profonde à la liberté et à la démocratie sainement entendues.

2° Les abus du fonctionnarisme ont à maintes reprises provoqué des plaintes légitimes, dont l'écho a retenti, soit à la tribune du Parlement, soit dans la presse.

Ces abus deviendraient bien plus criants encore, si le Gouvernement avait à pourvoir à tous les emplois que comporte l'exploitation du réseau.

Les partis qui se succèdent au pouvoir auraient ainsi à leur disposition une véritable armée de serviteurs actifs, qu'ils pourraient utiliser pour l'accomplissement de leurs desseins politiques et à l'aide desquels ils seraient en mesure d'exercer, le cas échéant, une influence néfaste sur les destinées du pays.

A supposer même que cette fâcheuse éventualité ne se réalisât pas, le personnel des chemins de fer n'en resterait pas moins soumis aux influences parlementaires et, par suite, à des défectuosités de recrutement, à une mobilité et à des tendances à l'abri desquelles il importe de le laisser.

3° L'exploitation des chemins de fer ne peut se faire sans provoquer des plaintes, des réclamations, des litiges, des procès, sans mettre en jeu la responsabilité civile ou commerciale de l'exploitant. La plus légère infraction aux conditions d'un transport, la moindre erreur dans la direction d'un colis, le plus petit retard dans sa remise au destinataire, l'accident le moins grave, l'incident le plus insignifiant, peuvent donner lieu à des demandes en dommages-intérêts, qui seraient d'autant plus facilement accueillies que les demandeurs auraient l'État pour débiteur.

En cas de contravention aux lois ou règlements, en cas d'accident causé même par simple maladresse ou imprudence, les agents préposés au service seraient passibles de peines correctionnelles qui iraient, par-dessus leur tête, frapper moralement toute l'Administration.

Le Gouvernement serait sans cesse accusé de percevoir des taxes trop élevées, de favoriser certains centres au détriment des autres, de prendre parti dans la lutte des producteurs, de sacrifier les consommateurs.

Les attaques seraient d'autant plus vives que, pour le public, le Gouvernement doit être une Providence infaillible et que le tempérament frondeur des Français les porte à critiquer sans cesse les actes de l'Administration.

L'autorité, la dignité de l'État, en seraient profondément affectées. Il ne saurait impunément descendre ainsi au rang de teneur de comptoir, d'entrepreneur de roulage; livrer ses actes à la controverse de tous les jours et à des appréciations trop souvent malveillantes; franchir incessamment le seuil du prétoire, pour plaider contre des particuliers; voir ses fonctionnaires ou ses employés assis sur le banc des accusés; descendre des sphères élevées où il doit soigneusement se confiner; déchirer les voiles derrière lesquels la puissance publique doit se maintenir pour conserver son prestige.

4° Les Compagnies, sagement surveillées et controlées, peuvent, au contraire, se dégager de toute préoccupation politique et donner à l'exploitation le caractère exclusivement industriel et commercial qu'elle doit avoir. Elles peuvent supporter les critiques, perdre des procès, subir des condamnations, sans qu'il en rejaillisse aucune atteinte pour le Gouvernement dont elles tiennent leur concession. Elles constituent des intermédiaires utiles entre l'Administration et le public, des tampons sur lesquels viennent s'amortir les coups qui, sans elles, iraient frapper en plein cœur les agents de l'État.

Les Compagnies sont d'ailleurs dans une dépendance trop étroite vis-à-vis de l'État ; le monopole de fait dont elles sont investies est réglementé, tempéré et contenu par des clauses trop restrictives et trop rigoureuses, pour que l'on ait à redouter les écarts et les dangers signalés par leurs adversaires.

5° La division des capitaux consacrés à la construction des chemins de fer, la répartition des titres entre les mains d'un grand nombre de petits capitalistes, font des Compagnies des institutions essentiellement démocratiques, et c'est tout à fait à tort qu'on les a représentées comme des oligarchies incompatibles avec les principes de notre organisation politique.

Tels sont, en quelques mots, les arguments principaux invoqués à l'appui des deux systèmes, au point de vue purement politique. Nous nous sommes efforcé de les disséquer et de n'en montrer, en quelque sorte, que le squelette. Mais on conçoit sans peine les amplifications et les déclamations auxquelles ils ont parfois servi de thème pour les écrivains ou les orateurs ; on comprend les développements qu'ils ont reçus dans les publications des économistes et des politiciens, la place qu'ils ont prise dans les débats parlementaires. Sur ce terrain, les convictions ardentes, les intérêts et même l'imagination, peuvent se donner librement carrière et trouver un champ indéfini de discussion.

Le lecteur nous saura certainement gré d'apporter dans notre examen la même sobriété que dans notre exposé. Aussi bien les solutions sont-elles trop engagées en France, pour qu'il puisse être utile d'entrer dans de longs détails.

Personne ne saurait nier complètement l'importance politique et gouvernementale des chemins de fer. Peu importe que ce soit là l'une de leurs raisons d'être ou simplement l'un de leurs effets, comme l'ont soutenu à tort, suivant nous, certains publicistes autorisés. Le fait seul est à retenir et nous n'avons pas besoin d'en produire la démonstration.

Il n'est pas indifférent par suite, au point de vue qui nous occupe, d'adopter tel ou tel régime de préférence à tel autre. De plus, il n'est pas surprenant que les solutions aient varié suivant les pays, suivant leur organisation, suivant leurs tendances gouvernementales, et même, dans un pays déterminé, suivant les époques et les circonstances.

Cependant, on doit reconnaître qu'au moins pour la France les partisans et les adversaires des deux systèmes en ont exagéré les avantages et les inconvénients. Nous allons le prouver, en reprenant successivement les arguments que nous avons précédemment relatés.

a. Arguments en faveur de l'exploitation par l'État. — 1. Argument tiré du rôle du gouvernement. — Sans doute, la fortune publique, les intérêts vitaux de la nation, sa grandeur et sa puissance, dans la paix comme dans la guerre, sont intimement liés au sort de l'exploitation des chemins de fer ; sans doute, l'unité nationale elle-même peut être en jeu ; sans doute, il appartient essentiellement aux Pouvoirs publics d'assurer les communications entre les citoyens répartis sur les divers points du territoire, de veiller au maintien, à la sécurité et à la commodité de ces communications. Mais s'ensuit-il nécessairement que l'État doive assumer lui-même le soin et la charge de l'exploitation ? S'ensuit-il que le transport des personnes et des choses constitue un service public, dans toute l'acception du terme, c'est-à-dire un service comparable à celui de la justice, à celui de la défense du pays, à celui de la perception de l'impôt ? S'ensuit-il que toute concession constitue pour l'État une véritable abdication ? Ce serait pousser le raisonnement au delà de ses conséquences rationnelles, ce serait tirer des prémisses des déductions qu'elles ne comportent point.

Le devoir étroit et absolu de l'État, son attribut essentiel, c'est de prendre à l'œuvre des transports la part qu'exigent les intérêts généraux du pays et surtout sa sécurité intérieure et extérieure ; c'est pour le moins, dans tous les cas, de se réserver l'autorisation des lignes, l'approbation de leurs tracés et de leurs principales dispositions, la fixation des tarifs maxima et des conditions de leur application, la surveillance du service et les droits de coercition nécessaires pour couper court aux abus. Mais là se bornent ses obligations. Quand les intérêts généraux du pays sont sauvegardés, il n'abdique nullement en s'arrêtant et en se déchargeant d'une partie du fardeau sur l'industrie privée. On peut même soutenir qu'il sortirait de sa mission, en étendant son action au delà de ce qui est strictement indispensable.

Aussi n'y a-t-il pas et ne peut-il point y avoir de règles impérieuses s'appliquant dans tous les temps et chez tous les peuples. Dans chaque cas, dans chaque espèce, le problème se ramène à l'appréciation de ce qu'exigent les intérêts généraux. Le chancelier de l'empire allemand, après avoir péniblement assemblé les matériaux de son édifice, avait à les sceller l'un à l'autre ; il avait à rendre effective cette unité un peu factice et chancelante au début, qui avait été le but des efforts persévérants de toute sa vie : les chemins de fer étaient un instrument précieux pour la réalisation de ses vues ; il tenait à avoir cet instrument en mains, à en disposer sans réserve ; il a fait œuvre politique, en poursuivant la reprise des concessions et l'exploitation par l'État. Inversement l'Angleterre, enfermée dans son île, protégée de tous côtés par la mer, habituée à faire en toutes choses une large part à l'initiative privée, imbue des principes du « Self-Government », a pu faire également acte de sage politique en adoptant une solution radicalement opposée. Il en est de même des États-Unis, où la liberté la plus complète pouvait seule provoquer le développement et le succès de la colonisation, et dont les règles politiques étaient inconciliables avec l'exploitation directe. Nous ne discutons pas, bien entendu, dans ses détails, la ligne de conduite suivie par les différents peuples ; nous ne l'envisageons que dans ses traits généraux.

La France devait-elle copier l'Angleterre ou se rallier au régime inverse ?

Le doute était permis et l'on s'explique sans peine les hésitations de la première heure, les tiraillements entre le Pouvoir exécutif, dont les sympathies étaient d'abord pour l'exploitation par l'État, et le Parlement, dont la majorité était favorable aux concessions. Ces hésitations, ces tiraillements, étaient la conséquence nécessaire de nos institutions, moins autoritaires que celles de la Prusse, moins libérales que celles du Royaume-Uni ; de notre situation territoriale, qui nous forçait à compter avec les attaques du dehors ; de notre situation intérieure elle-même, qui, sans présenter de danger réel, pouvait encore donner lieu à quelques préoccupations.

Les Pouvoirs publics ont-ils sagement agi en adoptant définitivement le système des concessions, avec une surveillance et un contrôle bien plus étroits que chez nos voisins d'outre-Manche ? Auraient-ils mieux fait en n'aliénant pas nos voies ferrées ? La question peut se discuter. Mais ce qu'il est impossible d'affirmer, c'est qu'ils aient méconnu leurs devoirs politiques ; ce qu'il est impossible de contester, c'est que le régime mixte, qui a prévalu, reflète assez bien le caractère des institutions nationales, lors de la création du réseau.

2. Argument tiré de l'influence donnée au gouvernement par l'exploitation directe des chemins de fer. — Il est certain qu'en exploitant lui-même les voies ferrées, le Gouvernement atteste partout sa présence et son action,

et que ses agents, en rapports continuels avec les citoyens, sont comme autant de témoins de son rôle et de son influence sur les destinées économiques du pays. C'est encore là une des raisons qui certainement ont poussé le prince de Bismarck à l'accaparement du réseau allemand.

Les Anglais et les Américains ont cependant pensé que cette sorte de panthéisme gouvernemental serait pour eux une source de faiblesse; que, pour être réellement forte et respectée, la puissance publique devait éviter de se montrer et de se compromettre ainsi à toute heure et en tout lieu; que tels n'étaient ni sa mission, ni son intérêt. Par delà la Manche comme par delà l'Atlantique, l'Administration s'est dissimulée, s'est faite aussi petite que possible.

La France en a jugé un peu comme l'Angleterre et les États-Unis, sans aller toutefois aussi loin que ces deux nations. Elle a cru inutile, fâcheux même à certains égards, de multiplier ses fonctionnaires; les diverses branches de ses services publics lui ont paru comporter déjà des agents assez nombreux pour manifester partout l'intervention du pouvoir central; elle s'est bornée à ne point abandonner les concessionnaires à eux-mêmes, à ne point leur laisser une liberté illimitée, à disséminer sur son territoire des représentants chargés de surveiller les Compagnies et d'assurer aux intérêts généraux la protection à laquelle ils pouvaient légitimement prétendre.

La puissance de l'État en a-t-elle souffert? L'adoption du système allemand lui eût-elle donné plus de force? Il est difficile de le soutenir. En France, le fonctionnarisme n'a jamais empêché les crises politiques, les révolutions, les changements de régime. Les Gouvernements n'y ont jamais trouvé qu'un appui précaire et tout à fait incapable de les empêcher d'être balayés par l'orage. On peut même prétendre, sans paradoxe, que l'opposition eût trouvé dans les actes des fonctionnaires preposés à l'exploitation des chemins de fer des sujets nouveaux d'attaques et de critiques journalières. C'est un point sur lequel nous reviendrons dans un instant.

3. Argument tiré de la convenance de n'avoir dans l'exploitation d'autre objectif que l'intérêt général. — De tous les arguments sur lesquels s'étaie la doctrine de l'exploitation par l'État, celui-ci est incontestablement le plus sérieux au point de de vue politique. Sans aucun doute, en gérant lui-même les chemins de fer, l'État peut se placer au-dessus des considérations d'intérêt privé qui pèsent toujours sur l'exploitation par des concessionnaires; il peut se mouvoir dans des régions plus élevées; il peut avoir constamment les yeux fixés sur l'intérêt général, le prendre

pour seul guide dans tous ses actes ; il a les coudées plus franches pour les mesures de tout ordre que commanderait la situation intérieure ou extérieure du pays ; il peut corriger les effets des tarifs de douane étrangers et venir ainsi puissamment en aide à l'industrie et au commerce du pays.

Mais cet avantage, théoriquement indéniable, a pour contre-partie certains dangers, certains écueils, que nous signalerons avec plus de détails quand nous comparerons les deux régimes au point de vue commercial et financier. L'État est exposé à des entrainements généreux, à des erreurs susceptibles de jeter le désarroi dans nos finances, et, par suite, de compromettre non seulement le sort du budget, mais encore celui du Gouvernement lui-même.

Sans insister outre mesure sur ce péril, sans méconnaître, nous le répétons, que l'intérêt général puisse à certains égards trouver des satisfactions plus larges dans l'exploitation par l'État, il n'y en a pas moins là une considération qu'il serait imprudent de négliger.

4. Argument tiré des dangers créés par le monopole des compagnies. — C'est là un des arguments qu'ont fait le plus souvent valoir les adversaires du système des concessions.

Il est certain que, sinon en droit, du moins en fait, les transports par rails constituent un véritable monopole, plus ou moins accusé suivant les pays, suivant l'intensité du trafic, suivant le régime légal auquel sont soumis les chemins de fer, mais toujours effectif et vivace. Nous avons vu, en effet, que la concurrence est à peu près impossible ; nous avons reconnu que, même dans les pays les plus riches, même dans les pays où les voies ferrées jouissent de la plus grande indépendance, les luttes entre les lignes desservant les mêmes relations aboutissent fatalement à une entente et parfois à une coalition contre le public. En tous cas, le fait ne saurait être contesté en France où la circulation est, en somme, peu considérable, si ce n'est suivant certaines directions privilégiées, où les grandes lignes sont les artères nourricières du surplus du réseau et sont protégées par la nécessité de ne point porter atteinte à leurs recettes. Vainement a-t-on réservé dans les cahiers des charges le droit de l'État de faire des concessions concurrentes : ce droit devait rester et est resté à l'état de lettre morte. Vainement encore a-t-on stipulé au profit des tiers le droit de mettre des trains en circulation sur les chemins concédés : c'est-là une clause purement illusoire ; car un service ne peut se faire sans installations et sans personnel dans les gares ; les difficultés matérielles, aussi bien que les difficultés de réglementation, rendent à peu près irréalisable la coexistence de deux exploitations sur une même ligne. Aux transports sur une voie déterminée, il faut une direction unique, un maître unique.

Ainsi, il n'y a aucun doute : on est bien en présence d'un monopole de fait. Est-il sage, est-il prudent de placer ce monopole entre les mains de sociétés plus ou moins puissantes ? Est-il d'une bonne politique de mettre la fortune du pays sous la dépendance des individualités financières placées à la tête de ces sociétés ? Ne doit-on pas redouter qu'elles sacrifient trop souvent l'intérêt général à leurs intérêts particuliers ; qu'elles se laissent aller à user des chemins de fer pour tenir le Gouvernement en échec ; qu'elles se servent de leur personnel, pour engager et soutenir contre l'État une opposition systématique ; qu'elles pèsent de toute leur influence sur l'Administration chargée de les contrôler et même sur les Pouvoirs publics ; qu'elles portent la corruption jusqu'au sein du Parlement ? N'a-t-on pas à envisager l'éventualité de dangers plus graves encore, au cas où les administrateurs auraient des intérêts cosmopolites et surtout au cas où ils seraient de nationalité étrangère ?

Telle était la thèse soutenue jadis par Lamartine ; telle a encore été la thèse soutenue durant ces dernières années, lors des grands débats sur le régime des chemins de fer. On a fait valoir que les conseils d'administration des Compagnies avaient plus d'une fois servi de refuge à des hommes politiques tombés du pouvoir ; on a invoqué le caractère cosmopolite des opérations engagées par les financiers placés à la tête de ces conseils ; on a allégué la subordination inévitable du contrôle vis-à-vis de sociétés disposant de nombreux emplois, grassement rétribués, et pouvant dispenser des faveurs à leur gré ; on a cité l'exemple d'un administrateur de l'une de nos grandes Compagnies, qui avait légué une somme considérable pour l'amélioration du port de Gènes, c'est-à-dire d'un port rival de Marseille ; on a rappelé certains faits scandaleux qui s'étaient produits au Parlement, sous la monarchie de Juillet. Tout récemment, le législateur a manifesté ses appréhensions à ce dernier point de vue, en introduisant dans la loi approbative de la convention de 1883 avec la Compagnie de Paris-Lyon-Méditerranée une disposition aux termes de laquelle : « tout « député ou sénateur qui, au cours de son mandat, accepte les fonctions » d'administrateur d'une Compagnie de chemins de fer est, par ce seul « fait, considéré comme démissionnaire et soumis à la réélection. » Mentionnons aussi diverses propositions d'initiative parlementaire présentées d'ailleurs sans succès et portant :

Que nul étranger ne pourrait être administrateur d'un chemin de fer français, ou encore ne pourrait l'être sans l'assentiment et l'agrément des Ministres des travaux publics et de la guerre ;

Qu'il serait interdit d'être à la fois administrateur d'un chemin de fer français et d'un chemin de fer étranger ;

Qu'aucun ancien ministre et aucun fonctionnaire de l'État ne pourrait entrer dans un conseil d'administration, au moins avant un délai déterminé ;

Que l'État aurait un certain nombre de délégués dans les conseils d'administration ;

Que le directeur de certaines Compagnies serait nommé par le Gouvernement, etc.

Pour avoir suscité tant de préoccupations, il faut que la question ne soit pas sans gravité.

Cependant, si le tableau a des points noirs, en l'examinant d'un œil froid on arrive à le voir sous des couleurs moins sombres.

La dictature dont on a si souvent accusé les Compagnies n'a pas toute la puissance qui lui a été attribuée. L'État a des moyens d'action et de répression, dont il peut et doit même se servir, si l'intérêt général l'exige.

C'est en effet l'État qui fait les concessions, qui prépare les cahiers des charges, qui élabore les conventions : il lui appartient de ne stipuler que dans des termes qui sauvegardent son autorité et ses droits.

Il surveille l'exécution des travaux et leur entretien ; il approuve les règlements d'exploitation, il règle la marche et le nombre des trains, il a un pouvoir à peu près sans limite pour tout ce qui touche à la sécurité ; aucune taxe ne peut être perçue sans son homologation ; la gestion financière est soumise à son contrôle ; il vérifie les comptes et les arrête, sauf recours devant la juridiction compétente. Ses prescriptions ont ou peuvent avoir des sanctions rigoureuses. Au besoin, il est armé par l'ultima ratio du rachat.

Le Ministre a le droit, les Compagnies entendues, de requérir la révocation des agents appartenant au personnel actif.

Le Gouvernement a eu la sagesse de se réserver, dans les décrets portant approbation des statuts de deux grandes Compagnies, l'investiture du président du conseil d'administration ou du directeur et des membres des comités de direction.

Il a un pouvoir disciplinaire absolu sur les fonctionnaires et les agents du contrôle ; il peut et doit les punir, s'ils manquent à leurs obligations professionnelles, s'ils font preuve de négligence, de faiblesse ou de complaisance.

Son intervention et son action de chaque jour, à la condition d'être exercées par des hommes fermes, capables, laborieux, expérimentés, inspirant le respect et la déférence, ont plus d'effet qu'on ne le croit généralement.

On ne peut donc soutenir sans exagération que l'État soit désarmé et livré pieds et poings liés aux Compagnies.

Du reste, en sortant du domaine de la théorie pour entrer dans celui de la pratique, l'expérience prouve que, si le danger existe, il n'est pas aussi grand qu'il le paraît au premier abord.

Sans doute, le recrutement des conseils d'administration n'a pas toujours été irréprochable ; sans doute, les choix se sont parfois portés, avec ou sans préméditation (nous ne voulons pas l'examiner), sur des noms qui n'étaient pas sympathiques au Gouvernement ; sans doute, on a vu des étrangers arriver aux situations les plus élevées dans ces conseils ; sans doute encore, l'influence prépondérante y appartient à des financiers qui, par la force des choses, étendent leurs opérations au delà de nos frontières.

Mais on doit à la vérité de reconnaître qu'au point de vue patriotique, dans les circonstances critiques qu'a traversées la France, la conduite des administrateurs a toujours été irréprochable et qu'il serait difficile de citer des actes de leur part qui aient compromis notre politique extérieure. Il serait même facile de relater à l'honneur de plusieurs d'entre eux des services incontestables rendus au pays. Heureusement, les divisions disparaissent toujours et les cœurs ne manquent jamais de s'unir, toutes les fois que les intérêts vitaux de la patrie sont en jeu. Quiconque jetterait une note discordante dans ce concert de sentiments généreux serait impitoyablement repoussé et traité en paria. La conduite des administrateurs étrangers eux-mêmes a été absolument correcte.

Peut-on en dire autant de la situation au point de vue de la politique intérieure ? Nous admettons volontiers que les affections et les tendances personnelles de certains administrateurs n'aient pas toujours été particulièrement favorables au Gouvernement ; mais les financiers qui dirigent les Compagnies sont avant tout des industriels, obligés de compter avec leurs intérêts et avec les devoirs que leur impose le mandat dont ils sont investis par les actionnaires ; ils ne peuvent oublier qu'une participation active aux compétitions de partis se retournerait tôt ou tard contre eux et que le mieux pour eux est de ne point se jeter dans la lice.

Au surplus, ils ne sont point omnipotents. Ils ont à côté d'eux des chefs de service, des agents d'exécution, qui sont gens de travail, qui ne se prêteraient point à des manœuvres politiques, qui ne consentiraient point à sortir de leur rôle, dont les plus influents et les plus nombreux sont sortis de l'École polytechnique et ont été nourris sur les bancs de cette école, non seulement de science, mais encore de libéralisme, dont plus d'un a déserté les fonctions publiques à la suite de démêlés avec les préfets de l'Empire.

Sans rester au sommet de la hiérarchie et en la parcourant à tous les degrés, on y trouve des fonctionnaires et employés dont les convictions ne sont nullement à la discrétion des administrateurs, qui ne se laissent point imposer leurs bulletins de vote, et qui, tout en faisant leur devoir, savent reprendre leur indépendance personnelle dès qu'ils ne sont plus dans l'exercice de leurs fonctions. Pendant de longues années, nous avons été en contact avec le personnel des Compagnies et nous tenons d'autant plus à lui rendre cet hommage que nous ne sommes pas de ceux qui défendent envers et contre tous le régime actuel des chemins de fer.

Quant au service du contrôle, est-il, comme on l'a avancé, le féal serviteur des grandes Compagnies? Pour avoir été souvent reproduite, l'accusation n'en est pas plus juste. Ce service est confié à des hommes probes, désintéressés, qui connaissent toute la grandeur de leur tâche, qui comprennent toute l'importance des intérêts déposés entre leurs mains, qui ne transigent point avec leur conscience, qui ne sauraient se rendre coupables de complaisance pour s'ouvrir l'accès de situations lucratives, et qui, tout en conservant des relations courtoises avec les Compagnies, tout en témoignant aux habiles agents de ces Sociétés l'estime due à leur talent et à leurs mérites, n'hésitent pas à faire leur devoir avec fermeté et résolution. L'important est qu'ils se sentent soutenus par l'Administration centrale, qu'ils ne soient pas désavoués à tort, que les Compagnies aperçoivent toujours derrière eux la main du Ministre prête à les appuyer et à les empêcher de mordre la poussière. N'y a-t-il point eu de défaillances, soit dans la direction des chemins de fer au Ministère des travaux publics, soit dans les services extérieurs? Il faudrait ne point connaître l'humanité pour prétendre à une perfection qui n'est pas de ce monde. N'y a-t-il pas des améliorations à apporter au recrutement du personnel de l'État, surtout en ce qui touche l'exploitation commerciale ? Il faudrait être aveugle pour contester l'utilité de certaines réformes qui ont été entreprises et qu'il importe de poursuivre sans désemparer. Mais nous ne craignons pas d'affirmer que le contrôle, considéré dans son ensemble, renferme d'excellents éléments et que les réquisitoires dirigés contre lui ont trop fréquemment péché par excès de pessimisme.

Il ne nous reste à examiner que les influences des Compagnies sur le Parlement. C'est là un point fort délicat ; les convenances nous commandent de ne l'aborder qu'avec une extrême réserve. L'histoire montre que, dans certains pays étrangers, comme l'Angleterre, ces influences sont très puissantes et opposent de sérieux obstacles à l'action naturelle des Pouvoirs publics; en France même, elles ont franchi à certaines époques la porte de nos deux Chambres. Les Compagnies ne sauraient être blâmées de chercher des défenseurs partout où elles peuvent en trouver ; il appartient au législateur de protéger lui-même son impartialité et son indépendance et de ne point oublier que « la femme de César ne doit pas être soupçonnée ».

En résumé, nous nous sommes efforcé de ramener à leur juste valeur les arguments développés contre le système des concessions. Sans prétendre que ces arguments soient dépourvus de valeur, que tout soit pour le mieux, qu'aucune faute n'ait été commise ni dans la rédaction des conventions, ni dans leur application, nous avons cherché à écarter toutes les exagérations: qui veut trop prouver ne prouve rien. Sans méconnaître qu'au point de vue politique l'exploitation par l'État donne plus de liberté et plus de sécurité à l'action gouvernementale, nous croyons avoir démontré que le péril, théoriquement indiscutable, était moins redoutable en fait. Sans nier les embarras et les inconvénients que pourrait provoquer l'intrusion d'éléments étrangers dans les conseils d'Administration, sans contester la légitimité des appréhensions qu'ont fait naître, il y a quelques années, les manœuvres d'un financier belge pour s'emparer d'un et même de deux de nos grands réseaux, sans prétendre que le rachat dont l'appareil est difficile à mettre en mouvement soit, dans tous les cas, une panacée suffisante, nous pensons avoir établi que jusqu'ici l'expérience n'a pas confirmé les craintes excessives manifestées à la tribune ou dans la presse.

De toutes les raisons militant en faveur de l'exploitation directe, la plus forte est celle qui est tirée de la convenance de n'avoir d'autre objectif que l'intérêt général, de ne point s'exposer à voir cet intérêt mis en balance avec des considérations d'ordre purement privé. Nous ne pourrons toutefois en apprécier exactement la portée qu'après avoir étudié le côté commercial et financier du problème.

b. Arguments en faveur des concessions. — 1. Argument tiré du rôle du gouvernement. — Tandis que les partisans de l'exploitation par l'État présentent la gestion des chemins de fer comme un des attributs essentiels du Gouvernement, les défenseurs de la thèse opposée soutiennent, au contraire, nous l'avons vu, que telle n'est point la mission de l'Administration et qu'elle sort absolument de son rôle, en assumant une tâche susceptible d'être accomplie par l'industrie privée. Suivant eux, l'État, une fois pris dans l'engrenage du communisme, ne tarderait pas à se faire constructeur de machines, de wagons et de voitures, fabricant de rails, fondeur; il ne tarderait pas à faire chaque jour un pas en avant dans cette voie fatale, à tuer l'initiative privée, à briser ainsi les ressorts de l'activité nationale. Si, à la vérité, il gère déjà un certain nombre de monopoles, tels que celui de la poste et des télégraphes, celui de la fabrication et de la vente des tabacs et des poudres, il ne s'agit là, après tout, que de services bien moins complexes, qui ont été retenus par l'État, soit pour des raisons d'ordre moral telles que le secret de la correspondance, soit pour des motifs d'ordre fiscal.

Nous n'avons pas à insister sur ce qu'a d'excessif une thèse si absolue. Les nations étrangères qui ont cru devoir maintenir les voies ferrées entre les mains de l'État n'ont pas pour cela envahi tout le domaine industriel, accaparé les forges, les hauts-fourneaux, les ateliers de construction.

Sans reproduire ce que nous avons déjà dit du rôle du Gouvernement, nous nous bornons à rappeler que ce rôle est différemment compris dans les divers pays, qu'il varie avec la civilisation, avec la constitution, avec la situation politique, avec le génie des peuples. Ce qui est vérité ici peut se transformer en erreur sur un autre point du globe. Affirmer des principes supérieurs en pareille matière, sans tenir compte du milieu où ils sont appliqués, c'est pécher par ignorance ou par pédantisme.

En ce qui concerne particulièrement la France, nous le répétons, on s'explique les hésitations doctrinales de nos pères sur ce qu'exigeait l'intérêt général, sur la limite à assigner à l'action gouvernementale, et, tout en reconnaissant que le système auquel ils se sont arrêtés est assez bien en harmonie avec le caractère de nos institutions, on comprendrait qu'au lieu d'avoir penché vers le régime d'Outre-Manche ils eussent été entraînés dans une voie opposée.

2. Argument tiré des abus du fonctionnarisme. — On a formulé contre l'exploitation par l'État des craintes inverses de celles qu'avait suscitées l'exploitation par les Compagnies, au sujet du nombre considérable des recrues qui viendraient ainsi s'encadrer dans les rangs de l'armée des fonctionnaires publics. On a exprimé des appréhensions sur l'appoint redoutable d'influence qui en résulterait pour les partis se succédant au pouvoir. On a reproduit les critiques bien connues contre les abus du fonctionnarisme; on a fait et refait, en termes plus ou moins humoristiques, le tableau du pays n'ayant bientôt plus que des administrateurs sans administrés.

Personne, plus que nous, ne reconnaît les inconvénients du fonctionnarisme à outrance; personne, plus que nous, ne serait heureux de voir réduire le nombre des agents de l'État, sauf à leur demander plus de travail et à les mieux rétribuer. Mais ce sentiment prend surtout son origine dans des considérations relatives à la bonne utilisation des forces vives de la nation et au bon emploi des deniers publics ; il dérive de cette conviction, que c'est toujours une faute de répartir entre plusieurs employés la tâche à laquelle un seul peut suffire.

Nous sommes beaucoup moins frappé du danger politique allégué par les adversaires de l'exploitation par l'État. Les fonctionnaires se divisent, en effet, en deux catégories bien distinctes : d'une part, ceux qui sont chargés de services politiques proprement dits ; d'autre part, ceux qui n'ont qu'un rôle professionnel, qui n'ont point à faire de politique militante et qui doivent même s'en abstenir. C'est évidemment dans cette dernière catégorie que se rangeraient les agents des chemins de fer. Dès lors, ils ne pourraient pas, surtout dans un pays de suffrage universel, exercer la pression dont on a agité le spectre aux yeux du public.

Une question qui mérite davantage de fixer l'attention est celle du recrutement du personnel : mais ce n'est point le moment de la traiter ; nous y reviendrons à propos de l'exploitation technique et commerciale.

3. Argument tiré de l'affaiblissement de l'État par les plaintes, les réclamations et les litiges. — Nous avons fidèlement analysé cet argument, nous l'avons présenté dans toute sa force.

Il est certain que la gestion d'un service important comme celui des chemins de fer entraîne des rapports incessants avec le public, des frottements, des réclamations, des plaintes, des procès ; il est certain qu'en cas d'accident, d'infraction aux règlements, les agents préposés à l'exploitation sont passibles de poursuites correctionnelles ; il est certain aussi que les citoyens sont trop souvent portés à se faire un malin plaisir de décocher des traits contre le Gouvernement, qu'ils sont disposés à prendre leurs armes partout où ils les trouvent, et que l'intervention de la politique dans les contestations ou les débats soulevés par l'exploitation des voies ferrées est susceptible de les envenimer inutilement. L'autorité de l'État peut en être affectée et diminuée : on conçoit même telle circonstance où l'édifice gouvernemental aurait à en souffrir cruellement.

Cet inconvénient imputé à l'exploitation par l'État n'a pas la même gravité dans tous les pays ; il s'accentue ou s'atténue suivant les institutions, suivant le tempérament des peuples. Il varie surtout suivant l'organisation adoptée pour l'Administration des chemins de fer. Quand le Ministre conserve une action directe et immédiate sur l'exploitation, il assume inévitablement des responsabilités dont ses adversaires ne manquent pas de tirer parti ; il s'expose à des attaques de tous les instants. Mais ces responsabilités peuvent être singulièrement réduites par une sage décentralisation, par une organisation plus ou moins analogue à celle que MM. de Freycinet et Léon Say ont attribuée, en 1878, au réseau « des chemins de fer de l'État ».

Les partisans des Compagnies ont aussi invoqué les difficultés contre lesquelles se buteraient les usagers des chemins de fer pour se faire rendre justice, lorsqu'ils seraient en désaccord avec l'Administration, lorsqu'ils auraient à lui réclamer une indemnité en cas d'accident ou de dommage. Suivant eux, ce serait la lutte du pot de fer contre le pot de terre. Cette objection sera examinée et discutée plus loin; nous la laissons provisoirement de côté.

4. Argument tiré de la convenance de soustraire l'exploitation aux préoccupations politiques. — Il est plus facile aux Compagnies qu'à l'État, nous le reconnaissons, de se soustraire aux influences politiques et de donner à l'exploitation un caractère exclusivement industriel et commercial. C'est un avantage qu'il leur est permis de revendiquer, à la condition de ne pas oublier leur origine, de ne pas perdre de vue qu'elles sont dépositaires d'une partie de la puissance publique, de savoir consentir à des sacrifices dans l'intérêt général, de ne point faire acte de neutralité malveillante à l'égard du Gouvernement.

Nous admettons aussi que, toutes choses égales d'ailleurs, elles constituent d'utiles intermédiaires entre l'État et le public, qu'elles évitent à l'Administration les attaques directes dont elle aurait à souffrir, qu'elles la protègent contre des causes d'affaiblissement susceptibles de porter une profonde atteinte à sa force et à son autorité. Mais, en revanche, il est indispensable qu'elles se montrent à la hauteur de leur tâche, qu'elles donnent satisfaction au public, qu'elles n'accumulent pas les réclamations, qu'elles ne soufflent pas la tempête : car l'orage irait certainement frapper le Gouvernement.

5. Argument tiré de la répartition des titres. — Cet argument ne mérite pas de fixer longtemps notre attention. Nous avons vu, en effet, que le capital-actions des six grandes Compagnies n'atteint pas 1 500 millions et qu'au 31 décembre 1884 leur capital-obligations dépassait 9 milliards. Or, seuls les actionnaires sont appelés à prendre part à l'administration des Compagnies. Encore faut-il observer : 1° que, pour avoir entrée dans les assemblées générales, il est nécessaire de posséder 40 actions pour les Compagnies du Nord, de l'Est, d'Orléans et de Lyon, et 20 pour les Compagnies de l'Ouest et du Midi; 2° que les administrateurs doivent être propriétaires de 100 actions; 3° que les conseils d'administration ont les pou-

voirs les plus étendus et qu'en fait le rôle des assemblées générales d'actionnaires est confiné dans d'étroites limites. Ce n'est donc point de ce côté que les défenseurs des Compagnies peuvent utilement chercher la preuve du caractère et des tendances démocratiques de ces sociétés.

Nous venons de passer rapidement en revue l'argumentation des partisans de l'exploitation par l'État et celle des défenseurs de l'exploitation par les Compagnies, au point de vue purement politique. De part et d'autre, à côté de beaucoup d'exagérations, nous avons trouvé des raisons sérieuses et solides. Nous avons vu que la question comportait une solution différente suivant les pays, suivant les circonstances, et que les hésitations des Pouvoirs publics en France, lors de l'enfantement de notre réseau, se comprenaient et se justifiaient amplement. Nos pères ont-ils fait fausse route? Avant de porter un jugement à cet égard, il importe de comparer les deux systèmes aux autres points de vue, et notamment de discuter leur valeur relative en ce qui touche l'exploitation industrielle et commerciale.

Toutefois, il nous reste auparavant à dire deux mots relativement au rôle militaire des chemins de fer.

5. **Comparaison au point de vue militaire et au point de vue de quelques services publics.** — Le rôle important des chemins de fer dans la mobilisation et la concentration des troupes, ainsi que dans le transport de leurs approvisionnements, de leur matériel et de leurs munitions, a été souvent invoqué par les partisans du maintien de l'exploitation entre les mains de l'État. On s'est demandé si le réseau, remis aux Compagnies, serait aussi bien constitué pour rendre les services voulus; si l'État aurait sur ces sociétés une autorité suffisante; si le morcellement des concessions ne préjudicierait pas à l'unité d'action et de direction indispensable au succès des opérations militaires; s'il n'y avait pas des inconvénients à livrer les secrets de la mobilisation à des particuliers; si la présence d'éléments étrangers dans les conseils d'administration et même dans le personnel actif des Compagnies ne pourrait pas présenter, le cas échéant, de véritables dangers.

Les partisans du système des concessions ont répondu, en faisant valoir le patriotisme des Compagnies pendant la guerre de 1870-1871, en exposant toutes les mesures prises depuis quelques années pour assurer les transports militaires, en affirmant qu'avec le rigorisme et le formalisme administratifs les fonctionnaires de l'État, toujours obligés de couvrir leur responsabilité par des instructions et des autorisations, seraient incapables d'obtenir des résultats comparables à ceux du régime actuel.

Il y a bien quelque exagération dans cette dernière affirmation, et il nous est difficile d'admettre que l'exploitation par l'État n'offre pas les garanties les plus sérieuses, au point de vue militaire.

Mais nous croyons aussi que le régime des concessions, sagement pratiqué, ne doit point inspirer des craintes si vives. Voici les raisons qui nous paraissent de nature à rassurer l'opinion :

1° L'État, même en concédant le réseau, ne renonce nullement à son droit de construire les lignes nouvelles qu'il jugerait utiles aux intérêts de la défense. Il peut, soit traiter avec les Compagnies pour adjoindre ces lignes à leur concession, soit, au besoin, les exécuter lui-même : la pire éventualité à laquelle il soit exposé, c'est de subir des conditions onéreuses pour leur établissement ou leur exploitation. Mais, nous le répétons, quoi qu'il arrive, les Pouvoirs publics restent absolument maîtres de la construction des chemins nécessaires au point de vue militaire.

A peine avons-nous besoin d'ajouter qu'il en est, à plus forte raison, de même des travaux complémentaires, des aménagements, des installations, que peut comporter l'utilisation des lignes concédées pour les transports militaires. Des conventions et des arrangements sont intervenus, à diverses époques, entre le Ministre et les Compagnies pour l'exécution de ces travaux et notamment pour le doublement des voies. Nous aurons plus loin l'occasion d'en parler avec plus de détails.

2° Les transports ordinaires et les transports stratégiques ont été réglementés avec une très grande précision par deux décrets du 1er juillet 1874 et du 29 octobre 1884. La préparation et la surveillance des mouvements ont été minutieusement assurées, tant en deçà qu'au delà de la base d'opérations.

Dès la mobilisation, les transports en deçà de la base d'opérations s'effectuent sous la direction et la responsabilité de la « Commission militaire supérieure des chemins de fer », qui, à côté de représentants du Ministère de la guerre et du Ministère de la marine, comprend trois représentants du Ministère des travaux publics, un directeur de grande Compagnie et le directeur technique de la direction des chemins de fer de campagne; au-dessous de la Commission supérieure sont des commissions de ligne et des commissions de gare. Les Compagnies, tout en restant chargées de l'exécution, sont ainsi subordonnées à l'autorité militaire.

Au delà de la base d'opérations, le soin des transports incombe au Directeur général des chemins de fer et des étapes, qui dispose : 1° entre la base d'opérations et les stations dites de transition, d'une délégation de la Commission militaire supérieure, des commissions de ligne et des commissions de gare; 2° au delà des stations de transition, de la direction des chemins de fer de campagne, des commissions de chemins de fer de campagne, des compagnies d'ouvriers du génie, des sections techniques et d'un personnel auxiliaire.

Tout le matériel, tous les moyens d'action des Compagnies, seront consacrés exclusivement à la défense du pays, aux termes du cahier des charges des concessions.

Ce n'est pas le moment d'étudier de près cette organisation. Si nous en avons indiqué les dispositions générales, c'est uniquement afin de montrer que, pour l'exploitation comme pour la construction, l'État est absolument armé, et qu'à l'heure marquée par le destin il mettra la main sur les voies ferrées, avec un programme soigneusement élaboré et avec des agents préparés de longue date à leur mission.

Les mesures édictées sont-elles irréprochables? Les plans de mobilisation et de concentration donneront-ils les résultats que l'on en attend? N'y aura-t-il aucun mécompte, aucune désillusion? La régularité et la ponctualité indispensables au bon fonctionnement d'un mécanisme si compliqué seront-elles aussi grandes qu'on doit le désirer? Seule, une expérience en temps de paix pourrait éclairer le pays à cet égard; on peut regretter que des raisons budgétaires et internationales aient conduit jusqu'ici à ajourner cette expérience. Mais ce que l'on peut affirmer, c'est que les enseignements de 1870 n'ont pas été perdus, que le Ministère de la guerre et le Ministère des travaux publics ont rivalisé de zèle pour sauvegarder les intérêts supérieurs de la défense nationale, qu'à l'heure dite l'État aura une autorité absolue, incontestée, sans limites, pour ordonner et diriger les transports de troupes et de matériel.

3° Au surplus, on ne saurait reprocher un défaut de patriotisme au personnel des Compagnies. Il ne faut pas oublier qu'elles ont toutes à la tête de leurs services des chefs éminents, d'excellents citoyens, animés d'un dévouement sans bornes à leur pays; il ne faut pas oublier que leurs directeurs et leurs hauts fonctionnaires sont presque tous ingénieurs de l'État, sortis de la grande École polytechnique où les sentiments d'honneur et les vertus civiques s'inculquent si profondément dans le cœur des élèves.

Dès le début de la guerre franco-allemande, elles ont montré ce dont elles étaient capables, au milieu du désarroi et du désordre qui paralysaient leurs efforts. Leur patriotisme n'a pas faibli un seul instant pendant ces jours de deuil. Le personnel de la Compagnie de l'Est, notamment, a plus d'une fois fait preuve d'un courage et d'une habileté dignes des plus grands éloges.

Les adversaires les plus implacables des grandes Compagnies n'ont jamais hésité à leur rendre justice : nous tenions nous-même à redire en deux mots leur belle conduite de 1870-1871 ; nous y tenions d'autant plus que nous ne sommes pas de ceux qui considèrent le régime en vigueur comme sans inconvénients et sans défauts.

L'objection la plus fondée qui puisse être dirigée contre le système des concessions, c'est que, les Compagnies placées sous la dépendance des financiers n'étant pas liées par des règles aussi étroites que l'État, on est exposé à voir des éléments étrangers s'introduire dans leurs conseils d'administration et même dans leur personnel actif. Pour montrer le péril, on a cité à diverses reprises un employé de nationalité allemande, revenu en France en 1870 dans les rangs de l'armée d'invasion, avec une situation qui lui avait permis d'utiliser ses connaissances acquises au détriment de notre pays. A la vérité, le Ministre des travaux publics est investi de pouvoirs étendus sur le personnel actif des Compagnies et pourrait requérir, le cas échéant, le renvoi des agents dont il jugerait la présence préjudiciable à la sécurité nationale; mais on comprend, sans que nous ayons à y insister, les difficultés d'ordre international susceptibles d'entraver l'exercice de ces pouvoirs. Le danger ne saurait être nié; il faut compter, pour le conjurer, sur le dévouement patriotique des hommes qui détiennent actuellement les concessions; il faut compter aussi sur la fermeté du Gouvernement, qui doit avoir l'œil toujours ouvert et qui ne reculerait pas devant des mesures de salut public, si certaines circonstances venaient à l'exiger.

Tout ce que nous venons de dire s'applique exclusivement aux grandes Compagnies. Rien ne serait plus fatal que le morcellement du réseau. Si nos voies ferrées, au lieu d'être concentrées et réparties en un petit nombre de groupes puissants, étaient divisées entre des concessionnaires nombreux, il serait matériellement impossible d'assurer l'homogénéité, l'unité d'action indispensables pour le transport méthodique et rapide des troupes et de leur matériel. On ne saurait trop louer les représentants du Ministre de la guerre d'avoir combattu, en toute occasion, la division de nos grandes voies de communication. Au point de vue militaire, il n'y a que deux solutions : ou l'exploitation par l'État, ou l'exploitation par de grandes Compagnies régionales.

Jusqu'ici, nous n'avons envisagé que l'exécution matérielle des transports militaires, abstraction faite de la dépense à laquelle ils donnent lieu. Sans entrer dans les détails, rappelons les stipulations principales des cahiers des charges :

1° Les militaires voyageant en corps ou isolément pour cause de service, de même que les militaires envoyés en congé illimité ou en permission ou rentrant dans leurs foyers après libération, ne sont assujettis, eux, leurs chevaux et leurs bagages, qu'au quart du tarif maximum fixé par le contrat de concession ;

2° Lorsque le Gouvernement accapare tous les moyens de transport, la taxe est portée à moitié du tarif maximum.

Si l'État était maître des chemins de fer, les transports militaires lui imposeraient des dépenses qui, sans doute, ne seraient pas moindres.

Ajoutons encore que le Ministre de la guerre a traité avec les Compagnies pour les transports de matériel, de denrées, d'approvisionnements de toute espèce, qui ne bénéficient pas des réductions contractuelles ci-dessus rappelées et qui, par suite, tombent sous le coup des tarifs ordinaires.

Quant aux services publics autres que ceux de la Guerre et de la Marine, plusieurs d'entre eux ont fait l'objet de clauses spéciales dans les actes de concession.

Le plus important de tous, celui des Postes, est largement assuré par l'article 56 du cahier des charges : dans chacun de leurs trains ordinaires, les Compagnies sont tenues de lui affecter gratuitement deux compartiments d'une voiture de 2ᵉ classe ou un espace équivalent ; elles sont obligées de transporter dans les mêmes conditions les voitures spéciales que ferait construire l'Administration ; elles doivent chaque jour, à titre gratuit, un train, dit train journalier de la poste, dont l'itinéraire est réglé par les Ministres compétents ; elles sont contraintes, le cas échéant, de mettre en marche d'autres convois extraordinaires, sauf rémunération ; les agents des postes en mission jouissent du droit de libre circulation.

Des immunités sont également stipulées au profit du service des Télégraphes, de l'Administration pénitentiaire, de certains agents du fisc, etc... Nous aurons plus tard à passer en revue toutes ces dispositions, que nous nous bornons actuellement à signaler.

En résumé, le seul service public dont les intérêts doivent provoquer de sérieuses préoccupations est celui des transports militaires. Nous avons montré qu'à la condition de ne pas trop fractionner le réseau, le régime des concessions, tel qu'il a été institué et fonctionne en France, donne des garanties incontestables. Son seul danger, sa seule infériorité réelle sur l'exploitation par l'État, est l'éventualité de l'introduction d'éléments étrangers dans l'administration des Compagnies : jusqu'à ce jour nous n'avons pas eu à en souffrir ; mais une vigilance incessante s'impose au Gouvernement, dont le premier devoir est de ne rien tolérer qui puisse porter la plus légère atteinte à la sécurité de la patrie.

6. **Comparaison au point de vue technique et commercial.** — Comme nous l'avons déjà fait en étudiant l'exploitation par l'État et l'exploitation par les Compagnies au point de vue politique et gouvernemental, nous résumerons sommairement les arguments invoqués pour ou contre ces deux systèmes, au point de vue technique et commercial.

L'exploitation par l'État a eu bien moins de défenseurs que l'exploitation par les Compagnies ; même durant ces dernières années, beaucoup d'adversaires du régime actuel, tout en combattant les grandes Compagnies, ont manifesté explicitement ou implicitement leurs préférences pour d'autres combinaisons, fort discutables et fort peu satisfaisantes à notre avis. Cependant, les partisans du maintien des voies ferrées entre les mains du Gouvernement ont pu assez souvent faire entendre leur voix pour développer les motifs susceptibles de militer en faveur de leur opinion. Voici quels sont ces motifs sous une forme aussi condensée que possible.

1° Comme toutes les industries, plus même que beaucoup d'entre elles, l'industrie des chemins de fer comporte des progrès, des perfectionnements incessants ; chaque jour, le génie de l'homme enfante quelque découverte nouvelle, aperçoit quelque vérité jusqu'alors inconnue ; les travaux scientifiques et l'expérience concourent à amener des transformations inattendues dans l'art de l'exploitation technique.

Il importe de suivre pas à pas ces progrès et ces perfectionnements ; il importe de ne rien négliger pour tenir constamment notre réseau à la hauteur des réseaux étrangers ; il importe de mettre à profit toutes les améliorations, toutes les inventions, qui peuvent accroître l'utilité des voies ferrées pour le commerce et l'industrie.

Les Compagnies, obligées de compter avec les intérêts de leurs actionnaires, de distribuer des dividendes aussi élevés que possible, de penser au présent bien plus qu'à l'avenir, se montrent nécessairement peu disposées à engager des dépenses dont la rémunération immédiate ne leur est pas assurée ; trop souvent elles piétinent sur place, au lieu d'aller résolument de l'avant.

A cet égard, le régime français, la garantie d'intérêt accordée aux concessionnaires, leur solidarité financière avec l'État, donnent à nos Compagnies des tendances particulièrement routinières. La simple désignation des perfectionnements récemment apportés à l'exploitation (block-system, frein Westinghouse et frein Smith, cloches allemandes, etc...) suffit à en indiquer l'origine et à prouver que nous marchons péniblement à la remorque des nations étrangères.

L'État, qui ne meurt pas, qui a devant lui un horizon indéfini, qui n'a pas à faire au jour le jour la balance de ses recettes et de ses dépenses, est seul capable d'avoir des vues plus larges, de ne pas reculer devant des tentatives dont quelques-unes porteront leurs fruits, de se risquer dans des expérimentations qui ne réussiront pas toutes, mais dont une partie au moins aboutira à des résultats favorables.

2° Les chemins de fer exercent sur l'industrie et le commerce une influence extrême. Les Compagnies n'ayant point, en fait, à redouter la concurrence, peuvent faire de cette influence un usage profitable à leur intérêt particulier, mais nuisible à l'intérêt général ; elles peuvent favoriser tel ou tel centre de production ou de consommation au détriment de tel ou tel autre ; elles peuvent jeter le trouble, bouleverser les situations acquises, commettre des iniquités. A l'appui de leur opinion, les adversaires des Compagnies invoquent la multiplicité des tarifs, leurs inégalités, leurs anomalies ; ils font valoir les taxes de faveur accordées à certains industriels ou commerçants et refusées aux autres ; ils citent les facilités trop souvent accordées à l'importation des produits étrangers.

Au contraire, l'État, placé dans une sphère plus élevée et obligé de respecter les principes de justice distributive, n'est point exposé à de pareils écarts ; il doit à tous les intérêts particuliers une égale bienveillance et une égale protection ; on n'a point à redouter de sa part des manœuvres qui seraient en contradiction avec sa règle naturelle de conduite.

3° Les Compagnies, ayant sans cesse pour mobile l'augmentation immédiate de leurs dividendes, opposent inévitablement de grandes résistances à la diminution des taxes ; elles reculent devant les abaissements même les plus justifiés, dans la crainte de ne pas bénéficier d'un accroissement de circulation qui en compense les effets.

Leurs résistances sont les mêmes pour l'augmentation du nombre et de la vitesse des trains, pour celle du confort du matériel, pour les facilités de tout ordre à donner aux voyageurs ainsi qu'aux expéditeurs de marchandises ou aux destinataires.

L'État n'est pas lié par des vues si étroites ; il trouve la rémunération de ses efforts non seulement dans le produit direct de l'exploitation, mais aussi dans le développement général de la richesse publique ; il est à même de subir quelques charges et de faire quelques sacrifices dans le présent, sans en rechercher la contre-partie dans un accroissement immédiat des recettes. Il peut donc marcher plus résolument dans la voie de l'abaissement progressif des taxes, poursuivre avec moins de timidité la réalisation de toutes les mesures susceptibles de développer le trafic et d'augmenter ainsi la force et la prospérité nationales. Il peut notamment favoriser le mouvement du transit, si important, soit par lui-même, soit par les industries accessoires qui viennent se grouper autour de lui. Il peut remédier à l'action des tarifs de douane étrangers qui pèseraient trop lourdement sur notre exportation.

Quelques théoriciens poussent même plus loin le raisonnement. Ils soutiennent que la gratuité de l'usage des voies de communication est un principe social auquel on ne saurait se soustraire; qu'il importe d'y arriver le plus tôt possible; qu'à cet égard les chemins de fer doivent être complètement assimilés aux routes, aux rivières et aux canaux; que, par suite, les taxes doivent être réduites aux frais de transport proprement dits, abstraction faite de l'intérêt et de l'amortissement des capitaux engagés dans la construction; et que ce principe d'ordre supérieur suffit à lui seul pour motiver le maintien des voies ferrées entre les mains de l'État.

4° C'est en vain que l'on a attribué à l'administration des Compagnies plus de souplesse, plus de liberté d'allures, plus d'initiative, plus de responsabilité, et, par conséquent, plus d'aptitude pour une exploitation industrielle et commerciale. C'est en vain que l'on a déversé à pleines mains la critique et le blâme contre la lenteur, le formalisme et l'incapacité de l'administration de l'État.

Avec leur organisation, avec l'étendue de leurs réseaux, les Compagnies ont poussé à outrance le fonctionnarisme et la routine; elles n'ont rien à envier, sur ce point, aux services de l'État. Elles ont les mêmes défauts, sans offrir les mêmes garanties.

Leur solidarité financière avec l'État et l'inanité du contrôle des actionnaires, les termes mêmes des statuts, rendent absolument illusoire la responsabilité des administrateurs. Il est hors de doute qu'avec la surveillance continue du Parlement sur les actes du Gouvernement, avec le contrôle incessant du public, avec l'action aujourd'hui si puissante de la presse, la responsabilité morale des Ministres et de leurs collaborateurs est plus efficace.

5° L'expérience des pays étrangers où le système de l'exploitation par l'État a définitivement prévalu est tout à fait concluante et démontre péremptoirement le peu de cas que l'on doit faire des objections opposées à ce système.

Tout en abaissant notablement ses tarifs, tout en unifiant ses taxes, la Belgique a su conserver à son exploitation un caractère véritablement industriel. Son commerce, sa circulation de transit, le mouvement de son grand port d'Anvers, ont pris un essort inouï; sa prospérité a atteint un degré que personne n'eût osé entrevoir, il y a quelques années.

En Allemagne, les résultats sont également des plus satisfaisants. L'exploitation technique y est conduite avec une habileté qu'on ne saurait trop admirer; quant à l'exploitation commerciale, bien qu'elle repose sur des principes opposés à ceux qui ont cours en France, elle n'a pas suscité les plaintes et les attaques auxquelles elle aurait certainement donné naissance, si elle avait été nuisible aux intérêts du pays. Du reste, les progrès de l'industrie et du commerce sont des faits patents, contre lesquels viennent se briser les dissertations théoriques des économistes.

Tels sont, rapidement résumés, les arguments principaux sur lesquels se sont appuyés, au point de vue industriel et commercial, les défenseurs de l'exploitation par l'État. L'exploitation par les Compagnies a rallié plus de partisans en France; elle a trouvé surtout plus d'avocats dans la presse. Toutes les fois que le régime général des chemins de fer a été mis en discussion, il s'est produit un véritable déluge d'articles, de brochures, de plaidoyers en faveur des Compagnies. Aussi l'abondance des arguments que nous allons avoir à passer en revue est-elle beaucoup plus grande.

1° Le but essentiel des voies ferrées est un but industriel et commercial. Les intérêts en jeu sont essentiellement mobiles et variables; leur caractère distinctif est une extrême diversité; les circonstances les font éclore ou disparaître; ils sont susceptibles de grandir ou de décroître, suivant les besoins du moment, suivant les moyens mêmes mis en œuvre pour leur donner satisfaction. Telle région, abondamment pourvue de certains objets de consommation, est au contraire privée d'autres objets qu'il importe d'y faire arriver facilement, alors que sur un autre point du territoire la situation est absolument inverse. Telle année, l'insuffisance des récoltes nécessite des transports qui, l'année suivante, n'auront aucune raison d'être. Tel département renferme des richesses minérales inexploitées, qui dorment enfouies dans le sol et que des taxes réduites pourront mettre en valeur. Telle localité se prête à l'établissement d'une industrie, si on sait lui offrir à propos des facilités pour l'approvisionnement des matières premières et pour l'expédition des produits manufacturés. Tel objet, sans être indispensable à la vie, pourra néanmoins aborder utilement certains marchés, si on sait l'y attirer et l'y conduire.

Ces exemples, qui pourraient être multipliés sans peine, suffisent à prouver que l'exploitation des chemins de fer ne saurait se plier à des règles mathématiques, à des préceptes inflexibles; qu'elle exige de la souplesse, une grande liberté d'allures, une initiative toujours en éveil; qu'en un mot, elle doit être dirigée d'après les procédés commerciaux.

Bien qu'à un point de vue abstrait les agents de l'État ne soient pas inférieurs à ceux des Compagnies, ils ne sauraient en pratique obéir aux mêmes principes, par ce seul fait qu'ils servent un maître différent.

Par son essence même, l'État est un souverain; il ne peut se dépouiller de ses attributs, qui sont l'autorité et la suprématie; il se considère nécessairement comme le tuteur des intérêts particuliers et, jusqu'à un certain point, comme le juge de leurs convenances; ses relations avec le public sont celles de puissance à sujet; les discussions, les concessions, les responsabilités qu'entraîne un service commercial sont incompatibles avec son origine et sa dignité; il ne peut se transformer en solliciteur pour provoquer la production. Il n'a point l'intérêt propre pour stimulant; car, au lieu de représenter un nombre limité de capitalistes, il représente la masse inerte et passive de l'ensemble des contribuables.

Au contraire, l'industrie privée est subjecte, de sa nature. La dépendance et la subordination, vis-à-vis des intérêts qu'elle sert, sont ses qualités caractéristiques. Elle traite d'égal à égal avec les usagers des voies ferrées. Elle s'ingénie sans cesse pour encourager et développer la circulation. Elle ne craint pas de s'abaisser et de se compromettre dans des débats avec les particuliers. Elle ne recule pas devant les démarches, devant les concessions, pour accroître le mouvement de ses transports. Elle est soumise à la loi de l'offre et de la demande. Elle est obligée d'aller au devant du consommateur. Malgré l'ingérence de l'État dans leur gestion, les Compagnies conservent une liberté et une responsabilité indéniables : en tout, elles ont l'initiative; ce sont elles qui élaborent les propositions de tarifs, le Ministre n'a qu'un droit de veto; ce sont elles qui étudient la marche des trains; ce sont elles qui présentent les projets d'améliorations; c'est contre elles que sont, le cas échéant, dirigées les plaintes et les réclamations; ce sont elles qui, en définitive, bénéficient ou souffrent financièrement de leur sagesse ou de leur imprévoyance, puisque les sommes versées par le Trésor au titre de la garantie sont des avances remboursables avec intérêts et que le partage des bénéfices leur laisse une part notable des profits de l'exploitation. Elles offrent cette garantie sans égale « qu'elles sont « obligées de lutter *pro aris et focis* ».

2° Le recrutement du personnel de l'État ne saurait être mis en parallèle avec celui des Compagnies; il est par trop soumis aux influences politiques, aux pressions parlementaires.

Les agents de l'État, peu rétribués, mais aussi peu occupés, n'ont qu'un but : c'est de jouir paisiblement de leur position, de laisser s'écouler avec calme les années qui les séparent de l'heure de la retraite; ils considèrent qu'ils ont accompli leur devoir, quand ils se sont ponctuellement conformés aux règlements; ils n'ont ni ressort, ni initiative.

Leur principale préoccupation étant d'améliorer leur situation personnelle, ils ne s'attachent pas à leur service et n'hésitent pas à solliciter des changements de résidence, toutes les fois qu'ils y trouvent un avantage; ils mettent en jeu pour réussir toutes les influences dont ils peuvent disposer, et l'Administration supérieure est obligée de leur donner en satisfactions de cette nature ce qu'elle ne leur accorde point sous forme d'émoluments. Ceux qui obtiennent le plus de récompenses ne sont malheureusement pas toujours les plus méritants; ce sont ceux qui ne reculent pas devant l'intrigue et les complaisances.

L'instabilité des fonctionnaires de l'État est proverbiale. D'ailleurs, au sommet même de la hiérarchie, ne voit-on pas les Ministres et leurs collaborateurs immédiats se succéder avec une rapidité désespérante, qui exclut toute expérience et tout esprit de suite, tandis que les administrateurs et les chefs de service des Compagnies conservent tous leurs fonctions pendant de longues années et acquièrent ainsi une pratique indispensable à la bonne marche du service?

3° L'exploitation des chemins de fer exige une liberté et une promptitude de décision, qui ne sauraient se concilier avec le rigorisme et le formalisme des administrations publiques. Les besoins de l'industrie étant souvent des besoins essentiellement temporaires, nés des circonstances du jour, devant disparaître le lendemain, il faut pouvoir y satisfaire sans hésitation et sans retard; il faut peu d'écritures, peu de correspondance, beaucoup de centralisation; les heures, les minutes, ont leur valeur; les pertes de temps sont irréparables; il est souvent indispensable de consentir à quelques sacrifices sur la ponctualité et la régularité administratives.

Dans un article publié en 1878 par la *Revue des Deux-Mondes*, M. Jacqmin, directeur de la Compagnie de l'Est, s'est attaché à montrer toutes les lenteurs que les procédés des services publics avaient fait subir à l'exploitation des chemins de fer par l'État, pendant la période de 1849 à 1852; il a fait notamment le récit humoristique de divers incidents constatés officiellement par les archives du Ministère des travaux publics.

4° L'État, aux prises avec tous les intérêts, en butte à toutes les sollicitations, n'ayant point comme guide son intérêt propre, obligé de se prémunir contre toute accusation de partialité, contraint d'éviter tout ce qui pourrait être interprété comme une faveur ou un privilège, serait conduit par la force des choses au système *égalitaire*. Ce serait pour lui le seul moyen de vivre au milieu des influences contradictoires, plus politiques que commerciales, plus électorales qu'économiques, dont il serait assailli. Les lignes à faible trafic ne supporteraient pas un traitement différent de celui des lignes à grande circulation; les chemins de montagne n'admettraient pas un régime autre que les chemins de plaine; les centres secondaires protesteraient contre tout avantage fait aux centres importants; les industriels et les commerçants ne fournissant qu'un faible trafic prétendraient aux mêmes abaissements de taxes, aux mêmes conditions, que les chefs des grands établissements recevant ou expédiant des milliers de tonnes chaque année. L'Administration serait forcée de céder, sans égard pour les situations géographiques, pour les concurrences par eau, pour les positions acquises.

Les principes dont il s'inspirerait seraient foncièrement contraires à ceux que comporte un service commercial. Ils provoqueraient des bouleversements et des ruines et compromettraient au plus haut point le sort de l'industrie nationale. Ce serait le contre-pied de la sagesse, du bon sens économique et de l'équité.

5° Les tarifs prendraient dès lors aux yeux des populations un caractère purement fiscal. Ils représenteraient, non plus le prix d'un service rendu, mais un impôt perçu sans distinction, sans discernement, sur toutes les parties du réseau, sur tous les usagers : ce serait la protection accordée à une fraction du pays au détriment de l'autre.

Comme tous les impôts, les taxes de transport sur les voies ferrées paraîtraient toujours excessives; des démarches, des manifestations incessantes, seraient faites pour en obtenir la réduction; d'abaissement en abaissement on irait graduellement vers la suppression du péage; peut-être même ne s'arrêterait-on pas en si bon chemin. Il est inutile d'insister sur les désastres financiers qui pourraient en être la conséquence.

Et cependant, rien n'est aussi irrationnel que l'usage gratuit des chemins de fer. Ces voies de communication ne desservent que des régions privilégiées; elles sont et seront toujours loin de pénétrer dans toutes les parties du territoire; jamais elles ne rendront à tous les mêmes services; utilisées chaque jour par certains citoyens, elles ne le sont que rarement par beaucoup d'autres; profitant largement aux grands industriels, elles ne procurent que des bénéfices insignifiants à l'humble paysan des montagnes. Il serait souverainement inique de faire payer par tous les contribuables un instrument de travail, dont les effets sont si inégalement répartis.

6° En supposant même que les Pouvoirs publics aient la prudence et la force nécessaires pour ne point se laisser emporter par le courant, pour ne pas céder à ces funestes tendances, on aurait toujours à redouter les variations et les fluctuations des tarifs, suivant les besoins du moment, suivant la politique commerciale du Gouvernement. Les taxes de chemins de fer auraient le sort des taxes de douane; elles seraient sujettes aux mêmes erreurs, frappées de la même mobilité ; elles flotteraient au gré des majorités protectionnistes ou libre-échangistes ; elles se relèveraient aux heures de détresse, alors que l'État aurait à faire flèche de tout bois.

Or, l'instabilité dans les taxes, c'est l'incertitude, c'est l'inconnu, c'est l'anéantissement des transactions commerciales.

7° Au contraire, l'intérêt des Compagnies est un intérêt industriel concordant avec celui de l'industrie et du commerce. Leur objectif doit être de faire payer à chacun le service qui lui est rendu, de prélever sur les usagers une rémunération proportionnée aux avantages dont ils profitent, de développer la plus grande somme possible de transports : car c'est un fait d'expérience, qu'aux plus forts tonnages correspondent les plus fortes recettes nettes.

Malgré toutes les critiques, c'est là tout à la fois le secret et la justification de cette multiplicité de taxes qui a provoqué tant de diatribes violentes contre le régime des grandes Compagnies.

L'intérêt des concessionnaires n'est pas seulement de proportionner les taxes aux services rendus ; il est aussi de les abaisser progressivement, avec prudence, mais avec persévérance. L'histoire des chemins de fer français est là pour le prouver. Malgré la diminution de la valeur de l'argent, malgré l'amélioration des salaires et des traitements, malgré les prélèvements opérés sur les produits nets pour la construction et l'exploitation des lignes improductives, le tarif moyen des marchandises a été réduit de près de 2 centimes par tonne kilométrique, depuis 1855.

8° Le public qui se plaint parfois aujourd'hui de ses rapports avec les Compagnies trouverait certainement plus de raideur et moins de complaisance encore de la part des agents de l'État. Nos mœurs administratives sont ainsi faites, qu'un fonctionnaire public est toujours disposé à se considérer comme l'incarnation du pouvoir, à ne point admettre les discussions qu'à tort ou à raison il juge attentatoires à son autorité, à se retrancher derrière le « sic volo, sic jubeo ».

En cas de litige, les transactions seraient beaucoup plus difficiles, beaucoup plus rares. Les intéressés arriveraient-ils même à se faire rendre justice ? Au regard des Compagnies, la responsabilité en cas d'accident et de dommage est pleine et entière ; elle découle des règles du droit commun ; la juridiction compétente a devant elle deux particuliers, dont les droits et les devoirs sont égaux ; le cas échéant, les agents des Compagnies peuvent même encourir des peines personnelles. Avec l'exploitation par l'État, ne verra-t-on pas limiter la responsabilité pécuniaire, comme cela a eu lieu pour le service des postes ? Les fonctionnaires et agents ne jouiront-ils pas d'immunités qui les mettront à l'abri des poursuites ? Le voyageur ou le propriétaire de la marchandise qui plaidera contre l'État sera-t-il, vis-à-vis de son adversaire, dans les conditions d'égalité que lui assure le régime actuel ?

9° Vainement invoque-t-on l'exemple des monopoles industriels gérés par l'État : celui des tabacs, celui des poudres et salpêtres, celui de la poste et du télégraphe.

En exploitant ces monopoles, l'État ne fait point, à proprement parler, acte de commerçant; il règle à son gré et sans débat avec le consommateur le prix des services et des choses; il fixe ces prix d'une manière uniforme, sans tenir compte de la diversité des besoins; le but qu'il poursuit est surtout fiscal; il perçoit un impôt, bien plus qu'il ne demande la rémunération de son travail et de ses dépenses; il n'y a aucun équilibre entre le prix de revient et le prix de vente; tantôt le prix de revient est plus fort, comme pour la poste, tantôt il est beaucoup plus faible, comme pour le tabac et la poudre.

10° Au surplus, l'expérience des autres pays n'est point de nature à encourager les partisans de l'exploitation par l'État.

Si l'on excepte la Belgique, qui se trouve dans une situation exceptionnelle, partout où l'on voit fonctionner côte à côte des chemins de fer d'État et des chemins de fer concédés, le tarif kilométrique moyen est plus élevé sur les premiers. Les taxes moyennes sont moins fortes en France qu'en Hollande, qu'en Allemagne, qu'en Autriche-Hongrie.

Encore faudrait-il tenir compte du coefficient d'exploitation, c'est-à-dire du rapport des dépenses aux recettes : ce rapport est plus grand sur les lignes d'État que sur les lignes concédées, ce qui prouve que les taxes y sont relativement trop faibles et qu'on demande chaque année une certaine contribution au pays dans l'intérêt des usagers des voies ferrées.

11° En ce qui concerne spécialement les prétendues atteintes portées au régime douanier par certains tarifs des Compagnies françaises, les partisans de l'industrie privée repoussent l'accusation, en opposant la modicité des prix de transport comparés aux tarifs douaniers et surtout à la valeur des marchandises, et en faisant valoir l'autorité du Ministre sur les taxes de chemins de fer.

Nous ne voulons pas nous étendre plus longuement sur cette analyse des arguments invoqués par les défenseurs du système des concessions : tout en cherchant à n'en montrer que la substance, nous croyons les avoir résumés avec impartialité, sans les fortifier et sans les affaiblir. Il nous reste à faire rapidement l'examen critique de ces arguments et de ceux des partisans de l'exploitation par l'État.

a. Arguments en faveur de l'exploitation par l'État. — 1. Argument tiré des perfectionnements incessants que comporte l'exploitation. — L'industrie des chemins de fer est perfectible, elle ne saurait en quelque sorte se figer dans son état actuel ; chaque jour, des progrès nouveaux doivent s'accomplir dans la construction de la voie, dans les dispositions du matériel roulant, dans le mode d'utilisation de ce matériel, dans les appareils propres à assurer la sécurité de la circulation. Des essais, des expériences, doivent être poursuivis sans relâche. Il faut souvent risquer des dépenses, sans aucune certitude du résultat ; il ne faut pas craindre d'engager des capitaux qui resteront improductifs pendant un délai plus ou moins prolongé ; il ne faut pas reculer devant des améliorations coûteuses, qui n'amèneront pas un relèvement sensible des recettes et dont le seul effet sera d'accroître le confort des voyageurs, leur sécurité et celle des agents ; il ne faut pas ajourner trop longtemps les installations qui, sans être complètement indispensables au moins immédiatement, faciliteront et accélèreront les transports. A priori, l'État a incontestablement les coudées plus franches pour toutes ces opérations ; les vues d'avenir lui sont plus faciles ; il n'a pas à compter si étroitement avec les résultats financiers du moment. Les Compagnies françaises ne sauraient elles-mêmes méconnaître que la prudence dont elles ne peuvent se départir les a souvent conduites à marcher à la remorque de l'étranger ; que, durant ces dernières années, elles ont dû recueillir au delà de nos frontières les inventions les plus saillantes ; que, plus d'une fois, l'Administration a dû user de ses droits et les pousser en avant. Cependant plusieurs faits peuvent être allégués à l'encontre de la supériorité de l'État à cet égard : le plus souvent, les inventions importées de l'étranger ne venaient point d'administrations de chemins de fer non concédés ; d'un autre côté, si les Compagnies se sont parfois montrées retardataires, en revanche l'État, en voulant être trop progressiste, s'exposerait à des dépenses excessives ; enfin, malgré son autorité absolue sur les voies navigables, il les a longtemps laissées dans une situation qui n'était certes plus à la hauteur de la science moderne. Ici encore, on le voit, le doute est permis ; il l'est d'autant plus que la France n'a pas vu simultanément ou successivement à l'œuvre l'État et les Compagnies, dans des conditions comparables et susceptibles de fournir un élément déterminant d'appréciation.

2. Argument tiré des conflits entre l'intérêt général et l'intérêt particulier des Compagnies. — C'est là, sans contredit, l'un des arguments les plus forts des défenseurs de l'exploitation par l'État. Il est certain que les Compagnies ne peuvent jamais oublier leur intérêt particulier ; qu'elles sont

obligées avant tout de poursuivre l'augmentation de leurs recettes nettes; et que, sans méconnaître leurs devoirs vis-à-vis de l'État qui les a soutenues et n'a cessé de leur prêter son appui et son concours, elles ne sauraient cependant avoir pour l'intérêt général une sollicitude sans réserve.

Il est certain que, sous la pression de leurs nécessités ou de leurs convenances financières, elles ont été entraînées à favoriser tel ou tel centre de production ou de consommation au détriment de tel ou tel autre, à donner parfois trop de facilités à l'importation, à échafauder les uns sur les autres des tarifs trop souvent entachés d'anomalies évidentes. On ne peut nier que leur gestion n'ait pas toujours donné pleine satisfaction à l'intérêt général sainement entendu.

Nous ne voulons pas étudier maintenant en détail cette question si grave des tarifs, à laquelle nous consacrerons un volume spécial. Pour l'heure, nous nous bornons à dire que, sans adhérer aux critiques excessives formulées contre la tarification des Compagnies, on doit en reconnaître et en avouer franchement les défauts.

L'État, obligé d'avoir un respect plus profond pour les principes de justice distributive, tenu de sauvegarder avant tout l'intérêt général, eût sans doute évité quelques-unes des fautes auxquelles les Compagnies n'ont pu échapper. Les critiques dirigées contre l'exploitation directe sont assez nombreuses pour qu'on ne lui refuse pas les qualités auxquelles elle peut légitimement prétendre : celle que lui accordent ses défenseurs, au point de vue du respect de l'intérêt général, est difficilement contestable.

3. Argument tiré de la réduction des taxes et des améliorations du service. — Les partisans de l'exploitation par les Compagnies ont soutenu, comme nous l'avons expliqué, qu'en pratique l'intérêt de ces sociétés était toujours ou presque toujours d'accord avec celui des usagers ; que leur objectif constant était d'accroître la circulation, même au prix d'abaissements de leurs tarifs ; qu'en effet, aux augmentations du tonnage correspondaient des augmentations, non seulement du produit brut, mais aussi du produit net.

Cette thèse, défendue avec talent et avec habileté, notamment dans une brochure publiée en 1881, ne saurait cependant être acceptée sans réserve, sous sa forme absolue et dogmatique. Les réductions de tarifs ne provoquent pas toujours un accroissement de circulation suffisant pour en compenser les effets et, par suite, pour augmenter le produit brut; d'un autre côté, alors même qu'elles accroissent la recette brute, elles augmentent en même temps les frais d'exploitation et peuvent ainsi conduire à une diminution du produit net. On comprend donc les hésitations, les résistances des Compagnies, en présence de demandes tendant à des réductions de taxes qui tourneraient, en définitive, au profit de l'intérêt général, mais dont il est impossible de calculer par avance tous les effets.

Au surplus, en traitant de « l'utilité des chemins de fer », nous avons montré que l'utilité totale de ces voies de communication est la résultante de leur utilité directe pour les usagers et du bénéfice réalisé par le concessionnaire. De ces deux éléments, le premier suit, nous l'avons dit, une progression constamment croissante au fur et à mesure que les taxes diminuent ; le second, au contraire, nul pour une taxe prohibitive aussi bien que pour la gratuité du transport, a un maximum correspondant à un tarif déterminé. Le maximum de l'utilité totale ne peut donc coïncider avec celui du produit net, le seul qui doive servir de guide aux Compagnies.

Ce que nous disons des réductions de tarifs s'applique également aux améliorations du service, susceptibles de développer la circulation.

L'État pourrait-il lui-même, s'il exploitait le réseau, échapper complètement à ce conflit entre l'intérêt général et l'intérêt particulier des Compagnies ? Incontestablement non : car, sous peine de compromettre les finances publiques, il serait bien forcé de se préoccuper du produit net de son exploitation, de ne pas laisser avilir ses recettes.

Mais il aurait, en outre, à tenir un certain compte de la rémunération indirecte de ses capitaux sous forme d'impôts, des progrès généraux de la richesse du pays, du développement de la prospérité nationale. Il se rapprocherait ainsi davantage du but idéal, qui serait de faire rendre par les chemins de fer leur maximum « *d'utilité absolue* ». Ce serait là sa supériorité; ce serait aussi pour ses finances une source de dangers, s'il ne gardait pas une juste mesure dans ses appréciations.

A peine avons-nous besoin de dire qu'il devrait opposer une résistance invincible aux tendances vers la gratuité de l'usage des voies ferrées, c'est-à-dire vers la réalisation d'une utopie, qui, du reste, a eu peu de défenseurs. Les chemins de fer ne sauraient, à aucun point de vue, être assimilés aux routes, ni même aux voies navigables. Alors, en effet, que les voies de terre servent à tous les citoyens, au paysan comme au citadin, à l'humble cultivateur comme au puissant industriel, alors que leur dépense de premier établissement a été relativement faible et peut être considérée comme amortie pour la plus large part, l'utilisation des voies ferrées est beaucoup plus inégalement répartie ; elles sont loin d'avoir le même développement et de pénétrer autant dans les diverses parties du territoire ; leur construction a imposé au pays des charges énormes, qui pèsent encore sur lui et qu'il serait souverainement irrationnel de faire porter sur l'ensemble des contribuables. Les voies navigables sont dans une situation intermédiaire et l'on a pu soutenir parfois que la suppression complète du péage avait été une erreur économique; nous ne discuterons pas cette opinion et nous ne la retiendrons que pour montrer combien plus fondées encore seraient les critiques contre la réduction excessive ou la suppression de la taxe de circulation sur les rails.

Nous ne raisonnons, bien entendu, que pour le présent. L'éventualité de l'amortissement des capitaux engagés dans l'œuvre des chemins de fer est encore trop éloignée pour qu'il soit utile de l'envisager et d'examiner en particulier ce que fera l'État, quand, à l'expiration des concessions, le réseau lui reviendra à titre gratuit. Accomplira-t-il alors la révolution économique que produirait la suppression du péage? Profitera-t-il au contraire de l'occasion, pour amortir une partie de sa dette? Il serait puéril de chercher à soulever les voiles de l'avenir.

Sans porter le regard aussi loin et à s'en tenir aux intérêts d'actualité, il n'en est pas moins avéré que l'État aurait pu prendre dans l'intérêt général certaines mesures, consentir à certains abaissements impossibles pour les Compagnies. Il aurait pu s'imposer de plus grands sacrifices, pour faciliter notre exportation. Il aurait pu, comme la Belgique, faire de plus grands efforts pour accroître le transit, peu considérable par lui-même, mais important par les industries qui se groupent autour de lui (1).

4. ARGUMENT TIRÉ DE L'ORGANISATION ADMINISTRATIVE DES COMPAGNIES. — Les partisans de l'exploitation par l'État font valoir qu'on n'est même pas fondé à porter à l'actif des grandes Compagnies l'esprit d'initiative et la liberté d'allures, si souvent invoqués par leurs défenseurs.

Il est incontestable qu'en raison même de l'étendue des réseaux, l'administration des Compagnies est hiérarchisée, réglementée, centralisée, au point de présenter une grande similitude avec les Administrations publiques. Au 31 décembre 1885, la consistance des concessions d'intérêt général était la suivante pour les six grandes Compagnies :

Nord...	3 705 (2) kilomètres,	dont	3 433 (2)	kilomètres	en exploitation,
Est.....	4 900 (3)	—	3 997	—	—
Ouest...	5 781 (4)	—	4 305	—	—
Orléans.	7 473 (5)	—	5 517	—	—

(1) Nous donnerons plus loin des indications sur l'importance du transit dont nous avons déjà eu l'occasion d'entretenir le lecteur, page 220.

(2) Y compris les lignes du Nord-Est, mais non compris les lignes belges.

(3) Y compris 249 kilomètres non encore déterminés.

(4) Y compris 109 kilomètres non encore déterminés.

(5) Y compris 400 kilomètres non encore déterminés.

P.-L.-M. 10 125 (1) kilomètres, dont 7 851 kilomètres en exploitation,
Midi.... 4 232 (2) — 2 588 — — .

Elles avaient dépensé, au 31 décembre 1884, 9 milliards six cents millions en frais de premier établissement, sans compter les subventions de l'État et des localités. Pendant l'année 1882, d'après les statistiques du Ministère des travaux publics (*voir* tome VI de notre Étude historique), leurs recettes brutes se sont élevées à 1 127 millions, et leurs dépenses d'exploitation à 592 millions. Le simple énoncé de ces chiffres suffit à donner une idée de l'importance de leur gestion, et l'on comprend sans peine que l'ordre, la méthode, la réglementation, soient les conditions essentielles du fonctionnement de pareilles industries.

A propos de la construction par l'État ou par les Compagnies, nous avons déjà fait connaître que la centralisation et le formalisme étaient au moins aussi grands du côté des Compagnies que du côté de l'État. Pour l'exploitation, nous n'avons pas les mêmes points de comparaison en France; mais il est permis de croire que la situation est analogue.

Le personnel est, de part et d'autre, organisé suivant des principes similaires. Les agents des Compagnies sont, comme ceux de l'État, de véritables fonctionnaires soumis à une hiérarchie étroite; leur initiative et leur responsabilité individuelle ne sont guère plus prononcées.

Les liens financiers qui unissent les Compagnies à l'État, la garantie d'intérêt dont elles sont dotées, la tutelle étroite en laquelle elles sont tenues, doivent incontestablement détendre dans une certaine mesure le ressort de cette activité qui fait la force de l'industrie privée.

La responsabilité des administrateurs est elle-même moins grande qu'on ne pourrait être porté à le croire de prime abord; quoiqu'investis des pouvoirs les plus étendus, ils ne contractent aucune obligation personnelle ni solidaire, relativement aux engagements de la Société (art. 32 du Code de commerce); ils ne répondent que de l'exécution de leur mandat. Les assemblées générales des actionnaires n'ont qu'un contrôle limité; nous avons indiqué, du reste, page 563, les conditions auxquelles il faut satisfaire pour y être admis.

Tout cela est vrai. Cependant si, au lieu de juger par le menu les divers organes du mécanisme, on le considère dans son ensemble, il est difficile de contester que, tout compte fait, les Compagnies n'aient une liberté d'allures et une initiative un peu supérieures à celles des administrations d'État. Quoi qu'on fasse, nos services publics, soumis au contrôle

(1) Y compris 513 kilomètres en Algérie et 598 kilomètres de chemins non encore déterminés.

(2) Y compris 160 kilomètres de chemins non encore déterminés.

des bureaux du Ministère, de la Cour des comptes et du Parlement, exposés aux critiques et aux attaques de la presse, seront toujours astreints à un formalisme plus rigoureux, à une observation plus étroite des règlements. Il leur faudra toujours plus d'écritures et plus de temps, pour les décisions de quelque importance.

On ne doit pas oublier non plus que, si les Compagnies bénéficient d'une garantie d'intérêt, les sommes versées à ce titre par le Trésor constituent des avances remboursables avec intérêts, et que les administrateurs sont dès lors conduits à faire leurs efforts, pour réduire ces avances au strict minimum et pour assurer la libération aussi prompte que possible de leurs sociétés.

Nous laissons de côté leur sentiment du devoir : car les fonctionnaires publics l'ont certainement au même degré et sont d'ailleurs stimulés par leur responsabilité politique ou administrative.

5. Argument tiré de l'expérience des pays étrangers. — C'est principalement sur l'exemple de la Belgique et sur celui de l'Allemagne que s'appuient les partisans de l'exploitation par l'État.

Nous allons donner, sauf à les commenter ensuite, quelques indications sur les tarifs moyens et le coefficient d'exploitation des chemins de fer de ces deux pays, rapprochés de ceux d'autres nations.

I. — *Taxes moyennes de 1872 à 1884.*

ANNÉES	FRANCE (impôt déduit)	ALLEMAGNE — CHEMINS de l'État	ALLEMAGNE — Chemins concédés, exploités par l'État	ALLEMAGNE — Chemins concédés, exploités par les Compagnies	ALLEMAGNE — ENSEMBLE	ALSACE-LORRAINE et LUXEMBOURG	AUTRICHE-HONGRIE — CHEMINS de l'État	AUTRICHE-HONGRIE — Chemins concédés, exploités par les Compagnies	AUTRICHE-HONGRIE — ENSEMBLE	BELGIQUE	ITALIE
	c.	c.	c.	c.	c.	c.	c.	c.	c.	c.	c.
1° Taxes moyennes pour les voyageurs											
1872	5,31	4,63	4,32	4,57	4,57	3,96	4,92	5,74	5,71	4,06	5,09
1873	5,30	4,49	4,28	4,46	4,46	3,69	5,03	5,81	5,78	3,95	5,24
1874	5,31	4,50	4,23	4,52	4,49	4,13	5,23	5,64	5,62	3,95	5,22
1875	5,21	4,58	4,15	4,75	4,59	4,63	5,20	5,63	5,61	3,91	5,07
1876	5,17	4,50	4,11	4,71	4,56	4,38	4,84	5,66	5,62	3,85	5,14
1877	5,20	4,40	4,09	4,70	4,49	4,30	5,51	6,00	5,97	3,81	5,01
1878	5,17	4,43	4,14	4,76	4,52	4,51	4,74	5,52	5,46	3,76	4,94
1879	5,17	4,39	4,07	4,67	4,45	4,46	4,97	5,64	5,58	3,72	4,83
1880	5,04	4,45	4,07	4,52	4,42	4,52	5,54	5,68	5,66	3,85	4,87
1881	4,99	4,41	4,03	4,50	4,38	4,58	5,25	5,66	5,60	3,89	4,84
1882	4,86	4,41	3,79	4,43	4,38	4,51	5,53	5,45	5,48	3,82	4,80
1883	4,77	4,37	3,73	4,46	4,35	4,45	4,88	5,37	5,25	»	4,90
1884	4,72	4,27	3,88	4,41	4,30	4,42	4,63	5,35	5,08	»	4,80
2° Taxes moyennes pour les marchandises en petite vitesse											
1872	5,91	6,15	5,15	6,01	5,91	5,07	5,88	8,23	8,15	»	6,92
1873	5,90	5,80	5,09	5,82	5,68	4,91	5,76	8,39	8,27	»	7,00
1874	5,97	5,94	5,19	6,09	5,86	5,24	6,20	8,03	7,95	5,69	6,86
1875	6,06	6,45	5,15	6,25	6,11	5,60	6,86	7,92	7,87	4,99	7,03
1876	6,05	6,30	5,01	6,06	5,95	5,44	6,30	7,65	7,58	5,01	6,82
1877	5,96	6,24	4,75	5,84	5,77	5,26	7,04	7,76	7,72	4,91	6,82
1878	5,97	6,05	5,16	5,66	5,73	5,15	6,99	7,51	7,49	»	7,13
1879	5,95	5,83	4,92	5,52	5,53	5,00	6,64	7,45	7,40	»	6,94
1880	5,95	5,56	4,65	5,77	5,41	5,01	7,35	7,28	7,29	»	6,99
1881	5,88	5,30	4,06	5,77	5,28	4,93	5,59	7,20	6,97	»	6,82
1882	5,89	5,21	4,35	5,64	5,16	4,76	5,34	6,94	6,59	5,00	6,90
1883	5,73	5,21	4,06	5,65	5,13	4,71	5,49	6,75	6,48	»	6,70
1884	5,90	4,95	5,48	5,77	5,01	4,66	6,32	7,47	6,95	»	6,70

II. — Recettes et coefficients d'exploitation.

PAYS	ANNÉE	RÉSEAUX	LONGUEUR TOTALE	LONGUEUR MOYENNE	CAPITAL ENGAGÉ par kilomètre	RECETTE BRUTE kilométrique	DÉPENSE KILOMÉTRIQUE	COEFFICIENT D'EXPLOITATION	RÉMUNÉRATION des CAPITAUX
			km.	km.	fr.	fr.	fr.		
Allemagne	1884-1885	Réseau de l'État	32.235	31.985	344.690	36.700	20.490	55,8 %	4,7 %
		Chemins concédés, exploités par l'État	466	466	264.710	20.420	12.420	60,8	3,05
		Chemins concédés, exploités par les Cies	4.081	4.003	215.550	20.460	11.150	54,5	3.9
		TOTAUX ET MOYENNES	36.782	36.454	329.525	34.710	19.360	55,8	4,6
Autriche-Hongrie	1884	1. Chemins Autrichiens :							
		a. Chemins de l'État, exploités par l'État	3.603	3.058	339.595	23.490	15.207	64,7 %	1,1 %
		b. Chemins concédés, exploités par l'État	1.499	1.485	439.460				
		c. Chemins de l'État, exploités par les Cies	84	84	107.290	5.822	5.035	86,4	0,7
		d. Chemins concédés, exploités par les Cies	5.197	5.075	349.067	44.560	28.793	64,6	4.5
		2. Chemins Austro-Hongrois	5.641	5.640	568.342	37.645	19.160	50,9	3,2
		3. Chemins Hongrois :							
		a. Chemins de l'État	3.753	3.614	256.605	18.787	12.630	67,2	2,4
		b. Chemins concédés, exploités par l'État	498	466	239.042	12.165	11.870	97,6	0,1
		c. Chemins concédés, exploités par les Cies	1.658	1.593	192.762	12.395	8.087	65,3	2,2
		TOTAUX ET MOYENNES	21.933	21.015	383.822	30.063	18.198	60,5	3,1

PAYS	ANNÉE	RÉSEAUX	LONGUEUR TOTALE	LONGUEUR MOYENNE	CAPITAL ENGAGÉ par kilomètre	RECETTE BRUTE kilométrique	DÉPENSE KILOMÉTRIQUE	COEFFICIENT D'EXPLOITATION	RÉMUNÉRATION des CAPITAUX
			km.	km.	fr.	fr.	fr.		
Belgique........	1884	Chemins exploités par l'État...........	3.109	3.100	392.000	38.770	23.155	59,5	3,90
		Chemins concédés et exploités par les Cies	1.472	1.472	»	26.400	14.050	53,2	»
		TOTAUX ET MOYENNES...........	4.581	4.572	»	34.800	20.220	58,1	»
Grande-Bretagne.	1884	Angleterre et Pays de Galles...........	21.465		774.570	70.000	36.900	53	4.27
		Écosse..........................	4.825		521.450	39.200	20.100	51	3,64
		Irlande..........................	4.063		220.040	17.400	20.600	56	3,50
		TOTAUX ET MOYENNES..........	20.353		660.110	58.000	30.600	53	4,16
Canada..........	1883-1884		»	15.408	156.470	11,270	8.630	76,6 %	1,7 %
Espagne	1883		8.241	8.040	»	20.870	8.900	42,6	»
États-Unis d'Amérique	1884	Nouvelle Angleterre.................	»	10.309	168.586	29.538	21.208	71,8	6,»
		États du Centre.....................	»	28.716	298.316	40.517	26.522	65,5	7,»
		— du Sud.........................	»	28.788	136.834	12.984	8.629	66,5	3,5
		— de l'Ouest et du Sud-Ouest.......	»	108.492	156.478	18.304	11.766	64,3	4,6
		— du Pacifique....................	»	9.811	221.525	18.348	11.033	60,1	3,7
		TOTAUX ET MOYENNES..........	»	186.116	178.813	21.532	14.042	65,2	5,1

PAYS	ANNÉE	RÉSEAUX	LONGUEUR TOTALE	LONGUEUR MOYENNE	CAPITAL ENGAGÉ par kilomètre	RECETTE BRUTE kilométrique	DÉPENSE KILOMÉTRIQUE	COEFFICIENT D'EXPLOITATION	RÉMUNÉRATION des CAPITAUX
			km.	km.	fr.	fr.	fr.		
France..........	1884	Réseau du Nord......................	3.374	3.345	409.000	50.275	25.958	51,6 %	5,9
		— de l'Est......................	3.940	3.852	398.000	34.302	21.282	62,0	3,3
		— de l'Ouest....................	4.087	4.021	406.00[illegible]	33.800	19.444	57,5	3,[illegible]
		— d'Orléans....................	5.296	5.096	369.000	35.999	19.176	53,3	4,6
		— de P.-L.-M.................	7.658	7.443	503.000	44.087	31.62[illegible]	49,0	4,5
		— du Midi......................	2.588	2.502	424.000	37.006	21.095	57,0	3,8
		Ceinture de Paris (R. D. et R. G.)......	29	32	2.373.000	221.914	187.885	84,7	1,4
		Grande Ceinture......................	92	122	608.000	27.847	31.959	114,8	--0,7
		Lignes secondaires concédées.........	217	217	394.000	22.597	12.373	54,8	2,6
		Chemins de fer de l'État.............	2.092	2.164	260.000	11.625	9.594	82,5	0,8
		Totaux et moyennes.........	29.373	28.722	418.000	37.620	20.595	54,7	4,1
Italie...........	1884	Lignes exploitées par l'État...........	5.667	5.571	324.900	28.980	20.000	62,1	2,8
		Lignes de l'État exploitées par une Cie..	1.622	1.552	255.870	8.940	12.440	139,0	—1,4
		Lignes concédées, exploitées par des Cies.	2.778	2.695	243.600	13.150	10.360	78,8	1,1
		Totaux et moyennes.........	10.067	9.818	291.800	21.470	16.160	75,3	1,8

PAYS	ANNÉE	RÉSEAUX	LONGUEUR TOTALE	LONGUEUR MOYENNE	CAPITAL ENGAGÉ par kilomètre	RECETTE BRUTE kilométrique	DÉPENSE KILOMÉTRIQUE	COEFFICIENT D'EXPLOITATION	RÉMUNÉRATION des CAPITAUX
			km.	km.	fr.	fr.	fr.		
Pays-Bas........	1882	Chemins de l'État exploités par une Cie.	1.163	1.125	296.600	20.290	12.150	59,9	3,0
		Chemins concédés, exploités par les Cies.	827	827	380.400	34.190	17.760	52,0	5,4
		Totaux et moyennes..........	1.990	1.952	329.400	26.180	14.530	55,5	4,1
États Scandinaves	1883	Danemark :							
		Chemins de l'État exploités par l'État..	1.102	»	109.300	8.700	6.800	77.9	1,8
		Chemins de l'État exploités par des Cies.	392	»	179.000	19.500	11.600	59,5	4,6
		Norwège :							
		Chemins de l'État exploités par l'État..	1.386	»	103.700	5.360	4.080	76,2	1,2
		Chemin concédé et exploité par une Cie.	68	»	218.100	27.500	13.600	49,5	6.5
		Suède :							
		Chemins de l'État exploités par l'État.	2.299	»	132.900	12.100	7.100	60.8	3,6
		Chemins concédés et exploités par une Cie.	3.088	»	107.500	8.580	4.380	51,1	4,2
Suisse..........	1884	Lignes normales.....................	2.795	2.795	328.000	23.910	11.990	50.1	2.8
		Lignes spéciales....................	95	89	191.300	11.150	7.400	66,4	2.4
		Totaux et moyennes..........	2.890	2.885	323.500	23.540	11.850	50,3	2,8

Rien n'est plus trompeur, ni plus difficile à manier intelligemment, que les chiffres statistiques; ce serait commettre une faute insigne que de les prendre tels quels, sans chercher à scruter toutes les circonstances qui peuvent influer sur eux et qu'ils ne révèlent pas aux esprits superficiels.

Nous ne pouvions cependant pas nous dispenser de fournir des indications sur les taxes moyennes et sur le coefficient d'exploitation d'un certain nombre de réseaux exploités par l'État ou par les Compagnies: car ce sont là les deux principales caractéristiques de la gestion des chemins de fer.

Tel est le but des tableaux qui précèdent.

L'examen de ces tableaux conduit aux observations suivantes :

1° La taxe moyenne kilométrique perçue en France sur les voyageurs (impôt déduit) est supérieure à celle de l'Allemagne, de l'Alsace-Lorraine et du Luxembourg, et de la Belgique, et inférieure à celle de l'Autriche-Hongrie et de l'Italie.

Pour les marchandises en petite vitesse, la situation est exactement la même.

La Belgique est de tous les pays celui qui a, sans contredit, les taxes les plus faibles.

Il ne faut pas toutefois perdre de vue, particulièrement pour les marchandises, que le produit moyen de la tonne kilométrique dépend essentiellement de la nature des transports. Si les matières pondéreuses dominent, ce produit moyen s'abaisse nécessairement; si, au contraire, la proportion des marchandises de valeur augmente, le phénomène inverse se produit. Or, précisément, en Allemagne les matières pondéreuses entrent dans le trafic de petite vitesse pour une quote-part plus importante qu'en France.

Il y a lieu aussi de tenir compte du système de tarification. C'est ainsi qu'en Allemagne la plupart des tarifs étant subordonnés au transport par wagon complet et comportant la manutention de la marchandise par l'expéditeur et le destinataire, le prix effectivement payé par le public comprend, outre la taxe acquittée entre les mains du transporteur, la rémunération du groupeur et les frais de chargement et de déchargement.

Il ne faut pas davantage faire abstraction de la différence des parcours; plus la distance moyenne est considérable, plus la taxe kilométrique peut être réduite, puisque les éléments constants de la dépense de transport se répartissent sur une plus grande longueur.

Il convient également de prendre en considération l'importance du trafic. Une ligne à grande circulation peut évidemment transporter à plus bas prix qu'une ligne peu fréquentée; la fraction des frais généraux qui pèse sur chaque voyageur et sur chaque tonne de marchandise est moins élevée; le matériel est mieux utilisé; les trains sont mieux remplis. Le trafic doit d'ailleurs être envisagé, non seulement au point de vue de son chiffre absolu, mais aussi au point de vue de sa répartition dans les deux sens de la circulation.

Il y a lieu encore d'avoir égard à la rémunération des capitaux de premier établissement; en faisant certains sacrifices sur cette rémunération, dans l'espoir de développer la richesse publique, un État peut évidemment réaliser un certain abaissement de ses taxes.

Le tracé des lignes n'est pas non plus négligeable : dans un pays accidenté, la traction est inévitablement plus coûteuse que dans un pays plat.

Nous ne voulons pas insister, pour le moment, sur toutes ces causes régulatrices des tarifs : ce serait anticiper sur les développements que nous consacrerons plus loin à la tarification. Nous nous bornons à les signaler ici en quelques mots, pour mettre le lecteur en garde contre des jugements téméraires. Les appréciations en pareille matière sont d'autant plus délicates que les statistiques des divers pays sont loin d'être dressées sur un type uniforme et même qu'elles sont encore fort incomplètes : pour en donner une preuve palpable, il nous suffira de rappeler qu'en France nous ne connaissons pas les distances moyennes de parcours des voyageurs et des marchandises ; chaque unité de trafic est comptée autant de fois qu'elle rencontre de réseaux différents sur son itinéraire.

En présence de tant de difficultés, un esprit réfléchi hésite à formuler des conclusions. Quoi qu'il en soit, pour jeter quelque jour sur la question, nous avons eu soin de consigner dans le second tableau, outre le coefficient d'exploitation, la dépense kilométrique de premier établissement, qui donne une notion des obstacles opposés à la construction et à l'exploitation par la topographie du sol; la recette brute kilométrique et la dépense correspondante, qui fournissent une mesure approximative du trafic; enfin la rémunération des capitaux, qu'il est indispensable de faire entrer en ligne de compte pour juger les tarifs.

Notre impression basée non seulement sur ces données, mais encore sur une étude prolongée du régime des chemins de fer en Europe et aux États-Unis, est la suivante :

Sans mériter tous les éloges qu'on lui a décernés, la situation en France, au point de vue des taxes moyennes, n'est pas non plus aussi mauvaise que l'ont parfois prétendu les adversaires des Compagnies.

Tout compte fait, elle nous paraît à peu près équivalente à celle de l'Allemagne.

La Belgique seule nous semble avoir une supériorité incontestable, malgré l'insuffisance de la rémunération directe des dépenses de construction. Il est juste d'ajouter que le transit constitue une part notable de son trafic.

2° Si, au lieu de comparer les taxes françaises aux taxes d'ensemble d'autres pays, on établit un parallèle entre les chemins exploités par l'État et les chemins exploités par des Compagnies sur le même territoire, soit en Allemagne, soit en Autriche-Hongrie, ce rapprochement tourne à l'avantage des chemins de l'État, surtout en Autriche où les chemins concédés, quoique dotés d'une circulation plus active, ont néanmoins des taxes plus élevées.

3° Le coefficient d'exploitation est moins élevé en France que dans la plupart des pays étrangers, et spécialement en Allemagne et en Belgique.

Mais ici encore nous devons prémunir le lecteur contre les illusions.

Le rapport entre les dépenses et les recettes brutes dépend d'une foule d'éléments, dont les plus importants sont le mouvement de la circulation, la nature du trafic, le taux des tarifs, les conditions techniques d'établissement des lignes, la structure du réseau : sur une ligne très fréquentée, la dépense par unité de trafic est relativement moindre; les voyageurs coûtent plus et rapportent moins, toute proportion gardée, que les marchandises; les matières susceptibles d'être transportées par trains ou par wagons complets donnent lieu à des frais moindres que les marchandises envoyées par petites quantités; les tarifs modiques, en abaissant les recettes brutes, relèvent le coefficient d'exploitation, sans que pour cela le service soit moins satisfaisant; la traction sur les chemins accidentés occasionne, toutes choses égales d'ailleurs, des frais supplémentaires; un réseau bien compact, bien coordonné, est plus facile à exploiter qu'un réseau dont les tronçons sont disséminés.

On voit donc avec quelle circonspection il faut tirer des conséquences du coefficient d'exploitation.

Pour se former une opinion impartiale, il serait nécessaire de faire porter la comparaison sur des lignes d'un tracé similaire, ayant la même circulation, comportant le même trafic, et rechercher les dépenses correspondantes : à peine avons-nous besoin de dire que c'est là un problème insoluble.

Étant donnés les tarifs et l'importance du trafic en Allemagne, en Belgique et en France, nous ne voyons pas de différence bien caractérisée dans la situation de ces trois pays au point de vue du coefficient d'exploitation.

4° Nous avons encore à comparer, comme nous l'avons fait pour les tarifs, les coefficients d'exploitation des réseaux exploités par l'État et des réseaux exploités par les Compagnies en Allemagne, en Autriche-Hongrie et en Belgique.

A cet égard, les deux régimes nous paraissent donner en définitive des résultats équivalents, sauf en Belgique, où les Compagnies ont l'avantage.

Les taxes moyennes et les coefficients d'exploitation, au sujet desquels nous venons de donner quelques indications, constituent, comme nous l'avons déjà dit, les principales caractéristiques de la gestion des chemins de fer. Cependant ils ne suffisent pas pour asseoir un jugement, et il n'est pas sans intérêt de rechercher, dans les pays mêmes où sont appliqués les deux régimes, quelle est l'opinion du public, quelles sont les réclamations et les plaintes, quelles sont les vues d'avenir. Nous procéderons à cette revue d'ensemble, lorsque nous examinerons le régime adopté par les différentes nations de l'Europe et par les États-Unis d'Amérique. Pour l'heure, nous nous contenterons de dire deux mots de l'Allemagne et de la Belgique, dont l'exemple a été invoqué par les défenseurs du maintien des voies ferrées entre les mains de l'État.

De l'Allemagne, nous avons peu de chose à relater. Les considérations politiques ou nationales y ont joué et y jouent encore un tel rôle dans les résolutions des Pouvoirs publics et même dans l'opinion, qu'elles effacent en quelque sorte les considérations économiques et commerciales. D'un autre côté, la discussion et la critique n'y sont point aussi libres qu'en France et que dans d'autres pays et ne peuvent par suite fournir les mêmes enseignements. Nos entretiens avec diverses personnes fort compétentes, qui ont habité l'Allemagne et qui y ont été mêlées à l'exploitation des chemins de fer, nous portent à croire que, même au point de vue technique et commercial, on y est assez satisfait de la gestion de l'État : les voies sont parfaitement entretenues, les gares sont généralement vastes et bien disposées, le matériel roulant est solide et confortable; si le personnel montre une certaine raideur, à laquelle du reste les Allemands sont habitués, en revanche il apporte dans son service de la régularité et de la ponctualité; le système de tarification, malgré ses défectuosités, semble assez généralement accepté.

En Belgique, l'exploitation par l'État est beaucoup plus discutée. M. Le Hardy de Beaulieu a présenté à la Chambre des députés, en 1879, sur le projet de budget du Ministère des travaux publics pour l'exercice 1880, un rapport nettement défavorable à cette exploitation. Le lecteur pourra trouver des extraits de ce rapport dans le *Journal des Économistes* (juillet 1880). Les objections de M. Le Hardy de Beaulieu portaient notamment sur les points suivants :

— impossibilité de prévoir les recettes et les dépenses, avec la précision que doit nécessairement comporter un budget d'État;

— dangers permanents pour l'équilibre de ce budget;

— inconvénient de faire peser sur les régions peu favorisées une partie des charges profitant au reste du pays;

— assimilation erronée entre le service des transports et les services publics;

— irresponsabilité de la direction, ou plutôt responsabilité limitée à celle de l'homme politique qui occupe momentanément le Ministère des travaux publics;

— tendances de l'Administration à se montrer routinière et peu accessible aux idées nouvelles et aux progrès;

— gestion administrative et nullement commerciale, faisant la loi aux usagers, les traitant en serviteurs et en vassaux;

— défaut de souplesse et de liberté d'allures; centralisation excessive; exagération du nombre des employés;

— comme conséquence, diminution du trafic et des recettes, et exagération des dépenses d'exploitation.

Pendant la session de 1882, les attaques contre l'exploitation par l'État se sont renouvelées devant la Chambre des représentants. Nos grandes Compagnies françaises ont distribué un extrait des débats, préparé par les soins de M. Michel, rédacteur du journal « le Parlement ». Indépendamment d'un certain nombre de critiques déjà formulées par M. Le Hardy de Beaulieu, nous y relevons des observations sur le luxe avec lequel serait traitée l'exploitation de certaines lignes; sur l'imputation au compte de premier établissement, de dépenses de réfection qui auraient dû prendre place, au moins pour partie, au compte d'exploitation; sur le caractère somptuaire de stations de second ou de troisième ordre; sur les abus toujours croissants de la bureaucratie.

Le Gouvernement a bravement fait tête à ses adversaires et le Ministre des finances, tout en reconnaissant l'opportunité de certaines réformes en ce qui concernait les intérêts de son département, a combattu aux côtés de son collègue des travaux publics. Somme toute, il n'est nullement question en Belgique d'un changement de régime. Nous avons vu, au contraire, que le champ d'action de l'État n'avait cessé de s'y étendre.

b. Arguments en faveur de l'exploitation par les compagnies. — Passons maintenant aux arguments invoqués en faveur de l'exploitation par les Compagnies ; bien qu'ils soient nombreux, ils ne nous retiendront pas très longtemps, par suite des développements dans lesquels nous avons dû entrer au sujet de la thèse de l'exploitation par l'État.

1. Argument tiré du but essentiel des voies ferrées. — En rappelant brièvement le rôle des chemins de fer, nous avons reconnu que, si ce rôle est mixte, s'il touche à la politique, au Gouvernement et à l'Administration, il est, avant tout et par-dessus tout, industriel et commercial ; nous avons constaté que le développement de la production, des échanges, des transactions dans toutes les branches de l'industrie et du commerce, a été leur but et leur effet prédominant.

Les défenseurs des Compagnies en déduisent cette conséquence que, la gestion des voies ferrées devant être appropriée à leur rôle et à leur objet, il était rationnel et même indispensable de la laisser entre les mains de l'industrie privée.

Sans contredit, l'Administration des chemins de fer doit revêtir un caractère sinon exclusivement, du moins principalement industriel ; elle ne doit pas s'inspirer de principes inflexibles, s'enfermer dans des règles étroites, se lier par des formules mathématiques. Il lui faut de la souplesse et de l'élasticité. Il importe qu'elle dépouille toute prétention de suprématie et de souveraineté au regard des usagers ; qu'elle aille au devant du trafic, qu'elle le provoque, qu'elle l'attire ; qu'elle accepte les discussions, les débats, les concessions réciproques ; qu'elle ne s'avise pas de se soustraire aux responsabilités.

L'État est-il entaché à cet égard de l'incapacité absolue qu'on lui a si souvent et si violemment reprochée ? Les grandes Compagnies du type français ont-elles, au contraire, l'aptitude irréprochable qu'on s'est plu à leur reconnaître ? Il y a eu incontestablement excès de sévérité d'une part, excès de bienveillance de l'autre.

Nous avons déjà vu par les exemples pris à l'étranger que, même au point de vue industriel, la gestion de l'État peut, au moins dans certains pays, supporter la comparaison avec celle des Compagnies voisines, et qu'en tout cas, si elle lui est inférieure, cette infériorité n'est pas assez manifeste pour la condamner absolument.

Nous avons vu notamment qu'en Belgique, où elle a été si vivement attaquée, elle a su assouplir la tarification, créer des taxes spéciales répondant aux besoins du commerce, recourir à des procédés que les Compagnies considèrent comme leur apanage.

D'un autre côté, nous avons vu aussi que l'étendue de leurs réseaux, leur organisation puissante, les liens de toute nature qui les unissent à l'État, donnent aux grandes Compagnies françaises plus d'un trait de similitude avec nos administrations publiques. Nous ne répéterons pas ici ce que nous avons déjà dit de leur centralisation, du formalisme qui leur est imposé par la multiplicité de leurs opérations, de la hiérarchisation de leur personnel, des entraves apportées à leur liberté d'allures par leur solidarité financière avec l'État et par la tutelle en laquelle elles sont tenues.

Néanmoins, nous l'avons déjà fait connaitre, le régime des Compagnies, envisagé dans son ensemble, comporte à notre avis plus de souplesse, d'indépendance et d'initiative, que celui de l'exploitation par l'État. C'est là un fait qui est dans la nature des choses, que l'on peut atténuer par une intelligente décentralisation, mais qui subsiste inévitablement dans une certaine mesure. Quels que soient les expédients auxquels les Pouvoirs publics aient recours, le contrôle incessant des bureaux du Ministère, de la Cour des comptes et du Parlement, obligera toujours les services publics à une réglementation plus rigoureuse.

Ainsi, sans être telle qu'on l'a soutenu, l'aptitude industrielle des Compagnies est nécessairement supérieure à celle de l'État.

2. Argument tiré du recrutement, des tendances et de l'instabilité du personnel de l'État. — Sur ce point comme sur les autres, les partisans de l'exploitation par les Compagnies ont dépeint la situation sous des couleurs un peu trop sombres.

Il est malheureusement vrai que les candidats aux emplois de l'État mettent trop souvent en jeu les influences dont ils peuvent disposer et que les membres du Parlement, en particulier, voient tous les jours s'accroître le nombre de leurs protégés : c'est là une conséquence du régime électif. Mais on aurait tort de croire que la nomination des agents dans les services publics est entièrement à la discrétion des mandataires élus. L'attribution de beaucoup d'emplois est subordonnée à un concours préalable, et, pour les autres, l'Administration supérieure, qui a charge d'âmes et qui doit avant tout veiller au bon fonctionnement du service, serait coupable si elle cédait trop facilement aux pressions politiques et si elle ne tenait pas un juste compte des capacités professionnelles. D'ailleurs, les administrateurs des Compagnies sont parfois aussi en butte aux sollicitations. Ajoutons encore que les fonctions de l'État n'ont pas perdu tout leur prestige en France et qu'elles continuent à être très recherchées. Cependant nous admettons volontiers que les Compagnies ont un peu plus de liberté pour leur recrutement.

Quant à la différence qui existerait entre l'application au travail des agents de l'État et celle des agents des Compagnies, nous nous en sommes déjà expliqué à maintes reprises. Bien que moins rétribués, les fonctionnaires publics ont en général un sentiment profond de leurs devoirs ; en tout cas, ce sentiment est assez développé chez les agents supérieurs, auxquels il appartient de donner l'impulsion aux services, pour que les adversaires de l'État n'y trouvent pas une raison péremptoire à l'appui de leur thèse. A la vérité, divers publicistes, sans attaquer les tendances personnelles des fonctionnaires de l'État, font remarquer que, par la force des choses, ils sont plus nombreux et par suite moins occupés. Voici, à cet égard, quelques renseignements extraits des statistiques officielles :

1° — *Chemins de fer français (1883).*

	NORD	EST	OUEST	ORLÉANS	P.-L.-M.	MIDI	ÉTAT
Longueur livrée à l'exploitation au 31 décembre	km. 2.670	km. 3.609	km. 3.782	km. 4.527	km. 6.938	km. 2.468	km. 2.848
Longueur moyenne exploitée pendant l'année	2.630	3.565	3.773	4.476	6.807	2.415	2.765
Recette brute kilométrique	fr. 64.055	fr. 37.995	fr. 35.782	fr. 40.386	fr. 50.398	fr. 41.382	fr. 9.640
Nombre de voyageurs ramené à la distance entière	v. 394.836	v. 250.002	v. 325.599	v. 233.085	v. 266.788	v. 258.999	v. 108.158
Nombre de tonnes de marchandises ramené à la distance entière	t. 721.449	t. 399.027	t. 239.653	t. 385.175	t. 579.140	t. 354.851	t. 79.883
Nombre de fonctionnaires et agents par kilomètre — Administration centrale	0.08	0,11	0,14	0,07	0,06	0,19	0,12
Mouvement et trafic	4,73	3,56	3,74	2,44	4,47	3.97	0,95
Traction et matériel	3,68	2,55	2,39	1,81	2,64	1.87	0,85
Voie et bâtiments	5,72	2,53	2,71	1,92	2,35	3,13	1.81
TOTAUX	14,21	8,75	8,98	6,24	9,52	9,16	3,73

2° — *Allemagne* (Exercice 1880-1881) (1).

	CHEMINS DE L'ÉTAT ou exploités à son compte	CHEMINS PRIVÉS administrés par l'État	CHEMINS PRIVÉS	TOTAUX ET MOYENNES
Longueur livrée à l'exploitation au 31 décembre	22.596 km.	3.750 km.	7.720 km.	34.067 km.
Longueur moyenne exploitée pendant l'année	22.462	3.612	7.644	33.789
Recette brute kilométrique	32.186 fr.	47.255 fr.	26.135 fr.	32.255 fr.
Nombre de voyageurs ramené à la distance entière	205.000 v.	205.000 v.	164.000 v.	195.000 v.
Nombre de tonnes de marchandises ramené à la distance entière	373.000 t.	699.000 t.	279.000 t.	388.000 t.
Nombre de fonctionnaires et agents par kilomètre — Service général	0.36	0.38	0.36	0,36
Service de la voie	2.68	3,24	2,46	2,69
Service des transports	4.18	5.19	3.37	4,10
TOTAUX	7,22	8,81	6,19	7,15

3° — *Belgique* (Chemins de fer de l'État) (1880) (2).

	ÉTAT
Longueur livrée à l'exploitation au 31 décembre	2.732 km.
Longueur moyenne exploitée pendant l'année	2.702
Recette brute kilométrique	43.550 fr.
Nombre de voyageurs ramené à la distance entière	303.416 v.
Nombre de tonnes de marchandises ramené à la distance entière	431.912 t.
Nombre de fonctionnaires et agents par kilomètre — Service général	0,17
Voie et travaux	4,75
Traction et matériel	5,01
Exploitation	3,23
Contrôle des recettes et des matières	0,26
TOTAUX	13,32

Quelles conséquences peut-on tirer de ces tableaux ? Au premier abord il semble en résulter :

(1) Nous avons choisi l'exercice 1800-1881, afin de remonter à une époque où les chemins concédés avaient encore quelque importance en Allemagne.

(2) L'année 1880 est la dernière pour laquelle les statistiques officielles de la Belgique aient donné le détail des effectifs de personnel.

1° Que le personnel est moins bien utilisé en France qu'en Allemagne et mieux au contraire qu'en Belgique;

2° Que, chez nos voisins d'outre-Rhin, les Administrations d'État sont supérieures aux Compagnies ou tout au moins ne leur sont point inférieures.

Cependant nous devons formuler les réserves les plus expresses à cet égard : car les statistiques peuvent ne pas être dressées sur les mêmes bases, notamment en ce qui concerne les ouvriers à la journée. C'est ainsi qu'en Belgique les chiffres ci-dessus indiqués comprennent tous les ouvriers, à l'exception de ceux qui ne sont admis qu'à titre tout à fait temporaire et qui sont payés sur fonds spéciaux.

Reste l'objection tirée de l'instabilité des fonctionnaires publics. Les changements malheureusement trop fréquents des Ministres et même ceux des Directeurs du Ministère fournissent incontestablement un argument sérieux aux défenseurs de l'exploitation par les Compagnies : il est certain que ces changements de titulaires sont un obstacle à l'esprit de suite et que les Compagnies peuvent revendiquer comme un avantage la durée des services et l'expérience de leurs administrateurs. Toutefois, il ne faudrait pas exagérer le mal. Si l'Administration centrale a une action incontestable sur la direction générale des affaires, cette action est limitée. A côté d'elle, il y a les fonctionnaires extérieurs qui n'ont pas la même mobilité et dont l'influence effective sur la gestion est en somme prépondérante. Ces fonctionnaires sont-ils plus fréquemment déplacés que ceux des Compagnies ? La proportion dans laquelle a été tentée en France l'exploitation par l'État est trop modeste, l'épreuve est surtout trop récente, pour fournir un élément d'appréciation. Nous n'en sommes pas moins disposé à admettre dans une certaine mesure l'argument des défenseurs de l'exploitation par les Compagnies, mais sans lui attribuer une portée excessive. Car si, au lieu d'envisager un réseau en voie de constitution où le personnel n'a pas encore son assiette, on considère un réseau entré dans la période normale d'exploitation ; si, au lieu de céder à l'impression produite par les remaniements que nos nouvelles institutions ont nécessairement entraînés dans le personnel de l'État, on voit les choses de plus haut et de plus loin ; si enfin on n'oublie pas que les agents des chemins de fer sont des agents techniques et non des agents politiques, on doit reconnaître que ces agents n'auraient pas la mobilité fébrile qui leur a été imputée.

3. Argument tiré des lenteurs des services de l'État. — Dans un article humoristique qu'il a rédigé en 1878 pour la *Revue des Deux-Mondes*, l'éminent directeur de la Compagnie de l'Est a cité, d'après des documents authentiques, un certain nombre d'épisodes de l'exploitation par l'État,

qui révèlent en effet de la part de l'Administration un défaut de promptitude de décision et des lenteurs absolument préjudiciables à l'intérêt public.

Mais ces épisodes remontent à la période de 1849 à 1852, c'est-à-dire à une époque déjà reculée. L'État n'avait alors aucune expérience de la gestion industrielle des chemins de fer; l'organisation provisoire à laquelle il s'était arrêté comportait une centralisation excessive; le Ministre avait eu le tort de se réserver la décision sur toutes les affaires.

Les incidents relatés par M. Jacqmin ne se seraient pas produits, pour la plupart, avec une organisation plus sage, avec une centralisation moins étroite, avec un peu plus d'expérience.

Dans tous les pays où le système de l'exploitation par l'État a prévalu, des mesures ont été prises pour émanciper l'Administration des chemins de fer, pour lui donner la liberté d'allures qu'exige impérieusement toute opération industrielle, pour hâter l'instruction et l'expédition des affaires. Nous aurons plus tard à exposer les traits généraux de l'organisation en vigueur en Allemagne, en Belgique, en Italie, et nous ferons, à cette occasion, la preuve de ce que nous avançons pour le moment.

En France même, lorsque M. de Freycinet et M. Léon Say ont eu à pourvoir provisoirement à l'exploitation directe des chemins de fer rachetés en vertu de la loi du 18 mai 1878, ils ont eu soin de donner au Conseil d'administration des pouvoirs étendus pour la nomination et la révocation du personnel, pour la fixation des tarifs, pour l'approbation des règlements intérieurs, pour la conclusion des marchés, pour la gestion financière; ils se sont attachés à calquer autant que possible, à cet égard, l'organisation des grandes Compagnies.

Il ne faudrait donc pas exagérer l'accusation de lenteur portée contre l'exploitation par l'État.

Nous n'en admettons pas moins que, dans certains cas, les décisions sont un peu moins rapides. L'emploi des deniers publics commande certaines précautions, certaines règles, qui ne s'imposent pas au même degré pour l'emploi des fonds versés par des actionnaires ou des obligataires. Le Ministre des travaux publics, responsable devant le Parlement, doit nécessairement conserver l'autorité suprême sur l'Administration; il doit pouvoir évoquer les affaires, quand il le juge à propos; il doit se réserver certaines décisions importantes.

La marche générale du service en souffre-t-elle? Les usagers en éprouvent-ils un préjudice? Il serait difficile de citer des faits précis pour l'affirmer; l'émancipation du Conseil d'administration est en effet complète, pour tout ce qui touche aux rapports journaliers avec le public. Quoi qu'il en soit, nous devions reconnaître la petite part de vérité contenue dans le reproche articulé contre les lenteurs de l'exploitation par l'État.

4. Argument tiré des tendances inévitables de l'État vers le système égalitaire. — Les défenseurs de l'exploitation par les Compagnies font valoir que l'État, obligé de se prémunir contre tout soupçon de partialité, serait conduit à appliquer un régime égalitaire, c'est-à-dire anticommercial, à régler les tarifs d'après des formules mathématiques, à exagérer le nombre des trains et les dépenses sur les lignes à faible trafic. Ce serait méconnaître absolument les principes les plus élémentaires de l'économie sociale.

Cet argument doit être discuté au point de vue de l'exploitation technique et au point de vue de l'exploitation commerciale.

En ce qui concerne l'exploitation technique, l'Administration eût-elle toutes les faiblesses dont on l'accuse, elle serait impuissante à traiter sur le pied d'égalité les grandes artères et les lignes secondaires. Ces dernières ont toujours un tracé moins parfait, des déclivités plus accusées; il y a impossibilité matérielle à les doter de trains aussi rapides, à y faire le même service. Au surplus, nous ne voulons pas nous emparer d'une exagération de polémique; nous nous bornons à en retenir cette imputation, que l'État ne pourrait exploiter avec assez de parcimonie les chemins à faible circulation. Les chiffres que nous avons déjà cités et ceux que nous donnerons plus loin pour le coefficient d'exploitation de lignes comparables exploitées, les unes par les Compagnies, les autres par l'État, ne militent pas en faveur de cette appréciation. Cependant nous admettons que, dans un pays comme la France où les influences politiques sont très puissantes, il peut y avoir un certain danger, et que l'Administration pourrait être parfois entraînée à multiplier les trains au delà du nécessaire.

En ce qui concerne l'exploitation commerciale, la question est beaucoup plus grave. Les défenseurs des Compagnies et la plupart des économistes soutiennent que les tarifs doivent être exclusivement ou à peu près exclusivement fixés d'après la valeur des transports, déterminée elle-même par le jeu de l'offre et de la demande, et que dès lors il est tout à fait irrationnel de les enfermer dans des règles algébriques. Ils ajoutent que telle serait cependant la tendance inévitable de l'État et qu'à elle seule cette raison suffirait à condamner son intervention directe dans l'exploitation des voies ferrées. Ne voulant pas anticiper sur les développements que nous consacrerons plus loin à la tarification, nous nous contenterons de quelques courtes réflexions à cet égard. Si l'on se tient dans le domaine de la science pure et des abstractions, si l'on ne considère les chemins de fer que comme des instruments commerciaux, si l'on croit ne devoir en conséquence manier ces instruments que d'après les procédés usités dans le commerce et l'industrie, il n'y a rien à redire à la thèse que nous venons de rappeler en deux mots et que le regretté M. Solacroup, directeur de la Compagnie d'Orléans, a si bien résumée dans la formule suivante : « Le vrai principe, « en matière de tarifs, est de faire payer à la marchandise tout ce qu'elle « peut payer. » Mais en pratique, pour séduisante qu'elle soit, cette formule ne saurait être admise sans restriction sur notre réseau. Tout d'abord, en effet, les cahiers des charges des concessions ont limité les taxes par des maxima qui varient bien avec la nature des objets transportés, mais qui n'en sont pas moins réglés d'après la seule longueur des parcours, sans distinction entre les lignes accidentées et les lignes en pays plat, entre les clients qui se servent fréquemment du chemin de fer et ceux qui n'en usent que rarement, entre les époques où la circulation est active et celles où le trafic est au contraire peu considérable ; à la vérité, ils ont accordé aux Compagnies la faculté d'abaisser leurs perceptions au-dessous des maxima, avec ou sans conditions, soit pour le parcours total, soit pour les parcours partiels ; mais une fois les taxes ainsi abaissées, elles ne peuvent plus être relevées avant un délai de trois mois pour les voyageurs et d'un an pour les marchandises. Les traités particuliers qui auraient pour effet d'attribuer à un ou plusieurs expéditeurs des réductions sur les tarifs approuvés sont formellement interdits. Voilà, pour ne citer que les dispositions les plus essentielles des actes de concession, des obstacles légaux à une adaptation pour ainsi dire journalière des taxes à la valeur du service rendu. Ces dispositions sont d'ailleurs en vigueur depuis trop longtemps pour qu'il puisse être question d'y porter la main. Ajoutons que les grandes Compagnies n'en ont pas réclamé la revision. M. Solacroup lui-même, en prononçant la phrase célèbre ci-dessus relatée, n'avait nullement en vue la variation incessante des taxes : il connaissait trop les nécessités des transactions, qui exigent au contraire une stabilité aussi grande que possible dans les frais de transport. Son but était surtout de justifier les anomalies et les incohérences reprochées aux tarifs spéciaux de la Compagnie d'Orléans.

D'un autre côté, on ne doit point oublier que l'État a prêté et continue à prêter son concours financier à l'exécution et à l'exploitation des chemins de fer, notamment dans les régions où le trafic est peu abondant ; que les départements pauvres fournissent, comme les départements riches, leur quote-part d'impôts, pour faire face aux dépenses mises ainsi à la charge du Trésor ; et qu'il serait dès lors inique de ne point les faire bénéficier dans une large mesure des mêmes avantages. On ne doit pas davantage perdre de vue que la valeur économique d'un transport est très difficile à apprécier avec quelque exactitude : la recherche de la péréquation entre cette valeur et le montant de la taxe est comparable à celle de la quadrature du cercle.

Ces considérations et beaucoup d'autres encore, sur lesquelles nous nous expliquerons plus tard, devaient nécessairement appeler non seulement de la fixité, mais encore quelque uniformité dans les tarifs.

Aussi les grandes Compagnies n'ont-elles pas manqué d'admettre elles-mêmes, dès l'origine, certaines règles pour l'assiette de leurs taxes. Les transports de voyageurs ont été tarifés, à très peu près, sur la base des maxima déterminés par le cahier des charges. Quant aux transports des marchandises de détail, ils ont fait l'objet de tarifs généraux qui, au moins pour plusieurs réseaux, obéissent à des lois mathématiques. A côté de ces tarifs généraux, les Compagnies ont créé, pour les transports par grande masse, des tarifs conditionnels ou spéciaux qui sont devenus de plus en plus nombreux : c'est seulement pour cette dernière catégorie de tarifs qu'elles ont cherché à appliquer les principes économiques, à tenir compte de l'intensité des transports, du profil des lignes, de la valeur du service rendu. Créés au jour le jour, suivant les besoins et les inspirations du moment, les tarifs spéciaux se sont peu à peu multipliés, au point d'encombrer ce gros recueil Chaix dont il a été si souvent question dans les débats ou les enquêtes parlementaires de ces dernières années. En les examinant de près, on y a reconnu des inégalités, des anomalies qui ne trouvaient plus leur justification ; on a compris la nécessité de les reviser et de les unifier dans une certaine mesure. A l'occasion des conventions de 1883, les Compagnies ont pris à cet égard des engagements fermes et explicites.

On le voit, l'uniformité maintenue dans de sages limites est une nécessité pratique qui s'impose inévitablement avec le régime français.

S'ensuit-il qu'il faille poursuivre à outrance cette uniformisation des taxes, ne plus faire de différence entre les transports par masse et les transports de détail, ne plus tenir compte des difficultés d'exploitation de certaines lignes, négliger l'intensité des courants commerciaux, faire abstraction des concurrences, refuser des prix avantageux pour les mêmes marchandises, quand la distribution du trafic permet de profiter de wagons faisant retour à vide pour transporter économiquement ces marchandises ? Entrer dans cette voie, ce serait faire absolument fausse route, ce serait commettre une erreur plus grave même que celle de la multiplicité excessive des taxes, ce serait certainement réduire la circulation et porter une atteinte profonde à la richesse publique.

Ce qu'il importe de faire, c'est de chercher à confondre dans les mêmes barèmes les transports similaires auxquels il n'y a pas de raison manifeste d'appliquer un traitement différent, c'est de concilier la vérité économique avec la simplicité et la clarté que réclameront toujours le tempérament et le génie de la nation française, c'est de ne marcher à la remorque ni des théoriciens qui préconisent une tarification « exclusivement commerciale », ni de ceux qui préconisent une tarification « exclusivement mathéma- « tique ».

Telle est la vérité et la sagesse.

L'État est-il impuissant à s'arrêter au point voulu, est-il forcément conduit à exagérer le système égalitaire ? Le mieux, pour s'en rendre compte, est de consulter les résultats de l'expérience.

En Allemagne, on trouve à côté des tarifs généraux applicables aux colis isolés :

1° Un tarif A_1, applicable aux marchandises autres que celles qui sont dénommées dans les tarifs spéciaux et exceptionnels, circulant en petite vitesse par chargement d'au moins 5 tonnes;

2° Un tarif analogue B, pour les mêmes marchandises circulant par chargement d'au moins 10 tonnes;

3° Trois tarifs spéciaux I, II et III, pour certaines marchandises dénommées, réparties en trois groupes et circulant également par quantité d'au moins 10 tonnes;

4° Un tarif A_2, pour les marchandises dénommées dans ces tarifs spéciaux et circulant par quantité d'au moins 5 tonnes;

5° Divers tarifs exceptionnels.

Sur le réseau de l'État belge, on trouve :

1° Un tarif général, qui se décompose lui-même en quatre applicables :
 le premier, aux expéditions de 400 kilogs ou payant pour ce poids ;
 le second, aux expéditions de 5 tonnes de certaines marchandises dénommées ;
 le troisième, aux expéditions de 5 tonnes d'autres marchandises ;
 le quatrième, aux expéditions de 10 tonnes de marchandises dénommées ;

2° Des tarifs d'abonnement ;

3° Des tarifs spéciaux, qui s'appliquent principalement aux importations et aux exportations par mer et qui, en 1881 par exemple, ont donné 29 % de la recette totale de la petite vitesse.

Les tarifs de cette dernière catégorie sont au nombre de 28; les uns sont à base kilométrique, les autres comportent des prix de gare à gare.

L'administration des « chemins de fer de l'État » constituée en France par les décrets de 1878 a elle-même, outre ses tarifs généraux comportant six séries, treize tarifs spéciaux, les uns sans condition de tonnage, les autres par wagon complet. Parmi ces tarifs spéciaux, il en est qui faisaient partie de l'héritage des anciennes Compagnies et qui ont dû être maintenus pour éviter des relèvements ; mais il en est aussi qui ont été créés de propos délibéré par le Conseil d'administration.

Les taxes spéciales et même les prix de gare à gare ne sont donc pas absolument incompatibles avec l'exploitation directe par l'État ; l'uniformisation et la simplification à outrance ne sont pas la conséquence forcée de ce système de gestion des chemins de fer.

Est-ce à dire que nous approuvions les principes qui ont présidé à la tarification en Allemagne et en Belgique ? Est-ce à dire que nous n'ayons aucune appréhension sur la tendance des Administrations d'État à pousser un peu trop loin l'uniformisation ? Nous reviendrons sur ce point dans un chapitre ultérieur. Pour le moment, nous n'avons d'autre but que de réduire à sa juste valeur le grief allégué par les adversaires de l'exploitation directe des voies ferrées.

5° Argument tiré de la tendance a la suppression du péage. — Est-il exact que le public assimile à l'impôt les taxes de transport sur les chemins de fer exploités par l'État, qu'il y voie une perception fiscale et non la rémunération d'un service rendu, qu'il en poursuive sans relâche la réduction, que les Pouvoirs publics doivent être entraînés malgré eux à des dégrèvements successifs et prématurés, qu'ils doivent infailliblement aboutir à la suppression du péage ?

Ici encore, l'expérience est le meilleur guide pour répondre à cette question.

En Allemagne, nous l'avons vu, la taxe kilométrique moyenne sur les chemins exploités par l'État est descendue progressivement aux chiffres suivants extraits des statistiques officielles de l'année 1884 :

	CHEMINS DE L'ÉTAT	CHEMINS CONCÉDÉS exploités par l'État
Taxe kilométrique moyenne pour les voyageurs	4c27	3c88
— pour les marchandises en petite vitesse	4,95	5,48

D'autre part, la rémunération des capitaux pendant l'exercice 1884-1885 a été de :

4,7 pour les chemins de l'État,

et 3,05 pour les chemins concédés, exploités par l'État.

Le simple rapprochement de ces chiffres prouve que les réductions n'ont pas été excessives.

En Belgique, les taxes sont tombées à 3 c. 8 environ par voyageur kilométrique et à 5 c. par tonne kilométrique, sur le réseau de l'État; la rémunération des capitaux n'a pas dépassé 3,9 °/₀ en 1884. Tout en ayant égard aux avantages indirects que l'abaissement des tarifs a procurés au pays, on doit constater que cet abaissement a été trop rapide. Le Gouvernement belge l'a lui-même reconnu, puisqu'en présence des déficits de son budget il a cru devoir, en 1879, relever de 5 °/₀ le tarif des voyageurs.

En France, pendant l'année 1883, la taxe moyenne du réseau de l'État a été de 3 c. 73 pour les voyageurs et de 5 c. 49 pour les marchandises, alors que les chiffres correspondants sur l'ensemble des chemins de fer français était de 4 c. 77 et de 5 c. 73. Les réductions accusées par la comparaison entre ces divers chiffres ne sont pas aussi exagérées qu'elles pourraient le paraître au premier abord; elles ont incontestablement porté leurs fruits et trouvé une certaine compensation dans le développement de la circulation. Néanmoins il faut reconnaître que, au moins pour certaines marchandises et certaines lignes, elles ont été trop hâtives.

Mais s'il y a eu quelques imprudences commises, soit en Belgique, soit en France, il ne faudrait pas les juger trop sévèrement; il ne faudrait pas surtout en déduire que l'objectif de ces deux pays ait été la suppression du péage. Les Pouvoirs publics belges ont toujours admis au contraire que les recettes devaient suffire pour faire face aux charges de l'exploitation, ainsi qu'à l'intérêt et à l'amortissement des dépenses de construction ou de rachat. Somme toute, au 31 décembre 1884, le total des soldes actifs accumulés était encore de 60 millions, malgré la brèche qui y a été ouverte depuis une dizaine d'années. En ce qui concerne le réseau d'État français, on ne doit pas oublier les conditions difficiles dans lesquelles il est né; les entraves qui s'opposaient au développement de son trafic; la concurrence avec laquelle il avait à compter, soit de la part des Compagnies voisines, soit de la part du cabotage; les efforts qu'il devait faire pour vivre; le rôle qu'il était appelé à jouer dans la revision du régime général des chemins de fer; son champ a du reste été trop restreint et l'épreuve est trop récente pour donner des renseignements décisifs.

Ainsi, sans méconnaître le péril dans des pays comme la Belgique ou la France, où les considérations politiques pèsent souvent sur les déterminations du Gouvernement, nous ne saurions adhérer sans réserve à l'accusation lancée contre l'exploitation des chemins de fer par l'État; l'ardeur de la polémique a entraîné trop loin les champions des Compagnies.

Il est un devoir inéluctable qui s'imposera toujours au législateur : c'est d'équilibrer le budget, et, si les chemins de fer étaient entre les mains de l'État, il se formerait nécessairement dans les Chambres une majorité prudente et sage, pour résister aux tendances par trop imprévoyantes de quelques-uns de leurs membres.

Quoi qu'il en soit, nous ne nous dissimulons pas que, si le danger n'est pas redoutable, il mérite de fixer l'attention et d'appeler les plus sérieuses méditations. Les dégrèvements prématurés qui ont été opérés, il y a quelques années, pour les sucres, sont de nature à inspirer quelques craintes à cet égard.

6. Argument tiré de l'instabilité des taxes. — Quelle est la valeur de l'argument tiré de la mobilité, de l'instabilité des taxes? Est-il exact que les tarifs seraient exposés à flotter au gré des idées économiques du jour ou des nécessités financières ? C'est là un argument qui nous touche peu, et cela pour plusieurs raisons.

De ces raisons, la première est que les tarifs des chemins de fer exploités par l'État à l'étranger n'ont pas subi des fluctuations très fréquentes et qu'ils ont, comme ceux des Compagnies, suivi une marche à peu près constamment décroissante. Sans doute il y a eu des changements de système, notamment en Allemagne, pour la tarification des marchandises; sans doute nos voisins d'outre-Rhin ont été amenés, en 1874, à certains relèvements; sans doute encore les Belges ont dû, ainsi que nous l'avons fait connaître, augmenter de 5 % en 1880 leurs tarifs de voyageurs. Mais il convient de ne pas s'arrêter outre mesure à des incidents qui ne jouent après tout qu'un rôle secondaire dans l'histoire des chemins de fer. D'ailleurs, les Compagnies elles-mêmes n'ont pu se soustraire à la nécessité des remaniements périodiques et, aujourd'hui même, elles procèdent en France à une refonte de leurs taxes conformément à leurs engagements de 1883.

En second lieu, chacun sait les précautions et les lenteurs auxquelles les Pouvoirs publics n'échappent presque jamais, quand ils veulent toucher profondément au régime des impôts et plus particulièrement au régime des tarifs douaniers. Les enquêtes, les études des Commissions administratives ou extraparlementaires, les rapports à la Chambre ou au Sénat, s'accumulent les uns sur les autres. Il y a là des garanties indéniables contre les tendances prime-sautières et irréfléchies.

Enfin, et c'est la raison prédominante, l'État peut agir sur les taxes, alors même que les chemins de fer sont exploités par des concessionnaires. Il lui suffit d'établir des impôts sur les transports et d'en faire varier la quotité suivant les circonstances, suivant les nécessités budgétaires. Nous nous bornerons à rappeler qu'en France les taxes de grande vitesse sont frappées d'un droit au profit du Trésor ; que ce droit, fixé à 12 % par les lois du 6 prairial an VII, du 25 mars 1817 et du 14 juillet 1855, a été porté à 23 2 % par la loi du 16 septembre 1871 ; et que les taxes de petite vitesse ont de même été frappées d'un droit de 5 %, depuis 1874 jusqu'en 1878.

Si donc l'État veut exercer son action sur les tarifs dans un but fiscal ou économique, il peut le faire dans une large mesure, même avec le régime des concessions.

7. Argument tiré de la parfaite concordance entre les intérêts des Compagnies et ceux du public. — Les adversaires de l'exploitation de l'État, après avoir insisté sur les griefs que nous venons d'examiner, ajoutent que rien de pareil n'est à craindre de la part des Compagnies ; que leur intérêt est toujours de développer les transports; qu'elles sont ainsi portées par la force des choses à donner au public toutes les satisfactions désirables; qu'elles l'ont d'ailleurs prouvé par l'abaissement continu de leurs taxes, malgré l'élévation des salaires, malgré les prélèvements opérés sur leurs produits nets pour la construction et l'exploitation de lignes peu productives.

Nous avons eu déjà à discuter, au moins en partie, cet argument, lorsque nous avons étudié la thèse des défenseurs de l'exploitation par l'État ; nous n'y reviendrons donc que très brièvement.

Quelles que soient les subtilités de raisonnement auxquelles on se livre et les habiletés scientifiques auxquelles on ait recours, il est impossible d'empêcher le bon sens de garder ses droits. Or, le simple bon sens dit qu'il ne peut toujours y avoir un accord parfait entre l'intérêt des Compagnies et celui du public. En effet, l'intérêt des Compagnies est d'accroître leurs recettes nettes et de résister aux réductions qui, tout en trouvant leur compensation dans le développement de la richesse nationale, seraient cependant de nature à compromettre les résultats financiers de l'exploitation. Au contraire, l'intérêt des usagers est de voir constamment diminuer les tarifs. En faisant même abstraction des usagers pour envisager les choses de plus haut, l'intérêt général est de tirer des chemins de fer leur maximum d'utilité absolue, et le produit net n'est qu'un des éléments de cette utilité, qui résulte en outre du bénéfice réalisé par les voyageurs ou les expéditeurs de marchandises et des profits indirects procurés au pays. Nous nous sommes trop longuement expliqué à cet égard, page 141 et suivantes, pour avoir à y insister de nouveau.

Au surplus, l'État lui-même, nous l'avons dit, ne peut se soustraire complètement aux nécessités qui dictent souvent les déterminations des Compagnies. Il a en effet, comme ces sociétés, un budget qui doit être tenu en équilibre et dans lequel il faut, chaque année, faire entrer une somme de recettes suffisante pour faire face aux dépenses. Ses intérêts financiers, bien que se rapprochant davantage de ceux de l'ensemble des citoyens, ne se confondent cependant pas avec eux et ne les reflètent qu'imparfaitement.

On doit d'ailleurs reconnaître que, considérés dans leur ensemble, les tarifs des Compagnies se sont graduellement abaissés et que, notamment en France, la décroissance a été la suivante pour les grands réseaux :

ANNÉES	TAXES KILOMÉTRIQUES MOYENNES		ANNÉES	TAXES KILOMÉTRIQUES MOYENNES	
	VOYAGEURS	MARCHANDISES		VOYAGEURS	MARCHANDISES
1855	6c00	7c42	1880	5c04	5c95
1860	5,64	6,84	1881	4,99	5,88
1865	5,53	6,02	1882	4,86	5,89
1870	4,96	6,10	1883	4,77	5.73
1875	5,17	6,06	1884	4,72	5,90

Quoique, depuis 1878, les tarifs du réseau de l'État entrent dans ces moyennes, il n'en reste pas moins à l'actif des grandes Compagnies un abaissement notable des taxes moyennes depuis 1855.

8. Argument tiré des rapports entre le public et l'État. — L'une des principales objections faites à l'exploitation par l'État est tirée de la raideur, du défaut de complaisance des fonctionnaires publics, et des difficultés plus grandes qu'auraient les intéressés à se faire rendre justice en cas d'accident ou de litige.

Nous avons déjà montré que les qualités personnelles des agents des Compagnies et celles des agents de l'État sont de tous points comparables, mais que le caractère du maître au nom duquel ils exercent leurs fonctions doit influer sur leur manière de servir et sur leurs procédés. On peut donc admettre que, si l'objection formulée à propos de la raideur des fonctionnaires et employés des Administrations d'État dans leurs rapports avec le public n'est pas absolument fondée, elle a du moins une apparence incontestable de vraisemblance ; on peut admettre que ces agents ne sachent pas toujours faire la différence entre les actes de la puissance publique et les actes de simple gestion, qu'ils aient une certaine propension à traiter avec trop d'autorité les usagers des chemins de fer. Cependant les plaintes et les attaques auxquelles le réseau d'État constitué en 1878 a été si souvent en butte durant ces dernières années n'ont pas porté sur ce point. Ajoutons d'ailleurs que, le cas échéant, il appartiendrait au personnel dirigeant de réprimer les écarts des agents inférieurs, et que les hommes capables, intelligents et instruits, placés à la tête de l'administration des chemins de fer de l'État ne failliraient pas à leur devoir.

En ce qui concerne les litiges, les demandes d'indemnités, on ne saurait recueillir d'enseignements à l'étranger ; le tempérament, la législation, l'ordre des juridictions, diffèrent trop d'un pays à l'autre pour fournir des données probantes à ce sujet. D'autre part, en France, l'exploitation par l'État n'a jamais eu qu'un caractère exceptionnel et ne peut donner d'indications concluantes et décisives. Nous nous contenterons de faire remarquer que la gestion du réseau provisoire constitué en 1878 ne paraît pas avoir soulevé de difficultés ni de réclamations, au point de vue des responsabilités : l'administration de ce réseau n'a jamais songé à contester la compétence des tribunaux de droit commun, pour le jugement de ses différends avec les particuliers ; elle a toujours franchi sans hésitation le seuil du prétoire de ces tribunaux, toutes les fois qu'elle y a été citée ; les infractions de ses agents aux règlements d'exploitation ont été réprimées correctionnellement comme celles des agents des Compagnies. Ce n'est point le moment d'examiner la question au point de vue juridique : nous ne faisons que constater les faits. On ne conçoit pas d'ailleurs à priori pourquoi l'État, lorsqu'il fait acte d'industriel, ne sé soumettrait point aux mêmes responsabilités que les concessionnaires et ferait bénéficier ses agents d'immunités n'ayant de raison d'être que pour l'exercice de la puissance publique.

9. Argument relatif aux monopoles industriels actuellement gérés par l'État. — Nous n'avons pas à nous arrêter à cet argument. Il est indéniable que l'exploitation du monopole des tabacs, de celui des poudres et salpêtres, de celui des postes et télégraphes, n'a rien de commun avec l'exploitation des chemins de fer et doit rester en dehors du débat sur lequel elle ne peut jeter aucune lumière.

10. Argument tiré de l'expérience des autres pays. — Les partisans de l'exploitation par l'État ayant, comme ceux de l'exploitation par les Compagnies, invoqué à l'appui de leur thèse l'expérience des pays étrangers,

nous avons déjà donné, page 583 et suivantes, des renseignements comparatifs sur les principaux résultats de la gestion des chemins de fer en France, en Allemagne, en Autriche-Hongrie, en Belgique, en Italie, en Angleterre, en Espagne, en Amérique, dans les États scandinaves et en Suisse. Le lecteur voudra bien se reporter à ces indications, qu'il serait oiseux de reproduire ici.

11. Argument relatif aux tarifs d'importation. — L'une des critiques les plus vives dirigées contre l'administration des Compagnies a porté sur le préjudice que ces sociétés auraient causé à l'industrie nationale en facilitant l'importation des produits étrangers.

Les défenseurs des Compagnies ont répondu à cette critique, en faisant valoir la modicité des prix de transport comparés aux tarifs douaniers et l'autorité de l'État sur les taxes.

Quand nous traiterons des tarifs, nous montrerons que s'il y a eu des abus, ce qui ne saurait être contesté, la portée en a été souvent exagérée dans les polémiques.

On a trop souvent oublié qu'à côté de l'intérêt du producteur français il y a aussi l'intérêt fort respectable du consommateur, que l'on favorise en créant des concurrences sur nos marchés et en allant au besoin chercher jusque par delà nos frontières les éléments de ces concurrences. L'essentiel est de ne point porter atteinte au régime douanier.

On a parfois aussi perdu de vue que beaucoup de taxes de pénétration étaient encore supérieures aux frais de transport par les voies d'eau et qu'ainsi elles constituaient en réalité, non point des taxes de faveur au profit de l'étranger, mais bien des taxes de lutte contre d'autres voies nationales.

On ne s'est pas assez souvenu que le Ministre des travaux publics avait le droit d'assurer le respect de la protection accordée à la production française par les lois de douane et qu'il était absolument armé à cet effet par son droit d'homologation.

D'ailleurs, à l'occasion des conventions de 1883, les grandes Compagnies ont pris l'engagement de « modifier toute combinaison de prix dont « l'effet pourrait être d'altérer les conditions économiques résultant de « notre régime douanier, sous la seule réserve que les marchandises « qu'ils visent ne soient pas importées en France à plus bas prix par « d'autres voies de transport ».

Le seul principe rationnel qui s'impose pour les tarifs de cette catégorie consiste à traiter les transports entre deux points situés l'un à l'étranger, l'autre en France, comme si ces points n'étaient pas séparés par la frontière, et à leur appliquer les mêmes taxes qu'à des transports similaires faits exclusivement sur notre territoire, à la même distance. Toute autre règle altère forcément le régime douanier, soit en augmentant, soit en diminuant la protection attribuée aux produits nationaux. Malgré sa simplicité et son évidence, le principe que nous venons de rappeler a été rarement mis en lumière. Nous avons, par exemple, entendu soutenir à maintes reprises par des hommes d'une rare compétence que l'homologation devait être refusée à tout tarif d'importation, dont la part afférente au parcours français serait inférieure à la taxe de transport des produits nationaux de la frontière au lieu de destination : il y a une erreur manifeste dans cette assimilation de deux transports dont les parcours sont différents, dans cette interdiction aux transports mixtes de bénéficier des réductions de base dont jouissent les transports exclusivement français pour le même parcours total.

En résumé, au point de vue technique et commercial, comme au point de vue administratif et politique, à côté d'arguments spécieux et incapables de résister à un examen impartial, nous en avons trouvé d'autres d'une valeur incontestable. Pour l'exploitation directe, les raisons les plus fortes sont tirées de la liberté d'allures de l'État, en ce qui concerne les mesures commandées par l'intérêt général et notamment les abaissements de taxes susceptibles de trouver leur compensation dans le développement de la richesse publique et les revenus indirects du Trésor. Pour l'exploitation par les Compagnies, les motifs les plus solides sont fondés sur l'initiative et l'indépendance relative de ces sociétés, sur leur aptitude industrielle plus conforme au but essentiel des voies ferrées, sur les demandes de réduction de taxes dont l'État serait sans cesse assailli et sur les périls auxquels seraient ainsi exposées nos finances.

Quant à l'expérience des pays étrangers sur laquelle les deux camps se sont appuyés, elle ne fournit pas de résultats bien décisifs, et d'ailleurs la situation politique et gouvernementale des peuples est trop différente pour qu'il soit possible de conclure sans réserve de l'un à l'autre. Nous ne formulerons notre opinion personnelle qu'après avoir étudié le côté financier du problème ; c'est ce que nous allons faire maintenant.

7. Comparaison au point de vue financier. — Le côté financier du problème ne nous retiendra pas très longtemps. Cependant, c'est peut-être celui qui nous touche le plus : car la puissance et la vitalité d'un pays, dans la paix comme dans la guerre, sont intimement liées à la solidité de son budget; et l'une des préoccupations constantes des administrateurs et des hommes d'État doit être d'assurer la prospérité des finances publiques. Mais, quelle que soit leur importance, les considérations auxquelles peut donner lieu, à cet égard, la question de l'exploitation par l'État ou par les Compagnies sont faciles à résumer en quelques pages.

A l'appui du maintien des voies ferrées entre les mains de l'État, on fait valoir les arguments suivants.

1° Indépendamment de l'intérêt qu'elles servent à leurs obligataires et qui est déjà supérieur à celui des emprunts d'État, les Compagnies donnent, en outre, à leurs actionnaires des dividendes fort élevés et tout à fait hors de proportion avec le prix de vente des actions, lors de l'émission de ces titres.

Dans le système de l'exploitation directe, les sommes absorbées par ces dividendes entreraient dans les caisses du Trésor, pour toute la part qui excède le taux normal des placements, ou tout au moins pourraient être affectés à des réductions de taxes profitables à l'intérêt public.

2° Les actionnaires bénéficient, soit de la totalité, soit d'une partie des plus-values réalisées sur les recettes d'exploitation.

En gérant lui-même les chemins de fer, l'État pourrait disposer de ces plus-values, soit pour l'extension progressive du réseau, soit pour l'abaissement des tarifs.

3° Le système des concessions, surtout tel qu'il a été pratiqué en France, met l'État à la discrétion des Compagnies pour les lignes nouvelles : car ces lignes ne peuvent être exploitées isolément; leur rôle essentiel consiste à aller en quelque sorte aspirer le trafic pour alimenter les grandes artères; leurs produits résultent moins des courants de circulation qui s'y établissent que de l'activité qu'elles impriment au trafic des lignes maîtresses. L'État est inévitablement conduit à les adjoindre aux grands réseaux et à contribuer pour une quote-part excessive à leur construction.

4° L'initiative et l'indépendance laissées aux Compagnies en matière de tarification obligent l'État à engager des dépenses considérables dans les travaux de navigation, dont la principale justification est de provoquer l'abaissement des prix de transport sur les voies ferrées.

Maître des chemins de fer, l'État pourrait se soustraire à ces dépenses frustratoires, ne pas créer deux instruments de transport là où un seul suffit largement, ne pas recourir à un procédé barbare que condamnent les principes de l'économie politique, ne pas « jeter à l'eau » des sommes qui, consacrées à la diminution des taxes, profiteraient bien plus largement au public.

Quant aux défenseurs de l'exploitation par les Compagnies, voici leurs arguments :

1° L'État serait sans cesse en butte aux demandes tendant à l'abaissement des taxes et à l'accroissement du nombre des trains. Bon gré, mal gré, il serait contraint de lâcher la bride; il lui serait bientôt impossible d'aligner les recettes et les dépenses; l'équilibre de son budget ne tarderait pas à être compromis et le pays serait exposé à de véritables désastres.

2° L'État ne saurait exploiter aussi économiquement que l'industrie privée; le rapport entre les dépenses et les recettes serait nécessairement plus élevé; toutes choses égales d'ailleurs, il en résulterait pour les contribuables une charge qui ne laisserait pas d'être assez lourde.

3° Le Trésor perçoit aujourd'hui des impôts considérables sur les actions et les obligations des Compagnies. Si les capitaux nécessaires à la construction des chemins de fer avaient été réunis au moyen d'emprunts d'État, cette perception serait impossible et le pays perdrait ainsi une part notable de ses ressources financières.

4° L'ordre ne peut régner dans les finances qu'à la condition de s'astreindre à des budgets préalables, de calculer par avance avec sincérité les recettes et les dépenses, d'y faire à l'imprévu une part aussi faible que possible. Or il est de l'essence même des opérations industrielles de ne pas se plier à des prévisions présentant quelque certitude, de ne comporter aucune fixité, de varier avec les demandes du public, avec la situation générale des affaires. Vouloir les associer aux opérations administratives, c'est chercher à saisir une ombre, c'est poursuivre une utopie, c'est organiser le désordre.

Le péril est d'autant plus grand que l'exploitation des chemins de fer entraîne un mouvement de dépenses et de recettes considérable et que le moindre mécompte suffirait à détruire tout l'échafaudage de l'équilibre budgétaire.

5° L'exemple des difficultés financières avec lesquelles la Belgique est aux prises depuis quelques années doit suffire à faire la lumière sur les dangers de l'exploitation des voies ferrées par l'État.

Tels sont, réduits à leur expression la plus simple, les arguments que nous avons à examiner et à discuter.

a. Arguments en faveur de l'exploitation par l'État. — 1. Argument tiré des dividendes excessifs distribués aux actionnaires. — Le tableau suivant indique pour les six grandes Compagnies françaises le nombre des actions, le capital qu'a procuré leur émission, leur prix originel de vente, la somme totale qui leur a été attribuée à titre d'intérêt et de dividende en 1881, 1882, 1883, 1884 et 1885, et le taux correspondant par 100 fr.

COMPAGNIES	NOMBRE D'ACTIONS	CAPITAL TOTAL RÉALISÉ	CAPITAL RÉALISÉ par action	INTÉRÊTS ET DIVIDENDES DISTRIBUÉS AUX ACTIONS NON AMORTIES (1)									
				1881		1882		1883		1884		1885	
				Somme totale	Taux p. 0/0	Somme totale	Taux p. 0/0	Somme totale	Taux p. 0/0	Somme totale	Taux p. 0/0	Somme totale	Taux p. 0/0
		fr.	fr.	fr.		fr.		fr.		fr.		fr.	
Nord	525.000	231.875.000	441.67	77	17,4	77	17.4	73.00	15.5	64.00	14.5	62,00	14,0
Est	584.000	292.000.000	500.00	33	6.6	33	6.6	35.50	7,1	35.50	7,1	35,50	7.1
Ouest	300.000	150.947.918	503,16	35	7,0	35	7.0	37.00	7,4	37.00	7.4	37,00	7,4
Paris à Orléans	600.000	307.784.570	512,97	56	10.9	56	10,9	57,50	11,2	57.50	11,2	57,50	11,2
P.-L.-M	800.000	340.968.056	426,21	75	16,4	65	15,3	55,00	12,9	55.00	12,9	55,00	12,9
Midi	250.000	146.319.020	585,28	40	6.8	40	6,8	40.00	6,8	50,00	8,5	50,00	8.5
TOTAUX ET MOYENNES	3.059.000	1.469.894.564	480,51	56.81	11.8	54.20	11.3	51,87	10,8	51.14	10.7	50,80	10,6

(1) Non compris les sommes mises à la réserve extraordinaire ou reportées aux exercices ultérieurs, et sans déduction pour les prélèvements sur le reliquat d'exercices antérieurs.

A la vérité, il faut déduire des sommes attribuées aux actions en fin d'exercice les impôts qu'elles ont à supporter, c'est-à-dire :

— le droit de transmission, fixé, pour les titres au porteur, à 0 fr. 20 par 100 fr. de capital d'après le cours moyen de ces titres pendant l'année précédente ;

— l'impôt de 3 % sur le revenu.

Le calcul de ces réductions (dans le détail duquel nous n'avons pas à entrer ici) montre qu'elles ont ramené la rémunération moyenne du capital social, pour les actions au porteur, à

10 8 %	pour l'année	1881
10 4 %	—	1882
10 %	—	1883
9 8 %	—	1884
9 7 %	—	1885

La moyenne de ces chiffres est de plus de 10 %.

Or, si l'on veut bien se reporter au tableau de la page 514 et aux comptes généraux des Finances, on verra que le taux moyen des emprunts d'État, à l'époque où les Compagnies ont réalisé leur capital-actions, était inférieur à 5 %. Même en admettant ce chiffre excessif, il reste un écart de plus de 5 %, correspondant pour les cinq dernières années à une charge annuelle moyenne de 75 millions.

D'autre part, la recette moyenne totale des chemins de fer ayant été d'un peu plus d'un milliard durant ces dernières années, il en résulte que, si au lieu de servir au capital fourni par les actions une rémunération de 10 %, on s'était borné à leur servir un intérêt de 5 %, les taxes auraient pu être réduites de 7 5 % et même de plus de 8 % en laissant de côté les recettes accessoires qui entrent dans le chiffre précité d'un milliard de produit brut total.

On pourrait encore y ajouter un certain abaissement, pour tenir compte de la différence entre le taux de placement des obligations et celui auquel l'État aurait été en mesure d'emprunter : mais nous nous référons, sur ce point, à ce que nous avons dit, page 508 et suivantes, du crédit des Compagnies comparé à celui de l'État.

L'argument que nous venons de discuter ne manque donc pas de valeur. Certes, il a été souvent exagéré dans les polémiques ; les adversaires des Compagnies ont, plus d'une fois, eu le tort de grossir outre mesure les bénéfices des actionnaires. Mais, tout en faisant la part de ces exagérations, on ne se trouve pas moins en présence d'une charge indéniable pour l'exploitation des chemins de fer.

A peine est-il nécessaire d'ajouter que cette observation a un caractère purement rétrospectif. Depuis l'origine du réseau, un grand nombre d'actions ont changé de mains et ont été acquises par les possesseurs actuels à des prix de plus en plus élevés, de telle sorte que la rémunération de ceux qui les détiennent aujourd'hui est loin d'atteindre le taux ci-dessus relaté.

2. Argument tiré des plus-values annuelles de recettes. — Les actionnaires bénéficient, dit-on, de tout ou partie des plus-values annuelles de recettes; si au contraire l'État était maître des chemins de fer, il profiterait de l'intégralité de ces plus-values et pourrait les affecter tant à la réduction des taxes qu'au développement progressif du réseau.

Cet argument ne diffère guère du précédent; il n'en est, à proprement parler, que l'expression sous une autre forme. Car ce sont précisément les plus-values qui ont permis aux Compagnies d'augmenter la rémunération des actionnaires et de la porter aux chiffres que nous avons indiqués.

Nous n'avons donc pas à y insister.

Cependant, nous devons présenter à cet égard une observation de quelque importance. On sait que M. de Franqueville, l'éminent et regretté directeur général des chemins de fer, a fait prévaloir, lors des conventions de 1859 avec les grandes Compagnies, une combinaison consistant précisément dans l'abandon d'une large part de leurs plus-values au profit de l'extension du réseau. Tous les contrats qui ont été conclus postérieurement ont été, sinon coulés dans le même moule, du moins basés sur le même principe. Il en est résulté que, depuis 1859, le dividende moyen servi aux actions ne s'est pas accru. Il suffit, pour s'en convaincre, de jeter les yeux sur le tableau suivant :

ANNÉES	NORD	EST	OUEST	ORLÉANS	P.-L.-M.	MIDI	MOYENNES
	fr.	fr.	fr.	fr.	fr.	fr.	fr.
1859	65,50	38,70	37,50	97,00	63,50	27,00	56,18
1860	65,50 et 40,75 (1)	40,00	37,50	100,00	63,50	35,00	56,86
1861	66 et 42,40 (1)	40,00	42,50	100,00	75,00	50,00	62,41
1862	62 et 39 (1)	35,00	35,00	100,00	75,00	52,00	60,06
1863	62,00	33,00	37,50	100,00	75,00	45,00	59,56
1864	67,00	33,00	39,00	100,00	65,00	42,50	57,55
1865	71,50	33,00	37,50	56,00	60,00	40,00	52,19
1866	70,00	33,00	35,00	56,00	60,00	40,00	51,69
1867	72,00	33,00	35,00	56,00	60,00	40,00	52,03
1868	61,00	33,00	35,00	56,00	60,00	40,00	50,15
1869	67,00	33,00	35,00	56,00	60,00	40,00	51,18
1870	42,00	33,00	20,00	56,00	40,00	35,00	37,07
1871	58,00	33,00	35,00	56,00	52,00	40,00	47,54
1872	67,00	33,00	35,00	56,00	60,00	40,00	51,18
1873	67,00	33,00	35,00	56,00	60,00	40,00	51,18
1874	64,00	33,00	35,00	56,00	55,00	40,00	49,35
1875	66,00	33,00	35,00	56,00	55,00	40,00	49,70
1876	66,00	33,00	35,00	56,00	55,00	40,00	49,70
1877	64,00	33,00	35,00	56,00	52,00	40,00	48,57
1878	68,00	33,00	35,00	56,00	55,00	40,00	50,04
1879	68,00	33,00	35,00	56,00	55,00	40,00	50,04
1880	74,00	33,00	35,00	56,00	70,00	40,00	54,99
1881	77,00	33,00	35,00	56,00	75,00	40,00	56,81
1882	77,00	33,00	35,00	56,00	65,00	40,00	54,20
1883	73,00	35,50	37,00	57,50	55,00	40,00	51,87
1884	64,00	35,50	37,00	57,50	55,00	50,00	51,14
1885	62,00	35,50	37,00	57,50	55,00	50,00	50,80

Ce tableau montre, non seulement que le dividende moyen ne s'est pas accru depuis 1859, mais qu'il s'est même affaissé. Il faut remonter à une époque antérieure pour trouver l'origine de la rémunération relativement élevée du capital social des Compagnies.

3. Argument tiré des conditions onéreuses dans lesquelles se font les concessions de lignes nouvelles. — Il est hors de doute, comme l'affirment les défenseurs de l'exploitation par l'État, qu'une fois les artères maîtresses concédées, les Pouvoirs publics devaient être inévitablement conduits à y adjoindre les chemins secondaires. Ces chemins ont en effet une productivité insuffisante pour vivre par eux-mêmes; ils doivent former les

(1) Deux séries d'actions.

satellites des chemins principaux dont ils sont les affluents et les tributaires.

L'ancien réseau des six grandes Compagnies comprend lui-même un grand nombre de lignes dont le produit net n'est pas suffisant pour faire face aux charges de premier établissement, comme l'indique le tableau ci-dessous relatif à l'année 1882 (1).

COMPAGNIES	LONGUEUR DE L'ANCIEN RÉSEAU		
	TOTALE	DONNANT des excédents (2)	EN INSUFFISANCE (2)
	km.	km.	km.
Nord	1.357	1.250	107
Est	602	516	86
Ouest	900	831	69
Orléans	2.020	1.216	804
P.-L.-M.	4.768	1.611	3.157
Midi	821	798	23
TOTAUX	10.468	6.222	4.246

Sur chaque réseau, on trouve une ou deux artères nourricières, sans lesquelles le surplus serait voué à la mort. Ce sont :

— pour le Nord, la ligne de Paris à Amiens et à la frontière belge, par Mouscron, Quiévrain et Blandain, et celle de Creil à Erquelines et à Feignies ;

— pour l'Est, la ligne de Paris à Avricourt ;

— pour l'Ouest, les lignes de Paris à Rouen et au Havre et de Paris à Rennes ;

— pour l'Orléans, les lignes de Paris à Orléans et à Bordeaux et d'Orléans à Vierzon, Saincaize et Limoges ;

— pour le Paris-Lyon-Méditerrannée, les lignes de Paris à Marseille, de Tarascon à Cette et de Nîmes au Teil ;

— pour le Midi, la ligne de Bordeaux à Toulouse et à Cette.

Quant au nouveau réseau, sur 10 166 kilom., 307 seulement (soit 3 %) ont donné en 1882 des produits suffisants. Son revenu total n'a pas dépassé 1,7 % des sommes consacrées à l'exécution des travaux, comme l'établissent les chiffres ci-après :

(1) L'année 1882 est la dernière pour laquelle la division en ancien et nouveau réseau ait été maintenue pour toutes les Compagnies.

(2) En tenant compte de l'intérêt et de l'amortissement des subventions de l'État.

COMPAGNIES	FRAIS DE PREMIER ÉTABLISSEMENT			PRODUIT NET	RAPPORT du produit net aux frais de premier établissement
	SUBVENTIONS	DÉPENSES des Compagnies	TOTAUX		
	fr.	fr.	fr.	fr.	
Nord	15.116.000	212.824.000	227.940.000	7.238.000	3,2 °/₀
Est	60.960.000	814.941.000	875.631.000	27.147.126	3,1
Ouest	189.881.000	613.918.809	803.799.809	9.896.379	1,2
Orléans	124.930.000	814.935.000	939.865.000	22.121.778	2,4
P.-L.-M	119.453.000	570.656.000	690.109.000	4.601.400	0,7
Midi	163.339.000	420.549.533	583.888.533	20.646.833	3,5
TOTAUX ET MOYENNES	673.409.000	3.447.824.342	4.121.233.342	71.651.516	1,7

Ainsi, le rendement du nouveau réseau des six grandes Compagnies en 1882 n'a pas excédé 1.7 °/₀.

Est il besoin de faire remarquer que les résultats financiers seront encore bien plus défavorables, pour les chemins nouveaux déclarés d'utilité publique depuis 1875 ?

Dans de telles conditions, il est absolument certain, nous le répétons, qu'une fois les grandes lignes concédées, le sort de toutes les autres était par cela même irrévocablement décidé et que dès lors l'État avait aliéné sa liberté d'action ?

Telle est l'origine et l'explication des difficultés avec lesquelles le Parlement a lutté pendant plusieurs années avant 1883. C'était poursuivre une chimère que de penser à exploiter isolément le troisième réseau. Il n'y avait que trois voies pour sortir de la situation :

ou bien traiter avec les grandes Compagnies ;

ou bien, en cas d'impossibilité, racheter les concessions de manière à redevenir maître des artères nourricières ;

ou enfin se résoudre à construire de grandes lignes prenant une large part du trafic de ces dernières et reliant les tronçons épars du troisième réseau.

De ces trois solutions, la dernière eût été désastreuse au point de vue économique, puisqu'elle eût mis en jeu des concurrences injustifiées et englouti en pure perte des capitaux considérables.

La seconde était onéreuse, attendu qu'elle grevait l'exploitation de lourdes charges pour le paiement des lignes concédées depuis moins de quinze ans et pour le remboursement du matériel roulant et des objets mobiliers, comme nous l'expliquerons par la suite.

Finalement, les Pouvoirs publics ont cru devoir se résoudre à passer des conventions avec les Compagnies.

4. Argument tiré des dépenses faites par l'État pour les voies navigables. — En traitant de la concurrence entre les chemins de fer et les voies de navigation intérieure, nous avons déjà eu l'occasion de discuter la question que soulève cet argument des défenseurs de l'exploitation par l'État. Le lecteur voudra bien se reporter au chapitre V. Pour éviter des redites, nous nous bornons à rappeler en deux mots les principales considérations dont il y trouvera l'exposé et le développement.

Parmi les raisons que l'on a le plus souvent invoquées à l'appui de la création de voies navigables nouvelles, les deux principales sont empruntées :

1° Aux avantages spéciaux qu'elles offrent pour le transport des matières pondéreuses et que ne sauraient fournir les voies ferrées ;

2° A l'action modératrice et salutaire qu'elles exercent sur les taxes de transport par rails.

Ces raisons ont presque toujours paru déterminantes aux Pouvoirs publics.

Depuis 1848, près de 900 millions ont été dépensés par l'État en travaux extraordinaires, pour l'amélioration de la navigation intérieure. Quant aux dépenses sur ressources ordinaires, elles s'élèvent, bon an, mal an, à 10 millions en nombre rond, non compris le traitement des ingénieurs et conducteurs et d'autres frais généraux.

Nous sommes loin de partager l'appréciation pessimiste de certaines personnes sur l'inutilité des sacrifices que s'est ainsi imposés et que continue à s'imposer le pays. En effet, sur quelques fleuves ou rivières et sur quelques canaux privilégiés, le prix de revient total des transports, y compris les charges des capitaux de premier établissement et les frais d'entretien, est notablement inférieur non seulement au prix de transport par rails, mais encore à la limite au-dessous de laquelle il eût été certainement impossible d'abaisser ce dernier prix en y affectant les sommes consacrées aux travaux de navigation.

Cependant, on doit reconnaître qu'il est beaucoup d'autres voies navigables pour lesquelles la situation est différente. Pour certaines d'entre elles, on peut faire valoir que les travaux remontent à une époque déjà reculée et que la dépense à laquelle ils ont donné lieu doit être considérée comme amortie; le même raisonnement ne saurait s'appliquer à divers canaux de construction récente.

Il est incontestable que, si l'État était resté maître des voies ferrées, il aurait pu éviter une partie des dépenses dont notre régime des chemins de fer lui a fait ainsi supporter le poids ; il est indéniable que l'affectation totale ou partielle de ces dépenses à l'amortissement des capitaux de construction des chemins de fer et à l'amélioration de ces voies de transport lui eût permis de réduire les taxes ; il est hors de doute que ce mode de faire eût parfois constitué un emploi plus judicieux des deniers publics.

Quelle est la mesure des économies que l'État eût été ainsi à même de réaliser sur les travaux de navigation ? Quelle est l'importance des abaissements de tarifs qu'il aurait été en situation d'opérer ? La question est trop délicate pour comporter une réponse présentant quelque précision. Ce qu'il est permis d'affirmer, c'est que ces économies et ces abaissements de taxes n'eussent pas atteint des chiffres très élevés. En supposant, à titre d'exemple, que le budget eût été déchargé de 15 millions par an, tant pour le service des emprunts que pour les dépenses d'entretien, il n'en fût résulté qu'une réduction de 1 millime 1/2 par tonne kilométrique, si on en avait fait bénéficier la totalité des transports en petite vitesse, et peut-être trois millimes, si on en avait fait bénéficier seulement les marchandises pondéreuses susceptibles de circuler sur les voies d'eau. Ce sont là des chiffres trop hypothétiques pour qu'il y ait lieu de s'y arrêter plus longtemps ; ils ne tiennent d'ailleurs pas compte des travaux et des acquisitions de matériel roulant, qui eussent été nécessités par l'accroissement du trafic des voies ferrées. Nous devons toutefois faire encore observer que, si l'État avait conservé à sa tarification un caractère plus commercial, s'il n'avait pas poursuivi l'unification, s'il avait consenti à spécialiser les réductions de taxes sur les parcours parallèlement auxquels il a exécuté les travaux de navigation, ces réductions auraient été sensiblement plus fortes. Cette solution n'eût point été irrationnelle : car rien n'est plus naturel que d'accorder un traitement un peu plus favorable aux grands courants de circulation, les seuls qui puissent motiver la construction des voies concurrentes.

A l'argument que nous venons d'examiner, les partisans de l'exploitation par les Compagnies répondent que rien n'empêcherait l'État d'arriver au même résultat en accordant à ces sociétés, à titre de subventions, les sommes inutilement consacrées aux canaux et en les astreignant, en échange, à des diminutions de tarifs. La chose, sans être impossible, soulève certaines difficultés pratiques ; cependant elle mérite toute l'attention des Pouvoirs publics, pour certains canaux prévus au classement de 1879.

b. ARGUMENTS EN FAVEUR DE L'EXPLOITATION PAR LES COMPAGNIES. — 1. ARGUMENT TIRÉ DES DEMANDES D'ABAISSEMENT DE TAXES AUXQUELLES L'ÉTAT SERAIT EN BUTTE. — Les adversaires de l'exploitation directe soutiennent que le public ne cesserait de réclamer des réductions de tarifs, tout comme il demande des dégrèvements sur les impôts ; qu'il harcèlerait continuellement le Gouvernement pour obtenir plus de vitesse, plus de trains, plus de personnel ; que, bon gré, mal gré, le Parlement et le Ministère seraient conduits à céder ; qu'on verrait ainsi tout à la fois les recettes s'affaisser et les dépenses s'augmenter et que nos finances seraient exposées aux pires aventures.

Nous avons déjà dû aborder ce côté de la question, lorsque nous avons comparé l'exploitation par l'État et l'exploitation par les Compagnies au point de vue technique et commercial.

Ainsi que nous l'avons dit, l'Allemagne est arrivée à réduire en 1884 sur les chemins exploités par l'État : 1° la taxe kilométrique des voyageurs à 4 c. 27 en moyenne pour les lignes d'État proprement dites ; 2° celles des marchandises à 4 c. 95 pour les mêmes lignes. Néanmoins, la rémunération correspondante des capitaux n'est pas descendue au-dessous de 4,7 °/₀. On ne peut donc accuser nos voisins d'outre-Rhin d'une imprudence excessive.

En Belgique, les taxes kilométriques sont tombées, en 1882, à 3 c. 8 pour les voyageurs et à 5 c. pour les marchandises en petite vitesse, et la rémunération des capitaux n'a pas dépassé 3 86 °/₀. Il est certain que l'abaissement des tarifs y a été un peu trop rapide : la meilleure preuve en est que les taxes des voyageurs ont dû être relevées de 5 °/₀ en 1879 et qu'il subsiste cependant un déficit dans la balance des recettes et des dépenses.

En France, sur le réseau d'État constitué en 1878, la taxe moyenne a été, en 1883, de 3 c. 75 pour les voyageurs et de 5 c. 49 pour les marchandises, alors que, sur l'ensemble des chemins de fer français, elle atteignait 4 c. 77 et 5 c. 73. Nous prouverons plus loin que les réductions accusées par ces chiffres ont trouvé une certaine compensation dans l'essor imprimé à la circulation. Toutefois, elles ont été un peu trop hâtives pour quelques marchandises et pour des lignes à profil défectueux.

Il faut, à notre avis, laisser de côté les faits relatifs au réseau d'État français.

Sa constitution est trop récente, sa structure était trop mauvaise, sa vitalité était trop mal assurée pour qu'il puisse fournir des enseignements tout à fait probants.

Restent l'Allemagne et la Belgique. Du côté de l'Allemagne, les défenseurs de l'exploitation par les Compagnies ne sauraient trouver la justification de leur thèse.

L'exemple de la Belgique leur est plus favorable, et l'on peut se demander si, en France, où les influences politiques ne s'exercent pas toujours dans un sens conforme à l'intérêt budgétaire, il n'y aurait pas un danger réel.

Sans doute, ce danger ne doit pas être exagéré. Car l'objection s'applique à tous les impôts, et, si elle avait la portée qu'on lui a attribuée, depuis longtemps nos finances auraient été emportées par la débâcle. Les Pouvoirs publics auraient pu tout aussi bien se laisser entraîner sur la pente du gouffre pour les contributions directes ou indirectes, et leurs erreurs auraient été plus graves, pour un budget qui repose actuellement sur des recettes ordinaires montant à 3 milliards par an que pour le budget spécial des chemins de fer dont le produit brut est d'un milliard.

Toutefois, nous le répétons, le péril est à redouter. Des dégrèvements prématurés, qui ont été votés pendant ces dernières années, sont de nature à éveiller de sérieuses inquiétudes à cet égard.

2. Argument tiré du prix plus élevé de l'exploitation par l'État. — Ici encore, nous pouvons nous référer presque exclusivement aux indications que nous avons déjà données, page 585 et suivantes, sur le coefficient d'exploitation, c'est-à-dire sur le rapport entre les dépenses et les recettes brutes en France et dans la plupart des pays étrangers.

Les chiffres statistiques que nous avons reproduits d'après des documents officiels montrent que le coefficient français est inférieur à celui de presque toutes les autres nations, et spécialement à celui de l'Allemagne et à celui de la Belgique. Mais nous avons eu soin de faire observer que la proportion des dépenses aux recettes dépend d'une foule d'éléments, dont les plus importants sont le mouvement de la circulation, la nature du trafic, le taux des tarifs, les conditions techniques d'établissement, la structure du réseau. Nous sommes entré à ce sujet dans des considérations que nous nous garderons bien de reproduire et qui prouvent avec quelle prudence et quelle circonspection il convient de tirer des conséquences du coefficient d'exploitation. Somme toute, une étude consciencieuse, minutieuse et impartiale, ne nous a pas révélé de différence bien notable dans la situation de l'Allemagne, de la Belgique et de la France, au point de vue du prix de revient de l'exploitation, toutes choses égales d'ailleurs.

Nous ne nous sommes pas contenté de comparer les divers pays entre eux ; nous avons établi, pour chacun des pays où les deux systèmes sont en vigueur, un parallèle entre les résultats de leur application ; nous avons fait notamment ce parallèle pour l'Allemagne, l'Autriche-Hongrie et la Belgique; seule, la Belgique nous a paru révéler une supériorité au profit des Compagnies.

Quoi qu'il en soit, sur ce point comme sur celui que nous discutions précédemment, il est difficile d'envisager sans quelque appréhension l'influence que pourraient avoir en France les pressions politiques sur le nombre des trains, la consistance du personnel et les autres éléments du prix de revient de l'exploitation.

Sans être aussi grave qu'on l'a soutenu, le péril n'est pas purement imaginaire.

3. Argument tiré de la perte des impôts sur les actions et les obligations. — Cet argument ne comporte que peu d'explications.

En consultant le tableau officiel des profits particuliers procurés à l'État par les chemins de fer d'intérêt général en exploitation, on constate que les recettes perçues par le Trésor se sont élevées, en 1884, à 169 214 567 fr., savoir :

Impôt sur les transports de grande vitesse.........	85 904 099 fr.
Contributions foncières et patentes...............	5 008 350
Licences, estampilles, plombs de douane.........	542 852
Abonnement pour le timbre des actions et obligations.	8 836 255
Droit de transmission sur les titres...............	12 014 853
Impôt sur le revenu............................	19 504 940
Timbre des récépissés et des lettres de voiture....	27 914 701
Droits de douane sur des matières consommées pour le service de l'exploitation.......................	2 840 860
Timbres-poste pour les lettres d'avis aux destinataires..	1 771 447
Frais de contrôle et de surveillance..............	3 367 991
Droits de timbre sur les quittances ou acquits et autres titres comportant libération, reçu ou décharge.	1 508 219
Total pareil...........	169 214 567 fr.

Les adversaires de l'exploitation par l'État allèguent que, parmi ces recettes, il en est beaucoup qui disparaîtraient forcément, du jour où le Trésor ne serait plus en face des Compagnies. Ils signalent notamment le droit de timbre, le droit de transmission et l'impôt sur le revenu, qui produisent ensemble plus de 40 millions et qui ne s'appliqueraient pas à des titres de rente de l'État.

L'objection a été surtout formulée en vue de l'éventualité du rachat, qui avait des partisans à la Chambre des députés durant ces dernières années. Elle était facile à réfuter pour le cas auquel on l'appliquait, puisque les titres des Compagnies auraient pu continuer à subsister, au moins pour la plus large part.

Mais laissons de côté l'éventualité du rachat, dont nous n'avons pas à nous occuper ici, et envisageons seulement l'hypothèse où, dès le principe, l'État aurait conservé entre ses mains les voies ferrées.

Dans cette hypothèse, l'argument porte, en ce qui concerne chacun des impôts autres que le droit de timbre, pour les dépenses antérieures à leur création. En effet, les perceptions opérées sur les titres dont l'émission a fourni les sommes correspondantes n'ayant été décidées que postérieurement à cette émission n'ont pu peser sur leur prix de vente ni, par suite, sur les charges des Compagnies, non plus que sur les tarifs. Elles ont constitué pour le Trésor un bénéfice net qui ne lui eût pas été acquis, si les chemins de fer étaient restés aux mains de l'État. Tout au moins le fait est-il incontestable pour les obligations, dont le revenu est fixe, c'est-à-dire pour la majeure partie du capital de premier établissement.

Il en est autrement des obligations émises postérieurement à la création des impôts. Les souscripteurs, ayant égard à la dîme qui serait prélevée chaque année sur leur revenu, ont payé moins cher leurs titres, dont le nombre et les charges ont dû être accrus en proportion ; et comme, en définitive, ce sont les taxes de transport qui assurent le paiement des dépenses des Compagnies, ces taxes ont été augmentées d'autant, ou du moins n'ont pas subi les abaissements qui auraient pu y être apportés. L'État, maître des chemins de fer, n'aurait pas perçu les impôts ; mais il aurait vendu plus cher ses titres de rente, et, en appliquant les mêmes tarifs, c'est-à-dire en recueillant le même produit brut, il aurait gagné, sous forme de diminution des charges de premier établissement, ce qu'il aurait perdu d'autre part sous forme de réduction d'impôts.

Nous avons laissé de côté le droit de timbre : le montant de ce droit est acquitté par les Compagnies ; il n'agit donc pas sur le cours d'émission des obligations et doit, en conséquence, être assimilé, au point de vue de ses effets, aux impôts créés antérieurement à la vente des titres.

Quelle aurait été la perte pour le Trésor ? On peut, à la rigueur, la calculer approximativement d'après le taux des impôts successivement votés par le législateur et d'après le chiffre des emprunts antérieurs à la création de ces impôts. Ce calcul conduit à une somme de 23 à 24 millions par an, dans l'état actuel des lois fiscales. Toutefois, il ne faudrait pas prendre ce résultat trop à la lettre. La question n'est pas, en effet, aussi simple qu'elle le paraît de prime abord : elle se complique d'autres éléments, tels que le jeu de la garantie d'intérêt, les influences de bourse sur les cours, etc. Nous ne nous y arrêterons pas plus longtemps; si nous y avons consacré ces quelques lignes, c'est moins parce que nous y attachions de l'importance que parce qu'il convenait de reconnaître la valeur de l'argument invoqué par les adversaires de l'exploitation directe.

4. Argument tiré de l'impossibilité d'équilibrer le budget. — Les considérations relatives à l'équilibre du budget, dans ses rapports avec l'exploitation par l'État, ont été exposées avec autorité par M. Léon Say dans un article inséré au *Journal des Économistes* (décembre 1881). Après avoir rappelé que l'ordre dans les finances exige impérieusement la formation de budgets préalables, basés sur des prévisions de recettes et de dépenses laissant une place aussi faible que possible à l'aléa et aux mécomptes, M. Say s'est attaché à démontrer combien les difficultés de ces prévisions seraient accrues par l'introduction de ressources et de dépenses industrielles, combien large serait la part faite à l'imprévu, et quelle confusion en résulterait dans les opérations budgétaires.

L'objection a une force incontestable. La situation financière d'un pays ne peut être solide, si son budget annuel est assis sur des bases fragiles. Il faut que les chiffres qui sont portés à ce budget pour les recettes et les dépenses s'écartent peu de la réalité et que les rectifications à y apporter en cours ou en fin d'exercice soient restreintes au strict minimum. Or les lois de finances sont toujours préparées au moins un an avant l'ouverture de l'année à laquelle elles se rapportent, et l'on conçoit qu'il soit fort difficile de supputer si longtemps à l'avance, avec une approximation satisfaisante, le rendement et par suite les frais d'exploitation d'un réseau de chemins de fer, c'est-à-dire d'un outil industriel dont l'utilisation varie nécessairement avec l'état des affaires. En pareil cas, les erreurs sont d'autant plus à redouter que, dès aujourd'hui, il s'agit de plus d'un milliard de recettes et de 600 millions de dépenses ; en raison même de l'élévation de ces chiffres, on est exposé à des oscillations d'une amplitude suffisante pour troubler profondément l'équilibre du budget. Sous la menace de ces oscillations et des entraînements susceptibles de se produire au sein du Parlement pour les améliorations de service et les réductions de tarifs, le Ministre des finances pourrait être conduit à se réserver une marge plus grande du côté des autres ressources financières et à retarder ainsi des dégrèvements attendus avec une légitime impatience.

Nous reconnaissons toute la valeur du raisonnement. Cependant il donne lieu aux observations suivantes :

1° Les prévisions budgétaires comportent toujours de l'aléa, alors même qu'elles ne comprennent pas l'exploitation des voies ferrées. On ne sait jamais exactement les sommes que la perception des impôts fera affluer dans les caisses du Trésor. Les budgets, nous l'avons dit, s'élaborent plus d'une année à l'avance, et on est obligé de les dresser d'après les résultats d'exercices antérieurs. Pendant longtemps, on a pris comme base l'année à la fin de laquelle ils étaient préparés, par exemple l'année 1879 pour les prévisions de l'exercice 1881. En 1882, M. Léon Say a modifié ce système; ayant à établir le budget de 1883, il l'a fait, non plus d'après les résultats de l'exercice 1881, mais d'après ceux de l'exercice 1882; toutefois, comme ces derniers n'étaient pas connus, il les a calculés en majorant ceux de l'exercice 1881 de la plus-value moyenne des cinq dernières années. Cette modification, très discutée, a été néanmoins maintenue par M. Tirard pour le budget de 1884 et même, sous réserve de certains tempéraments, pour le budget de 1885 : son but essentiel était de réduire les plus-values apparentes que provoquait l'ancienne méthode et de mettre un frein aux crédits supplémentaires qui émanaient trop souvent de l'initiative parlementaire et dont le flot était quelque peu menaçant pour l'ordre des finances publiques. On y a renoncé depuis.

Mais, quel que soit le système adopté, et en supposant même qu'il soit possible de retarder la préparation des budgets et de les dresser, comme en Angleterre, au seuil même de l'année, il n'en subsistera pas moins une réelle incertitude sur la mesure dans laquelle les prévisions pourront se réaliser. Cette incertitude est d'autant plus grande que les impôts de consommation jouent aujourd'hui un rôle prépondérant : les chiffres ci-dessous, relatifs aux ressources ordinaires prévues par le Ministre des finances pour 1887, en fournissent la preuve.

Impôts directs.	Contributions directes (fonds généraux)	403 758 700 fr.	441 110 032 fr.
	Taxes spéciales assimilées (fonds généraux)	27 866 000	
	Contributions directes en Algérie.	1 655 668	
	Taxes spéciales en Algérie	160 223	
	Contributions arabes	7 669 441	
Impôts et revenus indirects.	Enregistrement	520 216 000	1 879 512 700
	Timbre	154 575 000	
	Taxe de 3 % sur le revenu des valeurs mobilières	45 868 000	
	Douanes	321 094 300	
	Contributions indirectes	650 660 300	
	Sucres	168 306 300	
	Algérie	18 792 800	
		A reporter	2 320 622 732 fr.

Report......	2 320 622 732 fr.
Produits de monopoles et exploitations industrielles de l'État......	580 386 115
Produits et revenus du domaine de l'État........................	47 576 442
Produits divers du budget...	30 849 837
Ressources exceptionnelles.......................................	106 082 465
Recettes d'ordre...	57 169 976
Total.................	3 142 687 567 fr.

On voit quelle est l'importance des impôts indirects, c'est-à-dire des impôts de consommation et des impôts d'acte et de mutation, dont le produit est intimement lié à l'état des affaires, et l'on conçoit que leur sensibilité puisse donner lieu à de sérieux mécomptes. C'est ainsi que durant les six premiers mois de 1886, au lieu des plus-values habituelles, le Trésor s'est trouvé en face d'un déchet de 4 1/2 0/0 sur les évaluations afférentes à l'enregistrement, au timbre, aux douanes, aux contributions indirectes, aux postes et télégraphes, et à l'impôt de 3 0/0 sur le revenu des valeurs mobilières. Si, au lieu de comparer les recettes effectives du premier semestre 1886 aux évaluations correspondantes, on les compare aux recettes effectives du premier semestre de 1885, on trouve une moins-value de 3,4 0/0 environ.

Pendant la même période semestrielle, la moins-value des recettes des sept grands réseaux, par rapport à 1885, a été d'un peu plus de 5 0/0.

Voici un tableau intéressant dans lequel nous récapitulons, pour la période de 1871 à 1880, les plus-values ou les moins-values annuelles des recettes ordinaires du budget et des recettes de chemins de fer, d'après les statistiques officielles (1):

(1) Voir le Bulletin de statistique et de législation comparée du Ministère des finances et le tome IV de l'Étude historique sur les chemins de fer.

ANNÉES	RECETTES BUDGÉTAIRES ORDINAIRES (chiffre total) — Variations proportionnelles par rapport à l'exercice précédent		RECETTES BUDGÉTAIRES produites PAR LES IMPÔTS INDIRECTS — Variations proportionnelles par rapport à l'exercice précédent		RECETTES DES CHEMINS DE FER — Variations proportionnelles par rapport à l'exercice précédent	
	EN PLUS	EN MOINS	EN PLUS	EN MOINS	EN PLUS	EN MOINS
1871	21,0 0/0	»	19.0 0/0	»	13,0 0/0	»
1872	24,0	»	23,0	»	11,0	»
1873	7,2	»	12,0	»	5,2	»
1874	»	6 0/0	2,9	»	»	1,8 0/0
1875	6,9	»	12,0	»	3,3	»
1876	2,6	»	3,2	»	2,7	»
1877	»	»	»	2,0 0/0	»	2,1
1878	2,6	»	4,4	»	7,3	»
1879	4,0	»	2,0	»	1,5	»
1880	»	0,3	3,0	»	12,0	»
1881	1,1	»	»	0,6	4,6	»
1882	»	0,3	0,2	»	1,6	»
1883	1,9	»	1,1	»	»	0,2

Nous n'attachons pas à ce tableau plus de poids qu'il ne doit en avoir. Les recettes budgétaires dépendent en effet, dans une certaine mesure, de la volonté des Pouvoirs publics, qui peuvent instituer de nouveaux impôts ou réduire les impôts existants ; de leur côté, les recettes des chemins de fer dépendent du développement plus ou moins rapide du réseau. Néanmoins on peut tenir pour certain qu'envisagé à un point de vue général, le mouvement des recettes des chemins de fer, sans se mouler exactement sur celui des impôts, présente le plus souvent des variations du même ordre; c'est qu'en effet, de part et d'autre, la source des revenus est la même ; le Trésor comme la caisse des Compagnies ne peuvent être alimentés que par l'activité nationale et, de nos jours, le vieux dicton « quand le bâtiment va, tout va » pourrait être remplacé par celui-ci : « quand les chemins de fer vont, tout va. »

Remarquons encore que les affaissements de recettes ont été, en somme, peu accusés : ainsi, alors qu'en 1874 il y avait un déchet de 161 millions sur les recettes ordinaires du budget, la diminution du produit des chemins de fer ne dépassait pas 15 millions.

Jusqu'ici nous n'avons considéré que les recettes brutes. L'objection vise aussi les variations dans les dépenses d'exploitation. Mais il convient de remarquer que ces variations doivent généralement atténuer les premières. Le tableau ci-après démontre que les augmentations ou les diminutions des recettes et des dépenses sont, sinon absolument concordantes, du moins soumises à des lois peu différentes :

ANNÉES	VARIATIONS PAR RAPPORT A L'ANNÉE PRÉCÉDENTE			
	RECETTES		DÉPENSES	
	En plus	En moins	En plus	En moins
1871	13,0 %	»	5,9 %	»
1872	11,0	»	22,0	»
1873	5,2	»	12,5	»
1874	»	1,8 %	»	1,6 %
1875	5,5	»	3,0	»
1876	2,7	»	3,2	»
1877	»	2,1	»	1,1
1878	7,3	»	5,1	»
1879	1,5	»	3,9	»
1880	12,0	»	9,3	»
1881	4,6	»	4,1	»
1882	1,6	»	5,7	»
1883	»	0,2	3,7	»

Est-ce à dire qu'il n'y ait pas d'inconvénient à jeter un nouvel élément d'incertitude dans le budget, qui présente déjà tant de causes de doutes et de mécomptes? Incontestablement non. Mais il n'était pas inutile d'établir que, si le danger est réel, il a été parfois grossi outre mesure.

A cette occasion, le lecteur apprendra certainement avec intérêt les règles admises pour le budget des réseaux d'État, dans différents pays étrangers.

En *Autriche*, le budget est préparé dans le courant de l'année qui précède l'exercice, d'après les prévisions de trafic et les indications données, le 15 avril au plus tard, par les chefs du service central et des services extérieurs. Les recettes sont comprises au budget général des recettes de l'État. Les dépenses forment un chapitre du budget du Ministère du commerce et se subdivisent en cinq articles, à savoir :

a. — Administration générale.
b. — Voie.
c. — Mouvement et service commercial.
d. — Traction et ateliers.

e. — Dépenses spéciales, non à comprendre dans les dépenses d'exploitation (1).

La Direction de l'exploitation des chemins de fer de l'État peut faire des virements proprement dits entre ces cinq subdivisions, à la condition de se renfermer dans le chiffre total. Outre les dépenses d'exploitation, le budget du Ministère du commerce comprend des crédits spéciaux pour travaux neufs ou acquisitions de matériel roulant; ces crédits sont souvent valables pour un délai prenant fin longtemps après le terme de l'exercice.

En *Bavière*, le budget des chemins de fer de l'État embrasse une période de deux années et n'est ainsi soumis aux Chambres que tous les deux ans. Les recettes probables figurent en un seul chiffre au budget général des recettes du Ministère des finances. Les dépenses sont inscrites avec beaucoup de détails, par chapitres, paragraphes et titres, dans le budget des dépenses du Ministère d'État, de la Maison du roi et des Affaires étrangères. Les virements, même entre les divers titres, ne sont admis que sauf justification ultérieure dans le décompte présenté aux Chambres à la fin de la période biennale.

En *Belgique*, le budget de chaque année est préparé l'année précédente par le Comité, sur la proposition des directeurs, ou plutôt il est fait deux projets de budget, l'un qui a un caractère provisoire, en février, et l'autre qui a un caractère définitif, en novembre. Les recettes sont calculées en ayant égard à la progression moyenne des cinq derniers exercices et, autant que possible, aux fluctuations survenues ou prévues dans les courants de transport; elles sont inscrites au budget général des recettes. Les dépenses sont évaluées, notamment, d'après les résultats des trois exercices précédents; elles forment un chapitre du budget du Ministère des chemins de fer, postes et télégraphes; ce chapitre est divisé en cinq sections :

a. — Services communs.
b. — Voies et travaux.
c. — Traction et matériel.
d. — Transports.
e. — Perception des recettes et contrôle.

Les sections sont elles-mêmes subdivisées explicitement en articles dans la loi de finances. Les virements de section à section sont interdits en principe par la Constitution ; cependant, depuis une quinzaine d'années, les lois de finances contiennent une disposition qui les autorise, pour les traitements et indemnités des fonctionnaires et employés attachés aux

(1) Travaux ou dépenses n'appartenant pas à l'entretien ou à l'exploitation, mais trop faibles pour motiver des crédits spéciaux.

divers services de l'exploitation. L'exercice est clos le 31 décembre pour les dépenses autres que celles qui ont fait l'objet de contrats : ces dernières peuvent être liquidées jusqu'au 31 octobre de l'année suivante, moyennant un report du Ministère des finances.

En *Hongrie*, le budget est dressé après le 1er juin de l'année qui précède l'exercice. Il est arrêté par le Ministre du commerce, après avis du directeur de l'exploitation des chemins de fer de l'État et du comité de direction (avant le 1er janvier 1884, le conseil d'administration) et compris par le Ministre des finances dans le budget général de l'État. Le Ministre du commerce peut autoriser les virements entre les différents chapitres.

En *Italie*, les prévisions budgétaires étaient arrêtées par le Ministre des travaux publics d'après les indications du service du contrôle central, les propositions du Directeur général et l'avis du Conseil d'administration. Mais le budget soumis aux Chambres ne portait en recette que le produit net, comme ressource du département des finances. Par suite, on ne voyait figurer au budget du département des travaux publics que les dépenses ayant le caractère de dépenses de premier établissement. La Direction de l'exploitation était tenue, vis-à-vis la Cour des comptes, de ne pas dépasser les prévisions de dépenses, ou, si elles les dépassait par suite d'une augmentation du trafic, de verser au Trésor une somme au moins égale au produit net prévu.

En *Prusse*, l'année budgétaire commence le 1er avril et se termine le 31 mars de l'année suivante. Les Directions envoient au Ministre leurs évaluations, le 1er février pour les travaux extraordinaires et le 1er avril pour les dépenses et recettes d'exploitation. Les recettes sont inscrites au budget sous six titres :

Titres 1.	— Voyageurs et bagages	(6 paragraphes).
2.	— Marchandises........................	(8 —).
3.	— Fermage de lignes....................	(4 —).
4.	— Location de matériel roulant..........	(2 —).
5.	— Produits de ventes....................	(3 —).
6.	— Divers............................	(8 —).

Les dépenses sont réparties en deux groupes et treize titres :

1er Groupe (personnel)	Titres 1 à 3.	Traitements du personnel...	(40 paragraphes).
	4	Indemnités de logement ...	(1 —).
	5	Déplacements.............	(14 —).
2e Groupe (matériel)	6	Dépenses générales........	(12 —).
	7	Entretien de la voie........	(20 —).
	8	Traction.................	(9 —).

	Titres		
2e *Groupe* (matériel)	9	Matériel roulant...........	(6 paragraphes).
	10	Renouvellement de la voie...	(3 —).
	11	— du matériel roulant.	(3 —).
	12	Fermage des lignes.......	(4 —).
	13	Location du matériel......	(2 —).

Les bases sont analogues pour les chemins concédés et exploités par l'État. La loi de finances autorise des virements entre certains titres ou paragraphes dénommés.

Les travaux d'agrandissement ou d'amélioration de gares font l'objet de crédits spéciaux entre lesquels la loi de finances autorise des virements, s'il y a lieu. Les prévisions de dépenses d'exploitation peuvent être dépassées sans crédit supplémentaire législatif, dans la limite d'une augmentation de 5 %, pourvu que cette augmentation soit couverte par un accroissement de recettes.

En *Saxe*, l'Administration des chemins de fer de l'État relève du Ministère des finances. Le budget est biennal, c'est-à-dire voté pour deux années. Il comprend explicitement, d'une part les recettes, d'autre part les dépenses d'exploitation : ces dépenses sont, pour toute la part variable avec l'intensité du trafic, calculées en prenant pour unité l'essieu kilométrique. Les virements sont interdits. Quand les prévisions de dépenses sont dépassées, la Direction générale est tenue de justifier qu'elle n'a pas un nombre d'agents supérieur au chiffre autorisé et qu'elle n'a pas enfreint la règle subordonnant les avancements de classe à une durée de service de cinq ans. Un compte rendu est d'ailleurs soumis aux Chambres tous les deux ans. Les dépenses de premier établissement font l'objet de crédits législatifs spéciaux.

Terminons ces renseignements sommaires sur le budget des chemins de fer de l'État à l'étranger, en faisant connaître que la Bavière est le seul pays où il y ait une dette spéciale afférente aux dépenses de premier établissement des chemins de fer. Si le produit net est insuffisant pour le service de cette dette (et c'est le cas qui s'est réalisé jusqu'en 1881), il y est pourvu au moyen de l'impôt. En 1882, pour la première fois, il y a eu un solde actif de 3 millions environ.

En *France*, jusqu'en 1882, le Gouvernement se bornait à inscrire les recettes probables au projet de budget du Ministère des finances (produits divers), et, le cas échéant, les insuffisances d'exploitation au projet de budget du Ministère des travaux publics, sauf à mettre sous les yeux du Parlement les documents nécessaires pour éclairer sa religion. Il distribuait en outre, en décembre, le budget détaillé du réseau d'État pour l'exercice suivant, et en mai, le compte d'administration, provisoirement approuvé par le Ministre, pour l'exercice précédent ; les publications mensuelles ou hebdomadaires du Journal officiel et du Bulletin de statistique faisaient connaître les résultats de l'exploitation. Pour la première fois, dans le projet de budget de l'exercice 1883, l'Administration des chemins de fer de l'État a été, sur la demande de la Commission du budget de la Chambre, pour l'exercice 1882, assimilée à l'administration des services annexes relevant de divers départements ministériels.

Ainsi, depuis le 1er janvier 1883, le budget annexe des chemins de fer de l'État est rattaché pour ordre au budget général et soumis en même temps que ce dernier à l'examen des Chambres.

Les recettes brutes y sont divisées en trois chapitres afférents : le premier à la « grande vitesse », le second à la « petite vitesse », et le troisième aux « recettes en dehors du trafic ». Le système adopté pour leur évaluation a varié. Dans le projet de budget de 1887, l'Administration les a estimées : 1° pour les lignes antérieurement en exploitation, d'après les prévisions de la loi de finances relative à l'exercice 1885 ; 2° pour les autres ignes, d'après la durée et le revenu probable de leur exploitation.

Quant aux dépenses, elles comprennent les chapitres suivants :

1. Conseil d'administration.
2. Secrétariat et caisse générale.
3. Direction.
4. Dépenses non susceptibles d'évaluation fixe :
   - Exploitation.
   - Matériel et traction.
   - Voie et bâtiments.
   - Gratifications, secours, indemnités.
   - Gares et troncs communs.
5. Impôts et assurances.
6. Exercices clos.
7. Excédent des recettes sur les dépenses, à verser au Trésor.

Elles sont estimées d'après les résultats de l'année précédente, la longueur du réseau, le parcours kilométrique des trains et le développement normal du trafic. Le produit net est inscrit au budget des recettes générales de l'État parmi les « produits divers ».

Conformément à la loi de finances du 29 décembre 1882, art. 7, les crédits supplémentaires ou extraordinaires reconnus nécessaires en cours d'exercice pour assurer l'exploitation peuvent être ouverts par décrets contresignés des Ministres des travaux publics et des finances ; toutefois, ces crédits doivent être soumis à la sanction du Pouvoir législatif, dans le délai d'un mois lorsque les Chambres sont assemblées, ou, au cas contraire, dans la première quinzaine de leur prochaine réunion.

2° A l'observation que nous venons de présenter en l'appuyant sur des faits puisés, non seulement dans l'expérience de la France, mais encore et surtout dans l'expérience des autres pays où il existe des réseaux d'État, s'en ajoute une autre qui n'est pas sans importance.

Les défenseurs de l'exploitation par les Compagnies, après avoir mis en relief les perturbations que le maintien des voies ferrées entre les mains de l'État peut jeter dans le budget, font valoir qu'au contraire, avec le système des concessions, ce sont les actionnaires qui supportent le contre-coup des mécomptes sur les prévisions de recettes.

Cela est parfaitement exact pour les Compagnies qui ne sont pas liées financièrement à l'État, par exemple pour les Compagnies anglaises ou américaines. Mais il n'en est pas tout à fait de même en France, où il existe une solidarité étroite entre les concessionnaires de nos grands réseaux et le Trésor, solidarité rendue plus intime encore par les conventions de 1883. Que l'on se trouve dans la période du fonctionnement de la garantie d'intérêt ou dans celle du remboursement des avances antérieures de l'État, c'est le budget qui reçoit, en définitive, le contre-coup des diminutions de recettes, soit par une augmentation de ses avances, soit par une réduction des versements des Compagnies. En effet, pendant l'une ou l'autre de ces deux périodes, les actionnaires reçoivent chaque année la rémunération qui leur a été réservée par les conventions. C'est ainsi que de 1865 (1) à 1882, le dividende distribué par l'Est, l'Ouest, l'Orléans et le Midi, a été invariable, abstraction faite de l'année 1870, pendant laquelle les événements de guerre ont porté atteinte au revenu réservé. Aujourd'hui même, ce revenu étant garanti, des éventualités comme celle de la guerre franco-allemande seraient sans effet sur le dividende. Durant la période du partage des bénéfices, les variations du produit net influent évidemment aussi sur la part de l'État, c'est-à-dire sur le budget. C'est seulement lorsque ni la garantie, ni le remboursement, ni le partage des bénéfices, ne sont en jeu, que l'aléa de l'exploitation porte sur les actionnaires ; la Compagnie du Nord s'est jusqu'ici trouvée dans ce cas ; il en a été longtemps de même de la Compagnie de Paris-Lyon-Méditerranée.

5. Argument tiré des difficultés créées par l'exploitation du réseau d'État en Belgique. — Les adversaires de l'exploitation par l'État ont insisté sur les

(1) 1866 pour l'Ouest.

difficultés financières provoquées en Belgique par la gestion directe de la plus grande partie du réseau. Nous avons déjà eu plusieurs fois, dans le cours de cette étude, l'occasion de signaler ces difficultés et les attaques auxquelles elles avaient donné lieu à la tribune du Parlement et dans la presse belge.

Le moment est venu de fournir des indications un peu plus précises. Voici, d'après le compte rendu du Ministre des travaux publics aux Chambres de Belgique pour l'année 1884, quels ont été les résultats de l'exploitation comparés aux charges des capitaux de premier établissement ou de rachat :

ANNÉES	RESSOURCES ANNUELLES (Recette nette majorée de 2 0/0 d'intérêts et intérêt des soldes actifs accumulés).	CHARGES FINANCIÈRES majorées des intérêts des soldes passifs accumulés	SOLDES ANNUELS		SOLDES ACCUMULÉS	
			ACTIFS	PASSIFS	ACTIFS	PASSIFS
	fr.	fr.	fr.	fr.	fr.	fr.
1835 à 1860	6.378.243,27 (en moyenne)	6.431.215,63 (en moyenne)	813.957,39 (en moyenne)	867.160,52 (en moyenne)	»	1.377.281,27
1861	18.669.869,26	10.669.389,45	8.000.479,81	»	6.623.198,54	»
1862	18.261.921,53	10.846.138,48	7.415.783,05	»	14.038.981,59	»
1863	18.005.374,71	11.246.497,65	6.758.877,06	»	20.797.858,65	»
1864	19.590.625,15	11.695.813,28	7.894.811,87	»	28.692.670,52	»
1865	20.485.197,48	12.115.409,48	8.369.788, »	»	37.062.458,52	»
1866	18.237.175,35	13.203.227,47	5.033.947,88	»	42.096.406,40	»
1867	17.504.408,75	13.966.529,36	3.537.879,39	»	45.634.285,79	»
1868	19.515.250,32	14.530.152,61	4.985.097,71	»	50.619.383,50	»
1869	21.715.206,93	14.559.715,37	7.155.491,56	»	57.774.875,06	»
1870	22.443.618,14	14.800.750,29	7.642.867,85	»	65.417.742,91	»
1871	34.968.712,62	21.920.813,55	13.047.899,07	»	78.465.641,98	»
1872	31.147.367,33	24.168.213,54	6.979.153,79	»	85.444.795,77	»
1873	26.836.131,29	33.407.551,40	»	6.571.420,11	78.873.375,66	»
1874	30.663.152,13	34.598.225,49	»	3.935.073,36	74.938.302,30	»
1875	33.408.465,60	36.084.820,70	»	2.676.355,10	72.261.947,20	»
1876	37.114.647,93	37.638.893, »	»	524.245,07	71.737.702,13	»
1877	38.105.003,35	39.420.533,61	»	1.315.530,26	70.422.171,87	»
1878	41.457.775,73	41.562.229,05	»	104.453,32	70.317.718,55	»
1879	44.457.436,06	43.432.701,86	1.024.734,20	»	71.342.452,75	»
1880	49.522.447,61	46.693.268,83	2.829.178,78	»	74.171.631,53	»
1881	45.183.149,35	49.485.993,50	»	4.302.844,15	69.868.787,38	»
1882	48.483.893,23	52.126.890,69	»	3.642.997,46	66.225.789,92	»
1883	52.108.409,37	54.212.397,19	»	2.103.987,82	64.121.802,10	»
1884	51.942.475,10	55.290.709,50	»	3.348.234,40	60.773.567,70 (1)	»

(1) Déduction faite de l'amortissement et non compris les approvisionnements imputés aux comptes annuels d'exploitation.

Ce tableau montre que, depuis 1873, le total des soldes actifs accumulés s'est réduit de 2 millions en moyenne par année. Il est difficile de méconnaître qu'il y ait eu quelques imprudences commises par les Pouvoirs publics ; le relèvement de 5 % opéré en 1880 sur les tarifs de voyageurs en fournit au surplus la preuve. Cependant on ne doit pas oublier :

1° Qu'il reste encore un boni considérable ;

2° Que les abaissements de taxes, notamment pour le transit, ont puissamment contribué à développer la richesse publique et par suite le rendement des impôts, et que le déficit apparent de l'exploitation, depuis une dizaine d'années, a pu trouver sa compensation dans un accroissement des autres ressources du Trésor.

Les critiques basées sur l'expérience de la Belgique ne doivent donc être admises qu'avec une certaine réserve.

En résumé, au point de vue financier, comme aux autres points de vue, il y a une part de vérité et une part d'erreur dans les arguments produits, soit en faveur, soit à l'encontre de l'un ou de l'autre des deux systèmes.

Pour l'exploitation par l'État, on peut en retenir l'économie qui aurait été réalisée : 1° sur la rémunération des capitaux fournis par les actionnaires des Compagnies ; 2° sur certaines dépenses de travaux de navigation dont l'objet, sinon exclusif, du moins principal, a été de servir de modérateur pour les tarifs de chemins de fer.

Pour l'exploitation par les Compagnies, on est fondé à invoquer, dans une certaine mesure, les entraînements redoutables auxquels les Pouvoirs publics auraient pu céder, dans un pays où les influences politiques sont très puissantes ; quelques pertes, qu'aurait subies le Trésor sur les impôts frappant les titres des Compagnies ; enfin, l'inconvénient d'ajouter à l'aléa des prévisions budgétaires toutes les causes d'incertitude inhérentes aux opérations industrielles.

L'équilibre et le bon état des finances publiques ont une telle importance que, de toutes les considérations développées contre l'exploitation par l'État, celles qui viennent d'être sommairement analysées et discutées doivent, malgré leur exagération, appeler les plus sérieuses méditations.

8. **Observations sur le réseau d'État constitué en France, en vertu de la loi du 18 mai 1878.** — Au cours de cette étude, nous avons, autant que possible, évité de chercher des enseignements dans l'expérience du réseau d'État constitué en vertu de la loi du 18 mai 1878. L'épreuve n'a pas été en effet d'assez longue durée pour fournir des don-

nées concluantes. On ne doit pas, d'autre part, perdre de vue les conditions dans lesquelles est né ce réseau. Diverses Compagnies secondaires, qui avaient été créées pendant les dernières années de l'Empire et dont les plus importantes étaient celles des Charentes, de la Vendée, d'Orléans à Châlons et d'Orléans à Rouen, se trouvaient dans une situation des plus difficiles. Le Parlement avait refusé sa sanction à plusieurs projets de convention tendant, soit à consolider cette situation, tout au moins pour la Compagnie des Charentes, soit à assurer une fusion des principales Sociétés en souffrance avec la Compagnie d'Orléans. Le Ministre des travaux publics, se conformant à une résolution votée le 22 mars 1877 par la Chambre des députés, sur la proposition de M. Allain-Targé, avait dû procéder au rachat de 2 615 kilomètres de chemins de fer concédés aux Compagnies des Charentes, de la Vendée, de Bressuire à Poitiers, de Saint-Nazaire au Croisic, d'Orléans à Châlons, de Tulle à Clermont, d'Orléans à Rouen, de Poitiers à Saumur, de Maine-et-Loire et Nantes, et des chemins Nantais, et ce rachat avait été approuvé par une loi du 18 mai 1878, dont l'article 4 était ainsi conçu : « En attendant qu'il soit statué sur les bases définitives « du régime auquel seront soumis les chemins de fer repris par l'État, le « Ministre des travaux publics est autorisé à assurer l'exploitation provi- « soire de ces lignes, à l'aide de tels moyens qu'il jugera le moins oné- « reux pour le Trésor.... ». Deux décrets du 25 mai 1878, contresignés par MM. de Freycinet et Léon Say, organisèrent une exploitation provisoire par l'État des chemins ainsi repris à leurs anciens concessionnaires.

La longueur en exploitation était de 1 500 kilomètres environ. Le nouveau réseau d'État était composé de tronçons épars, disséminés, enserrés entre les réseaux voisins de l'Orléans et de l'Ouest, exposés de toutes parts aux concurrences, ne desservant qu'un trafic insignifiant, n'aboutissant à aucun centre important, supportant le poids d'un passé malheureux. Depuis, les ouvertures progressives de diverses lignes et les conventions de 1883 ont amélioré sa structure, augmenté sa cohésion, accru ses chances de vitalité. Mais ces modifications sont trop récentes pour avoir produit tous les résultats que l'on est en droit d'en attendre, et d'ailleurs jamais le réseau d'État, tel qu'il est formé, ne pourra prétendre à un avenir aussi brillant que celui des grandes Compagnies.

Enfanté dans de telles conditions, le réseau d'État devait nécessairement présenter les plus graves difficultés d'exploitation et ne donner que de médiocres revenus.

Les polémistes, qui cherchent à frapper l'imagination plutôt que la raison et auxquels les ardeurs de la lutte font quelquefois perdre le sentiment de la justice, n'ont pas manqué de s'emparer de cette situation pour en conclure à la complète incapacité de l'État. Leurs attaques, qui par elles-mêmes n'avaient pas grande consistance et dont il n'y avait pas lieu de s'inquiéter outre mesure, ont été malheureusement confirmées et fortifiées par le témoignage d'hommes éminents et autorisés.

Dans un article inséré au *Journal des Économistes* (novembre 1882), M. Léon Say écrivait ce qui suit : « Il est facile aujourd'hui de s'assurer « que l'exploitation par l'État est une des plus colossales erreurs qu'on « ait pu commettre ; l'échec est absolu, irrémédiable... C'est un désastre. « En quatre ans, le produit net des chemins formant ce qu'on appelle « l'ancien réseau d'État a diminué de plus de 20 %. La proportion de la « dépense aux recettes monte d'année en année ; de 78 76 % en 1878, elle « s'est élevée à 84 63 % en 1881. En trois ans, le déficit de l'opération a « été de 40 millions de francs. Les contribuables ont fait les frais de cette « expérience en sortant de leur poche 40 millions de francs, et ils sont « exposés à payer tous les ans, pour couvrir les pertes, des sommes « toujours croissantes.. .. »

M. de Soubeyran a renouvelé cette critique devant la Chambre des députés, lors de la discussion du projet de budget des chemins de fer de l'État pour l'exercice 1883.

Les administrateurs auxquels est incombée la lourde tâche de la gestion du réseau d'État ne prétendent certainement pas être arrivés à la perfection. L'organisation de 1878 a été improvisée ; tout était à coordonner dans ce chaos de lignes diverses, coupées, tronçonnées, imparfaites, inachevées et commandées de toute part par les lignes concédées aux grandes Compagnies ; quiconque connaît un peu l'exploitation des chemins de fer sait combien il est difficile de gérer économiquement des voies ferrées, lorsqu'elles ne forment point un ensemble et un tout bien compacts.

D'un autre côté, le pays desservi par les lignes rachetées en 1878 est surtout un pays agricole ; l'industrie y est peu développée ; et personne n'ignore que la culture ne fournit jamais les éléments de recettes rémunératrices. C'est là, sinon la seule, du moins l'une des principales causes qui ont fait sombrer les anciens concessionnaires.

La substitution de l'État aux Compagnies pouvait-elle, devait-elle transformer du jour au lendemain un état de choses si défavorable, rendre fructueuses des lignes improductives, faire disparaître les effets d'un sectionnement et d'un morcellement désastreux ? Jamais il n'est venu à l'idée de qui que ce soit de reprocher au syndic d'une faillite le mauvais état des affaires confiées à sa garde ; jamais on ne s'est avisé de blâmer son impéritie, parce qu'il ne relevait pas immédiatement les ruines, parce qu'il ne comblait pas le déficit, parce qu'il ne distribuait pas de dividendes. Or, en reprenant les concessions du Sud-Ouest, l'État a assumé un rôle comparable à celui d'un syndic de faillite.

Certes, tout en approuvant dans leurs lignes maîtresses les dispositions qui ont été prises par le Gouvernement pour assurer l'exploitation du réseau d'État, nous regrettons certaines mesures de détail; nous croyons que l'organisation, telle qu'elle a été instituée, telle qu'elle a fonctionné, comportait d'utiles améliorations.

Mais nous n'en considérons pas moins comme excessive et injuste la condamnation absolue de cette organisation et de ses résultats.

Les griefs le plus souvent articulés contre « l'Administration des chemins de fer de l'État » ont porté : 1° sur les charges considérables d'intérêt et d'amortissement qu'elle laisse chaque année au compte du Trésor; 2° sur l'élévation de son coefficient d'exploitation; 3° sur les abaissements et les remaniements inconsidérés de ses tarifs.

Examinons froidement, sans parti pris, sans idée préconçue, ces trois griefs.

a. CHARGES D'INTÉRÊT ET D'AMORTISSEMENT. — Chaque année, le Ministère des travaux publics dresse et publie dans son *Bulletin* des tableaux donnant pour l'année précédente le « Résumé, par ligne, des dépenses de « premier établissement et des résultats de l'exploitation des chemins de « fer d'intérêt général ». Nous extrayons textuellement de ces tableaux les chiffres suivants :

ANNÉES	LONGUEUR EXPLOITÉE	SUBVENTIONS DE L'ÉTAT aux anciennes Compagnies (1)	PRIX DE RACHAT ET DÉPENSES de premier établissement	CHARGES des CAPITAUX à 4 1/2 p. 0/0	RECETTE BRUTE	DÉPENSE D'EXPLOITATION	PRODUIT NET	INSUFFISANCE du PRODUIT NET comparé aux charges des capitaux
	km.	fr.	fr.	fr.	fr.	fr.	fr.	fr.
1878	1.561	91.446.582	262.704.022	11.821.681	14.599.852	11.633.673	2.966.179	8.855.502
1879	1.620	92.619.278	274.683.982	12.360.779	15.312.842	12.056.119	3.256.723	9.104.056
1880	1.804	101.367.715	326.200.100	14.679.004	17.164.201	14.183.731	2.980.470	11.698.534
1881	1.999	101.867.715	380.789.264	17.135.317	19.204.189	16.252.740	2.951.449	14.184.068
1882	2.084	101.867.715	415.417.415	18.693.781	21.306.258	18.393.249	2.913.009	15.870.775
1883	2.234	101.867.715	494.690.000	22.261.050	23.783.879	20.335.013	3.448.846	16.886.167

(1) Non compris les subventions des localités, qui s'élevaient à 11 millions environ.

Ces chiffres ne sont pas absolument conformes à ceux des comptes rendus de l'Administration des chemins de fer de l'État ; mais les différences sont peu importantes, et il nous a paru préférable de nous référer purement et simplement aux renseignements du Ministère.

Au premier abord, les indications que nous venons de reproduire semblent confirmer à peu près les appréciations pessimistes formulées sur les résultats financiers de l'exploitation du réseau. Il convient toutefois d'avoir égard aux observations suivantes :

1° La plus forte part des dépenses de rachat ou de premier établissement a été payée au moyen des émissions de rente amortissable. Or, en traitant du crédit de l'État et de celui des Compagnies, nous avons fait connaître que le taux des deux emprunts de 1878 et de 1881 avait été de 3 98 °/₀ et 3 81 °/₀, amortissement non compris, et de 4 21 et 4 09, amortissement compris.

Ainsi, même en admettant qu'il y ait lieu de tenir compte de l'amortissement, le taux de 4 1/2 °/₀ à l'aide duquel ont été calculées les charges des capitaux est certainement excessif et devrait subir une notable réduction.

Des orateurs autorisés ont exprimé l'avis qu'il était irrationnel de compter l'amortissement pour des chemins de fer appartenant à l'État. Pour des raisons que nous avons déjà exposées à diverses reprises, nous ne partageons pas complètement cette opinion. Mais il n'en est pas moins vrai, nous le répétons, que le taux de 4 1/2 doit être diminué et que le déficit de quarante millions accusé dans l'article de l'*Économiste* de 1882, pour les trois exercices 1879, 1880 et 1881, doit être ramené à trente millions environ.

2° Si, au lieu d'envisager isolément le réseau d'État, on recherche quel a été, durant les années 1879, 1880, 1881 et 1882, le déficit du nouveau réseau des six grandes Compagnies, le rapprochement est bien de nature à inspirer quelque indulgence pour l'Administration. Voici, en effet, des chiffres significatifs, également empruntés aux statistiques officielles :

DÉSIGNATION des RÉSEAUX	ANNÉE 1879			ANNÉE 1880			ANNÉE 1881			ANNÉE 1882		
	LONGUEUR	RECETTE BRUTE kilométrique	INSUFFISANCE	LONGUEUR	RECETTE BRUTE kilométrique	INSUFFISANCE	LONGUEUR	RECETTE BRUTE kilométrique	INSUFFISANCE	LONGUEUR	RECETTE BRUTE kilométrique	INSUFFISANCE
	km.	fr.	fr.	km.	fr.	fr.	km.	fr.	fr.	km.	fr.	fr.
Nouveau réseau du Nord	467	32.013	3.381.000	635	26.784	3.153.000	636	28.435	4.941.000	656	28.502	4.467.000
— de l'Est	1.870	31.153	21.789.926	1.992	34.683	15.572.639	2.007	49.722	15.591.346	2.053	35.813	17.674.629
— de l'Ouest	1.886	20.388	23.439.902	1.998	20.867	25.642.313	1.998	21.541	25.133.569	1.098	22.502	23.869.156
— d'Orléans	2.307	19.819	29.723.637	2.342	21.535	24.596.439	2.342	22.046	22.435.552	2.342	22.374	22.099.647
— de P.-L.-M.	1.546	14.200	26.814.700	1.543	16.000	24.820.900	1.576	15.300	26.260.400	1.576	15.500	26.784.600
— du Midi	1.426	15.884	14.773.809	1.541	17.275	13.446.930	1.541	18.233	15.537.605	1.541	18.769	14.854.307
TOTAUX ET MOYENNES	9.502	21.231	121.924.974	10.071	22.770	109.232.221	10 120	23.405	109.899.472	10.166	24.093	110.349.339
État	1.620	9.523	9.104.056	1.804	10.132	11.698.534	1.999	10.145	14.184.068	2.081	10.418	15.780.775

Insuffisance kilométrique moyenne :		1879	1880	1881	1882
		fr.	fr.	fr.	fr.
	Nouveau réseau des six grandes Compagnies	12.833	10.846	10.860	10.855
	État	5.000	6.485	7.091	7.627

Nous ne voudrions pas attacher à cette comparaison plus d'importance qu'elle n'en comporte : un parallèle entre des lignes, dont les frais de premier établissement sont différents et qui sont placées dans des situations dissemblables, offre toujours beaucoup de difficultés et de chances d'erreur. Cependant nous ne pouvons nous dispenser de faire remarquer que le déficit du réseau d'État a varié de 5 000 à 7 600 fr. seulement par kilomètre, pour un revenu de 9 500 à 10 400 fr., alors que le déficit du nouveau réseau des six grandes Compagnies atteignait 10 800 à 12 800 fr., avec un revenu de 21 300 à 24 100 fr.

A peine avons-nous besoin d'ajouter que, si l'on triait parmi les lignes du nouveau réseau des Compagnies celles dont le produit brut est comparable à celui du réseau d'État, on arriverait à une disproportion encore plus marquée.

Sans doute, le déficit du nouveau réseau des Compagnies a été couvert, pour la plus large part, par des excédents de l'ancien réseau, et l'appoint que ces sociétés ont demandé au Trésor sous forme de garantie d'intérêt lui sera remboursé plus tard, avec les intérêts à 4 °/₀. A ce point de vue, on peut regretter que les chemins de fer constituant le réseau d'État n'aient pas été autrefois concédés aux grandes Compagnies; mais c'est là un regret malheureusement platonique, et l'on sait du reste que la naissance des Compagnies secondaires du Sud-Ouest a été provoquée par l'impossibilité de traiter de leur concession avec les grandes Compagnies, et notamment avec celle d'Orléans.

Au surplus, nous nous bornons en ce moment à apprécier la portée des reproches articulés contre l'Administration des chemins de fer de l'État, sans juger les circonstances qui en ont amené l'institution.

b. Coefficient d'exploitation. — Voici quel a été le coefficient d'exploitation en 1879, 1880, 1881, 1882 et 1883, pour les grandes Compagnies et pour le réseau de l'État :

	1879			1880			1881			1882			1883		
	Ancien réseau	Nouveau réseau	Ensemble	Ancien réseau	Nouveau réseau	Ensemble	Ancien réseau	Nouveau réseau	Ensemble	Ancien réseau	Nouveau réseau	Ensemble	Ancien réseau	Nouveau réseau	Ensemble
	%	%	%	%	%	%	%	%	%	%	%	%	%	%	%
Nord	45,9	60,7	47,8	45,8	65,1	48,2	47,8	65,6	50,1	47,3	62,3	49,1	50,1	59,8	52,7
Est	57,0	64,7	61,4	51,8	59,9	56,5	51,2	60,1	56,2	52,3	61,2	57,4	»	»	61,3
Ouest	52,1	80,3	61,0	49,5	79,1	58,9	46,0	79,4	57,0	44,6	77,8	55,9	»	»	56,7
Orléans	43,7	70,1	51,5	41,5	61,9	47,6	40,5	53,9	44,5	42,4	54,5	46,0	43,4	63,5	49,2
P.-L.-M.	41,1	81,1	44,2	41,0	75,7	43,6	41,4	79,9	44,0	45,1	81,2	47,7	47,2	82,1	50,1
Midi	38,0	72,9	48,5	36,5	71,2	46,5	37,0	72,9	47,7	41,2	70,3	49,9	41,7	72,0	51,5
État	»	»	78,7	»	»	76,8	»	»	77,9	»	»	84,8	»	»	89,5

Ce tableau paraît révéler, de la part du réseau de l'État, une infériorité manifeste. Mais nous avons déjà fait observer à plusieurs reprises que le coefficient d'exploitation dépend de nombreux éléments dont l'un des principaux est le montant de la recette brute kilométrique. Il serait donc souverainement irrationnel de vouloir tirer des conséquences de la comparaison entre des lignes aussi dissemblables que celles des grandes Compagnies et celles de l'État au point de vue du produit brut.

Le tableau suivant est beaucoup plus instructif. Il résume les résultats du rapprochement entre des chemins ayant à peu près le même trafic :

ANNÉES	NORD			EST			OUEST			ORLÉANS			P.-L.-M.			MIDI			ÉTAT		
	LONGUEUR moyenne	RECETTE kilométrique	COEFFICIENT d'exploitation	LONGUEUR moyenne	RECETTE kilométrique	COEFFICIENT d'exploitation	LONGUEUR moyenne	RECETTE kilométrique	COEFFICIENT d'exploitation	LONGUEUR moyenne	RECETTE kilométrique	COEFFICIENT d'exploitation	LONGUEUR moyenne	RECETTE kilométrique	COEFFICIENT d'exploitation	LONGUEUR moyenne	RECETTE kilométrique	COEFFICIENT d'exploitation	LONGUEUR moyenne	RECETTE kilométrique	COEFFICIENT d'exploitation
	km.	fr.	0/0	km.	fr.	0/0	km.	fr.	0/0	km.	fr.	0/0	km.	fr.	0/0	km.	fr.	0/0	km.	fr.	0/0
LIGNES DONT LA RECETTE KILOMÉTRIQUE EST INFÉRIEURE A 5.000 FR.																					
1879	»	»	»	11	3.292	291	72	5.000	123	34	4.951	167	264	3.761	186	15	3.952	309	158	3.793	140
1880	»	»	»	34	2.797	332	72	4.997	129	»	»	»	268	3.994	184	15	4.370	216	123	3.794	134
1881	»	»	»	49	3.385	290	»	»	»	»	»	»	342	3.900	192	15	4.677	207	118	3.575	186
1882	»	»	»	73	3.391	298	72	4.773	122	»	»	»	361	3.993	203	20	4.067	218	165	3.409	192
1883	»	»	»	242	3.672	199	»	»	»	»	»	»	473	3.970	187	»	»	»	308	3.783	159
LIGNES DONT LA RECETTE KILOMÉTRIQUE EST COMPRISE ENTRE 5.000 ET 10.000 FR.																					
1879	62	8.693	119	147	7.933	120	217	6.128	140	244	7.282	117	885	8.047	107	301	8.755	98	847	7.230	99
1880	250	9.140	109	400	7.208	143	389	8.827	102	278	7.541	99	778	7.919	116	276	9.042	97	735	7.093	110
1881	222	9.657	105	400	7.688	135	112	6.753	107	227	7.364	92	727	8.600	109	190	8.660	109	849	7.070	104
1882	34	7.970	121	122	7.532	147	40	9.424	89	227	8.358	83	790	8.504	118	115	7.922	112	936	7.672	106
1883	85	8.106	132	412	7.742	114	40	9.633	92	442	9.132	89	781	8.024	127	130	8.270	108	792	7.688	105
LIGNES DONT LA RECETTE KILOMÉTRIQUE EST COMPRISE ENTRE 10.000 ET 15.000 FR.																					
1879	»	»	»	63	12.839	90	80	12.590	90	1.134	11.733	84	453	12.708	76	304	12.311	81	478	11.382	68
1880	»	»	»	94	11.217	99	144	14.675	82	1.094	12.683	74	400	11.964	85	354	12.315	89	711	11.691	75
1881	28	10.286	112	76	11.915	94	493	11.586	89	1.109	12.715	73	407	11.900	86	443	12 310	88	760	12.187	77
1882	216	10.167	102	100	14.149	78	563	12.461	84	1.034	12.800	71	443	12.205	97	520	12.026	88	674	12.013	80
1883	215	10.609	104	76	14.547	79	436	12.423	80	819	13.869	75	671	11.691	93	539	12.517	85	850	12 274	80

ANNÉES	NORD			EST			OUEST			ORLÉANS			P.-L.-M.			MIDI			ÉTAT		
	LONGUEUR moyenne	RECETTE kilométrique	COEFFICIENT d'exploitation	LONGUEUR moyenne	RECETTE kilométrique	COEFFICIENT d'exploitation	LONGUEUR moyenne	RECETTE kilométrique	COEFFICIENT d'exploitation	LONGUEUR moyenne	RECETTE kilométrique	COEFFICIENT d'exploitation	LONGUEUR moyenne	RECETTE kilométrique	COEFFICIENT d'exploitation	LONGUEUR moyenne	RECETTE kilométrique	COEFFICIENT d'exploitation	LONGUEUR moyenne	RECETTE kilométrique	COEFFICIENT d'exploitation
	km.	fr.	0/0	km.	fr.	0/0	km.	fr.	0/0	km.	fr.	0/0	km.	fr.	0/0	km.	fr.	0/0	km.	fr.	0/0
LIGNES DONT LA RECETTE KILOMÉTRIQUE EST COMPRISE ENTRE 15.000 ET 20.000 FR.																					
1879	»	»	»	226	»	81	830	17.186	86	»	»	»	531	18.663	86	644	18.591	66	»	»	»
1880	»	»	»	222	18.648	75	625	17.861	92	75	16.271	60	699	18.136	79	308	17.016	68	»	»	»
1881	»	»	»	183	17.730	80	607	18.144	95	141	15.204	70	578	19.700	80	308	18.439	67	29	16.461	65
1882	»	»	»	94	17.560	78	537	18.287	92	186	15.834	71	375	17.130	81	99	16.416	66	128	16.737	67
1883	»	»	»	385	17.416	88	164	16.895	78	186	15.740	75	420	17.352	81	200	18.037	66	130	18.150	64
LIGNES DONT LA RECETTE KILOMÉTRIQUE EST COMPRISE ENTRE 20.000 ET 26.000 FR.																					
1879	»	»	»	269	23.350	80	193	23.718	86	904	22.790	63	940	24.102	65	121	23.058	65	122	25.719	48
1880	»	»	»	79	21.883	65	274	23.941	79	552	24.048	59	404	23.777	77	512	21.879	65	122	25.998	50
1881	»	»	»	136	21.688	71	142	22.838	74	302	23.477	58	513	21.500	63	421	22.913	64	122	24.224	58
1882	»	»	»	401	22.743	70	142	22.752	85	302	23.490	58	762	22 032	71	630	23.115	64	122	25.982	53
1883	»	»	»	329	23.669	71	220	21.467	78	459	25.026	59	703	22.846	64	227	22.466	65	23	21.088	105
ENSEMBLE DES LIGNES DONT LA RECETTE KILOMÉTRIQUE EST INFÉRIEURE A 26.000 FR.																					
1879	62	8.693	119	716	17.457	85	1.392	15.474	90	2.316	15.481	74	3.073	15.142	80	1.370	15.432	73	1.605	9.534	79
1880	250	9.140	109	529	14.629	86	1.504	15.711	89	1.999	15.241	69	2.549	13.456	89	1.425	16.142	74	1.691	10.150	83
1881	250	9.728	106	544	14.768	88	1.354	15.306	91	1.749	13.985	70	2.567	13.583	85	1.379	16.330	74	1.890	10.161	85
1882	250	9.868	105	790	16.901	82	1.354	15.352	88	1.749	14.392	68	2.740	13.451	91	1.384	16.932	71	2.045	10.422	86
1883	300	9.900	110	1.434	13.721	90	860	15.460	79	1.906	15.635	71	3.048	12.873	89	1.096	15.084	76	2.103	9.763	91

Parmi les chiffres que nous venons de relater pour les grandes Compagnies, il en est qui ne sont pas absolument probants, notamment parce qu'ils se rapportent à des longueurs trop faibles ou parce que les bases adoptées pour la ventilation des dépenses communes de gares ou de matériel ont pu les surcharger outre mesure. Peut-être y aurait-il aussi à tenir compte des différences dans l'imputation et dans la quotité des dépenses afférentes au renouvellement de la voie et aux autres améliorations ou réfections. Mais il n'en est pas moins vrai que, dans leur ensemble, les coefficients ci-dessus indiqués pour le réseau d'État sont loin de justifier les critiques trop vives dirigées contre l'Administration de ce réseau, surtout si l'on a égard à sa structure défectueuse, aux difficultés de toute nature de son exploitation et aux réductions de ses tarifs de grande et de petite vitesse.

Il eût été intéressant de comparer aussi la gestion des chemins de fer de l'État à celle des anciennes Compagnies concessionnaires; mais la longueur livrée à la circulation avant 1878 était trop faible et les conditions d'exploitation trop anormales pour que cette comparaison pût donner des renseignements utiles.

Les orateurs et les écrivains qui ont attaqué l'Administration du réseau d'État ne se sont pas contentés de faire ressortir l'élévation du coefficient d'exploitation de ce réseau relativement à celui des grandes Compagnies; ils ont aussi insisté sur son augmentation constante depuis 1879. Le fait est exact; il s'explique, d'un côté, par la mise en service de lignes peu productives, et d'un autre côté, par l'abaissement des tarifs. Il peut donc être utile de rechercher :

1° Quelles ont été, pour les chemins ouverts avant le 1er janvier 1880, les variations effectives du coefficient d'exploitation;

2° Quels eussent été les résultats, tant pour l'ensemble du réseau que pour les chemins livrés à la circulation avant le 1er janvier 1880, si les anciens tarifs avaient continué à être appliqués.

Voici à quels chiffres conduit cette étude :

		1879	1880	1881	1882	1883
Coefficients réels pour l'ensemble du réseau		0,79	0,83	0,85	0,86	0,85
Coefficients réels pour les chemins ouverts avant le 1er janvier 1880		0,79	0,83	0,81	0,83	0,80
Coefficients fictifs d'après les tarifs moyens de 1879	pour l'ensemble du réseau	0,79	0,74	0,66	0,65	0,64
	pour les chemins ouverts avant le 1er janvier 1880	0,79	0,74	0,64	0,62	0,60

Les dégrèvements dont a bénéficié le public sont estimés comme il suit :

	1879	1880	1881	1882	1883
		fr.	fr.	fr.	fr.
Voyageurs	»	1.184.700	1.759.700	1.908.600	2.262.300
Marchandises..........	»	486.150	3.121.500	4.959.800	5.354.300
	»	1.670.850	4.881.200	6.868.400	7.616.600

Pour les seuls chemins livrés à la circulation avant le 1er janvier 1880, le dégrèvement est évalué à :

1 670 850 fr. en 1880.
4 658 700 fr. — 1881.
6 350 700 fr. — 1882.
6 684 500 fr. — 1883.

A la vérité, les valeurs fictives que nous venons d'indiquer pour le coefficient d'exploitation donnent lieu à plusieurs objections :

1° On peut leur reprocher de correspondre à un trafic qui, sans les abaissements de taxes, ne se serait certainement pas développé dans une proportion si considérable ;

2° On peut dire aussi qu'après tout les résultats réels sont les seuls qui importent pour le Trésor et que la faute a été précisément de compromettre la recette nette par des réductions excessives dans les tarifs.

Il est incontestable que, si les taxes n'avaient pas été diminuées, la circulation eût été moins active. Mais il n'en est pas moins vrai que, si, au lieu d'envisager la recette, on considère le travail produit, le coefficient d'exploitation ou plutôt le prix de revient de l'unité de trafic s'est très sensiblement réduit.

Reste la seconde objection, celle qui a trait aux abaissements de taxes. Nous allons maintenant l'examiner.

c. Tarifs. — Au début, l'Administration des chemins de fer de l'État dut appliquer les tarifs des anciennes Compagnies concessionnaires. Ces tarifs présentaient des divergences qui n'avaient plus de raison d'être ; quelques-uns d'entre eux n'étaient même plus compatibles avec le classement dans le réseau d'intérêt général de lignes antérieurement concédées par les départements au titre d'intérêt local. Il y avait là tout un remaniement à opérer le plus tôt possible.

L'Administration provisoire constituée en 1878 soumit au Ministre des travaux publics des propositions basées sur le principe de l'égalité, sauf maintien d'un petit nombre de prix exceptionnels, qui étaient trop bas pour servir de régulateurs aux nouvelles taxes et qu'il était, d'autre part, difficile de relever sans porter une atteinte trop profonde à des situations acquises. Elle diminua d'ailleurs notablement les taxes, avec la conviction que cette mesure produirait un développement de trafic de nature à compenser largement cette réduction. Les nouveaux tarifs furent mis en vigueur le 1er juin 1880 pour la grande vitesse, les 15 juillet et 26 octobre 1880 pour la petite vitesse.

Voici quelle est, après quelques remaniements, l'économie de ces tarifs.

Pour les voyageurs, comme pour les marchandises, la base kilométrique décroît au fur et à mesure que la distance parcourue augmente : elle ne devient constante qu'à partir de 400 kilomètres, pour les voyageurs, et de 300 kilomètres, pour les marchandises transportées en grande ou en petite vitesse. Ainsi, pour les voyageurs, la base qui est à l'origine de 12[c] en 1re classe, 9[c] en 2[e] classe et 6[c],5 en 3[e] classe (impôt compris), descend à 10[c],225, 7[c],7 et 5[c],6 à la distance de 400 kilomètres. Ce sont des tarifs différentiels.

Des billets d'aller et retour, avec délais de validité variant de 2 à 8 jours suivant les distances, sont délivrés à toutes les gares du réseau. La réduction de prix qu'ils comportent avait été fixée le 1er juin 1880 à 40 %, pour les parcours de 50 kilomètres au plus, et à 25 %, au delà de cette limite. Depuis, la réduction de 40 % a été étendue le 11 mai 1881 à tous les parcours.

Les marchandises transportées en petite vitesse sont divisées en six séries, pour lesquelles les bases initiales et les bases à 100 et à 300 kilomètres sont les suivantes :

	BASE INITIALE	BASE A 100 KM.	BASE A 300 KM.
1re série	16[c]	15[c]	13[c]
2[e] —	14	13	11
3[e] —	12	11,5	10
4[e] —	10	9,5	8
5[e] —	9	6	5
6[e] —	8	5	4

Un grand nombre de marchandises bénéficient, en outre, d'un tarif spécial avec ou sans condition de tonnage, comportant soit des déclassements, soit l'application de barêmes dont les bases sont les suivantes :

BASE INITIALE	BASE A 100 KM.	BASE A 300 KM.
5c	4c	3c
5	3,8	2,5
5	3	2

Enfin, comme nous l'avons dit, il existe encore quelques prix fermes dont la base descend jusqu'à 2c,5 et même au-dessous.

La diminution moyenne réalisée sur les anciennes taxes a été de 20 %, en ce qui concerne les voyageurs, et de 26 %, en ce qui concerne les marchandises.

Voici d'ailleurs quelle a été, durant ces dernières années, la taxe kilométrique moyenne sur le réseau d'État et sur les réseaux concédés aux grandes Compagnies :

ANNÉES	VOYAGEURS								MARCHANDISES							
	NORD	EST	OUEST	ORLÉANS	P.-L.-M.	MIDI	ÉTAT	ENSEMBLE des chemins français	NORD	EST	OUEST	ORLÉANS	P.-L.-M.	MIDI	ÉTAT	ENSEMBLE des chemins français
	c.	c.	c.	c.	c.	c.	c.	c.	c.	c.	c.	c.	c.	c.	c.	c.
1879	5,61	4,82	4,86	5,19	5,50	4,91	4,71	5,17	5,57	5,68	6,27	6,29	5,56	7,19	7,23	5,95
1880	5,03	4,73	4,74	5,20	5,49	4,94	4,01	5,04	5,47	5,61	6,14	6,25	5,68	7,29	6,87	5,93
1881	5,05	4,76	4,76	5,14	5,34	4,89	3,85	4,99	5,46	5,61	6,46	5,92	5,58	7,30	5,46	5,88
1882	4,62	4,73	4,67	5,03	5,28	4,85	3,86	4,86	5,38	5,50	6,45	6,02	5,69	7,16	5,35	5,80
1883	4,58	4,65	4,57	4,92	5,18	4,82	3,73	4,77	5,36	5,55	6,60	5,82	5,34	7,41	5,49	5,73

On le voit, la taxe kilométrique moyenne des voyageurs est beaucoup plus faible sur le réseau d'État que sur les réseaux concédés aux Compagnies ; celle des marchandises en petite vitesse est également moindre et, si la différence apparente est moins accusée, cela tient à la proportion plus considérable de matières pondéreuses qui circulent sur les rails du Nord, de l'Est et de Paris-Lyon-Méditerranée. En 1883, par exemple, les combustibles minéraux ont fourni :

Sur le Nord, la 1/2 environ du tonnage kilométrique total ;
Sur l'Est, le 1/6 id.
Sur le Paris-Lyon-Méditerranée, le 1/7 id.
et sur l'État, moins du 1/8 id.

L'abaissement des taxes et l'extension des billets d'aller et retour ont puissamment contribué à activer la circulation. C'est ainsi que, sur la partie du réseau ouverte à l'exploitation en 1879, le trafic et la recette brute se sont accrus de 1879 à 1881, comme l'indiquent les chiffres suivants :

		1879	1881
Trafic	Nombre moyen de voyageurs par kilomètre..	81.440	112.980
	Nombre moyen de tonnes de marchandises par kilomètre........................	60.760	91.153
Produit moyen par kilomètre (impôt déduit)	Trafic des voyageurs..............	3.860 fr.	4.260 fr.
	Trafic des marchandises............	4.820	5.350
	Recettes accessoires................	835	1.080
		9.515 (1)	10.690

Sans doute, le développement du trafic a été provoqué en même temps par d'autres causes, telles que la mise en valeur progressive de lignes relativement nouvelles et le resserrement successif des mailles du réseau. Mais on ne saurait nier d'autre part les résultats de la diminution des tarifs.

Est-ce à dire que les mesures prises par l'Administration des chemins de fer de l'État soient irréprochables ? Est-ce à dire qu'elle n'ait pas été un peu trop loin dans la voie des dégrèvements ? La question est des plus délicates et des plus complexes.

Une étude très complète et très détaillée qui a été faite en 1882, lorsque nous étions chargé de la Direction des chemins de fer au Ministère des

(1) Les légères différences que l'on remarquera entre les divers tableaux résultent principalement de ce que dans certains cas on a arrondi les chiffres, alors que dans d'autres on les a calculés exactement.

travaux publics, et dans laquelle toutes les variations de la recette étaient suivies pas à pas, concurremment avec celles du réseau d'Orléans, nous porte à croire que la réduction des tarifs de voyageurs et la généralisation des billets d'aller et retour ont eu les plus heureux effets. En ce qui concerne les marchandises en petite vitesse, nous avons plus de doutes sur l'opportunité de l'application de certaines taxes réduites comprises au tarif spécial P. V. n° 2. Mais, nous ne saurions trop le redire, il est difficile de porter à cet égard un jugement sans réserve. On ne doit pas oublier, du reste, que le pays a largement profité des abaissements de taxes et que le Trésor a été ainsi rémunéré, sous des formes diverses, de tout ou partie de ses sacrifices. On ne doit pas non plus oublier que la réforme des tarifs était alors à l'ordre du jour pour l'ensemble du réseau français, que les Pouvoirs publics faisaient les plus grands efforts pour obtenir des grandes Compagnies la revision et la diminution de leurs taxes, et qu'il entrait naturellement dans le rôle de l'Administration des chemins de fer de l'État de donner l'exemple, même au prix de quelques pertes.

Nous ne voulons pas, pour le moment, entrer plus avant dans le détail, notamment en ce qui touche les tarifs sur lesquels nous aurons à revenir. Notre seul but était de ne pas laisser le lecteur sous l'impression de discours ou d'écrits trop sévères, dirigés contre le réseau de 1878, et de montrer que, malgré son inexpérience, malgré certaines erreurs inséparables de toute œuvre humaine, l'État ne mérite pas les attaques auxquelles il a été en butte à cette occasion.

9. Observations sur les Compagnies libres et sur les Compagnies fermières. — *a*. Compagnies libres. — Au début de notre étude sur l'exploitation par l'État et par l'industrie privée, nous avons annoncé que nous laisserions provisoirement de côté les Compagnies libres et les Compagnies fermières, sauf à y revenir brièvement par la suite.

Le moment n'est pas venu de traiter avec quelque développement les divers modes d'organisation et de fonctionnement de ces Compagnies. Nous nous contenterons donc de quelques courtes observations, au point de vue spécial qui nous occupe pour l'heure.

Les Compagnies libres n'ont pu s'implanter qu'en Angleterre et aux États-Unis d'Amérique.

On sait qu'en Angleterre l'initiative de la constitution du réseau a été complètement abandonnée aux demandeurs en concession : point de classement, point d'études d'ensemble préparées par le Gouvernement, point de plan ni de programme. Les Compagnies n'obtiennent pas de subsides de l'État; mais, en revanche, elles jouissent d'une extrême indépendance et la durée de leur privilège n'est pas limitée. Elles modifient les tarifs à leur gré et, bien qu'il y ait des maxima fixés par les actes de concession, on cite des cas où ces maxima ont été dépassés. Le Gouvernement est même désarmé pour le nombre et la marche des trains : les Compagnies n'ont guère d'autre obligation que de faire circuler tous les jours, dans chaque sens, un convoi dont la marche soit approuvée par le Board of Trade et qui s'arrête à toutes les stations. Le contrôle est réduit à sa plus simple expression. Ni le Board of Trade, ni la Commission des chemins de fer instituée en 1873, n'exercent une action considérable sur le service. Ce système a pu donner des résultats satisfaisants dans un pays exceptionnellement riche, offrant de puissants éléments de trafic, ayant par-dessus tout le génie industriel, inféodé aux principes de liberté individuelle et de concurrence. Il n'eût été possible pour aucune des nations du continent. En France, notamment, les Compagnies ne pouvaient naître et croître sans l'appui et sans le concours financier de l'État; elles avaient besoin d'aide et de subsides; il fallait les prémunir contre les concurrences, qui, en ruinant leurs artères nourricières, les eussent empêchées d'étendre leur réseau et auraient ainsi privé du bienfait des voies ferrées des régions que le système français a permis de doter. L'allocation de subventions ou d'une garantie d'intérêt et la protection accordée aux Compagnies devaient nécessairement avoir pour contre-partie une intervention active dans la formation du réseau, dans la surveillance de la construction et dans le contrôle de l'exploitation. On le voit, les circonstances, la nature des choses, s'opposaient à ce que le système anglais reçût le droit de cité chez nous, pas plus que chez les autres peuples du continent. Il serait donc absolument puéril de faire un parallèle entre ce système et ceux des Compagnies tenues en tutelle ou de l'exploitation par l'État : ce sont là des régimes qui n'ont eu et ne pouvaient avoir le même berceau, qui sont issus de conditions absolument différentes. Les ressources étant suffisantes chez nos voisins d'outre-Manche pour que l'industrie privée y créât et y développât le réseau, jamais la question de l'exploitation par l'État ne s'y est posée sérieusement. Inversement, en France, les illusions de la première heure sur la possibilité de copier le Royaume-Uni se sont bien vite envolées et depuis la question des Compagnies libres n'y a jamais été soulevée.

Aux États-Unis d'Amérique, la situation, sans être identique à celle de l'Angleterre, présente cependant un grand nombre de points communs. La perpétuité des concessions, quoique rejetée parfois, principalement pour certaines lignes construites avec le concours financier des États, n'en est pas moins encore le fait le plus général. Les Compagnies y jouissent d'une grande liberté d'allures, au point de vue de l'exploitation technique et de l'exploitation commerciale. L'excès de leur indépendance, en matière de tarifs, a même provoqué à une certaine époque une réaction qui a dépassé le but : des lois sont intervenues pour contraindre les concessionnaires à abaisser leurs tarifs au-dessous des limites prévues par les actes de concession; mais il n'a été fait qu'un usage très modéré de ces mesures. Le système qui a prévalu en Amérique a été enfanté par l'amour de la liberté et l'esprit d'initiative, encore plus développés dans le Nouveau-Monde que dans la vieille Angleterre. Là, pas plus que chez nos voisins d'outre-Manche, l'exploitation directe ne pouvait prévaloir. Au surplus l'État, dont les fonctionnaires sont essentiellement mobiles et soumis à toutes les fluctuations politiques et dont le recrutement est subordonné à des considérations trop souvent étrangères à leur aptitude, eût été incapable de gérer les chemins de fer.

b. Compagnies fermières. — Les Compagnies libres étant ainsi écartées, passons aux Compagnies fermières, et, sans entrer dans des détails qui trouveront plus loin leur place, examinons brièvement si elles sont de nature à concilier les opinions opposées et à fournir en quelque sorte un terrain neutre de transaction.

L'un des exemples les plus connus de sociétés fermières est celui des *Pays-Bas*. Le 11 août 1863, l'État hollandais traitait avec une Compagnie dite « Société d'exploitation des chemins de fer de l'État », pour l'affermage d'un certain nombre de lignes. Les clauses principales du contrat étaient les suivantes :

L'État livrait les chemins terminés; il supportait les dépenses afférentes aux travaux complémentaires, aux réparations extraordinaires des grands ouvrages d'art et aux réfections nécessitées par des cas de force majeure. La Société fournissait le matériel roulant et les objets mobiliers et pourvoyait à l'entretien.

En principe, l'État avait le droit de fixer les tarifs sur la proposition de la Compagnie; toutefois, le contrat déterminait un prix maximum et, conformément à la loi du 21 août 1859, l'État était tenu, le cas échéant, d'indemniser la Société des pertes résultant pour elle des réductions de taxes.

La recette brute appartenait à la Compagnie jusqu'à un chiffre déterminé, au delà duquel elle était partagée avec l'État suivant une échelle croissante pour la part du Trésor.

La durée du contrat était de 50 années, avec faculté de rachat après 20, 30 ou 40 années d'exploitation.

L'État s'interdisait tout impôt sur les transports.

Ce premier contrat de fermage ne donna pas les résultats attendus : l'échelle du partage de la recette était mal calculée et la Compagnie avait intérêt à ne pas développer le trafic. Il fallut reviser la convention en 1876.

D'après la nouvelle convention, le Ministre détermine le maximum des taxes et se borne ensuite à constater que les tarifs proposés par la Compagnie sont inférieurs au maximum. Il conserve, aux termes de la loi du 9 avril 1875 qui a remplacé celle du 21 août 1859, le droit de prescrire l'abaissement des taxes, sauf allocation d'une indemnité. Le mode et l'échelle du partage des produits sont modifiés. Il est fait des prélèvements sur la recette brute pour le renouvellement des voies, pour celui du matériel roulant et pour les dépenses d'incendies et d'accidents.

Le 3 juin 1881, une autre convention a été conclue avec la « Société des chemins de fer hollandais », qui était tout à la fois concessionnaire de certaines lignes et fermière de l'État pour quelques-uns de ses chemins. Elle présente beaucoup d'analogie avec celle de 1876. Cependant la participation de l'État à la recette est remplacée par le paiement d'une redevance kilométrique, qui croît avec le produit brut. La durée du fermage n'est pas limitée; mais l'État a toujours la faculté de procéder au rachat. Pour la « Société des chemins de fer hollandais » comme pour la « Société d'exploitation des chemins de fer de l'État », le nombre des trains est limité contractuellement, bien que la loi du 9 avril 1875 donne au Ministre des pouvoirs analogues à ceux de l'Administration française pour l'organisation du service.

Ajoutons qu'en fait les deux sociétés jouissent d'une grande liberté pour leur tarification ; il ne paraît pas que l'État ait usé de son droit d'abaisser d'office les taxes en vigueur.

Au point de vue spécial qui fait l'objet de ce chapitre, le système des Compagnies fermières, tel qu'il a été conçu et pratiqué en Hollande, ne nous paraît pas susceptible de donner à l'intérêt public des satisfactions plus larges que le système des concessions. Il en a les inconvénients, sans en présenter tous les avantages. On peut lui reprocher notamment :

1° De créer des conflits entre la Compagnie et l'État pour l'appréciation de l'utilité des travaux complémentaires (1), pour la répartition des dépenses d'entretien, pour l'imputation de celles de ces dépenses qui ont un caractère douteux ; 2° de se prêter difficilement à une saine évaluation de la part à réserver au Trésor dans les recettes et, par suite, d'attribuer

(1) La convention de 1881 avec la « Société des chemins de fer hollandais » a attribué à cette Compagnie un pouvoir d'appréciation à peu près souverain.

une rémunération excessive à la Compagnie, ou au contraire, sinon de la ruiner, du moins de la désintéresser des mesures propres au développement du trafic ; 3° de remettre l'exploitation entre les mains d'une Compagnie n'ayant qu'un capital restreint et par conséquent beaucoup trop sensible aux variations de recettes.

Somme toute, les Compagnies fermières des Pays-Bas diffèrent peu de Compagnies concessionnaires dotées de subventions considérables et instituées en vertu de contrats fort critiquables, au point de vue financier.

En *Italie*, il existe aussi des exemples de séparation entre la propriété et l'exploitation des chemins de fer. C'est ainsi qu'une loi du 30 décembre 1871 a autorisé l'affermage des lignes calabro-siciliennes à la « Société italienne des chemins de l'Italie méridionale », pour une période de quinze années. Les recettes étaient perçues pour le compte de l'État ; les dépenses étaient à sa charge ; la société recevait 4 % du produit brut kilométrique jusqu'à 10 000 fr., 3 % des 5 000 fr. suivants et 2 % du surplus. Le Gouvernement déterminait le nombre et les horaires des trains, ainsi que les tarifs.

Un autre contrat est intervenu en 1875 entre le syndicat des trois provinces de Padoue, Vérone et Vicence, et la Société vénitienne d'entreprises et de travaux publics. Cette Société fournissait le matériel roulant et l'entretenait. Le nombre minimum des trains et leur composition étaient déterminés par le contrat. La Compagnie prélevait sur le produit brut les intérêts à 6 % de ses dépenses de première acquisition du matériel, plus une somme de 5 500 fr. par kilomètre à titre de remboursement de toutes ses dépenses d'exploitation. Le surplus du produit brut était partagé dans un rapport fixé par la convention.

De ces deux types de contrats, le premier se rapprochait d'une exploitation directe, en ce qu'il laissait une autorité complète à l'État sur les tarifs et sur l'organisation du service. Il constituait une sorte de régie intéressée, mais intéressée seulement à l'augmentation du produit brut et non à la réduction des dépenses, c'est-à-dire à l'accroissement du produit net.

Quant au second, nous n'en connaissons pas assez les détails pour pouvoir le juger.

En 1874, le Ministère Minghetti-Spaventa présenta un projet de loi tendant au rachat des chemins romains et des chemins de l'Italie méridionale, ainsi qu'à l'affermage de ces chemins et des lignes calabro-siciliennes. L'État fournissait le matériel roulant que nécessitait l'importance du trafic au moment du contrat ; il se réservait toute liberté en matière de fixation des tarifs. La Compagnie devait pourvoir à l'exploitation et recevoir : 1° une somme proportionnelle au nombre de kilomètres exploités ; 2° une somme proportionnelle au trafic et déterminée d'après des prix conventionnels par voyageur et par tonne kilométrique ; 3° une part du produit brut. Un fonds de réserve était constitué annuellement pour le renouvellement de la voie. La durée du contrat était de vingt années.

Ce projet de loi n'aboutit pas.

Depuis, le Ministère Depretis soumit à la Chambre des députés, en 1877, de nouveaux projets de conventions de fermage. Le réseau à affermer devait se subdiviser en réseau adriatique et réseau méditerranéen. Le Gouvernement fixait les horaires et la classification des trains. Les tarifs normaux étaient annexés aux contrats ; l'État avait le droit d'ordonner d'office l'application de taxes inférieures, mais en assumant les charges éventuelles de cet abaissement. Les Compagnies déposaient dans les caisses du Trésor une somme représentant la valeur du matériel roulant et des approvisionnements, et productive d'un intérêt équivalent à celui de la rente publique italienne. Elles payaient à l'État une redevance fixe et lui remettaient, en outre, une part de l'excédent de la recette brute sur un chiffre convenu, ainsi qu'une part sur les bénéfices sociaux au delà d'un dividende de 7,5 %. La durée des baux était de 60 ans, avec faculté réciproque de résiliation après 20 et 40 années.

A la suite du dépôt de ces conventions, il fut constitué, conformément à la loi du 8 juillet 1878, une Commission composée d'hommes d'État considérables, qui, après trois années de travaux, déposa un rapport concluant à l'exploitation par l'industrie privée et à l'affermage dans des conditions déterminées.

Un nouveau projet de loi fut présenté, le 18 janvier 1883, par M. Baccarini, ministre des travaux publics, qui s'inspira de l'avis de la Commission d'enquête.

Après de longues discussions, ce projet, amendé sur divers points, fut définitivement adopté par le Parlement (loi du 27 avril 1885).

Les chemins de fer de la Péninsule sont divisés en deux réseaux, à savoir : le réseau méditerranéen et le réseau adriatique ; les chemins de la Sicile forment un troisième réseau. La longueur des lignes en exploitation au 1er janvier 1884 était respectivement, pour chacun des trois réseaux, de 4 110, 3 980 et 600 kilomètres ; ces chiffres doivent être portés à 6 070, 5 860 et 1 120 kilomètres, après l'achèvement des lignes en construction ou à l'étude.

Voici quelles sont les principales dispositions des conventions, des cahiers des charges et de la loi qui les a approuvés.

Les Sociétés avec lesquelles l'État a traité sont chargées : 1° d'exploiter leur réseau ; 2° si le Gouvernement le leur demande, de construire tout ou partie des lignes nouvelles.

Les contrats sont conclus pour une période de 60 ans, du 1er janvier 1885 au 31 décembre 1944 ; chacune des deux parties a le droit de résilier à l'expiration de la 20e et de la 40e année, à charge par elle de prévenir l'autre partie deux ans à l'avance.

Les lignes sont livrées aux Compagnies, qui n'ont à rembourser à l'État que le matériel roulant, les objets mobiliers et les approvisionnements, et à pourvoir aux dépenses d'exploitation (non compris les travaux complémentaires).

Des annexes au cahier des charges déterminent les tarifs et leurs conditions générales d'application.

Les Compagnies peuvent proposer les modifications qu'elles jugent favorables au développement du trafic. Ces expériences sont faites à leurs risques et périls ; leur durée doit être d'un an au moins.

Elles sont autorisées à accorder des facilités spéciales pour des transports déterminés, mais à la triple condition : 1° d'en faire bénéficier les transports similaires ; 2° d'en donner, au préalable, avis au Gouvernement qui a le droit d'en suspendre et même d'en interdire l'application ; 3° de les mentionner dans leurs publications périodiques sur les tarifs.

De son côté, le Gouvernement a la faculté de prescrire des abaissements de taxes, tant pour le trafic intérieur que pour le trafic international ; si ces abaissements dépriment le produit brut, la différence est ajoutée au produit effectif à répartir comme il sera dit plus loin ; toutefois, au cas où le produit fictif ainsi obtenu dépasserait celui de la première année augmenté de 3 1/2 °/₀ par an, la société et l'État détermineraient d'un commun accord ou feraient déterminer par un tribunal arbitral la part de l'excédent à attribuer aux réductions prescrites par le Gouvernement et la diminution proportionnelle à faire subir à la part de la Compagnie dans la répartition du produit brut.

Les modifications de tarifs, dont les Compagnies prennent l'initiative ou qui sont concertées entre elles et le Gouvernement, ne bénéficient pas de cette disposition.

Le Gouvernement arrête l'horaire et la classification des trains de voyageurs et des trains mixtes, sur la proposition des Compagnies ; cependant ses pouvoirs sont limités par certaines règles contractuelles.

Il est fait une répartition du produit brut, qui est, par exemple, la suivante pour le réseau méditerranéen : jusqu'à concurrence d'un produit brut déterminé, 10 °/₀ sont affectés à la rémunération de la Compagnie pour l'usage de son matériel et à l'alimentation de fonds de réserve pour la réparation des dégradations provenant de cas de force majeure, pour le renouvellement de l'armature métallique de la voie, et pour celui du matériel roulant (1); 62,5 °/₀ sont attribués à la Compagnie pour la couvrir de ses dépenses d'exploitation; 27 1/2 °/₀ reviennent à l'État.

Sur les excédents de produit brut, jusqu'à 50 millions, 16 °/₀ (2) sont affectés aux fonds de réserve et à la caisse des dépenses complémentaires; 56 °/₀ sont attribués à la Compagnie et 28 °/₀ à l'État.

Pour les 50 millions suivants, ces chiffres sont respectivement fixés à 16, 50 et 28 °/₀; le surplus, soit 6 °/₀, est consacré à des abaissements de tarifs réglés par le Gouvernement.

Quand les revenus de la société, tant pour l'exploitation que pour la construction, dépassent, en intérêts et dividende, 7 1/2 °/₀ du capital effectivement versé sur les actions (déduction faite des versements statutaires aux fonds de réserve ordinaire et extraordinaire), la moitié de l'excédent est acquise à l'État.

Les Compagnies se procurent les capitaux nécessaires à la construction des lignes nouvelles par l'émission d'obligations de 500 fr., 3 °/₀, dont l'intérêt et l'amortissement sont assurés par le Trésor.

Les fonds destinés à couvrir les dépenses d'augmentation du matériel roulant sont réalisés par l'émission d'obligations de la caisse des dépenses complémentaires; les Compagnies en sont débitées.

Cette caisse doit assurer le service des obligations émises pour les travaux complémentaires.

Au terme du contrat, les Compagnies doivent céder à l'État et celui-ci doit acquérir le matériel roulant et les autres objets mobiliers, ainsi que les approvisionnements.

Tels sont les traits généraux des contrats d'affermage conclus en 1885. La date de ces contrats est encore trop récente pour qu'il soit possible d'en apprécier les résultats, notamment au point de vue du droit de l'État sur les tarifs.

En *France*, il y a eu aussi des exemples d'affermage. Sans remonter

(1) La dotation du fonds de réserve des réparations exceptionnelles est de 200 fr. par kilomètre; celle du fonds de renouvellement de l'armature métallique est de 150 fr. par kilomètre pour les lignes à simple voie et de 250 fr. pour les lignes à double voie; celle du fonds de renouvellement du matériel roulant est de 1 1/4 °/₀ du produit brut initial. Ce qui reste disponible sur les 10 °/₀ de la recette brute est réparti par le Gouvernement entre les trois fonds et la caisse des dépenses complémentaires.

(2) 1/2 °/₀ pour le fonds de réserve de l'armature, 1/2 °/₀ pour le fonds de réserve du matériel et 15 °/₀ pour la caisse des dépenses complémentaires.

au delà des dernières années, l'État a été conduit à confier l'exploitation provisoire d'un certain nombre de lignes aux grandes Compagnies, pendant la période qui s'est écoulée entre le classement de 1879 et le vote des conventions de 1883.

D'après les premiers contrats, les Compagnies fournissaient le matériel, moyennant une allocation annuelle fixée à 5 % de son prix d'acquisition. Elles percevaient les recettes et faisaient les dépenses d'exploitation, pour le compte de l'État; toutefois, ces dépenses étaient limitées à un maximum déterminé en fonction du produit brut. Le produit net était partagé entre l'État et les Compagnies. L'État restait maître des tarifs; le nombre des trains était limité d'après la recette; mais l'État pouvait prescrire des trains supplémentaires, sauf rémunération à un prix convenu.

Les contrats ultérieurs ont légèrement modifié ces bases. Le taux conventionnel de 5 % pour la rémunération du matériel roulant a été remplacé par le taux effectif des charges d'emprunt. Au maximum kilométrique des dépenses d'exploitation a été substitué un maximum par train kilométrique. Pour intéresser davantage les Compagnies à accroître le produit net, il leur a été attribué, non seulement une part du produit net au-dessus d'un chiffre déterminé, mais encore une prime d'économie sur les dépenses. L'État est resté maître des tarifs, mais en s'engageant, comme les Compagnies, à ne point adopter des combinaisons de taxes susceptibles de détourner le trafic de la voie reconnue la plus économique par le Ministre.

Ce dernier type de convention se recommandait par des qualités sérieuses. Mais il a eu un caractère essentiellement provisoire; il ne s'est appliqué qu'à des sections de peu de longueur, qui étaient englobées dans les réseaux des grandes Compagnies et qui ont été, en fait, traitées comme si elles avaient été concédées à ces sociétés.

D'autres combinaisons encore ont été proposées. Mais ce n'est point le moment de les examiner.

Ce qu'il importe de retenir concernant le mode d'exploitation dans ses rapports avec l'intérêt public et l'intérêt financier de l'État, ce sont les faits suivants :

1° Le système d'affermage laisse la construction des chemins de fer entre les mains de l'État; il présente par suite, à cet égard, les avantages et les inconvénients qui ont été attribués à l'exécution des travaux par l'Administration et que nous avons précédemment discutés.

Toutefois, nous le rappelons, la construction ne joue qu'un rôle secondaire dans le régime des chemins de fer ; l'élément essentiel, c'est l'exploitation.

2° A ce dernier point de vue, les traités d'affermage qui dépouillent l'État, soit en droit, soit seulement en fait, de son autorité absolue sur les tarifs, se rapprochent du système des concessions et n'en diffèrent profondément, ni en ce qui touche l'intérêt politique et gouvernemental, ni en ce qui touche l'intérêt industriel et commercial. Il ne faut pas se le dissimuler en effet, la seule question vitale est celle de la tarification.

3° Les traités d'affermage qui réservent au contraire à l'État l'autorité sur les tarifs ne constituent, pour le même motif, qu'une variante de l'exploitation directe.

A la vérité, ils interposent entre l'Administration et les usagers un intermédiaire qui peut avoir des capacités commerciales plus grandes; mais si, à cet égard, ils donnent satisfaction aux défenseurs de l'industrie privée, ils n'en laissent pas moins la responsabilité de l'État engagée dans une large mesure; ils n'en laissent pas moins les Pouvoirs publics exposés à toutes les démarches, à toutes les sollicitations, pour l'abaissement des taxes; ils n'en laissent pas moins le budget soumis aux contre-coups des variations de recettes. Les partisans des Compagnies ne sauraient donc y voir une solution de transaction.

Quant aux partisans de l'exploitation par l'État, ils peuvent s'y rallier plus facilement, puisque leur but essentiel est atteint.

4° Dans tous les cas, il est fort difficile d'arriver à une formule satisfaisante pour les contrats, surtout si l'État reste maître des tarifs et si par suite le fermier se transforme presque en régisseur intéressé.

Que l'on prenne pour base de rémunération le parcours kilométrique des trains, la recette brute, la recette nette ou l'association de ces éléments, on est exposé à compromettre, soit l'entretien, soit la bonne utilisation du matériel, soit les intérêts financiers de l'État, soit le développement du trafic; on peut aussi courir le risque de ne point assurer à la Compagnie un prix suffisant de ses efforts et de ses capitaux.

Quiconque a étudié le problème sait combien il est malaisé de trouver un type de convention, qui donne les garanties voulues aux deux parties et qui fasse à chacune d'elles une part équitable dans les produits de l'exploitation.

5° Les Compagnies fermières ont un vice originel que nous devons encore signaler. Même en les supposant propriétaires du matériel roulant, des objets mobiliers et des approvisionnements, elles n'ont qu'un capital restreint. Ainsi, en France, nos grandes Compagnies ne posséderaient qu'un milliard et demi environ au lieu de neuf milliards à dix milliards; et, lors même qu'on les eût contraintes à maintenir entre le capital-actions et le capital-obligations une proportion plus forte, leur fonds social, qui a produit 1470 millions, aurait été nécessairement bien moins élevé.

La base du crédit des sociétés fermières est en conséquence plus étroite et moins solide. Les fluctuations de recettes et les mécomptes les atteignent plus vivement.

Sans doute, l'union plus intime de l'État et des Compagnies est susceptible de corriger cet inconvénient, mais sans le faire disparaître complètement.

Nous ne voulons pas insister davantage sur ces considérations.

Sans contester que les traités d'affermage puissent s'imposer dans certaines circonstances déterminées, sans nier qu'un Gouvernement puisse être assez heureux pour mettre la main sur une formule de contrat de nature à concilier tous les intérêts en jeu, nous croyons que ce système d'exploitation doit, pendant longtemps encore, constituer l'exception; qu'en tous cas il présente, suivant le régime des tarifs, la plus grande analogie avec l'exploitation par des Compagnies concessionnaires ou avec l'exploitation directe par l'État; et que dès lors la question se posait bien, comme nous l'avons dit au début de notre étude, entre ces deux derniers systèmes.

10. Indications sur les causes qui ont déterminé un certain nombre de pays à adopter l'exploitation par l'État. — *a.* Allemagne. — 1° *Période antérieure à 1870.* — C'est surtout en Prusse qu'il faut chercher l'origine du régime actuel des chemins de fer allemands.

Pendant la période d'enfance des voies ferrées, les premières lignes prussiennes furent, comme en France, comme en Angleterre, construites par l'industrie privée; elles étaient établies avec ou sans subsides de l'État, avec ou sans garantie d'intérêt (1), sous l'empire d'une loi imparfaite du 3 mai 1838. Mais, aussitôt que l'on dut entrer à pleines voiles dans la carrière, les tendances autoritaires et centralisatrices du Gouvernement, ses préoccupations militaires, ses visées ambitieuses, le portèrent à retenir entre ses mains l'exécution et même l'exploitation d'une partie des nouvelles lignes. Au surplus, le génie industriel et l'esprit d'association étaient alors peu développés; la constitution des Compagnies était presque toujours difficile, souvent impossible. En outre, plusieurs sociétés antérieurement investies de concessions se trouvaient dans une situation difficile et leur exemple n'était pas de nature à provoquer des imitateurs.

Ce fut vers 1850 que l'État commença à assumer ainsi sa part dans la charge de l'exécution du réseau et même à gérer les lignes des Compagnies

(1) Le taux des garanties d'intérêt accordées de 1842 à 1847 était de 3 1/2 %.

en souffrance (1). Dès le 31 décembre 1853, il possédait 2 426 kilomètres en exploitation sur un total de 3 508 kilomètres. Au 31 décembre 1865, la situation était la suivante :

1° Chemins de l'État.........................	2 973 km.
2° Chemins concédés, exploités par l'État.........	1 429
3° Chemins concédés, exploités par les Compagnies	4 276

Il avait d'ailleurs fallu une grande énergie au Gouvernement pour poursuivre l'application des principes qu'il avait inaugurés en 1850. Les Chambres, rompant en effet avec la politique recommandée en 1849, lui avaient fait une très vive opposition. Depuis 1857, elles ne l'avaient plus autorisé à construire de nouvelles lignes aux frais du Trésor, si ce n'est lorsqu'il y avait impossibilité de les concéder même avec garantie d'intérêt ou lorsqu'elles étaient enclavées dans le réseau d'État et en formaient une dépendance naturelle. En 1859, elles avaient, comme nous l'avons déjà dit, supprimé l'affectation spéciale du fonds de rachat. Enfin un conflit très grave avait éclaté en 1860 au sujet des dépenses militaires et, de 1862 à 1866, le pays avait vécu sans budget régulier. Mais la guerre de 1866 vint apporter à la Prusse, sans bourse délier, un certain nombre de chemins d'État du Hanovre, de la Hesse-Électorale et du Nassau, et en même temps lui adjoindre ou faire graviter dans son orbite des peuples qu'il fallait rattacher étroitement au royaume. Ces circonstances ne pouvaient qu'accentuer les prédilections anciennes du Gouvernement.

Au 31 décembre 1869, le réseau en exploitation se décomposait ainsi :

1° Chemins de l'État.........................	3 267 km.
2° Chemins concédés, exploités par l'État........	1 664
3° Chemins concédés, exploités par les Compagnies	4 855
4° Chemins étrangers.........................	138
Total........	9 924 km.

On le voit, il y avait à peu près égalité entre le réseau exploité par les Compagnies et le réseau exploité par l'État, de telle sorte qu'en somme le système qui avait prévalu jusqu'alors était un système mixte.

Le Gouvernement prussien, pour défendre sa politique en matière de chemins de fer, faisait valoir les raisons suivantes :

1° Le maintien partiel des voies ferrées entre ses mains lui permettait d'avoir, pour le contrôle et la surveillance des lignes concédées, des

(1) La Commission de la seconde chambre, en 1849, avait émis l'avis « que le Gouvernement devait avoir pour but constant de faire passer tous les chemins de fer entre les « mains de l'État et qu'il ne devait négliger aucune occasion de se rapprocher de ce but. »

agents expérimentés, rompus à la pratique de l'exploitation, connaissant tous les détails du service, aptes à remplir efficacement leurs fonctions.

2° Bien qu'en Prusse, comme dans les pays voisins, la législation donnât à l'État certains droits sur les règlements, la marche des trains et les tarifs, le Gouvernement ne considérait pas ces droits comme suffisants; il voulait disposer lui-même de quelques lignes pour obtenir davantage par certaines mesures de concurrence au regard des concessionnaires, par l'initiative des améliorations et des perfectionnements, par l'émulation.

3° Comme devait le redire plus tard, en 1874, une Commission de la Chambre des députés, l'opinion prédominante était : « que les chemins « de fer constituaient des établissements de service public de transports, « analogues par leur nature et leur but aux routes nationales ; que d'im- « périeuses nécessités financières avaient seules pu pousser à l'inobser- « vation de ce principe....; que les considérations relatives au rendement « des capitaux devaient toujours céder le pas aux besoins généraux du « trafic. »

L'État, plus libre que les Compagnies et n'obéissant pas aux mêmes nécessités financières, pouvait entrer résolument dans la voie du progrès et entraîner les Compagnies à sa suite.

4° Par son ingérence directe dans l'exploitation, le Gouvernement pouvait exercer une influence salutaire sur l'uniformisation des règlements et même des taxes ; il avait un intérêt direct à l'application des lois les plus propres à développer les chemins de fer et à en accroître l'utilisation. C'est ainsi que, depuis 1862, la Prusse avait une partie de son Code de commerce spécialement adaptée aux transports par rails.

Le trait caractéristique du régime des voies ferrées en Prusse, avant 1870, était donc la juxtaposition de lignes exploitées par des concessionnaires et de lignes exploitées par l'État.

Quant aux autres pays de l'Allemagne, voici quelle y était la situation des chemins de fer au 31 décembre 1869 :

DÉSIGNATION DES PAYS	CHEMINS de L'ÉTAT	CHEMINS concédés, exploités par l'État	CHEMINS concédés, exploités par les Compagnies	CHEMINS étrangers	TOTAL
	km	km	km	km	km
Bavière	1.472	273	908	9	2.662
Wurtemberg	946	»	7	11	964
Saxe (royale)	717	58	235	39	1.049
Grand duché de Mecklembourg	116	»	145	81	342
Grand duché d'Oldenbourg	71	»	»	103	174
Grand duché de Hesse-Darmstadt	55	»	298	84	437
Grand duché de Bade	750	46	»	76	872
Duché de Brunswick	»	210	»	21	231
Grand duché et duchés de Saxe	»	»	193	146	339
Duché d'Anhalt	13	»	»	158	171
Principautés de Reuss	»	9	»	16	25
Principauté de Schaumbourg-Lippe	»	»	»	25	25
Principauté de Schwarzbourg-Sondershausen	»	»	»	35	35
Villes libres	2	»	20	50	72
Totaux	4.142	596	1.806	854	7.398

Sur les 854 kilomètres de chemins étrangers, 557 étaient exploités par des Compagnies et 297 par l'État.

Ainsi, dans les États de l'Allemagne autres que la Prusse, la majeure partie des lignes étaient entre les mains du Gouvernement.

Les événements de 1870, en constituant le grand Empire allemand sur les ruines de la puissance française et en donnant l'hégémonie de cet Empire à la Prusse, devaient pousser le chancelier à s'emparer des voies ferrées et à s'en servir pour consolider son œuvre ; pour cimenter l'édifice qu'il venait d'élever à force de génie, d'audace et de persévérance ; pour mieux assurer l'unité nationale, contre laquelle se dressaient encore certaines velléités d'indépendance ; pour accroître la protection attribuée au commerce et à l'industrie par les tarifs douaniers ; enfin pour remédier au morcellement et au désordre du réseau.

2° *Période postérieure à 1870.* — A. Constitution de 1871. — Avant tout, M. de Bismarck fit insérer dans la Constitution de l'Empire, en date du 16 avril 1871, des articles fort importants (n°s 41 à 47) concernant les chemins de fer.

Aux termes des dispositions principales qui faisaient l'objet de ces articles, les voies ferrées considérées comme nécessaires dans l'intérêt de la défense de l'Allemagne ou du commerce général pouvaient être établies en vertu d'une loi de l'Empire et pour son compte, malgré l'opposition des États dont elles traversaient le territoire. Les textes législatifs reconnaissant aux Compagnies le droit de s'opposer à la création de lignes parallèles ou concurrentes étaient abrogés (art. 41).

Les Gouvernements des États étaient tenus d'administrer, comme formant un réseau unique, les chemins établis dans l'intérêt du service général ; il devait en conséquence être édicté dans le plus bref délai des règles de service commun et spécialement des règlements de police semblables les uns aux autres (art. 42 et 43).

Les Administrations de chemins de fer étaient tenues d'organiser des services directs (art. 44).

Le contrôle des tarifs appartenait à l'Empire, qui devait spécialement assurer :

— l'adoption de règlements communs ;

— l'uniformisation et l'abaissement des taxes, particulièrement pour le transport à grande distance des combustibles minéraux, des bois, des minerais, des pierres, du sel, du fer brut, des engrais, etc., de manière à arriver au tarif d'un pfennig (1 c. 04) par quintal de 50 kilogs et par mille de 7 kilom. 532, soit 2 c. 76 par tonne kilométrique (art. 45).

En cas de besoins urgents, spécialement de renchérissement extraordinaire des denrées, les Administrations de chemins de fer étaient tenues d'appliquer un tarif temporaire et réduit, fixé par l'Empereur sur la proposition de la Commission compétente du conseil fédéral.

La Bavière était seule soustraite à l'application de ces dispositions, sauf celle de l'article 41. Toutefois l'Empire était investi vis-à-vis d'elle du droit d'établir sous forme législative des règles uniformes, non seulement pour la construction, mais aussi pour le fonctionnement des lignes défensives (art. 46).

Les prescriptions des autorités fédérales, concernant l'usage des chemins de fer pour la défense de l'Allemagne, devaient être exécutées sans observations (art. 47).

B. Création des chemins de fer de l'Empire. — En même temps, les lignes d'Alsace-Lorraine cédées à l'Allemagne par le traité de Francfort formaient l'embryon des « Chemins de fer de l'Empire » ; elles étaient placées sous l'autorité immédiate du chancelier.

C. Institution de l'office impérial des chemins de fer. — Les dispositions de la Constitution étaient à peu près restées à l'état de lettre morte, par suite des préoccupations de toute nature qui avaient absorbé M. de Bismarck depuis 1871.

En 1873, un député wurtembergeois présenta au Reichstag et fit voter, malgré l'opposition de plusieurs de ses collègues, un projet de loi instituant un « *Office impérial des chemins de fer* » (Loi du 27 juin 1873).

Cet office, composé d'un président et du nombre de conseillers nécessaire et devant avoir pour auxiliaires, s'il y avait lieu, des « *commissaires des chemins de fer de l'Empire* », était placé sous la direction immédiate du chancelier.

Sa mission était, dans les limites de la compétence reconnue à l'Empire par la Constitution de 1871 : 1° de surveiller les chemins de fer et de contrôler l'exécution de cette Constitution, ainsi que des lois et règlements de l'Empire ; 2° de poursuivre la réforme des vices d'organisation et des abus.

Il était investi du droit de réclamer des Administrations les renseignements nécessaires et de procéder à des enquêtes.

A l'égard des chemins de fer concédés, il avait, pour faire exécuter ses décisions, les mêmes pouvoirs que les autorités des États ; ces autorités étaient tenues d'obtempérer à ses réquisitions pour les mesures coercitives.

Les Administrations de chemins d'État pouvaient être contraintes, par la voie constitutionnelle, à se conformer à ses prescriptions.

Enfin, pour les chemins de l'Empire, le chancelier avait le soin de pourvoir à l'exécution de ses décisions.

Les réclamations contre les mesures qu'il aurait ordonnées devaient être jugées en Assemblée générale par l'Office renforcé de fonctionnaires judiciaires (1).

D. Tentatives pour l'accaparement des chemins de fer par l'Empire. — En mars 1874, l'Office soumit à l'appréciation des Gouvernements un projet de loi d'une haute importance, qui réglait les droits de l'Empire et des États sur les voies ferrées, qui traitait en outre des transports par rails et qui revisait complètement le Code de commerce à cet égard. Ce projet de loi souleva une très vive opposition ; malgré les modifications qui y furent apportées en avril 1875, il subit un nouvel échec.

Cependant la situation devenait très tendue ; les négociations engagées pour l'uniformisation des taxes n'avaient pas abouti ; l'Allemagne subissait une crise industrielle compliquée par une élévation de tarifs de 20 % au maximum, qu'avait dû provisoirement autoriser le Conseil fédéral.

(1) L'Office impérial n'a peut être pas rendu tous les services qu'on en espérait. Cependant il a contribué à hâter l'uniformisation des tarifs. En 1877, *le Verein*, dont nous parlerons plus tard et qui existait depuis de longues années, est venu spontanément présenter au Conseil fédéral un système de tarification commune qui est devenu plus tard la base de la tarification prussienne.

Le chancelier n'hésita pas à se déclarer hautement le partisan de la transformation des chemins des États en chemins d'Empire.

Les États confédérés répondirent par un mouvement d'opposition, qui ne pouvait laisser aucun doute sur l'insuccès de la proposition.

Le 25 février 1876, le Ministère bavarois fit connaître à la Chambre des députés « qu'il s'opposerait à la centralisation des chemins de fer alle- « mands, par tous les moyens dont il disposait d'après la Constitu- « tion ».

En Saxe, les deux Chambres adoptèrent, l'une à l'unanimité, l'autre par 66 voix contre sept, la motion suivante : « Le Gouvernement refusera « son adhésion à toute proposition faite au Conseil fédéral et ayant pour « but l'acquisition par l'Empire de tout ou partie des chemins de fer « allemands. »

A la Chambre des députés wurtembergeois, le Ministère déclara que le Wurtemberg voterait contre l'achat par l'Empire des chemins de fer prussiens ou allemands, et cela par des motifs politiques, financiers et économiques. La Chambre vota la résolution suivante : « Le remède aux « difficultés et aux inconvénients de la situation actuelle des chemins de « fer en Allemagne se trouve, non pas dans l'acquisition du réseau alle- « mand par l'Empire, mais dans la mise en vigueur, conformément à la « Constitution de l'Empire, d'une loi impériale sur les chemins de fer. Le « Gouvernement devra refuser son consentement à tout projet d'une « pareille acquisition et s'opposer, en particulier, à la cession de la pro- « priété ou de l'exploitation des chemins wurtembergeois à l'Empire « allemand. »

On le voit, les manifestations des États n'étaient pas douteuses : c'était, de leur part, une lutte pour la vie.

La question provoqua une extrême agitation. Les idées du chancelier avaient pour elles les protectionnistes, qui comptaient sur une réalisation plus facile de leurs théories, et beaucoup de commerçants, qui espéraient des réductions de taxes. On faisait valoir, pour les défendre, qu'elles contribueraient à développer la puissance intérieure de l'Allemagne, qu'elles simplifieraient l'exploitation, qu'elles permettraient l'uniformisation des tarifs, qu'elles remédieraient aux inconvénients du morcellement du réseau et de la concurrence, qu'elles serviraient les intérêts de la défense du pays en unifiant les règlements et le matériel. Dans un sens inverse, on invoquait l'influence excessive qui serait attribuée au chancelier sur l'industrie et le commerce allemands, les dangers financiers d'une opération qui devait exiger un emprunt de 10 milliards, le préjudice qui serait porté à l'indépendance des petits États, les inconvénients que comporterait la réunion de l'administration et du contrôle des lignes de l'Empire.

M. de Bismarck ne crut pas devoir insister pour la réalisation immédiate de ses desseins.

E. Loi sur la cession a l'Empire des chemins d'État de la Prusse. — Mais le chancelier ne se tint cependant point pour battu. Le 24 mai 1876, il fit présenter à la Chambre des députés de Prusse un projet de loi par lequel il sollicitait l'autorisation de céder à l'Empire tous les droits du royaume sur les chemins de fer prussiens. Les raisons développées à l'appui de ce projet de loi étaient les suivantes :

— inefficacité du contrôle, due à la diversité des exploitations, à l'inexpérience du personnel, aux ménagements à garder vis-à-vis des intérêts financiers des Compagnies ;

— utilité de mettre l'Empire à même de développer le commerce national, de donner au public les légitimes satisfactions qu'il réclamait et d'entraîner les concessionnaires à sa suite ;

— nécessité de confier cette mission à l'Empire, qui, d'après la Constitution, était investi de la haute surveillance des chemins de fer ;

— opportunité de la concentration des lignes importantes entre les mains de l'Empire, pour l'organisation de la défense du pays et pour la protection des frontières.

L'exposé des motifs ajoutait qu'en cas de refus des représentants de l'Empire, la Prusse n'en continuerait pas moins à remplir sa mission, à poursuivre l'extension et la consolidation du réseau d'État, à réduire le morcellement de ses voies ferrées, à assurer la prépondérance de l'État au regard des Compagnies. Il se terminait par ce passage comminatoire : « Si « les efforts de la Prusse pour céder ses chemins de fer à l'Empire devaient « échouer, il va de soi qu'elle appliquerait toute son énergie à réaliser « chez elle la réforme par elle-même et que le but immédiat de sa politique « à cet égard serait l'extension et la consolidation du réseau d'État. « ... La Prusse aurait la conscience dégagée vis-à-vis des pays voisins et « rien ne saurait l'empêcher de remédier sur son territoire à la division « de la propriété des chemins de fer et à la trop grande influence des « Compagnies particulières. Il est probable que le plein développement « de l'influence qui résulterait pour elle de la propriété et de l'exploitation « d'un réseau considérable ferait sentir au delà des limites de son territoire la prépondérance des intérêts qui se rattachent aux chemins « prussiens : ce serait là une conséquence vraisemblable de la politique « économique dans laquelle le Gouvernement prussien se verrait forcé de « s'engager. »

Quant aux côtés financier et économique du problème, à l'attribution du droit de concession des chemins nouveaux, au règlement de l'indemnité de cession à payer par l'Empire, au remboursement des avances antérieures faites par la Prusse à certaines Compagnies au titre de la garantie d'intérêt, tout cela était laissé dans l'ombre.

Le projet de loi souleva de nombreuses attaques. Ses adversaires lui reprochèrent de tendre à assurer à la Prusse une influence exorbitante sur l'Allemagne tout entière et de préparer pour l'Empire des charges excessives ; ils firent valoir les arguments usités contre l'exploitation par l'État (prix de revient plus élevé de l'exploitation, fausse assimilation des chemins de fer aux voies de terre, nécessité de conserver à la gestion du réseau son caractère commercial, etc...).

Vivement combattue par le Centre, la fraction polonaise et les progressistes, et notamment par MM. Richter et Berger, mais défendue par MM. Lasker, Hammacher et Love et par M. de Bismarck lui-même, la proposition du Gouvernement fut adoptée par la Chambre des députés le 2 mai (215 voix contre 160) et par la Chambre des seigneurs le 20 mai 1876 (60 voix contre 31).

Le Gouvernement prussien était ainsi autorisé à conclure avec l'Empire d'Allemagne des traités : 1° pour la cession, moyennant indemnité, des chemins d'État en construction ou en exploitation ; 2° pour la translation des droits de l'État sur l'administration et l'exploitation des chemins concédés, sauf indemnité en ce qui concernait les parts et droits pécuniaires.

Les engagements de l'État prussien concernant les chemins concédés devaient être supportés par l'Empire, moyennant une juste compensation (Loi du 4 juin 1876).

F. Rachat des chemins de fer concédés en Prusse. — Les petits États de l'Allemagne ne consentirent pas à se prêter à l'exécution de cette loi, et le chancelier dut concentrer ses efforts sur la seconde partie de son programme, à savoir : le développement du réseau d'État et la diminution progressive du réseau concédé en Prusse. La situation précaire d'un certain nombre de Compagnies vint faciliter son œuvre. Il racheta divers chemins et se fit céder l'exploitation de quelques autres.

La loi organique de 1838 ne prévoyant le rachat qu'après trente années d'exploitation et contre paiement d'une indemnité calculée sur la base de 25 fois l'intérêt payé pendant les cinq dernières années, le Gouvernement ne pouvait en faire usage pour reprendre possession des lignes qu'il voulait incorporer à son réseau d'État; il dut traiter de gré à gré et racheter à l'amiable moyennant un prix débattu, représentant par exemple les dépenses de premier établissement.

Dans d'autres cas, nous l'avons dit, il se borna à prendre l'exploitation à ferme, en s'engageant à parfaire le service des obligations, si le produit net n'était pas suffisant ; les actionnaires ne recevaient rien avant complet remboursement des avances du Trésor.

Mais ce n'était là que le prélude de mesures beaucoup plus considérables.

En juillet 1879, les chemins de fer prussiens se répartissaient ainsi :

1° Chemins de fer de l'État	9 532 kilomètres.
2° Chemins concédés, exploités par l'État	3 471
3° Chemins concédés, exploités par des Compagnies.	6 364
Total	19 367

Au commencement de 1879, la Commission du budget du Landtag avait demandé à la Chambre d'inviter le Gouvernement : 1° à s'abstenir, tant que durerait la situation financière et économique actuelle, d'acheter des lignes d'intérêt général ; 2° à examiner d'une manière approfondie dans quelle mesure la construction de petites lignes secondaires pourrait contribuer à rendre plus productifs les chemins de fer en exploitation, notamment ceux de l'État, et à faciliter la vente des produits agricoles et des matières premières ; 3° à soumettre à la Diète, au cours de sa prochaine session, des propositions sur le meilleur mode d'assistance financière, législative ou administrative, qui pourrait être adopté pour encourager efficacement les entreprises de lignes locales.

Ce projet de résolution provoqua des débats au cours desquels M. Maybach, ministre du commerce, affirma de nouveau l'intention bien arrêtée du Gouvernement de rester fidèle au programme de 1876 et de préparer l'acquisition des lignes principales, pour donner au réseau d'État la cohésion voulue, pour réduire ainsi les frais d'exploitation et pour simplifier le service. Le Ministre soutint en même temps que l'État seul pouvait faire les lignes peu productives, pour lesquelles les considérations de revenu étaient secondaires.

M. Lasker combattit, au nom des nationaux libéraux, la théorie du Ministre. Il déclara qu'il ne seconderait en tout cas les vues du Gouvernement qu'en échange de concessions faites aux Chambres, pour la fixation des tarifs, le règlement de la question financière et le régime des lignes secondaires. Il conclut en soumettant au Landtag un contre-projet de résolution, aux termes duquel le Gouvernement aurait été invité « à faire un « exposé détaillé de sa politique concernant les chemins de fer, afin d'a- « mener sur ce point une entente entre lui et les Chambres ».

M. Richter, au nom des progressistes, attaqua également la politique gouvernementale.

Passant au vote, la Chambre rejeta à l'unanimité moins une voix un premier amendement tendant à « poursuivre sans relâche le système des « chemins de fer d'État ». Elle repoussa également l'amendement Lasker, puis les conclusions de la Commission du budget (179 voix contre 174).

Malgré son résultat négatif, ce vote témoignait de la répugnance de la Chambre pour l'extension du réseau d'État. Mais bientôt la Chambre fut renouvelée et les élections en déplacèrent la majorité. Lors de l'ouverture solennelle de la législature, le 29 octobre 1879, l'Empereur, dans son discours du trône, demanda spécialement à la Chambre son concours pour la question des chemins de fer et proclama une fois de plus la théorie des chemins de fer de l'État.

Aussitôt après, le Ministre du commerce déposait sur le bureau de la Chambre des députés un projet de loi pour le rachat des concessions de Berlin-Stettin, de Magdebourg-Halberstadt, de Hanovre-Altenbecken et de Cologne-Minden, dont la longueur totale était de 2 994 kilomètres (1).

L'exposé des motifs mettait en relief les inconvénients du morcellement (2) et de la concurrence, à savoir :

— multiplication des Administrations, du nombre des employés, des écritures et de la correspondance;
— difficulté d'entente pour l'établissement de tarifs communs, de trains communs ou de services correspondant les uns avec les autres ;
— arbitraire, complication, confusion, variabilité des taxes au gré des intérêts des Compagnies et suivant les concurrences;
— existence de tarifs de faveur, simulation de factures;
— préjudice causé aux industriels et aux commerçants par cet état de choses;
— inconvénients au point de vue des relations internationales et de politique douanière;
— lenteur de l'examen des réclamations intéressant plusieurs Compagnies;
— nombreux transbordements des voyageurs et des marchandises (ces transbordements avaient lieu dans 175 stations);

(1) Un autre projet de loi était présenté en même temps pour le développement du réseau d'État et la participation de l'État à diverses entreprises de chemins de fer.

(2) A la fin de 1879, la statistique du Verein accusait pour les chemins de fer allemands 41 directions ou administrations de chemins de fer, sans compter les lignes secondaires groupées sous la rubrique « Chemins divers » ou « Compagnies diverses », à savoir : — 19 directions pour les chemins d'État ou les chemins concédés, exploités par l'État; — et 22 Compagnies.

— mauvaise utilisation du matériel roulant, dont les Compagnies cherchaient à tirer parti pendant les périodes de faible circulation, en l'envoyant sur d'autres réseaux, et qu'il fallait ensuite leur renvoyer à vide lors des encombrements;

— doubles emplois dans les lignes reliant les mêmes centres, alors que chacune de ces lignes eût été suffisante pour les besoins du trafic, comme le prouvait l'*alternat* souvent établi entre elles;

— dépenses inutiles et frustratoires dans l'exploitation;

— détournement du trafic de son itinéraire normal (l'exposé des motifs citait des détournements par des voies ayant une longueur double de celle de la voie la plus courte); pertes considérables imposées aux Compagnies par ces abus, sans aucun profit pour le public.

Après avoir ainsi rappelé les inconvénients de la situation, le Gouvernement passait à l'examen des mesures propres à y remédier.

Malgré la limitation du revenu à 10 °/₀ par la loi du 3 novembre 1838, malgré les dispositions de la Constitution de 1871, malgré la diminution progressive du prix de revient des transports, les abaissements de taxes avaient été insuffisants. Il n'était pas possible d'y pourvoir, en conférant législativement à l'État le droit de contraindre les Compagnies à des réductions de tarifs : car c'eût été une ingérence directe dans la gestion financière de ces sociétés. D'autre part, l'exercice normal du contrôle était impuissant. Le seul remède était dans la continuation de l'œuvre entreprise pour accroître la prépondérance et l'action du réseau d'État.

Le Gouvernement insistait aussi sur l'intérêt qu'il avait, au point de vue de la défense nationale, à exploiter lui-même les chemins de fer, à disposer librement du personnel et du matériel roulant, à réaliser l'unité absolue et complète des règlements, bien que l'uniformité eût été déjà obtenue en grande partie, notamment pour les signaux, par des décisions de la chancellerie impériale conformes à la Constitution de l'Empire.

Il invoquait encore ce fait, que des lignes de concurrence projetées par les Compagnies pourraient ainsi être évitées, que les gares communes pourraient être simplifiées, qu'il serait facile d'économiser 100 millions de ce chef par le seul effet des premiers rachats.

Après une vive discussion dans laquelle le maréchal de Motlke pesa de toute son autorité et de toute son éloquence, le projet de loi fut adopté, le 9 décembre 1879, par 226 voix contre 155; la Chambre des seigneurs le ratifia, le 17 décembre (1).

(1) Tout en concluant à l'approbation des propositions du Gouvernement, le rapporteur à la Chambre, M. Hammacher, avait demandé la présentation d'un projet de loi garantissant l'équilibre financier du budget.

Plusieurs lois de rachat succédèrent rapidement à celle du 20 décembre 1879.

Nous n'insisterons que sur celle de 1882. Voici quelles étaient les considérations développées par le Gouvernement. Bien que le réseau exploité par les Compagnies fût réduit à 5 486 kilomètres, les réformes tentées par le réseau d'État n'avaient pas porté tous leurs fruits. Les concessionnaires, prévoyant le rachat, n'avaient plus qu'un but : l'élévation du cours de leurs actions. Ils repoussaient systématiquement les mesures susceptibles de leur infliger une diminution temporaire de leurs revenus ; ils faisaient concurrence à l'État ; ils se refusaient à l'exécution des lignes de second ordre, dont la nécessité s'imposait dans leur champ d'action et que seuls ils étaient à même d'établir comme affluents de leurs artères principales. Malgré la modération du Gouvernement, les remaniements auxquels il avait procédé dans les tarifs et dans le mode d'exploitation avaient provoqué les réclamations les plus véhémentes de la part des Compagnies, qui s'étaient prétendues atteintes dans leurs intérêts et avaient crié à l'abus de pouvoir.

L'expérience des résultats déjà obtenus par l'État était d'ailleurs de nature à dissiper les dernières inquiétudes. Quoique l'Administration se fût trouvée aux prises avec de graves difficultés, inhérentes à toute organisation nouvelle, quoique les chemins légués par les anciennes Compagnies eussent exigé de nombreuses transformations, le service avait été singulièrement amélioré. Le système des transports avait été reconstitué sur des bases plus simples ; la confusion et l'arbitraire avaient fait place à l'ordre et à la méthode ; tout ce qui était inutile et suranné avait disparu ; l'instrument était devenu pratique et maniable pour le grand et le petit commerce ; toutes les branches de l'industrie nationale avaient bénéficié d'un traitement équitable. Le matériel, employé sur une plus grande étendue, avait été mieux utilisé : c'est ainsi que la récente crise des transports avait pu être franchie sans trop d'encombres. Les modifications introduites dans la circulation des voyageurs, les communications mieux établies, la suppression des concurrences abusives, avaient procuré au public de notables avantages. Le dédale de taxes, au milieu duquel se perdaient les intéressés, avait été remplacé par des tarifs simples, uniformes ; l'Administration avait notamment adopté des taxes à base kilométrique décroissante pour les matières premières, dont le déplacement à grande distance est une condition indispensable du progrès industriel. Les effets de ces réformes s'étaient fait sentir au delà des frontières.

Les émissions de rentes nécessaires aux rachats antérieurs n'avaient pas amené une dépression sensible des cours.

Le Trésor avait réalisé sur l'exploitation des bénéfices, qui avaient atteint (toutes rentes payées) 5 250 000 marcs en 1879 (1) et 14 900 000 marcs en 1880 et qui iraient certainement en croissant.

Les sommes économisées sur les travaux ayant exclusivement un but de concurrence avaient été consacrées à la construction de lignes nouvelles et à l'amélioration des lignes existantes; le capital national avait ainsi reçu un emploi plus judicieux.

Tout concourait donc à faire ressortir l'excellence de la politique à laquelle les Chambres s'étaient associées déjà à diverses reprises (2).

Le tableau était, on le voit, présenté sous les couleurs les plus riantes ; le Gouvernement montait un peu trop vite au Capitole. Dans le cours de la discussion, un député, M. Brichtemann, contesta les résultats allégués par le Ministre du commerce.

Les propositions du Gouvernement n'en furent pas moins adoptées.

Une loi du 27 mars 1882 décida d'ailleurs que 3/4 °/₀ de la dette seraient, autant que possible, amortis chaque année.

Sans entrer dans le détail des marchés de rachat dont l'examen ne saurait trouver place dans ce chapitre, nous croyons utile de faire connaître une particularité des procédés auxquels l'État a eu recours. Tout en négociant directement avec les concessionnaires, il a fait racheter un grand nombre d'actions par des syndicats de banquiers et de sociétés de crédit, dont les membres s'engagaient par écrit à ne pas révéler le secret de leurs opérations; il s'assurait ainsi la majorité dans les assemblées d'actionnaires et, avec l'aide de la presse officielle et officieuse, il pesait sur les cours, de manière à imposer ses conditions aux Compagnies. Ces manœuvres n'ont pas toujours été favorablement jugées par l'opinion publique, et des personnes autorisées pensent que les banquiers ont précipité certains rachats, en raison des bénéfices considérables qui leur étaient acquis par ces opérations.

Ajoutons encore que l'État s'est également servi parfois de l'arme de la concurrence ou des rigueurs du contrôle, pour faciliter la conclusion de ses contrats de reprise des voies ferrées.

Il ne nous reste plus qu'une indication à donner pour en finir avec la Prusse. La Chambre des députés s'était inquiétée de l'étendue des pouvoirs dont le Gouvernement allait être investi. Une loi du 1er juin 1882 institua près de l'Administration des chemins de fer de l'État :

(1) Le marc vaut 1 fr. 25.

(2) Dans son rapport du 14 janvier 1882 à la Chambre des députés sur l'exploitation du réseau de l'État en 1880-1881, le Ministre s'était appliqué à mettre en relief les bons résultats de cette exploitation.

1° Des Conseils de district, qui comprennent des représentants du commerce, de l'industrie et de l'agriculture ;

2° Un Conseil central, composé d'un président et d'un vice-président nommés par le roi ; de dix membres nommés par les Ministres de l'agriculture (3), du commerce (3), des finances (2) et des travaux publics (2) ; ainsi que de six membres titulaires et six membres suppléants élus par les Conseils de district.

Les Conseils de district doivent être consultés sur les affaires importantes, notamment sur les tarifs et la marche des trains ; ils peuvent prendre l'initiative des propositions qu'ils jugent utiles.

Le Conseil central a des attributions analogues ; il doit être consulté, en outre, sur les projets de modifications à apporter à l'exploitation et à la police des chemins de fer.

Lors de la discussion, plusieurs députés avaient demandé l'institution d'un contrôle parlementaire. Le Landtag a repoussé cette proposition ; mais il a décidé que les délibérations du Conseil central seraient communiquées aux Chambres et, d'autre part, que, sans préjudice des droits reconnus à l'Empire en matière de tarifs par la Constitution, les tarifs maxima existant lors de la promulgation de la loi ne pourraient être relevés sans l'intervention du Pouvoir législatif.

G. Rachat de chemins de fer dans divers autres pays de l'Allemagne. — Dès que la Prusse a manifesté ses tendances à l'absorption des chemins de fer par l'Empire, la Saxe s'est empressée d'opérer le rachat ou tout au moins de reprendre l'exploitation des lignes concédées sur son territoire, afin de pouvoir s'opposer plus facilement à la réalisation des vues du chancelier.

La Bavière a réduit également l'étendue du réseau concédé ; elle y a été conduite surtout par la concurrence que ses lignes d'État avaient à subir. Au surplus, la dépendance des concessionnaires vis-à-vis du Gouvernement y est des plus étroites.

Le Wurtemberg et le grand-duché de Bade étaient déjà maîtres de la totalité ou de la presque totalité de leurs voies ferrées.

H. Situation actuelle du réseau allemand. — A la fin de l'exercice 1884-1885, la situation générale en Allemagne était la suivante :

1° Chemins de l'État.	32 235 km.
2° Chemins concédés et exploités par l'État.	466 —
3° Chemins concédés, exploités par les Compagnies. . .	4 081 —
Total.	36 782 km.

Les chemins exploités par les Compagnies ne représentaient donc plus guère que le 1/9 de la longueur totale du réseau.

3. *Résumé.* — Si on jette un coup d'œil rétrospectif sur les faits de l'histoire allemande que nous venons d'analyser brièvement, on voit que l'exploitation directe des chemins de fer a toujours eu de nombreux partisans en Allemagne et que, même en 1870, la longueur des lignes retenues entre les mains de l'État était supérieure à celle des lignes concédées.

Depuis 1870, l'élimination de l'industrie privée a suivi une marche progressive très rapide. L'absorption des voies ferrées par l'État a été inspirée en Prusse par des considérations multiples, dont les principales étaient le morcellement du réseau, l'anarchie qui en résultait dans le service, les abus et les inconvénients de la concurrence, l'enchevêtrement des lignes d'État et des lignes concédées, la complication extrême des taxes, les tendances centralisatrices et autoritaires du Gouvernement, son désir de faciliter la formation d'un vaste réseau d'Empire pour consolider l'unité nationale et sceller l'œuvre de 1871, ses vues protectionnistes pour la réalisation desquelles il avait besoin de la libre disposition des tarifs, enfin ses préoccupations militaires. Au point de vue financier, l'opération a réussi; les lignes ont été rachetées à bas prix et leur rendement s'est notablement accru.

En dehors de la Prusse, l'exploitation par l'État, qui avait toujours été en faveur, a encore gagné du terrain par suite des résistances à la création d'un réseau d'Empire : la Saxe, en particulier, a accaparé la gestion de la totalité de ses voies ferrées, afin de se prémunir contre les manœuvres qu'elle redoutait de la part du Gouvernement prussien.

M. de Bismarck arrivera-t-il à aller plus loin encore et à substituer aux réseaux des États le réseau d'Empire qu'il rêve depuis si longtemps? Beaucoup de personnes pensent qu'un jour viendra où il pourra réunir à cet effet une majorité dans le Reichstag; il trouvera d'ailleurs, pour atteindre son but, un puissant moyen d'action dans les lignes de l'État prussien à l'aide desquelles il sera en mesure de peser, quand il le voudra, sur les lignes des autres États.

b. Autriche-Hongrie. — A l'origine, l'Autriche eut recours à l'industrie privée, mais seulement pour les lignes secondaires. Toutefois l'État ne tarda pas à y assumer la charge de la construction des voies ferrées, particulièrement de celles qui ne paraissaient pas devoir être très productives, sauf à les faire exploiter, en vertu de contrats de fermage à court terme et moyennant une redevance proportionnée à la recette.

En 1853, il fut amené à racheter une ligne assez importante, de Vienne à Gloggnitz, et se trouva ainsi en possession de tous les chemins de la Hongrie, de la Lombardie et de l'Autriche proprement dite, sauf le chemin du Nord, celui de Raab et quelques lignes particulières exploitées à l'aide de chevaux.

D'après un document publié en 1856 par le Ministère français des travaux publics, la situation au 31 décembre 1853 était la suivante :

	EN EXPLOITATION	EN CONSTRUCTION	TOTAL
	km.	km.	km.
Chemins d'État	1.696 (1)	1.546	3.242
Chemins concédés	707 (2)	101	808
TOTAUX	2.403 (3)	1.647	4.050

Cependant les finances publiques étaient loin d'être florissantes ; les éléments de prospérité et les richesses naturelles du pays restaient stériles ; le déficit était chronique ; les chemins de fer gérés par l'État donnaient à peine un revenu net de 27 % du produit brut. Cette situation malheureuse était, pour une large part, le fruit des erreurs politiques de la Monarchie. Son effet était de paralyser le Gouvernement pour le développement du réseau national.

Poussée par le désir, par la nécessité de suivre l'impulsion des autres peuples du continent, l'Autriche fit alors une évolution complète et se tourna vers l'industrie privée. Elle y fut d'ailleurs aidée par l'habileté et l'initiative hardie de M. Émile Pereire, qui eut le talent d'élaborer et de faire accepter des combinaisons pratiques, malgré les difficultés de tout genre avec lesquelles il était aux prises.

Elle traita successivement avec deux grandes Compagnies : la *Société autrichienne des chemins de fer de l'État* (Staatsbahn), dont s'étaient spécialement occupés MM. Pereire, et la *Société des chemins de fer du Sud de l'Autriche* (Südbahn). Les bases des contrats passés avec ces deux Compagnies étaient les mêmes. L'État leur vendait les lignes construites ou en construction, pour une somme déterminée ; il leur attribuait une garantie de 5, 2 % ; il accordait en outre à la première plusieurs exploitations industrielles annexes.

La Société autrichienne des chemins de fer de l'État embrassait 1 352 kilomètres ; elle datait du 1er janvier 1855 et s'était constituée avec des capitaux français et autrichiens. Elle avait d'ailleurs eu soin dès le début

(1) Dont 240 kilomètres dans le royaume Lombard-Vénitien.
(2) Dont 286 —
(3) Dont 526 —

de s'entendre, sous l'approbation du Gouvernement, avec une Compagnie antérieurement existante, pour s'assurer une entrée dans la capitale où son réseau n'aboutissait pas.

Quant à la Société du Sud de l'Autriche, sa constitution définitive ne datait que de septembre 1858; mais la concession des chemins de fer lombards-vénitiens, qui était de mars 1855, pouvait en être considérée comme le premier noyau. Elle débordait sur l'Italie centrale et possédait 3 028 kilom. Les capitaux anglais s'étaient réunis aux capitaux français et autrichiens, sous le patronage de la maison de Rothschild.

A côté de ces deux grandes Compagnies, citons encore celles du Nord de l'Autriche, de l'Ouest-Elisabeth, du François-Joseph et des chemins de fer de la Theiss. Cette dernière était essentiellement hongroise. Du reste la Hongrie avait depuis longtemps compris l'essor que les voies ferrées pouvaient imprimer à son mouvement industriel; elle connaissait toute l'étendue de ses ressources naturelles; l'ardent amour de sa nationalité, nous dirions volontiers son particularisme, la poussait à marcher de pair avec l'Autriche et à bien accuser sa vitalité.

Jusqu'en 1867, l'industrie privée accapara tous les chemins de fer, aussi bien en Hongrie qu'en Autriche.

Au 31 décembre 1867, sur 6 380 kilomètres ouverts à la circulation, 11 seulement lui échappaient : encore ne s'agissait-il que d'un petit tronçon de Bodenbach à la frontière, qu'exploitait l'État de Saxe.

En 1868, un revirement se produisit en Hongrie, sous l'influence des embarras financiers de certains concessionnaires. L'État dut reprendre le chemin de Pesth à Salgo-Tarjan, qui, avec ses embranchements, comptait 128 kilomètres de longueur. C'était le premier embryon d'un réseau d'État qui ne devait pas tarder à se développer. Le Gouvernement hongrois commença par étendre sa première ligne, pour en faire une artère de grande communication; puis il créa un petit réseau méridional. Ayant ainsi des sections isolées, dont l'exploitation était difficile et ne donnait que des résultats peu satisfaisants, désirant aussi affirmer la puissance de son administration, voulant se servir des chemins de fer comme agents de sa politique commerciale, supportant de lourdes charges de garantie d'intérêt sans exercer en échange une action décisive sur l'administration des lignes dotées de ce subside, il devait invinciblement s'avancer dans la voie où il s'était engagé.

Lorsqu'en 1875-1876 l'Italie racheta la partie du réseau « des chemins de fer du Sud » située sur son territoire, le Gouvernement hongrois manifesta bien ses tendances à cet égard, en exigeant de la Compagnie l'engagement de vendre éventuellement à l'État la partie de ses lignes située en Hongrie.

L'un des faits les plus importants à signaler dans l'histoire des dernières années est le rachat du chemin de la Theiss. L'État, qui était déjà propriétaire d'un grand nombre d'actions, a pu facilement réaliser cette opération ; son but était de faire sortir les lignes de la « Theissbahn » de la sphère d'attraction de la société autrichienne et de s'en servir pour alimenter les chemins d'État, spécialement celui qui mène à la frontière prussienne la plus rapprochée.

A la suite de ce rachat, l'État hongrois a mis en vigueur un tarif uniforme très avantageux pour les transports à longue distance et en particulier pour les transports internationaux. Les abaissements de taxes qu'il a ainsi consentis ont atténué les résultats financiers sur lesquels le Gouvernement comptait et qu'il avait fait miroiter dans son exposé des motifs. L'État, menacé par la concurrence de la Société autrichienne des chemins de fer de l'État, a dû aussi conclure avec elle, pour le partage du trafic, un arrangement qui lui a enlevé momentanément la plupart des avantages allégués en faveur du rachat.

Quoi qu'il en soit des effets financiers des rachats en Hongrie, il est certain que ce pays est entré résolument dans la voie de la reprise des chemins de fer.

De son côté, l'Autriche a été amenée à prendre, quoique dans une moindre proportion, des mesures analogues. Les transports considérables de céréales de la Hongrie, dans le cours de l'année 1868, avaient fait naître des illusions trompeuses sur l'avenir de cette exportation et provoqué une véritable « fièvre des chemins de fer ». Mais les illusions s'étaient vite envolées, pour faire place aux mécomptes sur les dépenses de premier établissement, puis sur les produits de l'exploitation. En même temps, il se produisait des spéculations effrénées sur toutes les valeurs mobilières. Le marché de Vienne subit en 1873 un effondrement, un *krach*, qui n'épargna naturellement point les valeurs de chemins de fer.

Les efforts les plus énergiques furent faits pour guérir le mal, pour opérer ce que les Autrichiens appelaient la « Sanirung der Bahnen ».

Mais l'esprit d'émulation pour les entreprises privées avait reçu une profonde atteinte ; les capitaux témoignaient d'une extrême défiance.

Ce fut dans ces circonstances que l'État se vit obligé de revenir à sa politique originaire et de prendre en main la construction de lignes nouvelles en Istrie, en Dalmatie, en Bohême et en Galicie. Il y fut conduit aussi par le chiffre élevé des sommes qu'il avait à payer à titre de garantie d'intérêt et par le désir de ne plus se livrer ainsi à la spéculation privée. D'un autre côté, malgré le relèvement des taxes, la situation des lignes garanties était telle que, le 14 décembre 1877, intervint une loi fort importante dont il est utile de faire connaître les principales dispositions.

Aux termes de l'article 1, le Gouvernement était autorisé à consentir des avances en papier-monnaie, pour couvrir les déficits d'exploitation.

L'article 2 lui conférait le droit de gérer ou de faire gérer par d'autres les lignes qui auraient nécessité ces avances ; toutefois ce droit cessait lorsqu'il s'était écoulé trois années consécutives sans que la Compagnie eût recouru aux subsides du Trésor.

D'après l'article 3, la totalité de l'excédent du produit net sur la somme garantie était affectée au remboursement des avances, à l'exclusion des clauses anciennes qui ne prévoyaient cette affectation que pour la moitié de l'excédent.

L'article 4 autorisait le Gouvernement à reprendre l'exploitation des chemins pour lesquels l'État avait dû verser pendant les cinq dernières années plus de la moitié du produit net garanti annuellement et à la garder tant que, pendant trois années consécutives, les concessionnaires n'auraient pas réclamé moins de moitié de ce revenu.

En cas d'application des articles 2 et 4, les droits et obligations de la société étaient réservés par l'article 5. La Compagnie conservait la libre disposition de ses excédents.

Enfin l'article 6, visant directement le rachat des chemins garantis, donnait au Gouvernement l'autorisation de s'engager, dans les conventions, à assumer la charge de toutes les créances de priorité et à payer le surplus de l'indemnité en obligations de chemins de fer.

Cette loi, inspirée par des précédents du royaume de Prusse, n'était pas seulement une mesure de protection contre les abus du fonctionnement de la garantie (1). Les débats auxquels elle a donné lieu prouvent aussi, à n'en pas douter, qu'elle a été un acheminement vers l'abandon du régime créé par la loi de 1854 et le point de départ d'un mouvement législatif vers l'exploitation par l'État.

Peu de jours après le vote de la loi du 14 décembre 1877, le « Kronprinz-Rudolf » était mis sous séquestre. Ce réseau avait 831 kilomètres de

(1) D'après M. Aucoc, le montant des sommes déboursées par le Gouvernement autrichien, au titre de la garantie d'intérêt, a été :

En 1870, de.........	5 562 128 florins.		En 1875, de.........	21 501 886 florins.
1871..............	8 875 260 —		1876..............	22 970 874 —
1872..............	9 788 612 —		1877..............	18 820 196 —
1873..............	15 852 650 —		1878..............	18 870 519 —
1874..............	16 841 759 —		(Le florin a une valeur nominale de 2 fr. 50.)	

longueur; il était établi dans des régions difficiles (Styrie, Carinthie, Carniole et Haute-Autriche); sa construction avait été très dispendieuse et il était peu productif.

Des mesures analogues furent prises pour d'autres chemins. Nous avons notamment relevé une loi du 24 décembre 1881 autorisant le rachat des réseaux de « l'Ouest » et de « l'Impératrice Élisabeth ». Ce dernier réseau était déjà exploité par l'État.

La question de l'exploitation par l'État a été de nouveau débattue, à la fin de 1884; la concession des chemins de fer du Nord était, en effet, arrivée à son terme. Cette concession a été renouvelée, à charge par la Compagnie: 1° d'appliquer les tarifs de la Compagnie de la Staatsbanh; 2° de s'engager à réaliser ultérieurement les mêmes réductions que cette dernière Compagnie, quand ses bénéfices dépasseraient un chiffre déterminé.

Le but du Gouvernement autrichien paraît être, pour le moment, d'avoir dans l'Ouest de la Monarchie un grand réseau mis en communication par l'Arlberg avec les lignes suisses.

Voici en somme quelle était la situation à la fin de 1884:

			LONGUEUR exploitée à la fin de 1884
1. — Chemins Austro-Hongrois (concédés)			5.641 km.
2. — Chemins Autrichiens. —	Lignes de l'État exploitées par l'Administration	km. 3.603	
	Lignes de l'État exploitées par des Compagnies	84	
	Lignes concédées, exploitées par l'État	1.499	
	Lignes concédées, exploitées par des Compagnies	5.197	
	Total	10.383	10.383
3. — Chemins Hongrois. —	Lignes de l'État	3.753	
	Lignes concédées, exploitées par l'État	498	
	Lignes concédées, exploitées par des Compagnies	1.658	
	Total	5.909	5.909
	Total		21.903

On le voit, sans être aussi accusé qu'en Hongrie, le mouvement vers la reprise des chemins de fer par l'État s'est cependant dessiné en Autriche durant ces dernières années.

Ainsi que nous l'avons expliqué, ce mouvement a été provoqué en Hongrie, non seulement par la situation peu prospère de certaines lignes, mais aussi par des vues économiques et politiques ; en Autriche, il a été engendré par les circonstances, notamment par la crise de 1873 et par les sacrifices considérables que le jeu de la garantie imposait au Trésor. Quel en sera le résultat final ? L'œuvre est encore trop récente et les lignes sur lesquelles l'Autriche a dû remettre la main sont généralement trop peu productives pour qu'il soit possible de porter dès aujourd'hui un jugement certain et impartial sur la question.

c. Belgique.— 1. *Période antérieure à 1844.*— On sait que la Belgique se sépara en juillet 1831 de la Hollande, avec laquelle elle formait antérieurement un royaume dit « des Pays-Bas ». L'un des premiers actes du nouveau pouvoir fut l'achèvement des études d'une ligne destinée à relier le port d'Anvers à l'Allemagne centrale, dans la direction de Cologne : c'était tout à la fois un dédommagement pour la cité anversoise, qui venait de subir un siège, et une mesure de sage politique pour le maintien des relations commerciales qui s'étaient créées de temps immémorial, entre l'embouchure de l'Escaut et la vallée du Rhin.

Une lutte très vive s'engagea, au sujet de l'exécution de cette ligne, entre les partisans du système anglais, c'est-à-dire des concessions libres et perpétuelles, et les partisans des autres systèmes.

En présence des divisions de l'opinion publique, le Gouvernement crut devoir en proposer la construction aux frais du Trésor public. La Commission supérieure de l'industrie et du commerce, ainsi que la Chambre de commerce de Bruxelles, firent une manifestation contre les tendances du cabinet ; elles exprimèrent leurs préférences pour l'intervention de l'industrie privée, dont l'esprit d'initiative leur paraissait devoir être plus fécond, et recommandèrent la solution d'une concession avec garantie d'intérêt. Des considérations politiques et économiques firent pencher la balance en faveur de l'État. Les Pouvoirs publics redoutaient, dit-on, de voir les premières voies ferrées soumises à l'influence des banquiers hollandais ; jaloux de leur indépendance, ils voulaient avant tout la préserver de toute atteinte. Mais ils tenaient surtout à rester absolument maîtres de leurs tarifs de transit, de manière à lutter plus efficacement contre la France, la Hollande et les villes hanséatiques ; la Belgique éprouvait déjà à cet égard les préoccupations que l'on retrouve à toutes les pages de son histoire.

Les propositions du Gouvernement furent adoptées par la Chambre des représentants après une longue discussion, à la majorité de 56 voix contre 28, et par le Sénat, à la majorité de 33 contre 8.

Le programme s'était d'ailleurs élargi devant les Chambres, et la loi du 1er mai 1834, votée dans les circonstances que nous venons de rappeler, comportait l'exécution de tout un petit réseau rayonnant autour de Malines et se dirigeant :

— à l'Est, vers la frontière de Prusse, par Louvain, Liège et Verviers ;
— au Nord, sur Anvers ;
— à l'Ouest, sur Ostende, par Termonde, Gand et Bruges ;
— au Midi, sur Bruxelles et vers la frontière de France, par le Hainaut.

La loi portait d'ailleurs que les produits seraient affectés à l'intérêt et à l'amortissement des capitaux d'emprunt, après paiement des dépenses d'entretien et d'administration.

Une deuxième loi du 26 mai 1837 autorisa aux mêmes conditions l'établissement : 1° d'un chemin de Gand à la frontière de France et à Tournai, par Courtrai ; 2° de lignes rattachant au réseau la ville de Namur et les provinces du Limbourg et du Luxembourg.

Les travaux furent vigoureusement entrepris par les ingénieurs de l'État ; tous les efforts de l'industrie privée pour être associée à cette grande œuvre, notamment les démarches actives d'une société particulière dénommée « Société générale pour favoriser l'industrie nationale », restèrent complètement infructueux. D'ailleurs, l'expérience de l'exécution directe réussissait à souhait : dès le mois de mai 1835, on voyait s'ouvrir la section de Bruxelles à Malines (20 km.), et, l'année suivante, celle de Malines à Anvers (24 km.) ; en 1843, la tâche de l'Administration pouvait être considérée comme terminée.

C'est à peine si le Gouvernement avait concédé quelques embranchements industriels, exclusivement affectés au transport de la houille, et une ligne un peu plus importante d'Anvers à Gand, ouverte au service public, mais n'ayant qu'une largeur de voie de 1 m. 15.

2. *Période de 1845 à 1870.* — Une réaction ne tarda pas à se produire dans l'opinion, par suite des insuffisances de rendement du réseau d'État. Nous résumons ci-dessous ces insuffisances pour la période de 1835 à 1851, époque à partir de laquelle il y eut au contraire des excédents de recettes, même après paiement des charges des capitaux engagés dans la construction.

ANNÉES	LONGUEUR MOYENNE exploitée	RECETTE NETTE majorée de 2 % d'intérêts	REVENU DU CAPITAL engagé	DIFFÉRENCE entre les ressources et les charges financières	
				SOLDE ACTIF	SOLDE PASSIF
	km	fr.		fr.	fr.
1835	13	102.525	4,31 %	4.448	»
1836	36	402.348	5,38	93.843	»
1837	91	232.572	1,09	»	658.133
1838	203	337.337	0,77	»	1.587.344
1839	273	1.227.474	1.85	»	1.594.030
1840	325	2.323.542	3,09	»	928.690
1841	341	1.779.057	1,97	»	2.136.767
1842	399	2.830.859	2,50	»	2.107.937
1843	485	3.601.996	2,76	»	2.125.998
1844	560	5.744.717	4,09	»	488.538
1845	560	6.203.043	4,23	»	295.390
1846	560	6.407.261	4,21	»	331.309
1847	570	5.578.228	3,52	»	1.429.492
1848	595	3.577.519	2,13	»	3.738.083
1849	625	5.091.344	2,92	»	2.655.315
1850	625	6.043.676	3,42	»	1.970.266
1851	625	7.637.565	4,35	»	498.882

D'un autre côté, l'indépendance de la Belgique avait déjà un certain nombre d'années d'existence et les préoccupations jalouses de la première heure s'étaient un peu dissipées.

Sous cette double influence, les Chambres et le Gouvernement changèrent de politique et entrèrent largement dans la voie des concessions. C'était le début d'une ère nouvelle qui a duré plusieurs années et qu'on a appelée « l'ère anglaise », parce que toutes les concessions accordées de 1845 à 1852 le furent à des Compagnies britanniques. La Belgique, cédant à des doctrines erronées, ne s'inquiétait pas de l'avenir des lignes qui lui étaient demandées; elle estimait qu'en cas de mécompte les Compagnies en souffriraient seules et que le pays n'en bénéficierait pas moins des avantages généraux dus à la construction des nouvelles voies de communication.

Les principaux chemins ainsi concédés à des sociétés anglaises furent : en 1845, ceux d'Entre-Sambre et Meuse, de Tournai à Jurbise, de Saint-Trond à Hasselt, de la Flandre occidentale, de Louvain à la Sambre, de Charleroi à Erquelines; et en 1846, ceux de Manage à Wavre et de Bruxelles

(1) Dans les tableaux des pages 690, 693 et 697, le produit net est réduit des redevances et parts de recette dues aux concessionnaires.

à Namur et à Arlon. La longueur des concessions anglaises était de 720 kilomètres, répartis en neuf réseaux.

De ces entreprises, celle de Tournai à Jurbise fut seule achevée dans les conditions primitivement fixées. Celles de Louvain à la Sambre et de la vallée de la Dendre tombèrent en déchéance. Les autres subirent le contre-coup des crises financière et alimentaire de 1846 et 1847 et de la révolution de 1848; il fallut les exonérer d'une partie de leurs engagements, mitiger les clauses de leurs cahiers des charges, qui avaient été tout d'abord dressés avec une extrême rigueur, et même les doter de garanties d'intérêt.

Cet insuccès eut pour effet de ralentir le mouvement un peu trop rapide du développement du réseau. Mais bientôt la fièvre de spéculation reprit le dessus; les concessions se multiplièrent de nouveau et se firent trop souvent sans ordre, sans méthode et sans vues d'ensemble.

Sans remonter au delà de 1861, voici quelles ont été, de cette époque à 1869, le champ d'action de l'État et celui de l'industrie privée, ainsi que le nombre des Compagnies, d'après les statistiques du Ministère français des travaux publics (1) :

ANNÉES	LONGUEUR EN EXPLOITATION AU 31 DÉCEMBRE (2)			
	Chemins de l'État	Chemins concédés exploités par l'État	Chemins concédés exploités par les Compagnies	Total
	km.	km.	km.	km.
1861	747		1.129	1.876
1862	747		1.196	1.943
1863	592	155	1.302	2.049
1864	592	155	1.384	2.131
1865	588	158	1.554	2.300
1866	612	196	1.797	2.605
1867	612	251	1.880	2.743
1868	612	251	2.099	2.962
1869	612	251	2.231	3.094

Au 31 décembre 1869, il n'y avait pas moins de 39 Compagnies ayant des chemins de fer en exploitation.

Le morcellement du réseau, sa division entre un nombre excessif de concessionnaires, devaient produire les effets les plus fâcheux; la situation

(1) Ces statistiques n'indiquent que les chemins en exploitation.
(2) Y compris quelques tronçons en territoire étranger.

des Compagnies était d'autant plus grave que les meilleures lignes étaient aux mains de l'État. Aussi vit-on se manifester une tendance marquée vers les fusions et les groupements.

Le premier groupe important qui se constitua fut celui du *Grand-Central Belge*, formé progressivement par la réunion des lignes d'Anvers à Rotterdam, de l'Est-Belge, d'Entre-Sambre-et-Meuse, du Nord de la Belgique, d'Aix-la-Chapelle à Maëstricht et à Landen. A la fin de 1869, il comprenait 566 kilomètres en exploitation, dont 65 appartenant à la Compagnie prussienne d'Aix-la-Chapelle à Maëstricht.

Le second fut celui de la Société générale d'exploitation, que M. Philippart fonda en 1865-1866 et qui, à la fin de 1869, embrassait 845 kilomètres.

Il faut y ajouter le Nord-Belge, formé en 1854 et 1858 par la Compagnie du Nord-Français, qui prit à bail trois concessions ayant ensemble une longueur de 201 kilomètres. Cette longueur fut ramenée à 169 kilomètres par la rétrocession de l'une des lignes qui avaient fait l'objet des contrats antérieurs.

Les chemins qu'exploite ainsi la Compagnie du Nord sont ceux de Charleroi à Erquelines (frontière française), de Mons à Hautmont (France), de Namur à Liège et de Namur à Givet (France).

Notons encore la grande Compagnie du Luxembourg, qui détenait 310 kilomètres.

Enfin, avant de sortir de la période de 1845 à 1870, il convient de rappeler que la Compagnie de l'Est-Français avait pris à bail pour 50 années l'exploitation des lignes concédées par les Gouvernements luxembourgeois et belge à la Société royale grand-ducale des chemins de fer Guillaume-Luxembourg (1). Elle avait traité dans le même but avec la Société des chemins de fer néerlandais et avec la grande Compagnie du Luxembourg, pour les lignes de Liège à la frontière des Pays-Bas et de Bruxelles à la frontière luxembourgeoise, y compris l'embranchement de Marche à Bastogne. Mais il en résulta un grave incident diplomatique, et la Belgique, poussée par la crainte d'une occupation déguisée de son territoire, crut devoir prendre par voie législative une mesure interdisant aux sociétés de chemins de fer toute fusion et tout traité, sans l'assentiment du Gouvernement.

Pendant que les Compagnies se débattaient au milieu des difficultés et

(1) Lors de la conclusion du traité de Francfort, la Compagnie de l'Est-Français a été évincée des territoires du Luxembourg et de la Belgique. Les sections luxembourgeoises ont été incorporées au réseau de l'Empire allemand.

des embarras les plus sérieux, le réseau d'État était au contraire prospère, comme le montre le tableau suivant qui fait suite à celui de la page 690 :

ANNÉES	LONGUEUR MOYENNE exploitée	RECETTE NETTE majorée de 2 °/₀ d'intérêts	REVENU DU CAPITAL engagé	DIFFÉRENCE entre les ressources annuelles et les charges financières	
				SOLDE ACTIF	SOLDE PASSIF
	km.	fr.		fr.	
1852	625	8.884.077	5,07 °/₀	675.821	»
1853	631	10.319.042	5,77	1.905.548	»
1854	637	11.759.743	6,36	3.022.487	»
1855	652	11.925.719	6,12	2.822.456	»
1856	713	10.268.000	4,95	908.777	»
1857	745	11.648.223	5,20	1.432.092	»
1858	746	12.587.087	5,49	2.101.242	»
1859	746	13.670.016	5,94	3.404.891	»
1860	747	15.627.245	6,84	5.091.287	»
1861	749	18.669.869	8,11	8.000.480	»
1862	749	17.996.994	7,71	7.415.783	»
1863	749	17.443.815	7,31	6.758.877	»
1864	749	18.758.711	7,73	7.894.812	»
1865	749	19.337.491	7,83	8.369 788	»
1866	796	16.754.677	6,27	5.033.948	»
1867	863	15.820.552	5,59	3.537.879	»
1868	863	17.689.879	6,18	4.985.098	»
1869	863	19.690.432	6,90	7.155.492	»

3. *Période postérieure à 1869.* — En 1870, commença la période des rachats.

Les tronçons qu'avait successivement concédés le Gouvernement dans des vues d'intérêt local s'étaient soudés les uns aux autres et avaient fini par former des lignes parallèles aux chemins préexistants. Il s'était ainsi établi une situation de concurrence, qui au premier abord paraissait avantageuse pour le public, mais qui, étudiée de plus près, pouvait et devait finalement échouer, et qui en tous cas menaçait sérieusement le réseau de l'État.

Les deux concessions dont l'État avait le plus à craindre étaient celles de la Société générale d'exploitation et du Grand-Central Belge.

Le Gouvernement conclut avec M. Philippart, représentant la Société générale d'exploitation et la Société des bassins houillers du Hainaut (1),

(1) Ces deux sociétés avaient entre elles des liens étroits.

une convention du 25 avril 1870, par laquelle il se chargeait d'exploiter : 1° au 1er janvier 1871, 601 kilomètres de lignes construites; 2° au fur et à mesure de leur achèvement, diverses lignes ayant ensemble 550 kilomètres. Il fournissait le matériel roulant, l'outillage et le mobilier des gares (1); il devait exploiter ces chemins comme ceux que l'État possédait en propre et y appliquer les mêmes tarifs. Le traité stipulait au profit de la Société générale une redevance kilométrique annuelle composée :

1° D'une somme fixe de 7 000 fr. ;

2° De la moitié de l'excédent de la recette brute sur 18 000 fr., sans toutefois que cette somme additionnelle pût dépasser 8 000 fr. et porter ainsi la redevance à plus de 15 000 fr. (2). De son côté, la Société des bassins houillers garantissait à l'État un minimum de recette brute de 21 000 fr. par kilomètre en 1871 et de 22 000 fr. en 1872 et 1873.

En présentant aux Chambres le projet de loi portant approbation de cette convention, le Ministre lui exposa la situation fâcheuse dans laquelle se trouvaient les chemins de fer belges, les inconvénients et les dangers de la concurrence, les effets désastreux qu'elle avait eus dans d'autres pays, les dépenses frustratoires qu'elle entraînerait en doublant inutilement les services et en divisant le trafic, au lieu de l'accumuler sur certaines lignes à bon profil et de réduire les autres lignes à un rôle secondaire et local.

Les propositions du Gouvernement furent adoptées et le réseau d'État se vit ainsi plus que doublé.

Le second rachat fut celui des lignes de la « Grande Compagnie du Luxembourg belge ». Il eut lieu en 1873. Cette Compagnie avait, nous l'avons dit, cherché dès 1869 à se décharger sur la Compagnie de l'Est-Français de l'exploitation de son réseau, moyennant le paiement d'une redevance de 12 fr. 50 par action ; mais le Gouvernement belge, mû par des préoccupations politiques, avait refusé sa sanction au traité. A la suite de ce refus, la Compagnie réorganisa ses services et en confia la direction à un ingénieur distingué de la Compagnie de l'Est, M. Regray, qui était déjà à la tête des sections situées sur le territoire du Luxembourg. Le chemin prit rapidement une grande importance au point de vue du transit d'Anvers vers le Grand-Duché, le Palatinat, l'Alsace et la Suisse, ainsi que du transport des combustibles, des minerais et des fontes ; ses recettes s'élevèrent et le dividende monta à 22 fr. 50 en 1871 et à 25 fr. en 1872. Ému

(1) L'Administration prévoyait de ce chef une dépense de 18 millions, soit une charge annuelle de 1 350 fr. par kilomètre.

(2) L'annuité variable a été remplacée en 1877 par une annuité fixe.

de ces résultats, le Gouvernement entama des négociations avec la Compagnie, qu'il menaça en même temps d'une concurrence entre Athus et Charleroi ; à cette menace, la Compagnie répondit par des arrangements avec le Grand-Central Belge, et les pourparlers n'aboutirent pas.

Sur ces entrefaites, il se produisit un véritable coup de théâtre. La Société des bassins houillers du Hainaut avait entrepris avant 1870, dans le grand duché de Luxembourg, la construction du réseau des chemins de fer Prince-Henri ; en 1870, elle avait obtenu de la Belgique la concession de lignes voisines, dites « réseau Forcade », et préparé ainsi un groupe « Belge-Luxembourgeois », dont les capitaux devaient appartenir pour une large part à des maisons de banque allemandes, et notamment à la maison Bleichrœder de Berlin. En même temps, M. Philippart se rendait maître de la « Grande Compagnie du Luxembourg ».

Les raisons politiques, qui, avant les événements de 1870, avaient déterminé le Gouvernement belge à se prémunir contre l'ingérence d'une Compagnie française, le poussèrent également à se défendre contre l'ingérence d'une Société soumise à l'influence allemande.

Il se hâta de conclure avec M. Philippart, le 31 janvier 1873, une convention pour le rachat des lignes de la Grande Compagnie du Luxembourg. Les bases du contrat étaient les suivantes :

— paiement de 114 460 actions, au prix de 550 fr. l'une (alors qu'en 1869 la Compagnie de l'Est se bornait à leur garantir un revenu de 12 fr. 50) ;

— prise en charge par l'État du service des obligations.

La Compagnie était en outre relevée de l'engagement de construire certains chemins et se chargeait d'en exécuter cinq, ayant ensemble une longueur de 240 kilomètres, moyennant une allocation forfaitaire de 200 000 francs par kilomètre.

Cette convention fut ratifiée par le Parlement, après de longs débats.

Nous n'avons pas de rachat à signaler pendant les 4 années suivantes. Mais, en 1878, l'État reprit les lignes des Flandres, dont le développement était de 249 kilomètres et qui étaient réparties entre sept Compagnies. A l'exception de la Société concessionnaire du chemin de Lichtervelde à Furnes, qui avait été dotée d'une garantie d'intérêt, toutes ces Compagnies étaient dans la situation la plus précaire.

Pour trois d'entre elles, les recettes brutes ne couvraient même pas les dépenses d'exploitation, de telle sorte qu'abandonnées à elles-mêmes, elles n'avaient d'autre parti à prendre que de cesser leur service et d'encourir la déchéance.

Les trois autres avaient quelques excédents de recettes, mais étaient loin de faire face aux charges de leurs emprunts.

La situation était d'autant plus grave que les capitaux avaient été exclusivement ou à peu près exclusivement fournis par des obligataires.

La vie des Compagnies des deux Flandres avait pu se prolonger un peu, par suite de l'intervention temporaire de la « Société des bassins houillers du Hainaut », qui s'était chargée de l'exploitation ; mais cette société, subissant chaque année une perte de 2 millions, avait manifesté l'intention de reprendre sa liberté ; le 31 décembre 1876, à la veille d'être déclarée elle-même en état de faillite, elle avait dû rendre le réseau aux concessionnaires qui s'étaient constitués en syndicat pour continuer provisoirement le service.

Peu de temps après, la faillite de la Société des bassins houillers du Hainaut était prononcée et les curateurs contestaient un arrangement intervenu à la fin de 1876 entre cette société et les concessionnaires, au sujet du matériel roulant. C'était une difficulté de plus, venant s'ajouter à toutes celles avec lesquelles les Compagnies avaient à lutter.

Le Gouvernement, sollicité de racheter les concessions, dut se demander s'il convenait, d'une part d'attendre la déchéance, c'est-à-dire le retour gratuit à l'État, des lignes dont les recettes brutes étaient inférieures aux dépenses d'exploitation, et d'autre part de n'accorder aux autres qu'une indemnité correspondant au léger excédent de leur produit net. Il considéra comme injuste et impolitique de recourir à cette extrémité. Les lignes des Flandres avaient absorbé une somme de 32 millions provenant de l'émission de 117 226 obligations : une part importante de l'épargne du pays était donc venue s'y engloutir. La plupart de ces lignes étaient utiles pour la prospérité nationale ; elles avaient été construites sans subside du Trésor, et il paraissait équitable que l'État fît pour elles, dans une certaine mesure, ce qu'il eût fait dès l'origine, s'il ne s'était point trouvé de concessionnaires ou si son concours financier avait été réclamé. Ces considérations déterminèrent le Gouvernement à régler l'indemnité sur la base des dépenses utilement faites. Une commission arbitrale fut instituée pour l'évaluation du prix d'achat qui fut fixé à 19 millions et demi : c'était une perte de 12 millions et demi pour les obligataires.

Malgré les charges qui devaient en résulter pour le Trésor, la loi fut votée par le Parlement.

L'épisode que nous venons de retracer brièvement ressemble singulièrement à celui du rachat des Compagnies françaises du Sud-Ouest ; d'ailleurs, dans son exposé des motifs, le Ministre belge a indiqué qu'il s'était inspiré de l'exemple de la France pour le règlement de l'indemnité.

Depuis, le Gouvernement belge a encore procédé à quelques autres rachats moins importants, notamment à celui des lignes de Marbehau à la frontière française, par Virton, et d'Anvers à la frontière néerlandaise.

Ces rachats de lignes peu productives ont pesé lourdement sur les résultats financiers de l'exploitation par l'État, comme le montre le tableau suivant qui fait suite à ceux des pages 690 et 693 (1). La charge a été d'autant plus lourde que l'Administration a dû améliorer les services antérieurs des Compagnies, notamment dans les Flandres.

ANNÉES	LONGUEUR MOYENNE exploitée	RECETTE NETTE majorée de 2 % d'intérêts	REVENU DU CAPITAL engagé	DIFFÉRENCE entre les ressources annuelles et les charges financières	
				SOLDE ACTIF	SOLDE PASSIF
	km	fr.		fr.	fr.
1870	869	20.132.623	7,01 %	7.642.868	»
1871	1.422	32.352.001	8,12	13.047.899	»
1872	1.473	28.008.742	6,33	6.979.154	»
1873	1.879	23.418.339	3,01	»	6.571.420
1874	1.929	27.508.217	3,56	»	3.935.073
1875	1.966	30.410.934	3,81	»	2.676.355
1876	2.053	34.224.170	4,47	»	524.245
1877	2.145	35.235.495	4.14	»	1.315.530
1878	2.441	38.640.889	4,19	»	104.453
1879	2.553	41.644.727	4,31	1.024.734	»
1880	2.702	46.668.749	4,48	2.829.179	»
1881	2.841	42.216.284	3,78	»	4.302.844
1882	2.975	45.689.142	3,86	»	3.642.097
1883	3.045	49.459.378	4,01	»	2.103.987
1884	3.100	49.377.603	3,90	»	3.318.234

Au 31 décembre 1884, la longueur effective exploitée se répartissait ainsi :

Lignes exploitées par l'État........................	3 109 km.
— par les Compagnies..............	1 256
Total.......	4 365 km.

L'État gérait donc plus des 7/10 du réseau belge. Les seules Compagnies de quelque importance qui subsistassent étaient celles :

Du Grand-Central Belge...........................	611 km.
De la Flandre occidentale.........................	164
Du Nord belge (annexe du Nord français)...........	175

4. *Résumé.* — En résumé, le régime des chemins de fer en Belgique a passé par des phases très diverses. Les voies ferrées ont été tout d'abord

(1) Les chiffres consignés aux tableaux précédents sont extraits d'un compte rendu présenté aux Chambres le 30 juillet 1879. Ceux du tableau ci-dessus sont empruntés au compte rendu de 1883.

retenues par l'État ; à partir de 1845, les Pouvoirs publics se sont ralliés au système des concessions ; en 1870, ils sont revenus à l'exploitation par l'État. Pendant la première période, les raisons déterminantes ont été tout à la fois d'ordre économique et d'ordre politique ; le Gouvernement désirait rester maître des tarifs, afin de développer plus facilement le transit ; il voulait aussi sauvegarder l'indépendance nationale des atteintes auxquelles aurait pu l'exposer l'ingérence des banquiers hollandais. Pendant la seconde, au contraire, les préoccupations de la première heure étaient calmées ; les esprits étaient en outre frappés des charges que la gestion directe des chemins de fer faisait peser sur le Trésor ; le Gouvernement était assailli de demandes de concession, dont la plupart ne pouvaient faire naître aucune appréhension politique. Durant la troisième période, le retour à l'exploitation par l'État a été tout naturellement amené par la concurrence entre les lignes concédées et les lignes non concédées, par la crainte de l'immixtion de l'Allemagne et par la détresse d'un certain nombre de Compagnies auxquelles on avait un peu trop légèrement accordé l'autorisation d'établir des lignes improductives.

Nous avons déjà eu l'occasion de formuler à diverses reprises notre appréciation sur les conséquences de l'exploitation par l'État en Belgique et de relater les très vives attaques auxquelles elle a donné lieu durant ces dernières années. Qu'il nous suffise donc de les rappeler en deux mots. Les tarifs ont été sensiblement abaissés et unifiés ; le commerce et l'industrie en ont largement profité ; le mouvement du transit, notamment, a pris un grand développement. En revanche, les finances ont eu à supporter depuis 1873 des déficits considérables, par suite de l'adjonction au réseau de l'État de lignes improductives rachetées aux anciens concessionnaires et aussi par suite d'une réduction excessive des taxes. Quoi qu'il en soit, si les résultats des rachats sont discutés, si M. Graux, ministre des finances dans le précédent cabinet, a manifesté à diverses reprises le désir de voir la gestion des chemins de fer de l'État soumise à des règles plus étroites au point de vue fiscal et conduite avec plus de parcimonie, il n'est nullement question de changer de système et tout se borne à rechercher des améliorations économiques et financières.

d. Italie. — Les crises politiques au milieu desquelles s'est peu à peu constituée l'unité de l'Italie, les modifications territoriales de ce pays, l'influence que ces crises et ces modifications ont nécessairement exercée sur la structure et le régime du réseau, sont autant de faits qui ne permettent pas de chercher de l'autre côté des Alpes un enseignement décisif sur la question du choix entre la gestion par l'État et la gestion par les Compagnies. Tout au moins n'y a-t-il aucun intérêt à remonter au delà des dernières années, les seules pendant lesquelles cette question ait été débattue sous l'empire de préoccupations plus exclusivement économiques. Nous ne rappellerons donc que pour ordre et en deux mots les faits antérieurs.

Les statistiques officielles attribuaient au réseau italien la composition suivante, au 31 décembre 1884:

Chemins exploités par l'État	Haute-Italie	3 833 km.	5 540 km.
	Romains...	1 707 km.	
Chemins de l'État exploités par des Compagnies	Calabre......	732	1 614 km.
	Sicile.	597	
	Lignes diverses.	285	
Chemins concédés et exploités par des Compagnies	Méridionaux..	1 728	2 762 km.
	Vénètes......	140	
	Sardes.......	411	
	Divers.......	469	
		Total........	9 916 km.

Examinons successivement les origines de cette division.

1° *Chemins de fer de la Haute-Italie.* — Les chemins de fer de la Haute-Italie se décomposaient eux-mêmes comme suit :

Réseau du Piémont...........................	681 km.
Réseau de la Lombardie et de l'Italie centrale.......	899
Réseau vénitien..................................	877
Réseau toscan-ligurien..............................	422
Lignes diverses.................................	1 034
Total.....	3 833 km.

Le Gouvernement autrichien avait entrepris et ouvert partiellement à la circulation un réseau lombard-vénitien. Le 14 mars 1856, il conclut avec une Compagnie, dont le duc de Galliera était le mandataire, une convention par laquelle il concédait à cette société pour 90 années, et moyennant la somme de 100 millions de livres autrichiennes, les lignes en exploitation et les lignes en construction (Ce contrat fut approuvé par acte souverain du 17 avril suivant). Peu de jours après, le 17 mars 1856, la même société obtenait du Saint-Siège, de l'Autriche et des États de Modène, de Parme et de Toscane, la concession des chemins de l'Italie centrale pour une période finissant en 1948 et avec une garantie de produit net. Ainsi se constitua « la Société privilégiée I. R. des chemins de fer lombards-vénitiens et de l'Italie Centrale », qui, par suite de l'apport d'autres concessions vers la fin de 1858, se transforma en « Société privilégiée I. R. des chemins de fer du Sud de l'Autriche, lombards-vénitiens et de l'Italie centrale ». Le traité de Zurich du 10 novembre 1859 entre la France, la Sardaigne et l'Autriche, enleva la Lombardie à cette dernière puissance; mais les concessions situées sur le territoire cédé au Gouvernement de Victor-Emmanuel furent confirmées par un décret du 1er décembre 1859 et par une loi du 8 juillet 1860, conformément à une convention qui maintenait la garantie afférente aux lignes de l'Italie centrale et en accordait une de 5,20 % pour les lignes de la Lombardie. Ces deux groupes de lignes avaient ensemble une longueur de 751 kilomètres.

Le 30 juin 1864, le Gouvernement sarde annexa aux concessions de la Compagnie celle de divers chemins piémontais, qui, jointe aux lignes de la Lombardie et de l'Italie centrale, formaient un réseau dit « de la Haute-Italie ». Parmi ces chemins, il en était qui appartenaient à l'État; d'autres pour lesquels il n'était que copropriétaire; d'autres encore qu'il avait antérieurement concédés, mais qu'il s'était réservé de racheter; d'autres enfin qui étaient à construire : c'était un total de 1 133 kilomètres. La Compagnie obtenait une garantie de produit brut, devait verser 200 millions et s'engageait à contribuer à l'agrandissement du port de Gênes et au percement des Alpes helvétiques. La durée de la concession était de 95 années (1).

Telle était la situation, lorsqu'après Sadowa, en 1866, l'Autriche perdit les territoires de Venise et de Mantoue. Une loi du 25 avril 1867 confirma les concessions situées sur ces territoires et les adjoignit à celles de la Haute-Italie, avec une garantie de produit brut. L'Italie et l'Autriche devaient prendre les mesures nécessaires pour la séparation des réseaux vénitien et autrichien et la division de la société en deux Compagnies, l'une italienne et l'autre autrichienne.

De 1868 à 1875, le domaine de la Compagnie s'augmenta encore de diverses lignes qu'elle prit à bail de leurs concessionnaires ou de l'État, ou dont elle se rendit concessionnaire. Nous n'entrerons pas dans le détail des contrats; nous nous contenterons de signaler un arrangement de 1870, qui portait la durée de l'ensemble des concessions à 99 ans à partir du 1er janvier 1870, qui fixait à l'année 1894 l'ouverture du droit de rachat et qui stipulait un partage éventuel du produit brut avec le Trésor.

En résumé, à la fin de 1875, l'ensemble des lignes comprises à divers

(1) La convention à laquelle nous faisons allusion fut approuvée par une loi du 14 mai 1865, qui remaniait tous les réseaux pour adapter leur constitution au nouvel état politique de l'Italie et pour assurer le développement des voies ferrées sur l'ensemble du territoire.

titres dans le réseau de la Haute-Italie représentait à peu près le réseau qui, depuis, a été confié provisoirement à l'État. Il avait un développement de 3 471 kilomètres, et comprenait : 1° des chemins concédés à la Compagnie; 2° des chemins appartenant en totalité ou en partie à l'État et des chemins concédés à des tiers, dont elle était fermière.

Nous avons dit précédemment que la Société du Sud de l'Autriche, des Lombards-Vénitiens et de l'Italie centrale, devenue « Société internationale de la Haute-Italie et du Sud de l'Autriche », devait se scinder en deux sociétés, l'une « du Sud de l'Autriche », l'autre « de la Haute-Italie ». Cette scission présentait, légalement et pratiquement, de telles difficultés qu'elle ne put aboutir et que la Compagnie dut accéder à une proposition de rachat par l'État des lignes italiennes.

Ce rachat fut opéré moyennant le remboursement des dépenses de la Compagnie, partie sous forme d'une annuité, partie sous forme d'un titre de rente. Il fit l'objet de la convention de Bâle (17 novembre 1875) et d'actes additionnels, dont le dernier chargeait la Société de l'exploitation, jusqu'au 1er juillet 1878, en qualité de fermière. Le Parlement italien approuva ces contrats (Loi du 29 juin 1876), mais invita en même temps le Gouvernement à présenter, dans le cours de l'année 1877, un projet de loi ayant pour objet de concéder à une ou plusieurs sociétés les lignes du réseau de la Haute-Italie.

Le Ministère Depretis, se conformant à cette invitation, soumit, le 22 novembre 1877, à la Chambre des députés une proposition qui comportait :

1° Le rachat des chemins de fer romains et méridionaux;

2° La constitution de deux réseaux dits « de l'Adriatique » et « de la Méditerranée »;

3° L'affermage de ces réseaux à deux Compagnies, sur des bases que nous avons indiquées sommairement page 662.

Le terme de 1er juillet 1878 étant survenu sans que cette proposition eût été discutée, l'État se vit contraint d'exploiter pour son compte et y fut autorisé par une loi du 8 juillet 1878. En même temps le Parlement ordonna la constitution d'une commission d'enquête, à l'effet de constater dans quelle mesure les projets de conventions du cabinet Depretis garantissaient les intérêts de l'État et de déterminer le mode qui lui paraîtrait préférable pour concéder l'exploitation à l'industrie privée.

Cette Commission, composée de quinze membres dont six élus par le Sénat, six élus également par la Chambre des députés et trois nommés par le Gouvernement, se mit rapidement à l'œuvre; elle rédigea un questionnaire détaillé qui fut répandu à profusion; elle provoqua l'avis des fonctionnaires des Ministères, des administrations de chemins de fer, des Chambres de commerce, des principaux journaux, des personnes passant pour avoir une compétence particulière dans la question; elle se transporta, en outre, dans 21 villes du royaume pour recueillir sur place des observations ou des dépositions; elle se livra à une étude approfondie, même sur les pays étrangers. Les résultats de ses travaux furent consignés dans sept volumes, dont les six premiers pour les procès-verbaux des séances publiques et les réponses verbales ou écrites, et le dernier pour le rapport.

La Commission se montra absolument opposée à l'exploitation par l'État. Elle rappela, à l'appui de son opinion, les motifs qui ont été si souvent développés en France et que nous avons successivement passés en revue :

— inexactitude de l'assimilation entre l'exploitation des chemins de fer et les fonctions d'État;

— caractère industriel et commercial de cette exploitation;

— danger d'un abaissement excessif des taxes, qui se traduirait par une augmentation d'impôts et qui pèserait sur l'ensemble des contribuables, au profit des usagers de la voie ferrée;

— inconvénient de livrer les tarifs, non seulement aux influences politiques, mais aussi aux influences protectionnistes;

— formalisme, irresponsabilité, défaut de liberté d'action des administrations publiques;

— vices du recrutement des agents de l'État et nombre excessif de ces agents;

— dépenses plus élevées de l'exploitation par l'État;

— instabilité devant en résulter pour le budget.

A côté de ces arguments, elle relata consciencieusement ceux des adversaires des Compagnies; mais, nous le répétons, elle émit à l'unanimité l'avis « qu'il était préférable de confier à l'industrie privée l'exploitation « des chemins de fer italiens ».

Examinant ensuite la valeur des deux systèmes de la concession et de l'affermage, elle conclut à la supériorité du premier sur le second.

Elle se déclara favorable au groupement proposé par le Ministère Depretis et par suite au rachat des chemins romains et méridionaux; mais elle critiqua certaines dispositions des projets de conventions.

M. Baccarini, ministre des travaux publics, s'inspirant de cet avis, soumit à la Chambre des dispositions nouvelles. En attendant, l'autorisation d'exploiter directement les lignes de la Haute-Italie fut prorogée par une série de lois du 1er juillet 1880, du 26 décembre 1881, du 24 décembre

1882, du 25 décembre 1883, du 30 juin 1884, et du 31 décembre 1884.

Diverses améliorations ou simplifications furent apportées à l'organisation du réseau provisoire de l'État, pour répondre à des critiques de la Commission d'enquête.

Enfin, le réseau d'État disparut, par l'effet de la loi du 27 avril 1885, et fut réparti entre les deux sociétés fermières de la Méditerranée et de l'Adriatique, dans les conditions que nous avons exposées, page 662.

2. *Chemins de fer romains.* — Au 31 décembre 1883, les chemins de fer romains comptaient 1 713 kilomètres livrés à la circulation.

En 1856, le Gouvernement pontifical avait concédé diverses lignes à la « Société générale des chemins de fer romains ». Cette Compagnie obtint, en vertu d'une loi du 21 juillet 1861, d'autres concessions du Gouvernement italien; puis elle fusionna avec celles « des chemins de fer de Livourne », des « chemins de fer de la Toscane centrale » et des « chemins de fer romains », et se transforma ainsi en « Société des chemins de fer romains », conformément à une convention du 22 juin 1864, approuvée par une loi du 14 mai 1865. L'une des principales clauses de ce contrat portait allocation d'une subvention de 13 250 fr. par kilomètre et par an pour les sections italiennes, sauf réduction au cas où la recette dépasserait un chiffre déterminé.

La Compagnie rencontrant les plus graves difficultés pour ses émissions d'obligations, le Gouvernement italien lui fit des avances, puis conclut avec elle en 1868 une nouvelle convention, dans laquelle il y a lieu de relever notamment le droit attribué à l'État de se faire représenter dans le conseil d'administration par huit membres sur vingt.

Malheureusement les prévisions de recette ne se réalisèrent pas; d'un autre côté, après l'occupation de Rome, en septembre 1870, le roi voulut réaliser dans le réseau romain des améliorations qui devaient entraîner des charges nouvelles pour la Société. L'entente fut impossible et il fallut négocier du rachat (1).

Les conditions de ce rachat furent stipulées dans une convention du 17 novembre 1873 (avec acte additionnel du 21 novembre 1877); le Gouvernement prenait à sa charge tout le passif de la Compagnie et lui donnait des titres de rente consolidée en échange de ses actions; la rente accordée aux actionnaires était de 7 fr. 50, 10 fr. et 23 fr. 10, suivant les catégories de titres.

(1) Pour une petite fraction de son réseau, la Compagnie était, non pas concessionnaire, mais simplement fermière de l'État.

Présentée à diverses reprises de 1874 à 1877, la convention fut enfin approuvée par une loi du 29 juin 1880. La société devait, d'après cette loi, continuer l'exploitation jusqu'au 31 décembre 1881.

Nous avons dit précédemment, page 661, que le Ministère Minghetti-Spaventa avait proposé en 1874 l'affermage des chemins romains, de ceux de l'Italie méridionale et des lignes calabro-siciliennes. Cette question s'étant liée à celle des chemins de la Haute-Italie et n'ayant pu être résolue en temps utile, une loi du 26 décembre 1881 autorisa le Gouvernement à prendre en main l'exploitation, à partir du 1er janvier 1882. Eu égard au caractère essentiellement transitoire de cet expédient, l'État conserva le mode d'administration, les règlements intérieurs et les procédés de contrôle et de surveillance de l'ancienne société.

Comme pour le réseau de la Haute-Italie, les lois du 24 décembre 1882, du 25 décembre 1883, du 30 juin et du 31 décembre 1884, prorogèrent l'exploitation provisoire par l'État.

La loi du 27 avril 1885 a réparti les chemins de fer romains entre les deux sociétés fermières de l'Adriatique et de la Méditerranée.

3° *Chemins de fer de l'Italie méridionale.* — La longueur des chemins de l'Italie méridionale en exploitation était de 1 715 kilomètres au 31 décembre 1884. Leur origine remonte à l'année 1860. Après deux tentatives infructueuses de concession du roi de Naples et du Gouvernement italien, une convention fut passée le 24 août 1862 avec une Compagnie italienne, conformément à une loi du 21 août. Diverses lignes étaient concédées à cette société, moyennant une garantie de produit brut et pour une durée de 90 ans.

La contrat fut modifié par une loi du 14 mai 1865; la garantie de produit brut fut remplacée par une subvention annuelle et kilométrique, se réduisant si la recette s'élevait au-dessus d'un chiffre déterminé.

En 1873, nous l'avons dit, le Ministère Minghetti-Spaventa étudia le rachat et des propositions furent soumises à diverses reprises au Parlement pour réaliser cette opération.

Les chemins de l'Italie méridionale appartiennent aujourd'hui, presque en totalité, au réseau de l'Adriatique institué par la loi du 27 avril 1885.

4° *Chemins calabro-siciliens.* — Les chemins calabro-siciliens firent, en vertu de décrets dictatoriaux de Garibaldi, l'objet d'une première concession qui ne fut pas suivie d'effet. Une seconde concession fut consentie trois ans après, en 1863, au profit de la « Société Victor-Emmanuel » à laquelle se substitua une Compagnie de construction. Cette Compagnie n'ayant pu mener à fin ses travaux, l'État dut les reprendre et les achever pour son compte; puis il afferma l'exploitation pour onze années à la « Société italienne de l'Italie méridionale » (Loi du 30 décembre 1871).

Nous avons relaté, page 661, les principales conditions du bail.

Aujourd'hui, les chemins calabro-siciliens sont répartis, en vertu de la loi du 27 avril 1885, entre les réseaux de la Méditerranée et de la Sicile.

5° *Chemins siciliens et chemins sardes.* — Nous ne mentionnerons que pour mémoire deux réseaux secondaires, l'un « de la Sicile occidentale », l'autre « de la Sardaigne », concédés le premier par une loi du 25 août 1863 et le second par une loi du 4 janvier 1863, ultérieurement modifiée.

6° *Réseau complémentaire décidé en 1879.* — Aux lignes concernant celles sur lesquelles nous venons de donner des indications sommaires viendront s'ajouter progressivement celles dont la construction a été décidée en principe par la grande loi du 29 juillet 1879. Aux termes de cette loi, la longueur des lignes nouvelles devait être de 6 020 kilomètres; leur évaluation était de 1 milliard et demi; leur construction devait être échelonnée sur une période de vingt années. Elles se décomposaient en quatre catégories, savoir :

CATÉGORIES	LONGUEUR	CONCOURS OBLIGATOIRE DES PROVINCES INTÉRESSÉES	OBSERVATIONS
	km.		
1re	1.153	«	Lignes d'un grand intérêt stratégique ou commercial. La dépense incombe entièrement à l'État.
2e	1.267 (1)	10 0/0 de la dépense, en 20 annuités.	Les provinces peuvent reporter une portion de leur quote-part sur les communes intéressées.
3e	2.070	20 0/0 —	
4e	1.530 (2)	40 0/0 sur les premiers 80.000 fr. par km. 30 0/0 sur les 70.000 suivants. 10 0/0 sur le surplus.	Lignes secondaires devant être construites économiquement et pouvant, dans certains cas, être établies à voie étroite.
TOTAL...	6.020		

La loi, tout en autorisant le Gouvernement à poursuivre l'exécution

(1) Le chiffre primitif a été porté à 1 308 kilomètres.
(2) Ce chiffre a été réduit à 1 489 kilomètres.

et l'exploitation des lignes nouvelles, lui donnait la faculté de soumettre au Parlement des projets de concession, lorsqu'il n'en résulterait ni entrave pour le système général d'exploitation du réseau principal, ni charges plus grandes pour le Trésor.

Elle autorisait, en outre, des concessions par voie de décret, dans les conditions et suivant les règles fixées par la loi du 29 juin 1873.

Elle prescrivait de plus : 1° la création d'une caisse des chemins de fer pour le service des titres et pour les prêts à faire aux provinces, aux communes et aux syndicats; 2° l'émission et la vente par cette caisse de titres de rente 5 %, amortissables en 75 ans.

Nous n'avons pas à insister ici sur les détails de cette loi si importante, qui a un certain nombre de points communs avec la loi française de 1879 portant classement d'un réseau complémentaire, mais qui cependant en diffère assez profondément.

La loi du 27 avril 1885 a autorisé la construction de 1 000 kilomètres supplémentaires de chemins de 4e catégorie et admis la dépense correspondante de 90 millions, aux conditions de concours fixées pour les autres lignes de même catégorie.

Cette loi a d'ailleurs prévu une réduction éventuelle et conditionnelle du concours exigible pour les lignes des quatre catégories.

7. *Résumé.* — Comme nous le disions au début, il est fort difficile de trouver des principes dans tous les changements qu'a subis le régime des chemins de fer en Italie, jusqu'à ces dernières années.

En laissant de côté les provinces qui appartenaient autrefois à l'Autriche, on ne voit guère d'exemple de gestion directe, dans l'origine, que sur un point particulier : le Piémont. Encore cette gestion a-t-elle eu un caractère tout à fait temporaire. Partout ailleurs, les Gouvernements ont eu recours à des concessions ou à des baux d'affermage.

Ce sont les difficultés de la division de l'ancienne Compagnie « du Sud de l'Autriche, des Lombards-Vénitiens et de l'Italie centrale », les remaniements à apporter au réseau après la consécration de l'unité italienne, les préoccupations nationales et le secret désir de se soustraire aux Compagnies étrangères, enfin l'impossibilité d'arrêter rapidement les bases d'un nouveau régime, qui ont poussé plus tard l'État à racheter et à exploiter provisoirement des chemins d'un développement relativement considérable. Mais, dès le premier jour, les préférences des Pouvoirs publics se sont manifestées en faveur du maintien des voies ferrées entre les mains de l'industrie privée ; la grande Commission d'enquête instituée en 1878 s'est hautement prononcée dans ce sens et les longues études entreprises par le Parlement et le Gouvernement ont abouti à des décisions conformes.

c. Autres pays. — Nous ne nous attarderons pas à étudier en détail les autres pays de l'Europe, où l'État a eu recours à l'exploitation directe. En voici une simple énumération :

1° *Danemark.* — La longueur du réseau danois, au 31 décembre 1883, était de 1 814 kilomètres, savoir :

Chemins exploités par l'État	1 102 km.
— par des Compagnies	712
Total pareil	1 814 km.

L'intervention de l'État s'explique par la faible productivité d'une partie du réseau.

2° *Pays-Bas.* — L'État hollandais n'a exploité que pendant moins d'un an et demi la section d'Amsterdam à Utrecht, appartenant à la ligne d'Amsterdam à Arnhem. Le roi avait ordonné la construction de cette ligne, en s'engageant personnellement à parfaire l'intérêt de 4 1/2 % des frais de premier établissement, à la suite du rejet par la deuxième Chambre d'un projet de loi présenté aux États généraux. Dès 1845, l'exploitation en était concédée à l'industrie privée.

3° *Portugal.* — Au 31 décembre 1883, les lignes du Portugal se répartissaient ainsi :

Longueur exploitée par l'État	606 km.
— par les Compagnies	894
Total	1 500 km.

L'une des principales raisons qui aient déterminé l'intervention de l'État est l'insuffisance de l'action de l'industrie privée.

4° *Roumanie.* — La Roumanie avait, à la fin de 1883, 1 520 km. en exploitation, dont 1 204 exploités par l'État. Les chemins de fer y avaient été construits par des Compagnies ; mais presque tous les titres, d'ailleurs très dépréciés, étaient entre les mains d'Allemands, et des raisons politiques ont poussé le Gouvernement au rachat. Cette opération a été réalisée en 1880.

5° *Russie.* — Au 31 décembre 1883, le réseau russe et finlandais comprenait 24 888 kilomètres livrés à la circulation, savoir :

2 718 kilomètres exploités par l'État
et 22 170 — exploités par les Compagnies.

Sur les 2 718 gérés par l'État, 1 152 appartiennent au réseau finlandais, établi dans une région ingrate où il n'y avait guère de place pour l'industrie privée.

6° *Suède et Norvège*. — Le royaume scandinave avait, à la fin de 1883, 7 962 km. de voies ferrées en exploitation ; savoir : Suède 6 400 km.

Suède	6 400 km.
Norvège	1 562
Total.......	7 962 km.

L'État en exploite environ 3 800 kilomètres : ce fait s'explique par l'isolement de la Suède et par les conditions très onéreuses que devait nécessairement faire l'industrie privée, surtout à l'origine de la construction du réseau.

7° *Suisse*. — La Suisse n'a eu que tout à fait accidentellement la gestion d'une minime fraction de son réseau (71 km.). A la vérité, les partisans de la constitution d'une république unitaire ont compris dans leur programme l'absorption des chemins de fer ; mais cette idée n'a pas reçu de suite.

f. Ensemble de l'Europe. — Voici, en résumé, comment à diverses époques l'exploitation s'est répartie entre l'État et les Compagnies pour l'ensemble des chemins de fer de l'Europe :

DÉSIGNATION DES PAYS	FIN 1853			FIN 1861			FIN 1869			FIN 1883		
	ÉTAT	COMPAGNIES	TOTAL	ÉTAT	COMPAGNIES	TOTAL	ÉTAT	COMPAGNIES	TOTAL	ÉTAT	COMPAGNIES	TOTAL
	km.	km.	km.	km.	km.	km.	km.	km.	km.	km.	km.	km.
Allemagne..................	3.839	3.491	7.330	6.938	4.448	11.426	9.963	7.513	17.476	30.946	5.250	36.196
Autriche-Hongrie.	1.696	707	2.403	»	5.619	5.619	139	7.936	8.075	6.444	14.482	20.926
Belgique..................	621	282	903	749	1.129	1.878	863	2.231	2.894	3.063	1.350	4.413
Danemark..................	»	32	32	»	401	401	»	682	682	1.102	712	1.814
Espagne..................	»	181	181	»	2.372	2.372	»	5.407	5.407	»	8.251	8.251
France....................	»	4.063	4.063	»	10.117	10.117	»	16.973	16.973	2.064	27.647	29.711
Grande-Bretagne et Irlande....	»	12.373	12.373	»	17.502	17.502	»	24.759	24.759	»	30.179	30.179
Grèce....................	»	»	»	»	»	»	»	10	10	»	22	22
Italie....................	193	345	538	571	1.599	2.170	»	5.769	5.769	5.482	4.120	9.602
Pays-Bas..........	»	176	176	»	338	338	»	1.406	1.406	»	2.003	2.003
Portugal..........	»	»	»	69	75	144	»	694	694	606	894	1.500
Roumanie..........	»	»	»	»	»	»	»	122	122	1.296	224	1.520
Russie et Finlande..........	1.120	28	1.148	621	1.483	2.104	1.390	6.284	7.374	2.718	22.170	24.888
Suède et Norvège............	»	16	16	608	264	872	1.477	659	2.136	3.793	4.169	7.962
Suisse....................	»	27	27	»	1.063	1.063	71	1.251	1.322	»	2.750	2.750
Turquie, Bulgarie et Roumélie.	»	»	»	»	64	64	»	289	289	»	1.394	1.394
	7.469	21.721	29.190	9.556	46.514	56.070	13.903	81.985	95.888	57.514	125.617	183.131
PROPORTION P. %....	26	74	100	17	83	100	14	86	100	31	69	100

Ainsi, les Compagnies ont toujours détenu la plus large part des réseaux de l'Europe. Cependant elles ont perdu du terrain durant ces dernières années et, au 31 décembre 1883, la longueur des lignes exploitées par les États représentait 31 % de la longueur totale.

11. Résumé et conclusions. — Nous sommes arrivé au terme de cette étude, peut-être trop longue, sur la valeur comparative des deux systèmes de l'exploitation par l'État et de l'exploitation par les Compagnies. Le moment est venu de la résumer et d'en tirer quelques conclusions.

Les considérations que nous avons développées, en discutant les arguments invoqués par les partisans des deux systèmes, peuvent se récapituler ainsi :

Au point de vue politique et gouvernemental, c'est en vain que l'on a cherché une solution en quelque sorte scientifique dans des théories sur le rôle de l'État. Il est inexact de dire que le transport des personnes et des choses constitue un service public et que par suite l'État doive le retenir entre ses mains, sous peine d'abdiquer, de faillir à sa mission et d'abandonner un de ses attributs essentiels. Mais il est inexact aussi d'affirmer que l'exploitation des chemins de fer soit absolument et dans tous les cas inconciliable avec la fonction gouvernementale; qu'elle constitue, entre les mains de l'Administration, l'une des formes du socialisme; et qu'une fois pris dans l'engrenage, l'État soit inévitablement entraîné à envahir d'autres branches de l'industrie et à briser le ressort de l'activité nationale. Le devoir étroit de l'État, au point de vue politique, est de prendre à l'œuvre des transports la part qu'exigent les intérêts généraux du pays et surtout sa sécurité intérieure et extérieure. Il ne peut y avoir, à cet égard, de règles impérieuses s'appliquant dans tous les temps et chez tous les peuples; il ne peut y avoir de principes supérieurs et abstraits. Dans chaque espèce, le rôle du Gouvernement est susceptible de varier avec le degré de civilisation, avec la constitution, avec la situation politique, avec le génie des peuples, avec les circonstances.

On ne saurait davantage trouver une raison décisive pour ou contre l'intervention de l'État dans l'influence que l'exploitation directe peut lui donner sur les populations et sur le personnel des chemins de fer. Sans doute, comme nous l'avons expliqué, le Gouvernement, en gérant lui-même les voies ferrées, atteste partout sa présence et son action; ses agents, en rapports continuels avec les citoyens, sont comme autant de témoins de son influence sur les destinées économiques du pays. Mais la médaille a son revers, surtout dans un pays de libre critique et de libre discussion comme la France, au milieu d'un peuple dont l'esprit est quelque peu frondeur, où les passions politiques sont portées à s'emparer des moindres fautes, des moindres erreurs, des moindres incidents. Ce qui, dans certains cas, serait pour le Gouvernement un élément de force, pourrait au contraire, dans d'autres circonstances, être pour lui un élément de faiblesse, affecter son autorité et parfois même la compromettre. Ici encore, tout dépend de l'heure, des institutions, du tempérament national. Quant au personnel des chemins de fer, il a, par son essence même, un caractère technique; les agents qui le composent ont un rôle professionnel et non un rôle politique; jamais dans un pays de suffrage universel l'État n'arrivera à se rendre maître de leurs consciences, à en faire des courtiers électoraux, à s'en servir pour exercer la pression dont on a agité le spectre dans les discussions. Même sous l'Empire, le Gouvernement a eu des adversaires, sinon militants, du moins convaincus, dans les rangs des fonctionnaires publics ; à plus forte raison en eût-il rencontré parmi les innombrables agents des chemins de fer.

Les considérations tirées des dangers du monopole livré aux Compagnies, en cas de concession, ne sont pas non plus déterminantes. A la vérité les transports par rails constituent, sinon en droit, du moins en fait, un véritable monopole plus ou moins caractérisé suivant les pays, suivant l'intensité du trafic, suivant le régime légal des chemins de fer, mais toujours effectif et vivace, surtout lorsque la concurrence est bannie et proscrite, comme en France. Ce monopole a une puissance incontestable; il peut n'être pas sans péril. Mais l'État a chez nous des moyens d'action et de répression dont il doit user, le cas échéant : c'est lui qui octroie les concessions et il lui appartient de ne stipuler que dans des termes qui sauvegardent son autorité et ses droits; il surveille les travaux ; il règle la marche et le nombre des trains ; il approuve les règlements d'exploitation ; aucune taxe ne peut être perçue sans son homologation ; il contrôle la gestion financière ; il peut requérir la révocation des agents du personnel actif; il donne même l'investiture à certains membres de l'Administration supérieure de deux Compagnies. Ses prescriptions ont des sanctions rigoureuses, susceptibles d'aller parfois jusqu'à la déchéance. Il dispose de l'arme suprême du rachat. Sans aller à de telles extrémités, il peut, par son action de chaque jour, exercer une grande influence sur la ligne de conduite des Compagnies, à la condition de déposer ses pouvoirs aux mains de fonctionnaires capables, expérimentés, fermes, inspirant le respect et la déférence. D'ailleurs, quelque critique que l'on ait dirigée à certains moments contre l'administration des Compagnies, il ne faut pas oublier que leurs agents les plus élevés sont presque tous des fonctionnaires de l'État autorisés à quitter temporairement les services publics, d'anciens élèves de l'École Polytechnique pénétrés du sentiment de leurs devoirs et imbus pour la plupart d'un libéralisme incontesté ; il ne faut pas oublier non plus qu'à tous les degrés de la hiérarchie se trouvent des employés qui ne consentiraient point à aliéner leur indépendance et à se faire des instruments de parti ; il ne faut pas perdre de vue que l'État dispose d'un personnel de contrôle instruit, probe, désintéressé, incapable des actes de complaisance que ses adversaires lui ont imputés. Le Gouvernement n'est donc pas désarmé et livré aux Compagnies. Est-ce à dire qu'il puisse se dispenser de veiller et de se prémunir contre les abus du monopole? Nullement. Les observations que nous venons de résumer tendent exclusivement à faire justice des exagérations de polémique. Partisan d'un gouvernement fort, nous désirons voir, en toute circonstance, l'Administration maintenir intacte son autorité et défendre sans cesse les intérêts confiés à sa garde. Est-ce à dire encore que, dans d'autres pays, l'État ne doive point conserver ou reprendre la gestion de ses chemins de fer ? Certes non ; la détermination prise par certains peuples, de se préserver des influences étrangères qui avaient pénétré ou auraient pu pénétrer dans les Conseils d'administration des Compagnies, s'explique par des raisons d'ordre supérieur sur lesquelles il est inutile d'insister.

Les deux arguments les plus sérieux sont, pour l'exploitation par l'État, celui qui est tiré des satisfactions plus larges susceptibles d'être données à l'intérêt général, et pour l'exploitation par les Compagnies, celui qui est tiré de l'utilité de soustraire la gestion du réseau aux écarts des préoccupations politiques. En administrant lui-même les voies ferrées, l'État peut incontestablement se mouvoir dans des régions plus élevées, prendre plus librement les mesures commandées par la situation intérieure ou extérieure, avoir les coudées plus franches pour venir en aide à l'industrie nationale. Mais, en revanche, il est exposé à se laisser entraîner trop loin, à faire une part trop large aux influences politiques. L'un ou l'autre de ces arguments doit, selon les cas, faire pencher la balance pour le système de l'exploitation directe ou pour celui des concessions.

Au point de vue de la défense du pays, on ne saurait contester sérieusement que l'exploitation par l'État ne soit de nature à donner les garanties les plus sérieuses. Cependant, le régime des concessions, sagement pratiqué, ne doit pas inspirer les craintes qui ont trouvé un écho à la tribune du Parlement. Même en concédant le réseau, l'État a conservé le droit de construire les lignes qu'il juge utiles à la défense et de prescrire, sur les chemins livrés à la circulation, les aménagements et les travaux complémentaires qu'il considère comme nécessaires pour les mouvements de concentration. Les transports militaires ont été règlementés dans tous leurs détails; le Gouvernement aura, à l'heure dite, des pouvoirs sans limites pour ordonner et diriger ces transports. Le patriotisme dont les Compagnies ont fait preuve pendant la guerre néfaste de 1870-1871, le dévouement de leurs agents à tous les degrés, sont d'ailleurs un gage du concours qu'elles prêteront à l'État quand sonnera l'heure du danger. Il est toutefois nécessaire que les Pouvoirs publics respectent la division en grands réseaux, qu'ils ne commettent jamais la faute insigne de se laisser entraîner à un morcellement qui pourrait être fatal à la patrie. Il faut aussi que l'Administration et les Compagnies se gardent d'admettre dans les rangs du personnel des agents étrangers, dont la présence pourrait être plus tard un danger pour la sécurité nationale.

Les conditions de prix auxquelles se font les transports militaires sont d'ailleurs assez avantageuses pour que l'État n'ait pas à regretter, de ce chef, l'aliénation de ses voies ferrées.

Au point de vue des autres services publics et plus particulièrement de celui des Postes, l'État peut stipuler dans les conventions des clauses qui sauvegardent les intérêts de ces services. Nous n'insistons pas sur ce côté secondaire de la question.

Au point de vue technique et commercial, l'État peut avoir les coudées un peu plus franches pour la réalisation des progrès et des améliorations qui doivent s'accomplir chaque jour dans l'industrie des chemins de fer, ainsi que pour les essais et les expériences dans lesquels il faut risquer des capitaux, sans certitude du résultat. Il n'a pas à compter si étroitement avec les nécessités financières immédiates. Les vues d'avenir lui sont plus faciles : car la vie des Compagnies est celle de deux ou trois générations, tandis que celle des peuples est sans limites.

Il est incontestable aussi que l'État peut avoir une sollicitude plus entière pour l'intérêt général et se dégager des préoccupations d'intérêt particulier qui assiègent forcément les concessionnaires, malgré tout leur dévouement à la chose publique.

Tandis que les Compagnies doivent poursuivre avant tout l'augmentation du produit net de leur exploitation, l'État, sans échapper complètement à cette nécessité, peut cependant chercher la rémunération de ses dépenses et de ses sacrifices, non seulement dans le rendement direct du réseau, mais aussi dans l'accroissement de la richesse nationale et dans les plus-values qui en résultent pour les recettes du Trésor.

Il lui est loisible, en conséquence, de consentir sur les taxes de transport certains abaissements impossibles pour les Compagnies et de donner ainsi au commerce et à l'industrie des satisfactions et des facilités que ne saurait leur procurer le système des concessions. L'expérience des pays étrangers en fournit la preuve : en effet, d'après les renseignements précis et détaillés que nous avons reproduits, la taxe kilométrique moyenne des voyageurs est moindre en Allemagne et en Belgique qu'en France; il en est de même de la taxe kilométrique des marchandises en petite vitesse, et, si les Compagnies françaises sont fondées à invoquer, pour justifier cette différence, certaines causes telles que la proportion plus grande de matières de valeur transportées par leurs rails et les facilités du terrain en Belgique, on peut leur opposer, d'autre part, la supériorité de leur trafic et la meilleure distribution de leur réseau. Nous avons en outre montré que, dans le même pays, lorsqu'il y avait juxtaposition de lignes d'État et de lignes concédées, l'avantage était souvent pour les premières.

On a, il est vrai, articulé que l'État ne se bornait pas à réduire les tarifs, mais qu'il allait inévitablement au principe égalitaire, c'est-à-dire à un principe anti-économique et anti-commercial. Nous reconnaissons qu'il y a là un certain danger et que l'État, obligé de se mettre à l'abri de toute suspicion, de fuir les accusations auxquelles pourrait donner lieu un traitement en apparence plus favorable accordé à tel ou tel centre, à tel ou tel industriel, est exposé à trop uniformiser les taxes. Toutefois l'exemple de l'Allemagne et de la Belgique établit que, dans ces deux pays, les Administrations d'État ont su maintenir, à côté de leurs tarifs généraux, un assez grand nombre de tarifs spéciaux. Il faut bien reconnaître aussi que les Compagnies ont versé dans l'excès opposé, qu'elles ont échafaudé les unes sur les autres des taxes dont les divergences ne pouvaient plus s'expliquer, qu'elles ont fini par reconnaître elles-mêmes l'utilité de procéder à un travail de revision et de simplification, et que ce travail, à l'étude depuis plusieurs années, est actuellement en voie de réalisation.

On a encore allégué que la tendance de l'État devait être de supprimer le péage, c'est-à-dire la portion de la taxe qui est destinée à couvrir l'intérêt et l'amortissement des dépenses de construction. L'Allemagne ne s'est pas laissée entraîner dans cette voie. En Belgique, il y a eu quelques imprudences commises; la diminution des tarifs a été tant soit peu exagérée : mais jamais l'objectif n'y a été de supprimer le péage; les Pouvoirs publics y ont au contraire admis, en toute occasion, que les recettes devaient suffire pour faire face, à la fois, aux dépenses d'exploitation et aux charges des capitaux, et tout compte fait il y reste encore un boni, malgré la brèche faite depuis quelques années dans les excédents antérieurs de produit net. Sans méconnaître les dangers d'un abaissement excessif des taxes, il ne faut pas oublier que le législateur est obligé de compter avec l'équilibre du budget et qu'il y a là un frein contre les tendances imprévoyantes auxquelles il pourrait être porté à céder.

On a aussi allégué qu'avec l'exploitation par l'État, les tarifs flotteraient au gré des idées économiques et des nécessités financières du moment. L'exemple des pays voisins, les précautions dont les Pouvoirs publics s'entourent quand ils veulent modifier le régime des impôts et particulièrement celui des tarifs de douane, les lenteurs de l'instruction qui précède ces modifications, tout concourt à atténuer la portée de l'objection. Au surplus, même avec le régime des concessions, l'État peut agir sur les taxes par les impôts sur les transports.

C'est également sous des couleurs un peu trop sombres que l'on a dépeint le mode de recrutement, les tendances, l'exagération numérique, et l'instabilité du personnel de l'État. Certes, les candidats aux emplois de l'État mettent trop souvent en jeu les influences dont ils peuvent disposer ; mais on aurait tort de croire que la nomination des agents dans les services publics soit entièrement à la discrétion de ces influences : pour beaucoup d'emplois, il est ouvert un concours préalable, qui permet de tenir un juste compte des capacités professionnelles, et d'ailleurs l'Administration supérieure ne serait ni assez légère, ni assez coupable, pour céder trop facilement aux pressions politiques. Cependant, nous portons volontiers à l'actif des Compagnies un peu plus de liberté et d'indépendance à cet égard.

Quant aux tendances des agents, nous nous en sommes expliqué à maintes reprises. Les fonctionnaires publics ont en général le sentiment de leur devoir et, en tous cas, ce sentiment est particulièrement développé chez les agents supérieurs auxquels il appartient de donner l'impulsion aux services.

Au sujet de leur nombre, nous avons cité des chiffres empruntés aux statistiques officielles et montrant que le personnel semble moins bien utilisé en France qu'en Allemagne et mieux, au contraire, qu'en Belgique ; mais nous avons fait les réserves les plus expresses à cet égard et, sans attribuer à l'objection toute la force qu'on a voulu lui donner, nous admettons que, dans notre pays, il pourrait y avoir quelque faute à redouter.

En ce qui touche l'instabilité des fonctionnaires publics, les changements trop fréquents des Ministres et des Directeurs des Ministères fournissent incontestablement un argument sérieux aux défenseurs de l'exploitation des Compagies ; toutefois, il ne faut pas exagérer le mal ; les fonctionnaires techniques des services extérieurs n'ont heureusement pas la même mobilité.

On a fait aussi grand état des lenteurs dans le fonctionnement des administrations publiques. Nous concédons que l'emploi des deniers publics commande certaines précautions, certaines règles, qui ne s'imposent pas au même degré pour l'emploi des fonds versés par les actionnaires et les obligataires. Le Ministre, responsable devant le Parlement, doit se réserver certaines décisions importantes et garder l'autorité suprême sur la gestion des lignes d'État. Mais l'inconvénient est susceptible d'être atténué par une sage décentralisation. Au surplus, l'administration des Compagnies ne diffère pas si profondément de celle de l'État ; l'étendue des concessions, l'importance des opérations, le chiffre élevé des recettes et des dépenses, ont nécessairement amené la centralisation et le formalisme; le personnel est fortement hiérarchisé ; l'initiative et la responsabilité individuelles ne dépassent pas sensiblement celles des agents attachés aux services publics.

L'État exploite-t-il moins économiquement que les Compagnies? Les chiffres cités, page 585, pour la valeur du coefficient d'exploitation dans les divers pays de l'Europe, sont favorables à la France ; néanmoins, quand on les examine de plus près, quand on a égard à toutes les causes régulatrices de ce coefficient, il est difficile de voir une différence bien caractérisée entre nos Compagnies et les Administrations d'État allemandes ou belges.

Enfin, les rapports de l'État avec le public sont-ils moins satisfaisants que ceux des Compagnies? On peut admettre que ses agents ne sachent pas toujours faire la différence entre les actes de la puissance publique et les actes de simple gestion et aient aussi parfois une certaine propension à traiter avec trop d'autorité les usagers des chemins de fer ; mais ces écarts sont faciles à réprimer. Quant aux litiges, aux indemnités, rien ne s'oppose à ce que l'État, faisant acte d'industriel, se soumette aux juridictions et aux responsabilités de droit commun.

De tous les arguments invoqués en faveur du système des concessions au point de vue commercial, le plus solide est fondé sur le caractère des chemins de fer, qui sont avant tout, du moins en France, des instruments de commerce et d'industrie et dans le maniement desquels il est indispensable de conserver de la souplesse et de l'élasticité, d'aller au devant du trafic, de le provoquer, de dépouiller toute prétention à la suprématie et à la souveraineté. Malgré leur organisation, malgré leur centralisation, malgré leur puissance, les Compagnies peuvent revendiquer une aptitude un peu plus grande pour cette partie du rôle des voies ferrées.

Au point de vue financier, le problème est extrêmement délicat.

D'un côté, les actionnaires des Compagnies reçoivent une rémunération notablement supérieure à celle qui aurait été attribuée aux souscripteurs des emprunts de l'État, si les chemins de fer n'eussent pas été concédés ; de ce chef seul, l'exploitation est grevée en France d'une charge annuelle de 75 millions environ.

Les émissions d'obligations se font aussi et surtout se sont faites, pendant de longues années, dans des conditions plus onéreuses que celles des titres de rente.

En outre, le système des concessions, tel qu'il a été pratiqué dans notre pays, a conduit l'État à faire des travaux de navigation dont le but, sinon exclusif, du moins principal, était de fournir un contre-poids, un modérateur, au regard des Compagnies. Il y a eu là des dépenses que l'État aurait pu éviter, s'il était resté maître des chemins de fer, et qu'il aurait plus utilement affectées, soit en totalité, soit en partie, à l'amortissement des capitaux de premier établissement du réseau, à son amélioration et à l'abaissement des taxes.

D'un autre côté, les adversaires de l'exploitation directe ont mis en avant un certain nombre d'objections, dont quelques-unes ont une réelle valeur.

L'État est inévitablement sollicité à diminuer les tarifs, à accroître le nombre des trains, à augmenter la consistance de son personnel. Nos voisins d'outre-Rhin paraissent être restés dans les limites d'une sage prudence. En Belgique, les résultats sont moins favorables. Sans doute l'objection ne doit pas être exagérée : car elle s'applique à tous les impôts; il faut d'ailleurs compter avec la prévoyance des Pouvoirs publics. Cependant, pour être moins redoutable qu'on ne l'a soutenu, l'écueil n'en existe pas moins, et l'on peut redouter, dans certaines éventualités, des entraînements qui auraient pour effet tout à la fois d'augmenter les dépenses et de diminuer les recettes, c'est-à-dire de « brûler la chandelle par les deux bouts ».

Des hommes éminents ont insisté sur les difficultés que l'exploitation par l'État susciterait pour asseoir solidement les prévisions budgétaires, sur l'aléa et l'imprévu dont souffrirait notre équilibre financier, sur les mécomptes auxquels le pays serait exposé aux heures de crise. L'objection est d'autant plus grave que, dès aujourd'hui, il s'agit de plus d'un milliard de recettes et de 600 millions de dépenses, c'est-à-dire d'un mouvement de fonds de près de deux milliards. Nous avons toutefois prouvé que les inconvénients de l'exploitation directe, à cet égard, avaient été grossis et montrés sous un jour trop sombre : en effet les impôts de consommation jouent aujourd'hui un rôle tellement prépondérant et leur sensibilité aux fluctuations dans la situation des affaires est telle, qu'il pèse toujours une grande incertitude sur la mesure dans laquelle se réaliseront les prévisions de recettes du Trésor ; les perceptions auxquelles donnent lieu ces impôts subissent des variations proportionnelles du même ordre que celles des chemins de fer et des variations absolues plus considérables. De plus, avec le régime des Compagnies liées financièrement à l'État, le contre-coup des diminutions de produit net se répercute sur le budget, qui doit fournir de plus fortes avances à titre de garantie d'intérêt ou recevoir moins, soit à titre de remboursement des avances antérieures, soit à titre de participation aux bénéfices. Quoi qu'il en soit, même ramené à sa juste valeur, l'argument subsiste en ce sens, que l'aléa des prévisions budgétaires serait incontestablement accru.

Nous laissons de côté, dans ce résumé, les autres motifs secondaires qui ont été développés par les partisans des Compagnies ou de l'État et que nous avons examinés précédemment. Le lecteur voudra bien se reporter aux pages 541 et suivantes.

Après avoir rappelé et discuté les raisons militant en faveur de chacun des deux systèmes, nous avons présenté quelques observations sur le réseau d'État qui a été constitué en France pendant le cours de l'année 1878 et où nous avions autant que possible évité de chercher des enseignements, à raison des circonstances qui en ont provoqué la formation, de la date très récente à laquelle il est né, des défectuosités de sa structure, des conditions difficiles dans lesquelles il a dû vivre. Nous avons montré, en faisant la part des imperfections et des erreurs inhérentes à toute œuvre humaine, que l'on avait été trop sévère et trop injuste envers l'Administration de ce réseau; nous avons établi que les attaques dont il avait été l'objet tombaient pour la plupart devant un examen impartial; nous avons prouvé l'inanité des reproches articulés contre la prétendue cherté de son exploitation; tout en reconnaissant que certaines réductions de taxes avaient été au moins prématurées, nous avons fait ressortir l'essor que ces réductions avaient imprimé à certaines branches du trafic.

Puis, comme notre discussion avait visé spécialement le parallèle entre l'exploitation directe par l'État et le régime des concessions du type français, nous avons dû dire quelques mots des Compagnies libres et des Compagnies fermières. Ainsi que nous l'avons expliqué, le système des Compagnies libres ne pouvait s'implanter en France; il n'était compatible, ni avec le tempérament national, ni avec le peu d'intensité de notre mouvement commercial comparé à celui du Royaume-Uni; il porte d'ailleurs en lui-même des vices originels qui ne doivent pas nous le faire regretter. Quant au système des Compagnies fermières, il se rapproche singulièrement, soit de l'exploitation par l'État, si celui-ci reste maître des tarifs, soit des concessions, si au contraire les pouvoirs du Gouvernement sont réduits en droit ou en fait à l'homologation des propositions présentées par les Compagnies; il a, en outre, plusieurs défauts sur lesquels nous avons donné des indications et dont le principal tient à la modicité du capital des sociétés fermières.

Enfin, nous avons fait un rapide historique des circonstances qui ont conduit un certain nombre de peuples de l'Europe à garder ou à reprendre l'exploitation de tout ou partie de leur réseau. Nous avons vu que leur détermination avait été dictée, tantôt par des raisons politiques, tantôt par des considérations économiques, tantôt encore par l'abstention ou l'impuissance de l'industrie privée.

Quelle conséquence doit-on tirer de toute cette longue étude? Quelle réponse doit-on faire à la question si souvent posée, si souvent débattue dans la presse ou à la tribune du Parlement?

Un fait, avant tout, se dégage de la discussion impartiale à laquelle nous nous sommes livré; c'est qu'il ne peut y avoir, nous l'avons dit, de principes absolus, scientifiques, applicables à tous les pays, à tous les temps, à toutes les circonstances; c'est qu'en la matière les doctrinaires font fausse route; c'est que les solutions doivent être nécessairement des solutions d'espèce, appropriées au milieu où elles prévalent et aux précédents dont elles dérivent. L'un et l'autre des deux systèmes ont leurs qualités et leurs défauts : tantôt ce sont les qualités qui l'emportent; tantôt, au contraire, ce sont les défauts. Pour les juger sainement, il faut bien se garder de les apprécier à un point de vue théorique et abstrait; il faut comprendre que les questions de cette nature ne se résolvent pas comme des problèmes de géométrie pure. L'éclectisme s'impose, dans une certaine mesure, à tout esprit judicieux. Ce qui est bon en deçà de nos frontières peut être mauvais au delà et réciproquement; ce qui convient actuellement peut ne pas convenir plus tard et inversement. Condamner absolument la politique prussienne ou belge, ce serait folie ou ignorance; condamner la politique anglaise qui est allée au pôle opposé, ce serait encore folie ou ignorance.

En ce qui touche plus spécialement la France, dont le tempérament, la situation économique, les tendances et le génie, ne sont comparables ni à ceux des nations germaniques, ni à ceux de la nation britannique, l'hésitation et le doute sont permis et l'on s'explique les discussions passionnées qui se sont produites, soit à l'origine des chemins de fer, sous la monarchie de Juillet, soit durant ces dernières années. Mais aujourd'hui ces discussions n'ont plus qu'un intérêt rétrospectif. On ne peut méconnaître que le régime des concessions tenues en tutelle par l'État s'adapte assez bien au caractère de nos institutions, à nos tendances, aux allures de notre industrie et de notre commerce; quelque opinion didactique que l'on puisse avoir sur les résolutions prises par la génération précédente, on ne peut faire abstraction des faits accomplis; on ne peut oublier que tout changement de régime comporte inévitablement des perturbations et des sacrifices, au moins temporaires, et doit être commandé par des nécessités impérieuses. Sans être irréprochable, sans être exempte d'inconvénients, sans avoir sur l'exploitation par l'État tous les avantages qu'on lui a attribués, la combinaison qui a constamment prévalu en France a cependant des qualités, notamment au point de vue des finances publiques. Il importe de tirer de ces qualités tout le parti possible ; il importe aussi et surtout de ne rien négliger pour sauvegarder l'intérêt général, de maintenir l'autorité de l'État à l'abri de toute atteinte, de faire des efforts de tous les jours et de tous les instants pour empêcher nos voisins de l'Est, plus maîtres que nous de leurs voies de transport, de nous vaincre sur le terrain commercial et industriel, comme ils nous ont vaincus sur les champs de bataille. Il y a là un devoir patriotique pour le Gouvernement, pour l'Administration et aussi pour les Compagnies, dépositaires du plus puissant instrument d'activité nationale. C'est l'avenir de la France qui est en jeu ; c'est sa puissance qu'il s'agit, non seulement de ne pas amoindrir, mais de consolider en réparant pacifiquement les désastres de 1870, dans la mesure où ils peuvent être réparés sans l'intervention des armes. Chacun saura, nous en avons le ferme espoir, comprendre toute la grandeur de cette tâche et en poursuivre l'accomplissement sans relâche, sans arrière-pensée et sans faiblesse.

FIN DU TOME PREMIER

www.ingramcontent.com/pod-product-compliance
Ingram Content Group UK Ltd.
Pitfield, Milton Keynes, MK11 3LW, UK
UKHW021128260726
13994UKWH00001B/48

9 782329 013305